KB043748

wissen
leben, natur, wissenschaft
alles, was man wissen muss

지식

지식 – 생명 자연 과학의 모든 것

—

1판 1쇄 발행 | 2005년 5월 15일
1판 2쇄 발행 | 2005년 6월 10일

—

지은이 | 데틀레프 간텐, 토마스 다이히만, 틸로 슈팔
옮긴이 | 인성기
펴낸이 | 김영곤

—

책임편집 | 임자영
기획 | 임병주 임자영 류혜정
영업마케팅 | 정성진 안경찬 이종률 김진갑 이희영 박진모 유정희 이연정 박창숙
관리 | 이인규 이도형 김용진 고선미
제작 | 강근원 이영민
교정교열 | 북허브_이상윤 오창남
본문 디자인 | 북허브_김기분 최황
표지 디자인 | 씨디자인_조혁준 강영

—

펴낸곳 | (주)이끌리오
주소 | 경기도 파주시 교하읍 문발리 파주출판문화정보산업단지 500-11(413-756)
전화 | 031-955-2100(대표) / 031-955-2400(기획편집) 팩시밀리 | 031-955-2422
홈페이지 | http://www.eclio.co.kr 이메일 | eclio@book21.co.kr
출판등록 | 2000년 4월 10일 제16-1646호

—

값 | 38,000원
ISBN | 89-88295-99-4   03400

—

잘못 만들어진 책은 구입하신 서점에서 교환해 드립니다.

—

LEBEN, NATUR, WISSENSCHAFT
by Detlev Ganten, Thomas Deichmann, Thilo Spahl

—

ⓒ Eichborn AG, Frankfurt am Main, 2003
Copyright ⓒ Eichborn AG, Frankfurt am Main, 2003
Korean Language Edition published by ECLIO Publishing
Korean Translation Copyright ⓒ 2003 by ECLIO Publishing All rights reserved.
The Language Edition published by arrangement with
Eichborn AG through MOMO Agency, Seoul.

—

이 책의 한국어판 저작권은 모모 에이전시를 통해
Eichborn AG사와의 독점 계약으로 (주)이끌리오가 소유합니다.
저작권법에 의해 한국 내에서 보호를 받는 저작물이므로
무단 전재와 무단 복제를 금합니다.

w   i   s   s   e   n
leben,   natur,   wissenschaft
alles,   was   man   wissen   muss

지식

생 명 + 자 연 + 과 학 의 모 든 것

데틀레프 간텐·토마스 다이히만·틸로 슈팔 지음

인성기 옮김 / 김재영 감수

이끌리오

차례

세계 | 손님을 환대하지 않는 곳의 방문객 | 지극히 작은 몬스터들 | **킬러** | **작은 조력자** | 생명의 구조자 | **우리 몸속의 박테리아** | **바이러스** | **병원균은 인류사의 조연** | **유전자 공학 기술로 변형된 미생물** | 실험용 쥐 | 인공 생명

2부 우리 삶의 공간 · 243

5부 의식과 뇌가 있는 생명 · 715

생명이라는 책

감수의 글

김재영
서울대학교 기초교육원

우리가 태어나 제일 처음 읽은 책은 무엇일까? 예전의 초등학교 국어 교과서는 "나, 너, 우리"로 시작했는데 요즘 아이들은 핸드폰 문자 메시지 보내는 것부터 배운다고 한다. 하지만 만약 200년 전쯤 태어났더라면 어땠을까?

조선시대에 살았던 어린이가 난생 처음 만난 책은 아마도 《천자문》일 것이다. "하늘천 따지 가마솥에 누룽지"라고 장난스럽게 패러디되곤 하는 그 내용을 한번 되새겨보면 의외로 아주 흥미롭다. "天地玄黃, 宇宙洪荒, 日月盈昃, 辰宿列張, 寒來署往, 秋收冬藏, 閏餘成歲, 律呂調陽, 雲騰致雨, 露結爲霜……" 이 모든 사자성어가 다루는 내용은 놀랍게도 자연과학적 관찰이다. 해와 달의 차고 기욺, 밤하늘을 아름답게 수놓는 별자리, 사계절과 기온의 변화, 별자리를 관측해 달력을 만드는 것, 구름과 비와 이슬과 서리를 기상학적으로 관찰하는 것 등 조선시대의 아이들은 무엇보다 먼저 자연과학적 내용을 글로 배운 셈이다. 게다가 맨 처음에 나오는 것은 '하늘과 땅', '우주'와 같은 아주 거창한 개념이다. 고대로부터 사람이 알아야 할 가장 중요한 지식 중 하나는 어쩌면 나와 너와 우리를 둘러싸고 있는 세상, 흔히 '자연'이라 부르는 주변에 대한 것이었으리라. 나라에서 길흉화복을 점치기 위해 끊임없이 하늘의 별을 관측하고 기록했다면 백성들은 살아남기 위해, 즉 농사를 짓고 홍수나 가뭄 등의 자연재해를 피하기 위해 날씨를 눈여겨보아야 했다.

현대 사회에서는 이런 것쯤은 누구나 알고 있는 것이라 여겨질지도 모르지만, 실상 고등학교 시절 수업 시간에 졸면서 얼핏 들었던 과학 이야기를 제대로 기억해 내기란 쉬운 일이 아니다. 비나 눈이 어떻게 내리게 되는지, 해일은 어떻게 일어나는지, 영화 〈쥐라기 공원〉에서처럼 공룡의 DNA를 복제해 다시 공룡을 만들어낼 수 있는 것인지, 한반도에도 공룡이 살았었는지, 우주는 언제 어떻게 지금의 모습이 되었는지, 태양은 언제까지나 존재하는 것인지, 밤하늘의 별은 얼마나 멀리 떨어져 있는 것인지, 지구에는 어쩌다가 우리와 같은 생명체가 나타나게 되었는지, 지구 밖에도 생명체가 있는지, 줄기 세포 복제를 이용한 치료가 얼마나 안전한 것인지 등의 질문에 자신 있게 대답할 수 있는 사람은 의외로 많지 않다.

이 책의 저자 데틀레프 간텐은 독일 베를린 부흐에 있는 유명한 의학 유전 연구소의 소장이다. 《지식 – 생명·자연·과학의 모든 것》이라는 제목에서 볼 수 있듯 이 책은 '생명'이라는 것을 화두로 그것을 둘러싸고 있는 자연의 모습을 통해 과학의 진면목을 말해 주고 있다.

'생명이란 무엇인가?'라는 오래된 질문에 대해 한번 생각해 보자. 19세기 이전의 사유에서는 자연 발생설에 따라 물질이 생물로 발전한다는 이론이 지배적이었지만, 린네 이후로 종의 고정성이 주장되고 레디나 파스퇴르 등의 연구에 의해 자연 발생설은 패퇴한 것처럼 보였다. 그러나 니덤과 뷔퐁의 초기 연구라든가, 오파린, 홀데인, 밀러, 폭스, 폰납페루마 등의 연구에 의해 생명은 궁극적으로 "유기 화학자 같은 신"에 의해 물질로부터 나타났다는 믿음이 지배적이게 되었다. 결국 20세기의 생화학적 연구는 생명이 어쨌든 물질에서 비롯한 것이라는 주장에 힘을 실어주고 있다.

그러면 우리는 이렇게 물을 수 있다. 과연 생명이란 희귀한 현상이 궁극적으로 물질로부터 비롯된 독특하고 창발적인 현상에 지나지 않는 것인가? 신의 창조를 들먹이기에는 현대 사회의 '에피스테메'가 너무나 '물질화'되어 있지만, 생명을 물질로 환원하려는 시도가 23세기나 25세기에도 계속되리라는 강력한 근거를 찾을 수 있을까? 생명과 물질의 경계는 어디에 있는가? 20세기 말의 생화학적 연구는 기껏해야 실험실에서 지극히 단순한 자기 복제 체계를 만들어낸 것에 지나지 않는 건 아닌가? 코아세르베이트나 리보자임만으로 생명의 기원에 대해 섣불리 얘기해도 좋은 것일까? 이들의 접근은 사실 그 바탕에 물질주의·환원주의를 깔고 있는 것은 아닌가? 결국 연구가 더 진행된다면 물질과 생명의 경계선이 명료하게 드러나게 될까? 이것은 창조주에 대한 신성모독은 아닐까? 생명의 비밀을 풀어헤치는 것은 판도라의 상자를 여는 것과 같은 무모한 모험은 아닐까?

설사 생명이 물질에서 비롯된 독특한 구조라 하더라도, 만일 '의식'이란 것이 어디에서 비롯되었는가에 대한 명료한 대답을 가지고 있지 않다면 이러한 접근에는 분명히 한계가 있다. 따라서 얘기를 생물권Biosphere에 국한시키지 않고 인지권Noosphere까지 확장시켜야 한다.

저자가 택한 책의 구성은 놀라우리만치 치밀하다. 생명이란 무엇인가를 알고자 한다면 우선 생명이 어떻게 생겨났고 어떻게 변화해 왔는지 최대한 추적해야 한다. 또 그 생명이 존재하며 살아가고 있는 공간, 즉 이 지구의 다양한 환경과 생태가 어떻게 생성되어 어떻게 변화하면서 여기까지 왔는지 이해해야 한다. 그 환경은 지구에 국한되지 않는다. 우리가 관심을 두는 생명이란 '우주 속의 생명'이기 때문이다. 이렇게 생명에 대한 이해를 얻고 나면 우리의 질문은 한 단계 위로 올라간다. 인간이라는 독특한 생명에 대해 알고 싶어지는 것이다.

나아가 인간의 의식과 두뇌가 궁금해진다. 생물권은 바야흐로 인지권으로 확장된다.

　물질과 생명과 인간, 이 셋 사이의 관계는 무엇일까? 물질과 생명과 인간에 대해 꼭 알아야 할 지식이 담겨 있는 책의 목록을 고른다면, 아마도 이 책이 빠져서는 안 될 것이다. 왜냐하면 이 책은 우리가 알고 싶어 하는 '생명이라는 책'의 충실한 안내서 역할을 할 것이기 때문이다.

김재영

서울대학교 물리학과를 졸업하고 동 대학원에서 물리학 기초론으로 박사학위를 취득했다. 독일 막스 플랑크 과학사연구소를 거쳐 현재 서울대 기초교육원에 재직 중이다. 지은 책으로는 《뉴턴과 아인슈타인》, 옮긴 책으로는 《대폭발》, 《180억 광년의 여행》, 《우주가 지금과 다르게 생성될 수 있었을까?》, 《물리상수란 무엇인가》, 《물리학 강의》, 《양자역학으로 본 우주》, 《에너지, 힘, 물질》을 비롯, 다수의 논문이 있다.

이 책은 우리가 살아가는 세계와 생명에 대해 말하고

있다. 여기서 특히 중요한 것은 자연과학의 기초와 생명의 진화 과정이다. 오늘날 같은 유전자 연구 시대에 인간의 새로운 자아를 이해하려면 이러한 것들을 꼭 알아야 한다. 문화의 발전, 인류의 위대한 정신적 업적, 그리고 생명의 세계와 교양의 기초가 모두 생물학적 진화와 밀접하게 관련되어 있기 때문이다.

우리는 너무나 쉽게 현재의 순간에 사로잡힌 채로 살아간다. 우리의 '여기'와 '오늘'은 너무나 자명한 것처럼 보이며, 세계를 바라보는 시각 또한 마찬가지다. 지구가 둥글고 태양의 주위를 공전한다는 것은 누구나 다 안다. 우주 공간 내에서 우리 행성이 차지하는 위치, 지구의 구조, 그리고 생명체들 가운데에서 인간이 차지하는 위치에 대해서도 잘 안다. 비행기만 타면 어떤 대륙이든 몇 시간 내에 도달할 수 있다. 미디어는 전 세계를 하나로 연결한다. 지금과 달랐던 시절이 예전에는 결코 없었다는 듯이 말이다.

그러나 얼마 전까지만 해도 모든 것은 아주 달랐다. 예컨대 우리가 시간의 척도를 날짜나 주간 단위의 개념에서 연도나 세기(世紀)의 개념으로 바꾸어보기만 해도 '과거'는 완전히 다른 낯선 세계가 된다. 100년 전만 해도 지금의 우리 일상생활을 지배하는 공학 기술은 존재하지 않았고, 자연은 상당 부분 우리에게 알려지지 않은 영역이었다. 우리는 유전자나 호르몬 뿐 아니라 오존층, 뇌의 시냅스(연결 고리),

우주의 성운, 혈액형, 빛알(광자), 시공간Raumzeit(공간과 시간이 결합된 개념), 비타민도 알지 못했다. 원자는 쪼갤 수 없고 대륙은 움직이지 않는다고 생각했다. 또한 200년 전에는 진화, 바이러스, 그 밖의 병원체들, 공룡, 뇌전류, 네안데르탈인, 방사능 개념이 우리의 머릿속에 아예 있지도 않았다. 세계의 나이는 5,800년으로 추정되었고, 생명이 난자와 정자가 수정해서 생겨난다는 것을 아무도 알지 못했다.

현재의 인류는 대략 10만 년 전부터 존재했다. 호모 사피엔스는 애초부터 생각하는 동물이었다. 그렇지만 그는 상당히 뒤늦게야 지식 자체를 위한 지식을 얻게 되었다. 그리하여 그는 문화적 능력이라는 기막힌 솜씨를 발휘하기 시작했으며, 몇 백 년 후에는 세계를 완전히 다른 모습으로 바꾸어놓았다. 최초의 과학적 사유는 지금으로부터 6,000년도 채 되지 않는 초기 고(高)문화 시대에 성립했다. 진화의 역사 전체를 놓고 볼 때 그것은 1초 정도밖에 안 되는 아주 가까운 과거의 일이며 대략적으로 이집트, 메소포타미아(기원전 4000년), 크레타(기원전 3000년), 바빌론과 중국(기원전 2000년) 문명의 시기와 겹쳐진다. 오늘날 우리가 생각하는 과학은 고대 그리스(기원전 600년)에서 처음으로 개화하였다. 처음에는 소아시아의 도시 밀레토스에서 시작하였고 그 다음에 그리스의 아테네로 건너갔다.

사람들은 진리를 추구하기 시작하였고, 그 후 진리는 인류 문화의 핵심을 이루었다. 자연과학과 정신과학은 동일한 근원에서 비롯되었다. 그 근원이란 바로 모든 현상과 관찰되는 것들의 뒤에 숨어 있는 최초의 원인 제공자 내지는 최종적 동기 유발자가 무엇인지 알고자 하는 호기심이다. 그래서 초기 그리스 학자들의 과학 저서에는 "자연에 관하여Peri physeos"라는 제호가 붙는 경우가 많았으며, 거기에서 가장 중요한 문제는 '아르케(원질)archē', 즉 모든 현실의 기반을 이루는 원인에 대한 것이었다.

오늘날 베이징, 뉴욕, 로마, 파리, 런던, 베를린, 교토같이 번화한 대도시에서 박물관의 전시물을 죽 훑어보는 사람은 지난 5만 년의 문화사와 40억 년의 자연사 속으로 침잠할 수 있으며, 그 다음에는 다시 21세기 하이테크 빌딩 숲 속으로 빠져들 수 있다. 그러고 나면 우리 세계와 인간의 발전 사이의 커다란 연관성이 두 눈 앞에 펼쳐진다. 언어로는 충분히 설명할 수 없는 이미지, 인상 그리고 수많은 생각들이 생겨난다. 그리하여 우리의 인식 지평은 그 전보다 훨씬 더 넓어질 수 있다.

오늘날 우리가 바라보는 세계는 무엇보다도 늘 움직이고 있는 것이다. 다시 말해 정지해 있지 않고 끝없이 발전하고 있다. 과학 자체도 마찬가지다. 새로운 지식은 새로운 질문과 새로운 시각을 낳는다. 영원토록 유효한 도그마 따위는 없다. 기존의 모든 이론은 거부당하기 위해 우리에게 도전하고 있다. 새로운 이론, 정교하고 포괄적인 이론으로 대체되려고 하는 것이다.

매혹적이리만치 역동적이었던 지난 몇 백 년 동안의 발전 과정은 앞으로 다가온 몇 백 년 동안의 발전이 더 눈부신 것이라서 빛을 잃을지도 모른다. 이런 흐름에 뒤처지고 싶지 않은 사람은 다른 사람들을 생각할 줄 아는 능력을 지녀야 한다. '소비자'에게 노출되는 현 세계의 '표면'만을 피상적으로 아는 것은 충분하지 못하다. 과학의 진보가 필연적으로 사회의 진보를 낳는 것은 아니다. 그러나 과학이 진보하면 우리가 함께 만들어나갈 수 있는 공간이 마련되는데, 우리는 이 공간을 민주적으로 여론을 모아가면서 이용할 수 있어야 한다. 따라서 문명사회에서는 과학적 사유 능력, 그리고 과학 및 공학의 중요한 성과들에 대한 지식이 전문가 집단 소수의 전유물로 전락하지 않도록 공공성이 보장되어 있어야 한다.

이 책은 사람들이 2000년대의 출발점에서 진리 발견에 동참하고 미래를 가꾸어나가는 데 적극적으로 참여할 수 있도록 생명, 자연, 과학에 대한 지식들 가운데 반드시 알아야 하는 것을 모아서 정리한 것이다. 이 책의 저자들은 시야를 과거와 미래 두 방향으로 모두 열어두려고 한다. 그럼으로써 독자들이 인류 진화의 위대한 밑그림, 그리고 우리 삶의 공간인 지구와 우주에 대해 전체적으로 조망하고, 우리 문화의 근원을 심층적으로 이해하며, 인류 공동체의 미래를 위한 기초를 다지는 데 도움이 되기를 바란다.

개요

서론: 생명, 자연, 그리고 과학의 사회적 의의에 대한 주해

이 책의 서론에서 제기하려는 물음은 자연 연구, 생명, 자연과학의 진보에 대해 살펴보는 일이 인간 사회와 일상생활에 어떤 의미가 있는가이다. 결론부터 말하면, 과학은 우리가 의식하고 있지는 못하지만 일상생활의 구석구석까지 파고들어 있고, 과학 연구의 성과들이 엄청나며 앞으로도 계속 발전하게 될 것이다.

여기에서 미래를 위해 결정적으로 중요한 지점은 극소수의 전문가들만이 과학 지식을 독점하고 발전 방향을 주도하게 될 것인가, 아니면 일반인들이 함께 비판적으로 탐구하는 과학적 세계관을 확보하게 될 것인가 하는 것이다. 모든 사람에게는 탐구하는 눈과 비판적 정신이 갖추어져 있고 따라서 자연과학적 문제들과 대결할 수 있는 능력이 있다. 그러나 지금 문화와 과학은 서로 분열되어 있으며, 미래에 대한 지적 토론은 그 때문에 신음하고 있다. 이러한 상황에서 우리가 계몽의 의미를 다시금 되돌아보고 공동의 미래를 형성해 나가려면, 우선 무엇보다 우리 자신이 낙관적일 필요가 있음을 강조할 것이다.

1. 생명의 전개

약 40억 년 전에 태고의 대양에서 최초의 생명체가 꿈틀거리기 시작했다. 그 후 생명체는 끊임없이 생성과 소멸을 반복하고 있다. 결코 진화만 하는 것은 아니지만 지구상의 생명체는 점점 다양해진다. 이 모든 일이 어떻게 시작되었는지는 아마 앞으로도 결코 확실하게 밝혀지지 않을 것이다. 그러나 지난 35억 년 동안의 변화 과정은 이제 상당히 많이 밝혀져 있다. 자연선택 이론은 생명체의 발전이 어떤 법칙을 따르는지에 대해 말해 주며, 현재의 세계상을 지탱하는 버팀목들 중 하나이기도 하다. 세계는 정적이지 않고 역동적이다. 고생물학자와 유전학자들은 화석 및 유전 형질의 비교를 통해 생명체의 발전 과정을 재구성했다. 그들은 예컨대 몇몇 물고기들이 4억 년 전에 어떻게 도롱뇽이 되었으며, 몇몇 유인원들이 200만 년 전에 어떻게 사람으로 진화했는지를 풀어냈다.

여기에서는 지구상에 존재하는 모든 생명의 기원을, 그리고 과거와 현재의 식물 · 동물 · 버섯 · 미생물을 두루 살펴볼 것이다. 그리고 생명체의 기초 과정에 대해 과학이 어떻게 점점 더 깊이 파고들었는지 기술할 것이다. 또한 세포의 내부와 게놈을 현미경으로 들여다보듯이 분자 수준에서 묘사하고, 복잡하게 얽힌 지구 생물들의 광범위한 생태학적 연관성을 거시적으로 설명할 것이다. 인간이 자연으로부터 무엇을 배울 수 있는지, 그리고 게놈(유전체) 연구와 더불어 '생명의 책'을 과연 읽고 기록하기 시작한 것인지도 살펴볼 것이다.

2. 우리 삶의 공간

지금까지 우리가 알고 있는 대로라면, 지구는 우주에서 생명이 존재하는 단 하나의 행성이다. 이 장에서는 지구가 어떻게 생겨났는지를 이야기할 것이다. 그리고 지구가 현재 생명체와 더불어 늘 변화하고 있으며, 먼 장래에 다시 먼지로 분해될 것이라는 사실을 말할 것이다. 또한 사람들이 지상의 모든 자연 현상, 예컨대 비·태풍·지진·화산 분출 등이 살아 있는 유기체처럼 서로 연관되어 있다는 것을 알기 전에 그러한 현상들에 어떤 의미를 부여하려고 했는지를 역사를 되짚어 올라가면서 살펴볼 것이다. 뒤늦게야 사람들은 자연 재해를 비롯한 그 복잡한 상호 과정들이 생명이 존속할 수 있게 해준다는 사실을 깨달았다.

또한 인간의 문화와 일상생활이 지난 몇 백 년 만에 자연 자원의 탐사와 기술적 이용으로 인해 철저히 변화되었다는 것을 제시할 것이다. 오늘날 우리가 이용하는 모든 것은 대부분 바다로 덮여 있는 지구의 표면에서 나온다. 인류 문명은 태양 에너지와 소수의 특정 자원들, 그중에서도 특히 농경지·철·석유·석영 모래를 가공한 기반 위에 존재한다. 자연의 에너지는 여전히 우리의 삶을 결정짓는 동시에 커다란 위협 요소가 된다. 그러므로 지진·화산 분출·해일·가뭄이 생기는 메커니즘을 이해하고, 대기권과 기후의 변화 같은 장기적 프로세스를 예측 가능한 상태로 제어하는 일이 중요한 과제가 된다.

3. 우주의 생명체

인간의 인지 기관들은 우주의 차원들에 적합하게 되어 있지 않다. 보조 수단 없이는 생명 공간의 작은 단면도 알 수 없다. 예컨대 우리는 초속 30만 킬로미터로 공간을 달리는 빛을 뒤따라가서 볼 수가 없다. 그렇지만 우리는 우주의 상당히 먼 부분까지도 그 동안 꽤 잘 알수 있게 되었다. 은하와 항성들의 목록이 만들어졌고, 뉴턴 이후 하늘과 지상에는 공통된 법칙들이 적용되었다. 양자 이론은 원자와 분자내부에서 일어나는 운동들에 대해 그럴듯한 설명을 내놓으며 아인슈타인의 상대성 이론은 공간·시간·물질·에너지에 대한 현대적 인식의 기초가 된다. 그렇지만 우주는 지금도 수수께끼로 가득 차 있다.

그 모든 것의 시작은 반세기 전부터 '대폭발' 이라는 이름을 따른다. 그러나 우주가 처음 만들어지던 때에 실제로 있었던 일은 이론적 모델로만 구성될 수 있다. 우주를 기술하는 데 관건이 되는 개념들, 예컨대 암흑 물질, 암흑 에너지, 검은 구멍에 대해서 과학이 더 많은 것들 밝혀내야만 우리는 우주를 더 분명하게 알 수 있다. 다행히도 망원경·인공위성·정밀 측정 장치와 같은 과학 기기들의 도움을 받아 우리는 우주를 점점 더 많이 알아가고 있다. 지구에서 몇 백만 광년 떨어진 먼 곳에 존재할지도 모르는 고등 생명체를 탐사하는 일은 우리의 가장 흥미진진한 연구 과제 중 하나이다.

4. 인간의 생명

인류는 대략 700만 년 전에, 가장 가까운 친척인 침팬지에서 분리되었다. 그리고 호모 사피엔스는 언어와 문화 능력을 발전시켜 지구를 지배하는 종족이 되었다. 여기에서는 인간이 어떻게 인간이 되었는지를 살피고 특히 인간 신체의 장점과 단점, 건강과 질병을 집중적으로 이야기할 것이다. 17세기에 해부학자들이 연구자의 시선으로 몸을 개봉한 이래 우리는 엑스선 장치와 실험실에서의 분석을 통해 몸속을 깊이 파고들어 갔다. 그리하여 인간의 신체 기관들을 점점 더 정밀하게 설명하고 그 기능들을 더 잘 이해하게 되었다. 결국 오늘날에는 게놈 연구를 통해 몸의 가장 안쪽, 다시 말해 유전자들에 유전 형질이 기록되어 있는 세포핵에서 신체 기능의 근원까지도 두 눈으로 볼 수 있다. 그리하여 의학계에는 일대 전기가 마련되었다. 몇 년 전부터 질병은 겉으로 나타난 증세보다는 그 기초가 되는 유전자·단백질·세포의 차원에서 일어나는 변화들에 입각해서 진단되고 치료된다. 분자의학이 성립된 것이다.

몸속을 들여다보고 게놈에서 세상을 내다보게 되면서 인간에 대한 관념도 많이 바뀌고 있다. '분자 인간'은 속이 들여다보이고 개조될 수 있는 인간이다. 질병과의 전쟁이라는 측면에서 볼 때, 이런 상황은 좋은 기회임에 틀림없다. 그러나 많은 사람들은 그 위험성에 대해 우려를 감추지 못하고 있으며, 생명 윤리 논쟁의 측면이나 민주 사회의 형성이라는 면에서 볼 때 쉽게 결론 내릴 수 없는 문제들이 생겨난다.

5. 의식과 뇌가 있는 생명

과학의 가장 흥미진진한 분야 중 하나는 정신과 뇌를 탐구하는 일이다. 지난 20년 동안 이 분야의 지식은 폭발적으로 증가했다. 그렇지만 우리의 가장 깊은 부분을 학문적으로 탐사하는 일은 이제 겨우 시작되었다고 보아야 할 것이다. 이 긴 여정을 위해 생물학자·인류학자·유전과학자·정보학자·수학자·물리학자·신경학자·심리학자·로봇공학자·철학자들이 팀을 결성하고 있다. 예컨대 신경과학에서 최근의 연구 방법들이 철학적인 문제에 부딪히고 있기 때문이다. 철학자들이 이미 몇 천 년 전부터 다루어온 문제들, 즉 주체의 자유 의지, 인간의 의식 또는 인식 가능성에 대한 물음이 바로 그것이다. 여기서는 정신·언어·인지·지능·감정이 어떻게 이 세계 속으로 들어왔는지, 그리고 오늘날 사람과 동물들에게서 관찰되는 이러한 현상이 어떻게 생겨났는지를, 자연 진화에 대한 기존의 지식을 최대한 활용해서 알아본다.

인간적 지식 사회를 향한 여정에서
여기서는 잠시 전문적 영역에서 눈을 돌려 미래를 전망한다. 다시 말해 자연·생명·우주에 대해 몇 천 년 동안 축적된 지식들에서 어떤 가르침을 이끌어낼 수 있는지 스스로에게 질문해 보고 이에 대한 답변으로서 긍정적인 말을 제시한다. 그 가르침이란, 생명은 계속될 것이라는 것이다. 그리고 생명은 계속 변화한다. 따라서 우리는 끊임없이 시선을 가능성의 영역으로 돌려야 한다. 그 가능성을 인식하고 자신감 있게 이용하게 해줄 과학을 신뢰해야 한다는 말이다.

과학사의 명저

지속적으로 발전하면서 그 지식의 총량이 계속적으로 증대하는 인간 활동의 유일한 영역이 바로 과학이다. 하지만 다른 한편으로 과학에서 진보는 평소에는 일정한 속력으로 일어나지만 이따금씩 도약의 과정을 겪기도 하고 전환점에서 중단되기도 한다. 바로 이런 경우들이 우리의 관심을 끄는 대목이다. 우리는 아리스토텔레스부터 아이작 뉴턴, 찰스 다윈, 막스 플랑크, 알베르트 아인슈타인을 거쳐 제임스 왓슨까지의 주요 저서와 논문의 목록을 작성했다. 이들은 세계를 과학적으로 밝혀나가는 전 과정에서 후대에 지속적으로 영향을 끼친 사람들이다.

추가 권장 도서

이 책은 대중적 과학 도서로서는 예외적인 것이다. 왜냐하면 이 책은 매우 광범위한 지식 영역을 포괄하려고 노력하고 있기 때문이다. 따라서 독자는 필연적으로 그 빈틈을 메우고 싶어질 것이다. 이 책을 계기로 독자가 그 빈틈을 고통스럽게 생각하고 해당 테마들에 대해 더 많은 것을 알고 싶어하는 절박한 욕구를 느끼기를 우리 필자들은 원한다. 다행스럽게도 거기에 안성맞춤인 좋은 책들이 많이 있다. 그 책들은 과학의 드넓은 세계를 흥미진진하고 자세하게 소개하고 있다.

이 책에 그 목록을 담았다.

과학 연표

이 책의 모든 장(章)에서 제시하려고 한 것은, 과학이 그것이 성립되어 온 역사의 맥락에서 고찰되어야 하며, 예술·기술·정치·철학과의 밀접한 연관 관계 속에서 발전해 왔다는 점이다. 생명체 자체가 진화를 통해 성립한 것처럼, 그 인식 또한 한편으로는 기존 지식의 토대에 입각해 있고 다른 한편으로는 그 지식의 파괴나 극적 반박을 통해 성립했기 때문이다. 과학 연표에는 특히 자연과학의 발전과 그것이 인간 문화에 미친 영향 및 그 연관성에 주안점을 두고 데이터들을 선별해서 정리해 두었다.

서론

—생명, 자연, 그리고 과학의 사회적 의미에 대한 주해—

너 자신의 오성을 사용할 용기를 가져라!

위대한 철학자 칸트Immanuel Kant(1724~1804)는 18세기에 천문학자로도 활동했다. 그는 우리 태양계에 대한 이론 체계를 최초로 제공했으며 거기에 뒤따르는 세계관적 질문들을 집중적으로 연구했다. 그는 진보와 변화의 편에 서 있었다. 시대에 뒤떨어진 전통, 가치, 도덕관과 결별하려는 프랑스 계몽주의자의 단호함에 깊은 감명을 받아 그는 1784년 9월에 다음과 같이 썼다.

계몽주의는 인간이 자초한 미성년 상태에서 벗어나는 것이다. 미성년 상태란 다른 사람이 인도해 주지 않으면 자신의 능력을 사용할 수 없는 것을 말한다. 그 원인이 인간의 오성이 없는 데 있는 것이 아니라 다른 사람이 인도해 주지 않으면 자신의 능력을 사용할 의지가 없는 데 있는 것이라면, 그 책임은 당사자 자신이 져야 한다. 알려고 하라! 너 자신의 오성을 사용할 용기를 가지라! 이것이 계몽주의의 슬로건이다.

칸트의 에세이 《계몽주의는 무엇인가? *Was ist Aufklärung?*》가 나온 지 5년 후인 1789년에 프랑스 혁명이 일어났다. 자유, 평등, 박애는 자긍심 가득한 새로운 시민 계급의 강령이었다. 유럽 전역에서 새로운 생활 감정이 생겨났고, 이 감정은 사람들이 정신적, 물질적 속박에서 그리고 이미 르네상스 때 시작되었지만 부분적으로 이미 단단한 딱지가 앉은 근대의 구조들에서 해방되는 데 기여했다. 옛 문화들의 문화적, 과학적, 기술적 성과들의 토대와 자연 연구의 새로운 단초에 입각해서 인류는 그 후 200년 동안 용기 있게 전진을 계속했다. 과학 및 산업 혁명, 의회 민주주의의 관철 덕분에 자유는 상당히 확대되었고 생활수준은 지속적으로 성장하였다. 인류는 여러 가지 병들을 통제하는 방법, 힘든 노동을 기계가 대신 하도록 하는 방법, 자신의 이동 능력을 높이는 방법을 터득했다. 요컨대 철학자 미텔슈트라스 Jürgen Mittelstraß(1937~)가 말한 것처럼 문화를 "인간의 모든 노동과 생활 형식의 정수(精髓)로서" 계속 발전시키는 방법을 배운 것이다. 틀림없이 당시의 변혁은 오늘날 우리가 우리 시스템의 '개혁 필요성'에 대해 논의하는 것보다 훨씬 더 극적이었을 것이다. 거기서 간혹 부분적으로는 엄청난 결과를 초래하는 후퇴도 없지 않았다. 전쟁, 독재 그리고 통제 불가능한 대재난. 그런데도 르네상스와 계몽주의는 의심할 여지 없이 과학사, 문명 발전, 자연 및 사회적 억압으로부터 인간이 해방되는 데 결정적으로 중요한 단계였다. 그 후의 발전은 독자적으로 형성된 편안한 삶과 수명 연장의 가능성들을 인류에게 선사했다. 오래전부터 이것들은 극소수의 사람만이 차지했으나 이제는 점점 더 많은 사람들이 그 혜택을 누리고 있으며 눈부신 세계 문화의 다양한 성과물 또한 함께 향유해 가고 있다. 문화의 이 긍정적 발전은 몇 년 전부터 특히 서구 국가들에서 두드러지게 표현되는 위기의식에도 불구하고, 중단될 기미가 보이지 않는다.

21세기 초부터 우리는 중요한 분수령에 다시 서게 되었다. 급격히 성장하는 과학 지식과 최신 테크놀로지의 발전은 우리의 생활환경을 전 세계적인 차원에서 계속 개선해 나갈 가능성을 열어주었다. 이 책에서 이야기할 자연과학의 다양한 발전은 인간의 수많은 꿈들을 곧 실현할 수 있게 할 것이다. 현대 물리학과 화학은 물질에 대한 첨단 지식을 가능하게 해주며, 그것을 바탕으로 하여 새로운 인조 물질을 개발하게 한다. 맹렬한 속도로 발전하는 컴퓨터 공학은 우리의 글로벌 커뮤니케이션과 상호 작용 가능성들을 개선해 주며, 생명과학은 오늘날까지도 치료 불가능한 질병들의 숫자가 현저히 줄어들 것이라는 희망을 가지게 한다. 신경학은 그 동안 우리 뇌가 어떻게 기능을 하는지 심층적으로 연구할 수 있게 해주었고, 현대의 생명과학은 농업에 응용되어, 폭발적인 인구 증가에도 불구하고 인류의 식량 문제를 상당 부분 해결하였다. 또한 새로운 에너지 테크놀로지는 현재 고갈되어 가고 있는 화석 연료를 대체할 에너지를 거의 개발해놓았다. 의심할 여지 없이 우리는 수많은 과학 분야 및 테크놀로지 영역이 눈부시게 진보하는 시대에 살고 있다. 누차 선언된 바 있는 "지식 사회로의 진입"은 이 낙관론을 표명한 것이다. 지식은 결정적으로 중요한 자원이며 정치적, 사회적 결정의 새로운 척도가 되었다.

그러나 그것은 동전의 한쪽 면일 뿐이다. 현재 상황이 앞에서 말한 것처럼 핑크 빛만이 아님은 명백하다. 거기에 대한 반작용들도 있다. '지식 사회'에 대한 토론들은 그 점을 잘 보여준다. 일부 사람들은 이 개념을 긍정적인 미래상과 결부시키는 반면에, 많은 다른 사람들은 자연과학적 진보로 형성될 미래가 불행을 가져다 줄 것이라고 생각한다. 이들이 생각하는 내일의 풍경은 복제된 군대, 위축되는 환경 시스템, 급속히 퍼지는 신종 전염병, 비인간적 사이보그, 인권을 박탈당한 채 설계된 복제 아기, 합성된 킬러 바이러스, 그리고 인간의 통제를 벗어난 나노 기기들로 가득 차 있다. 이 대목에서 개인적 차원뿐만 아니라 사회 구조 차원에 대해서도 그들이 매우 불안해한다는 것을 알 수 있다. 오늘날 과학이 자연의 변화에 개입하는 새로운 양상들을 보면, 그런 심정은 이해가 간다. 이런 것들은 지식 사회의 아주 기초적인 문제이며, 이 문제는 인류가 오래전부터, 특히 르네상스와 계몽주의 시대 이후부터 더욱 급속히 맞부딪혀 온 것이다.

알고 이해하려는 욕망, 그리고 새로운 것을 발견하고 이를 자신과 사회의 이익을 위해 이용하려는 욕망은 현대 사회를 움직이는 실질적인 힘이 되었다. 거기서 유기적 지식 시스템, 그리고 그 목적을 실현하는 데 적합한 수많은 부설 연구소와 지원 기관들이 생겨났다. 독일의 경우 독일 학술 진흥 재단(DFG), 막스 플랑크 협회(MPG), 헤르만 폰 헬름홀츠 재단(HGF), 고트프리트 빌헬름 라이프니츠 과학 재단(WGZ), 프라운호퍼 협회(FhG)가 그 예이며, 각급 학교와 대학들도 그 모든 교육 및 연구 시스템을 위한 기반이 된다. 재계의 기업인들도 그 지식 시스템에 거액을 투자한다.

전 세계적인 과학 연구의 성과에 힘입어 지식이 급격하게 증대됨에 따라 일상생활과 사회의 변화에 대한 자극이 끊임없이 나타나며, 사람들은 사고의 전환을 계속 요구받는다. 이제 우리는 옛 것을 의문시하고 새 것을 생각해야 한다. 보장된 것은 아무것도 없다. 이런 상황은 개인 및 사회 제도의 불안을 낳을 수 있다. 따라서 사회는 새로운 발전에 대해 깊이 생각하고 토론할 수 있는 시간을 가짐으로써 방향을 제시할 수 있어야 한다. 진보가 장기적으로 이루어지려면 사회 전체가 협력해야 한다. 특정 테크놀로지보다는 의식이 깨어 있고 책임감 있는 사람이 그 지속적 발전을 결정한다.

기술 발전의 특정한 측면들과 관련된 다소간의 불안감은 항상 있어

왔으며 미래에도 항상 있을 것이다. 그것은 과학 및 기술 자체와 마찬가지로 문명화 과정의 일부이다. 인간이 장차 이성적으로 성취할 수 있는 것에 대한 회의(懷疑)는 오늘날에도 분명히 존재한다. 이 회의는 매우 심한 편이다. 그래서 아직도 많은 사람들이 '오성을 사용할 용기'가 위험하다고 생각한다. 자연을 더 잘 파악하고 더욱더 효율적인 기술을 개발하려면 그것이 꼭 필요한데도 말이다. 그들은 에너지 소비량의 증가, 컴퓨터화, 환경오염, 농업의 기계화, 세계 인구의 증가와 같은 지난 몇 십 년 동안의 급속한 변화를 근심 어린 눈길로 바라본다. 그러면서 "자연으로 돌아가자" 또는 "발전 속도의 완화" 같은 대안적 이념을 이른바 확실한 미래와 지속적 발전을 위해 논의하고 있다.

따라서 18세기 말 프로이센 사회에서 "성년" 자격 박탈 선고를 받은 사람들(계몽주의를 거부한 보수주의자들 —옮긴이)의 '용기 없음'과 21세기 초의 상황 사이에는 유사성이 존재한다. 우리도 우리의 삶과 미래를 설계하는 문제들에 직면해서 주춤거리거나, 스스로 책임을 지고 도전하기보다는 규제적인 법률로 스스로를 '보호'하는 경우가 많다. 물론 유전자 공학, 줄기 세포 연구 또는 핵분열이 어떤 기능을 하는지, 그리고 거기서 어떤 결과가 나오는지 통찰하는 일은 간단하지가 않다. 게다가 테크놀로지에 대해 애초부터 회의적인 사람들이 많다. 이 사람들은 그런 일에 매달려 심층적 통찰을 얻으려는 노력을 아예 꺼린다.

그래서 칸트가 200년 전 폭풍 같은 시대에 사회를 향해 내놓은 호소가 오늘날에도 여전히 중요하게 되풀이되어야 하지는 않은가 하는 의문이 생겨난다. 미래에 대한 불안은 일상생활의 수많은 영역들에서 우리를 엄습한다. 경제와 금융계, 교육계처럼 과학 기술의 혁신이 직접 적용되지 않는 곳에서도 마찬가지다. 지식 사회를 진지하게 원하고 그 기회를 이용하려면, 우리는 합리적으로 저울질을 해보고 그 토대 위에서 사회의 미래를 결정해야 한다. 그리고 과학과 기술이 제공하는 가능성들에 대한 분명한 의식을 가지고 계몽된 태도를 취해야 한다. 우리가 낙관적으로 미래를 조망할 만한 근거는 있다고 확신한다. 우리의 공동체를 오늘날 지식 사회로 간주할 수 있는 것은 인류가 이루어낸 위대한 성과의 표현이다.

실제로 인류의 삶은 지난 몇 십 년 동안과 마찬가지로 향후 몇 십 년 동안에도 크게 변화할 것이다. 인간·동물·식물의 유전자, 다시 말해 바이오 생산에 우리가 집중적으로 영향력을 미칠 수 있는 새로운 가능성은 우리가 자연에 개입할 수 있는 질적으로 전혀 새로운 단계를 의미한다. 우리 사회의 도덕관념과 가치들은 철저히 토론된다. 여기서 '자연성'의 의미 등에 대한 새로운 윤리적 질문이 제기된다. 예컨대 "이식 전 진단(인공 생산된 배아를 모체에 이식하기 전에 실시하는 유전자 검사)"은 자연의 섭리에 따라 정해진 인간 번식의 과정을 기술적으로 분해하고 통제하는 한, '비자연적'이다. 물론 농업에서 의학에 이르는 인간의 생명, 문화 그리고 문명은 사물의 자연스런 진행을 변경하는 기술에 기초를 두고 있다. 따라서 우리의 행위는 그것이 자연적이기 때문에 도덕적인 것으로 인정받는 것이 아니며, 비자연적(기술적 또는 인공적)이기 때문에 배척되는 것도 아니다. 인정받는 것은 오히려 자연적 삶의 기초들을 보호하는 것이다. 왜냐하면 이것들이 인간·동물·식물의 존속을 비로소 가능하게 하기 때문이다. 만약 우리가 '세계의 테크놀로지화'에 반발하여 마침내 자연적 삶(자연적 섭생, 자연적 주거 환경, 자연적 출산 등)을 예찬하는 일이 생긴다면, 여기서 분명히 짚고 넘어가야 할 것이 있다. 그것은 우리가 선택하거나 거부할 수 있는 문화적 옵션이 문제가 되는 것이지 결코 모든 사람들에게 구속력을 가지는 도덕적 명령이 문제가 되는 것은 아니라는 사실이다.

인간 번식의 '자연성' 문제도 여러 가지 관점에서 이미 오래전에, 그 분야에 관계되는 당사자 각자에게 책임이 맡겨졌다. 산모와 아기의 죽음을 막기 위해 출산도 이제 실험실에서 또는 제왕절개로 할 수 있다. 대부분의 사람들이 여기서 윤리적 문제를 제기하지는 않는다. 여성이 피임약을 복용할 것인지, 아니면 몸속에 불임 시술을 받을 것인지는 사생활 문제이지 보편적으로 구속력 있는 도덕의 문제가 아니다.

현대 사회에서 출산과 관련된 모든 테크닉이 도덕적으로 중립적인 것은 아니지만, 우리의 허용 범위 밖에 있는 테크닉들도 직접 자연에서 읽어질 수 있고 그리하여 그 범위 또한 변경될 수 있다. 현재까지는 자연적으로 주어진 것이라며 당연하게 여겨온 한계들이 변화해 감에 따라, 앞으로 지향할 가치들과 삶의 확실성이 사라져버리거나 심지어 가치 체계가 와해되지나 않을까 하는 우려가 생기는 것도 물론 사실이다. 그렇지만 (장기이식의학의 예에서 종종 경험하듯이) 처음에는 한계선의 돌파 내지는 금기(禁忌) 깨기로 여겨지던 것이 나중에 수용되는 것을 우리는 자주 목격한다. 막상 처음에 우려했던 부정적 결과들, 예컨대 이른바 "경외감 상실"이나 "댐 붕괴"가 나타나지 않고 그 모든 영향들이 통제권 안에 있다는 것이 밝혀지면서 말이다.

자연과학의 발전을 볼 때, 오늘날 가능한 옵션들에 대한 폭넓고 논쟁적인 토론들이 존재한다는 것은 너무나도 당연하다. 결코 놀라운 일이 아니다. 우리가 인간의 게놈을 변화시켜도 되는가? 태아를 연구하는 것이 옹호될 수 있는가? 이런 문제들에서 우리는 폴란드의 철학자 콜라코프스키Leszeck Kolakowski(1927~)의 견해에 동의할 수 있다. 그는 신구(新舊)의 갈등은 우리 문화의 일부이며, 과거에도 항상 존재했고 앞으로도 존재할 것이라고 이미 20세기 초반에 발표한 저술에서 말하였다.

환멸과 새로운 비전

그 전통적 갈등은 최근 몇 십 년 동안 새로운 질적 변화를 겪었다. 진보에 대한 찬성론자와 반대론자 간에 늘 존재하던 확실한 정치적 구분이 불분명해진 것이다. 전통적 '보수주의자'의 역할은 옛 것을 보존하거나 적어도 옛 것의 여러 요소들을 현대에 다시 살려 내는 일이었다. 그 반대편에는 사회적, 기술적 발전을 환영하고 기꺼이 옛 전통을 포기하는 세력들이 있었다. 목표는 서로 달랐지만, 양 진영은 인류의 역사가 끊임없이 발전하고 있다는 확신 하나만큼은 공유하고 있었다. 이 기본 인식은 그 동안 바뀐 것처럼 보인다. 그리하여 그런 선 긋기는 명백히 정당, 교회 그리고 그 밖의 각 기관들에서도 불확실해졌다.

우리는 그 과정을 어떻게 이해해야 하는가? 과학사가이자 물리학자인 하버드 대학의 홀턴Gerald Holton은 "지난 몇 십 년 동안 자연과학 외부의 영향력 있는 지식인들 그리고 일반 대중들의 일부 계층에서 계몽주의 시대 이후 존재하던 신념에 대한 불신이 자리 잡았으며, 과학과 기술은 그것들에 대해 긍정적인 세력의 결산서에나 존재한다"라고 말한다. 실제로 2차 대전 이후 과학은 불신을 받게 되었다. 물론 생활수준을 급격히 올려놓은 엄청난 진보가 있었다. 하지만 전쟁은 인간이 살인 정권을 위해 그 지적 능력을 인류를 몰살하는 무기를 개발하는 데 쓸 수도 있다는 사실을 보여주었다. 자연과학은 이미지 손상 없이 이 경험에서 벗어날 수가 없었다. 물리학은 2차 대전 말에 히로시마와 나가사키에 원자탄이 투하될 때 그 높은 명성의 일부를 깎아 먹었다. 특히 독일에서 과학자들은 범죄적 정치 시스템과 프로젝트에 봉사했다.

프랑스 실존주의, 현대 문학과 회화는 인간이 과연 역사를 긍정적으로 형성할 수 있는 능력을 가지고 있는지에 대해 깊은 환멸감을 표현했다. 사르트르Jean-Paul Sartre(1905~1980)와 카뮈Albert Cam-us(1913~1960)는 전후 시대의 중요한 작가였다. 사르트르는 널리 애독된 소설《구토》에서 자신과 세계 전체에 대해 깊은 모멸감을 느끼는 한 인간의 희망 없는 사상 및 감정 세계를 전개했다. 카뮈는 그리스 신화의 한 장면을 포착해《시시포스의 신화》에 담았다. 거기서 코린토스의 왕 시시포스는 가파른 산의 정상까지 큰 바위를 굴려 올려야 하지만 목표에 거의 도달하면 그 바위는 다시 아래로 굴러 떨어졌다. 카뮈에게 이 형상은 자신의 운명을 성공적으로 다스리려는 인간의 헛된 노력에 대한 비유였다. 이 실존주의자들이 말하려는 핵심은 인간은 신 없는 세계에서 겨우 연명할 뿐이며 종교의 피안에는 개인의 삶이나 공동체에 의미를 부여할 수 있는 집단적 관심이나 가능성이 없다는 것이다. 유럽과 미국 미술계에서도 2차 대전 후에는 추상 표현주의가 대중의 인기를 끌었다. 폴록Jackson Pollock(1912~1956)은 이 화풍의 가장 유명한 예술가였다. 그의 대표적인 그림은 땅바닥에 거대한 아마포를 깔고 거기에 물감을 뿌려놓은 것이었다. 추상 표현주의 예술가들은 전쟁 이전에 유효했던 테마들을 거부했다. 그들의 거부는 전례 없이 추상적인 예술로 표현되었다. 이들의 그림에는 인간이나 대상, 또는 형체 있는 테마가 더 이상 없었다.

과학이나 기술과 관련된 핵심적 혁신들도 이 시대에는 점차 암울한 미래를 보여주는 것으로 인식되었다. 처음에는 TV가 그러했다. TV는 인간의 정신을 타락시킨다고 여겨졌다. 그 다음에는 캠코더, 그 다음에는 컴퓨터가 도마에 올랐다. 이것들이 일자리를 없애 버릴 것이라고들 했다. 이와 유사한 상황은 19세기에 방적 산업이 기계화되면서 전통 수공업 직조공들의 일자리를 위협할 때도 벌어진 바 있다. 독일의 자연주의 작가 하웁트만Gerhard Hauptmann(1862~1946)은 자연주의 극(劇)《직조공》으로 이 시대에 인상 깊은 문학적 기념비를 남겼다. 나중에 사람들은 워크맨, 휴대폰, 게임보이 따위의 경미한 혁신에서도 사회나 신체에 영향을 미치는 위협적인 요소들을 발견했다. 과학 및 기술의 성과물들은 점차 해악으로 여겨졌다. 큐브릭Stanley Kubrick (192-8~1999)의 1968년도 영화 〈2001 스페이스 오디세이〉는 이런 시대정신에 부응했고 그 덕택에 유명해졌다. 이 영화의 첫 부분에서 한 유인원은 경쟁자들의 머리를 내리칠 때 사용한 뼈다귀를 공중으로 던진다. 이 뼈는 우주선으로 변신한다. 인간이 최초로 사용한 연장인 그 뼈는 무기였던 셈이며, 따라서 인간이 맹목적으로 신뢰하는 기술에 대한 상징이 된다. 이 기술은 마침내 보드 컴퓨터 HAL의 모습으로 독립해서 승무원 프랭크 풀 박사를 우주선 밖으로 내던진다.

이런 영상들은 더 나은 세계를 건설할 수 있는 인간의 능력에 대한 깊은 환멸감을 담고 있으며 기술과 경제를 집중적으로 비판한다. 자연과학 등 사회의 모든 제도를 자본의 고삐 풀린 이윤 추구에 종속시키려는 노력이 전쟁, 환경오염 그리고 세계의 모든 불평등의 핵심 원인으로 간주되었다. 과학에 대해 그때까지도 긍정적이었던 입장들을 예의 주시하는 강령적 저술들이 베스트셀러 목록을 점령하였고, 점차로 정치적 결정권자와 시민들의 머리 속에도 자리 잡게 되었다. 예컨대 1968년에는 에를리히Paul Ehrlich(1854~1915)의 《인구폭탄The Popu- lation Bomb》이 출간되었다. 그는 인구의 지속적인 증가를 경고했으며 정치가들이 이를 의식하지 않을 수 없게 만들었다. 그는 인도처럼 인구가 많은 나라에서는 몇 백만 명이 아사할 것이라는 진단을 내놓았다. 점점 많아지는 사람들에게 식량을 충분히 공급하지 못하기 때문이라는 것이었다. 그러나 이른바 1970년대의 녹색 혁명과 농업에서의 다수확 품종 개발로 인해 이 시나리오의 예봉을 현저히 무뎌지고 말았다. 스나이더Ernest E. Snyder의 《죽음의 후보자 지구: 통제 불능의 진보를 통해 프로그래밍된 자멸》, 일리치Ivan Illich의 《자기 제한:

기술의 정치적 비판》, 요나스Hans Jonas의《책임 원칙: 기술적 문명을 위한 윤리학 시론(試論)》같은 1970년대 책들의 제목은 새로 각성된 당시의 의식, 즉 우리의 자연 자원들을 더욱 이성적으로 보호하면서 다루어나가야 한다는 생각을 대변한다. 이런 점에서 이 글들은 긍정적 영향을 미쳤다. 왜냐하면 거의 모든 곳에서 환경 보호와 우리 행동의 지속성에 대해 새로운 발상을 하게 했기 때문이다. 그러나 테크놀로지에 파괴적인 특성이 내재하게끔 내버려둔 일도 빈번했기 때문에, 미래에 대한 불안감은 점점 커져 갔고 자연과학의 가치가 심하게 격하되는 상황도 함께 일어났다.

사회철학 분야에서는 막스 호르크하이머, 테오도어 아도르노, 그리고 이들과 사상이 비슷한 허버트 마르쿠제, 발터 벤야민, 그리고 에리히 프롬이 대표하는 프랑크푸르트 학파의 비판 이론이 이 시대에 명성을 얻었다. 프랑크푸르트 학파는 최신의 경험들에 입각한 새로운 사회 이론을 정립시키려고 노력해 위대한 성과를 올렸다. 그러나 그들은 인간에게 잠재해 있는 파괴적 힘과 자연과학 간의 관계에 대해서는 유사한 입장을 대변했다. 호르크하이머와 아도르노는 주로 독일 파시즘을 연구했으며, 1960년대 후반의 학생 운동에 강한 영감을 불어넣은 그들의 가장 중요한 저서의 제목을 적절하게도《계몽의 변증법》으로 붙였다. 그들이 보기에, 계몽주의와 과학 및 테크놀로지의 진보는 파시즘 시대 동안 무지몽매한 야만과 결탁했으며 그리하여 신용을 잃어버렸다. "지식은 권력이며 한계를 모른다. 인간을 노예화시키며 세계의 주인들의 말에 한없이 고분고분하다"라는 그들의 말이 이런 생각을 잘 드러내준다. 진보는 인간을 해방시킨 것이 아니라 모호한 구조들의 노예가 되게 했다고 생각했던 것이다.

1979년 미국 해리스버그와 1986년 체르노빌의 원전 사고, 그리고 방사능 쓰레기의 처리를 둘러싼 규명되지 않은 여러 문제들은 현대

테크놀로지가 과연 통제될 수 있는가 하는 의구심을 증폭시켰다. 독일에서는 이런 추세가 생태론적 세계관에서 표명되었다. 이제 과거 그 어느 때보다 사람들은 환경 친화적인 기술을 개발하는 데 신경을 썼다. 그러나 그 세계관은 기술과 자연이 상반되며, 기술은 원칙적으로 자연에 대한 위협이라는 잘못된 생각도 퍼뜨렸다.

1970년대 초부터 환경 문제로 인해 사회적 갈등이 계속해서 빚어졌고 인간이 지구의 가장 큰 문제로 부각되었다. 처음에는 환경, 교통 및 건설 정책 안건들 가운데 행정부가 내린 인기 없는 결정들에 반대하여 어느 정도 지엽적인 시민 운동이 새로운 사회 운동의 촉매제로 발전하였다. 그러다가 마침내 학생 운동에서 출발한 조직화된 좌파들도 거기에 합세하게 되었다. 특히 독일 학생 운동사에서 유명한 두치케Rudi Dutschke는 1975년 좌파 그룹들을 하나의 환경론적 강령 아래 통일시키려는 노력을 시작했다. 그는 환경 파괴와 관련해서, 차츰 계급 문제를 덮어버리게 될 새로운 부류의 문제에 대해 설파했다. 그러자 일련의 거물급 보수주의자들도 환경 운동에 동조했다. 예컨대 과거 기민련 CDU(기독교 민주주의 연맹당, Christliche Demokratische Union) 당원인 그룰Herbert Gruhl은 1975년에 《행성 하나가 약탈당한다. 우리 정치의 경악스런 결산》이라는 책을 출간하여, 환경 평가의 결과들을 가지고 설득력 있게 경고했다.

홀턴은 《아인슈타인: 역사 그리고 다른 고뇌》에서 정치와 철학은 과학, 연구, 테크놀로지의 긍정적 잠재력을 더 이상 신뢰하지 않아야 한다고 주장하고 있다. 그는 미국에서 부시Vanevar Bush(1890~1974)가 1945년 저술하여 루스벨트 대통령에게 제출한 보고서 《과학, 끝없는 국경》의 운명을 예로 들어, 그 의미 변화를 인상 깊게 묘사한다. 이 보고서는 당시의 모든 서구 사회에 지배적이었던 낙관적 분위기와 인류의 진보가 자연과학의 진보에 직접적으로 의존할 것이라는 믿음에 부응하는 것이었다. 부시는 가장 커다란 질병과의 전쟁을 선포하였고 미국 청소년들 중에서 과학적 재능이 있는 자를 발견하고 지원해야 한다고 주장했으며, 그 연구를 위한 엄청난 국가 예산을 거의 확보할 수 있었다. 홀턴은 이 보고서가 몇 십 년 후에 그 가치를 상실했으며 미국 문화의 중심에 있던 자연과학은 특출한 지위를 박탈당했다고 묘사한다. 그는 미국에서도 과학자들에 대한 의혹과 불신이 점점 일반화되었다고 말하는 것이다.

고전적 스타일의 유명한 자연과학자들도 한두 명씩 이런 추세에 합류했다. 1980년부터 "삶, 관심사, 취향의 과학화"를 비난하면서, 과학이 "슬픈 20세기"에 엄청나게 변화하여 산업계에 이익을 안기는 역할만 하게 되었다고 말하는 샤가프Erwin Chargaff(1905~)가 그 한 예이다. 독일의 과학사학자 피셔Ernst Peter Fischer(1947~)는 이 부정적 자연과학관을 이미 1980년대 말에 비판했다. 그는 오히려 사회가 과학자들을 새로이 '값싼 인력'처럼 취급하며 "우리 모두는 과학자에게서 서비스만 받으려 할 뿐 더 이상 귀찮은 부담은 지지 않고 싶어한다"라고 썼다. 그 결과 "자연과학자들은 2등급에 속하는 업적만을 내놓았고, 위대한 작품들은 시인들 덕택에 생겨난 것이다"라는 견해가 널리 퍼졌다는 것이다.

정신과학과 자연과학

이로써 또 하나의 추세가 분명해졌다. 즉 정신과학과 자연과학 중에 어느 것이 최종적으로 사회의 행복에 더 많이 기여했는가 하는 문제를 둘러싼 논쟁, 이른바 '두 문화' 간의 논쟁이 생겨난 것이다. 여기서 자연과학 연구자와 테크놀로지 개발자들은 자기 작업이 지닌 잠재력과 사회적 의미를 제시하려고 노력한다. 정신과학자와 사회과학자들은 원칙적으로 거기에 반대하며 자연과학에서 비롯된 발전들의 위험성을 정확히 경고한다. 미텔슈트라스는 이 두 진영 "상호간의 무시와 상호간의 빈곤화"를 지적했다. 그가 보기에 두 문화가 이처럼 따로 형성되는 과정은 결코 환영할 만한 것이 못 되었다. 그의 표현을 빌리자면 그 과정은 "자기 영역을 보전하기 위해 제도적으로 그리고 전문 용어를 사용해서 '볼을 무조건 자기 문전에서 멀리 차내기'였다." 이런 처신은 결국 많은 정신과학자와 자연과학자들에게 "계속적으로 상대편 분야의 모든 활동을 무지에 입각해서 판단"할 권리를 부여하는 것과 같다.

아마도 이런 태도는 앞에서 서술한 추세와 연관이 있다. 다시 말해, 미래를 위해 꼭 필요한 상호간의 커뮤니케이션을 하려고 각자의 경계선 밖으로 나오려는 자발성이 사회에는 결여되어 있다. 사회는 이제 잠재력을 발휘하여 개별적 성과들을 더 큰 연관성 속에서 세우고, 미래의 비전을 함께 숙고해 나가야 할 것이다. 홀턴은 현재의 경직된 상태를 염려하면서 "모든 위대한 시기는, 문화인들이 동시대의 과학적 측면을 이성적으로 이해하려고 애쓰지 않을 것이라 크게 우려했던 위대한 지식인들에 의해 형성되었음"을 주지시킨다.

"누가 인류의 해방에 더 많이 기여했는가?" 또는 "우리 미래를 이성적으로 가꾸어가기 위해 누구를 신뢰해야 하는가?"라는 질문들은 우리를 한걸음도 더 전진시키지 못한다. 이러한 간극은 부분적으로는, 양적으로 팽창하면서 사방에서 경고를 받는 모든 학문 분과들의 전문가 집단에서 그대로 확인된다. 실제로는 대규모 연구 영역들이 지속적으로 분화되고 전문화되고 있기 때문에, 분과와 전공의 경계선을 넘어 대화하는 것이 더욱 어려워진 측면도 있다. 물론 그런 커뮤니케이션 장애들이 정신과학과 자연과학이라는 양대 메타 영역들 사이에서만 확인되는 것은 아니다. 장애들은 모든 분과에 걸쳐서 나타난다. 사회학 분야의 젠더 연구자는 오늘날 자연과학 분야의 분자생물학자나 우주학자들뿐만 아니라 동일한 학문 분야의 국가 체제 이론 전문가들과도 접점을 거의 찾지 못한다. 그 반대 방향을 봐도 상황은 매한가지다.

이와 대조적으로 오래전부터 아주 중요한 움직임 하나가 확인된다. 많은 과학 분과들과 전공 분야들이 서로 멀어지지 않고, 도리어 서로 융합해 성장해 가는 것이다. 지구상에서 기초 물리학과 기초 생물학의 과정이 거대한 기어 장치처럼 서로 맞물려 돌아간다는 사실을 결코 예감할 수 없었던 과거에는 연구 분야들이 훨씬 더 분명히 서로 고립되어 있었다. 지난 100년 동안, 특히 2차 대전 이후에야 비로소 지질학, 물리학, 화학, 생물학의 위대한 발전에 힘입어 사람들은 지구 시스템 내의 복잡한 상호 작용을 인식하게 되었다. 다시 말해 예전에는 동물군(群)과 식물군 전체가 한꺼번에 조망될 수 없는 것으로 여겨졌으나, 오늘날에는 진화에 대한 분자학적 연구 덕분에 하나의 역동적 발전 과정에 함께 있는 논리적 연속체임이 드러났다. 또한 자연에서 고정된 것처럼 보이던 것이 인간들이 한 행동의 결과들이라는 새로운 인식이 추가되었다. 이렇게 지식이 확장된 결과, 1960년대부터는 개별 지식 분과들 간의 집중적 유대 관계가 형성되었다. 노벨 의학상 수상자 메더워Peter B. Medawar(1915~1987)는 이런 현상에 대해 이제 '고립된 전문가'의 시대는 지났다고 평했으며, '점점 더 좁아지는 전문화의 문제'에 대해서는 "그 정반대 방향의 움직임이 관찰된다고 말할 수 있다. 현대 과학에서 가장 두드러지는 특징들 중의 하나는 과거의 전문적 파벌주의가 소멸되는 것이다"라고 덧붙였다.

지난 몇 십 년 동안 이런 추세는 계속되었다. 오늘날 생명과학 문제에서는 생물학자, 생명공학자, 화학자, 물리학자, 정보학자, 인류학자, 의학자들이 긴밀히 협조한다. 뇌 연구 부문에서는 신경학자, 인공지능 연구자, 철학자, 언어학자, 유전학자, 심리학자들의 협동 프로젝트들이 곳곳에서 진행되고 있다. 이 통합 과정은 이미 오래전에 사회과학과 정신과학 분야에도 도달했다. 모든 과학 시스템은 단위 학부들이 경계를 넘어서 서로 협조할 때에만 역동적으로 작용한다. 그리고 미래에 대한 전망도 밝게 한다. 유감스럽게도 수많은 대학과 연구지원 기관들은 이런 추세에 충분히 부응할 수 있는 구조를 아직 갖추지 못하고 있다.

그런 학문간 협동 프로젝트에서는, 복잡한 연관성들을 파악하여 퍼즐 조각을 짜 맞추고 결국 연구의 초점을 새로운 지식에 맞추는 일이 점점 더 많이 이루어진다. 현대에는 시간이 갈수록 지식의 총량이 등비급수적으로 증가하고 따라서 개인이 연구할 수 있는 여지가 점점 좁아지므로, 서로 다른 과학 분야들이 점점 더 서로 멀어질 것이라는 우려는 쓸데없는 기우였음이 차차 드러나고 있는 것이다. '지식 폭발'은 어차피 실체가 없는 망상일 뿐이다. 예컨대 동물·식물·인간의 유전 물질이 점점 더 많이 규명됨으로써 우리에게 무수히 많은 새로운 데이터들을 제공했고 또한 인간 게놈의 염기 서열이 상당 부분 해독된 해인 2001년에는 지식 곡선이 급상승했다고도 물론 말할 수 있을 것이다. 하지만 지식의 연관성이 불분명하다면, 다시 말해 데이터는 존재하는데 그것들을 연결하는 이론이 없거나 서로 모순되는 이론들만 존재한다면, 그 많은 데이터들은 전체적인 조망이 불가능하다는 것을 의미할 뿐이다. 과학적 진보는 이론들의 수효가 증가하는 것이 아니라 감소하는 것이다. 그래서 새롭고 강력한 포괄적 가설들이 나타나면 과거의 가설들이 버려지는 것이다. 상당수의 물리학자들은 심지어 모든 것을 위한 이론, '모든 것의 이론Theory of Everything'에 대한 희망을 품는다. 그리고 두 개의 기초적 이론, 즉 일반 상대성 이론과 양자 이론으로 그 목표에 아주 근접했다. 이 발전은 진화생물학을 비롯한 모든 과학 분야들에서 확인된다. 몇 십 년이 넘도록 여기서 엄청난 양의 개별 데이터들이 수집, 보존, 평가되었다. 시간이 경과하면서 이 데이터들을 서로 연관시키고 거기서 과학적으로 증명된 시스템을 도출하는 일이 점점 더 많이 이루어졌다. 이와 유사하게 지질학자들은 지구상의 몇 만 가지 광석 표본 목록을 작성하는 고된 작업을 통해 지구의 구조를 더욱더 포괄적으로 이해할 수 있게 되었다.

벌써 30년 전에 메더워는 통제할 수 없을 만큼 지식을 축적해 가는 것에 대해 사람들이 우려의 목소리를 높이자, 오늘날에도 매우 시사성이 높은 방식으로 이에 대응했다. "자연과학에서 전문 지식이 끝없이 불어나서 우리를 질식시킬 것이라는 견해는 틀리다. 실제로는 사실들Facts의 부담이 매일같이 경감되고 있다. 왜냐하면 모든 과학에서 사실들의 총량은 '그 성숙도에 반비례해서' 변하고 있기 때문이다."

보편적인 지식의 성립

우리가 정신과학과 자연과학 간의 관계를 역사적으로 고찰해 보면 거의 언제나 그런 서열 투쟁이 존재했다는 것이 확인된다. 피셔는 학문의 오만(傲慢)이 19세기에는 오늘날과 반대로 자연과학의 진영에서 발생했다고 다음과 같이 지적했다.

과학의 진보에 대한 낙관론이 지속되었으며 그 신념으로 미래를 정복하려고 했을 때, 예컨대 물리화학자 오스트발트Wilhelm Ostwaldt(1853~1932)는 정신과학을 '종이 학문'으로서 일축할 수 있다고 생각했다.

이와 유사한 오만에 빠져 있던 수학자와 물리학자들은 오랫동안 자신들이 지질학 탐사 연구자나 생물학자보다 우월하다고 느꼈다. 그렇지만 이런 대립들 역시 자연 관찰이나 철학적·정치적 문제에 종사하는 지식인들 간의 건설적인 상호 작용의 일부였다. 그래서 자연과학과 정신과학 간의 구분도 아주 뒤늦게야 비로소 이루어졌다. 대부분의 사상가들은 항상 양 방향 모두에 관심을 가졌으며 양쪽에서 풍성한 업적이 나오게끔 했다.

15세기와 16세기에 이탈리아에서 시작된 르네상스 그리고 그 다음 세기의 과학 혁명을 거치면서 비로소 각 학문 영역들이 조금씩 분과화되었다. 한편으로는 물리학·화학·지리학, 다른 한편으로는 법학·철학이 나란히 발전했다. 그러나 아직은 분명한 경계선을 긋는 것이 거의 불가능했다. 이 시대의 중요한 지식인은 거의 모두가 만능 재주꾼이었으며 또한 당연히 그래야만 했다. 왜냐하면 지구상에 나타나는 복잡한 유기적·정신적 삶의 아주 기초적인 출발점을 파악하고 그것을 더 깊이 파고들기 위해서는 학문적 작업을 최대한 포괄적으로 이해해야만 했기 때문이다.

처음에 인용했던 칸트를 예로 들어보자. 그는 우리 태양계가 별들의 먼지가 응집되어 생성되었다는 가설을 세웠다. 그의 주요 학술서인 《일반 자연사와 천체 이론*Allgemeine Naturgeschichte und Theorie des Himmels*》은 1755년에 나왔다. 이 테제로 그는 동시대의 학자들과 마찬가지로 당시의 세상을 거꾸로 세웠다. 왜냐하면 그의 주장은 성서의 창조사에 모순되는 것이기 때문이다. 그 작업 때문에 그는 필연적으로 인간의 역할에 대한 철학적·정치적 물음을 던지게 되었으며, 지구와 우주에서 인간이 어떤 의미를 지니는지와 지적 능력에 대해 묻게 되었다. 따라서 그는 천체 연구가가 아니라 위대한 철학자로 우리 기억 속에 남아 있다. 그는 보편성을 추구하는 천재였으며, 그의 폭넓은 학구적 태도가 좀 유별나기는 했지만 그런 태도는 그 시대의 지식인들 대부분이 공통적으로 가지고 있는 것이었다.

지식과 교양을 폭넓게 이해했기 때문에 정체적인 사회 구조가 극복되고 현대 문화 및 문명이 발전할 수 있었다. 이런 의미에서 아인슈타인Albert Einstein(1879~1955)은 자신이 "일상생활에서는 전형적인 솔로이지만, 그 어디에선가 진리 · 미 · 정의를 추구하는 사람들의 집단에 속한다는 의식(意識)" 때문에 고독하다는 느낌이 들지 않는다고 말했다.

서로 다른 지적 활동 분야들에 대한 상호간의 관심이 존재하며 그것이 현대 사회의 미래를 여는 지배적 목소리라는 사실은 문학가, 음악가, 예술가들이 과학에 대해 완전히 열린 자세를 취하고 있다는 데서도 확인되었다. 그들은 거기서 생겨나는 새로운 인식뿐만 아니라 의문과 자기 회의까지도 계기로 삼아 위대한 업적을 낳았다. 르네상스와 계몽주의가 괜히 위대한 미술가와 문인들을 배출한 것이 아니었다. 예를 들어 괴테Johann Wolfgang von Goethe(1749~1832)는 많은 사람들에게 가장 중요한 독일어권 문학가로 통한다. 반면에 그가 자연학자라는 사실은 극소수의 사람들만 알고 있다. 그는 몇 십 년 동안 자연을 연구했고 내내 성공을 거두었다. 그래서 그는 1784년 중간 악골(顎骨)을 연구한 후에 사람과 원숭이의 골격에는 본질적 차이가 없다는 가설을 내세웠다. 교회가 인간을 동물보다 훨씬 높은 위치에 두었던 당시에 그것은 대단한 모험이었다. 그는 해부학 외에도 동물학 · 식물학 · 기상학 · 지질학 · 광물학 · 광학 · 색채론을 연구했으며 《파우스트》에서 볼 수 있듯이 연금술에도 관심을 가지고 있었다. 전하는 바에 따르면 그는 자신이 문학자보다는 자연과학 연구자로서 더 중요하다는 자의식을 가지고 있었다고 한다. 비록 이 의식이 후세인들의 눈으로 보기에는 좀 틀리긴 하지만 말이다.

연구와 학설의 통일

괴테와 동시대 사람이자, 의심할 여지 없이 그 시대의 가장 중요한 지식인들 중 한 명은 훔볼트Alexander von Humboldt(1769~1859)이다. 그는 자연과학 및 정신과학 분야에서 활동했을 뿐 아니라, 양 방향을 통합하는 쪽으로 영향을 미쳤다. 그는 지질학, 생물학을 비롯한 여러 과학 영역들에 종사했으며, 그 시대의 진보를 소재로 삼아 그 진보가 새로운 빛을 발하게끔 한 당시 문인들과 예술가들의 창작을 후원했다. 그의 형인 빌헬름 폰 훔볼트Wilhelm von Humboldt(1767~1835)는 고전적·이상주의적 인문주의Neuhuman-ismus의 창시자로 통한다. 그는 철학자, 언어 학자, 정치가였으며, 프로이센의 교육 제도 개혁과 1810년 베를린 대학 설립을 주도했다. 그는 자신의 저술에서 인간의 목표가 개인으로서 형성되는 것에 있다고 역설했으며, 다른 한편으로는 그 형성 과정에서 보편적인 것, 즉 인문주의 이상(理想)에 도달하는 일이 중요함을 강조했다. 프로이센에서 그의 대학 개혁 이념대로 모든 분야들, 즉 자연과학과 정신과학의 통합은 매우 중요한 과제였다. 그의 대학 이념은 매우 성공적이었으며 수많은 나라들에서 채택되었다.

지식과 교육을 이렇게 포괄적으로 이해하게 되면, 자연과학과 정신과학을 형식적으로 구분하는 일들은 그다지 의미 있는 일이 아니라고 말할 수 있다. 베를린의 자연과학자인 헬름홀츠Hermann von Helmholtz(1821~1894)는 1862년에 '부드러운' 정신과학과 '단단한' 자연과학을 구분했지만, 그 역시 훔볼트와 동일한 확신을 가졌으며 건설적인 대화로써 학문의 여러 분야를 모으려 했다. 이러한 구분의 밑바탕에는 서로 경쟁하는 두 지식 분야를 격리시키지 않고 통합하려는 욕구가 깔려 있었던 것이다.

삶이 자연과학적인 것과 철학적인 것으로 복잡하게 뒤얽혀 있다는 사실을 사람들이 더 많이 인식하게 되었지만, 개인이 그 전체에 대한 조망을 얻는 일이 점점 더 어려워졌던 것도 사실이다. 객체와 주체

간의 긴장 관계에 대한 의문도 지적 호기심의 중심부로 밀려 들어왔다. 그리하여 인간은 식물과 동물도 속하는 자연 질서 속에 한 자리를 배정받았다. 그런 견해는 생명을 기계로 보는 사고 속에 침전되었다. 인간은 만물의 영장 자리에서 밀려났고, 이 시대의 중요한 몇몇 사상가는 인간의 몸을 오로지 기계론적 법칙에 따라 작동하는 기계로 묘사하는 상황에까지 이르렀다. 그러나 이와 동시에 인간의 정신적·창조적 능력도 발견되었으며 인간이 다른 생명체들보다 우월하다는 것이 강조되었다. 이 "두 세계", 즉 물질적 세계와 정신적 세계를 다시 합류시키는 것이 계속해서 중요한 문제였다. 르네상스 이래로 인간 존재에 대한 논쟁에는 이 분열이 함께 따라다녔다. 인간의 생명은 한편으로는 생물학적인 것이며 그런 의미에서 보다 더 설명될 수도 있지만, 다른 한편으로는 그 생명체가 주관성·사상 세계·감정 세계를 가지고 있다는 사실, 그리고 의식적으로 의사소통하며 행동하고 새로운 것을 생각할 수 있는 신비한 능력을 가지고 있다는 사실이 우리를 매료시킨다.

인간이 중심이다

데카르트René Descartes(1596~1650)는 이 문제와 체계적으로 대결함으로써 거기에 철학적으로 접근할 수 있었던 최초의 철학자였다. 그는 인간의 정신을 물적·유기체적 자연의 영역에서 분리했다. 그는 후자를 과학적으로 규명할 수 있는 것이라 보았다. 그렇지만 정신은 인간의 이해력이 접근할 수 없게 폐쇄된 것이었다. 이 이원론은 혁명적인 것이었다. 왜냐하면 이로써 그는 과학을 교회의 속박으로부터 해방시켰으며, 생명에 대한 자연과학적 연구를 정당화했기 때문이다. 그는 100년 동안 유럽 전역의 문화를 특징지었다.

그의 출발점은 오늘날의 관점에서 볼 때 분명히 불충분한 것이었다. 왜냐하면 현대 자연과학의 인식에 의하면, 물적으로 파악할 수 없는 정신적 영역, 또는 규명조차 할 수 없는 인간의 영역이 선험적으로 존재한다는 것을 우리는 수긍할 수 없기 때문이다. 데카르트의 철학에 결정적으로 작용한 것은 그 당시의 일반적 통념이었다. 그것은 인간의 창조적 잠재력에 대한 외경심이었으며 과학 및 문명의 발전 가능성에 대한 낙관적 신뢰였다. 영국의 철학자 베이컨Francis Bacon(1561~1626)이 말한 "아는 것이 힘이다"라는 격언도 이런 신뢰의 표현이었다. 인간이 도달할 수 있는 모든 한계는 이로써 철폐되었다. 베이컨은 생산된 지식을 체계적으로 인류의 이익을 위해 기술적으로 이용할 수 있게 만들어야 한다고 최초로 주장한 사람이었다.

과거의 위계 질서와 자연의 속박에서 인간이 계속 해방될 것이라는 신념은 마침내 프랑스의 혁명가들에게 날개를 달아주었다. 수학자이자 철학자인 콩도르세Marquis de Condorcet(1743~1794)는 "인간 능력의 개선에는 경계선이 그어질 수 없다"라는 말로 이를 정확하게 표현했다. 그 진보는 "정도의 차이는 있지만, 의심할 여지 없이 조만간 이루어질 것이며, 퇴보는 결코 없을 것"이라는 것이었다.

계몽주의 시대에 형성된 이 인간관을 우리는 휴머니즘이라고 부르는데, 르네상스는 휴머니즘 가운데에서 무엇보다도 그리스의 교양과 문화를 되새긴 것이다. 우리가 '휴머니즘'을 계몽주의와 해방 운동의 의미로 사용한다면, 휴머니즘은 인간을 의식을 가지고 행동하는 성숙한 주체로 보는 것이 된다. 이때 인간은 자기 문화의 중심에 서 있다. 그리고 그의 뿌리는 고대 그리스에 있다. 당시 사람들은 처음으로 인간에 대한 신뢰에 바탕을 두었고, 지식은 끝없이 확대될 것이며 인간은 세계의 질서를 더 잘 이해할 수 있으리라는 믿음을 가지고 출발했다. 이 생각은 르네상스 때에 새로운 시대의 주도적 이미지가 되었다. 지구상의 생명에 대한 지식이 급증했고 여러 신들과 창세 신화들을 더 이상 믿지 않게 됨에 따라 사람들은 자신감과 자부심을 키울 수 있었으며, 모든 관점에서 문화적 생활이 더욱 활기차게 이루어졌다. 휴머니즘 이념은 인간을 모든 철학적 논의의 중심부에 세우려는 욕망에 의해 더욱 강화되었다. 사람들은 자신의 능력을 인정하고 오성을 자연의 이해를 위한 도구, 문명의 이성적 발전을 위한 도구로서 관철시키려 했다.

이 시대의 화가, 시인, 철학자, 자연 학자는 이러한 변화에 동등한 자격으로 참여했다. 그들은 인간과 지구상의 복잡한 생명 현상을 합리적으로 이해하는 것을 최고의 연구 과제로 삼았으며, 이로써 현대의 개척자가 되었고 옛 사고방식을 돌파했다.

신의 창조물을 칭송하고 인간의 예속성을 제시하는 것을 최상의 과제로 삼았던 중세의 정태적·상징적인 미술은 이제 자연 풍경과 인간의 생기발랄하고 다채로운 모습을 원근법적으로 묘사하였고, 인간 감성의 섬세함을 예찬했다. 이런 면에서 두드러진 화가는 이탈리아의 조토Giotto di Bondone(대략 1266~1337)였다. 그는 새로운 시대를 위해 결정적인 자극을 유럽 예술에 선사했다. 그는 위대한 원근법적 회화법을 완성하였고, 예술을 비잔틴풍 이콘화의 도식성으로부터 해방시켰다. 무엇보다도 그는 자연학자로서 1301년 지구를 통과한 핼리 혜성을 관찰했는데, 예술가로서 이 천체를 나중에 그 꼬리와 함께 사실적으로 그렸다. 〈베들레헴의 별〉이라는 제목으로 파도바의 아레나 교회에 그려진 프레스코화가 바로 그것이다. 1986년 3월에 핼리 혜성 곁으로 비행한 우주 관측선은 그의 이름을 따서 '조토'로 명명되었고, 혜성 주변의 물리학적·화학적 프로세스들에 대한 정보를 지구로 보내왔다. 조토의 작업은 르네상스의 위대한 예술가인 다빈치Leonardo da Vinci(1452~1519), 미켈란젤로Buonarroti Michelangelo(1475~1564), 라파엘로Sanzio Raffaello(1483~1520), 보티첼리Sandro Botticelli

(1445~1510)에게 영감을 주었다. 독일어권에서는 뒤러 Albrecht Dürer(1471~1528)가 자연과학에 관심을 가진 최초의 화가들 중 하나였으며 풍경 및 사람의 초상을 체계적으로 그리는 데 정열을 바쳤다.

문학에서도 인간의 소원, 장점, 약점이 주요 관심사가 되었다. 이 시대의 가장 중요한 작가는 셰익스피어 William Shakespeare(1564~1616)였다. 그 역시 자연 연구에 많은 관심을 가졌고, 당시의 연구자나 세계를 항해한 사람들이 새로 발견한 내용들을 작품에서 주제로 다루었다. 그의 극(劇)은 현대적인 인간상을 다룬 점이 특징적이며, 위대한 역사적 인물들의 개성과 역동적인 발전 과정을 담고 있다. 예컨대, 《햄릿》에서는 주인공이 인간 존재에 대해 철학적으로 사유하며 자신의 내면을 규명하려고 애쓴다. 그리고 《폭풍》에서는 연금술사가 주인공이며, 당시의 자연과학적 인식들과 아메리카 대륙의 발견에 대한 시사적인 내용들이 묘사된다. 셰익스피어의 자연과학적 교양은 매우 포괄적이었으므로, 후대의 문학 연구자들은 그의 이름 뒤에 당시 최고의 자연과학자였던 프란시스 베이컨이 숨겨져 있다는 주장을 내놓기도 했다. 그러나 이런 추측은 그 동안 근거 없는 것으로 밝혀졌다.

다윈의 진화론으로 새롭게 도약한 휴머니즘은 모든 지식 분야에서 특징적인 주도 이념이 되었다. 미텔슈트라스는 이런 맥락에서 다음과 같이 말했다.

정신과 자연, 또는 철학과 (자연과학으로서의) 과학이 아니라, 이론(체계적 지식)과 역사(역사적 지식)가 휴머니즘의 '표준적 지향점'이었다. 근대가 시작되고 나서도 한참 동안 그러했다. 오늘날 우리가 과학과 구분해서 철학, 그리고 철학과 구분해서 과학이라 부르는 것은 당시에는 동일한 한 가지 노력의 표현이었다. 당시에는 사람들이 세계에 합리적으로 발을 붙이려 노력했으며, 사유 속에서 그리고 사유를 통해 삶의 방향을 정하려 했다.

휴머니즘과 지식 사회

계몽주의가 휴머니즘으로 명명했던 '표준적 지향점들'은 오늘날 빈번히 불분명해 보인다. 기본적으로 정신적·비전적 연결 고리들, 그리고 연관성을 서로 함께 파악하지 못한다면, 학문 분과들 간에 건설적 커뮤니케이션을 유지하는 일은 쉽지 않다. 과거에도 아인슈타인의 상대성 이론, 다윈의 진화론, 플랑크의 양자물리학, 보어의 원자 모델 또는 그 밖의 자연과학적 인식들을 포괄적으로 파악하는 일은 쉽지 않았지만, 당시에는 원칙적으로 사람들을 하나로 묶는 공감대, 긍정적 합의가 있었다. 그들은 인류의 중심적 문제들을 연구하고 규명함으로써, 자신의 지식 경계가 처한 좁은 지평을 넘어서고 해결 방안과 옵션들에 대해 숙고하려 했던 것이다.

오늘날에는 자신의 경계를 넘어서서 멀리 볼 수 있을 뿐만 아니라 몇몇 분야들에 대해서는 깊이 들어갈 태세가 되어 있는 '팔방미인형 보편인들Generalisten'이 너무 적은 것 같다. 오늘날의 의학계에서는 전공을 넘어서서 새로운 통합이라는 도전에 부응해야 한다는 필연성이 특히 분명하게 나타난다. 고전적 시대에 의사들은 신체와 영혼, 행복과 고통, 건강과 질병을 살피는 인간적 간호사로서 환자들에게 헌신했다. 그 후 과학 및 테크놀로지가 발전해 감에 따라 전통적인 종합적 의사는 차츰 외과 의사, 내과 의사, 부인과 의사, 비뇨기과 의사, 피부과 의사, 안과 의사, 신경과 의사 등의 전문 의사로 바뀌었다. 질병 발생에 대한 새로운 인식과 테크놀로지의 혁신을 통해 마침내 실험실 검사과 의사, 엑스선과 의사, 핵의학과 의사가 새롭게 추가되었다. 겉으로 드러난 환자의 모습, 이른바 '표현형Phänotyp'을 관찰하고 그 결과에 입각에서 소견을 말하는 고전적 방식은 이제 환자의 몸속을 들여다보는 방식, 즉 엑스선 장치, 내시경, 초음파 또는 실험실에서의 혈액 분석으로 대체되었다.

오늘날 현대적인 게놈 연구는 완전히 새로운 시각을 열어준다. 인간 몸속 46개 염색체의 모든 세포핵에 있는 유전자에 대한 분석은 글자 그대로 '사건의 핵심'에서부터 건강과 질병을 알 수 있게 한다. 게놈을 분석해서 '인간의 유전형Genoytpe'을 파악할 수 있기 때문이다. 그리하여 질병이 발생하기도 전에 벌써 질병을 알 수 있게 된다. 그렇게 해서 생겨나는 새로운 의학, 즉 건강과 질병의 분자적 이해에 입각한 의학은 여러 가지 혁명적 변화들을 낳는다. 의사는 새로운 도전에 직면한다. 그는 이제 질병의 증상뿐만 아니라 내부의 유전자를 아울러 이해할 수 있어야 한다. 이런 현상은 지식의 다른 분야들에서는 아직 유례없는 것이다. 현대의 의사는 이제 전문가와 일반인을 자신의 한 몸에 구현해야 한다. 도움을 구하는 환자는 과학의 차원에서 진료하면서도 인간적으로 대해 주는 의사를 필요로 한다. 게놈 연구에서는 새로운 건강 개념이 생겨나며, 마침내 의사와 자연과학자들뿐만 아니라 신학자, 철학자 그리고 끝으로 모든 사람이 함께 해결해 나가야 할 새로운 인간상이 생겨난다. 사회 전체를 위해서는 새로운 복합적 과제들이 생겨난다. 개인의 이해관계보다는 전체의 복지가 더 신중하게 고려되어야 한다. 유전형을 파악해 진단을 내릴 때에는 건강한 사람이든 병든 사람이든 주체적인 판단 하에 진단받을 수 있게 해야 하며, 그것들을 악용하거나 책임질 수 없는 위험한 상황을 미리 예방할 수 있도록 여러 조건이 장기적인 안목으로 마련되어야 한다는 말이다.

이처럼 점점 더 사회 전체를 지향하는 시스템으로 발전해 가는 과정은 이미 오래전에 시작되었으며, 무엇보다도 바이오의학에 대한 세간의 격렬한 토론들에서 가시화되었다. 그리고 우리 앞에 놓여 있는 이 복잡한 도전들을 미래 지향적 · 건설적으로 해결하려는 첫 시도들도 이미 나타나고 있다. 지식 사회 내에 새로 생겨난 장소들이 그 예인데, 여기서는 사회에 귀감이 될 만한 협력의 형식들을 체험해 볼 수 있다. 분자의학 분야의 경우, 그런 장소들 중 하나가 바로 베를린의 근교 도시 베를린 부흐Berlin-Buch이다. 이곳의 유서 깊은 옛 건물들과 최신의 유전자 센터에서 분자의학의 문제들이 폭넓게 제시되고 해법이 추구된다. 의학자, 게놈 연구자, 윤리학자, 물리학자, 생물학자, 화학자들이 대학 캠퍼스의 실험실과 클리닉에서 협력하고 있다. 그래서 여기서는 바이오테크놀로지의 새로운 가능성들을 역동적 경제 분야와 발명 산업으로서 성립시킬 수 있었다. 활발하면서도 잦은 충돌이 일어나는 의견 교환 과정과 긴밀한 네트워크화는 참여자들 중 어느 누구도 다른 사람의 생각, 목표, 문제에서 벗어날 수 없게 만든다. 그럼으로써 집단적으로 성취된 미래 지향적 총괄적 전망이 과학 연구, 임상 적용, 경제적 이용을 위해서 생겨난다. 그 지역 사람들은 그 역동적 분위기에서 벗어날 수 없다. 그들은 거기서 새로운 일자리를 발견하고, 그 발전 과정에 능동적으로 참여하도록 고무되며, 활발히 각자의 몫을 해낸다. 유리로 지어진 실험실에서는 새로운 기술이 모든 사람들에게 공개되며, 견학 및 토론회가 의견 교환을 자극한다. 미술 전시회와 음악회를 통해서 새로운 만남의 문화가 정착되며, 과학과 미학, 개념과 직관의 종합을 추구했던 알렉산더 폰 훔볼트의 대학 설립 이념이 다시 채택된다. 과학과 예술의 결합을 통해 자연과학 연구가 미학적 차원으로도 확장될 수 있다는 데서 교육을 시작한 그의 이념 말이다.

서론에서 언급하기 시작한 이 모든 것에도 불구하고 우리에게 결국 중요한 것은, 그런 지식 사회의 프로젝트에서 볼 수 있는 바와 같이 서로 다른 분야의 여러 개별적 행동들을 통합하는 '커다란 공동의 상

(像)'이다. 끝으로 중요한 것은 크고 작은 의미에서 우리의 삶과 생활 공간이다. 현대 사회에서는 미래를 가꾸어가는 능력이 중요하다. 이를 위해 우리는 미래를 향해 열려 있는 휴머니즘을 필요로 한다. 그것은 과학·정치·문화적 활동을 위한 테두리이며, 위기를 극복하고 실수를 기회로 파악하는 데 꼭 필요한 자의식이 성장할 수 있는 토양이기도 하다.

이를 위해 구상된 교양 개념은 당연히 자연과학과 정신과학을 통합해야 하며, 우리의 활동은 다시 힘을 얻어 사회적·미래 개방적 프로젝트의 부분으로서 이해되어야 한다. 인류의 주요 문제들을 논구하려는 자세, 자신의 지식 및 경험이 가진 한계를 넘어서서 해결과 선행조건에 대해 숙고하려는 적극적인 합의 자세는 우리 모두에게 이익이 될 것이다.

이 책은 그러한 목적에 기여하고자 한다. 다시 말해 정성 들여 선별한 연관성들 속에서 해방을 위한 자연과학의 잠재력을, 그리고 문화와 문명에 대한 자연과학의 의의를 인식하게끔 자극을 주고자 한다. 당면 문제들을 정복하고 미래를 긍정적으로 형상화할 수 있게끔 제공되어 있는 가능성들을 잘 이용해야 하는 것이다. 자유 민주주의 사회의 발전적 힘을 신뢰하는 사람은 모두 여기에 참여해야 한다. 애초부터 인문학에 종사하면서 이따금씩 분위기에 휩쓸려 자연과학의 발전에 대해 성급한 판단을 내리는 문과 지식인들뿐만 아니라, 연구자와 엔지니어들도 문화 비판가와 과학 비판가들에 대해 단순히 욕하는 차원 이상의 일을 하고자 한다면 여기에 참여해야 한다. 이 말은 토론이 조화롭게 이루어져야 한다는 뜻이 아니다. 사실은 그 반대다. 개방되어 있으면서 아직 시들지 않은 논쟁적 입장들의 교류가 바람직하다. 미리 다 만들어져 있는 고정적 의견과 '칸막이'를 목표로 하지 않는다면 말이다.

21세기가 "자발적인 미성년 상태"로부터 벗어나려는 용기는 모든 관점에서 우리에게 더 많이 필요하다. 이 용기는 우리가 사적인 영역, 특히 제도 내에서 작업할 경우에 더 많이 요구된다. 인간의 현재 모습은 생물학적 진화 과정의 산물이다. 그 과정은 장구한 세월에 걸쳐서 그리고 부분적으로는 극적 전환을 통해서 '지금'을 창조해 냈다. 호모 사피엔스는 약 16만 년 전에 그 계획에 첫발을 들여놓았으며 우리에게 깊은 감명을 주는 문명적·지식적 업적들을 쌓았다. 최근에 생물학과 정신의 합류를 목적으로 하는 연구 작업들, 그리고 옛 모습 그대로 변하지 않는 것은 없다는 인식도 그 업적들 중 하나다. 이 점을 분명히 인식하면, 지금까지 개략적으로 묘사한 공동의 노력이 칭송받을 만한 가치가 있는 작업이라는 것도 일정 부분 깨달을 수 있을 것이다.

삶의 여러 측면에 대해 기술한 이 책은 자연과 과학에 대한 관심을 높여 줄 것으로 기대된다. 이 책은 의도적으로 생명을 모든 묘사의 중심부에 놓았으며, 사람을 가깝고 먼 공간 및 시간적 환경 속에 있는 존재로서 묘사하려 했다. 그럼으로써 특히 후학들이 계속 연구 활동을 할 수 있도록 자극하려 했으며, 포괄적이면서도 가급적 통일성 있는 휴머니즘적 세계상을 창조하고자 했다.

1부 생명의 전개

이것이 생명이다

진화

미생물

식물

동물

생명의 전개 Die Entfaltung Des Lebens

그리스 철학자이자 자연학자였던 아리스토텔레스 Aristoteles(기원전 384~322)는 자주 아테네 바다의 바위틈에 앉아 몇 시간씩 생명의 다양한 모습을 연구했다. 그곳에는 수많은 물고기, 불가사리, 게, 오징어 따위가 바쁘게 움직이고 있었다. 이것은 지금으로부터 2,500년 전 일이다. 그는 동물의 속성·이동 모습·번식 과정에 대해 생각했으며 동물학·생리학·발생학을 정립했다. 더불어 다양한 종류를 목록화하는 일을 시작해, 오류가 전혀 없지는 않았지만 어쨌든 560종을 발견했으며, 생명이 성장하고 분화하고 변화한다는 것을 인식했다. 생활 속도가 점점 빨라지는 현대는 우리에게 이런 사실을 매일 보여준다. 서기 2000년대에 들어서면서 게놈 연구와 바이오테크놀로지의 눈부신 성과는 새 천 년에 대한 희망을 약속해 주었다. 유전자 조작 식물, 복제, 설계된 아기, 인공 생명과 생명 윤리에 대해서는 대학 구내식당에서뿐만 아니라 방방곡곡의 술집에서도 논의될 수 있다. 현대 생명과학이 삶 자체를 대장간의 쇠처럼 두들겨 새로 만들어내는 듯하다.

그러나 그리스 자연 연구의 목표는 현대 자연과학의 그것과는 완전히 달라, 획득한 지식을 실용화하거나 자연의 진행 과정에 개입하려 하지 않았다. 과학과 기술은 서로 그다지 관련이 없는 별개 영역이었다. 자연 연구는 세계 질서에 관한 원칙을 더욱 심오하게 인식하기 위한 것이었다. 어떤 것의 실제 기능을 발견하는 일이 중요한 것이 아니

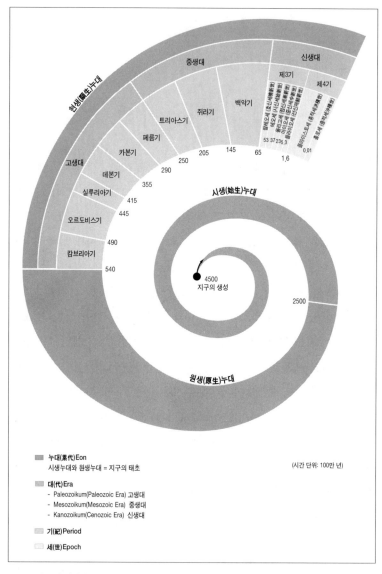

시생(始生)누대

원생(原生)누대

현생(顯生)누대

중생대   신생대

제3기   제4기

백악기

쥐라기

트리아스기

페름기

카본기

데본기

실루리아기

오르도비스기

캄브리아기

고생대

4500
지구의 생성

2500

250
290
355
415
445
490
540

205

145

65

53 37 23 5.3

1.6

0.01

■ 누대(累代)Eon
시생누대와 원생누대 = 지구의 태초

■ 대(代)Era
- Paleozoikum(Paleozoic Era) 고생대
- Mesozoikum(Mesozoic Era) 중생대
- Kanozoikum(Cenozoic Era) 신생대

■ 기(紀)Period

▨ 세(世)Epoch

(시간 단위: 100만 년)

그림 1 지구의 역사가 이 그림에서 누대, 대, 기, 세로 나뉘어 설명되었으며, 숫자의 단위는 100만
년이다. 시간 경계선들은 화석 유물의 변화를 뜻하며, 이것은 생물들이 완전히 멸종했거나
부분적으로 사라지고 새로운 것이 나타났다는 것을 가리킨다. 각 단계의 명칭은 그 화석이
나 고유의 암석이 발견되는 지역의 명칭에 따라 정해지거나 그 유물의 이름 자체를 따른 것
이다. 예컨대 카본기는 석탄을 의미한다. 사람은 플라이스토세 초에 비로소 처음 등장한다.

라, 그것이 우주의 보편적 질서 속에서 어떤 의미를 가지는지 깨닫는 것이 중요했다. 그에 비해 의학, 농사, 목축은 오로지 실천에만 관계되는 일이었다.

과학과 사회의 관계도 오늘날의 상황과는 전혀 달랐다. 아리스토텔레스는 당대의 명망 높은 학자였는데, 제자들 중에는 막강한 정치가 알렉산더 대왕도 있었다. 대왕은 전통에 따라 스승의 연구를 후원했으며, 해외 원정에서 돌아올 때는 낯선 식물들을 채집해다 주었다. 또 다른 제자 테오프라스토스Theophrastos(대략 기원전 327~288)는 식물 분류에 전념했으며 식물학의 기초를 세웠다.

처음으로 꽃을 피우기 시작한 이 자연 관찰의 문화는 몇 백 년도 못 되어 시들었지만, 다행스럽게도 유럽 동부 지역에서는 그리스인의 자연과학적 실마리들이 보존되었으며 부분적으로는 명맥을 유지했다. 11세기경 기독교 수도원은 그리스 자연철학을 다시 발견하고 그 파편들을 기독교 사상과 연결하기 시작했다. 존재하는 것들은 커다란 연쇄를 이룬다는 그들의 핵심 사상은 21세기까지도 지배적인 자연 해석이었다. 이 사상은 플라톤과 아리스토텔레스까지 소급한다. 그들은 가장 간단한 무생물체에서 시작해 가장 고등한 생명체인 인간까지 이르는 시스템을 개발했다. 그 사다리는 위로 더욱 확장되었으며 지구와 하늘까지 포괄함으로써 모든 것을 신의 창조 질서 속으로 편입시켰다. 모든 사물과 생명, 모든 사람은 대대로 불변하는 고유 위치를 점유하고 있었고, 신과의 거리가 얼마나 멀고 가까운지에 따라 분류되었다. 이처럼 확고하게 짜인 세계 시스템은 사회가 정태적으로 유지되게 해주었다. 이러한 신의 작품에 개입하려는 생각은 죄악으로 간주되었다. 그 시대의 '생물학 서적'은 10세기부터 동물의 특징과 행동 방식을 도덕적 관점에서 기독교의 구원론과 관련지어 준 동물 우화집이 대부분이었다.

인간의 가장 중요한 의무는 자기의 위에 서 있는 자들에 대한 순종과 공경이었으며, 가장 나쁜 죄악은 불순종과 교만이었다. 단테 Alighieri Dante(1265~1321)의 《신곡》을 보면, 가장 깊은 층의 연옥은 주인을 배신한 자들을 위해 마련되어 있다. 르네상스 시대와 계몽주의 시대에는 죄인이 될 수 있는 계기가 많았지만, 비판적 자연 학자로서의 명성을 얻을 수 있는 기회는 별로 없었다. 한편 수도원은 경건한 자들이 모이는 곳이기도 했지만, 수도사 신분을 활용해서 개인적으로 수련하고 또 제한적으로 허용된 테두리 내에서나마 자연 연구에 전념하고자 하는 자들의 집합 장소이기도 했다. 그들은 자연에 대해 어떤 진술을 할 때 아주 신중해야만 했다. 자연은 성서와 더불어 제2의 계시 장소로 여겨졌기 때문이다. 자연학자의 모든 인식은 직접적으로 신학적 의미를 가지고 있었으며, 교리와 합치될 수 있어야 했다.

1453년 투르크가 비잔틴 제국을 파괴하자, 수많은 학자가 이탈리아로 피신해 자신의 지식으로 유럽을 감염시켰다. 메디치 가문처럼 약간 세속적인 몇몇 지도층 인사는 과학을 장려하는 전통을 세웠으며 지식을 실용화해야 한다는 생각도 처음 가졌다. 차츰 중세적 시스템이 붕괴되기 시작했으며, 인쇄술 발명(1450), 신대륙 발견(1492), 종교 개혁(1517), 마젤란의 세계 일주(1522), 코페르니쿠스적 세계상(1543) 등이 그 추세를 가속화했다.

고대 그리스 지식은 휴머니즘적 과학의 이상(理想) 아래 체계적으로 다시 규명되었으며 해외 학술 여행자의 직접적인 관찰과 보고를 통해 보완되었다. 그 모든 자료는 축적되었으며 새로운 연구 방법과 이론에 의해 현대적 자연과학을 성립시키는 기초가 되었다. 프로테스탄티즘은 성경 외에도 자연을 신의 계시라는 관점에서 연구해도 좋다고 허용했다. 이런 새로운 태도에 대해 칸트는 1781년 《순수 이성 비판》에서 다음과 같이 기술한다.

자연 연구의 길은 오로지 자연 원인의 연쇄를 따라 나 있으며 그것들의 보편적 법칙을 향한다. 그 연구는 비록 어떤 원인자의 이념을 추구하지만, 도처에서 추구하는 합목적성을 그 원인자로부터 도출하지 않고, 그 원인자의 현존재를 자연 사물의 본성 속에서 추구되는 합목적성으로부터 도출해야 하는 것이다. 아마도 자연 연구는 그 현존재를 모든 사물들의 본성에서도 필연적인 것으로 인식해야 할 것이다.

그렇게 한걸음씩 생명에 대한 과학이 발전할 수 있었다. 갈릴레오는 《역학*Mechanik*》에서 속이 텅 빈 동물 뼈의 정역학(靜力學) 등 생물학적 시스템을 기술했고, 레오나르도 다빈치는 새의 비행과 날개 관절을 정밀하게 묘사했으며, 프란시스 베이컨은 새로운 기구와 수단으로 인간의 삶을 풍요롭게 하려 함으로써 과학에 새로운 목표를 부여했다. 그는 고정된 도그마 없이 자유롭게 연구할 수 있는 아카데미 뿐만 아니라, 인공 수분으로 완전히 새로운 식물을 탄생시킬 수 있는 식물원도 설립했다. 데카르트는 "몸이 기계"라고 선언함으로써 아무 편견 없이 몸을 연구할 수 있는 결정적 계기를 마련했다.

현미경의 발견으로 17세기 초부터 생물학은 미시 세계에 접근할 수 있게 되었다. 스왐메르담Jan Swammerdam(1637~1680)은 적혈구를, 레벤후크Antonie van Leeuwenhoek(1632~1723)는 박테리아를, 훅Robert Hooke(1635~1703)은 세포를 발견했다. 또 다른 중요한 진전은 식물과 동물에 대한 린네Carl von Linné(1707~1778)의 새로운 체계적 명명법, 그리고 라마르크Jean-Baptiste-Pierre Antoine de Monet chevalier de Lamark(1744~1829)의 진화론적 사고 도입이었다.

19세기 초에는 역사의 새 장을 열기 위한 토대가 마련되었다. 다윈은 1859년 종(種)의 발전에 대한 저서에서 인간을 동물계 속에 편입시켰다. 이 사건은 서방 세계 모든 지식인의 세계관에 변화를 주었으며, 나중에 프로이트는 그것을 "인류의 두 번째 굴욕"으로 규정했다(첫 번째 굴욕은 코페르니쿠스의 지동설이라고 그는 보았다. 오늘날 학자들은 프로이트의 무의식 이론을 그 세 번째 굴욕으로 봄—옮긴이). 다윈은 인간을 포함한 모든 생명체의 성립과 소멸을 설명하는 원리를 기술했다. 이로써 400만 년 동안 계속되어 온 자연의 과거 역사를 이 세계에 선물하고 새로운 미래를 열어주었다. 물론 그리스의 헤라클레이토스Herakleitos(기원전 540~480)가 그보다 약 2,400년 전에 "만물이 유위변전한다"라는 테제를 세웠지만, 비로소 우리에게 생명의 흐름에 대한 시각을 실제적으로 열어준 사람은 다윈이었다. 영원한 동일자(同一者)를 외치는 예언자들에게 선전 포고를 하는 진보 진영의 이념을 강화시킨 것이다. 1864년에 교황 피우스Pius 9세(1792~1878)는 현대의 "80가지 오류"를 저주함으로써 그에 대응했다. 그 '오류'에는 진화론부터 시작해서 범신론, 프로테스탄티즘, 합리론, 자유주의를 거쳐 사회주의에 이르는 다양한 사상들이 속해 있었다.

그러나 역사의 진행을 제지할 수는 없었다. 교회의 저주가 있고 나서 겨우 1년이 지났을 때, 경건하고 신실하며 학구열에 불타는 아우구스티누스회 수도원의 수사 멘델Gregor Mendel(1822~1884)은 유전학의 기초를 마련함으로써 인간이 피조물에 손댈 수 있게 했다. '생명의 코드'가 발견될 수 있는 기회가 활짝 열렸지만, 그 본성이 연구자들에 의해 밝혀지기까지에는 그 후 50년이 더 걸렸다. 델브뤼크Max Delbrück(1906~1981)와 슈뢰딩거Erwin Schrödinger(1887~1961)는 생물학의 물리학적 문제를 최초로 숙고했다. 그러나 1953년까지 '유전자'는 그것이 어떻게 생겼는지, 도대체 존재하는지조차 알 수 없는

'미지의 것'에 대한 대명사일 뿐이었다. 그 후 세기가 바뀌었으며 우리의 유전자 DNA 구조가 백일하에 드러났다. 생물학은 디지털 코드를 연구하는 정보과학이 되었다. 유전자 공학은 1973년에 최초로 생명체를 변형했다. 그 후 분자생물학은 화학과 마찬가지로 분석적 학문일 뿐만 아니라 통합적 학문이 되었다. 인간은 우주에 존재하지 않는 물질을 제조할 수 있도록 배운 것처럼 자연이 만들어놓지 않은 생명 형식도 만들 수 있게 되었다. 인간 게놈의 텍스트가 제출되었으며—이제 피우스 9세의 명복을 빌게 되었다.

생명공학의 이 새로운 힘은 한편으로는 수많은 유전자 공학적 변형을 거친 마이크로 유기체, 생물, 동물을 개발할 수 있게 해주었고, 다른 한편으로는 오늘날까지도 남아 있는 우려와 불안을 낳았다. 유전자 기술이 발명된 이래로 그 연구는 생명 윤리 논쟁의 견제를 받게 되었다. 이 논쟁은 새로운 지식을 어떻게 활용해야 하는가라는 중요한 과제를 갖게 되었으며, 각 개인의 의견을 뒷받침하고 수렴하기 위해 그 활용이 낳을 결과들을 다양한 측면에서 조명하게 되었다. 그러나 그 논쟁은 우리가 자연과 그 법칙, 발전 과정을 정확히 인식해야만 제대로 이루어질 수 있다. 이 목적을 위해 이 책에서는 한 장(章)을 할애하고자 한다.

▌이것이 생명이다 ▌

"나는 존재하나 내가 누군지 모른다.
나는 왔지만 어디서 왔는지 모른다.
나는 가지만 어디로 가는지 모른다.
내가 이렇게 유쾌하게 산다는 것이 놀랍기만 하다."

위 시는 약 400년 전 질레지우스Angelus Silesius(1624~1677)가 지은 것이다. 생명에 대한 질문은 보편적이지만 대답하기 어렵다. 괴테는 우리에게 아무런 힌트도 주지 않는 자연의 폐쇄성을 다음과 같이 적절히 기술했다. "자연은 자신의 피조물을 무(無)에서 솟아오르게 하며, 그것이 어디로 와서 어디로 가는지 말하지 않는다." 1851년 《브로크하우스 대사전》에는 다음과 같은 설명이 있다.

아마도 대부분의 사람들은 생명을 무엇이라고 생각해야 하는지 아주 잘 알고 있다고 믿는다. 그렇지만 생명은 실제로는 매우 정의하기 어려운 개념이다.

그로부터 102년 후 왓슨James Watson(1928~)과 크릭Francis Crick(1916~2004)은, 자연이 생명의 숨겨진 참모습을 드러내지 않으므로 사람들이 그렇게만 생각하고 있는 게 좋을 수도 있지만 인간이 자연의 참모습을 좀 더 자세히 연구할 수 있다는 것을 보여주었다. 그들은 《생명이란 무엇인가?*Was ist Leben?*》에서 슈뢰딩거가 제시한 로드맵을 따라왔던 것이다. 이 책은 일찌감치 몇 년 전에 엄청난 영향력을 미친 바 있다. 양자론 논문을 발표하여 이미 생물학 연구에 일대 혁신을 불러일으킨 바 있는 슈뢰딩거는 이 책으로 다시한번 생물학을 비약적으로 발전시켰다. 당시 다른 생물학자들이 아직도 생명의 힘이라는 관념의 영향 아래 있을 때, 그는 독자적으로 생명의 비밀을 '유전자 코드'를 구성하는 "최고로 잘 배열된 원자들의 그룹" 내에 위치하게 한 것이다. 이런 견해는 이미 델브뤼크가 1935년에 유전학자 티모페에프 레소프스키Nikolai Wladimirovich Timoféef-Ressovsky와 물리학자 치머Karl Günter Zimmer와의 공동 논문 〈유전자 변이와 유전자 구조에 관해서〉에서 주장했던 것이다. 델브뤼크는 이 논문에서, 당시까지는 아직 추상적 유전 매체로만 간주되던 유전자가 사실은 거대 분자일 것이라고 주장했다.

왓슨과 크릭은 오늘날 삼척동자도 아는 DNA 모델을 마분지, 금속조각, 철사로 제작했고 이로써 "생명이란 무엇인가?"에 대한 질문에 답했다. 이것은 여러 답 중 하나이지만 실체에 접근하는 답이며, 오늘날까지 타당성을 인정받고 있다. 그 후 46개의 염색체상에 배열되어 있으며 3만 개의 유전자가 있는 인간 DNA의 철자(스펠링) 32억 개가 해독되는 데 50년이 더 걸렸다. 이제 생물학적 관점에서는 "생명이란 무엇인가?"라는 질문에 대해 원칙적으로 답변이 된 것이다.

생명의 기원에 대한 질문도 마찬가지다. 그에 대한 이론들은 아직 파편적이고 종류도 다양하다 하지만 생명에 이르는 여러 단계의 모습이 어떠했을지를 설명하는 좋은 표상이 있다. 과학의 관점에서 본 창조의 역사를 요약하면 다음과 같다.

우주 만물이 대폭발을 일으키고 나서 다시 잠잠해질 무렵 지구 대기에는 산소가 없었다. 대기는 독성과 많은 습기를 포함한 상태로 뜨겁게 응축되어 있었으며 번개와 화산재, 뜨거운 온천에서 솟아나는 증기 구름으로 가득 차 있었다. 태초의 가스 CO_2, NH_3, CH_4, H_2O, H_2가 서로 반응했고 아미노산, 알칸Alcane, 지질(脂質) 종류, 최초의 원시 세포 구조들이 형성되었으며 자가 증식하기 시작했다. 변화와 선택의 과정을 통해 생물학적 진화가 시작되었다. 지구는 나중에 모든 식물, 동물, 인간의 조상이 될 원시박테리아와 끈적이는 녹색바이오매트의 고향이 되었다.

이런 상황을 비교하기 위해 이집트와 수메르의 창세 신화와 구약성서의 창세기를 살펴보자.

태초에 거대한 대양 '눈Nun'이 있었다. 이 끝없는 물의 혼돈으로부터 태초의 언덕 '타테넨Tatenen'이 자라난다. 바로 그 위에 연꽃 한 송이가 솟아오르며 거기서 태양신 '레Re'가 높이 날아오른다. 그 혼돈에서 신 '조상 아툼Atum(만물)'이 무한한 우주의 창조에 착수한다.

하늘이 지구로부터 분리되었으며 어머니 신들이 솟아 나온 후 지구가 자리를 잡고 건설되었으며, 위대한 신들인 안, 엔릴, 우투, 엔키는 숭고한 높은 자리에 좌정하고 서로에게 이야기를 했다. "그대는 이제 무엇을 원하시오? 그대는 무엇을 만들려 하오? 니푸르의 우추무아에서 우리는 람가 신들을 공격해서 그들의 피가 인간을 탄생시키게 하려 하오."

하느님이 땅과 하늘을 창조하신 날에, 이 땅의 모든 숲은 아직 땅에 있지 않았고, 땅의 모든 채소는 아직 돋아나지 않았고, 땅을 경작할 인간 아담도 없었으며, 땅으로부터는 안개가 솟아올라 모든 지면을 적셨다. 하느님은 땅의 먼지로 인간을 지으셨다. 그가 인간의 콧구멍에 생기를 불어넣으시자 사람이 생명체가 되었다.

이 신화들이 보여주는 것은 인간이 자신이 어떻게 해서 생겨났는가 하는 점을 이미 오래전부터 궁금해했다는 사실이다. 우리는 과학의 스토리가 이 신화들보다 훨씬 더 추상적이라는 것을 인정해야 할 것이다. 그러나 그 스토리는 계속 연구할 자리를 마련해 준다는 훨씬 더 큰 장점을 가지고 있다. 게다가 연구는 인간의 천성, 즉 자연에 속하는 것이다.

생명체의 공통분모

모든 생명체가 동일한 화학 원소들로 구성되어 있다는 사실은 더 이상 놀라운 일이 아니다. 지구상에는 단지 92종의 화학적 기본 입자가 존재할 뿐이며, 따라서 우리가 그것들을 '원소(元素)'라고 부르는 것은 너무도 당연하다. 그러나 그 재료들이 바로 본체를 이루지는 않는다. 쉽게 말해 그것들이 당장 고딕 대성당이나 개구리인 것은 아니다. 결정적으로 중요한 것은 모든 생명체에서 형태로 존재하는 설계도이다. 이것은 지난 몇 년 동안의 연구 결과가 말해 주듯이 서로 간에 경이로운 합치(合致)를 이루고 있다. 그것은 우선 단 네 개의 철자(DNA를 구성하는 아데닌(A), 티민(T), 구아닌(G), 시토신(C)을 의미함—옮긴이)로 구성된 동일한 언어로 모두 기술될 수 있으며, 서로 상당히 일치하는 텍스트 마디들을 가지고 있다. 인간과 침팬지의 그것은 아주 유사해서 98.7퍼센트가 동일하다. 그리고 외관상 인간과는 상당히 멀리 떨어진 친족처럼 보이는 생쥐의 마디들도 인간의 것과 97.5퍼센트의 합치율을 보인다. 그러나 종(種)들 간의 차이는 유전자 그 자체에서 비롯될 뿐만 아니라 그것이 유기체 내에서 연결되거나 분리되는 방식에 의해서도 결정된다는 사실 때문에 우리는 안도의 한숨을 내쉴 수 있다. 몇 십만 가지의 공동 유전자 때문에 우리가 생쥐와 같은 존재로 간주될 필요는 없다. 생명체에서는 아주 작은 차이가 매우 중요하다.

이처럼 높은 합치율을 보면, 유전자가 진화 중에 분명히 다른 종으로 발전하는 데 몇 백만 년이 필요하다는 것을 알 수 있다. 인간이 유래하게 된 진화의 계통과 생쥐의 그것은 약 1억 년 전에 서로 갈라졌으며, 인간과 물고기의 그것은 이미 4억 2,000만 년 전에 갈라졌다. 그럼에도 오늘날 줄무늬 열대어 연구는 인간의 생물학적 기능 및 질병을 더 잘 이해하는 데 도움을 준다.

세계의 봄을 맞아 부글부글 끓어오르는 즙(汁)의 시대

최초의 생명이 어떻게 세계에 생겨났는지 알려면 우리는 30억 년 전으로 되돌아가야 한다. 태초에 말씀이 있었던 것이 아니라, 소설가 장 파울이 19세기에 말했듯이 "세계의 봄을 맞아 부글부글 끓어오르는 즙(汁)의 시대에 부모 없는 생명의 결정체(結晶體)들이 있었다." 우리는 이 말을 어떻게 상상해야 하는가?

"책장은 생명의 기원을 다룬 책의 무게로 신음한다"라고 미국의 생화학자 샤피로Robert Shapiro(1935~)는 말한다. 물론 그 자신도 그 무게를 더하는 데 일조했다. 책장의 삐걱거리는 소리는 사람들이 아직 그 기원을 모른다는 것을 분명히 나타낸다. 그렇지 않다면 몇 천 페이지가 가설(假說)과 사변(思辨)으로 채워지지 않아도 되었을 것이다. 실제 사실에 대한 지식은 훨씬 더 응축되어 기술될 수 있기 때문이다. 그러나 개연성이 있으며 실험적으로도 증명된 몇 가지 생각 또한 존재한다. 물론 우리는 여기서 언제라도 이런저런 메커니즘이 작용할 수 있으리라는 것을 보여줄 수 있지만 실제로 과거에도 그랬는지 확실히 말할 수는 없다. 엄격히 말해서 지식은 질문에 대답하려고 시도할 수 있을 뿐이며, 궁극적인 진리를 자기 것이라고 주장할 수는 없다. 따라서 겸손은 과학자의 덕목이며, 그 점에서 그들은 궁극적 진리를 알았다고 주장하는 다른 사람들과 구분된다.

근원 유전자 집합체

모든 생명은 공통된 기원을 가지고 있다. 그러나 그 기원은 어떤 모습이었을까? 정말 그 최초의 생명체가 있었을까? 아니면, 생명은 오히려 산만하게 이리저리 돌아다니고 있었을까? 최근의 연구 결과에 의하면 후자가 옳은 것 같다. 생명은 단 하나의 최초 세포가 아니라 일종의 유전자 복합체에서 발전하기 시작했다. 그래서 거기에 속한 유전자와 단백질이 서로 활발하게 교환되었으며, 마침내 그 세포들이 너무 복잡해져서 서로 이리저리 이동할 수 없는 구조가 되었다. 이 시점을 일리노이 대학의 생물학자 우스Carl Woese(1925~)는 "다윈의 문턱"이라고 부른다. 이때부터 후세에게 정보를 전달하는 일이 중요해졌다. 태초의 박테리아들은 유전자를 완벽하게 복제했으며 이 복제본을 딸세포에게 전했다. 그렇게 진짜 진화가 시작되었으며, 생명의 나무는 성장하고 가지를 치기 시작했다.

원시 수프

그러나 세포의 이런 최초 형태와 DNA라는 이름의 유명한 정보 분자(分子)가 생물학적 진화 시스템을 작동하기 전에, 죽은 물질에서 생명 있는 물질이 만들어지는 멋진 프로세스가 틀림없이 선행되었을 것이다. 러시아인 오파린Aleksandr Oparin(1894~1980)은 《생명의 기원》(1924)에서 이 프로세스를 '화학적 진화' 개념으로 규정했으며, 그것을 생명학의 영역에서 끌어내어 화학의 세계에 편입시켰다.

40억 년 전에 지구에서 전개되었던 그 미지의 프로세스를 오늘날의 실험실에서 재현하고 싶은 마음이 드는 것은 당연한 일이다. 화학을 전공하는 대학원생 밀러Stanley Miller(1930~)는 1950년대 초에 약간 단순화되긴 했지만 적절한 지구 환경을 시험관에 만들어 그런 시도를 했다. 그는 물, 수소, 암모니아, 메탄, 수증기를 유리관에 넣고 전류를 통하게 해 약한 번개가 치게 했다. 며칠 후 물은 흐려졌고 그 속에서 생명의 기본 단위인 아미노산을 발견할 수 있었다. 아미노산은 단백질을 만드는 재료이다. 이미 1920년대에 세워진 가설대로 이 '오파린 실험'은 생명의 기본 요소들이 화학적 반응을 통해 원시 수프에서 저절로 생겨날 수 있다는 것을 제시했다.

오늘날 우리는 밀러의 실험실이 40억 년 전의 실제 상황과 유사성이 거의 없다는 것을 알고 있다. 그는 생명이 비(非)생명에서 유래할 수 있다는 것을 보여주기는 했지만 실제로 그것이 어떤 프로세스를 거쳤는지는 보여주지 못했다는 말이다. 오파린 실험은 모든 종류의 다른 성분들을 사용해서도 반복되었으며, 당혹스럽게도 거기서 얻어진 결과는 원칙 면에서는 항상 성공적이었다. 디트푸르트Hoimar von Ditfurth는 나중에 다음과 같은 회고담을 썼다.

우리가 실험에서 어떤 원재료들을 사용했는지와 상관없이 결과는 항상 완전히 동일하게 나타나는 것처럼 보였다. 그 실험에서는 혼합물이 생명 물질의 주요 구성 성분인 탄소, 수소, 질소만 포함하고 있으면 되었다. … 우리가 그 어떤 재료들로 태초의 지구 조건들을 그대로 재현하려 하는지에 상관없이, 실제로 언제나 복잡한 분자들이 생겨났다. 이러한 '비(非)생물학적 탄생' 즉 생명체의 존재 없이 이루어지는 탄생은 수많은 선배 세대 연구자들에게뿐만 아니라 이 실험을 지금 행하고 있는 사람들에게도 그때까지는 경이롭게만 여겨졌다.

우주에서 온 도움?

어디서 그 태초의 생명이 탄생했는가 하는 문제는 아직 남아 있다. 최초의 생명체는 약 38억 년 전에 나타났다. 지구는 45억 년 전에 생성되었으니 당시는 지구가 아직 젊은 때였다. 그러므로 그 탄생이 그렇게 순조롭게 이루어졌는지에 대해서는 의심이 간다. 그러므로 많은 사람들은 그 모든 과정이 지구가 성립되기 전부터, 즉 우리 태양계가 성립되는 시기부터 시작되었으리라고 가정한다. 이 시나리오는 달에서 가져온 흙 부스러기에 진공 상태에서 자외선 광선을 투사시켜 보는 방식을 통해 검증되었다. 러시아의 연구자들은 거기서 이미 DNA의 요소들이 합성될 수 있다는 것을 보여주었다. 이 최초의 단량체 Monomere(단위 유기물 분자)는 지구가 탄생할 때 이미 존재했을 가능성이 있다. 지구에서 생명은 원시 수프에서 출발할 필요가 없었으며, 곧장 제2단계에서 출발해 중합체Polymere(다분자)로 형성되기 시작했을 것이다. 몇 년 전에 얼음 혜성 헤일 봅Hale-Bopp(1995년 미국의 헤일Alan Hale과 봅Thomas Bopp에 의해 발견된 대형의 장주기 혜성. 공전 주기는 약 4,200년이며, 다음번 접근은 2,380년 후가 될 것으로 예상됨-옮긴이)이 지구를 스치고 지나갈 때 사람들은 상당량의 유기 물질을 발견했는데, 이는 1906년 노벨 화학상 수상자 아레니우스 Svante Arrhenius(1859~1927)가 이미 옹호한 그 이론이 옳다는 것을 보여주는 것이었다. 아레니우스는 여기서 더 나아가 자신의 판스페르미Panspermie 이론(판스페르미는 '모든 종자의 혼합'이라는 의미이며, 자연에 생명의 씨앗들이 널려 있다가 저절로 발현한다는 범(凡)종자론)에서 심지어 생명은 확실히 고정되어 있으며 포자(胞子)나 발아(發芽)들이 있는 혜성이나 유성에 실려 우주에서 왔다고 주장했다. 이런 생각은 오늘날까지 반증되지는 않고 있지만 확증되려면 천문생명학적 연구의 발전을 기다려야 한다. 자세한 것은 뒤의 〈우주의 생명체〉 장을 참조하라.

담수(淡水) 습지 또는 흑색 스모커

이제는 생명이 지구상에서 형성되었다고 하는 이론을 살펴보기로 하자. 생명이 지구상에서 형성되었다고 하려면, 아미노산에서 세포에 이르는 화학적 진화의 복원이 필요하다. 전부 통틀어 20종에 이르는 아미노산들이 생명체에 존재하는 모든 단백질의 기본 성분이며, 이것으로 이루어진 세포가 존재하면 생명도 존재한다. 결정적인 첫걸음은 아마도 이른바 '1차 펌프'로 불리는 분자 메커니즘이었을 것이다. 이 메커니즘은 아미노산이 중합되어 펩티드라는 더 길어진 연쇄로 결합되는 데 기여했다. 자가 증식을 할 수 있으려면 추측건대 이것들은 우선 어떤 단위 세포 안으로 진입해야 했을 것이며, 여기서 세포라는 것은 펩티드들을 주위 환경으로부터 보호할 수 있는 어떤 막 주머니 같은 것이었을 것이다. 그런 작은 주머니 Vesikel가 어떻게 생겨날 수 있었는지는 실험을 통해 검증되었다. 이 실험에서는 그런 식으로 되었을 때 생명체의 출생지가 바다가 아니라 지표면의 신선한 물 웅덩이였을 것이라는 점이 드러났다.

그러나 그 반대였을 가능성도 여전히 있다. 위의 이론과 경쟁하는 다른 이론은 뜨거운 심해의 분천(噴泉) 형태로 되어 있는 일종의 바다 지옥에 생명의 모든 시작점을 위치시킨다. 이른바 '흑색 스모커 Black smoker'라고도 불리는 이곳은 황화수소를 품고 있어서 물에 잘 용해되지 않는 흑색 금속황화물로부터 구름이 생겨나게 한다. 이곳의 수온은 섭씨 350도나 되며 기압은 부분적으로 대기압의 300배나 되기도 한다. 이 지옥도 실험에서 재현되었다. 거기서 지름이 2,000밀리미터 정도 되는 작은 구형 구조들이 생겨났으며, 이것들은 태초의 단세포 생물들에게서 보이는 것과 비슷한 세포 형태를 한 막이었다.

물론 완전히 다른 기제가 작동했을 가능성도 있다. 태초의 생명 탄생을 궁극적으로 해명하는 일은 앞으로도 가능하지 않을 것이다. 화학적 진화는 아무런 증언도 배후에 남기지 않았고, 그래서 모든 재구성은 인간이 지금 알고 있는 모든 것과 일치하고 모순이 없는 한에서

만 우리에게 확신을 줄 뿐이다. 결코 궁극적으로는 입증될 수 없는 것
이다.

세포에서 세포로

태초의 생물학적 대폭발이 어떤 형상이었을지 몰라도, 적어도 35억
년 전에는 최초의 단세포 생물들이 존재했으며, 그리하여 오늘날 우
리가 알고 있는 생명체도 존재하게 되었다. 생명체는 세포들의 집합
체이다. 세포로 이루어지지 않은 것은 생명도 없다. 가장 간단한 생명
체는 단세포 동물이다. 인간은 100조 개의 세포를 가지고 있다. 세포
는 바로 기본적인 유기체이다. 세포에 대해 모르는 사람은 생물학에
대해서도 거의 알지 못한다.

모든 세포는 닫힌 형상을 하고 있으며, 고유의 과제를 완수하고 번
식하는 데 필요한 모든 명령들이 담긴 완벽한 데이터 세트를 보유하
고 있다. 그리고 모든 세포는 단순한 형태로 작용하는 동일한 작동
시스템을 이용하는데, 그 시스템은 "DNA가 RNA를 만들고, RNA
가 단백질Protein을 만든다"라는 기본 공식에 따라 작동한다. DNA
는 모든 정보를 담고 있으며, RNA는 그것들을 번역해서 단백질을
생성하는 것이다. 단백질은 독특한 행동대원이다. 단백질은 그 종류
만 해도 몇 십억 가지나 되지만, 그 모든 것들은 단지 20종의 아미노
산이 조합된 것이다. 아미노산은 생명의 기본 성분이다.

세포가 어째서 모든 생명의 핵심인가? 대답은 간단하다. 세포는 고
유의 에너지 대사를 하며 스스로 분열될 수 있기 때문이다. 반응할 능
력을 가진 대상만이 생명체의 제국에 소속된다. 고등한 유기체들은
개별 세포들 덕분에 생존하는 세포 공동체로 구성되어 있다. 개별 세
포들은 끊임없이 스스로 분할해서 새로운 세포를 내놓고 또 다시 분
할해서 기능이 세분화될 수 있기 때문이다. 그래서 하나의 수정된 난

자는 마침내 인간이나 닭, 악어가 될 수 있다.

17세기에 현미경이 발견되기 전에는 순전히 기술적인 이유 때문에 세포들에 대해 전혀 알지 못했다. 가장 큰 세포도 지름이 0.2밀리미터밖에 되지 않기 때문에 육안으로는 전혀 관찰할 수가 없으며, 이보다 500배나 더 작은 세포들의 경우에는 더 말할 것도 없다. 로버트 훅은 코르크 절편에 있는 (죽은) 세포 조직을 1665년에 세계 최초로 관찰하였다. 그리고 19세기 중엽에는 많은 식물과 동물 세포들에 대한 관찰이 이루어졌다. 모든 세포는 언제나 다른 세포들에서 유래한다는 대담한 주장이 일반화될 수 있을 정도였다. 따라서 결국 살아 있는 모든 유기체들도 자발적으로 생겨나는 것이 아니라 다른 유기체들에서 유래한다는 것을 쉽게 추론할 수 있게 되었다. 그리하여 1858년 베를린의 피르호Rudolf Virchow(1821~1902)는 다음과 같이 단정했다. "모든 세포는 하나의 세포에서 유래한다." 지구상의 모든 생명체는 대략 38억 년 전부터 분화되어 온 세포들의 끝없는 흐름이고, 이것들이 고안 가능한 모든 형체를 형성하는데, 피르호는 이런 현상을 '세포들의 국가'라고 명명했던 것이다.

그러나 세포의 내부 모습은 어떠한가? 19세기 중엽까지 사람들은 세포의 내부에 대해서는 사실 아무것도 몰랐다. 그러다가 독일의 세포 연구가 플레밍Walther Flemming(1843~1905)이 얼마 전 발명된 온갖 합성 염료를 세포 표본 위에 스포이트로 떨어뜨린 뒤 현미경으로 관찰하기 시작했다. 다행히도 세포핵 내부의 미세한 기관은 색료를 아주 잘 수용했고, 그래서 아주 선명해진다는 사실이 확인되었다. 그는 그것을 크로마틴(Chromatin, 그리스어로 '색(色)'이라는 뜻)이라 불렀다. 물론 그는 자신이 최초로 유전 형질의 운반자를 보았다는 것은 미처 깨닫지 못했다. 그것은 나중에 이름이 약간 바뀌어 염색체Chromosom로 불리게 되었다. 계속 착색 기술이 개선되었고 1933년에는 비로소 전자 현미경이 발명되어, 세포 내의 나머지 미세 기관들도 차츰 가시화되었다.

간단한 박테리아 세포는 원형질 막에 의해 외부와 격리된 하나의 방으로만 이루어져 있다. 그 안에는 물이 있으며, 그 속에서 단백질과 DNA가 떠다닌다. 이에 비해 모든 다른 세포들은 막에 의해 서로 격리된 각종 그룹으로 분화되어 있으며, 다음과 같은 미소체(微小體)들을 가지고 있다.

· DNA가 들어 있는 하나의 세포핵
· 산소를 연소시키며 양분으로부터 에너지를 획득하는 미토콘드리아(여기에는 독자적인 DNA가 있다)
· 무엇보다도 세포벽 형성 물질을 생산하는 소포체
· 그 물질을 다시 가공해서 목적지까지 운송되게끔 하는 골지체
· 세포가 양분을 소화하는 리소좀
· 유해한 물질을 걸러줌으로써 검역소 역할을 하는 페록시좀
· 양분을 세포로 들여보내 리소좀까지 보냈다가 다시 배출시키는 또 다른 소포체

세포는 그 외에도 단백질 섬유로 이루어진 골격도 가지고 있다. 세포 안의 도처에는 필요한 단백질 종류 모두를 유전자의 지시에 따라 생산하는 리보솜이 분산되어 있다. 또한 식물 세포에는 광합성 작용을 통해 태양 에너지를 양분 생산에 이용하는 엽록체가 있다.

생명의 나무

어떻게 해야 지구상의 모든 생명체들을 조망할 수 있을까? 우리는 그 최초의 노력들을 고대에 나온 식물 관련 서적에서 발견한다. 예컨대 기원전 300년경에 식물의 자연사(史)를 연구한 테오프라스토스의 책은 그 후 1,500년 동안 표준서로 통했다.

아리스토텔레스도 동·식물 500종 정도의 목록을 작성하여 그것을 분류하기 시작했는데, 그의 관찰은 수많은 후대 사람들 것보다 정밀했다. 예컨대 그는 고래와 돌고래가 대기 중의 공기로 호흡하며 알을 낳지 않고 새끼를 낳으므로 어류가 아니라 육상의 동물들과 한 그룹으로 분류되어야 한다는 것을 알고 있었다. 또한 그는 각종 종(種)들을 명확히 분류할 수 없다는 것도 인식했다. 하지만 실제로도 경계가 불분명한 종들이 존재하며, 현전하는 종들에서 새로운 종이 생겨날 수 있다는 생각은 미처 하지 못했다. 그가 분류한 세계 내 존재자들의 계단은 정태적인 것이었다. 제일 아래에 무생물의 세계가 있고, 그 다음에는 식물, 그 다음에는 동물, 마지막으로 인간이 존재했다. 17세기에 사람들이 엄청나게 많은 종들을 갑자기 알게 되기 전까지 그런 상황은 변하지 않았다. 그러다가 영국의 자연학자 레이John Ray(1628~1705)가 1만 8,000종의 식물을 기술했고, 그리하여 전체에 대한 조망이 더욱더 어려워졌다. 데이터의 홍수로 인해 체계가 새롭게 개선될 필요가 있었던 것이다.

특히 생물학에서는 이런 조치가 불가피했다. 물리학 및 천문학과 달리 생물학 분야에서는 몇 백만 가지의 서로 다른 동·식물들이 연구 대상이 되기 때문이다. 게다가 이것들은 죽어서 가만히 있거나 조용히 하늘의 정해진 항로를 비행하는 것이 아니라 서로 유쾌하게 뒤섞여 페스티벌을 벌이기 때문이다. 여기서 질서가 만들어지지 않는한, 법칙성은 발견되기 어려웠다. 동물들이 종으로 분류되지 않는 한, 종의 성립도 연구될 수 없었다.

분류가 잘 되면 절반은 이룬 것이다

자신을 가리켜 "지상에서의 신의 서기"라고 불렀던 스웨덴인 리나이우스Carolus Linaeus(1707~1778)는 끈기를 요하는 이 체계화 작업을 떠맡았다. 그리고 그의 주저 《자연의 체계 *Systema Naturae*》는 1735년의 초판에서는 12페이지였다가 1768년의 제12판에서는 2,340페이지로 늘어났다.

스웨덴의 왕으로부터 카를 폰 린네 Carl von Linné라는 귀족 칭호를 수여받은 뒤 그는 스스로를 이 이름으로 불렀으며, 모든 사람이 어떤 동물이나 식물에 대해 동일한 이름을 말하면 그 이름이 그 동일한 동물이나 식물을 지칭하는 말이 되게 하려고 노력했다. 그의 이중 명명법에서는 두 개의 개념만 있으면 하나의 종을 충분히 지칭할 수 있다. 첫 번째 것은 하나의 종이 속하는 상위 부류이며, 두 번째 것은 세분화된 정확한 종이다. 예를 들어 회색늑대는 동물학에서 카니스 루푸스 Canis lupus로 불리는데, 이 말은 회색늑대가 카니스(개)의 일종으로서, 분류 체계에 따라 카니다이 Canidae(개과)-카르니보라 Carnivora(식육목)-맘말리아 Mammalia(포유강)-코르다타 Chordata〔척색동물문(脊索動物門)〕-아니말리아 Animalia(동물계)에 속함을 뜻하는 것이다.

이로써 린네의 시스템은 장차 동·식물을 과학적으로 연구하는 데 필요한 전제를 마련했다. 이 시스템은 모든 진지한 자연 학자의 동반자가 되었다. 예컨대 괴테는 1786년 9월에 《이탈리아 기행》에서 "나는 나의 린네를 곁에 두고 있으면서 그의 학술 용어를 마음 속 깊이 새겼다. 그러나 내 능력을 고려해 보건대 결코 나의 강점이 될 수 없을 그 분류 작업을 위해서는 시간과 여유가 없구나"라면서 한숨지은 바 있다.

그러나 린네의 시스템은 인위적인 것이었다. 그것은 실제적인 상호 유사 관계들에 입각하고 있지 않았다. 왜냐하면 그는 서로 다른 종들의 수효는 일정하다는 전제에서 출발했기 때문이다. 그는 새로운 종이 탄생한다고 보지 않았다. 그의 견해에 따르면, 세상에는 "태초에 무한자

(無限者)로부터 각종 형태가 창조되었을 때 존재한 수효만큼만" 종들
이 존재했다.

실제의 계보도

다윈 이래로 우리는 모든 종(種)이 이전에 있던 종들에서 유래한다
는 것을 알고 있다. 그 계보도에서 생명은 나무처럼 계속 곁가지를 치
면서 자라난다. 그 나무의 근간은 진세균류(박테리아), 시원세균류, 진
핵생물류의 세 가지이며, 몇 백만의 작은 가지들이 거기서부터 뻗어
나간다. 이러한 계보도는 생명체의 자연적 질서로서, 요즘 말로 하면
이른바 계통발생학적 분류 시스템의 기초이다.

오늘날 생물 종들 간의 유사성은 더 이상 신체 구조와 기관의 기능
들이 일치하는가에 따라서만 확정되지 않는다. 그보다는 여러 종의
유전학적 자료가 많이 활용된다. 유전학적 자료는 형질 유전의 과정
을 반영한다. 모든 생물학적 세계는 유전학적 자료를 가지고 연구될
수 있다. 이제 학자들은 육안으로 볼 수 있는 겉모습 외에도, 유전자
속에 미리 규정되어 있는 신체 기관 형성 코드를 이용하여 생물 종을
서로 비교한다. 이때 그들은 일정한 단위 시간 안에 확정적으로 몇 회
의 계통 발생적 변이Mutation가 일어난다는 전제 아래 연구를 실시한
다. 그렇게 할 때 게놈 내에 나타나는 차이의 수는, 비교하고 있는 종
들이 서로 분리된 뒤 시간이 얼마만큼 지났는가를 말해 주는 척도가
된다.

물론 합치 정도를 규명하기 위해서 단지 완벽한 계열, 예컨대 약
30억 개의 철자들로 이루어져 있는 인간의 계열을, 역시 비슷한 개수
를 가진 생쥐의 계열과 단순히 비교하려 해서는 안 될 것이다. 이렇게
하면 확률에 따라 25퍼센트의 합치율에만 도달하게 된다. 왜냐하면
그 전체 텍스트는 단지 네 개의 철자로만 이루어져 있기 때문이다. 그

리고 합치하는 경우에도, 공동의 기원을 갖는 유전자들은 종이 달라지면 게놈 내에서 서로 완전히 다른 위치에 존재할 수도 있다. 그러므로 공동의 기원을 가지고 있어서 합치율이 높은 텍스트 요소들을 찾아야 하는데, 이때 그 전체 텍스트를 다양한 장치들을 이용해 재배열해야 할 것이다.

그러면 아주 동떨어진 유사 종들 또한 서로 비교할 수 있다. 인간에게 전나무가 더 가까운 친척인지, 혹은 해바라기가 더 가까운 친척인지 발견할 수 있는 것이다. 그런 연구를 통해서 우리가 기대하는 많은 것이 밝혀진다. 예를 들면 자매의 유전자는 99.95퍼센트 합치한다. 다른 결과들은 우리가 차츰차츰 밝혀 왔고, 또 밝혀 가야 한다. 예컨대 전 세계의 어느 구석에서든 임의로 선택된 두 사람의 유전자는 99.9퍼센트, 인간과 침팬지는 98.7퍼센트 일치한다. 인간과 효모균은 30퍼센트 일치하는데, 이 수치는 박테리아 상호간의 합치율보다 높은 것이다. 물론 과거에 존재했거나 현재 존재하는 지구상의 모든 생물이 서로 얼마나 가까운 친족 관계에 있는지를 기록해 가는 일은 사실 불가능하다 싶을 정도로 엄청난 분량의 과제이다. 진화의 실제적 과정을 재현해 보여주는, 빈틈없이 완벽한 생물들의 계통수(系統樹), 즉 계통 발생학적 시스템은 아직 요원한 미래의 것이다. 그 완벽성에 도달하려면 지금까지 존재했던 종과 현재 살고 있는 종을 모두 파악해야 한다.

현재 확보된 계통수를 보면, 놀라운 사실을 발견하게 된다. 우리 식탁에 오르는 것이나 우리가 생물이라고 생각하는 식물·동물·균류를 모두 합쳐 봐야 사실 전체 생물 23개 계통 근간 가운데 단지 3개에 지나지 않는다는 걸 알 수 있는데, 그러니 우리는 우리 학구열의 범위가 얼마나 좁은지 알고 더욱 겸손해야 할 것이다. 이 지구상에 살고 있는 대부분의 것은 극도로 작으며 눈에 잘 띄지도 않는다. 그것들은 우리가 상상해서 나름대로 의미를 부여해 볼 수 있을지는 몰라도 그 이름까지 알 필요는 없는 생명체들이다. 어떤 박테리아가 그람-포지티브에 속하며, 시아노박테리아들이 얼마나 많은 계보를 거치면서 서로 친척이거나 형제 관계인지 알 필요는 없다. 그러나 어떤 박테리아들이 위염이나 폐렴을 일으키는지, 그리고 그 이유는 무엇인지는 우리의 관심을 끈다. 이에 대해 더 많은 것은 〈인간의 생명〉 장을 참조하라.

생명과학의 가장 큰 과제들 중의 하나는 생물의 다양한 측면을 파악하고 서로 다른 수많은 종류의 게임을 배우며 인간의 계통 라인을 정확히 묘사하는 것이다. 그 목적은 우리의 몸과 마음을 더욱 잘 이해하고, 인간의 삶에 직접적으로 중요한(식량(쌀), 위협(병원균), 친구(애완견), 또는 공생체(대장균이 되는) 생물들의 생명 현상을 자세히 연구하며, 마지막으로 지구 생태계 전체 구조 속에서의 생태 프로세스까지 기술하는 데 있다.

세포핵이 있는가, 없는가?

이제 기본적인 분류의 게임을 시작하자. 첫 번째 구분은 세포에 세포핵이 있는 생물 대 그렇지 못한 생물이다. 전자의 이름은 진핵생물 Eukaryota이고, 후자의 이름은 원핵생물 Prokaryota이다.

원핵생물은 간단히 짜여 있는 편이다. 모두 단세포 동물이다. 형태도 서로 상당히 유사하다. 구형, 막대형 또는 나선형이다. 따라서 보기에 지루할 정도다. 그러나 진화의 관점에서 보자면, 그들은 아주 큰 성공을 거두었다. 왜냐하면 지구상의 어떤 고약한 환경에서도 기분 좋은 친구로 살 수 있기 때문이다. 가장 열악한 장소에 거주하면서 산소 없이도 살아남는 것들은 시원세균류 Archaea라고 불린다. 그 밖의 것은 우리에게 박테리아라는 이름으로 알려져 있다. 그것들 모두를 통틀어서 모네라(Monera, 단세포류) 제국이라고 부르기도 한다.

식물, 동물, 균 그리고 나머지

진핵생물에 속하는 것에는 여러 단세포 생물들, 예컨대 아메바가 있으며, 인간 역시 거기에 속한다. 여기서 우리는 진핵생물이 다양한 형태들을 지닌다는 점에서 원핵생물과 분명히 구분된다는 것을 알 수 있다. 이렇게 진핵생물의 형태들이 천차만별로 달라진 것은, 추측건대 지금으로부터 약 20억 년 전에 초창기의 단세포 진핵생물이 박테리아를 집어 삼켰으나 소화시키지는 못한 사건에서 비롯된 듯하다. 이 박테리아들은 진핵생물 속에서 이른바 내장 기관으로서 계속 살았으며 오늘날까지도 중요한 기능을 계속해서 수행하고 있다. 이런 주장은 내부 공생Endosymbiose 가설이 내세우는 것인데, 이에 따르면 예컨대 우리 세포 속의 발전소에 해당하는 미토콘드리아는 원래 박테리아였으며 현재도 그러하다고 한다. 그것은 우리 조상과 공생하기 시작했으며 지금도 양자의 이익을 위해 공생하고 있다. 그것은 우리 몸속에서 자신의 생존에 필요한 모든 것을 얻으면서 외부의 적을 피한다. 대신 생명 유지에 꼭 필요한 에너지를 우리에게 제공한다.

따라서 진핵생물은 두 가지 측면에서 원핵생물보다 다층적이다. 진핵생물의 세포들은 훨씬 크고, 세포 내 소기관Organelle이라 불리는 서로 다른 종류의 세포 기관들을 여럿 가지고 있다. 그리고 진핵생물의 여러 종류들은 거대한 세포 공동체를 형성하고 있으며 이 속에서 아주 서로 다른 세포 유형들이 서로 다른 기능을 떠맡아 한다. 인간은 그중 하나로서, 200여 가지의 세포 유형을 지니고 있다. 이를테면 간, 심장, 뇌 또는 피부 세포들이 손잡고 협력하면서 함께 하나의 살아 있는 유기체를 이룬다.

누가 누구에서 유래하는가?

우리 인간이 존재하는 진핵생물의 계통수를 따라 꼭대기까지 올라가다 보면, 우리는 믿어지지 않는 온갖 생물들을 지나가게 된다. 대개 식물·동물·균이라고 알려진 것들이다. 그러나 계통수의 나머지 상당 부분이 오늘날까지도 아직 우리에게 알려져 있지 않기 때문에 우리는 진핵생물들을 대체로 네 가지 부류로 나눈다. 즉 앞에서 언급한 식물·동물·균의 세 가지와, 원생생물Protocktista 또는 프로티스타 Protista로 불리는 나머지 한 가지가 그것이다. 세포핵이 있는 모든 단세포 동물들이 원생생물에 속한다. 그러나 최근의 분자생물학적 분석에 의하면 이들은 열두 가지 그룹으로 세분화되며, 서로 밀접한 친족 관계에 있지 않다. 따라서 이들은 진화생물학적으로 식물과 동물처럼 다시 서로 분류될 수 있다.

우리 동물과 다른 생물 간에는 감지될 수 있고 기술될 수 있는 여러 가지 큰 차이가 있지만, 그럼에도 모든 생명체가 공통의 기원을 갖고 있다는 사실을 우리는 분명히 알고 있어야 한다. 그리고 '누가 누구에서 유래하는가?' 라는 궁금한 문제가 생겨난다. '인간이 식물에서 왔을까?' '식물이 균류에서?' '인간이 균류에서?' '균류가 인간에서?' '세 가지 모두 한 조상에게서?' 그런데 이 다섯 가지 가능성 중에 네 가지는 잘못된 질문이다. 왜냐하면 세 부류는 각각 서로 독립적인 영역이기 때문이다. 그중 어느 하나가 다른 어떤 것에서 유래될 수는 없다. 생물학적 분류에 따르면, 균류에서 직접 유래하는 생물은 항상 균이어야 한다. 그렇지 않은 경우는 공통의 조상을 가지고 있는 것밖에 없다. 결국 우리가 제대로 질문하려면, 남아 있는 가설은 네 가지뿐이다. 식물·인간·균류가 모두 하나의 공통 조상을 가지고 있는 한 가지 경우와, 셋 중 하나가 나머지 둘의 공통 조상에서 유래하는 세 가지 경우이다. 식물이 우선 동물과 균류의 공통 조상에서 분리되어 나왔다는 데에 대해서는 수많은 연구자들의 의견이 대체로 일치한다. 다시 말해 살구버섯은 시큼한 버찌보다 우리와 더 가까운 친족 관계에 있다. 오랫동안 사람들은 버섯이 식물에 속한다고 생각해 왔는데, 이런 생각은 현대의 분자생물학적 연구에 의해 전복되었다. 그렇다면 버섯과 인간의 공통된 조상은 누구였을까? 아마도 단세포 점액질 균이었을 것이다. 오랫동안 사람들이 그 외양 때문에 그것을 균이라고 불렀으나 사실은 균일 리가 없다.

그렇게 우리는 동물의 세계에 도착했다. 그리고 예나 지금이나 세계는 눈부시게 다채로우며 질서를 필요로 한다. 최근의 평가에 의하면 약 35가지의 각종 동물 근간이 있다. 그것들은 다시 세분되며, 여기서 이제 본격적으로 가지치기가 시작된다. 그래서 척추동물 부류는 4만 6,500종이나 되며, 절지동물에는 150만 내지 200만 종이 있다. 식물을 전체적으로 개관하는 일은 그보다는 쉬워 보인다. 추측건대 식물에는 대략 100만 종이 있는데, 그 가운데 4분의 3 이상이 종자식물Spermatophyta에 속하고, 나머지는 해조류·양치류·선태류(이끼류)에 속한다.

생명의 연대기

생명이 뒤에 남긴 흔적은 두 가지다. 하나는 광석 안에 있는 것이고, 다른 하나는 게놈 속에 있는 것이다. 광석 안에 있는 것은 고(古)생물학자들이 연구하는데, 이들은 석화된 생명체의 일부분이나 발자국 따위들을 찾고 있다. 화석이라는 단어는 라틴어 '포실리스Fossilis'에서 왔으며 '발굴된 것'을 뜻한다. 그리고 대략 1만 년 이상 된 유기체들의 잔재나 흔적을 가리키는 말로 사용된다. 화석 가운데 가장 흥미로운 것은 물론 빙하 속에 얼어 있는 매머드처럼 통째로 보존된 동물들이다. 사람들은 이런 것을 생체 화석이라고 부른다. 스위스인 게스너

Conrad Gesner(1516~1565)는 고생물학의 창시자로 일컬어지는데, 그의 저서《화석계에 관하여De Rerum Fossilium》는 출토된 화석들을 체계적으로 다룬 최초의 책이다.

다윈의 진화론이 세상에서 인정받기 전에는 지금과는 다르게 화석을 이해해야만 했다. 아리스토텔레스는 생명체가 땅과 진흙에서 처음으로 생성된다고 보고, 그 증거가 바로 화석이라고 생각했다. 유기체의 형상들 중 몇몇이 완전한 생명으로 깨어나지 못한 채 땅 속에 숨겨져 있는 게 틀림없다는 것이었다. 한편 노아의 대홍수 이론에서는 화석을 오래전 성경상의 대재난에서 익사한 생명체로 보았다. 그리고 1635년 매머드 뼈가 발견되었을 때에는, 그 지역에 키가 9미터나 되는 거인들과 용들이 살았었다는 전설이 증명된 것처럼 여겨졌다. 또한 1766년 연구자 베르트람E. Bertram은 신이 천지창조를 믿지 않는 자들을 시험하기 위해 땅속에 화석을 묻어두었다고 말했으며, 1819년 브레슬라우 출신의 광석학자 라우머Karl Georg von Raumer는 자연이 창조 실험을 하는 도중에 나온 실패작들이 바로 화석이라는 확신을 표명했다. 그러다가 선각자들 중의 한 사람인 프랑스의 퀴비에 Georges Cuvier(1769~1832)에 의해 화석은 올바르게 이해되기 시작했다. 18세기 말엽에 그는 거대한 나무늘보Megatherium를 재구성해 화석이 멸종한 동물들로 조립될 수 있다는 것을 보였다. 그러나 그는 진화론을 거부했으며 이른바 대재난론을 대변했다. 대재난론은 언제나 수많은 종들이 파멸되었으며 그 뒤를 이어 새로운 종들이 창조되었다는 것이다.

게놈 내의 흔적에 대해서는 얼마 전부터 고생물유전학Paläogenetik이 연구하고 있다. 이 학문은 치아와 발자국이 아니라 단백질 및 유전자 계열에서 생명의 발전 과정을 추적하는 것이다. 그래서 그다지 환상을 자극하지는 않는다. 이 새로운 학문의 창시자는 스웨덴인 페보

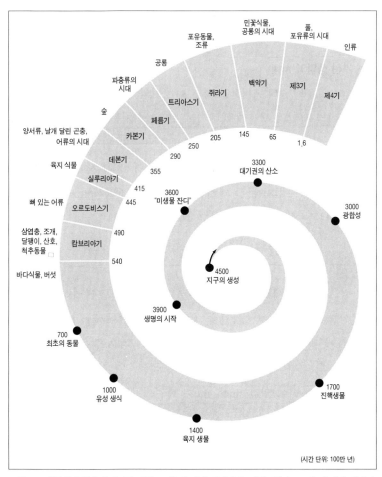

민꽃식물,
공룡의 시대

포유동물,
조류

풀,
포유류의 시대

공룡

인류

파충류의
시대

백악기

제3기

트리아스기

쥐라기

숲

제4기

페름기

양서류, 날개 달린 곤충,
어류의 시대

카본기

205

145

65

1.6

데본기

250

육지 식물

290

3300
대기권의 산소

실루리아기

355

뼈 있는 어류

오르도비스기

415

3600
"미생물 잔디"

3000
광합성

445

삼엽충, 조개,
달팽이, 산호,
척추동물

490

칶브리아기

540

바다식물, 버섯

4500
지구의 생성

3900
생명의 시작

700
최초의 동물

1700
진핵생물

1000
유성 생식

1400
육지 생물

(시간 단위: 100만 년)

그림 1.1 지구에서 최초의 생명은 대략 39억 년 전에 생겨났다. 대략 5억 4,000만 년 전에 캄브리
아기의 시작과 더불어 새로운 생명 형식이 폭발적으로 발전한다. 페름기에서 트리아스
기로 이행하는 과정에서, 그리고 백악기에서 제3기로 이행하는 과정에서 생물들이 대량
으로 죽었다. 후자의 시기에는 지구상에서 공룡이 사라졌다.

Svante Pääbo(1955~)이다. 지금 그는 라이프치히의 막스 플랑크 연
구소에서 진화인류학 연구팀장으로 있으며, 네안데르탈인이나 외츠
Ötzi(기원전 4000년경의 화석 사람으로, 오스트리아와 이탈리아 간 경계의
알프스 산꼭대기 빙하에서 냉동 상태로 발견되었음) 등 인간 조상들의

DNA를 분석하는 일을 맡고 있다.

숨겨진 생명의 시대

지금으로부터 39억 년 전인 생명 탄생기와 약 5억 4,000만 년 전인 캄브리아기 사이의 생물에 관해서는 고생물학자들이 할 일이 별로 없다. 30억 년 남짓한 그 기간에는 단세포 동물만 있었는데, 이것들은 화석이 되기에 그다지 적합하지 못했다. 그래서 이 시기는 독일어에서 '숨겨진 생명의 시대'를 뜻하는 말인 은생누대Kryptozoika로 불린다. 그러나 눈에 보이지 않는다고 해서 그 시대에 오늘날보다 유기체들이 더 적었다고 결론 내려서는 안 된다. 그것들이 의심할 여지 없이 아주 빈약하긴 했지만 말이다.

가장 오래된 단세포 화석은 약 36억 년 된 것으로, 박테리아 종류인 분열식물Schizophyta과 녹갈색 해조류인 남조식물Cyanophyta이다. 대체로 생명체들은 일명 세균 잔디라 불리는 거품 같은 얇은 매트의 형태로 펼쳐졌다. 오스트레일리아와 미국에서 양배추처럼 겹겹이 싸인 스트로마톨라이트Stromatholite가 발견되었는데, 우리는 거기서 그 잔재를 확인할 수 있다. 가장 오래된 진핵생물 화석은 17억 년 전의 것이며, 최초의 동물 화석은 약 10억 년 된 것이다. 그 몸은 연한 부분으로만 이루어져 있어서, 그 모습이 어떠했을지는 자국이나 기타 흔적을 가지고만 추측할 수 있다.

캄브리아기의 팽창

약 5억 4,000만 년 전에는 고생물학자들이 바라마지 않는 일이 일어났다. 동물들이 껍질, 뼈, 갑옷을 겹겹이 실속 있게 갖추기 시작한 것이다. 그리고 바로 약 4,000만 년 후에는 엄청나게 많은 동물이 화석으로 남게 된다. 대번에 거의 모든 동물의 조상 가문이 하나 생겨난게 아닌가 싶을 정도다. 하지만 추측건대 단지 이 '캄브리아기의 팽창'은 이미 있던 동물군들이 단단한 부위들을 발전시킴으로써 단기간에 더 쉽게 화석이 될 수 있었다는 점을 의미할 뿐이다. 껍질이 없는 초기 형태들은 이전에 이미 이루어져 있었던 것 같다.

이런 급속한 발전은 환경의 변화 때문에 일어났다. 7억 5,000만 년 전에 형성된 것으로 추정되는 선캄브리아대의 초대륙 메가게아가 분열하여 따뜻하고 얕은 바다가 생겨났고, 이는 새로운 생명체들의 생존을 시험해 볼 수 있는 터전이 되었다. 또한 탄화칼슘의 농도가 증가하면서 석회석 지층이 형성되었는데, 이 지층이 처음에는 생명체의 손상을 막아주다가 나중에는 점차 육식 생물의 공격을 막는 방어 벽 역할까지 하게 되었다.

덩치가 비교적 큰 동물이 나타나면서부터 약육강식 게임도 시작되었다. 이러한 시스템은 곧 진화를 이끌어내는 큰 힘이 되었으며, 우리가 생각할 수 있는 온갖 공격 및 방어 메커니즘을 낳았다.

이 시대에는 많은 동물이 진흙 같은 바다의 수렁에서 살았다. 대부분은 몸 길이가 몇 밀리미터에서 몇 센티미터밖에 안 되었다. 1미터 정도 되면 신기록일 거라 생각해 볼 법하고, 강도처럼 살아가는 아노말로카리스Anomalocaris canadensis(새우와 가오리를 합친 듯이 생긴 포식 동물─옮긴이)에게까지도 충분히 겁을 줄 수 있을 정도였다. 그리고 최초의 조개, 달팽이, 두족류, 산호, 해면이 나타났다. 캄브리아기의 동물들 가운데 스타는 단연 삼엽충이었다. 삼엽충은 당시 생물 종(種)의 60퍼센트를 차지했다. 전과 다름없이 모든 삶은 바다 속에서 펼쳐졌다. 아직도 땅은 바위투성이였고 황량했다.

두족류와 척추동물

캄브리아기에 이어 지금으로부터 약 4억 9,000만 년 전에는 오르도

비스기가 시작되었다. 조개류와 완족류가 등장했고, 삼엽충에는 눈이 생겨났으며, 최초의 척추동물이 헤엄쳐 다녔다. 이것들은 물고기처럼 보였지만 턱이 없었기 때문에 무악어Agnatha('턱이 없는 자'라는 뜻)라고 불린다. 오늘날 우리가 오징어로 알고 있는 두족류는 경쾌하게 떠서 나아갔다. 그러나 두족류는 어류가 아니라 연체동물이기 때문에 달팽이나 조개의 친족이다. 그 동물 가운데 오늘날까지 생존한 것은 남아프리카의 하천에 사는 노틸러스Nautilus이며 수많은 다이버 클럽, 레스토랑, 잠수함이 그 이름을 빌려서 쓰고 있다.

생명이 땅을 방문하다

오르도비스기에 이어 지금으로부터 약 4억 4,500만 년 전에는 실루리아기가 시작되었다. 여러 종의 아그나타는 생활할 수만 있으면 바다 속 어디에서든 살았다. 산호는 최초의 암초를 형성했다. 바다 전갈은 이따금씩 땅에 오르기를 시도했고 땅에서는 최초의 식물이 암반 위를 덮기 시작했다.

최근에 미국 워싱턴의 카네기 연구소 연구원들은 약간의 돌연변이를 일으킨 해조류가 땅을 정복할 수 있게 되었다는 가설을 내세웠다. 그들은 스코틀랜드의 부싯돌을 관찰하여, 지구상에서 가장 오래된 것으로 알려진 식물 몇 종(種)의 잔재를 거기서 발견했다. 그리고 그 잔재를 연구해서, 지금으로부터 약 4억 년 전에 몇 종의 해조류가 돌연변이를 통해 물질 리그닌Lignin을 형성하는 능력을 얻었다는 결론에 도달했다. 이 화합물 덕분에 해조류가 단단한 세포벽을 형성할 수 있었고, 그리하여 얕은 물가에서 땅으로 이주할 수 있게 되었다는 것이다.

어류의 시대

실루리아기에 이어 지금으로부터 약 4억 1,500만 년 전에는 데본기가 시작되었다. 최초의 식물이 그 동안 땅을 두터운 매트와 키가 작은 나무 덤불로 뒤덮었다. 어류의 발전은 급속히 진행되었다. 갑옷을 입은 거대한 판피(板皮)어류, 상어와 가오리가 속하는 연골어류, 그리고 오늘날 물고기들의 조상인 경골어류가 생겨났다. 그들의 조상인 무악어류는 거의 완전히 사라졌다. 무악어류 가운데 살아남은 것의 자손은 오늘날에도 볼 수 있는 베도라치와 칠성장어이다.

몇몇 어류는 양서류로 발전했다. 이 진전은 물에서 땅으로 이주하는 것보다는 우선 지느러미가 발로 변하는 것을 뜻했다. 최초의 양서류는 물 밑의 바닥을 헤집기 위해 다리와 발이 발달해 있었다. 뒤늦게야 그들은 땅으로 잠깐 산보하러 나가서, 약간의 별미 음식을 수집하는 데도 자신의 발과 다리가 적합하다는 것을 깨달았다. 최초의 거미, 진드기, 지네, 날개 없는 곤충, 전갈이 침엽수의 조상인 양치류 등 각종 육지 식물 사이를 헤집고 다녔다.

숲

데본기에 이어 지금으로부터 약 3억 5,500만 년 전에는 카본기가 시작되었다. 이 시대의 지층에서는 아주 많은 식물 화석이 채집된다. 키가 40미터까지 자라는 비늘나무Lepododendrales는 육지 식물 가운데 최초로 성공한 식물이다. 숲은 최초의 선구 식물을 몰아내고 수많은 곤충을 입주시켰다. 곤충은 그 동안 하늘을 나는 방법을 배웠다.

크기가 3미터까지 성장하는 익티오스테가Ichthyostega 따위의 거대한 양서류가 연이어 육지로 진출했다. 곤충들도 괄목할 만한 크기로 자라났다. 날개를 펼치면 길이가 70센티미터에 이르는 잠자리도 있었고, 2미터까지 자라는 지네도 있었다.

최초의 대량 몰살

카본기에 이어 지금으로부터 약 2억 9,000만 년 전에는 페름기가 시작되었다. 그 동안 땅에서는 파충류가 주인이 되어 있었다. 몇 종류는 초기의 날개 형태를 갖추었다. 덩치가 크든 작든 간에 등에는 큰 돛이 달려 있었는데, 척추 뼈가 돌출해서 만들어진 것이었다. 그 돛은 아마도 체온 조절을 위한 열(熱) 교환기였을 것 같고, 적(敵)들을 위협하는 데에도 쓰였을 것이다.

그렇지만 갑자기 진화가 중단되었고, 처음으로 큰 후퇴가 일어났다. 지금으로부터 약 2억 5,000만 년 전에는 양서류의 75퍼센트, 파충류의 80퍼센트, 바다 생물의 90~95퍼센트가 사멸했다. 단지 침엽수를 비롯한 육지 식물만이 생명을 부지했다. 페름기에서 트리아스기(중생대 초기)로 넘어가는 과도기(일명 P/T)에 대량 몰살이 왜 일어났는지는 알려져 있지 않다. 아마도 시베리아에서 80만 년 남짓 동안 계속된 엄청난 화산 분출, 그리고 지구의 모든 대륙들이 하나의 거대 대륙 판게아로 서서히 합쳐지면서 나타난 기후 변화가 그 전무후무한 멸종의 원인이었을 것이다.

무서운 파충류

페름기에 이어 지금으로부터 약 2억 5,000만 년 전에는 트리아스기가 시작되었다. 판게아 대륙은 다시 분열되었다. 파충류는 포유류로 넘어가는 과도기적 특징을 보인다. 최초의 공룡은 그 후 1억 5,000만 년 동안 자신이 지배하게 될 지구를 둘러보았다. '공룡Dinosaur' 이라는 이름은 그리스어의 'Deinos(무서운)' 와 'Sauros(도마뱀)' 를 합성한 것이다. 처음 그 이름을 고안해 낸 사람은 영국의 해부학자 오언Richard Owen(1804~1892)인데, 그는 1853년 실베스터(12월 31일)에 그 놀라운 괴물 이구아나의 모형을 콘크리트로 만들어놓고는 여러 학자들을 초대해서 그 뱃속에서 저녁 식사를 같이 했다.

동물들이 이처럼 경악스럽게 변하는 동안 식물계는 아름다움을 더해 갔다. 꽃피는 식물의 조상 안기오스페르마Angiosperma가 후기 트리아스기에 생겨났다는 것은 거의 확실하다.

우리가 알고 있는 것과 같은 동물들

트리아스기에 이어 지금으로부터 약 2억 500만 년 전에는 쥐라기가 시작되었다. 동물들 가운데 일부는 오늘날 우리가 알고 있는 것과 같은 형태로 차츰 변했다. 최초의 척추동물이 등장했으며, 새들은 날개를 푸드덕거리며 공중으로 날아올랐다. 그러나 아직도 주도권은 땅에서는 공룡이, 바다에서는 어룡Ichthyosaurier이 쥐고 있었다. 플레시오사우루스, 바다거북과 어룡은 물고기 및 두족류 사냥 경쟁을 벌이고 있었다. 땅에서는 꽃피는 식물이 계속 번성했고, 그 위 하늘에는 시조새Archaeopteryx(그리스어 Archaio는 '오래된'을, Pteryx는 '날개', '깃털'을 뜻함)가 유유히 원을 그리며 날고 있었다. 시조새 날개의 화석은 1860년에 독일 바이에른에서 최초로 발견되었다.

공룡의 세계

쥐라기에 이어 지금으로부터 약 1억 4,500만 년 전에는 백악기가 시작되었다. 공룡의 형태는 여러 가지로 나타났다. 그것들은 거의 모든 형식, 색깔, 크기로 존재할 수 있었다. 가장 작은 공룡은 추측건대 육식 공룡 콤프소그나투스Compsognathus였다. 이것은 전체 길이가 65센티미터로, 오늘날의 고양이 크기 정도였다. 가장 큰 공룡은 길이가 40미터도 넘는 아르겐티노사우루스Argentinosaurus와 슈퍼사우루스였을 것이다. 물론 이 두 종류는 모두 약간의 화석으로만 남아 있기 때문에 그 크기는 추측일 뿐이다. 2000년 1월에는 아메리카 대륙 남쪽 끝의 파타고니아에서 사우로포드Sauropod 공룡의 척추 뼈와 상퇴 골이 발견되었는데, 그 길이가 50미터에 이르렀을 것으로 추정된다. 자연 박물관에 진열된 것들 중에서 가장 골격이 큰 것은 브라키오사 우루스Brachiosaurus 종에 속하는 공룡으로, 그 길이가 12미터이다. 베를린 훔볼트 대학 박물관에 소장되어 있는데, 이 공룡의 무게는 약 80톤이었을 것으로 추정된다. 공룡 중에서 뇌가 가장 작았던 것은 아마도 스테고사우루스Stegosaurus일 것이다. 크기가 호두 알 정도밖에 되지 않았다. 이가 가장 많은 것은 오리 주둥이 공룡 아나토사우루스 Anatosaurus로 약 3,000개의 이가 있었다. 또한 뇌가 작고 등에 17개의 삐죽삐죽한 지느러미가 달려 있는 모습으로 우리에게 잘 알려진 스테고사우루스는 오르니티시어Ornitischier라고도 불리는데, 철저한 채식주의자였다. 다른 공룡들, 예컨대 악명 높은 티라노사우루스 렉스Tyranosaurus rex는 다른 동물을 잡아먹거나 사체를 먹어치우는 포악한 사냥꾼이었다.

사우루스의 해부학적 특징 가운데 많은 것들이 몸집 크기와 관계있는 것으로 추정된다. 아마도 일종의 냉각 장치 기능을 했을 것이다. 거대한 공룡이 이동할 때면 몸속에서 많은 열이 발생했다. 우리는 이런 예를 오늘날 코끼리에게서 볼 수 있다. 코끼리는 전신에 흐르는 피를 식히기 위해 귀를 펄럭인다. 공룡은 피부 면적을 최대로 만들어 손쉽게 열을 방출했다. 예를 들면 트리케라톱스Triceratops의 목에는 큰 깃이 있었는데, 스테고사우루스의 경우처럼 여기에도 모세 혈관이 전체적으로 분포되어 있었다. 디플로도쿠스Diplodocus는 목이 길어서, 그렇게 확장된 피부 표면적으로 열을 내보낼 수 있었다. 아마르가사우루스는 목과 등에 솟아 있는 긴 막대 형태의 뼈들을 거대한 돛처럼 펼쳤다. 그러나 이처럼 풍성한 발명과 성공적인 진화에도 불구하고 공룡의 시대는 영원히 계속되지 못할 운명이었다.

백악기에는 생명의 전체 영역에서 두 가지 대변혁이 일어났다. 우선 꽃피는 식물이 세력을 확장했으며 이와 더불어 곤충, 새, 작은 포유동물이 많아졌다. 세분된 먹이 연쇄가 만들어졌고, 수많은 새로운 종(種)들이 급속히 성장했다. 그러나 그것들은 다시 급속히 감소해야만 했다. K/T(백악기와 제3기 사이의 과도기) 사건이 세계를 잿더미로 만들어버렸다. 소행성 하나가 대기권으로 진입해서 오늘날의 멕시코 유카탄 반도에 떨어진 것이다. 원자탄 몇 백만 개의 에너지를 가진 그 불덩어리 때문에 지구상의 모든 것이 불길에 휩싸였다. 압력의 파장이 지구 전체로 퍼졌으며 분화구 주변이 모두 불탔다. 소행성 그 자체는 물론이고 그 몇 백 배에 달하는 토양과 물이 완전히 증발해 버렸다. 먼지와 수증기의 혼합물이 대기로 올라가 태양을 가렸다. 빛이 없으면 식물은 광합성을 할 수 없고, 그러면 동물들의 먹이 또한 고갈된다. 공기는 유독 가스로 가득 찼고, 산성비가 내렸으며, 지진과 화산 폭발이 계속해서 피해를 가중시켰다. 바다 생물 중의 10~20퍼센트, 그리고 육지 생물 종(種) 가운데 대략 절반만이 살아남았다. 공룡은 살아남은 절반에 끼지 못했다.

오늘날 볼 수 있는 것과 유사한 동물들

백악기의 뒤를 이어 지금으로부터 약 6,500만 년 전에는 제3기(중생대 백악기 이후, 신생대 제4기 이전의 시기를 가리킴. 지구의 지각은 굳기·변질도·구조에 따라 넷으로 나눌 수 있는데, 제3기는 그 가운데 세 번째 지층에 해당함―옮긴이)가 시작되었다. 공룡은 사라졌다. 포유동물이 세력을 키워가면서 임자가 없어진 땅을 정복해 갔다. 기후는 온화했으며 중부 유럽에는 따뜻한 습지가 펼쳐졌다. 최초의 풀이 땅에서 싹을 틔웠으며, 사바나와 스텝이 생겼다. 그리고 우리에게 친숙한 많은 동물이 설계되었다. 그중에는 돼지·양·고양이·개·곰·하이에

나 · 영양 · 산양 · 하마 · 맥 · 박쥐 · 낙타 · 여우 · 닭 · 말[馬]의 조
상 · 코끼리 · 거북이 있었으며, 개구리 · 쥐 · 생쥐 · 뱀 그리고 노래하
는 새들이 엄청나게 퍼져나갔다.

지금으로부터 600~700만 년 전에는 인간과 침팬지가 분화되었
다. 그리고 오늘날의 에티오피아 지역인 이른바 '아파르 함몰지Afar-
Senke'에서는 인간과 유사한 종(種)의 잔재인 아르디피테쿠스 라미
두스 카답바Ardipithecus ramidus kadabba가 발견되었는데, 이는 지
금으로부터 520~580만 년 전의 것으로 규명되었다.

인간이 와서 추위에 떨다

제3기에 이어 지금으로부터 약 160만 년 전에는 제4기가 왔다. 이
시기는 빙하 시대라고도 한다. 이 시기부터는 기온의 변동이 심했다.
빙기와 간빙기(間氷期)가 교차되었으며, 대략 20회 찾아온 빙기 동안
의 기온은 오늘날보다 10~15도 낮았다. 단단한 지면의 3분의 1이 빙
하로 덮였다. 북부 독일에는 얼음의 두께가 1,000미터나 되는 곳도 많
이 있었다. 빙하 시대의 절정기인 약 13만 5,000년 전에는 빙하 덩어
리가 베를린 이남까지 내려왔다. 빙하가 덮이지 않은 지역에는 툰드
라가 형성되었다. 지구 표면은 늘 얼어 있었다. 동물과 식물은 생존하
려면 추위에 적응해야 했다. 보는 이를 놀라게 할 만큼 커다란 대형
동물이 생겨났는데, 그중에는 코끼리처럼 상아가 있는 호랑이 · 털로
뒤덮인 코뿔소 · 매머드 · 거대한 산양 · 순록 · 사향소가 있었다.

그러다가 1만 년 전부터는 기후가 적어도 중부 유럽에서는 다시 상
당히 쾌적해졌다. 빙하 시대 동물 중에서 살아남은 것은 순록과 사향
소뿐이었다. 그리고 인간은 전 세계의 주인이 되는 지적(知的) 종으로
의 발전을 향해 승리의 행진을 거듭했다. 그 대표자를 우리는 오늘날
도 가끔 만난다. 가장 오래된 종인 호모 하빌리스Homo habilis('연장

을 사용하는 사람'이란 뜻─옮긴이)는 약 200만 년 전에 아프리카의 아우스트랄로피테쿠스Australopithecus에서 발전해 나왔다. 거기서 약 160만 년 전에 직립 인간이란 뜻의 호모 에렉투스Homo erectus가, 그리고 40만 년 전에는 호모 하이델베르겐시스Homo heidelbergensis가, 그리고 끝으로 16만 년 전에는 호모 사피엔스Homo sapiens가 생겨났다. 이 마지막 종은 약 5만 년 전에 문화적 존재로 '도약' 했고, 유일한 호모 종으로 살아남아서 약 2,500년 전에는 과학을 발견했으며 얼마 전부터는 자기 게놈의 알파벳을 알 수 있게 되었다.

▌진화 ▌

다윈의 진화

"사고하는 모든 서양 사람들의 세계관은
《종의 기원》이 출판된 1859년을 기준으로 해서
완전히 달라졌음에 틀림없다."

　마이어 Ernst Mayr(1904~2005)가 한 위의 평가는 과장이 아니다. 다윈 Charles Darwin(1809~1882)은 실제로 하나의 세계가 파괴되고 또 하나의 세계가 새로 건설되는 지식 혁명을 낳았다. 그의 인식론은 기독교 도그마의 한 기둥에 대한 공격이었다. 그 뒤부터 인간은 동물로 간주되어야 했다. 물론 동물의 세계에서 특출한 지위를 차지하기는 하지만 말이다. 그리고 땅에서 기고 하늘을 나는 모든 것은 단순한 메커니즘 덕택에 생겨난 것이 되었다. 자연은 눈곱만큼씩 미세한 발전을 거듭하여 몇 십억 년이 지나 불가사의한 결과를 낳은 것으로 여겨졌다.

　다윈은 신앙을 가진 기독교인이었고 아버지가 바라던 대로 케임브리지 대학에서 신학을 연구했다. 그러나 졸업한 뒤에는 과학을 연구했다. 그는 정확히 관찰하려 했으며, 사건을 초자연적인 것에 기대어 이해하지 않고 자연을 통해 설명하려고 노력했다. 다윈의 젊은 시절에는 관찰할 대상이 많았다. 그는 1831년 12월 27일, 22세의 나이에 플리머스에서 연구선(船) 비글호를 타고 바다로 나아가, 1836년 10월 2일 영국으로 귀환할 때까지 5년 동안을 배 위에서 보냈다. 배에 오르기 전에 그는 연구 여행자라는 직업에 걸맞은 소양을 갖추기 위하여 독학으로 생물학·지질학 지식을 쌓았다. 당시 유명했던 훔볼트의 저술을 특히 많이 읽었는데, 후일 훔볼트의 저술에 대해 다음과 같이 이야기했다.

나의 모든 생애는 그의 여행 일기를 모두 읽고 또 읽었던 젊은 시절의 경험에 바탕을 두고 있다.

해군 제독의 명령서에 따르면, 지질학 훈련을 받은 다윈의 본래 과제는 예컨대 남아메리카 남단 푸에고 섬의 산에 철광맥이 숨어 있는지, 또는 어떤 산호섬이 항구로 이용될 수 있는지를 살피는 일이었다. 다윈은 자신의 지질학적 의무를 아주 진지하게 받아들였으며, 나중에 산호섬·화산섬·남아메리카에 대한 세 편의 저술도 발표했다. 그러나 그의 진정한 애착은 생명을 탐구하는 데 있었다.

그러나 항해에서 돌아와 1842년에 그는 가족과 함께 교외로 나가서 조용히 생활해야 했다. 만성 질환으로 몸이 허약해져서 연구를 하루에 서너 시간밖에 할 수 없었기 때문이다. 왜 그의 건강이 좋지 못했는지에 대해서는 나중에 여러 가지 의견이 나왔는데, 우울증적 요소가 제일 많이 강조되었다. 그러나 그의 병은 샤가스병이었던 것 같다. 이 병은 아프리카 수면병(睡眠病)과 아주 비슷한 것으로, 트리파노소마(척추동물에 기생하는 편모충 병원체) 때문에 생기는데 다윈은 아르헨티나에서 트리파노소마에 감염되었던 것 같다.

그렇지만 다윈의 저서는 획기적이었다. 그의 이론은 일련의 이론을 패키지로 제공했다. 여론 조사에 의하면 아직도 미국인들의 60퍼센트가 믿는 창조 신앙 못지않게 자체 내에 논리적 모순이 없었다. 한편 창조 신앙은 신이 세상을 6일 만에 창조했다고 말하는데, 거기에는 현재에 살고 있거나 과거에 살았던 모든 동물과 식물이 포함된다. 창조의 시점은 당시의 지배적인 견해에 따르면 기원전 4004년이었다. 이것은 아일랜드의 대주교 어셔James Ussher(1581~1656)가 1650년에 '계산해 냈다.' 당시에는 어느 누구도 세계가 훨씬 더 오래되었다고 생각하지 못했을 것이다. 그리고 그런 생각을 품을 근거도 없었다. 변화하지 않는 세계라는 시각에서 바라볼 때, 몇 천 년만 해도 벌써 대단한 세월이었다. 사실상 영원이나 다름없다고 스스로를 위로할 수 있는 장구한 기간, 다시 말해서 안정감과 지속성의 감정을 매개할 수 있는 기간이었던 것이다.

의견의 스펙트럼은 기껏해야 좁은 폭 내에서 진동했을 뿐이다. 몇몇 사람들은 신이 모든 종(심지어 지금까지 존재한 모든 유기체)을 한꺼번에 창조했다고 믿었다. 이른바 진보론자들은 신이 되풀이해서 서너 가지씩 신종 생명체를 보충했거나 심지어 전부를 한 번에 교체했다는 가설을 내세웠다. 생명체가 창조 행위 외의 다른 기원을 가지고 있다는 생각은 토론된 적이 없었다. 게다가 인간을 동물계에 배열시키는 것은 부조리하기만 했다. 명백히 인간은 동물에게서는 관찰할 수 없는 정신을 가지고 있었다. 인간에서 동물로 넘어가는 유동적인 단계를 가정하는 일은 상상할 수조차 없었다.

다윈 이전에는 교회와 과학의 갈등이 아직 경계선 위에 머물러 있었다. 뉴턴 물리학뿐만 아니라 코페르니쿠스와 케플러의 천문학이 기독교 창조론에 던진 도전장은 비교적 치명적이지 않았다. 왜냐하면 그것들은 교회의 정태적인 세계상과 합치할 수 있었기 때문이다. 지구가 더 이상 우주의 중심에 있지는 않게 되었지만 모든 것은 신이 창조한 모습 그대로 있었기 때문이다. 뉴턴의 법칙은 심지어 위대한 설계사, 신적인 수학자가 틀림없이 존재한다는 것을 보여주는 증거로 인식되었다. 린네가 생물의 세계에 부여한 아름다운 질서 또한 힘들이지 않고도 신의 피조물인 영원한 질서를 발견한 것으로 해석될 수 있었다.

진화, 즉 끝없는 발전과 변화에 대한 생각은 사정이 달랐다. 모든 것이 영원히 각자의 자리에 있는 성경의 세계상과 곧장 충돌할 수밖에 없었다. 다윈 이후 자연 연구의 설명 능력은 매우 강해졌으므로 자유주의적 교회 옹호자들조차도 더 이상 신(新)지식을 전통적 학설과 화해시킬 수는 없었다. 다윈주의자 헤켈Ernst Haeckel(1834~1919)은 19세기 말의 기성 학자와 소장 학자들 간의 격차가 점점 벌어지는 것에 대해 다음과 같이 기술했다.

교회가 현대적 교육 및 그 기초인 진보적 자연 인식과 극한 대립을 하고 있다는 것은 이제 더 이상 논란의 여지가 없는 사실이다. 여기서 최고의 지위에 있는 교황 권력에 대해서는, 혹은 현실에 대한 무지와 현격한 미신의 학설에 얽혀 그 권력에서 한 걸음도 물러서려 하지 않는 교조적 복음주의에 대해서는 한 마디도 말하고 싶지 않다. 오히려 우리는 평균적인 좋은 교육을 받았고 신앙과 더불어 이성(理性)에게도 정당한 권리를 허용하는 자유주의적 프로테스탄트 목사의 설교에 귀를 기울이고자 한다. 이는 탁월한 도덕론과 완전히 수긍할 수 있는 휴머니즘적 논설을 담고 있다. 그러나 신과 세계, 인간과 생명의 본질에 대해서는 자연 연구의 모든 경험에 정면으로 대립되는 생각들을 내놓는다. 자연에 대해 철저히 관찰하고 숙고한 기술자와 화학자, 의사와 철학자들이 그런 설교에 귀 기울이려 하지 않는다는 것은 놀라운 일이 아니다.

그 후 몇 년도 안 되어 서정시인 모르겐슈테른Christian Morgen-

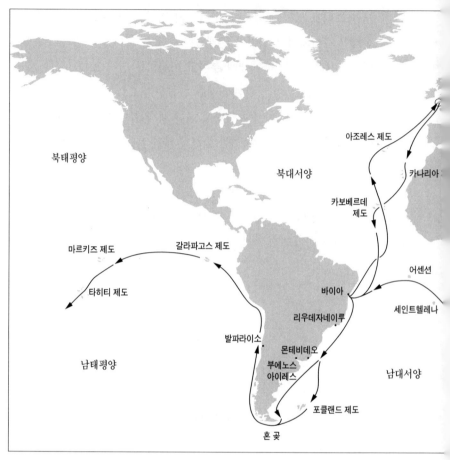

그림 1.2 다윈이 1831~1836년에 비글호를 타고 지구를 일주하면서 생물들을 관찰한 코스. 그는 20여 년 후에 그 연구 결과에 입각해서 자연선택 이론을 발표했다.

stern(1871~1914)은 종교적 세계관에서 과학적 세계관으로 이행하는 역사적 과정을 시 〈조끼〉에서 묘사했다.

남부 이탈리아에 조끼 하나가
교회의 어스름한 제단에 붙어서 살고 있다.
내 말을 잘 들으시오. 아직도 그 조끼는 신을 최상으로 모신다.

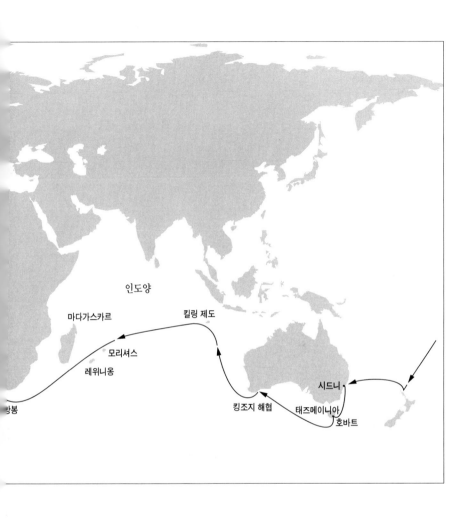

그러나 아담 속에는 이미 헤켈 씨가 살고 있었던 것처럼

(물론 예(例)일 뿐이지만), 은빛 꽃이 잔뜩 수놓아진 금란(金襴) 잔재

속에는

경이롭게도 숨어 있는 것이 있으니

그것은 바로 오늘 벌써

어제의 정신에서 내일의 몸으로 넘어가는 주름진 과도기라오.

1859년 이후의 이런 세계는 당시의 지성인에게 어떤 모습으로 비쳤을까? 그 영상을 엿보기 위해 아래에서는 다음과 같은 내용을 풀어갈 것이다. 다윈이 남긴 이론이 어떤 것인가? 왜 인류는 그 문제에 대해 계속 생각하게 되었는가? 그리고 종교와 진화론 간의 대규모 충돌 이후 과학의 세계는 어떤 생각들을 기왕의 서류 더미 위에 얹었는가?

진화는 무엇인가?

흔히 사람들은 진화에 대해 이야기하곤 하는데, 그때 진화의 의미는 대체로 하나의 상태에서 다음 상태로 서서히 변화하는 것이라 할 수 있다.

진화의 가장 단순한 이론이 말하려는 것은 이렇다. 첫째, 이 세계가 불변일 수 없으며, 둘째, 변화가 꾸준히 일어나며, 셋째, 순환하거나 주기적으로 반복하는 식은 아니다. 이 보편적 진화론은 다윈이 고안한 것이 아니었다. 다윈보다 100년 전에 이미 프랑스의 박물학자 뷔퐁Georges-Louis Leclerc Buffon(1707~1788)은 종들이 변화할 수 있다고 보았다. 도방통Louis Jean-Marie Daubenton(1716~1800)과의 공동 저서 《자연사 Histoire naturelle》에서 그는 이렇게 이야기했다.

돼지는 원래부터 완벽한 계획에 따라 창조된 것이 아니라 다른 동물들과 합성된 결과이다. 그 짐승은 살아가는 데 결코 필요하지 않은 부분들을 지니고 있다. 예컨대 다리 옆에 붙은 발가락 하나는 뼈는 완벽하게 갖추고 있지만 전혀 쓸모가 없다.

그가 볼 때 원숭이는 퇴화한 인간이며, 당나귀는 퇴화한 말이었다. 50년이 더 지나서 진화론을 제창한 사람은 바로 다윈의 할아버지 이래즈머스 다윈Erasmus Darwin(1731~1802)이었다. 그는 진화가 획득된 형질에서 시작된다고 보았다. 그리고 다윈 이전의 가장 세련된 진화론은 역시 1809년 《동물론Philosophie zoologique》을 저술한 라마르크의 용불용설이었다. 그에 의하면 환경이 오랫동안 변하지 않아야만 종들은 그대로 있을 수 있다. 그러나 환경은 변하므로, 동물들도 적응을 하며 새로운 획득 형질을 자손에게 유전한다. 그는 당시 처음 발견되었던 기린을 그 예로 들었다. 그에 의하면, 기린은 원래 보통의 영양(羚羊)이었는데 높은 곳에 있는 나뭇잎을 따 먹으려고 자꾸 목을 길게 빼다 보니 목이 평생 동안 조금씩 길어졌다. 결국 기린은 이렇게 길어진 목을 자손에게 유전했으며, 그 자손 역시 위로 몸을 뻗쳐서 키가 1~2센티미터 정도 커졌고 이런 과정이 되풀이되었다는 것이다. 이래즈머스 다윈과 마찬가지로 라마르크가 변화의 원동력으로서 파악한 것은 획득 형질의 유전이었다. 그러나 오늘날 잘 알려져 있듯이 획득 형질은 유전되지 않는다. 그 다음에 바로 나올 법한 질문, 즉 기린이 어떻게 해서 점박이 무늬를 가지게 되었는가에 대해서는 라마르크의 용불용설이 제대로 답하지 못한다. 종들에게는 완벽해지려는 충동이 있다는 라마르크의 가정(假定), 그리고 종은 멸종하지 않고 강하게 변화한다는 확신도 틀린 것으로 증명되었다. 그렇지만 그는 생물학에서 진화의 이념을 최초로 정착시킨 사람이다. 게다가 처음으로 '생물학' 개념을 식물과 동물을 아우르는 통합적 과학에 사용한 사람이기도 했다.

오늘날 라마르크주의는 획득 형질의 유전 이론으로 통한다. 그렇게 볼 때 그때까지는 다윈도 라마르크주의자였다. 종의 변화는 유전자 차원에서의 우연을 통해서만 일어난다는 사실을 다윈 역시 아직은 알 수 없었다. 다시 말해서 신체의 특정 기관을 집중적으로 사용했다고 해서 그것이 변화를 일으키지는 않는다는 사실을 몰랐던 것이다.

따라서 다윈이 1859년에 《종의 기원》을 출간했을 때에는 학계에서 이미 반세기 전부터 진화의 이념을 집중적으로 토론해 왔고 광범위하게 수용하고 있었다. 당시 논란이 된 것은 신이 진화에서 어떤 역할을 했고 그 과정이 정확히 어떻게 진행되었으며 인간에게는 어떤 신분이 부여되는가였다. 게다가 "결과적으로 신은 시시때때로 동물 집단들의 변형을 시도했다"라는 나태한 타협안도 있었다. 다윈에게는 그 타협안이 설득력이 없었다. 그의 답변들은 다른 것이었다. 그중 첫 번째 답변은 "신(神) 가설(假說)의 정립은 불필요하다"는 것이었고, 두 번째 답변은 '진화는 자연선택을 통해 일어난다'는 것이었으며, 세 번째 답변은 "그렇지 않다. 진화는 자연선택을 통해 일어나지 않을 수도 있다"는 식이었다. 신중을 기하기 위해 그는 인간을 일단은 만물의 영장 자리에서 쫓아내지 않으려 했다. 우선 그는 독자들이 스스로 생각할 수 있도록 하는 다음의 단 한 문장으로 만족했다. "인간의 기원과 역사에 대해서는 환한 불빛이 비춰질 것이다." 그는 1871년 《인류의 유래와 성(性) 선택 *The Descent of Man and Selection in Relation to Sex*》에서야 비로소 그 테마에 대해 분명한 발언을 했다. 물론 그 동안에 절친한 벗 헉슬리Thomas Henry Huxley(1825~1895)는 그의 생각을 계속 대변해 주고 있었다. 병들어 은둔 생활을 하는 다윈을 위해 진화론 반대자들과 격렬한 공개 투쟁을 벌였으며 다윈의 충직한 개, 불독이라고 자처할 정도였다. 헉슬리는 1863년 《자연에서 인간이 차지하는 위치에 대한 증언》을 내놓았다. 그로부터 몇 년 전인 1856년 라인란트의 네안데르탈에서는 과거의 인간이 제 모습을 직접 드러낸 사건이 있었다. 두개골(頭蓋骨)이 출토되었는데, 분명히 사람의 것이었으나 현존하는 사람들 것과는 달랐다. 그러므로 현대인의 조상이거나, 혹은 질병 때문에 머리가 변형된 보통의 야만인이었을 것임에 틀림없었다. 첫 번째 해석은 프랑스의 인류학자 겸 두개골 전문가 브로카Paul Broca(1824~1880)가, 두 번째 해석은 독일인 의사 피르호 Rudolf Virchow(1821~1902)가 내놓았는데, 브로카가 옳았다. 네안데르탈인이 현대인의 직접적 조상은 아니지만, 지금으로부터 3만 년 전에 멸종한 가까운 친족인 것만은 분명했다. 그 후 얼마 지나지 않아 우리의 오래된 직접 조상도 발견되었다. 1868년 크로마뇽 동굴에서 다섯 사람의 잔재가 발견되었던 것이다.

자연선택

적자생존

다윈에 대해 아는 게 거의 없는 사람이라도 "적자생존"이나 "생존경쟁"이라는 말은 대개 알고 있다. 우리는 그 말을 정확히 무슨 뜻으로 이해해야 할까?

진화의 성공은 일상에서의의 성공과는 다른 것이다. 우리는 거기서 두 차원을 구분한다. 개별 유기체의 차원에서는 인간이든 양이든 들장미든 간에 가장 많은 후손을 낳아 크게 키우는 것이 가장 큰 성공이다. 물론 식물의 경우에는 그것이 반드시 성공이 아닐 수도 있지만 말이다. 여기서 적자에 대한 척도로서 받아들여지는 것은 이른바 생식률(개체의 총 번식 성공률)이다.

게놈의 차원에서는 자신을 가장 많이 복제하는 것이 가장 큰 성공이다. 여기서 적자의 척도는 현존하는 복제 개체의 총수(總數)이다. 진화 과정을 위해 결정적으로 중요한 생존 경쟁은 '톰과 제리' 간이 아니라 게놈들 간에 벌어지는 경쟁이다. 그리고 거기서 문제가 되는 것은 3~4년이 아니라 몇 억 년이다. 게놈에게 '생존'이란 단어는 차세대의 유전자 풀Pool로 뛰어드는 데 성공하는 것을 뜻한다. 그러기 위해서는 그것이 속한 개체가 후손을 낳아야 한다. 그러나 생존 하나만으로는 충분하지 못하다. 게놈은 번성하기를 '원한다.' 바이러스 또한 이런 경향을 보이기 때문에 우리는 아주 괴롭다. 바이러스는 전염의 원조이며, 사실 주머니에 포장된 게놈 이외의 아무것도 아니다.

그러면 이제 개별적 유기체의 생존으로 되돌아가기로 하자. 수많은 동식물의 다음 세대 가운데 상당수는 번식을 시작하기도 전에 죽는다. 그러므로 후손과 관련해서 볼 때는 과잉 생산의 원칙이 생겨난다. 여기서는 게놈의 생존이 개체의 생존과 직접 관련된다. 그리고 자신이 속한 개체의 생존율을 몇 퍼센트, 아니 0.1퍼센트라도 높이는 데 성공하는 모든 게놈은 그것만으로도 후세를 많이 퍼뜨릴 수 있다. 예컨대 다른 영양보다 5퍼센트 빠른 속도로 달릴 수 있는 젊은 영양은 사자에게도 그만큼 더 뒤늦게 잡아먹힐 것이고 후손을 얻을 가능성이 높아진다. 그 게놈 자체는 사자의 뱃속에 떨어지는 일이 더 드물며 따라서 자신의 번식률도 몇 퍼센트 높아지는 것이다. 그 '달리기 게놈'이 현대인의 몸속에서 증식하겠다는 생각을 하게 되면, 그것은 낭패를 볼 것이다. 우리가 알고 있는 한, 인간의 경우에 달리기 속도와 자녀의 수 사이에는 아무런 통계학적 연관성이 없다. 그런 통계학적 연관성만이 진화에서는 중요하다. 평발이 후손의 수를 증대시킨다면, '평발 게놈'이 퍼져나갈 것이다. 그리고 이와 더불어 평발인 사람도 많아질 것이다. 만약에 말라리아 면역 능력이 그와 동일한 효과를 낸다면, 역시 항(抗)말라리아 게놈이 많이 퍼질 것이다. 그리고 만약에 노년의 암 발생률을 높이지만 이와 함께 청년기의 성행위 능력을 강화시키는 게놈이 있다면, 개체의 수명은 단축되겠지만 그런 게놈은 많이 퍼질 것이다. 비록 그 숙주가 일찍 사망하더라도 자손의 개체 수가 늘어날 수 있기 때문이다.

그렇지만 '최강자의 생존'이라는 일반적 관념도 완전히 틀린 것은 아니다. 남보다 강하고 빠르고 똑똑한 자가 당연히 자녀를 세상에 낳을 기회도 더 많이 가진다. 그러나 그가 빠르고 강하고 돈도 많고 100세이고 체스 세계 선수권자이지만 성 무능력자라면, 진화론적 관점에서의 성공률은 완전히 제로이다.

서로 다른 종을 비교해 보면 차이는 더 분명해진다. 생존을 위한 투쟁에서 위대한 승자는 결코 원숭이 · 돌고래 · 코끼리처럼 강하고, 지능이 비교적 탁월하고, 몸집이 큰 고등 동물이 아니다. 오히려 간단한 곤충이나 훨씬 더 원시적이며 평발인 개체이다. 이것들보다 더 약하고 어리석은 것이 세상에는 있을 수 없다는 생각이 들 정도이다. 그 게놈들은 벌써 몇 십억 년 전부터 생명의 게임을 하고 있으며, 그리하여 생존을 위한 투쟁에서 살아남은 절대적 강자이다.

적자는 적응한 자이다

"적자(適者)"에 들어 있는 '적합한Fit' 란 개념도 종종 잘못 이해된다. 그 단어 속의 Fit는 '피트니스Fitness', 에어로빅 · 조깅을 연상시키지만 그런 뜻이 아니다. 독일어의 "Angepasst", 즉 '적응한'이라는 뜻으로 이해해야 한다. 다시 말해 그 단어가 이를테면 김 군이나 이 양이 각자 처한 특수한 환경에 잘 적응하고 그 대가로 장수를 누리게 되는 것을 뜻하는 건 아니다. 키가 큰 나무들로 가득 찬 숲의 환경에서 개별 기린이 나름대로 적응을 한다는 뜻이 아닌 것이다. 기린들은 그저 여러 가지 형태로 존재할 뿐이다. 예컨대 기린 목의 길이는 평균적으로 10센티미터 내외의 편차를 보인다. 여기서 진화가 이루어지려면 우선 '선택Selection'이 있어야 한다. 선택은 긴 목을 가진 기린의 수가 어느 시점에 이를 때까지 계속 증가하도록 한다. 그 방식은 이러하다. 우연히 목이 긴 기린은 그렇지 못한 것보다 번식을 위해 몇 퍼센트 더 유리한 위치를 차지한다. 나머지는 단순한 수학(數學)이다. 세대를 거듭함에 따라 비교적 목이 긴 기린의 점유율이 높아지게 되고, 그리하여 그들 전체의 목 길이 평균도 올라간다. 이런 것을 보고 결국 기린들(하나의 집단을 형성하는 '개체군(群)Population')이 전체적으로 환경에 적응하였다고 한다. 적응 내지 선택 개념은 그러므로 언제나 개체군(또는 하나의 종(種) 전체)과 관련이 있다. 결코 개별적 개체와 관련된 것이 아니다! 따라서 마키아벨리스트나 기회주의자가 자신의 행동을 정당화하기 위한 근거로 다윈을 끌어들여서는 안 될 것이다!

다윈은 게다가 기린의 다른 끝 부분도 연구했는데, 이 경우에도 당연히 동일한 메커니즘이 작용한다.

기린의 꼬리는 사람이 만들어서 붙인 파리채처럼 보인다. 그리고 언뜻 보기에 그것이 현재의 목적, 즉 하루살이를 내쫓는다는 그런 사소한 목적을 위해 발전을 거듭함으로써 현재의 모양이 되었다는 주장은 믿어지지 않는다. 그러나 이 경우에도 너무 단정적으로 이야기하는 것은 위험하므로 조심해야 한다. 왜냐하면 남아메리카에서는 들소를 비롯한 여러 동물의 생존 및 번식 방식이 곤충들의 공격에 대한 방어 능력에 무조건적으로 좌우된다는 것을 우리가 익히 알고 있기 때문이다. 이 지역에서는 그 작고 치명적인 적을 방어하는 수단들을 갖춘 개체가 더 많이 번식해서 새로운 초원으로 퍼져나가는 데 적합하며 그리하여 더 많은 이점을 얻게 될 것이다.

따라서 적응 과정들이 힘이 점점 더 세지는 데에만 결코 국한되지는 않는다. 그것들은 우리가 생각해 볼 수 있는 모든 결과를 낳는다. 파푸아뉴기니의 산호초 섬에 사는 피에로 피시(몸에 커다란 흰 줄무늬 세 개가 세로로 나 있는 빨간색 열대어—옮긴이)의 적응 능력은 그것이 성장할 때 얼마나 타이밍을 적절하게 맞추느냐에 좌우된다. 어린 물고기는 우선 부부 물고기의 말미잘 집에 세 들어 산다. 거기에는 덩치가 너무 크지 않아야만 입주해 있을 수 있다. 결국 그 부부 물고기 중의 하나가 가출하거나 죽었을 때에만, 그 어린 물고기는 비로소 완전한 성어(成魚)로 자라난다.

멕시코의 윈도 종려나무Reinhardtia gracilis는 지느러미처럼 생긴 잎 끝의 가장자리가 해져 너덜너덜해 보이는 외모로 곤충들을 속인다. 나뭇잎을 갉아 먹고 사는 곤충은 그 모습을 보고, 이미 다른 곤충이 와서 씹어 먹다가 맛이 없어서 버리고 갔다고 착각하게 되는 것이다. 수많은 질병 증세도 적응 능력이나 다름없다. 모기에 물렸을 때 가려움을 느낌으로써 우리는 그 가려움증보다 더 심각한 뇌염 같은 질병에 전염될 가능성을 낮출 수 있다. 고열(高熱)은 박테리아를 죽이기 위한 것이다. 따라서 가려움을 느끼고 쉽게 고열이 날 수 있는 능력은 인간의 적응 가운데 한 요소이다.

그러나 적응 능력이 모든 상황에 적합한 것만은 아니다. 어떤 것도 그 자체로 좋거나 나쁘지는 않다. 어떤 환경에서는 유리한 것이 다른 환경에서는 불리할 수 있다. 예컨대 단 것을 먹고 싶어하는 것이 그러하다. 이것 때문에 오늘날 많은 사람들은 건강을 해치고 있다. 따라서 다시 사라지는 편이 낫다. 그러나 익히 알다시피 진화는 시간을 필요로 한다. 몇 백만 년에 걸쳐 이루어진 것이 3~4세대 만에 사라지지는 않는다. 사람들이 이 세상을 사탕무 밭과 설탕 제품 공장으로 뒤덮어서 설탕의 희소가치가 떨어졌다는 사실만으로는 그 문제가 해결되지 않는다.

유전자의 변화

다윈은 유전자에 대해 아무 말도 하지 못했다. 그는 진화가 '변형

Variation'과 그 뒤에 발생하는 '선택'을 거쳐 이루어진다는 것은 알았지만, 변형의 과정에서 실제로 무슨 일이 일어나는지는 몰랐다. 그는 눈에 보이는 특징들만 가지고 연구를 시작할 수 있었다. 그렇지만 생명체의 외양, 이른바 '표현형'은 유전자의 특수한 변화 및 조합, 즉 환경과 복잡하게 상호 작용하는 개체의 '유전형'을 통해서 결정된다.

오로지 유전형만이 유전에서 결정적 역할을 하는 것이다. 이 유전형의 변형 능력은 두 가지 원천에서 온다. 돌연변이와 재조합이 바로 그것이다. 돌연변이의 원인은 외부로부터 DNA에 작용하는 것이며, 사람들은 그것을 '형질 변화 요소' 또는 '유전적 변이를 일으키는 실체Mutagen'라고 부른다. 방사선과 수많은 자연 물질 및 인공 화학 물질이 여기에 해당한다. 돌연변이는 게놈의 부분들(즉 유전자들)을 변화시킨다. 다시 말해, 게놈 내의 염기 서열 몇 백만 개 가운데 일부를 교체함으로써 특정 유전자의 형태를 다른 형태로 바꾼다.

재조합의 원인은 섹스이다. 재조합은 유전자의 혼합 형태를 바꾼다. 두 개체의 유전자들이 섹스를 통해 뒤섞인다. 우리 모두는 각자의 특정한 게놈 가운데 절반을 어머니로부터, 그리고 나머지 절반을 아버지로부터 물려받았다.

우연과 필연

우리가 흔히 오해하는 것 중 하나는 진화가 우연한 과정이라는 것이다. 어떤 사람은 이 오해를 늘 되풀이해서 주장하고, 다윈주의에 반대하는 진영에서는 이 오해를 논거로 곧잘 끌어들인다. 실제로 우연은 진화에서 아주 중요한 역할을 한다. 그러나 우연은 우연일 뿐이다. 따라서 원칙적으로 보자면, 우리가 아침마다 거울 속에서 만나는 무한히 복잡한 유기체들은 우연 때문에 만들어진 게 아니다. 다시 말해 우리의 얼굴 피부에는 1제곱센티미터당 몇 백만 마리의 미생물들이 살고 있지만, 우연은 그 작은 생물 하나조차도 결코 생산할 수 없다.

진화의 진행에서 결정적인 역할을 하는 것은 오히려 전혀 우연적이지 않은 과정, 즉 선택이라는 제2의 단계이다. 다윈은 자신의 이론을 자연 종의 변화라 부르지 않았다. 대신 자연선택이라는 말을 사용했다. 그리고 선택은 주지하다시피 우연의 반대이다. 자연에서 무슨 일이 일어나는지 이해하려면 우리는 자신이 하는 일을 잘 관찰하면 된다. 몇 천 년 전부터 우리는 새로운 식물 종(種)과 동물 종을 창조해왔다. 우리는 양배추를, 그리고 개를 고안 가능한 모든 방향으로 접붙여서 브로콜리에서 삽살개에 이르는 여러 종을 창조했다. 그 과정에서 언제나 우리는 종의 자연적 변화와 인공적 선택이라는 두 단계를 거쳤다. 이제 다윈은 현명한 질문을 세웠다. 즉 자연이 첫 걸음을 내디딜 수 있었다면 두 번째 걸음은 스스로 계획해서 내디딜 수 있지 않을까 하는 것이다. 예컨대 가장 달리기를 잘하는 수캐를 찾아서 이웃의 가장 멋진 암캐와 교배시키는 사람이 항상 있어야만 품종의 진화가 가능할까? 어쨌든 여기서는 의식적으로 선택의 프로세스를 작동시키는 것이 문제가 되고 있으므로, 우선 누가 그런 결정을 내려야 할지를 알기가 어렵다. 결국 그 주체는 인간일까? 그러나 다시 보면, 선별을 맡는 의식적 주체가 없어도 선택은 이루어진다는 것이 드러난다. 비의식적이지만 결코 우연이 아닌 선택의 예는 자연 속에서 얼마든지 확인된다. 그래서 예컨대 물은 그 속에서 아래로 가라앉는 것과 위로 뜨는 것 사이에서 선택을 한다. 이 사실은 물속에서 숨을 못 쉬는 동물들의 경우에서 분명하게 드러난다. 다윈은 물리학(여기서는 물의 물리학)이 꾸준히 그리고 곳곳에서 그런 결정을 내린다는 것, 그래서 자연 자체는 양육자의 역할을 떠맡을 수 있다는 것을 알았다.

그래서 그는《종의 기원》의 요약 부분에서 이렇게 말하고 있다.

　가정(家庭)에서 원칙이 효율적으로 작동하게 하는 근거가 대자연에서도 동일하게 나타나지 말라는 법은 없다. 생존을 위한 끝없는 투쟁에서 선호되는 개체와 종족들의 생존 모습을 보면, 선택의 막강하고 영원한 형식을 알 수 있다.

　자연은 어떤 속성이 '바람직한지'를 스스로 결정한다. 자연은 말을 할 수 없으므로 우리가 위에서 기술한 방식과는 다른 방식으로 그것을 나타낸다. 독특하게도 자연은 '원하는' 속성을 가진 유기체들에게는 약간 더 많은 후손을 허용한다. 그럼으로써 현재 선호되는 속성과 그 속성을 만들어낸 게놈에게 번성할 기회를 더 많이 준다.
　그러니까 사람들이 완벽한 형상의 환상을 창조하고 이 형상을 오랫동안 신의 피조물로 해석했던 것은 우연이 아니라 '우연한 변화'와 '비우연적 선택'이라는 2단계의 진화 메커니즘이다.

진화의 방향은?
　모든 진화가 목표도, 방향도 없다는 말은 믿기가 아주 힘들다. 그런 우연성에 정지 명령을 내리는 메커니즘을 찾으려고 사람들이 끊임없이 노력했다는 것은 이해가 간다. 다윈 자신은 획득 형질이 유전될 수 있으며, 또한 자주 사용하면 특정 기관이 완벽해질 수 있고 사용하지 않으면 퇴화한다고 믿었다.
　살아 있는 유기체가 생식 세포에 있는 유전자에 아무런 영향도 미치지 못한다는 사실을 우리는 알고 있다. 그러나 정확히 그곳에도 우연한 변종이 생겨난다. 이것은 자녀의 형질 차이에 영향을 미친다. 따라서 의지를 통해 획득된 속성은 유전될 수 없다. 보디빌딩을 하는 운동가는 자녀들에게 자신의 근육을 물려줄 수 없는 것이다.

하지만 고차원에서는 실제로 용(用)·불용(不用)의 효과를 관찰할 수 있다. 동물들의 전체 개체군에서 특정 기관이 일상생활 중에 몇 세대에 걸쳐 집중적으로 사용되면, 결국 그 기관이 발달되는 것을 볼 수 있다. 그러나 그것은 개선된 변이를 낳는 추세와는 무관하다. 우연히 발달이 이루어진 종의 샘플이 환경에 더 잘 적응하고, 따라서 그 형질이 개선된 유전자를 이어받은 후손이 더 많이 나와서 확산되는 것은 오직 선택의 문제다. 이와 반대로 예컨대 쓸데없이 에너지를 소비하고 따라서 생존의 단점으로 작용할 뿐 더 이상 기능을 하지 못하는 기관은 퇴화된다. 그리고 그 기관이 동물을 괜히 질병에 잘 걸리게 할 때도 마찬가지다. 그래서 두더지의 눈은 차라리 머는 편이 낫다. 애당초 광선이 눈에 거의 한 번도 도달하지 못하므로, 정기적으로 염증에 시달리는 것보다는 숫제 털로 뒤덮이는 편이 차라리 낫다.

처음에는 장점을 제공하는 것처럼 보이는 신체 기관이 실제로는 불리한 것인 경우도 있을 수 있다. 이를테면《종의 기원》에서 다윈은 대서양의 마데이라Madeira 섬에 왜 그렇게 많은 딱정벌레들이 퇴화된 날개를 가지고 있는지를 스스로에게 묻는다. 그는 이 벌레들에게 비행은 진화상의 단점이라는 결론에 도달한다. 왜냐하면 나는 벌레는 바람에 쉽게 휩쓸려서 바다 쪽으로 날아가 죽기 때문이다. 그래서 땅에서 이륙조차 할 수 없을 정도로 비행에 서툰 곤충들이 생존하는 데 유리하다. 다시 여기서 선택에 책임이 있게 된다. 다윈은 그 벌레들을 해안에 난파한 사람들에 비유한다. 이들 중에서 헤엄을 잘 치는 사람은 유리하며 육지에 당도할 수 있지만, 헤엄을 잘 못 치는 사람은 차라리 그런 시도를 하지 말고 판자 조각을 붙든 채 표류하면서 구조되기를 기다려야 생존 확률을 높일 수 있다.

최초의 우연

생명의 진화는 아득한 태고에 자가 복제를 하는 그 무엇에서 시작되었다. 그러나 그 수상쩍은 자가 복제자는 누가 만들었을까? 우연이었을까? 과연 그렇다면 적어도 생명은 스스로 우연히 생겨난 것이리라. 아니면 생명은 당시 주어진 여건들 속에서 그저 생겨나야만 했을까?

생명의 기본 재료인 단백질 하나조차도 너무나 복잡해서 우연만으로는 결코 생겨날 수 없었을 것처럼 보인다. 아시모프Isaac Asimov (1920~1992)는 혈색소인 헤모글로빈이 생성되지 않게 그 구성 성분을 재배열하는 방법이 얼마나 되는지 한번 계산해 보았다. 그 결과는 '헤모글로빈 숫자'라 불리는 것인데, 거기에는 190개의 영(0)이 있다. 우리가 알고 있는 우주에서 원자들의 총 개수에는 영이 단지 80개만 있을 뿐이라는 점을 염두에 두면, 그것은 결코 작은 숫자가 아니다. 그러므로 헤모글로빈 분자가 우연히 생길 개연성은 제로나 마찬가지다.

그러나 그렇다고 해서 모든 것이 완전히 특정의 분자로 시작했을 것임에 틀림없다고 단정을 지을 수 있는 근거도 없다. 그 어떤 일이 시작되었으면 그것으로 충분한 것이다. 이런 것이 바로 개연성의 문제가 다른 문제와는 크게 다른 점이다. 예컨대 소나기 속으로 뛰어 들어갔을 때, 내가 100개의 특정한 빗방울에 맞을 확률은 극도로 낮다. 그러나 내가 어떤 빗방울들에 맞을 거라는 건 분명하다. 그리고 내가 축축하게 되는 데는 그것만으로 충분하다.

생물학적 진화의 출발점이 된 그 첫 번째 분자의 모습이 어떠했을지는 사실 별로 중요하지 않다. 그것은 유전 메커니즘이라는 단 하나의 속성만 가지고 있으면 되었다. 유전이 존재하는 곳에는 저절로 생명과 다원적 진화가 생겨난다. 최초의 '살아 있는' 존재는 그 자신과 유사한 그 무엇을 배출하는 것이었으며, 이 과정은 끝없이 반복되었음에 틀림없다. 그런 '자가 복제자Replikator'가 지구의 초창기에 생겨났을 개연성은 오늘날의 관점에서 보았을 때 매우 높다. 모든 것의 시발점이 된 분자들은 결론적으로 말해 우연의 산물이었다. 그러나 그 분자들이 생겨난 것은 우연이 아니라 통계학적 필연성이었다.

가열시키는 섹스

우연에 대해 처음에는 작은 목소리로 말했지만, 이제 그것은 제 권리를 찾을 때가 되었다. 그리고 우연의 가장 좋은 친구인 섹스도 마찬가지다. 다시 말해 선택은 변종의 선택 가능성이 충분히 많아야 완전히 제 몫을 할 수 있다. 그런 선택은 유전자가 몇 천 개씩 다채롭게 혼합될 때 생겨난다. 즉 섹스에서 그러하다. 그러므로 아무도 다른 사람과 똑같을 수 없으며, 각자는 단 하나뿐인 진품이다.

그러나 이 행성에서 어떻게 섹스가 고안되었을까? 언뜻 보면 그것은 효율성을 목표로 하는 진화에서 단점만을 가지고 있는 것 같다. 그래서 미어슈Michael Miersch(1956~)는《동물들의 현란한 성생활》에서 이렇게 적고 있다.

섹스와 무관한 피조물은 파트너를 힘들게 찾아다녀야 하고 몸이 피곤하기 때문이다. 섹스를 해야 하는 생물이 그렇게 허비하는 시간을 클론들은 자신의 장점으로 활용한다. 예컨대 그들은 더 많이 먹이를 먹고, 자신은 잡아먹히지 않도록 조심한다. 성적(性的) 신분 표지를 그들은 편안히 포기할 수 있다. 그들에게는 하늘을 날 때 거추장스런 긴 꼬리 깃털이 필요하지 않으며, 걷다가 나뭇가지에 걸리기 쉬운 거대한 뿔이나, 쓸데없이 주차장을 찾아야 하는 두꺼운 껍데기도 필요하지 않다.

섹스가 언제 세상에 왔는지는 그 동안 규명되었다. 섹스를 행한 최초의 생명체는 약 10억 년 전에 등장했다. 그들이 왜 섹스를 했는지는 불분명하다. 성의 분화와 섹스가 어떻게 생겨났는지는 아직 완전히 규명되지 않은 상태이다. 병원균과의 전쟁이 개연성 있는 이유가 될 수 있다. 유전자가 여러 다른 동물들과 같은 동물은 박테리아, 바이러스, 기생충의 좋은 먹이가 된다. 결정적 약점 부위를 인식하고 나면, 병원균은 하나의 개체를 공격할 뿐만 아니라 그 개체군 전체를 휩쓸어 버릴 수도 있다. 이에 비해 섹스를 통해 번식하는 종은 유전자가 서로 완전히 다른 개체군과 개체를 형성하며, 꾸준히 유전자의 구성을 바꾼다. 권투 선수의 동작에서처럼 여기서도 "늘 움직이는" 장치가 유효한 것이다. 한 순간이라도 서 있는 자는 다운을 당한다. 두 가지 변종을 확보하고 있는 종을 관찰하면 이 이론이 입증된다. 어떤 우렁이는 주로 섹스와 무관한 방식으로 자가 복제를 통해 증식한다. 그러나 서식지인 연못에 기생충 미크로팔루스Microphallus가 출현하면 우렁이들은 곧장 섹스로 전환한다. 우리 자신이 개성, 다양성, 탄력성, 그리고 섹스로 가득 찬 세계에 살 수 있는 것은 아마 그런 역겨운 식객(食客)들 덕분일지도 모르겠다.

익히 알고 있는 바와 같이 부모의 존재는 생명을 더욱 복잡하게 만든다. 하지만 섹스가 출현한 것은 진화가 로또 복권에 당첨된 것이나 마찬가지였으며 자연사(史)가 계속 발전해 가는 데 지극히 중요했다. 섹스는 '늘 움직이게' 할 뿐만 아니라 참으로 엑기스 중의 엑기스만 생존하도록 한다. 왜냐하면 장거리 여행을 하는 동안 계속 브레이크나 밟아대는 열등한 유전자는 계속되는 재조합 때문에 유전자 풀에서 버티고 있을 수가 없기 때문이다. 하지만 섹스를 통해 개체 수를 늘리는 생물에게서는 열등한 유전자가 버티고 있는 경우가 자주 나타나기도 한다. 거기서는 불리한 유전자가 선두 그룹에 빌붙어서 이들과 함께 널리 퍼져나간다. 아무튼 섹스에서는 유전자가 정규적으로 서로 분리된다. 말하자면 각자는 독자적 힘으로만 살아남아야 한다. 완전 자유 경쟁이 지배한다. 따라서 우수한 유전자는 섹스로부터 이익을 보며, 열악한 유전자에게는 자가 복제가 유리하다. 매번 부모로부터 완전한 유전자 세트가 공급되므로, 모든 결함 있는 유전자를 위해서도 (대부분 건강한) 백업 데이터가 존재한다. 그러므로 섹스 없이 증식하는 박테리아도 유전자가 손상되어 불리해지면, 유전자 교환을 통해 형질을 다시 개선하려고 노력한다. 이를 위해 박테리아는 죽은 동료 종(種)의 유전자를 자주 재활용한다.

식물계와 달리 동물계에서는 거의 예외 없이 양성 생식이 관행이 되었다. 섹스 없는 번식이 장점이 되는 경우는 극히 드물다. 섹스 없이, 즉 자가 복제를 통해서 번식하는 것은 (하등 동물을 제외하면) 단지 몇몇 곤충과 벌레, 약간의 파충류와 양서류뿐이다. 거기서 선호되는 방법은 단위(처녀) 생식이며, 무정란이 태아로 발전한다. 즉 수컷이 필요하지 않다. 이런 특수한 생식 방법 때문에 도마뱀 중 하나는 '처녀도마뱀Jungferngeckos'이라는 이름을 얻었다. 놀랍게도 모든 자가 복제 종(種)이 섹스를 포기하는 것은 아니다. 순수하게 암컷인 '불도마뱀Salamander'과 물고기는 유사 종의 수컷과 교미하는데, 이 교미는 알을 수정시키는 게 아니라 단지 알의 발육을 자극하는 일만 한다. 그렇게 해서 부화된 새끼들은 결국 자가 복제된 것이다.

양성적 동물, 예컨대 길들여진 칠면조의 경우에는 이따금씩 무정란에서도 새끼가 태어난다. 사람의 경우, 자가 복제 연구의 일환으로 2001년 처음으로 단위 생식을 통해 태아가 실험실에서 만들어졌다. 그러나 출산을 위해 모태 속에 이식되지는 않았다. 이에 대한 더 자세한 이야기는 〈인간의 생명〉 장을 참조하라.

금발 미녀가 선호된다

조금 더 섹스 이야기를 하도록 하자. 진화의 성공이 궁극적으로 번식의 성공이라면, 생존을 위해 우리는 '적합할' 아니라 '섹시'해야 할 것이다. 다음과 같이 다윈이 말한 대로, 바로 이것이 자연에서 아름다움이 나타나는 주요 원인 가운데 하나이다.

다른 한편, 화려한 모든 새와 마찬가지로 상당수 짐승의 수컷, 예컨대 어류 · 파충류 · 포유류 중의 일부, 그리고 아름다운 나비의 무리는 미 때문에 아름다워졌다는 것을 나는 기꺼이 인정한다. 그러나 그렇게 된 것은 인간을 즐겁게 하기 위해서가 아니라 성적(性的) 선택 때문이다. 다시 말해 더 아름다운 수컷이 암컷에게 계속 선호되어 왔다.

성적 선택은 자연선택과 경쟁 관계에 놓일 수 있다. 극락조의 수컷이 점점 더 아름다워지고 결혼 예복처럼 특히 더 길어진 꼬리로 몸을 치장한다면, 그것은 나중에 치명적 약점이 될 수 있다. 그것 때문에 땅 위로 날아오르지 못해 다른 짐승에게 잡아먹힌다면, 그것은 극락조에게 유익하지 못하다. 그래서 극락조는 장점을 위해 단점을 감수해야 하는 보상적 선택 압력들을 보여주는 좋은 예(例)가 된다.

익히 알다시피 인간에게는 성적 선택이 다른 방식으로 기능을 한다. 남자가 아니라 여자가 아름다운 성(性)으로 통한다. 남자들의 관점에서 볼 때 모든 문화권에서 여자의 매력으로서 평균적으로 높은 위상을 차지하는 판단 기준은 거의 다 임의적이지 않다. 건강 · 젊음 · 임신 가능성과 관련된 상대적으로 신뢰할 만한 징후들이다. 말하자면 기형이 아닌 정상인의 모습, 청결, 순수하고 매끄러운 피부, 맑고 큰 눈, 숱이 많은 머리, 흠 없는 치아, 두터운 붉은 입술, 단단한 유방 그리고 0.7대 1의 황금 비율로 된 허리와 엉덩이 둘레 따위가 그 예이다. 이에 대한 신뢰가 최근에 상당히 낮아진 것은 사실이다. 무엇보다 유행 모드, 피트니스 프로그램, 화장, 성형 수술 때문이다. 현대의 외과술은 평균 수명을 연장하는 기능을 할 뿐 아니라 늙어서도 여자들이 마치 석기 시대에 10대들이 그랬던 것처럼 자유 분방하게 거리를 활보할 수 있게 해준다. 그러나 바로 이런 의술의 발전은 남자들이 파트너를 찾을 때 그 시선이 생물학적인 면에 여전히 확고하게 정착되어 있음을 보여주는 좋은 증거이기도 하다. 최근에 여성이 지배하는 사회로 문화가 전환되고 있긴 하지만, 남자들의 그런 시선은 아직 사라질 위험에 처해 있지 않은 것이다.

여자의 시선으로 볼 때도 마찬가지이다. 거의 모든 문화권에서 중요한 기준은 남자의 외모보다는 사회적 지위이다. 왜냐하면 예나 지금이나 사회적 지위는 많은 자녀를 낳아 잘 양육하고 결혼시키는 데 결정적으로 중요한 요인이기 때문이다. 선진 공업 국가의 경우에는 이런 면에서도 최근에 약간의 변화가 감지된다. 이를테면 생물학적으로 조건지어진 여자의 이상적 미가 남자에게로 이전되어, 빨래판 모양의 단단한 배를 예찬하는 경향이 있다. 이 현상은 사회학적으로는 흥미롭지만, 지구 전체를 놓고 보면 사소한 의미밖에 가지지 못한다.

물론 여기서 우리는 모든 남녀가 정신의 자유를 가지므로 생물학적 행동 방식을 넘어서서 다른 요소들을 더 중시할 수 있다는 것을 잊지 않아야 한다. 그러나 이런 일은 통계학적으로 볼 때 소수(少數)에 불과하다.

동반자

생명체의 환경은 대부분 다른 생명체들로 구성되어 있다. 따라서 함께 살아가는 모든 것은 그 어떤 식으로든 서로 조화를 이루도록 조율되어 있다. 이 스펙트럼의 한쪽 끝에는 공생 형태, 즉 양자의 이익을 위한 긴밀한 형태가 있다. 그리고 다른 한쪽 끝에는 약육강식이라는 덜 유쾌한 관계가 있는데, 이것은 생존을 위한 투쟁이라는 통상적인 생각과 일치한다.

자연은 협조뿐만 아니라 경쟁을 통해서도 고루 관계를 맺게 짜여 있다. 그래서 진화는 '공동 진화Ko-Evolution'이기도 하다. 한 종이 어떤 속성의 변화를 일으키면 그 변화는 다른 종에게도 영향을 미친다. 영양이 달리기를 잘하게 되면, 사자도 더 빨라져야 하거나 새로 사냥할 먹잇감을 다른 환경에서 찾아야 하는 식이다. 바로 이것이 자연의 유명한 '군비 경쟁'이다.

그래서 창조주에 대한 신앙심이 순식간에 싹트게 될 만큼 기적 같은 앙상블이 자주 생겨난다. 관계되는 모든 동식물이 지극히 경이로운 방식으로 서로 조화를 이루기 때문이다. 생물학자 도킨스Richard Dawkins(1941~)는 자신이 저술한 《비개연적인 것들의 정상(頂上) *Climbing Mount Improbable*》에서 그런 경우를 보여준다. 거기서 그는 진화가 비록 호흡을 길게 가져야 하지만 결국에는 비교적 쉬운 샛길들을 통해 비개연적인 것의 최고봉에 등정하는 과정을 묘사하고 있다.

거기서 특히 산뜻한 예(例)는 자신의 지저분한 친구들과 함께 곤충 사냥을 하는 벌레잡이통풀이다. 이 식충 식물은 인도양의 세이셸 제도Seychelles에서 발견되는데, 긴 잎의 끝에 꽃병처럼 생긴 멋진 통이 달려 있어서 보는 이의 감탄을 자아낸다.

이 통의 입구는 위로 나 있으며 통은 3분의 1 정도가 물로 채워져 있다. 도킨스는 누가 만든 것과 같은 그런 형상을 '디자이노이드 Designoid'(설계(디자인)된 것처럼 보이지만 사실은 설계된 것이 아닌 것. 도킨스가 위의 저서에서 창조설을 부인하기 위해 처음 사용한 말—옮긴이)라고 부른다. 디자이노이드는 본질적으로 두 가지 형상화 원칙을 따른다. 첫 번째 원칙은 자연의 어디서나 발견되는 것, 즉 효율성이다. 어떤 생물이든 생존을 위해서 지나치게 많은 에너지를 소비하면 원칙적으로 불리하다. 따라서 되도록 적은 재료를 가지고 꼭 필요한 만큼 견고하게 몸매가 만들어진다. 그 결과는 대개 극도로 기교적이며 금실세공처럼 정교하다. 벌써 이것만으로도 우아한 형태가 생겨난다. 두 번째 원칙은 합목적성이다. 이것은 한편으로는 그 통 속에서 죽음을 맞는 생물, 그리고 다른 한편으로는 그 통을 보금자리로 이용하는 또 다른 생물의 협력을 통해 생겨난다. 사냥감이 일단 그 통에 빠지고 나면 다시는 절대 빠져 나오지 못하도록 진화 과정은 몇 가지를 고안해 내야 했다. 그래서 벌레잡이통풀은 곤충을 유인하기 위해 향기를 내뿜고, 통의 입구 가장자리를 색 무늬로 장식한다. 이 가장자리는 매끈하고 미끄러워서, 여기 들어온 곤충은 즉시 급행열차를 타고 아래로 내려가는 섬모에 도달하게 되며 눈 깜짝할 사이에 물속에 도착한다. 이곳에서는 우선 익사(溺死)가 기다리고 있다. 그러나 이 식물은 통 속에 익사한 파리만으로는 아무것도 직접 할 수가 없다. 파리가 우선 분쇄되고 소화되어야 벌레잡이통풀이 영양분으로 사용할 수 있다. 그러나 위와 장을 갖춘 소화 메커니즘을 개발하는 일은 식물에게는 별로 효율적이지 못한 사업이다. 그래서 벌레잡이통풀은 이 일을 대신 해줄 자와 제휴하겠다는 공고를 냈다. 그리하여 통의 물속(이 세상의 어느 곳도 아닌 바로 그곳!)에서는 특정의 구더기와 그 밖의 여러 생물이 살게 되었다. 그것들은 파리를 먹어치우고, 대신 식물이 필요로 하는 물질을 배설한다. 그 대가로 식물은 직접 물속으로 그 생물들에게 산소를 배출해 준다. 그렇지 않다면 그 물은 금세 신선도를 잃어 악취를 풍길 것이다.

우리는 이 예에서처럼 곳곳에서 효율성과 합목적성을 발견할 것이다. 이런 형상들은 누가 그것들을 빚어 만들었다는 환상을 불러일으키지만, 사실은 생물들이 환경에 적응한 결과이다.

합목적성 원칙은 자연에서 종류가 아주 다른 동식물들이 왜 몇 가지 선호되는 형태를 동일하게 갖추게 되는지도 설명해 준다. 우리는 여기서 '수렴적 진화'라는 말을 사용한다. 서로 다른 진화 과정이 동일한 방향으로 진행되기 때문이다. 이것도 어떤 초월자가 계획에 따라 형상화했다는 환상을 불러일으킨다. 왜냐하면 외견상 어떤 특정한 취향이 확인되기 때문이다. 여기서도 합목적성과 효율성은 콤비를 이룬다. 포유류(돌고래)뿐만 아니라 어룡(익티오사우루스)과 조류(펭귄)에서도 확인되는 유선형은 그 좋은 예이다. 그 형태는 특히 효율적이기 때문에 합목적적이다.

다윈주의에 반대하는 사람들은 도킨스의 신조어를 받아들여서, 이를 뒤바꾸어 사용한다. 그들은 신이 생명체를 창조할 때 단지 진화를 통해 생겨난 것처럼 보이게 했다고 주장한다. 그러므로 그것들은 디자이노이드가 아니라 이볼보이드Evolvoid(진화된 것처럼 보이지만 사실은 진화된 것이 아닌 것―옮긴이)라는 것이다. 그렇다면 신이 여기서 의도한 것은 과연 무엇인가?

유동적 경계

단계론Gradualism은 진화에는 비약이 없으며 유동적 경계들만 존재할 수 있음을 강조한다. 그런 경계들만이 모든 생명체의 복잡성과 자연선택을 상충되지 않게 통합시켜 설명할 수 있다. 동식물뿐 아니라 단세포 동물조차도 몸의 구조가 너무 복잡하므로 어느 한 부분의 급작스런 변형을 간단히 허용할 수는 없다. 결과에 커다란 영향을 미치는 유전자의 변화는 자주 발생한다. 하지만 심한 기형 때문에 겨우 목숨만 부지할 수 있거나 아니면 아예 생존조차 할 수 없는 변종인 경우가 대부분이다. 그래서 자연선택은 그 변화를 자연의 익숙한 '영상 화면' 위에서 즉시 사라지게 한다.

단계론은 다윈주의가 가장 빈번히 공격당하는 취약 지대이다. 창조론자는 하나의 종이 다른 종에서 생겨나는 유동적 경계 지대가 증명되지 않았으며 따라서 진화론은 틀린 것이라고 주장한다. 이 대목에서 언제나 그들은 게놈 연구가 골드슈미트Richard Goldschmidt (1879~1958)와 고(古)생물학자이자 베스트셀러 저자인 굴드Steven Jay Gould(1941~2002)를 최고의 증인으로 끌어들인다.

독일계 미국인 동물학자 골드슈미트는 1930년대 말에 돌연변이와 선택을 통해서는 어떤 커다란 변화도 일어날 수 없다는 확신에 도달했다. 그리하여 그는 신종이 성립되는 기본적 메커니즘으로서 "전망 많은 괴물"이라는 개념을 내놓았다. 우연한 매크로 돌연변이를 통해서 완전한 변화가 한 세대 내에서 일어날 수 있다는 것이다. 그 예로 그는 우연한 시기에 공룡의 알에서 새가 부화되었다는 의견을 내놓았다. 이런 생각은 너무도 괴상해서 아무도 그 말을 심각하게 받아들이지 않았다. 그리고 굴드가 1970년대에 "끝없는 균형"을 그 전망 괴물 가설의 리바이벌로 제시하지 않았다면, 그런 말은 오늘날 어디에서도 더 이상 들을 수 없었을 것이다. 굴드의 이론은 한번 진지하게 받아들여 볼 만하다. 하지만 정말 비약적 진화를 주장하는 것이 아니라 단지 일종의 역동적 단계론을 제시하는 것이다. 그가 말하는 '갑작스런 성립'이라는 개념은 하룻밤 사이가 아니라 50만 년이라는 긴 시간을 의미한다.

실제로 매크로 돌연변이를 통한 도약은 사실 자연선택을 통한 생존을 허용하지 않는다. 그 예외 중 하나가 뱀이다. 뱀들의 여러 종(種)은 척추 뼈 개수가 200개에서 300개까지 매우 다양하다. 절반짜리 척추 뼈는 없으므로, 개수의 증가나 감소가 매번 비교적 큰 변이에 기인하는 것임에 틀림없다. 물론 기존의 뼈 구조들을 복제하는 것이 문제가 될 뿐이지, 모든 것을 허물고 비교적 큰 규모로 '재건축'하는 일은 여기서 배제된다.

그러나 뱀 같은 기형의 생성은 교배의 경우에서도 확인된다. 특이하게도 인간은 아주 '비자연스런' 종들도 개발하려는 성향을 가지고 있다. 예컨대 우수한 품종을 얻기 위해 인간은 개들을 교배시킨다. 그래서 닥스훈트는 "전망 많은 괴물"의 한 예가 될 수 있다. 이 개의 짧은 다리는 원래 기형 때문에 생겨났다. 사지의 뼈가 심하게 짧아지는 이 질환은 전문 용어로 아콘드로플라시Achondroplasie라고 한다. 교배자들은 사냥개로 쓰이는 이 닥스훈트가 오소리 굴에 들어갈 때 유리하다는 것을 알았으며, 따라서 이 특징을 이용했다. 이렇게 이용된 것은 그 질환의 유전자가 발견되기 훨씬 이전부터였다. 닥스훈트에 대한 최초의 기록은 16세기의 문헌에서 확인된다. 학자들은 지금으로부터 몇 년 전에야 비로소 아콘드로플라시가 유전자 중 하나에서 돌연변이가 일어나면 생긴다는 것을 제시할 수 있었다. 이 유전자는 수용체(受容體)를 위한 프로그램 "Fibroblast Growth Factor Receptor3" (FGFR3)을 담고 있다. 이 수용체의 과제는 뼈의 생장에 제동을 거는 것이다. 그것은 특정한 시점에 이르러서야 작동하기 시작하는 것이 일반적이지만, 아콘드로플라시 환자의 경우에는 항상 작동한다.

게다가 암소 가운데 짧은 다리 암소는 오늘날에도 사육된다. 이른바 '덱스터 소Dexterrind'라 불리는 이 암소의 기형적 모습 역시 아콘드로플라시 유전자에 의해 결정된다.

중간 존재의 자취

고생물학 부문에서도 단계론은 증명된 것이나 다름없다. 생명의 계보도에는 당연히 수많은 "잃어버린 고리Missing links"도 존재한다. 하지만 그 이유는 그 화석이 남지 않았거나 사람들이 아직 그것을 발견하지 못했기 때문일 뿐이다. 화석은 모든 시기에 곳곳에 존재하는 것이 아니라 특정한 조건에서만 존재한다. 동물이나 그 특정 부위들 중에는 어차피 너무 작거나 우아해서 화석이 되지 않는 것들이 있다. 점점 길어지는 코끼리의 코 화석을 찾기 위해 사람들이 오랫동안 헤맬 수도 있다. 그러나 그 코 속에는 뼈가 없기 때문에 결국 아무것도 찾을 수 없을 것이다. 진화에 관한 지식에는 아직 더 연구되어야 할 빈틈이 많이 있다. 지구상의 지역 대부분이 전혀 조사조차도 되지 않은 채 남아 있다는 사실이 그 빈틈을 여실히 보여준다. 우리가 찾으러 나서지 않는다면 아무것도 발견되지 않는다.

이 모든 제한들에도 불구하고, 동물 집단들 대부분의 경우에 유동적 경계 이론은 여러 화석의 발견을 통해 상당히 입증되어 있다. 예컨대 말들이 속하는 계보, 페리소닥틸라Perissodactyla와 고래가 속하는 계보 체타체아Cetacea는 상당한 중간 단계들을 거쳐 그 공통 조상까지 소급하는 질서를 제시하고 있다. 덧붙여 말하자면, 이들의 공통 조상은 말도 고래도 닮지 않았으며 차라리 여우와 미국 너구리를 섞어놓은 형태와 유사하다.

열판에서 날개까지

진화의 경과 중에 생기는 그 작은 변화들은 모두 그 자체로 존재할 권리를 가지고 있어야 한다. 왜냐하면 진화에서는 '현재'와 '여기'만 존재하기 때문이다. 비록 목적론(헤겔의 역사철학에서처럼 인류의 역사에는 목적이 있다는 사상—옮긴이)이 우리를 강하게 유혹하지만, 진화가 결코 목적론에 의해 사유되어서는 안 된다. 코끼리는 이루 말할 수 없이 다양한 목적에 유익하게 사용할 수 있는 긴 코를 가지고 있지만, 그 코가 결코 지금의 모습에 도달하기 위해서 조상 코끼리들 때부터 그렇게 커지기 시작한 것은 아니다. 조상 코끼리들의 코는 그런 목적으로는 단 1밀리미터도 자라나지 않았다. 언제나 그 1밀리미터는 그 자체로 이미 유익했었음에 틀림없으며 진화의 장점을 제공했을 것이다. 하나의 기관이 진화를 통해 기능이 바뀌는 경우는 많다. 예컨대 날개는 지금의 그렇게 발달된 형태 때문에 동물이 하늘을 날 수 있게끔 한다. 그러나 처음부터 날개가 누군가를 날게 해야 한다는 사명을 가지고 있었다면 결코 그렇게 발달할 수 없었을 것이다. 그러므로 날개의 원시적 형태들은 완전히 다른 목적에 적합했다. 이를테면 공룡의 경우에 날개는 태양열을 흡수하는 열판의 기능을 했다. 그런 과도기적 기능을 우리는 선(先)적응이라고 부른다.

제로(0)에서 2억까지

종의 수는 꾸준히 증가한다. 모든 생명은 단 하나의 세포에서 출발했다. 오늘날 추측건대 지구상에는 1,000만 종 내지는 20억 종의 생물이 살고 있다. 이렇게 다양한 종이 어떻게 생겨났는가?

종, 개체군, 유전자 풀

도대체 종(種)이란 무엇인가? '생물학적 종'에 대한 오늘날의 지배적인 정의(定義)는 서로간의 수정(授精)을 통해 번식할 수 있는 생명체의 총체이다.

그런 그룹은 실제로 자연에 존재하며 한 종의 구성원은 원칙적으로 다른 종의 대표자와 짝짓기를 하려는 노력을 중지한다. 이런 현상에 내포된 의미 중 하나는 모든 유기체가 자신의 짝짓기 파트너를 인식할 수 있는 시스템Specific Mate Recognition System(SMRS)을 체내에 가지고 있다는 것이다. 그런 시스템에 속하는 요소의 예로는 발정기(期), 성 냄새 물질, 구애 춤이 있다.

'개체군'이라는 개념은 한 시기에 한 공간에서 살고 있는 생명체의
번식 공동체를 뜻한다. 예컨대 하나의 숲 지역에 살고 있는 멧돼지 전
체가 개체군이다. 유전자 풀은 하나의 개체군 내에 존재하는 모든 유
전자의 총합이다.

종은 어떻게 생겨나는가?

진화는 종을 형성하는 유일한 원동력이 된다. 다시 말해 진화는 자
연선택을 낳는다. 그 힘은 자연의 발전과 종의 형성을 촉진한다. 종이
발전하면 전체 종의 특성이 심각하게 변화하므로, 사람들은 그 변화
이전의 종들을 나중에 선배 종이라고 부른다. 그런 식으로 예컨대 호
모 에렉투스는 호모 하이델베르겐시스가 되었다.

종이 형성되면 생명의 계통수(系統樹)는 가지를 치게 되며, 그런 식
으로 하나의 종에서 여러 종들이 생겨난다. 문제는 '한 종의 서로 다른
개체군들이 언제 서로 다른 진화의 발전 단계에 돌입하는가?' 이다.

첫 번째 답변은 '환경이 달라지면 선택 압력도 달라진다'는 사실에

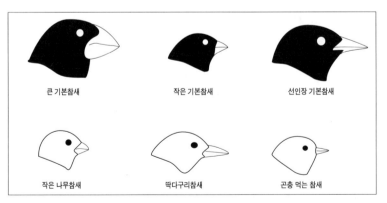

그림 1.3 서로 다른 다윈 참새들은 본래 하나의 종에서 유래한다. 신체적 차이, 특히 부리 모양의
차이는 환경 및 해당 분포지에서 먹이를 얻기 위해 그 새들이 적응한 결과이다.

서 바로 도출된다. 따라서 우리는 한 종을 두 개체군으로 분리하기만 하면 된다. 그러면 그것들이 동일한 종류와 방식으로 계속 발전할 가망성은 이미 지극히 약해진다. 이런 경우에 대해 우리는 '지리학적 또는 이소적(異所的) Allopatric 종(種) 형성'이라는 용어를 사용한다. 다윈은 훗날 자신의 이름을 따서 이름 붙여진 다윈 참새에서 그런 사실을 목격할 수 있었다. 200~300만 년 전에 한 떼의 참새가 중미 또는 남미에서 서쪽으로 비행하기 시작해 거의 1,000킬로미터를 난 끝에 갈라파고스 제도에 착륙했다. 이 새들은 다윈이 비글호를 타고 탐구 여행을 하던 1835년에 모두 13종의 정착 세대를 형성하고 있었다. 그 제도 가운데 단 하나의 섬에만 사는 몇몇 참새 종류는 다른 섬들에 사는 참새 종류와는 습성, 먹이 습득 방식, 부리의 형태가 완전히 달랐다. 몇 종은 아주 특이한 속성을 발전시켰다. 예를 들어 딱다구리참새와 홍수림(紅樹林)참새는 나무 속에 있는 흰개미나 다른 벌레들을 파먹기 위해 선인장 가시를 이용한다. 흡혈 참새는 알바트로스와 바다가마우지의 꼬리 깃털을 뽑고 그 털구멍에 고이는 피를 핥아먹는다. 다윈은 창조주가 이 섬들에 사는 작은 참새 종류를 위해 특별히 13종을 설계했을 것이라는 주장을 배척했다. 그것들은 원래 하나의 종에서 유래하며 새로운 환경에서 서로 다르게 계속 진화했을 것이라는 설명이 그에게는 더 설득력이 있어 보였다.

실제로 그런 전문적 분화는 아주 신속히 이루어질 수 있다. 최초로 이주(移住)해 온 몇 마리의 개체군에서는 유전자 변종의 종류가 훨씬 적게 보인다. 그러다가 그 후에 근친상간의 단계가 시작되면서, 변화들이 빠르게 나타난다. 오늘날의 관점에서 볼 때 대부분의 종들은 지리적 종(種) 형성을 통해 생겨난다.

종 형성의 두 번째 방식은 환경이 변할 때가 아니라 동물이 생활 방식을 바꿀 때, 예컨대 새로운 먹이 원천을 개발했을 때 관찰된다. 이 경우에 새로운 종은 하나의 섬에서가 아니라 생태계의 한 구석에서 발전한다. 그것은 부모 종(種)의 영역 내에 머문다. 하지만 구석 전략에 입각할 뿐, 더 이상 그 부모와 경쟁하지 않는다. 우리는 이런 현상을 '생태계적 전문화와 동향(同鄕)Aympatric 종 형성'이라고 부른다. 이렇게 종이 형성되는 방식은 예컨대 하나의 숙주(宿主) 식물에서 다른 숙주 식물로 거주지를 옮기는 곤충들에게서 확인된다.

대량의 죽음

오늘날 '종 다양성' 내지 '생명 다양성'이라는 단어는 어떤 생물의 멸종을 애석해할 때 거론되곤 한다. '원시 우림 및 종 보호 협회의 작업 공동체' 위원이자 생물학자인 볼터스Jürgen Wolters는 지구상에 있는 생명체들의 미래에 대해 상당히 비관적이다.

중세가 끝날 무렵부터 우리는 자연을 파괴하는 일에서 원죄자처럼 모범을 보이고 있으며, 당연히 이미 오래전부터 전 세계에 그 파벌을 형성해 놓고 있다. 지구의 모든 환경 시스템은 인간의 개입으로 말미암아 위험에 빠져 있으며, 남극 및 열대 우림도 마찬가지다. 그 결과는 심각하다. 우리는 지구 역사상 가장 커다란 자연 파괴의 문턱에 서 있다. 오늘날 멸종은 과거보다 몇 천 배 빠른 속도로 진행되고 있다. 〔…〕지구 역사상 처음으로 단 하나의 종, 즉 인간이 나머지 식물 및 동물 전체를 위협하고 있다. 그리하여 진화가 계속 진행되는 것마저도 위협받고 있다.

볼터스의 이러한 우려가 수많은 사람들에게 공감을 불러일으키는 것은 당연하다. 오늘날 우리는 생명의 역사에서 여섯 번째로 나타난 대재난을 체험하고 있기 때문이다(이미 발생한 다섯 건들은 아직 거의 연구되지 않았지만 시기는 대략 규명되었다). 하지만 최근에 나온 손실들만 빼놓고 보면 오늘날 지구상의 생물은 과거의 그 어느 때보다도 다양하다. 연구 조사 결과에 의하면 오늘날 서로 다른 종은 1,000만에서 2억에 이르는데, 그중 60퍼센트 이상은 곤충이며, 포유류는 4,327종을 넘지 않는 것으로 추정된다. 결국 지난 몇 백 년 동안 인간의 잘못으로 초래된 종 수의 감소는 종이 장기간에 걸쳐 진화를 통해 다양화되는 추세에 아마 아무런 변화도 일으키지 못할 것이다.

진화가 진행되는 가운데 모든 종은 언젠가 결국 다시 사멸할 것이다. 대부분의 종은 단지 100만 년 정도만 존재할 것으로 예상된다. 따라서 오늘날 현존하는 종은 지구상에 지금까지 존재한 종의 총 수를 놓고 보면 1퍼센트도 안 된다.

종이 사라지는 근거는 쉽게 발견될 수 있다. 선사 시대에는 사람들이 (그 질병으로 인한 사망을 포함해서) 이국적 동물을 지나치게 많이 사냥하고 포획한 게 멸종의 주요 원인이었다. 인도네시아에서 오스트레일리아로 이주해 온 원주민들은 이미 3만 년 전에 덩치 큰 대부분의 동물, 예컨대 대형 캥거루 · 코뿔소 · 맥 · 주머니 사자를 소탕했다. 팔레오인디언도 약 1만 2,000년 전 북아메리카에 이주해 왔을 때 온 힘을 다해 대형 포유류, 예컨대 매머드 · 대형 늑대 · 아메리카 들소 · 낙타를 전멸시켰다. 비슷한 일이 마다가스카르, 뉴질랜드 등지에서도 벌어졌다. 새로 입주하는 인간이 '아무것도 모르는' 동물과 마주친 곳에서는 항상 이런 일이 벌어졌다. 그때까지 동물들은 인간에 견줄 만한 적을 만난 적이 없었고, 따라서 속수무책으로 인간에게 잡아먹혔다.

지난 몇 백 년 동안 거주 공간들이 파괴되어 생명 다양성에 손실이 발생하기도 했다. 매스 미디어를 통해 자연보호주의자들이 이 손실을 널리 알릴 때 코뿔소나 팬더 따위가 전략적으로 가장 뛰어난 효과를 내는데, 전체 손실 가운데에서 이들의 경우가 차지하는 비중은 그다지 크지 않다. 중요한 것은 극히 제한된 지역에서만 생존하는 미지의 동식물이다. 이런 다양성의 상실을 우리는 어떻게 평가해야 할 것인가? 다양성의 가치라는 것이 애당초 존재하는가? 다양성의 가치를 주장하는 자연보호주의자들의 견해는 실제로는 자연 전체를 위해서든 개별 종(예컨대 특정의 쥐며느리나 해면)을 위해서든 별로 의미 있는 것이 못 된다. 자연은 그저 다양한 것이어야 하며 만약 그 다양성이 조금도 손실을 입으면 안 된다는 식의 자연관, 또는 특정한 개별 종은 특정한 환경에만 가치를 두고 있으므로 그 환경을 보존해야 한다는 식의 주장에는 문제가 있다. 역설적이게도 그런 환경론자들의 주장에는 인간 자신의 이익을 지키려는 이기심이 깔려 있다. 인간은 존재하는 모든 것을 자신의 목적을 위해 이용할 줄 아는 유일한 존재다. 특히 자연보호주의자들이 대체로 경멸하는 자연 이용이라는 측면은 생명 다양성 보호론자들의 주장 속에 부지불식간에 내포되어 있다. 예컨대 자연을 보면서 미적 쾌감을 얻는 것도 어디까지나 이용은 이용이다. 그것도 이용의 한 방식인 것이다. 이런 심리 때문에 특히 팬더, 코끼리, 그리고 기각류에 속하는 물개·바다표범 따위의 카리스마 넘치는 동물들이 우리도 모르는 사이에 마음속에 깊이 새겨져 있는 것이다.

오늘날 생명 다양성 논쟁에서는 열대 우림 또한 수요 쟁점이 된다. 그 이유는 간단하다. 사람들이 그곳에는 가장 많은 종들이 존재하며 따라서 그것들 대부분도 멸종할 것이라 생각하기 때문이다. 그러나 1퍼센트의 우림이 개간되면, 1퍼센트의 종이 지구상에서 사라질 것이라는 식으로 생각해서는 안 된다. 개간이 되면 우선 그 지역에만 살고 개체 수가 적은 특정의 종이 피해를 입을 것이다. 실제로 대규모의 개간으로 인해 상당수의 토착 품종이 멸종한다(그 품종들은 지구상에서 그 지역에서만 살고 있었던 것이다). 연구자들은 그런 토지 개간 때문에 자연림의 면적이 10분의 1로 줄어들면 종의 수가 약 절반으로 줄어든다는 통계치를 결과로 내놓고 있으며, 이 수치에 바탕을 두고 일들을 진행한다.

열대 우림이 점점 줄어드는 직접적 원인은 밝혀져 있다. 워싱턴 '세계 자원 연구소World Resources Institut'의 벌리William Burley는 다음과 같이 요약해서 말한다.

대개의 경우 열대 우림은 몇 백만 원주민 가정들이 개간을 하기 때문에 손실을 입는다. 단지 그들은 힘들게라도 살아가기 위해서 그렇게 할 뿐이다. 그런 처지에 있다면 우리도 그렇게밖에 할 수 없을 것이다.

그들에게 지금보다 덜 원시적인 생활 터전을 대안으로 마련해 줄 때까지 그런 개간은 계속될 것이다. 결국 생태학적 사유의 목표는 그저 자연을 보호하기 위해 보호하는 것이 되어서는 안 된다. 자연을 합리적으로 이용할 수 있는 형식들을 발견하려는 구체적인 노력이 되어야 한다. 그러려면 자연다운 자연을 만드는 일과, 그에 맞는 생활 조건을 파악해야 한다. 만약에 우리가 우연히 현재에 존재하게 된 상태를 정확히 그대로 유지하려 한다면, 그 시도는 자연 진화의 측면에서 볼 때 성공할 수 없다. 생물학자 토드John Todd는 이용과 보존 간의 서로 뗄 수 없을 만큼 밀접한 관계를 다음과 같이 기술한다.

자연의 복원을 인간의 생태학적 필요와 조화시키는 것이 우리 행성의 전 지구적 구조를 복구할 수 있는 유일한 길일 것이다.

달리 말해 생태계 시스템이 가치가 있으려면 생산적으로 개선되어야 한다. 이용된 생태계 시스템은 (그것이 국립공원 형태로 보존되더라도) 엄밀한 의미에서는 자연이 아니다. 그것은 인간이 만든 규정대로 동물·식물·미생물이 서로 균형을 이루면서 인간의 통제를 받는 인위적 생활공간이다. 아직 독일 같은 나라에는 사실상 그런 인공적 생활공간만 존재한다. 그럼에도 대부분의 사람들은 도시를 벗어나 전원으로 나갔을 때 눈앞에서 보게 되는 광경들을 자연이라 생각하며 만족스러워한다.

오늘날 종들이 사라지고 있는 것이 문제이긴 하다. 이 말은 몇 십억 년 진화의 성과물이 영원히 사라진다는 뜻이다. 그것들 모두는 생물들에게 무엇인가를 제공해 줄 수 있다. 그렇지 않다면 그것들은 존재하지조차 않았을 것이다. 우리가 그것들을 최대한 보존해야 하는 이유는 거기에 있다. 단기간의 이익에 도달하기 위해 졸속적 계획으로 그것들이 위험에 처하게 해서는 안 된다.

여러 반론들

우리가 다윈주의의 역사적 의미를 이해하려면, 다윈이 우리에게 어떤 과학적 인식을 가져왔는지, 특히 그가 무엇으로 모든 것을 일소했는지를 보아야 한다. 그가 제거한 것은 창조 신앙뿐 아니라 이전 사람들의 세계관을 지배했던 일련의 기본적 사상이다. 거기에 속하는 것으로는 생기론Vitalism, 물리학주의Physikalism, 본질론Essentialism, 더 나아가서 생명체의 자생론 및 단계론이 있다.

생명에는 고유의 힘이 없다

독일인 의사 슈탈Georg Ernst Stahl(1660~1734) 등 생기론자들의 견해에 따르면, 살아 있는 유기체는 물리적 현상으로 환원해서 설명할 수 없는 특수한 속성을 가지고 있다. 그러므로 생기론자들은 살아 있는 것의 세계와 그렇지 못한 것의 세계를 엄격히 구분해서 각각의 고유 법칙에 종속시킨다. 그들은 양자의 차이를 규정하기 위해 대개 "생명력(생기)"으로 불리는 힘을 설정했다. 그들은 다윈의 이론을 피상적으로만 고찰해서, 생기론에 전적으로 유리하게 해석할 수 있었다. 다시 말해 모든 종이 다른 종에서 생겨난다면, 생명은 생명에서만 유래할 수 있는 것이지 (기계처럼) 생명 없는 부분에서는 생겨날 수 없다는 것이다.

그렇지만 다윈은 생기론을 극복할 수 있는 기반을 이미 만들어놓았다. 왜냐하면 생명의 공동 기원에 대한 그의 이론은 생명이 시작된 출발점이 있을 것이라는 뜻을 내포하고 있기 때문이다. 그리고 그 출발점 이전에는 당연히 생명이 존재할 수 없을 것이다. 따라서 언젠가 오래전에 비생명체가 생명체로 넘어오는 자연적 과정이 있었을 것임에 틀림없다. 그러나 생기론은 이 과정을 정언 명령처럼 배제한다. 결국 1828년에 뵐러 Friedrich Wöhler(1800~1882)가 실험실에서 비유기적 성분인 암모니아와 청산으로 유기 물질 요소를 생산해 냄으로써 생기론은 논박되었다.

그럼에도 생기론의 몇 가지 게임 방식은 오늘날까지 유지되어 왔다. 그 대부분은 오늘날 이른바 대체의학 분야에서 신비주의적 학설로 성황을 이루고 있다. 여기서는 생명력을 대신하는 온갖 이름들이 고안된다. 그리고 당연히 그 이름들을 부각시키기 위해 수많은 치유 수단들도 고안된다. 이를테면 동종 요법 Homöopathie(이열치열 식으로 동일한 병을 유발하는 약제를 사용하는 치료법—옮긴이)이라는 것이 있는데, 이 요법에서는 몸의 '생명력'이 약화되면 병이 생긴다고 이야기한다. 한편 침술법에서는 몸속에 항상 흐르는 '생명 에너지', 이른바 기(氣)의 균형이 파괴되면 병이 생긴다고 말하고, 아유르베다 Ayurveda(인도의 전통 치료법으로, 아유르는 '장수(長壽)', 베다는 '지식'

을 뜻함—옮긴이)에서는 "프라나Prana(우주에 가득 찬 생명 에너지—옮긴이)가 있다"고 말한다.

이미 1844년에 리비히Justus Freiherr von Liebig(1803~1873)는 생기론 따위의 유사 의학에 매달리는 의사들을 대수롭지 않게 생각해 이렇게 말했다.

그들은 자연보다는 자연에 관해 기술한 서적들을 연구하는 일이 임상 치료에 더 쓸모가 있다고 생각한다. 그들에게 '생명력'과 '생명의 힘'이라는 단어는 이해할 수 없는 모든 현상을 설명해 주는 놀라운 고안품이다.

토양은 벌레를 낳지 않는다

생명체가 생명력의 도움을 받아 스스로 유기물에서 탄생할 것이라는 생각도 다윈 이전에 널리 퍼져 있었다. 그런 생각을 처음으로 피력한 사람은 기원전 3세기경의 아리스토텔레스였다. 그는 이렇게 이야기했다.

벌레, 나방, 두꺼비는 신의 창조 명령을 따라 습한 땅에서 저절로 생겨난다. 눈이 있는 사람은 이런 일을 매일같이 관찰할 수 있다. 진흙 속에서는 갑자기 물고기가 생겨났으며, 더러운 걸레에서는 생쥐가, 아침 이슬에서는 개똥벌레가 기어 나왔다. 쓰레기 더미는 수많은 파리 떼를 낳았다.

다윈에 의하면, 비생물체에서 생물체로 변화하는 일은 단 한 번만 있었던 사건이었다. 그리고 이 최초의 생명이 생겨난 다음부터는, 부모 가운데 한쪽이라도 없으면 그 무엇도 세상의 햇빛을 볼 수 없다는 것이 영원한 철칙처럼 되어 있다. 다윈과의 동시대 사람인 파스퇴르

Louis Pasteur(1822~1895)는 실험을 통해 생기론을 최종적으로 논박했다. 그는 고깃국을 끓여 병에 담고 밀폐했다. 공기는 그 안에 도달할 수 있었지만 미생물은 도달할 수 없었기 때문에, 그 즙에서는 아무런 움직임도 나타나지 않았다. 이 실험을 마치고 나서 그는 이런 인상 깊은 말을 남겼다. "모든 생명은 생명에서 온다Omne vivum ex vivo."

물리학이 모든 것을 할 수는 없다

물리학주의는 생기론에 대항할 수 있는 철학적 맞수였다. 하지만 물리학 사상도 생명학의 현상을 다른 시각에서 바라볼 수 있게끔 다윈의 교정 훈련을 받았다. 원래 이 사상은 자신을 "물리학자 겸 수학자Physico-Mathematicus"라고 부른 데카르트의 이원론적 개념에 그 뿌리를 내리고 있다. 데카르트의 이원론에 따르면, 정신과 육체는 엄격히 분리되어 있다. 따라서 신체는 독립적으로 물리학의 수단들에 의해 연구될 수 있지만, 영혼에는 고유의 다른 법칙들이 작용한다.

다윈 이전에 물리학주의는 현대 과학의 기본 이념이었다. 세상의 모든 사건은 그 전제 조건을 모두 알기만 하면 완전히 예측할 수 있다는 주장을 다윈은 종국적으로 내세웠다. 그러나 새로운 종의 성립에 대해서는 언제나 추후에 돌이켜 보아야만 알 수 있으며 결코 예견할 수 없다. 그 이유는 물리학적 법칙들이 통하지 않기 때문이 아니다. 특정의 변이를 (그 모든 결과들은 고사하고라도) 예언할 수 있게 해주는 전제 조건을 모두 파악하는 게 (물리학적으로) 불가능하기 때문이다. 그러므로 유전자의 변화에는 당연히 원인들이 있지만, 그 변화가 우연에 의한 것이라고 말하는 편이 실제에 더 부합한다.

물리학주의는 첫눈에 납득이 가게 하는 장치를 고안하고 추종했다. 자연의 모든 것은 물리적이며 따라서 물리학이 자연의 모든 것에 대해 권한을 가진다는 기계론적 사상이 바로 그것이다. 진화론은 그 사상을 따르는 것이 현명하지 못하며 물리학이 생명체의 성립과 발전을 설명하는 데 적절하지 못함을 분명히 말해 준다. 여기서 결정적인 질문, 즉 "무슨 목적을 위해서?"가 생겨난다. 우리가 찾고 있는 것은 코끼리 코의 진화적 용도이지, 그것을 자라나게 한 물리학적 힘들이 아니다. 이로써 다윈은 생물학이 현대 과학 내에서 고유의 학문으로 자리 잡을 수 있게 했다. 이 자리는 1859년 이전에는 존재하지 않았었다. 그리하여 다윈은 물리학을 고유의 경계선 안으로 되돌려 보냈다.

진화는 목표를 모른다

다윈은 자서전에서 이렇게 말하고 있다.

유기체의 가변성과 자연선택의 작용 방식을 보건대, 생명은 바람이 부는 방향으로 움직일 뿐이다. 생명에는 더 이상 합목적성이 없어 보인다.

이 말은 가혹하게 들릴지도 모른다. 우리는 상위의 원칙들을 믿으며, 고차원의 의미를 추구하는 것을 너무나 좋아한다. 자연의 순수하고 기계론적이며 맹목적인 작용은 인간의 정신적 능력과 현격히 대조되기 때문에, 우리는 우리 자신이 그런 원초적 작용의 결과로 생겨났다고 믿지 않는다.

과거의 그리스인들은 우주를 생각할 때, 모든 것이 잘 정리되어 있으며 상하 간에 위계가 있는 거대한 연쇄적 질서를 상상했다. 아리스토텔레스는 이런 생각을 거대한 사다리의 형태로 묘사했다. 존재들에 대한 이 척도에 따르면 위 계단은 아래 계단들에 종속되어 있다. 식물에게는 재생산의 영혼만 부여되며, 동물에게는 감지하고 욕망하고 움직이는 능력이, 그리고 최고층의 인간에게는 마침내 이성(理性)이 추가로 부여된다. 이 질서는 영원 불변하는 것이었으며, 진화는 배제되었다. 중국에서는 순자(筍子)가 이와 유사한 사다리 이론을 다음과 같이 말했다.

> 물과 불은 힘이 있으나 생명이 없다. 풀과 나무는 생명이 있으나 감각이 없다. 새와 네 발 달린 짐승은 감각이 있으나 의무감이 없다. 인간만이 힘이 있고 생명이 있으며 감각이 있고 게다가 의무감도 있다.

그러나 이 중국 버전은 덜 정적(靜的)이다. 게다가 이 도교적 사고 방식에서는 벌써 진화 이념이 드러나고 있다.

기독교는 사다리 이미지를 그리스에서 넘겨받았다. 그 덕택에 기독교는 비범한 성공을 거둔 것으로 입증되었다. 오늘날에도 많은 사람들은 그런 이미지를 가지고 있다. 그 이미지에 따르면 인간은 창조의 정상에 서 있거나 진화의 정점을 이룬다. 그 위에는 신만 올 수 있다. 그 아래에는 동물의 왕국에서 온 친구들, 즉 원숭이 · 개 · 고양이 · 그 밖의 착한 동물들이 존재하며, 그 다음에는 파충류 · 물고기 · 딱정벌레 · 식물 그리고 끝에는 생명이 없는 자연이 있다. 거기서 언제나 중시되었던 것은 사다리에는 유동적 점이(漸移) 지대가 없다는 것을 강조하는 일이었다. 1787년에 헤르더Johann Gottfried von Herder (1744~1803)는 이렇게 적었다.

> 인간이 원숭이와 유사하다는 것도 나는 극단화시켜 말하고 싶지 않다. 그렇게 되면 우리는 사물들의 사다리를 끝없이 추구하느라 현실적으로 존재하는 진짜 사다리의 횡목과 중간 공간들을 간과하게 되기 때문이다. 결국 아무런 사다리도 존재할 수 없게 만들 것이다.

그러나 그의 동시대 사람들 중에서 스피노자, 라이프니츠, 로크 같은 사람들은 연속성의 이념을 발전시키기 시작했다. 라이프니츠Gottfried Wilhelm Leibniz(1646~1716)는 이렇게 이야기한 바 있다.

> 우주를 구성하는 무수한 생물 종(種)은 모두 그것들의 본성이 어떻게 미묘하게 서로 차이나는지 정확히 알고 계시는 신의 생각 속에 들어 있다. 그리고 그것들은 마치 곡선 단 하나에서의 세로 좌표와 같이 연속성을 형성하고 있다. 그러므로 그것들 사이에는 더 이상 아무것도 올 수 없을 것이라는 나의 견해는 상당히 좋은 근거들을 가지고 있다.

그런 식으로 경계들은 유동적이게 되었지만, 정태성(靜態性), 정통성, 상하 관계의 관념은 아직 유지되고 있었다.

그러나 다윈에 의하면 창조도 윗자리도 없고, 대신 오로지 유동적인 경계들만 있을 뿐이며, 더 나아가서 상향 운동과 하향 운동이 함께 있다. 진화에는 완성을 향하는 메커니즘이 하나도 없다. 이런 말은 우리의 직관이 아직도 인정하고 싶어하지 않는 말일 것이다. 인간이 동물이나 아메바보다 더 고도로 발달하지 않았다고 누가 감히 주장하려 했을까? 실제로는 복잡성과 다양성의 증가가 명백히 존재하며, 생명의 발전은 단순하고 적은 것에서 복잡하고 많은 것으로 향한다. 하지만 미리 규정할 수 있는 특정한 목표 없이 이 발전은 이루어진다. 복합성의 증가가 곳곳에서 동일한 척도에 따라 이루어지지는 않는다. 시원세균이나 박테리아의 세계를 들여다보면, 거기서는 복합성을 찾아보기 힘들다. 그 단세포 동물들은 30억 년 전과 마찬가지로 지금도 원시적이다.

진화와 관련해서 '진보'라는 단어가 갖는 유일한 의미는 점증하는 진화적 성공이다. 다윈은 《종의 기원》에서 다음과 같이 썼다.

> 그러나 하나의 특정한 의미에서는, 나의 이론에 따르자면 생명의 새로

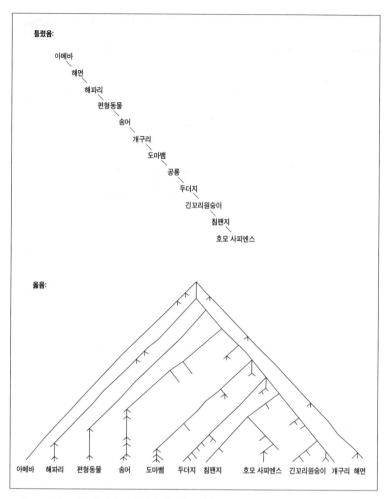

틀렸음:

아메바
　해면
　　해파리
　　　편형동물
　　　　송어
　　　　　개구리
　　　　　　도마뱀
　　　　　　　공룡
　　　　　　　　두더지
　　　　　　　　　긴꼬리원숭이
　　　　　　　　　　침팬지
　　　　　　　　　　　호모 사피엔스

옳음:

아메바　해파리　편형동물　송어　도마뱀　두더지　침팬지　호모 사피엔스　긴꼬리원숭이　개구리 해면

그림 1.4 틀린 모델은 목적을 향해 점차 발전하는 생명의 사다리를 보여준다. 옳은 모델에서는 계통수(樹)가 옆으로 많이 가지를 뻗은 관목 형태로 되어 있다. 여기서는 현존하는 모든 종들이 각자 개별적으로 발전하는 독립적 선 위에 존재하는 산들이다.(핀커S. Pinker: 《언어 본능*Der Sprachinstinkt*》, München 1996에 의거한 스케치)

운 형식들이 옛 형식보다는 더 높은 자리에 있어야 한다. 왜냐하면 생존 경쟁을 할 때 새로운 모든 종은 다른 옛 형식보다 더 나은 점을 가지고 있기 때문이다.

이 진보는 지속적인 상승 발전의 동력일 수 있으나, 일단은 매번 주어진 환경에서만 유리한 임시적인 적응의 성과를 의미할 뿐이다. 실제로 그것은 자주 최적화(最適化)를 향해 나아간다. 그러나 그런 목표에 도달한다는 말이 그 목표를 애당초 추구하고 있었음을 뜻하지는 않는다. 최적화는 구체적 진화 경쟁에서 생겨나는 것이지, 결코 미리 정해진 이상(理想)에서 생겨나는 것이 아니다.

따라서 진화는 자연의 사다리 이론이 기술하는 것처럼 미리 정해진 안정적 위계 질서를 창출하기 위한 수단일 수 없다. 또한 그 사다리는 생물학적 질서 체계뿐만 아니라 세계 전반에 대한 상징이었다. 르네상스 시대가 시작되고 나서도 (그리고 오늘날에도) 그 사다리는 매우 중시되는데, 그 이유는 무엇보다도 현존하는 정치 질서가 정당화될 수 있기 때문이다. 거기서 통치자는 신의 은총을 받은 자였다. 그리고 모든 다른 존재도 마찬가지였다. 사회의 위계 질서 속에서 그들의 지위는 신이 정해 준 것이었으며, 원칙적으로 통치자의 아래에 있었다. 이런 신화적 사고는 사회·문화·학문적 사고를 관류했다. 그것은 프톨레마이오스의 세계관이나 단테의 우주론, 중세의 정치 이론에서 나타났다. 그러다가 현대 과학이 탄생하면서 신이 내린 이러한 자연의 위계 질서는 파괴되기 시작한다. 이 질서는 그전에도 자주 공격을 받은 바 있다. 예컨대 14세기 초엽에 《평화 옹호론Defensor Pacis》에서 파도바의 마르실리오Marsilio(1275~1342)는 주권 재민을 요구하면서 새로운 국가 모델을 개발했다. 하지만 그 질서는 정치적·도덕적 공격을 받고 나서도 끄떡없었다. 그러다가 과학이 그 정태적 세계관을 반증(反證)하고 나서야 마침내 전복되었다.

생명체보다 선행하는 본질은 없다

다윈 시대에 지배적이었던 이른바 본질론에 따르면, 세계는 그 수가 제한된 불변의 본질(플라톤의 이데아, 원형의 역할을 하는 관념)로 구성되어 있다. 그리고 우리가 인지하는 가시적(可視的) 세계의 가변적 현상들은 거울에 비친 상(像)처럼 그 본질의 불완전하고 부정확한 그림자에 불과하다. 이런 견해에 따르면, 모든 동식물은 그 자체들과 무관하게 독립적으로 존재하는 어떤 불변의 개성적 본질이 구체화되어 생겨난 것일 테다. 다시 말해 그 어떤 종도 다른 종에서 생겨날 수 없을 것이다. 그러나 다윈은 모든 종은 다른 종에서 유래한다고 주장했다.

예나 지금이나 추상적 사유가 일구어낸 위대한 지적 성과로 평가받아 마땅한 본질론은 발전하지 않는 세계를 그려내는 최고의 도구였다. 그리고 당시의 자연 연구 방식은 특징적 공통점이라는 몇 가지 집단적 유형에 따라 생명체들의 세계를 분류했는데, 본질론은 이것과도 완벽하게 양립할 수 있었다.

이와 반대로 다윈은 여러 생물체들의 존재는 지속성이 없고 종은 변화하는데 그 원인이 각 개체 차원에서 나타나는 형질의 변화라는 것을 인식했다. 한 종의 개체들은 공동의 본질을 통해서 정해지는 것이 아니라 암컷이 수컷과 짝짓기를 해서 후손을 낳을 수 있다는 사실을 통해서 정해지는 것이다. 그러므로 미니어처 핀셔(키가 30센티미터 정도의 독일 사냥개―옮긴이)와 그레이트 덴(체구가 큰 독일 사냥개―옮긴이)은 겉모습은 많이 다르지만 사실은 동일한 종이다.

린네가 동물과 식물을 분류할 때에는, 그 부류들 간에 변하지 않는 어떤 공통의 본질이 내재해 있다는 생각이 전혀 문제가 되지 않았다. 오늘날의 분류법은 해당 유기체의 유전적 형질에 따른다. 그러므로 우리는 본질을 게놈에서 인식하고 싶은 충동에 빠진다. 그러나 게놈은 게놈일 뿐 게놈 이외의 아무것도 아니다. 그것은 완전히 물질적이다. 그리고 화학적으로 정확히 기술할 수 있고, 철저히 변화시킬 수 있는 것이다. 거기서 추가적으로 어떤 본질을 인식해야 할 이유는 없다.

업데이트

약 150년 전에 성립된 이후, 다윈주의는 약간의 수정과 보완을 겪었다. 그러므로 오늘날의 현대적 진화론은 네오다윈주의Neodarwinism라고 불린다.

'소프트 유전'은 없다

다윈주의를 대대적으로 수정하고자 한 사람은 19세기 말 독일의 진화 이론가 바이스만August Weismann(1834~1914)이다. 그는 오로지 '하드 유전'만이 있다는 가설을 설정했다. '소프트 유전'설은 획득 형질도 유전될 수 있다고 보는 것이다. 다윈도 그렇게 믿었다. 반면에 '하드 유전'론은 순수한 선택만을 믿는다. 형질은 우연히 변화하며, 자연의 선별 과정에서 유리하게 작용할 수 있는 선택만이 종의 변화를 낳는다고 보는 것이다.

1968년에 일본의 유전학자 기무라Motoo Kimura(1924~1994)는 예나 지금이나 종의 우연한 변화가 선택 없이도 뒤에 흔적을 남길 수 있음을 지적했다. 대부분의 돌연변이는 장점도, 단점도 초래하지 않는 경우가 많다. 따라서 종의 확산은 자연선택에 의해 조정되는 것이 아니라, 우연한 표류를 통해 이루어진다. 이런 것을 중립적 진화라고 한다. 이 진화는 특히 분자들이 꾸준히 이루어내는 사소한 변화들과 직접적으로 관련된다. 생명체의 외양에 아무런 변화가 없을지라도 그 분자들은 늘 동일한 템포로 변화하고 있다.

멘델의 재발견

다윈주의의 가장 큰 문제는 생명의 특징이 어떤 식으로 유전되는지를 설명하지 않는다는 점이다. 멘델의 유전학은 이 방식을 설명하였다. 이미 1865년에 아우구스티누스회의 수도사 멘델Gregor Mendel (1822~1884)은《식물 잡종 실험 Versuche über Pflanzen-hybride》이라는 간략하지만 의미심장한 텍스트를 출간했다. 그 책은 완두콩의 교배 실험에서 일곱 가지의 서로 다른 특징이 어떤 식으로 발현되는지를 관찰해 기록한 것이었다. 유감스럽게도 그 후 30년 동안 이 연구서의 중요성을 인식한 사람은 거의 없었다. 멘델 자신은 그 중요성을 확신했으며 숨을 거두기 직전에 다음과 같이 짤막하게 말했다.

나는 이 학문적 작업이 아주 만족스러웠다. 전 세계가 이 작업의 성과를 인정하는 날이 머지않아 올 것임을 나는 확신한다.

16년 후에 그 말은 성취되었다. 멘델이 발견한 것은 부모의 드러난 '속성'이 유전되는 것이 아니라 그 바탕을 이루는 '소질'이 유전된다는 사실이었다. 이 소질은 완두콩의 어딘가에 깊숙이 숨어 있으며 특정 식물의 특징을 결정하는 작은 카드와 같았다. 그는 여러 가지로 짝을 맞추어 그 소질들을 조합할 수는 있었지만, 그 발현을 뒤섞을 수는 없었다. 그 소질들은 불변하는 것임이 밝혀졌으며 서로 독립적으로 유전되었다. 완두콩 씨앗은 겉면이 쭈글쭈글한 것 또는 매끈한 것 두 가지뿐이었으며, 꽃잎은 희거나 붉었을 뿐 분홍은 결코 없었다. 이 특징들은 양자택일 원칙에 따라 유전되었다. 그 결과 멘델은 오늘날 우리가 '멘델 유전 과정 Mendelsche Erbgänge'이라 부르는 법칙을 발견하게 되었다.

예컨대 그는 두 개의 완두콩을 교차시켰다. 그중 하나는 자가 수분할 때 항상 매끄러운 종자만을 내는 것이고, 다른 하나는 "순전히 쭈글쭈글한" 것이었다. 그 결과 모든 후손은 매끄러운 것만 나왔다. 현대의 용어를 사용하자면, 매끄러운 특징이 우성이다. 우리가 "매끄러운" 것을 'A' 라고 하고 "쭈글쭈글"한 것을 'a' 라고 한다면, 'A' 가 'a' 를 지배한다. 순수하게 매끈한 완두콩은 유전적으로 'AA' 를, 순수하게 쭈글쭈글한 완두콩은 유전적으로 'aa' 를 조합으로 가지고 있으며, 모든 교배 후손은 조합 'Aa' 를 가진다. 그것들의 모양은 순수하게 매끈한 부모 세대 완두콩의 모양과 구분되지 않았지만, 그 유전자는 달랐다. 그것들은 'AA' 가 아니라 'Aa' 였다. 멘델이 이제 이 Aa 식물을 자기들끼리 서로 교배시켰을 때는, 유전자 차원에서 나올 수 있는 네 가지 조합인 'AA', 'Aa', 'aA', 'aa' 가 생겨났다. 즉 네 후손 중 하나는 순수하게 매끈한 종자였으며, 하나는 순수하게 쭈글쭈글한 것이었다. 이 겉모습을 결정하는 것은 이제 규명되어야 하는 내부 특질들 간의 조합이었다.

이 예는 여러 유전자들 가운데 단 하나의 유전자에 의해서 정해지는 것이다. 이렇게 간단한 규칙에 따라 유전되는 가시적 특징은 유감스럽게도 많지 않다. 하지만 수많은 유전병은 이 경우에 속하기 때문에 부모의 질병이 자식에게 유전될 개연성을 예측할 수 있다.

종합 진화론

1930~1940년대에 비로소 학계의 전문가들은 다윈에게서 출발한 진화론이 원칙적으로 타당하며, 유전학의 인식들과 함께 그것이 새로운 '진화생물학Evolutionsbiologie' 의 기초를 형성한다는 점을 함께 인식하기 시작했다. 이 진화론적 종합의 기초를 놓은 사람들 중의 하나인 에른스트 마이어는 그 인식이 혁명이라기보다는 서로 다른 입장들을 대대적으로 정리한 것이었다고 나중에 밝혔다.

이 "커다란 종합"은 다윈주의를 결코 완결된 이론이라고 선언하지 않았다. 정반대였다. 다윈주의는 모든 임의의 현상에 대해 완성된 설명을 제공하지 않는다. 그것은 연구의 발판일 뿐이며, 사람들이 몇 십 년 전부터 자연을 종횡으로 누비면서 연구할 때 사용하는 ('적응 프로그램'이라는 이름의) '설명 기계'이다. 학자들은 그것을 가지고 아무리 먼 구석까지도 기꺼이 들어갔고 계속 개선했다. 그리고 그 가능성들을 최대한 자극하는 일이 성공하면 새로운 인식을 만들어낼 수 있으리라 확신했다. 이 진화생물학의 종합화 과정은 계속되고 있으며, 유전자 공학 · 분자유전학 · 생화학 · 생태학 · 지질학 · 물리학 · 의학 따위의 분과들의 인식까지도 함께 통합하고 있다.

이기적 유전자

네오다윈주의에는 하나의 과학적 메타포가 있는데, 이는 네오다윈주의의 기초에 깔린 관점을 정확하게 짚어낸다. 이 메타포는 일반 대중에게 쉽게 받아들여지기도 하지만, 다른 한편으로 빈번히 오해를 사기도 한다. 이 메타포는 과격한 발언을 곧잘 하던 도킨스에서 유래한다. 그는 1976년에 이렇게 썼다.

우리는 생존을 위한 기계들이다. 대개 유전자라고 불리는 작은 이기적 분자들을 유지하기 위해 프로그래밍된 맹목적 로봇인 셈이다.

이 말은 그의 저서 《이기적 유전자 *Tne Selfish Gene*》의 출발 테제이다. 그는 장장 500여 쪽에 걸쳐 이 테제를 설명하면서, 왜 자신이 '이기적 유전자'의 메타포를 고안했는지를 기술한다. 그는 자연에 조화나 이타주의가 없으며, 생존을 위한 투쟁만 존재한다는 것을 보여준다. 게다가 그 생존은 개별 유기체나 종의 생존이 아니라 유전자 자체만의 생존을 목표로 한다. 그래서 그가 다음과 같이 사용한 '이기적'이라는 메타포는 적절한 것이다.

시카고의 성공한 갱들처럼 우리의 유전자는 극렬한 생존 투쟁의 세계에서 살아남았다. 경우에 따라서는 몇 백만 년 동안 살아남았다. 이 사실에 입각해서 우리는 유전자에서 어떤 속성들을 읽어낼 수 있다. 특히 성공적 유전자에게서 발견할 수 있는 주요 속성 중 하나는 무자비한 이기주의임을 나는 주장하고 싶다.

그러나 도킨스는 자신이 살고 있는 사회가 어떠한지를 잘 알고 있다. 그래서 황급히 그는 진화에 대한 자신의 묘사가 '실제로 어떤 일은 마땅히 어떠해야 한다'는 식의 당위적 발언으로 받아들여지는 것은 원치 않는다고 덧붙인다.

나는 우리 인간들이 도덕적 관점에서 어떻게 행동해야 하는지를 말하고 있는 것이 아니다. 내가 그 말을 다시 강조하는 이유는, 객관적 묘사와 옹호하는 말의 차이를 구분하지 못하는 (너무나 많은) 사람들이 내 연구의 내용을 잘못 이해할 수 있기 때문이다. 묘사는 어디까지나 말하거나 글 쓰는 사람이 자신의 확신에 따라 객관적 사태를 그려내는 것인 데 반해, 옹호는 그 사태가 마땅히 어떠해야 한다고 주장하는 것이다.

도킨스의 말에 의하면, 우리는 우리 각자가 지닌 유전자의 이기주의에 저항할 것을 도덕적으로 요청받고 있다. "우리의 유전자는 우리에게 이기적으로 되어라고 지시하고자 한다. 그러나 우리가 일생 동안 그 지시를 무조건 따르도록 강요받지는 않는다." 왜냐하면 우리의 사생활에 대해 발언권을 가지고 있는 것은 우리이지 유전자가 아니기 때문이다. 유전자가 진화의 주체이고, 몇 백만 년 이상 존속하면서 자신의 복제 유전자를 가능한 모든 생명체 속에 삽입하는 존재인 데 반해, 우리는 복제된 유전자 몇 가지가 일생 동안 지내면서 계속 번식하는 장소인 이른바 '생명 기계'에 불과하기는 하지만 말이다.

그러나 우리가 자연의 움직임을 이해하려면, 유전자가 이기주의적으로 행동한다는 데서 출발하는 것이 아주 효율적이다. 즉 유전자는 되도록 많이 복제 유전자를 내놓으려고 하고, 되도록 오래 살려고 한다. 게다가 그것은 천차만별의 생명 기계들을 제작한다.

원숭이는 유전자가 나무들 위에서 존속하게 하는 것을 책임지는 기계이고, 물고기는 유전자가 물속에서 계속 존속하게 하는 기계이다. 심지어 유전자가 독일의 맥주병 뚜껑 아래에서 존속하게 하는 미생물도 있다. DNA는 수수께끼 같은 길을 걸어간다.

도킨스는 이렇게 적고 있다. 그러나 그는 수많은 사람들이 믿는 것처럼 유전적 결정론(決定論)에 사로잡힌 사람이 결코 아니다. 정반대다. 인간이 세상이라는 무대에 등장한 이래, 생물학이 세계를 충분히 설명하지 못했다는 것을 그 생물학자는 인식한다.

내가 주장하려는 것은 다음과 같다. 즉 현대인의 진화를 설명하기 위해 우리가 먼저 해야 할 일은 편견에서 벗어나는 것이다. 그 편견이란 유전자라는 근거만을 가지고 진화를 사고해야 한다는 생각이다.

그러므로 그는 제2의 복제자Replicator를 우리에게 제안한다. 이른바 유전자의 문화적 형제인 '밈Meme'이 그것이다. 이에 대해서는 〈의식과 뇌가 있는 생명〉장에서 다시 언급할 것이다.

분자생물학은 다윈주의를 입증한다

과학에서 매번 최적의 고찰 차원을 발견하는 일은 그야말로 예술이다. 진화생물학에는 그러한 고찰 차원이 네 가지 있다. 유전자·개체·개체군·생태 시스템이 바로 그것이다. 유전자는 우리가 지금까지 살펴보았듯이 비유적 의미에서만 행동의 주체이다. 생존과 후손의 생산은 개체가 담당해야 한다. 다윈의 위대한 공로는 모든 개체들이 자연의 취사선택에 종속된다는 것을 알아차리고, 그리하여 어떤 변화가 개체군 내지 종의 차원에서 일어나는지를 파악한 데 있었다. 그에게 유전의 메커니즘 자체는 아직 해독되지 못한 블랙박스로 남아 있어야 했다. 멘델은 깊숙이 숨어 있는 유전 소질간의 조합이 바로 교배라는 것을 인식했다. 미국의 유전학자 모건Thomas Hunt Morgan(1866~1945)은 1910년 컬럼비아 대학교의 "파리 방"에서 초파리Drosophila의 돌연변이 실험을 통해 유전자가 염색체 위에 놓여 있다는 것을 보여주었다. 그러다가 비로소 20세기 중엽부터 분자생물학이 그 심층에서 무슨 일이 벌어지는지를 서술하기 시작했다. 1953년 왓슨과 크릭은 DNA의 구조를 밝혀냈다. 오늘날 인류는 진화 과정의 제1단계, 즉 유전자 차원에서의 형질 변화까지 기술할 수 있다. 우리는 그것이 변이와 재조합을 통해 일어난다는 것을 알고 있다. 그리고 그 동안 수많은 유전자를 위해 그 염기들의 정확한 순서를 규명했으며, 그 유전자의 어떤 변종이 유기체의 어떤 특징들, 예컨대 질병들과 직접 관련되는지도 알아냈다.

생명의 계통수를 그려내는 작업도 게놈 분석의 성과 덕분에 새로운 발판을 마련했다. 더 이상 치아 내지는 뼈 화석들끼리 힘들게 비교하지 않아도 된다. 진화유전학이 유전 소질들을 비교하여 생명체의 친족 관계를 재구성할 수 있게 해주기 때문이다.

사회다윈주의

우리는 사회다윈주의를 다윈주의와 혼동해서는 안 된다. 그것은 영국의 철학자 스펜서George Herbert Spencer(1820~1903)가 주창한 것으로서, 과학이 아니라 세계관이다. 그리고 다윈의 견해들을 잘못 해석하여 그것을 바탕으로 삼고 있다. 스펜서는 경쟁이 인간 사회에서도 자연스런 형식이고, 따라서 도덕적으로 합당하며, 인류에 기여한다는 결론을 도출해 내려고 했다. 그래서 다윈주의를 확대 해석해 경쟁에 대한 보편적 이론이 되게 변형시켰다. 그러나 그런 결론에 도달하기 위해 그는 다음과 같은 큰 오류 두 가지를 범하고 말았다. 첫째, 원래는 적응 과정을 의미하는 '생존을 위한 경쟁'이라는 개념을 글자 그대로 해석했다. 둘째, 철학적으로 악명 높은 "자연주의자의 틀린 추론Naturalistischer Fehlschluß"을 범했다. 즉 부당하게도 그는 그 무엇이 자연적이라는 사실을 가지고 그것이 (도덕적으로도) 정당하다고 말한 것이다.

이런 사회다윈주의 이데올로기대로 하면, 역사가 진행되는 가운데 인간 사회에서도 유능한 자가 덜 유능한 자보다 출세한다. 이러한 생각은 민족 국가들 사이에서 경쟁의 이데올로기로 악용되었고, 식민지 제도를 생물학적 관점에서 합법화시켰다. 사회다윈주의자들은 예컨대 국가가 가난한 계층을 후원하는 것까지 반대한다. 왜냐하면 그것을 자연선택 과정에 인위적으로 개입하는 행위로 보기 때문이다. 마치 사회가 자연이라는 듯이!

진화와 기술

자연은 최적의 해결책으로 환경에 대응하는 방법을 완벽하게 이해하고 있다. 진화가 진행되는 가운데 자연은 유기체와 재료를 무한히 다양하게 개발했는데, 이들은 우리가 거의 따라잡을 수 없을 정도의 기능성과 효율성을 지니고 있으며 공학적 기술 시스템에도 전용될 수 있는 것들이다. 따라서 영리하기만 하면, 우리는 자연에서 배울 수 있다. 그러므로 바이오공학자들은 식물과 동물의 속성, 능력, 문제 해결 방식을 관찰하여, 테크놀로지와 소재(素材)에 전용할 수 있는 가능성을 찾아내려고 노력한다. '바이오닉Bionik' 개념은 1958년에 슈텔레J. E. Stelle가 도입하였다. 그 개념이 무엇인지는 '연꽃 효과' 의 예를 가지고 설명할 수 있다. 즉 차가 많이 다니는 대로변에 사는 사람은 누구나 다 유리창, 집 앞에 세워 둔 차, 벽면이 어찌나 빨리 더러워지는지를 너무나 잘 안다. 이런 걸로 노래를 부를 수 있을 정 도다. 그리고 자연에는 몸에 결코 오물이 묻지 않는 유기체가 존재한 다는 것도 우리는 직관적으로 안다. 예컨대 쇠똥구리는 김 나는 쇠똥 범벅의 진창에서 몇 시간씩 목욕을 하고 난 직후에도 금방 구두약을 칠한 것처럼 깨끗해 보인다. 그리고 (아시아에서는 순수의 상징으로 통 하는) 연꽃 화분 서너 개를 프랑크푸르트의 자동차 교차로에 가져다 놓으면, 그 꽃들은 저녁에도 여전히 눈부시도록 하얄 것이다. 연꽃에 는 그 어떤 접착제도 묻지 않는다. 거기에 접착제를 한 방울 떨어뜨 리면, 그것은 이내 데구루루 굴러 떨어진다. 쇠똥구리와 연꽃은 오물 을 배척하는 재료가 존재한다는 것을 보여주는 살아 있는 증거다. 이 미 19세기에 연구자들은 그것을 알아냈다. 그러나 몇 십 년 전에야 비로소 식물학자들은 자연의 이 기적 같은 수수께끼를 푸는 작업에 착수해서 성공을 거두었다. 그 동안 오물을 배제하는 래커 페인트가 시장에 출시되었는데, 그 상품명 '로투잔Lotusan'은 개발 과정에서 무엇이 대부(代父) 역할을 했는지를 잘 말해 주고 있다. 본Bonn 대 학의 연구자들은 연꽃 표면을 세밀히 연구했다. 연꽃 표면에는 물을 배제하는 작은 돌기가 나 있는데, 연구자들은 그런 특수한 전체 구조 때문에 오물 입자가 꽃잎에 오래 붙어 있지 못한다는 것을 알아냈다. 돌기들은 오물이 꽃잎 표면에 맞물려 있거나 붙지 못하게 한다. 돌기들은 또한 소수성(疏水性)이다. 그래서 먼지 입자가 공기 중의 습기·빗방울·이슬에 달라붙어 그 물방울과 함께 잎에서 굴러 떨어지게 한다.

여기서 연꽃잎과 쇠똥구리한테 중요한 것은 화장(化粧)이 아니다. 위험한 박테리아들로부터 자신을 보호하는 일이 무엇보다도 중요하다. 오물 더미에서 생을 구가하는 몇 억만 마리의 미생물을 염두에 둘때, 오물을 배척하는 것은 실제로 그다지 나쁜 아이디어가 아니다. 연꽃 효과가 테크놀로지로 응용될 수 있을 때까지 본 대학의 연구자들은 물론 몇 가지를 감수해야 했다. 처음에는 아무도 그들의 작업에 관심을 두지 않았다. 몇몇 동료들은 조롱했으며 콧대 높은 기업체는 거절했다. 비 때문에 그 유용한 연꽃 효과가 눈으로 보기에도 명백히 드러났고, 또 그들에 의해 최초로 과학적으로 도출될 수 있었는데도 말이다. 그럼에도 그들은 특허 등록을 했다. 그 다음부터는 일이 착착 진행되었다. 자가 청소하는 페인트가 출시되자 날개 돋친 듯 팔렸다. 갑자기 전 세계의 화학 회사들이 줄을 섰다. 자가 청소를 하는 수성 페인트도 그 동안에 생겨났다.

오물 배제 소재를 제작하는 데 필요한 테크놀로지들은 꾸준히 개발되고 있으며, 다른 소재에도 응용된다. 더 이상 닦을 필요가 없는 창문이 나올 날도 이제 머지않았다. 빗물을 굴러 떨어지게 하는 유리도 이미 존재한다. 빛을 반사하지 않는 유리, 마찰 저항이 없으며 따라서 글자 그대로 "유리처럼 매끈한" 유리, 또는 깨지지 않는 강철처럼 견고한 유리도 생각해 볼 만하다.

이 초현대적 유리들은 어떻게 해서 그런 기능을 할까? 이런 인위적 개입을 지칭하는 전문 개념은 '자가 구축 단층Self Assembled Monolayer'(SAM)이다. 이 SAM는 눈에 보이지 않고 유기 분자로 구성된 100만분의 1밀리미터 내지 200만분의 1밀리미터 두께의 초박형(超薄形) 필름 층이 몇 겹으로 겹쳐진 것이다. 이것은 특별히 표면을 미리 가공해 둔 유리나 금속에 덧씌워진다. 그렇게 하면 표면에 '나노 카펫' 층이 형성된다. (나노로 시작되는 모든 소재에서는 1,000만분의 1밀리미터와 100만분의 1밀리미터 사이의 측정 단위들이 사용된다.) 이 층들은 너무나 얇아서 종종 분자 크기의 단위로 구성된다. 그 한쪽 끝에는 특수한 물리적, 혹은 생화학적 속성 때문에 바닥 쪽으로 끌려가서 결합하는 원자들이 있다. 이에 반해 그 층의 다른 한쪽 면은 허공 쪽을 바라보기를 좋아한다. 그래서 필요에 따라 추가로 화학적 필름 층을 그 위에 덧대어도 원래의 성질은 변하지 않는다. 그렇기 때문에 그 원래 소재의 표면 속성에 계속 변화를 줄 수 있다. 이를테면 녹이 스는 것을 방지하기 위해 여러 가지 종류의 래커를 철강 제품에 차례대로 덧칠할 때 얻는 것과 유사한 효과를 얻을 수가 있다.

연꽃 효과는 연구자들이 자연에서 어떤 영감을 받을 수 있는지를 보여주는 좋은 예이다. 다른 공학 영역도 마찬가지다. 마찬가지로 바이오공학자들은 금박 세공같이 얇지만 엄청난 하중에도 견디는 달팽이 집의 나선형 구조를 연구한다. 그들은 더 좋은 항공기를 제작하기 위해 나방의 복잡한 날개 구조를 연구하기도 하며, 작은 뼈들만 있을 뿐 단단한 골격은 없는 문어를 모델로 삼아 고도로 유연한 로봇 팔을 설계하기도 한다.

육중한 점보 비행기가 공중에 뜨는 것을 보고 경이로움을 느끼는 사람이 있다면, 달콤한 꿀을 마셔서 술기운에 취해 비틀거리며 집으로 날아가는 어리뒤영벌 떼를 한 번쯤 관찰해 보는 것이 좋다. 자연의 문제 해결 능력이 상황을 역전시킬 수 있음을 암시하면서, 미국 어느 항공사의 응접실에는 다음과 같은 경구(警句)가 붙어 있다.

우리 엔지니어들이 계산해 보니, 어리뒤영벌이 비행할 수 없다는 결과 가 나왔다. 그 벌은 그 사실을 모르지만 여전히 비행한다.

축소화와 에너지 효율성

집파리의 눈은 전자기 신호 방출에 필요한 기계학적 · 광학적 · 전자 공학적 부품들을 디지털 카메라보다 1,000배나 작은 공간 내에 집적 해 놓은 초정밀 기관이다. 이런 사실을 아는 사람은 그 간단한 미물 (微物) 앞에서 그저 숙연해질 뿐이다. 어떤 식물과 동물은 세련된 미 니 버튼, 집게 따위의 구조를 가지고 있다. 디자이너들은 여기서 많은 것을 모방할 수 있다. 개미의 강력한 위쪽 턱이 콤비 펜치의 형태와 유사한 것은 우연이 아니다. 그리고 금파리의 빨대 모양으로 된 입은 면봉(綿棒)처럼 생겼으며, 한 딱정벌레의 더듬이 세척 장치는 변기 청 소용 솔을 연상시킨다. 확실히 인간은 생물학을 미리 연구하지 않고 도 기능성 청소 용구들을 설계할 만큼 충분히 영리했다. 현대의 테크 놀로지 발전은 지구상의 생명체들에 대한 지식이 점증하는 것과 밀접 하게 결합되어 있다. 그러나 이 결합은 우리 사회에서 과소평가되고 있다. 벌써 나노테크놀로지에서는 콤비 펜치 · 지퍼 · 구형 관절 및 다 른 시스템을 오리지널 곤충 사이즈 그대로 또는 그 이하의 사이즈로 제작하려는 시도가 진행되고 있다.

소재공학은 자연이 최고의 에너지 절약자이고 원칙적으로 최소한 의 재료만 소비하면서 유지된다는 사실을 아주 특별히 이용한다. 수 련 꽃은 그 좋은 예이다. 또 다른 예는 거미줄이다. 왜냐하면 거미줄 은 같은 굵기로 제작된 그 어떤 인공 섬유보다 질기고 탄력이 좋기 때문이다.

 에너지 절약은 모든 진화를 미궁 속의 붉은 끈처럼 관류한다. 바로 거기서 독특하면서도 견고하고 가벼운 자연 소재 및 테크놀로지가 생겨났다. 그리고 바로 그런 것이 공학에도 필요하다. 몇 십억 년 동안 자연 속에 축적된 오래된 경험들에서 우리는 많은 것을 얻을 수 있을 것이다.

‖ 미생물 ‖

생명, 그리고 그밖에는 아무것도 없다

미생물은 생명의 엑기스이다. 그것은 두 가지 일에 지극히 좋다. 그리고 바로 이 두 가지 일이 대개의 경우 생명의 정의를 위해 내세워져야 한다.

미생물은 물질대사와 재생산의 구현일 뿐, 그 외에는 아무것도 아니다. 미생물은 생명의 원초적 형태이며, 이와 동시에 지구상에 존재하는 모든 생명의 포기할 수 없는 기초이다. 미생물은 단세포 혹은 소수 세포 생물이다. 이 점에서 미생물은 식물·동물·인간과 구분된다.

박테리아는 외형을 부여하는 세포벽으로 싸여 있고, 그 안에는 외부 세계와 물질 교환을 조정하는 세포막이, 그리고 그 안에는 불같은 기초 물질이 차 있다. 이 기초 물질에는 DNA와 리보솜이 헤엄치고 있다. 그리고 다른 한쪽 끝에는 회전하는 편모(鞭毛)를 단 일종의 선외(船外) 모터가 기다랗게 장착되어 있다. 이따금씩 편모를 감싸는 주머니나 세포벽 전체를 뒤덮는 편모도 있고, 다른 기관 따위에 정박(碇泊)하기 위한 작은 팔도 있다.

그러나 물질대사 작업이 이루어지는 그것들의 내부는 아주 다층적이다. 미생물에 속하는 것에는 박테리아 말고도 파래Cyanobacteria, 김, 단세포 또는 소수 세포 균류, 더 나아가서 단세포 동물Protozoa이 있다.

박테리아는 전형적으로 약 1마이크로미터(1,000분의 1밀리미터) 크기이며, 중형 박테리아, 예컨대 시아노박테리아는 균이나 효모처럼 10마이크로미터 정도이다. 배율이 1,000배인 현미경으로 박테리아를 보면, 그것들은 1밀리미터 크기의 점들로 보일 뿐이다. 독일 소주 한 잔에는 (그것도 정량선(定量線) 아래에!) 약 200조 마리의 박테리아가 살고 있는데, 그 수는 지구상에 살고 있는 사람들의 수보다 3만 배에 해당한다.

기나긴 세월 동안 인간은 이 진정한 '생물계의 지배자'에 대해 전혀 알지 못했다. 이 지배자들을 볼 수도 없었기 때문이다. 네덜란드의 상인이자 열렬한 아마추어 연구가인 레벤후크가 17세기에 고성능 현미경을 제작했을 때에야 비로소 먼지보다 작은 존재를 볼 수 있게 되었다. 물론 처음에는 그것들을 어찌해야 할지 아무도 몰랐다. 그런 것이 있다는 것을 알았지만 그게 전부였고, 한참 동안 그런 상태가 아무런 변화 없이 계속되었다. 특히 레벤후크는 자신이 만든 최고의 현미경을 손에서 내려놓으려 하지 않았다. 그처럼 탁월한 렌즈를 제작할 수 있는 비법을 아무에게도 말하려 하지 않았기 때문이다.

초현실주의 화가 달리Salvador Dalí(1904~1989)는 1930년에 그 발명에 대해 다음과 같은 글을 썼다.

레벤후크는 엔지니어이다. 그는 현미경의 성능을 개선했다. 눈에 보이는 것의 배후를 통찰하는 일이 그에게는 기술의 규정에 속하는 것이었다. 그는 적혈구와 정충을 발견했다. 그는 이성(理性)의 눈으로 물질의 비밀을 발견했으며, 그 신비를 그 우글거리는 무리들을 통해 드러냈다고 믿었다. '모든 러시아인의 차르' 표트르 대제가 그 홀란드의 돋보기로 생명의 모습을 보고 과학 앞에서 겸손해지려고 먼 길을 급히 달려왔을 때, 유물론이 세계를 정복하기 시작했다.

그 후 200년이나 지난 뒤에, 레벤후크가 아니라 그의 관찰 대상이었던 박테리아가 범행을 저지르는 자로 판명되었다. 그리고 바로 이 이미지가 오늘날까지도 박테리아에게 붙어 다닌다. 독일의 박테리아 학자인 코흐Robert Koch(1843~1910)는 박테리아가 질병의 원인자라는 것을 증명했으며, 사람들은 이 '간상균Bazillen'과의 전쟁을 시작했다. 오늘날 우리는 그중에서 일부 종류만 실제로 피해를 입히고 상당히 많은 종류가 매우 유익하게 인간, 동물, 식물과 공생하고 있음을 알고 있다. 지구를 피조물들이 살 수 있는 곳으로 만들어준 것은 바로 박테리아였다는 것, 그리고 박테리아가 우리의 조상이라는 것 인간을 비롯해 박테리아들에서 발전한 고등 생물 중 그 어떤 것도 박테리아 없이는 더 이상 생명을 유지할 수 없으리라는 것도 차츰 자명해지고 있다.

1995년 5월 26일에 벤터Craig Venter 박사와 그의 공동 저자들은 박테리아의 일종인 '해모필루스 인플루엔자Haemophilus influenza'의 게놈 지도를 완성해 세상에 발표했다. 특히 어린이들에게 많이 전염되는 이 균의 게놈은 183만 121쌍의 염기 베이스를 가지는 하나의 DNA로 되어 있다. 당시에 그것은 최초로 해독(解讀)된 자유 생명 유기체였다.

생명의 배후에서 아우성치는 소리

가장 오래된 박테리아 화석은 34억 년 된 퇴적암 속에서 발견되었다. 그때에도 그 박테리아는 지금 하는 일을 하고 있었다. 물질대사와 증식이 그것이다. 두 가지 모두 성공을 거둘 운명이었다. 물질대사는 몇 억 년 뒤에 지구가 (우리의 관점에서 볼 때) 생명이 살기에 적합한 환경으로 바뀌는 데 기여했다. 박테리아가 일을 시작했을 때에는 환경이 전혀 그렇지 못했다. 모든 고등 생물의 기초인 산소는 아무 곳에도 없었다. 산소는 고생물학자 포티Richard Fortey의 말대로 "창공의 가장 가장 소중한 쓰레기"이다. 수소를 에너지원으로 이용하는 청록 박테리아(시아노박테리아의 일종)가 수소를 얻기 위해 물에서 수소를 떼어낼 때 나온 폐기물이 바로 산소였다. 이 산소가 없었다면 오늘날 우리는 호흡할 수 없었을 것이다. 그러나 산소는 처음에는 가장 고약한 공기 오염원이었다. 왜냐하면 산소는 반응하기 좋아하는 성질을 가지고 있기 때문에 산소에 대해 방어 체계를 갖추지 못한 당시 생물들에게는 치명적이었다. 시아노박테리아의 후예인 식물들은 나중에 공기 중의 이산화탄소에 붙어 있는 탄소를 이용했고, 역시 산소를 배출했다. 그 결과 오늘날 대기권에서 이산화탄소가 차지하는 비율은 0.1퍼센트 이하가 되었다. 반면에 이웃 행성인 화성과 금성에서는 그 비율이 90퍼센트나 된다.

섹스와 증식

박테리아에게 섹스와 증식은 두 켤레의 신발이다. 증식은 간단히 복제, 분할 또는 발아(發芽)를 통해 이루어진다. 거기서 우선은 유전 형질의 복제가 완수된다. 익히 알다시피 동물들끼리는 섹스 중에 정충을 통해 유전 물질이 교환되는데, 박테리아들끼리는 증식과 무관하게 유전 물질이 교환된다. 그만큼 더 손쉽게 특별한 장애 없이 교환된다고 할 수 있다.

여성 생물학자 마걸리스Lynn Margulis는 "박테리아는 프랑크푸르트 증권 시장의 딜러가 주식을 거래하는 것보다 더 열심히 유전자를 거래한다"라고 썼다. 그녀는 그 과정을 신비로운 체험에 빗대어 이렇게 설명한다.

당신이 카페에서 머리 색깔이 초록인 사람을 만난다고 한번 상상해 보

자. 이 짧은 만남에서 당신은 그 초록색에 대한 코드인 유전 정보 부분, 더 나아가서 그의 다른 새로운 속성들까지 파악한다. 이제 당신은 초록색 머리칼 유전자를 자녀에게 물려줄 수 있을 뿐만 아니라, 스스로도 초록색 머리칼로 변신해서 그 카페를 떠날 수 있다. 박테리아는 이런 식의 우연하고도 신속한 유전자 획득 작업을 언제라도 행한다. 박테리아는 자신의 유전자가 주변의 액체 속으로 확장되는 것을 간단히 허용하는 것이다.

이런 일이 가능한 이유는 간단하다. 박테리아는 DNA가 세포핵 안에 단단히 포장되어 있지 않고 몸 안에 느슨하게 들어 있기 때문이다. 그래서 DNA들은 연결 통로를 따라 이리저리 옮겨 다니는데, 이때 유전자가 변화된 새로운 박테리아 계보가 생겨날 수 있다. 여기서 우리는 기증자Doner와 수증자Rezipient를 구분할 수 있다. 우리가 원한다면 이 용어들은 수컷과 암컷으로 번역될 수도 있을 것이다. 물론 이 번역은 좀 비약이다. 왜냐하면 섹스 유전자만이 '성'을 결정해 주기 때문이다. 그리고 DNA들은 그 후에도 계속해서 전달될 수 있다. 그래서 박테리아는 남자인 상태로 카페에 들어왔다가, 회색 머리칼의 여자로 변신해서 다시 카페 밖으로 나갈 수 있는 셈이다.

흔히 우리는 세포핵이 있는 생물들에서 나타나는 수직적 유전자 전달, 즉 부모에게서 자식에게로 전달되는 것만 알고 있지만, 박테리아들은 수평적으로도 유전자를 전달할 수 있다. 유전자 공학은 이 속성을 이용한다. 예컨대 인슐린은 사람의 유전자를 박테리아에 주입해서 이 박테리아가 그 단백질을 증식하도록 하는 방식으로 생산된다.

또한 박테리아는 노화나 죽음을 모른다. 박테리아는 두 가지 면에서 불사조다. 첫째, 박테리아는 그 자체를 그대로 복제한다. 둘째, 뜨거운 열이나 양분 부족 사태 같은 외부의 영향 때문에 파괴되지만 않으면 원칙적으로 부모 박테리아는 영원히 살 수 있다. 가장 오래 산 박테리아 하나가 2000년에 일종의 긴 겨울잠에서 깨어났다. 자두 알만 한 소금 결정체 안의 빈 공간에서 그 미생물은 2억 5,000만 년 동안 소금물에 절여진 상태로 있었다. 그것은 간상균의 일종이었다.

무엇이든 먹고, 결코 물리지 않는 작은 포식자

모든 미생물은 작기 때문에 극도로 외향적이다. 몸집의 부피나 무게에 비해 표면적은 지극히 크다. 그 표면적만 봐도 미생물이 외부 환경과 많이 접촉할 거라는 사실은 충분히 알 수 있다. 물질대사와 증식은 지독히 빠른 템포로 진행된다. 수많은 박테리아 종류를 놓고 볼 때, 한 세대의 기간은 몇 분밖에 안 된다. 개체군 폭발이 무엇인지 알고 싶은 사람은 대장균Escherichia coli 박테리아의 증식 과정을 한번 구경하면 된다. 20분 후에는 그것이 두 배로 불어나 있으며, 40분 후에는 네 배, 네 시간 후에는 4,000배, 12시간 후에는 680억 배나 된다. 하루 반이 지나면 지구의 표면 전체가 약 2미터 두께의 대장균 박테리아로 뒤덮일 것이다. 물론 그런 결과는 오지 않는다. 왜냐하면 실제로는 영양 공급이 단절되기 때문이다.

그러나 원칙적으로 모든 쓰레기는 박테리아에게 영양분이 될 수 있다. 박테리아들은 나무에서 석유에 이르는 모든 유기 물질을 실제로 싹쓸이한다. 비유기 물질을 자양분으로 삼는 종류도 여럿 된다. 물질을 변환하는 데 있어서 박테리아는 진정한 거장이며, 따라서 포도당, 질소, 황화수소, 물, 이산화탄소, 그 밖의 수많은 것을 모두 에너지원으로 삼을 수 있다. 박테리아는 독성 산업 폐기물도 요긴하게 사용한다. 그래서 그 동안 특수하게 이 목적을 위해 배양되었다. 그래서 오염된 토양이나 하천에 대한 이른바 '바이오 치료Bioremediation'에 쓰이고 있다. 이 목적을 위해서 유전자 공학적으로 변형될 필요도 없다. 미생물Mikorben의 종류가 부지기수이기 때문에, 유해 물질 대부분은 그것을 먹어치우는 자연산 박테리아나 균이 무엇인지가 이미 발견되었다. 적용하기 쉽기 때문에 혼합 배양 방식도 자주 활용된다. 제거해야 할 유해 물질을 가장 선호하는 미생물은 결국 혼자서도 나머지 미생물들보다 더 잘 증식하기 때문이다. 세대교체의 주기가 빠르고 유전자 활발히 교환되기 때문에 박테리아는 빠르게 진화하며, 따라서 그 주위에 가장 많이 존재하는 물질에게 스스로를 쉽게 적용시킬 수 있다. 박테리아가 투입되는 분야 중에 중요한 것으로는 세제 · 방사능 · 중금속 분해가 있다.

지구 역사가 진행하는 동안, 박테리아는 무엇보다도 주위에 많이 널려 있는 당분을 자양분으로 삼아 살아왔다. 오늘날 박테리아의 동료들이 포도당을 알코올로 변화시켜 포도주를 만들듯이, 박테리아는 당분을 발효시켰던 것이다. 당분이 고갈되기 시작했을 때, 박테리아는 다른 물질에 적응해야 했다. 이 최초의 에너지 위기를 해결하기 위한 노력에서 광합성이 고안되었다. 태양 · 물 · 공기로 살아가는 이 기술은 그 후 거의 모든 생명체를 위한 영양 공급의 토대가 되었다. 왜냐하면 우리 같은 동물도 결국에는 채소와 초절임, 고기구이 같은 유기 물질로부터 영양을 공급받기 때문이다. 그리고 식물들이 공기와 사랑만 먹고 자라나서 다른 동물들에게 제 몸을 먹이로 제공하지 않는다면, 그 영양은 존재할 수 없을 것이다. 하지만 박테리아가 없으면 이 세상 식물들은 버려진 자식처럼 될 것이다. 그 첫 번째 이유는 식물이 스스로 고기로부터 질소를 얻을 수 없기 때문이다. 식물은 작은 조력자를 필요로 한다. 콩과 식물들과 함께 살아가는 박테리아 리조비움Rizobium이 이 일을 담당한다. 그리고 토양까지 개선시킴으로써 농사에도 유익하게 작용한다. 두 번째 이유는 식물에서 광합성을 촉진하는 세포 내 소기관Organelle(다세포 생물의 기관처럼 작용하는 단세포 생물의 소(小)기관—옮긴이) 그 자체가 이전부터 박테리아였다는 데 있다. 식물이 지구상에서 생겨날 때 세포 내 소기관들은 식물 세포 속으로 들어가 거기에 영원히 정착했던 것이다.

아마 최초로 광합성을 한 생명체는 당분을 생산하기 위해 태양 에너지를 이용하는 녹색 유황(硫黃)박테리아였을 것이다.

박테리아 여러 종류의 유전자를 비교한 결과에서 나타났듯이, 그 메커니즘은 어느 한 종류의 진화 과정에서 생겨난 것이 아니다. 틀림없이 각 박테리아 종류에서 생성된 여러 요소들이 뒤엉켜서 생겨났을 것이다. 다시 말해, 암수 사이의 짝짓기라는 번식 방법이 고안되기 훨씬 전에 행해진 박테리아끼리의 수평적 유전자 교환, 즉 난혼(亂婚) 관계가 생명의 발달에 큰 비약을 가져다 주었을 것이다.

생존 전문가

생활 조건이 예컨대 양분 부족 때문에 악화되면, 박테리아 종류들 가운데 일부는 응축되어 작아진다. 그리하여 이른바 포자(胞子) Spore 로 불리는 영구적 형태를 형성할 수 있다. 포자들은 양분과 에너지 없이도 몇 십 년 동안 살아남을 수 있다. 유리한 환경 조건이 형성되면 포자는 다시 살아 있는 박테리아로 변신한다. 악명 높은 포자 형성자는 비탈저(脾脫疽) 박테리아이다. 이 포자는 미사일 탄두 모양의 캡슐 속에서 쾌적하게 몇 십 년이나 살아남는다.

단세포 생물들의 드넓은 세계

박테리아는 세계 곳곳에서 쾌적한 거주 공간을 발견한다. 예컨대 우리가 양치질을 한 후에도 최소한 60종의 박테리아들이 치아와 잇몸 사이에서 쾌적하게 살아남는다. 단 하나의 치아에도 약 10억 마리의 박테리아가 산다. 한 사람을 데려와 그를 세포 분류기에 집어넣으면,

그는 90퍼센트의 미생물과 10퍼센트의 인간 세포를 내놓을 것이다. 이것이 부수적으로 말해 주는 것은 박테리아 세포의 크기가 인간 세포보다 훨씬 작다는 것이다.

박테리아들은 정원에서 살기를 제일 좋아한다. 반면에 하수도의 물속에는 가장 적은 종류의 박테리아만 산다는 것이 밝혀졌다. 1밀리미터의 하수도 물에는 정확히 70종만 살고 있으며, 대서양 물에는 160종이, 정원의 흙 1그램에는 최대 3만 8,000종이나 산다. 그중에는 의학적으로 유용한 물질을 생산하는 종류가 수없이 많다. 그리고 거의 위험하지는 않지만 자주 치명적인 결과를 초래하는 창상성 파상풍 Clostridium tetani 병원균 종류가 있다. 독일에서는 이 균에 대비하는 예방 주사가 일반화되어 있다.

손님을 환대하지 않는 곳의 방문객

미생물들 중에는 우리가 예전에 원시박테리아Arcaebacteria라고 불렀던 시원세균 그룹이 있다. 하지만 지금은 박테리아와 나란히 존재하는 독립 종(種)들로 간주되고 있다. 시원세균 그룹은 생명체가 견디지 못하는 곳에서도 존재한다. 농축 소금물, 뜨거운 화산 분출구, 정화 시설의 진흙 수렁, 산소가 없는 소(牛)의 위(胃) 속에서 산다. 그 이름이 말해 주듯, 시원세균은 지구상에 생명이 출현하던 시기에 (우리의 관점에서 볼 때) 아주 척박한 환경에서 출현해 지금까지 살아남았다.

길이 200킬로미터, 폭 48킬로미터, 수심 700미터이고 4킬로미터 두께의 얼음장으로 뒤덮인 남극 대륙 보스토크Vostok 호수 아래의 차가운 물은 이 세계의 가장 고립된 장소들 중 하나이다. 이곳은 몇백만 년 전부터 어둠만이 유지되던 장소로서, 지금까지 아무도 내려가 볼 생각조차 못했던 곳이다. 왜냐하면 천공 시에는 외계의 어떤 박테리아도 그곳으로 침입할 수 없을 것이라고 사람들은 절대적으로 확신하고 싶었기 때문이다.

두 부분으로 구성된 탐사선(존데)이 이곳을 탐사하기 위해 투입된다고 한다. 2002년 초에 첫 번째 테스트를 성공적으로 완료한 '크리오봇Kryobot'은 우선 열에너지를 이용해 얼음을 뚫고 내려가는데, 그것이 지나간 길에서는 동결이 다시 시작되어 저절로 구멍이 메워진다. 탐사 여행을 하면서 그 장치는 얼음 덕분에 저절로 지상의 미생물에게서 해방되어 무균 상태가 되는 셈이다. 크리오봇이 얼음을 다 뚫어서 물의 표면에 도달하면, 존데의 두 번째 부분이 작동하기 시작할 것이다. 즉 '하이드로봇Hydrobot'이 본체에서 분리되어 물속을 탐사해야 한다. 하이드로봇은 우주 탐사선과 마찬가지로 귀환하지 않는다. 연락이 두절될 때까지 수집된 데이터를 지상의 스테이션에 송신할 것이다. 이를 통해 연구자들은 다양한 생명체를 만날 수 있으리라 기대하고 있다.

지금까지는 약 3,500미터 깊이에서 물의 표면 바로 위에 있는 40만 년 된 얼음 핵을 수집하여 분석했을 뿐이다. 그 얼음 표본에서는 곰팡이·해초·미생물이 발견되었다. 이들은 높은 압력과 온몸이 떨릴 만큼의 강추위에서도 견딘다.

지극히 작은 몬스터들

앞에서 모든 미생물은 거의 비슷하게 보인다고 말했지만, 그중 하나는 예외다. 원생동물Protozoa은 구·막대처럼 단순한 형태로 되어 있지 않다. 그보다는 차라리 몬스터 영화에서 튀어나온 것처럼 보인다. 원생동물 중에서 사나운 녀석은 실제로도 몬스터처럼 행동한다. 그들은 이리저리 돌아다니면서 다른 작은 몬스터를 잡아먹는다. 다른 원생동물은 광합성을 하려고 노력하며 제 자리에서 움직이지 않기 때문에 평화로운 식물처럼 보인다. 원생동물은 단세포 동물이기는 하지만, 참으로 기괴한 형태를 띨 수도 있다. 촉모(觸毛)·광(光) 수용체·편모·긴 손잡이 모양의 돌기·입·돌출 가시·근육 같은 섬유 다발이 있다. 그것들은 진핵생물Eukaryota이다. 따라서 게놈을 하나의 세포핵 속에 안전하게 감싸고 있으며 박테리아보다 훨씬 크다. 예컨대 긴 코 모양의 돌출부가 있고 솜털이 나 있는 경단 모양의 디디눔 Didinum은 지름이 150마이크로미터이다. 따라서 그 부피는 작은 박테리아의 300만 배, 평균 인간 세포의 1,000배나 된다.

이 원생동물에 속하는 것으로는 섬모충Ciliata, 편모충Flagellata, 포자충Sporozoa, 근족충(根足蟲)Rhizopoda이 있다. 원생동물 가운데 몇 종은 기생충으로서 인간의 몸에 기생한다. 트리파노소마Trypanosoma 종들은 특히 수면(睡眠)병이나 라이시마니오제Leishmaniose(모기에 물려 기생충에 전염되는 열대 지방의 가축병으로서, 가축의 경우 털이 빠지고 간과 신장이 손상됨—옮긴이), 샤가스병을 유발한다.

근족충은 뇌염이나 아메바 이질을, 포자충은 톡소플라스마(고양이 따위의 배설물을 통해 산모에게 전염되는 기생충 질환, 태아의 뇌나 안구에 손상을 일으킴—옮긴이)나 말라리아를 유발한다.

킬러

이제 다시 로버트 코흐에 대해 좀 더 이야기하기로 하자. 그는 박테리아가 병을 일으키는 원인이라는 것을 밝혀냈고, 현대 의학과 위생에 새로운 이정표를 꽂았다. 19세기 중엽부터 병이 병원균에 의해 발생하는 것은 아닌가 하는 의혹이 제기되었다. 1865년에 남부 프랑스의 실크 산업 대표자들은 위대한 파스퇴르에게 도움을 요청했다. 왜냐하면 어떤 무엇인가가 (누에)고치를 몰살시켰기 때문이다. 파스퇴르는 현미경을 꺼내 고치를 들여다보고 나서, 아주 작은 기생충이 원인자라고 밝혔다. 그러고는 누에 새끼 전체를 몰살하고 새로 누에치기를 시작하라고 했다. 이 급진적 대책은 성공을 거두었다. 기생충은 사라졌고 병원균 이론이 탄생했다.

고치뿐만 아니라 다른 동물과 사람도 그런 병에 감염될 수 있다는 것이 금방 분명해졌다. 이런 사실만으로도 이 발견은 인류에게 커다란 의미가 있는 것이었다. 어떤 병원균이 어떤 식으로 질병을 일으키는지에 대해서 사람들이 꼭 알 필요는 없었다. (병원균이 질병을 일으키는 방식은 최근에야 분자생물학의 수단들 덕분에 규명되기 시작했을 뿐이다. 따라서 오늘날까지도 대부분의 질병은 그 기제가 명확히 밝혀지지 않았다.) 전달자가 존재한다는 사실만 해도, 위생 개념을 발견하고 그 수단을 강구하게끔 하는 충분한 계기가 되었다. 이 위생 수단은 오늘날 의학보다 더 크게 기여하고 있다.

아이러니컬하게도 이제 의사들은 죽음을 가져온다는 타당성 있는 혐의를 받게 되었다. 헝가리의 산부인과 의사 제멜바이스Ignaz Philipp Semmelweiss(1818~1865)는 집에서 의사 없이 출산하는 여성들보다 병원에서 출산하는 여성들이 산욕열로 더 많이 사망한다는 것을 확인했다. 그는 병원균의 매개자가 의사들임에 틀림없다고 결론을 내렸다. 의사들은 사체를 부검한 후에 곧장 그 다음 출산 현장으로 달려가는 일이 많았던 것이다. 그래서 그는 의사들이 손을 깨끗이 씻어야 한다고 주장했지만, 이 주장은 의사들의 격렬한 반대에 부딪혔고, 결국 처음에는 목소리를 낮추어야만 했다.

영국의 외과 의사 리스터Joseph Lister(1827~1912)는 마침내 마취법을, 뒤이어 소독법을 도입했다. 이것은 외과술의 혁명을 낳았다. 수술 후 감염 때문에 죽는 경우도 줄었고, 통증 없는 수술도 이제 가능해졌다. 그러나 과학자들은 더 많은 것을 하려고 했다. 그들은 죽음을 불러오지만 눈에는 보이지 않는 작은 적들의 정체를 밝혀내고 그들을 격퇴하려고 했다. 그 발판은 코흐가 마련했다. 그는 1876년에 파상풍균Bacillus anthracis을 분리해 내어 실험실의 젤라틴 양분으로 배양했다. 이 작업 덕분에 그는 초고속 신분 상승을 이룰 수 있었다. 시골 의사의 신분을 벗어 던지고, 당시 베를린에 새로 설립된 황제 보건성의 박테리아 연구소 소장으로 부임한 것이다. 그리고 1882년에는 백리(白痢)의 원인균이 결핵균이라는 연구 결과를 내놓음으로써 전 세계적 명성을 확실히 굳혔다. 코흐는 계속 활약해 다른 숨은 병원균들을 발견해 냈는데, 그중에는 콜레라·말라리아·수면병·페스트균 등이 있었다. 결국 1905년에 그는 노벨상을 받았다. 아마도 코흐보다 더 유명한 사람은 그의 조교 페트리Julius Richard Petri였을 것이다. 페트리는 아주 유용하지만 그다지 혁명적이지는 않은 페트리 샬레를 고안했다. 하지만 물론 노벨상은 받지 못했다.

박테리아들 중에는 이른바 '직업 킬러'와 '기회적 악한'이 있다. 전자는 전문 용어로 '편성(偏性)Obligat' 병인(病因)Pathogen 박테리아, 후자는 '선택성Fakultativ' 병인 박테리아라고 불린다. 선택성 병인 박테리아는 대개 유용하거나 아니면 적어도 인간에게는 해롭지 않은 손님이다. 그것이 해로운 경우는 두 가지 정도이다. 첫째는 그것이 몸의 엉뚱한 기관에 가서 정착하게 되었을 때, 둘째는 다른 박테리아의 해로운 속성을 수평적 유전자 교환을 통해 넘겨받아 돌연변이가 발생했을 때이다.

선택성 병원균의 예로는 대장균이 있다. 그것은 장에서 요로(尿路)로 거주지를 옮겼을 때 말썽을 일으킨다. 이는 특히 여성들에게서 많이 나타나는 요로 감염의 주원인이다. 다른 한편 위험한 종들도 간간이 형성된다. 장출혈을 일으키는 대장균EHEC은 아마도 독성 물질을 생산하는 능력을 이질균Shigella으로부터 이전받는 것으로 추정된다.

여기에 감염된 소의 생우유나 육류를 먹으면 감염되는데, 독일에서도 지난 몇 년 간 몇 사람이 이 때문에 사망했다.

편성 병원균은 보통의 경우에 사람의 몸과 별로 관계할 일이 없는데, 그 중에는 결핵·디프테리아·흑사병 균이 있다. 수많은 박테리아는 사람에서 사람으로 전염되는데, 이때 그 경로는 다양하다. 살모넬라와 콜레라균은 배설물을 통해 변기에서 입으로 옮겨진다. 성홍열·천식·폐병은 입에서 튀어나온 침을 통해 옮고, 이질균은 문 손잡이에 붙어 있다가 우리 몸으로 옮는다. 황색포도상 구균은 간호사의 손을 선호하고, 매독 균은 성관계를 이용한다. 말라리아 균은 모기를 통해 옮고, 보렐리아Borrelia는 일종의 진드기에 붙어 있다가 새로운 숙주를 공략한다.

페스트는 중세에 맹위를 떨쳤고, 그래서 오늘날까지도 역병의 대표로 통한다('페스트'란 말은 전염, 파괴를 뜻한다). 18세기에 들어서도 그 '흑사병' 때문에 많은 사람들이 죽어갔다. 자연 재해나 전쟁보다 흑사병 때문에 죽는 사람들이 더 많았다. 14세기에는 페스트가 크게 창궐해, 유럽과 북아프리카에서만 2,500만 명이 목숨을 잃었다. 독일어권에서도 주민들이 몰사해, 마을 20만 개가 지도에서 사라졌다. 뤼벡에서는 시민 중 1퍼센트도 살아남지 못했다고 한다. 이러한 페스트균의 매개자는 바로 쥐의 털에 붙어서 살기를 좋아하는 벼룩이다. 그 균은 벼룩의 장 속에서 증식하는데, 벼룩은 사람을 깨물 때 그 균의 일부를 토해 낸다.

사람들은 전염병 앞에서 속수무책이었다. 수많은 곳에서 유대인과 집시들은 우물에 독을 탔다는 누명을 쓴 채 인종 학살의 제물이 되었다. 페스트에 대한 '의학적' 조치는 가지각색이었다. 파라셀수스가 추천한 방법, 즉 바짝 마른 두꺼비나 살아 있는 참새로 하여금 부풀어 오른 종양 부위를 긁거나 부리로 쪼게 해서 그 부위의 핏물을 빼는 방법도 있었고, 벌거벗은 노파들이 감염 마을 둘레에 해자(垓字)를 파서 마을을 에워싸 보호하게 하는 방법도 있었다.

1948년에 와서야 비로소 페스트는 항생제 스트렙토마이신 덕분에 성공적으로 퇴치되기 시작했다. 그렇지만 오늘날 대도시의 쥐 개체군에서 페스트가 새로 발생할 경우, 큰 재앙이 초래될 수도 있다. 지난 200년 동안 페스트가 더 이상 발생하지 않게 된 이유는 분명하지 않다. 여러 가지 정황을 볼 때, 돌연변이가 일어나 덜 위험하게 된 변종 페스트균에 의해 원래의 페스트균은 상당히 축출되었을 것이다. 병원균이 원래의 성격을 확 바꾸는 이런 사건은 지구 생명의 역사에서 첫 번째가 아닐 것이다. 페스트균은 원래는 해롭지 않은 장(腸) 기생충 페스트 유사(類似)결핵균Yersina pseudotuberculosis에서 발전해 나왔을 가능성이 매우 높다. "2,000년 전에 페스트균은 가벼운 복통만을 일으켰다"라고 런던 대학교 위생학 및 열대 의학 단과대학의 유전학자 렌Brendan Wren은 말한다.

사실 대재앙을 낳은 그 병은 페스트가 아니었을 수도 있다. 지난 몇 년 동안 그 '흑사병'이 정말 페스트였는지에 대해 의혹이 계속 제기되었다. 에볼라 병원균과 유사한 바이러스도 그 동안에 의심을 받고 있다.

작은 조력자

바이오공학자들은 자가 증식하는 마이크로 공장처럼 박테리아로 가능한 모든 것을 생산하는 법을 배웠다. 전통적 바이오공학은 오래전부터 맥주·포도주·치즈를 생산할 때 박테리아를 이용하며, 화공학과 식품공학은 효소를 생산할 때의 생산에 박테리아를 이용한다. 박테리아는 유독성 물질을 분해함으로써 환경 보호에 기여하며, 광산(바이오 채굴)에서는 금속을 광석에서 분리해 낸다.

여러 가지 근거에서, 한 줌의 오물에는 온갖 의약품을 얻을 수 있게 해주는 풍성한 유전자 자원이 숨어 있다고 추측해 볼 수 있다. 오늘날의 의약품은 어떤 다른 원천보다 토양 속의 박테리아에서 더 많이 얻어진 것이다. 하지만 수많은 토양 박테리아 중에서 우리에게 알려진 것은 극소수이며, 그중 99퍼센트는 실험실에서 배양될 수 없는 것이다. 그러나 유전자 공학의 가능성에 힘입어 아직 알려지지 않은 박테리아 역시 충분히 개발될 수 있다. 미생물 자체는 배양될 수 없기 때문에 사람들은 유전자를 추출해서 이것을 배양이 용이한 박테리아에 주입하는 방법을 개발했다. 이렇게 이 박테리아를 증식시킴으로써 그것이 어떤 물질을 생산하는지 그리고 무엇에 이용될 수 있는지를 연구할 수 있게 되었다.

생명의 구조자

지금까지 인류가 발견한 미생물 가운데 가장 많은 축복을 가져다 준 것은 아마도 팡이균 페니실린Penicillium notatum일 것이다. 팡이균 페니실린의 능력은 영국의 박테리아 연구자 플레밍Alexander Fleming(1881~1955)이 1928년에 우연히 발견했다. 어느 날 그는 성장이 중지된 박테리아 배양액을 버리려고 하다가, 박테리아들이 부분적으로 죽어 있고 그 대신 일종의 초록색 곰팡이가 페트리 샬레에 피어 있는 것을 목격했다. 그는 이것을 자세히 들여다보았다. 곰팡이가 핀 주변에는 박테리아가 아예 성장하지 못하는 지역이 있었다. 곰팡이가 박테리아에게 치명적으로 작용하는 것처럼 보였다. 그는 실험을 계속했으며, 파상풍·디프테리아·파이퍼Pfeiffer 선열(腺熱)·강직(剛直) 경련의 원인균인 스트렙토 구균Streptokokken·스타필로 구균Staphylokokken(사람의 피부나 장(腸)에 기생함—옮긴이)이 페니실린 추출물 때문에 죽는다는 사실을 알아냈다. 이 우연한 당첨 복권은 당연히 폭탄처럼 엄청난 파괴력을 가졌어야 했을 것이다. 그러나 플레밍이 이런 성과를《영국 실험병리학지 *British Journal of Experimental Pathology*》에 발표했을 때, 거기에 주목하는 사람은 거의 없었다. 그는 이 프로젝트를 화학자 및 팡이균 전문가들로 구성된 팀에게 위임했으나 이 팀은 얼마 못 가서 별다른 성과 없이 해산하고 말았다. 1938년에야 비로소 옥스퍼드 대학의 병리학자 플로리 Howard Florey(1898~1968)의 동료인 러시아계 영국 생화학자 체인 Ernst Chain(1906~1979)이 우연히도 플레밍의 최초 연구라는 '돌부리'에 걸려 넘어지고 말았다. 그는 팡이균 페니실린을 생쥐와 사람에게 실험하였고, 1941년 2월에는 환자를 치유하는 데 성공하였다. 스트렙토 구균 · 스타필로 구균 패혈증에 걸린 그 43세의 남자 환자는 페니실린을 처방받은 뒤, 현저히 호전되었다. 그러나 그 후 그 동안 비축했던 페니실린 재고가 고갈되었고 그 환자는 한 달 후에 사망했다. 가장 큰 문제는 박테리아를 죽이는 물질을 충분히 많이 생산하는 일이었다. 이 물질은 엄청나게 힘든 공정을 거쳐야만 채취될 수 있었기 때문이다.

그러나 다시 연구는 중단되었다. 왜냐하면 영국이 그 동안 전쟁에 휘말려 있었기 때문이다. 따라서 플로리는 록펠러 재단에 연구비를 새로 신청하고, 미국으로 건너가서 다시 연구를 계속했다. 거기서 마침내 돌파구가 열렸는데, 이때도 '우연'이 큰 역할을 했다. 우선 그 곰팡이를 배양하기에 적절한 양분을 연구팀이 고를 수 있었던 것도 우연이었다. 미국에서는 대규모로 옥수수가 재배되고 있었는데, 대규모로 재배된다는 사실 때문에 옥수수는 박테리아 배양을 위한 양분으로도 사용되었다. 곰팡이는 옥수수를 아주 좋아했으며 고유의 독성 물질 생산량을 500배나 증가시켰다. 다음으로, 고유의 유전자적 장치를 소유하고 있어서 생산 능력이 아주 탁월한 페니실린 종을 발견하게 된 것도 우연이었다. 미국의 공군들은 전 세계로부터 토양 표본을 채집해 왔지만, 항생제의 대량 생산을 가능하게 한 챔피언 종은 아주 가까운 데서 얻어졌다. 일리노이의 소도시 피토리아 Petoria의 시장(市場), 그러니까 그야말로 그 연구소 '현관' 앞에서 구입한 멜론에 그 곰팡이가 피어 있었던 것이다. 당시에는 미국도 2차 대전에 참전했으므로 그 생산 프로젝트는 미국 정부의 전폭적인 지원을 받았다. 1945년에는 체인, 플레밍, 플로리가 생리학 및 의학 분야에서 노벨상을 받았다.

우리 몸속의 박테리아

인간은 수많은 유기체와 공생 관계를 맺고 살아간다. 그 대부분은 박테리아이다. 그중에서 몇 가지는 이미 오래전부터 우리 몸속에 살고 있으며 우리 세포의 고정적 구성 요소가 되었다. 모든 동식물과 균의 세포에는 미토콘드리아가 들어 있는데, 이것은 산소를 에너지로 바꾸는 기능을 한다. 이 미토콘드리아는 몇 십억 년 전 진핵생물의 세포 속에 최초로 받아들여진 박테리아의 직계 후손이다. 진핵생물은 그 후 박테리아가 아닌 모든 다른 생명으로 발전했다. 미토콘드리아는 예나 지금이나 박테리아처럼 보인다. 그것은 고유의 유전 형질을 가지고 있고 우리 몸의 세포 내에서 독자적으로 증식한다. 식물은 그것 말고도 색소체Plastid를 소유하고 있는데, 이것도 아주 오래전에 박테리아였을 때 식물의 내부로 들어왔으며, 지금은 식물 세포 내에 아주 정착해서 독자적으로 광합성을 한다.

우리 몸에 있는 그런 손님들 대부분은 세포 안이 아니라 우리의 겉면에서 살아간다. 이 겉면에는 피부뿐만 아니라 입에서 항문에 이르는 긴 관(管)도 포함된다. 특히 우리의 장에 사는 균은 여러 가지 중요한 과제를 완수한다. 그 개별 종(種)의 기능과, 그들이 인간의 건강에 미치는 영향은 대부분 아직 규명되지 않은 상태다. 그 모든 종과 계보(系譜) 또한 아직까지 발견되지 않았으며 따라서 기술되지도 못했다. 그들이 하는 가장 중요한 활동은 음식물을 분해하는 일이다. 만약 이 작업이 선행되지 않는다면, 우리의 소화 기관은 음식물을 이용할 수 없을 것이다. 게다가 그들은 우리가 섭취하는 음식물에 들어 있지 않은 비타민 B와 비타민 K를 생산한다. 건강한 사람의 경우, 장(腸) 내의 식물(植物) 분포도는 장 속의 환경에 최대한 맞게 적응되어 있으며, 외부의 유기체는 장 속에 들어와 사는 것이 거의 불가능하다. 사람 대변의 30~50퍼센트는 박테리아 '생체Biomasse'로 이루어져 있다.

바이러스

종종 박테리아와 바이러스는 한통속으로 취급되었다. 왜냐하면 그들은 작은 악당들의 제국을 함께 형성하기 때문이다. 그러나 그 둘 사이에는 현저한 차이가 있다. 바이러스는 생물이 아니다. 따라서 그것은 이 장(章)에서 기술할 대상이 아니긴 할 것이다.

바이러스에게는 고유의 물질대사가 없다. 바이러스는 양분을 섭취하지 않고 단지 증식시킬 뿐이다. 이를 위해 바이러스는 동식물이나 다른 박테리아의 세포 장치를 이용한다. 바이러스는 단지 유전 물질과 하나의 껍질로만 이루어져 있다. 바이러스는 숙주의 유전자 속으로 잠입하는 작은 프로그램일 뿐이며, 이 숙주의 세포들로 하여금 숙주 고유의 단백질 대신에 바이러스의 단백질을 생산하도록 한다. 그런 점에서 보자면, 이 바이러스 개념을 '컴퓨터 바이러스'라 불리는 작은 방해 프로그램들에 적용하는 것은 일리가 있다. 왜냐하면 이 두 바이러스 종류는 그 기본 메커니즘이 사실상 별반 다르지 않기 때문이다. 또한 바이러스는 소량의 유전 물질들, 예컨대 서넛 내지는 몇십 개의 유전자만 가지고 있다. 박테리아가 몇 천 개를 가지고 있는 것과는 대조적이다.

또한 바이러스에게는 박테리아처럼 물질을 변화시키는 능력이 없기 때문에, 그것들 중에는 우리에게 유익한 공생적 바이러스도 당연히 없다. 따라서 바이러스는 무해하거나 아니면 해로울 뿐이다. 박테리아를 퇴치하려면 우리는 독물질, 즉 항생제를 투여할 수 있다. 그러나 바이러스는 살아 있지 않으며, 따라서 우리가 죽일 수도 없다. 바이러스에게는 우리가 마비시킬 수 있는 물질대사나 신체 기능이 아예 없다.

인간과 바이러스의 전쟁은 앞으로도 영원히 계속될 것이다. 1918년과 1919년에 걸친 겨울에는 독감(여기서는 보통의 감기가 아니라, 인플루엔자를 가리킴)이 크게 유행해서, 거의 다섯 명 가운데 한 명이 독감에 걸렸고 약 4,000만 명이 목숨을 잃었다. 그리하여 인플루엔자 바이러스는 20세기의 킬러임이 드러났다. 그 바이러스의 독성은 아주 강해서 감염자는 몇 시간 내에 사망했다. 오늘날에도 매년 전 세계에서 100만 명 이상이 유행성 독감으로 사망한다. 위험한 신종 바이러스는 조류에서 인간으로도 전염된다.

천연두 바이러스는 최근 몇 세기 동안 크게 유행했다. 이미 200여 년 전인 1796년에 그 바이러스에 대한 면역 물질이 발견되었다. 물론 당시 사람들은 병의 원인도 몰랐고, 바이러스라는 이름의 작고 비밀스런 존재에 대해서는 꿈에서도 생각하지 못하는 상태에 있었다(이에 관해 더 자세한 것은 〈인간의 생명〉 장을 참조하라). 그러나 20세기 후반부에 들어와서도(정확히 말해 1966년까지) 약 200만 명의 사람들이 매년 천연두로 사망했다. 12년 후에야 이 수는 영(0)으로 감소했으며, 천연두는 전 세계적으로 철저히 실행된 면역 프로그램을 통해 그 뿌리가 뽑

했다. 세계 보건 기구WHO의 적극적 활동이 시작된 뒤, 독일에서 천연두로 죽은 사람이 마지막으로 나온 것은 1972년이었고, 공식적으로 전 세계에서 천연두로 죽은 사람이 마지막으로 나온 것은 1978년이었다. 그러나 아마도 진짜 마지막으로 천연두에 걸려 죽은 사람은 영국의 여성 사진사 파커Janet Parker였을 것이다. 그녀는 버밍엄 대학교 의과대학에서 그곳의 연구 작업들을 촬영하다가 감염되었다. 오늘날 지구 상에는 단지 두 곳에만 아직 천연두 바이러스가 존재한다. 계속 그렇게 되길 바라는 바, 한 곳은 애틀랜타의 '질병 통제 및 예방 센터Center of Disease Control and Prevention'이고, 다른 한 곳은 모스크바의 '바이러스 준비 연구소Institute for Viral Preparations'이다.

병원균은 인류사의 조연

세계의 역사적 발전, 특히 16세기 말 신대륙이 유럽인들에 의해 정복된 다음부터의 발전 과정은, 그 작은 킬러들이 누구 편에 서서 싸웠고 그 이유가 무엇인지를 먼저 알아야만 더 잘 이해된다.

박테리아와 바이러스는 유럽인들의 가장 중요한 무기였으며(물론 유럽인들은 이 동맹자들, 박테리아와 바이러스에 대해 전혀 아는 바가 없었음), 유럽인들이 아메리카 대륙을 점령할 때 그것들은 대부분의 살인 임무를 떠맡았다. 16세기부터 19세기까지 정복자와 이주자들은 천연두·홍역·독감·티푸스·디프테리아·말라리아·이하선염·천식·페스트·결핵·황열(黃熱)(아프리카의 풍토병)을 아메리카로 실어 온 데에 반해, 아메리카 인디언들은 (기원이 불분명한 매독 균만 예외로 친다면) 죽음을 불러오는 병원균을 하나도 가지고 있지 않았다. 베스푸치Amerigo Vespucci(1454~1512)는 자신이 1501년에 했던 브라질 여행에 대해 다음과 같이 보고한다.

내가 말했듯이, 그 지역 사람들은 나이가 매우 많다. 그들은 아무런 질병도 역병도 고열도 알지 못하며, 자연사하지 않으면 다른 사람이나 자신의 잘못 때문에 죽을 뿐이다. 의사들이 그곳에서 개업하면 살아가기 힘들 것이다.

스페인의 칼과 아스테카인의 곤봉 간의 불균형보다 훨씬 더 강력하게 역사의 행로를 바꾼 그런 무기의 불균형은 어떻게 생겨난 것일까? 여기에는 두 가지 이유가 있다.

첫째, 전염성이 강한 그 질병은 동물들 사이에서 퍼졌는데, 원칙적으로 그 질병은 정착한 농경민의 가축 속에서만 번식할 수 있다(나중에는 농경민과 인구가 서로 비슷한 소수 민족에게도 퍼져 인간을 전문적으로 공략하게 되기는 했다). 따라서 역사적으로 입증할 수 있는 한도 내에서 볼 때, 오늘날 우리에게 알려진 전염병의 최초 발생 시기는 놀라울 정도로 가까운 과거이다. 천연두는 기원전 1600년에 최초로 출현했으며, 이하선염과 페스트는 기원전 400년경에, 콜레라와 발진(發疹) 티푸스는 16세기에, 소아마비는 1840년에, 에이즈는 1959년에 최초로 출현했다. 그 전파는 유라시아 대륙을 횡단하는 무역로를 통해 촉진되었다. 대체로 고립되어 사냥과 채집으로 살아가는 소수 민족들 사이에서는 이런 종류의 병원균이 살아남을 기회가 없었다. 그 균들은 개체에서 개체로 전파되는 방식으로만 살아갈 수 있는데, 소수 민족의 경우에는 인구 및 가축의 밀도가 너무 낮아서 균들이 생존하는 데 어려움이 따를 수밖에 없었다. 예컨대 홍역은 인구가 최소한 50만이 되어야만 계속 살아남을 수 있다.

둘째, 그 병원균들이 생겨난 유라시아의 민족들은 몇 백 년, 몇 천년이 지나는 동안 상대적으로 강한 면역력을 키울 수 있었다. 왜냐하면 전염병이 돌 때에는 그 병으로 인한 피해를 비교적 덜 입는 자들만이 살아남아 자기 유전자를 후세에 전달하기 때문이다. 게다가 익히 알다시피 수많은 질병은 일생에 단 한 번 걸리고, 따라서 전염병이 다시 유행할 때에는 인구 전체 중의 일부만 그 위험성에 노출되며, 그리하여 전파 속도도 떨어지기 때문이다. 장기간에 걸쳐서 볼때, 유라시아의 인구는 그런 식으로 전염병과의 싸움에서 무승부를 이끌어냈다. 반면에 신세계의 사람들은 저항 유전자를 퍼뜨릴 만한 시간이 없었고, 결국 그 미지의 균들과 맞닥뜨려 거의 예외 없이 희생되었다.

유전자 공학 기술로 변형된 미생물

지구의 모든 생물체가 가지고 있는 유전자 코드의 기본 단위는 동일하다. 단지 그 수와 배열만 종에 따라 다를 뿐이다. (위궤양을 일으키는) 헬리코박터 파일로리 Helicobacter pylori 박테리아의 유전 물질은 166만 개의 염기 쌍으로 구성되어 있으며, 쌀 게놈은 염기 쌍이 4억개, 생쥐·사람·침팬지는 각각 30억 개, 밀은 160억 개이다. 그러므로 유전자 공학으로 임의의 생물들 간에 유전자를 교환할 수도 있다. 사람들이 괜히 불길하게 느끼는 유전자 조작, 예컨대 물고기 유전자를 감자에 클론(복제)하는 일은 분자적 차원에서 볼 때 전혀 이상하지 않다. 왜냐하면 유전자만 놓고 볼 때 그 출처는 중요하지 않기 때문이다. 연어 유전자에서는 비린내가 나지 않으며, 토마토 유전자는 식물성과 무관하다. 공히 그것들은 네 개의 동일한 화학적 구성 요소로 이루어져 있다.

버그Paul Berg(1926~), 보이어Herbert Boyer(1936~) 그리고 코언Stanley Cohen(1922~)은 1970년대 초에 유전자를 클론하는 기술을 개발했다. 인간이 처음으로 진화에 관여한 생명체는 가장 단순한 것, 즉 박테리아였다. 박테리아에게는 '외부 유전자'의 수용이 애당초 세상에서 가장 정상적인 것이다. 왜냐하면 그들은 서로 활발하게 유전 형질을 교환하기 때문이다.

박테리아들은 이른바 플라스미드Plasmid라고 하는, 고리 모양의 작은 DNA 분자를 가지고 있다. 이것은 '박테리아 염색체' 곁에 존재하며, 이 염색체와 무관하게 독립적으로 자가 증식할 수 있다. 이 플라스미드는 우리가 유전자 공학으로 외부 유전자를 박테리아에 주입할 때도 이용된다. 이때에는 본래 자가 증식을 위해 필요한 정보가 들어 있는 대역(帶域)을 우선 플라스미드에서 제거해 버린다. 그렇게 해두면 플라스미드가 스스로는 다른 박테리아로 전달될 수 없다. 그 다음에는 그 플라스미드를 변화시켜서 대량으로 증식시키면 된다.

두 번째의 클론 방법은 이른바 박테리아의 천적, 즉 특수하게 박테리아만 공격하는 바이러스를 이용하는 방법이다. 그런 바이러스는 파지Phage라고 불린다. 이 바이러스는 고유의 유전 정보를 다른 생물의 유전자 안에 이식시키는 능력을 가지고 있다. 뻐꾸기처럼 파지는 어느 정도 다른 존재를 이용해서 자신의 후손을 '부화'시킨다. 특정한 상황 하에서 그것은 새로운 단백질 각질을 형성할 수도 있으며, 이 각질로 자신을 감싼 모습으로 변신한 바이러스 DNA가 다시 박테리아를 떠날 수도 있다. 이때 추가적으로 이 파지 DNA가 박테리아 DNA의 다른 부분들을 가지고 떠나는 일도 생길 수 있다. 이렇게 바이러스를 통해서 박테리아 유전자는 한 박테리아에서 다른 박테리아로 이식될 수 있다.

세 번째 클론 방법은 세포벽을 통해 다른 유전자의 유전 정보를 통째로 받아들이는 것이다.

유전자 공학은 유전자를 전달하기 위한 이런 자연적 이식 방법을 이용한다. 그리하여 약품 따위의 주요 물질을 생산하는 데 알맞게 이미 수많은 미생물을 기능적으로 변화시켰다. 유전자 공학은 인간의 몸이 생산하는 것과 완전히 일치하는 단백질을 생산할 수 있으며, 게다가 동일한 방법으로도 생산할 수 있다. 왜냐하면 모든 유전자는 이른바 단백질의 생산 처방전이기 때문이다. 단백질이 생산되는 장소는 원칙적으로 문제가 되지 않는다. 그러므로 인간의 유전자는 박테리아 · 식물 · 동물의 몸속에 이식될 수 있다. 그러면 그것이 단백질을 생산한다. 박테리아는 증식 속도가 빠르므로 우리가 수확할 수 있는 분량도 충분하다.

수많은 단백질은 인간의 몸속에서 극소량만 생산되므로, 그것을 죽은 자의 혈액이나 조직에서 채취하기란 사실상 불가능하다. 단백질은 오로지 유전자 공학으로만 생산될 수 있다. 사람들이 처음에는 효능이 확인된 물질만 좋은 품질로 저렴하게 생산하는 데 주력했다. 유전자 공학을 통해 처음으로 생산된 의약품은 당뇨병 환자를 위해 미국에서 1982년에 출시된 인슐린이었다. 그 전에도 당뇨병 환자는 몇 십 년 동안 인슐린으로 치료를 받아왔지만, 그것은 유전자 공학적으로 생산된 것이 아니라 직접 돼지나 소에서 추출한 자연산이었다. 단 1그램의 동물성 인슐린을 생산하려면 소 50마리 정도의 복부 침샘이 필요했다.

인슐린을 생산하는 박테리아를 찾으려면 그것을 생산하는 특수 유전자를 인체의 DNA에서 분리해 내어 박테리아의 유전자에 장착해야 한다. 그러면 변화된 박테리아가 다량의 효소 때문에 증식되고 나중에 살(殺)처리된다. 거기서 우리는 인슐린을 채취할 수 있다.

그 어떤 경우에도 유전자 공학의 수단은 책임감을 가지고 이용되어야 하며 사회의 통제를 받아야 한다. 관련 과학자들은 애초부터 이런 부분을 분명히 의식하고 있었다. 따라서 그들은 버그Paul Berg와 왓슨을 비롯한 미국 생화학자 및 분자생물학자 11명이 특정의 유전자 공학적 실험(예컨대 암세포 유전자 실험)을 거부하는 잠정적인 모라토리엄(실험 중지) 선언을 하자 전문 회의소(會議所)를 설립했다. 1975년 2월에는 100여 명의 과학자들이 캘리포니아의 애실로마Asilomar에 모여서 필요 불가결한 규제 방안을 마련했다. 그 결과 인간의 암 유전자 실험은 금지되었다. 그리고 그 효력이 아직 명확하게 밝혀지지 않은 병원균들, 즉 인체가 감염되었을 때 어떤 증상이 나타날지 모르는 경우에 대해서도 실험이 원칙적으로 금지되었다. 오직 안전성이 확보된 미생물 종(이를테면 특별히 실험실의 조건에 의존하고 있으므로 실험실 외부에서는 생존할 수 없는 미생물 종)에 대해서만, 그리고 실험실의 특수 조건이 갖추어진 경우에 한해서만 실험이 행해질 수 있다. 그 뒤를 이어 각 나라는 유전자 공학 법안을 통해 추가적인 안전 규칙들을 제정하였고, 연구의 위험성에 대한 인식이 점차 커짐에 따라 이 규칙들은 계속해서 재조정되었다. 그리고 지난 몇 해 동안에는 유전자 공학의 윤리적·사회적 파급 효과에 대한 토론이 매우 광범위하게 역동적으로 이루어졌는데, 유전자 공학을 실제로 이용할 때 나타날 수 있는 위험들에 대한 논의가 이 과정에서 많이 보완되었다. 대부분의 경우에 모든 문제는 유전자 공학을 사람에게 적용했을 때 나타나는 것들이므로, 생명 윤리에 관한 이런 문제 제기에 대해서는 〈인간의 생명〉 장에서 다루기로 한다.

실험용 쥐

인슐린 생산자인 대장균은 세계 각지의 연구실과 제약 공장들에서 단연 슈퍼 스타이다. 대장균은 1884년, 생후 14시간 된 신생아의 태변(胎便)으로부터 소아과 의사 에셔리히Theodor Escherich가 건져 올린 것이며, 처음에는 콜라이 콤뮤네 박테리아Bacterium coli commune라는 이름이 붙여졌었다.

이 콜라이 박테리아는 우리가 세상에 태어나자마자 우리 몸에 들어오는 최초의 손님으로서, 우리 장(腸) 속에 자리 잡는다. 일상생활에서 우리의 소화를 돕고, 약간의 독성을 뿜어냄으로써 면역 시스템을 훈련시키며, 그 밖에 비타민 B₁과 K를 생산한다. 이 박테리아는 장 속에서 산소 없이 생활하는 '혐기성'이다. 그렇지만 외부로 나오고 싶을 때에는 별 문제 없이 물질대사 방식을 전환시켜 공기를 호흡할 수 있다.

콜라이 박테리아는 세계에서 가장 많이 연구된 생명체이다. 쉽게 배양될 수 있고, 갇힌 상태에서도 폭발적으로 증식하기 때문이다. 그래서 그것을 가지고 하는 실험들이 끝없이 이어진다. '실험용 쥐'로서 이 모델 박테리아는 생명체가 분자적 차원에서 어떤 기능을 하는지를 많이 알려준다. 1940년까지만 해도 우리는 박테리아가 유전자를 가지고 있다는 사실을 전혀 몰랐다. 왜냐하면 다른 생물과 달리 박테리아는 유전자가 담겨 있는 세포핵을 가지고 있지 않았기 때문이다. 물론 오늘날 콜라이 박테리아 게놈의 염기 서열은 완전히 해독되어 있다. 그것은 4,288개의 유전자로 이루어져 있는데, 사람의 전체 유전자 가운데 15퍼센트는 콜라이 박테리아 게놈에 들어 있는 부분과 일치한다.

인공 생명

인간은 언제 인공 생명을 창조할 것인가? 2002년 7월에 기술은 거의 그 수준까지 도달했다. 실험실에서 화학자와 분자유전학자들은 게놈 서열 도표를 가지고 폴리오바이러스Poliovirus의 유전 물질을 실제로 구성하는 데 성공했다. 바이러스를 생산하기 위해 그 팀은 폴리오바이러스의 유전자 코드 및 3차원 모델에 대한 지식을 이용했다. 우선 그들은 인공 바이러스의 완벽한 게놈을 생산했다. 그리고 그 다음에는 사람의 세포들을 짓이겨 만든 수프 안에서, 단백질 껍질과 하나의 RNS 유전 물질로 이루어진 완전한 병원균을 창조했다. 인공적으로 만들어진 이 바이러스들은 여러 가지 실험에서도 자연산과 구분되지 않았다. 여기에 감염된 생쥐가 자연의 폴리오 병원균에 감염된 생쥐와 동일한 증세를 보인다는 것을 연구자들은 발견했다.

그렇지만 실험실에서 만든 하나의 바이러스가 실험관 생명체를 뜻하는 것은 아니다. 왜냐하면 바이러스는 생명체에 속하지 않기 때문이다. 바이러스는 증식할 수는 있지만, '제대로 갖추어진' 숙주 세포의 시설을 이용하지 않으면 존재할 수 없다. 따라서 바이러스는 가장 원시적인 박테리아보다 구조가 더 단순하다. 완전한 무(無)의 상태에서 충분히 많은 인공 유전자를 생산한 뒤에 이것들을 재료로 하여 하나의 간단한 생명체를 만들어야겠다는 생각이 지금 과학자들 사이에서 떠돈다. 이것이 소(小) 게놈 프로젝트Minimal Genome Project의 목표다.

로크빌에 있는 게놈 연구소(TIGR)의 과학자들은 1999년 말에 과학 전문 잡지《네이처Nature》에 논문 한 편을 발표했다. 그 논문의 내용은 최소한 265~350개의 유전자가 모여야만 하나의 생명체를 구성할 수 있다는 것이다. 크레이그 벤터를 비롯한 연구자들은 모두 517개의 유전자를 가지고 있는 아주 간단한 박테리아Mycoplasma genitalium를 대상으로 하여, 그 박테리아가 생존하는 데 꼭 필요한 유전자의 최소 개수를 알아냈다. 그 방법은 우연성 원칙에 따라 임의로 유전자들을 그 박테리아에서 제거한 뒤 박테리아의 생존 여부를 관찰하는 것이었다. 그 후에 그 박테리아보다 더 간단한 생명체가 발견되었다. 그 생명체는 얼마 전에 레겐스부르크의 연구자들이 아이슬란드 북쪽의 바다 속 수심 120미터 지점에서 발견하였다. 에퀴탄스Nanoarchaeum equitans라는 것인데, 그 크기가 400나노미터이고, 그 게놈은 모두 500개도 안 되는 유전자로 되어 있으며, 그 염기들의 알파벳 개수는 대략 50만 개이다.

인공 생명 만들기의 그 다음 단계는 인공 염색체의 제작일 것이다. 인공 염색체에는 최소 규모의 유전자들이 장착되어 있어야 한다. 이 염색체를 미리 유전 형질을 제거한 한 개의 박테리아 세포에 조립해 넣으면, 이제 이것이 하나의 최소 생명체일 것이다. 이것은 어느 정도 생명의 기초적인 버전이며, 우리의 소원에 따라서 매번 새로운 유전자들로 교체될 수 있다. 그렇게 해서 인공 생명체가 창조될 수 있으며, 매번 아주 유용한 특정 기능을 할 수 있게 될 것이다. 이 인공 생명체는 유해 물질을 제조하거나 의약품을 생산하는 데 쓰일 수 있으며, 오늘날 유전자 공학에 의해 변형된 일부 박테리아는 이미 그런 용도로 쓰이고 있다. 물론 박테리아를 인공적으로 제작하는 것이 기존의 박테리아 형태를 유전자 공학적으로 변형하는 것보다 효과적인지, 아니면 자연의 박테리아에게 적절한 여건을 마련해 주어 자유롭게 제 갈 길을 가도록 하는 것이 더 효과적인지는 앞으로 해결해야 할 문제로 남아 있다.

▌식물 ▐

식물은 세계를 양육한다. 식물은 바이오 세계의 최초 생산자이다. 햇빛을 고유의 고체 물질로 전환시키고, 그럼으로써 스스로 동물 · 곰 팡이 · 수많은 미생물을 위한 기초 양분이 된다.

식물이 없으면 오늘날 아무것도 이루어지지 않는다. 그래서 우리는 식물이 지구상에 비교적 뒤늦게 등장했다는 사실을 알았을 때 놀라게 된다. 30억 년 이상 지구상의 생물들은 식물 없이 살았다. 최초의 고 등 식물은 4억 5,000만 년 전에야 비로소 육지에 살기 시작했다. 생명 체가 육지로 올라올 수 있으려면, 바다 생물이 산소를 충분히 생산해 서 산소가 대기(大氣) 중에 충분히 있어야 했기 때문이다. 그래야만 오존층이 형성되어, 강렬한 자외선의 위험을 줄일 수 있었다.

'태고 육지 식물'로 통하는 것은 어쨌든 (스코틀랜드의 자생지 라이니 아의 이름을 따서 명명된) 라이니아Rhynia다. 그것은 잎이 없었다. 그 래서 누드 식물Psilophyt이라 불린다. 아마도 이 누드 식물 대부분은 지금으로부터 약 3억 8,000만 년 전인 데본기 중엽에 양치류에 속하 는 석송(石松)Bärlappe, 쇠뜨기류Schatelhalme, 고사리류Farne로 대 체되었다. 이들은 그 뒤를 잇는 시대인 카본기에 폭발적으로 번식했 으며, 그 종류도 다양해졌다. 그리하여 채소류와 덩굴 식물에서부터 키가 작은 고사리 관목을 거쳐 거대한 고사리 거목까지 생겨났다. 그 중 가운데 남아 있는 것은 오늘날 탄광에서 볼 수 있는 화석뿐이다.

그렇지만 지구 역사 전체를 놓고 볼 때, 카본기의 다양한 종류는 짧은 에피소드에 불과했다. 약 2억 6,000만 년 전부터 2억 8,000만 년 전 사이에 일어난 전 지구상의 기후 변화 때문에 고사리류는 종말을 고했다. 고식물 시대 Paläophytikum(고사리 식물 시대)의 뒤를 이어 중생물 시대 Mesophytikum(겉씨식물 시대)가 왔다. 서서히 침엽수 Konifera, 은행나무, 야자고사리 Cycadea가 생겨났다.

1억 2,000만 년 후에는 엄청난 변화가 일어나, 속씨식물이 지배하는 신식물 시대 Neophytikum로 마침내 넘어가게 된다. 그 속씨식물에는 오늘날 살아 있는 거의 모든 종이 속한다. 그것들은 식물계의 온갖 다양한 종이었다. 속씨식물과 동물은 밀접한 상호 관계를 맺으면서 발전했고, 서로 직접적으로 관련되는 종들을 내었다. 이때 식물은 동물에게 식량과 거주 공간을 먼저 제공했고, 동물은 씨앗과 꽃가루들을 운반함으로써 식물의 확산과 번식에 기여했다.

수많은 종은 나중에 빙하기에 희생되었다. 특히 유럽의 식물 종이 심한 피해를 입었다. 왜냐하면 주로 동서로 나 있는 유럽의 산맥이 거의 극복할 수 없는 장애물로 작용했기 때문이다. 다시 말해, 빙하 시대가 왔을 때 몇 가지 식물 종은 알프스 산맥과 카르파티아 산맥의 험준한 고봉들을 넘을 수 없었고, 따라서 사람들이 자연에 대규모로 개입하기 전에 이미 멸종하고 말았다. 결국 식물 종의 교체기에 대량 몰살이 나타나게 된 것은 높은 산 때문이었다. 그리하여 중부 유럽은 수종(樹種)이 비교적 단조로운 풍광을 이루게 되었다. 산이 주로 남북 방향으로 나 있어서, 식물이 빙하 시대 이후에 다시 원산지로 되돌아갈 수 있었던 북아메리카의 경우와는 대조적이다.

오늘날의 식물계는 약 100만 종으로 이루어져 있으며, 12개 그룹으로 나누어진다. 12개 그룹 가운데 아홉 가지는 해조류이다. 나머지 세 가지는 녹색 육지 식물인데, 이들은 (이끼류를 제외하면) 물관을 가지고 있고, 따라서 땅에서 위로 성장할 수 있다. 그래서 카펫처럼 깔리는 나머지 식물 종류에 비해 훨씬 잘 자랄 수 있다.

해조류

태초에 해조류가 있었다. 해조류는 거의 물속에서 살고, 1차 생산자로서 다른 바다 생물에게 삶의 기초를 제공하며, 게다가 다량의 산소를 생산한다. 해조류가 배출하는 산소가 없다면, 우리는 살 수 없을 것이다. 해조류의 종류는 무엇보다도 광합성을 하는 방식에 따라 구분된다.

해조류는 부유하는 미생물들이 녹색 박테리아를 잡아먹으려고 삼켰으나 미처 소화시키지 못했을 때 생겨났다. 이 손님은 양분을 생산할 수 있었기 때문에 곧 환영받았다. 주인과 박테리아는 서로에게 익숙해졌으며 영원히 통합되었다. 아마도 이 최초의 합체는 여러 차례에 걸쳐 일어났을 것이다. 왜냐하면 다양한 해조류는 공동의 조상을 가지고 있지 않기 때문이다.

대부분의 해조류는 플랑크톤 속에서 살거나, 해수의 바닥Benthal에 뿌리를 내리고 산다. 플랑크톤 해조류는 종종 지나치게 번식해서 바다를 초록색으로 만든다. 몇 가지 종은 곰팡이 균과 공생하며 매트같이 생긴 이끼(地衣) 지대를 형성한다.

이끼

이끼에는 뿌리도, 줄기도 없다. 이끼 중에는 일종의 녹색 편(片)인 엽상체Thallus로만 이루어진 것도 있다. 물론 대부분의 이끼는 여러 장의 잎을 가진 선태류(蘚苔類)다. 이끼는 경엽 민꽃〔또는 은화(隱花)〕

식물처럼 이형(異形)Heteromorph으로 존재한다. 세대가 바뀔 때마다 이끼에서는 두 가지 형태가 서로 교체한다. 단수Haploide 염색체가 있는 배우체Gametophyte가 복수Diploide 염색체가 있는 포자체 Sporophyte와 세대 교번을 하는 것이다. 우리가 흔히 이끼로 알고 있는 녹색의 작은 이끼식물은 배우체다. 여기서 자가 수정을 거치면 대개 포자체가 길게 뻗어 자라난다. 그리고 이 끝에는 포자가 담긴 낭이 형성되는데, 이 낭이 터지면 포자들이 쏟아져 나와 땅에 떨어진다. 결국 이 포자들이 새로 배우체로 자라난다.

경엽 포자식물

석송(石松)·쇠뜨기류·고사리류가 속하는 경엽 포자식물은 좋은 시기를 이미 다 보내버렸다. 그 시기는 지금으로부터 약 3억 5,000만 년 전부터 2억 5,000만 년 전 사이였다. 그 후에 이들은 종자식물로 대체되었는데, 종자식물은 가뭄에 더 잘 적응했다. 그렇지만 세계 곳곳에서 볼 수 있는 식물 중에는 포자식물이 여전히 많다.

종자식물

종자식물은 겉씨식물과 속씨식물로 나누어진다. 겉씨식물은 관목을 비롯한 모든 종류의 나무이다. 겉씨식물은 잎이 대개 거칠고 상록수 이며, 관다발은 둘로 나누어지지 않았거나 포크 모양으로 끝이 갈라 져 있다. 식물 중의 선두 주자는 속씨식물이다. 이것은 여러 지역의 온갖 생활 조건에 잘 적응했다. 그 형태는 잎이 무성한 거목에서, 총림과 채소류를 거쳐, 미세한 부유 식물에 이를 정도로 매우 다양하다. 그 성공 비법은 물론 종자의 형태에 있다. 전형적인 형태는 껍질·배아로 되어 있는데, 이따금 배젖도 있는 경우가 있다.

씨앗은 진화의 위대한 발명품이다. 영양 조직 속에 포장된 채로 편히 쉬고 있다가 바람·물·동물을 통해 사방으로 펼쳐지기를 기다리는 어린 식물이 바로 씨앗이다. 따라서 식물의 씨는 동물의 정자에 해당하는 것이 아니라, 실제로 태아인 셈이다! 그것들은 종류나 저장 조건들에 따라서 상당히 오랜 기간, 대개는 몇 해 동안(밤나무는 2년, 양귀비는 10년, 콩은 22년, 당근은 31년, 감자는 200년, 미나리아재비는 600년)을 그런 휴식 상태로 있을 수 있으며, 그 후에 싹을 틔워 새로 결실할 수 있다.

설계도

식물의 모든 종과 각 부분을 기술하기 위해 식물학은 방대한 분량의 전문 용어를 확보하고 있다. 물론 그 모든 것을 외우고 있을 필요는 없다. 그러므로 여기서는 가장 중요한 것만 지극히 간략하게 언급하기로 한다. 전형적인 개화(開花) 식물은 뿌리·줄기·잎·꽃으로 이루어져 있다. 성숙하면 꽃의 일부는 열매가 된다. 나머지 일부에는 털·가시가 있다. 독일에서는 가시 중에서도 외피·껍질·목질(木質)로 이루어진 것을 '속 가시Dornen', 외피와 껍질만으로 이루어진 것을 '겉 가시Stacheln'로 분류한다. 따라서 매자나무Berberitze에는 속 가시가 있고, 장미에는 겉 가시가 있다고 할 수 있다.

뿌리는 식물을 땅에 고정시키고, 영양 미네랄이 섞인 물을 토양에서 흡수한다. 물의 통로인 긴 물관은 퍼 올려진 물을 식물의 각 부분, 특히 잎으로 운송한다. 단 하나의 호밀 식물에는 140억 개의 뿌리털이 있는데, 뿌리털의 표면적은 400제곱미터에 이른다. 양분을 저장하기 위해 뚱뚱해진 근간은 '뿌리줄기Rübe'라고 불린다.

땅 위의 줄기는 잎과 곁가지들이 갈라지는 지점인 결절Nodien, 그리고 결절과 그 다음 결절 사이의 구간인 결절간(間)Internodien으로 나누어진다. 땅속의 줄기 부분들(양파 껍질, 덩이뿌리, 지근(枝根), 덩이줄기)은 양분 저장소다.

잎은 잎의 밑 부분에 붙은 잎대와 함께 나뭇가지에서 갈라지며, 대개 한 장의 엽신(葉身)으로 되어 있다. 이 조각에는 쌍떡잎식물의 경우에는 하나의 신경망(잎맥)이, 외떡잎식물의 경우에는 평행하는 다수의 신경망이 분포되어 있다.

꽃은 번식에 기여하는데, (맨 안에 있는 것부터 순서대로 이야기하면) 꽃받침, 화관(花冠), (꽃가루를 만드는) 수술대, (암술을 형성하고 밑씨가 있는) 암술대가 들어 있다. 암·수 구분이 없는 단성화(單性花)에는 수술이나 암술 중 하나가 없다.

수정하고 나면 밑씨가 씨앗으로 자라난다. 암술의 하단부(종자 결절부)는 열매가 되고, 이 열매에서 다시 씨앗이 노출된다. 예컨대 우리가 버찌를 먹고 나서 그 씨를 뱉어내거나 사과 씨를 들판에 던지면 그렇게 된다.

녹색의 화학 실험실

식물 종의 외양, 그 성장 및 번식 과정, 그리고 그것이 퍼져나가는 과정을 정확히 기술하는 것은 옛날부터 식물학이 해오던 일이다. 아마도 식물 내부에서 일어나는 일은 훨씬 더 흥미로울 것이다. 박테리아처럼 식물은 수많은 물질을 합성할 수 있다.

물론 가장 중요한 것은 광합성이다. 이산화탄소를 재료로 사용해 엽록체와 햇빛의 도움으로 우리 모두를 위해 산소와 양분을 생산하는 과정인데, 표면적이 1제곱미터인 잎은 한 시간에 대략 1그램의 당

(糖)을 생산한다.

그러나 이것이 식물이 생산하는 것의 전부는 결코 아니다. 특정의 식물만이 생산하는 엄청난 종류의 물질들, 즉 2차 대사 물질들이 있다. 오랫동안 이것들은 아무 쓸모없는 쓰레기 부산물로만 여겨졌다. 그런데 근래에는 식물이 바이오 및 비 (非)바이오 스트레스 요인들에 적응하는 데 이 부산물들이 결정적으로 중요한 역할을 한다는 사실이 밝혀졌다. 동물과 마찬가지로 식물은 환경의 자극(빛, 화학 물질, 물리적 접촉)을 민감하게 인지하고 거기에 맞게 적응할 수 있다. 하지만 식물에게는 신경 기관이 없기 때문에, 각 세포에 있는 고유의 수용체 Receptor가 그 자극들을 스스로 알아서 처리한다. 식물에게는 위험할 때 도망칠 수 있는 다리도 없고, 반격할 수 있는 앞발도 없다. 그러므로 식물은 환경과의 작은 전쟁들에 대비해 독성 물질을 제조하는 주방을 각 세포에 지니고 있다.

따라서 2차 대사 물질은 생존을 위한 투쟁에서 사용되는 무기인 경우가 많다. 식물을 노리는 곤충은 지구상에 최소한 30만 종이나 된다. 따라서 식물로서는 맛이 쓰고 악취가 나며 심지어 독성이 있는 것처럼 보이는 것이 자신을 보호하는 데 효과적이다. 게다가 곤충 말고도 기생충과 병원균이 있다. 이들을 막기 위해 식물은 수많은 방충제와 방균제를 생산한다. 따라서 이런 것들은 인간이 최초로 발명한 것이 결코 아니다. 식물을 보호하기 위해서 독성(毒性) 물질이 식물 전체에 골고루 분포될 필요는 없다. 따라서 감자는 잎, 꽃, 열매에만 독이 있다. 뿌리는 우리가 맛있게 먹을 수 있다. 그러나 갉아 먹는 작은 곤충들은 좀처럼 그 군비(軍備) 경쟁에서 뒤지지 않는다. 부분적으로는 독을 우회하는 방법까지 알고 있다. 예컨대 호랑나비Monarchfalter의 작은 애벌레는 자기가 좋아하는 음식인 (누에)고치의 독을 거리낌 없이 섭취하며, 심지어 유용하게 이용할 수도 있다. 즉 호랑나비 애벌레는 몸에 그 독을 저장해 두었다가, 자신을 잡아먹는 천적을 오히려 중독시킨다.

그 밖의 다른 물질은 향료나 색료로 사용된다. 이 물질들은 식물이 곤충을 유혹하는 데 사용된다. 이때 곤충은 식물이 수분(受粉)을 할 수 있게 꽃가루를 운반하는 역할을 한다. 한편 이 물질들은 식물이 자신을 잡아먹는 적에게 대항할 때에도 활용된다. 나방 유충의 습격을 받았을 때 식물들은 이 물질들을 이용해 맵시벌을 유혹한다. 맵시벌이 나방 유충의 고치에 알을 낳으면, 부화된 알이 이 고치를 음식으로 삼아 성장하기 때문이다. 주요 2차 대사 물질에 속하는 것으로는 다음과 같은 것들이 있다.

· 알칼로이드(카페인, 니코틴, 스트리히닌, 모르핀, 코카인)
· 테르페노이드(멘톨, 카로틴, 스테로이드, 고무)
· 페놀 화합물(커피산(酸))
· 글리코시드(디기탈로이드〔디기탈리스의 독〕, 스테비오시드Steviosid(남아메리카의 국화 종류인 스테비아Stevia rebaudiana의 잎에 함유된 감미료), 인디고〔청색 염료〕)

이상의 목록이 보여주듯이 식물에서는 많은 것들이 생겨난다. 사람들이 소중하게 사용할 수 있을 만한 것들이다. 그러나 이것들은 소량으로만 산출되거나, 사람들이 원하는 바로 그 상태의 것은 아니다. 그렇기 때문에 연구자들은 맞춤 식물을 설계해 내려고 노력한다. 그들은 유전자를 변형시켜서, 식물에서 특정의 2차 대사 물질들을 생산하거나 억제한다. 사람들은 그것을 "물질대사 엔지니어링 Metabolic engineering"이라 부른다.

식물 속의 물질들은 오늘날까지도 의약품의 원료로 사용된다. 가장 큰 성과를 거둔 약은 아마도 버들의 껍질에서 추출한 배당체(配糖體),

살리신산(酸)일 것이다. 식물성 호르몬인 이 물질은 병원균의 공격을 받았을 때 방어력을 발휘한다. 그래서 사람들은 이것을 인공 생산해 아세틸살리신산(아스피린)의 형태로 복용한다. 이 물질은 사람의 몸속에서 고통을 유발하는 호르몬을 만나면 그것과 결합하기 때문에 진통 작용을 한다.

식물 세포

아주 극소수의 예외만 빼놓고 보면, 식물 세포는 셀룰로오스가 함유된 세포벽에 둘러싸여 있다. 식물 세포는 성장 기간 중에는 조형될 수 있으므로 우리가 그것을 길게 늘이거나 변형시킬 수도 있다. 성장 기간이 지나고 나면 식물 세포는 탄력을 띤다. 그 연성(延性)은 유지되지만 가소성(可塑性)은 상실된다. 반투막으로 둘러싸인 세포 내용물은 플라스마Cytoplasma이다.

모든 진핵생물과 마찬가지로 식물 세포에는 하나의 핵 · 미토콘드리아 · 리보솜이 있다. 게다가 그것은 엽록체 · 크롬플라스트 · 백색체(전분) · 액포(液胞)를 가지고 있다. 세포당 10~15개의 엽록체에서는 광합성이 이루어진다. 액포에는 물과 양분이 저장된다. 크롬플라스트는 색소가 형성되는 데 관여하며, 백색체는 전분이 저장될 수 있게 한다.

식용 식물

암소와 마찬가지로 인간도 살아가는 데 필요한 영양의 기초를 풀에서 얻는다. 게다가 우리는 아주 기꺼이 과일 · 종자 · 열매(이것은 그 밑동에 꽃받침이 남아 있으므로 우리가 쉽게 알아볼 수 있다. 사과, 배, 토마토,

애호박 따위) · 채소 · 뿌리(당근) · 뿌리줄기(감자) · 새순(아스파라거스) · 잎(샐러드)을 먹는다. 고등 식물은 모두 27만 종이라고 알려져 있는데, 그중 약 3,000종이 원칙적으로 식품으로 이용될 수 있다. 그러나 경작되는 것은 200종 정도이고, 그중 경제성이 있다고 평가되는 것은 20종이다. 동물들의 경우에도 상황은 비슷하다. 여태까지는 약 30종만이 인간의 손으로 길러졌다.

식물들 중에서 여기서는 산형(傘形)꽃 종류(당근) · 농(籠)꽃 종류 (양배추) · 십자꽃 종류(오그랑양배추) · 오리발 식물(예, 래디시 무) · 호박(수박) · 콩(흰 콩) · 풀(쌀) · 백합(포레) · 가지과 식물(까마중, 벨라도나, 토마토)에 대해서만 말하고자 한다. 인간이 먹는 주요 식량 식물에는 밀 · 쌀 · 옥수수가 있는데, 밀은 인류의 54퍼센트가, 쌀은 34퍼센트가, 옥수수는 12퍼센트가 주식으로 삼고 있다. 그러나 이들 내에도 매우 다양한 유전적 변종이 있다. 각각 몇 천 가지나 된다. 그 밖의 주요 식량 식물로는 감자 · 보리 · 카사버(남미의 전분이 많은 관목) · 고구마 · 콩이 있다.

풀씨

인간이 식량 가운데 기초로 삼는 것은 탄수화물이 많은 곡물의 씨앗임에 틀림없다. 우리는 그 곡물의 품종을 인위적으로 개량하기도 하는데, 밀 · 쌀 · 옥수수 · 호밀 · 보리 · 귀리 따위가 그 대표적인 예이다.

인간이 최초로 경작한 곡물은 비옥한 '반달' 지역에서 나는 것들이었다. 생긴 모양이 반달처럼 생겼기 때문에 이 지역에는 그런 별명이 붙었다. 스텝(초원)이 발달하였고, 사람들이 물을 주지 않아도 농사를 지을 수 있는 곳이다. 반달 지역은 이스라엘 · 요르단 · 레바논 · 시리아 서부에서 시작해서, 터키 남부의 남쪽 가장자리, 이라크의 북동부를 거쳐, 동부 이란의 남서부 지방에 이르며, 아라비아 반도 남부의 황무지와 사막 지대를 포괄한다. 이곳은 여름이 길고 더우며 건조하다. 겨울은 짧고 온난하며 습기가 많다. 한해살이 풀들이 그런 기후에 이상적(理想的)으로 적응했다. 씨앗들은 습기가 많은 축축한 겨울에 싹을 틔운다. 그러다가 초봄이 되면 벌써 다 자라서 꽃을 피우고 수정된 후 곧 죽어버린다. 다시 씨앗들만이 남는데, 씨앗들은 생명을 유지하면서 매우 길고 건조한 여름을 흙 속에서 지낸다. 그러다가 다시 겨울이 오면 새로이 싹을 낸다. 야생 에머Emmer(밀의 일종—옮긴이)같이 종자가 커서 인간이 식량으로 이용할 수 있는 유익한 식물은 이미 구석기 시대부터 경작되었다. 그중에서 가장 오래된 것은 약 2만 년 전의 것으로, 실제로 발굴되기도 하였다. 그것들이 본격적으로 경작되기 시작한 것은 약 1만 500년 전이다. 그것들끼리는 성장해서 익는 시기가 서로 같고, 사람들이 추수하고 저장하기에 편했다. 그래서 사람들이 비축 식량으로 이용하는 데 아주 적합했다.

농업의 확장

따라서 농업의 시초는 지금으로부터 약 1만 년 전에 근동 지역에서 나타났다. 밀·보리·완두·올리브·양·염소가 주산물이었다. 물론 다른 지역도 농업이 중요하다는 것을 깨닫기 시작했다. 농업이 나타난 지역은 적어도 다섯 군데인데, 그 지역들은 서로 간에 직접적 교류가 없었는데도 농업을 발견해 냈다. 중국은 약 9,500년 전에 쌀·기장·돼지·누에를 키우기 시작했다. 중미는 5,500년 전에 옥수수·콩·호박·칠면조를 키우기 시작했고, 안데스 산지와 아마존 강 유역은 그 시기에 이미 감자·카사버를 경작하고 야마(Llama)와 기니피그(모르모트)를 길렀다. 끝으로 오늘날 미국 동부에 해당하는 지역의 인디언들도 마지막으로 농업을 발견했고 해바라기와 명아주를 농작물

목록에 추가했다.

유럽은 지금으로부터 3,500~6,000년 전에 경작 품목을 근동 지역에서 받아들였다. 그리고 몇 천 년 후에는 호밀과 귀리를 농작물로 만들었다. 처음에 이것들은 밀과 보리의 초기 형태를 띤 잡초로서 유럽으로 전래되었다. 그래서 이것들을 2차 경작물이라고 부른다. 유일하게 정착한 아시아의 원산지에서 유럽 품종은 양귀비였다. 양귀비는 처음에 남유럽에서 경작되다가 나중에 동쪽으로 전파되었다.

건초

"지난 2,000년 역사에서 가장 중요한 발견으로 무엇을 꼽을 수 있을까?"라는 질문에 대해 프린스턴 대학의 물리학 교수 다이슨Freeman Dyson(1923~)은 건초라고 답한다. 그는 이렇게 이야기한다.

그리스와 로마의 고대 세계와 그 이전 시대에는 건초가 없었다. 문명은 말이 겨울에도 풀을 뜯어 먹을 수 있는 따뜻한 지역에서만 생겨날 수 있었다. 풀 없이는 겨울에 말을 키울 수 없었으며, 말이 없으면 도시 문명이 불가능했다. 이른바 암흑시대라는 중세의 그 어느 시점에 어떤 익명의 천재가 건초를 발견했다. 숲들은 목초지로 변했다. 사람들은 건초를 베어서 저장했고, 문명은 알프스 산 북쪽으로 넘어왔다. 그래서 건초는 빈 · 파리 · 런던 · 베를린 등의 도시가 생겨나는 데 기여했고, 나중에는 모스크바와 뉴욕이 성립하는 데도 기여했다.

이처럼 간단한 것이 인류를 발전시키는 경우는 종종 있다. 그렇지만 건초가 발견되기 4,000년 전에 사람들이 말을 가축으로 길들이지 못했더라면, 건초의 발견 역시 아무런 소용이 없었을 것이다.

품종 개량

우리 식품 중의 상당수는 인공 교배 때문에 많이 변했다. 본래 모습을 알아볼 수 없을 정도다. 예컨대 야생 옥수수Teosinte의 이삭은 길이가 약 1센티미터밖에 안 된다. 여러 식물이 지닌 자연적 기준들은 경작을 위해 뒤바뀌어야 했던 것이다. 밀과 보리의 경우에는 사람들이 유전자를 알기 오래전에 죽음의 유전자가 인공 선택을 위한 핵심 기준이 되었다. 이 변형된 유전자는 씨앗이 땅에 떨어지지 않고 수숫대에 붙은 채로 말라버리게 했다. 사람들이 오기 전까지는, 자연이 이 변형 유전자가 생기면 그 상태대로 제거했다. 왜냐하면 땅 위 20센티미터 높이의 허공에 매달려 있어서 수분을 공급받지 못하기 때문이다. 결국 새싹을 틔울 수 없게 된다. 그러나 바로 이 씨앗은 반달 지역 사람들이 잘 거두어서 먹을 수도 있고 새로이 경작하기 위한 종자로도 이용할 수 있었다. 따라서 아주 다행스럽게도 이 변이 덕분에 사람들은 이 식물을 경작할 수 있었다. 깍지가 있는 과일의 경우도 마찬가지였다. 깍지가 열려서 씨앗을 사방으로 투척해야 하는 유전자가 변이를 일으켜서, 사람들이 거둘 수 있게끔 소중한 씨앗을 잘 품고 있었다. 따라서 그냥 내버려두면 오늘날 자연에서 인간에게 유익한 식물들 대부분은 생존 경쟁에서 패자가 될 것이며, 아마 얼마 가지 않아서 이 땅의 풍경에서 그 자취를 감추게 될 것이다.

맛 좋은 과일들은 비교적 최근에야 식탁에 오르기 시작했다. 왜냐하면 사과·배·자두·체리 따위를 키우는 일은 곡물을 경작하는 것보다 훨씬 더 복잡하기 때문이었다. 그것들을 이용하는 데 필수적인 농법들은 중국에서 발견되었다. 특히 어려운 과제 중 하나는 과일의 야생종이 자체적으로 수분(受粉)을 할 수 없다는 사실에 있다. 즉 유전적으로 다른 품종의 꽃가루가 있어야만 열매를 맺을 수 있었다. 물론 이런 메커니즘은 당연히 아무도 몰랐고, 1694년에야 비로소 튀빙겐의 카메라리우스Rudolph Jakob Camerius(1665~1721)가 식물들이 양성 교배를 통해서 번식한다는 것을 보여주었다. 그렇지만 경작은 이미 고대에 성공한 상태였다.

우리가 현재 먹고 있는 모든 것은 대체로 약 2,000년 전부터 공급되어 왔다. 중세에 비로소 경작되기 시작한 딸기 같은 특별한 몇 종류만이 나중에 추가되었다. 그러나 18세기 초까지만 해도 품종 개량은 우연과 인공적 선별에만 의존했다. 농부들은 가장 건강하고 강한 식물의 종자만을 수집해서, 그 다음 해에 파종했다. 1720년에야 런던의 농부 페어차일드Thomas Fairchild가 처음으로 두 가지 종, 즉 카네이션과 아메리카패랭이를 교배했다. 그것이 식물 교배의 출발이었다. 그렇지만 뚜렷한 목표 아래 학문적 식물 교배가 시작된 것은 20세기 초, 즉 멘델의 법칙이 알려진 뒤였다. 그런데 그 방법은 매우 거추장스러운 것이다. 식물의 한 가지 특성을 다른 식물로 옮기고 싶으면, 양자의 복잡한 게놈들을 몇 만 개의 유전자와 조합시켜야 하고 그 다음에는 역교배를 통해서 그것들 대부분을 다시 제거해야 한다. 성공하리라는 보장은 없다. 그런 실험에서는 몇 십 년 후에 아무런 성과도 없이 포기해야 하는 경우도 많았다.

이 고전적인 교배 방식의 효율을 높이기 위해서 식물학자들은 지난 세기 동안 몇 가지 아이디어를 생각해 냈다. 예컨대 돌연변이 교배가 그것이다. 종자를 핵 발전소나 특수 실험실의 방사능에 노출시키면, 식물의 DNA가 변화되었다. 사람들은 거기서 뭔가 바람직한 품종이 나오지 않을까 기대했다. 그러나 그 결과는 완전히 우연에 맡길 수밖에 없다. 그런 방사선 기법을 통해서 수많은 곡물, 채소, 과일의 품종이 생겨났다. 그 다음의 위대한 진보는 20세기 말에 일어났다. 그 진보란 유전자 공학으로 품종을 변화시킨 것인데, 이에 대해서는 다음에 좀 더 자세히 설명할 것이다.

녹색 혁명

19세기 초에 10억이던 세계 인구는 20세기 말에 여섯 배나 증가해서 60억에 도달했다. 이 많은 사람을 먹여 살리는 일이 어떻게 성공할 수 있었을까?

19세기 중엽에는 식량을 충분히 많이 생산하기가 점점 어려워질 것이라는 사실이 분명해졌다. 유럽의 토지는 500~1,000년 동안 지속적으로 경작되기 시작해서 더 이상 수확량을 늘릴 수 없는 한계점에 이르러 있었다. 사람들은 추수하고 남은 찌꺼기, 화학 비료, 배설물을 비료로 사용했다. 그러나 어떤 양분이 땅에서 식물에게 흡수되어 없어졌는지는 아무도 정확히 몰랐다. 사람들은 식물이 자라는 데 도움이 된다고 알고 있는 모든 것을 밭에다 몽땅 퍼부을 뿐이었다. 식물의 재를 밭에 쏟아 부었고, 시내의 도로에서 쓸어 모은 쓰레기, 심지어 썩어서 악취가 나는 생선까지도 경작지에 뿌렸다. 그렇지만 결국 그것으로도 충분하지 못했다. 인구는 점점 늘어났고 사람들은 끼니를 굶는 일이 많아졌다. 그래서 독일인들은 인산 및 질산이 풍부한 새똥(구아노)을 페루의 바위 섬들에서 수입하기조차 했다. 그러나 그곳의 새들이 전 세계를 먹여 살릴 만큼 배설을 많이 할 거라고 기대할 수는 없었다.

과학은 탈출구를 발견해야 했다. 그 일에 결정적으로 기여한 사람은 바로 독일인 화학자 리비히 Justus von Liebig(1803~1873)였다. 그는 19세기 전반에 유기화학을 정립한 인물이다. 19세 때에 3학기를 등록한 대학생 신분으로 박사 논문 《광물화학과 식물화학의 관련성 고찰 *Über das Verhältnis der Mineralchemie zur Pflanzenchemie*》을 써서 식물 영양 부분에 입문했고, 4년 후에는 알렉산더 폰 훔볼트의 도움으로 기센 주립대학의 부교수가 되었다. 1840년에는 자신의 처녀작이자 가장 위대한 저서인 《농업과 생리학에 응용된 유기화학 *Die organische Chemie in ihrer Anwendung auf Agricultur und Physiologie*》을 내놓았다. 그는 식물들이 아주 특수한 양분들을 각각 필요로 하는데, 그 양분들의 함량이 토지마다 다르다는 것을 알았다. 그래서 그는 식물의 성장을 어떻게 촉진할 수 있는지 화학자들이 알아낼 수 있을 거라고 보았다. 그는 《아우크스부르거 알게마이네 차이퉁*Augsburger Allgemeine Zeitung*》에 〈화학 편지〉를 연속으로 기고하였는데, 그중 첫 편지에서 그는 다음과 같이 적고 있다.

우리가 몇 년 동안 계속해서 한 밭에서 같은 식물을 키운다면 그 밭은 3년 후에는 그 식물에게 불모지가 될 것이다. 식물에 따라 좀 다를 수도 있겠지만 7년, 10년 혹은 100년 후에는 역시 그렇게 될 것이다. 어떤 땅은 밀을 내지만 콩을 못 낼 것이며, 보리는 되지만 담배는 안 될 것이다. 그리고 또 다른 땅은 무는 먹음직스럽게 자라게 하지만 토끼풀은 그렇게 자라게 하지 못할 것이다!

식물을 태워서 재에 들어 있는 성분과 그 땅의 흙을 분석해 보라. 특정한 퇴비를 뿌리지 않으면 그 땅에서 왜 어떤 식물이 차츰 잘 자라지 못하게 되는지, 그리고 왜 그 다음에는 특정의 식물이 잘 자라는 반면에 다른 식물은 실패하는지를 알 수 있을 것이다.

화학은 퇴비가 어떤 작용을 하는지 가르쳐준다. 그리고 지력을 회복시키는 수단을 알려준다. 이것이 응용화학이다.

리비히는 질소의 의미를 아직 정확히 몰랐으므로 그의 첫 처방은 실패했다. 하지만 그는 농사에 대전환을 가져왔다. 식물이 필요로 해서 땅에서 흡수하는 물질을 정확히 품고 있는 인공 비료로 식물을 경작하는 방법을 도입한 것이다. 그 후 산염과 암모니아염이 식물 성장의 원동력이라는 것을 제일 먼저 깨달은 사람은 독일의 농학자 볼프

Emil von Wolff(1818~1896)였다. 그때부터 비료의 가장 중요한 성분은 질소 화합물이다. 그러나 질소 화합물은 전 세계의 몇 안 되는 지역, 예컨대 칠레의 아타카마 사막 같은 곳에서만 대량으로 산출된다. 독일에서는 인공 비료가 1842년에 최초로 사용되었다. 주로 나트륨질산염으로 이루어진 칠레 초석의 형태로 된 것이었는데, 칠레 초석의 매장 장소는 훔볼트가 이미 1804년에 발견했었다. 그 후 그 '하얀 금'에 대한 수요가 전 세계적으로 급증하였고, 1879년에는 이를 둘러싸고 칠레 · 페루 · 볼리비아 간에 전쟁이 일어나게 된다. 결국 그 전쟁에서 승리한 칠레가 질산염 광산에 대한 통제권을 장악했다.

합성 비료는 농업을 완전히 변화시켰다. 아무리 척박한 땅이라도 이제는 이용할 수가 있었다. 마침내 20세기 초에 화학자 하버Fritz Haber(1868~1934)가 암모니아 합성으로 질산염 부족 문제를 해결했다. 이 기초 재료를 얻는 것은 이제 더 이상 아무런 문제가 아니었다. 왜냐하면 질소는 공기 중에 79퍼센트나 존재하므로 곳곳에서 얻을 수 있기 때문이다. 이 공업적 농업은 이른바 가공(加工) 공기를 식물들에게 공급한다. 자연도 마찬가지 일을 할 수 있다. 이른바 질소 고정 박테리아는 질소와 물을 재료로 해서 암모니아를 생산할 수 있다. 질소 고정 박테리아 가운데 가장 중요한 종류는 콩과 식물의 뿌리혹에 사는 뿌리혹 박테리아Rhizobium이다. 이 박테리아는 식물에게 질소를 공급하고, 그 대신 탄수화물을 얻는다.

1913년 여름에는 독일 오파우Oppau에서 합성 암모니아 생산 공장이 처음 가동되었다. 그 후 곧 1차 대전이 발발하였고, 연합군은 독일 제국이 칠레로 접근하는 길을 차단했다.

2차 대전이 끝난 뒤에 합성 비료는 모든 산업계를 점령했다. 수확량은 200퍼센트까지 증가했다. 이 천재적 성과가 없었다면 세계의 몇십억 인구를 먹여 살릴 수 없었을 것이다. 하버는 1918년에 노벨 화학상을 받았고, 하버의 실험 방식을 대량 생산에 적용한 BASF(독일의 화학 제품 제조 회사)의 화학자 보슈Carl Bosch(1874~1940)는 1931년에 같은 상을 받았다.

오늘날 사용되는 광물질 비료는 질소, 광물질 인산, 칼륨, 그리고 그 밖의 미세 미네랄을 함유하고 있다. 이 물질들은 식물에게 필요하며 성장과 결실을 촉진하는 미치는 것으로 잘 알려져 있다. 질소 화합물이 없으면 식물은 단백질 합성을 할 수 없다. 광물질 비료 외에도 바이오 농법을 위한 유기 비료가 있다. 가장 자주 사용되는 유기 비료는 축산 농가의 오물인데, 이것을 충분히 확보하기는 쉽지 않다. 이것의 주성분도 질소·칼륨·인산이다. 식물은 질소가 공장에서 생산된 분말 형태이든, 암소의 소변에 들어 있든 상관하지 않는다. 이런 사실은 우리에게도 마찬가지일 수 있다. 질소는 질소일 뿐이다. '유기적 질소', '인공 질산염'은 없다. 질산은 세 개의 산소 원자로 둘러싸인 하나의 질소 원자로 이루어져 있다. 우주 공간 어디에서나 그러하며, 그것이 어디서 유래했는지는 전혀 문제가 되지 않는다. 식물의 건강과 영양소라는 견지에서 볼 때, 유기 비료와 인공 비료 사이에는 아무런 차이가 없다.

식물이 흡수할 수 있는 것보다 더 많은 인공 비료나 자연 비료를 밭에 투여하면, 질소는 물에 씻겨 내려가 하천에 도달한다. 하천에서 이 과잉 비료는 수초를 지나치게 무성하게 하여 햇빛을 차단한다. 그리하여 다른 식물이 죽고 결국 멸종된다. 이 과정에서 산소가 소모되고, 산소 소모로 인해 물고기는 숨을 쉬지 못해 말살된다. 이런 식으로 하천은 결국 완전히 '파괴될 수 있다.' 그러나 여기서 잘못은 비료에 있는 것이 아니라, 비료를 비경제적으로 잘못 사용한 데 있다. 그 동안 밝혀진 바에 의하면, 실제로 합성 비료는 하수로 유출되는 질산염의 양에 아주 조금만 영향을 미친다. 왜냐하면 식물이 성장을 위해 질산염을 필요로 할 때에만 사람들이 합성 비료를 주기 때문이다. 반면에 유기 비료는 식물이 질산염을 필요로 하지 않는 겨울철 같은 때를 포함해서 비교적 장기간에 걸쳐 질산염을 배출한다. 하천을 질산염으로 오염시키는 주범은 자연의 질소원(사람과 동물의 소변)이다. 그 다음이 공기 중에서 배기가스의 질소가 녹아든 빗물, 유기 화합물이고, 마지막이 합성 비료다.

아무튼 어떤 이유에서든 간에 사람들은 비료를 인류의 가장 해로운 발명 중의 하나라고 여겼다. 하지만 비료가 없었다면 20세기의 문명은 불가능했을 것이다. 그리고 오늘날의 지구 전체 인구 가운데 4분의 1은 굶어 죽었을 것이다.

유럽과 북아메리카가 기아에서 해방되고 보존된 반면에, 지구의 나머지 부분은 오랫동안 그런 행운을 누리지 못했다. 점점 많은 사람들이 굶주렸고, 특히 인구 밀도가 높은 아시아의 일부 지역에서는 수많은 사람이 희생되었다.

그래서 1944년에 록펠러 재단은 볼로그Norman Borlaug(1914~)를 초빙해서 멕시코의 밀 생산 증대 프로젝트에 참여시켰다. 당시 멕시코는 필요한 밀의 상당량을 수입에 의존하고 있었다. 약 20년 만에 팀원들과 함께 그는 수많은 병충해에 강한 밀 품종을 개발하는 데 성공했고 수확량도 기존의 것보다 두세 배나 많았다. 1965년에 그 팀은 기아로 허덕이고 있는 인도와 파키스탄에 새로운 다수확 품종의 종자를 공급하기 시작했다. 다수확 벼 품종이 그 뒤를 이었다. 1950년에서 1992년 사이에 재배 면적은 거의 변하지 않았지만, 전 지구의 곡물 생산량은 거의 세 배가 될 수 있었다. 세계의 인구는 급격히 늘어났지만, 오늘날 국제 식량 농업 기구FAO의 보고에 의하면 전 세계 1인당 식량 확보 양은 30년 전에 비해 18퍼센트나 더 많다.

'녹색 혁명'의 공로를 인정받아 볼로그는 1970년에 노벨 평화상을 받았다. 이와 동시에 그는 학자들 중에서 가장 많이 논란의 표적이 되었다. 왜냐하면 화학 비료뿐만 아니라 모든 기술 발전을 거부하는 사람들이 있기 때문이다. 이들은 제3세계의 몇 십억 주민들에게 식량을 공급한 녹색 혁명을 서구의 기업형 농장이 세계를 착취하기 위해 내세우는 술수로 해석한다.

유전자 공학으로 변형된 식물

유전자 공학으로 인해 식물 재배는 창조적 학문이 되었다. 유전자 공학은 식물에서 특정한 속성을 제거하거나 반대로 첨가할 수 있다. 여기서 특기할 만한 점은 종의 경계를 넘어서까지 그 속성을 이식할 수 있다는 것이다. 이렇게 해서 생물적 다양성이 농업을 위해 훨씬 더 잘 이용될 수 있다. 특히 박테리아는 거의 무궁무진한 유전자를 식물 재배에 제공한다.

낯선 유전자를 이식하면 식물의 물질대사에서 프로틴(단백질)이 새로 생성된다. 혹은 기존의 단백질이 더 이상 생산되지 못하거나 비활성화된다. 유전자를 이식할 수 있게 하는 방법으로는 지금까지 두 가지가 사용되어 왔다. 첫 번째 방법은 이식할 유전자를 토양 박테리아에 접착시켜서 식물이 거기에 전염되도록 하는 것이다. 또 다른 방법은 '유전자 대포알'을 이용해, 유전 물질이 코팅된 몇 천 개의 텅스텐 내지 금 조각을 식물 세포에 쏘는 것이다. 그러면 새로운 유전자가 식물 핵에 도달해서 기존의 게놈에 통합된다.

지금까지 유전자 공학 식물이 발전해 온 과정은 대략 세 단계로 나누어볼 수 있다. 첫 세대는 비교적 적은 비용으로 상당히 큰 성과를 낳았다. 해충과 가뭄에 대한 저항력이 강화되었고, 염분이 많은 토양에도 잘 적응할 수 있었다. 또한 살충제나 에너지를 많이 사용하지 않아도 잘 자랐다. 제2세대는 영양가가 개선되었거나 가공하기 좋은 특성을 가지게 된 식물들이다. 제3세대는 건강에 좋다고 알려진 성분이 추가된 것이다. 이 범주의 식료품은 '기능성 식품'으로 불린다. 식물은 공업 물질이나 의학적 효능이 있는 물질을 제조하는 데에도 이용된다.

2002년에는 전 세계 5,870만 헥타르의 경작지에서 유전자 이식 식물이 재배되었다. 그 면적의 99퍼센트는 네 나라, 즉 미국·아르헨티나·캐나다·중국이 차지하고 있다. 거기서 경작되는 것은 주로 유전자 이식 콩(3,650만 헥타르), 유전자 이식 옥수수(1,240만 헥타르) 그리고 유전자 이식 면화(680만 헥타르)이다. 콩의 전체 생산량 중에서 유전자 공학으로 변형된 콩이 차지하는 비율은 이미 50퍼센트를 넘어서고 있다. 그러나 유럽 지역에서는 유전자 이식 식물이 상업적으로 생산되기는커녕, 이렇다 할 만한 실험용 경작조차 이루어지지 않고 있다. 유권자들의 표를 의식한 정치적 이유 때문이다.

유전자 공학으로 변형된 식물에서 어떤 위험성이 생길 수도 있는데, 이에 대해서는 연구와 토론이 집중적으로 진행되고 있다. 원칙적으로 보자면 식물 유전자 공학적 방법을 통해 인체에 해로운 물질이나 알레르기 원인 물질이 생산될 수도 있다. 그러므로 전통적으로 유익한 식물들과 마찬가지로, 그런 신종 식물들의 경우에도 경작 허가를 내주기 전에 광범위하게 안전성 연구를 한다. 게다가 곤충이나 다른 동물이 그런 식물을 먹는지, 먹으면 얼마나 먹는지를 잘 관찰하며, 변형된 유전자가 유전자 공학 식물로부터 다른 일반 식물로 전달되는지도 관찰한다. 지금까지 관찰한 바에 따르면, 허가된 식물 종들이 생태계나 건강에 특별히 악영향을 미치는 경우는 없었다. 따라서 유전자 공학으로 변형된 식물 때문에 현재까지 벌어진 격렬한 논란들은 그저 있을지도 모르는 위험성에 대한 것이다.

에너지 공급자로서의 식물

식품으로 이용되는 식물은 인간과 동물에게 에너지를 공급한다. 그렇다면 그 식물들을 공장의 기계를 돌리는 에너지로 사용하는 것 또한 경제성이 있는지는 한번 생각해 볼 만하다. 식물의 생물질 Biomasse 가운데 일부분은 비교적 쉽게 가공되고, 여러 가지 방법을 통해 유용한 에너지로 변환될 수 있다. 이런 착상은 매력적이다. 왜냐하면 자연은 엄청나게 많은 생물질을 생산하기 때문이다. 매년 광합성을 통해 지구상의 모든 육상 및 수중 식물은 대략 $1.7 \times 10{11}$톤의 생물질을 생산한다. 그 잠재적 에너지 양은 $3 \times 10{21}$줄(Joule)에 달하는데, 이는 오늘날 세계가 매년 소비하는 에너지의 10배에 해당한다. (건조시킨) 식물 생물질을 가장 많이 생산하는 지역은 열대 원시림이다. 거기에서는 제곱미터당 매년 2킬로그램이 생산된다. 그렇지만 익히 알다시피 열대 우림 지역은 넓지 않다. 토양에 맞는 식물을 선택해서 현대적으로 농사를 지으면(예컨대 관개용수를 확보하고 시비(施肥)를 효과적으로 하면), 더욱 효율적으로 식물성 물질을 생산할 수 있다. 유전자 공학을 통해서 태양 에너지가 생물질로 변환되는 비율을 높이려는 시도도 최근 이루어지고 있다. 비교적 높은 효율로 태양 에너지를 생물질로 변환시키는 식물도 이미 있는데, 성장 속도가 빠른 포플러와 사탕수수가 그 예이다.

물론 우리는 밭·들판·숲에서 매년 생산되는 생물질의 총량이라는 천문학적 숫자에 현혹되어서는 안 된다. 광합성을 통해 생물질은 지극히 비효율적으로 생산되기 때문이다. 과거의 화석 에너지 식물과 비교했을 때, 현재 자라고 있는 식물들의 생물질 생산이 지니는 가장 큰 단점은 식물 특유의 에너지 용량이 낮다는 것이다. 그리고 태양 에너지 변환의 효율이 낮은 또 하나의 이유는 무엇보다도 (다행스럽게도) 공기 중에서 이산화탄소가 차지하는 비율이 너무 낮다는 데 있다. 그 비율이 0.03퍼센트밖에 안 되기 때문에 최적의 광합성을 하지 못한다. 그러므로 대륙에서는 전체 태양 광선 에너지의 0.3퍼센트, 그리고 바다에서는 0.07퍼센트만이 생물질로 전달되고 있다. 지구 전체를 놓고 보면 0.12퍼센트다.

분명히 말하건대 생물질을 통한 에너지 획득은 그 효율이 아주 낮다. 다시 말해 우리가 엄청난 면적을 농지로 개간하고 거기에서 생산되는 식물을 가공해야만 마침내 약간의 전력을 얻을 수 있다. 독일에서 현재 요구되는 석유의 에너지 양을 유채(油菜) 기름으로 대체하려고 한다면(그 기름을 에너지로 변환시키는 과정에서 생기는 기술적 어려움은 차치하고라도), 대략 90만 제곱킬로미터의 유채 밭이 필요할 것이다. 이 면적은 독일 전체 국토 면적(130만 제곱킬로미터)의 3분의 2에 해당한다. 국토를 이처럼 혹사시키고 싶지 않다면, 유채 기름 따위를 미래의 에너지 공급원으로 삼으려는 생각은 버려야 한다.

생물질 에너지를 이용하는 일은, 예컨대 특수한 지리적 이유 때문에 유기 물질이 대량으로 누적되는 곳에서 고려해 볼 만하다. 그런 곳에서는 생물질 에너지가 별 문제 없이 소비자에게 도달될 수 있을 것이다. 이런 관점에서 볼 때 쓰레기 소각장은 아주 적격이다. 덧붙여 말하건대, 그런 시설을 생물질 반응로(爐)라고 부르면 더 산뜻하게 들릴 것이다.

애기장대: 식물 그 자체

애기장대Arabidopsis thaliana는 자연에서 흔히 볼 수 있는 식물이다. 그것은 대개 밭두렁이나 철길 옆에서 평범한 풀과 잡초들 틈에 끼어 자라난다. 분자생물학 실험실에서는 애기장대가 매우 요긴하게 이용되는 해부 대상이다. 왜냐하면 식물 게놈을 규명하기 위한 모델 유기체로 선택되었기 때문이다.

성장 속도가 빠른 이 야생초는 갓과 식물Brassicaceas에 속하는 한해살이 풀이다. 갓과 식물로는 양배추와 순무도 있는데, 애기장대는 이런 종류의 수많은 농작물들과 아주 가까운 친척이다. 우리가 그 유전자를 알게 되면 그것을 기초로 해서, 27만여 종이나 되는 상당수의 농작물, 특히 가장 중요한 채소류들에 대해서도 여러 가지 추정을 할수 있다. 애기장대는 연구에 많이 이용되는데, 그 이유는 다른 식물들보다 게놈을 쉽게 분석할 수 있다는 데 있다. 왜냐하면 그 유전 물질이 우리에게 완전히 주어져 있기 때문이다. 다시 말해 별로 힘들여서 키우지 않아도 그 식물은 6주 만에 다 자란다. 그리고 약 5,000개의 종자를 내며, 게다가 수많은 변종까지 존재한다.

1996년에 독일인·미국인·일본인들이 창설한 '애기장대 게놈 개발Arabidopsis-Genom-Initiative(AGI)' 소속의 국제 연구팀은 2000년 11월 말에 다섯 개의 염색체 상에 대략 1억 3,000만 개의 기초 쌍을 가진 약 2만 5,000개의 유전자를 완전히 해독했다고 발표했다. 지금은 그 유전자의 기능들과 그 복잡한 공동 작용이 연구되고 있다. 그동안 10만여 종의 변종이 생산되었는데, 그 방법은 매번 유전자 하나를 제거하거나 그 활성을 높이는 것이었다. 이 연구팀은 이 변종들의 물질대사가 어떻게 이루어지는지를 일일이 관찰하였으며, 그리하여 식물의 특성이 어떻게 변화하는지를 파악해 가고 있다. 컴컴한 유전자의 나라에 조금씩 밝은 빛이 비춰지고 있는 셈이다.

많은 애기장대 유전자는 인간 유전자와 상당 부분 일치한다. 그것은 놀라운 일이 아니다. 왜냐하면 결국 우리 모두는 같은 조상을 가지고 있기 때문이다. 우리는 모두 동일한 진핵생물 세포들에서 유래하며, 오늘날에도 이것들로 구성되어 있다. 그리고 데이지 꽃의 한 부분이든 유전자 연구자의 한 부분이든 간에, 그 기본적인 메커니즘들 상당수가 동일한 기능을 한다. 그러므로 애기장대는 우리가 사람을 의학적으로 연구해서 알게 된 수많은 유전자들, 예컨대 암 발병의 원인이 되는 유전자도 많이 가지고 있다.

흥미롭게도 애기장대의 유전자 중에는 지금까지 다른 모델 유기체에서는 발견되지 않은 것도 있다. BRCA$_1$과 BRCA$_2$가 바로 그 예이다. 이들은 유방암의 유전적 형태가 성립되는 데에 관여한다. 이런 예들은 식물이 우리가 생각하는 것보다 분자적으로 우리와 아주 가까이 있다는 것을 종종 말해 준다.

‖ 동물 ‖

동물은 살아 움직일 수 있다. 들판을 가로질러 달릴 수 있으며 헤엄칠 수도 있고 날 수도 있다. 팔을 들어 올릴 수 있으며 귀를 쫑긋거릴 수 있다. 그러나 그것이 전부는 아니다. 동물의 세포도 세포 사이에 난 공간을 통해 몸 구석구석까지 이동할 수 있다. 이런 점 때문에 동물은 다세포 세계의 나머지 부분과 원칙적으로 구별된다. 다시 말해서 식물과 버섯은 단단히 뿌리를 내리고 있으며, 그 세포는 움직일 공간도 없이 서로 밀착되어 있다.

식물 · 동물 · 버섯은 대략 같은 시기에 점액질 균에서 생겨났다. 식물의 조상이 아마도 이 균에서 최초로 분화되어 나왔을 것이다. '후기 버섯', '후기 동물'이 발전할 길은 그 후 얼마 안 되어 갈라진다.

동물계(界)는 식물계 및 버섯계보다 훨씬 규모가 크다. 우리는 우선 커다란 계통들을 구분하는데, 이때 각 계통을 특징짓는 것은 특정한 신체 구조이다. 이 계통의 개수에 대한 견해는 학자마다 다르다. 대략 30개의 계통이 존재한다. 한 계통에 속하는 종의 개수는 그 편차가 엄청나게 크다. 예컨대 플라코초아Placozoa 계통에 해당하는 동물은 오늘날까지도 단 하나만 알려져 있다. 트리코플락스 아드헤렌스Trichoplax adherens라 불리는 이 동물은 길이가 2~3밀리미터이고, 따뜻한 바다의 연안에 산다. 반면에 절지동물 계통에는 약 150~200만 종이 있다. 이것은 동물계의 거의 80퍼센트에 해당하는데, 이 가운데 80퍼센트는 곤충이다. 절지동물 계통을 세분화하는 방법은 간단하다. 우선 다리 수에 따라 네 가지 부류가 정해진다. 곤충의 다리 수는 여섯, 거미는 여덟, 갑각류는 대개 열, 다지류는 30개 이상이다. 익히 알다시피 거미는 곤충과 아주 밀접한 관련을 맺으면서 살아간다. 왜냐하면 곤충이 거미의 식량이 되기 때문이다. 거미는 머리와 가슴이 함께 붙어 있고, 더듬이 대신 촉각 다리가 있으며, 겹눈 대신 간단한 홑눈이 있다는 점에서 곤충과 구분된다. 사실상 거미는 모두 독을 가지고 있지만, 이 독은 그 사냥감에게만 치명적인 것이다. 거미류에 속하는 것으로는 거미 외에도 전갈 · 진드기 · 흡혈 진드기 · 좌두충이 있다. 갑각류에는 가재 · 대하 · 새우 · 물벼룩 · 물속에 살지 않는 쥐며느리가 속한다.

곤충

곤충의 종류는 부지기수다. 대략 150만 종(種)이 땅 · 담수 · 해수, 심지어 염해와 뜨거운 온천에 살고 있다. 3억 년 전부터 곤충은 지구의 동물계를 지배해 왔다. 곤충은 두 가지로 나누어진다. 하나는 날개가 없는 소수 집단이고, 다른 하나는 날개가 있는 대다수 집단이다. 대략 30만 가지로 알려져 있는데, 그중에서 가장 큰 집단은 딱정벌레이다. 그 다음이 막시류인데, 여기에 속하는 것으로는 무엇보다도 개미 · 꿀벌 · 나나니 · 말벌이 있다. 우리를 귀찮게 하는 파리 · 모기 따위의 쌍시류나 나비도 여기에 속한다.

거주자와 꽃가루 제공자
어째서 그렇게 많은 곤충이 존재하는가? 그 이유는 아마도 곤충이 꽃피는 식물과 밀접한 관계를 맺고 있는 데 있을 것이다. 이 꽃피는 식물의 종류 또한 아주 다양하다. 곤충들은 식물로부터 먹을 것을 얻고, 식물의 찢어진 틈들에 기어 들어가서 생활한다. 식물의 다양성은 작은 구석을 엄청나게 많이 제공하는데, 이 구석들이 새로운 곤충 종의 생성을 촉진한다. 수많은 곤충 종들은 단 하나의 식물 종에 의존한다. 이 곤충들은 그 식물 종의 특정한 부분, 예컨대 잎ㆍ꽃대ㆍ꽃 또는 뿌리만을 먹고 살아간다.

식물도 곤충으로부터 상당히 많은 이익을 얻는다. 어떤 식물은 곤충을 꽃가루 운반 매개체로 이용한다. 그 존재 자체가 직접 곤충에 의존하고 있는 셈이다. 게다가 곤충은 지상의 죽은 생물 조직을 분해하여, 식물이 양분을 얻을 수 있게 해준다. 1879년에 독일의 식물학자 뮐러 Hermann Müller는《무의식적 식물 경작자로서의 곤충 Die Insekten als unbewusste Blumenzüchter》이라는 책에서 곤충과 꽃피는 식물의 관계가 밀접하게 발전해 왔음을 다룬 바 있다.

기본적 구조

완전히 자라서 성충이 된 모든 곤충은 육안으로 확연히 구별되는 세 부분으로 이루어져 있다. 머리ㆍ가슴ㆍ배가 그것이다. 그리고 이 각 부분은 다시 몇 개의 작은 마디로 이루어져 있다. 수많은 곤충의 주둥이 부분은 유감스럽게도 찌르거나 빨아 먹는 데 알맞은 구조로 되어 있다.

모든 곤충은 다리가 세 쌍인데, 각각의 쌍은 모두 가슴의 서로 다른 마디에 달려 있다. 곤충의 다리는 모두 다섯 개의 관절로 이루어져 있다. 날개가 달린 곤충은 대개 날개가 네 개인데, 여기에는 특징적인 혈맥 무늬가 나타나 있다. 그리고 곤충의 배는 선명하게 나누어진 10~11개의 마디로 구성되어 있다. 곤충 암컷의 배에는 산란 기관 또는 산란관이 있다. 동물이나 식물에 알을 낳기 위해 이 기관은 송곳,

가시나 드릴의 형태로 되어 있다. 곤충의 교미 기관은 배의 여덟 번째 마디나 아홉 번째 마디에 있다.

그리고 곤충에게는 외부 골격이 있다. 이 외부 골격은 통풍이 잘 된다. 호흡은 대개 관이나 키틴질 숨관을 통해서 한다. 관이나 숨관은 몸속의 작은 모세관들까지 공기를 보내서 온몸의 기관에 산소를 공급한다. 이 관들은 대개 몸의 양 옆으로 나란히 나 있는 20개의 구멍을 통해서 외부의 공기를 흡입한다.

변신 기술

거의 모든 곤충은 살아 있는 동안 적어도 한 번은 모습을 바꾼다. 완전 변태의 경우에는 애벌레가 알에서 부화한다. 나방의 모충(毛蟲)에서 볼 수 있듯이, 애벌레는 운동성을 띠며 미성숙한 형태를 하고 있다. 애벌레가 처음에는 번데기로 변신하고, 그 다음에는 성충으로 변한다. 불완전 변태의 경우에는 곤충이 비교적 완숙한 형태로 세상에 나오는데, 이를 약충(若蟲)이라고도 한다. 약충은 성충의 모습을 닮았다. 하지만 아직 미숙하거나 부분만 완성된 날개를 가지고 있으며, 생식기도 없다.

미성숙한 형태의 전형은 모충이다. 모충은 먹이를 구하기 위해 기어 다닐 수 있으며, 잎이나 풀을 먹기에 적합한 입 구조를 가지고 있다. 모충은 성장하면서 3~9회 탈피를 한다. 이 애벌레 단계의 막바지에는 고치를 짓고 그 속에 들어가서 번데기가 된다. 이 번데기 단계 동안에 곤충은 쉬면서 아무것도 먹지 않지만, 그 몸은 점차 성충의 형태를 띠게 된다. 이 시점에 날개가 생기기 시작하고 성충의 다른 신체 구조들도 완성된다. 번데기가 그런 모습이 되면 완전한 성충, 예컨대 나비가 되어 고치를 뚫고 나온다.

국가를 형성하는 곤충

많은 곤충들은 일종의 초(超)유기체처럼 살아간다. 그들은 국가를 이루는데, 그 국가에서는 곤충 각자에게 역할이 분담되어 있다. 그래서 그들은 자율적 개체보다는 커다란 동물의 세포에 가까운 기능을 한다. 이런 사회적 곤충에 속하는 것으로는 약 800종의 나나니, 500종의 꿀벌, 그리고 개미 및 흰개미가 있다.

곤충 국가는 구성원 모두가 하나의 어미에서 유래하는 대가족이다. 일개미처럼 노동만 하는 수컷과 암컷이 있는데, 이들은 부여된 과제에 따라 여러 계급에 속하게 된다. 거기서 여왕은 번식을 담당한다. 개미, 꿀벌, 나나니 종류의 경우에는 일반적으로 여왕이 단 한 마리만 있다. 이 여왕은 신혼여행을 떠나지 않으며, 젊을 때 짝짓기 비행을 단 한 번 한다. 이때 정자를 충분히 모으기 때문에, 여생 동안 후손을 충분히 생산할 수 있다. 이 여생의 기간은 10년이 넘을 수도 있다.

개미 중에는 노예를 많이 거느리는 종(種)도 있다. 이 종에 속하는 일개미들은 일에는 서툴지만, 다른 개미들의 집을 공격하는 데는 능숙하다. 거기서 그들은 모든 곤충을 몰살하고 새끼들만 약탈해서 노예로 삼는다. 어떤 개미와 흰개미는 농사를 짓는다. 그것들은 버섯을 키워서 먹는다. 악명 높은 가위개미가 그중 하나다. 그들은 나뭇잎을 엄청나게 많이 잘라내어서, 먹지 않고 버섯 농장의 비료로 만든다. 또 다른 종은 자신에게 유익한 진딧물을 길러서 그 단물을 짜먹는다. 각종 곤충의 행태에서 발견되는 특징에 대해서는 다음에 더 자세히 이야기할 것이다.

척추동물

어느 동물원에서도 받아들일 성싶지 않은 동물들에 대한 이야기는 이쯤에서 그치고, 사람이 있는 쪽에 대해 말해 보자. 이 계통에서는 대부분 척색(脊索)동물 또는 축(軸)동물만이 대표 자격을 가지고 있다. 이 계통은 세 가지의 하위 계통으로 나누어진다. 피낭류(被囊類) · 무(無)해골류 · 척추동물이 그것이다. 이 세 가지 중에서 앞의 두 가지 역시 동물원에서는 거의 볼 수 없다. 피낭류에 속하는 것으로는 바다 속에 사는 아스치디Ascidie · 살파 · 코펠라테Copelaten가 있다. 무해골류에 속하는 것은 약 30종의 란체트어(魚)뿐이다.

이제 남은 것은 척추동물이다. 척추동물은 지금까지 알려진 것만 해도 4만 6,500가지나 된다. 그렇기 때문에 이 책에서는 척추동물을 좀 더 선별해서 다룰 것이다. 우선 척추동물을 그 생겨난 순서에 따라 자세히 살펴보자.

어류

어류에는 연골어류와 경골어류가 있다. 전자는 연골로 이루어진 내부 골격을 가지고 있다. 후자는 뼈로 이루어진 내부 골격을 가지고 있다. 연골어류는 드문 편이다. 연골어류에 속하는 것은 상어 · 가오리 · 해마뿐이다. 나머지는 모두 경골어류다.

물고기에게는 특이한 점이 하나 있다. 물속에서 살아간다는 사실이다. 그래서 물고기에게는 헤엄을 치는 데 필요한 지느러미가 있고, 높이를 조절하는 데 필요한 부레가 있다. 물고기가 부레에 산소를 많이 채우면 몸이 위로 올라가고, 그 공기 주머니에서 가스를 빼면 가라앉는다. 호흡은 아가미로 한다. 물고기가 입으로 물을 삼키면, 그 물은 아가미를 통과한다. 아가미에는 머리칼처럼 섬세한 작은 판(板)들이 있는데, 이 판을 통해 물속의 산소는 피 속으로 녹아 들어가고 이산화탄소는 다시 물속으로 배출된다. 삼킨 물은 그 다음에 아가미 틈새를 통해 다시 바다로 흘러 나간다.

물고기의 몸 표면은 미끄럽다. 점액이 덮여 있기 때문인데, 이 점액이 물의 저항을 적게 하고 박테리아를 박멸한다. 점액은 비늘 옷을 덮고 있는데, 비늘 옷은 뼈들로 이루어져 있다. 비늘 옷은 보호막 역할을 하고 몸체를 안정시키는데, 대개는 위장(僞裝) 색으로 되어 있다. 대개 위는 어두운 색, 아래는 밝은 색이다. 물고기는 눈·코·귀 외에도 수염을 가지고 있는데, 수염은 촉각과 후각에 이용된다. 옆줄은 점액이 채워진 가는 구멍들로 되어 있고, 몸의 좌우에 일렬로 나 있다. 물속에서 무언가가 움직일 때 수압이 변화하는 것을 아주 세밀하게 감지한다. 그래서 모든 환경 변화, 예컨대 육식 어류나 장애물의 접근을 알아차릴 수 있다. 먹잇감을 탐지하기 위해 상어는 옆줄 말고도 열(熱) 감지 기관을 이용한다. 피부에는 겔 물질로 채워진 채널이 있는데, 이 채널들로 온도 변화에 반응하고, 환경의 전기장(電氣場)을 인지한다. 그렇게 해서 먹잇감의 근육 운동을 탐지할 수 있다.

어류는 변온(냉혈) 동물이다. 체온은 외부 온도의 변화에 따라 상승하거나 하강한다. 대부분의 물고기는 섹스를 모른다. 암컷이 무수히 많은 알을 물속에 낳으면 수컷이 그 위에 정액을 뿌려서 번식한다.

양서류

양서류는 세 가지 계통으로 구분된다. 개구리류에는 개구리, 두꺼비가 속하고, 도롱뇽류에는 도롱뇽, 동굴도롱뇽붙이가 속한다. 나머지 한 계통이 장님 도롱뇽류인데, 열대 지방의 땅속에서만 살기 때문에 일반인들은 그들에 대해 거의 모른다.

양서류는 거의 4억 년 전에 몇 마리의 물고기가 땅으로 기어 올라옴으로써 생겨났다. (도롱뇽과 유사한) 익티오스테가가 그 중간 형태의 동물로 여겨진다. 그것은 육질의 가슴지느러미를 가지고 있어서 땅에 잠시 산책 나올 수 있었고, 그리하여 작은 동물을 잡아먹을 수 있었다. '살아 있는 화석'으로 통하는 이 총기류(總鰭類)는 술 모양의 지느러미를 가지고 있었는데, 비슷하게 생긴 가슴지느러미를 오늘날에도 가지고 있다. 사람들은 이 생물이 약 8,000만 년 전에 멸종했다고 생각했는데 뜻밖에도 1938년 남아프리카에서 한 마리가 발견되었다. 그렇지만 그 동안 학계에서는 최초의 육서 생물은 역시 근육 및 육질 지느러미를 가지고 있는 폐어라는 학설이 관철되어 왔다. 즉 공기 호흡이 지상을 점령하는 데 결정적으로 중요한 요인이었다.

양서류는 간단한 폐와 피부를 통해 호흡한다. 호흡할 때 양서류는 우리처럼 숨을 쉬는 것이 아니라 공기를 한 모금 꿀떡 삼킨다. 그것들이 물고기로서 육지에 상륙했을 때, 다른 가능성은 없었다. 입 안의 점액질 피부에는 습기가 많아서 아주 소량의 산소만 받아들일 수 있었다. 공기를 삼키면 소화관 내에서 기포가 형성된다. 그리고 기포 중의 산소가 장(腸)벽을 통해 피 속으로 확산된다. 기포는 장 내에서 위로 올라가 장벽을 압박한다. 그런 식으로 공기를 받아들일 수 있는 주머니가 점차 형성되었고, 원시적 폐가 생겨났다. 이것은 점차 육서 동물의 폐로 발전했다. 여기서 삼킨 공기는 유지되었다. 예나 지금이나 양서류는 공기를 입으로 삼키고 콧구멍을 닫아 공기가 폐로 들어가도록 힘을 준다. 그래서 양서류는 결코 제대로 된 신선한 공기를 받아들일 수 없고, 언제나 신선한 입 안 공기와 사용된 폐 내 공기가 혼합된 기체만을 취하게 된다. 이런 방식으로는 산소가 원활하게 공급되지 못한다. 게다가 작은 도마뱀, 불도마뱀은 폐로 소리도 듣는다. 그것들은 아직 귀가 없다. 그러므로 변화에 민감한 폐는 아마도 처음에는 육서 동물의 청각 기관이었을 것으로 추측된다.

혈관 속의 피로 산소를 전달하는 데 있어서도 양서류는 소박한 수준에만 도달했다. 피의 순환 과정이 어류에 비해 다소 효율이 떨어진다. 심장은 주실(主室) 하나와 전실(前室) 둘로 되어 있다. 산소를 함유한 피가 폐에서 전실로 흘러 들어오며, 또 하나의 전실로는 산소가 희박한 체정맥의 피가 흘러 들어온다. 그러고 나서 주실에서 이 두 가지 피가 뒤섞인다. 그러므로 양서류는 이 혼합 피로 활동해야 한다. 따라서 포유류처럼 많은 산소를 확보하지 못하고 어류처럼 변온(냉혈) 동물이 된다.

번식을 하기 위해서 양서류는 물에 종속된다. 어류처럼 알을 물속에 낳는데, 거기서 아가미 호흡을 하는 올챙이 따위가 부화한다. 양서류는 지금으로부터 3억 년 전인 카본기에 전성기를 누렸는데, 이는 당시 세계의 상당 부분이 습지대였기 때문이다.

파충류

땅 위를 기어 다니는 이 동물들에 속하는 것으로는 우리에게 친근한 거북이, 뻔뻔한 악어, 보기 드문 인도악어(주둥이가 길게 뻗어 나와 있음), 비늘이 덮인 음흉한 이구아나, 카멜레온, 뱀이 있다. 이것들을 단순히 양서류의 후손으로 볼 수는 없다. 오늘날 살고 있는 파충류는 분명히 여러 가지 경로를 통해 발전한 것이다. 거북이는 양서류, 이구아나와 공동 조상을 가지고 있었을 것이고, 이구아나와 뱀은 레피도사우루스에서 유래했으며, 악어는 아르호사우루스에서 유래했다.

파충류는 완전히 육서 동물이 되었다. 건조해져도 완전히 마르지 않기 위해 피부는 방수 막이 되었고 그 위에 각질이 덮였으며 땀샘들의 개수도 줄어들었다. 폐호흡은 개선되었고 아가미는 완전히 떨어져 나갔다. 양서류처럼 공기를 꿀떡 삼키지 않는다. 흉곽을 팽창시켜 저압을 형성함으로써 공기가 폐 안으로 흘러 들어오게 한다.

특히 추울 때는 기동성이 떨어지기 때문에 적으로부터 자신을 보호하기 위해 비늘을 갑옷처럼 몸에 덮었다. 좌우 심실은 (악어만을 제외하면) 아직 격벽으로 완전히 분리되지 않았지만, 산소의 양이 많은 피와 그렇지 못한 피가 뒤섞이는 정도는 양서류처럼 심하지 않다. 파충류 역시 변온(냉혈) 동물이다. 파충류의 알은 껍데기로 싸여 있는데, 이런 형태가 만들어진 덕분에 그들은 알을 육지에 낳을 수 있게 되었다.

포유류

포유류는 그 형태가 아주 다양하여, 대략 20가지로 분류된다. 포유류는 파충류들에서 생겨났다. 시노그나투스Cynognathus는 파충류와 포유류의 중간 동물로 알려져 있다. 그것은 약 2억 년 전에 살았던 탐욕스런 육식 동물이었다. 몸은 날씬했고, 머리의 길이는 약 30센티미터 정도였는데 그 생김새는 오늘날의 개(犬) 머리와 놀랄 만큼 닮았다.

포유류는 정맥과 동맥의 혈관이 완전히 분리된 혈액 순환계를 가지고 있기 때문에 체온을 일정하게 유지한다. 그래서 포유류는 날쌜 수 있다. 추운 날씨에도 무기력해지거나 굼뜨지 않게 되기 때문이다. 포유류는 알을 낳지 않는다. 그 대신 후손을 비교적 오랫동안 임신하고 있다가 출산하고, 장기간에 걸쳐 수유(授乳)를 한다. 거의 모든 포유류는 털로 뒤덮여 있다. 그리고 확연한 턱을 가지고 있는데, 그 안에는 앞니·송곳니·어금니가 나 있다. 이빨의 조합은 종(種)마다 다르다. 포유류는 대개 다리가 날씬하다. 그래서 달리거나 깡충깡충 뛰거나 기어오르면서 경쾌하게 이동할 수 있다. 이런 이동 동작들 때문에 척추 뼈들이 손상을 입는 것을 막기 위해 그 사이에 작은 쿠션이 생겨났는데, 사고를 당하면 이 쿠션이 삐져 나올 수도 있다. 이른바 디스크 사고가 생기는 것이다. 턱뼈 관절은 중이(中耳)로 변해, 소리를 전달하는 기관이 되었다. 그래서 포유류는 청력이 좋다. 폐는 아주 가늘게 가지를 쳐서 대량의 산소를 받아들일 수 있다. 포유류에서 인간이 나오는 데 가장 많이 기여한 것은 바로 뇌의 발달이다. 포유류의 뇌는 세 가지 영역으로 나누어진다. 간뇌(間腦)·대뇌·소뇌가 그것인데, 간뇌는 감각 기관과 신경 시스템의 정보를 처리한다. 대뇌는 의식· 기억·지성·학습 능력·감정의 저장 센터이고, 소뇌는 신체의 운동을 관장한다.

조류

지금부터 1억 5,000만 년 전에 살았던 '시조새Archaeopteryx'는 과도기 동물, 더욱 상세히 말하면 파충류에서 조류로 발전하는 과정에 있던 동물로 알려져 있다. 그러나 일부 연구자들은 이 새가 동물계에서 고유의 계통을 형성하는 것이 아니라 원래부터 사멸한 공룡의 일종이라는 견해를 가지고 있다.

새들은 특히 두 가지 측면에서 유리할 수 있다. 즉 하늘을 나는 것과 숨 쉬는 것을 잘한다. 새들이 어떻게 해서 날개를 지니게 되었는지는 완전히 설명되지 않는다. 날개가 진화 중에 갑자기 생겨날 수는 없었다. 다시 말해 몇 천 세대를 내려올 때까지 새들은 뭉툭한 앞발 같은 것으로 땅 위를 달렸을 것이다. 그런데 이렇게 하는 것이 무엇에 유리할 수 있었을까? 이 질문에 대답하는 것은 전혀 어렵지 않다. 동물 세계를 살펴보면 날개의 전(前) 단계를 여러 가지 찾을 수 있다. 곤충, 하늘을 나는 포유류(박쥐 따위)의 경우를 보면 되는데, 전 단계의 그 기관들이 진화의 측면에서 유리한 것임은 아주 분명하다. 새들의 날개는 활강(滑降) 비행에서 생겨난 것일 수 있다. 오늘날에도 예컨대 날다람쥐, 날도마뱀, 또는 발가락 사이의 지느러미가 매우 넓어 펄럭이며 날 수 있는 개구리처럼 나무에 사는 일련의 동물들은 활강 비행을 한다. 그것들은 관절 사이에 나 있는 피부막을 이용해 미끄러지듯 난다. 그러나 이와는 달리 새들의 날개는 높은 곳에서 뛰어내려 미끄러지는 데에서 만들어지기 시작해, 금세 육지 동물들의 뒷다리 위에서 빠르게 진화했을 개연성이 더 높다. 깃털은 원래 체온을 보존하기 위해 존재하던 파충류의 비늘이 완전히 변화한 것이기 때문이다. 미끄러질 때, 체온을 따뜻하게 유지할 때에는, 약간의 진화도 큰 장점이 된다. 그러므로 점진적 진화가 이루어졌을 가능성이 크다. 그 다음부터는 언젠가 활강하면서 방향을 틀기 위해 사지를 휘휘 젓다가 그것이 새들의 고유한 비행 동작으로 발전했을 것이다. 따라서 우리는 새들의 조상이 몸집이 작은 날렵한 공룡이었을 것이리라고 추정해도 된다. 이것들은 항상 곤충의 뒤를 따라 달렸을 것이다. 그리고 곤충을 잡기 위해 점점 더 하늘 높이 뛰어올랐으며, 이때 방향을 유지하거나 바꾸기 위해 양팔을 휘적거렸을 것이다. 오랜 진화의 종국에 가서는, 짝짓기나 취침을 위해 결코 땅에 내려앉는 일이 없는 칼새처럼 노련한 비행 기술을 가진 새들이 생겨났다. 새들은 그 동안 공중의 생활에 잘 적응했기 때문에 비행할 때보다는 휴식할 때 더 많은 에너지를 소비할 정도까지 되었다. 이 사실은 최근에 지빠귀를 연구한 프린스턴 대학의 연구원들에 의해 밝혀졌다. 지빠귀는 파나마에서 캐나다까지 비행할 때 총 에너지의 29퍼센트만을 18일 동안 공중에서 소모했고, 그 나머지는 24일 동안 휴식하면서 모두 소모했다.

새는 동일한 크기의 포유류보다 세 배 빨리 호흡할 수 있다. 왜냐하면 새들은 포유류처럼 들숨과 날숨을 동일한 통로를 통해서 쉬지 않기 때문이다. 그래서 공기가 폐를 통해 계속 흘러가게 할 수 있다. 공기가 한쪽으로는 들어오고, 다른 쪽으로는 나간다. 이런 일은 새의 몸속에 있는 공기주머니 시스템 때문에 가능하다.

새는 포유류처럼 심장이 두 개의 심실로 나누어져 있는데, 둘의 온도는 같다. 물론 새는 체온이 섭씨 41~44도이므로 인간보다는 현저하게 따뜻하다. 바로 그런 이유 때문에, 또 비행을 해야 하기 때문에, 새는 보온 능력이 뛰어나도 음식을 많이 먹어야 한다. 새는 몸 무게가 늘어나는 걸 막기 위해 물은 조금만 마신다. 그리고 소변을 전혀 보지 않는다. 새는 잠을 자도 나뭇가지에서 떨어지지 않는다. 왜냐하면 체중이 근육을 긴장시키는 요인으로 작용하기 때문이다. 그래서 애써 노력하지 않더라도 발가락은 저절로 나뭇가지를 움켜쥐게 된다.

땅에서 기고 하늘을 나는 나머지 모든 동물

하등 동물

지금까지 언급된 적이 없는 동물들, 예컨대 산호·모족류(毛足類)·외항류(外肛類)·해면은 하등 동물이다. 이것은 단세포 생물이거나, 몇 안 되는 종류의 세포만으로 이루어진 다세포 생물이다.

이 동물들은 대부분 아주 작다. 우리는 그것들에 대해 아는 바가 거의 없다. 그런 것에 대해 거창하게 말할 필요가 있을까? 이 동물들에게는 특별한 것이 없다. 왜냐하면 생명체의 크기가 작아질수록 고등 동물의 폐, 소화 기관 같은 복잡한 기관이 점점 필요 없어지기 때문이다. 하등 동물의 세포 대부분은 바깥 환경과 직접 접촉하며, 가스·영양소·배설물을 직접 교환한다. 하등 동물에 관한 사실들 가운데 가장 특기할 만한 것은 우리 몸의 여러 장소에 그것들이 살고 있다는 점일 것이다. 예컨대 눈썹의 털에는 모낭충들이 몇 마리씩 편안히 쉬고 있고, 건너편에서는 그 동료인 피지선충(皮脂腺蟲)이 이마의 땀구멍 속으로 머리를 처박고 기어 들어가고 있다. 우리 중에 어느 누가 이런 모습을 눈치라도 챘겠는가? 덧붙여 말하자면 이 진드기 종류는 거미 목에 속한다.

연체동물

연체동물 중 몇 가지는 우리가 즐겨 먹는 것이다. 그리고 다른 연체동물은 밭의 채소를 먹어치우기도 한다. 그래서 연체동물에 대해서는 몇 마디 해두고자 한다. 우리는 연체동물이 무엇보다도 조개나 달팽이 같은 것이라고 알고 있다. 우리에게 알려진 5만 종 가운데 대략 4만 8,000종이 조개나 달팽이와 비슷하다.

모든 연체동물은 머리·발·내장낭으로 이루어져 있다. 뼈는 없고, 일종의 액체가 있는데, 이 액체는 신체 각 부분의 혈압을 변화시킴으로써 전체의 형상이 변할 수 있게 한다. 연체동물의 치아는 혓바닥에 있는데, 우리는 이 혀를 강판혀 또는 줄혀라고 부른다. 연체동물의 피는 헤모글로빈뿐만 아니라 헤모시아닌을 혈색소로 가지고 있다. 헤모시아닌은 산소와 결합할 수 있는 구리 화합물이다. 따라서 연체동물의 피는 옅은 청색을 띠거나 무색(無色)이다. 연체동물은 대부분 물속에 산다.

알에서 몸까지

우리는 모두 작은 세포에서 시작했다. 원시적 원(原)세포가 지금 지구상에 살고 있는 모든 생물로 발전할 수 있게 한 진화의 힘은 그 자체로 놀라운 일이 아닐 수 없다. 그러나 더욱 놀라운 것은, 하나의 세포가 몇 십억 년이 아니라 단지 며칠, 몇 주 또는 몇 달 만에 필요한 모든 것을 제자리에 갖춘 완전한 동물로 자라난다는 사실이다.

개별 세포를 관찰할 수 있는 현미경이 발명된 후에야 발생학 연구는 시작될 수 있었다. 그 전에는 사람들이 순수하게 사변에만 의존해야 했다. 당시 두 가지 가설이 있었다. 첫 번째 가설은 선(先)형성론이었다. 그 주장에 따르면 생명체는 발전하는 것이 아니라 크기만 커지는 것이다. 예컨대 17세기에 네덜란드의 의사 스왐메르담은 정충이 어머니의 자궁에서 자라난다고 주장하였고, 18세기에 프랑스의 철학자이자 자연 학자인 보네Charles de Bonnet(1720~1793)는 난세포에 아주 작은 아들 또는 딸이 이미 완전한 형상으로 들어 있다가 어머니의 자궁에서 자라난다고 주장했다.

좀 더 정확히 들여다보면 이 주장들의 의미는 이러하다. "종(種)의 특정한 개체는 그것이 최초로 창조되었을 때에 이미 장래의 모든 세대를 마치 러시아의 목각 인형처럼 그 안에 지니고 있었다." 이와 비슷하게, 유명한 생리학자 할러Albrecht von Haller(1708~1777)는 6,000년 전에(즉 창조의 제6일째 되던 날에) 신이 2,000억 명의 인간을 동시에 창조해서 인류의 어머니인 이브의 난소 안에다 마치 상자 속의 상자들처럼 정교하게 차곡차곡 담아두었다고 주장했다.

이와 반대로 아리스토텔레스에서 유래하는 후성설(後成說)은 태아가 어머니의 생식 세포와 아버지의 생식 세포가 섞이고 난 다음에야 비로소 생겨났으며, 어떤 미지의 생기론적(生氣論的) 과정을 통해 단순한 형태에서 복잡한 형태로 발전한다고 간주했다. 이런 생각에 대한 경험적 증거는 1759년 할레에서 26세의 의학자인 볼프Caspar Friedrich Wolff(1733~1794)가 제공했다. 박사 학위 논문《생성 이론Theoria generationis》에서 그는 어미 닭이 품고 있는 달걀은 장차 닭이 되지만 처음에는 그 새의 형상 가운데 어떤 부분도 지니고 있지 않는다고 이야기하였다. 그 대신에 노른자위에는 작고 둥근 하얀 원반만이 존재하는데, 약간 기다란 원형의 이 얇은 배아 원반은 그 다음에는 서로 겹쳐지는 네 개의 층들로 분열된다고 하였다. 1826년에 독일의 생물학자 베어Karl Ernst von Baer(1792~1876)는 선배 교수의 암캐한테서 포유동물의 알, 즉 난자를 발견했다. 그는 가장 중요한 후성론자가 되어, 생명은 언제나 하나의 세포로 시작한다는 것을 보여주었다. 그리고 일련의 척추동물이 알 단계에서부터 출생 시기까지 겪는 변화들을 최초로 기술했다.

그 동안 물론 우리는 간단한 것이 복잡한 것으로 변화하는 것에 대해 훨씬 더 많이 알게 되었다. 동물의 발전 과정은 난세포와 정자가 융합되는 것에서부터 시작한다. 거기서 수정란 세포가 생겨나는데, 수정란 세포의 핵은 어머니와 아버지의 염색체를 동일한 위치에 가지고 있다. 수정란이 세포 분열을 시작할 수 있게끔 염색체는 처음에는 두 배가 되며, 두 개의 딸세포는 이 복제 염색체들을 하나씩 나누어 가진다. 하나의 염색체 세트는 세포의 한쪽 끝으로 이동하고 나머지 염색체 세트는 그 정반대 방향 끝으로 이동한다. 그 다음에 세포의 중앙에는 격벽이 형성되는데, 이렇게 되면 벌써 한 개의 세포가 두 개의 세포로 바뀐 것이다. 그런 식으로 분열은 계속된다. 처음에는 모든 세포가 동일해 보인다. 잠시 후에는 차이들이 보이며, 이것들이 끼리끼리 그룹을 이룬다. 태아 안에서 밀려 들어가거나 겹쳐지기도 하고 서로 자리를 바꾸기도 하면서 계속 분열되어 기관과 세포들의 맹아가 된다. 마침내 세포들은 동물의 체내에서 서로 다른 다양한 기능을 수행하기 위해 각종 세포로 차별화되는 것이다.

원래는 동일하던 세포들이 어떻게 서로 다른 세포 타입으로 발전하는지는 오랫동안 확실하게 밝혀지지 못했었다. 그것들은 서로 다른 유전자를 지니고 있는가? 아니다. 우리 세포 하나하나는 모두 동일한 유전자, 즉 우리가 가지고 있는 유전자를 모두 가지고 있다. 그리고 그것은 이중 구조로 되어 있으며 하나는 어머니로부터, 다른 하나는 아버지로부터 온 것이다.

모든 세포가 동일한 유전자를 지니고 있다면 개체 발생 과정에서 세포 분화가 일어나는 원인은 수정란의 플라스마, 즉 세포 내의 액체 성분에서 찾아야 할 것이다. 거기에는 세포 내의 유전자를 관장하는 요인들이 존재한다. 그래서 이 요인들이 특정의 유전자를 정해진 시간에 작동시키거나 정지시키는 것임에 틀림없다. 그리하여 마침내 각 세포에는 그 자체의 단계, 장소, 유형을 결정하는 특징적인 단백질이 생성된다. 이 요인들은 어머니로부터만 유래할 수 있다. 다시 말해 어머니의 유전자로부터 그 전문적 '지식'을 물려받아서 기억하고 있을 것이다. 태아는 이른바 어머니의 유전자에게 문의하며, 그것의 지시를 받아 그 통제적 단백질이 생겨나게 한다. 나중에 그 고유의 단백질이 생성되면, 태아의 게놈은 지휘권을 넘겨받는다. 특수한 발생 유전자는 통제 권한을 가진 단백질에게 정보를 주며, 이것들은 다시 다른 유전자를 관장한다. 그런 통제 단백질들이 태아 체내의 공간에 분산되어 이른바 예비 견본으로서 존재하며, 이것들은 추후에 태아에게서 나타나는 형태상의 특징들을 단계별로 발생시킨다. 그러한 예비 견본은 배란된 지 얼마 안 되는 신선한 알에 이미 존재한다. 예컨대 튀빙겐의 노벨상 수상자인 뉘슬라인 폴하르트Christiane Nüsslein-Volhard(1942~)가 연구한 파리의 경우에는 단지 네 가지의 신호 물질만이 알 내의 주변부에 배치되어 있다. 그것이 위와 아래, 앞과 뒤를 결정한다. 세 시간 후에는 파리 태아가 약 6,000개의 세포로 분화되는데, 이것들은 형태가 모두 동일하다. 그러나 그 다음에는 아주 세분화된 분자 형태의 예비 견본이 생기는데, 이 과정은 통제 단백질들이 배치됨으로써 일어난다. 그 세포들에는 14개의 줄무늬가 있으며, 이 줄무늬들은 그 다음 단계에서 파리의 14가지 신체 기관이 된다. 그 견본들은 시간이 지남에 따라 그 형체가 점점 분명해지고, 초기의 세분화 과정을 주도한다. 일단 기관과 신경 시스템이 형성되고 나면, 그 모든 것은 더욱 복잡해진다. 세포 분열을 담당하는 세포들 간에 새로운 정보 교환 과정이 이루어지는 것이다. 그러나 이 부분에 대한 학계의 연구는 아직 초보 단계에 있다.

알을 낳지 않는 포유동물들에게서는 그 모든 일이 완전히 다른 모습으로 나타난다. 인간의 난자는 아주 작아서, 아직은 인자들의 견본을 제시할 수 없다. 일단 수정이 되면, 거기에는 작은 주머니인 포자(胞子)Blastozyste 100여 개가 처음으로 형성된다. 포자의 내부 세포들은 나중에 태아 내지 태반을 형성한다. 그것들은 처음에는 모두 모양이 같고, 태아의 줄기 세포들이다. 그 다음의 제2단계, 즉 본격적인 태아 생성 단계에서는 포자가 모태의 자궁에 착상한다. 거기서 개체 발생이 시작된다. 자궁은 태아에 영양을 공급한다. 그리고 태아가 완전하게 형성되는 데 기여하도록 방향 지시 인자들을 유도한다. 수정하기 전에 알을 낳는 동물들한테서 진행되는 일, 즉 태아의 영양 공급 및 발생 방향 보조 역할은 모두 착상 이후의 미래 시점으로 연기된다. 다시 말해서 포유동물은 모체 내에서만 발생 과정을 시작한다. 사람의 경우에는 수정 후 4주 만에 장래의 모든 소질이 완전히 결정된다. 유전자 시간표는 그 진행 단계들을 결정한다. 6주 내지 7주 후에는 육안으로 손의 형태를 알아볼 수 있으며, 4개월 후에는 근육과 혈관이 작동하고 연골 물질이 뼈가 된다. 세포가 최초로 분화되고 나서 4개월 반이 지나면, 인간은 고유의 얼굴 모습을 가진다. 몸의 각 부분과 기관이 잘 형성되어 있으며, 조산을 하더라도 아기는 의사의 도움을 받아 생존할 기회를 갖게 된다. 40주 후에는 아기가 세상에 나온다.

동물의 행태

동물의 행태도 그 신체적 특징과 마찬가지다. 둘 다 진화의 산물이다. 동물의 태도는 유전된 것이거나, 타고난 메커니즘에 의해 미리 정해진 대로 학습된 것이다. 그렇지만 그 레퍼토리는 아주 다양할 수 있다. 새의 노래 실력은 새의 아름다운 깃털에 조금도 뒤지지 않는다.

종의 전형적 행동 방식은 생태계의 각 해당 공간에 특수하게 적응한 결과이며, 진화에 유리하다. 생태학자의 과제는 행동 방식을 정확히 기술하고, (비록 기술한 내용이 처음에는 아주 다른 설명을 제공하더라도) 그 행태의 장점을 감지하는 것이다.

왜 어린 야생 거위는 어릴 때 자신이 처음으로 보게 된 사람이나 가짜 모조품을, 어른 거위가 될 때까지 지칠 줄 모르고 졸졸 따라다니는가? 왜 자신의 진짜 어미를 따르지 않는가? "야생 거위의 아버지"란 별명을 얻은 로렌츠Konrad Lorenz(1903~1989)는 그 사실을 발견했다. 이런 현상을 '각인'이라고 하는데, 이 각인 현상은 어린 거위 새끼로서는 누가 자신의 진짜 어미인지 주변에 물어볼 기회를 갖지 못하기 때문에 생긴다. 그런데 어떤 핵심적 자극들을 최초로 제공하는 존재를 어미로 택했을 때, 새끼 거위가 진짜 어미를 만날 확률은 대단히 높다. 그리고 어미는 새끼를 보호하는 본능이 있기 때문에 아무튼 새끼 거위로서는 어미 곁에 머무는 것이 좋은 일이다.

수달은 댐을 쌓는 데 쓸 가지들을 어떻게 주워 모으는가? 댐 주변의 모든 것을 사용한다. 그러나 운송 거리가 점점 멀어질수록, 재료를 선별한다. 운반하기에 너무 무거운 통나무는 거들떠보지도 않으며, 가져와 봐야 별 소용이 없는 작은 가지도 마찬가지다. 특정한 거리 내에 있어야 하고, 운반하기에도 적당한 크기여야 한다. 따라서 너무 먼 거리에 있는 것은 아무리 좋아도 절대 가져오지 않는다. 그런 태도는 힘을 낭비하지 않는 것, 즉 효율성이라는 진화의 기준에 부합한다. 그 태도는 수달이 진화를 통해서 환경에 특수하게 적응한 결과이다.

개별 동물 종(種) 각각의 서로 다른 구체적인 태도들을 이처럼 동물 각각의 특수한 상황에 비추어 설명하면, 모든 것을 일반화시켜 어떤 하나의 공통 원인을 들이대는 데서 생기는 위험을 피할 수 있다. 모든 것을 일반화시켜서 보려고 하면 실제로 아무것도 설명하지 못한다. 그런데 간단한 답은 유감스럽게도 옛날이나 지금이나 매우 선호된다. 예컨대 사람들은 모든 동물이 동일한 충동, 이를테면 공격 본능을 가지고 있다고 말한다. 이 본능은 음흉하게도 모든 동물에 잠재하고 있다가 언제든 밖으로 표출되려 한다는 것이다. 그러나 그런 것은 없다. 공격하기 좋아하는 태도에는 매우 다양한 원인이 있을 수 있다. 그리고 그런 태도를 본능이라는 말 한마디로 설명하기란 쉽지 않다. 모든 동물은 자기 보존과 번식이라는 기본적 욕구를 지니고 있다. 동물 세계 역시 본능적 태도보다는 환경에 적응한 결과로 생긴 태도가 지배한다.

일반적으로 우리는 다음과 같이 말할 수 있다. 동물은 자신의 가능한 테두리 내에서, 환경으로부터 얻은 정보들에 반응한다. 동물은 뚜렷한 목적을 가지고 행동할 수 있으며, 학습을 할 수 있다. 그러나 동물은 결정적인 부분에서 사람과 구분된다. 동물은 자신이 하는 것을 의식하지 못한다. 오로지 직감으로만 행동한다. 이 차이를 알기 위해서는 인간의 의식과 동물의 의식 사이의 차이를 좀 더 자세히 살펴보아야 한다. 이에 대해서는 나중에 다룰 것이다.

사람은 (어느 연령층에 이르면) 자신이 하고 있는 행동을 안다. 혹 알지 못하더라도 최소한 의식할 수는 있다. 그래서 사람은 동물의 행동과 자신의 행동이 동일한 것이라는 식의 설명을 받아들이고 싶어하지 않는다. 이런 부분에 반발하는 것이 바로 생태학 내지는 이른바 진화론적 심리학이 한 제2의 오만불손함이다(일반인들의 반발은 제1의 오만불손함인 셈임—옮긴이). 이 학문들은 동물에게나 적용될 수 있는 간단한 설명을 사람에게도 적용해 보고 싶은 유혹에 늘 굴복한다. 물론 사람들이 생물학적 이유가 있는 행동 경향을 항상 가지고 있다는 것은 사실이다. 그러나 사람의 실제 태도는 본디 문화의 영향을 받아서 변형된 것이다. 따라서 문화의 영향을 받았음에 틀림없는 부분은 그 태도를 설명할 때 항상 함께 살펴야 한다. 결국 자신의 저서 《사람들이 말하는 악Das sogenannte Böse》에서 다음과 같이 말했을 때, 로렌츠는 잘못된 곳에 자리를 잡고 누운 셈이다.

아무 편견 없이 인간을 자세히 살펴보라. 오늘날 인간은 자신의 정신이 안겨 준 선물인 수소 폭탄을 손에 들고 있다. 그리고 그 심장 안에는 유인원 조상으로부터 물려받은 공격 본능이 들어 있다. 그의 이성(理性)은 공격 본능을 지배할 수 없다. 그러므로 그의 목숨은 이제 얼마 남지 않아 보인다!

유전을 통해 물려받은 공격 본능이라는 개념은 냉전 체제 동안의 국제 정세를 결코 만족스럽게 설명해 내지 못한다. 인간의 그 어떤 다른 태도에 대해서도 마찬가지다. 유감스럽게도 로렌츠는 인간의 부정적 이미지를 그렇게 손에 잡힐 듯 묘사함으로써 큰 성공을 거두었으며 베스트셀러의 저자가 되었다. 하지만 막상 전문가들에게는 동물 행태 연구의 업적을 많이 인정받지 못했다.

이웃 사랑의 신화

생태학자들이 특별히 관심을 가지는 것은 도리어 공격성과 반대되는 것이다. 우리는 이 태도를 '이타주의'라고 부르는데, 이는 생존을 위해 투쟁하는 현실에서는 애당초 존재할 것 같지 않은 특성이다. 그러나 정확히 관찰해 보면 실제로는 존재한다. 물론 자연에는 자신을 희생하는 이런 태도가 존재하지 않는다. 이기주의적 '계산'을 뒤에 숨기지 않고 이타적 행동을 할 수 있는 존재는 오직 인간뿐이다.

이런 사실은 오늘날까지도 자주 논박되고 있으며, 심지어 완전히 왜곡되기조차 한다. 왜냐하면 많은 사람들은 세계관적 이유 때문에, 정말로 완강한 이기주의를 자연적 원칙으로 보려고 하지 않기 때문이다. 그들은 자연 및 죄 없는 동물을 우리가 본받아야 한다고 말한다. 서로를 소외시키고 전쟁이나 벌이는 인간은 자연에서 평화를 배울 수 있을 것이라고 생각한다. 그러나 자연을 도덕 교사로 높이 우러러 보아야 할 이유는 하나도 없다. 발명 능력이 뛰어나고 적응을 잘하며 효율적인 점은 자연의 생명체에게서 본받을 필요가 있다. 우리가 자연을 높이 평가할 만한 이유는 그 정도다. 도덕 · 희생 · 이웃 사랑 등등은 모두 인간이 이룩한 것이다. 물론 우리 각자가 더 나아가 그것들을 초월할 자유를 갖고 있기는 하지만 말이다.

생태학자들은 동물도 이타적 행동을 한다고 자주 보고해 오고 있지만 그것은 착각이다. 정확히 분석해 보면, 외견상의 이타주의는 결국 동물 자신에게 이로운 것으로 밝혀진다. 좀 더 정확히 말하면 자신의 유전자에게 이로운 것이다. 아프리카의 영양 종류인 톰슨가젤이 그 좋은 예이다. 이 동물은 맹수가 접근하면 반복해서 높이 뛰는 것으로 잘 알려져 있다. 사람들은 이 동작이 (위험하고 자신에게 아무 소용이 없으므로) 다른 가젤들에게 위험을 알리고 맹수를 자신에게로 유인하는 것이라고 믿게 된다. 그러나 다른 설명이 더 사실에 가까워 보인다. 펄쩍펄쩍 뛰어오르는 행동은 사자에게 가젤 자신의 건강 상태가 최고임을 과시하는 것이다. 따라서 사냥하려고 추격해 봤자 헛수고로 끝날 것임을 시사하는 것이다. 실제로 맹수가 병들거나 약한 동물을 공격한다는 사실에 비추어볼 때 그런 설명은 설득력이 있다.

외견상 희생처럼 보이는 다양한 형식은 국가를 형성하는 동물들에게서도 나타나는데, 이는 유전자의 특수성을 가지고 설명할 수 있다. 우리에게 낯선 비이기적 태도는 예컨대 꿀단지에게서 나타난다. 꿀단지는 개미의 특수한 종류인데, 일생 동안 온 몸을 꿀로 가득 채운 채

미동도 않고 천장에 매달려서 다른 개미에게 영양을 공급해 준다. 이 개미는 원래 일개미라서 암컷이다. 하지만 곤충 국가들의 나머지 구성원 대다수처럼 불임이기 때문에 스스로 유전자를 전파할 기회는 없다. 그래서 개미 국가 전체의 업무에 기꺼이 헌신하는 것이다. 그 나라에서는 전문화된 일개미들이 각자가 맡은 고유의 업무를 수행한다. 그리고 여왕의 번식이 성공할 수 있는 가능성을 높인다. 그리하여 자기 공동체의 유전자를 전파하는 것이다. 물론 이 공동체는 아주 협소하기 때문에, 우리는 그 전체를 하나의 유기체로 간주하는 편이 차라리 합리적일 것이다.

반면에 희생의 반대는 약육강식의 세계 곳곳에서 발견된다. 예컨대 펭귄은 물개가 바다 속에 숨어 있는지 알아보기 위해 자기 동료를 물 속에 밀어 넣어본다. 또한 《이기적 유전자》에서 도킨스는 악랄한 사마귀 암컷의 예를 통해 자연에는 이웃 사랑이 없다는 것을 보여준다.

사마귀는 육식을 하는 대형 곤충이다. 보통은 파리 따위의 작은 곤충을 먹지만, 움직이는 거의 모든 것을 공격한다. 수컷은 발정기에 신중하게 암컷에게 접근해서, 등에 올라타 짝짓기를 한다. 수컷이 접근해 올 때나 서로 교미 중일 때, 혹은 교미 후 분리되었을 때, 암컷은 기회가 닿으면 바로 수컷을 잡아먹는다. 이 식사의 첫 단계는 수컷의 머리부터 먹어치우는 것이다. 우리가 생각하기에는, 교미가 끝날 때까지 기다렸다가 수컷을 잡아먹는 것이 암컷에게 가장 좋은 일일 것이다. 그러나 수컷은 머리를 잃고 나서도 나머지 몸통만으로 섹스를 한다. 머리를 잃어도 섹스의 활력은 조금도 줄지 않는 것처럼 보인다. 실제로도 곤충의 머리에는 억제 기능을 하는 신경들이 모여 있다. 그렇기 때문에 암컷은 수컷의 머리를 먹어치움으로써 그 수컷의 섹스 능력을 더 강화시킬 수 있다.

동물의 제국에 이웃 사랑이 없다는 주장을 반박할 수 있는 유일한 형태는 바로 친자식에 대한 부모의 세심한 배려이다. 그러나 이것은 자신의 유전자를 전파시키는 것과 가장 잘 일치할 수 있음에 틀림없다. 그렇기 때문에 유전자-이기주의적 행동이라 할 수 있다.

아직도 유포되고 있는 또 하나의 오류가 있다. 그것은 바로 동물이 자신의 소(小)가족을 넘어서 종(種)이나 개체군에게 이익이 돌아가게끔 행동한다는 것이다. 이런 생각이 널리 퍼지게 된 것은 아마 (오늘날까지도 수많은 사람들에 의해) 오랫동안 숭고한 가치로 인정받아 온 조국애(또는 조국을 위해 목숨까지도 바치는 행동)라는 이념에 부합하기 때문일 것이다. 이런 생각은 집단 선택이라는 개념으로 생물학에 진입했다. 이 개념을 증명하기 위해 잘못 채택된 증거가 바로 레밍Lemming이다. 익살스럽게 생긴 레밍은 오랫동안 각종 동물 영화에 나와 분주하게 움직여야만 했다. 영화에서 그들은 식량을 구하기 어렵게 되자 떼를 지어 죽는다. 살아남은 소수만이 배불리 먹고 종을 보존하기 위해서라는 것이다. 그러나 실상은 좀 다르다. 정신과 의사인 네스Randolph Nesse와 진화론자인 윌리엄스George Williams는 이렇게 기록하고 있다.

늦겨울에 먹을 식량이 귀해지면 레밍들은 떼를 지어 대이동을 시작한다. 이른 봄에 눈이 녹아 불어난 하천을 만나더라도 그 행진을 중단하지 않는다. 하지만 그렇게 해도 그들은 거의 물에 빠져 죽지 않는다. 그 인상적인 장면의 효과를 극대화하기 위해 카메라 감독은 빗자루로 레밍들을 쓸어 담아 계속 물속으로 몰아넣었다. 이런 행동은 이론과 실제가 일치하지 않으면, 이론을 수정하기보다는 기꺼이 사실을 왜곡하려는 인간의 속성을 보여주는 노골적인 예다!

유전자 공학으로 변형된 동물

미생물, 식물뿐 아니라 동물의 경우에도 그 유전 형질을 변화시켜서 부가 가치가 높은 물질을 생산해 낼 수 있다. 동물을 이용하는 생물학적 '생산 시스템'의 장점은 자명하다. 암소는 스스로 자기 복제를 할 수 있다. 의학품을 생산하기 위해 암소는 풀만 먹으면 된다. 그리고 암소는 목부가 손쉽게 키울 수 있다. 이러한 '바이오 농업'의 방식으로 의약품은 값싸게 생산될 수 있다. 몇 백만 유로를 들여 실험실을 세우는 것보다 훨씬 경제적이다.

양, 암소, 돼지, 염소 같은 보통의 가축을 이용해서 유용한 물질을 생산하는 방법은 이미 확립되어 있다. 사람은 그 젖을 짜기만 하면 된다. 그리고 닭은 '고품질' 계란을 낳는다. 또한 우유 말고 다른 체액도 이용할 수 있는지가 연구되고 있다. 한편 캐나다의 연구자들은 인간의 성장 호르몬을 생산하는 생쥐를 개발하기 위해 그 정액을 연구하고 있다. 생쥐들의 번식 능력을 생각해 보건대 그것은 무궁한 자원이 될 것이다. 인간의 단백질을 생산한 최초의 돼지도 나왔는데, 그 이름은 '지니어스(천재)'이다. 미국 적십자사의 연구자들이 착안한 것으로, 그 돼지의 혈액에는 프로틴 C라는 혈액 응고 인자가 들어 있다.

그렇지만 유전자 변환 동물들이 가장 중요하게 쓰이는 분야는 예나 지금이나 의학 연구이다. 이들은 의학 연구에 실제로 엄청나게 많이 기여했다. 암에 걸리기 쉬운 특수한 생쥐 덕분에 연구자들은 발암성으로 추정되는 물질들을 실험할 수 있었다. 이 동물을 사용한 덕분에 나머지 일반 동물들로 실험하는 횟수를 현저히 줄일 수 있었다. 마찬가지로 고혈압 쥐, 당뇨병 생쥐 등을 이용한 실험도 성공적이었다. 사람에게 직접 할 수는 없지만 동물한테는 할 수 있는 그런 실험을 함으로써, 각종 질병의 경과에 관해 많은 것을 알아낼 수 있었다. 오늘날 인간들은 많은 질병을 앓고 있는데, 그 질병 각각의 유형에 적절한 모델 동물이 거의 하나씩은 있다. 게다가 최근에는 가변형 실험 종(種)까지 있다. 이것은 유전자 공학으로 영구히 변화되지는 않았지만, 실험의 종류에 따라 외부에서 임의로 유전자를 집중적으로 작동시키거나 차단시킬 수 있는 것이다.

선충(線蟲), 초파리, 열대어, 생쥐 그리고 쥐: 분자생물학용 가축들

생물학의 기초 연구는 대개 소수의 몇몇 모델 생물을 대상으로 해서 실행된다. 예컨대 대장균 · 제빵효모Saccharomyces cerevisia · 예쁜꼬마선충Caenorhabditis elegans · 초파리 · 애기장대 · 엔젤피시 · 생쥐 · 쥐 따위는 생명체의 발생 과정을 연구하는 데 있어서 중요한 관찰 대상이 된다.

이 모든 것은 고등 생물, 결국에는 인간을 이해하기 위한 모델로서 기여한다. 선충은 선충류Nematoda에 속하며, 다 자라면 길이가 대략 1밀리미터가 된다. 이것들은 곳곳에 존재하며, 종의 수는 몇 백만 가지에 이를 수 있다. 실험실의 조건 속에서 대략 3일 반을 산다. 그것은 쉽게 빨리 키울 수 있을 뿐 아니라 섭씨 영하 80도 정도에서 동결될 수 있다. 그래서 그 종족 채집 표본을 제작하는 작업이 아주 손쉽다. 발생생물학적인 면에서 볼 때 유기체로서 이 동물이 지니는 가장 큰 장점은 세포의 지속성에 있다. 개체 발생 동안 나타나는 세포 분화 도식이 철저히 지켜지는 것이다. 이것은 정확히 959개의 세포를 가지고 있다. 그 세포들 각각에는 고유의 이름이 붙어 있으며, 사람들은 그 각각이 어떻게 발생하는지를 안다. 그리고 그 운명을 예견할 수 있다. 그 동물의 게놈이 완전히 해독된 것은 1998년으로, 다세포 동물 가운데서는 최초의 사례였다. 그 벌레에게는 1만 7,000개의 유전자가 있었는데, 그 가운데 절반은 사람에게도 있는 것이었다. 따라서 그 유전자를 하나씩 차단시켜 가며 그 기능을 연구했다. 이 연구에 사람들은 그 동물이 음식 중에서 하필이면 대장균을 가장 좋아한다는 사실을 이용했다. 대장균은 사람들이 힘들이지 않고도 가능한 모든 유전자를 삽입할 수 있는 유전자 공학의 일꾼이다. 따라서 사람들은 그 대장균에게 매번 특정의 RNA 계열을 결합시켰고, 거기에 해당하는 예쁜꼬마선충의 것은 차단시켰다. 이렇게 변형된 박테리아들을 증식시킨 뒤 그 선충에게 먹게 했다. 그렇게 해서 연구자들은, 예컨대 지질(脂質) 대사에 영향을 미치는 400개의 유전자를 발견했다. 그런데 그중 200개는 사람에게도 존재하는 것이었다.

초파리는 과일이 장시간 놓여 있는 곳이면 어디서든 나타나 사람을 귀찮게 하는 작은 흑색 파리다. 이 곤충은 키우기 쉽기 때문에 연구에 적합하다. 아무 곳에나 배 하나를 상하게 내버려두면 금세 몇 천 마리가 나타나 윙윙거린다. 그래서 초창기에 유전 연구자들은 초파리를 애호하였다. 연구자들은 이 파리의 유전자들에 화학 물질을 칠하거나 집어넣어 2만여 가지의 변종을 생산했다. 간혹 머리에 더듬이 대신 다리가 달린 작은 괴물도 생겨났고, 날개가 너무 많은 녀석이나 전혀 없는 녀석도 생겨났다. 이 변종을 연구함으로써 각종 유전자들의 기능을 해명할 수 있었다. 원칙은 간단하다. 변이를 통해 파리의 몸에 어떤 변화가 일어나는지 관찰하기만 하면 된다. 그리고 거기서부터 매번, 변형된 유전자의 기능에 대해 추론할 수 있다. 그러나 초파리만으로는 더 많은 것을 알아낼 수 없었다. 척추동물이 가지고 있는 수많은 기관이 초파리에게는 없기 때문이다. 연구자들은 척추동물에게서 진행될 과정들을 관찰할 수 없었다.

그래서 사람들은 척추동물의 발생 과정을 관찰하기 위해 열대어 엔젤피시에게 더 많은 관심을 기울였다. 엔젤피시의 발생 과정은 파리의 경우보다 훨씬 더 복잡하다. 이 물고기의 큰 장점은 그 태아가 발생 초기에는 투명하기 때문에 속이 훤히 들여다보인다는 것이다. 그러므로 연구자들은 살아 있는 물고기의 생체 내에서 기관들이 발생하는 과정을 잘 추적할 수 있다. 여기서도 변종들이 생산된다. 그리고 거기서 생겨나는 변화를 연구할 때 연구자들은 당연히 특정 부분들(예컨대 심장 순환기 시스템·근육·뇌·간·눈)에 관심을 기울이게 된다. 노벨 수상자인 뉘슬라인폴하르트가 현재 소장으로 재직하고 있는 튀빙겐의 막스 플랑크 발생생물학 연구소에는 사람보다 물고기가 더 많다. 그 도시의 수족관 9,000개에는 엔젤피시가 약 50만 마리 살고 있는데, 그 물고기들은 대형 프로젝트에 의해 1,700만 개의 유전자 변형 유충을 생산한다.

더 전문적인 질문, 이를테면 질병의 발생에 대한 물음에 답하려면 엔젤피시 연구로는 부족하다. 인간과 더 유사한 동물이 필요하다. 척추동물 모델 가운데 의학 연구에서 가장 중요한 역할을 하는 것은 생쥐와 쥐이다. 이들이 없었다면 현대 의학은 성립되지 못했을 것이다. 이들에 대한 연구 방법은 원칙적으로 파리의 경우와 동일하다. 유전자 변형을 일으킨 뒤, 거기서 어떤 결과가 나오는지 관찰한다. 예컨대 이른바 '녹아웃 생쥐'를 가지고 유전자를 매번 하나씩 차단해 간다. 그러면 그 유전자가 어떤 목적에 기여하는지 알 수 있다. 그리고 생쥐의 매우 많은 유전자가 사람의 것과 일치하기 때문에, 그것들이 사람한테도 어떤 의미를 가지는지 알 수 있다.

다른 모든 의학 연구와 마찬가지로 동물 실험도 악용될 소지가 있다. 그래서 동물 실험은 동물 보호라는 취지 아래 포괄적으로 통제된다. 대체 실험 방법(예컨대 시험관이나 세포 배양)으로 문제를 해결할 수 없는 경우에만 행해진다. 고혈압 연구가 그 예가 될 수 있다. 개별 세포에는 심장 순환 시스템이 없기 때문에 고혈압을 연구하려면 반드시 동물의 몸 전체를 가지고 실험해야만 하는 것이다.

곰팡이(버섯)

곰팡이는 끝없이 불어나는 포식자(飽食者)이다. 지칠 줄 모르는 왕성한 식욕이 곰팡이에게 없었다면 우리는 어떻게 되었을까? 동물과 식물의 잔해가 썩지 않으니 거기에 파묻혀 헤어날 수 없었을 것이다. '생물계의 청소부'라는 별명을 가진 곰팡이는 식물이 아니다. 왜냐하면 광합성을 하지 않기 때문이다. 하지만 동물도 아니다. 왜냐하면 태아를 형성하지 않기 때문이다. 그렇다고 해서 박테리아도 아니다. 왜냐하면 세포핵이 있는 진핵생물 세포들로 구성되어 있기 때문이다. 따라서 곰팡이는 이른바 "모든 의자들 사이에 앉아 있다." 예컨대 곰팡이 가운데 일부는 심지어 목재의 리그닌을 분해함으로써 의자들을 먹고 산다. 이 종류는 자낭균류(子囊菌類)에 속한다. 자낭균류는 뼈, 머리칼, 손톱도 기꺼이 먹어치운다.

우리는 곰팡이를 다섯 종류로 분류한다. 접합균Zygomycota, 자낭균Ascomycota, 담자균Basidiomycota, 불완전균Deuteromycota, 수포진(水疱疹)이 그것이다. 그리고 이 다섯 종류에 속하는 곰팡이들은 모두 10~150만 종에 이르는 것으로 추정된다. 물론 그중 우리가 제일 좋아하는 것은 담자균이다. 왜냐하면 이것들이 우리를 먹을 뿐 아니라 우리도 이 종류 가운데 몇 가지를 먹을 수 있기 때문이다. 사상균(絲狀菌)은 우리가 별로 좋아하지 않지만, 그중 누룩은 즐겨 이용한다.

숲에서 돌버섯을 채취할 때에는 능숙하게 과체(果體)만 따야 한다.

과체는 땅속의 버섯이 땅 위로 내민 일종의 손과 같은 것이다. 바깥에 비가 오는지 알아보기 위해서다. 버섯의 대부분은 땅속에 있는데, 땅속에 있는 부분은 균사라고 불리는 일종의 그물 같은 것이다. 버섯 하나의 균사 부분은 땅속으로 1만 제곱미터 넓이에 걸쳐 퍼져 있을 수 있다.

많은 버섯들은 식물과 공생하고 있다. 특히 숲의 나무와 식용 버섯을 보면 공생 관계를 잘 알 수 있다. 살구버섯과 돌버섯은 살균 경작 환경에서는 잘 자라지 못해 과체를 맺지 못한다. 전나무는 버섯들과 공생해서 자랄 때보다 살균된 토양에서 자랄 때 생체를 20퍼센트 정도 덜 형성한다. 버섯과 나무는 영양소를 획득할 때 서로 돕는다. 보통의 숲 토양에서 전나무 뿌리 끝의 20~90퍼센트는 균사체의 촘촘한 망으로 감싸여 있다.

정확히 말해 균사의 절반은 균이고 나머지 절반은 말〔조류(藻類)〕이다. 조류가 에너지를 태양에서 얻기 때문에 균사는 자급자족을 한다. 예컨대 지붕의 기와나 석재 묘비에서도 아주 잘 자란다. 만약 돌(石)이 생명을 지니고 있어서 균사와 오래 살기 경쟁을 한다면 아마 균사가 이길 것이다. 균사는 몇 천 년 동안 계속 살 수 있으며 돌을 점차 흙으로 변화시키기 때문이다. 여러 버섯들은 다른 생명체와 일방적 관계만 맺으며 살기도 한다. 예컨대 무좀은 우리 발을 갉아 먹고 살지만, 우리는 그 작은 기생 식구로부터 아무런 이익을 얻지 못한다. 우리가 무좀약 제조 업자라면 돈을 벌겠지만 말이다.

곰팡이의 번식 세포는 아주 작은 포자로서, 우리가 호흡하는 공기 중에도 들어 있다. 그 세포는 축축한 곳만 있으면 착륙해서 자신이 좋아하는 일, 즉 사방으로 무성하게 자라나는 일을 시작한다.

우리의 건강을 해치는 아주 치명적인 곰팡이는 (좋든 나쁘든 간에) 사상균이다. 그 중 일부는 위험한 독을 생산한다. 우리에게 잘 알려진 약 300가지의 마이코톡신(곰팡이 독의 총칭) 중에서 약 20가지는 쌀, 옥수수 따위의 농작물에도 생길 수 있다. 그중에서 가장 치명적인 것은 간을 손상시키는 아플라톡신이다.

하지만 인간을 도와 전염병을 퇴치하는 데 앞장서는 곰팡이도 있다. 대표적인 예가 1928년 플레밍이 발견한 푸른곰팡이이다. 플레밍은 푸른곰팡이가 박테리아의 성장을 저해한다고 기록했으며 1940년에는 최초의 항생제, 페니실린이 추출되었다. 항생제가 도입되기 전까지만 해도 유럽에서 전염병은 사망 원인 중 1위였다.

2부 우리 삶의 공간

우리 삶의 공간 Unser Lebensraum

오늘날

내가 살고 있는 지역은 2억 5,000만 년 전에는 어디에 있었을까? 이런 생각을 해본 적이 있는가? 없다면 지금이라도 해보라! 이 땅이 그 옛날에도 여기 그대로 있었을 것이라는 생각이 드는가? 그렇다면 잘못 생각한 것이다! 지금 지구상에 있는 7개 대륙, 즉 유럽·아시아·아프리카·북아메리카·남아메리카·오스트레일리아·남극 대륙은 당시에는 단 하나의 거대한 육지로서 적도 근방에 모여 있었다. 이른바 판게아Pangaea 대륙이라는 것이다. 그렇다면 날씨는 어떠했을까? 이미 엄청난 재난을 예고하고 있었을까? 물론이다. 시베리아에서는 무수히 많은 화산이 불을 뿜고 있었는데, 이미 80만 년 전부터 계속 그러했다. 그래서 기후는 완전히 미친 것 같았고, 대부분의 생물은 지금으로부터 대략 2억 5,000만 년 전에 지구상에서 영원히 사라지고 말았다. 너무 오래된 일인가? 그야 그렇다. 하지만 우리가 이렇게 정확히 알고 있으니 이 또한 더욱 놀라운 일이다! 이에 대해 이제부터 자세히 기술하기로 하겠다.

몇 천 년 동안 인간은 자연과 그 속에 숨겨진 힘을 두려워해 왔다. 그러나 최근의 몇 십 년 동안 인간은 지구에서 일어난 일들 대부분을 확실히 알 수 있게 되었다. 지구가 언제 어떻게 생겨났는지, 대기(大氣)·대륙·대양은 언제 형성되었는지, 기후는 어떻게 변화하며 어떤 요인들에 좌우되는지, 해일·화산·지진이 세계를 왜 끊임없이 요동시키는지 등을 말이다. 이 모든 지식은 사실상 20세기 후반에 얻어진

245

것이다. 그리고 지금은 날씨의 변덕 때문에 재난을 수없이 겪고 있지만, 미래에는 날씨를 통제해서 고분고분하게 만들 수 있을 것이라는 희망을 가져도 좋을 만큼 과학은 점차로 발전하고 있다.

근대가 시작될 때까지만 해도 자신이 살고 있는 행성이 어떻게 생겼는지 알고 있던 사람은 극소수였다. 많은 사람들은 지구를 둥근 쟁반 같은 것이라고 상상했다. 당시 그들은 신과 천사들이 정해 주는 창조 게임에서 자신이 기껏해야 엑스트라 역할을 할 뿐이라고 느꼈다. 지구에서 일어나는 복잡한 생명 현상에 능동적으로 참여하는 일은 아직 시작되지 못했다. 옛 그리스인들은 자연 재해와 일식 현상, 유성이 지구를 스쳐 지나가는 장면을 보고 머리가 깨지도록 그 원인을 숙고하였다. 하지만 몇 천 년 동안 답이랍시고 나온 것은 신화 내지는 다신교 신앙뿐이었다. 그런 자연 현상들에 대해 그들은 불충분한 해답만을 제시할 수 있었다. 오늘날의 정밀한 자연과학과 같은 학문은 아직 없었다. 대부분의 설명은 철학에서 구했고, 철학은 일상에서 관찰한 결과를 우선 창세 신화와 일치시키는 일에 전념할 뿐이었다.

구체적으로 이야기하면, 손에 잡힐 듯한 구체적인 이미지와 직관적 유추, 이를테면 세계는 알에서 부화된 것이라는 식의 설명만 되풀이되었다. 구약 성서의 창세기에는 신이 인간의 악행을 벌하기 위해 지구를 휩쓰는 대홍수에 관한 기록이 나온다. 구원의 방주에 들어갈 수 있던 자는 신앙심이 두터운 노아와 그의 식구, 동물들뿐이다. 그런 식으로 자연 재해는 신의 창세 신화에 통합되었다. 사람들은 그 위력 앞에 무방비 상태로 내던져져 있었지만, 그 배후에 이런 고차원의 의미가 숨어 있기를 바랐음에 틀림없다. 사실 창세기나 다른 신화에 대홍수에 관한 기록이 있는 것은 별로 놀라운 일이 아니다. 옛 바빌로니아에서는 유프라테스 강과 티그리스 강이 범람해 삶의 터전이 황폐화되는 일이 자주 일어났기 때문이다.

이러한 생각은 중세가 끝날 무렵까지도 변함없이 사람들의 정신생활을 지배했다. 자연의 위력 앞에서 인간은 한갓 미물(微物)에 지나지 않았으며, 지구는 삶과 죽음을 관장하는 불가해한 원천이었다. 18세기 말 계몽주의 시대가 시작되고 나서도 한참 동안 과학자들은 자연에서 관찰한 내용을 신앙심과 조화시키려 했다. 그래서 예컨대 수자원 관리 사업, 지질학과 성경에 관심이 많았던 프로이센 왕립 종교법원장 질버슐라크Johann Esaias Silberschlag(1716~1791)는 1780년 《지구 형성론 *Geogenie*》이라는 저서에서 성경의 대홍수를 잘못된 지질학 지식으로 입증하려 했다. 그는 서문에서 이렇게 썼다.

창조의 역사도, 대홍수의 역사도 물리학 및 수학과 모순되지 않는다. 도리어 이 우수한 학문들의 많은 부분을 해명한다.

따라서 인간과 자연과학을 연구할 때 그는 옛날과 마찬가지로 그 둘을 신학 아래에 종속시키는 데 비중을 두었다. 그렇게 많은 물이 어디서 왔는가라는 물음에 대해서는 지구 속에 엄청난 양의 물이 확보되어 있으며 대홍수 때 이 물이 지구의 가장 높은 산봉우리들까지 뒤덮었다고 설명했다. 그러나 이런 설명이 초자연적이지 않다는 점은 의미 있는 것이다.

그의 동시대 사람들은 여기서 한걸음 더 나아갔다. 물론 이미 그 전부터 수많은 자연학자들은 지구상에서 일어나는 현상들을 하나하나 과학적으로 인식해 가기 시작했었다. 특히 16세기의 천문학자들은 망원경을 제작해서 정밀하게 별의 움직임을 연구했고, 마침내 지구가 우주의 중심이 아니라는 가설을 내세웠다. 그리하여 1800년경에는 칸트와 프랑스 천문학자 라플라스Pierre Simon de Laplace(1749~1827)가 우리 태양계의 성립 과정을 설명하였는데, 그 방면에서 이 설명들은 신빙성 있는 최초의 이론이라 할 수 있다. 그 두 사람은 아주 오래전에 별들이 폭발할 때 우주 공간으로 흩어진 먼지가 그 후에 다시 뭉쳐서 우리 태양계가 생겨났다고 말했다.

이 새로운 인식을 통해 인간은 자연 속에서 능동적인 형성자로 자리 잡기 시작했다. 다시 말해 인간은, 칸트가 호라츠Horaz에게서 따온 정언 명령 "너의 오성을 사용할 용기를 가지라!Sapere aude!"대로 스스로 사유하고 판단하기 시작하였다. 그리하여 미성년 상태에서 해방되는 데 반드시 필요한 '자존심'을 획득하게 되었다. 디드로Denis Diderot(1713~1784)와 달랑베르Jean le Rond d'Alembert(1717~1783)가 1751년부터 1772년까지 출간한 《백과사전, 또는 과학·예술·기술의 이성 사전Encyclopédie ou dictionnaire raisonné des sciences, des arts et des métiers》은 그 시대의 탁월한 저술 가운데 하나이다. 그 28권의 역작에 뜻을 모은 저자들(루소, 볼테르, 몽테스키외를 비롯한)은 그 시대에 새롭게 알게 된 세계의 면면을 거기에 담았다. 이런 새로운 움직임은 프랑스 혁명으로 절정에 이르렀으며, 이제 자유로운 인간은 자연 속에서 행동하는 주체로 등장했다.

이 시대의 정치적 격변과 과학의 진보를 보면서, 인간들은 자신의 생활공간인 지구와 자신이 어떤 관계에 있는지를 다시금 생각하게 되었다. 이제 자연 연구는 초자연적 해석 없이도 지구의 모든 현상을 설명할 수 있는 새로운 정신에 의해 이루어졌다. 지학과 생물학의 개척자들은 산과 들을 누비고 다니면서 체계적으로 지식을 수집했다. 그들은 돌·식물·화석을 채집했고 그 본성을 규명하려고 노력했다. 그들은 발견한 것들을 토대로 해서 지층을 정교하고 조심스럽게 측량했으며, 그리하여 지구가 알에서 부화하지 않고 아주 장기간에 걸쳐 성립되었다는 이론을 내놓을 수 있었다. 지질학자들이 알아낸 것들은 획기적인 공학 기술에 응용되었다. 그 결과 지구의 자원들이 인류를 위해 유용하게 사용될 수 있는지가 지속적으로 탐색되었다. 화학과 재료과학 분야는 강철·유리·세라믹 그리고 합성 물질로 된 현대적 재료들을 생산했다. 석유·가스·석탄은 1차적 에너지원이 되었고 산업 혁명을 가능하게 했다. 18세기와 19세기에 나타난 이처럼 역동적인 분위기는 베른Jules Verne(1828~1905)의 환상 소설에서도 확인할 수 있다. 그 작품들에는 당시 만연했던 새로운 출발의 분위기, 다시 말해 이 지구상에서 인간을 막을 수 있는 것은 이제 아무것도 없다는 식의 낙관론이 전형적으로 나타나 있다. 그의 작품《땅 밑으로의 여행》은 오늘날까지도 꿈으로 머물러 있는 지구 속 탐험을 형상화했다. 또 다른 환상이 담긴 작품《지구에서 달까지》는 몇 십 년 후에 현실로 나타났다. 얼마 전에는 역사상 가장 성능이 뛰어난 유럽 우주선이 완성되었는데, 베른의 과학 소설에 나오는 주인공의 이름을 따서 로제타라는 이름이 거기에 붙여졌다(나폴레옹의 병사가 이집트에서 가져온 로제타석이 고대 이집트 문명을 해명하는 데 기여했듯이, 과학자들은 이 우주선이 태양계의 비밀을 풀기를 기대했음—옮긴이).

지구 내부에서 '지구 시스템' 전체를 조정하는 과정들을 이해하는 데는 판(板) 구조론이 가장 많이 기여했다. 이 이론은 1960~1970년대에야 비로소 개발되었다. 그 단초를 놓은 과학자는 베게너Alfred Wegener(1880~1930)였다. 그는 20세기 초 대륙 이동설을 최초로 제시했다. 다시 말해 지구 표면의 엄청난 대륙들이 결코 조용히 정지해 있지 않으며, 심지어 한때는 초대륙 판게아로 합쳐져 있었다고 주장한 바 있다. 지금으로부터 30~40년 전에는 이 판 구조론에 입각해서 대륙과 대양이 지구 표면에서 이동하는 방식, 그리고 산맥·화산·지진이 생겨나는 방식과 원인들을 포괄적으로 이해할 수 있게 되었다. 그리하여 지구과학은 자연과학의 가장 중요한 분야 중 하나로 자리 잡았다.

그 뒤로 차츰 지구 시스템이 분석되었다. 그리하여 지구상의 모든 현상들, 예컨대 강우·폭풍·지진 또는 화산 폭발이 하나의 살아 있는 유기체처럼 서로 연관성을 가지고 생겨난다는 것을 알게 되었다. 그리고 이 복잡한 상호 작용이 생명체들을 계속 살아갈 수 있게 해준다는 것도 사람들은 알게 되었다. 그래서 결국 인간도 우리가 오늘날 경험하는 위치에 자리 잡았다. 즉 인간은 지구라는 복잡한 시스템의 과정들에 관여하는 중요한 인자들 중 하나가 된 것이다. 좀 더 자세하게 이야기하자면, 인간의 행동은 지구라는 생활공간에서 전개되는 생물학적·물리학적 과정들에 영향을 미친다. 자연 자원들을 경제적으로 이용하면 분명한 흔적이 남는 것이다. 예컨대 지구의 온실 효과는 화석 연료의 연소를 통해 촉진되는 것으로 추측되는데, 이에 대한 광범위한 연구들은 그런 새로운 시각을 보여주는 예들 중 하나이다.

그 논쟁에서는 일부 사람들이 문명 발전에 대해 갖고 있는 노골적인 회의(懷疑)도 분명히 나타난다. 20세기에 환경의 중요성을 점차 깨닫기 시작하면서부터 자연관이 변화해 왔기 때문이다. 그러나 지구과학의 성과들은 이 문명 논쟁에서 아주 낙관론적일 수 있는 수많은 근거를 확보하고 있다. 지구과학은 지구 온난화가 이산화탄소 배출량과 관계있다는 것을 최초로 알려 주었으며, 이런저런 테제와 이론을 가지고 허구와 실제 문제를 구분할 수 있는 기회 또한 제공해 주었다. 그리하여 우리는 실제 문제들이 무엇인지를 알 수 있게 되었고, 지구상에서 인류가 오랫동안 되도록 편안하게 살 수 있는 가능성도 열리게 되었다.

인간과 지구의 관계에 대한 문제들에 있어서 지구과학은 우리를 허황된 허구 세계에서 빼내어, 확고한 현실의 토대로 끌어내렸다. 베른이 꿈꾸었던 땅 밑으로의 여행은 아마 결코 불가능할 것이다. 왜냐하면 땅속 깊은 곳은 한마디로 너무 뜨겁기 때문이다. 물론 지구과학은 인간이 지구 시스템에 능동적으로 참여한다는 데 주목하기는 한다. 하지만 지구의 긴 역사를 놓고 볼 때 인간의 활약이 지구의 운명에 아무 영향을 미치지 못한다는 것도 잘 알고 있다. 인간은 지구에서 많은 것들에게 영향을 미칠 수 있지만 여전히 미물에 지나지 않는다. 지구 내부와 우리 태양계에서 작용하는 힘들 앞에서는 그저 무력하기만 하다. 비록 인간이 지속적으로 이산화탄소를 방출하고 기후를 온난화시키고 있지만, 몇 천 년 후에 빙하 시대가 올 것이라는 엄연한 사실 앞에서는 속수무책일 수밖에 없다. 그때가 되면 아마 우리 후손들은 서기 3000년대의 쾌적하고 따뜻했던 시대를 되돌아보며 그리워하게 될 것이다. 또한 인간은 몇 십억 년 후에 지구가 사라진다는 사실에 대해서도 아무런 예방책을 마련할 수 없다. 태양은 스스로 생사를 건 투쟁을 하다가, 게걸스런 '붉은 거인'처럼 적색 거성Red giant으로 발전하고, 마침내 태양계 전체를 불살라 버릴 것이다. 하지만 그렇다고 해서 걱정할 필요는 전혀 없다. 왜냐하면 확신하건대 지구의 엔진이 멎어버려 인류는 그 전에 이미 멸종했을 것이기 때문이다. 다시 말해 원료가 고갈되어 지구 내부에서는 핵반응들이 더 이상 이루어지지 않을 것이다. 5억 년 후에 지구는 냉각되고, (이 장(章)에서 우리가 기술하고자 하는) 생명을 유지하는 모든 과정은 정지될 것이다. 강추위가 오고 지각 판들의 이동과 자전 운동이 멈출 것이다. 또한 화산도 침묵하고 지진은 이미 과거의 일이 되어 있을 것이다. 요컨대 지구는 달·화성·금성처럼 '지질학적으로 얼어붙어 있는' 상태에 돌입하여 깊은 잠에 빠져들 것이다. 그리고 이 별의 모든 생명은 파멸할 것이다.

그러나 고개를 높이 들라! 우리에게는 아직 시간이 좀 남아 있다. 물론 자연의 위력은 너무 강해서 우리가 지배할 수 없는 것처럼 보이기는 한다. 하지만 우리가 그 메커니즘을 더 잘 알게 될수록 그만큼 더 일찍 우리는 거기에 개입할 수 있다. 그리고 그 어떤 새로운 도전에도 대응할 수 있을 것이다. 따라서 지구를 계속 연구하고 그에 대한 지식을 모으는 일은 분명 보람 있는 일이 될 것이다. 아마 우리 인류는 지구와 태양의 죽음 또한 이겨내고, 다른 행성으로 이주하는 데 성공할지도 모른다.

어쨌든 자연의 위력에 대해 경외심을 가지는 일이 우리의 미래에 결코 해롭지는 않을 것이다. 게다가 자연에서도 우연이 중요한 역할을 한다는 것을 결코 잊어서는 안 된다. 심지어 우리가 이렇게 살아 있다는 것조차도 지구가 탄생할 때 있었던 일련의 행복한 우연들 덕분이라는 점을 알아야 한다. 다시 말해 지구가 태양으로부터 몇 천 킬로미터 더 떨어진 곳에 공전 궤도를 형성했었다면, 지구 표면은 혹독한 추위가 지배했을 것이고 거기서 생명이 탄생하기란 힘들었을 것이다. 이와 반대로 지구가 태양에 조금만 더 가까이 있게 되었다면, 무더위가 참을 수 없이 기승을 부렸을 것이다. 지구의 크기 또한 아주 다행스런 정도이다. 그 크기는 산소처럼 대기 중에 있는 기체들을 품고 있기에 아주 적합하다. 또한 화산 활동을 통해 물이 지구 내부에서 솟아 나오기에도 적합하다. 주지하다시피 섭씨 0도에서 100도 사이에 존재하는 액체 상태의 물이 없었다면, 아마 우리가 주변에서 흔히 보는 생물들도 생겨날 수 없었을 것이다.

창세 신화에서 현대까지

지구와 자연의 위력은 이미 인류 역사 초기부터 인간의 상상력을 자극하는 매력적인 것이었다. 우리 조상들은 지구와 별이 도대체 어떻게 해서 생겨났는지, 그리고 누가 또는 무엇이 인간·동물·식물을 창조했는지를 숙고했다. 그러나 몇 천 년 동안 그들은 신화적 해석에 만족해야 했다. 그들에게는 지구와 우주의 탄생에 대한 기초 지식이 없었다. 그러나 시간이 지남에 따라 옛 사상가들은 점점 더 많은 경험과 지식을 축적하여, 기존의 지배적 사고 및 권력 구조로부터도 차츰 해방되었다. 한편에는 지구가 스스로 형성되었다고 하는 사상이 있었고, 다른 한편에는 신이 우주를 창조했다고 하는 신앙이 있었다. 이둘 사이의 대립은 역사가 시작된 무렵부터 나타났는데(이에 대해서는 이미 〈다윈의 진화〉라는 부분에서 기술했음), 오늘날에도 그 신앙은 사람들의 마음을 지배하고 있다.

옛 왕국과 자연민족

정치적 조직을 갖춘 최초의 왕국들은 아프리카와 아시아의 강 유역에서 형성되었다. 기원전 3100년부터 2900년 사이에 생겨나 기원전 30년 로마인들에게 패망한 이집트도 그중 하나였다. 이집트 왕국은 엄격한 위계 질서에 따라 조직되어 있었다. 가장 높은 곳에는 신들이, 제2의 자리에는 사자(死者)들이 있었고, 제일 아래에는 인간들이 살고 있었다. 인간들은 파라오의 다스림을 받았는데 그들 중 일부는 노예화되어 있었다. 후대 그리스의 권력자들과는 달리 이집트의 권력자들은 정치와 정신을 혁신하는 데 별로 관심이 없었다. 그렇지만 교양 계층에 속하는 사람들 중에는 생명의 의미와 그 성립 과정을 숙고하는 이가 있었다. 그렇게 생겨난 이집트 철학은 신통론(神統論)·우주 생성론·수학·물리학을 포괄하는 것이었다. 신통론은 신들의 계보를 이해하는 학문이다. 철학자 미텔슈트라스에 의하면, "세계가 어떻게 창조되었는지를 알고자 하는 자는 신들의 일가족이 서로 벌이는 무한한 투쟁사에 휘말려들게 된다." 이 우주론은 세계의 생성에 대한 계속된 질문들을 포함한다.

다른 초기 문명에서처럼 이집트인들 역시 모든 존재자가 어떤 '혼돈'에서 시작되었다고 믿었다. 그리고 여러 가지 요소들의 결합, 특히 신의 활동을 통해 세상에 질서가 잡혔다고 생각했다. 이집트의 창세 신화에서는 근원수(根源水) 눈Nun이 있었고, 거기서부터 육지가 둥근 언덕처럼 솟아 나왔다고 한다. 이 언덕에는 알이 놓여 있었는데, 여기서 거위 한 마리가 부화되었다. 사람들은 이 거위를 태양신 '레'로 여기고 숭배했다. 이집트의 또 다른 신화에서는 창조신 프타가 흙한 덩어리를 겨드랑이 밑에 끼고 솟아 올라와 세상과 질서를 창조했다고 말한다. 매일 저녁 신들이 불을 붙이는 하늘의 항성들은 신이 활동한다는 것을 보여주는 증거로 해석되었다.

당시 학자들은 상당한 지식을 지니고 있었다. 하지만 그들은 그 지식에 입각해서 지구의 생성을 과학적으로 설명하지는 않았다. 당시의 지적 수준은 몇 백 년 동안 계속 높아졌으며, 이로 미루어볼 때, 그들의 지적 업적이 오늘날의 연구자들보다 결코 못한 것은 아니었다. 예컨대 키레네(오늘날의 리비아 샤하트)의 에라토스테네스Eratosthenes(기원전 276~19년경)는 지구의 지름을 계산한 최초의 사람이었다. 그는 동일한 시각에 지구의 서로 다른 장소에서 태양 빛이 만드는 서로 다른 그림자들의 길이를 아주 정확히 측정하였다. 그리하여 그는 지구의 크기·반지름·지름을 구하는 수학적 공식을 알아냈다.

신에 대한 그들의 관심은 초기의 모든 문명에서 발견되는 전형적인 것이었다. 신에 대한 그런 전형적인 관념은 수메르인들에게서도 나타난다. 이들은 기원전 3400년부터 남부 메소포타미아에 거주했었다. 이 시대에 수메르인의 도시 우루크에서 인류 초창기의 유명한 문자가 생겨났다. 이미 700여 자의 상형 문자 시스템이 완전히 개발되어 있었기 때문에, 그 문자는 이미 그 전부터 개발되기 시작했을 것이라 추정된다. 예컨대 보리는 진흙 판에 보리이삭 모양의 간단한 아이콘으로 기록되었다. 어려운 내용은 상형 문자들을 조합해서 표현하였다. 예컨대 접시 옆에 머리를 그려놓은 것은 '먹다'를 뜻했다. 진흙 판에는 수메르의 창세 신화 장면들도 기록되었다. 수메르인들의 생각에 의하면, 우선 하늘과 땅이 서로 분리되었고, 거기서 어머니 신들, 안 An · 엔릴Enlil · 우투Utu · 엔키Enki가 태어났는데, 이들은 지구에 착륙해 인간의 운명을 감시하였다.

다른 지역의 신화에서는 지구와 하늘의 천체들이 전혀 존재하는 것이 아니었다. 그것들은 신의 '유출Emanation'로 간주되었다. 다시 말해 모든 존재는 완전한 존재인 신의 허구적 가상으로 간주되었다. 신은 지구에서 그 모든 놀라운 유희를 즐기고 있었다는 것이다. 페르시아와 인도의 고대 문명에서는 그런 사고가 널리 퍼져 있었다. 예컨대 힌두교의 베단타 학파는 세계가 모두 환영(幻影)일 뿐이라고 가르친다.

몇몇 자연민족들의 창세 신화는 단지 유일한 창조자만이 있다고 가르친다. 이런 신화에서 세계 창조에 대한 부분은 간단히 구성되어 있다. 이를테면 까마귀, 거북 또는 노인이 진흙을 가지고 지구와 별들을 빚었다고 가르친다.

대략 서기 300년부터 생겨난 북아메리카 초기 인디언 부족 중 하나인 이로쿼이족은 임신한 여자가 하늘에서 떠밀려 땅으로 떨어질 때 대륙이 생겨났다고 믿었다. 그 신화의 내용은 이러하다. "지구는 무한한 대양으로 뒤덮여 있었다. 바닷새 한 마리가 임신한 여자를 낚아채어서, 때마침 해상으로 떠오르는 거북의 등에 태웠다. 그러나 거기는 좁고 불편했기 때문에 아메리카 사향쥐가 해저에서 한 줌의 흙을 가져와 거북의 등 껍질 위에 놓았다. 그때부터 이 등 껍질이 자라나기 시작해 마침내 북아메리카 대륙을 형성했다." 따라서 이로쿼이족은 이 대륙을 지금도 '거북 섬Turtle Land'이라고 부른다.

반면에 동남아시아의 여러 섬들에서는 그 제비가 세계의 창조자로 숭배되었다. 사람들이 최초의 우주 모양이라고 가장 많이 믿은 것은

'세계 알'이었다. 이 알 속에는 창조를 위한 모든 재료들이 들어 있다고 생각했다. 사실 알 숭배 사상은 쉽게 생겨날 수 있는 것이었다. 악어 · 거북 · 모든 깃털 달린 새가 알 껍데기를 깨고 기어 나오는 것을 우리 조상들은 매일같이 관찰할 수 있었기 때문이다. 그래서 서아프리카의 전설에서는 창조 신 아마Amma가 지진을 일으켜서 세계 알의 껍데기가 깨졌다고 말하며, 중국의 우주론적 세계 알 전설에서는 세계의 조상신 반고가 1만 8,000년 동안 서서히 성장한 다음에야 비로소 알을 깨고 나왔다고 이야기한다.

기원전 1766년경에 탕왕이 세운 중국 상 왕조 시대의 이 전설에 따르면, 알은 두 조각이 났고 각각의 조각은 서로 다른 특성을 지니게 되었다. 밝은 절반은 하늘이, 어두운 절반은 땅이 되었다. 그런데 이와 유사한 이원성은 폴리네시아 원주민인 마우리족에게도 존재했다. 이들은 기원전 900~1000년 무렵에 오늘날의 뉴질랜드인 아오테아로아Aotearoa에 정착했다. 이들의 생각에 따르면, 두 창조자 형상이 최초의 근원 포옹으로부터 풀려났는데 이들은 우주에서 각자의 지위를 차지하게 되었다. 즉 하나는 랑기Rangi(남성적 하늘)가 되었고, 다른 하나는 파파Papa(여성적 땅)가 되었다.

남자와 여자가 특별한 창조 행동을 할 수 있다는 생각은 널리 퍼져 있었다. 이는 신화들에 반영되었는데, 특히 서아프리카 밤바라Bambara 왕국의 신화에서는 흥미롭게 변형되어 나타나고 있다. 우주의 알이 귀를 찢을 듯이 날카로운 굉음을 내었고, 그리하여 그 소리와 성(性)이 정반대인 동형(同型)이 생겨나게 되었으며, 이들이 세계 최초의 아버지 · 어머니 신이 되었다는 것이다. 아프리카에 전래되는 또 다른 창세 신화에서는 세계의 처음에 신들의 어머니만 하나 존재했다고 말한다. 그 구체적 내용은 이러하다. "그녀는 하늘에서 살았고, 거기서 인간 이외의 동물과 귀신도 창조했다. 이들은 오랫동안 하늘에서 함께 살았으며 자손을 번식시켰다. 하늘이 너무 좁아지자 신은 물과 먼지를 섞어서 원처럼 둥글게 지구를 창조했다. 그 다음에 인간과 동물이 긴 사다리 줄을 타고 지구로 내려왔다."

　대부분의 초기 창세 신화에서는 동물이나 인간을 신에게 제물로 바치는 일이 중요한 종교 의식(儀式)이다. 창조 행동이 희생 제물의 죽음을 통해 개시되었다는 생각은 흔한 것이었고, 무수히 많은 인명이 희생되었다. 아스테크 왕국에서는 희생 제사가 큰 역할을 했다. 700년에 아스테크인들은 멕시코 고원 지대에서 테오티와칸Teotihuacán족으로부터 제사권을 넘겨받았다. 이츠코아틀Itzcoatl이 다스리던 서기 1428~1440년은 그들의 국력이 가장 강성한 시기였다. 1519년 스페인인들을 만났을 때 그들의 인구는 약 500만이었다. 그러나 1년 내에 그 왕국은 잔인하게 파괴되었다. 몇 년 후에 스페인인들은 안데스 산의 고지대로 전진하여, 거기서 또 하나의 문명인 잉카 제국을 만났다. 잉카 제국은 1200년에 처음으로 만코 카팍Manco Capac이 쿠스코 Cuzco에 세운 것이다. 그 제국은 처음에는 그 도시와 주변 계곡의 마을만으로 이루어져 있었다. 안데스 지역 케추아Quechua족의 언어에서 쿠스코는 대략 '배꼽'에 해당하는 의미를 가진다. 잉카족은 그 도시가 우주의 중심이고 지구의 네 부분에 둘러싸여 있다고 믿었던 것이다. 15세기에 잉카 제국은 북미와 남미를 통틀어 가장 큰 콜럼버스 전기(前期) 제국을 형성했으며, 오늘날의 에콰도르 키토에서부터 칠레 산티아고까지 영토를 확장했다. 내전과 스페인의 침략 전쟁 이후 제국은 와해되었고 1,200만의 인구는 사라졌다. 잉카 제국의 수도 쿠스코 인근에 있는 도시 마추픽추Machu Picchu는 그 나라에서 가장 아름다운 곳으로, 오늘날 전 세계 사람들의 발걸음이 끊이지 않는 관광지이다. 잉카인들도 인간을 희생 제물로 바쳤는데, 예컨대 잉카 왕이 사망했을 때 그런 일이 벌어졌다. 그들은 젊은 소녀들을 마취시킨 뒤에 목을 베어서, 죽은 왕과 함께 매장했다.

성경의 창세기

서기가 시작되기 오래전부터 헤브라이인들은 희생 의식이 없는 특별한 종류의 창세 신화를 믿었다. 조상 아브라함 이후부터 그들은 스스로를 이스라엘인 또는 유대인이라고 불렀다. 이집트의 창세 신화와는 달리, 유대교나 거기에서 생겨난 기독교에는 지구가 스스로 생성되었다는 식의 자연 발생론이 없다. 구약에서는 세계를 낳은 근원 재료를 찾아볼 수 없다. 그 대신 유일한 창조자가 내세워진다. 그의 말이 지구와 생명을 창조했다는 것이다. 성경에서는 두 개의 창조 보고서(창세기)가 전래되고 있는데, 제2의 보고서(창세기 2장 4~25절)에는 기원전 950년에 팔레스타인에서 기록된 이야기가 담겨 있다. 그 내용은 이러하다. "신은 흙으로 인간을 빚었다. 그리고 그 인간으로 하여금 에덴 동산에서 과수원 농부처럼 일하게 했다. 동물들과 부인이 그를 돕기 위해 옆에 서 있었다. 그러다가 원죄가 발생했다. 아담과 이브는 그 낙원에서 쫓겨났다." 제1보고서(창세기 1장 1절~2장 4절)는 기원전 586~538년에 시의 형식으로 기록되었다. 그 보고서는 질서가 철저하게 잡힌 창조를 보여준다. 신은 6일 동안 시간 · 하늘 · 땅 · 땅 위의 모든 생물을 창조하고, 제7일에 안식한다는 내용이다.

유대교 및 기독교의 창세 신화가 다른 여러 민족의 창세 신화와 다른 점은 하늘과 땅이 신화적 · 신적 성격을 갖지 않는다는 것이다. '창조의 꽃'으로서, 신과 동일한 형상으로 인간이 제시되었다. "지구를 너희들에게 복속시켜라! 동물들을 다스려라!" 이 과업은 오늘날까지 사람들의 마음을 설레게 한다. 여기서 중요한 것은 신이 인간을 다른 모든 생명들 위에 놓았다는 점이다.

그리스인들과 학문의 시작

생명의 기원을 탐구하는 문제에서는 고대 그리스인들이 당시의 모든 민족들(그리고 이후의 많은 민족들)보다 앞서 있었다. 현대적 학문은 고대 그리스에 뿌리를 두고 있다. 어떻게 해서 그들이 질문의 방식을 바꿀 수 있었는지는 오늘날까지도 완전히 규명되지 않고 있다. 그들은 삶과 죽음에 철학적으로 접근했으며, 그 철학의 이론적 출발점은 신통기(神統記)와 우주론을 포괄하는 것이었다. 신들의 계보에 대한 최초의 가르침(신통기)은 기원전 700년경에 살았던 헤시오도스가 기록했다. 하지만 우리에게는 이야기 《일리아드》와 《오디세이》를 통해 신들의 놀라운 세계를 우리에게 제시해 준 호메로스가 더 잘 알려져 있다. 그 세계는 수많은 독립 도시 국가 폴리스로 이루어진 그리스 세계만큼이나 매우 다채로웠다. 거기에는 아프로디테(Aphrodite, 사랑과 미의 여신)의 A부터 제우스(Zeus, 모든 신과 인간의 지배자이자 정의와 운명의 수호자)의 Z까지가 모두 들어 있다. 호메로스의 서사시에서는 신들이 바로 인간의 특징을 가지고 있으며 기꺼이 올림포스에서 지상으로 내려온다.

그리스인들은 전해 내려오는 것들에 대해서 자발적으로 숙고하고 의문을 제기했다. 이는 전례 없는 일이었다. 그리하여 그들은 괄목할 만한 자연철학의 기초를 쌓을 수 있었다. 고대의 그 어떤 문명에서도 볼 수 없던 체계적인 방식으로 그들은 하늘과 땅의 자연 현상들을 연구했고 땅의 역사라는 마법을 풀기 시작했다. 천체 운행 궤도와 태양의 그림자에 대한 연구가 이루어졌고, 그리하여 저 유명한 피타고라스Pythagoras(기원전 580~500)같은 학자들은 이미 기원전 6세기에 땅이 원반이 아니라 구형(球型)이라는 것을 알고 있었다. 그 명제에 대한 증거로 그들은 바다에서 배들이 수평선 밖으로 멀어질 때 점점 작아질 뿐 아니라 차츰 가라앉아 보인다는 것을 제시했다. 게다가 달의 변화하는 모습도 지구가 구형이라는 것을 말해 주었다. 왜냐하면 거기에 비치는 지구 그림자는 예전부터 항상 원형이었기 때문이다.

당시까지 아직 일반적이던 창세 신화들에 비추어보면, 당시 사람들이 그런 지식에 접했을 때 어떤 생각에 깊이 빠져들기 시작했을지를 상상해 보는 것은 어렵지 않다. 이런 생각은 처음 해보는 것이었고, 그리하여 고대 그리스에서는 처음으로 '비판적 토론'이라는 것이 생겨났다. 학자들은 일반적인 세계 이미지와 현실 간의 모순들을 집중적으로 찾기 시작했고, 그 해결 방안에 대해 토론했다. 물론 그들은 이때 종교적 선입견이나 미신에 개의치 않았다. 오늘날의 관점에서 볼 때 그들이 당시에 대변한 문제의식은 상당히 자명한 것처럼 보인다. 태풍 · 번개 · 천둥은 이제 더 이상 신이나 악마의 작품이 아닌 것이 되었다. 그것들은 연구해 볼 만한 자연적 원인들에서 생겨나는 현상이었다. 게다가 그들은 인간의 지식이 지속적으로 확장될 수 있다는 것을 (이른바 기초 가설로서) 전제해야 했다. 지식은 더 이상 정태적 구조물이 아니었다. 인간의 정신이 세계와 그 질서를 이해할 수 있다는 믿음은 당시에는 새롭고도 도전적인 것이었다. 옛 그리스인들은 그런 테제를 가지고, 지식과 학문을 그 자체로 추상적으로 숙고할 수 있었던 최초의 사람들이다.

기원전 6세기부터 그리스에서는 강력한 지식 폭발이 이루어졌고, 그리하여 전통적 세계상(像)의 마법이 풀렸다. 이러한 현상이 일어날 수 있게 해준 물질적 기초는 그 시기에 팽창한 상거래였다. 수많은 도시 국가와 식민지가 건설되어 서로 협력하고 경쟁하였으며, 특히 최초의 화폐와 문자가 개발되었다.

그리스 초기 사상가들 가운데 중요한 한 사람인 탈레스Thales를 보면 당시 사정을 잘 알 수 있다. 그는 기원전 625~547년에 도시 밀레토스에 살았는데, 많은 역사가들은 그를 심지어 학문의 조상이라 불렸다. 그가 그런 명예를 얻게 된 것은 물론 그가 현명했기 때문이다. 하지만 한편으로는 그가 살았던 도시가 특수했기 때문이기도 하다. 기원전 10세기부터 그 도시는 그리스 점령 지역 가운데 규모가 가장 크고 부유했다. 그리스어를 사용하는 이오니아 지역에서 멀리 떨어진 소아시아 남부 해안으로서, 메안더 강이 에게 해로 흘러드는 하구에 위치해 있었던 것이다.

밀레토스에 거점을 둔 이오니아인들은 무엇보다도 흑해 연안에 약 80곳의 식민지를 세울 만큼 강성했다. 고대에 그 도시는 문화의 중심지로 발전했고, 그리스 세계의 광활한 지역을 장악하는 무역 망의 허브가 되었다. 아시아 대륙 내부에서 시작하는 실크로드의 종점 역시 밀레토스였다. 게다가 기원전 6세기경부터 밀레토스는 가장 중요한 무역항을 갖게 되었다. 여기서는 아시아에서 오는 온갖 상품이 무역용 선박에 실려 그리스 본토로 발송되었다. 이 물류 통로를 통해 동쪽 아시아 민족들의 문화적 성과와 테크놀로지가 이오니아인과 그리스인에게로 전해졌다. 그래서 일찍부터 그리스인들은 외국의 온갖 창세 신화와 신을 대면할 수 있었다. 그들은 외국의 수공업 기술도 알게 되었다. 갈대를 가공해서 파피루스에 글을 쓰는 방법은 이집트에서 수입되었는데 이 기술은 그리스에서 문자 문화가 발전하는 데 엄청나게 기여했다. 그러나 거기서 결정적인 역할을 한 것은 당시 그리스인들의 시대정신이었다. 그들은 문호의 개방과 새로운 지식을 기존의 것에 대한 위협으로 여기지 않고 기꺼이 받아들였다. 새로운 지식이 자신들의 문화를 풍요롭게 한다고 생각했던 것이다.

오아시스처럼 정신에 새로운 영감을 불어넣는 이 밀레토스에서 탈레스는 태어났다. 그의 천재성은 먼 곳에서 운반되어 온 지식들을 현명하게 분류하고 여기서 더 나아가 일반화한 뒤에 가설을 세우고 이론들을 정립한 데 있었다. 이때 실제적 결과를 얻기 위해 고민하지는 않았다. 물론 그가 숙고한 것들 중에서 많은 것은 옳지 못했다. 그러나 몇 가지는 맞는 것이었다. 예컨대 그는 기원전 585년에 별들을 체계적으로 관찰하여 일식을 예언했다. 반면에 지구가 물 위에 두둥실 떠 있다는 그의 주장은 오류였다. 그는 물을 만물의 근원이라고 여겼다. 그러나 세상의 모든 사물이 하나의 물리적 근본 물질로 되어 있을 것이라는 그의 원질론Urstoff-These은 당시 사람들의 생각보다 훨씬 앞서 있던 것이다. 그는 그와 비슷한 연배에 있는 학자들 전체에 영감을 불어넣었다. 그는 그들로 하여금 스승의 생각을 무비판적으로 고개 숙여 받아들일 필요가 없다는 생각을 갖게 만들었다. 그의 제자 아낙시만드로스Anaximandros(611~547) 역시 이 충고를 받아들였고, 여러 가지 관점에서 스승을 논박했다. 아낙시만드로스는 지구가 물 위에 떠 있는 것이 아니라고 생각했다. 그는 도리어 지구가 원통 모양의 장구처럼 생겼고 우주의 복판에 떠 있으며, 물이 아니라 가스 같은 것으로 이루어진 그 무엇이 모든 물질의 근원 물질이라고 생각했다. 그는 그것을 '아페이론Apeiron'이라고 명명했다. 당시 최초로 그는 먼 훗날 꽃피게 될 생물학적 진화론을 내놓았다. 예컨대 그는 최초의 생명체가 물에서 생겨났으며 인간이 동물에서 유래한다고 생각했다.

그리스인들은 우주 속의 질서가 그 자체에서 생겨난 것이라는 믿음을 깊이 살피기도 하였다. 이 생각의 맹아는 앞서 이야기한 바 있는 시인 헤시오도스에게도 있었다. 그는 호메로스와 함께 올림포스의 종교를 창조했다. 물론 그도 근원 혼돈이란 것이 있으며 여기서 신의 개입 없이 지구가 자발적으로 생성되었다고 생각했다. 그리고 지구상의 생명체에게 필수적인 모든 요소들도 그것들 자체의 능력으로 생겨났다고 보았다. 결국 고대의 이 그리스인은 (나중에 자세히 살펴보겠지만) 현대의 세계상과 아주 잘 부합하는 세계관을 가지고 있었던 셈이다. 현대의 세계상에 따르면 지구는 회전하는 가스와 먼지 구름에서 생겨났으니 말이다.

그리스의 원자론자들도 일찌감치 명성과 명예를 얻었다. 그 명성과 명예는 모든 시대 동안 계속되었다. 그들은 최초의 원자물리학적 · 천체물리학적 명제를 말했고, 이에 입각해서 물질의 속성을 거의 자연과학적으로 설명해 냈다. 아브데라의 데모크리토스Demokritos(기원전 460~375)는 원자론의 고안자로 통하며, 같은 시대의 그리스 철학자 레우키포스Leucippos(기원전 480~?)도 마찬가지다. 그들의 가르침에 의하면, 스스로 움직이고 화합물을 형성할 수 있으며 분해되지 않는 원자들의 소용돌이 속에서 지구와 별들을 포함하는 우주가 지금 모양대로 만들어졌다. 이러한 생각은 생명의 성립과 인지 능력에 대해 철학적인 문제를 제기하는 데서 시작되었다. 두 사람은 착시 현상 · 색 · 맛 · 온도의 주관적 감지 문제에도 관심을 가지고 있었는데, 그들은 이 문제를 자연 연구와 결부시키려 했다. 오늘날 역사가들은 그들이 다음과 같은 실험에서 그 원자 모형에 이르게 되었다고 추정하고 있다. 예컨대 속이 빈 옹기그릇을 바닷물이 들어 있는 용기 안에 세우면 점차로 물이 옹기 벽을 통과해 항아리 내부로 들어온다. 그러나 이 물은 바닷물만큼 염분이 많지 않다. 여기에서 소금이 작은 원자로 이루어져 있으며 진흙 벽으로 걸러질 수 있다는 사실을 추론할 수 있었다는 것이다.

그 후로도 고대 그리스인들의 지식은 점차로 축적되었다. 그리하여 사람들이 예전에 몰랐던 복합적 세계 시스템을 설명하는 자기 조직적 시스템으로서의 과학이 되었다. 물론 아직 많은 부분은 순수한 사변에 머물렀으며 온갖 신화로 점철되어 있었다. 그렇지만 그리스인들은 생명에 대해 비판적으로 편견 없이 숙고하는 방법을 과학적 카테고리 내에서 고안했다. 그리하여 인류의 발전에 크게 공헌했다. 철학과 자연 연구 분야에서 그들이 이룬 업적을 놓고 볼 때 그들의 진보적인 정신 자세가 사회생활의 모든 영역에 반영되었다는 것은 그다지 놀라운 일이 아닐 것이다. 그리스의 국가 및 법 시스템·정치·도덕·윤리·건축·공학은 당시 세계에서는 아주 독보적이었다. 또한 그 후 나타날 많은 것들보다 더 현대적이었다.

중세의 자연 연구

그리스인들의 세계 통치는 로마인들에 의해 막을 내렸다. 몇몇 역사학자의 견해에 따르면, 그리스인들의 지식은 로마에 의해 수용되었고 부분적으로는 전승·발전되었지만, 기초 과학은 간신히 명맥을 유지했으며 몇 세기가 지난 뒤인 중세 말에야 새로운 개화기를 맞았다. 역사가들의 그런 견해가 아주 빗나간 것은 아니다. 하지만 그 몇 세기 동안 새로운 중요한 인식과 경험이 전혀 없었는데도 16세기부터 새로운 자연과학이 부흥할 수 있었다고 믿는다면, 그것은 당연히 틀린 생각이며 역사 왜곡일 것이다. 기독교를 통해 세계는 '탈신화(脫神化)'(예컨대 미신의 철폐—옮긴이)되었고, 덕분에 사람들은 특별히 자연 연구의 관점에서 세계를 볼 수 있게 되었다. 1,500년 동안 과학은 도그마·종교·지배자의 압력을 무릅쓰고 발전해야 하는 어려운 상황에 자주 처했지만, 그 모든 시기마다 탁월한 사상가를 계속 배출했다. 그리고 이들은 지구에 대한 지식이 증대될 수 있게 했다. 사상가들은 초기의 찬란한 문명, 특히 이집트·메소포타미아·그리스의 선배들이 남긴 전통을 따라 미신을 내몰려고 노력했으며 과학을 통해 보강된 이성에게 더 많은 권리를 부여하려 했다.

고대 로마의 철학자 세네카Seneca(기원전 4~65)는 그런 유명한 학자들 중 하나였다. 네로 황제의 자문 위원이었던 그는 백과사전같이 방대한 분량의 《자연과학 연구》를 저술했다. 그는 복잡한 생명의 세계에 대한 물음은 아직 끝나지 않았으며 따라서 진리는 계속 추구되어야 한다고 항상 강조했다.

서기 476년 로마 황제가 폐위되어 로마 제국이 몰락한 이후에 그리스 학문의 유산 대부분은 11세기까지 이슬람 세계에서 보존되어 계속 발전했다. 자연과학의 중심은 동쪽, 특히 바그다드로 옮겨 갔다. 서유럽의 교황들이 그리스 사상은 계시 신앙에 모순된다고 여겨 악의 내지는 적개심을 가지고 그 확산을 막았기 때문이다. 이슬람 문화권에서 특히 의학과 천문학은 새로운 개화기를 맞았다. 예컨대 아랍의 자연 연구가인 아부알리 알하산 이븐 알하이탐Abu-Ali Al-Hasan Ibn al-Haitham(약 965~1041, 알하젠Alhazen이라고도 함)은 물리학적 고찰에 입각해 최초의 시각(視覺) 이론을 개발해 냈다.

그러나 이슬람과 코란의 옹호자들은 창세 신화를 설교했다. 이런 신화적 사고는 세계 발견자들에게서 생겨나기 시작한 합리주의적 사고와 조화되기 힘들었다. 그래서 12세기에 자연 연구자와 철학자들 일부는 외국으로 망명해야만 했다. 몇 백 년 동안 과학 연구는 어디서든 어려운 여건 아래에서만 가능했던 셈이다. 비판적으로 사유하고 작업하는 일은 어디서든 위험한 일이었으며, 신비주의적 상상들이 널리 퍼져나갔다. 그리하여 고대에 얻은 중요한 학문적 성과들 중 일부는 축출되고 멸실되었다. 예컨대 이미 고대 그리스인들은 자연 연구를 통해 지구가 매우 오래전에 서서히 성립했을 것이라는 결론을 내린 바 있다. 그런데 그로부터 1,000년도 더 지난 후에 종교 재판의 고문과 지하 감옥이 그런 명제를 확산하거나 신이 7일 동안 창조한 작품을 의문시하는 사람들을 위협했다. 그렇지만 수도원의 두꺼운 벽 안에서 그리고 크게 발전한 교회의 교육 기관들 내에서 장차 서구 지식을 꽃피울 정신생활이 펼쳐지고 있었다.

자연과학의 재탄생

대략 1500년경부터 과학은 승리를 향해 제2의 행진을 하기 시작했다. 과학은 그 전에도 결코 중단된 적이 없었다. 1500년 이후 유럽은 교육과 진보의 새로운 중심이 되었다. 그 동안에는 현대적 테크놀로지가 발전하는 데 중국이 훨씬 더 많은 것을 제공했었다. 로마 제국이 몰락한 후 유럽에서 지리적 · 정치적으로 이중적인 권력 시스템(교회와 국가)이 형성된 것 또한 중국이 과학을 주도하게 된 중요 원인 가운데 하나라 할 수 있다. 교회와 국가는 공통 부분이 거의 없었고, 외부의 낯선 영향력들에 맞서 자신을 보호할 방호 벽도 갖추고 있지 않았다. 하지만 중국은 달랐다. 중국은 모든 것 위에 군림하는 하나의 지도 계층에 의해 영도되고 통치되었던 것이다. 반면에 유럽 교회의 일부 세력들은 진보 사상에 회의적이었고, 이들이 미치는 영향력은 한동안 여전히 컸었다. 그러나 교회의 서로 다른 노선과 종단들 간의 경쟁, 특히 개별 귀족 가문들 간의 경쟁 속에서는 사상의 자유와 비판적 과학을 위한 터전들이 생겨나게 되었다. 예컨대 파리 같은 대도시에서는 12세기부터 대학들이 건립되었다. 교회 내부에서는 가톨릭의 근본주의에 대한 저항이 점차 일어났다. 따라서 유럽 문화의 진보 사상을 결박해 두는 것은 더 이상 가능하지 않았다. 진보 사상은 15세기에 인쇄술의 발명에 힘입어 그 힘찬 첫걸음을 내딛었다. 보통 사람들 역시 일상사에서 진보를 경험했고 침체가 계속되는 것을 거부했다. 사람들은 이제 철기를 이용한 농사법, 풍력 및 수력을 이용한 방앗간 제분법 따위의 진보된 기술이 이익을 가져다 준다는 것을 알았으며 기술이 더 많이 발전하기를 기대했다. 콜럼버스Christopher Columbus (1451~1506)를 비롯한 위대한 항해자들은 탐사 여행을 떠났는데, 이는 유럽을 사상적 지리적 한계에서 해방시키는 데 한몫했다. 지중해를 누비며 교역했던 고대 그리스 때처럼 이제 문화 간의 교류는 더욱 활발해졌고, 경제는 점차 풍요로워졌다. 그리하여 모든 생활은 모든 차원에서 활기를 띠었다. 시장 경제가 발전했으며, 시민들에 의해 정치적 공동체가 자발적으로 형성됨으로써 민주주의를 향한 첫걸음이 내딛어졌다.

과학은 이른바 르네상스 시대에 유례없이 크게 발전했다. 지구와 생명의 탄생에 대한 문제도 핵심 테마로 부각되어 토론되었다. 수많은 새로운 과학 분야들이 생겨났다. 그중에는 지구과학도 있었다. 최초의 아주 중요한 진보는 천체 연구 분야에서 이루어졌다. 중세 말까지는 지구를 중심으로 하는 세계상(世界像)이 확고부동하게 자리 잡고 있었는데, 2세기에 알렉산드리아에 살았던 천문학계의 권위자 프톨레마이오스Klaudios Ptolemaeos(약 100~160)가 그 학설을 방대한 저술《알마게스트Almagest》에 기록한 바 있다. 이후 그 학설은 이따금씩 의문시되기는 했으나, 여전히 유효했다. 그 권위는 1473년에 동프로이센 토른(지금의 토루인)에서 태어난 코페르니쿠스Nicolaus Copernicus가 등장하면서부터 서서히 약화되기 시작하였다. 그는 크라쿠프 · 로마 · 파도바 · 페라라에서 수학과 의학, 법학을 공부했으며, 특히 천문학을 열정적으로 공부했다. 천문학을 연구하면서 그는 집중적으로 그리스 학설들과 대결하였다. 그리하여 그 학설들을 바로 세웠다. 그는 태양을 중심으로 하는 세계상, 이른바 코페르니쿠스적 세계상의 건설자가 되었다. 즉 지구는 하루에 한 번 자전하며, 1년 만에 태양을 한 바퀴 순회한다는 것이다. 하지만 그는 교회와의 충돌이 두려웠다. 그래서 자신의 중요한 과학 연구서《천구의 회전에 관하여 De Revolutionibus orbium coelestium》를 출간하면서 시간을 많이 흘려 보내야 했다. 그래서 그것은 미완성으로 남았으며 그가 죽은 뒤에야 비로소 출판될 수 있었다. 이 책에서 그는 지구의 위치와 관련하여 자신이 발견한 것을 아주 장황하게 단서를 달아가며 설명하고 있다. 그는 자신이 지적 혁명을 야기할 수 있다는 것을 잘 알고 있었고, 그 소용돌이에 휘말리는 것을 두려워했던 것이다. 그런 우려는 합당한 것이었다. 황제는 그의 저서를 금서(禁書) 목록에 올렸다.

사람들이 코페르니쿠스의 업적에 대해 실제로 말할 수 있게 된 것은 100년이 지나서였다. 뷔르템베르크 바일Weil에서 태어난 케플러 Johannes Kepler(1571~1630)가 그 역할을 떠맡았다. 과학을 연구하기에 좋은 곳을 찾아 그는 프라하로 이주했다. 거기서 그는 황제의 전속 수학자로 임명되었으며, 덴마크인 브라헤Tycho Brahe(1546~1601)와 함께 천문학을 연구하기 시작했다. 두 사람은 밤이 새도록 코페르니쿠스의 이론에 관해 논쟁했다. 브라헤는 프톨레마이오스의 학설을 신봉했고, 케플러는 조금도 거침없이 코페르니쿠스의 세계상을 옹호했다. 케플러가 내세운 행성들의 타원 운동(원 운동이 아님) 법칙은 매우 중요한 것이었다(이에 대해서는 이 책의 다음 장에서 더 자세히 다룰 것이다). 게다가 케플러는 먼 데서 작용하는 힘들에 의해 행성들이 고유의 궤도를 따라 돈다고 추정했으며, 그리하여 고대 그리스 신화에서 말하는 것처럼 행성들이 신의 힘에 의해서 움직인다는 생각을 배척했다. 1630년 레겐스부르크에서 사망한 케플러의 뒤를 이어 천재적 과학자들이 계속 등장했다. 17세기 말엽에 케임브리지 대학에서 공부한 뉴턴Isaac Newton(1643~1727)은 케플러의 추측이 옳았다는 것을 확고히 했다. 그는 유명한 만유인력 및 운동 법칙을 세웠으며 역학(力學)의 창시자로도 통한다. 1687년에 그는 《자연철학의 수학적 원리 Philosophiae naturalis principia mathematica》라는 아주 유명한 책을 써서 중력의 법칙을 설명했다. 그 법칙은 달이 고유의 궤도에서 공전하게 하고 바닷가에서 밀물과 썰물이 생기게 하며 사과가 사과나무에서 땅으로 떨어지게 한다는 것이다. 겸손하면서도 논쟁을 좋아하는

뉴턴에게 감명을 받아 영국의 작가 포프Alexander Pope(1688~1744)
는 다음과 같은 2행시를 그에게 헌정했다.

자연과 법칙은 밤의 어둠 속에 숨겨져 있었다.
신은 "뉴턴이 있으라!" 하고 말했다. 그리고 모든 것은 빛을 보게 되
었다.

물론 뉴턴 이전에도 다른 중요한 연구자들이 인류의 지식 수준을
상당히 높여 놓았다. 그중 하나는 1564년 피사에서 태어난 갈릴레오
Galileo Galilei였다. 그는 1642년 피렌체에서 사망할 때까지 수학을
연구하고 가르쳤으며, 물리적 현상 대부분은 수학 공식으로 기술될
수 있다는 견해를 최초로 피력했다. "자연의 책은 수학의 언어로 기록
되어 있다"라는 유명한 말은 그가 한 것이다. 그는 1609년 망원경이
발명되었다는 소식을 접하고 나서 스스로 오목 렌즈와 볼록 렌즈를
사용해 원통형 망원경을 제작하였다. 그때부터 그의 명성은 높아졌
다. 그 망원경의 배율은 8이었다. 그는 달과 목성을 관찰해 거기에 분
화구와 골짜기들이 있다는 것을 알았으며, 마침내 태양도 관찰했다.
그는 행성들의 위치와 궤도를 자세하게 스케치했다. 그는 태양 표면
에서 이상한 반점과 돌출 부분도 발견했다. 이것들은 형태가 계속 변
화했다. 그래서 그는 하늘과 땅의 차이가 그렇게 현격하지만은 않다
는 생각을 하게 되었다. 왜냐하면 어디에나 산, 골짜기 그리고 끝없는
변화가 있기 때문이었다. 지구 · 달 · 목성 · 태양은 아주 비슷해 보였
다. 그의 망원경은 현대의 망원경과는 비교할 수도 없는 것이었지만,
그가 알아낸 것을 사람들은 이미 어느 정도 믿었던 것 같다. 로마 바
티칸의 교부(敎父)들은 그의 저서 《별에서 온 소식 Sidereus nuncius》
을 읽고 나서 그를 불러들였다. 그들은 거기에 기술된 내용이 눈의 착

각에서 비롯된 것임을 선언하라고 그에게 강요했다. 그들은 그에게 성경을 들이대면서 하늘과 땅은 서로 엄청난 차이가 있음을 환기시켰다. 하늘에는 신이 살며, 땅에는 낙원에서 쫓겨난 인류가 산다는 것이었다. 갈릴레오는 비판을 받으면서도 처음에는 뜻을 굽히지 않았다. 처음에 사람들이 그가 연구를 계속하도록 내버려둔 것은 아마 그가 독실한 기독교 신자였기 때문이었을 것이다. 그래서 그는 피사 성당에서 설교를 들으면서 천장의 등불을 바라보고, 진자의 주기적 왕복운동 법칙을 세울 수 있었을 것이다. 그러다가 마침내 그는 당시 로마 가톨릭 교회의 가장 중요한 신학자였던 벨라르민Robert Bellarmin 추기경(1542~1641)에 의해 침묵하도록 저주받았다. 추기경은 거룩한 자라는 칭송을 받았고, 갈릴레오는 계속 출판 금지 명령을 따랐다. 그러나 장기적 시각에서 볼 때, 갈릴레오의 이론은 억압될 수 없었다. 1992년 교황 요한 바오로 2세Johannes Paul II는 파문을 철회했으며, 그 동안 오해가 있었다고 선언했다.

예수회 학교를 다니면서 당시로는 최고의 교육을 받은 데카르트는 수학과 물리학의 논리 연구에 전념하여, 이것을 철학적 문제와 결부시켰다. 그는 당시 최고의 학자들과 서신을 교환했으며, 르네상스 시대의 가장 중요한 사상가 중 하나가 되었다. 그의 비판적 사고방식과 수학적 자연관 때문에 역사가들은 그를 최초의 근대 사상가로 부른다. 그는 철학적 논문들에서 신학적 문제와 과학의 기본 원칙간의 결합을 유지하기는 했다. 하지만 과학의 원칙들은 합리주의 정신에 따라 수학적 방법으로만 연구했다. 그는 신의 존재를 의심하지 않았지만, 외연적 물질 세계Extensio와 인식하는 존재 또는 영혼Cogitatio을 구분함으로써 합리주의와 신앙의 영역을 분리하여 아주 어렵게 균형을 맞출 수 있었다. 그는 유명한 저서 《방법 서설》에서 "나는 생각한다. 고로 존재한다"라는 명제의 기초들을 설명했다. 그는 현대 학문이 전에 없던 자율성을 가지게 했으며 신학의 결박에서 풀려 나게 했다. 그러므로 그가 열두 가지 이단적 특징들 때문에 유죄 판결을 받았고 그의 저술들이 금서가 되었다는 것은 그리 놀라운 일이 아니다. 데카르트만큼 교회의 권위를 추락시킨 사람은 없을 것이다. 데카르트 이전에는 신학만이 고상한 학문으로 통했다. 물리학과 수학은 신학에 종속되어 있었다. 데카르트로 인해 그 순위는 역전되었다. 성공을 꿈꾸는 많은 학자들은 그의 세계관에서 아주 깊은 감명을 받았다. 왜냐하면 그 세계관은 모든 것을 의문시하는 것을 지적(知的)으로 정당화했기 때문이다. 데카르트 필생의 역작은 모든 학문 영역에 혁명을 일으켰고, 데카르트주의는 그 후 100년 동안의 서양 철학도 특징지었다. 그리하여 철학은 순수한 방법론적 보조 학문이라는 제한에서 벗어날 수 있었다. 53세 되던 해인 1650년에 그는 스톡홀름에서 폐렴으로 사망했다. 추운 날씨에도 아랑곳하지 않고 날마다 새벽 5시에 일어나서 자신을 전속 교사로 초빙한 스웨덴 여왕 크리스티네Christine에게 철학을 가르치느라 무리한 탓이었다.

지질학의 등장

데카르트는 자연을 주의 깊게 관찰하는 사람이었다. 그의 목표는 땅과 우주를 종합적으로 파악하는 것이었다. 그래서 그는 지구과학을 연구하는 데도 몰두했고, 퇴적암의 형성과 다른 지질학적 문제를 이미 연구한 고대 그리스인의 이론들에도 관심을 가졌다. 그리하여 그는 지구 속이 텅 비어 있다는 이른바 공동(空洞) 이론을 개발했으며, 산맥들이 어떻게 형성되었는지를 아주 그럴듯하게 설명해 냈다. 우선 그는 지구가 별에서 생성되었다고 주장했다. 태양이 타고 남은 재 같은 것이 집적되었으며 그 다음에 냉각되었다는 것이다. 그는 이 과정에서 액체 층과 고체 층이 여분으로 남아, 빈 공간을 에워싸게 되었다고 보았다. 그 후 시간이 경과하는 동안 그 공동은 와해되었으며, 그 표면의 지각이 함몰되어 산과 계곡이 생겨났다는 것이다. 그는 지구 내부에 여러 가지 강력한 층들이 존재한다는 가설을 처음으로 세웠으며 이 가설은 나중에 과학적 방법을 통해 사실로 확인되었다.

그의 공동 이론은 그가 증명해 보일 수 있는 한도를 넘어선 것이었다. 그러나 그 때문에 그의 위대한 공로가 결코 줄지는 않는다. 왜냐하면 그의 작업 덕분에 후속 세대들은 용기를 얻어서, 새로이 대두하는 문제들을 설명할 수 있었기 때문이다. 17세기 말 영국 학자 로버트 훅은 뉴턴과 같은 시대에 태어나 뉴턴을 반대하기도 했던 인물이다. 그는 박식한 사람으로, 과학 발전에 아주 의미 있는 공헌을 했다. 그는 데카르트의 공동 이론을 수용해서 껄끄러운 부분들을 매끄럽게 다듬었다. '지구상의 산악들은 왜 지역마다 동일하게 분포되어 있지 않은가?' 그리고 '생명체의 흔적인 화석들은 왜 육지뿐만 아니라 대양의 바닥에서도 발견되는가?' '그 모든 것이 지구 내부의 빈 공간이 함몰된 데서 연유하는가?' 혹은 그렇지 않다고 생각했다. 대신 그는 지각의 바깥 지층을 연구해서, 거기에 들어 있는 발견물들이 일종의 지구 연대기를 나타내는 것이라고 결론을 내렸다. 이 침전물들의 모양과 속성에서 지구의 모든 역사에 대한 정보를 읽을 수 있다고 그는 믿었다. 그리고 그는 시간이 지남에 따라서 땅과 물의 분포 상태가 변화했을 것임에 틀림없다고 주장했다. 왜냐하면 내륙에서도 바다 생물들의 화석들이 발견되었기 때문이다. 그의 생각은 옳았다. 그렇지만 결국 '무엇이 이렇게 지각의 형태를 변화시켰는가?' '어떻게 이렇게 육중한 땅덩이가 이동할 수 있었는가?'에 답할 수 있어야 했다. 그러나 이 문제는 맞히지 못했다. 그는 지구 극점(極點)의 이동이 지각 운동을 일으켰다고 대답했던 것이다. 적도 일대의 지역들이 천천히 움직인다고 생각했기 때문이었다. 다시 말해 마치 고무 위에 놓인 물체처럼 그곳의 땅덩이들이 극지방 쪽으로 이끌리거나, 혹은 거기서부터 멀어진다고 보았다. 그는 그 주장을 뉴턴의 중력 법칙과 연결시켰고, 이런 과정을 통해서 지각에 미치는 원심력들이 심하게 변화한다고 생각했다. 그리고 원심력들의 변화로 인해 지층이 와해되고 지진이 생기며 화산이 불을 뿜고 마침내 육지 부분들이 바다에 잠기게 되었다고 판단했다.

땅덩이의 이동에 관한 훅의 이론은 앞날을 내다보는 것이었지만, (당시 대부분의 사람과 공유했던) 그의 믿음, 즉 지구는 생겨난 지 기껏해야 몇 천 년밖에 안 되었다는 생각은 이미 낡은 것이 되었다. 그의 지구 이론이 맞다면, 극점의 이동은 상당히 빨리 이루어졌어야 할 것이다. 그러나 그 증거는 하나도 나타나지 않았다. 아주 오래전에 작성된 지도들에서조차도 세계는 현재의 모습과 거의 비슷했다. 그래서 그의 이론은 곧 사람들의 기억에서 사라졌다. 그러나 그는 어쨌든 간에 이미 새로운 길에 들어섰으며, 200여 년 뒤에 베게너의 대륙 이동설과 뒤이은 판 구조론이 그 길을 따랐다. 그리고 이 이론들은 바로 그 길 위에서 유효성을 입증받았다.

그 이론이 확립될 때까지 자연과학자들은 연이은 성공을 경험하고 축하했다. 특히 지질학자들은 그때마다 예술가들에게 영감을 불어넣었다. 화가들은 지질학자들과 함께 대지를 가로질러 갔으며, 일부는 시칠리아의 화산섬 에트나 · 알프스 산맥 · 그 밖의 다른 산악 지대까지 갔다. 그 지역들은 이제 점차 연구되고 측량되어 지도로 나타내어졌다. 그리고 농촌과 자연을 그린 풍경화가 전성기를 맞았다. 예컨대 카루스Carl Gustav Carus(1789~1869)는 1820년에 새로운 자연관에 대한 일종의 선언서를 내놓았다. 이전에 그는 새로운 '자연의 역사 회화'를 요구하면서 '알려진 지역들의 동판화'를 가치가 없다는 이유로 비판한 바 있는데, 1820년 〈지질학적 농촌〉에서 지질학자의 시선으로 정확히 묘사한 자연을 내놓은 것이다. 거기에는 비스듬한 원뿔 모양의 현무암이 원초적 힘으로 암벽을 관통하고 있다. 구름이 형성되는 모습도 자세히 묘사되어 있다. 프리드리히Casper David Friedrich (1774~1840)의 유명한 풍경화들도 이 시대에 생겨났다. 예술, 그리고 꽃을 피우기 시작한 자연과학은 함께 결실을 맺은 셈이다. 또한 훔볼트는 1799년부터 1804년까지 남아메리카를 탐험하여, 열대 풍경화가 포스트Frans Post(1612~1680)의 그림을 아주 철저히 연구했다. 그는 식물은 무조건 환경과의 관련 아래에서 연구되어야 한다는 결론을 내렸고 '식물 지리학Geographie der Pflanzen'을 발전시켰다. 그와 같은 시대의 영국인 굴드John Gould(1804~1881) 역시 자연과학자이자 예술가였다. 그는 조류학자(鳥類學者) 겸 화가로서 숨 막힐 정도로 아름다운 각종 새들을 그린 채색 석판화 1,999점을 남겼다. 그는 연구를 위해 1838년부터 1840년까지 오스트레일리아로 여행을 떠났다. 그리하여 그는 명저《오스트레일리아의 조류Birds of Austrailia》를 완성하였다. 한마디 덧붙이면 북오스트레일리아에 사는 화려한 참새의 이름인 '굴즈 아마디네'는 그의 이름에서 온 것이다.

칸트와 라플라스Pierre Simon de Laplace(1749~1827)도 지구의 성립과 구조를 알아내는 데 아주 중요한 역할을 했다. 대략 1800년경에 그들은 오늘날까지도 받아들여지고 있는 '칸트-라플라스 이론', 즉 우주의 먼지와 가스가 모여 우리 태양계가 생겨났다는 가설을 내놓았다. 게다가 칸트는 별들이 서로 멀리 떨어져 있지만 서로 유사한 태양계들(은하수들)로 이루어져 있다는 가설도 내세웠다. 그리하여 그는 천문학의 아주 핵심적인 지식들을 알아냈다. 1755년 자신의 대표적인 과학 연구서《일반 자연사와 천체 이론Allgemeine Naturgeschichte und Theorie des Himmels》을 낸 그는 당시로서는 드물지 않았던 박식한 천재들 중 하나였다.

그 후 19세기에도 중요한 성과들이 잇달아 나왔다. 가우스Carl Friedrich Gauß(1777~1855)는 지구의 자기장을 설명하고, 선배 학자들의 지층 이론에 입각해서 지구의 다층적 지각(地殼) 모델을 최초로 설계했다. 그것은 오늘날까지 유효한 것이다. 게다가 다윈이 등장해서 진화론을 내세움으로써, 생물학과 지질학을 연결하는 고(古)생물학의 전제가 마련되었다. 고생물학의 과제는 지구 시스템과 복잡한 상호 과정을 거치면서 변화했던 유사 이전의 동물계와 식물계를 연구하는 것이다.

현대적 지구 시스템

성립될 때부터 지구과학은 계속 세분화되기 시작했다. 오늘날 지구 상에서 나타나는 모든 자연적 사건들, 다시 말해 비 · 태풍 · 지진 · 화산 분출이 서로 연관되어 있다는 것은 잘 알려져 있다. 미국 항공 우주국의 연구원 러브록James Lovelock(1542~)은 이 시스템의 역동성을 지적한 최초의 학자였다. 1972년에 그는 그리스 신화에 나오는 대지의 여신에게서 이름을 따와 '가이아 가설'을 발표했다. 이 가설에 따르면 지구 상의 모든 생물학적 · 물리학적 과정들은 살아 있는 유기체처럼 서로 연관되어 작용하고, 그럼으로써 모든 생명체들의 지속을 가능하게 한다. 그러나 그의 착상은 유감스럽게도 신비주의자들의 전유물처럼 되어버렸다. 물론 그 동안에 그의 가설 중 많은 부분은 지구과학의 레퍼토리가 되었다.

지구 전체의 모습을 개관하기 위해서 체계적인 분류 작업이 이루어졌는데, 이 분류에 대해서는 우리가 알아야 한다. 다층의 지각들 중에서 지표면 근처에는 수권(水圈)Hydrosphere, 기권(氣圈)Atmosphere, 빙권(氷圈)Kryosphere이 있다. 생물권Biosphere은 이른바 지구의 살아 있는 지역을 가리킨다. 생물 중량의 90퍼센트를 제공하는 '표면flat' 생물권은 공중·지표면·수중에서 산소에 의존해 살아가는 모든 유기체들을 포괄하는 지역이다. '심층' 생물권은 땅속 영역을 가리킨다. 그곳에 사는 생물들은 대부분이 미생물이며, 온도가 대략 섭씨 120도까지 올라가는 열악한 환경에 적응하여 살아간다. 그 생물권은 단단한 땅 밑의 몇 킬로미터 깊은 곳까지 퍼져 있다.

이렇게 다양한 영역들의 상호 작용과 연계 시스템은 이루 설명할 수 없이 복잡하다. 그래서 그 연구는 이미 획득된 성과들에도 불구하고 아직 걸음마 단계에 있다. 지구 내부에서는 끝없이 화학적·물리학적 과정이 진행되고 있으며, 지표면과 가까운 곳에서는 거기에 덧붙여 생물학적 과정까지 진행되고 있다. 땅속에는 거대한 규모로 지구를 움직이는 힘들이 자리 잡고 있는데, 화산 분출·지진·대륙 이동이 그것이다. 지구의 내부에서 꿈틀대는 모든 것은 '내인적(內因的)endogen' 힘으로 불린다. 반면에 외부의 영향력들은 '외인적(外因的)exogen' 사건들로 지칭된다. 독일 지구과학 분야에서 계획하는 최신 연구 과제는 다음과 같은 내용으로 되어 있다.

지구 내부에서는 물질 및 에너지의 대류 현상이 외부의 영향들과 함께 대대적으로 일어난다. 다시 말해 지구는 역동적 행성이며 늘 변화하고 있다. 그래서 지구라는 공간을 이해할 수 있으려면 지구 전체를 시스템으로서 이해해야만 한다는 인식이 관철되었다. 다시 말해서 그 모든 구성 요소들인 지권(地圈)·빙권·수권·기권·생물권의 상호 작용을 관찰해야 한다. 지구 시스템은 매우 복잡한 것이라는 특징을 가지고 있다. 지구 속과 표면에서 진행되는 과정들은 서로 연결된 세분화된 인과적 연쇄로 되어 있으며, 인간은 그 자연의 균형과 순환 과정에 추가적으로 영향을 미칠 수 있다.

현대 지구과학의 중요한 성과들 중 하나는 현대에 인간이 지구 변화를 일으키는 중요한 원인 중 하나가 되었음을 알게 된 것이다. 그렇다고 해서 앞으로의 연구가 더 간단해지지는 않지만, 인간이 지구와 이성적으로 사귈 수 있는 새로운 가능성은 열리게 되었다. 어쨌거나 우리는 미래에 지구가 어떻게 변화할지 예측할 때에, 자연적인 변화들과 인간에 의한 변화들을 구분하지 않을 수 없을 것이다. 기후 연구에서 그 점은 이미 아주 분명하게 나타난다. 기후 연구에서는 대기권의 기온 상승, 이른바 온실 효과에 대해 논쟁할 때 인간이 거기에 영향을 미쳤는지, 만약 그렇다면 어떤 영향을 미쳤는지에 대해 열띤 설전이 벌어지고 있다. 연구의 좌표들이 몇 세기 동안 의미심장하게 이동했음을 보여주는 대목이다.

액추럴리즘의 원리

지구과학에는 현실성 있는 재료들을 가지고 작업한다는 장점이 있다. 천문학자는 도대체 존재조차 불확실한 먼 은하들의 생명체를 찾아야 하는 경우가 종종 있는 데 반해, 지구과학자는 눈앞에 있는 공간을 주요 연구 대상으로 한다. 그래서 직접 손으로 만지고 맛보고 냄새 맡고 현미경으로 분석할 수 있다. 그러나 지구가 어떻게 형성되었는지를 설명하는 모든 이론은 영원히 이론으로 머물러 있어야 한다. 우리 태양계가 생겨날 때 아무도 그 현장에 없었으며 역사의 시계 바늘을 되돌릴 수는 없기 때문이다. 그리고 인류가 어떻게 생겨났는지도 알 수 없으니, 인간들은 아마 영원히 창세 신화를 받아들여야만 할 것이다. 그렇지만 "현재는 과거로 나 있는 창문"이다. 지질학의 이 모토는 이 학문의 가장 중요한 대표자 중 한 사람에게서 나왔다. 그는 '지질학의 다윈'이라고 불리기도 하는 스코틀랜드인 라이엘Charles Lyell(1797~1875)이다. 그는 1830년부터 1833년 사이에 출간된《지질학 원리*Prinzipien der Geologie*》에서 자신의 발언에 대해, "지구 표면에서 생겨난 과거의 변화들을 오늘날 작용하고 있는 원인들과 관련지어 규명하려는 시도"라고 설명했다. 거기서 하나의 학파가 생겨났다. 그가 내세운 개념은 오늘날의 '액추럴리즘Acturalism'에 상응한다(액추럴리즘은 실재하는 모든 것은 생명을 가지고 있고 움직인다는 철학 사상—옮긴이). 다시 말해서 학자들은 특정의 지질학적 과정이 예나 지금이나 동일한 화학적·물리학적 법칙에 의해 조종된다는 신념에 입각해서 연구를 시작한다. 그래서 그들은 몇 십억 년 된 모래 알갱이의 생김새가 오늘날 바닷가의 환경 보호 구역에 존재하는 모래 알갱이와 유사하다면 당시의 환경 조건이 이 구역의 환경 조건과 유사했을 것으로 추정한다. 그 태곳적 모래 알갱이는 오늘날과 유사한 환경 속에서 매몰되었을 확률이 아주 높은 것이다. 오늘날의 상황과 과거 간의 그런 비교는 자연 및 인류의 영향력과 변화, 그리고 이에 노출된 지구 생물 시스템 간의 밀접한 관련성을 더 잘 이해하는 데 필요한 틀을 제공한다.

지구의 생성

지구가 어떻게 생성되었는지 오늘날 정확히 말할 수 있는 사람은 아무도 없다. 그러나 칸트와 라플라스가 19세기 초에 최초로 내놓은 이론은 개략적이긴 하지만 논리적으로 아주 치밀한 것이다. 그 이론은 우리 태양계 전체가 우주 공간의 먼지와 가스 구름이 뭉쳐져서 형성되었다는 것으로, 예나 지금이나 최신 설명 모델의 바탕이 된다. 이에 대해서는 다음 장(章)에서 더 자세히 설명할 것이다.

지구는 1,000만 년 남짓 되는 시간이 경과하는 동안 오늘의 형태로 자라났다. 그 동안 지구는 태양 둘레의 공전 궤도를 돌고 있었고, 그 궤도에 진입하는 약간의 떠돌이 천체들을 포착했다. 아니, 반드시 그래야만 했다. 충돌 에너지는 상상할 수 없을 만큼 컸다. 끝없는 폭발, 그리고 지구 중심에서 중력 때문에 생기는 사건들 때문에 지표면에서는 광범위한 지역에서 화산이 폭발했고 암석들은 고열에 녹아 대양처럼 흘러내렸다. 반복되는 강력한 충돌은 지구를 계속해서 가열시켰지만, 열은 지표면에서 방출될 수 없었다. 그러나 그것은 아주 유리하게 작용했다. 왜냐하면 녹아서 흐르는 물질은 그럴수록 하나의 커다란 물체로 더 잘 합체될 수 있었기 때문이다. 더 무거운 재료, 특히 철은 그 무게 때문에 차츰 내부로 가라앉아, 지구의 핵을 형성했다. 그리고 가벼운 것은 상층에 남아 지각(地殼)이 되었다. 지구 형성의 이 초기 단계는 39억 년 전까지 계속되었다. 이 단계는 형성 단계라 불린다.

천체와의 지속적 충돌

다른 천체와 충돌하는 일은 오늘날까지 계속된다. 실로 몇 십억 년이 경과하는 동안에 공전 궤도에 있던 큰 물체들 대부분은 모두 제거되었다. 그렇지만 아직도 해마다 몇 만 개의 파편이 지구 대륙과 대양에 떨어진다. 흔히 별똥별(유성)이라고 불리는 그것들은 대개 운석(작은 소행성)인데, 대기권에 진입할 때 마찰열 때문에 타버린다. 그중에서 극소수만이 지표면에 도달한다. 운석에는 여러 종류가 있다. 외견상으로는 보통의 돌이나 녹슨 금속 덩어리처럼 보인다. 그렇지만 사실 그것들은 과거에서 온 전령이며 탐나는 수집 품목이며 연구 대상이다. 우주에서 왔다는 이유 하나만으로도 그것은 매력적이다. 지구 과학자들은 운석의 화학적 성분에 관심을 가지고 있다. 지구와 우리 태양계 전체의 생성사에 대한 정보가 그 속에 들어 있을 수 있기 때문이다. 일부 운석 수집가들은 운석 파편들에서 완전히 비범한 그 무엇을 발견해서 유명해질 수 있기를 기대하기도 한다. 그러나 그런 것은 이제 더 이상 존재하지 않게 되었다. 그러기에는 운석이 너무 많이 연구되었다.

과학자들은 그런 천체들을 점점 더 많이 탐지해내고 있다. 예컨대 몇 년 전 남극에서는 운석들이 무더기로 발견되었다. 그 이유는 이러하다. 충돌할 때 운석들은 얼음을 파고 들어갔다. 그러나 얼음은 정지해 있지 않고 대양을 향해 서서히 이동한다. 그러는 중에 바다 속의 언덕과 작은 산맥도 넘게 되는데, 여름에 기온이 상승하면 얼음 덩어리는 그런 곳을 통과하지 못하고 정체한다. 이동하는 속도와 바람 때문에 얼음의 증발 속도가 일치하면, 얼음들은 거기에 모이게 되는 것이다. 그런 것들이 오늘날 발견되어 연구자들을 기쁘게 한다. 운석이 박힌 얼음은 고유의 특성을 가지고 있기 때문에 남극의 다른 암석과는 쉽게 구분된다. 그 사실이 알려진 이후로 매년 여러 탐험대가 우리 태양계의 태곳적 역사에 대한 증언들을 수집하기 위해 그 어려운 길을 떠난다.

오늘날 발견되는 대부분의 운석은 구립(球粒) 운석Chondrite이다. 그것은 작은 공 모양인 경우가 많으며, 그 속에는 광물이 부분부분 방사상(放射狀)으로 겹쳐진 층들이 있다. 그것들은 아마도 화성과 목성 사이의 소행성 띠에서 온 것일 확률이 아주 높다. 그것들을 분석하면 우리가 견본을 채취할 수 없는 지구 심층부의 구성 성분에 대해서도 알 수 있을 것이다. 우리는 적어도 그것을 기본 전제로 삼는다. 왜냐하면 콘드라이트가 지구의 표층에도 존재하는 철(鐵)까지 함유하고 있기 때문이다. 그러나 다른 한편으로 거기에는 지표면에서 아주 드물게만 발견되는 금속들도 있다. 그래서 아마 태곳적에 콘드라이트와 유사한 형태로 지구에 도달한 철에서 지구 핵이 생겨났을 것이라고도 추론할 수 있다.

과거로 가는 열쇠인 암석

지구상에 널려 있는 보통 암석들에서도 우리는 많은 것을 배울 수 있다. 각종 지역의 건축물만 더욱 정확히 관찰하면 된다. 암석은 건축 재료로 사용되며, 특정 지역의 건축 양식을 많이 특징짓는다. 암석이 단단한지 무른지, 또는 어떤 재료가 이용될 수 있는지 때문에 건물의 구조를 설계할 때 차이가 생긴다.

지질학자들은 암석이 45억 년의 지구 역사를 이해하는 데 중요한 열쇠가 된다고 말한다. 엄격히 말해서 암석은 결정화(結晶化) 과정을 통해서 생겨난 각종 광물의 알갱이들이 모인 종합적 단위이다. 그런 점에서 최초의 지질학자는 돌 수집가 겸 탐사가였다고 볼 수 있다. 그들은 대지를 가로질러 다니면서 스케치북에 암석·광석·화석을 그렸으며, 그것들을 어디서 또 어떤 깊이에서 발견했는지를 기록했다. 그리고 그 기록들 가운데 매우 정밀한 것을 통해 지구 역사가 어떤 시대 단위들로 세분될 수 있는지를 결정할 수 있게 되었다. 왜냐하면 시대마다 고유의 전형적 형성물을 내놓았기 때문이다. 암석에 들어 있는 원시 시대 생물체의 화석은 거기서 아주 중요한 역할을 했다. 우리는 그것들을 전형화함으로써 지구 역사의 연대표에서 각 시대 간의 경계를 정할 수 있었던 것이다. 화석은 많은 생물학자들의 관심도 자극했다. 예컨대 프랑스인 퀴비에는 거기에 담긴 생물체들의 해부학을 연구함으로써 비교해부학의 기초를 놓았다. 그는 심지어 몇 개의 뼈 조각으로 동물의 완전한 형체를 구성할 수도 있었다.

엔지니어들 또한 자연과학에 중요한 계기들을 선사했다. 예컨대 영국의 운하 측량 기사인 스미스William Smith(1769~1839)는 굴착 작업을 하다가 여러 가지 암석을 발굴하여 연구하였다. 그는 지질학적 목록을 만드는 데 있어서 대가였다. 여러 종류의 암반이 수평으로 차곡차곡 쌓여 있다는 것을 알았으며, 따라서 거기에다 서로 다른 색을 부여했다. 그리고 각 층은 고유의 화석들을 가지고 있다는 것을 정확히 기록했다. 그러나 그림을 공백 없이 완전히 그릴 수 있는 경우는 드물었다. 그래서 다윈도 화석이 모든 진화 단계 각각을 반영하지는 못한다는 사실에 직면해 고민한 바 있다. 전 세계의 모든 지역들에서 발견된 서로 일치하는 화석 흔적들을 짜 맞추어보고 나서야 비로소 지질학적 시대 척도가 완성될 수 있었다.

오늘날 우리는 돌 조각들에서 몇 백만 년의 지구 역사를 읽을 수 있다. 생전에 스미스가 특정의 암석이 특정한 시대에 속하는 것임을 알았듯이 오늘날 우리도 그러하다. 그리고 약간의 행운만 있다면 우리는 그 암석이 그 시대의 특징적인 화석, 예컨대 상어처럼 생긴 육식 어류의 화석화된 치아(齒牙)라는 것도 알 수 있다.

암석의 순환

최초의 지질학자들은 돌들이 육안으로도 여러 가지 유형으로 구분되며 촉감과 굳기로도 구분될 수 있다는 것을 금세 알았다. 어떤 것은 입자가 곱고 약하여 날카로운 물건에 쉽게 긁힌다. 그리고 그 안에 화석이 들어 있다. 반면에 다른 것은 단단하고 모서리가 날카로우며 매끈하거나 거칠다. 스코틀랜드의 의사 겸 지질학자 허턴James Hutton (1726~1797)은 이런 사실을 관찰해 내서, 18세기 말에 현대 지구과학의 중요한 기초를 놓았다. 그는 자신의 고향 동료 스미스와 마찬가지로 지질학을 처음에는 취미로 시작했다. 고대 그리스인들처럼 그는 그 취미를 즐겼고, 하천에서 천천히 진행되는 부유물 침전 현상을 관찰했다. 그러다가 그는 물·바람·날씨가 천천히 지표면을 변화시켰

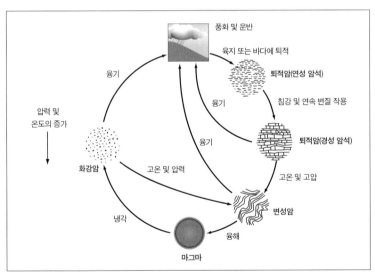

그림 2.1 암석의 순환. 스코틀랜드의 지질학자 제임스 허턴의 그림을 기초로 한 것이다. 암석들 간의 경계는 유동적이다. 지표면 근처의 암석은 풍화되고 퇴적되며, 땅속에서 압력과 온도가 증가하면 그 퇴적물은 변성암과 마그마로 변한다. (마이스너R. Meissner, 《지구의 역사Geschichte der Erde》, München 1999)

을 것이라고 생각했다. 그리하여 1785년에 《지구의 이론Theory of the Earth》이라는 책을 써서 그는 산악의 생성 및 하상의 침식 등이 몇 백만 년의 세월을 거쳐서 서서히 이루어질 수 있었다고 주장했다. 또한 그는 오늘날까지 대체로 유효한 세 가지 유형의 암석 생성 모형을 제시하기도 했다. 이 모형에 의하면 암석들은 복잡한 지질학적 과정을 통해 생성되며 퇴적암·화성암·변성암 간의 경계는 유동적이다. 그리고 그는 항상 반복되는 지구의 순환이 있다고 주장했다. 그리하여 1790년에는 '암석의 순환'을 설계했는데, 그 내용은 이런 것이다. "지표면의 풍화와 침식을 통해 대양들에서는 퇴적이 이루어지는데, 이 퇴적물이 지구의 심층으로 가라앉으면 변성암이 될 수 있다. 그 암석들이 그보다 더 깊은 곳에 가라앉아 가열되어 융해되면 마그마가 된다. 이 세 가지는 다시 지표면으로 운반되어 다시 풍화될 수 있다."

허턴은 그 이론으로 학자들 간의 논쟁에 불을 붙였다. 모든 암석이 물속에 퇴적되어 형성되었다고 주장하는 '수성론자(水成論者)'들과 달리, 그는 '화성론자(火成論者)'였다. 결국 그는 그 싸움에서 승리하였고, 그리하여 진화생물학자들의 입지를 공고하게 해주었다. 왜냐하면 진화론자들이 관심을 가진 화석들 역시 그의 이론으로 적절히 설명될 수 있었기 때문이다. 허턴의 '암석 순환' 이론에 입각해서 세 유형의 암석 구분은 더욱 세분화되었다. 현미경이 없어도 훈련을 조금 받고 약간의 재치만 있으면 그 암석들은 서로 구별해 낼 수 있다.

퇴적암, 변성암, 화성암
퇴적암은 한 층씩 해저에 형성된다. 그것들은 역학적으로 또는 생물학적으로 파편이 누적되어 이루어진 암석 및 광물 내지는 화학적 누출물이다. 그것들은 서로 겹쳐져 있는데, 강한 압력을 받거나 온도가 높아지면 이른바 '속성Diagenesis' 작용을 일으켜 단단해진다. 그것들은 깊은 땅속에서 사암·점판암·역암 혹은 석회암이 된다. 거기에는 조개·뼈·나뭇잎·곤충·다른 동식물의 잔재가 들어 있는데, 그것들은 그 속에서 몇 백만 년씩 보존된다. 평행한 층 형태는 전형적인 것이다. 대규모 퇴적암 분지는 그 두께가 10킬로미터나 될 수도 있다. 북부 독일 분지의 경우 그 두께가 8.5킬로미터에 이른다. 해저와 지표면이 융기하고 침강하기 때문에, 퇴적암은 오늘날의 해수면보다 훨씬 더 높은 곳에서도 발견된다. 예컨대 알프스 산맥·로키 산맥·히말라야 산맥이 대표적이다. 그리고 이런 과정을 가장 잘 보여주는 예는 다름슈타트 근교의 그루베 메셀이다. 그곳은 유네스코가 세계 문화 유산으로 지정한 화석 출토 지대이다. 여기서는 100년 이상 유질(油質) 셰일Shale이 채굴되었는데, 거기서 특이한 화석들이 나왔다. 원시 박쥐가 발견되었는데, 이 박쥐는 아직 피부 막이 보존되어 있었다. 또 다른 매력적인 동물은 5,000만 년 된 조상 말이다. 이 말은 나뭇잎과 포도를 먹고 살았으며 그 앞다리에는 세 개의 발굽이, 뒷다리에는 네 개의 발굽이 있었다. 이런 수준의 또 다른 세계 문화 유산은 캐나다 로키 산맥 요호 국립공원 안에 있는 '버제스Burgess 셰일'이다. 여기서 발굴된 대략 70만 점의 화석들 중에는 피카이아Pikaia라고 불리는 생물이 있다. 이 생물은 캄브리아기에 바다에서 살았는데, 이미 중추 신경 시스템을 가지고 있었기 때문에 척추동물의 최초 조상으로 간주된다. 버제스 셰일을 발견한 사람은 고생물학자 월콧 Charles Doolittle Walcot(1850~1927)이다. 그는 1890년에 도보 여행을 하고 있었는데, 자갈 더미 지대를 통과하다가 우연히 화석들과 마주치게 되었다.

퇴적암들 중에서 특별한 것은 독일 카이저슈툴 지대를 뒤덮고 있는 황토이다. 그것은 물속에서 퇴적된 것이 아니라, 빙하 시대 말기에 곱게 갈아진 암석 입자들이 바람에 날려 와서 퇴적된 것이다. 미세한 암석 가루들은 장애 지형을 만나 침전되었고, 그리하여 아주 부드럽지만 건조 상태에서는 단단한 황색 암석이 생겨났다. 그런 황토 지대는 매우 비옥하다. 중국의 황하는 황토 지대를 관류해서 강물이 누렇게 되기 때문에 그런 이름을 갖게 되었다. 이미 완성되었거나 아니면 지금도 생성되고 있는 사구(砂丘)들 중에도 그렇게 바람에 의해 퇴적된 것이 있다.

퇴적암은 변성암으로 변할 수도 있다. 지구 내부에서 압력과 온도가 높아지면 광물 성분의 구성이 기초에서부터 변화하는 것이다. 그래서 해저의 퇴적암이 대륙 밑의 지하 쪽으로 파고들게 되면 변성암이 잘 생긴다. 그리고 변성암은 깊은 퇴적 분지에서도 생긴다. 그런 함몰 부분은 지각 판이 수평 운동을 할 경우에 생길 수 있다. 침식과 융기를 거쳐서 퇴적암은 그렇게 변화된 형태로 지표면에 다시 모습을 드러낸다. 변성암의 대표적인 예는 대리암과 점토 편암이다.

마그마 암석은 땅속 섭씨 600도 이상의 온도에서 융해되었다가 다시 결정화되면서 생겨난 것이다. 마그마(액상 암석)는 화산과 용암류(流)를 통해 지표면으로 운반될 수 있다. 상승 운동을 하면서 그것은 냉각되고, 녹은 광물은 단단한 암석으로 결정화된다. 이 냉각이 깊은 곳에서 서서히 일어나면, 오랜 시간에 걸쳐서 결정화가 이루어진다. 그러면 암석은 육안으로 분명히 보이는 몇 밀리미터 크기의 결정들로 구성된다. 이런 암석을 우리는 심성암 또는 관입암이라고 부른다. 화강암도 여기에 속한다. 화강암에는 아름다운 무늬 형태의 결정들이 있다. 그것들은 대개 장석·석영·운모이다. 화강암은 종류와 색깔이 다양하며, 인기 있는 건축 자재이다. 결정이 있는 유사한 암석으로는 색이 짙은 섬록암이 있다.

반면에 마그마가 급속히 냉각되면 결정화 과정이 순식간에 이루어진다. 그렇게 해서 생겨난 화산암은 입자가 미세하며 표면이 매끄럽다. 해저 융기 부분의 갈라진 틈을 통해 차가운 바닷물 속으로 상승하면서 생겨난 짙은 색 현무암은 이런 유형의 암석 가운데 전형적인 것으로, 마그마가 차가운 공기를 만나면서도 형성된다. 이런 유형의 현무암은 중부 유럽의 넓은 지역에도 분포되어 있다. 예컨대 아이펠, 포겔스베르크나 베스터발트가 현무암 지대이다. 현무암은 건축 자재로 종종 쓰이는데, 예전에는 둥근 머릿돌 형태의 포석(鋪石)으로 애호되었다.

지질학적 시계

제임스 허턴은 암석들의 생성 연대가 매우 오래전이라는 가설을 세울 수는 있었지만, 더 깊이 정밀하게 파고들지는 못했다. 20세기에야 사람들은 운석을 연구하여 암석들의 나이와 지구의 나이를 정확히 결정할 수 있게 되었다. 지구는 약 45억 년 되었다. 인간으로서는 상상하기 힘든 긴 시간이다. 우리가 지구 역사 전체를 세 시간짜리 영화로 만든다면, 인간이 등장하는 시간은 마지막 1.5초에 지나지 않을 것이다.

지구의 나이는 패터슨Clair Patterson(1922~1995)이 계산해 냈다. 그는 로스앤젤레스 근처 패서디나Pasadena에서 연구하였는데, 1950년대에 운석과 지구의 암석 표본이 동일한 방사능 납 동위 원소를 함유하고 있다는 것을 발견하였다. 그리고 이 사실이 그것들의 생성 연대가 동일하다는 것을 보여주는 증거라고 평가했다. 더군다나 그는 자연에 존재하는 특정 동위 원소(이를테면 토륨과 우라늄)가 장기간에 걸쳐 일정한 속도로 분해되며 이때 열이 발산되고 새로운 동위 원소가 형성된다는 것을 알고 있었다. 이러한 사실은 1907년에 이미 화학자 볼트우드Bertram Boltwood(1870~1927)가 추정했었다. 그는 한 광물의 방사능 동위 원소를 연구했으며 그 나이가 4억 1,000만 년(이것은 나중에 2억 6,500만 년으로 정정됨)이라고 계산했다. 그리고 그의 동료 리비Willard Frank Libby(1908~1980)는 마침내 1947년에 유기물의 나이를 아주 정확히 측정할 수 있는 방사능 탄소 분석법을 개발했다. 그 방법은 비록 6만 년 이전의 것에는 적용할 수 없다는 한계를 가지고 있었지만, 즉시 지질학·고고학·고생물학의 중요한 보조 수단이 되었다. 패터슨은 여기서 더 나아가, 모든 암석에는 '지질학적 시계'가 들어 있다고 결론을 내릴 수 있었다. 다양한 종류의 표본을 비교하여 그는 모든 암석이 대략 45억 년 전에 하나의 공통된 모체 암석으로부터 생겨났다는 것을 알아냈다. 그리하여 자연의 방사능은 모든 지질학자들의 측정용 시계가 되었다. 방사능 탄소 분석법이라는 새로운 기술은 수많은 신화도 날려 버렸다. 이를테면 예수의 시신을 감쌌던 수의라는 주장이 제기되어 세계적으로 유명해진 토리노의 마포는 1988년에 조사를 거쳐, 14세기의 리넨(아마포)인 것으로 밝혀졌다.

지구의 지질학적 연대기

오늘날 우리는 지구가 어떻게 생성되었는지를 어느 정도 정확히 알고 있다. 화석들에서 심한 편차를 보이는 시간대는 지질학적 연대기에서 분기점을 이룬다(그림 1 참조). 그 초기의 연대기는 누대(累代) Eon라고 불리는데, 대략 3단계로 나누어진다. 태고라고 불리는 시생누대Archaikum에 대해서는 지금까지 알려진 것이 거의 없다. 그 시대의 암석은 극히 적게 발견되기 때문이다. 다시 말해 지구 역사의 초기 6억 년 동안에 대해 확실히 알려주는 재료는 사실 확보되어 있지 않다. 가장 오래된 암석 표본은 대략 39억 년 전 시생대의 초기의 것으로, 캐나다 서북부 지역·남아프리카·그린란드에서 발견되었다.

그리고 그 표본을 통해, 지구체가 완전히 만들어졌음이 밝혀졌다.

처음의 몇 억 년 동안에는 대양과 대륙이 생겨났다. 그 규모는 오늘날보다 훨씬 작았다. 몇 억 년 후에는 지구가 차츰 냉각되었다. 적은 양이지만 최초의 화석들이 들어 있는 시생누대 퇴적암들이 고생대 해저 분지에서 발견되곤 하는데, 그 퇴적암들이 바로 이 시대의 것이다. 그 화석들은 작은 각질만 있을 뿐 골격이 없다. 그래서 잘 보존된 것이 없다.

시생누대는 대략 25억 년 전에 끝나고, 그 다음에는 원생누대Prote-rozoikum가 시작된다. 지질학자들은 출토 화석들의 획기적 차이에 따라 지질학적 연대기를 정하는데, 원생누대와 시생누대 간의 경계는 이 차이에 따라 확정되지 않은 유일한 경우이다. 이 시기에 생성된 암석들에서는 대체로 화학적 구성 성분이 그 후의 여러 영향으로 인해 변화되어 있는 경우가 많기 때문이다.

원생누대는 대략 20억 년 동안 계속되었다. 원생누대 초기부터 지구 역사에서 가장 오래된 유명한 빙하 퇴적이 시작된다. 그리고 원생대 동안 공기 중의 산소 함량이 증가했으며 지구에서 복잡한 생물 형태가 생겨나기 시작했다. 이 시대의 암석을 분석해 보면, 그 초기 단계에 지구 전체에 걸쳐 최초의 빙하 시대가 있었다는 것을 알 수 있다. 오늘날 캐나다 휴런 호에 있는 대략 23억 년 된 퇴적암의 구조가 알프스의 빙하 호수들에서 1년 만에 생성되는 퇴적층의 구조(여름에 생성되는 밝은 층과 겨울에 생성되는 어두운 층이 있음—옮긴이)와 아주 유사하다는 사실에서 지질학자들은 그런 결론을 얻었다. 빙하의 이동 속도가 느린 추운 겨울에는 입자가 고운 퇴적물이, 반대로 빙하 이동 속도가 빨라지는 여름의 해빙기에는 입자가 큰 퇴적물이 생성되기 때문이다. 원생누대 말, 다시 말해서 대략 8억 5,000만 년 전부터 6억 년 전 사이에 다시 한 번 빙하 시대가 있었다. 그리하여 마침내 원생누대 동안에는 오늘날의 것과 유사한 최초의 커다란 산맥들이 생성되고 다시 파괴되었다.

현생누대Phanerozoikum는 지금까지 말한 지구 역사의 누대들 중에서 세 번째 단계이자 마지막 단계이다. 이 단계의 시작은 〈생명의 전개〉 부분에서 기술한 '캄브리아기의 팽창'으로 특징지어진다. 이 시대에는 생명의 새로운 형태들이 비약적으로 발전하였다. 이 시대의 암석에서는 갑자기 매우 다양한 종류의 화석들이 나타나는데, 그것을 연구함으로써 연대표를 점점 더 자세하게 작성할 수 있게 되었다. 나중에 더 자세히 기술하게 되겠지만, 이른바 지구의 생물층서(層序)학 Biostratigraphie 덕분에 퇴적물 순환을 정확하게 분석할 수 있었던 것이다. 현생누대는 더 촘촘하게 대Era, 기Period, 세Epoch로 나누어질 수 있다.

현생누대를 기술하기 위해 고안된 복잡한 용어들은 해당 시대의 전형적 암석과 화석이 빈번히 출토되는 지질학적 장소에 따라 정해졌다. 또는 그 용어들은 이 발견물의 유형을 직접 표현하는 것이다. 예컨대 카본이라는 명칭은 라틴어로서 석탄을 의미한다. 3억 5,500만 년 전부터 2억 9,900만 년 전 사이에 유럽·아시아·북아메리카에서 석탄들이 풍부하게 생성되었기 때문에, 그 시대를 가리키는 지질학적 명칭으로 '카본'이라는 말이 선택된 것이다. 카본기(=석탄기)의 뒤를 이어 페름기가 왔다. 이 명칭은 우랄 산맥 서쪽에 있는 러시아의 행정 구역 페름에서 유래한다. 여기에는 페름기의 전형적인 광물인 암염이 풍성하게 존재한다. 전에는 페름기를 '이첩기Dyas', 즉 둘로 나뉜 시기라고 불렀다. 왜냐하면 그 시대에는 완전히 대조적인 두 가지 암석층이 나오기 때문이다. 아래에는 페름기 초기에 생성된 붉은 층이 있고, 그 위에는 체흐슈타인Zechstein이 있다. 이에 해당하는 영어 개념 쥐라는 유럽 쥐라 산의 암석층을 가리키는 말이다. 백악기라는 명칭은 분필용 석회에서 유래하는데, 분필용 석회는 백악기의 전형적인 퇴적물이다. 요컨대 이런 용어들은 모두 고유의 역사를 일컫는 셈이다.

한편 시대 간의 경계에서는 섬뜩한 드라마가 자주 연출되었다. 특정 동물들이 대량으로 죽거나, 오늘날 엄청난 비용을 들여 특수 효과 영화에서 되살아나고 있는 공룡들처럼 일부가 멸종되기도 했다. 혜성과 소행성이 지구와 충돌하여 기온이 급격히 변화하였는데, 수많은 형태의 생명들이 이를 견뎌내지 못했기 때문이다. 그런 생명의 전환점들은 진화가 처했던 치명적 위기를 반영한다.

지구 내부

앞서 살펴보았듯이 예부터 시인, 자연철학자, 학자들은 우주의 무한한 넓이에 매혹되곤 했다. 우리 태양계에 비해 지구가 얼마나 작은지 생각해 보면, 우주의 법칙에 대해 얼마나 많은 지식이 축적되었는지, 그리고 몇 백만 광년 떨어진 우주를 들여다보고 낯선 행성에 우주선을 착륙시키기 위해 어떤 테크놀로지가 오늘날 우리에게 확보되어 있는지를 짚어볼 필요가 있다. 최근에야 비로소 허블 우주 망원경은 320광년 떨어져 있고 생성된 지 겨우 500만 년 된 별인 **HD 141569A**에 대한 정보를 우리에게 제공했다. 그것은 일종의 먼지 원반으로 감싸여 있으며, 과거의 우리 태양계처럼 생성되고 있는 중이다.

인간은 이처럼 우주를 멀리까지 관찰할 수 있지만 지구 부피의 99퍼센트 이상은 아직까지도 베일 속에 가려져 있다. 지금까지 행한 시추 작업들 중 가장 깊이 들어간 것은 러시아의 콜라Kola 반도에서 시도된 것으로서, 약 12킬로미터 깊이까지 도달했다. 이런 사실을 보면 우리 지구의 내부가 얼마만큼이나 연구되지 못하고 있는지 알 수 있다. 그렇지만 (특별히 생명력이 강한 약간의 미생물들만 제외하면) 땅 속에는 아무런 생명체가 존재하지 못할 것이라는 점은 거의 확실하다. 이 단순한 지식만 알고 있으면, 지구 땅덩이가 공상 과학 소설의 소재로는 더 이상 가치가 없다는 걸 알 수 있을 것이다. 하지만 지구과학이 유아기를 벗어나지 못하고 있을 때에는 사정이 달랐다. 쥘 베른은 환상 소설《땅 밑으로의 여행》(1864)에서 그 주제를 아주 충분히 다루었다. 그 작품에서 함부르크 출신의 지구학자는 두 명의 동료와 함께 아일랜드 화산 속으로 들어간다. 그들은 몇 주 동안 어두운 지구 틈 사이를 헤집고 다니며 석탄층, 암염 퇴적층 그리고 보석으로 가득 찬 동굴을 통과한다. 그들은 마침내 지하의 바닷가에 도달해서, 뗏목을 타고 바다를 건너가다가 원시 공룡의 공격을 받는다. 뒤이어 화산 폭발이 일어나 그들은 지표면으로 귀환하게 된다.

유토피아 과학 · 모험 소설의 창시자인 베른은 나중에는 지상과 우주의 주제에 관심을 가졌다. 그는 1865년에《지구에서 달까지》를, 그리고 4년 후에《달나라 여행》을 발표했으며, 1870년에《해저 2만 리》로 다시 한번 독자들을 깊은 대양 속으로 잠수하게 했다. 그러나 그의 달 여행 및 잠수 여행은 곧 현실이 되었지만,《땅 밑으로의 여행》은 약 140년이 지난 오늘날까지도 완전한 허구로 머물러 있다. 그 점은 미래에도 변하지 않을 것이다. 지구 표면에서 중심까지의 거리는 겨우 6,371킬로미터밖에 안되지만, 지구 중심 쪽으로 몇 킬로미터 이상 들어가 본 사람은 아직 아무도 없다.

그렇지만 지구에 대한 흥미로운 사실은 있다. 예컨대 지구는 구형이 아니다. 지구는 첫인상과는 달리 훨씬 말랑말랑하다. 자전 때문에 지구는 타원형이 되었다. 원심력이 적도에서 가장 강하게 작용하므로, 지구가 1회전할 때 적도는 가장 먼 거리를 회전하게 된다. 적도에 서 있는 사람은 시속 1,670킬로미터의 속력으로 이동하는 셈이며, 매일 4만 킬로미터를 주파하게 된다. 반면에 극지방에서는 회전 운동 및 원심력이 최소이다. 따라서 우리 머리 속에 있는 구형 지구의 이미지는 실재에 가까운 근사치일 뿐이다.

지질학에서는 지구 전체를 덮고 있는 대양이 정지해 있을 때를 가정해 그때의 표면적을 지오이드Geoid라 부른다. 지오이드 상태에서 적도의 지름은 북극에서 남극까지의 거리보다 43킬로미터만큼 더 긴 1만 2,765킬로미터이다. 이렇게 지구 모양이 타원형으로 납작해졌기 때문에, 산맥이나 해구로 인해 지표의 형태가 불규칙적이기 때문에, 그리고 암석 밀도가 차이가 나기 때문에, 지구의 중력은 곳곳에서 매우 다르게 나타나게 된다.

지구의 지각 구조

지구 중심까지의 거리로 계산된 6,371킬로미터는 상당히 먼 것이다. 서울에서 부산까지 거리의 15배가 넘는다. 그리고 지구 무게는 5.96×10^{24} 킬로그램으로 추산된다. 정말 어마어마한 수치이다(이 숫자를 아라비아 숫자로 써보면 숫자 596 다음에 0이 22개나 온다).

지표면에서 펼쳐지는 일은 우리가 두 눈으로 추적할 수 있다. 그러나 그 아래에 있는 모든 것은 우리에게 숨겨져 있으며, 이따금씩 지진이나 화산 폭발 따위의 치명적 사건으로 우리를 놀라게 한다. 그러나 우리가 땅속을 깊이 들여다볼 수 없다고 해서 우리가 그 내부 구조를 전혀 알 수 없는 것은 아니다. 자연과학자들이 지구의 구조를 점점 더 잘 재구성한 모형들을 내놓고 있기 때문이다. 여기에 본질적으로 기여한 것은 지진학Seismologie이다. 지진학자들은 지진 측정소를 세계 곳곳에 설치해서 지진 직후에 그 충격파가 지구 전역으로 어떻게 전달되는지를 기록한다. 지구 운동을 통해 야기된 진동은 파동 형태로 퍼져나가는데, 이는 상당히 먼 지역에서도 지진계로 측정될 수 있다. 거기에는 빠른 공간파(P파)와 느린 공간파(S파) 두 가지가 있는데, 이 구분은 1897년에 영국의 지구과학자인 올덤Richard Dixon Oldham(1858~1936)이 도입한 것이다. 게다가 오늘날에는 서로 다른 두 가지 지표파가 측정된다. 이것들은 큰 지진 후에 지구를 심지어 여러 번 일주할 수 있다.

지진 관측소는 19세기 말에 처음 생겨 났다. 오늘날에는 전 세계 1만여 곳에 지진 관측소가 있으며, 몇 십 년 동안에 걸친 기록들 덕분에 우리는 지진파가 어떤 속도로 지구 내부의 여러 층을 통과하는지를 해명할 수 있었다. 그 해명 과정에는 간단한 물리학 법칙들이 이용된다. 파동의 이동 속도가 어떤 종류의 매질을 통과하느냐에 따라 크게 변하는데, 차례대로 금속 봉과 나무 막대를 손에 잡고 그 한쪽 끝을 망치로 쳐보면 그 사실을 확인할 수 있다. 밀도가 높은 금속 봉은 충격의 파동을 번개만큼 빠르게 전달하는 반면에 나무 막대에서는 진동이 거의 느껴지지 않는 것이다. 한마디 덧붙이자면 우리는 이 때문에 소리굽쇠를 나무로 만들지 않는 것이다.

지질학자들은 지진파의 측정 결과를 토대로 하여, 각 지층마다 주로 존재하는 구조들을 추론할 수 있었다. 그리하여 지구 본체를 여러

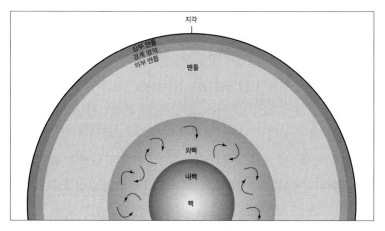

그림 2.2 지구 표면에서 중심까지의 거리는 약 6,300킬로미터이다. 지각의 두께는 80킬로미터이며, 맨틀의 두께는 약 2,900킬로미터이다. 핵의 두께는 약 3,400킬로미터인데, 핵은 액체 상태의 외핵과 고체 상태의 내핵으로 이루어져 있다. 외핵은 지구 자기장이 생겨나게 하며, 내핵의 온도는 약 섭씨 5,000도에 이른다.

영역으로 세분화할 수 있게 되었다. 그러나 아직 최종 결론은 내려지지 않았다. 측정 기구들은 점점 더 정밀해지고 있으며, 따라서 우리는 지구 내부의 각 부분을 점점 더 정확하게 구별해 가고 있다. '지구의 내핵'은 지름이 약 600킬로미터인데, 최근에는 이 내부를 짐작할 수 있게 하는 지진학적 측정 결과들까지 제시되었다. 결국 우리는 베른의 지구 중심으로 가는 여행을 따라가면서 그 소설의 언어를 지구 과학의 언어로 번역하고 있는 셈이다.

지각

지각은 지구의 다른 부분들에 비해 중량과 부피 면에서 아주 미미하다. 지구가 양파 크기로 움츠러든다면, 그 얇은 바깥 껍질이 지각에 해당할 것이다. 우리가 살아가는 데 가장 중요한 원재료가 모두 그 얇은 껍질에서 나온다는 것은 놀라운 일이 아닐 수 없다. 바다 밑의 대양 지각은 두께가 약 5~6킬로미터다. 대양 지각은 현무암으로 되어 있으며 비교적 최근에 생성되었다. 대양 지각은 지금까지도 계속 새로 생성되고 있는데, 매년 약 17세제곱킬로미터씩 해령(海嶺)에서 솟아난다. 어떻게 해서 그렇게 되는지는 나중에 설명할 것이다. 반면에 대륙의 지각은 두께가 30~40킬로미터에 이른다. 여러 지각 판이 서로 충돌하는 곳에서는 심지어 80킬로미터나 된다. 대륙의 지각은 매우 오래되었으며 대개 편마암과 화강암으로 이루어져 있다. 그 지각은 침강 지역에서 녹아 재순환될 수 있다. 지각은 원래 밀도가 낮은 결정 암석과 광물들로 이루어져 있는데, 가장 빈번히 산출되는 광물은 석영(SiO_2)이다. 이것은 대륙의 바닷가에 무진장 있다.

베른은 지구 중심으로 갈수록 지각의 온도가 급속하게 상승한다는 것을 아직 알지 못했다. 오늘날 우리는 알프스의 기나긴 터널을 통과할 때 그 사실을 느낄 수 있다. 기온이 올라가는 것은 자동차 배기가스 때문이기도 하지만, 주변 암석의 온도가 올라가기 때문이기도 하다. 100미터 깊어질 때마다 지각의 온도는 약 3도씩 상승한다. 광산의 광부들은 이 사실을 너무나도 잘 알고 있다. 신선한 공기가 공급되지 않으면 루르 지방에 있는 지하 1,200미터 막장의 온도는 섭씨 50도에 이를 것이다. 오버팔츠의 빈디셰셴바흐Windischeschenbach에서는 지하 9,100미터까지 시추한 바 있는데, 거기서 온도 상승률이 체계적으로 측정되었다. 시추봉 끝의 온도는 마지막에 섭씨 270도나 되었다.

맨틀

지각을 뚫고 비교적 짧은 거리를 파 내려가다 보면 매우 두터운 맨틀을 만나게 된다. 이 층은 지구 덩어리 전체의 3분의 2나 되며, 이 층 전체의 두께는 약 2,900킬로미터이다. 지각과 맨틀 간의 경계선에서는 지진파의 속력이 급격히 증가한다. 그리고 맨틀은 고밀도의 암석 종류로 구성되어 있는데, 그 고밀도의 암석은 그 위에 덮여 있는 복합체 때문에 압력이 증가해서 생겨난 것이다. 맨틀의 암석들에는 철과 마그네슘이 매우 많이 함유되어 있는 반면에 매우 가벼운 금속인 알루미늄은 거의 들어 있지 않다.

지각과 맨틀 간의 경계는 모호 불연속면이라고 불린다. 이 용어는 유고슬라비아의 지구물리학자 모호로비치치Andrija Mohorovičić (1857~1936)의 이름에서 따온 것인데, 그는 베른보다 약 30년 늦게 세상의 주목을 받았다. 그는 베른의 소설을 알고 있었을 것이다. 어쨌든 그는 1909년 몇 킬로미터 깊은 곳에서 발생한 지진을 측정할 때 강한 불연속성이 나타난다는 것을 발견했고, 지구 층의 경계선을 확정지었다. 1980년에 자그레브에서 사망한 그의 셋째 아들인 스테판 Stjepan은 일찌감치 아버지의 발자취를 좇았다. 자그레브와 괴팅겐에서 공부한 그는 1911년 남부 독일의 지진 기록을 분석했다. 그리하여

3년 후 24세의 나이에는 알프스 산맥 밑의 60킬로미터 깊이에서 '모호 경계면'이 존재한다는 것을 확인할 수 있었다.

비슷한 시기에 사람들은 그 아래의 맨틀이 결코 동질적이지 않다는 것을 알아냈다. 상부 영역과 하부 영역이 있는데, 이들은 상당히 다르다. 상부는 약 400킬로미터 깊이까지 도달한다. 상부의 복합체 부분은 산맥이 침식되거나 화산이 분출할 때에 지상으로 나온다. 하부 맨틀과의 경계를 확정지을 때에도, 심하게 변하는 파동 속도가 기준이 되었다. 그 속도는 파동이 상부 맨틀에서 하부 맨틀로 건너갈 때 급속히 감소한다. 물론 이때 암석의 종류들이 철저히는 변화하지 않는다는 점이 특기할 만하다. 그러므로 우리는 물리적 경계선이라는 말을 사용한다. 여기서 맨틀 암석은 녹는점에 가장 근접하며, 따라서 정말 불쾌한 상태가 된다. 초고온과 고압 때문에 돌들은 뜨거운 반죽처럼 변형될 수 있다. 그러나 더 깊은 영역에서 압력이 계속 증가하여, 암석은 초고온 상태에서 다시 단단해지게 된다. 하부 맨틀은 주로 고밀도의 규산염 암석들로 이루어져 있다. 실험실에서도 이와 동일한 고온과 엄청난 압력을 가하면 이 암석의 작은 표본들이 생겨난다. 규산염은 추측건대 지구상에 있는 단단한 고체들 중 가장 많을 것이며, 총 중량은 대략 300경(3×10^{18}) 톤으로 추산된다.

맨틀에 있는 이 두 층 사이의 경계는 대략 250킬로미터 깊이의 지역에서 생긴다. 그 경계 구역은 극도로 활동적이며, 지표면까지 분출하는 현무암 마그마의 근원이다.

D층

맨틀과 그 아래의 지구 핵 사이에도 경계 구역이 있다. 그 경계 구역은 두께가 약 200킬로미터로, D층이라고 불리며 하부 맨틀에 속한다. D층의 특징은 지구 중심부 방향으로 갈수록 온도가 급격히 상승해서 그 차이가 약 1,000도나 된다는 것이다. 과학자들은 D층의 재료가 그 아래에 있는 핵에서 눈송이처럼 풀어져 나왔거나, 아니면 맨틀에서 침전했지만 밀도가 낮아서 핵으로는 들어갈 수 없게 된 것으로 이루어져 있을 것이라 추측한다. 그 미래주의적인 명칭에서 알 수 있듯이, D층은 발견된 지 얼마 되지 않았다. 그리고 D층은 우리에게 특히 흥미로운 연구 대상이다. 왜냐하면 적도상에서 지구가 1998년부터 점점 더 뚱뚱해지고 있는데 이 층이 여기에 한몫하고 있는 것으로 추측되기 때문이다. 무수한 측정 결과들은 지구가 천천히, 그러나 계속 커지고 있다는 것을 말해 준다. 1998년 전에는 지구가 대략 25년 동안 계속 날씬해졌었다. 과학자들은 왜 이렇게 형태가 변화하는지를 풀려고 애를 쓰고 있다. 많은 과학자들은 외핵과 맨틀 간의 경계 영역에서 물질이 이동하는데 그것이 지구가 점점 커지는 원인이 될 수 있다고 생각한다.

핵

이제 우리는 마침내 땅속 여행의 목적지인 핵에 당도하였다. 핵 층의 두께는 약 3,400킬로미터에 이른다. 지구 땅덩이 전체의 이 마지막 3분의 1은 대부분 금속성 쇠로 이루어져 있는데, 이 금속성 쇠는 상부와 하부에 균일하게 분포되어 있다. 맨틀과 핵 사이의 경계는 지표면으로부터 약 2,900킬로미터 되는 깊이에 있는데, 1911년 베노 구텐베르크Beno Gutenberg(1889~1960)에 의해 발견되었다. 15세기에 인쇄술을 발명한 요하네스 구텐베르크와는 다른 사람이니 혼동하지 말기 바란다. 베노 구텐베르크는 독일의 지진학자로서 일찌감치 미국으로 건너가, 1925년에 지구과학의 고전《지구의 구조》를 출판했다. 그리고 1935년에는 동료 연구가 리히터Charles Francis Richter(1900~1985)와 함께 리히터 지진계를 만들었다. 이 동료의 이름을 따서 명명된 이 지진계는 상한선이 정해져 있지 않은데, 그 후부터 지진 강도를 측정하는 데 이용된다. 또한 그는 최초의 원자탄이 폭발할 때, 정확한 폭발 데터네이션Detonation(폭발 시에 폭발보다 먼저 굉음과 함께 전달되는 화학 반응─옮긴이) 시점을 측정해 확정하기도 했다. 그러나 이 사실을 아는 사람은 많지 않다. 1945년 7월에 네바다 사막에서 최초의 원자탄 실험이 있었을 때, 그는 그 역사적 순간을 기록하기 위해 애리조나 투손에 있는 지진 측정소의 계측기를 이용하였다.

1911년에 구텐베르크는, 맨틀과 핵 사이의 경계에 고체 물질에서 금속성 물질로 넘어가는 경계 구역이 있다는 것을 발견할 수 있었다. 거기서 지진파의 전달 속도가 급격히 떨어지는 것을 관찰했기 때문이다. 각종 파(波) 중에서 특정 파는 액체를 통과할 수 없기 때문에 그런 현상이 생겨났다.

외핵은 전기가 통할 수 있는 뜨거운 액체로 이루어져 있다. 외핵은 변형될 수 있으며, 열 교류를 통해서 지구 자기장을 낳는다. 그것은 또한 지구 회전 속도의 편차들과 직접 관련된다. 그리고 순수하게 용융된 철만큼 밀도가 높지는 않다. 그러므로 지질학자들은 외핵에는 밀도가 낮은 원소들도 포함되어 있을 것이라고 추측한다. 측정 결과들을 평가한 바에 따르면 외핵의 10퍼센트가 황과 산소로 되어 있다. 이에 반해 내핵은 다시 고체이다. 내핵의 온도는 방사능 원소의 분열 작용, 각 층들 간의 마찰 작용 때문에 대략 섭씨 5,000도까지 올라간다.

암석권과 연약권

대략 1960년대 중반에는 판 구조론 덕분에, 대륙이 왜 이동하는지를 설명할 수 있게 되었다. 그 뒤로 두 가지의 새로운 개념이 지질학의 주요 어휘가 되었다. 그중 하나가 암석권(岩石圈)Lithosphere인데, 이는 지구의 가장 바깥에 있는 단단한 지층을 가리킨다. 그 말 중에서 'lithos'는 그리스어로 돌이나 바위를 뜻한다.

이 암석권은 지각과 상부 맨틀을 포괄하는 차갑고 경직된 영역이며, 판 구조론에서 말하는 거대한 판(板)들을 생성하는 영역이다. 그 아래의 유동성 영역은 부드럽거나 뜨거운데, 연약권 또는 암류권(岩流圈)Asthenosphere으로 불린다.

지구 자기장

이미 기원전 300년에 중국인들은 자철광 자석으로 제작된 나침반이 균형을 잘 맞춰 주면 항상 남쪽을 가리키는 것을 알았다고 한다. 새로운 천 년이 시작되면서부터 그들은 그런 '지남철'이 항해에 이용될 수 있다는 것을 알았다. 그러나 다른 고대 문명들은 자석에서 나타나는 그런 현상을 쉽사리 의미 있게 이용하지 못했다. 거기서 명백히 개입하고 있는 불가해한 힘을 보고 초기의 사상가들은 온갖 추측에 빠져들었다. 예컨대 앞서 언급한 프톨레마이오스는 인도와 그 남쪽에 놓인 대륙 사이에 거대한 자석 산이 은밀하게 자리 잡고 있다는 설을 내놓았다. 쇠못을 박아 나무판자를 이어 붙이는 방식으로 만들어진 배가 있다면, 산이 그 배를 끌어당겨 깊은 바다 속으로 침몰케 한다는 것이었다. 지구 자기장을 항해에 이용하는 일이 급속히 일반화되었을 때에도 그런 신비론적 해석은 한참 동안 통용되었다. 13세기에 선원들은 남북 방향을 읽어내기 위해 자침(磁針)을 물그릇에 넣고 흔들어 보았고, 아랍인들은 이 발견물을 지중해 지역으로 가져갔다. 17세기까지 나침반은 항해에 필수적인 도구였지만, 그렇게 요긴하게 쓰이는 그 자성 물질의 배후에 무엇이 숨어 있는지는 아무도 알지 못했다.

자연과학자들은 지구 자기장이 어떻게 생겨나는지 오랫동안 숙고했다. 자기장의 근원이 지구 내부에 있을 거라고 추측한 것은 의미 있는 진전이었다. 이 견해는 1600년에 영국의 의사 길버트William Gilbert (1544~1603)가 최초로 내놓았다. 그는 몇몇 사람들과 함께 자침을 가지고 실험하면서, 자기장이 어떤 방향으로 향하는지를 쇳가루들의 방향을 가지고 관찰했다. 둥근 지구 속에는 남극에서 북극에 이르는 매우 강력한 막대자석이 숨겨져 있는 것처럼 보였다. 그리하여 그는 지구 전체가 둥근 자석이라고 주장하게 되었다.

그 다음에 지구과학자들이 자침 방향이 지구 각 지역에서 어떻게 변하는지를 서로 비교해 보았을 때, 지구의 자극들이 지리학적 극인 북극이나 남극으로부터 몇 천 킬로미터 떨어져 있다는 것을 확인했다. 따라서 자축(磁軸)과 자전축(自轉軸)은 동일하지 않다. 그러므로 자침은 대략적으로만 북쪽을 가리킨다. 그 차이는 편각이라고 불리는데, 발견된 뒤부터 편각은 항해 지도에 기록되고 있다.

1830~1840년대에 비로소 독일의 수학자, 물리학자 겸 천문학자 가우스Carl Friedrich Gauß(1777~1855)는 지구 자기장에 대한 포괄적 이론을 만들어냈다. 그는 예전의 허황된 추측들을 모두 배척하여, 자기장이 지구 내부에서 생성된다는 이론을 내놓을 수 있었다. 땅속이 펄펄 끓어오를 정도로 뜨겁다는 것을 알고 난 뒤라서 땅속에 묻혀 있는 거대한 막대자석에 대한 상상은 사람들의 머리 속에서 사라져버린 상태였다. 게다가 이미 물리학자들이 실험을 통해서 모든 물질은 퀴리 온도라 불리는 섭씨 400~600도에서는 자성이 사라진다는 것을 확인할 수 있었으며, 지구물리학자들은 자침을 춤추게 하는 힘들의 실체에 대해 조금씩 밝혀 가고 있었다. 그리하여 가우스는 지구 자기장 및 북남 방향으로 향해 있는 쌍극 자기장(二極場)Dipolfeld이 외핵에서 액체 철(鐵)의 흐름을 통해 생산된다는 주장을 제시할 수 있었다. 이 과정이 얼마나 정확히 진행되는지는 아직 베일에 가려 있다. 하지만 그 배후의 역학은 다분히 자전

거 발전기와 전기장 속에 들어 있는 코일의 회전에 비교될 수 있을 것이다. 그렇기 때문에 지구 핵의 '지구 발전기Geodynamo'란 말이 가능해진다. 그 모형에 따라 설명하자면, 외핵의 액체 철은 그 쇳물 바다에서 엄청나게 많은 그 액체 철이 뒤섞여 흐르게 함으로써 전류를 유도한다. 이런 설명을 뒷받침하는 것은 지구 자기력의 변화이다. 말하자면 자극(磁極)은 정지해 있지 않으며 불규칙한 궤도를 따라 극지방을 돌아다닌다. 예컨대 남극의 자극은 1831년에 발견되었는데, 그 후 1,000킬로미터 이상 북쪽으로 이동했다.

그 동안 사람들은 지구 자기장이 항해에만 이용되는 것이 아니라는 사실을 알게 되었다. 지구의 수많은 생명체들이 겨울을 나기 위해 서식처를 옮길 때, 지구 자기장은 선천적 장소 탐사 시스템처럼 작용한다. 또한 지구 자기장은 지구 바깥의 우주 공간 몇 천 킬로미터 떨어진 곳까지도 미침으로써 지구의 생명을 지키는 보호 우산 역할을 한다. 즉 그것은 태양으로부터 오는, 전기를 띤 입자들을 차단하며 해로운 태양풍이 지구를 비켜 나가게 한다. 우주에서 벌어지는 이 거대한 격투를 통해 자기장은 변형된다. 대양을 항해하는 기선의 뱃머리에서 생기는 해파처럼, 태양풍을 맞는 전면에서는 선수(船首) 충격파가 생겨난다. 그리고 태양을 등진 측면에서는 혜성처럼 긴 꼬리가 생겨난다.

지난 100년 동안 우리는 해저 지각(地殼)의 자성 방향을 측정해, 역사가 경과하는 동안 자극의 변화 때문에 쌍극(雙極) 자기장이 주기적으로 회전했다는 것을 알아냈다. 자기적(磁氣的) 북극, 즉 자북(磁北)은 항상 몇 천 년 만에 남극이 되었다. 마지막 자기장 역전은 겨우 3만 년 전에 있었다. 이 발견은 센세이션을 일으킨 바 있으며, 판 구조론을 이해하는 데에도 아주 중요한 것이다. 이 현상의 원인은 오늘날까지도 규명되지 않고 있다. 지구물리학자들은 지구 자기장이 지금도 극을 옮겨가고 있을 거라고 추측한다. 한편 프랑스의 연구자들은 지난 몇 십 년 동안 증가한 자기장의 혼란에 힘입어 지구상에 두 개의 커다란 영역이 있음을 최근에 증명했다.

대륙

　기후의 변화가 있다고 말하고 자연이 약간 변형된 것을 보면서도, 대부분의 사람들은 지구라는 생활공간이 거의 변화하지 않고 일정하게 있는 것처럼 느낀다. 예컨대 화산 폭발 후에 몇 미터의 용암층이 생겨나고 지진 후에 땅이 갈라진 것을 보면서도, 일단 창조된 산·육지·대륙이 영원히 존재하는 것처럼 생각하는 것이다. 그러나 이미 우리가 살펴보았듯이 이것은 엄청난 착각이다. 대륙의 예로 그 오류를 분명히 설명하겠다. 존재한 뒤부터 지구는 크게 변화해 왔다. 산맥과 대양이 생겨나고 사라졌으며, 전체의 생물 시스템은 엄청난 동요를 겪었다.

　가장 오래된 암석 표본을 보면 이미 43억 년 전에 최초의 작은 대륙들이 존재했음을 추측할 수 있다. 사람들은 액추럴리즘의 원리를 이용해 이 사실을 발견해 냈다. 오늘날에도 대륙의 가장자리에서 침식으로 떨어져 나와 생긴 퇴적물들이 일종의 모래톱을 형성하므로, 태초에도 대륙의 해안가를 따라 광물 입자들이 퇴적되었을 거라 추측한 것이다. 사람들은 그것들을 찾아 나섰으며, 360만 년 된 모래에서 침식 작용에 강한 광물 입자 지르콘Zircon을 실제로 발견했다. 이것은 41~43억 년 된 것으로, 지구상의 많은 장소들에서 채집되며 준(準)보석으로도 판매된다. 그것은 화강암 등의 대륙 암석들에만 광범위하게 분포되어 있고, 해저의 현무암들에서는 사실상 발견되지 않는다. 이 말은 지르콘이 생겨난 태곳적 원석이 대륙의 바위였음을 뜻한다. 그것은 초기 대륙이 존재했다는 주장을 뒷받침했다. 또한 그것은 오랜 역사가 지나는 동안 대륙들이 조용히 정지해 있지 않았으며 형태와 위치가 계속 변했다는 것을 말해 준다. 이처럼 판 구조론은 지각의 이러한 변동 과정까지도 설명할 수 있게 되었으며, 그 후 지구과학 연구를 위한 새로운 학문적 토대를 제공했다. 과거에는 설명할 수 없었던 관찰 내용들까지도 판 구조론 덕분에 마침내 해명될 수 있었다.

판 구조론

산악이 어떻게 해서 생겨났으며 화산이 왜 폭발하고 지진이 왜 일어나는지를 사람들은 오랫동안 숙고했다. 화석과 빙하 퇴적물을 연구하였고, 그리하여 대륙이 항상 동일한 형태로 동일한 장소에 있지 않았다는 것을 분명히 알게 되었다. 그때 새롭게 나타난 문제가 바로 '그 무거운 대륙이 어떻게 움직일 수 있었는가?' 였다. 1960년대에야 비로소 이에 대한 몇 가지 만족스런 해답이 나왔으며, 몇 백 년 동안 계속된 이른바 '고정론자' 진영과 '이동론자' 진영 간의 학술 논쟁이 마침내 종식될 수 있었다.

고정론자들은 지구가 본래 딱딱하다는 데서 시작해 논의를 이끌어 왔다. 저명한 물리학자와 수학자들은 20세기가 시작되고 나서도 그 이론을 고수했다. 반면에 이동론자들은 지표면뿐만 아니라 지구 내부도 항상 움직인다고 보았다. 예컨대 초창기의 이동론자인 그리스의 헤라클레이토스는 불이 모든 것의 근원 물질이자, 땅의 본질이라고 보았다. "모든 것은 흐른다"라는 유명한 원칙론적 문장도 그가 한 말이다. 아무튼 그로부터 2,500년 후에야 사람들은 이동론자들이 옳았다고 확실히 말할 수 있게 되었다.

판 구조론에 의하면 지표면은 특정한 수의 거대하고 딱딱한 판들로 이루어져 있는데, 그 판들은 빙하가 떠다니듯이 옮겨 다닐 수 있다. 두께가 100킬로미터나 되는 두터운 지판들은 서로로부터 떨어져 나가 표류하거나 분산될 수도 있다. 그러나 그것들은 서로에게 접근할 수도 있다. 즉 수렴해서 충돌할 수 있는 것이다. 그렇게 되면 서로 맞부딪쳐 긁히며 미끄러진다. 이때 그 판들은 천천히 지각의 가장자리들을 마모시킨다. 그런 변형 장애의 대표적 예가 캘리포니아의 '샌안드레아스 단층San Andreas fault'이다.

이 이론은 지질 구조를 설명할 때 겪는 많은 어려움을 해결했으며, 대륙 암석에 비해 해저 암석의 연대가 왜 그렇게 짧은지에 대해서도 답변했다. 가장 오래된 대륙 지각의 연령은 약 40억 년인 데 반해, 가장 오래된 해저 지각의 연령은 2억 년이다. 이처럼 연령 차이가 나는 이유는 해저가 상승과 하강의 끝없는 순환 과정을 겪기 때문이다. 대양 중심의 해령 부분에서는 항상 새로운 대양 지각 물질이 지표면으로 나오며, 가장자리에서는 지각이 다시 맨틀 속으로 함입된다. 이 경계선 지대에서는 깊이가 10킬로미터나 되는 해구(海溝)가 생겨날 수 있다.

1970년대에는 지각(地殼)의 판(板) 모자이크 도표가 완성되었다. 그리고 1980년대 이후에도 더 많은 마이크로 판Terrane이 계속 발견되었다. 이 마이크로 판은 대형 판들이 쪼개지면서 생겨난 것이다. 이 마이크로 판에 대한 연구는 지구과학의 최신 분야들 중 가장 흥미로운 축에 낀다. 지난 몇 년 동안에 이 연구를 통해 알프스 산맥, 피레네 산맥, 그 밖의 중부 유럽 각 지대들이 어떻게 생성되었는지를 더 잘 알게 되었다. 마이크로 판들의 충돌과 도킹은 오늘날 독일 중부 산악 지대의 상승과도 직접적인 관련이 있는 것으로 추정된다. 몇

몇 지형들에서는 과거에 그런 마이크로 판들의 경계에 위치하던 작은 대양들의 잔재가 발견되었다. 예컨대 북부 헤센의 오버팔츠가 그러한 곳이다.

우리는 판 구조론을 알게 됨으로써, 예컨대 캘리포니아 해안 같은 곳에서는 왜 지질학적 활동이 더 빈번한지를 알게 되었다. 그곳은 지각 판들이 만나는 곳이기 때문이다. 서로 역방향으로 움직이는 두 개의 지각 판이 운동을 하는 경우에는 반드시 서로 마찰을 일으키게 된다. 그곳에서는 수많은 시간이 흐르면서 암반(巖盤) 내에 역학적 긴장이 고조되고, 그러다가 이내 해소될 것이다. 그러면 지진이 생기며 새

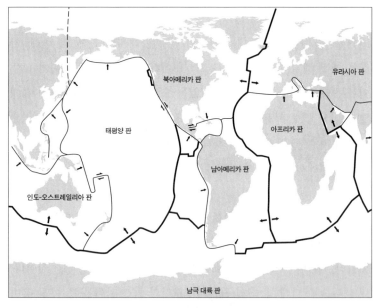

그림 2.3 암석권 판들은 계속해서 그리고 편안하게 자신의 위치를 바꾼다. 그림은 현재 대형 지각 판의 경계 지역들을 선으로 그린 것이다. 두꺼운 선은 대양에서 확장되고 있는 해룡구(海隆溝)(일종의 분수령)를 의미한다. 가는 선은 충돌하거나 침강하는 지대이다. 거기서는 지진과 화산 활동이 자주 일어난다. 가는 화살표는 판의 침강 방향을 가리킨다. 서로 엇갈리게 향하는 화살표는 미국 서해안의 샌안드레아스 단층과 같은 마찰 지대 또는 변형 장애 지대를 가리킨다.

로운 산악도 생긴다. 그러므로 모든 지진이 지각 판의 가장자리에서 일어난다는 것은 별로 놀라운 일이 아니다. 대부분의 화산 활동도 마찬가지다. 대륙의 가장자리에서 물을 잔뜩 흡수한 대양 지각 판 암반이 땅속 깊이 가라앉으면, 물은 증발하면서 마그마와 함께 위로 분출된다.

따라서 판 구조를 그린 세계 지도는 지구 표면을 아주 역동적 형상으로 보여준다. 그리고 지질학적 관점에서 보면, 비행 후에 "다시 발아래 확고한 땅"을 밟게 되었다는 식의 독일 관용구가 엄연히 틀렸음을 알 수 있다. 판들의 형태와 크기는 계속 변하는 것이다.

그림 2.3은 현재의 상태와 상대적 운동 방향들을 보여준다. 한 인간의 생애 동안 이 운동은 몇 밀리미터나 몇 센티미터 크기 안에서 일어난다. 그러나 장기간에 걸쳐 보았을 때, 판들은 몇 천 킬로미터를 이동한다. 5,000만 년 전에 오늘날 로스앤젤레스 위치에 있는 지반은 오늘날 캐나다 브리티시컬럼비아 앞의 섬 위에 놓여 있었으며, 인도네시아의 섬들은 오스트레일리아와 맞붙어 있었다. 그리고 당시에 비행기가 있었더라면, 프랑크푸르트부터 뉴욕까지의 비행 시간은 지금보다 짧았을 것이다. 왜냐하면 대서양은 커지고 태평양은 작아졌기 때문이다.

베게너의 대륙 이동설

판 구조론이 생겨나기 전까지 지리학은 질풍과도 같은 시기를 거쳤다. 그 과정은 대륙 이동설이 주도했다. 대륙 이동설의 창시자로 통하는 사람은 베를린 태생의 지구물리학자 베게너이다. 50세 때 그는 그린란드 탐사에 책임자로 참여하였다가 아이스미테 캠프에서 돌아오는 도중에 동사하였다. 그는 죽기 직전에 다음과 같은 메모를 남겼다.

62킬로미터, 1930년 9월 28일. 나의 우려가 현실로 나타났다……. 우리의 썰매 여정은 혹독한 날씨 때문에 좌절되었다……. 오늘 새벽은 섭씨 영하 28.2도이다. 눈보라와 역풍, 정말 사랑스런 날씨다……. 모든 것은 파국이다. 그것을 숨길 필요는 없다. 이제 목숨만이 문제다…….

베게너는 대륙 운동, 아득한 고대의 기후와 기온에 관한 중요한 논문들을 썼다. 그의 가장 중요한 저술은 《대륙과 대양의 생성 *Die Entstehung der Kontinente und Ozeane*》인데, 이는 1915년 그가 마르부르크에서 교수로 있을 때 쓴 것이다. 그는 천문학에 관한 박사 논문을 쓴 다음에 얼른 기상학으로 전공을 바꾸었다. 별을 연구하는 학문에서는 "구체적 증거를 확보할 가능성이 없다"고 생각했기 때문이었다. 새로운 기상학 분야인 고층기상학 Aerologie은 그의 구미에 맞았다. 그는 그 학문에 매료되어 그린란드로 여러 차례 탐사 여행을 떠났고, 위험한 계류(繫留) 기구를 타고 공중으로 측정 여행까지 하게 되었다. 당시에 기네스북이 있었다면, 그는 거기에 기록되었을 것이다. 이미 1905년에 그는 기구를 타고 공중에서 52시간 이상을 머물렀다. 이는 프랑스인 보 Graf de la Vaux가 세운 당시 기록을 무려 17시간이나 능가하는 것이었다.

그가 유명한 학자가 될 수 있었던 것은 끈기와 불굴의 의지를 가지고 있었기 때문이기도 했지만, 무엇보다도 비범한 관찰 능력을 타고났기 때문이었다. 그래서 그는 세계 지도를 주의 깊게 연구하여, 아프리카와 남아메리카가 비록 대서양을 사이에 두고 나누어져 있지만 그 해안선들이 마치 퍼즐 조각처럼 서로 꼭 들어맞는다는 것을 발견할 수 있었다. 그 점에 착안하여 그는 양 대륙의 식물계·동물계·화석에 관한 모든 정보를 수집해서 비교했다. 그 후 얼마 지나지 않아 그는 두 대륙이 과거에 언젠가는 하나로 붙어 있었다는 결론에 도달했다. 그는 명백하게 같은 종류에 속하는 공통된 광물이 지하에 매장된 채 존재한다는 사실, 그리고 남아메리카와 아프리카에서 발견된 메소사우루스Mesosaurus라는 고대의 작은 파충류 화석 표본을 그 증거로 제시했다.

오늘날에는 남아프리카의 산맥이 아르헨티나에서 계속된다는 것과 브라질의 고원 지대가 상아 해안에 속한다는 사실이 정설로 받아들여지고 있다. 그러나 베게너는 몇 십 년이 지나고 나서야 자신의 이론을 관철할 수 있었다. 학계에서는 그를 반대하는 분노의 목소리가 높았다. 학자들의 위계 질서에서 최상층에 자리 잡은 물리학 및 수학 이론가들을 누르고 조무래기 현장 연구자가 승리를 거둠으로써 '닭의장 속의 질서'를 뒤흔들려 한다는 것이 그 이유였다. 그래서 몇몇 '합창단 지휘자'들은 이동설을 허무맹랑한 소리라며 거부했고, 다른 몇몇 사람들은 대륙 이동설의 약점을 공략했다. 사실 베게너는 오류를 범하고 있었다. 지구 자전의 원심력이 그렇게 막강한 대륙을 움직일 수 있을 만큼 충분히 크다고 쉽게 선언해 버렸던 것이다. 거대한 대륙이 자전을 통해 움직이리라는 생각을 지지하는 사람은 베게너의 추종자들 중에도 거의 없었다. 그리하여 그의 주장은 훗날에야 빛을 발하게 된다.

그로부터 50년 뒤, 바다에서 대대적 프로젝트가 시행되어 일련의 지구 데이터 및 지질학적 측정치들이 얻어졌는데, 그 데이터와 측정치들은 오늘날의 모든 대륙이 지구 역사상 최소한 한 번은 하나의 초대륙으로 합체되어 있었다는 것을 입증하는 것이었다. 그리하여 사람들은 이 초대륙에 새로운 이름을 부여했다. 그 이름은 바로, 베게너가 1912년에 이미 지어둔 '판게아'였다. 그것은 그리스어 판 가이아Pangaia에서 온 것으로서, "모든 땅" 정도의 의미를 지닌다.

그 동안 베게너의 명성은 높아졌다. 그리하여 1980년에 그의 이름을 따서 '극지방 및 해양 연구를 위한 베게너 연구소Alfred-Wegener-Institut für Polar-und Meeresforschung'가 새롭게 출범하였다. 헬름홀츠 연구회 소속 브레머하픈 극지방 및 해양 연구소 Polar-und Meeresforschungsinstitut der Helmholz-Gemeinschaft in Bremer-haven의 공식 명칭에도 그의 이름이 들어 있으며, 독일 지구과학 학회들의 중앙 학회에 해당하는 "지구과학 후원을 위한 알프레트 베게너 재단Alfred-Wegener-Stiftung zur Förderung der Geo-wissen-schaften"도 마찬가지다.

대양의 해령 시스템

베게너의 이론은 1950~1960년대에 르네상스를 맞았다. 당시에는 2차 대전 중에 실험을 거쳤던 새로운 초음파 탐지 기술로 해저에 대한 대대적 조사가 이루어졌다. 해저에 초음파를 쏘아 보내면 다시 반사되어 오는데, 그때 걸리는 시간을 측정하여 바다의 깊이를 계산한 것이다. 그렇게 몇 년 동안의 조사 작업을 거쳐 대양의 상세한 지형학적 지도가 작성되었고, 나중에는 인공위성을 이용해 더 정밀한 지도가 만들어졌다. 여기서 사람들은 깜짝 놀랄 만한 것을 확인했다. 그때까지 사람들은 프랑스와 스페인의 모래 해안이 바다 깊은 곳까지 계속되며 해저에는 단조로운 퇴적물이 쌓여 있을 것이라고 막연히 추측했었다. 그런데 메아리 측정을 해보니 바다 속에는 깊은 계곡, 화산, 길고 가파른 절벽이 있었던 것이다. 한편 1957년에 태평양의 마리아나 해구에서는 소련의 선박 비챠스Witjas가 11킬로미터가 넘는 해심을 측정하기도 했다.

1950년대 초에는 전 세계적으로 존재하는 해양 복판의 해저 산악 시스템에 관해 체계적 연구가 이루어졌는데, 이 연구는 가장 큰 센세이션을 불러일으켰다. 엄청난 규모의 해령이 대서양 중앙에서 발견된 것도 그 연구 결과 중 하나이다. 그 해령은 바다를 정확히 중앙에서 가르고 지나가며, 고도가 몇 킬로미터에 이르는 해저 산맥이다. 그 방향은 아프리카와 아메리카의 해안선 굴곡의 방향과 동일하며, 대서양 중부 북쪽에서 남쪽으로 거의 1만 8,000킬로미터에 걸쳐 있다. 그리고 부분적으로는 수면 위로 솟아나 있다. 북대서양의 아이슬란드가 바로 그 해령의 융기 부분이다. 그 해령의 최고봉은 아조레스섬의 피코 알토로, 해저로부터는 거의 9킬로미터 가까이 솟아올라 있고, 수면 위로는 아직도 2,345미터나 솟아올라 있다.

인도양과 동남태평양 밑에서는 중부 대서양의 해령이 캘리포니아만까지 이어진다. 대양의 해령 시스템은 길이가 도합 6만 킬로미터이고, 폭이 최고 1,000킬로미터에 이르며, 높이가 해저로부터 평균 3,000미터이다. 그 해령의 지역들 대부분에는 그 분수령 지점에서 갈라져 나오는 중앙 해구(海溝) 시스템들이 있는데, 이는 폭이 30킬로미터, 깊이가 2,000미터나 된다.

대양저(大洋底)의 띠 모양 자기화

1960년대에는 지형학적 대양 지도가 최초로 완성되었다. 여기서 지구과학자들은 폭넓게 퍼져 있는 한 현상을 발견했다. 현무암 해저에서 기이한 자기(磁氣)가 관찰된 것이다. 그 동안 사람들은 현무암처럼 자기 광물을 함유한 암석이 지구 자장을 통해 자성을 띠게 되고 이런 상태로 '얼어붙었다'는 것을 알고 있었다. 관측용 선박이 뒤에 연결해 예인하는 자성 측정기를 이용해서 사람들은 그 광물에서 유발되는 지구 자장의 장해 현상을 측정할 수 있었던 것이다. 그런데 해저의 자성이 기록된 해도(海圖) 상에서는 대양의 해구 좌우 곳곳에서 분명히 자성의 강도가 변화하고 있음이 드러났다. 그 좌우 편차들은 정확히 대칭적으로 진행하고 있음이 가시화되었다. 그 면적들을 비정상적 플러스 자성을 띤 곳에서는 검게, 그리고 비정상적 마이너스 자성을 띤 곳에서는 희게 칠해 놓으면, 마치 얼룩말의 무늬 같은 것이 나타났다. 이런 스케치가 제시되었을 때 세계의 여론은 의아해했다. 사람들은 해저의 현무암 암반이 띠 모양으로 자화(磁化)되었다고 추론해야 했다. '검은' 띠들은 사람들의 예상대로 지구의 자장인 북극에서 남극 방향으로 자화되어 있었다. 반면에 그것을 중간에서 끊어놓는 '흰' 띠들은 놀랍게도, 사람들이 나침반 옆에 놓인 강력한 자석을 정반대 방향으로 돌려 놓았을 때 나침반 바늘 역시 180도 회전하듯, '검은' 띠와는 정확히 반대 방향으로 향했다.

이미 몇 십 년 전에 대륙들에서 암석의 자화 상태를 측정했을 때에도 동일한 결과가 나왔었다. 현무암류가 대량으로 솟아 나오는 지구 내부 지역들에서도 동일한 자극의 변화가 있었다. 일본의 지질학자 마투야마Montnori Matuyama(1884~1985)가 그것을 1924년에 최초로 증명한 바 있었다. 그 뒤로 세계의 여러 과학자들이 이 현상 뒤에 숨어 있는 비밀을 엿보기 시작했고, 지구 역사가 진행되는 동안 지구 자기장 극의 위치가 여러 차례 변화했다는 것을 그제서야 알게 된 것이다. 서로 다른 방향으로 향하는 해저의 자화된 띠들이 위치 변화의 과정을 보여주는 증거이다.

해저 확장

그 인식을 기초로 해서 변극과 대륙 이동 사이의 연관성을 알아내기까지에는 시간이 그리 오래 걸리지 않았다. 1964년에 영국의 지구 물리학자인 바인Frederick Vine(1939~1988)과 매슈스Drummond Matthews(1931~1997)는 해령의 골짜기들에서 항상 새로운 현무암 마그마가 솟아나서 해저가 지속적으로 확장되고 새로운 대양 지각이 형성된다고 추론했다.

사실 해저 지각은 급속히 냉각되어 양 옆으로 확장되면서 지구 자기장을 통해 자화된다(이 과정은 국제적으로 "해저 확장Sea floor spreading"이라 명명되었다). 여기서 자화 띠의 얼룩말 무늬는 비정상 자기를 가리키며, 차례로 번호를 매기면 이를 통해 대양이 확장되는 속도를 구할 수 있다. 이런 계산법으로 연구자들은 오늘날 대서양 크기의 대양이 단지 2억 년 만에 생성된다는 결과를 얻어냈다. 그런데 대서양의 좌측과 우측에 있는 대륙들(아프리카와 남아메리카)은 지금 서로 멀어지고 있다. 지구는 풍선처럼 확장되지는 않기 때문에, 성장하는 암석권이 다른 쪽에서 흡수되어야 결국 균형이 잡힌다. 이 과정은 대양 지각이 침강하는 태평양의 가장자리들에서 일어난다. 대양 지각은 해령의 골짜기들에서 지구 표면으로 올라오며, 몇 백만 년 후에 다시 대륙판들의 가장자리에서 지구 속으로 사라진다. 이 교체 과정에서 항상 암석 재료는 마모되어서 높이 쌓인다. 그리하여 대륙들은 지구 역사가 진행하는 동안 지속적으로 성장한다.

태평양 화산대

대양과 대륙의 암석권 판이 힘 겨루기를 하는 곳은 오늘날 침강 지역이라 불린다. 지금까지의 연구에 따르면, 바다의 물을 흡수해서 밀도가 높아진 포화 상태의 해양 지각이 가벼운 육지 지각을 위로 떠밀어 올리는 것으로 추측된다. 해령의 틈새에서는 쾌적하게 현무암이 분출되는 데 반해, 침강 지역을 따라서 일어나는 화산 활동은 인간과 자연에게 대재난이 될 수도 있다. 이에 대해서는 나중에 〈자연 재해〉 부분에서 자세히 다룰 것이다.

지진이 숱하게 일어나고 수많은 화산 구역들이 있는 이른바 '불 띠(화산대)'는 태평양을 에워싸고 있으며, 안데스 산맥 · 알류샨 열도 · 캄차카 지역 · 일본 · 마리아나 제도에 걸쳐 있다. 깊이 600킬로미터까지 발생할 수 있는 심층 지진은 두 개의 대양 판이 충돌해서 구판(舊板)이 신판(新板) 아래로 침강할 때 발생한다. 1928년에는 처음으로 일본 밑 100킬로미터 지점에서 심층 지진이 기록되었다. 지금까지 측정한 지진들 중에서 가장 강력한 지진은 볼리비아 지하 620킬로미터 지점에서 발생한 것으로, 1994년에 토론토에서 기록되었다.

암석권 판들의 춤

이런 사실들이 알려지자 베게너의 대륙 이동설은 확고히 자리 잡았다. 그의 학설은 해저 확장 이론이라는 더욱 정확한 명칭을 얻었다. 대륙들이 지구의 원심력 때문에 표류하는 것은 아니다. 오히려 대륙 및 해양 지각은 암석권의 부분으로서 함께 움직인다. 그리하여 지구의 엄청난 현상들을 그럴듯하게 설명하는 이론들이 쏟아져 나왔는데, 그중 판 구조론은 가히 혁명적이었다. 지구과학의 모든 분야들은 다시 검토되어야 했고 수성론 따위의 수많은 옛 학설들은 버려졌다.

암석권 판들의 운동에 대해 납득이 갈 만큼 잘 설명하는 최초의 모형은 1968년에 영국인 매켄지Dan McKenzie와 미국인 모건Jason Morgan이 만든 것이다. 두 사람은 몇 년 동안 판 구조론에 매달려 열정적으로 작업했다. 그러나 처음에 그들의 위대한 발견은 사람들의 주목을 끌지 못했다. 그래도 그들은 꿋꿋하게 전문지에 논문을 계속 실었다. 그리하여 1968년 이후에는 암석권의 이동 과정에 작용하는 힘들도 신속하게 설명해 낼 수 있었다. 지각 판들은 지구 내부에 있는 일종의 유동성 고체가 흐르는 것에 따라 이동한다는 것을 알게 된 것이다.

사실 맨틀의 일부는 뜨겁다. 맨틀은 흐르면서 서서히 변형된다. 그것은 거대한 빙하의 얼음에 비유될 수 있다. 반면에 지구의 상부 지층들은 비교적 차갑고 거의 경직되어 있다. 게다가 지각 암반은 좋은 단

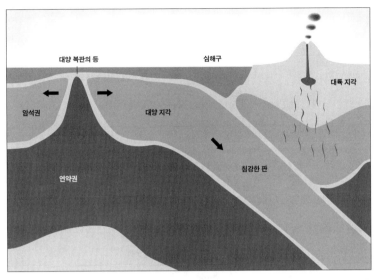

그림 2.4 대양 해령 시스템을 통해서 항상 대양 지각이 새로 형성된다. 대양 지각은 대륙의 암석권 판들과 충돌하여 지구 내부로 침강한다. 침강 지역에서는 심해구(深海溝), 화산, 산악 융기가 생겨난다.

열재이다. 다시 말해 지구 중심의 열기가 지표면에 전달되는 것을 막아준다. 땅이 우리에게 조금이나마 감지될 만큼 온기를 방출한다면, 그 이유는 이른바 지구 내부의 열복사 때문이다. 그때 뜨거운 암석 재료는 점점 지표면으로 밀려 나와서 열을 대기(大氣) 중에 내놓는다. 균형을 잡기 위해 반대 방향으로는, 수분을 함유한 냉각 물질이 지구 내부로 이동된다. 이 복사 순환이 지표면에서 판이 이동하는 데에도 기여한다. 그리고 이미 18세기 말에 허턴이 학설로 내세운 '암석의 끝없는 순환'을 낳는다.

곤드와나와 판게아

판 구조론의 도움으로 지질학자들은 지판의 춤을 이해하고 묘사할 수 있었다. 캄브리아기 초기에, 그리고 고생대 전반에 걸쳐 대륙들 대

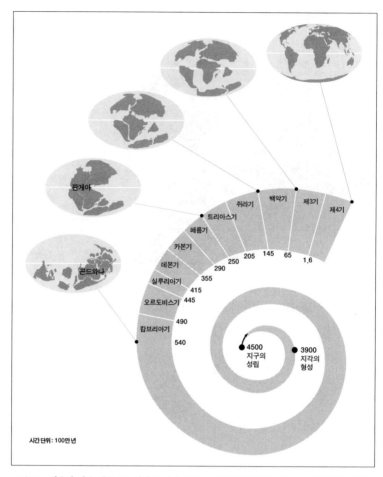

그림 2.5 최초의 작은 대륙들은 아마도 이미 43억 년 이전에 존재했을 것이다. 대륙들은 끊임없이 움직이고 있으며, 그러므로 우리는 '지각의 춤'이라는 말을 사용한다. 페름기에서 트리아스기로 넘어가는 과도기에는 모든 대륙이 판게아 대륙 하나로 합쳐져 있었다. 그러나 곤드와나 대륙에는 오늘날의 북아메리카가 아직 없었다. 아마 지구의 초창기에도 이미 하나의 슈퍼 대륙이 있었을 것이다.

부분이 거대한 땅덩어리 곤드와나Gondwana로 통합되어 있었다는 것을 지질학자들은 발견했다.

　오늘날의 남아메리카는 아프리카에 붙어 있었으며, 오스트레일리아·인도·남극 대륙도 곤드와나에 속해 있었다. 반면에 북아메리카는 거기서 떨어져 있었다. 고생대 말경에 곤드와나는 다른 대륙들과 충돌했다. 그 결과 새로운 대규모의 땅덩이가 생겨났다. 그것이 베게너가 명명한 초대륙 판게아이다. 판게아는 사실상 오늘날의 모든 대륙을 포괄하면서 북극에서 남극까지 걸쳐 있었다. 북아메리카 동해안에 화산과 산악이 형성된 흔적들을 보면, 판게아의 충돌과 성립을 알 수 있다. 그리고 암석 표본들에 대한 연구 결과를 보면, 처음에는 곤드와나와 북아메리카 간에 놓여 있던 바다 분지가 지금으로부터 약 3억 8,000만 년 전에 서서히 합쳐지면서 판게아를 형성했다는 것을 추론할 수 있다. 그 초대륙의 동부에는 테티스Tethys 해(海)가 있었고, 서부에는 판탈라사Panthalassa 대양이 있었다. 그러다가 한참 뒤 중생대에야 그것은 다시 갈라졌다. 유럽은 아프리카에서 분리되었고, 대서양은 북아메리카·유럽·아프리카 사이에서 열렸다. 그리고 남아메리카가 천천히 분리되어 나갔다. 새로운 대양 분지들은 동물계와 식물계의 경계선이 되었고, 서로 아주 다른 진화 과정을 겪게 되었다.

산맥과 풍경

조용하지만 아직 활동하고 있는 거대한 분화구와 지진은 해저가 대륙 밑으로 기어 들어갈 때 엄청난 에너지가 방출되기 때문에 나타난다. 몇 백만 년이 지나는 동안 암석권 판들은 계속해서 충돌했고, 그리하여 새로운 산과 산맥들이 생겨나고 사라졌다. 충돌이 일어날 때 지각 층들은 헝겊처럼 접힌다. 히말라야는 그런 과정을 거쳐서 생겨났다.

인도와 아시아는 과거에 거대한 대양을 사이에 두고 떨어져 있었다. 그런데 5,000만 년 전에 판 구조가 그 둘이 서로 접근하게 했다. 그리하여 예전에는 침강 지역이었던 곳이 오늘날에는 세계의 최고봉들이 연달아 있는 산악 지대가 되었다. 그곳에서는 아직도 지질학적 휴식이란 말을 사용할 수 없다. 아시아와 인도 사이에는 항상 판이 이동하고 있고, 그 지역은 계속 융기하고 있다. 그 거대한 힘의 유희로 인해 중국에서도 지진이 발생한다.

지질 시대 동안 그런 산악 지대는 다시 완전히 사라질 수 있다. 침식 작용 때문이다. 산악 지대에서 암석은 침식 때문에 1,000년마다 1.5미터씩 마모된다. 산 벼랑 아래에 수북이 쌓여 있는 돌무더기들이 그 증거이다. 라인 강만 보더라도 매년 400만 톤의 퇴적물이 북해로 떠내려간다. 물론 그것들 중의 일부는 보덴제(독일·오스트리아·스위스 접경 지대에 있는 큰 호수—옮긴이)에 침전한다. 2만 5,000년 후에는 라인 강 유역의 해발이 전체적으로 1미터 낮아질 것이다. 결국 풍경은 계속 변화한다. 끝없는 침식으로 알프스, 피레네, 히말라야조차도 몇 백 만 년 후에는 해수면의 위치까지 내려앉을 것이다.

물론 언제 그렇게 될지 정확히 예측할 수는 없다. 왜냐하면 경사면이 완만해지면서 침식 속도도 느려질 것이기 때문이다. 게다가 산악이 깎여 나가다 보면 지각이 상승할 것이기 때문이다. 이는 항구에서 하역 작업을 할 때 짐을 내릴수록 배가 해수면 위로 점점 솟아오르는 것과 같은 원리이다. 지구학자들은 알프스처럼 높은 산맥이 다시 사라지려면 최소한 5,000만 년은 걸릴 거라고 예상한다. 아무튼 그 언젠가 에베레스트 산과 축슈피체 산(독일 남부 알프스의 고봉—옮긴이)도 더 이상 존재하지 않게 될 것이라는 데에는 논란의 여지가 없다. 한편 판 구조 역학은 그 반대의 현상도 낳는다. 지각이 하강하거나 심해 풍경 및 분지가 형성되는 것이 그 예이다. 이런 현상은 해저 확장 과정 때문에 나타난다.

오늘날 아메리카 대륙 북쪽의 뉴펀들랜드에서 남부의 앨라배마에 이르는 애팔래치아 산맥은 거대한 산의 이동을 인상 깊게 보여준다.

애팔래치아 산맥은 초대륙 판게아가 생성될 당시에 구대륙 곤드와나와 북아메리카가 충돌하여 생긴 흔적이다. 해수면의 고도가 심하게 요동치면서 북아메리카 대륙이 홍수에 잠기고 그 산맥이 세 단계의 성립 단위로 나뉘는 데까지는 대략 2억 년이라는 시간이 걸렸다. 오르도비스기에서 페름기까지였다. 그러나 오늘날의 지도가 얌전하게 보여주는 애팔래치아 지형은 그 옛 애팔래치아 산맥과 무관하다. 지금 지형은 비교적 최근의 습곡 운동이 땅을 살짝 융기시킨 결과일 뿐이다. 옛 애팔래치아 산맥의 대부분은 지금 지표면 아래에 묻혀 있다. 고생대 동안에 나머지 거대 산맥들도 생겨났다. 러시아의 우랄 산맥도 대륙이 초대륙 판게아로 통합되면서 생겨난 것이다.

이와 비슷한 기원을 가지면서도 조금 특이하게 생성되었다. 알프스에 대한 포괄적인 기록은 빈의 지질학자 쥐스Eduard Suess(1831~1914)가 5권으로 된 저서 《지구의 얼굴 Das Antlitz der Erde》에서 최초로 내놓았다. 당시 그는 세계의 산맥들을 비교 관찰하여, 산맥이 솟아오르거나 뻗어나간 모습을 하나의 동일한 지각 운동 단위로 보아야 한다는 획기적인 가설을 내세웠다. 그러나 당시 사람들은 미소만 지을 뿐 그 가설을 수긍하려 하지 않았다.

오늘날 사람들은 신생대에 곤드와나 대륙이 북쪽으로 표류하면서 유럽 및 아시아와 충돌하여 알프스가 생겨났다는 것을 알고 있다. 이 시기 동안에 아주 많은 산악이 생겨났다. 아틀라스 · 피레네 · 알프스, 카프카스 산맥 · 파미르 · 티베트 · 히말라야 고원이 이때 생겨났다. 그것들은 모두 대륙이 표류해서 생긴 것들이다. 그러나 산악 형성은 대략 1,000만 년 전부터 정지되었다.

알프스 지질학에는 아주 특별한 매력이 있다. 왜냐하면 여기서는 퇴적층이 몇 킬로미터 높이까지 솟아올라 있기 때문이다. 카펫을 가장자리들에서 가운데로 밀어붙일 때처럼 습곡이 생겨났는데, 그런 수많은 습곡은 꺾이면서 이웃의 평탄한 지형까지 뒤덮었다. 오랜 침식 작용을 거쳤어도 습곡 및 겹쳐진 지형들은 쉽게 식별된다.

물론 알프스의 산악 형성은 오래전에 끝났다. 그러나 서로 충돌하여 알프스가 생겨나게 한 암석권 판들이 완전히 휴식하고 있는 것은 아니다. 아프리카 판은 계속 북쪽으로 밀고 올라온다. 시칠리아의 북부 해안 앞에 있는 화산과 그 지역의 지진을 보면 그 과정을 알 수 있다. 모든 예측에 따르면, 먼 미래에 지중해는 완전히 사라질 것이고, 유럽과 아프리카는 하나의 대륙으로 합쳐질 것이다. 그러나 그런 일이 지구 역사에서 처음 있는 것은 아니다. 그 충돌의 결과, 북아프리카와 남유럽의 산악 지형들은 새로이 현저하게 변할 것이다.

가정용 지열(地熱)

지구과학자들은 대륙이 이동하는 원인을 알게 되자마자, 지구 내부의 힘들을 에너지원으로 이용하는 방법을 찾으려 했다. 지금도 상부 맨틀은 섭씨 1,300도의 온도가 지배한다. 엄청난 에너지가 지각을 통해 기어 나와 우주 먼 곳으로 사라진다. 그 에너지의 양은 지구 전체가 수용하는 에너지의 몇 배에 이른다. 이 시스템을 이용하는 것보다 더 시급한 일이 어디 있을까? 그 말을 들으면 귀가 솔깃해지기는 하지만, 이 시스템을 이용하기란 사실 쉽지 않다. 지표면의 열류(熱流) 밀도가 일반적으로 제곱미터당 0.06와트(W)밖에 안 되기 때문이다. 다시 말해, 60와트 전구 하나를 켜려면 1,000제곱미터 넓이의 지각에서 나오는 열을 (아무런 손실 없이) 모두 전류로 전환시켜야 한다.

그래서 사람들은 차라리 지하에 고여 있는 따뜻한 물과 증기를 찾는다. 이것들은 많은 장소에서 나타난다. 심지어 자발적으로 뜨거운 온천과 간헐천(間歇泉)의 형태로서 제 모습을 드러내기까지 한다. 물론 지구 전체에 온천이 공급하는 에너지의 양은 미약한 편이다. 그렇지만 지역 경제에서는 온천을 이용한 발전소가 큰 역할을 할 수 있다. 예컨대 이탈리아 토스카나의 라르데렐로에는 유럽에서 가장 큰 지열 발전소가 있다. 고온 증기가 매장되어 있어서, 그곳은 이미 1904년부터 발전에 이용되었다. 발전량은 300메가와트인데, 이는 대략 400마력(PS) 트럭 1,000대의 힘에 해당한다. 그리고 그림엽서에 흔히 등장하는 샌프란시스코 북쪽의 '간헐천'은 1960년대 초부터 발전에 이용되었다. 러시아와 일본에도 그런 시설이 있다.

그러나 그 모든 것이 좋은 효과를 내는 것은 아니다. 왜냐하면 깊은 곳의 증기가 분출될 때의 압력은 미약하기 때문이다. 게다가 차라리 지구 내부에 머물러 있으면 좋을 법한 각종 가스들도 언제나 함께 분출된다. 미국의 간헐천에서 나오는 혼합 가스는 대부분 이산화탄소이다. 전체 혼합 가스 중에서 이산화탄소가 63퍼센트이고, 메탄이 대략 15퍼센트이다. 이것들은 지구 온실 효과의 주범으로 여겨진다.

뜨거운 물이 위로 나오면 그것을 수집하여 난방 시스템에 투입할 수 있다. 아이슬란드의 레이캬비크에서는 주택 가운데 대략 90퍼센트가 그런 시스템에 연결되어 있다. 그리고 독일에는 습한 증기천(蒸氣泉)을 이용해 전류를 생산하는 시설이 20여 군데 있다. 그러나 그것들을 전부 합쳐도 전류 생산량은 50메가와트밖에 안 된다.

도나우 강과 알프스 산맥 사이에 있는 남부 독일 몰라제 분지의 몇몇 온천들에서도 이 지구 에너지가 이용된다. 말름카르스트의 온천수는 지하 2.5킬로미터에서 퍼 올린 것인데, 냉각시켜서 식수(食水)로 사용할 수 있다. 그러나 증기와 물의 혼합물에는 염분이 매우 많기 때문에 항상 그렇게 할 수는 없다. 물론 순수한 온천수도 있지만, 그것들도 개발하기가 쉽지 않다.

한편 멕시코 만에서 석유 시추를 하다가 3,300미터 지하에서 매우 많은 양의 온천수가 매장되어 있는 것이 발견된 적이 있다. 갇혀 있는 물은 물론 고압을 받고 있으며 메탄을 많이 함유한다. 그 자원이 언제 이용될 수 있을지도 의문스럽다.

열 암반

현재로서는 섭씨 175도의 지하 암반층, 이른바 '뜨거운 바위Hot Rocks'를 개발하는 것이 훨씬 더 전망이 좋아 보인다. 뜨거운 바위가 있는 지역의 유리한 점은 그것이 곳곳에서 확보될 수 있다는 것이다. 다시 말해 구멍만 충분히 깊게 뚫으면 된다. 원리는 간단하다. 천공을 통해 물을 지하 깊숙이 펌프질해 넣는다. 지하에서 그 물이 가열되고, 거기서 생긴 증기가 제2의 천공을 통해 땅 위로 유도된다. 예외인 경우도 있지만, 뜨거운 바위는 밀도가 아주 높고 물이 새지 않는다. 그러므로 깊은 곳에서 그것을 파괴해서 구덩이가 생기게 하기만 하면 된다. 구덩이는 폭약을 터뜨리거나 고압의 물을 발사시켜서 만들 수 있다.

예컨대 알자스 지방 술츠수포레의 오버라인그라벤에 대한 연구 프로젝트를 시행하여 3,900미터 지하에 약 3제곱킬로미터의 열 교환 부지가 개발되었다. 그리고 1997년 실험에서는 대략 10메가와트의 에너지가 지속적으로 생산될 수 있다는 결과가 나왔다. 그래서 또 다른 모델용 시설이 슈바벤 지방의 바트 우라흐에 건설될 예정이다. 이런 시범 설비를 갖추는 데 드는 비용은 매우 저렴하다. 과거에 석유 시추에 사용하던 중고 장비를 그대로 사용할 수 있기 때문이다. 프렌츨라우에서는 이런 방식의 발전이 이미 현실화되었다. 지열 측정기가 2.8킬로미터 지하에서 400킬로와트의 열량을 길어내고 있다.

깊은 지하에서 열 교환 면적을 더욱 효과적으로 확보해야만 열 암반 시스템을 제대로 이용할 수 있다. 또한 천공 기술이 개선되고 저렴해져야 한다. 그래야만 개발 비용을 회수할 수 있다. 현재로서는 깊이 5킬로미터까지 구멍을 뚫는 데 드는 비용이 대략 400만 유로에 이른다.

열 펌프

열 펌프는 지난 몇 년 동안 인기가 아주 높아졌다. 그것은 에너지를 이용하기 위한 비장의 무기이며, 소형 주택의 지하실에 많이 달려 있다.

열 펌프는 극이 역전된 냉장고처럼 작동한다. 거기에는 전기가 공급되어 에너지가 소비된다. 그러나 그것은 그 약간의 전류를 사용해서 지표면 근처의 흙·지하수·공기로부터 환경 열을 흡수한다. 그렇기 때문에, 난방을 하거나 물을 덥히는 데 투입되는 전체 에너지 양을 절약해 준다는 장점이 있다. 지열을 이용할 때 그것은 가장 효과적이다. 왜냐하면 땅속의 온도는 겨울에도 섭씨 5도 이하로 내려가지 않기 때문이다.

그것은 다음과 같이 작동한다. 우선 소형 펌프로 냉매 액체를, 정원에 매설될 열 펌프 파이프로 지나가게 한다. 그 과정에서 그 액체는 지열을 받아들인다. 그 다음에는 그 액체가 소형 전기 펌프에 의해 약간의 고압 상태로 압축된다. 그리하여 그 액체의 온도도 약간 상승한다. 그 다음 단계에서는 그 열이 온수 순환 시스템으로 전달된다. 마침내 압력이 열 펌프 순환 과정에서 다시 내려가며, 그 액체 냉매는 다시 정원으로 보내진다.

대양

판 구조론은 인류가 가지고 있던 대양에 대한 이미지를 극적으로 변화시켰다. 진정한 지구과학과 현실적 삶은 육지에서만 전개될 뿐, 대양이 해수욕이나 즐길 수 있는 커다란 풀장이라는 생각은 이제 거부되었다. 지구과학은 그 어떤 대상보다도 대서양 및 대륙 지각 판의 가장자리를 연구하게 되었다. 그리고 해령은 모든 대륙들을 이해하는 데 필요한 핵심 열쇠라는 것이 분명해졌다. 더 나아가서, 대륙판은 대략 40억 년 된 반면에, 해저 지각은 계속 순환하고 있다는 것도 알게 되었다. 해저 지각은 끝없이 새로 형성되고 있는 것이다. 이런 사실들이 알려져서 해양 연구 붐이 일어나게 되었다. 심해 및 거기에 숨겨진 생물들에 대한 관심도 갑자기 폭증했다. 그리하여 이 시대에 프랑스 해양학자 쿠스토Jacques Cousteau(1910~1997)의 최초 기록들이 생겨났다.

해양을 약간 더 가까이 들여다보는 것은 보람 있는 일이다. 그곳에 엄청난 양의 물이 있어서 더욱 그렇다. 우리 지구는 거의 4분의 3이 물로 덮여 있다. 만약 지구가 공처럼 매끄럽다면, 지구 전체는 물에 잠길 텐데 그 깊이는 2.5킬로미터 정도 될 것이다. 지구 역사에서 바다의 형태는 계속 변화해 왔다. 우리는 오늘날 세 개의 대양과 작은 바다들을 알고 있는데, 태평양·대서양·인도양은 대양에 속하며, 북극해는 비교적 작은 편이다. 태평양은 지구 남반부를 거의 포괄한다.

태평양의 수자원이 지구 시스템 내에서 일어나는 복잡한 변화 과정들에 엄청난 영향을 미친다는 것은 조금만 생각해 보면 쉽게 알 수 있다. 중부 유럽에서는 매년 평균적으로 1제곱미터의 지면에서 500리터의 물이 증발한다. 반면에 대양에서 매년 증발하는 양은 최대 1,500리터나 된다. 수증기는 눈 또는 비를 통해 다시 바다로 내려온다. 그것들은 직접 바다로 내리거나 대륙을 거쳐서 가기도 한다. 후자의 경우에는 땅에 스며들어 지하수를 통하거나 강물을 통해서 바다로 되돌아간다. 사람들이 이 순환 과정을 정지시켜서 물을 육지에 저장한다면, 바닷물은 4,000년 후에 완전히 마를 것이다.

태어나서 처음으로 바닷가로 물놀이 가는 어린이들은 바닷물이 상당히 짜고 거의 마실 수 없다는 것을 알고서 놀라곤 한다. 이비사 바닷가의 사람들을 대상으로 소금이 어떻게 바다로 가며, 어떻게 해서 알프스 근처의 소금 광산에서도 나오는지를 설문 조사해 보면 여러 가지 대답이 나온다. 사실 소금이 그렇게 한 군데로 모이는 것은 지구의 물 순환 때문이다. 소금은 몇 백만 년 동안 암석에서 녹아서 나오며, 빙하와 강들을 통해 세계의 바다들에 도달한다. 소금은 증발할 수 없기 때문에 그곳에 모인다. 지구 역사가 진행되는 동안 이런 식으로 해수 1리터당 3스푼 가득 정도의 소금이 모였다. 더운 지역들에서는 많은 물이 증발하기 때문에, (사해에서 보는 바와 같이) 염분 농도가 더 짙다. 날씨가 춥고 강물이 바다로 많이 흘러드는 곳에서는 반대의 효과가 나타난다. 육지의 소금 광산은 과거에 그곳이 바다였음을 증명하는 퇴적물이다.

19세기 중반까지는 심해 750미터 지점부터는 아무런 동식물이 살 수 없을 것이라고 가정했다. 그래서 오랫동안 사람들은 바다에 별로 관심을 가지지 않았다. 그러나 그런 생각도 이제는 어제 내린 눈처럼 사라진 옛이야기가 되고 말았다. 1869년에 스코틀랜드의 생물학자

톰슨Charles Wyville Thomson(1830~1882)은 바다 밑 4,600미터 지점에서 생명체를 낚아 올렸다. 그리하여 오늘날 사람들은 빛으로 가득 찬 대륙붕 해역에 온갖 생물들이 살고 있다는 것을 알고 있다.

대륙붕은 오늘날 수심이 60~200미터에 달하는 대륙 가장자리 지역을 가리킨다. 과거에는 육지였던 지역으로서, 그 폭은 대략 200킬로미터까지 된다. 마지막 빙하 시대 전에는 이 지역이 해수면 위에 존재했었다. 그 얼음 덩어리가 융해되고 수면이 상승하면서 비로소 그것은 바다 속으로 잠기게 되었다. 대륙붕 다음에는 몇 킬로미터 길이의 가파른 해저 절벽이 이어진다. 그 다음에 비로소 심해가 시작되는데, 여기 구석구석에도 생물들이 우글거린다. 현무암 마그마가 바다로 분출되어 수온이 열탕처럼 뜨거운 곳에서도 미생물이 검출되었다.

해류(海流)

초창기의 바다 연구가들은 대양을 조용히 흘러가는 물살로 생각했다. 그 흐름 때문에 물이 느긋하게 지구 한 바퀴를 돈다고 여긴 것이다. 그러다가 위대한 세계 일주자인 콜럼버스Christopher Columbus(1451~ 1506), 가마Vasco da Gama(1469~1524), 마젤란Ferdinand Magellan(1480~ 1521), 쿡James Cook(1728~1779)이 드넓은 바다에 큰 재난을 불러일으킬 수 있는 거대한 해류가 있다는 것을 처음 알게 되었다. 그리고 19세기 중엽에는 최초의 풍도(風圖) 및 해류도가 완성되었다. 그러나 이런 것에 관심을 가지는 사람은 해양학자 외에는 선원들뿐이었다. 사람들은 해류를 정확히 파악할 수 있는 적당한 방법을 아직 몰랐기 때문에, 몇 천 번씩 빈 병 편지를 보내는 데 의존했다. 오늘날도 이 병들 중 몇 개가 세계의 바다 위를 떠돌고 있을 것이다. 다음에 바다로 물놀이 가면 물 위에 떠다니는 것들을 유심히 살펴보라. 그러면 하나쯤 발견할지도 모를 일이다.

대양에는 부분적으로 아주 강력한 표면 해류와 심층 해류가 있다. 이런 것들은 어떻게 해서 생겨나는가? 표면 해류는 주로 바람 때문에 발생한다. 특히 우리가 일기 예보에서도 흔히 듣게 되는 계절풍(무역풍) 때문이다. 그 근원지는 적도 근처이다. 적도 근처에서 공기는 태양의 열기에 데워져 위로 상승한다. 물론 지구 자전 때문에 무역풍은 서쪽으로 기운다. 그 결과 두 가지의 강력한 공기 흐름이 적도 양쪽에서 생겨나며 엄청나게 많은 바닷물이 앞으로 밀려 나간다. 이 물은 대륙의 동쪽 해안에 와서 충돌하는데, 거기서 물은 북쪽과 남쪽으로 갈라지면서 방향이 바뀐다. 물론 다른 장애물을 만나면 또다시 그렇게 갈라진다. 대양에는 그런 종류의 해류 순환이 모두 다섯 개 있는데, 선원들은 이미 오래전부터 무역풍의 존재를 알고 있었다. 무역풍은 영국의 기상학자 해들리George Hadley(1685~1768)가 최초로 연구하였다. 그러나 그는 바람·날씨·해류를 통합적으로 설명하는 이론까지는 내놓지 못했다.

대양 심층 해류는 열 염분 순환Thermohaline Circulation이라고도 한다. 표면 해류보다 훨씬 천천히 흐르며, 바람과 상관이 없다. 여기서는 온도 변화에 따른 물의 밀도 차이가 결정적이다. 말하자면 찬 물은 따뜻한 물보다 무겁다. 그러므로 추운 북대서양과 남극 대륙 주변에서 엄청난 양의 물이 가라앉아 몇 천 킬로미터 심해의 해류를 결정짓는다. 이렇게 가라앉은 물에게 자리를 양보하기 위해 다른 곳, 특히 태평양에서 다시 그렇게 많은 물이 위로 솟구친다.

극지방의 빙하화(氷河化)

자연현상들이 지구의 생명에 얼마나 많은 영향을 미치는지는 빙하 시기가 주기적으로 반복되는 것만 보더라도 알 수 있다. 물론 해류들은 지구 역사가 진행되는 동안 지각 판들이 이동하는 데서도 영향을 받았다. 그런 주기적 변화는 지구상의 기후나 생명체들의 생존 조건들에도 엄청난 변화를 일으켰다. 앞서 언급한 초대륙 판게아가 중생대에 분열되기 전에는, 남극 지방 주위로 육지들이 연결되어 있었다. 그 육지들이 주변의 해류 흐름을 방해하였고, 대양의 냉수와 온수는 뒤섞였으며, 남극 대륙은 비교적 따뜻하고 얼음도 얼지 않았다. 그곳에서 사람들이 해수욕을 할 수는 없었겠지만 오늘날처럼 그렇게 심한 추위는 없었다. 신생대에 오스트레일리아와 남아메리카가 판게아로부터 갈라져 나왔으며, 지금으로부터 대략 3,600만 년 전인 올리고세(世) 초에는 마침내 남극 대륙도 나머지 대륙들로부터 분리되었다. 그제야 극지방의 표면 해류가 생겨나서 오늘날처럼 남극 대륙 주변에 흐르게 되었다. 그 결과 남극 대륙이 온난한 물을 공급받는 길이 차단되었다. 이 변화가 시작되었을 때 남극 대륙은 냉각되었고 지구 전체의 기온도 눈에 띄게 내려갔다. 남극 대륙에 빙하와 얼음 산이 생겨나기 시작했다.

  그러고 나자 지금으로부터 400~500만 년 전에는 땅속이 다시 요동을 쳤다. 해류는 다시 완전히 뒤섞였고 지구의 기온은 급격히 떨어졌다. 북아메리카와 남아메리카는 약 470만 년 전에 파나마의 새로 생겨나는 좁은 해협에서 서로 손을 내밀어 연결되었으며, 그리하여 태평양과 대서양이 동·서로 서로 연결되던 시대도 중단되었다. 그 대신, 앞에서 이미 언급한 만류(灣流), 다시 말해 북아메리카의 동해안을 따라 흐르는 해류 순환이 비로소 활기를 띠었다. 이 해류는 따뜻한 물을 북쪽으로 밀어 올려 그곳에 비가 많이 오게 한다. 모순되게도, 비나 눈을 추운 북쪽 지방에 가져다 준 이 난류는 북극에 얼음 산이 생기게 된 주요 원인이라 할 수 있다. 왜냐하면 눈이 오지 않으면 거기서는 아무것도 얼 수 없기 때문이다.

  그러나 모든 것이 뒤섞여 흐르면 극지방의 얼음도 그곳에만 머물러 있으려 하지 않는다. 북극과 남극의 얼음 덩어리는 적도 방향으로 흘러가 여러 대륙을 뒤덮었다. 그러나 많은 얼음이 육지에 그대로 있으면 바다에서는 물이 부족하게 된다. 그리하여 수면은 다시 100미터까지 내려갔다.

간조와 만조

대양의 소금처럼 간조(썰물)와 만조(밀물)도 자명한 것이 되었다. 그것이 왜 생기는지 묻는 사람이 거의 없을 정도다. 그것이 달의 인력과 관계있다는 것은 누구든 알 것이다. 그러나 그 이유가 달의 인력뿐이라면, 간조와 만조의 차이는 하루에 한 번만 생길 것이다. 독일 북해의 바닷가를 거닌 적이 있는 사람은 간만의 차가 하루에 두 차례 생긴다는 것을 알 것이다. 어째서 그런가? 우선 달에서부터 시작하자.

실제로 달은 바다의 많은 변화를 낳는다. 간만의 차는 지역마다 달라서 어떤 해안에서는 15미터 이상인 반면, 개방된 바다의 경우 1.5미터가 채 되지 않는다. 어떤 힘이 이러한 간조와 만조를 유발하는지 이해하기 위해 1666년에 뉴턴은 우선 만유인력 법칙을 공식으로 표현했다. 이에 따르면 두 물체는 서로 끌어당기는 힘(인력)을 가지고 있다. 이 힘은 질량과 거리에 따라 변화하며, 우리는 가능한 모든 인력을 그의 공식으로 계산할 수 있다. 지구가 사과에 미치는 힘도 마찬가지이다. 그래서 손에 들고 있다가 놓자마자 사과는 바닥으로 떨어진다. 하늘의 천체들 사이에서도 사과와 지구 사이에서 작용하는 힘과 동일한 힘이 작용한다. 태양이 지구를 잡아끈다는 점에서 우리는 다른 사실을 알 수 있다. 그런 힘이 없다면 지구는 태양 둘레를 공전하지 않을 것이다. 한편 달도 지구에 인력을 미친다는 것은 그렇게 쉽게 눈에 띄지 않는다. 왜냐하면 달은 결국 지구 둘레를 돌기 때문이다. 그럼에도 달은 실제로 지구를 잡아끈다. 그 인력은 지구의 것보다 약하지만 여전히 존재하기는 한다. 달과 태양이 동일한 방향으로 진행한다면, 다시 말해 달이 초승달과 만월일 때는 양자 간의 인력이 서로 합해져 강해진다. 그래서 이때 생기는 만조를 우리는 특히 한사리라고 부르며, 그 반대로 두 천체가 반대 방향으로 진행할 때(초여드레와 스무사흗날)에는 그 힘이 상쇄되어 조금이 생긴다.

그러나 어째서 매일같이 두 번씩 조수가 변하는가? 달의 인력은 물을 끌어당기기도 하지만, 회전해서 지구와 달이 서로 완전히 멀어질 때에는 다시 물을 제 위치로 돌려 놓는다. 그 힘 때문에 지구에서는 바닷물이 불어나게 된다. 달을 향하고 있는 쪽의 지구 해수면이 그 인력 때문에 부풀어 오르는 것이다. 이때 지구의 그 반대 면에서는 제2의 만조가 생긴다. 거기서 물은 지구 자전과 원심력 때문에 솟아오른다. 지구는 쉼 없이 그 두 가지 만조 시기를 거치면서 자전한다. 이 두 시기에 들어갈 때마다 독일의 북해 바닷가에서도 만조가 생긴다. 그리고 그 과정이 계속 진행되고 나면 간조가 생긴다.

그러나 이것만으로는 충분하지 않다. 이 과정을 통해서 간만의 조류와 해저 간에 마찰이 생기고, 그리하여 지구의 자전 시간이 차츰 느려진다. 따라서 100년마다 하루의 길이는 0.002초가 길어지며, 100만 년 후에는 20초가 느려진다. 이와 동시에 달은 해마다 5.6센티미터씩 우리에게서 멀어진다. 그리고 거의 상상이 가지 않겠지만 달의 인력은 바다뿐 아니라 내륙에서도 간만의 주기에 따라 작용한다. 비록 우리가 눈치 채지 못하지만, 달의 만유인력은 지각을 60센티미터까지 솟아오르게 한다.

대양 에너지

대양은 우리가 배를 타고 지나가는 통행로로 사용되거나 아니면 그 위에서 낚시할 수 있는 정도로만 쓰이는 게 아니다. 이 사실을 우리 조상들은 이미 잘 알고 있었다. 그들은 엄청난 해수의 운동을 일상생활에 유용한 에너지로 바꾸려고 노력했다. 이 노력은 오늘날까지도 계속되고 있다. 이번 여름에 프랑스 북부의 브르타뉴로 휴가를 떠나려고 마음먹은 사람은 대양의 에너지를 이용하기 위해 마련된 프로젝트를 그곳에서 만나게 될 것이다. 그 프로젝트는 아주 오래되었으면서도 현대적인 것이다. 그곳 아방 강의 하류에는 중세의 멋진 조석 간만 방앗간이 있다. 옛날에는 도랑으로 흘러 들어오는 조류(潮流)가 수차(水車)를 돌리던 곳이다. 한편 현대적 조류 발전소는 성 말로St. Malo 근처 바닷가, 랑스 강의 하구에 있다. 그것은 1966년에 처음으로 가동되었으며 12미터쯤 되는 간만의 차를 이용한다. 24개의 터빈을 갖춘 발전소는 750미터 길이의 댐 속에 들어 있다. 이 뒤에는 표면적 22제곱킬로미터의 저수지가 있다. 그래서 많은 장소를 차지한다. 다시 말해 조력 발전소는 그다지 효율이 높은 에너지 생산 시설이 못 된다. 물이 드나들 수 있는 개방된 만(灣)이나 하구가 필요하기 때문이다. 다만 자연의 천연 자원을 소모하거나 폐기물을 생산하지 않는다는 것이 장점이다. 그럼에도 현재 전 세계에는 조력 발전소가 딱 세 개 있는데, 나머지 둘은 러시아 바렌트 호수의 키슬로구브스크와 중국에 있다.

우리는 파도도 에너지원으로 이용할 수 있다. 드넓은 바다의 부표(浮漂) 주변에 치는 파도는 약간의 전류를 생산할 수 있다. 그런 미니 발전소는 50와트까지 전기를 생산한다. 그것으로 우리는 제법 먼 곳까지 불을 밝힐 수 있지만, 파도의 힘을 전기 콘센트까지 옮기기는 어렵다. 한편 스코틀랜드의 섬 아일레이에도 실험 발전 시설이 있는데, 여기서는 파도가 셀 때는 75킬로와트까지 생산한다. 그것으로 우리는 40~50개의 가정용 전기 레인지를 동시에 켤 수 있다.

이처럼 파도에서 전기를 얻는 기술은 우리가 자연을 관찰해서 얻은 것이다. 바닷가 절벽에 파도가 몰아치면 마치 파이프 물총을 쏘았을 때처럼 몇 미터씩 높이 솟아오르는 현상 말이다. 발전 시설에서 파도는 콘크리트 밀폐실로 모아진다. 솟아오른 파도는 실내의 공기를 압축시켜 터빈을 통과하게 한다. 파도가 역류할 때 생기는 저압은 터빈을 돌리는 힘으로 다시 한번 이용된다. 어떤 장치들은 파도의 상승과 하강을 부표의 왕복 운동으로 전환시킨다. 그리고 다른 장치들은 파도가 상승할 때 바닷물을 가두어두었다가 수평 갱과 터빈을 통해 빠져 나가게 한다. 노르웨이에서는 이러한 테스트 시설 두 곳이 벌써 500킬로와트의 전류를 생산하였다.

대기권

우리는 가끔 비행기를 타고 여행을 하는데, 그때마다 스튜어디스가 비상 착륙에 대비해서 탑승객들에게 안전 교육을 하는 것을 보게 된다. 간간이 파일럿도 비행 코스·거리·고도·바깥 공기의 온도에 대해서 안내 방송을 한다. 몇 킬로미터 상공을 비행할 때 바깥 기온이 섭씨 영하 20~30도가 되는 것은 흔한 일이다. 그런데 고도가 그렇게 높은 곳에서는 기온이 왜 그렇게 낮은가? 태양에 그만큼 더 가까이 갔으니 기온도 그만큼 더 올라가야 하는 게 아닐까? 등산할 때도 우리는 비슷한 체험을 한다. 높이 올라갈수록 기온은 점점 낮아지는 것이다. 하지만 햇볕 때문에 화상은 더 쉽게 입는다. 태양 광선은 고도가 높아짐에 따라 더 강해지기 때문이다. 그 이유는 다음과 같다. 1초마다 지구에 도달하는 태양 에너지의 양은 대략 500억 킬로와트로, 이는 대략 발전소 1억 5,000만 개의 발전량에 해당한다. 그런데 공기는 직접 태양 광선을 받아서 더워지는 것이 아니라 암석·물·땅으로부터 열이 복사되어야 비로소 더워진다. 그래서 지면에서 기온이 더 높은 것이다.

대기권은 위로 갈수록 희박해지는 여러 겹의 공기 층으로 이루어져 있으며, 대략 1,000킬로미터 상공까지 미친다. 지구의 인력을 받아서 공기 입자는 지구 전체 표면적에 펼쳐져 있다. 가볍지만 중량을 가지고 있기 때문이다. 그렇지 않다면 공기는 우주 공간으로 사라질 것이고, 따라서 지구에는 기압도 없을 것이다. 기압은 파스칼 단위로 표기된다. 이 단위는 프랑스의 과학자, 수학자이자 종교철학자인 파스칼 Blaise Pascal(1623~1662)의 이름에서 따온 것으로, 그는 기압을 최초로 설명했다. 뉴턴의 중력 법칙에 따라 기압은 지면 근처에서 가장 크다. 공기 혼합물은 모든 방향으로 균등하게 압력을 미치는데, 우리가 해수면의 고도에 있을 경우, 우리 몸의 표면적 1제곱센티미터에 약 1킬로그램의 무게로 작용한다.

대기권이 생명체에게 얼마나 중요한지 독자들은 분명히 알 것이다. 대기권 덕분에 우리는 호흡을 할 수 있다. 그리고 우주에서 쏟아져 들어오는 온갖 위험한 우주선에 노출되지 않는다. 대기권이 없으면 생활이 얼마나 고생스러울지는 수성(水星)을 보면 알 수 있다. 수성 표면의 기온은 낮에는 대략 섭씨 425도까지 올라가고, 밤에는 섭씨 영하 180도까지 떨어진다.

이산화탄소, 산소, 오존

지구가 생겨났을 때, 대기권은 오늘날과는 완전히 다른 성분으로 구성되어 있었다. 고대 퇴적암이나 화성, 금성을 분석해 보면 당시 이산화탄소와 질소가 주성분이었음을 알 수 있다. 이후로 이산화탄소는 대기권에서 완전히 여과되어 내려와 토양 속에 흡착되었다. 즉 공기 중에서 씻겨져 내려와 대양의 바닷물에 삼켜졌으며, 거기서 칼슘과 결합해 석회암 속의 탄산칼슘 형태로 정착되었다. 이 퇴적암에 들어 있는 이산화탄소는 오늘날 대기 중에 있는 이산화탄소보다 10만 배나 많다. 오늘날 지구의 공기 층에서 이산화탄소가 차지하는 비중은 0.1퍼센트도 안 된다.

우리가 호흡할 때 특히 귀중하게 여기는 산소는 지구가 생성될 때 거의 존재하지 않았다. 좀 이상하게 들릴지는 몰라도, 최초의 산소는 생물의 쓰레기로 배출된 것이었다. 다시 말해 산소는 최초의 유기체인 시아노박테리아가 광합성(이산화탄소가 태양 빛의 도움을 받아 고(高)에너지의 당류(糖類)로 전환되는 과정)을 해서 생겨났다. 그러나 이 최초의 산소는 곧장 대기 중으로 방출되지 않았다. 처음에는 철광석과 결합했다. 그리하여 용해가 되지 않는 산화물이 생겨났다.

철이 변화하는 과정을 알게 되어 우리는 대기권에서 산소가 생성되는 과정을 상당 부분 재구성할 수 있었다. 우리가 흔히 산화 또는 녹스는 것으로 알고 있는 과정은 산소 공급량의 변화에 크게 좌우된다. 다시 말해서 특정의 변화 과정은 주위 환경에서 특정한 산소가 공급될 때에만 일어날 수 있다. 여기서 특히 흥미로운 것은 적색 편암, 또는 대륙의 적색 퇴적암으로 불리는 붉은색 사암(砂巖)에 대한 연구 결과이다. 그 암석은 매우 아름다운 빛깔의 건축물에 자재로 사용되는데 영국 북서부의 칼라일 및 체스터 대성당·스트라스부르 대성당·브라이스가우의 프라이부르크 대성당이 바로 그 붉은 벽돌로 지어진 것이다. 그 붉은빛은 입자가 미세한 산화철에서 온 것으로 이는 적철석이라는 광물의 형태로 산출된다. 가장 오래된 적색 편암은 약 23억 년 전의 것이다. 이를 토대로 이 시기보다 앞선 시대에는 대기가 아직 산소를 충분히 가지고 있지 못했다고 추론해 볼 수 있다. 즉 철광석에서 적철석이 생겨날 만큼 산소가 충분하지 못했던 것이다.

산소는 대략 20억 년 전에야 비로소 광합성을 통해 천천히 대기 속으로 녹아들기 시작했다. 당시 대기 중 산소의 농도는 오늘날의 100분의 1에 불과했다. 그렇지만 그것은 엄청난 환경오염이나 마찬가지였다. 즉 산소는 화학적으로 공격력이 세었기 때문에 거의 모든 초기 생물체에게는 독가스나 마찬가지였다. 그 생물체들은 산소를 견뎌내지 못했고, 따라서 초기 생물 종 가운데 일부는 지구상에서 완전히 사라졌다. 그 대신 산소에 대한 방어 메커니즘을 가진 다른 종이 확산되었으며, 이들은 산소를 자신들의 물질대사에 이용하기 시작했다.

이처럼 지구의 모든 생물 종은 대기의 변화에 엄청나게 민감하다. 그런 만큼 우리는 공기 층을 정밀하게 연구해야 한다. 그리고 자연적 변화뿐만 아니라 인간이 일으키는 변화, 이를테면 오존 감소 같은 현상들을 조심스럽게 관찰하지 않을 수 없다. 1974년에 캘리포니아의 과학자 몰리나Mario Molina(1943~)와 롤런드Sherwood Row-land(1927~)는 최초로 플루오르화 탄화수소(플루오르-염소-탄수화물)가 오존층을 파괴하여 결국 지구의 생명을 위협하게 될 것을 예견했다. 플루오르화 탄화수소는 스프레이 캔, 스티로폼 그리고 기타 공업 생산 과정에서 분사용 추진제로 사용되는 것이다. 그로부터 11년 후 그들의 동료인 영국인 연구자 파먼Joseph Farman이 남극 하늘에서 거대한 오존 구멍을 찾아냈다. 이는 지구의 생명체를 자외선으로부터 보호하는 오존층이 희박해졌음을 뜻하는 것이었다. 결국 대류권 내에 오존이 눈에 띄게 줄어든 것이다. 그리하여 플루오르화 탄화수소가 태양 광선 및 극지방의 극도로 차가운 겨울 대기와 만나서 오존을 파괴하는 다양한 연쇄 작용을 일으킨다는 것이 확실해졌다. 그리고 그 뒤 지구 전체의 플루오르화 탄화수소 배출량을 줄이려는 정직한 노력들이 국제적으로 진행되었다. 결국 1996년에는 UN '몬트리올 협약'의 효력이 발생되었고, 앞으로 회원 국가들은 의무적으로 플루오르화 탄화수소의 사용을 포기해야 한다. 오늘날 사람들은 그 위기 사태가 장기적으로 진정될 것이라 믿고 있다. 그러나 단기적으로는 오존 구멍에 대한 경보가 계속 발표될 것이다. 왜냐하면 플루오르화 탄화수소는 대기 속으로 느리게 확산되기 때문이다. 그러나 분명히 말하건대, 그것만이 전부는 아니다. 대기권에서는 우리가 아직 너무나 모르는 자연현상들이 계속 진행되고 있다.

대기권의 구조

대기권 연구자들은 지구의 공기 층을 여러 권역으로 나눈다. 제일 아래인 대류권Troposphere에서는 기후 현상이 생겨나며, 우리가 호흡하는 공기가 존재한다. 이 층은 북극 지방에서는 고도 8킬로미터, 적도 지방에서는 17킬로미터까지 존재한다. 지표면에서는 평균 온도가 섭씨 15도이며, 제일 상층부에서는 섭씨 영하 70도까지 내려간다. 우리가 호흡하는 공기는 78퍼센트의 질소, 21퍼센트의 산소, 0.9퍼센트의 아르곤 및 약간의 이산화탄소(0.035퍼센트), 그 밖의 희소(稀少) 가스와 수증기로 이루어져 있다.

그 위층에는 성층권Stratosphere이 있다. 성층권에서는 우리가 생명을 유지하는 데 필요한 오존이 형성된다. 지구 표면 전체에 고르게

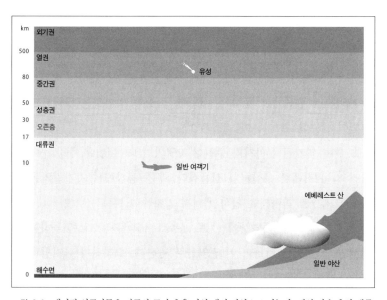

그림 2.6 대기권 연구자들은 지구의 공기 층을 다섯 개의 권역으로 나눈다. 제일 낮은 층인 대류권에서는 기후 현상이 펼쳐진다. 지면에서 기온은 평균적으로 섭씨 15도이다. 대류권 최상층부에서는 기온이 섭씨 영하 50~70도까지 내려간다. 대류권은 주로 지면의 적외선으로 인해 아래에서부터 가열된다.

펼쳐놓으면, 오존은 두께가 겨우 3밀리미터인 얇은 층이 될 것이다. 그만큼 오존 전체의 양은 적다. 오존층은 지구가 처음 생겼을 때 최초의 미생물이 산소를 분해시켜서 나타났다. 당시에는 원자가 두 개인 산소 분자가 공기 층에 퍼져 있었는데, 태양의 자외선이 이 분자들에서 원자가 세 개인 오존을 합성해 낸 것이다. 오존은 독성이 강하고 냄새가 심한 부식성 가스이다. 오늘날 흔히 지구에서 기후 변화를 일으킨다고 알려져 있지만, 그것은 잘못된 지식이다. 오존층은 20~30킬로미터 상공에 퍼져 있으며 지구의 생명체를 자외선으로부터 보호한다.

성층권 위에는 중간권Mesosphere이 있는데, 이것은 대략 고도 50킬로미터부터 시작한다. 중간권에서는 공기가 상당히 희박하고 얼음처럼 차갑다. 그리고 고도 80~500킬로미터에는 열권Thermosphere이 존재하는데, 이는 우주 공간과의 불분명한 경계 지역을 형성한다. 그보다 높은 곳은 외기권Exosphere이다. 이런 고층들은 이온권이라고도 불린다. 거기서 태양의 엑스선과 자외선이 전자(電子)를 공기의 분자와 원자로부터 분리해 내기 때문이다. 공기 입자들은 양극으로 대전되어 남는다. 즉 이온이 되는 것이다.

그 위에 대기권의 마지막 층인 자기권이 있다. 이것은 우리 눈에 보이지 않는 거대한 우산처럼 작용한다. 우주 공간에서 자기권역은 태양에서 지구로 쏟아지는 활성 에너지 입자들을 반사시켜 지구 대기권을 우회하게 한다. 태양풍이 이 보호 층과 거의 수직으로 충돌하는 곳에서만 몇 개의 입자들이 이 권역을 통과한다. 그리하여 극지방의 밤하늘에서는 오로라가 커튼처럼 펼쳐져 밝게 빛난다.

날씨 및 기후를 만들어내는 기계

우리 모두가 알고 있다시피, 날씨는 단순하게 생겨나지 않는다. 그것은 통찰하기 어려운 여러 요인들이 뒤섞여서 나타나기 때문에 일기 예보자를 곤혹스럽게 한다. 무엇보다 날씨가 모든 가능한 힘들의 영향을 받기 때문이다. 그 힘들 중에서 가장 강력한 것으로는 극지방과 고산 지대의 얼음·물·태양이 있다.

그중 지구의 극관(極冠)(지구 바깥에서 보았을 때 희게 빛나는 극지방의 빙설 지대—옮긴이)과 빙하는 지표면과 수면(水面)을 상당히 많이 뒤덮고 있으며, 지구를 대기권에서 분리시켜 열이나 수분이 지구와 대류권 사이에서 서로 원활히 교환되지 못하게 한다. 다른 한편 그것들은 은빛으로 희게 빛난다. 그래서 마치 거대한 반사경처럼 작용하여 태양 광선의 95퍼센트까지를 대기권으로 되돌려 보낸다. 예컨대 남극 대륙은 담수(淡水) 전체의 80퍼센트를 얼음의 형태로 품고 있다. 이 남극 대륙들을 뒤덮고 있는 얼음은 어떤 곳에서는 그 두께가 4킬로미터나 된다.

지표면의 71퍼센트를 덮고 있는 대양도 날씨를 만들어내는 주요 요인 중 하나이다. 대양은 대기의 아래층 온도에 큰 영향을 미치며, 비와 눈이 내릴 때 필요한 수분을 공급한다. 태양은 그 모든 것을 뒤섞어 놓는다. 그것은 엄청난 물을 끝없이 데워서 증발하게 한다. 대류권 상부의 추운 곳에서 그 수증기는 물방울 형태로 변화하며 비·눈·우박이 되어 지표면에 내려온다. 대부분은 다시 대양으로 흘러 들어간다.

여기서 생겨나는 대기권의 순환은 대양의 심층 순환에 비견될 수 있다. 다만 그 순환의 방향은 반대이다. 대류권에서는 대기가 지각의 열복사를 통해 가열되는데, 그것은 공기 층들의 상승·바람의 순환·강수(降水)·그 밖의 대기권 기후 현상들을 낳는다. 따라서 태양은 대류권에서 그 모든 거대한 '날씨 및 기후를 만들어내는 기계'의 동력이 된다. 지표면은 처음에는 태양 광선을 흡수하여 가열된다. 그러고는 복사열을 지구 대기권으로 되돌려 보낸다. 이 과정은 적외선 장치를 통해서도 관찰된다. 따뜻한 공기는 차가운 공기보다 가볍기 때문에 위로 올라간다. 그것은 상당히 높은 곳에서 냉각되어 지표면 쪽으로 다시 가라앉는다.

고기압 및 저기압

우리가 TV에서 저녁 뉴스 시간마다 보는 일기 예보도는 주로 고기압 및 저기압 구역들로 이루어져 있다. 그렇다면 이 구역들에서 그런 기압을 생겨나게 하는 것일까? 어떻게 해서 그렇게 되는 것일까?

공기가 상승하여 지표면에서 기압이 낮아지면 우리는 이것을 저기압이라 부른다. 그렇게 기압이 낮아지면 공기 중에는 가스 형태의 수증기가 많이 포함될 수 없게 된다. 그리하여 그 수증기는 응집되어 구름이 되거나 눈 또는 비의 형태로 지면에 내려온다. 그러므로 저기압일 때는 출근하면서 우산을 챙기는 것이 현명하다. 고기압에서는 모든 것이 반대가 된다. 습기가 공기 중에 포용되며 구름은 해체된다.

한편 태양 광선이 어느 정도 강렬한가만 보면, 적도 지대에는 언제나 고기압이 지배적일 것이라고 착각하기 쉽다. 사실은 그 반대이다. 기상학자들은 오히려 적도 저기압 골이라는 말을 사용한다. 왜냐하면 적도에서는 항상 태양 때문에 덥혀진 공기가 위로 올라가서, 앞서 설명한 기후 현상을 나타내기 때문이다. 그 골로부터 위도가 몇 도만 북쪽 및 남쪽으로 치우친 지역에서는 아열대의 고기압대가 형성되어 거대한 사막 지대를 만들어놓는다.

사실 사정은 이보다 더 복잡하긴 하다. 자전 및 지구 축의 경사 23.5도가 그 대자연의 쇼를 항상 뒤죽박죽이 되게 만든다. 또한 바람과 사계절의 변화가 생겨나게 한다. 수증기도 날씨를 만들어내는 중요한 요인이다. 수증기 분자는 에너지를 가득 품고 있어서, 비로 응결될 때에는 많은 에너지를 내놓는다. 대류권을 동요시키는 추가적 요인인 셈이다.

지구에서 이처럼 복잡한 '날씨 및 기후를 만들어내는 기계'는 그 밖의 여러 요인들로부터도 장·단기적인 영향을 받는다. 예컨대 조류 간만의 차·태양 복사열의 변화·지구 궤도의 변화·불규칙한 지구 표면이 그 요인들이다. 인간과 관계되는 요소들도 기후와 날씨를 변화시킬 수 있다. 그 예로는 토지를 활용하기 위해 토목 공사를 하는 것이나 가축이나 인간이 화석 연료를 연소하는 것 등이 있을 수 있다. 이처럼 날씨가 나타나는 과정이 상호 연관되어 있고 복잡하기 때문에, 일기 예보 리포터들이 중장기에 걸친 일기 예보를 하는 일은 당연히 쉽지 않다. 그들은 대기권의 현재 상황만을 설명한다. 그리고 미래의 변화는 예상만 할 수 있을 뿐이다.

그러나 2~3일 후의 일기 예보는 점점 더 정확해지고 있다. 30~40년 전까지만 해도 기상청은 "맑거나 구름이 끼는" 날씨라는 말을 통상적으로 했는데, 사실 그 말은 거의 모든 날씨에 적용될 수 있는 것이었다. 그 시대에는 그리하여 이른바 '나비 효과'라는 이론까지 생겨나 카오스 연구가 유행되게끔 했었다. 이 이론은 미국의 기상학자 로렌츠Edward Lorenz(1917~)가 1960년대 초에 내세운 것으로, 브라질에서 나비 한 마리가 날갯짓을 하면 텍사스에서 돌풍Tornado이 일어난다는 것이다. 실제로 그는 컴퓨터상에서 대기권 모델을 가지고 실험하여 그런 카오스 결과를 계산해 낼 수 있었다. 물론 대기권의 아주 작은 변화들조차 '날씨 및 기후를 만들어내는 기계'에 엄청난 영향을 미칠 수 있다는 것을 부정할 수는 없다. 하지만 그 동안 나비 효과의 가능성은 힘을 잃었다.

몬순과 푄

바람은 공기의 이동이다. 그리고 위에서 설명한 것처럼 우선 태양 복사와 전술한 지구의 가열 및 냉각 과정 그리고 자전 때문에 생긴다. 태양 조류를 다룬 부분에서 기술한 무역풍 역시 그런 과정에서 생긴다. 또한 몬순Monsoon처럼 특정한 시기에 생기는 바람도 있다. 그것은 인도양의 적도 연안 국가들에서 분다. 그것은 거대한 공기의 소용돌이로, 이렇게 해서 생겨난다. 아시아 대륙이 심하게 가열되면 여름철에 공기는 계속해서 위로 올라간다. 그리하여 지표면에서는 항상 저기압이 생겨난다. 물은 비열이 높아서 늦게 데워지기 때문에, 인도양 수면 위에서는 그것과 정반대의 현상이 나타난다. 그곳은 고기압이 지배한다. 이제 우리는 무슨 일이 일어날지 상상해 볼 수 있다. 땅에서는 공기 덩어리가 계속해서 상승하고, 그 빈자리를 채우기 위해 새로운 공기들이 어딘가에서 밀려 들어온다. 인도양은 그 새로운 공기들을 확보하고 있다. 계속 공기가 해안을 넘어 내륙으로 흘러든다. 그 덩어리는 많은 수증기를 품고 있으며, 비가 되어 지면으로 내려온다. 겨울에는 공기 회오리바람이 반대로 돈다. 그 결과 육지에는 거의 비가 오지 않는다. 프랑스 남부의 미스트랄Mistral도 이와 아주 유사한 기류 작용 때문에 생기는 차가운 북서풍이다. 공기의 이런 회전이 없다면, 지중해에서 요트 타기는 아주 권태로운 일이 될 것이다.

우리에게 잘 알려져 있는 또 하나의 바람은 푄Föhn이다. 푄은 알프스 전방 지방에서 불며 사람들에게 두통을 일으킨다. 그것은 습윤한 기단(氣團)이 남쪽에서 알프스 산맥을 넘어 불어올 때 생긴다. 그것은 산맥의 연봉들을 향해 밀려 올라가면서 냉각된다. 그리하여 눈·비가 오게 한다. 공기는 수증기를 대부분 잃어버리고 가벼워진다. 품고 있던 물을 산 중턱에서 다 쏟아낸 공기는 알프스의 계곡으로 쏟아져 내려오는데, 이때에는 100미터당 대략 1도씩 기온이 상승한다. 해발

3,000미터 고산 지역에서는 한겨울에도 봄과 같은 기온이 나타나 눈을 녹여 버린다. 그래서 스키어들의 기분을 망쳐놓곤 한다. 다시 말해 푄은 따뜻한 하강 기류이다. 알프스의 다른 쪽 사면, 즉 스위스의 티치노 강 유역 사람들은 그 바람을 흥미롭게도 테데스코Tedesco, 즉 독일인이라고 부른다. 잘츠부르크 푄의 만형 격인 바람은 치누크 Chinook라고 할 수 있는데, 그 바람은 콜로라도의 로키 산맥에서 시속 180킬로미터로 볼더 등의 도시들을 향해 분다.

풍력 발전소

우리는 바람을 이용할 수 있다. 풍차가 그 증거이다. 풍차는 중세 때 수많은 수차 펌프·방앗간·대장간의 해머를 작동시켰다. 20세기 초에는 북부 독일에만도 약 3만 군데의 풍차 방앗간이 있었다.

최근 몇 년 전부터 사람들은 풍력을 이용해 경제적 가치를 얻는 일에 다시 관심을 가지기 시작했다. 거기에는 무엇보다도 정치적 이유가 있었다. 주기적으로 반복되는 오일 쇼크, 그리고 유전이 마침내 고갈될지도 모른다는 불안 때문이었다. 또한 온실 효과와 원자력에 대한 불안도 원인으로 작용했다. 그렇지만 풍력은 우선 고효율 에너지 저장 장치가 확보되어 있어야만 에너지 공급원으로 충분히 자리 잡을 수 있다. 즉 풍력의 가장 큰 문제점은 온 국민이 대부분 잠들었을 때에야 비로소 바람이 불기 시작하곤 한다는 것이다. 그러므로 풍력 에너지는 소비자가 짜내어 사용하기 전에 일단 축적될 수 있어야 하는데, 유감스럽게도 많은 양은 아직 축적하기가 어렵다. 그렇지만 않다면 에너지원을 쉽게 확보할 수 있을 텐데 말이다.

이 점에서 바람은 기후와 동일하다. 우리는 바람을 신뢰할 수가 없다. 바람은 지역과 시간에 따라 변동이 심한 에너지원이다. 따라서 그 변화를 예측하기가 어렵다. 이런 점은 풍차의 효율을 결산해 봐도 알 수 있다. 아주 좋은 경우에도 그 수치는 20퍼센트 정도밖에 안 된다 (다시 말해 그것들은 10시간 가동했을 때 2시간 동안만, 정격 용량의 에너지를 생산한다). 결국 만족스러운 결과를 얻으려면 풍차가 여럿 있어야 하고, 나중에는 점점 더 많은 풍차가 아름다운 풍경을 가리게 된다. 우리는 이런 현상을 두고 "아스파라거스 묶음처럼 된다Verspargelung"라고 말한다. 왜냐하면 당연히 풍차는 전망이 탁 트인 곳에 (그런 곳이라야 바람이 잘 부니까) 세워지기 때문이다. 바다 복판에서는 풍차가 정격 용량의 30퍼센트까지 발전을 하긴 하지만, 이런 곳에서는 육지까지 전류를 수송하는 데 비용이 많이 든다.

바람이 너무 많이 불어도 좋지 않다. 초속 20미터 이상에서는(이 정도면 풍력의 세기가 대략 10등급에 해당한다) 바람을 피하도록 풍차의 회전 장치를 돌려 놓거나 차단해야 한다. 왜냐하면 풍차가 날아가거나 날개가 부러질 수 있기 때문이다. 실제로 몇 톤이나 되는 회전 장치가 태풍이 없을 때에도 지상으로 추락하는 일이 있었다. 예컨대 2002년 여름에는 울리히슈타인 근처의 호어 포겔스베르크산에 최초로 설치된 지름 44미터의 회전 장치가 50미터 상공에서 지상으로 추락했다. 다행스럽게도 근처에 등산객은 없었다. 그리고 2002년 가을의 태풍 지넷은 페히타의 골덴슈테트에서 70미터 높이의 풍력 장치를 거대한 콘크리트 기둥과 함께 땅에 내동댕이쳤다.

그런 단점에도 불구하고 독일은 풍력 발전을 많이 지원하고 있다. 2004년 4월에도 독일 에너지 개발법Erneuerbare Energiene Gesetz (EEG)은 국가의 지원금을 확대하였다. 그런데 2002년 초 독일에 있는 약 1만 1,400개의 풍력 시설에서는 겨우 9,000메가와트의 전류를 네트워크에 공급할 수 있었다. 그리고 그 9,000메가와트가 전 세계 풍력 발전량의 약 3분의 1에 해당하는 것을 보면 독일의 정치권이 어리석게도 풍력 발전에 얼마나 많은 돈을 쏟아 부었는지를 알 수 있다.

앞으로 몇 년 안에 독일의 북해 및 동해 연안 해상에 새로운 풍력 발전 공원들이 준공되어 전력을 생산하기 시작할 것이다. 지금은 국제 컨소시엄 프로젝트 팀이 결성되어 이 시설이 장차 환경·동물·해상 교통의 안전성에 어떤 영향을 미치게 될지를 조사하고 있다. 그런데 거기서 이미 갈등이 표면화되고 있다. 지금 북해의 뤼겐과 보른홀름 사이의 해상에 세우기로 계획되어 있는 '윈드파크Windpark'에 대해서 자연 세계 기금World Wide Fund(WWF)이 이런 환경 영향 평가 보고서를 내놓은 것이다. 그들은 지금 그곳에 수많은 돼지고래들이 살고 있으며 따라서 그 시설이 건설되면 고래들이 생존을 위협받게 될 것이라고 비난했다.

우리 귀에 좀 색다르게 들리는 이른바 '상승 기류 발전소Aufwindkraftwerk'는 공기 와류를 이용한다. 따뜻한 공기가 차가운 공기보다 가벼우므로 상승한다는 점에 착안하여, 이 발전소는 약한 토네이도와 같은 작용을 하게 만들어졌다. 다시 말해 해안가의 나선형 대기 순환에서 볼 수 있는 것과 동일한 효과가 이 발전소에서 인공적으로 생산된다. 상승 기류 발전소의 중앙에는 온난 기류가 상승하면서 터빈을 돌리게끔 되어 있는 거대한 굴뚝이 있다. 온실처럼 넓은 표면적을 가진 유리 지붕을 지면에 건설해 놓았는데, 여기서 온도를 상승시킴으로써 온난 기류가 얻어진다.

이러한 상승 기류 발전소는 거의 없다고 봐도 과언이 아니다. 50킬로와트 출력의 소형 테스트 설비가 1982년 스페인에서 완공된 정도다. 쓸모 있는 충분한 에너지를 얻으려면 광대한 토지가 필요하기 때문인데, 오래전부터 아프리카 가나에서는 100메가와트를 생산하는 거대한 시설이 계획된 바 있다. 그러나 100메가와트 급의 시설은 아마 오스트레일리아에서 최초로 실현될 것으로 추측된다. 아무튼 높이 950미터, 폭 115미터의 거대한 굴뚝을 안정적으로 건설하는 일은 여전히 난제로 남아 있다.

태양열공학

지구에 도달하는 태양 에너지의 양은 핵 발전소 1억 5,000만 개에 해당한다. 그 사실을 보면, 어떤 에너지원이 우리에게 적어도 이론적으로나마 확보될 수 있는지를 분명히 알 수 있다. 그러나 실제로 이용하는 일은 간단하지가 않다. 왜냐하면 태양 에너지는 계절, 지리, 기후에 따라 변동이 심하고, 중간에 대기권이 있기 때문이다. 그러므로 지표면에서는 태양 광선의 에너지 밀도가 상당히 낮다. 이것은 다행스러운 일이기도 하다. 만약 그렇지 않다면 우리는 모두 통닭구이가 될 것이기 때문이다. 대기권은 태양 광선의 일부만을 지표면까지 직접 통과시킨다. 대부분은 도중에 분산된다. 그러므로 직접 광선과 분산 광선을 구분하면, 직접 광선만이 집열기(集熱機)에 모아져 농축 열을 제공할 수 있다. 반면에 분산 광선은 태양 전지를 이용해서 전류를 생산하는 데 이용할 수 있다.

태양열 시설의 핵심은 집열기인데, 집열기는 매우 다양한 크기로 설치될 수 있다. 납작한 집열기가 있는 소형 시스템은 분산 및 직접 태양 광선을 이용하며, 물을 끓일 수 있다. 집열기를 지붕에 부착해서 수영장 및 건물을 따뜻하게 하거나 물을 덥힐 수 있는 것이다. 고온을 얻기 위해서 태양열 압축기에서는 포물면경과 렌즈들이 적절하게 배열된다. 그 배열은 태양 광선을 한 군데로 모으는 볼록 렌즈 효과에서 따온 것이다. 집열기의 가장 간단한 모형은 아프리카에 있는데, 그것은 '태양열 냄비'라 불린다. 그 작용 방식은 간단하다. 거울 하나가 광선을 냄비에 모으는 것이다. 대낮에는 섭씨 250~550도의 고온까지 얻을 수 있다. 그것보다 훨씬 큰 실험용 냄비는 프랑스 오데요에 있다. 그 냄비는 섭씨 4,000도까지 상승하며 금속도 녹일 수 있다.

태양열을 이용할 때의 가장 큰 문제는 햇볕이 공급되는 시간과 에너지를 필요로 하는 시간이 서로 다르다는 점이다. 예컨대 공간 열에 대한 수요 가운데 60퍼센트는 대개 11~2월에 발생하지만, 이 기간 중에는 연간 태양 에너지 공급량의 12퍼센트만이 확보된다. 적도 근방의 나라들에게 매력 있는 중대형 태양열 발전소는 생산한 열을 전류를 생산하는 데에도 이용할 수 있다. 그 열로 물을 끓여, 수증기로 발전용 터빈을 돌리면 된다. 물론 여기에도 넓은 토지가 필요하다. 태양열 발전소가 1,000메가와트 용량의 전류를 생산하려면 이론상으로 기후에 따라서 20~50제곱킬로미터의 땅이 필요하다.

이미 1980년대 중반부터 캘리포니아에서는 몇몇 태양열 발전소가 가동되고 있다. 그것들은 설치 면적이 안 넓어서 한눈으로 조망될 수 있지만, 정격 생산 용량이 약 80메가와트에 불과하다. 그러나 미래에는 200메가와트 규모로 발전소가 건설될 것이라고 한다. 집열기로는 주로 파라볼라 형이 사용될 것이다. 그리고 집열기에서는 집열용 셀들이 나란히 조립될 것이다. 그 셀들은 태양의 움직임에 따라 자동으로 움직이고, 그 초점의 축선 상에는 섭씨 400도까지 덥혀질 두꺼운 관이 설치될 것이다. 이 관을 통해서 오일이 흐르고, 이 오일은 그 열을 받아들여 열 교환기로 보낼 것이다. 그러고는 열을 방출시켜 수증기를 생산할 것이다.

태양 전지

태양 전지 발전은 조금 더 복잡하다. 반도체 층들이 서로 겹치게 배열되어 있으면, 태양 빛의 도움을 받아 자유 양전자 및 음전자들이 거기서 배출되는 원리를 이용한 것이다. 그 대전된 입자들을 전기장 내에 넣으면 서로 분리시킬 수 있으며, 거기서 음전자들을 도체를 통해 흐르게 하면 전류가 얻어진다. 이 광전 효과는 1839년에 프랑스 물리학자 베크렐Alexandre Edmond Becquerel(1820~1891)이 발견했다. 처음에 사람들은 사진 찍을 때 노출을 측정하는 데 그것을 사용했다. 그러다가 1950년대에 우주여행을 위해 그 기술은 더욱 정교하게 발전하였다. 오늘날까지도 태양 전지 발전은 인공위성과 우주선들에 오랫동안 에너지를 공급할 수 있는 유일한 방법이다.

태양 전지 발전 장치의 기본 요소는 솔라셀Solarcell(우주선에 달린 것은 태양 날개라고 불린다)이다. 표준 솔라셀은 모노 결정체인 규소(Si)로 이루어져 있으며 약 1와트의 에너지를 생산한다. 이 규소는 결정 모래로부터 얻어지는데, 지구상에서 두 번째로 많은 원소이기 때문에 사실상 무궁무진하게 존재한다. 솔라셀을 제작할 수 있는 다른 재료들에 대해서도 많이 연구되고 있다. 이론적으로 볼 때 솔라셀은 그 용량이 매우 다양하다. 휴대용 계산기에서 대형 발전소에 이르는 거의 모든 곳에 사용될 수 있다. 전기가 공급될 수 없는 곳, 또는 그래서는 안 되는 곳에서 특히 유용하게 사용된다. 예컨대 산장 · 외딴 농가 · 주말 농장 · 공원의 시계탑이나 고속도로 변의 긴급 호출용 전화기에 사용되고 있다. 미국 에번스 산에 자리 잡은, 세계에서 제일 높은 천문대에서도 그런 장치를 사용한다. 반면에 전기가 들어가는 곳에 있는 태양 전지 시설은 효용성이 별로 좋지 않다. 비록 독일 정부가 일반 주택 지붕과 외부 벽면에 달려고 예산을 많이 지원하고 있지만 말이다. 대폭적으로 지원하지 않는다면, 수요자들은 그 기술에서 경제적 이익을 얻지 못할 것이다.

태양 전지 발전 시설을 짓는 데 필요한 비용보다 더 큰 이익을 얻으려면 그런 시설이 대규모로 전류를 생산할 수 있어야 한다. 예컨대 50만 제곱킬로미터의 태양 전지 발전 시설을 사하라 사막에 세우면 인류 전체에 에너지를 충분히 공급할 수 있을 것이다. 그런데 그런 손익 계산에서 고려되지 않은 부분은 에너지 비축과 수송의 문제이다. 다시 말해 사하라에도 밤은 오며, 그곳에는 전기에 대한 수요도 많지 않다. 그러므로 지구의 에너지 수요에 크게 기여하려면, 여러 개의 태양 전지 발전소들을 지구촌 전체 차원에서 네트워크화하는 것이 필요하다. 그러나 이런 막대한 비용을 들이는 것보다는 차라리 그런 태양 에너지 시설을 우주 공간에 세우는 편이 나을 것이다.

번개와 천둥

옛 게르만인들은 번개와 천둥이 천둥의 신 토르Thor가 화가 나서 일으키는 것이라고 생각했다. 근대 초기까지만 해도 사람들은 자연현상을 이처럼 알레고리로 즐겨 설명했다. 그들에게 번개와 천둥은 나쁜 사건의 전조로 통했다.

오늘날 우리는 번개와 천둥이 어떻게 일어나는지 알고 있다. 번개와 천둥은 대개 여름에 일어나며 공기 중의 습도가 높을 때 생긴다. 우리는 그런 날씨를 후텁지근하다고 말한다. 그런 날씨에는 공기가 우리 몸에서 증발하는 수분을 더 이상 받아들일 수 없다. 그래서 우리는 땀을 질질 흘리게 된다. 습윤하고 온난한 공기가 빠른 속도로 대류권 상부의 차가운 곳으로 상승하면 번개와 천둥이 치게 된다. 거기서 공기는 갑자기 냉각되어 수증기를 더 이상 품고 있을 수 없게 된다. 그리하여 높이가 10킬로미터나 되는 거대한 구름 기둥이 생성된다. 순환하는 공기는 그 먹구름 내에서 강한 운동을 일으킨다. 그러면 상부의 차가운 곳에 있는 얼음 결정과 그 아래의 물방울은 사납게 서로 뒤섞이면서 강한 전기를 띠게 된다. 얼음 결정은 양극, 물방울은 음극이 된다. 그 전압 차가 너무 크면 번개로 방전된다. 공기 입자들은 불균등하게 분포되어 있고 번개는 지구로 향하는 저항이 가장 작은 길을 택하기 때문에 번개는 갈지(之)자형이 된다. 번개를 에워싼 공기의 온도는 이 방전으로 인해 대번에 섭씨 3만 도까지 상승한다. 이렇게 온도가 올라가면 공기는 매우 빨리 퍼져나가게 된다. 그 속도는 음속 장벽을 꿰뚫을 정도로 빠르다. 우리는 그것을 천둥으로 인지한다. 그러나 빛은 소리보다 더 빨리 퍼져나가므로, 번개가 치고 나서 몇 초 뒤에야 그 소리가 들린다.

엘니뇨

엘니뇨는 넓은 지역에 걸쳐 극단적 영향을 미치는 날씨 현상이다. 엘니뇨는 그 동안 과학을 통해 상당히 정확히 설명하고 예보할 수 있게 되었다. 그것은 엄청난 홍수와 비를 몰고 온다. 그리고 태평양 적도 지역에서 생긴 난류(暖流)가 역행하는 것과 관계있다. 그럴 경우 남아메리카의 태평양 연안은 크리스마스 무렵에 난류와 많은 비를 만나게 되고, 오스트레일리아에서는 덥고 건조한 날씨가 계속된다. 난류를 만나면 남아메리카에서는 몇 주 동안 한류성(寒流性) 어종(魚種)인 정어리가 자취를 감춘다. 페루의 어부들은 이런 자연 쇼를 19세기부터 엘니뇨, 즉 크리스마스 아기라고 불렀다. 왜냐하면 그 현상 때문에 그들은 특별한 겨울 휴가 기간에 들어가야 했기 때문이다.

엘니뇨의 정확한 원인은 아직 명확히 밝혀지지 않았다. 연구자들은 그 현상이 일종의 난류 홍수로서, 다음과 같이 태평양을 가로지르며 쏟아진다고 생각한다. 그 난류는 대개 서쪽으로 부는 무역풍 때문에 태평양 서쪽 연안에 갇혀 있다. 그러면 서태평양 해역의 수온은 동태평양 연안보다 약 섭씨 10도까지 높게 되며, 서쪽 연안의 해수면 높이는 150센티미터까지 솟아오른다. 그런데 엘니뇨 때는 무역풍이 약화되어서 물을 더 이상 그곳에 모아둘 수 없다. 그러면 그 물은 동태평양 쪽으로 흘러서 남아메리카의 해안 앞에 모인다. 그러고는 그곳에서 솟아오르던 정상적 심층 한류(寒流)가 더 이상 솟아오르지 못하게 한다. 그리하여 남아메리카 연안을 따라 부는 훔볼트 풍(風)도 불지 않게 되며, 가열된 해수면은 많은 양의 물과 열을 대기 중으로 상승하게 한다. 그러면 몇 주 동안 전 세계의 기후는 미친 듯이 요동을 친다.

기후 변동

지구의 기후는 온갖 힘에 의해 결정되고 뒤섞인다. 그런데 그 힘들 중 지구 회전축의 기울기와 태양 둘레를 도는 공전 운동 때문에 기후는 약간 규칙적으로 된다. 지축은 공전 궤도 평면에 대해 기울어져 있다. 그래서 공전할 때 대략 3개월 동안은 북반구가 태양에 더 가깝게 되고, 다른 3개월 동안은 남반구가 그렇게 된다. 전자의 경우에는 북반구가 여름이 되고, 후자의 경우에는 남반구가 여름이 된다.

기후가 대체로 동일한 넓은 지역은 기후대Climatic zone라고 불린다. 그것은 고리 모양으로 지구를 둘러싸고 있는데, 각 기후대에는 전형적인 식물계와 동물계가 존재한다. 기후대는 다섯 가지로 분류된다. 극지방 주변, 이를테면 그린란드에는 설권(雪圈)이 있다. 가장 따뜻한 달에도 설권의 평균 온도는 섭씨 10도 미만이다. 핀란드에는 아한대(亞寒帶)Boreal 내지 설림(雪林) 기후가 존재한다. 그곳에서 가장 추운 달은 섭씨 영하 3도 미만이며, 가장 따뜻한 달은 섭씨 10도를 조금 넘는다. 독일의 기후는 따뜻한 온대성 기후이다. 가장 추운 달의 온도는 섭씨 영상 18도에서 영하 3도이다. 사우디아라비아는 건조 기후이다. 그곳 기후를 정확히 말하는 일은 아주 복잡하다. 겨울철 우기에는 강수량(센티미터 단위)이 연중 평균 온도(섭씨 단위)의 두 배가 되지 않으며, 비를 연중으로 균등하게 나누면 그 값보다 약간 많다. 여름철 우기에는 강수량이 이 값보다도 좀 더 많다. 이런 식으로 우리는 각 지역이 이 범주 안에 들어가는지를 계산해 볼 수 있다. 본론만 말하자면 기후가 건조하다는 것이다. 말레이시아에는 겨울이 없고, 열대 우림 기후가 지배적이다. 기온은 1년 내내 평균적으로 섭씨 18도 이상이다.

극단적 날씨

오늘날 양동이로 퍼붓듯이 비가 내리거나 해일이 홍수를 일으킨다고 가정해 보자. 예컨대 1999년 크리스마스에 100년 이래로 가장 강한 강풍 아나톨이 불고, 몇 주 후에는 저기압 태풍 로타르가 프랑스·스위스·남부 독일의 넓은 지역을 초토화시키며, 이틀 후에는 역시 100년 만의 강풍 마르틴이 그 파괴 활동을 잇는다면 어떻게 될까? 아마 우리는 그 현상들의 원인이 빨리 발견되었을 것이라고 확신할 수 있다. 그 원인은 흔히 지구의 온난화라고 불리며, 인간들이 전 세계를 공업화한 데서 나타나는 부작용이라 여겨진다. 사실 그런 악천후는 지구의 기후 온난화로 설명될 수 있기는 하지만, 아무도 그 정확한 원인을 규명하지 못하고 있다.

지구 역사에서 이런 날씨 관련 사건들이 어떻게 배열될 수 있을지를 정확하게 파악하기는 어렵다. 그러기에는 신생 학문인 기후학과 기상학의 역사가 너무 짧다. 우리는 겨우 몇 십 년 전부터 날씨의 중심적 바로미터들을 체계적으로 기술하기 시작하였다. 강수량·강수 빈도·일조량·구름·기온·습도·풍력 및 대양·호수·하천의 수량이 그 바로미터에 속한다. 물론 우리 선조들도 이따금씩 날씨를 기록하기는 했다. 그러나 컴퓨터와 인공위성까지 동원하는 측정 시스템이 발전되고 나서야 비로소 체계적으로 수집한 정량화된 데이터들을 수학적으로 분석하고 특정의 물리적 법칙성을 도출해 낼 수 있게 되었다. 이제는 정확한 일기 예보를 할 수 있게 된 것이다.

선조들이 남긴 기록에서 입증된 것은 우리 선조들도 날씨가 변덕을 부리는 것을 아주 당연한 것으로 알고 있었다는 사실이다. 성경에 있는 노아의 대홍수 기록과 중세의 엄청난 기후 변화에 대한 숨 막히는 묘사들을 보면 기후의 신들이 얼마나 민첩한지 알 수 있다. 2002년 여름 동부 독일에 발생했던 것과 같은 세기(世紀)의 홍수들은 예부터 사람들을 매혹시켰고 여러 가지 사변(思辨)을 하게 만들었다.

그러나 과거의 강수량에 대한 기록들은 너무나 드물게 존재한다. 우리가 어떤 명백한 기후학적 진술을 하기에도 불충분할 정도이다. 그리고 오늘날 현대 측정 기술의 도움을 받아 우리는 날씨를 어느 정도 잘 포착할 수 있지만, 우리 선조들의 데이터를 이용할 때는 아주 신중해야만 한다. 왜냐하면 측정 방법 및 장소가 불분명하기 때문이다. 게다가 자료를 기록하는 방식이 바뀌었으며, 거기서 비롯된 변화를 기후 변화로 잘못 해석하는 일도 있었기 때문이다. 예를 들어 1940년대에 대양의 온도를 더 이상 예인용 양동이로 물을 떠서 측정하지 않고 선박 모터의 냉각수 주변에 있는 물로 측정해서 기록했는데, 그때 그런 일이 일어났다.

빙기 대 기후 온난화

우리가 확실히 말할 수 있는 것은 기후가 지난 몇 십억 년 동안 계속 변했다는 사실이다. 예컨대 지난 6억 5,000만 년 동안 극지방에서 빙하가 생기고 사라지는 과정에서 동물과 인간의 진화는 많은 영향을 받았다. 지금 모든 전망을 종합해 보건대, 우리는 온대 시대가 경과하는 시기에 살고 있다. 좀 비극적으로 들리겠지만 좀 더 정확하게 표현하면, 간(間)빙기에 살고 있다. 왜냐하면 지구는 몇 백만 년 전부터 계속해서 조금씩 냉각되고 있기 때문이다. 기후가 당분간은 온난화하고 있음을 보여주는 측정치들이 있기는 하지만 말이다. 이 냉각화는 결코 오래전에 끝난 것이 아니다. 지구상의 매우 넓은 지역이 새로이 빙하로 뒤덮이게 될 날이 다가오고 있는 셈이다.

이런 사실을 알게 된 때는 20세기 초이다. 유고슬라비아의 지구물리학자 밀란코비치Milutin Milanković(1879~1959)는 1차 대전 당시 헝가리에 포로로 있으면서, 오늘날에도 전반적으로 유효한 기후 순환 이론을 내세웠다. 그는 태양 광선이 지구의 여러 지역에 쏟아질 때 장기간에 걸쳐서도 균등하게 쏟아지지 않는다는 것을 알아냈다. 그리고 기후 변동을 낳는 세 가지 중첩된 요인들을 언급했다. 첫째, 지구 공전 궤도는 약 10만 년마다 타원형과 유사한 형태에서 원형에 가까운 형태로 변화하기를 반복한다(그리하여 태양과 지구의 간격은 대략 2,000만 킬로미터까지 편차를 보이며 벌어졌다 좁아졌다 한다). 둘째, 지구는 자전 때문에 비틀거리면서 전진하게 되고, 특정 지역들은 2억 6,000만 년이 지난 후 지구가 공전 궤도상에서 태양과 가장 가까운 거리에 있을 때에야 비로소 원래의 동일한 자리로 되돌아오게 된다. 셋째, 공전 궤도 면에 대한 지축의 기울기는 4만 년마다 몇 도씩 커졌다 좁아졌다 하며 변하게 된다. 밀란코비치의 이런 접근 방식 덕택에 우리는 태양계 내에서 지구가 운항하는 코스를 기술할 수 있게 되었다.

지구 전체의 기후가 직선적으로 단순히 파악될 수 있는 현상이 아니라는 점은 과거 몇 천 년 동안의 관측 기록을 보면 알 수 있다. 예컨대 영국의 대부분·스칸디나비아·러시아 북부·캐나다·미국 북부는 2만 년 전에는 몇 킬로미터 두께의 얼음에 파묻혀 있었다. 빙하 시대 연구자들은 이처럼 빙하가 과거 몇 백만 년 동안 전진과 후퇴를 여러 번 거듭했다는 사실을 알아냈다. 빙하의 운동이 일어난 원인에 대해서는 아직까지 정확히 알려진 것이 없다. '아이스 하우스' 같은 지금의 온난기는 겨우 1만 년 전에 시작되어 그 후 지속되고 있으며, 따라서 우리는 바로 그 시대에 살고 있음을 행복하게 여겨야 마땅하다. 지금과 같은 간빙기는 3,000년의 시간이 경과하는 중에 온난 기간과 한랭 기간이 심하게 변화하면서 나타나게 되었다. 이전에는 독일 땅

대부분이 몇 킬로미터 두께의 빙하 얼음에 파묻혀 있었다. 독일 북쪽의 발트 해 연안으로부터 브란덴부르크 지역과 메클렌부르크의 호수판(湖水板) 지대를 거쳐 라인 강 저지대까지 얼음으로 덮여 있었던 것이다. 게다가 알프스 북쪽 기슭과 오늘날의 작센·튀링겐 남부는 눈으로 뒤덮여 있었다.

북부 독일 저지대도 기후 조건들이 지구 역사와 더불어 얼마나 많이 요동쳤는지를 말해 준다. 토이토부르크 숲의 산들과 북해의 산들 사이의 평지에는 3억 년 전에는 숲이 매우 우거졌었다. 오늘날 그곳에는 석탄이 아주 많이 묻혀 있는데, 그 석탄이 바로 그 시대의 것이다. 그 지역은 그로부터 약 5,000만 년 후에는 수심이 얕은 열대 바다 지역이 되었고, 그 결과 두꺼운 소금 층이 남게 되었다. 한편 1억 년 전에는 공룡들이 옛 대양 분지에서 유유히 풀을 뜯고 있었다. 그리고 2만 년 전에는 두꺼운 얼음으로 뒤덮여 있었다.

이런 사실과 기후에 대한 미개척 연구 분야를 두고 보건대, 지구 기후가 다음 2만 년 동안 어떻게 전개될지 숙고하는 것은 너무 한가로운 일인 듯 보인다. 어쨌든 자료들을 철저히 연구하되 감히 예언하지는 않겠다.

온실 효과

온실 효과는 단순한 자연현상이다. 태양이 지구에 광선을 투사하는데, 그 일부는 대기에 의해 반사되어 되돌아 나가고, 대부분은 대기를 뚫고 들어와 지면에 도달한다. 그리하여 지면의 온도를 상승시킨다. 지구는 그 열을 적외선 형태로 다시 내보낸다. 그러나 그 일부는 온실 가스들 때문에 대기권 하부에 포착된다. 그리하여 지구가 냉각되는 것을 막는다. 이 온실 효과를 최초로 발견한 사람은 영국의 물리학자이자 지질학자인 틴들John Tyndall(1820~1893)이다. 그는 알프스의 바이스호른봉을 최초로 등정한 등산가이기도 하다. 그는 고산 지대를 탐험하는 동안, 따뜻한 공기가 어째서 저 아래 계곡에 머물러 있고 상 승하지 않는지를 숙고했다. 거기서 그는 수증기가 그 비밀의 열쇠라 는 것을 분명히 알아냈다. 실제로 수증기는 가장 중요한 온실 가스이 며, 그 다음으로 중요한 것은 이산화탄소이다. 대기 중에 이산화탄소 가 없으면 지구의 평균 온도는 지금보다 약 섭씨 33도만큼 낮아질 것 이다. 그러므로 자연의 온실 효과는 오늘날 지구상에 있는 생명체들 이 살아가는 데 필수적인 전제 조건이다. 결국 온실 효과 경보가 발령 되었다는 것은 인간에 의해 온실 효과가 추가로 발생했음을 뜻하는 것이다. 다시 말해 그 경보는 자연의 온실 효과에 대한 것이 아니다.

오늘날 대기권의 이산화탄소 함량 상승이 온실 효과가 추가로 발생 되는 원인으로 지목되는데, 1790년과 오늘날 사이에 이산화탄소 함량 은 27퍼센트가 증가했다고 한다. 그렇다면 이산화탄소 경제를 기술 하기 위해 그 가스가 공중으로 배출되는 발생 장소와, 그것이 다시 포 착되는 침강 장소를 구분해 보자. 동물·식물·대양은 이산화탄소를 내놓으며 그것을 다시 받아들인다. 다른 한편 대기권에서도 마찬가지 이다. 다시 말해 지구와 대기권 간에는 이산화탄소 교환이 규칙적으 로 이루어진다. 그러나 이 순환에서 서로 주고받는 이산화탄소 교환 량을 측정해 보면 완전히 상쇄되지는 않는다. 전체적으로 볼 때 지구 가 더 많이 되돌려받는다. 그러나 이따금씩 화산이 폭발해서 다시 그 균형이 잡힌다. 그런데 이 자연의 이산화탄소 순환에 인간들이 배출 하는 양이 추가된다. 다량의 이산화탄소가 산업 혁명 이래 석유·가 스·석탄을 사용하는 데서 나오고 있기 때문이다. 이 연료들의 연소 로 1분당 4만 톤의 이산화탄소가 대기권 안에 섞여 들어간다. 게다가 숲은 계속 벌채되고 있어서, 광합성으로 이산화탄소를 고정하지 못하 게 되었다. 그리고 양과 암소를 비롯한 가축의 수도 무시할 수 없다.

수많은 가축은 몇 십억 톤의 메탄 가스를 장(腸)에서 공중으로 직접 내뿜는다.

대기과학자들은 데이터를 분석하여, 앞으로 몇 십 년 후에는 기온이 몇 도쯤 증가할 것이라는 전망을 내놓고 있다. 이 예측이 얼마나 신뢰할 만한 것인지는 평가하기 어렵다. 왜냐하면 과거를 되돌아보건대 인간의 개입이 없더라도 기후는 돌연 역주(力走)를 하고 급변할 수도 있기 때문이다. 예컨대 마지막 온난기Eem는 13만 5,000년 전에 시작해서 11만 5,000년 전에 끝났는데, 당시 지구의 평균 기온은 오늘날보다 2~3도쯤 더 높았다. 그 다음에 이어지는 10만 년가량은 상당히 추웠으며, 그 후 지금으로부터 1만 4,500년 전에, 고작 20년도 안 되는 동안에 온도가 섭씨 5도만큼 상승했다. 이때부터 오늘날과 비슷한 기후가 계속되었다. 얼마 전에 극지방의 얼음을 시추해서 그 표본을 조사해 봐도 그 마지막 온난기 동안 기후는 결코 안정적이지 않았음이 밝혀졌다. 물론 기온의 변동도 심했던 것으로 드러났다. 그 주기(週期)는 75년에서 5,000년까지 아주 다양했다. 요컨대 오늘날까지 계속되고 있는 지난 8,000년 동안의 안정적 기후는 예외였고 따라서 앞으로 언제 변할지 모르는 일이다.

빙하 속에 갇힌 과거의 가스들을 연구한 결과에 따르면, 대기권 내에 축적되는 온실 가스의 양은 온난기에는 항상 증가했지만 한랭기에는 계속 감소했다. 그러므로 일부 학자들은 대기권 내의 이산화탄소 축적이 과거 몇 천 년 동안 계속된 지구온난화의 원인일 뿐만 아니라 그 결과이기도 하다는 견해를 내놓고 있다. 다시 말해 인간의 여러 행위가 오늘날의 지구 온난화를 가속화시킬 뿐이지, 그 결정적 원인은 아니라는 것이다.

이 말은 해수면이 상승하는 것에도 해당된다. 지금 대양의 수면은 해마다 1~2밀리미터씩 높아지고 있다. 그러나 그것이 장기간 계속

될지는 아무도 장담할 수 없다. 왜냐하면 그 반대 현상도 관찰되었기 때문이다. 대기 중에 이산화탄소가 증가하여 전 세계적으로 강수량이 많아지고 있다. 이 점은 극지방에서도 마찬가지다. 그리하여 극지방의 극관(極冠)이 확대될 가능성이 높다. 왜냐하면 거기 기온이 섭씨 영하 30도 대신 영하 20도가 된다고 해도, 어차피 그곳에 내리는 눈은 얼어붙을 것이기 때문이다. 만약에 거기서 융해되는 얼음이 육지를 덮고 있던 것이라면, 그 얼음물은 해수면의 고도를 높이게 될 것이다. 바다 위에 떠도는 빙산은 어차피 그것이 녹았을 경우에 그 물이 차지하는 부피와 동일한 부피만큼의 해수를 수면 위로 밀어 올린다. 다시 말해 부유하는 빙산이 녹더라도 해수면 고도에는 아무런 변화가 없다.

또 다른 어려움은 예측은 항상 불확실하다는 점이다. 속담에도 있듯이 미래는 아무도 모른다. 과학적 예측을 내놓을 수 있으려면 한편으로는 자료가 필요하며, 다른 한편으로는 계산 모델이 필요하다. 그 계산 모델은 자연적 과정을, 시간에 따라 변화하는 기술 단위들의 표현으로서 묘사할 수 있는 것이어야 한다. 오늘날 기후 모델을 활용할 수 있는 것은 지난 몇 십 년 동안 전자 계산 능력이 급속도로 성장했고, 전 세계적 차원에서 데이터를 체계적으로 수집할 수 있게 되었기 때문이다. 그러나 아무리 초고성능 컴퓨터라 하더라도 그 기후 모델에 입력된 전제 및 가정에서 비롯하는 결과들보다 더 많은 성과를 내놓을 수는 없다. 그러므로 예측은 오늘날에도 여전히 부서지기 쉬운 토대 위에 서 있다. 최근의 시뮬레이션들이 실제로 향후 100년 동안의 온난화를 어느 정도 정확히 평가할 수는 있다. 그리고 우리는 그 모델들을 실제의 기후 변동에 입각해서 수시로 수정할 수 있다. 예보할 시간이 더 가까운 것일수록 그만큼 더 그 모델들은 정확해지고 신뢰성은 높아진다.

기후 결과 연구

지금 우리는 기후가 좀 더 온난해진다고 해서 그리 해로울 것은 없다고 말할 수 있다. 예컨대 비싼 난방비를 절약할 수 있다. 그렇지만 기후 변화에 대해 긍정적인 태도를 보일 사람은 거의 없는 것처럼 보인다. 온실 효과의 결과로 언급되는 것으로는 극지방 빙하의 융해·해수면의 상승·가뭄·태풍·숲의 고사(枯死)·홍수·생물 종 감소·가난·기아·섬과 연안이 바다 속으로 잠기는 것·바다 속 암초의 백화(白化) 등이 있다. 이런 등등의 현상들을 다루는 것으로는 기후 연구 외에도 기후 결과 연구가 있다. 후자는 전자보다 간단하지만 다른 한편으로는 좀 더 어려운 연구 방법이다. 왜 간단한가 하면, 예컨대 특정한 식물이 특정한 환경 온도를 필요로 하며 그 범위를 벗어날 경우 더 성장하지 못한다는 식으로 이야기하기 때문이다. 다시 말해 이곳과 저곳에서 섭씨 3도만큼 더 온도가 상승하면 이런저런 식물은 그 모든 곳에서 볼 수 없게 된다는 식이다.

그러나 이 변화에 대해 평가를 내리기는 어렵다. 여기서는 원칙적으로 생태계에서는 다양한 종이 보존되어야 한다는 필연성이 지적된다. 그리고 처음에는 완전히 긍정적인 것으로 보이는 변화들의 경우에도 그 변화의 나쁜 측면들을 둘러싸고 우려의 목소리가 금세 높아진다. 예컨대 한대 지방에 대해서는 온난화로 인해 숲들이 몇 백 킬로미터 북방까지 전진할 것이라는 말이 나돈다. "그것은 나쁘지 않다"라고 일부 사람들은 말한다. "왜냐하면 숲을 만드는 비용을 그 어느 다른 지역에서 절약할 수 있을 것이며 게다가 공기 중에 있는 이산화탄소의 양이 감소될 것"이기 때문이라는 것이다. 그러나 대부분의 사람들은 그 대신 숲에서 기타 식물들, 예컨대 극도의 황무지와 추운 곳에서 자라는 잡초·이끼·버섯 종류가 밀려 나고 그리하여 종의 다양성이 위협받게 된다고 비난한다. 이와 똑같은 말을 우리는 산악 지방에서 수목 경계가 상승하는 것과 관련해서도 듣게 된다.

특히 개별 식물이 아니라 생태 시스템이 연구 대상일 때는 기후 결과 연구가 더욱 어렵다. 왜냐하면 생태 시스템이 무엇인가라는 정확한 정의조차도 아직 존재하지 않기 때문이다. 생태 시스템을 대부분의 사람들은 현재 상태 그대로가 제일 좋은 것이므로 변화되어서는 안 되는 것 정도로 이해하는 것 같다. 그리고 사회적·경제적·심리적·정치적 결과들이 주제가 되는 경우에는 문제가 더욱 난감해진다. 왜냐하면 우리가 알고 있는 이 영역들은 오직 날씨에만 좌우되는 것이 아니기 때문이다. 기후에 대한 그것들의 의존도는 대략 잔칫집 분위기가 그 집 가구들에 좌우되는 정도로 볼 수 있다.

몇몇 환경론자들은 기후가 정말 따뜻해지면, 일사병·조산·건초열·해소·입술 헤르페스·설사·무좀이 생길 것이라고 경고하고 나선다. 다른 말로 하자면, 시뮬레이션의 결과인 시나리오가 전제가 아주 풍부한 과학적 산물로 둔갑한다. 그런 결과들은 가정(假定)과 수학적 모델들에 입각하고 있다. 그런데 우리가 하나의 시스템을 다른 시스템으로 변환하면 그 전체는 더욱더 가설에 불과한 것이 된다. 예컨대 기후학적인 것을 의학적인 것 내지는 사회적인 것으로 변화시키는 경우가 그러하다. 따라서 기후 변화의 결과에 대한 예측들은 아마도 아직 더 자주 변할 것이다. 그럼에도 기후 결과 연구 방법은 아주 중요하며 흥미로운 연구 분야임에 틀림없다. 그리고 중요한 지식을 우리 모두에게 많이 선사할 것이다.

자연 재해

자연 재해는 예부터 지구상에서 기승을 부렸으며 사람들을 두려움 속으로 밀어 넣곤 했다. 지진과 화산 분출은 원초적 폭력이며, 지하의 굉음은 예부터 온갖 미신과 난폭한 이론들의 근원이었다. 지진은 지하에 사는 괴물이나 동물이 땅을 뒤흔들어서 일어나는 것이라고 사람들은 생각했다. 일본 사람들은 거대한 전갈이라고 생각했으며, 인도 사람들은 몰록(페니키아인들의 화신(火神)으로, 소 모양을 하고 있음—옮긴이), 북아메리카 인디언들은 지하에 사는 거북들이라고 생각했다. 반면에 뉴질랜드의 마우리족은 지진이 날 때마다 모태 속의 태아가 발버둥 치는 것이라고 여겼다. 그리고 그리스 신화에서는 바다의 신 포세이돈이 지구의 수호자인 동시에 지구를 요동시키는 자라고 생각했다.

어찌 되었든 간에 이처럼 통제할 수 없는 자연의 거대한 힘에 대해 과학 비슷한 이론들을 최초로 내놓은 것은 그리스인과 로마인이었다. 예컨대 그리스 철학자 아낙사고라스Anaxagoras(기원전 500~428)는 지진을 지구 내부의 붕괴 때문이라고 설명했다. 물이 흙덩어리를 씻어 내려가고, 큰 화재가 발생해서 땅속이 텅 비었기 때문이라는 것이다. 그리고 아리스토텔레스는 땅속에 갇힌 공기가 산발적으로 빠져나오면서 지진이 일어난다고 추정했다. 그의 이런 지진론을 사람들은 중세 말기까지도 믿었다. 그러다가 르네상스와 더불어 그 이론은 부분적으로 전복되었고, 새로운 설명 모델들이 생겨났다가 사라지기를 반복했다. 한편 18세기에 정신적 변혁이 일어나는 데 상당히 기여한 것은 1755년 화려한 무역 중심지 리스본을 쓰레기와 잿더미로 만든 지진이었다. 거기서 6만 명이 목숨을 잃었는데, 괴테는 그 사건에 대해 자서전에서 이렇게 평했다.

이 모든 사건에 대한 소문을 계속 접해야 했던 한 소년은 적지 않은 충격을 받았다. 그가 교리의 첫 항목 구절대로 현명하고 자비로우신 분이라 생각했던 하늘과 땅의 창조주 신은 정의로운 자와 불의한 자들을 동일한 파멸에 내맡김으로써 자신이 결코 아버지다운 분이 아니라는 것을 스스로 증명하셨다.

괴테는 그 사건이 일어났을 때 여섯 살이었지만, 당시에 보편화되어 있던 회의(懷疑)를 공유하고 있었다. '가능한 모든 세계들 중 가장 좋은 세계가 현재의 세계' 라는 낙관론과 그 창조주에 대해 의심을 품고 있었던 것이다.

훔볼트는 화산 지방을 여행한 다음에 아리스토텔레스의 이론을 전파하면서, 지진은 지하에 갇힌 화산 가스들이 팽창해서 생겨난다고 주장했다. 따라서 화산은 그의 눈에 거대한 과잉 압력 조절용 밸브처럼 보였다. 그 시대의 다른 많은 자연과학자들도 이 주장을 지지했다. 그들은 화산과 지진을 하나로 연계시켜 관찰했으며, (로마 신화에 나오는 지옥의 신, 플루토의 이름에서 따온) '화성론자(火成論者)들Plutonisten' 이 이 견해를 대변했다.

화성론자들은 이런저런 문제들 때문에 (로마 신화에 나오는 바다의 신, 넵튠의 이름에서 따온) '수성론자(水成論者)들Neptunisten' 과 서로 머리채를 잡아당기며 싸웠다. 수성론자들은 물속에는 모든 자연 사건들의 확고부동한 근원 물질이 들어 있다고 보았다. 그리고 지진이 화산과 멀리 떨어진 지역에서도 일어나며, 따라서 훔볼트 등이 제시한 지진과 화산의 통일성은 사이비 추론일 뿐이라고 주장했다. 수성론자들이 보기에 지진은 땅속에서 물의 침식 작용 때문에 생겨난 공동(空洞)이 무너지는 현상이었다.

20세기 초 지진 연구에서는 중요한 진전이 있었다. 1906년 샌프란시스코의 대지진 이후 알게 된 사실들이 하나의 분기점이 되었다. 지질학자인 리드Harry Fielding Reid(1859~1944)는 그 후에 '탄성 반동elastic rebound' 이론을 내놓았다. 이 이론에 따르면, 장기간에 걸쳐 지각의 운동들에서는 가위처럼 자르는 장력이 생겨나는데 그 장력은 암석이 하중을 최대한 버틸 수 있는 능력을 넘어서는 순간, 몇 초 내지 몇 분 내에 엄청난 힘을 발휘한다. 그리하여 그 긴장이 일시에 해소된다는 것이다.

그러나 1970년대 이후에, 그리고 판 구조론의 발전과 더불어 사람들은 화산·지진·산·대양의 강력한 힘이 지구의 열기(熱氣)와 관계 있다는 것을 알게 되었다. 지열류(地熱流)는 태양이 우리에게 공급하는 에너지의 1만 8,000분의 1밖에 제공하지 못하지만, 우리의 발 밑에 있는 이 열역학 기계가 내놓는 것들은 전혀 무시할 수 없다. 심층 암반 내지 그 열의 이동은 상상할 수 없이 많은 역학적 힘들을 내놓는다. 그리하여 마터호른봉 등의 높은 산을 형성할 수 있다.

지난 20년 동안에만도 지진·화산 분출·홍수·산사태가 전 세계적으로 발생하여 300만 명 이상이 생명을 잃었고, 최소한 8억 명이 생활에 영향을 받았다. 특히 중국은 자연의 위력 때문에 피해를 가장 많이 입었다. 추산한 바에 따르면 그곳에서는 과거 350년 동안 400만 명 이상이 홍수로 목숨을 잃었다. 그리고 지진 때문에 과거 1,000년 동안 200만 명이 사망한 것으로 보인다. 특히 1556년 초에 샹시와 헤난 지방의 대지진에서는 80만 명 이상이 사망했다.

파괴의 규모 면에서 볼 때 홍수는 지진과 태풍에 버금가는 최악의 자연 재해이다. 화산 분출은 네 번째이다. 통계적으로 볼 때 자연 재해 발생 횟수가 늘어나는 것으로는 보이지 않는다. 그러나 그 피해 규모는 의심할 여지 없이 커졌다. 옛날보다 훨씬 더 많은 사람들과 재산이 위험 지역에 집중되어 있다. 예컨대 지진과 화산 폭발이 동시에 발생하는 대양의 해안 지역이 그러하다. 지구의 대륙 가장자리를 따라 이어지는 폭 200킬로미터 이 지대에는 오늘날 전 세계 인구의 80퍼센트가 모여 살고 있다. 사실 이 띠 아래에는 지구상의 천연 자원 대부분이 존재한다. 하지만 대서양의 암석권 판(板)이 대륙 밑으로 휩쓸려 들어가는 침강 지역도 이곳에 있다.

화재도 큰 피해를 입힐 수 있다. 산불의 90퍼센트 이상이 인간에 의해 발생한다. 매년 몇 백만 헥타르의 산림이 소실되는데, 그중에는 새로운 경작지를 얻기 위해 산림을 의도적으로 훼손하는 경우도 많다. 그리고 이런 관행은 어느 정도 합법적으로 행해지고 있다. 하지만 산불은 자연적 사건 때문에 나기도 한다. 지구의 모든 환경 시스템에서 그런 경우는 간간이 생산적인 작용을 한다. 그리고 그 어떠한 경우에도 중요한 역할을 한다. 예컨대 미국 · 오스트레일리아 · 지중해(예컨대 코르시카)에서는 화재가 거의 일상적인 현상이다. 식물들은 이미 오래전부터 거기에 익숙해 있다. 그곳에 사는 많은 식물들은 화재를 용인한다. 두꺼운 껍질이 발달했으며 뜨거운 불길 속에서도 종자를 보호할 수 있다. 심지어 불이 없으면 종자를 맺지 못하는 식물 종류도 있다. 그 식물들은 주위가 충분히 뜨거워야 씨방을 터뜨린다. 불이 나지 않으면 이런 나무 종은 멸종할 것이다.

대몰살과 유성우(流星雨)

　우리에게 급작스런 화산 폭발보다 더욱 무섭게 느껴지는 것은 우주의 천체 때문에 저 세상으로 가게 될지도 모른다는 생각이다. 〈딥 임팩트〉와 〈아마게돈〉 따위의 할리우드 영화는 그런 시나리오를 실감나게 묘사했다. 미래에도 지구가 그런 엄청난 유성 충돌을 당하게 될 것이라는 데에는 의심의 여지가 없다. 그 충돌 확률과 관련해서, 미국 항공 우주국의 한 연구자는 '우주의 사격장'이라는 비유를 들기도 했다. 1985년에 처음 발견된 볼리비아의 운석구Krater는 지구와 충돌한 시기가 그리 오래되지 않은 것으로, 지름이 8킬로미터이다. 그 유성은 지금 집중적으로 연구되고 있으며, 그곳의 푹 팬 아로나Arona 구덩이는 3만 년 이상 된 것으로 추정된다.

　1994년에 미국 항공 우주국의 과학자들은 21세기 동안 인류의 10분의 1 이상을 몰살시킬 수 있는 위력을 지닌 유성이 지구와 충돌할 확률이 1만분의 1이라고 추산했다. 태양을 돌고 있고 우리에게 알려진 소유성(小遊星)들 중에서 가장 큰 것은 지름이 거의 1,000킬로미터에 이른다. 연구자들은 대략 300개의 소유성이 지구 궤도 근처에서 떠돌고 있다고 추정한다. 우리들 각자가 그런 소유성 충돌로 사망할 확률은 어쨌든 비행기 추락 사고로 사망할 확률만큼 높거나 낮을 수 있다. 그것은 판단하기 나름이다. 그러므로 보험 회사들은 '과민한 겁쟁이들'을 위해서 건물 보험 증서에다 '무인 비행 물체'에 대한 보호라는 문구도 써넣는다. 그런 데이터를 토대로 해서 보건대, 인류를 그런 우주의 공격으로부터 보호하기 위해 모든 군사적 수단으로 무장하려는 군대와 우주 연구가들의 노력이 상궤를 너무 벗어난 것은 아니다. 유성·우주의 소형 암석 덩어리도 지구에 충돌하면 깊은 구덩이를 남길 수 있다.

1989년에 지구로부터 달까지 거리의 두 배도 채 안 되는 지점에서 지름 몇 백 미터의 소유성 하나가 지구를 스쳐 지나갔을 때는 거의 지구가 종말을 맞는 것 같았다. 만약 그것이 지구와 충돌했더라면, 그 위력은 TNT 폭탄 1,000메가톤이 폭발했을 때와 맞먹었을 것이다. 그 위력은 2차 대전 말에 히로시마에 투하되었던 등급의 원자탄 5만 개에 해당한다. 충돌이 어떤 결과를 초래할지는 우리가 공상 과학 소설 작가가 아니더라도 쉽게 상상할 수 있다. 약 2만 5,000년 전에 지구와 충돌한 대형 소유성은 오늘날의 애리조나에 박혔다. 그것이 남긴 운석구는 비행기를 타고 가면서 감상할 수 있다. 그것은 지름이 약 1,500미터나 된다.

시베리아의 한 변방 지역에서 천체 하나가 폭발하여 퉁구스카 Tunguska 운석구를 형성했는데, 폭발이 일어난 것은 1908년 6월 대략 10킬로미터 상공이었을 것으로 추정된다. 그 천체는 아마 소형 유성이었을 것이다. 그 충돌은 50메가톤 급의 수소 폭탄에 해당하는 에너지를 방출했고, 그 압력 파장 때문에 몇 천 킬로미터 떨어진 서유럽의 건물 벽이 흔들렸다. 150제곱킬로미터 이상의 타이가Taiga 지대가 황폐화되었으며, 나무와 숲은 모두 지푸라기처럼 꺾였다. 2002년 여름에 러시아 지질학자는 그 구덩이가 지구의 심층에 있던 미지의 유전(油田) 및 천연가스 전이 일시에 폭발하면서 생겨난 것이라는 가설을 내세웠다. 이 지역의 지표면 아래에는 하필이면 탄수화물이 존재하여, 소유성 충돌을 입증할 만한 어떤 낯선 물질도 발견되지 않았다는 사실이 그 가설을 뒷받침한다. 따라서 퉁구스카 구덩이의 역사는 아마도 새로 써져야 할 것으로 보인다.

1960년대 이후 과학자들은 충돌 구조의 새로운 물리적 특징들을 잇달아 발견했다. 지질학자들은 그 특징들을 쇼크 변형이라고 부른다. 지금까지 알려진 모든 충돌의 구조를 보면 지금까지 알려진 쇼크 효과를 거의 다 알 수 있다. 예컨대 극도의 충돌 압력으로만 생길 수 있는 광석의 변형이 그중 하나다.

이 지질학적 연구 분야는 우리가 계속 경이를 느끼게 하기에 충분하다. 2002년 여름에 미국 연구자들은 지금으로부터 35억 년 전에 아마 지름 20킬로미터의 거대한 유성이 지구와 충돌했을 것이라고 발표했다. 이와 동시에 석유 탐사자들은 유성이 충돌한 20킬로미터 크기의 운석구를 북해에서 발견했다. 그 연대는 대략 6,500만 년 전의 것으로 추정되었다. 그러니까 공룡이 지구에서 사라진 시기에 그 충돌이 일어났던 것이다. 운석구는 특히 잘 보존되어 있으며, 따라서 사람들이 아직 지구에서 한 번도 본 적이 없는 구조들을 보여주고 있다. 하지만 북해에 잠수하거나 바다 위로 비행하고 싶지 않은 사람들은 뇌르들링거 리스Nördlinger Ries(독일 남부의 분지—옮긴이)로 가면 된다. 여기서는 지름이 25킬로미터나 되는 운석구를 도보로 둘러볼 수 있다.

달의 운석구

지구 역사 초기에 충돌이 무수히 일어났을 것이라는 생각은 아폴로 우주선이 최초로 달에 도착한 다음에 더욱 분명해졌다. 거기서 우주인들은 운석구의 크기를 정확히 측정했다. 망원경으로 볼 때 곰보같이 보이던 표면은 1950년대까지만 해도 분화구들로 추정되었는데, 분화구가 아니라 주로 천체들이 달을 두들겨 때려서 만들어진 것으로 밝혀졌다. 그 천체는 지름이 1,000킬로미터가 넘는다.

달은 지구와 대략 동일한 시기에 생성되었지만, 급격히 냉각되었으므로 몇 십억 년 동안 지질학적으로 안정되어 있었다. 따라서 그 외양에서 우리는 지구의 태곳적 상황이 어떠했을지 알려주는 많은 정보들을 얻을 수 있다. 측정치들에 따라 재구성해 보면, 약 37억 년 전에 달과 지구에 떨어지는 유성들의 충돌 횟수는 급격히 감소한 것으로 보인다. 아마 그 시기 이전에 일어난 융단 폭격은 최초의 유기 생물이 발생하거나 장기간 생존할 수 없게 했을 것이다. 그리고 지표면과 대기권의 강한 열기(熱氣)는 아마 이미 현존하는 대양들의 물도 모두 증발시켰을 것이다. 그리하여 대기권의 자욱한 수증기는 지구상의 생명을 옥죄는 일종의 온실 효과를 낳았을 것이다.

페름-트리아스기 위기

역사적 연대표의 경계선들은 지구상에 나타난 엄청난 자연 재해에 따라 정해진다. 그 경계선을 기준으로 해서 출토 화석들이 급격히 달라진다. 또한 그 시기에는 직전 시기의 전형적 유기체들이 짧은 시일 내에 멸종하였다. (페름기에서 트리아스기로 넘어가는) 고생대와 (백악기에서 트리아스기로 넘어가는) 중생대 역시 생물들의 대량 몰살로 마감되었다. 앞의 이른바 페름-트리아스기(期) 위기가 생기게 된 데 대한 정확한 원인은 아직 불분명하다. 하지만 한 가지 분명한 것은, 주지하다시피 지금으로부터 약 2억 5,000만 년 전인 고생대와 중생대의 경계에 생물 종이 가장 많이 사라졌다는 사실이다. 지질학자들은 그 떼죽음이 재해들이 복합적으로 일어날 때에만 가능하다고 생각한다. 소행성이 충돌했거나 어떤 초신성(超新星)이 폭발했을 가능성도 배제하지 않는다. 그러나 가장 개연성 높은 원인은 화산 폭발이다. 지질 시추를 해본 결과, 시베리아에서만도 약 100만 세제곱킬로미터의 마그마가 흘러나온 것으로 밝혀졌다. 추측건대 그리하여 다량의 독가스도 함께 배출되었을 것이다. 게다가 화산이 분출하여, 재와 유황 가스가 장기간 태양을 가려 세상을 어둡게 하였을 것이다. 그리하여 기온이 급격히 떨어지고 빙하가 확장되어 해수면이 낮아지게 되었다. 그리고 전에는 몇 백만 년 동안 모든 대륙이 하나의 초대륙 판게아로 붙어 있었는데, 육지는 여름과 겨울 간의 기후 변동이 극심해서 생물이 살기에 부적합했다. 기존의 작은 대륙들이 합쳐진 까닭에 이 대륙들에서 해안을 따라 나 있던 평지는 사라졌고, 생활공간은 협소해졌다. 대양들은 집단 묘지 같아졌고 벌거벗은 생존 경쟁만이 남게 되었다. 그리하여 지구의 생명체들은 거의 호흡을 멈추었다.

페름기 말에 지구상에 있던 생물 종의 90퍼센트가 중생대 초에 완전히 사라졌다는 것만 보더라도 그 당시 지구의 상황이 얼마나 지옥 같았으며 생명체가 그 암흑기에 얼마나 많이 변화했는지 상상해 볼수 있다. 계속되는 멸종이나 그런 떼죽음조차도 물론 완전히 정상적인 진화의 특징이다. 옛 종은 사라지고 새로운 것이 생겨난다. 그리고 그런 떼죽음 속에서 행복하게 살아남았다고 해서, 앞으로도 진화에 성공할 수 있으리라는 보장은 결코 없다. 페름기 말에는 지구 역사상 가장 규모가 큰 다섯 차례의 떼죽음 가운데 하나가 있었는데, 그 시대를 견뎌낸 모든 동물 종들 중 5분의 1은 그 후 500~1,000만 년 사이에 멸종했다.

백악기-제3기의 대몰살

지구 역사 초기의 생물 종 멸종을 둘러싼 논쟁은 1980년에 극적 전환을 맞았다. 과학자 월터 앨버레즈Walter Alvarezg Reid(1940~)가 6,500만 년 전 백악기 말의 대몰살이 외계의 원인 때문이라는 증거들을 제시한 것이다. 그의 부친이자 노벨 물리학상 수상자인 루이스 앨버레즈Louis Alvarezg Reid(1911~1988)도 참여한 그의 연구팀은 이탈리아 구비오Gubbio 지역 퇴적물들에서 희소 화학 원소인 이리듐Iridium을 상당히 많이 발견했다. 이 지역의 퇴적물들은 백악기에서 제3기로의 이행기 지층에서 전형적으로 발견되는 것이고, 이리듐은 주로 지구의 핵에 존재하는 안정적 중금속으로서 평범한 지각의 암석들보다 이른바 콘드라이트Chondrite로 불리는 소형 소행성 파편들에 거의 1만 배 정도 많이 들어 있다. 월터 앨버레즈는 그 발견을 근거로 해서 대략 지름 10킬로미터의 소행성이 백악기 말에 지구에 떨어져 거의 모든 생명체를 몰살시켰을 것이라는 테제를 내세웠다. 즉 퇴적물 속의 이리듐 흔적들은 그 분량 면에서 볼 때, 다음 과정을 암시한다고 보았다. "소행성은 충돌 중에 증발했다. 반응이 느린, 즉 오랜 지질학적 시간 동안에도 안정적인 이리듐은 그 후 광활한 지역에 흩어졌다. 몇 천 년 동안 비를 맞으면서 그것은 대기권에서 지구 쪽으로 씻겨 내려갔고 결국 풍화 내지는 침식 작용을 통해 대양에 도착했다. 그리고 이곳에서 그 자연 재해를 증언하는 옅은 띠를 흔적으로 남겼다." 그리고 월터 앨버레즈는 떼죽음을 낳을 수 있는 연쇄 과정을 이렇게 기술했다. "먼지 구름이 지구를 에워싸고 태양 빛을 가렸다. 그리하여 지구는 냉각되었고, 광합성이 방해되었으며, 모든 먹이 연쇄가 파괴되었다. 게다가 충돌을 알리는 충격파들은 대기권에 엄청난 영향을 미쳤다. 그 중요한 양대 원소인 질소와 산소는 서로 결합해 산화질소가 되었고, 독성이 강한 질산이 되어 비가 올 때 하늘에서 내려왔다."

백악기 말의 이런 소행성 충돌 테제는 예나 지금이나 논란의 여지가 많지만 그것이 옳다는 것을 강조하는 일련의 자료가 존재한다. 예컨대 멕시코의 유카탄 반도와 인근 바다에서는 그 동안 대략 폭 200킬로미터, 깊이 10킬로미터, 두께 400미터짜리 석회퇴적암으로 채워진 충돌 분지가 생성되었다. 이 분지는 칙슐럽Chicxulub이라고 불리는데, 계산에 의하면 당시의 충돌은 히로시마 원자탄의 몇 십억 배에 해당하는 힘으로 5만 세제곱킬로미터의 암석을 가스·먼지·용융 액체 방울로 분해시켜 공중으로 날려 보낸 것으로 보인다. 어쨌든 확실한 사실은 그 백악기-제3기 위기 때 공룡이, 그리고 지구상의 생물체 중 절반가량이 멸망했다는 것이다.

화산

　과거 몇 백 년 동안 분출한 대규모 화산들을 지도에 표시해서 서로
이어보면, 그 선은 대서양 지각이 대륙 밑으로 빨려 들어가는 침강 지
역과 거의 일치할 것이다. 일본의 후지 산은 그런 지역에서 생겨났다.

　나폴리 근처의 베수비오 화산 역시 그런 침강 지역에 솟아 있는데,
서기 79년 8월에 그 용암은 로마의 도시 폼페이와 헤르쿨라네움을 덮
쳤다. 예전에 그 표면과 분화구는 녹색의 아름다운 식물들로 뒤덮여
있어서 화산 분출은 꿈에도 생각할 수 없을 정도였다. 그러나 분출
후 몇 시간도 안 되어 고온의 화산재와 먼지는 그 두 도시를 완전히
매몰시켰다. 그리하여 거의 1,700년 동안 사람들은 두 도시가 있었는
지도 알지 못했다. 1748년에야 처음으로 그 외벽 중의 일부가 탐지되
었고, 현대의 고고학자들은 자신들의 대발견을 축하했다. 베수비오
화산은 그 후 뜸해진 적도 종종 있었지만 계속 사람들의 관심을 끌었
고 정부와 주민들을 숨죽이게 만들었다. 수많은 소규모 분출이 있었
고 1631년, 1794년, 1872년, 1906년에는 대규모 분출이 일어났다.
마지막으로 2차 대전 중에 이탈리아 군대가 파병하였을 때인 1944년
에도 움직임이 있었다. 많은 사람들은 그것을 나쁜 징조로 보았다.

　오늘날 베수비오 화산은 가장 많이 연구된 화산들 중 하나이다. 해
밀턴William Hamilton(1730~1803)은 18세기 말에 그 화산을 연구
해서 세계적인 화산 연구자가 되었다. 그는 화염의 힘을 체험했으며
여러 현장을 조사하기 시작했다. 그리고 암반들과 그 갈라진 틈에서
새어 나오는 가스들을 분석했으며 화산의 존재를 지구의 초기 성립사
와 연결했다. 괴테는 이탈리아를 기행하면서, 베수비오 화산 아래에
사는 그를 자주 만났으며 그의 이론으로부터 창작에 필요한 영감을
얻었다.

1883년 인도네시아 크라카타우의 화산 분출은 엄청난 피해를 냈다. 600년 동안 휴식 중이던 필리핀 피나투보가 1991년 초에 돌연히 분출한 것도 깊은 인상을 남겼다. 4월부터 6월까지 지진계가 불안한 움직임을 보였으며, 결국 피나투보는 매일같이 거의 5,000톤의 화산 가스들을 뿜어냈다. 그중에는 아황산가스가 가장 많았다. 거의 8킬로미터 높이까지 치솟았으며 2,500킬로미터 떨어진 싱가포르까지 재를 눈처럼 뿌렸다. 화산 분출과 지구의 햇볕 차단 때문에 일시적으로 지구의 기온이 내려갔다. 중심부에서는 지표면 온도가 0.5도 떨어졌고, 대류권의 오존 농도는 절반 수준으로 감소했다. 한편 최근 역사에서 찾을 수 있는 가장 강력한 화산 분출은 1815년 인도네시아 숨바와 섬에 있는 탐보라 산의 경우이다. 그때 9만 2,000명이 목숨을 잃었다. 그리고 이 폭발이 있고 난 후에도 지구 전체의 기후가 변화했다.

화산 분출에서는 펄펄 끓는 물이 중심 역할을 한다. 침강 지역에서 지구 내부로 밀려 들어가는 대양 가장자리의 암반층들은 습기를 많이 머금고 있으며, 수분 함량이 높은 광석들을 함께 운송한다. 침강 때 한없이 증가하는 압력 때문에 이 물의 일부는 암석 구멍들을 통해 새어 나온다. 그리고 밀려든 대양 지각을 따라 역행하면서 별다른 소란 없이 상층 표면 쪽으로 길을 뚫는다. 그러나 나머지 물 분자들은 그렇게 쉽게 짜내어지지 않으며 암반과 함께 점점 더 깊이 빨려 들어간다. 대략 150킬로미터 깊이에서는 압력과 열이 너무 세지기 때문에 물은 그 위에 놓인 대륙의 지각 맨틀 쪽으로 증발하기 시작한다. 그리고 이렇게 상승하는 물은 맨틀의 녹는점을 낮춘다. 그리하여 마그마는 마침내 지각 표면에 도달한다. 왜냐하면 물은 위쪽으로 올라갈수록 감소하는 압력 때문에 팽창하고 분출 통로를 찾기 때문이다.

독일인들은 거대한 화산 지형을 감상하기 위해 멀리 여행할 필요가 없다. 마인츠의 서북쪽에 대략 50킬로미터 길이의 에스트아이펠 화산 지대가 약 240개의 화산 봉우리들, 그리고 그 이상의 전설들과 함께 펼쳐지기 때문이다. 바로 그 곁에는 대략 30킬로미터 길이의 오스트아이펠 화산 지대가 약 100개의 냉각된 돌리네(석회암 지대의 수갱 지형)들을 뽑내고 있다. 그것들 중 하나에는 대략 1만 1,000년 전 마지막으로 분출한 화구에 생성된 라허 호수가 있다. 물이 채워진 화산구는 마르Maare라고 한다. 아이펠 화산들은 비록 불이 꺼졌지만, 학자들의 연구에 의하면 그 밑에는 아직 다량의 뜨거운 마그마가 잠자고 있다고 한다. 오버라인탈의 카이저슈툴 · 포겔스베르크 · 헤가우 · 지벤게비르게에도 화산의 흔적들이 있다.

맨틀디아피레와 하와이

태평양을 한번 보면 화산들이 침강 구역 외부, 즉 지각 판의 복판에서도 발생할 수 있음을 알 수 있다. 그 좋은 예가 하와이 섬들이다. 그 섬들은 모두 화산이었다. 진주 목걸이처럼 서로 연이어 있는 그 섬들은 아직도 활동 중인 하와이 화산에서 시작해서 서쪽으로 향해 나 있다. 그리고 태평양 물속으로도 알래스카 알류샨 열도까지 계속되고 있다. 1960년대와 1970년대에야 비로소 지질학자들은 그 화산 연쇄가 지구 내부의 깊은 곳에서 끈질기게 발생하는 화산 활동 때문임을 증명할 수 있었다.

지각의 깊은 곳에는 화산 작용의 원료가 되는 고유의 원천이 있다. 학자들은 그것을 맨틀디아피레(밀도가 낮은 층들을 뚫고 마그마가 계속 상승할 때 나타나는 나뭇가지 모양의 맨틀 분포도—옮긴이)라고 부른다. 그것들은 추측건대 지구 핵과 지구 맨틀의 경계 지대에 존재한다. 그리고 그곳에서는 이른바 '물 기둥Plumes', '열점Hot Spots' 이라고 불리는 뜨거운 기포가 생겨난다. 시시때때로 그것들은 상상을 초월하는 힘으로 마그마를 지표면으로 분출하며, 그리하여 지각을 꿰뚫는다.

몇 백만 년이 경과하는 동안 지각과 맨틀의 상부는 판 구조 역학에 따라 조금씩 이동하므로, 이 분출은 여러 장소에서 일어난다.

따라서 하와이의 연쇄상 섬들은 태평양 지각 판의 이동 경로를 상당히 정확히 표시하는 셈이다. 그것들은 매년 약 10센티미터씩 이동하는데, 이 운동으로 인해 약 7,000킬로미터에 이르는 연봉들이 나오게 되었다. 90개의 오래된 하와이 화산들의 경우, 오늘날 아직도 활동하는 화산들로부터 멀어질수록 그 마그마성 암석은 연령이 오래된 것이다.

지진

1999년 8월과 9월에 터키에서는 유럽 역사상 가장 큰 지진 가운데 하나가 발생했다. 북부 아나톨리아 단층 지대를 따라서, 최고 한도가 정해지지 않은 리히터 지진계에서 강도 7.5의 지진이 측정된 것이다. 이 지진계는 앞서 언급한 대로 1935년에 지진 연구자인 구텐베르크와 리히터가 도입한 것으로 강도 4.2는 지나가는 트럭에 해당하며 5.4부터는 기분이 불쾌해지고 나무가 흔들리며 정원의 휴식용 간이 오두막이 무너진다. 강도 7.3부터는 레일이 휘고 강도 8.1 이상의 지진에서는 가장 견고한 건물도 완전히 파괴되어 그야말로 아무것도 남아나지 않게 된다. 터키의 지진은 모든 것을 초토화시키는 피해를 입혔으며, 몇 천 명의 희생자를 냈다.

그리고 이 지진으로 엄청나게 커다란 역학적 긴장이 일시에 해소되면서 서쪽의 유럽 지각 판은 확장되었으며, 동쪽의 지각 판은 위 아래로 뒤틀리며 찌그러졌다. 한편 유럽 지각 판이 다가가서 문지른 아나톨리아 지각 판은 반대 방향의 압력을 받았다. 그리하여 양 지각 판의 경계선 상에서는 지각이 상대적으로 몇 미터씩 이동한 곳들도 나타났다.

지진은 화산처럼 거의 암석권 판들의 경계 지대에서 일어난다. 그곳에서는 판들이 서로 스쳐 지나가거나 포개진다. 그리하여 지구는 흔들리고, 틈새가 벌어지며, 거대한 바위 덩어리가 유리처럼 부서진다. 지금까지 수많은 사람들이 지진으로 생명을 잃었다. 그리고 지진으로 인한 사망률은 앞으로도 계속 늘어날 것이다. 점점 더 많은 사람들이 지진 위험 지대에 밀집해 살고 있기 때문이다. 예컨대 샌프란시스코와 도쿄의 주민들도 가공할 만한 지진을 겪게 될 것이다. 다만 그 시간을 모를 뿐이다. 그 지역들의 맨틀은 두 대륙 사이에 있는 태평양 암석권 판이 완전히 대륙 지각 밑으로 삼켜진 다음에야 안정 국면에 접어들 것이다.

샌안드레아스 단층

샌안드레아스 단층 지역에서 많은 시나리오 작가들은 극적 스릴러물을 창조할 수 있는 영감을 얻었다. 지질학적으로 볼 때 그곳에서는 두 개의 지각 판이 만나 서로 스쳐 지나간다.

우리는 변환 단층이라는 말을 사용하는데, 고유의 화산과 심층 지진들이 있는 침강 지역과 비교해 볼 때 변환 단층이 일으키는 피해는 그 규모가 상대적으로 작다. 지각 판들은 양자 사이에 있는 암석들만 마모시킬 뿐이다. 사실 샌안드레아스 단층이 유일한 단층이라는 생각은 영화 산업의 판타지에서 비롯한 것이다. 실제로는 캘리포니아의 광범위한 지역이 일련의 변환 및 단층으로 특징지어진다.

변환 단층은 대체로 대양들에서 발생하는데, 샌안드레아스 단층의 경우에는 대양 능선 부분의 퇴적물들이 서로 연결되어 있다. 거기서 특기할 만한 사실은 대륙의 일부가 그 퇴적물들로 인해 단절되어 있다는 것이다. 북아메리카 판과 태평양 판은 판 구조론적 이동을 거듭하여, 지난 몇 백만 년 동안 북아메리카 판의 일부가 잘려 나가고 태평양 판의 일부가 거기에 달라붙게 되었다. 샌프란시스코와 로스앤젤레스 주민들에게 그것은 매우 꺼림칙한 결과를 낳을 수 있다. 그들은 몇 백만 년 전부터 엄격히 말해서 북아메리카 판에 사는 것이 아니라 태평양 판으로 직접 이행하는 점이 지대에 살고 있다. 지구상에서 가장 활동적인 지진 지역에 살고 있는 셈이다.

샌프란시스코에서 강력한 지진이 마지막으로 일어난 것은 1906년이다. 화재가 잇따라 도시의 중심가를 대부분 불태웠다. 그리고 1989년에는 대략 100킬로미터 떨어진 진앙에서 지진이 발생했다. 1906년의 지진보다는 경미하였지만 도시의 건물과 다리들이 피해를 입었고, 65명이 목숨을 잃었다.

해일

파도는 보통 바람 때문에 생긴다. 파도는 수면이 넓을수록, 그만큼 더 강력한 규모가 된다. 즉 소규모 호수에서는 약간 출렁거리는 정도이지만, 보덴제 정도가 되면 많은 사람들이 멀미를 느끼게 된다. 파도 중 가장 큰 파도, 이른바 해일은 소행성들이 바다에 떨어질 때 발생할 수 있다. 그러나 그런 일은 아주 드물다. 대부분은 대양이나 해안 지역에서 지진이 일어났을 때 생긴다. 그런 해일은 쓰나미Tsunami라고 불린다. 그 개념은 일본어에서 온 것으로, 항구(쓰)와 파도(나미)의 합성어이다.

해일은 거대한 해저 분지를 관류하고, 해안 지역 전체를 항구 시설과 함께 초토화시킬 수 있다. 가장 유명한 대형 해일들 중 하나는 1960년에 칠레의 해안에서 출발해서 22시간 후에 일본에 상륙한 것이다. 그것은 단지 높이 1미터의 파도로서 태평양을 건넜다. 하지만 속력은 시속 몇 백 킬로미터로 엄청나게 빨랐다. 따라서 그 파도에는 엄청난 에너지가 들어 있었다. 해안 근처에서는 수심이 낮아지므로 파도에 급제동이 걸렸다. 그러므로 파도의 전면 부분 높이는 20미터를 상회했다. 이 해일로 인해 해안 지방이 거의 완전히 파괴되었고, 200명이 목숨을 잃었다.

1998년 7월에 파푸아뉴기니의 북쪽 해안에서도 높이 15미터의 해일이 최소한 3,000명의 목숨을 앗아갔다. 그 해일은 강도 7.1의 지진 때문에 일어났다. 그리고 니카라과에서는 해일이 1992년에 대략 170명의 희생을 요구했다. 또한 1993년에는 일본 반도의 오쿠시리에서 139명을 집어삼켰고 최대 파고가 35미터인 또 다른 대형 파도는 1946년에 하와이 힐로Hilo에 도착했다. 유럽도 이미 해일의 방문을 받은 바 있는데, 예컨대 1755년 리스본 해안 앞에서 일어난 해일이 그중 하나였다. 그때 일어난 진동과 해일 때문에 리스본은 평지가 되어버렸고, 6만 명 이상이 명을 달리해야 했다.

따라서 해일의 위험을 간과할 수는 없다. 해일은 드물지 않게 발생한다. 하지만 그 피해는 다른 자연 재해들보다 쉽게 막을 수 있다. 왜냐하면 (해일을 일으키는) 지진과 해일이 대양의 다른 쪽 끝에 도달하기까지에는 종종 여러 시간이 걸리기 때문이다. 그래서 하와이에 소재하는 태평양 해일 경고 센터PTWC를 비롯하여 여러 센터들이 해일 경고를 발령하는 임무를 맡고 있다. 그 덕분에 지난 몇 십 년 동안 대략 몇 천 명이 해일로부터 생명을 구할 수 있었다. 한편 사람들이 해일에 대한 궁금증 때문에 그들의 작업을 방해한 경우도 있었다. 예컨대 1964년 해일 하나가 알래스카에서 출발해 태평양을 요란하게 가로지르며 달리고 있을 때, 대피하라는 절박한 경고를 듣고도 몇 만 명의 사람들은 해일을 보기 위해 캘리포니아 해안으로 순례의 길을 떠났다.

자연 자원

필요로 하는 모든 것을 우리는 지구의 얇은 피부에서 얻는다. 그 피부는 생물권에 의해 형성된 것으로, 그 최상층에는 인류의 가장 중요한 원료인 물과 토지, 즉 생명의 정수가 있다. 그보다 약간 깊은 곳, 즉 지각 아래 10킬로미터까지 내려가면, 인간이 굴착기로 파낼 수 있는 모든 지하자원들, 예컨대 지하수·탄소·석유·가스·철광석이 있다. 퇴적암 분지에서는 시멘트 따위의 건축 재료와 시비용(施肥用) 물질이 발견된다. 다시 말해 얇은 지각은 광범위한 의미에서 생명의 원천이라 할 수 있다. 따라서 천연자원 탐사는 땅속을 연구하게 된 중심적 동기들 중 하나였다. 물론 지금도 마찬가지다.

물

물은 괜히 모든 생명의 원천이라 일컬어지는 것이 아니다. 아마도 물에 대한 최상의 예찬은 그리스의 현자 탈레스가 한 말일 것이다. 그는 다음과 같이 단호하게 이야기했다.

모든 사물의 원리는 물이다.
왜냐하면 모든 것이 물에서 나와서
물로 되돌아가기 때문이다.

한편 흘러가는 물의 자연 형성 능력에 대해서는 중국의 철학자 노자(대략 기원전 300)가 다음과 같이 인상 깊게 말했다.

세상에는
물보다 약하고 얇은 것이 없다.
그러나 강하고 단단한 것을 여는 데는
물만 한 것이 없다.

그리고 마침내 괴테는 과학의 체계적 사고를 시적 진실과 연결해 냈다. 그의 시 〈물에 대한 정신의 노래 *Gesang der Geister über den Wassern*〉에는 다음과 같은 구절이 있다.

그것은 하늘에서 와서
하늘로 올라가며
다시 땅으로 내려와야 하네.
영원히 변환되면서.

현대의 화학자들도 물 분자를 '마(魔)의 삼각형'이라 부름으로써 그 생명의 근원에게 공물을 바친다. 물 분자(H_2O)는 물 원자 두 개와 산소 하나가 결합해서 이루어진다. 산소 원자 쪽은 전기적으로 음성이며 두 수소 원자 쪽은 양성이다. 분자들은 단단히 결합된다. 그러나 그것들은 다른 것들과도 쉽게 결합한다. 그래서 물 용액이 생겨나는데, 최초의 생명체를 만들어낸 단백 분자들도 그런 식으로 생겨났다. 다시 말해 물은 생명의 기본 요소들이 존재할 수 있게 한 용매였다. 그래서 모든 생명체는 모든 종류의 장기(臟器) 시스템에 물을 지속적으로 공급받아야만 한다. 그리고 주지하다시피 인간의 몸 가운데 약 70퍼센트는 물로 이루어져 있다.

그러므로 지구상에 가장 많이 존재하는 물질이 물이라는 사실에서 우리는 한숨 돌릴 수 있다. 지구 표면은 71퍼센트가 물로 덮여 있다. 그 전체 부피는 약 14억 세제곱킬로미터에 이른다. 그 양이면 유럽 대륙 전체가 대략 140킬로미터 두께의 물속 깊은 곳에 잠기게 될 것이다. 게다가 물은 완전히 소모되지 않으며 어떤 경우에도 사용될 수 있다. 다시 말해 물을 지구 시스템에서 제거하는 방법은 우주 공간으로 내보내는 것밖에 없다. 따라서 물이 석유처럼 천천히 재고량이 줄어드는 원료라는 식의 설명은 타당치 않다. 다만 오늘날의 물 부족 현상은 모든 사람들에게 깨끗한 물을 충분히 공급할 수 있는 기술적·조직적 문제들이 아직 해결되지 않은 데서 비롯할 뿐이다.

수자원의 97퍼센트는 대양에 있는 소금물이다. 그 물을 쓸 수 있으려면 가공을 해야 한다. 그 나머지는 마실 수 있는 담수(淡水)이다. 얼어붙거나 눈으로 변하지 않아서 아무 문제없이 우리가 접근할 수 있는 양은 그중에서 약 8퍼센트뿐이다. 식수는 지구 표면의 물로서 호수나 강에서 퍼서 마시면 된다. 그러나 그 동안 우리는 더욱 깨끗한 지하수를 선호하게 되었는데, 지하수는 지구에서 물이 풍부한 지역 중 하나인 독일 헤센 주에만도 약 600억 세제곱킬로미터나 암반에 저장되어 있다. 그 양은 보덴제의 수량 전체보다 많은 것이다. 게다가 소량의 지하수가 헤센을 관류하면서, 곳곳에서 식수로 활용되기 위해 지면으로 올라온다.

수력

흐르는 물의 운동 에너지는 비교적 간단히 역학이나 전기적 에너지로 변환될 수 있다. 왜냐하면 물은 중력 법칙 덕택에 곧장 산 아래 방향으로 흐르기 때문이다. 지구에서 1초당 약 1,400만 세제곱미터의 물이 증발해서 다시 눈이나 비가 되어 땅에 내려온다는 것을 생각해 보자. 그 물은 그 다음에는 대부분 대양 쪽으로 흘러간다. 게다가 유럽 대륙은 평균적으로 해발 300미터의 고도에 위치하므로(아시아는 이것보다 세 배나 높다), 얼마나 많은 양의 물이 대륙으로 흐르는지 쉽게 상상할 수 있을 것이다.

그 배후에 있는 힘은 몇 천 년 전부터 이용되고 있다. 최초의 수차(水車)는 기원전 3500년경에 메소포타미아에서 발명되었고, 옛 로마에는 지름이 30미터나 되는 수차도 있었다. 그러나 쏴쏴거리며 흘러가는 개울가의 육중한 목재 수차들은 후대에 하이테크 터빈으로 대체되었다. 단지 그것들 중의 몇 개를 물살 속에 걸쳐두고 발전기만 연결하면 수력을 얻어낼 수 있게 된 것이다. 하이테크 터빈 가운데 유명해진 것으로는 프란시스, 펠턴, 카플란 터빈이 있다. 그 첫 번째 것은 1849년에 영국의 프란시스James Bicheno Francis(1815~1892)가 제작하였다. 그 터빈의 전형적인 모습은 달팽이 집 꼴의 나선형이다. 가장 큰 것은 무게가 150톤이나 나가며 대략 700메가와트를 발전한다(700메가와트는 대략 증기 기관차 1대의 출력에 해당한다). 펠턴 터빈은 자유 분사 터빈이라고도 하는데 1880년에 미국의 엔지니어인 펠턴 Lester Pelton(1829 ~1908)이 고안하였다. 주로 고지대의 수력 발전소에 설치되며, 그 생김새는 고전적 수차를 연상시킨다. 카플란 터빈은 1920년대 초에 오스트리아의 엔지니어 카플란Viktor Kaplan (1876~1934)이 고안한 것으로, 선박의 프로펠러와 비슷하다.

현재 세계에서 가장 큰 수력 발전소는 브라질의 파라나에 있는 이타이푸 댐이다. 그 댐은 1만 2,600메가와트의 용량을 가지고 있다. 그러나 그런 괴물 같은 발전소가 세계 곳곳에 건설될 수는 없다. 그러기 위해서는 지리(地理)적 조건이 맞아야 한다. 네덜란드와 같은 저지대에서는 그런 댐이 아무 쓸모가 없다. 반면에 노르웨이에서는 수력이 국가 전력 수요의 거의 대부분을 충족시킨다. 그곳에는 산과 골짜기가 충분히 있기 때문이다. (전력을 공급해야 하는 인구도 440만 명밖에 안 된다.) 독일 바이에른에도 산이 많다. 그곳의 수력 전기 비율은 대략 16퍼센트이다. 그곳의 강변에는 약간의 수로형 발전소가 있는데, 거의 계단형 저수지들과 연계되어 있다. 독일 전체에는 그런 시설이 대략 600개 있으며, 모두 합쳐서 3,000메가와트 가까운 수력 전기를 생산한다. 그 발전량은 계절에 따라 심하게 바뀐다.

저수형 발전소는 그것을 보완하기 위해 건설된다. 저수형 발전소에서는 물을 높은 곳에 있는 호수들에 가둬두었다가 압력 파이프 관이나 수평 갱을 통해 발전용 터빈에 공급한다. 이 터빈들에 전형적으로 있는 것은 균형용 탱크로 쓰이는 이른바 "수성(水城)Wasserschlösser"이다. 이것은 터빈에 정상적으로 물이 공급되지 않을 때 사용된다. 그러므로 그 속을 들여다보면, 이름과 달리 신이 날 만한 일은 없다. 그저 20~30미터 높이의 수직 콘크리트 파이프라인들이 있을 뿐이다. 저수형 발전소 중에서 독일 바이에른의 발헨제에 있는 저수지-수로형 발전소는 한번 구경해 볼 만하다. 헹스타이제Hengsteysee에 있는 펌프-저수형 발전소도 그것과 비슷한 방식으로 작동한다. 차이점은, 저수조가 자연수가 유입되어서 채워지지 않고 밤에 전력 수요가 없을 때 계곡의 물을 펌프로 양수해서 채워진다는 것이다. 그래서 그 물로 낮에 다시 터빈을 돌린다.

태양 수소와 연료 전지

곧 수소 경제의 하이테크 형식은 기존 에너지 시스템들과의 경쟁에서 승리할 것이다. 즉 단순한 물(H_2O)을 그 구성 요소인 수소(H)와 산소(O)로 분해하면, 그 냉각물에서 효율이 높은 에너지원을 얻을 수 있다. 비록 사람들이 그것을 겨냥하지 않고 낌새조차 느끼지 못하고 있지만, 질량 측면에서 볼 때 수소는 휘발유보다 세 배나 많은 에너지를 가지고 있다. 그러므로 그것은 로켓 추진 원료로 사용된다.

또한 수소는 머지않아 일반 용도로도 사용될 수 있을 것이다. 예컨대 연료 전지 형식으로 개발될 것이다. 자동차 업계는 이미 연료 전지 엔진의 초보적인 형태를 개발했다. 그 엔진들은 전기로 작동하고, 소음이 적으며, 배기관에서는 순수한 수증기만 나온다. 따라서 에너지원으로서의 수소에는 장점들이 있다. 수소는 지구 시스템에서 물이 순환하는 과정의 일부이다. 그렇기 때문에 결코 고갈되지 않으며 환경 친화적이고 위험성이 적다. 또한 가스 난방 배관 속에서 연소될 수 있고, 건물을 따뜻하게 하거나 생활 용수를 덥힐 수 있다. 그리고 연소 모터들 내에서 기계적 에너지로 변환될 수 있으며 가스 터빈 발전소나 연료 전지에서 전류를 공급한다.

연료 전지는 지속적으로 공기 및 연료를 공급받아야 한다. 수소가 연료로 사용되면 폭발음이나 화염이 없는 냉각 연소가 가능하다. 연료 전지에서는 수소의 산화와 공기 산소의 전자 수용이 공간적으로 서로 격리되어 진행되기 때문이다. 그리하여 우리가 화학 시간에 배워서 알고 있는 폭발 가스 반응이 방지된다.

연료 전지에서는 화학 반응이 다음과 같이 진행된다. 촉매의 도움을 받아 수소가 전지의 양극에서 양전하의 수소 이온(H^+)과 음전하의 전자들로 쪼개진다. 수소 원자 하나는 이때 전자를 내놓는데, 이것은 외부 도선을 타고 음극으로 이동한다. 이 전류를 밖으로 유인해 내어 전동기로 보내면, 수소 이온은 (수소와 공기의 직접적 접촉을 방해하는) 액체 전해질을 통과하면서 뒤섞인다. 그리하여 음극에서 공기 산소와 결합해 물이 된다. 이렇게 해서 연료 전지는 수증기와 전류를 공급한다.

이처럼 상당히 단순한 테크놀로지의 토대는 이미 1839년에 영국 웨

일스의 물리학자 그로브William Robert Grove(1811~1896)가 고안
하였다. 그는 서너 개의 전구를 환히 밝힐 수 있는 작은 장치를 만들
었는데, 이름하여 '갈바니 가스 전지'였다. 당시 그로브와 그의 후계
자들이 직면한 문제는 수소를 충분히 많이 그리고 경제적으로 효율성
있게 준비하는 일이었다. 이 문제는 지금 천천히 해결되고 있다. 그리
고 그 테크놀로지는 물론 오래전부터 존재해 왔다. 물을 수소와 산소
로 분해하는 전기 분해가 그것이다. 그러나 이 과정에는 아주 많은 에
너지가 필요하다. 왜냐하면 물 분자는 쉽게 쪼개지지 않기 때문이다.
물리학자와 에너지 전문가들은 몇 년 전부터 이 문제와 씨름하고 있
다. 거기서 그들은 미래의 희망을 밝혀 주는 아이디어를 하나 얻었다.
장소가 충분히 넓고 태양 에너지가 무료로 확보되는 곳에 복합형 발
전소를 세우는 것이다. 태양 에너지는 그곳에서 전류로 변환되어 즉
시 그리고 복잡한 중간 저장 없이 전기 분해 과정에 불을 붙이고 수소
를 공급할 것이다. 이때 에너지원인 수소의 특별한 매력이 분명해진
다. 즉 그 커다란 에너지 잠재력이 손실 없이 오랫동안 그리고 원하는
양만큼 저장될 수 있고 큰 비용 없이 수송될 수 있는 것이다. 그리하
여 수소는 기화되고, 파이프라인이나 다른 수송 수단을 통해 국제 에
너지 시장으로 보내질 수 있을 것이다.

화석 에너지원

아주 일찍부터 인간은 자연의 힘을 유익하게 사용하는 법을 배웠
다. 물론 처음에는 단지 생존하는 것이 문제였으며, 식량을 확보하고
겨울을 나는 일이 주된 과제였다. 그런데 그러려면 매일 대략 9,000줄
(J)의 에너지가 필요하며, 이 에너지를 순수하게 식물성 식량으로 확
보하려면 좋은 토지가 1인당 1,000제곱미터 정도 있어야만 했다. 그

러나 불을 이용해서 끓이거나 굽는 조리법을 발견한 다음부터는 곧 고기가 식단에 올랐고, 그리하여 경작지 면적이 절감될 수 있었다. 게다가 불 덕분에 원시인들은 한 지역에 정착할 수 있었고, 동굴에서 겨울을 날 수도 있었다.

몇 천 년이 지나는 동안, 일상생활에 필요한 열량 수요를 비롯해서 각종 에너지 소요량이 상당히 증가했다. 삶이 사치스러워질수록, 그 '불요불급한' 목적을 위한 에너지도 그만큼 더 커졌다. 그리고 그만큼 더 많은 자연 에너지를 짜내야 했다. 오늘날 현대인이 매일 먹는 양인 9,000킬로줄(kJ)은 그가 외부적으로 사용하는 에너지의 50분의 1밖에 안 된다. 오늘날 가장 중요한 에너지원은 석유·가스·석탄이다.

태고의 태양 에너지

지각(地殼)의 화석 연료는 생물학적 변환 과정에서 비롯한 아주 특별한 산물이다. 화석 연료는 전 세계에서 사용되는 에너지의 90퍼센트를 공급해 준다. 그것은 (동물 및 식물의) 유기물 잔재로부터 생겨났으며, 이른바 태고의 저장 태양 에너지로 불린다.

석유는 대부분 탄소로 이루어져 있고 15~20퍼센트가 수소이며, 몇백만 년에 걸쳐 생겨났다. 그 과정은 이러하다. 유럽과 아시아의 남부에는 백악기 동안, 다시 말해 지금부터 약 6,500만~1억 4,500만 년 전에 초대양 테티스가 있었는데, 그 대양의 가장자리에 있는 바닷물은 아주 따뜻했다. 이런 점은 유기체들의 발전에 유리하게 작용했다. 유기체들의 사체는 대량으로 해저에 가라앉았고 진흙 속에 묻혔다. 공기 산소는 점점 더 상승하는 암반층들에 접근할 수 없었다. 그리하여 완전히 부식될 수가 없어서 유기 물질이 보존되었다. 결국 그것은 부분적으로 해체되어 천연가스와 석유를 품은 퇴적암인 모암(母巖)을 형성하였다. 이 과정에서 석유의 핵심적 출발 물질은 해조와 박테리아들이었고, 플랑크톤·꽃가루·홀씨·육지 식물 조직은 석유와 천연가스가 될 수 있었다. 육지 식물의 목질(木質) 부분은 단지 천연가스만을 형성하였는데, 그러려면 우선 모암이 계속 침강해서 섭씨 200도 이상의 열을 받아야만 했다. 한편 대략 섭씨 70도부터 유기 물질의 일부는 석유로 변했다. 대체로 석유가 형성되는 깊이는 2,000미터이다.

석탄은 주로 육지 및 늪지 식물에서 생산되었다. 이 식물들은 고사한 다음에 물에 잠겨서, 공기가 차단되었기 때문에 썩을 수가 없었다. 여기서 처음에는 이탄(泥炭)이 생산되었다. 이탄은 땅속에서 압력 및 지열을 받아 갈탄이 되었고, 압력 및 환경 온도가 더 높아지면 석탄이나 무연탄이 되었다. 석탄이 매장된 지층은 대략 2억 9,000만~3억 5,000만 년 전에 생겼으며, 그 시대의 전형적 특징이다. 따라서 그 시기는 석탄기로 불린다.

지하의 작은 공간들은 주로 (소금)물로 가득 차 있다. 화석 에너지원인 석유 및 가스는 물보다 밀도가 낮기 때문에, 그 공간들은 몇 백만 년이 경과하는 동안 서서히 상승해서 사암 따위의 큰 구멍이 있는 암반 속에 모여들었다. 그리고 가스 형태의 탄수화물은 거기서 기포처럼 액체 원료 위에 자주 정착했다. 한편 주로 메탄으로 되어 있는 천연가스는 종종 석유 매장지 위에 존재한다. 물론 그것은 독립적으로 심층 지평에 존재할 수도 있다. 탄수화물은 지진 측정 방식으로 탐지되며, 심층 천착을 통해 개발된다.

최종 자원

인류의 에너지 수요를 충당하기 위해서 수많은 탐사지질학자와 기술자들이 활동하고 있다. 그들의 과제는 천연자원인 석유·가스·석탄을 생산하려면 어떤 물리적·화학적 과정이 필수적인지, 그리고 그 매장 장소는 어딘지 알아내는 일이다. 그들은 화석 에너지원들이 바람이나 물과 달리 고갈될 수 있는 자원임을 알고 있다. 그러므로 그것을 이용하는 일은 정치적 문제가 된다.

오늘날 인류는 자연이 100만 년에 걸쳐 생산한 석유·석탄·가스를 1년 안에 소비하고 있다. 지구 전체를 놓고 볼 때, 해마다 새로운 매장량이 매년 소비되는 화석 연료의 양보다 더 많이 발견되고 있다. 물론 소비율에 대한 발견율의 우위는 줄어들고 있다. 어떤 접근 바로미터를 사용하느냐에 따라 달라지겠지만 지구에 있는 석탄은 '540년 동안이나/겨우 160년 동안만' 사용하면 바닥이 난다. 천연가스는 60년 내지 45년, 석유는 50년 내지 35년 만에 고갈된다. 화석 에너지원은 우리에게 영원히 확보되어 있는 것이 아니다. 그것들의 시대는 19세기에 시작되었고 우리는 그 종말의 시대에 있다. 그 시대는 22세기 내지 23세기에 완전히 끝날 것이며, 인류 역사의 연대표에서 아주 짧은 기간만을 차지하게 될 것이다.

우리가 다른 에너지 기술로 환승한다 하더라도 지구에 있는 전체 석유의 대략 70퍼센트는 지각 속에 계속 붙어 있을 것이다. 지금까지 우리가 가지고 있는 기술로는 전체 매장량의 30퍼센트 정도만 채굴할 수 있기 때문이다. 게다가 독일에서는 그 '석유 채취 비율'이 평균적으로 겨우 18퍼센트에 머물고 있다. 다시 말해서 총 매장량의 82퍼센트는 채취할 수 없는 셈이다.

오늘날 독일에서는 석유가 1차 에너지 필요량의 40퍼센트를 떠맡고 있는데, 그중 97퍼센트는 수입되고 있다. 게다가 슐레스비히홀슈타인의 바텐 해, 한 지역에만도 아직 전망이 밝은 유전이 있는데, 여기서는 1987년부터 연간 80만 톤씩이 채취되고 있다. 한편 전체 석유 가운데 80퍼센트 이상이 난방유나 엔진 연료로 사용되며, 전류 생산에는 1퍼센트만 사용된다. 그 연료들은 우선 정유소에서 원유를 가공해서 얻어야 한다. 정유 공장에서는 황·역청·코크스·액화 가스·윤활유 및 합성수지 제작용 기본 원료도 제조한다.

독일에서 난방용이나 주방용으로 쓰이는 천연가스 중 약 20퍼센트는 독일 국내에서 조달된다. 그런데 그중 90퍼센트는 니더작센에서 생산된다. 그리고 2000년에 북해에서는 최초의 독일 해양 천연가스 개발이 시작되었다. 천연가스 수요는 계절에 따라 변동이 심하기 때문에 천연 저장소나 중간 저장을 위한 인위적 저장 시설이 필요한데, 독일에는 지하 저장소가 대략 40곳 있다. 그 저장 능력은 160억 세제곱미터에 이른다.

오늘날 석탄은 세계 에너지 소비량의 4분의 1 정도를 감당한다. 석유 및 천연가스와 달리 석탄은 풍부하다. 전문가들은 전 세계에서 채굴할 수 있는 석탄 가운데 약 28퍼센트가 그 동안 소모된 것으로 추정하고 있다. 게다가 석탄은 쉽게 발견되며 특정 지역에 편중되지 않고 골고루 분포되어 있다는 장점을 가지고 있다. 독일에서 이용되는 석탄의 절반 이상은 독일 국내에서 생산된다. 예컨대 2000년 생산량은 2,590만 톤이었다. 한편 석탄의 4분의 3 정도는 화력 발전에 사용되어 전기 에너지로 전환되고, 대략 20퍼센트는 제철소에서 소비된다. 석탄이 주로 채취되는 곳은 지하 갱이며, 탄광의 전형적인 모습은 수직갱 위에 설치된 높은 탑 모양의 컨베이어 시설이다. 그래서 석탄을 채취하려면 점점 깊은 곳으로 파고 들어가야 하기 때문에 나중에는 경제성이 떨어지게 된다. 지금 독일에는 탄광 열 곳에서만 작업을 하고 있는데, 그 탄광들은 루르 지방과 자르 지방, 이벤뷔렌 지역에 있다. 아헨 지역에서는 1997년에 마지막으로 채탄되었다.

갈탄에 관한 한, 독일은 매우 좋은 지도를 가지고 있다. 물론 자연 풍경에 미치는 영향을 보면 불리할 수도 있다. 말하자면, 경제적으로 이용할 수 있는 전 세계 갈탄 매장량의 10퍼센트 이상이 독일에 있다. 그리하여 쾰른·아헨·묀헨글라트바흐 사이에 위치한 라인 지역 등 독일의 여러 지역에서 대형 굴삭기들이 또렷한 삽 자국을 남겼다. 라인 지역에는 대략 350억 톤의 갈탄이 저장되어 있으며 지금은 3분의 1 이상이 채취된 상태이다. 독일의 동남부, 예컨대 루사티아 지역에도 엄청난 양이 매장되어 있다. 갈탄 채굴은 노천 광산에서 이루어지므로 풍경은 변화될 수밖에 없다. 물론 그런 지역은 채탄한 뒤 다시 흙으로 덮어서 농경지로 바꿀 수 있다. 예컨대 독일의 서부에서는 채굴 지역을 농경지로 바꾸기 위해 대규모 프로젝트가 시작되었다. 하지만 동부에서는 구동독 시절에 재원이 모자랐다. 그래서 달나라같이 삭막한 풍경이 전개되었고, 동·서독 통일 이후에야 엄청난 재생 프로그램을 통해 복원될 수 있었다. 루사티아 지역은 오늘날 다시 사랑받는 피크닉 장소가 되었다.

공업 혁명의 전조

최초로 화석 원료와 접촉했을 때, 사람들은 자신이 어떤 보물을 보고 있는지 알지 못했다. 1652년 첼레 인근의 뤼네부르크 황야 지대에서는 석유가 악취를 풍기며 지표면으로 흘러 나와 구덩이에 고였다. 처음에 농부들에게 이 석유는 재앙이었다. 하지만 다른 사람들은 이 '기름Smeer'의 장점을 알았고 윤활유로 사용했으며, 고약 제조자들은 그것을 만병통치 약으로 사용했다. 그로부터 200여 년 뒤인 1859년에 사람들은 이 지역을 지질학적으로 탐사하여 소형 유전을 발견해 냈고 그 후 25년 동안 거기서 채유를 할 수 있었다.

같은 해에 드레이크Edwin Laurentine Drake(1819~1881)라는 사람은 미국 타이터스빌에서 증기 기관을 이용해 땅에 깊숙이 구멍을 뚫었다. 그는 22미터 깊이에서 석유를 만났다. 매일같이 4,500리터가 채유되었다. 본격적 유전 열풍이 불기 시작했으며, 몇 달 후에는 펜실베이니아에서 2,000개가 넘는 시추 봉이 가동되었다. 그리하여 석유는 전 세계적으로 호롱불 기름 및 윤활유로 유통되기 시작했다. 그 다음에는 오토Otto 엔진과 디젤 엔진이 고안되었고 석유가 그 추진용 연료가 되었다. 그러다가 나중에 석유는 천연가스와 더불어 최초의 난방 장치에 불을 붙이게 되었다.

이전부터 석탄 채굴은 미국과 유럽의 경제와 문화에 영향을 미쳤다. 아헨 지역과 루르 지역에서는 이미 13세기에 석탄을 채굴했는데, 자르와 이벤뷔렌에서는 아마도 그보다는 300년 후에 채굴이 시작되었던 것 같다. 당시에 사람들이 석탄을 탐사한 이유는 숲의 목재가 고갈되었고 가정 및 산장의 건물을 덥힐 대체 연료가 필요했기 때문이다. 광산업이 아직 초기 단계여서 석탄이 체계적으로 채취되지는 못하는 상태였다. 아마 농부들이 가끔 삽과 곡괭이로 석탄을 캤을 것이다. 그들은 그것이 좋은 연료가 될 수 있음을 알고 있었다. 그 후 18세기에 사람들이 석탄이 철광석을 제련하는 데 아주 좋다는 것을 알고 난 다음부터는 그런 원시적 채탄 형식이 사라졌다. 공업 혁명이 시작되었고 석탄을 캐기 위해 엄청난 인력이 투입된 것이다. 그 결과 석탄 매장 지역마다 전형적인 거주지 및 공업지의 형태가 점차로 생겨났다. 사람들이 몰려들었으며, 예컨대 중공업 지대 루르포트와 같은 인구 밀집 지역이 생겨났다. 처음에는 약간 경사가 진 수평 갱을 산 속으로 팠다. 하지만 나중에는 증기 기관 덕분에 수직갱 방식으로 채탄할 수 있게 되었다. 증기 기관이 세상을 기초부터 바꾸어놓았다. 그것은 인류 최초의 인공 에너지원이었으며 공업 혁명의 개척자였다. 그것은 뜨거운 수증기의 힘들을 이용하는데, 그것을 고안해 낸 영국인 와트James Watt(1736~1819)였다. 1765년 그에 의해 증기기관 최초의 모델이 가동되었고, 1776년에 증기 기관들은 광산에 고인 지하수 물을 제거하기 위해 투입되었다. 그러나 이 시기에 증기 기관은 무엇보다도 방적 공업에서 크게 활약했다. 이후 19세기까지 증기기관은 승리의 행진을 거듭하다가 광산업과 교통업을 위한 육중한 기계들로 그 대미를 장식하게 된다. 요컨대 한편으로는 증기 기관에 불을 붙이기 위해 석탄 수요가 증가했고, 다른 한편으로 증기 기관은 몇 백 미터 깊은 곳에 있는 석탄을 채취하고 운송할 수 있게 했다.

수많은 옛 관행들은 탄광에 오늘날까지도 남아 있다. 그래서 요즘도 독일 광부들의 갱의실은 'Kaue'라고 불린다. 그 말은 중세에는 세척실이라는 의미로 쓰이던 것이다. '백색 갱의실 Weißkaue'에는 광원(鑛員)들의 외출복들이 작업 시간 동안 보관되어 있고, '흑색 갱의실 Schwarzkaue'에는 작업복이 그 다음 작업팀을 위해 기다리고 있다. 위 두 방에 전형적인 것은 보관용 바구니로, 이 바구니들은 끈에 묶여 천장으로 끌어 올려질 수 있다. 그 동안 폐광된 몇몇 탄광들은 오늘날 박물관으로 개조되었는데, 그중에서도 보훔 Bochum의 독일 광산 박물관은 전 세계적으로 가장 중요한 전문 박물관이다.

광물

우리가 생명을 유지하는 데 무기질이 얼마나 중요한지는 잘 알려져 있다. 우리 몸은 무기질을 생산할 수 없으므로 음식물에서 섭취해야 한다. 여기서 중요한 것은 적절한 혼합이다. 몇몇 광물은 그 기본적 형태에서는 독성을 띠지만, 화합물 형태에서는 좋은 음식을 조리하는 데 필수적이다. 예컨대 염소(Cl)는 국에 들어가면 안 되지만 식염($NaCl$)은 없어서는 안 된다. 그렇게 모든 것이 우리 유기체 속에 존재한다는 것을 생각해 보면, 놀라지 않을 수 없다. 염소·마그네슘·인·철·황 외에도 우리는 몸무게 킬로그램당 몇 마이크로그램의 비소(As)·붕소(B)·니켈·아연 그리고 그 밖의 다량 원소 및 소량 원소 15종을 지니고 있다. 그것들이 몸속에서 어떤 기능을 하는지는 정확하고 상세하게 규명되지 않았다. 예컨대 비소는 고대 이후로 미운 사람을 제거하기 위한 독약으로 쓰였다는 것, 그리고 사실상 거의 모든 음식과 음료들에 극소량이 들어 있다는 것 정도만 알고 있다. 그러나 그것이 유기체 내에서 무슨 일을 하는지, 그리고 그것이 정말 생명의 필수적 요소인지는 아직 불분명하다. 동물 실험에서는 매일 먹는 음식에서 비소를 제거할 경우 성장 장애가 일어나고 심장 근육에서 변화가 생기는 것이 관찰되긴 하였다.

일반인들이 특히 관심을 갖는 것은 보석으로 가공되고 매년 크리스마스 선물로 주어지는 광물이다. 대략 100가지 광물이 보석으로 분류된다. 그 가치는 순도와 크기에 의해 정해진다. 예컨대 루비는 알루미늄과 산소의 결합체에 불과하지만, 그것이 극소량의 다른 원소와 섞여서 붉은색을 띠게 된 대형 결정체는 잘 발견되지 않는다. 많은 보석들의 기본 원소는 우리가 전 세계의 모든 모래톱에서 쉽게 주울 수 있는 다양한 색깔의 결정Quarz 광물이다.

다이아몬드는 가장 비싼 광물에 속한다. 그것은 우리가 알고 있는 가장 단단한 광물이기도 하다. 그 이름은 '정복 불가능한 것'을 뜻하는 아다마스Adamas와 '투명한 것'을 뜻하는 디아판Diaphan이라는 두 그리스어 단어가 합쳐진 것이다. 실험실에서 그것보다 더 강한 광물을 합성하려는 실험들이 있었으나 아직 성공하지는 못했다. 화학적으로는 다이아몬드에 스펙터클한 것이 없다. 주요 성분은 탄소로, 그저 목탄과 아주 유사할 따름이다. 다이아몬드의 특이한 점은 80킬로미터 이상의 깊은 땅속에서만 생산된다는 것이다. 그곳에만 몇 백만 년에 걸쳐 탄소를 다이아몬드로 변환시키는 데 꼭 필요한 고압과 고열이 존재한다. 다이아몬드의 무게는 20세기 초부터 캐럿(ct)이라는 단위로 표기되었다(1캐럿은 0.2그램에 해당한다). 그리하여 1캐럿, 4분의 3캐럿, 반 캐럿, 또는 4분의 1캐럿이라는 말이 생겨났다. 한편 인도에서는 이미 기원전 2000년 말부터 이 보석이 그 가치를 인정받았다.

　대부분의 다이아몬드는 남아프리카의 화산 폭발 때문에 지표면으로 이동되었다. 그것들은 킴벌리라는 모석(母石)으로부터 분리된다. 킴벌리라는 이름은 그 출토지의 지명을 딴 것인데, 그 모석은 대략 7,000~1억 4,000만 년 전에 지각을 뚫고 지면으로 솟아오른 것으로 보인다. 최초의 다이아몬드 열풍이 분 것은 19세기에 그 지역에서 중량 21캐럿의 황색 모석이 발견되면서부터이다. 그 모석은 유레카라는 이름을 얻었고, 1871년부터 1908년까지는 인간의 역사상 가장 큰 구멍, 이른바 '빅 홀Big hole'이 뚫렸다. 그것은 나중에 킴벌리 광맥의 별명이 되었는데, 지표면에서 그 구멍의 지름은 460미터이고 그 수직갱의 깊이는 1,070미터나 된다. 전체적으로 1,450만 캐럿의 다이아몬드가 그 광맥에서 채취되었고, 오늘날 그 구멍의 절반은 지하수로 차 있다.

　거기서 채굴된 다이아몬드 결정들은 투명색·연황색·연녹색·연적색·연청색이었다. 그 색색의 견본품들은 지구상의 가장 귀한 보석에 속한다. 투명하건 또는 연하게 색이 들었건 간에, 그 원석들은 보석으로 가공된다. 그리고 그다지 볼품이 없는 흑색 다이아몬드도 있다. 이런 것은 카르보나도Carbonado라고 불리며, 지하 탐사 시추용 또는 석재·강철·콘크리트 따위의 연마 및 절삭용으로 이용된다. 보석은 극히 단단하기 때문에 다이아몬드 가루로만 가공해서 광택을 낼 수 있다. 보석을 다이아몬드로 연마하는 일은 정교한 수작업을 통해 이루어진다. 그래야만 그것의 빛 굴절 능력, 이른바 다이아몬드 불꽃이 생겨나게 된다.

　지구를 벗어나 보면, 다이아몬드는 그리 희귀하지 않다. 은하수의 먼지 속에는 상상을 초월하는 10^{38}킬로그램의 다이아몬드가 있다. 그렇지만 우주의 다이아몬드 광맥은 아마 결코 존재하지 않을 것이다.

그 반짝이는 먼지들은 크기가 몇 백만분의 3~4밀리미터밖에 안 된다.

우리는 지구의 거의 모든 고체가 광물로 이루어졌다고 보아도 무방하다. 심지어 물도 광물이다. 물의 특이한 점은 세 가지의 결합 형태(액체, 고체, 기체)로 존재할 수 있다는 것이다. 한편 액체 광물에 속하는 것으로는 수은과 광물유(鑛物油)가 있다. 그리고 자연과학적 관점에서 볼 때, 광물은 화학적으로 하나로 결합된 물질이다. 예컨대 식염은 염화나트륨이라는 광물로서, 나트륨과 염소로 결합된 동질적 광물이다. 한편 암석은 원칙적으로 다수의 광물로 구성되어 있는데, 그 예외는 석회암이다. 이것은 석회광으로만 이루어져 있다. 그러나 자연에 존재하는 수많은 광물 중에서 대략 열 가지만이 암석을 형성하며, 99퍼센트 이상은 암석권에 존재한다. 인간은 광물들 특유의 성질, 즉 결합하려는 속성을 수많은 공업 기술 목적들에 이용한다. 예컨대 접착제는 서로 바위처럼 단단하게 결합하려고 하는 특정한 물질의 성질을 이용한 것이다.

광물 중에서 특히 중요한 부류는 금속인데, 이것들은 다음 단원에서 좀 더 자세히 조명할 것이다. 여기서는 일단 그 형성 과정만 살펴보자. 해령(海嶺)을 따라서 새로운 광맥이 계속 형성되는데, 그 과정에는 몇 백만 년이라는 긴 세월이 소요된다. 처음에는 바닷물이 스며들고, 해저 지각 내부에서 가열되며, 마그마에서 금속 화합물을 녹여 낸다. 그러면 마침내 금속성 바닷물이 해저의 열곡(裂谷)Rift을 뚫고 나온다. 깊은 곳에서는 유황 가스도 나온다. 그것은 금속 유황 결합체를 형성하며 역시 해저에 침전된다. 이곳의 진흙 수렁은 철 함량이 30퍼센트까지 달한다. 다른 장소들에는 은·구리·납·아연이 더 많을 수도 있다. 해저의 그런 자원에 속하는 것으로는 망간 덩어리도 있다. 그것은 감자같이 생긴 어두운 빛깔을 하고 있는데, 쇠·니켈·티탄·그리고 강철을 제련하는 데 중요한 망간을 함유하고 있다. 그런데 그것은 태평양 4,000~5,000미터의 심해에 가장 많이 있기 때문에 채취하기가 매우 어렵다. 그러나 펌프ㆍ무한궤도 차ㆍ예인망들이 투입됨으로써 곧 대규모로 채취가 이루어질 전망이다.

순수한 금속은 이 세상에 아주 드물다. 예외는 귀금속인 금과 은이다. 지난 120년 동안 금의 대략 40퍼센트는 남아프리카 위트워터 해변 분지에서 채취되었는데, 왜 하필이면 그곳에 그런 대규모 금광이 생겨났는지에 대해서는 의견이 분분하다. 처음으로 그 비밀을 밝히는 자는 아마도 위대한 사람이 될 것이다. 왜냐하면 그는 새로운 제3의 금광도 탐지해 낼 수 있을 것이기 때문이다. 추측건대 남아프리카에서는 대략 30억 년 전에 금을 품은 강물이 그 값비싼 보물을 위트워터 해변 분지까지 운송했을 것이다. 그리고 그로부터 2억 5,000만 년 후에는 거대한 바위 층이 그 퇴적층을 뒤덮을 것이다. 그래서 오늘날 금 채굴업자는 그 금을 캐기 위해서 2킬로미터를 파 내려가게 되었다.

물질 재료

중세의 연금술사들은 금을 제조하려고 했지만 성공할 수 없었다. 왜냐하면 금은 다른 모든 중금속과 마찬가지로 초신성(超新星) 환경에 존재하는 조건들 아래에서만 생기기 때문이다. 현대 화학자들의 목표도 그들 못지않게 야심만만한 것이다. 그들은 자연에서 발견한 원소들을 결합해서 신물질을 창조하고, 우주 전체에 아직 존재하지 않는 재료들을 제작한다. 그리고 우리 모두는 그런 재료들을 날마다 손에 쥔다. 비닐 봉지나 문풍지용 스펀지가 그런 것이다. 그러나 사람들은 그 재료들의 매력적인 소우주에 열광하지 않는다. 그런 행동을 하면 기껏해야 주위 사람들이 이맛살을 찡그릴 뿐이다. 하지만 다행스럽게도 그런 재료에 관심을 가지는 화학자들과 재료 과학자들은 충분히 있다. 그들은 물질의 내적 가치(역학적 · 전기적 · 자기적 · 화학적 · 열역학적 특성들 따위)에 매달린다. 예컨대 왜 금속이 전류를 통과시키고 도기(陶器)는 안 그러는지, 또는 왜 합성수지는 그렇게 잘 휘는지를 궁금해하는 것이다. 그리하여 그런 현상들의 원인은 지금 이미 잘 밝혀져 있다. 그러나 밝혀진 모든 문제와 더불어 새로운 문제가 생겨났다. 예컨대 '비닐 쇼핑백은 그 안에 물품이 잔뜩 담겨도 왜 찢어지지 않는가?' '도자기 항아리는 땅바닥에 쨍강 하면서 떨어져도 왜 산산조각이 나지 않는가?' '스테인리스 스틸은 왜 녹슬지 않는가?' '왜 안경알은 햇빛을 받으면 저절로 색깔이 짙어지는가?' 등이다. 우리는 그런 발명품들을 여러 해 전부터 이용하지만, 그것들이 어떻게 해서 그런 기능을 하는지에 대해서는 단 1초도 생각해 보지 않고 당연한 것으로 받아들인다. 재료학에 관한 한 우리는 수많은 분야에서 아직까지도 초보 단계에 있다.

우연의 원리로부터 재료과학으로

19세기까지만 해도 세련된 재료공학 기술은 실현할 수가 없었다. 몇 천 년이 지나도록 인간은 자신의 생활환경에서 얻는 것들만 어떤 방식으로든 이용하면서 살아왔다. 새로운 작업 재료가 투입되는 일은 문명 발전에서 매우 중요한 계기가 되었으며, 그럴 경우 시대 전체의 이름이 그 재료에 따라 정해졌다. 예컨대 석기 시대에는 원시인이 돌을 건축재 · 연장 · 무기로 이용하기 시작하였다. 그러다가 최초의 인간 거주지들이 생겨나면서부터 재료를 이용할 줄 아는 것이 급속히 중요해져 갔다. 그리하여 돌과 목재로 오두막집을 세웠으며, 식물 섬유로는 의상과 그릇도 만들었다. 그리고 그 외에도 진흙 · 뼈 · 동물 가죽이 사용되었다.

언젠가부터 우리 조상들은 자연의 천연 재료들을 의도적으로 변화시켜서 더욱 다양하게 사용할 수 있다는 것을 알게 되었다. 그런 목적 지향적 행동을 하게 된 발단은 한 덩어리의 진흙이었을 것이다. 추측 건대 그것은 부족 간의 다툼이 있을 때 어느 진영의 모닥불에 떨어졌다. 그리하여 밤새 단단한 덩어리가 되었다. 처음에는 물렁물렁하기만 한 천연 재료인 진흙이 옹기가 될 수 있음을 그들은 우연히 알게 되었을 것이다. 그들은 흙을 불에 단단히 구워서 물이 새지 않는 그릇을 만들었고, 게다가 그 과정에서 마무리 작업을 하는 데 석탄 불이 좋다는 것도 알게 되었다. 기원전 6000년경에 발견된 그런 초창기 도자기의 생산 방식은 오늘날 공업 재료 테크닉의 효시로 통하고 있다.

그로부터 대략 3,000년 후에 청동기 시대가 왔다. 청동은 문명의 역사에서 아주 중요한 제2기의 재료 그룹을 형성하는 금속이다. 그리고 철광석 융해와 가공의 기원은 터키 아나톨리아 · 시리아 북부 · 이란 일부 지방이었던 것으로 추측된다. 당시 청동은 그릇 · 무기 · 장신구를 만드는 데 쓰였으며, 기본 재료는 구리와 아연이었다. 한편 사람들은 그처럼 청동을 합금하는 체험에서 자극을 받아 도자기 제품도 더 개발하려고 하였다. 그리고 그 다음 기원전 1500년경의 철기 시대부터는 철이 중요한 의미를 얻었다.

한편 기원전 2000년경부터 인간은 유리를 제조하는 기술도 확보하고 있었던 것으로 보인다. 유리 융해 기원은 아마 오늘날의 레바논 지역에 살았던 페니키아인 · 이집트인 · 티그리스와 유프라테스 강 사이의 이른바 '이강국(二江國)Zweistromland' 사람, 즉 오늘날의 이라크인이었다. 언젠가 한 번 습기 찬 진흙 그릇의 표면이 우연히 모래 · 탄산나트륨(소다)의 혼합물과 접촉했다는 사실이 거기서부터 전해 내려온다. 그리하여 진흙 제품을 구울 때 매끄러운 부분이 생겨났는데, 그런 윤기는 오늘날 유리의 전신(前身)으로 통한다.

요컨대 지각 속에 숨겨진 자원들은 예부터 생활 도구가 발전하는

데 필요한 기본 재료였다. 각 단계는 좀 더 복잡한 처리 과정과 결부되어 있었기 때문에, 구리에서 시작해서 청동을 거쳐 쇠와 철강에 이르는 금속 가공법은 모든 문화에서 동일하게 밟았던 수순임을 우리는 쉽게 상상할 수 있다. 그래서 서로 떨어져 있는데도 중동 · 중국 · 지중해에서는 동일한 세계상이 생겨났다. 다만 그 발전 단계들의 시작 시기가 다소 다를 뿐이었다.

금속 및 세라믹 재료 그리고 유리를 가공하는 기술은 몇 세기가 흐르는 동안 계속 개선되었고 마침내 공업화되었다. 그러나 재료들의 기본 구성은 그리스 · 로마 고대 말기부터 20세기 초까지 거의 변하지 않았다. 몇 백 년 동안 새로운 재료가 거의 개발되지 않았던 것이다. 그 이유는 특정 재료의 특성과 그 분자 구조 사이의 연관성을 깊이 파악할 수 없었던 데 있다. 그러나 20세기가 시작되면서부터 재료과학의 새로운 길이 개척되었다. 아주 새로운 합성 재료들을 제작해 냈는데, 그 전제가 된 것은 기초 학문인 자연과학, 특히 화학의 발전이었다. 직관에 따라서만 작업하던 주물공 · 대장장이 · 옹기장이들의 수공업은 화학의 발전에 힘입어 19세기 중엽부터 정밀한 재료과학과 서서히 그러나 확실히 하나로 연결되었다. 예컨대 왜 서로 다른 진흙 종류가 모이면 각종 특성의 세라믹이 생겨나는지를 설명할 수 있게 되었다. 그리고 재료들의 섬유 구조와 화학 성분도 아주 정확하게 연구되었다. 이리하여 재료들의 특성을 우리가 원하는 대로 변화시킬 수 있는 초석이 놓이게 되었다.

20세기 중반에는 드디어 합성 물질 생산이 고공비행을 시작했다. 새로운 합성 소재가 석유를 기본 원료로 해서 제조되었다. 그리고 거의 모든 생활 영역에서 쓰일 수 있게 가공되기 시작했다. 또한 합성 소재 외에도 다른 하나의 위대한 재료가 엄청난 파급 효과를 몰고 올 것임을 예고했다.

150년 전까지만 해도 녹스는 쇠를 몇 미터 길이로 늘이는 것은 기술이 엄청난 발전을 거듭한 결과로 통했다. 그러나 오늘날은 철강이나 세라믹의 표면을 가공해, 전에 없던 놀라운 새 특성을 갖추도록 만들어낸다. 역사적으로 볼 때 과거 몇 십 년 동안 재료과학이 엄청난 비약을 거듭한 것이다. 재료를 개발하고 이용하는 순서 또한 달라졌다. 전에 사람들은 새로운 재료를 개발하고 그 다음에야 비로소 그것을 어디에, 그리고 어떤 용도로 사용할 것인지를 생각했다. 그러나 오늘날은 특정 목적을 위해 어떤 재료가 필요한지 미리 염두에 두고 그것을 실험실에서 합성해 낸다. 그 한 예가 바로 자동차 산업이다. 예컨대 자동차 문이나 범퍼를 생산하려면, 거기에 가장 적합한 재료로 현재 무엇이 확보되어 있는지부터 생각한다. 그런 식으로 해서 저기에서 철판을 가지고 오며, 또 다른 곳에서는 플라스틱을 가져오는 것이다. 게다가 오늘날에는 자동차 디자이너가 요구하는 리스트가 있다. 그것은 예컨대 자동차 문의 창 유리를 대체할 재료나 충격 완화 액체를 창조하기 위한 출발점이 된다. 물론 재료 과학자들은 기존의 재료들도 계속 활용한다. 필요하다면 그것들을 토막 내어 한 조각씩 다시 연결하기도 한다. 그리하여 지난 몇 년 동안 완전히 새로운 종류의 재료군(群)들이 생겨났다. 오늘날 환경 온도의 변화나 특정한 시그널에 따라 정확히 그 특성이 변화하는 '지능형 재료Smart materials'란 말이 생겨나고 있는 것도 그리 놀랍지 않을 정도이다.

결정 유리

유리Glas는 투명해서 속이 훤하게 들여다보이므로 유리라고 불린다 (독일어 Glas는 원래 '호박(琥珀)처럼 밝게 빛나는'이란 어원을 가짐—옮긴이). 금속들 내부에 보존되어 있는 것은 숨겨진 채로 있지만, 유리 속에서는 모든 액체, 모든 사물이 그 속에 있는 모습 그대로 바깥에서도 보인다. 따라서 그것은 안에 갇혀 있으면서도 현시되어 있다.

중세 초기에 마인츠의 베네딕트 수도원 주교인 마우루스Hrabanus Maurus(약 780~856)는 유리의 특수한 성질을 위와 같이 철학적으로 표현했다. 오늘날 일상생활에서 창 유리와 음료수 병 따위의 형태로 늘 보는 유리 재료의 내부 구조를 우리는 당시보다는 훨씬 더 정확히 기술할 수 있다. 무미건조한 말로 표현하자면, 유리는 '유리 상태'로 존재하는 수많은 각종 혼합물 소재의 총칭이다. 그것들의 특징은 융해물이 급속히 냉각될 때 생긴다는 것이다. 여기서 중요한 것은 냉각 속도이다. 왜냐하면 일반적으로 재료들에서는 융해 온도에 미달하면 결정이 생기기 때문이다. 이때 원자 차원에서 완전한 결정 시스템이 생긴다. 그러나 저절로 냉각될 때는 이렇게 되지 않을 수 있다. 융해의 조직이 굳어져서 이른바 동결 상태가 되기 때문이다. 그러므로 유리 소재의 구조는 액체와 아주 유사하다. 우리가 중고품 유리들을 들여다보면 그 점을 어렴풋하게나마 느낄 수 있다. 그 유리들에는 파도처럼 굴곡이 있다. 또한 대부분 아래가 위보다 두껍고, 건축 자재상에서 볼 수 있는 이중 유리 신제품보다는 천천히 녹아내리는 얼음 덩어리를 연상시킨다.

드물긴 하지만, 자연에서는 직접적 유리 형태의 소재가 산출되는 경우가 있다. 예컨대 화산 용암에서 생겨난 흑요암(규산을 많이 함유한 장석)이 가끔씩 '유리'라고 불린다. 그리고 지리학적으로 오래된 광물인 역청암Pechstein은 보석으로도 쓰인다. 한편 커다란 유성이 지구에 충돌할 때 그 파편이 융해된 상태로 대기 중에 흩어질 수 있는데, 이 경우에 그 파편은 유리 병처럼 푸르스름한 색 또는 흑갈색 덩어리로 굳어질 수 있다. 이른바 텍타이트Tektite가 생겨나는 것이다.

그리고 번개가 모래에 치면, 석영이 유리 상태의 번개 관(管), 이른바 섬전암(閃電巖)Fulgurite으로 변한다.

따라서 유리가 될 수 있는 능력은 각종 화학적 소재들에 잠재해 있다. 그 소재는 주로 규소(Si), 붕소(B), 게르마늄(Ge), 인(P), 비소(As)의 산소 결합물(산화물)이다. 그리고 가장 중요한 유리 형성 재료는 단순한 석영 모래, 즉 이산화규소(SiO_2)이다. 사실상 바닷가 모래가 전부 그것이다. 유리를 제작하려면 우선 그것을 곱게 가루로 갈아서 섭씨 1,000도 이상의 고온으로 융해한다. 거기에 적당량의 첨가 재료들을 섞으면 원하는 종류의 유리를 얻을 수 있다. 현대식으로 유리를 제작하려면 지구상에 존재하는 대략 50종의 화학 원소를 첨가해야 한다. 광학용으로 쓰이는 유리를 만들려면 20종의 원소가 필요하다. 하지만 원칙적으로는 8종이면 충분하다.

유리 제작 기술은 몇 백 년 동안 거의 변하지 않다가 19세기 중엽부터 체계적으로 발전했다. 사람들은 특정한 광학적 성질을 가진 유리 종류를 연구했는데, 그 성질이 없었더라면 자연과학의 많은 분야들 역시 발전하지 못했을 것이다. 선구적 역할을 한 것은 개량 렌즈 시스템의 발전으로, 그 시스템 덕분에 천체 연구에 유용한 망원경이나 생물학 및 의학용 현미경도 존재하게 되었다. 그러나 거기까지 이르는 길은 아주 멀었다. 물방울이 확대경 역할을 한다는 것은 고대 그리스 때부터 알려져 있었다. 그러나 17세기 초에야 사람들은 유리 렌즈를 가지고 집중적으로 실험를 하기 시작했다. 천문학자들은 여러 렌즈를 일렬로 배열해서 확대 효과를 높이려 했으며 현미경 제작자들도 그들을 흉내냈다. 그러나 구식 렌즈들의 질은 아주 궁색했다. 그 표면은 거칠었고 내부에는 기포가 있었다. 그것들을 연결한 렌즈 시스템으로는 물체들의 미세한 부분들을 단지 추정할 수 있을 뿐이었다.

거기서 중요한 진전을 이루어낸 사람은 네덜란드의 상인 레벤후크였다. 그는 기포가 없는 단 한 개의 유리 덩어리로 실 핀 머리 크기의 렌즈들을 제작하는 데 성공했다. 그는 그 덩어리를 문지르고 몇 시간 씩 광을 냈다. 그리하여 그는 현미경 아래에서 배율이 200배까지 되는 상(像)들을 얻을 수 있었던 것이다. 그러나 19세기 초까지 모든 광학 기기에는 단점이 있었다. 그 단점이란 흰색이 무지개 색들로 산란되는 것이다. 그러므로 관찰할 소형 물체들은 총천연색 고리들로 에 워싸여 있어서 잘 식별되지가 않았다. 그 결함을 제거한 이른바 '색수차(色收差) 없는 현미경'은 1820년경에야 비로소 제작되었다. 그리고 그 현미경은 세포 및 미생물 연구에서 중심적인 도구가 되었다.

그 후 광학 분야에서 중요한 역할을 한 것은 의학자 피르호를 중심으로 하는 베를린의 연구 단체였다. 오늘날 피르호는 현대 의학의 창시자로 통하는 인물이다. 그는 현미경으로 특히 질병 때문에 변형된 세포들을 관찰하곤 했는데, 현미경 때문에 종종 난관에 봉착하였다. 그래서 그는 유리 제조의 선구자인 바이마르의 광학자 차이스Carl Zeiss(1816~1888), 에제나흐의 물리학자 아베Ernst Abbe(1840~1905), 비텐의 화학자 쇼트Friedrich Otto Schott(1851~1935)를 계속 만나서, 자신이 연구할 때 마주치게 되는 광학적 한계들을 설명했다. 결국 이들은 여기에서 자극을 받아 독일 동부에 현대식 유리 공장을 세우게 된다. 차이스는 1846년에 예나에 정밀 기계 및 광학 기구 제작 공장을 세우고(나중에 여기서 차이스 제품들이 제조되었다), 그 과학적 기초에 입각해서 현미경을 생산하기 위해 중요한 과학자 아베를 고용했다. 1872년에 그들은 최초로 과학적 토대 위에서 설계된 렌즈를 생산했다. 이 제품은 곧 세계적으로 유명해졌다. 또한 쇼트는 마침내 1884년에 아베, 차이스 그리고 차이스의 아들과 함께 예나 유리 공장 쇼트를 창립하여 대략 200종의 공업용 유리를 개발하였다. 이것은 과학 연구가 주요 경제 분야에 초석을 놓을 수 있다는 것을 보여주는 좋은 역사적 예이다.

한편 도살된 육류 안에서 선충(線蟲)Trichinella spiralis을 현미경으로 볼 수 있게 되자, 사람들이 날고기를 먹어서 걸릴 수 있는 치명적 질병인 선모충병Trichinose을 예방할 수 있게 되었다. 이 책을 읽는 독일 독자들 중에는 아직도 '관청의 선충 검사관들'에 대한 기억을 가지고 있는 사람이 있을 것이다. 당시에는 가축들을 집에서 도살하는 일이 흔했는데, 그들은 현미경을 가지고 찾아와서 선충 없는 고기에 "선충 없음"이라는 도장을 찍고는 그 대신 소주 한 잔을 받아 마셨다.

오늘날 현대적 유리들은 다양하게 사용된다. 안경알처럼 전통적으로 사용되는 것들도 계속해서 품질이 개선된다. 예컨대 얼마 전부터 근시 및 원시용 안경알들은 열팽창 계수가 완전히 동일한 두 개의 원석을 접착시켜서 만든다. 그리고 신종 유리는 유리판의 여러 부분들에서 상이한 굴절률을 조정하여 각종 약시를 동시에 교정할 수 있게 한다. 게다가 이미 오래전부터 아주 높은 굴절률, 미세한 곡률 그리고 최소한의 반영 오류만을 지니는 유리 종류들이 나왔다. 따라서 몇 밀리미터 두께의 '철판 유리알'이 끼어 있는 악명 높은 원시경(돋보기안경)은 이제 옛날 영화나 코미디 프로그램 정도에서만 볼 수 있게 되었다.

점토로 만든 세라믹

세라믹 개념은 모든 도기 소재를 포괄한다. 그 범위는 명성 높은 '마이스너 도자기Meißner Porzellan'부터 크루프Krupp 사의 강철만큼 강도가 높은 고성능 세라믹에까지 이른다. 세라믹은 자동차 산업에서는 점화 플러그 절연재·배기관 부품·경량 엔진 밸브 등에 이용된다. 세라믹은 그 외에도 붉은 벽돌·지붕·타일·그릇·화장실 세

면기 · 인공 골반 관절 · 인공 치아 · 회전 숫돌 · 베어링 집 · 버너 노즐 등으로도 쓰인다. 응용되는 곳은 그처럼 다양하지만, 세라믹이 무엇인지는 한마디로 말할 수 있다. 'Kéramos'가 토기 제작용 흙을 뜻하는 그리스어라는 데서 알 수 있듯이, 세라믹은 주로 점토로 만든 토기 제품을 통틀어 일컫는 말이다. 세라믹은 화학적으로는 비유기성이고, 비금속성이며, 최소한 30퍼센트는 결정질(結晶質)로 되어 있다 (재료공학적으로 이 함량은 세라믹이 유리와 구분되는 경계선이다). 세라믹은 자연의 흙을 물과 섞은 뒤, 형태를 빚어 불에 구우면 만들어진다. 그것이 전부다.

그래서 세라믹은 당연히 인류의 가장 오래된 문화재들 중 하나이다. 눈으로 뒤덮인 그린란드의 이누이트족처럼 극소수의 문화권 사람들만이 세라믹을 알지 못했다. 그러다가 식민 열강들과 접촉하면서부터 알게 되었다. 그렇게 초기에 토기 제작 기술이 널리 퍼진 이유 중 하나는 전 세계 거의 모든 곳의 토지에 점토가 있다는 데 있었다. 장석(長石)을 함유한 암석들이 몇 백만 년 동안 화학적 · 물리학적으로 계속 침식됨으로써 점토가 축적되어 있었던 것이다. 특히 화강암과 편마암에는 장석이 많이 함유되어 있다.

오늘날 이용되는 점토들은 신(新)제3기층에서 몇 백만 년 전에 생성되었다. 그런데 침식 작용이 일어난 바로 그 장소에서 그대로 출토되는 점토들이 최고의 원료로 대접받는다. 그런 장소에서는 고령토 Kaolin라고 하는 순수한 백색 점토를 얻을 수 있으며, 그것은 최상급 도자기로 가공된다.

오늘날 세라믹의 기본 재료는 인류가 최초로 토기를 만들 때의 그것 그대로이다. 물론 제조 공법은 더 세련되었고, 과거에는 점토를 힘들게 손으로 반죽하고 빚어서 불에 구웠으나 이제는 기계가 그 일을 모두 다 한다. 또한 그 재료의 특성을 개선하기 위해 재료과학자들은 새로운 원료 혼합 실험을 한다. 그래서 오늘날에는 휘어지는 세기와 굳기가 극도로 높아져 있다. 그 한 가지 예가 이른바 세라믹 강철이다. 거기에는 무엇보다도 이산화지르코늄(ZrO_2)이 첨가되어 있다.

철로 만든 강철

금속은 이미 원시 시대부터 인류의 발전과 늘 함께해 왔다. 금속에 속하는 것으로는 철·구리·알루미늄 따위의 원소가 있다. 그것들을 용광로에서 혼합하면 합금이 생겨난다. 가장 유명한 것은 놋쇠·청동·강철이다. 강철은 오늘날 고층 빌딩부터 수술 도구까지 거의 모든 것의 재료로 쓰이는 가장 중요한 금속 재료이다. 전 세계에서 1년 동안 생산되는 강철의 양은 대략 7억 톤인데, 이는 나머지 공업 재료들 모두의 연간 생산량을 합친 것보다 많은 것이다. 서독에서만도 연간 생산량은 1960년부터 거의 변함없이 4,000만 톤에 이른다. 또한 2000년대가 시작될 때 전 세계 시장에는 2,000여 종의 강철들이 판매되고 있었는데, 그중 절반은 개발된 지 채 5년도 안 된 것들이었다. 금속 및 강철 연구가 얼마나 역동적으로 진행되고 있는지를 알 수 있는 대목이다.

이러한 발전을 이끈 것은 중세 초기인 10~13세기의 수공업 시스템에서 핵심적 요소가 된 철 생산이었다. 15세기 전반부에는 대장간에서 말굽에 박을 징 정도나 만들던 수준에서 벗어나 점차 공장의 용광로에서 생산하는 방식이 나타났다. 그리고 마침내 19세기에는 공업용 강철을 생산하기 시작하였다. 용광로에 불을 지피던 연료가 목재에서 코크스로 대체되었고 증기 기관이 원료를 가공하는 데 투입될 수 있었기 때문에 가능한 일이었다. 한편 영국의 기계 제작 기술자인 헌츠먼Benjamin Huntsman(1704~1776)은 1742년에 최초로 액체 강철을 제조하는 데 성공하였다. 그 후 에센Essen 출신의 프리드리히 크루프Friedrich Krupp(1787~1826)와 그의 아들 알프레트Alfred (1812~1887)는 본격적으로 강철 생산에 돌입하여 그 분야의 선구자들이 되었다.

강철은 그 시대 이후 가장 중요한 물질 재료 가운데 하나가 되었다. 독일어로 강철은 "Stahl"이라고 하는데, 그 말은 '단단하다'는 뜻의 고고(古高) 독일어 "stahal"에서 유래하였다. 대부분의 금속 재료와 마찬가지로 강철은 철(Fe)에 기반을 두고 있다. 그러나 그 원료가 강철 제품으로 완성되어 나오려면 복잡한 중간 과정을 많이 거쳐야 한다. 순수한 철은 매우 연해서 손톱으로 흠집을 낼 수 있을 정도이다. 반면에 강철은 세상에서 가장 강한 재료들 중 하나이다. 변하는 과정은 철을 채취하는 때부터 시작된다. 철은 자연에서 순수한 상태로 존재하지 않기 때문이다. 철은 대개 30~60퍼센트 함량의 철광석 형태로 출토된다. 철광석은 철이 산소나 황 따위와 결합되어 있는 암석이다. 채광으로 얻은 광석을 정련하려면 고로(高爐)에 넣기 전에 우선 세척을 해야 한다. 그리고 고로에 넣기 적당한 크기로 뭉쳐서 소결(燒結) 덩어리로 만들어야 한다. 그 다음에 그것을 고로에 넣어 융해시켜서 산소를 제거해야 한다. 그렇게 해서 원철이 생산되면 이것을 강철 공장으로 보낸다. 여기서는 슬래그 탄소량을 정확히 조절한다. 그것이 강철 제품의 특성을 결정하는 바로미터가 되기 때문이다. 슬래그 탄소량이 2.06퍼센트를 넘으면 주철이 생겨난다. 그 이하이면 우리는 그 제품을 강철이라고 부른다. 주철은 단단하지만 부서지기 쉬우므로 그 용도가 제한적이다.

강철 공장에서는 원철의 바람직하지 못한 원소들을 제거하고 다른 원소들을 혼합한다. 그렇게 함으로써 용해액이 냉각될 때 생겨나는 강철 합금 결정 조직의 형성을 정확히 제어할 수 있다. 예컨대 스테인리스 스틸을 생산하려면 그 용해액에 크롬과 니켈을 추가한다. 그 외에도 현대적 강철 공장들은 정교하게 계산된 시간과 온도의 다이어그램에 따라 작업한다. 다시 말해서 냉각될 때 그 용해액은 탄소 함량에 따라서 서로 다른 단계들을 거친다는 것을 사람들은 알고 있다. 또한 이 단계들은 어떤 결정 구조 · 화학적 성분 · 특성을 가진 강철을 만드느냐에 따라 다시 전형화되어 있다. 여러 구조들의 원자적 차원에서의 변화는 냉각 속도에 따라서 약화되거나 강화되기 때문이다.

오늘날 형상 기억 합금은 강철들 중에서 지능이 가장 높은 것으로 인정받는다. 그 특성은 1950년에 구리 합금에서 발견되었다. 이 구리 합금은 열을 가하거나 냉각하는 데에 따라 정확히 형태가 변화했다. 오늘날 사람들은 그것을 가지고 제도판에서 미래의 온갖 테크놀로지를 설계할 수 있다. 누구든지 물리학의 가장 흥미로운 단원에서, 거대한 다리들이 폭풍에 흔들리다가 고유의 진동수에 도달하는 순간 무너져 내리는 비디오 장면을 본 기억이 있을 것이다. 이 효과가 오늘날까지 손쉽게 이해될 수 없다는 것은 런던의 밀레니엄 브리지가 잘 보여주었다. 그 다리는 준공식까지 화려하게 마친 뒤 바로 2년여 동안 폐쇄되어야 했다. 왜냐하면 보행자들이 구름같이 몰려들어서 심각하게 흔들렸기 때문이다. 그리하여 엔지니어들은 다리 제작에 사용된 자재들에 걸리는 하중은 심하게 변동할 수 있으므로 그것들에 형상 기억 합금을 조합하자는 아이디어를 내게 되었다. 그렇게 하면 고유의 진동수에 도달될 때 다리의 자재들이 위험 상황을 스스로 인식하고 그 요동 상태를 잠정적으로 변화시키기 위해 스스로 가열되거나 냉각되는 메커니즘이 발동할 수 있을 것이다.

석유로 만든 플라스틱

합성 재료들 중에서는 우리가 일반적으로 플라스틱이라고 부르는 것이 최고 걸작이다. 합성 재료 하면 얼른 떠오르는 것은 요구르트병·랩·장난감·고무이다. 좀 더 생각해 보면 비행기 창 유리로 쓰이는 플렉시글라스Plexiglas와 나일론도 떠오른다. 그러나 합성 재료들이 몇 백 종 있다는 것은 사람들이 잘 모르고 있다. 그 종류가 얼마나 다양한지는 각종 제품들에 인쇄된 재활용 가능 표시, 즉 삼각형 표시를 보면 알 수 있을 것이다. 약간 운이 좋으면 그 옆에 써 있는 PVC라는 약자를 발견할 수도 있다. 누구든지 합성 재료를 알고는 있다. 하지만 그 배후에 무엇이 숨겨져 있는지는 정확히 모르고 있다.

시중에서 거래되는 많은 합성 재료들은 오늘날 인공적으로 생산된다. 물론 그중에는 (고무·수지(樹脂)·뿔·전분 같은) 일련의 자연 재료들도 있다. 이 모든 것들의 상위 개념은 바로 중합체(重合體)Polymere이다. 중합체들은 화학적 구조가 서로 아주 유사하다. 그것들은 원래 유기물에서 생겼으며, 비교적 구조가 간단한 탄소 결합체들로 이루어졌다.

대개 이것들은 석유와 천연가스 같은 화석 연료에서 유래한 것이다. 어찌 되었든 간에 전 세계에서 생산되는 석유의 대략 4퍼센트, 그리고 독일에서 가공되는 석유의 8퍼센트가 합성 재료를 생산하는 데 사용된다. 그러나 탄소를 함유하는 모든 물질은 합성 재료를 생산하는 데 이용될 수 있다. 따라서 설탕을 제조할 때 부산물로 생기는 당밀처럼 계속 자라나는 재료도 그 원료가 될 수 있다. 물론 인공 중합체는 자연 중합체와 엄연히 다르다. 예컨대 1회용 플라스틱 컵은 지각(地殼)에서 자라지 않고 자연 산물의 화학적 변화나 합성을 통해 생긴다.

그런 합성 공정은 오늘날 대규모 화학 산업 분야가 맡고 있다. 합성 재료 공장에서는 원료를 가공해서 그 용해 과정 동안 화학적 변화를 일으키게 한다. 그리하여 균질의 단순 탄소 화합물(이른바 단량체)들을 긴 연쇄(이른바 고분자)로 결합한다. 이 분자 연쇄는 서로 직조될 수 있다. 물론 원자들은 서로 이어진 결정격자를 형성하지 않는다. 많은 합성 재료에는 그것이 전혀 없다. 바로 그 때문에 플라스틱으로서 좋은 특성을 갖는 것이다. 고성능 현미경으로 보면 플라스틱 하나에 이 분자 연쇄의 요소들이 계속 반복되는 것을 볼 수 있다.

"Poly"은 '많다'는 것을 의미하며 "Meros"는 '부분'을 의미한다. 따라서 중합체Polymer 하나는 부분들의 연결체이다. 이 단순한 논리에서 여러 합성 재료의 복잡한 이름들이 생겨난다. 예컨대 비닐 봉지와 랩을 생산하는 폴리에틸렌은 다수의 에틸렌 파편들로 이루어져 있으며, 플라스틱 파이프와 가정 용품의 재료가 되는 폴리프로필렌은 다수의 프로필렌 파편으로, 그리고 창틀과 바닥재를 제작하는 재료로 출발한 그 유명한 PVC(Polyvinylchlorid)는 다수의 염화 비닐 파편으로 구성되어 있다.

그런 고분자의 구조와 망 구조는 모든 합성 재료의 전형적인 특징으로서, 그 재료의 특성을 결정짓는다. 적절한 기본 재료 및 추가 물질을 정확하게 선별하고 혼합하면 그 특성을 정확히 조정할 수 있다는 말이다. 따라서 합성 재료는 극도로 탄력적인 재료이다. 그것은 기계 부품으로 쓰이는 각진 경질 플라스틱에서부터 숨결처럼 얇은 음식 포장용 랩에 이르는 거의 모든 특성을 가질 수 있다. 랩은 정확한 분량의 특정 가스만을 통과시킴으로써 음식의 보존 기간을 50퍼센트까지 향상시킬 수 있다. 합성 재료는 성형 가공하기도 쉽고 아주 가볍다. 그러므로 그것은 자동차 제작에서 매우 선호된다. 오늘날 중형 승용차를 조립하는 데에는 대략 140킬로그램의 합성 재료 부품들이 사용된다. 그것은 금속이나 세라믹 재료 250킬로그램을 대신한다. 게다가 합성 재료는 전류 및 열을 아주 잘 차단한다. 몇 센티미터 두께의 스티로폼 단열층은 일반 가정의 난방비를 절반까지 줄일 수 있다.

이 놀라운 특성을 염두에 둘 때, 합성 재료로 만든 제품들이 20세기

초반부터 지속적으로 증가했다는 사실은 별로 놀랍지 않다. 현재 전 세계적으로 생산되는 양은 대략 1억 5,000만 톤이다. 그리고 현재 우리는 몇 천 가지 상표로 거래되는 200여 종의 합성 재료를 알고 있다.

19세기에 플라스틱은 공업 발전 및 탄소 화합물을 연구하는 '유기 화학'의 발전과 더불어 승리의 행진을 시작했다. 처음에는 이미 알고 있는 자연 중합체를 변형시켜서 그 사용 가능성을 개선해 보려는 의도에서 연구가 이루어졌다. 유기물에서 나오는 최고의 자연 물질인 아스팔트인데, 화학적 변환을 통해 변화시키려고 시도했던 것이다. 그런데 그 과정에서 우연이 중요한 역할을 해냈다. 상당수의 중간 단계에서 나타나는 합성 물질들 상당수가 무계획적 실험에서 생겨났던 것이다.

중합체의 진정한 원조는 니스용 수지(樹脂)Schellack로 만든 음반이다. 그것들은 오늘날 골동품 대우를 받는다. 수집가 중에서 자신의 애장품들이 무엇보다도 계란과 중고 종이로 만들어졌다는 사실을 아는 사람은 드물다. 한편 동인도에 사는 특수한 동물(Coccus lacca)의 몸에서 배출되는 송진 같은 물질은 붉은색의 기본 재료로 사용되었다.

그리고 가장 중요한 반(半)합성 중합체들 중 하나는 고무이다. 이 재료로 미국의 화학자 굿이어Charles Goodyear(1800~1860)는 이름을 날리고 거대한 타이어 제국을 건설했다. 1839년에 그는 고무나무의 수지에 황을 배합해서 고압으로 가열하면 흑색 고무 덩어리를 얻을 수 있다는 것을 발견했다. 그는 이 과정을 경화(硬化)라고 불렀다.

그 다음으로 중요한 반(半)자연산 합성 재료는 셀룰로이드이다. 그것은 투명하고 질기며 쉽게 녹고 각종 형태를 빚기에 좋은 합성 재료로서, 그 원재료는 목질 셀룰로오스다. 셀룰로이드를 발견하게 된 사연은 마치 전설 같다. 셀룰로이드는 어떤 현상 모집에서 발견되었다. 그 내용은 당구 공 제조에 필요한 값비싼 상아를 대체할 신

소재를 찾는 것이었다. 화학자 하이엇John Wesley Hyatt(1837~ 1920)은 작업에 착수했다. 그리하여 니트로셀룰로오스와 장뇌를 고압 솥에서 가열해 셀룰로이드를 얻었다. 1870년 그는 제조 방법에 대한 특허권을 얻었고, 이 무색 합성 재료는 짧은 시일 내에 세계적으로 유명해졌다. 결국 그는 돈 벼락을 맞게 되었다. 셀룰로이드는 염색이 매우 잘 되었으며 심지어 뜨거운 물 속에서도 변형될 수 있었다. 이스트먼George Eastman(1854~1932)은 얼마 후에 그것으로 질긴 사진 종이를 발명했다. 그는 코닥 사진기를 개발했고, 역시 대기업 회장이 되었다.

화학이 발전함에 따라 인공(완전 합성) 중합체도 생산할 수 있게 되었다. 그리하여 공업계의 점점 더 새로워지는 요구들에 발맞추어 마치 즉시 주문 제작한 듯이 꼭 맞는 재료들을 공급할 수 있었다. 페놀 수지 종류인 페놀플라스트Phenolplast는 최초의 완전 합성 재료로서, 베이클라이트Bakelite라는 이름의 생산 제품으로 20세기 초부터 널리 유포되었다. 탁월한 절연 능력 덕분에 그것은 전자 산업이 호황이었던 1920~1930년대에 날개 돋친 듯 팔렸다. 페놀플라스트를 가지고 스위치·램프·전화·그 밖의 각종 생활 기기들이 대량으로 제작되었다. 이 재료의 큰 장점은 그 기본 물질인 페놀과 포름알데히드가 대량으로 확보될 수 있다는 것이었다.

완전 합성 중합체가 그렇게 제대로 생산되려면, 먼저 중합체의 내부 구조를 분석할 수 있어야 했다. 거기서 중요한 몫을 한 사람은 독일 화학자 슈타우딩거Hermann Staudinger(1881~1965)였다. 그는 실험실에서 분자 섬유를 만드는 일을 했는데, 이때 동료 화학자 케쿨레Friedrich August Kekulé(1829~1896)의 발견에서 큰 도움을 받았다. 케쿨레는 이미 1858년에[스코틀랜드의 화학자 쿠퍼Archibald Scott Couper(1831~1892)와 거의 동일한 시기에] 유기 분자를 이해할 수 있는 전제들을 확정했다. 그는 탄소 원자가 다른 원자들 4개까지와 화학 결합할 수 있다는 것을 알았으며 탄소 화합물의 연쇄형을 제시하였던 것이다. 이러한 성과를 바탕으로 슈타우딩거는 작은 분자들이 실제로 사슬 형태의 고분자로 결합할 수 있다는 것을 증명했다. 그리하여 교는 합성재료화학의 이론적 기초를 놓았다. 그리고 1922년에는 고분자 결합물을 '고분자Makromoleküle'로 부르자고 제안했다. 물론 그의 연구 성과는 1935년에야 인정받게 되었다. 그리고 18년의 세월이 다시 흐르고 난 뒤인 1953년에 그는 노벨상을 받았다. 하지만 그와 동료 연구자들의 연구 성과에 힘입어 몇몇 합성 재료의 제작 공정은 1920~1930년대부터 개발되었다. 폴리염화 비닐(PVC)은 폴리에틸렌(PE), 폴리스티렌(PS), 폴리프로필렌(PP)과 더불어 그 실험실에서 고안된 가장 유명한 중합체일 것이다.

3부 우주의 생명체

우주의 생명체 Leben im Universum

우리 삶의 공간인 지구를 좀 더 잘 이해하고 싶다면 우주 공
간으로 눈을 돌려야 한다. 무엇보다도 거기에서는 빛이
온다. 우주론자들에게는 이 빛이 다양한 정보들의 근원이다. 그 빛의
도움으로 우주론자들은 19세기와 20세기에 우주의 크고 작은 질서를
알아냈다. 그리고 우주가 어떻게 성립되었는가를 놀라울 만큼 자세하
게 그려낼 수 있었다.

그 빛은 우주의 먼 곳에서 오는 것이기도 하지만, 시간의 심연에서
오는 것이기도 하다. 빛이 태양에서 지구까지 오는 데는 8분이 걸린
다. 따라서 우리는 태양이 8분 전에 내보낸 빛을 지금 보고 있는 것이
다. 그리고 우리의 이웃 은하계 중 하나인 안드로메다 성운은 지구에
서 200만 광년 떨어져 있다. 그러니까 우리가 지금 보고 있는 안드로
메다 성운은 200만 년 전의 것이다.

물리학자 카쿠Michio Kaku는 이렇게 이야기한다.

우리는 보잘것없는 은하수의 보잘것없는 항성의 세 번째 행성에 사는
지능이 있는 유인원 종류일 뿐이다. 그런 우리가 과연 우주 역사가 성립
하던 순간, 다시 말해 우리 태양계가 여태껏 체험한 모든 것의 온도와 압
력을 능가하던 그 순간까지를 되짚어 볼 수 있을까? 그런 기대는 거의 생
각조차 할 수 없어 보인다.

그러나 그 다음 문장에서 그는 그럼에도 그 기대는 실현될 것이라고 생각한다.

여기서 결론은 확실히 내려지지 않았다. 그렇지만 오늘날 우주에 대한 궁극적인 물음들에 답할 수 있는 포괄적 모형은 만들어져 있는데, 이는 물리학의 공로이다. 우리는 지구의 기원뿐만 아니라 우주 전체를, 그리고 물질·에너지·공간·시간의 본성도 알고 싶어한다.

그 비밀을 캐내기 위해 연구자들은 세계를 하나로 긴밀히 묶는 것이 무엇인지를 탐구하는 새로운 방법을 찾아왔다. 그리고 새로운 기기를 만들고, 새로운 사유 방식들을 계속 추적했다. 그리하여 우리 세상의 모습을 여러 번 뒤엎었다. 지금부터는 그 과정을 하나씩 살펴보기로 하자.

현대의 지식들 대부분은 20세기에 비로소 생겨났다. 20세기 초에 양자 이론과 상대성 이론은 물리학에 새로운 기초를 제공했다. 그리고 입자물리학은 원자의 내부를 밝혔고, 천문학은 대폭발 이론을 정립했다. 또한 인간은 달에 첫 발을 내딛었고, 허블 우주 망원경은 시간의 첫 모습을 보내왔다.

반면에 19세기는 전자기력의 이론이 지배한 시대였다. 그것은 세계의 전자화(電子化)를, 그리고 나중에는 라디오와 TV의 시대를 낳았다. 우리의 세계상은 우주의 측정을 통해 확장되었으며, 우리는 그 크기를 차츰 가늠해 볼 수 있게 되었다. 스펙트럼 망원경으로 별빛을 분석해서 그 천체가 어떤 화학 원소들로 이루어져 있는지도 알 수 있었다. 그리고 19세기 초에는 돌턴John Dalton(1766~1844)의 원자론도 만들어져 화학에 새로운 기초를 세울 수 있게 되었다.

17세기에는 갈릴레오, 케플러, 뉴턴이 물리학적 세계상의 기초를 놓았다. 갈릴레오는 현대 과학의 특징이 된 방식으로 가설들을 테스트하기 시작했다. 즉 그는 체계적으로 실험했다. 그리하여 무거운 물건이 가벼운 것보다 땅에 더 빨리 떨어진다는 주장을 반증(反證)하는 데 성공했다. 물론 그 주장은 사실에 가까운 것이기는 했다. 사과는 명백히 깃털보다 빨리 떨어진다. 그러나 사과와 깃털은 무게뿐 아니라 특성도 다르다. 갈릴레오는 처음에는 물건의 무게가 아니라 밀도가 추락 속도를 결정한다는 이론을 세웠다. 그것은 진실에 가깝기는 하지만 완전한 진실은 아니다. 그는 나중에 낙하 법칙으로 알려진 올바른 인식에 도달했다. 즉 모든 물체는 공기 저항이 없는 진공 상태에서는 동일한 속도로 떨어진다는 것이다. 그는 물체가 추락할 때 가속도가 붙는다는 것도 알아냈다.

또한 갈릴레오는 실험에서 이론과 관찰을 결합하기도 했다. 그는 이렇게 적고 있다.

나는 그에 관한 실험을 한 가지 고안했다. 그러나 그 전에 자연적 이성은 자연현상이 항상 그랬던 것처럼 실험에서도 그렇게 나타날 것임을 내게 말해 주었다.

거기서 결정적으로 새로웠던 점은 '거친 Wild' 자연을 기술하기 위해 자연과학에 수학을 개입시켰다는 것이다. 고대 그리스에서는 자연과학이 오로지 완전한 것, 불변하는 것에만 적용되었었다. 그러나 이제 자연은 수학의 대상이 되기 위해 우선 해부되고 개별적 측면들로 해체되어야 했다. 수학 공식은 정밀하고 명백한 예측을 허용한다. 그리고 그 예측은 측정 과정을 거쳐 다시금 거부되거나 확립될 수 있다.

16세기에는 코페르니쿠스가 새로운 물리학적 세계상을 향한 첫 출발의 신호탄을 쏘아 올렸다. 그는 지구를 세계의 중심에서 밀어내 태양 둘레의 공전 궤도에 올려놓았다. 옛 사람들의 생각들을 한 번에 쓸어버리려고 그런 것은 아니었다. 그로서는 어쩔 수 없는 일이었다. 왜냐하면 그는 과거의 표상들에 정확히 접속해서 거기에 내재하는 석연치 않은 부분들을 제거하고, 그 표상들을 매끈하게 다듬어놓고 싶었기 때문이다. 그래서 그는 세상이 원처럼 둥근 여러 권역(圈域)들만으로 이루어질 수 있다고 계속 주장했다. 이는 세계의 모양에 대해 프톨레마이오스가 말한 것들 중 그 핵심에 해당하는 것이다.

코페르니쿠스는 천체의 운행에 대해 자주 숙고했다. 1507년에 그는 이렇게 고백하고 있다.

모든 현상의 불규칙성을 설명해 내는 더욱 이성적(理性的)인 천구들의 질서를 알아낼 수는 없을까? 그런 질서는 현재 우리 눈에 보이는 현상들의 불규칙성을 모두 규칙적인 것으로서 설명할 수 있을 것이다. 단순한 원운동보다는 더 완벽한 어떤 운행 방식이 그런 불규칙한 현상들을 필연적으로 나타나게 하는 것 같다는 생각이 자꾸만 든다.

그의 목표는 과거의 천구들을 좀 더 이성적으로 배열하는 것이었다. 이 지점에서부터 그는 지구를 천체 시스템의 중심에서 끌어내어 다른 행성들과 동일한 하나의 행성으로 설명해야만 했다. 그리하여 후대에 엄청난 파급 효과를 미치게 된 것이다. 그러나 태양을 세계의 중심으로 잡은 모형들은 고대 이집트와 그리스에 이미 있었다. 일례로 코페르니쿠스보다 1,700년 앞서 사모스의 아리스타르코스Aristarchos(기원전 310~230)가 태양 중심계를 내놓은 바 있다. 이는 행성들이 태양을 공전하며, 고정되어 있는 항성들의 세계가 태양계 전체를 둘러싸고 있다는 것이다. 결국 코페르니쿠스는 모든 것의 근원을 성찰하고 고대의 사유 방식을 계승하자는 르네상스 휴머니즘의 원칙을 따른 셈이다. 그렇지만 세계상을 뒤바꾸어 놓았다. 그는 적절한 시기에 적절한 자극을 주었고, 그리하여 후대에 세계를 이해하는 새로운 방법이 만들어지는 데 기여했다. 그 새로운 방법이 바로 오늘날 우리가 자연과학이라 부르는 것이다. 다시말해 지구가 중심부에서 밀려난 것은 과학이 성립하는 데 결정적으로 중요한 계기가 되었다.

비록 코페르니쿠스 자신이 의도한 바는 아니었지만 이처럼 관점이 바뀌게 된 것은 결국 그의 공로였다. 실제로 예전 프톨레마이오스의 모형보다 코페르니쿠스의 모형으로 하늘의 사건들을 더욱 잘 예측할 수 있었다. 게다가 그의 모형은 소수의 기본적 가설들에만 입각해 현상들을 설명해 냈다. 다시 말해 더 간결했다. 간결함은 우수한 이론들이 가지고 있는 공통점이다. 코페르니쿠스는 이를 아주 자랑스럽게 언급하고 있다.

따라서 전체적으로 볼 때 34개의 원이면 충분하다. 이것만 있으면 세계의 운행 전체와 빙빙 돌아가는 별들의 아름다운 춤을 설명할 수 있다.

프톨레마이오스가 55개의 원들을 제시한 것을 감안하면, 정말 간결한 편이다. 그러나 정말로 '간결'해진 것은 케플러의 공식이었다. 그는 전통을 깨고 원들을 타원형으로 만들었다. 그리하여 단지 세 가지 법칙만으로 행성 시스템을 바르게 기술할 수 있었다.

그러나 거기서 출발해 우리 태양계와 은하계를 넘어서는 우주상(像)에 도달하는 데까지는 아직 먼 길이 남아 있었다.

우주를 전체적으로 연구하는 과제를 안고 있는 천문학은 기술적인 면에서는 20세기의 학문이다. 20세기에 들어와서야 망원경, 물리학적·수학적 이론들은 그렇게 기존의 경계를 넘어서서 새로운 학문을 개척할 수 있는 성능과 능력을 갖추었다.

새로운 학문은 천문학뿐 아니라 원자의 미시적 우주에도 해당된다. 이 세계도 지난 100년 동안 새로 정비되었다. 그 방법은 물리학의 문외한들은 쉽게 이해할 수 없는 어려운 것이었고, 그 과정에서 우리 인지 능력의 기본적 범주들인 공간·시간·인과성을 새롭게 정비하는 작업들도 진행되었다.

예컨대 역사철학 개요서인《몽유병자들 *Die Nachtwandler*》(1959)에서 케스틀러Arthur Koestler(1905~1983)는 변화하고 있는 세계상을 이렇게 묘사하고 있다.

> 물리적 세계의 모든 '궁극적', '환원 불가능한' 1차적 특징들은 그 자체로 환상에 불과한 것임이 증명되었다. 물질의 울퉁불퉁한 원자들은 불꽃 속에서 해체되었다. 실체, 힘, 인과성 그리고 마지막으로 공간과 시간의 테두리 전체가…허상으로…드러났다. 최신의 현대 물리학에서 이야기하는 세계상과 비교해 보면 프톨레마이오스의 우주는 주전원이었고 수정 천구는 가장 건강한 인간 오성의 한 예였다. 내가 앉아 있는 의자는 그 존재를 부정할 수 없는 실체인 것처럼 보이지만, 나는 내가 거의 완전한 진공 속에 앉아 있음을 안다.…서너 개의 먼지 입자들이 떠다니는 사무실은, 내가 의자라고 부르는 허공, 다시 말해 내 엉덩이를 편히 쉬게 해주고 있는 그것에 비하면 포화되어 있을 것이다.

그가 의자를 왜 진공이라 부르게 되었는지는 나중에 원자 모델에 대해 이야기할 때 설명할 것이다.

그러나 아무리 난해해 보이더라도 현대 물리학은 우리 생활 속의 곳곳에 들어와 있다. 하버드 대학의 과학사가 홀턴은 모든 공업 제품들에 일종의 원산지 도표를 붙일 수 있을 것이라고 상상한다. 그 공업 제품들이 만들어지기까지의 과정을 담은 일종의 정신적 계보도 말이다. 그러면 아인슈타인이라는 이름 하나가 TV 카메라에서부터 유리 섬유 광케이블·슈퍼마켓의 바코드 스캐너, 더 나아가 레이저, 원자력 발전소 · 태양 전지 · GPS · 비타민 정제에까지 붙어 있을 것이다. 실제로 20세기의 테크닉은 20세기의 물리학에 기반을 두고 있다. 몇몇 '우리에게 낯선 이론가들'의 이론들 또한 일상생활의 기초가 되어 있다.

▎ 우주 ▎

    사람들은 처음에는 우주가 상당히 작을 거라 생각했고, 그 다음에는 무한히 클 것이라 생각했다. 16세기까지 지구에서 바라본 우주의 일반적 이미지는 천체들이 붙박여 있는 수정 공 같은 것이었다. 그것은 우리가 지구 중심적 세계상이라고 부르는 것으로서, 분명하고 한 눈에 조망 가능했다. 또한 그것은 모든 것이 지구 주위를 돈다는 것을 의미했다. 이러한 세계상을 실제로 관찰되는 태양 및 행성들의 운동과 일치시키기 위하여 프톨레마이오스는 천체 운동을 계산하는 하나의 복잡한 시스템을 창안했다. 그리고 이것은 약 1,400년 동안 유지되었다. 그러다가 코페르니쿠스가 태양을 중심에 놓았고, 태양 중심의 세계상을 관철시켰다. 우주는 당시 종교적 견해에 따른 판단에 비해 실제로는 너무 컸다. 왜냐하면 이제 돌기 시작한 지구의 운동을 염두에 둘 때, 태양계를 둥근 수정 공처럼 에워싸고 있는 항성 천구가 움직이지 않는다는 점은 그것이 매우 먼 곳에 있어야만 설명될 수 있기 때문이었다. 어쨌든 그때까지도 우주 전체는 하나뿐인 거대한 공으로 상정되었으며, 우주의 전체 윤곽은 19세기까지도 그려지지 않았다. 이후 우리는 우주를 점점 더 크게 생각하게 되었다. 그리고 이와 더불어 우주에 대한 상은 점점 더 불명확해졌다. 우리 태양계는 은하계의 작은 부분이며, 이 은하계는 우주의 작은 한 점에 불과하다.

코페르니쿠스적 전환

오늘날에는 누구나 지구가 태양 둘레를 돈다는 것을 안다. 이런 사실은 별로 혁명적인 것으로 여겨지지 않는다. 그러나 19세기 초에는 그런 이상한 사상을 펼치려면 상세하게 설명을 해야만 했다.

여기서 코페르니쿠스의 생각을 친절하게 설명하는 19세기의 자료를 보기로 하자. 다음의 글은 1811년에 출간된 헤벨Johann Peter Hebel (1760~1826)의 《라인 강 친구의 작은 보물 상자Schatzkastlein des rheinischen Hausfreundes》에 나오는 것이다.

고개를 숙여 이 책을 보는 독자께서는 코페르니쿠스가 무엇을 주장하고 증명했는지 이제 아시게 될 것입니다. 제발 이 책의 내용을 읽고 고개를 젓거나 웃어넘기지 마시고, 이 책을 끝까지 읽어주시기 바랍니다.

첫 번째, 코페르니쿠스의 말에 의하면 태양, 심지어 별들조차도 지구를 기준으로 해서 볼 때 계속해서 운동하지 않습니다. 우리에게는 사실상 멈추어 있는 것입니다.

두 번째, 지구는 24시간 만에 한 바퀴 자전합니다. 우선 지각의 한 점으로부터 중심을 통과해 반대쪽 지점까지 기다란 꼬챙이나 축이 꿰어져 있다고 생각해 보십시오. 이 두 지점을 극점이라고 합니다. 이 두 점을 잇는 축을 중심으로 해서 지구는 24시간 만에 자전합니다. 태양을 따라 도는 것이 아니라 그 반대 방향으로 말입니다. 예컨대 한없이 기다란 붉은 실이, 만약 3월 21일에 태양으로부터 지구까지 닿아 있다면, 그리고 낮 12시에 이 땅의 벚나무나 십자가에 끝이 매여 있다면, 그러면 둥근 지구는 이 실을 24시간 후에 한 번은 완전히 스스로 감게 될 것입니다. 그렇게 매일같이……

세 번째, 코페르니쿠스의 말에 의하면 지구는 무한한 우주 공간의 한 장소에 머물러 있지 않고 끝없이 움직입니다. 그리고 이해가 되지 않을 만큼 빠른 속도로 태양과 별들 사이의 거대한 공전 궤도를 달리고 있는데, 대략 365일 다섯 시간 만에 태양을 한 바퀴 돌아 원래의 자리로 돌아옵니다.

실제로 코페르니쿠스의 시스템은 훨씬 복잡했다. 그 이상적 모형으로 설명되지 않는 온갖 편차들이 관찰되었고, 이 편차들까지 다 설명하려고 했기 때문이다. 태양을 중심으로 하는 시스템의 기초는 놓았지만, 천체의 모든 현상을 설명하려면 코페르니쿠스 역시 주전원이라고 불리는 행성 궤도 상의 작은 고리들을 동원해야만 했다. 이 고리들은 1,400년 전에 프톨레마이오스가 지구를 중심으로 하는 세계상을 정밀하게 설명하기 위해 고안한 개념인데, 여기에는 프톨레마이오스 자신의 탁월한 수학적 업적이 담겨 있다. 코페르니쿠스가 이 개념을 고수한 것은 이미 언급했듯이 프톨레마이오스로부터 물려받은 원형 궤도들에 대해 애착을 갖고 있었기 때문이다. 그러나 프톨레마이오스와 마찬가지로 코페르니쿠스의 주전원들로도 행성들의 궤도를 정확히 예측할 수는 없었다. 그래서 코페르니쿠스는 교회의 반대에 부딪혔을 뿐만 아니라 다른 학자들의 정당한 비판에도 직면했다. 학자들은 그의 이론이 지구를 중심으로 하는 과거의 행성 체계보다 예측 능력이 더 떨어진다고 비판했다.

게다가 지구가 돈다면 우리가 그 사실을 감지해야 할 것이 아니냐는 이의도 제기되었다. 그리고 지구가 돈다면 수직으로 공중에 떨어뜨린 돌이 약간 뒤로 떨어져야 하지 않느냐고 따졌다. 이러한 반론에는 특히 아리스토텔레스와 프톨레마이오스가 동원되었다. 아리스토텔레스에 의하면 지상에 있는 물체들의 자연 상태는 우주의 중심에서 쉬고 있는데, 모든 것은 중심으로 가려고 하기 때문에 땅으로 떨어진다. 그리고 프톨레마이오스는 지구가 돌 수 없다는 것은 자명하다고 여겼다. 만약 지구가 돈다면, 하늘의 새와 구름이 지구로부터 멀리 날아갈 것이라 생각했기 때문이다.

이런 반론들의 허점은 갈릴레오가 상대성 원칙으로 밝혀냈다. 특히 그는 일정한 속도로 달리는 배 안에서 공을 떨어뜨림으로써 자신의 주장을 입증했다. 배 안에서 공을 앞이나 뒤로 던져보면 아리스토텔레스의 이론이 어딘가 잘못되었음을 알 수 있다. 공을 던지는 데 드는 힘은 배 안에서나 배 밖에서나 똑같은데 말이다. 또한 프톨레마이오스가 옳다면, 공은 사람들의 손에서 떨어지자마자 뒤로 날아가야 한다. 왜냐하면 배는 그 아래에서 앞으로 나아가고 있기 때문이다. 만약 움직이는 배 안에서 모든 것이 그렇게 뒤로 날아가는 식으로 작용한다면, 아마 큰일이 날 것이다.

행성 궤도에 대한 문제는 1609년 《신 천문학Astronomia nova》을 저술한 케플러가 해결했다. 그는 티코 브라헤의 관측 자료들을 가지고 화성이 태양을 공전할 때 원형이 아니라 타원형 궤도를 그린다는 것을 증명하는 데 성공했다. 그런데 이 발견이 가지는 의미는 아주 컸다. 이 발견은 대칭성을 파괴함으로써 신의 눈 밖에 날 만한 일이었다. 왜냐하면 당시의 세계관에서는 둥근 원이 완전한 것, 즉 신의 작품으로 여겨졌기 때문이다.

사실 지구의 타원 궤도는 다행스럽게도 거의 원에 가깝다. 그렇지 않으면 기온 차가 심해질 것임에 틀림없다. 그러나 그 궤도가 완전한 원은 아니다. 지구가 태양에 가장 가까이 다가갔을 때의 거리는 1억 4,710만 킬로미터이고, 가장 멀리 있을 때의 거리는 1억 5,220만 킬로미터이다. 한편 모든 것이 지구를 중심으로 해서 돈다는 천동설을 눈으로 볼 수 있게 분명히 반박해 낸 사람은 갈릴레오였다. 망원경으로 목성의 가장 밝은 위성 네 개를 관찰함으로써 이루어낸 성과였다. 그 궤도 관찰 결과를 그는 1610년에 저서 《별에서 온 소식Sidereus

Nuncius》에 발표했다.

그러나 그 모든 놀라운 것들보다 더욱 놀라운 것은 그 동안 아무도 모르던 행성을 내가 발견했다는 것이다. 그것은 하나의 밝은 별 둘레를 돈다. …우리는 지금 새로운 길을 열게 될 엄청난 주장을 하는 중이다. 행성들이 태양 둘레를 돈다는 코페르니쿠스 식 시스템을 잠자코 받아들이자고 하면, 사람들은 달과 지구가 매년 태양을 완주하는 동안에 달이 지구를 돈다는 유일한 예외 때문에 아직도 헷갈리곤 한다. 그래서 그들은 우리의 새 세계상을 불가능한 것으로 여기고 배척하려 한다. 우리는 그들의 의심을 불식시켜야 한다…….

갈릴레오가 목성의 위성들을 발견한 지 대략 380년 후인 1989년 10월 18일, 미국 항공 우주국의 탐사선 갈릴레오호는 목성을 향해 날아가기 시작했다. 목성의 위성들을 연구하기 위해서였다. 1995년 말, 갈릴레오호는 목성에 무사히 도착해서 고해상도 사진들을 지구로 보내왔다.

그러나 다시 17세기 초로 되돌아가기로 하자. 1611년 케플러는 부인을 발진 티푸스로, 여섯 살배기 아들을 천연두로 잃고도, 그해 10월 18일에 천문학이 성공을 거듭할 수 있게끔 하는 중요한 기초를 제공했다. 저작《굴절광학*Dioptrice*》에서 광학 이론을 발표하여, 천문학용 망원경을 제작할 수 있는 전제를 마련한 것이다. 갈릴레오의 망원경은 볼록 렌즈와 오목 렌즈의 조합이었으며, 배율은 10밖에 되지 않았다. 다시 말해 오늘날의 오페라 관람용 망원경 수준이었다. 당시의 기술 수준으로 보면 하이테크 제품이기는 했지만 말이다. 케플러는《굴절광학》에서 빛의 굴절을 이중의 돋보기 시스템으로 기술한다. 그것은 빛을 모으는 능력이 개선된 것으로서, 이제는 초점 거리나 구경

(口徑) 따위의 지표도 계산할 수 있게 되었다. 그 다음 해에 케플러는 자신의 태양계 이론을 완성했는데, 그 이론을 요약한 것이 바로 세 개의 케플러 법칙이다. 그 법칙들을 오늘날의 방식대로 표현하면 다음과 같다.

1. 궤도의 법칙: 행성의 궤도는 두 개의 초점이 있는 타원형이며, 그 두 초점 중 하나에 태양이 있다.
2. 면적의 법칙: 태양과 행성을 연결하는 선은 행성이 궤도대로 움직이며, 같은 시간 동안 언제나 일정한 넓이를 휩쓴다.
3. 주기의 법칙: 행성의 공전 주기의 제곱은 태양에서 행성까지의 거리, 즉 공전 궤도의 긴 반지름의 세제곱에 비례한다.

한편 케플러의 활동을 통해 우리는 당시 연구자들의 상황이 오늘날과 얼마나 달랐는지 잘 알 수 있다. 당시 자연과학은 아직 존재하지 않았고, 따라서 자연과학 교육 과정도 없었으며, 이에 상응하는 세계상도 없었다. 그래서 이미 알고 있는 권위 있는 자연 법칙을 기초로 한 가설들과 그렇지 못한 것들을 분명하게 구분하지 못했다. 그리하여 케플러 역시 천체들의 광선이 지구 · 자연 · 날씨 · 인간에게 영향을 미칠 수 있다고 생각했다. 다시 말해 그에게 그리고 그의 동시대 사람들 대부분에게 지구 · 태양 · 달 · 행성들은 죽은 대상이 아니라 영혼을 가진 살아 있는 것들이었다. 그래서 점성술은 천문학과 마찬가지로 합법적이며 소중한 것이었으며, 별자리 운세 읽기는 케플러의 본업 중 하나였다. 예컨대 그는 발렌슈타인 Albrecht von Wallenstein (1583~1634. 보헤미아 출신으로, 30년 전쟁 당시 합스부르크 왕가의 장군. 그의 일생을 소재로 한 실러의 역사 비극 《발렌슈타인》이 유명함—옮긴이) 에게 매우 어두운 성격이라는 증서를 다음과 같이 발급했다.

그리고 달이 버림받은 상태로 있으므로, 그 모든 자연은 그에게 현저한 불이익과 조롱을 받게 할 것이다. 그래서 그는 빛을 꺼리는 고독한 비인간으로 간주될 것이다. 비록 그가 형체가 뚜렷한 인물이기는 하지만, 형제애나 부부애가 없는 매몰찬 사람이다. 그리고 아무도 배려하지 않으며 자신과 자신의 정욕에만 몸을 던질 것이다. 또한 부하들에게는 엄할 것이다. 그들을 자신에게 묶어두려 할 것이다. 게다가 인색하고, 속이고, 변덕스러운 태도를 보이고, 거의 언제나 침묵하고, 자주 분노하고, 다투기 좋아하고, 참을 줄 모를 것이다. 왜냐하면 태양과 화성이 하나로 모여 있기 때문이다. 비록 토성이 그에게 과대망상 증세를 물려주더라도 그는 자주 쓸데없는 두려움을 느낄 것이다.

이에 비해 갈릴레오의 과학적 세계상은 아주 다른 특징을 지녔다. 그를 지배한 것은 심미적 감성이었다. 케플러와 갈릴레오의 관계에서 과학사 연구자들은 오래된 수수께끼를 풀어낼 수 있었다. 케플러는 갈릴레오의 열렬한 숭배자였지만, 갈릴레오는 그에게서 차갑게 등을 돌릴 뿐 전혀 관심을 보이지 않았다. 결국 케플러 법칙들도 받아들이지 않았다. 이 법칙들은 그가 적수들과 논쟁할 때 이론적으로 큰 지주가 되었을 것임에 틀림없는데도 말이다. 이처럼 쉽게 납득이 가지 않는 두 사람의 관계를 마침내 해명해 낸 사람은 유명한 예술사학자 파노프스키Erwin Panofsky(1892~1968)이다. 그에 의하면, 갈릴레오에게는 예술적으로 가치 있는 사유만이 과학 연구가 될 수 있었다. 그래서 갈릴레오는 여러 가지 심미적 이유로 케플러의 이론들을 거부했다. 그로서는 케플러의 점성술과 천문학적 생각이 뒤죽박죽이었다. 게다가 케플러가 행성들의 공전 궤도를 타원형으로 확정한 것도 마찬가지로 불쾌했다. 갈릴레오의 관점에서 볼 때, 그런 식으로 일그러진 원은 진정한 가치가 없는 것이었다.

갈릴레오가 이처럼 열렬하게 원을 숭배한 덕분에 훗날 뉴턴은 관성의 법칙을 발견할 수 있었던 것으로 보인다. 왜냐하면 갈릴레오는 다른 힘들이 추가되지 않는 한, 모든 물체가 원운동을 계속할 것이라고 확신했기 때문이다. 뉴턴 덕분에 우리는 물체들이 실제로는 관성의 법칙에 따라 직선의 등속 운동을 계속한다는 것을 알고 있다.

중력과 관성

흥미롭게도 오늘날에도 많은 사람들은 직감적으로 갈릴레오의 생각이 옳다고 여긴다. 돌을 끈에 매달아 빙빙 돌리다가 탁 놓았을 때 무슨 일이 일어나느냐고 물으면, 사람들은 돌이 무지개처럼 둥글게 호를 그리며 날아갈 것이라고 종종 대답한다.

그러나 뉴턴은 타원 궤도를 받아들였고, 천체들 간의 인력으로 케플러 법칙들을 설명했다. 천체들뿐만 아니라 모든 물체에는 인력이 있으며, 이 인력은 무게 있는 모든 것이 가진 고유한 특성이라는 것이 그의 설명이다. 이것이 뉴턴이 발표한 최초의 중력 이론이다. 그 내용에 따르면, 물체들은 서로 잡아당기는 힘을 가지고 있는데 그 힘은 그 무게에 비례한다. 이 인력은 아무리 먼 곳에 있어도 작용하는데, 그 힘의 크기는 거리의 제곱에 반비례한다. 당시까지는 하늘의 메커니즘이 원칙적으로 지상의 역학과 다르다는 아리스토텔레스의 원칙이 지배적이었다. 그런데 뉴턴은 그 둘을 하나로 묶는 중력 개념으로 문제를 해결한 셈이다. 그는 지구에서도 통하는 공식으로 우주의 물리학을 기술한 최초의 인물이었다.

또한 그는 물질의 다른 속성도 인식했다. 그것은 관성이었다. 아리스토텔레스에 따르면, 움직이기 위해서 물체는 계속 외부의 힘을 받아야 한다. 다시 말해 그 움직임이 빠르면 빠를수록 거기에 가해지는 힘도 그만큼 더 세어져야 한다. 따라서 추진력의 약화는 곧 물체의 정지를 초래할 것이다. 그러나 이런 생각은 행성들의 운동을 설명하기에는 부족했다. 뉴턴은 행성들을 관성, 즉 외부에서 힘이 가해지지만 않으면 항상 원래의 운동 상태를 지속하려는 성질을 가진 물체라고 보았다. 그에 따르면 물체는 정지해 있으면 항상 정지해 있으려 하고, 외부의 힘을 받아 움직이기 시작하면 계속 운동하려 한다. 그리고 외부의 힘을 받아 정지되거나 가속되거나 방향이 바뀌지만 않으면, 운동하고 있는 물체는 등속 직선 운동을 한다.

뉴턴의 이런 이론이 오늘날 우리가 가진 직관과 일치하지 않는 것은 놀랄 만한 일이 아니다. 그 이론은 이상적(理想的) 모델 세계에 입각한 것이기 때문이다. 일상적인 경험의 세계에서는 마찰 때문에 모든 운동에 제동이 가해진다. 예컨대 진흙 수렁에 빠진 수레를 온 힘을 다해 끄는 농부는, 외부에서 힘을 가하지 않더라도 그것이 (일단 운동을 시작했으므로) 계속 나아간다는 물리학자의 말을 별로 신뢰하지 않을 것이다.

광속의 발견

갈릴레오는 광속 문제에도 더 세심하게 주의를 기울였어야만 했다. 이 문제에서 그는 올바른 길로 들어서기는 했지만, 성과는 전혀 얻지 못했다. 17세기까지도 사람들은 빛이 무한히 빨리 확산된다고 믿었다. 갈릴레오는 그것을 의심했고, 적어도 그 유한성은 증명해 보이고 싶어서 빛의 속도를 측정하려 했다. 갈릴레오와 그의 조수는 빛을 가릴 수 있는 등(燈)을 하나씩 들고, 어둔 밤에 서로 몇 킬로미터 떨어진 두 산꼭대기 위에 각각 섰다. 그리고 나서 갈릴레오는 자신이 들고 있는 등을 잠깐 열어 빛이 새어 나가게 했다. 그러면 조수는 갈릴레오의 등불 빛을 보자마자 자기 등을 잠깐 열어 빛이 새어 나가게 했다. 갈릴레오는 다른 언덕에서 오는 그 빛을 자신이 보게 될 때까지 시간이 얼마나 걸리는지 측정하고자 했다. 그러나 그가 거기서 측정할 수 있었던 것은 조수가 반응하는 시간뿐이었다. 그는 이 시간이 진실에 가까운 것이 되게 하기 위해 산봉우리를 옮겨 다니면서 그 실험을 반복했다. 그렇지만 산들 간의 거리는 너무 짧았다. 빛이 한 산봉우리에서 다른 산봉우리로 가는 데에는 물론 시간이 필요하지만, 그 시간은 몇 백만분의 1초면 충분했다. 갈릴레오가 그 시간을 측정하기란 불가능했다.

덴마크의 천문학자 뢰머Olaus Rømer(1644~1710)는 훨씬 더 먼 거리에서 빛을 연구했다. 그래서 그는 1765년에 최초로 그 엄청난 광속을 측정할 수 있었다. 천체 망원경을 이용해 그는 당시까지 알려져 있던 목성의 네 위성이 움직이는 것을 관찰했다. 그리고 위성 이오Io가 목성을 한 바퀴 공전하기 위해 필요로 하는 시간을 측정해, 42.5시간이라는 결과를 얻었다. 그는 이오가 대체로 등속도 운동을 한다고 보았으므로, 그 위성을 언제 어디서 발견하게 될지 미리 계산할 수 있었다. 그런데 그 예상과 실제 간에 오차가 생기는 것을 확인할 수 있었다. 이오는 더 늦게 도착했는데, 그 지연 시간은 점점 길어졌다. 그리하여 반 년 후에는 1,000초가량이 늦어졌다. 그 다음에는 지연 시간이 점차 줄어들었고, 1년 후에는 다시 원래의 예상대로 이오가 움직이고 있었다. 이오가 늦게 도착한 것은 목성과 지구 사이의 거리가 변화하기 때문이라고 볼 수 있다. 빛이 지구까지 올 때 걸리는 시간은, 목성과 지구 사이의 거리가 변하는 데 비례해서 변화했던 것이다. 즉 빛은 무한한 속력으로 확장되는 것이 아니다.

우주의 측정

지구를 중심으로 하는 세계상이 그 효력을 잃자 지구는 움직이는 관찰 플랫폼처럼 되었다. 다시 말해 우리는 지구 공전 궤도의 서로 다른 위치들에서 하늘의 항성들을 관찰할 수 있게 되었고 그러한 방법으로 우주도 측량할 수 있게 되었다.

19세기의 사람들은 토지를 측량할 때처럼 삼각 평행 측정법으로 별들과 지구의 거리를 계산하기 시작했다. 그 원리는 간단하다. 예컨대 왼쪽 눈이 여름의 지구, 오른쪽 눈이 겨울의 지구라고 하자. 미간은 태양이다. 그리고 팔을 앞으로 쭉 뻗어 엄지손가락을 별이라고 하자. 처음에는 엄지를 왼쪽 눈으로 보고, 그 다음에는 왼쪽 눈을 감은 채 오른쪽 눈으로 보자. 그러면 엄지는 약간 왼쪽으로 이동한 것처럼 보인다. 이 편차를 가지고 우리는 팔의 길이를 계산할 수 있다. 그러나 가장 먼 별들은 태양보다 대략 2,000만 배나 떨어져 있으므로 그 이동 효과는 엄지손가락의 경우만큼 크지 않다. 엄지는 우리 눈 앞에서 1미터도 안 되는 가까운 거리에 있다! 그렇지만 우리는 아주 정밀한 도구들로 그 거리를 측정할 수 있다. 그 결과 가장 가까운 별들도 몇 광년 떨어져 있음을 알 수 있었다. 독일의 천문학자인 베셀Friedrich Wilhelm Bessel(1784~1846)은 1838년에 (백조 자리에 있는) 별 61Cygni까지의 거리를 측정했고 10광년이라는 결과를 얻었다. 그 측정법의 도움으로, 우주가 상상을 초월할 만큼 크다는 것이 갑자기 알려지게 되었다. 그래서 오늘날 우리는 우주가 더욱더 크며, 이 방법이 비교적 가까운 거리의 별들을 측정할 때에만 적합하다는 것을 알고 있다.

그 후 거리를 측정하는 새로운 기술들은 자꾸 새로 개발되었다. 우주 공간의 가장 깊은 곳을 들여다보기 위해서 현대인들은 초신성(Ia형)과 모든 은하계를 이른바 '표준 촛불'로서 이용한다. 어떤 별 하나가 다른 별보다 더 밝은 것은 그 별이 다른 별들보다 지구에 더 가깝기 때문이거나 아니면 더 밝은 빛을 내기 때문이다. 그러나 초신성(이에 대해서는 나중에 더 자세히 기술할 것이다)이 다른 초신성보다 더 어둡게 나타나면, 그 초신성은 다른 초신성보다 더 멀리 있는 것임에 틀림 없다. 왜냐하면 초신성들은 밝기가 모두 같기 때문이다. 다시 말해 우리는 거리를 측정할때 빛의 밝기를 그 근거로 삼을 수 있다. 한 광원의 밝기는 거리의 제곱에 비례해서 어두워지기 때문이다.

우주가 팽창한다는 것이 1930년대에 알려진 후 우리는 지구도, 태양도 우주의 중심이 아니라는 생각을 가지고 있다. 우리가 우주의 어느 지점에 서 있든지 간에 모든 것들은 우리에게서 점점 더 멀어지고 있다! 그러므로 우리는 다음과 같이 말할 수 있다. 우주에 있는 어떤 임의의 점도 우주의 상대적 중심이다. 모든 것이 그 점으로부터 멀어진다. 그런 관점에서 볼 때, 지구는 우주의 중심인 것이다.

거대한 허공

우주는 대부분 텅 빈 공간으로 이루어져 있다. 우주의 모든 장소는 평균적으로 10세제곱미터당 2개의 원자를 품고 있다. 은하들에는 대략 20만 개의 원자가 있다. 비교를 위해 예를 들어보면, 지구상의 물질들 중 비교적 옅은 편에 속하는 공기는 1세제곱킬로미터당 대략 3×10^{25}개의 원자들로 이루어져 있다.

그리고 태양에 가장 가까이 있는 인접 항성들 또한 태양으로부터 약 3광년이나 떨어져 있다. 3광년은 인간이 지구에서 멀리 가보았던 거리, 즉 지구에서 달까지의 거리보다 6,000만 배나 먼 것이다. 우리 은하계에서 가장 가까운 중형 은하인 안드로메다 은하까지 가려면 빛의 속도로 200만 년을 달려야 한다. 천문학을 공부하다 보면 우주 공간에서 외따로 떨어져 마치 길 잃은 미아가 된 듯한 기분을 충분히 느끼게 된다.

별들이 우리에게 누설하는 비밀

먼 천체에서 오는 빛으로부터 새로운 정보들을 캐내는 방법이 발견되자, 천문학은 획기적으로 발전할 수 있게 되었다. 그 방법이란 바로 광학(光學) 연구자 프라운호퍼Joseph Fraunhofer(1787~1826)가 발견한 스펙트럼 분석법이다. 1814년에 실험실에서 그는 어두운 선들이 불꽃 스펙트럼과 태양 및 다른 별들의 스펙트럼에 나타나는 것을 목격했다. 그리고 50년 후에 물리학자인 키르히호프Gustav R. Kirchhoff(1824~1887)와 분젠Robert W. Bunsen(1811~1899)은 이 현상을 과학적으로 설명해 냈다.

빛 스펙트럼의 어두운 선들은 이른바 흡수선이다. 빛알(光子) Photon들은 별 안에서 밖으로 방출될 때 먼저 그 별 대기권의 가스층을 통과해야만 우주 공간을 지나는 먼 여행을 시작할 수 있다. 그런데 어떤 화학적 요소들이 그 층에 존재하는지에 따라서 빛알들 중의 몇 종은 그 층에 포착되며, 그 결과 어두운 선들이 나타난다. 그러므로 우리는 직접 먼 거리를 여행해 그 뜨거운 별까지 가보지 않더라도 그 천체의 화학적 · 물리적 성분을 알 수 있다.

별들은 흡수 스펙트럼대로 스펙트럼 등급을 받아서 분류된다. 이른바 하버드 분류법은 별의 스펙트럼을 표면 온도에 따라 내림차순으로 단계화하고 그것들을 대문자로 표시한다. 그 부류는 가장 뜨거운 청백색 및 백색 별들(O형)부터 가장 차가운 붉은 별들(M형)까지 있다. 간단한 하버드 분류법 공식은 O-B-A-F-G-K-M이며, 천문학자들은 이 순서를 쉽게 외우기 위해 "O Be A Fine Girl Kiss Me(오, 멋진 소녀가 되어 내게 키스를)"라는 재미있는 말을 만들었다.

1861년에 하이델베르크의 물리학자 키르히호프는 태양 빛을 분석해서, 태양이 무엇보다 나트륨, 마그네슘, 칼슘, 철로 구성되어 있다는 것을 알아냈다(태양은 99.9퍼센트가 수소와 헬륨으로 이루어져 있으며, 나트륨 등은 나머지 0.1퍼센트에 해당함—옮긴이). 지금까지 몇 만 개의 별들이 분석되었는데, 그 결과를 보면 안도감을 느낄 수 있다. 비록 그 모든 별은 상상할 수조차 없이 먼 곳에 있지만, 어찌 보면 그다지 먼 것도 아니다. 왜냐하면 전 우주 구석구석의 상황도 우리 주변과 거의 비슷해 보이기 때문이다. 별들은 모두 동일한 원소들로 구성되어 있으며 동일한 물리학 법칙들에 따라 운동하고 있다.

관찰할 수 있는 우주

아무리 성능이 좋은 망원경을 동원하더라도 우리가 볼 수 있는 별의 수효는 제한되어 있다. 우선 별이 생성되고 나서 그 빛이 우리에게 도달하려면 시간이 충분해야 하기 때문이다. 이를테면 생성된 지 90억 년 된 은하가 지구에서 100억 광년 떨어진 곳에 있다면, 우리는 그 별에 대해서 아무것도 알 수 없을 것이다. 그러므로 우리는 우주와 '관찰할 수 있는 우주'를 서로 구분한다. 후자는 '허블 부피'라고도 불린다.

따라서 우리는 우주의 실제 크기를 알 수 없으며, 다만 이론적으로만 그 생성과 발전 과정을 추론할 수 있을 뿐이다. 이른바 대폭발 이후의 사건을 기술하는 공식에 어떤 값을 대입하느냐에 따라서 전체 우주의 크기는 '관찰할 수 있는 우주'보다 더욱 혹은 상상할 수 없을 정도로 커진다.

우주를 관찰하는 데 가장 중요한 도구는 지구의 인공위성 궤도를 도는 초대형 망원경이다. 그중 제일 먼저 생긴 것은 미국 항공 우주국 NASA와 유럽 항공 우주국 ESA의 요청에 따라 제작된 허블 망원경이다. 1990년 4월 24일에 가동되기 시작한 이 망원경은 지구상의 다른 망원경과 달리 대기권 날씨의 영향을 전혀 받지 않으면서, 우주의 가장 깊은 곳을 들여다볼 수 있다. 또한 시가 20억 달러인 허블 우주 망원경(HST)은 세계에서 가장 큰 망원경으로서, 600킬로미터의 고도에서 초속 8킬로미터로 지구를 매일 15회 순환한다. 그리고 디지털 관찰 자료를 지구로 전송한다.

허블 망원경이 공급하는 이미지는 기존의 것보다 10배 선명하며, 100배나 약한 광원을 탐지할 수 있다. 또한 지구에서는 거의 인지할 수 없는 적외선, 자외선만 지구로 보내는 별도 연구할 수 있다.

게다가 허블 망원경으로는 시간의 한계선까지도 깊이 들여다볼 수 있다. 천문학자들에게 '시계(視界)'는 137억 광년 떨어진 곳까지 펼쳐져 있다. 그 시계는 대폭발 이후 몇 십만 년 동안 여행을 한 빛으로서 나타난다. 그 당시에는 우주의 밀도가 급격히 감소했기 때문에 빛이 통과할 수 있었다. 오늘날 측정 가능한 배후 광선은 그 뒤로 물질과 전혀 충돌하지 않은 빛알들로 이루어져 있다. 그래서 우주의 나이는 자동적으로 '관찰할 수 있는 우주'의 크기를 결정한다. 역으로 우리는 아직 관찰할 수 있는 가장 먼 은하들의 거리, 그리고 우주의 배후 광선에서 나오는 빛을 가지고 우주의 나이도 계산할 수 있다. 물론 이때 우주의 팽창 속도를 감안해야 한다. 2002년에 그 나이는 오차 범위 ±1퍼센트 내에서 137억 년으로 계산되었다.

대폭발 이론

도대체 우주는 어디에서 온 것인가? 이 물음은 가장 깊이 있게 생각해야만 하는 문제일 것이다. 하지만 삼척동자라도 그 답은 알고 있다. 우주는 큰소리를 내면서 무(無)에서 왔다. 오늘날의 지배적 의견은 대폭발에서 출발한다. 대폭발의 초기에는 모든 물질 에너지가 최소의 공간에 응축되어 있다가 갑자기 팽창하면서 우주를 형성했다.

그러나 우주가 극도로 작은 것에서 시작해서 끝없이 팽창한다는 생각은 어디서 나온 것인가? 1920년대 말까지는 별이 빛나는 하늘을 아무리 관찰해도, 우주가 일정한 크기를 가지고 있다는 견해를 뒷받침할 만한 이유가 발견되지 않았었다. 그래서 오랫동안 천문학자들은 우주가 우리 은하(은하수)로만 구성되어 있다고 생각했다. 그러나 (나중에 이야기하겠지만) 20세기 초에 물리학은 많은 진전을 이루었다. 특히 아인슈타인의 상대성 이론은 우주적 차원의 사건들과 관련된 것이었다. 실제로 아인슈타인의 이론은 우주가 안정적일 수 없으며, 확장하거나 응축될 것임에 틀림없다는 결론으로 이어졌다. 그러나 상대성 이론을 제대로 이해한 사람이 거의 없었기 때문에 그 주장은 사람들의 눈에 별로 띄지 않은 채 묻혀 버렸다. 그러다가 1922년에 러시아의 프리드만Aleksandr Friedmann(1888~1925)이 그 이론에 입각해서 팽창 우주의 수학적 모델을 구성해 냈다. 그러나 막상 아인슈타인은 자신의 이론에서 그렇게 특이한 결론들을 도출해 낼 수 있을 것이라고는 미처 생각지 못했다. 따라서 처음에는 프리드만의 모델이 틀렸다고 주장했다. 그리고 유감스럽게도 프리드만은 그 모델을 더 발전시킬 수 없었다. 3년 후인 37세 때에 사망했기 때문이다.

그러나 1929년에 우주로부터 정보들이 들어왔다. 미국 천문학자 허블Edwin Hubble(1899~1953)은 자신의 이름을 따서 이름 붙인 허블 효과를 발견했다. 그는 은하들의 스펙트럼 선들에서 치우침을 확인했으며, 이 사실에 입각해서 우주의 은하들이 서로로부터 멀어져 가고 있다는 결론을 내릴 수 있었다. 그리고 우리와 은하 사이의 거리가 멀수록 그 이동 속도가 더 빠르다는 것도 발견했다. 그 사실은 우주 전체가 팽창하고 있다고 볼 때 가장 잘 설명될 수 있었다. 거기서 빛의 파동은 진행 방향으로 길게 당겨지며 스펙트럼의 모든 색은 파장이 긴 빨간색 쪽으로 밀린다. 그리고 이 빨강 치우침(적색 이동)의 정도로는 우주의 팽창 속도를 추론할 수 있다.

우주가 지금 팽창하고 있다면, 전에는 지금보다 작았을 것임에 틀림없다. 그리고 그 전에는 더욱더 작았을 테고, 그 시초에는 무척이나 작았을 것이다. 그러나 무한히 작은 그것이 현재의 우주만큼이나 커지려면 웬만한 힘으로 팽창을 시작해서는 안 된다. 일종의 대폭발Big Bang이 있어야 할 것이다. 그런 생각은 1931년에 벨기에의 천문학자 르메트르Georges Lemaître(1894~1966)가 처음으로 표명했다. 그리고 1947년에 가모브George Gamow(1904~1968)는 우주가 극히 작은 공간 풍선에서 생겨났다는 이론을 제시했고, 1949년에 그와 앨퍼 Ralph Alpher, 허먼Robert Herman은 그 이론을 과학적으로 보강했다. 그 후 얼마 안 있어 영국의 수학자 호일Fred Hoyle은 그들을 비웃으면서, 그 이론을 '대폭발'이라고 불렀다. 이제는 그 생각을 입증하는 사실들을 수집하는 일만 남았다. 우리는 그것들 중에서 두 가지를 알고 있어야 한다.

대폭발 이론에 의하면, 그 최초의 폭발이 있고 난 다음 대략 50만 년이 경과하자 우주는 매우 커져서 그 속에 포함된 물질이 묽어졌다. 그래서 빛이 새어 나와 퍼져나갈 수 있었다. 그때 빛 입자들은 이 기회를 이용해 물질과 무관하게 독자적으로 우주 공간을 뚫고 달리기 시작했다. 빛이 탄생한 이 순간은 '빛알의 분리'라고 불린다. 대폭발 이론이 옳다면, 당시 풀려 나온 빛은 우주 구석구석에 균등하게 퍼져 있어야 한다. 그런데 실제로 그러하다. 파장 길이가 마이크로파 영역 내에 있는 이 빛은 우주 배경 복사라고 불리는데, 위성 COBE (Cosmic Background Explorer)가 1989년 측정한 바에 의하면 이 복사는 우주 어디서나 2.726켈빈이다. 물론 아주 미세한 차이도 확인되었다. 마이크로파 빛알에는 대폭발 이후 40만 년경의 우주 구조의 모습이 그대로 각인되어 있기 때문이다. 그리고 초기 우주에서 나타난 최소한의 밀도 차이들 때문에 나중에 은하들이 생겨나게 되었다.

대폭발 이론의 두 번째 결론이 말하는 것은, 핵물리학자들의 계산에 의하면 우주의 구성 성분 중 4분의 1은 헬륨이며 4분의 3은 거의 수소라는 것이다. 수소와 헬륨은 원소들 중 가장 작은 것인데, 대폭발 후에 우주가 약 100초 내지 15분 동안 급랭될 때 중성자들과 빛알들이 결합해 원자핵이 되면서 생겨난 것임에 틀림없다는 것이다. 실제 측정치들도 이 주장을 입증한다. 우주는 73퍼센트가 수소, 25퍼센트가 헬륨으로 되어 있다. 나머지는 추후에 생겨났다고 보면 된다. 왜냐하면 그 나머지들은 신생 별들보다 밀도가 비교적 낮은 오래된 별들에 존재하기 때문이다.

간략한 우주 역사

따라서 처음에 우주는 고도로 농축되어 있었다고 할 수 있다. 하지만 그 최초의 시점에 대한 언급은 모두 사실상 추측일 뿐이다. 그러므로 종종 천문학자들은 자신의 설명 모형이 아주 짧은 순간 이후부터를 다루게끔 설정한다. 흔히 그 순간을 플랑크 시간Planck-Zeit이라고 부르며, 5.3×10^{-44}초라는 수치로 나타낸다. 그리고 그 시점에는 시공 연속체가 중력이나 일종의 초대칭 힘과 같은 기능을 할 수 있었기 때문에, 그를 통해 이후의 우주 진행 과정을 설득력 있게 설명하는 모형을 만들 수 있다.

우주 역사의 나머지는 세 시기로 구분된다. 즉 기본 입자들의 시기는 100억분의 1초 동안만 존재했으며, 핵자 형성의 시기는 그 뒤 30만 년 동안, 그리고 그 뒤의 물질 시기는 오늘날까지 계속된다.

처음 두 시기 동안에는 모든 것들이 팽창과 그 뒤를 이은 급랭 과정을 통해 생겨났다. 이때 에너지와 물질은 에너지 밀도가 극도로 높은 상태에 있었기 때문에, 오늘날 우리의 관점에서는 아주 드물다고 느껴지는 도약을 일으켰다. 세 번째 시기에는 모든 것이 중력에서 생겨났다. 즉 중력은 별, 성단 등 우주의 모든 구조들을 생성시켰다.

기본 입자들의 시기에는 힘과 물질이 점차 형태를 얻었다. 태초의 끓는 죽 속에는 쿼크, 빛알, 렙톤 등이 그 각각의 반입자(反粒子)와 함께 응축되어 있었다. 그러다가 그 죽이 폭발했고, 이때 온도가 내려갔다. 기온이 충분히 낮아지자 세 개의 쿼크가 합쳐져서 하나의 양성자, 또는 하나의 중성자를 형성할 수 있었다. 혹은 세 개의 반(反)쿼크들이 합쳐져서 하나의 반양성자나 반중성자가 생겨났다. 그리고 이렇게 새로 생긴 입자들과 반입자들이 만나면 그것들은 상쇄되었다. 그것들은 부딪치자마자 분해되어 사방으로 방사되었고, 거기서 남는 것은 빛알 형태의 에너지뿐이었다. 이 빛알들은 우주에서 대다수가 되었고, 따라서 우주 에너지의 대부분은 빛이 되었다. 이것은 더 이상 물질로 환원되지 않았다. 입자 및 반입자가 서로 만나면 계속해서 두 개의 빛알들로 분해되어 방출되기 때문이다. 다시 말해 입자 및 반입자에 해당하는 에너지가 두 개의 빛알에 분배되기 때문이다. 빛알 하나하나는 입자 및 반입자를 생성할 만큼 충분히 에너지를 가지고 있지 못하므로, 그 빛알들은 물질로 환원될 가능성이 없다.

우주가 계속해서 고속으로 확장되었기 때문에, 물질과 반물질의 쌍소멸 과정은 마침내 중단되었다. 다시 말해 우주의 들끓는 죽은 이제 농도가 희박해졌고, 따라서 입자와 반입자들은 성공적으로 그 길에서 벗어났다. 서로 충돌하는 일이 거의 없어졌기 때문이다. 실제로 처음부터 물질에 비해 반물질은 그 양이 적었던 것으로 보인다. 그러므로 그 시점에는 물질만 충분히 많이 남게 되었다. 그리하여 나중에 물질은 몇 십억 개의 은하들을 형성할 수 있게 된 반면, 반물질은 거의 남지 않게 되었다. 왜 그랬는지는 아직까지도 수수께끼로 남아 있다. 입자물리학의 표준 모형에 의하면, 입자들은 그 해당 반입자와 함께 있어야만 순수 에너지로 생성되거나 파괴될 수 있다. 따라서 모든 물질 입자에는 항상 반물질 입자가 짝을 이루고 있어야 했던 것이다. 그러나 최근의 연구는 입자 및 반입자의 분해 방식에 사소한 차이가 있다는 것을 보여준다. 그 대규모의 소멸이 일어날 때 왜 물질만 많이 남았는지 그리고 그 결과 우주는 왜 텅 비게 되지 않았는지는 아마도 그 사소한 차이를 가지고 설명할 수 있을 것이다.

대략 1초가 경과한 후에 우주는 중성미자들을 배경으로 해서 구성되었고, 빛알의 밝은 바다로 가득 채워졌다. 그 속을 양성자·중성자·전자들로 구성된 가스가 지나 다녔다. 이 중성미자 배경은 그 후의 발전 과정을 이해하는 데는 크게 중요하지 않다. 왜냐하면 중성미자는 그 나머지의 것들과는 아무런 상관이 없기 때문이다. 다시 말해 중성미자는 모든 다른 물질들과 사실상 충돌하지 않고 그 속을 무사통과할 수 있다.

양성자와 중성자는 섭씨 10억 도의 온도로 100초를 가열해야 최초의 헬륨 핵을 형성할 수 있기 때문에 아직은 매우 안정적인 상태로 머물러 있었다. 그 후 그것들이 정식으로 원자가 될 때까지 우주는 30만 년 동안 냉각된 채로 있어야 했다. 그러자 기온은 섭씨 3,300도밖에 안 되었고, 결국 원자핵들이 주위의 전자들과 결합할 수 있을 만큼 충분히 차가운 상태가 되었다. 이 단계는 이른바 물질이 빛알의 지배에서 마지막으로 '해방'되는 단계였다. 그때까지 빛알들은 물질의 모든 결합을 방해했다. 왜냐하면 빛알은 중량이 전혀 없어서, 상대편의 인력을 거의 받지 않았기 때문이다. 빛알이 물질의 기본 입자들과 결합되어 있었기 때문에 이 입자들은 원자 이전의 원형, 즉 싱글 상태로 고립되어 있었다. 빛알의 결합이 풀린 다음에야 물질은 생성되었다. 이제야 중력이 작용하기 시작해 물질을 먼지·별·은하·은하단(團)으로 결합될 수 있게 했다. 이 과정은 오늘날까지 계속된다.

급팽창 가설

대폭발 모형에 이어 1980년대 초에는 급팽창 모형이 구성되었다. 그 이론은 우주의 태초에 눈 깜짝할 만큼 짧은 순간의 한 단계가 있었다는 것이다. 《네이처》의 편집자 매덕스John Maddox는 그 시간을 "광선이 원자핵의 지름을 관통하는 데 걸리는 시간의 몇 십억분의 1에 해당하는 시간"이라고 이야기한다. 그 단계가 끝나면서 비로소 새로운 단계가 시작되었다는 것이다. 또한 베를린의 천체물리학자 제들마이어Erwin Sedlmayer의 말에 의하면, 그 발견으로 인해 "앞으로 일어나는 우주의 발전이 의미 있게 성찰되고 물리학적으로 표현될 수 있었다."

그렇다면 무엇이 있었다는 말인가? 우주는 그 순간에 짧게 그러나 급격히 등비급수적으로 팽창되었다. 그리고 이후에는 직선적으로 팽창된다. 급팽창이 시작되기 전에 우주의 크기는 양자보다 작았다. 그러나 그 후에는 축구공만 해졌고, 그러고 나서 아마도 이미 상상할 수 없을 정도로 커졌을지도 모른다. 그 모델은 표준 대폭발 모형이 설명하지 못하는 두 가지 문제를 풀기에 적합하다. 우선 급팽창 이론은 우주가 과거에 생각했던 것보다 몇 십억 배 크다는 가능성을 열어놓는다. 그러므로 우주는 일반 상대성 이론에 의하면 굽어져 있어야 하는데도 불구하고 우리 눈에는 평평해 보이는 것이다. 왜냐하면 간단히 말해서 우리가 그것의 일부만을 볼 수 있기 때문이다. 우리 자신이 몇 십억 배나 작다면, 그래서 우리가 지구의 1제곱미터에만 발을 붙이고 산다면, 지구는 평평해 보일 것이다. 두 번째로 그 이론은 우주의 이웃하는 부분이 왜 거의 균질적인지, 다시 말해서 물질이 균등하게 분포되어 있는지를 설명한다. 급팽창이 대폭발 때 생겨난 모든 덩어리들을 풀어헤쳤다는 것이다. 우리는 대폭발을 작은 폭탄에 비유할 수 있다. 그 작은 폭탄이 터지면서 메가톤 급 폭탄을 점화시켰던 것이다.

우주 탄생 순간에 이렇게 가속기 페달을 밟는 것과 동일한 효과를 낸 원인들은 오직 가설일 뿐이다. 좀 더 친절히 말하자면, 급팽창 가설은 그 뒤에 이어지는 여러 가설들을 뒷받침하기에 알맞은 여지를 만들어준다. 그래서 지금 '가짜 진공', '반(反)중력', '스칼라 마당(場)', '초대칭 깨짐' 따위의 수많은 개념들이 난무하고 있다. 이것들을 이 자리에서 다 설명할 수는 없다.

대폭발에 대한 현재의 급팽창 모형이 거의 140억 년 전의 사건들을 잘 묘사하고 있는지에 대해서는 아무도 확실히 말할 수 없다. 이런 점에 대해 천문학자 페리스Timothy Ferris는 다음과 같은 말을 남겼다.

요컨대 20세기 말경에 대폭발 이론은 겉으로 보기에는 상당히 좋은 구성을 가지고 있었다.

대폭발 이론이 분명 최종적 이론이 될 수는 없을 것이며, 아마 그런 이론은 앞으로도 존재하지 않을 것이다. 그리고 우리는 영국의 수학자이자 생물학자인 홀데인John Burdon Haldane(1892~1964)이 남긴 다음과 같은 경고를 잊지 말아야 할 것이다.

우주는 우리가 생각하는 것보다 훨씬 더 기묘하며, 우리가 도대체 생각할 수 있는 것보다도 훨씬 더 기묘하다!

피안

우주가 계속 팽창하고 있다면, 과연 "어디로 팽창하는 것인가?"라는 의문이 뒤따른다. 그 답은 "빈 공간으로는 아니다"이다. 왜냐하면 우주는 공간 자체이기 때문이다. 공간은 그 속에 포함된 모든 것과 함께 팽창한다. '공간의 피안'이라는 개념은 우리 머리 속에서는 성립할 수 없는 것이다. 따라서 우리는 그 개념에 대해 전혀 생각할 수도 없고 말할 수도 없다.

공간에 들어맞는 사항은 시간에도 들어맞는다. 대폭발 전에는 우주가 없었으며 따라서 시간도 없었다. 다음에 계속 살펴보겠지만, 공간과 시간은 애당초 분리될 수 없으며 시공간을 함께 형성한다.

대붕괴 또는 열적인 죽음

중력 법칙은 모든 물질이 서로 잡아당긴다는 사실과 그 작용 방식을 말해 준다. 따라서 그것은 필연적으로 우주 팽창의 반대 방향으로 작용한다. 그러므로 우주가 중력을 이겨내고 계속 팽창할 수 있는지 의문이 생긴다. 거기에는 세 가지 가능성이 있다. 첫째, 언젠가는 그 제동력이 팽창력보다 우세해지는 순간이 올 것이다. 그러면 우주는 다시 쭈그러들어서 최초의 상태와 비슷한 상태로 환원될 것이다. 사람들은 이것을 "대붕괴"라고 부른다. 둘째, 우주는 계속 팽창해서 점점 더 희박해지고 추워질 것이다. 왜냐하면 열기(熱氣)는 지금 있는 공간에 고루 분포되고 더 이상 은하들에 집중되지 않을 것이기 때문이다. 그렇게 되면 우주는 대략 1,000억 년 후 이른바 열적인 죽음을 맞이할 것이고, 그때 모든 빛들이 고갈될 것이다. 이것은 오늘날 지배적인 견해이다. 한편 여기서 팽창이 이른바 "암흑 에너지"의 추진을 받아 심지어 가속화될 것이라는 견해도 있다. 셋째, 속도가 느려지긴 하겠지만 팽창은 계속될 것이며, 언젠가는 우주가 열사할 것이다.

▌ 우주의 재고 목록 ▌

이번에는 우리가 육안이나 망원경으로 볼 수 있으므로 더 깊이 생각할 필요가 없는 비교적 세속적인 것들에 대해 이야기해 보자.

밤에 우주를 바라보면 수많은 별이 보인다. 별로 관심 없는 사람들이 보기에 우주는 별과 그 사이의 공간들로 이루어져 있다. 원칙적으로도 그렇다. 한편 하늘의 사건들이 다소 복잡해지는 이유는 별들이 시기적으로 여러 단계를 거치기 때문이다. 별은 주 계열 소속의 별에서부터 시작해서 적색 거성(붉은 큰 별)으로 발전하며, 쌍성이나 은하처럼 대규모 단위로 집합된다. 게다가 상당수는 행성을 가지게 된다. 이 행성은 빛을 내지 않으므로 우리가 볼 수는 없다. 그리고 거기에는 신비스런 암흑 물질도 있다.

별과 은하

별은 그 중심부에서 원자핵들이 서로 융합하는 거대한 가스 공이며, 엄청난 양의 에너지를 방출한다. 이 에너지는 광선의 형태로 우주 공간 속에 흩어진다.

별은 가스와 먼지 구름에서 생겨났다. 우리는 이 가스와 먼지 구름을 성간(星間) 물질이라고 부르는데, 성간 물질은 초신성이 폭발할 때 나오는 충격파 때문에 농축되어서 별이 된다. 우선 원시별이 생겨나고,

이것은 중력을 통해 밀도가 높아지고 뜨거워진다. 그러다가 마침내 그 핵이 섭씨 1,000만 도의 고온에 도달하면 융합 반응을 일으킨다. 거기서 4개의 수소 원자핵이 융합되어 하나의 헬륨 핵이 되는데, 이때 엄청난 양의 에너지가 방출된다. 이 모형은 1920년에 영국의 물리학자겸 천문학자 에딩턴Arthur Eddington(1882~1944)이 개발한 것으로서, 별들이 어쩌면 그렇게 오랫동안 빛날 수 있는지를 설명하기 위한 것이었다. 이전까지 우리는 전통적 연소 과정들에서 출발했는데, 그것으로는 그런 고온이 나올 수 없었다. 한편 정확한 융합 과정은 우연히도 1938년 바이츠재커Carl Friedrich von Weizsäcker(1912~)와 베테Hans Bethe(1906~) 두 사람이 각자 완성했다.

융합 과정이 시작되면, 원시별은 점화되어 계속해서 빛을 내기 시작한다. 그리고 그 방출 압력 때문에 별은 더 이상은 농축되지 않고 그런 식으로 장기간 안정적인 상태에 머물면서, 자체의 연소 물질을 태우기에 충분한 적정 온도를 유지한다. 그 상태는 200만~200억 년 동안 계속된다. 그 후 벌어지는 모든 일들은 다음에 이야기하는 바와 같다.

은하

은하는 우주에 누적된 물질들이다. 거기서 별들이 생겨난다. 따라서 천문학자들은 우주의 생성기에 우선 은하가 만들어지고 뒤이어 최초의 별들이 생겨났다는 데서 출발한다. 별들은 그 성립기의 말기에 이르면 가스의 대부분을 성간 매질에 반납한다. 그러면 이 매질은 다시 새로운 별 세대의 기원을 이루게 된다. 은하는 가스가 별로 변환되고, 별이 다시 가스로 변환되는 시스템인 것이다.

은하는 나선형 은하 · 타원형 은하 · 불규칙 은하로 분류된다. 우리 은하수는 전형적인 나선형 은하이다. 나선형 은하는 납작하며 하나의 핵, 하나의 원반, 하나의 헤일로(뜨거운 가스), 여러 개의 나선형 팔들로 이루어져 있다. 그리고 나선형 은하는 타원형 은하보다 뚜렷이 밝다. 왜냐하면 성간 물질이 많아서 상대적으로 밝은 신생 별들로 이루어져 있기 때문이다.

타원형 은하들 중에서 큰 것은 1조 개나 되는 별들로 구성되어 있으며 부피는 200만 광년이나 된다. 이것은 대략 은하수의 20배 크기이다. 매우 뜨거운 헤일로로 둘러싸여 있으며, 가장 밝고 중량이 많이 나가는 은하는 주로 '상자 모양'이다. 반면에 작고 덜 밝은 것들은 대개 '레몬 모양'이다. 그 붉은색은 우주에 골고루 퍼져 있는 오래되고 차가운 별들을 나타낸다. 그러므로 우리는 그 대부분의 별들이 이 은하들에서 오래전에, 그것도 거의 비슷한 시기에 생성되었다고 가정할 수 있다.

타원형도 나선형도 아닌 모든 은하는 불규칙 은하에 속한다. 그것들은 특별히 눈에 띄는 구조를 보이고 있지 않다. 별, 가스, 먼지가 규칙 없이 분포되어 있다. 불규칙 은하에 있는 별들의 수는 대략 100만 개이다. 그리고 불규칙 은하는 아마 그 자체로 대규모 은하들의 구성 재료가 되는 것 같다.

우리 은하수 외에도 다른 은하가 있다는 것은 허블의 관찰을 통해 1929년에야 비로소 분명해졌다. 17세기와 18세기에 특히 허셜 **William Herschel**은 많은 '성운'을 포착했다. 하지만 그 본질이 무엇인지는 알아내지 못했다. 1864년에 최초로 허긴스**William Huggins** (1824~1910)는 그것들 중 몇 개가 햇빛 특유의 스펙트럼과 동일한 스펙트럼을 낸다는 것을 알았지만, 그 개개의 별들에 대해서는 알 수가 없었다.

은하단, 초은하단, 벽, 빈 터

은하들이 서로 모이면 은하단, 초은하단, 거대 장벽 등을 거대 공간 속에 만들어낸다. 이 거대 공간들은 '빈 터' 또는 '보이드Void'라고 하는데, 사실 그 속은 거대한 비누 거품처럼 비어 있다. 그 밀도는 그 외벽의 밀도보다 10~100배 낮다.

은하단Cluster은 중력 때문에 결집되어 있다. 그것은 우주에서 중력 때문에 결집된 가장 큰 단위로서, 100여 개의 은하들로 이루어져 있다. 세 개에서 몇 십 개까지의 은하들만 모여 있는 소형 은하단은 단순히 '무리Group'라고 불린다.

은하단은 눈에 보이는 은하들과 집단 매체, 즉 그 사이에 가득 차 있는 희박하고 뜨거운 가스로 이루어져 있다. 그러나 은하와 집단 가스는 그 집단 전체 중량의 10분의 1밖에 안 된다. 중량의 대부분은 암흑 물질이 차지한다. 우주에 있는 은하는 우리가 관찰한 범위 내에 있는 것만 해도 1조(兆) 개가 넘는다.

별들의 죽음

적색 거성(巨星)과 백색 왜성(矮星)

별이 소멸하는 방식은 별의 원래 크기에 달려 있다. 젊은 별들은 내부의 핵융합을 통해 에너지를 얻는다. 다시 말해 수소 원자를 융합해 헬륨이 되게 한다. 에너지가 전부 소모되면, 그 별들은 다양한 길로 접어들 수 있다. 별의 질량이 태양의 0.4배 이하이면 에너지가 없어서 다음 핵융합 단계로 넘어갈 수 없다. 그 내부에서는 헬륨이 결집해 구(球)가 형성된다. 그리고 수소 연소는 이 헬륨 구를 에워싼 껍질에서 진행된다. 그러면 껍질이 점점 확장되어 밝게 빛나서 결국 그 별은 적색 거성이 된다. 별의 질량이 태양의 0.4배 이상이면, 헬륨 성분의 내부가 뜨겁고 밀도도 높다. 그래서 탄소가 되기 위한 융합이 이루어진다. 이 융합은 원칙적으로 폭발적으로 일어나며, 헬륨 플래시라고 불린다. 이때 별에서는 질량의 상당 부분이 삭감된다. 그런 식으로 별이 질량을 계속 잃어버려 태양 질량의 1.44배 이하가 되면(이런 상황은 질량이 태양의 여덟 배 이하인 별들에서만 나타난다), 탄소와 질소만 남은 뜨거운 백색 왜성이 된다. 백색 왜성은 거대한 불길처럼 몇 십억 년 후에는 완전히 냉각되어 흑색 왜성이 된다.

초신성

질량이 '1.44 태양 질량' 한계선을 초월하는 별들은 중력이 매우 크기 때문에, 백색 왜성으로서의 최후를 맞지 못한다(이 한계선을 밝힌 것은 인도 태생의 천체물리학자인 찬드라세카르Subrahmanyan Chandrasekhar (1910~1995)이다). 수소 연소 이후에는 그 별들도 계속 압축되고, 마침내 헬륨이 점화되어 연소되기 시작한다. 여기서 새로운 광선 에너지가 생겨나, 별이 완전히 와해되는 걸 막을 수도 있다. 하지만 이 헬륨도 언젠가는 고갈된다. 그러면 다시 중력이 우세해져서 별은 계속 움츠러든다. 그런 식으로 점점 더 질량이 큰 원소들이 연소되기 시작해서, 마침내 융합은 철(Fe)에 도달한다. 이때 별은 점점 더 부풀어 오른다. 그리고 밝기가 1,000배에서 1만 배까지 밝아져서 적색 거성이 된다. 그 다음에 핵은 마음껏 반응을 일으켜서 마침내 초신성으로 폭발한다.

초신성의 또 다른 유형은, 백색 왜성이 이중 별 시스템에서 자신의 파트너 별로부터 많은 물질을 빼앗아 와서 질량이 마침내 찬드라세카르 경계를 넘어설 때 생겨난다. 이때 탄소는 극도의 변형된 조건들 아래에서 연소된다. 엄청난 에너지 양이 방출되며, 별은 거대한 원자 폭탄처럼 폭발한다. 이때 에너지는 1초 만에 방출되는데, 그 양은 주변의 우주에서 관찰되는 모든 별의 에너지 양보다도 많다.

중성자 별과 펄사

별의 질량이 최후의 와해 단계에서 태양 질량의 1.4~3.2배에 이르면 중성자 별이 생겨난다. 우선 초신성 폭발 때 별의 바깥 껍질이 벗겨져서 떨어져 나가면 별의 핵은 힘을 잃고 탈진한다. 전자들은 압축되어 광자가 되고, 중성자를 형성한다. 핵에서는 20~30미터 크기의 물체가 생겨난다. 이 물체는 주로 중성자로 구성되어 있다. 그 구(球) 표면의 중력은 지구 중력의 2,000억 배이다. 우리가 이 물질 1제곱미터를 지구로 가져온다면, 그 무게는 평균적으로 6억 5,000만 톤이나 될 것이다.

중성자 별은 지름이 작기 때문에 1초당 몇 백 번씩 자전한다. 이 단계에 있는 별의 특징은 전파 및 기타 광선을 주기적으로 방출하는 것이다. 따라서 이 별들은 펄사(펄스Pulse처럼 퍼지는 전파의 진원지) 또는 맥동성이라고 불린다. 그리고 그 자전은 거대한 질량 때문에 규칙적이다. 따라서 극도로 정확한 시계인 셈이다. 지구에서 사용되는 시간을 더 이상 여러 원자시계 그룹으로 정하지 말고, 밀리초(秒) 펄사들의 앙상블을 가지고 정하자는 주장은 그런 사실에 입각한 것이다. 만약 그렇게 한다면 천문학은 다시 그 최초의 목표, 즉 시대 측정으로 되돌아가는 셈이다.

물론 일설에 의하면 펄사보다 더 밀도가 높은 별들도 있다. 미국 항공 우주국에 의하면 그것들은 '스트레인지 쿼크'들로 이루어져 있다. 따라서 쿼크 별로 불린다.

검은 구멍

초신성 폭발 후에 그 질량이 태양 질량의 3.2배보다 크면 별은 변화

압력이 부족해져서 중성자 별로 안정화될 수 없다. 마침내 그 자체의 무게 때문에 폭삭 주저앉아 버린다. 이것은 고전적 물질의 죽음인 동시에 검은 구멍의 탄생이다.

검은 구멍은 일종의 우주 배수관이다. 빛이든 물질이든 가리지 않고 근처에 접근하는 모든 것을 그 소용돌이 속으로 집어삼킨다. 검은 구멍 내부는 바깥과 완전히 다르다. 시간은 공간으로 변화하며, 공간은 시간으로 변화한다. 아무것도 검은 구멍 밖으로 빠져나올 수 없다. 그것은 이른바 사건 지평으로 둘러쳐져 있으며, 그곳 밖으로는 아무런 입자도 정보도 새어 나올 수 없다. 그러므로 그 안에서 실제로 무슨 일이 일어나는지는 전혀 알 수 없다.

원칙적으로 모든 물체는 검은 구멍으로 변화될 수 있다. 물체를 최대한 압축해서 '슈바르츠 실트 지름'이라는 경계선보다 작게 축소시키기만 하면 된다. 예컨대 태양은 지름이 대략 6킬로미터가 압축되면 검은 구멍이 되고, 지구는 2센티미터가 채 못 되게 하면 된다.

이론상으로는 검은 구멍이 벌레 구멍도 형성할 수 있다. 이것들은 공간이나 시간의 두 지점을 연결한다. 그리고 TV에서 보듯이 심지어 우주선들이 이 비상 통로를 이용할 수도 있다. 따라서 검은 구멍은 아주 신비로우며, 질량이 큰 별들의 종착역이 되는 경우도 결코 드물지 않다. 그러나 많은 것들은 아주 작은데, 태양 질량의 3~4배만 되어도 더 이상 눈에 띄지 않는다. 죽어가는 최초의 검은 구멍들은 그것보다 더 작다. 한편 일부 연구자들은 검은 구멍을 우주에서 관찰되는 특수한 번개 조명의 원인으로 간주한다. 다시 말해서 수명이 오래될수록 검은 구멍은 질량이 무거워진다. 따라서 오늘날 이미 사멸하고 있고 우주의 시작 전에 생겨날 수 없는 별들 중 몇 개는 무게가 겨우 몇 억 톤에 이를 것이다. 결국 그 무게는 작은 산 하나의 무게 정도가 될 것이고, 지름은 원자핵보다 작을 것이다.

덧붙여 말하건대, 우주에 검은 구멍이 있을 수 있다는 생각은 아주 오래전부터 사람들이 갖고 있었다. 예컨대 1784년에 성직자인 미셸 John Michell은 우주의 가장 무거운 물체가 눈에 보이지 않을 수 있다고 말했다. 왜냐하면 그 자체에서 나오는 모든 빛을 강한 중력으로 다시 끌어들이기 때문이라는 것이다.

퀘이사

준(準)항성, 즉 퀘이사Quasar(Quasi-Stellar Radio Source)는 수많은 은하계들의 핵심부에 있으면서, 활동 시기 동안 그곳에서 꽤나 밝은 불꽃놀이를 하는 전혀 다른 종류의 천체이다. 현재의 모형에 따르면 '퀘이사'는 물질을 흡수하는 하나의 검은 구멍으로 이루어져 있다. 근처의 모든 가스·먼지·별들은 그 소용돌이 속에서 섭씨 몇 백만 도로 가열되며, 엄청난 에너지를 방출한다. 물질이 그 검은 구멍의 피안으로 운반되기 전에 그 정지 질량의 대략 10퍼센트는 아인슈타인의 유명한 공식 $E=mc^2$에 따라서 에너지로 변환될 수 있다(이 공식에 대해서는 나중에 자세히 이야기할 것이다).

더 이상 그다지 활동적이지 않으며, 퀘이사로서 1조(兆) 개의 태양만큼 밝게 빛나는 이 검은 구멍은 그 근처 별들의 운동을 통해 간접적으로만 그 존재가 입증될 수 있다. 검은 구멍이 지닌 극도의 인력 때문에 별들은 거기에 가까이 올수록 더 빨리 빨려 든다. 그 동안의 연구들은, 아주 평범하거나 수동적인 은하들조차도 수많은 검은 구멍을 가지고 있을 수 있다는 것을 말해 준다. 그중 극단적인 경우는 우리와 가까이 있고 평범해 보이는 S0형 은하 NGC 3115이다. 그 핵심부에서는 태양 질량의 10억 배나 되는 거대한 검은 구멍이 발견된다.

뮌헨 대학의 천문학 및 천체물리학 연구자들은 실제로 모든 은하의 중심부에 검은 구멍이 있으며 그 질량이 은하 질량에 비례할 것이라 추측한다. 우리 은하계의 중심에도 하나가 있다. 물론 그 검은 구멍은 우리를 공포에 빠져들게 할 정도로 크지는 않다. 다만 매년 지구 질량의 1퍼센트 정도에 해당하는 물질을 집어삼킨다. 그래서 본Bonn에 있는 막스 플랑크 연구소의 전파(電波)천문학자 팔케Heino Falcke는 "은하계의 중심에 있는 검은 구멍은 상당히 고립되어 기아에 시달리고 있는 것처럼 보인다"라고 이야기한다.

행성

행성은 태양 질량의 0.001배보다 질량이 작은 천체이다. 거기서는 핵융합이 일어나지 않는다. 다시 말해, 점화되어 독자적 별로 빛나기에는 질량이 너무 작다. 행성의 재료는 성간 물질에서 온 것이 아니라 원시별들을 감싸고 있던 원반에서 온 것이다. 따라서 그것은 항성 주위를 공전한다.

우리가 직접 관찰할 수 있는 행성은 우리 태양계의 것들이다. 이 행성들은 태양과 마찬가지로 가스 및 먼지 구름에서 생겨났다. 작은 결정 핵들이 점점 더 큰 덩어리로 자라났고, 먼지와 파편들을 계속 흡수하여 온도가 점점 높아졌다. 고온 때문에 핵심부의 물질은 융해되기 시작했고, 파편들 하나하나로 된 느슨한 집합체는 차츰 단단한 행성으로 발전했다.

아마 대부분의 행성들에는 철(鐵)로 이루어진 핵이 있을 것이다. 반면에 새로 생긴 규산염은 그 위에 부유하고 있을 것이다. 원시 태양이 점화되어 연소되기 시작하자, 최초의 강력한 태양풍이 생겨나서 근처에 있는 가스와 먼지의 느슨한 결합체들을 멀리 불어버렸을 것이다. 그래서 행성들이 계속 생성하거나 성장하는 것을 방해했을 것이다. 다른 태양계들에 얼마나 많은 행성들이 존재하는지는 미지수이다. 그것은 스스로 빛나지 않으므로 하나도 보이지 않는다. 이는 예상했던 그대로다. 그러나 그것들의 존재는 이미 200개 이상 증명되었다. 행성의 인력이 그것의 태양에 미치는 미세한 진동들을 가지고 그 존재를 알아낼 수 있다.

갈색 왜성

갈색 왜성은 빛을 내며 훨훨 타오르는 데 실패한 별이다. 그 질량은 태양 질량의 0.085~0.013배로, 핵융합을 일으키기에는 충분하지 않지만, 중수소를 헬륨 3으로 변환시키기에는 충분하다. 그렇기 때문에 검붉은색 내지 갈색의 약한 불꽃을 만들어낼 수 있다. 갈색 왜성은 별과 행성의 중간적 존재이다.

소행성 및 기타 소형 천체

행성 외에도 몇 가지의 다른 소형 천체들이 있다. 예컨대 우주의 '눈 공 Snow ball' 이라는 별명을 가지고 있는 얼음 성분의 혜성, 그리고 돌이나 철로 구성된 메테오로이드가 있다. 그중에서 비교적 큰 것으로는, 플라네토이드 Planetoid나 작은 행성이 있다.

그리고 유성이나 운석도 있다. 사람들은 늘 이 두 가지를 혼동하는데, 그러는 것은 당연하다. 왜냐하면 두 가지 모두 같은 대상을 지칭하기 때문이다. 다만 지구 대기권에 들어와서 빛을 낸 것을 유성이라고 하고, 지상까지 도달해서 사람들의 손을 거친 뒤 박물관에 전시된 것을 운석이라고 한다. 거의 매일 40톤 정도의 유성이 지구에 떨어지는데, 다행히도 우리는 그것을 전혀 눈치 채지 못한다. 왜냐하면 그 대부분은 크기가 10분의 1밀리미터도 안 되기 때문이다. 그러나 지름이 10킬로미터가 넘는 소행성들이 1,000만~1억 년마다 지구에 떨어진다. 그러면 대기권에 흩어진 그 먼지들 때문에 사방은 칠흑같이 어두워진다. 그것들이 정지해 있기 좋아하는 곳은 화성과 목성 사이에 위치한 띠 부분이다. 달은 비교적 큰 행성 둘레를 도는 플라네토이드 (작은 행성)이다.

‖ 우리 태양계 ‖

우리 태양계에는 아홉 개의 행성, 몇 천 개의 소행성 · 유성 · 혜성 · 상당한 분량의 먼지, 그리고 하나의 항성, 즉 태양이 있다.

태양의 성립

태양은 적어도 별들의 2세대 등급에 속한다. 따라서 과거에 존재했던 별들의 잔재들을 재활용해 구성되었다. 우리는 태양 자체, 그리고 그 주변의 행성 시스템이 중금속 원소들을 포함하고 있다는 데서 그 사실을 알 수 있다. 그러니까 1세대 별들이 생성되었을 때 그 원소들은 아직 존재하지 않았다. 그것들은 그 최초의 1세대 별들 내부에서 비로소 뜨겁게 구워져 '제작' 되었으며, 특히 자기 행성들의 제작 재료가 되었다. 그 행성들은 주로 철 · 마그네슘 · 알루미늄 · 규소 · 산소로 구성되었다. 그 행성들 중에서 특히 덩치가 큰 가스 행성들조차도 핵은 이와 같은 원소들로 이루어져 있다. 그리고 수소와 헬륨 성분의 거대한 껍질로 에워싸여 있다.

우리의 태양계는 초신성이 폭발하고 남은 원시 성운에서 형성되었다. 외부로 밀고 나가려는 복사의 압력과 내부로 당기는 중력의 균형이 깨질 때까지 그 원시 성운은 그 상태대로 계속 유지되었다. 우리 태양계는 아마 또 하나의 어떤 초신성이 폭발할 때 나온 충격파의 영

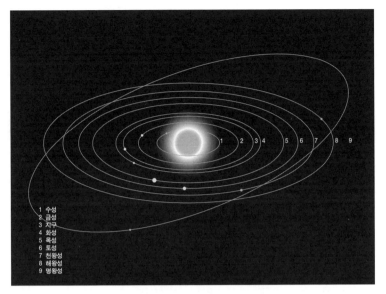

그림 3.1 아홉 개의 행성 및 그것들의 타원형 공전 궤도. 지구와 태양 간의 거리는 가장 가까울 때가 1억 4,710만 킬로미터, 가장 멀 때가 1억 5,220만 킬로미터다.

향으로 그 원시 성운의 균형이 깨지면서 생겨났던 것 같다. 그 파동은 원시 성운을 결집시키는 동시에 회전시켰을 것이다. 그리하여 원시 태양을 중심으로 하는 가스 및 먼지 원반이 생성되었다. 그리고 우리 태양은 내부에서 수소 원자가 융합 반응을 할 수 있을 만큼 충분히 압축되었을 때 점화되었다. 그 후 그것은 계속 타오르고 있으며, 복사 압력과 중력 사이에는 새로운 균형이 이루어졌다.

태양의 핵은 융합 반응이 일어나는 연소 구역이다. 섭씨 1,500만 도의 온도가 그곳을 지배한다. 우리가 태양에서 보는 것은 광구(光球) Photosphere이다. 광구는 태양 내부로부터 뜨거운 가스가 상승하면서 생겨나는 작은 알갱이들 같은 구조를 가지고 있다. 이곳은 온도가 약 섭씨 6,000도이고, 비교적 차가운 흑점들이 군데군데 있다. 이 흑점들은 자기장을 통해 생겨나는데, 11년을 평균 주기로 해서 증가하거나 감소한다. 그리고 가장 바깥 부분에는 희박한 가스로 된 채층(彩層) Chromosphere이 있다. 그것은 개기 일식 때 붉은색 낮이나 반지처럼 보인다. 또한 채층보다 더 희박하고, 온도가 섭씨 100만 도가 넘는 코로나가 있다.

태양의 일률은 4해(4×10^{22}) 기가와트인데, 이는 1,000메가와트 발전 용량의 대형 발전소 4해 개에 해당한다. 태양은 50억 년 전부터 매초 400만 톤의 질량을 상실하고 있는 것이다. 만약 우리가 태양의 에너지 방출량을 손실 없이 포착할 수 있는 기술을 가지고 있다면, 지구상의 공업 국가들이 10억 년 동안 쓸 에너지를 단 1초 만에 충당할 수 있을 것이다.

지구와 달의 성립

태양 주변의 가스 및 먼지 원반에서 행성들이 생겨났다. 모래 크기의 알갱이에서 시작해서 점점 더 큰 암석 덩어리로 뭉쳐졌고, 이따금씩 서로 충돌하여 다시 분리되었다. 그리고 다시 뭉쳐졌다. 그러기를 반복하면서 서서히 크기가 커졌고, 몇 백만 년 후에는 지름이 몇 킬로미터가 되었으며, 거의 모든 먼지들은 이제 홀로 남지 않게 되었다. 그리하여 원시 태양 둘레에는 먼지들이 아니라 몇 백만 개의 미소행성들이 돌게 되었다. 그리고 이것들은 서로 충돌을 거듭해서 마침내 아홉 개의 행성만 남게 되었다. 이 아홉 개의 행성들은 오늘날도 돌고 있으며, 화성과 목성 사이를 떠도는 소행성들의 띠도 거기에 추가된다.

형성되는 과정에서 행성은 방사능 물질의 붕괴, 충돌과 중력의 압박 때문에 가열된다. 그리하여 핵 부분이 녹아버린다. 가벼운 원소는 상층부로 떠오르고 무거운 것들은 핵 쪽으로 가라앉는다. 핵에는 주로 철과 니켈이 모이고, 그 외곽에는 규소 · 마그네슘 · 알루미늄 · 산소가 쌓인다. 기본적으로 지구도 그런 식으로 구성되기 시작했다. 이 과정은 대략 45억 년 전에 시작되었다. 지구는 지름이 1만 2,700킬로미터이고 무게는 대략 60해(6×10^{21}) 톤이다.

우리의 달은 좀 특이하다. 어쨌든 지름이 지구의 4분의 1이나 되므로 매우 큰 편이다. 그래서 행성학자들은 지구와 달이라는 쌍두마차를 이중 행성이라고 부른다. 게다가 달은 성분이 특이하다. 왜냐하면 지구 맨틀에 존재하는 물질만으로 되어 있기 때문이다. 그러나 무거운 것, 특히 철은 없다. 그리고 달은 지구 주위를 공전할 때, '잘못된' 궤도에서 돌고 있다. 즉 다른 달들처럼 지구의 적도를 따라 도는 것이 아니라, 지구가 태양을 따라 도는 궤도와 동일한 평면 상에서 돌고 있다. 여기서 우리는 달의 성립에 관한 어떤 사실을 알 수 있을까? 우선 달은 지구와 같은 시기에 성립한 것일 리가 없다. 그렇다면 화학적 성분이 대략 비슷해야 한다. 당시의 속 사정은 아마 이러했을 것이다. 금방 오븐에서 구워져 나와 아직 벌겋게 달아올라 있는 지구에, 예컨대 화성만큼 커다란 어떤 제3의 행성이 날아와 충돌했다. 이 공격자의 몸체 대부분을 액체 형태의 지구는 꿀떡 집어삼켰다. 그래서 지구는 몸집이 상당히 커졌다. 그러나 그 엄청난 충격 폭발에서 생긴 뜨거운 열기 때문에 증기가 뿜어져 나왔다. 이 증기는 지각의 물질로 이루어진 것이었는데, 사방팔방으로 분사되었다. 그리고 결국 그 물질들이 공전 궤도 상에서 서로 뭉쳐져 압축되면서 달이 되었다.

달이 하나만 있다고 생각하는 것은 착각이다. 제2의 달은 물론 훨씬 작으며, 1986년에 처음으로 발견되었다. 그러나 공식적으로는 달로 인정받지 못했다. 이름은 크뤼트네Cruithne 3753이다. 지름은 1~10킬로미터이고, 그 타원형 공전 궤도 상에서 지구에 가장 가까이 있을 때의 거리는 1,500만 킬로미터이다. 그러니까 달보다 대략 40배 멀리 떨어져 있다. 지구에서 가장 멀리 있을 때의 거리는 3억 7,500만 킬로미터이다.

우주에서 지구가 차지하는 위치

우리는 우주의 드넓은 바다에서 도대체 어디에 위치하고 있는 것일까? 우선 태양으로부터 대략 1억 500만 킬로미터 떨어진 타원형 공전 궤도 상에 있다. 우리와 가장 가까운 항성은 4.3광년 내지 408억 5,000만 킬로미터 거리에 있는 켄타우루스자리의 프록시마Proxima Centauri 별이다. 행성계를 갖춘 태양은 은하수의 그런 수많은 별들 중 하나일 뿐이다. 은하수에는 그런 태양이 100억 개가 넘는다. 은하수는 지름이 10만 광년이고, 중간 정도 크기의 나선형 은하이며, 안드로메다 은하 및 다른 24개의 소형 은하와 함께 지역 그룹을 형성한다. 그리고 이 그룹은 더욱 큰 처녀자리Virgo 은하단의 가장자리에 존재하는데, 이 은하단 또한 몇 천 개의 은하들을 가지고 있다.

우리 태양은 은하수의 중심에서 상당히 멀리 떨어진 변방에 위치하며, 이 은하수의 중심을 축으로 하는 거의 동심원 형태의 공전 궤도 상에서 시속 약 80만 킬로미터로 돌고 있다. 태양과 은하수 중심 간의 거리는 지구와 태양 간의 거리보다 약 10억 배나 멀다. 은하수는 다시 처녀자리 은하단의 중심을 공전하는데, 우주가 점차 팽창함에 따라 처녀자리 은하단과 함께 다른 초은하단들로부터 점점 멀어지고 있다.

우리는 우리 태양계가 변방에 있는 것에 대해 기뻐해야 한다. 왜냐하면 처녀자리 은하단의 중심에는 은하들이 밀집해 있어서, 충돌이 자주 일어날 수 있기 때문이다. 나선형 은하들이 거기서 살아남을 확률은 매우 낮다.

우리 근처의 모든 은하들은 켄타우루스자리에 있는 은하단의 대규모 집합 장소 쪽으로 끌려가는 힘을 받는다. 이 지역에는 은하들을 끌어들이는 엄청난 질량이 있을 것임에 틀림없다. 그래서 우리는 그것을 '거대 중력원Great Attractor'이라고 부른다. 그 거대 중력원은 태양 몇 십억 개의 몇 백만 배에 해당하는 질량을 가지고 있을 것으로 추정된다. 그러나 그 질량의 극히 일부만이 빛을 반사한다. 따라서 그 나머지는 암흑 물질로 이루어져 있음에 틀림없다.

다시 한번 요약해서 말하자면 우리는 회전한다. 우리가 만약 적도에 서 있다면 지구의 중심을 거의 시속 1,700킬로미터로 돌고, 10만 킬로미터 이상의 속력으로 태양 둘레를 돈다. 또한 동시에 시속 18만 킬로미터로 은하수 중심을 돌고, 80만 킬로미터의 속력으로 처녀자리 은하단의 중심을 돈다. 이때 '거대 중력원'을 향해 돌진하면서, 점점 팽창하는 공간의 저 너머로 미끄러지고 있다. 다행스럽게도 우리는 그 말의 수사학에만 현기증을 느낄 뿐이다.

지구의 예견되는 종말

예상컨대 언젠가 우주가 '열적인 죽음'을 맞을 것이라는 점은 이미 언급했다. 그렇다면 인류가 어떤 전략을 세워서 제2의 우주로 대피할 수도 있겠지만, 그 문제에 대해서는 이 책에서 이야기하지 않을 것이다. 분명한 것은 그 대피가 지구가 아니라 우리 태양계에서 이루어질 것이라는 사실이다. 왜냐하면 그때는 이미 지구의 시대가 훨씬 오래전에 끝났을 것이기 때문이다.

예상컨대 태양은 수소 자원이 모두 소모되는 75억 년 후면 적색 거성으로 변환될 것이다. 그러면 더 거대해지고 더 뜨거워져서 지구의 모든 생명을 말살시킬 것이다. 그 후 10억 년이 더 지나면 아마 은하수가 안드로메다 은하와 함께 충돌할 것이다. 그러나 어차피 지구상의 인류와는 이미 아무런 상관도 없는 일일 것이다.

그러나 지구가 이보다 더 일찍 사라질 수 있다는 것도 생각해 볼 수 있다. 인간들은 빙하 시대를 초래할 수도 있는 핵 폭탄을 가지고 있다. 그리고 외계에서 날아오는 소행성들의 위험도 배제할 수 없다. 소행성으로 인한 엄청난 대량 몰살은 지구 역사에서 이미 여러 차례 일어난 바 있다. 한편 죽음을 서두르지는 않지만 동경해 마지않는 자들은 최종적으로 모든 생명을 끝낼 '초대형의 것Great Big One'을 기다리고 있다. 슈메이커 레비 9호Shoemaker Levy 9가 그 한 본보기이다. 이 소행성은 1994년 7월에 히로시마 폭탄의 5,000만 배나 되는 위력을 가지고 목성과 충돌했는데, 우주 탐사선 갈릴레오가 아주 가까이에서 그 충돌 장면을 관찰한 바 있다.

그 소행성이 하필이면 목성과 충돌했다는 것은 우연이 아니다. 컴퓨터 시뮬레이션 결과, 우리가 대규모 혜성 및 소행성과 자주 충돌하지 않는 이유는 그 거대한 목성 덕택인 것으로 나타났다. 목성은 혜성들의 궤도를 다른 곳으로 유도한다. 이른바 혜성을 흡수하는 진공청소기처럼 작용하는 것이다. 목성이 없다면 지구는 우주에서 날아오는 치명적 혜성들과 자주 충돌할 것이다. 그 횟수는 지금의 1,000배에 이를 것이다. 그런 자연 재해들은 〈우리 삶의 공간〉 장에서 이미 자세히 다루었다.

물질과 에너지

현대 물리학의 기본 전제는 2,500년 전부터 존재해 왔다. 아브데라 Abdera의 철학자 데모크리토스Demokritos(기원전 약 460~375)에 따르면, 모든 만물은 눈에 보이지 않는 작은 물질 입자들 Atomos(그리스어로 더 이상 분해할 수 없다는 뜻임)로 구성되어 있다. 그리고 (고체든 액체든 기체든 간에) 모든 사물의 속성은 물질 입자들의 결합을 통해 정해진다. 그에 의하면 공간과 시간 내에서 원자가 운동한 결과, 세계가 성립되었다. 그의 이런 생각은 완전히 옳았다. 물론 '원자' 개념은 더 분해될 수 있는 것으로 20세기에 판명되기는 했지만 말이다. 하지만 데모크리토스는 예언가가 아니기 때문에 그에게 자신의 원소 입자들을 '쿼크'로 불렀어야 한다고 이야기할 수는 없는 노릇이다. 게다가 오늘날에도 원자는 비록 기본 입자는 아니지만 어쨌든 안정적인 단위로서 화학에서는 매우 중요한 역할을 한다.

원자의 구조

데모크리토스의 아이디어는 18세기에 비로소 구체화되기 시작하였다. 1800년경에 영국의 물리학자이자 화학자였던 돌턴은 화학 결합이 일어날 때 개별 물질들 간의 비율이 항상 일정하다는 것을 발견하였다. 그리고 자기 이름을 따서 이 규칙에 돌턴 법칙이라는 이름을 붙였다. 그 법칙에는 화학 결합이 개별 단위들의 결합을 통해 이루어질 수 있다는 생각도 내포되어 있다. 그리고 사람들은 그 개별 단위들이 동질적 입자들일 것이라고 생각했다. 그러나 그로부터 약 100년 후에 그 아이디어는 다시 포기되어야 했다.

1897년 돌턴의 동향 사람인 톰슨Joseph J. Thomson(1856~1940)은 음극선(이것은 오늘날 TV 브라운관에서 발견된다)이 원자에서 나온 작은 대전(帶電) 입자들로 이루어져 있다는 것을 발견했다. 만약 원자로부터 그런 입자들을 풀어낼 수 있다면, 원자는 더 이상 분해할 수 없는 것이 아닐 것이다. 톰슨이 관찰한 입자는 전자(電子)라는 이름을 얻었다. 전자는 원자보다 훨씬 작고, 오늘날까지도 더 이상 쪼갤 수 없는 것으로 받아들여지고 있다. 그 외에도 톰슨은 전류가 전자의 흐름임을 최초로 발표하여 1906년 노벨 물리학상을 받았다. 오늘날 그의 원자 모형을 그리워하며 회상하는 사람들도 있을 것이다. 사람들은 원자가 건포도가 수없이 박힌 둥근 케이크 같을 거라고 생각했다. 그 이미지는 너무나 강렬했다. 그 모습은 오늘날의 핵물리학자들에게도 일종의 향수를 자극한다. 건포도 케이크 모형에서 케이크는 원자였고 건포도는 전자였다. 그 반죽 부분은 양전하를 띠고 있으며, 건포도의 음전하 때문에 전체적으로 중성이 되었다.

1909년에 그 케이크 모형은 아름답기는 하지만 좋지는 못한 것으로 드러났다. 왜냐하면 케이크와 달리 원자들은 거의 허공으로 이루어져 있기 때문이다. 물리학자인 러더퍼드 경Lord Rutherford of Nelson (1871~1937)은 방사능 입자 광선을 몇 천분의 1밀리미터 두께의 금박에 투사하여 이런 사실을 알아냈다. 이 실험에서 방사선의 입자들 대부분은 그야말로 눈썹도 꿈적이지 않은 채 간단히 금박을 통과했지만, 일부 입자들은 심하게 진로가 꺾이거나 튕겨 나왔다. 그의 표현대로 하면, "이것은 마치 누군가가 15인치 포탄을 비단 종이에 쏘았는데 그

것이 되돌아온 것과 같았다." 그래서 그는 원자가 본질적으로 텅 비어 있음에 틀림없으며 대부분의 중량이 하나의 작은 지점에 집중되어 있을 것이라고 추론했다. 그 후 사람들은 원자를 아주 작은 핵이 있는 텅 빈 공간으로 생각하게 되었다. 그리고 그 핵에는 모든 질량이 들어 있으며, 원자들은 그것을 어떤 특정한 방식으로 에워싸고 있다고 생각했다. 참고로 수소 원자의 핵은 지름이 원자 전체 크기의 10만분의 1에 불과하다. 그리고 원자 자체는 지름이 1,000만분의 1밀리미터이다. 한편 러더퍼드는 전자가 초고속으로 핵 둘레를 공전하며, 그때 생기는 원심력으로 전기적으로 양성인 핵의 인력에 반발한다고 생각했다.

크기가 정해진 에너지

원자 내에서 어떤 일이 벌어지는지 그 속 사정은 아직 아무도 몰랐다. 그리고 여기서 양자(量子)Quantum가 점점 더 많이 주목받게 되었다. 양자라는 개념을 만들어낸 사람은 막스 플랑크Max Planck (1858~1947)로, 이는 1900년 12월 14일 베를린에서였다. 그는 원자에서 빛과 에너지가 방출될 때 임의의 에너지 크기가 연속적으로 나오는 것이 아니라고 주장했다. 소량씩 어떤 에너지 양의 완전수의 배수로만 나온다는 것이었다. 이 주장에 따르면 에너지는 작은 포장 단위로만 존재한다. 이런 생각은 당시까지 동질적이고 매끈하기만 했던 물리학에 뜻밖의 일격을 가했다. 그래서 후일 물리학자 샤트슈나이더 Peter Schattschneider는 그것은 "마치 교향곡 〈핀란디아〉에 랩 음악이, 또는 루벤스의 그림에 입체파 회화가 끼어든 것과 같다"라고 논평한 바 있다.

이와 동시에 일련의 유럽 물리학자들은 새로운 물리학을 발전시키는 대열에 끼게 되는데, 이들은 모두 나중에 차례로 노벨상을 받는다. 플랑크가 1918년, 아인슈타인이 1921년, 보어Niels Bohr가 1922년, 헤르츠Heinrich Hertz가 1925년, 드브로이Louis de Brogile가 1929년, 하이젠베르크Werner Heisenberg, 슈뢰딩거Erwin Schrödinger, 디랙 Paul Dirac이 1933년, 파울리Wolfgang Pauli가 1945년, 보른Max Born이 1954년이었다.

플랑크는 물체에서 나오는 빛과 열복사(輻射)를 연구했다. 복사 에너지는 익히 알다시피 물체의 온도에 따라 달라진다. 예컨대 인간은 체온 섭씨 37도에서 적외선 장파를 내보내는데, 이는 야시경으로 봐야 관찰된다. 물체를 가열하면 그 열 복사선은 파장이 점점 짧아진다. 결국 그 물체는 가시광선을 내보내게 된다. 그런 현상은 석쇠 속에서 붉게 변하는 흑색 석탄을 보면 쉽게 알 수 있다. 즉 잉걸불에 바람을 약간 불어넣으면 심지어 그 불은 붉은빛보다 파장이 짧은 노란빛을 띤다. 온도가 높아질수록 빛의 파장은 짧아지는 것이다. 플랑크는 그렇게 방출되는 빛(이른바 "흑체 복사")에 대한 공식을 도출하는 데 성공했다. 그는 앞서 언급한 에너지 단위를 도입했으며, 빛 에너지를 파장의 함수로 나타냈다. 따라서 장파 빛보다 단파 빛은 더 많은 에너지를 가지고 있다. 그리고 어떤 파장의 빛이 지닌 가장 작은 에너지 양은 빛 진동수가 상수 h로 곱해질 때 생겨난다. 이 h는 나중에 "플랑크의 작용 양자(量子)"라는 이름을 얻었다(그 값은 6.6×10^{-34} J · sec이다).

에너지를 이렇게 세분화함으로써 플랑크는 고전 물리학의 연속성 원리와 라이프니츠의 "자연에는 비약이 없다Natura non facit saltus"라는 격언을 뒤집어엎었다. 하지만 자신에게도 이 일은 마음 편치 않은 것이었다. 그는 양자를 실재하는 것으로 간주하지 않았고 수학적 이유들에서만 도입했다. 그는 자신의 업적에 대해 이렇게 말했다.

요컨대 그 모든 것이 일종의 절망적 행동이라고 나는 말할 수 있다. 왜냐하면 나는 천성적으로 평화를 사랑하며, 문제성 많은 모험을 싫어하기 때문이다. 그러나 이론적 해석은 무슨 일이 있어도 발견되어야 했다. 아무리 비싼 대가를 치른다 하더라도……

그러나 당시에 전혀 알려져 있지 않던 아인슈타인은 1905년에 이렇게 제안했다.

에너지의 양자화는 우리가 양자를 수학적 단위로서뿐만 아니라 실제적 형체, 즉 빛 입자들로서 인정할 때 가장 잘 설명된다. 빛의 진동수에 플랑크 작용 양자를 곱하여 생겨나는 에너지는 그 입자들에 속하는 것이다. 그리하여 최소의 에너지 양은 특정한 파장을 가지는 빛(내지는 전자기파)의 개별 입자 하나의 에너지 양이다.

그는 빛 입자가 광전자 효과를 설명하는 데 아주 적합하다는 것을 알아차렸다. 전자들을 활성화시켜 금속에서 튀어나오게 할 수 있는 그런 빛 입자(빛 입자는 나중에 빛알Photon로 명명되었다)가 존재한다는 것은 디지털 카메라와 태양 전지(솔라셀)의 원리이다. 이런 제품은 광전 효과에 입각하고 있다. 예컨대 실리콘 태양 전지에 태양 빛이 비치면 물질 속에 있던 전자가 풀려 난다. 그러면 그 흐름이 전류가 된다. 한편 디지털 카메라에는 적·녹·청색의 빛에 민감한 센서들이 있다. 이 센서들은 각각 특정 파장의 전체 대역(帶域) 중에서 자기가 담당한 구간 안으로 유입되는 빛알 수를 측정한다. 그러고 나면 이 빛알들을 컴퓨터가 받아들여 천연색 이미지로 구성한다. 또한 식물의 광합성도 당연히 빛알을 이용한다. 광합성은 산소 분자 한 개를 풀어내기 위해 8~10개의 빛알을 필요로 한다.

보어의 원자 모형

빛알이 어떻게 각각의 에너지에 도달하는지의 문제는 남아 있었다. 그 답을 얻기 위해 원자 모형을 계속해서 다듬어야 했다. 지금까지의 원자 모형에서 문제는 원자핵을 공전하는 전자들에 있었다. 전기역학의 법칙에 따르면 전자들은 항상 에너지를 방출해야만 했다. 그리하여 금세 힘을 잃어 공전 속도가 느려지고, 결국 양성으로 대전된 원자핵 안으로 빨려 들어가야 했다. 그런데 실상은 분명히 그렇지 않았다. 그래서 보어 Niels Bohr(1885~1962)는 1913년에 하나의 개선된 모형을 내세웠다. 그 모형에 따르면, 전자들은 서로 다른 에너지 층위를 갖는 고유의 궤도들에서 빛을 내지 않은 채로, 다시 말해서 에너지 손실 없이 회전한다. 보어의 이러한 모형은 코페르니쿠스의 태양계를 원자의 미시 세계에 그대로 전용한 것처럼 보인다. 그 얼마나 멋진 착상인가! "원자는 자그마한 태양계이다. 그 거대한 것이 이 작은 것에도 그대로 나타난다."는 것이다.

그러나 그 이미지는 착각이다. 원자의 세계는 다른 법칙들이 지배한다. 그 어떤 행성계도 다른 행성계와 충돌한 후에 다시 원래 상태로 복원되지는 않을 것이다. 또한 원자의 세계에서는 보어에 의해 확정된 궤도들이 있지만, 행성들의 공전 궤도와 태양 간의 거리는 임의적일 수 있다. 그리고 보어에 의하면 원자 궤도들의 교차는 비약적으로만, 즉 그 유명한 "양자 도약 Quantum jump"을 통해서만 가능했으며, 하나의 에너지 상태에서 다른 에너지 상태로 전이되는 것은 띄엄띄엄 단계적으로만 가능했다. 좀 더 자세히 말하자면, 양자 도약은 물리계가 겪을 수 있는 최소의 변화이다. 거기서 전자는 대번에, 기존의 허용된 궤도에서 다음의 허용된 궤도로 도약할 수 있다. 즉 에너지 준위가 낮은 데서 높은 곳으로 가거나, 아니면 그 반대 방향으로 갈 수 있다. 위로 도약하려면, 전자에 빛알의 에너지가 전달되어야 한다. 반면에 아래로의 도약은 전자가 내보낸 양자(量子)를 통해 에너지가 손실되어야만 일어난다.

일상의 양자(量子) 도약

전자시계의 숫자판으로 널리 쓰이는 조명 숫자는 아래로의 도약이 위로의 도약보다 확연히 뒤늦게 이루어지는 특정 물질의 성질을 이용한 것이다. 아주 많은 에너지 양에 힘입어 전자가 여러 층의 오비탈Orbital을 순식간에 뛰어올라 도약했다고 하자. 그렇다면 그것이 만약 역전되어 원점으로 추락할 때에는 그 추락 과정이 단계적으로 이루어질 것임에 틀림없다. 실제로 이따금씩 전자가 여러 작은 도약들을 통해 원점으로 되돌아가는 경우가 확인된다. 예컨대 원자는 눈에 보이지 않는 양자(量子) 자외선 광선을 흡수한다. 그렇게 활성화되어 들뜨게 된 전자는 그 다음에 두 단계를 도약하여 원래의 옛 오비탈로 되돌아간다. 여기서 두 도약은 최초 도약과 마찬가지의 동일한 에너지를 합친 것이다. 예컨대 형광을 발하는 물질은 그것이 원래 받아들인 빛보다 더 많은 빛을 발하는 것처럼 보인다. 그러나 이런 인상은, 그 물질이 눈에 안 보이는 자외선 광선의 일부를 흡수한 뒤, 그 에너지를 눈에 안 보이는 도약을 통해서 가시광선으로 다시 내놓기 때문에 생겨날 뿐이다.

전자를 한 단계 높은 상층 궤도로 옮겨 놓으려면 여러 원자들은 각각 서로 다른 고유의 에너지를 필요로 한다. 그 에너지 양은 핵에 존재하는 양성자의 개수에서 생겨난다. 양성자는 양전하를 띠는데, 이 양전하가 음극을 띤 전자를 끌어들이기 때문이다. 이 에너지 양은 사람 손가락의 지문처럼 개별 원자마다 각기 다른 것이다.

전구의 시뻘겋게 달구어진 필라멘트에서 나오는 것 같은 빛은 일반적으로 에너지 양이 서로 다른 다양한 빛알들로 구성되어 있다. 그 빛알들은 무질서하게 여러 방향으로 흩어지며 방사된다. 정돈되지 않은 이 빛은 공학적으로 볼 때 조명 말고는 달리 사용할 데가 별로 없다. 그러므로 일정한 레이저 빛을 내는 방법이 개발되었다. 레이저 빛의 용도는 다양하다. 예컨대 용접 · 신장 결석 제거 · 시력 교정 · 콤팩트 디스크 읽기 · 유리 섬유를 통해 정보 전달하기 · 플라스마를 섭씨 50만 도로 가열하여 핵융합을 일으키기 · 합성수지 제품들의 흠집을 원 상태로 복구하기 · 원자를 절대 영점까지 냉각하기 등에 이용될 수 있다. 레이저 빛은 서로 평행하게 비행하면서 동일한 에너지를 가진 빛알들로 구성되어 있다. 이것은 '유도 방출' 효과에 입각한 것이다. 원자는 상층 궤도로 도약할 때 빛알을 집어삼키고 하층 궤도로 도약할 때 빛알을 방출한다. 그뿐 아니라 원자 자체가 들뜬 상태에 있을 때에도 외부에서 진입한 빛알로부터 어떠한 자극을 받으면 이 빛알과 동일한 방향으로 움직이면서 동일한 에너지를 가진 제2의 빛알을 스스로 방출할 수가 있다. 이와 같은 사실은 이미 1916년에 아인슈타인이 증명한 바 있다.

그래서 레이저 빛을 생산하려고 할 때, 사람들은 에너지를 유입하여 가스의 원자들을 자극한다. 그리하여 원자가 들뜬 상태가 되었을 때 여기에 특정 파장의 빛을 조사(照射)하면, 그 자극을 받아 빛 형태의 에너지가 방출된다. 그 레이저 빛의 양 끝에 각각 거울을 세워 서로 마주 보게 하면, 빛은 그 사이에서 반사되어 왕복 운동을 한다. 그때 빛알은 또 다른 들뜬 입자들에 충돌하게 되는데, 이것들 역시 동일한 에너지를 방출하게 된다. 그런 식으로 눈사태 효과가 생겨나며, 빛은 더욱 세어진다. 이때 유입된 에너지는 동일한 종류의 빛알의 흐름으로 전환된다. 레이저 한쪽 끝의 거울은 부분적으로 투과성이므로, 빛알들의 일부는 레이저 광선으로서 새어 나올 수 있다. 광학 렌즈를 가지고 이 광선들을 한 곳으로 모을 수 있으며, 따라서 그 에너지를 특정 국소에 집중시킬 수 있다. "레이저Laser"라는 단어는 '복사의 유도 방출을 통한 빛의 증폭Light amplification by stimulated emission of radiation'의 줄임말이다.

발광 다이오드LED 역시 양성자 도약 원리에 따른 것이다. 그것은 반도체를 서로 다르게 배치한 일종의 얇은 판 두 장으로 구성되어 있다. 그중 하나에는 전자(電子)들이 부족하며, 다른 하나에는 전자들이 넘쳐 난다. 거기에 약한 전압을 걸면, 한쪽의 과잉 전자들이 다른 쪽으로 이동하여, 거기에 존재하는 빈 '정공Hole'들을 메우게 된다. 이때 그 전자들은 에너지를 파동(빛) 형태로 내놓는다. 그 판을 제작할 때 어떤 원소를 재료로 첨가하는가에 따라서 적색 · 황색 · 초록색 · 파란색 빛이 생긴다.

파동과 입자

아인슈타인의 빛알은 전자가 한 궤도에서 심층 궤도로 점프해 내려갈 때 내놓는 에너지 분량과 일치했다. 원래 빛알은 새로운 것이 아니었다. 이미 뉴턴은 자신의 《광학 제3권》에서 "광선은 발광체에서 방출되는 아주 작은 입자들로 이루어져 있다"라고 말한 바 있다. 반면에 뉴턴의 동시대 사람인 호이헨스Christiaan Huyghens(1629~1695)는 최초로 빛을 음파와 유사한 파동 현상으로 본 사람이었다. 그러나 이런 견해를 끝까지 관철시키지는 못했다. 19세기에 들어와서야 그 파동 이론은 많은 지지를 받았다. 스코틀랜드의 맥스웰James Clerk Maxwell(1831~1879)은 1862년 자신의 수학 공식들을 가지고 설득력 있는 전자기 파동 이론을 제시했다. 당시 많은 과학자들이 뉴턴의 입자 이론에서 파동 이론 쪽으로 돌아섰다. 맥스웰은 전자기파의 전달 속도가 광속과 동일하다는 것을 계산했으며, 그 결과 빛의 파동은 진동수가 높은 전자기파라고 추론했다. 고전적 물리학은 이제 뉴턴의 역학과 맥스웰의 전기역학으로 구성되었다.

이처럼 지난 세기의 초에는 빛의 파동적 특성이 잘 정립되었다. 그리고 다른 한편에서는 아인슈타인이 빛 입자 가설을 증명하는 많은 근거들을 제시했다. 서서히 사람들은 빛이 이중적 성격을 가지고 있다는 생각에 익숙해지기 시작했다. 그러나 아인슈타인의 약진이 본격적으로 시작된 것은 그로부터 조금 뒤였다. 빛의 양자(量子)가 중요한 역할을 하는 보어의 원자 모형이 나오면서부터였다.

그러나 그것만으로는 아직 충분하지 않았다. 1923년에 프랑스의 왕족 드브로이Louis Victor Raymond de Brogile(1892~1987)가 나타나서, 질량 없는 빛만 파동이 아니라 모든 물질이 파동이라고 발표했다. 4년 후에 이 주장은 전자(電子)에 대한 실험을 통해 입증될 수 있었다. 그리고 나중에는 수소 분자, 그 다음에는 비교적 큰 분자들로도 입증되었다. 그 후로 파동·입자 이중성은 모든 입자들에 들어맞게 되었다. 빛이 명백히 입자의 특성을 지니고 있듯이, 전형적인 입자들, 예컨대 전자·원자핵·원자 전체도 파동의 특성을 지니고 있다. 그것들이 궁극적으로 파동인가 입자인가 하는 문제는 우리가 어떤 눈으로 그것들을 보아야 하는가 하는 문제와 마찬가지로 대답하기 어렵다.

1931년에는 파동·입자 이중성 이론이 처음으로 실용적으로 응용되었다. 그 산물이 바로 전자 망원경이다. 이 망원경은 '조명'을 위해 빛 대신 (파장이 매우 짧은) 전자들을 사용하기 때문에 높은 해상도의 상을 얻을 수 있다.

무선 방송 및 TV

물리학뿐만 아니라 일상생활도 맥스웰 이론으로 인해 새로워졌다. 헤르츠Heinrich Hertz(1857~1894)는 실험을 거듭해, 1887년에 공중으로 자유로이 방사되는 전자 파동을 생산하는 데 성공했다. 마르코니 Guglielmo Marconi(1874~1937), 브라운Karl Ferdinand Braun (1850~1918) 등은 공중 전자기파를 이용해 소식을 장거리까지 전달하는 기술을 개발했다. 그리하여 무선 방송과 TV가 나오게 되었다. 전자기파는 흔들리는 전자들 때문에 생겨난다. 즉 송신 안테나에 고주파 전류가 흘러 전하들이 빠르게 유동하게 되면, 전자기장들이 생성되는데, 그 전자기장들이 거기서 풀려 나와 서로 잇닿은 자유 영역의 형태 (주파수 대역)로서 광속과 동일하게 빠른 속도로 하늘의 공간에서 확산되는 것이다. 그리고 그 전자기 마당들에 실려 운반되는 시그널들은 임의의 장소에 안테나만 설치하면 쉽게 포착될 수 있다.

마이크로파도 고주파 전자기 마당들과 관계한다. 예컨대 전자레인지는 거의 모든 식품에 함유되어 있는 물(水) 성분만 골라서 가열한다. 전자파가 양극과 음극의 극성(極性)을 지닌 물 분자를 빙글빙글 돌리는데, 그 속도는 1초당 25억 회나 된다. 거기서 마찰열이 생긴다. 물론 음식에 수분이 많을수록 가열되는 속도는 빨라진다. 그리고 그 열기(熱氣)는 음식 내부에서 나오는 것이지, 가스레인지에서처럼 외부에서 공급받는 것이 아니다.

정보 전달이 목적이 아닌 전자 제품들, 예컨대 전기요, 헤어드라이어, 선풍기, 믹서, 야간 전기 축적 라디에이터 따위에서도 전자기 마당이 생긴다. 왜냐하면 전자들이 운동하는 곳, 즉 전류가 흐르는 곳에서는 자기장이 형성되기 때문이다. 전자가 결핍된 양극과 전자가 과잉인 음극 간에 격차가 있는 곳이면 어디나 전자기 마당이 존재한다. 전자 제품의 스위치가 꺼져 있어도 마찬가지이다. 이 저주파 장(場)들은 라디오, TV 그리고 무선 전화의 고주파와 마찬가지로 우리의 생활 영역 곳곳에 형성되어 있다. 그러므로 이른바 '전자 스모그'에 대한 우려의 목소리가 이미 높아졌다. 이것은 건강에 해로운 영향을 미치며 특히 특정 암 종류의 발생률을 높인다고 한다. 그러나 그것들이 작용하는 방식은 아직까지 증명된 바 없다. 그 반대로 고에너지를 가지고 있어서 물체를 이온화시키는 방사선의 효과, 예컨대 엑스선, 자외선 빛, 방사능 물질은 잘 연구되고 있다. (자세한 내용은 다음의 〈방사선〉 부분을 참조할 것)

양자 메커니즘

빛이 양자(量子)로 되어 있다는 플랑크의 견해가 원자 차원의 물리학적 과정을 다루는 복잡한 이론으로 발전하기까지에는 대략 25년의 시간이 흘렀다. 1925년에 두 명의 휴가객이 거처를 옮김으로써 그 사실을 확정지을 수 있었다. 건초열을 치료하기 위해 23세의 하이젠베르크Werner Heisenberg(1901~1976)는 괴팅겐에서 공기 좋은 북해의 헬고란트로 이주했다. 그보다 열다섯 살이 더 많은 슈뢰딩거Erwin Schrödinger(1887~1961)는 부인 아네마리Annemarie를 취리히에 홀로 남겨 두고, 어느 미지의 여인과 함께 아로사Arosa로 겨울 휴가를 떠났다. (별로 놀랄 일은 아니지만) 이 여인은 나중에 슈뢰딩거가 창의력을 발휘하는 데 매우 긍정적으로 작용했다.

그 후에 아주 서로 다른 두 개의 이론이 그들에게서 나왔다. 보른Max Born(1882~1970), 요르단Pascual Jordan(1902~1980)과 함께 하이젠베르크는 원자 내부에서 벌어지는 양자 도약 및 불연속성에 대한 이른바 "행렬역학"을 제시했다. 그 이름은 거기에 사용된 수학적 방식에서 비롯되었다. 반면에 슈뢰딩거는 파동을 연구해 목표에 도달했다. 그는 원자 내부에서 조화 진동이 작용하는 것을 묘사한 파동 메커니즘을 제시했다. 거기서 두 진영 간에 경쟁 관계가 생겨났다. 곧이어 디랙Paul Dirac(1902~1984)이 두 공식은 수학적으로 등치될 수 있다는 것을 증명했다. 다시 말해서 동일한 결과를 내놓았다는 것을 보인 셈이다. 하지만 그 경쟁 관계는 해소되지 않았다. 몇 차례 '결투'가 있고 나서, 그들은 두 이론이 모두 완전히 만족스럽지는 못하며 따라서 새로운 해석이 필요하다는 쪽으로 의견을 모았다.

새로운 불확정성

그로부터 몇 달 후에 하이젠베르크는 그 유명한 '불확정성 관계식 Unschärfrelation'을 제시했다. 이 말은, 원자 차원에서 지금 이 순간에 무슨 일이 벌어지고 있는지를 결코 완전하게 말할 수 없다는 것을 가리킨다.

우리가 특정 입자의 좌표와 운동량을 조사하려면, 그 입자를 겨냥해서 빛알들을 쏘아야 한다. 이 빛알들이 입자에 부딪혔다가 튕겨져 되돌아올 때 형성되는 탄착군(群)의 모양을 보고 그 입자의 특성을 도출한다. 그 방법으로만 입자의 상태를 측정할 수 있다. 물론 여기에 단점은 있다. 우리가 입자의 위치를 정확히 탐지해 내면, 우리는 그 운동량에 대해 말할 수 없게 된다. 그 반대도 마찬가지이다. 그리고 이때 공통점은 다음과 같다. 그런 문제점이 측정 방법의 결함에서 비롯되는 것은 아니라는 점이다. 원자 속에서 벌어지는 사건들의 본성 때문에 그런 부정확성이 생겨난다. 거기서 한 가지 위안이 되는 것은, 하이젠베르크의 불확정성 관계로 특정 단위들의 불확정성의 한계를 정확히 계산할 수 있게 되었다는 것이다. 다시 말해, 적어도 우리는 우리가 그 무엇을 얼마나 불확실하게 아는지를 정확히 알 수 있다.

따라서 원자 모형은 다시 한번 좀 더 수정되어야 했다. 보어까지만 해도 전자들이 고정된 장소에 존재할 수 있으며 고정된 속도가 있는 미립자일 것이라고 생각했다. 이제는 그런 생각이 더 이상 통할 수 없게 되었다. 대신 사람들은 전자들이 단지 일정하게, 색으로 칠해 표시할 수 있는 특정 공간 내의 그 어딘가에 있다고 추정해야 했다. 개별 원자 내에서 전자가 위치하는 영역, 즉 전자 껍질은 외부의 영향을 받지 않으면 구형(球型)을 유지한다. 그 안에 전자들이 선호해서 머무는 지역은 없다. 이른바 오비탈이라는 일종의 체류 공간들이 있을 뿐이다. 이 오비탈에는 전자가 최대한 두 개 들어갈 수 있다. 따라서 원자 내에는 여러 개의 오비탈이 있는 셈이다.

불확정성 관계식은 이른바 코펜하겐 학파의 양자물리학 해석법에서 핵심적인 개념이었다. 이미 1930년대에 독일 물리학계의 지도자격 인물이 된 바이츠재커Carl Friedrich von Weizsäcker는 이렇게 말한 바 있다.

물론 당시, 즉 1954년경까지 나는 나 자신이 양자 이론을 제대로 이해하지 못한다는 것 때문에 마음 고생을 심하게 했다. 1935년 당시에 내가 느끼기에는, 4~5명 정도만 그것을 이해한 것 같았는데 분명히 나는 거기에 끼지 못했다. 그것을 철학적으로 이해하는 사람은 보어뿐인 것 같았다. 다른 사람들은 그를 이해하지 못했다. 게다가 보어 자신도 양자 이론에 대해 분명히 이야기할 수는 없는 것 같았다. 그런 상태는 그 후에도 한참 계속되었다.

사실 양자물리학 문제에는 어떤 해석이 필요했다. 사람들은, 실험 결과들을 탁월하게 예측하고 그럼으로써 세계 전체에 대해 말할 수 있게 하는 수학적 이론을 가지고 있었다. 하지만 그 이론에 적합하게 원자들의 속 사정을 기술하는 것에 대해서는 골머리를 앓을 수밖에 없었다. 그 결과는 기이했다. 그리고 건강한 이해력을 가진 사람의 상식과 고전 물리학에 맞지 않았다. '코펜하겐 학파의 해석'에 따르면, 하나의 입자는 특정한 장소에 위치하는 것이 아니라 파동 기능이 제로가 아닌 여러 장소에 동시에 존재한다. 우리가 그 장소를 측정하면, 그제야 파동 기능은 사라지고 입자가 그 특정 장소에 있음을 발견하게 되는 것이다. (다시 말해 탐색용 입자가 그 입자에 충돌하는 순간, 그입자는 운동 에너지를 상실한다.)

이 해석은 모든 사람의 환영을 받지는 못했다. 아인슈타인은 파동기능의 개연성 해석, 즉 그것을 있음직한 확률로 보는 태도를 항상 눈엣가시처럼 여겼다. 그는 그런 불쾌한 심정을 다음과 같은 유명한 문장으로 표현했다. "신은 주사위 놀이를 하지 않는다." 그리고 우연히그 어딘가에 성립하는 전자가 어디에 정확히 존재하는지를 말해 줄수 있는 숨겨진 변수가 있을 것임에 틀림없다고 생각했다. 그러나 오늘날까지도 그런 변수는 발견되지 못했다. 아인슈타인은 당시 프라하에 살고 있었는데, 일화에 의하면 그는 창가에 서서 이웃 정신 병원건물의 환자들을 손으로 가리키며 손님들에게 이렇게 말했다고 한다. "여러분들은 양자 이론을 연구하지 않는 미친 사람들 중 일부를 보고계십니다."

개연성 해석으로 코펜하겐 해석법의 기본적 사고를 마련한 보른 Max Born은 이보다 더 엽기적으로 그 문제를 이렇게 표현했다. "양자는 도대체 희망이 보이지 않는 돼지우리 같은 것입니다."

슈뢰딩거의 고양이

"고양이의 비유"를 가지고 슈뢰딩거 Erwin Schrödinger는 이 새로운 불확정성 이론을 코미디처럼 만들었다. 그에 의하면, 그 고양이는살아 있는 동시에 죽어 있는 것이다. 그 고양이는 방사능 원자핵이 들어 있는 상자 속에 있으며, 그 원자핵의 분열 메커니즘이 작동하면 방사능에 오염되어 죽는다. 그런데 양자 이론에 의하면, 언제 그 메커니즘이 작동을 개시할지는 알 수가 없다. 다만 고양이가 죽게 될 확률만을 말할 수 있을 뿐이다. 따라서 어느 정도 시간이 흐르면 고양이는 죽어 있는 것도, 살아 있는 것도 아니게 된다. 그러나 오늘날의 관점에서 볼 때, 적어도 오랫동안은 고양이가 이런 불확실한 상황에 머물러 있지 않는다는 말을 들어야 우리의 직성이 풀릴 것이다. 왜냐하면 고립된 원자가 환경과 접촉해서 (분열하거나 분열하지 않거나 중에서) 하나의 상황에 도달하자마자, 그 불확실한 상황은 끝날 것이기 때문이다. 양자(量子) 상태의 이런 붕괴는 '결 풀림Decoherence'이라고 불린다.

결 풀림을 통해 우리는 왜 일상생활에서는 고전 역학만이 적용되고 결코 양자역학이 적용되지 않는지를 알 수 있다. 이 결 풀림 이론은 코펜하겐 학파가 내놓은 주관주의적 해석의 예봉을 꺾어버린다. 이제 그런 모호한 비의적(秘意的) 해석은 더 이상 발붙일 곳이 없게 된다. 그렇지만 코펜하겐 학파의 해석은 한동안 인기를 누렸다. 특히 관찰자의 의식이 양자 상태의 붕괴를 낳는다는 가정은 주체와 객체의 뒤엉킴, 물리학적으로 설명할 수 없는 인간 의식 따위와 관련해 엄청나게 많은 뒷이야기를 남겼다. 그중에서 가장 해괴해 보이는 주장들 중 하나는 미국 물리학자 에버렛Hugh Everett이 1957년에 만든 '다(多)세계 해석' 방식이다. 이 이론에 따르면 전자(電子)들은 상상 가능한 모든 상태를 구현하지만 서로 다른 고유의 우주들 속에서 그렇게 한다고 한다. 측정해 보면 우주는 새로운 우주들로 분열된다는 것이다.

요컨대 그 고양이는 큰 관심을 끌었다. 예컨대 호킹Stephen Hawking은 이런 말을 했다고 한다. "누가 다시 한번 더 슈뢰딩거의 고양이를 내게 데리고 오면, 나는 총을 집어 들 것이다!" 그리고 슈뢰딩거 자신도 나중에 말했다. "내가 차라리 그 동물을 고안해 내지 않았더라면 좋았을걸!"

얽혀 있는 상태

양자 세계의 또 하나의 특성은 공상 과학 소설이나 귀신 영화의 좋은 소재가 되고 있다. 아인슈타인은 그 현상을 1935년에 발견해 "원격 출몰 효과"라고 불렀다. 그런데 그 현상은 그의 마음에 들지 않았다. 왜냐하면 거기서는 정보들이 광속보다 빠른 속도로 전달되기 때문이다. 그의 상대성 이론으로 볼 때 이런 현상은 불가능한 것이었다.

여기서 원격이란, 두 개의 입자가 가지고 있는 속성이 서로 연계되어 있다는 것이다. 예컨대 한 개의 파이온Pion(양성자와 중성자가 충돌할 때 생겨날 수 있는 원소 입자. 이 입자는 순식간만 존재하다가 다시 사라짐)은 분해되어 두 개의 빛알이 된다. 이것들은 급속히 서로에게서 멀리 날아간다. 그렇기 때문에 서로 지극히 멀리 떨어진 곳에서만 관찰될 수 있다. 양자역학에 의하면, 이 두 빛알은 관찰되기 전에는 정의되지 않는다. 그리고 서로 분리된 존재도 없다. 대신 그것들은 서로 얽힌 쌍이 된다. 다시 말해 그중 한 빛알에서 측정할 수 있는 속성은 그 빛알과 세트를 이루는 먼 곳에 있는 다른 한 빛알의 속성에 의해 좌우된다. 그렇게 교차된 커플 빛알 중 하나의 속성이 다르게 변하면, 다른 하나의 속성도 먼 곳에서 똑같이 동시에 변한다. 그 속성이 먼 곳에 전달되지만, 그 전달 과정에는 시간이 전혀 걸리지 않는다. 다시 말해 전달 시간은 0인 것이다.

이 현상은 비(非)극소성이라고도 불리는 것이다. 그리고 그 이론은, TV 드라마에서 우주선 엔터프라이즈호가 '빔Beam' 한다고 할 때 이루어지는 순간 이동의 기초가 된다. 즉 우리가 제3의 빛알(즉 순간 이동되어야 할 빛알)을 앞의 얽힌 쌍 중 하나와 함께 반응하도록 연계시키면, 교차 커플 중의 다른 하나, 즉 먼 거리에 멀리 떨어져 있는 빛알이 변화한다. 양자 연구 분야의 선구자 중 하나인 차일링거Anton Zeilinger는 1997년에 최초로, 개별 빛알들이 그렇게 먼 거리로 이동

될 수 있다는 것을 제시하는 데 성공했다. 이 원격 이동에서는 기존의 양자가 지닌 속성이 먼 거리에 있는 또 다른 양자에게로 정확히 복제된다. 그리고 이때 원본(즉 원래의 양자)은 원래 지니고 있던 속성을 잃어버리게 된다. 그는 이런 백지 상태를 가리켜 "세탁되었음"이라고 일컬었다.

그러나 광자를 빔하는 것은 신발이나 사람 몸 전체를 빔하는 것과는 차원이 다른 문제이다. 그러나 이론적으로는 사람을 그렇게 하는 것도 생각해 볼 만한 일이다. 그래서 이미 1952년에 사이버네틱스의 창시자인 위너Norbert Wiener는《인간 그리고 인간 기계*Mensch und Mensch-maschine*》에서 이렇게 주장했다.

우리는 인간의 도식Schema을 한 장소에서 다른 장소로 전송할 수 있을 것이다. 지금 그렇게 하지 못하고 있는 것은 아마 현재의 기술력으로 해결하기 어려운 공학적 문제들 때문일 것이다. 특히 유기체를 그렇게 포괄적으로 먼 곳으로 전송해서 재조립할 때 그 생명을 계속 유지시키는 것이 특히 어렵기 때문일 것이다. 이론적으로는 실현될 수 있을 법도 하다.

그렇지만 솔직히 우리는 그 일이 사실상 실현될 수 없다고 말할 수 있다. 왜냐하면 우리가 어떤 한 사람을 '빔'으로 전송하려면 정보들이 필요한데, 그 분량이 어마어마하게 많을 것이기 때문이다. 차일링거에 의하면, (그 정보들을 CD에 저장해서) CD를 차곡차곡 쌓을 경우 그 높이는 지구에서 은하수 중심까지의 거리만큼이나 된다. 물론 인간을 어떻게 양자 상태로 전환시킬지부터가 우선 해결되어야 하는데, 그 방법도 불분명하다.

E=mc² : 질량은 에너지다

"에너지는 결코 고갈될 수 없다." 이 말을 듣고 놀라는 사람이 있을지도 모르겠다. 물론 우리는 '에너지 낭비'라는 말을 흔히 사용한다. 이 말은, 에너지가 우리의 관점에서 볼 때 가치 있는 형태(예컨대 석유의 화학적 에너지)에서 가치가 덜한 형태(예컨대 더운 공기)로 전환된다는 것을 뜻할 뿐이다. 과학에는 에너지 보존 법칙이라는 것이 있다. 간단히 표현하면 이는 에너지학적으로 볼 때 폐쇄된 시스템 내에서는 전체 에너지가 일정하다는 말이다. 예컨대 우리가 차를 벽 쪽으로 몰고 가면, 차의 운동 에너지는 없어지는 것이 아니라 소음, 열, 날아가는 입자들 따위의 에너지로 변환된다. 26세 때 아인슈타인은 이 에너지 보존 법칙에 물질을 끌어들임으로써 그 법칙을 확장시켰다. 질량이 에너지의 형태라는 것을 그는 세계적으로 유명한 공식인 $E=mc^2$으로 기술했다. 그런데 이러한 테제는 뷔히너Ludwig Büchner가 저서 《힘과 질량》에서 다음과 같이 이미 정립했었다.

질량이 없으면 힘도 없다. 힘이 없으면 질량도 없다. 힘 자체는 단독으로만 생각될 수 없다. 질량 자체도 마찬가지이다. 그 양자를 서로 분리하고 나면, 공허하고 추상적인 것들만 남는다.

젊었을 때 아인슈타인은 이 책을 읽고 큰 감명을 받았다. 그리고 통일적 세계상을 추구하겠다는 비범한 학구열을 가지게 되었으며, 결국 공간과 시간, 힘과 물질의 통일성에 관한 세계적인 이론들을 완성할 수 있었다.

그에 따르면, 에너지는 에너지의 다양한 형태로 변환될 수 있을 뿐이다. 따라서 질량으로도 변할 수 있으며, 그 반대의 경우도 가능하다. 상대성 이론에 따르면 물체가 고속으로 가속되면 질량이 증가한다. 예컨대 광속이 되면 엄청나게 증가한다. 광속의 99.9999999999999퍼센트에서는 모기 한 마리의 무게가 7톤이 넘는다.

아인슈타인의 공식이 말하는 것은 질량에 광속의 제곱(c^2)을 곱하면 에너지 값이 된다는 것이다. 그러나 c^2은 엄청나게 큰 수이다. 그러므로 이 말은 물질 속에 엄청난 에너지가 잠재해 있음을 뜻한다. 결국 광속 상태의 물체 10그램만 있으면 히로시마를 충분히 파괴할 수 있다.

그 반대로 에너지도 질량으로 변환될 수 있다. 즉 '무(無)'에서 입자와 반입자 쌍이 생길 수 있다. 입자와 반입자의 질량은 그것들을 생산하는 데 필요한 에너지에 해당한다.

또한 무거운 입자는 여러 개의 가벼운 입자들로 해체될 수 있다. 그 과정에서 남은 에너지는 새로 생긴 입자들의 운동 에너지가 된다. 원자핵의 방사능 분열 때문에도 동일한 일이 일어난다. 베타 입자가 분해될 때 중성자는 양성자로 변환되며, 전자 하나와 중성미자 하나가 방출된다. 따라서 중성자는 양성자보다 더 무거울 것임에 틀림없다. 양성자·전자·중성미자 질량의 합은 언제나 중성자의 질량보다 작을 수밖에 없다. 이 차이는 베타 입자가 파괴될 때에 운동 에너지로 변환된다.

따라서 질량과 에너지는 동전의 양면인 셈이다. 그러므로 입자물리학에서는 질량과 에너지를 더 이상 구별하지 않고 이 둘을 전자볼트 (eV)로 통합해서 측정한다. 1전자볼트는 1.6×10^{-19}줄에 해당한다. 식품 포장지에서 흔히 볼 수 있는 킬로칼로리를 전자볼트로 표시하면, 소수점 앞에 0이 22개나 붙게 된다. 이것은 너무나도 거추장스런 표기법이 될 것이다.

일상생활에서 질량과 중량은 종종 동등하게 취급된다. 대개 우리는 중량을 킬로그램으로 표시하지만, 킬로그램은 질량에 대한 물리학적 단위이다. 중량은 물리학적 의미에서는 힘이며, 따라서 뉴턴 단위로 측정된다.

　지표면에서는 모든 대상이 지구 중력을 받는데, 그 힘은 질량 1킬로그램당 대략 9.81뉴턴에 해당한다. 그러므로 용수철저울을 만들 때 저울 침이 9.81뉴턴을 가리키는 곳에 '1kg'이라고 표시하면, 그것으로 질량을 측정할 수 있다. 물론 그런 저울은 지구에서만 쓸 수 있다.

입자와 힘

　앞에서 말했듯이, 파동이나 입자 그 어느 하나만으로는 양자(量子)를 설명할 수 없다. 그럼에도 '원소적 입자' 개념이 양자 세계의 기본적인 연구 대상으로 정착되었다. 그리고 그 양자들은 그 동안 아주 정확히 연구되었다.

보통 물질

　우리가 각자의 감각으로 인지해서 알고 있는 모든 것들은 우리에게 익숙한 보통 물질로 구성되어 있는데, 그 보통 물질이 무수히 많은 각종 분자를 형성한다. 그리고 분자는 원자들로 구성되어 있다. 예컨대 물 분자는 세 개의 원자, 단백질 분자는 몇 만 개의 원자로 이루어져 있다. 다시 원자는 양성자, 중성자, 전자들을 특정 비율로 조합해서 구성하면 생긴다. 양성으로 대전된 양전자들, 전기적으로 중립인 중성자들이 핵을 구성하며, 이것보다 대략 2,000배 가벼운, 음성으로 대전된 전자들이 핵의 껍질을 이룬다. 대략 602,252,000,000,000,000,000,000개의 양성자 및 중성자가 합쳐져야 1그램이 된다.

　자연에는 92종의 원자가 존재하는데, 이들은 원소라고 불린다. 각 원소가 가진 양성자의 수는 서로 다르다. 그리고 각 원소가 가진 양성자의 수와 중성자의 수는 같다. 예컨대 수소는 하나씩, 우라늄은 92개씩 가지고 있다. 우라늄보다 질량이 더 큰 원소들은 초우라늄 원소라고 불린다. 초우라늄 원소들은 자연적으로나 인공적으로 탄생할 수 있지만, 안정적이지 못하기 때문에 조만간 다시 해체된다.

우주의 73퍼센트는 수소, 25퍼센트는 헬륨이다. 나머지 90종의 원소들이 우주의 2퍼센트를 구성한다.

분자량이 가장 적은 원소들인 수소, 헬륨, 약간의 리튬은 대폭발에서 바로 생겨났다. 전자, 양성자, 중성자가 합쳐져서 태어난 최초의 원자들인 것이다. 나머지 원소들은 모두 추후에 별과 초신성 속에서 구워져 우주 공간으로 분산되었다. 지금 그 원소들은, 물질이 행성과 항성으로 혹은 인간으로 뭉쳐진 곳에는 어디든 존재한다. 우리 모두는 지금으로부터 거의 14억 년 전 대폭발 때에 탄생했던 원료(중수소)를 2~3그램씩 아직도 몸속에 지니고 있다!

별들의 중심부에서 엄청난 핵융합이 일어날 때, 처음에는 수소가 연소되어 헬륨으로 완전히 변환된다. 그 다음에는 헬륨이 연소되기 시작하는데, 그러면 탄소가 형성된다. 장차 언젠가 헬륨이 다 고갈되면, 그 다음에는 탄소가 연소되기 시작할 것이다. 그리고 탄소가 다 고갈되면 그 다음 원소가 연소되기 시작할 것이다. 그런 연쇄 과정에서 우리는 수소에서 철까지의 원소 27종을 얻게 되었다. 나머지 65개의 무거운 원소들은 이른바 중성자 포획을 통해 생성되었다.

많은 별들은 고유의 일생 사이클이 끝나면 폭발한다. 이 폭발하는 별들, 즉 초신성에서 에너지 준위가 높은 중성자들이 방출되는데, 이들은 원자들과 충돌해 폭발한다. 이때 기존의 원자보다 무거운 동위원소(중성자 수가 더 많아진 변종 원소)들이 생겨난다. 보통 29개의 중성자를 가진 철은 갑자기 그 중성자 수가 30, 31, 32 또는 그 이상으로 불어난다. 이 동위 원소들 중 상당수는 안정적이지 못해, 즉시 다시 해체된다. 그래서 가벼운 원소들로부터 더 무거운 원소들이 생겨난다. 예컨대 철이 비정상적으로 38개의 중성자를 가진 구리가 된다.

이상의 보통 물질 외에도 희귀한 물질인 빛이 있다. 빛에는 질량이 없는 빛알들이 있다. 그리고 빛알 외에도, 질량이 전혀 혹은 거의 없는 중성미자Neutrino들이 있다. 중성미자들은 질량이 없는 대신, 자연에 대량으로 존재한다.

원자의 하위(下位) 차원에 존재하는 입자들의 동물원

양성자, 중성자, 전자, 빛알, 중성미자의 움직임은 대체로 알 수 있다. 그러나 고(高)에너지를 전공하는 물리학자들은 여기에 만족하지 않고 또 다른 입자를 찾고 있다. 현미경으로는 아직 원자 전체를 관찰할 수 없기 때문에, 그들은 원자 속의 입자 세계를 연구하기 위해 이른바 입자 가속기를 이용한다. 입자 가속기는 펌프로 공기를 뺀, 몇십 킬로미터 길이의 진공관이다. 그 속에서 전기장의 도움을 받아 작은 입자들, 예컨대 전자나 양성자가 거의 광속으로 가속될 수 있다. 그러면 그것들은 표적지에 탄착군을 형성하게 된다. 입자들은 폭발해서 분해되거나 에너지로 변환되며, 이때 에너지 양자(量子)들은 다시 새로운 (종종 미지의) 물질 입자로 응집될 수 있다.

소형 입자 가속기는 각 가정에서도 볼 수 있다. TV의 브라운관이 그것이다. 그 속에서 전자들이 가속되어 TV 스크린으로 투사된다.

그 동안 대형 입자 가속기들에서는 입자들이 대량으로 분해되었고, 거기서 부서져 나온 파편들이 고유의 이름을 얻어 목록으로 작성되었다. 거기서 많은 융합이 이루어졌고, 그리하여 입자 가속기는 "입자들의 동물원"이라는 애칭을 얻게 되었다. 그러나 그 '동물원'은 다양하기는 하지만 진실이 아닐 수도 있다. 그래서 곧 사람들은 통일적인 것을 발견하려고 다시 노력하게 되었다.

그 동안 사람들은 원자라는 일종의 레고 블록 상자에서 매번 여섯 개의 렙톤Lepton과 쿼크를 발견했다. 그중에서 쿼크는 항상 둘 또는 셋씩 세트를 이루며 다른 입자들과 함께 모인다. 최근에는 다섯 개짜리 쿼크 세트Pentaquark도 걸러낼 수 있었다는 발표가 나왔다. 쿼크들은 늘 세트를 이루기 때문에, 단독으로 존재하는 개별 쿼크는 아직 아무도 발견하지 못했다. 반면에 렙톤은 외톨이들로서 등장한다. 이 렙톤들 중에서 우리에게 무엇보다 중요한 것은 원자의 껍질을 구성하는 전자(電子)이다. 나머지 것들은 이름만 알면 된다. 전자 중성미자·뮤 입자·뮤 중성미자·타우 입자·타우 중성미자 등이 그것이다. 이 가운데 중성미자에 대해서는 이미 언급한 바 있다. 중성미자에는 질량도 거의 없고 전하도 없다. 따라서 중성미자는 눈에 거의 띄지 않으며, 유령 입자라고도 불린다. 지구에서 떠도는 100억 개의 중성미자들 중에서 단 한 개만이 어딘가에 걸려 있다. 그러나 그런 숨결 같은 미약함을 중성미자는 무수히 많은 숫자로 만회한다. 우주에는 원자보다 10억 배나 많은 중성미자들이 존재한다. 비록 질량은 거의 없을지라도, 중성미자는 암흑 물질의 한 부분이 될 수 있을 것이다. 이에 대해서는 나중에 더 자세히 이야기할 것이다.

뮤 입자와 타우 입자는 생명이 매우 짧아서, 몇 초도 안 있다가 사라져버린다. 그래서 우리는 그것들에 대한 정보를 전혀 얻지 못한다.

양성자와 중성자를 구성하는 데에는, 여섯 가지의 쿼크들 중에서 단지 두 가지의 상보적(相補的) 쿼크만이 필요하다. 양성자를 구성하고 있는 두 개의 업Up과 하나의 다운Down이 그것이다. 나머지 쿼크들은 이름이 참Charm, 스트레인지Strange, 톱Top, 보텀Bottom이다. 이 모든 것이 합해지고 또 거기에 각각 상응하는 반입자들이 있어야 우리는 '입자들의 동물원'에 입주할 기이한 입자들을 모두 조립할 수 있다. 예컨대 스트레인지와 반(反)업Up으로 케이 중간자Kaon을, 업, 다운, 스트레인지로는 람다Lambda를 각각 만들 수 있다. 오늘날

이 불안정한 입자들은 모두 200가지 이상 알려져 있다. 물론 그것들을 전부 알 필요는 없다. 페르미Enrico Fermi는 페르미 통계와 중성미자를 고안해 노벨상을 받았는데, 페르미조차도 지도 학생인 레이더먼Leon Lederman(물론 이 학생도 나중에 노벨상 수상자가 되었다)에게 이렇게 말했다.

여보게, 젊은이. 내가 그 입자들의 이름을 모두 기억해 낼 만큼 기억력이 좋다면, 나는 차라리 식물분류학자가 되었을 것일세!

우주의 네 가지 힘

입자들만으로는 세계를 설명할 수 없다. 입자들을 하나로 묶는 어떤 것이 필요하다. 그래야만 입자들이 서로 붙어 있을 것이다. 그 어떤 것을 우리는 힘이라 부른다. 힘은 손으로 잡을 수 없다. 눈으로 볼 때에만 그 작용을 인식할 수 있다.

오늘날의 관점에서 볼 때, 우주와 지구 상의 모든 물리학적 현상들은 네 가지 힘으로 기술할 수 있다. 모든 힘은 입자들 간에 기초로서 존재하는 상호 작용을 통해서만 생겨나는데, 우선 '중력'은 질량 간의 상호 작용이다. '강한 핵력', '약한 힘', '전자기력'은 입자들이 띠고 있는 전하(電荷)들 간에 작용하는 힘이다.

처음으로 인간이 정확하게 그 본성을 파악한 힘은 중력이다. 뉴턴은 중력으로 행성의 운행과, 사과가 땅에 떨어지는 현상을 설명했다. 중력은 무한히 먼 거리에서도 작용하지만 원자의 내부에서는 아무런 역할도 하지 않는다. 그러니까 중력에 대해서는 나중에 아인슈타인의 일반 상대성 이론과 연관지어 자세히 설명할 것이다.

일상적인 삶의 경험에서 우리에게 잘 알려져 있는 또 하나의 힘은 전자기력이다. 전자기력은 음극을 띤 전자들과 양극을 띤 양성자들이 상호 작용하는 힘으로서, 원자에서 핵과 그 껍질이 함께 붙어 있게 한다. 그리고 원자들을 결합시켜 분자가 되게 한다. 그 원리는 원자 두 개가 각각 최외각의 개별 전자들을 에너지론적으로 가장 유리한 방향으로 서로 쌍을 이루게 하는 것이다. 사실 전자기력이 미치는 범위는 무한하다. 생활 속에서 우리는 여러 가지 형태의 전자기력을 접한다. 햇빛·엑스선·무선 통신 등. 이 모든 것은 주파수만 서로 구분되는 전자기 파동이거나 에너지가 서로 구분되는 빛알들이다.

그러나 그것들만으로는 핵과 외곽을 충분히 결속시킬 수 없다. 핵들 자체가 서로 떨어지지 않게 하려면 다시 하나의 힘이 작용해야 한다. 사람들은 그것을 강한 핵력이라고 부른다. 핵력은 심지어 한 단계 더 깊은 곳에서도, 즉 양성자와 중성자를 연결하는 쿼크들 사이에서도 작용한다. 양성자와 중성자가 핵 내에서 결합될 수 있는 것은, 강한 핵력의 이른바 나머지 상호 작용 때문이다. 강한 핵력이라는 이름은 괜히 붙여진 것이 아니다. 그 힘은 엄청나게 세며(중력보다 10^{38}배나 강하다), 1조분의 1밀리미터 이내의 거리에서만 작용한다. 따라서 핵력은 원자 바깥의 세계에서는 아무런 역할도 하지 못한다.

네 번째 힘은 약한 핵력이다. 약한 핵력 역시 오로지 핵의 내부에서만 작용한다. 하지만 그 힘은 강한 핵력보다 10조 배나 약하다. 강한 핵력이 안정된 결합을 가능하게 하는 데 반해, 약한 핵력은 무거운 쿼크들이 가벼운 렙톤과 무거운 렙톤으로 분열될 수 있게 한다. 또한 가벼운 렙톤들만으로도 분열될 수 있게 한다. 그러므로 우리 주변의 물질들은 전자 및 지극히 가벼운 두 개의 쿼크 종류(즉 업 쿼크와 다운 쿼크)만으로 구성되어 있다. 예컨대 방사능 베타선은 약한 핵력이 표현된 것이다. 핵 속에 에너지가 충분히 존재하면, 중성자는 양성자로 변화하여 전자 하나 및 눈에 안 보이는 중성미자를 내놓는다. 이렇게 방출된 전자는 베타선(입자)으로 불린다.

자연이 왜 네 가지의 힘을 필요로 하며, 왜 그중 하나의 힘만으로는 존재할 수 없는지를 우리는 알아야 한다. 물리학자들에게 이 문제는 눈엣가시와도 같다. 왜냐하면 그들은 가장 기본적인 것을 찾아 헤매고 있으며, 모든 현상을 되도록 적은 수의 기본 현상에서 도출하여 설명하고 싶어하기 때문이다. 그러므로 그들은 다른 모든 힘을 포괄할 수 있는 하나의 힘을 찾는다. 적어도 이론상으로는 그 하나가 존재하긴 하는데, 그것은 'SUSY 힘'이라고 불린다. SUSY는 초대칭 Supersymmetry의 줄임말이다. 그것은 대폭발 직후에 섭씨 1,032도가 넘는 초고온에서 존재했다고 한다. 그 후 냉각이 진행되면서 중력과 GUT 힘으로 분해되었으며(GUT는 대통합 이론Grand Unified Theory의 줄임말), 그 다음에 이 GUT 힘은 섭씨 10^{28}도에서 강한 핵력과 약한 전자(電子) 힘으로 다시 분해되었다. 그리고 대폭발 후 100억 분의 1초 만에 이 약한 힘은 섭씨 10^{15}도에서 전자기 핵력 및 약한 핵력으로 다시 분해되었다. 따라서 우리에게 잘 알려진 힘들은 모두 SUSY가 "저온(底溫)"에서 변환되어 나타난 특별한 형태들이라는 것이다. 이 주장은 뉴턴의 물리학이 아인슈타인 물리학의 '저속'에서 나타나는 특수한 형태라는 것과 마찬가지 논리이다.

빛알의 전자기력에서와 마찬가지로 그 밖의 다른 힘들에서도 이른바 '교환 입자'들이 존재한다. 교환 입자들은 이리저리 보내진다. 그렇게 해서 힘을 전달한다. 강한 핵력의 교환 입자는 글루온Gluon이다(글루온은 '접착제'라는 뜻의 영어 단어 'glue'에서 유래한 이름). 중력의 교환 입자는 중력자Graviton이다. 그런데 이것들은 이론적으로는 잘 설명되지만, 유감스럽게도 아직 자연에서는 검출되지 않았다. 약한 힘은 하나뿐만 아니라 세 개의 교환 입자들, 다시 말해 "벡터보손 vektorboson W^{+}, W^{-}(여기서 W는 "weak"의 약자), Z^{0}(Z는 'zero'의 약자. 왜냐하면 이 입자는 전하가 없기 때문임)을 가지고 있다."

강한 핵력은 오로지 쿼크들에만 작용한다. 전자기력은 전기를 띤 모든 입자들, 즉 쿼크나 전기를 띤 렙톤에 작용한다. 약한 힘은 모든 원소 입자들, 심지어 중성미자에도 작용한다.

전체적으로 볼 때 더 이상 복잡할 건 없다. 우리에게 알려진 모든 물질은 쿼크와 렙톤으로 합성되어 있으며, 이들은 교환 입자들을 교환해 상호 작용한다. 오래전에 우리가 최소의 단위 입자라고 생각한 원자는 사실 99.999999999999퍼센트가 빈 공간이다.

쿼크의 고안자 겔만Murray Gell-Mann은 거의 아무도 이해하지 못하는 그런 기이한 물리학 용어를, 역시 기이한 문학 작품인 조이스 James Joyce의 소설에서 빌려 오는 전통을 세웠다.

나는 조이스의 《피니건의 경야(經夜)》를 들춰 보고 있었다. 그것은 나의 습관이었다. 그리고 여기저기서 뭔가를 이해하려고 시도했다. 《피니건의 경야》를 읽을 때면 누구나 그러하듯이 말이다. 그리고 거기서 'Three quarks for Muster Mark'라는 표현을 발견했다. 나는 "바로 이거다! 세 개의 쿼크가 하나의 중성자 또는 양자를 이룬다"라고 혼자 말했다.

몇 년 동안 잡지 《네이처Nature》를 발간해 오고 있는 매덕스John Maddox는 겔만이 용어를 이렇게 만들어낸 것에 대해, "원소 입자 물리학에 진입하는 유머러스한 지성"이라고 표현했다. 탄생 시기의 우주 공간과 마찬가지로 원자 하위 차원의 이 공간은 모든 이에게 상당한 즐거움을 안겨 준다. 수학적으로 일관성 있게 표현될 수만 있다면 말이다.

반(反)물질
물론 우리는 반물질들에 의해 연출되는 거울 세계를 잊어서는 안

된다. 반입자들의 모습은 그것들과 짝을 이루는 정상적 입자들의 모습과 완전히 똑같다. 반입자들과 정상적 입자들의 운동 방식도 서로 같다. 다만 그 전하가 정반대의 극성을 나타내고 있을 뿐이다. 예컨대 양성자는 전기적으로 양성이지만, 반양성자는 전기적으로 음성이다. 입자와 반입자가 서로 충돌하면 그것들은 순수 에너지가 된다. 반대로 입자들은 그 해당 반입자들이 함께 있어야만 순수 에너지에서 생산될 수 있다.

전자의 반(反)입자가 이름을 얻게 되는 과정은 조금 색다르다. 그이름은 '반전자Antielektron'가 아니라 포지트론Positron이다. 양자 메커니즘이 거듭 발전해 가던 1928년에 디랙Paul Dirac이 포지트론의 존재를 주장했고, 1932년에 앤더슨Carl Anderson(1905~1991)이 그 존재를 입증하여 거기에 이름을 붙였다.

중성미자는 그 반입자 대열에서 완전히 벗어나 있다. 그것은 그 자체로 반중성미자이다. 이런 속성을 띠는 것은 중성미자의 특수한 재주라기보다는 당연한 결과이다. 왜냐하면 중성미자에는 전하가 없기 때문이다.

2002년 초에 제네바 유럽 핵 연구 센터CERN의 연구자들은 반물질로 구성된 완전한 원자들을 최초로 제작했다. 예컨대 수소 원자는 하나의 전자, 하나의 양성자로 이루어져 있는 데 반해, 반수소는 하나의 포지트론과 하나의 반양성자로 이루어져 있다.

진공

아무것도 존재하지 않는 곳은 통념상 진공이 지배한다고 말한다. 거기에는 물질도 에너지도 존재하지 않는다. 그러나 과학자들은 진공을 결코 인정하려 하지 않았다. 19세기까지만 해도 그들은 진공에 에테르가 채워져 있다고 생각했다. 그리고 20세기 초까지도 사람들은 빛과 음파가 전달되려면 매질이 있어야 한다고 가정했다.

최근에 진공은 새로 채워졌는데, 그 재료는 '히그스Higgs 장(場)' 내지는 '히그스 보손Boson'이다. 이 '보손'에게 주어진 과제는 우리가 현재 공히 체험하고 있는 질량을 모든 입자들에게 부여하는 것이다. 그렇지만 어떤 것도 자명한 것으로 간주하려고 하지 않는 물리학이 이 문제에 대해서만큼은 아직 이렇다 할 설명을 더 내놓지 못하고 있다. 진공을 채우고 있는 히그스의 바다에서는 다른 모든 입자들이 마치 파티에 참석한 유명 인사들과 같다. 그들은 평범한 대중들에 둘러싸여 있으며, 이를 통해 명망의 무게가 부여된다. 이 무게 자체는 그들 자신은 소유하지 못하고 있는 것이다. 질량 또한 입자들의 속성이지만 그렇게 비유적 의미로만 존재할 가능성이 있다. 그리고 실제로는 히그스 장만이 그런 요술을 부리고 있다. 이런 의미에서 볼 때 입자들은 서로 다른 질량들을 가지고 있다기보다는 그 인지도가 높거나 낮거나 할 따름이다.

그러나 히그스 장만이 진공을 생명으로 채우는 것은 아니다. 핵물리학자 베이어Hans Christian von Baeyer는 이렇게 말한다.

그 역동적 진공은 한여름 밤의 조용한 바다와 같다. 그 표면에서는 부드럽게 파도가 출렁이지만, 사방에서 전자와 포지트론 쌍들이 반딧불처럼 빛을 반짝거린다. 그것은 데모크리토스의 끔찍스럽게 삭막한 공허나, 아리스토텔레스의 얼음처럼 차가운 에테르보다 훨씬 활기 차고 친근한 장소이다.

사실 이론상으로는 입자와 반입자가 무(無)에서 생성될 수도 있다. 그러나 그것들은 존재하게 되자마자, 서로를 중화시키면서 대략 0.0000000000000000000001초 만에 다시 사라진다. 빛알, 중성미자가, 그리고 다분히 중력자graviton도 우리가 잘못 상정한 허공 속을 떼를 지어서 솨솨거리며 통과하고 있을 것이다. 글루온과 보손들도 마찬가지이다. 그 속성을 놓고 보자면, 이것들은 더 말할 필요도 없을 것이다. 한편 상당수의 물리학자들은 이미 물질을 진공의 특수한 상태로 보는 방향으로 나아가고 있다. 따라서 만물의 태초 시대가 "빅뱅 Big Bang(대폭발)"이 아니라 "빅버블Big Bubble(커다란 거품)"이었을 것이라고 보고 있다.

보통의 물질만 놓고 생각하면, 진공은 정말로 텅 비어 있다. 그러나 그런 상태를 만들기란 지극히 어렵다. 왜냐하면 보통의 공기 중에는 1제곱센티미터당 3,000경(3×10^{19}) 개의 분자들이 들어 있기 때문이다. 예컨대 보온병의 단열 진공 층 내에는 1제곱센티미터당 대략 5조 개의 분자들이 존재한다. 그리고 어쨌든 별들 사이의 우주 공간에는 여전히 3개의 분자들이 존재한다. 정말 희박한 곳은 은하들 사이의 우주 공간으로, 그곳에는 1제곱센티미터당 0.0000000001개의 분자들이 있다. 따라서 10미터를 갈 때마다 분자를 하나씩 만날 수 있다.

암흑 물질

천문학자들은 물질의 99퍼센트까지는 아니더라도 80~90퍼센트는 우리 눈에 보이지 않는다는 것을 확인했다. 왜냐하면 그 부분은 빛을 방출하지도, 흡수하지도 않기 때문이다. 그럼에도 틀림없이 그것이 있는 이유는 우리가 그것들의 중력에 이끌리기 때문이다. 예컨대 앞서 말한 거대 중력원이 우리를 잡아당기고 있는 것이다. 게다가 중력이 없다면, 현대 물리학이 만들어낸 우주 생성 모델들 또한 성립할 수 없다. 즉 암흑 물질이 없는 우주에서는 별도, 은하도 존재할 리가 없다. 우주는 수소와 헬륨만으로 이루어진 멀건 죽처럼 권태롭고 약간씩 출렁거리기만 할 것이다.

그렇다면 암흑 물질은 어디서 생겨난 것일까? 우주 물질의 80~90퍼센트는 무엇으로 구성되어 있을까? 그 일부는 우리가 이미 익숙하게 느끼는 것들이다. 심지어 아주 익숙할 수도 있다. 왜냐하면 다른 모든 행성들과 마찬가지로 지구도 그 암흑 물질로 되어 있기 때문이다. 차가운 백색 왜성, 중성자 별, 검은 구멍도 암흑 물질이다. 그뿐이 아니다. 다른 몇몇 후보들이 떠오르고 있다. 가장 인기 있는 암흑 물질은 이른바 "윔프WIMP(Weakly Interacting Massive Particle의 약자, 영어로 wimp는 무기력한 자, 겁쟁이라는 뜻임)"들이다. 여기에 속하는 것으로는 '중성미자Neutrino(물론 이 입자가 질량을 지니고 있다는 가정 아래에서만 그러하다. 이 가정은 아직까지는 입증되지 못했다)', '포티노Photino', '노이트랄리노Neutralino', '액시온Axion' 따위가 있다. 이것들은 초대칭 마당 이론이 예견하고 있는 것인데, 과연 그런 기본 입자들이 실재하는지는 유감스럽게도 아직 아무도 모른다. 윔프들보다 한결 더 힘없는 것들이 그 동안 그 이론에 끼어들었는데, 이른바 윔프칠라 Wimpzila가 그것이다. 이것은 윔프의, 괴물 같은 변종이다. 시카고 페르미 연구소Enrico Fermi Institut의 콜브Edward Kolb에 의하면, 윔프칠라는 우주 역사의 급팽창 단계 직후에 생겼으며, 그 질량은 빛 알 질량의 1조 배 정도이다.

그러나 그 정도는 약과이다. 놀랍게도, 우주의 4분의 1가량만이 물질로 이루어져 있다. 좀 더 정확히 말하면 우주의 4퍼센트만 우리에게 익숙한 물질로 되어 있고, 23퍼센트는 암흑 물질로 되어 있다. 나머지 73퍼센트는 암흑 에너지를 구성한다. 암흑 에너지는 암흑 물질보다 더 신비롭다. 그런데 암흑 에너지는 원래 아인슈타인이 일반 상대성 이론 공식에서 도입한 것이다. 그는 중력에 대립하는 '우주 상수'로서, 다시 말해 중력에 길항 작용을 하는 대립적 힘으로서 암흑 에너지를 최초로 도입하였다. 왜냐하면 암흑 에너지가 없다면 우주는 중력이 있는 곳으로 몰려서 틀림없이 와해될 것이기 때문이다. 그러나 나중에 그는 이렇게 주장한 것을 후회하면서, 자신의 연구 경력에 남은 '바보 짓거리'였다고 말했다. 왜냐하면 대폭발 이론이 우주 팽창을 설명하는 유력한 이론으로 등장했기 때문이다. 그럼에도 암흑 에너지는 오늘날 다시 인기를 누리고 있으며, 최근 확인된 우주 팽창의 가속화에 대한 원인으로서 그 가치를 인정받고 있다.

방사선

우리는 햇빛, 마이크로파, 엑스선 따위가 동일한 현상의 다양한 형식일 뿐이라는 것을 알고 있다. 그것들은 모두 빛알들을 통해 전달되는 전자기파이다. 물론 모든 광선이 전자기적인 것은 아니다. 아무튼 방사선이란 말을 들으면 우리는 우선 방사능을 생각하게 된다. 방사능은 무엇일까? 어디서 올까? 무슨 작용을 할까?

1896년 프랑스 물리학자 베크렐Antoine Becquerel(1852~1908)은 우라늄 화합물을 연구하다가, 당시까지 알려지지 않았던 새로운 종류의 광선을 발견했다. 그 광선은 다른 모든 외부의 영향들과 무관하게 사진 감광판을 검게 만들거나 공기를 이온화시키는 특징을 지니고 있었다. 그에게 박사 논문 지도를 받던 29세의 퀴리Marie Curie(본명은 Sklodowska, 1867~1934)는 이 새로운 종류의 광선을 철저하게 조사하기 시작했다. 그녀는 우라늄 원소의 광선이 다른 원소들에서도 확인될 수 있을 것이라고 확신했다. 그 광선이 한 원소만이 가진 우연한 특성일 리가 없었다. 그녀는 깊이 훑어보았고 직접 원자들의 실상을 알아내려고 노력했다. 결국 그녀는 남편 퀴리Pierre Curie(1859~1906)와 함께 당시까지 알려져 있지 않던 두 가지 원소를 발견해 냈고, 그것들에 '방사능Radioactive'이 있다고 말하였다. 그리고 그녀는 그중 하나에 라듐Radium이라는 이름을 붙였고, 또 다른 하나에는 고국 폴란드의 이름을 따서 폴로늄Polonium이라는 이름을 붙였다.

그녀는 여생을 방사능 연구에 바쳤다. 남편이 1906년 마차에 치여 생명을 잃었을 때, 그녀는 남편이 맡았던 파리 대학의 강의를 승계하였다. 그리하여 소르본 대학 강단에 선 최초의 여성 강사가 되었다. 물론 1903년 그들이 베크렐과 함께 노벨 물리학상을 받았을 때, 남편 퀴리는 정교수로 발령되었고, 부인은 조교로 배정되었었다. 그 전에는 두 사람의 연구에 관심을 가진 기업으로부터 받는 약간의 후원금만을 가지고, 직장도 없이 힘겹게 연구를 계속해야 했었다. 남편은 파리 시립 물리학 및 화학 전문대학 교수였다. 한편 1911년 마리는 두 번째 노벨상을 탔다. 이번에는 화학상이었다. 그리고 1차 대전이 일어났을 때에는 연구를 중단하고, 당시 18세이던 딸 이렌Irène과 함께 뢴트겐 기사를 양성하여 스스로 뢴트겐 업무의 최전선에 섰다.

1934년 그녀는 66세의 나이에 백혈병으로 사망했다. 일생 동안 고농도 방사능 표본들과 접촉하면서 지낸 영향이 컸다. 1897년에 태어난 맏딸 이렌은 연구를 계속해서 1934년에 인공 방사능을 발견했다. 그리고 마리 연구소에서 사귀게 된 남편 졸리오 퀴리Frédéric Joliot-Curie와 함께 1935년에 노벨 화학상을 받았다.

마리 퀴리는 방사능 현상을 통해 물질의 본질을 통찰했다고 생각했다. 그녀는 방사능이 의학 분야에 유익하게 쓰일 수 있다고 믿었고, 오늘날 실제로 그렇게 되었다. 그러나 방사능은 위험하며, 따라서 방사능 물질을 취급할 때에는 매우 복잡한 안전 조치가 꼭 필요하다는 것을 우리는 오래전부터 알고 있다.

외부에서 아무런 영향을 주지 않더라도 물질의 원자들이 스스로 분열하고, 이때 이온화 작용을 하는 광선이 알파·베타 또는 감마선의 형태로 검출되는 경우에 우리는 그것에 방사능이 있다고 말한다. 그 광선은 베크렐(Bq) 단위로 측정된다. 1베크렐은 원자가 1초에 하나씩 분열되는 것을 말한다. 아주 정상적인 지구의 흙 1킬로그램은 저절로 분해되면서 몇 백 베크렐의 자연적 능력을 발생시킨다. 인간의 몸속에 존재하는 칼륨-40은 심지어 약 5,000베크렐의 방사능이 생기게 한다. 한편 분열 중에서 가장 중요한 종류는 알파 및 베타 분열이다. 알파 분열에서는 두 개의 양성자와 두 개의 중성자로 이루어진 알파 입자 하나가 분열 중인 핵으로부터 방출된다.

알파 광선이 공기 중에서 도달할 수 있는 거리는 몇 센티미터이다. 그러나 인간의 몸속에서는 그 거리가 몇분의 1밀리미터밖에 안 된다. 베타 분해에서는 중성자가 양성자로 변화하는데, 이때 전자 하나와 중성미자 하나가 배출된다. 그리고 베타 광선은 공기 중에서는 도달 거리가 몇 미터이고 사람의 몸속에서는 도달 거리가 몇 밀리미터인 전자들만으로 구성되어 있다. 한편 방사능 원소가 알파 입자나 베타 입자를 방출하면, 그 원소는 다른 원소로 변환되거나 동일한 원소의 동위 원소가 된다. 예컨대 92개의 양성자와 146개의 중성자를 가진 우라늄 238은, 90개의 양성자와 144개의 중성자를 가진 토륨 234가 된다. 토륨 234는 베타 광선을 내는 원소인데, 이것은 프로트악티늄 Protactinium 234가 되며, 분열이 계속되면 우라늄 234, 토륨 230, 라듐 226, 라돈 222, 폴로늄 218, 납 214, 비스무스 214, 폴로늄 214, 납 210, 비스무스 210, 폴로늄 210을 거쳐 안정적 납 동위 원소 206이 된다.

우라늄 238이 분해되는 과정에는 시간이 매우 많이 걸린다. 45억 년의 반감기가 지나야 원자의 절반이 분해되는 정도이다. 따라서 그 과정에서는 아주 약한 방사선만 나온다. 반면에 폴로늄 210은 훨씬 빨리 분해된다. 그것의 반감기는 138일이다. 이 때문에 마리 퀴리는 순수한 폴로늄을 결코 얻을 수 없었다. 그것은 밀폐해도 그 출발 물질이 납으로 변환되었고, 그리하여 '증발' 할 동안만 혼합물 형태로 존재하였다. 게다가 폴로늄 214는 반감기가 0.16밀리초(秒)라서 폴로늄 210보다도 더 빨리 분해된다.

알파 혹은 베타 분열 시에 종종 감마선이 추가로 생겨난다. 그것은 전자기선이다. 따라서 엑스선 및 태양 자외선과 마찬가지로 감마선은 에너지 준위가 높은 빛알들로 이루어져 있다. 그리고 감마선은 물질을 통과할 때 아주 서서히 약화된다. 그래서 에너지가 높을 때는 공기 중에서 몇 백 미터를 통과할 수 있으며, 인간의 세포 조직도 1미터나 관통할 수 있다.

이 세 가지 광선들은 몸속에서 동일한 영향을 미친다. 그것들이 신체에 충돌하면 원자 껍질에서 개별 전자들이 벗겨져 나오고 이온들이 생긴다. 이 입자(광선)들은 신체 세포를 변화시킬 수 있으며, 그리하여 유전자 결함, 기형 세포 및 암을 초래할 수도 있다. 거기서 결정적인 것은 방사능이 아니라 사람이 받은 광선의 조사량(照射量)이다. 그 양이 많을수록, 세포, 유전 물질, 단백질이 심하게 손상된다. 이른바 등가량(等價量)은 시버트Sievert(Sv)로 나타내진다. 어떤 광선이 문제가 되는지, 그 광선이 어떤 에너지를 지니는지는 여기서 아무 상관이 없다. 1시버트의 감마선은 1시버트 엑스선이나 1시버트 알파선과 동일한 생물학적 영향력을 가진다.

알파 및 베타선은 옷을 통과하지 못한다. 대개의 경우, 알파 및 베타선은 우리가 광선 물질을 먹을 때에만 몸에 해롭다. 특히 칼륨을 먹을 때 그런 일이 벌어진다. 알파 및 베타선은 식품을 통해 섭취되고 몸속에서 다시 배출된다. 칼륨 원자들 중의 소수, 즉 칼륨-40에는 방사능이 있다. 몸속에서 배출되는 방사능은 1초당 대략 9,000베크렐이다. 칼륨은 베타선 말고 감마선도 배출하니까, 우리 몸은 피부 바깥으로도 방사능을 배출하는 셈이다. 땅에는 흙 1킬로그램당 몇 백

베크렐의 자연 방사능 물질들이 있다. 한편 자연에서 가장 심한 방사능 물질은 불활성 기체 라돈 222이다. 라돈 222와 거기서 분해되어 나오는 물질은 폐쇄된 공간에서는 배출되지 못하기 때문에 계속 쌓이게 된다. 그것들은 먼지에 붙어 있다가 사람들의 폐 속으로 들어가 축적될 수도 있다.

방사선은 몇 십억 년 전부터 있었던 자연현상이며, 지구의 모든 생물들은 거기에 적응하면서 살아왔다. 그러므로 모든 생명체는 유전자를 변형시키는 방사능의 작용들을 극복하기 위해 스스로 세포들의 자연 치유 메커니즘을 확보하고 있다. 따라서 생명체는 어느 정도 방사선이 있더라도 피해를 입지 않고 잘 살 수 있다.

오히려 자연 방사능은 우리 거주지의 환경에 더 많이 좌우된다. 자연에는 다른 지역에 비해 방사능이 훨씬 많은 지역들이 있다. 인도와 유럽의 일부 지역에서는 그 수치가 매우 높게 나타난다. 알프스 산간 지방에는 150밀리시버트(mSv)로 측정되는 곳도 있다. 이 수치는 독일의 평균(4mSv)보다 거의 40배나 높은 것으로, 원자핵 시설 근무자들에게 허용된 기준치도 대략 7배나 초과한다.

그 동안 우리는 자연 방사능 외에 인공 방사능도 생산하고 있다. 인공 방사능에 의한 환경오염은 거의 대부분 의료 분야, 특히 뢴트겐 촬영 검사 때문에 생겨난다(연간 1.5mSv). 항공기 운항, 원자탄 실험, 원자력 및 화력 발전소 가동 때문에 생기는 오염은 연 평균 0.05밀리시버트이다. 이 '정상적'인 추가적 오염은 자연에도 평상시에 존재하는 지역적 편차들 내에 있으며 우리 건강에 거의 영향을 미치지 않는다. 그러나 분명한 피해는 체르노빌의 원자로 사고나 나가사키 및 히로시마 원폭 투하 당시 현장에서 방사능에 심하게 노출된 사람들에게서 나타났다. 일본에서는 20만 명이 폭탄의 열핵(熱核) 폭발 때문에 사망했다. 그리고 대부분은 압력 파동 및 열 파동 때문에, 그리고 몇 천

명은 방사선에 과다 노출되어서 며칠 내에 사망했다. 그리고 거기서 살아남은 사람들의 경우에도 50년 이내에 후유증이 나타났다.

1948년 미국 원폭 사상자 위원회 ABBC(Atomic Bomb Casualties Comission)가 히로시마에 설립되었다. 이 위원회는 대략 10만 명의 생존자들을 대상으로 해서 대대적인 연구 조사를 시작했다. 1975년에 이 위원회는 히로시마의 일·미 공동 방사능 연구 재단 RERF(Radiation Effects Research Foundation)으로 이어졌다. 이 단체는 그후 추적 관찰과 과학적 평가를 계속하고 있다. 조사 결과에 따르면, 처음 25년 동안에는 백혈병 환자 발생률이 현저히 높았다. 그리고 생존자들의 발병률은 일본 국민 평균의 두 배에 달했다. 그 후로는 발병률이 다시 국민 평균과 같아졌다. 피폭 생존자들 가운데서 도합 250명이 발병하였는데, 그중 대략 80퍼센트는 피폭이 직접적 원인인 것으로 추정된다. 물론 개개인들에 대해서는 그 원인이 피폭인지 아닌지를 정확히 말할 수 없다. 80이라는 숫자는, 피폭이 없었을 경우 통계적으로 예상되는 발생률과 실제 발생률 사이의 차이에서 얻어진 것일 뿐이다. 그러다가 몇 십 년이 경과한 뒤에야 피폭자들에게는 유방암, 폐암, 위암 등이 증가하는 것으로 나타났다. 이 병들은 오늘날에도 계속 증가하는 추세에 있다. 전체적으로 볼 때 대략 400~500명이 피폭의 후유증 때문에 사망했다. 그것은 20만 명이라는 직접적인 사망자 수에 비하면 적은 숫자이지만, 방사선 노출이 얼마나 위험한지를 실감나게 증명해 준다. 핵 실험 지역의 주민들과 소련 남부 우랄 산맥 테차 강 유역 주민들의 건강 상태에 대한 관찰 결과도 일본의 결과를 입증하고 있다. 그 강물은 1949년부터 1955년까지 마야크의 비밀 플루토늄 공장들에서 누출된 다량의 자연 분해 물질들로 심하게 오염된 바 있다.

미국의 기록에 의하면, 1986년 체르노빌 원자로 사고는 방사능에 과다 노출되었던 31명의 생명을 앗아갔다. 그리고 2003년까지 우크라이나·러시아·백러시아에서는 대략 2,000명이 갑상선 암에 걸린 것이 확인되었다. 특히 어린이들의 발병률이 높았다. 다행스럽게도 이들은 대부분 치유될 수 있었다.

방사선과 관련된 대부분의 암 질환은 지금까지는 주로 우라늄 광산 개발 때문에 발생했다. 1950년대에는 광산 노동자들이 갱내에서 몇 년씩 다량의 방사능 가스 라돈에 노출되어 있었고, 또 그것을 호흡했다. 그래서 우라늄 광산에서는 이미 구동독 시절에 6,000명 이상이 폐암으로 사망했다. 결국 광산 노동자들의 폐암은 직업과 관련이 있는 것으로 인정되었다.

방사선과 관련된 다른 암 질환으로는 흡연 때문에 생긴 폐암이 있다. (물론 담배의 다른 독소 성분들도 영향을 미치기는 하지만) 담배 잎에 축적된 방사능 폴로늄 210이 폐암을 일으킨다.

폭탄

아인슈타인의 상대성 이론, 보어의 원자 모형, 퀴리의 방사능…….
20세기 초에 현대 물리학의 기초를 다진 이런 중요한 역사적 발견들은 모든 과학과 기술을 전쟁 논리에 종속시킨 두 차례의 대전으로 인해 어두운 그늘에 가려졌다. 부상병들을 진료하기 위해 마리 퀴리가 제작한 이동식 뢴트겐 스테이션은 어쨌든 인도주의적 측면을 표현한 것이었지만, 히로시마와 나가사키에 투하된 원자탄은 현대 물리학의 살인적 측면을 고스란히 드러냈다.

1998년 런던에서 초연된 프레인Michael Frayn의 연극 〈코펜하겐〉은 하이젠베르크Werner Heisenberg를 예로 들어, 과학자의 책임 문제를 다룬 것이다. 파시즘 독일 정권 아래에서 물리학자가 핵에너지의 실제 이용을 위해 일하는 것이 도덕적으로 정당화될 수 있는가 하는 것이다. 이 드라마는 실제로 있었던 사건에 입각하였다. 그 내용은 이러하다. "1941년 하이젠베르크는 코펜하겐에 있는 보어Niels Bohr를 방문한다. 1920년에 두 사람은 물리학 혁명을 일으킨 바 있다. 비록 나치스가 그를 '유대인 물리학'의 추종자로 간주해서 적대시하긴 했지만, 어쨌든 하이젠베르크는 독일 핵 프로젝트의 책임자가 된다. 그는 독일에 점령된 코펜하겐의 보어를 찾아가지만, 두 사람의 우정에는 금이 간다. 그런데 두 사람은 당시 이야기했던 것이 무엇이었는지 서로 상반되는 진술을 하며 갑론을박을 거듭하게 된다." 작가 프레인은 이 작품에 대해 이렇게 이야기한다.

그 연극 작품의 주제는 사유와 행동의 동기들에서 볼 수 있는 모호함이다. 우리는 특정 개인에 대한 모든 것을 알 수가 없다. 여기에는 여러 가지 이유들이 존재한다. 하지만 그런 이유들은, 우리가 입자에 대한 모든 것을 알 수 없는 이유들과는 전혀 다른 문제이다.

다시 말해 역사적 사건들에 대해 판단을 내릴 수 없게 하는 어려움이 이 작품의 큰 주제이다.

사실 지금까지도 역사가들 사이에서는 의견이 분분하다. 과연 하이젠베르크를 위시한 독일 물리학자들이 히틀러를 위해 기꺼이 폭탄을 제조하려고 했는지, 아니면 다른 자들이 제조하지 못하게 그 자리를 차지하고서 제조하는 척만 했는지는 명확히 알 수 없다. 보어는 적어도 1941년의 회동에서는 전자가 맞는 것이라고 확신했다. 그는 1957년 하이젠베르크에게 보내려고 쓴 편지 초안에서 이렇게 적고 있다.

저는 우리가 담소한 내용을 모두 기억할 수 있습니다……. 특히 저나

마르그레테Margrethe, 그리고 우리 연구소 연구원들은 당신과 바이츠재커가 하신 연설 내용에서 깊은 인상을 받았습니다. 당신은 "독일이 승리할 것"이라는 결연한 확신을 표현했습니다. 그리고 "그러므로 우리가 다른 결말을 기대하면서 독일 정부의 명령에 귀를 막고 있다면, 이는 어리석은 일일 것입니다"라고 단호히 말했습니다. 저는 또한 연구소의 제 연구실에서 우리가 나눈 대화의 내용도 아주 분명히 기억합니다. 당신이 구체적으로 말하지는 않았지만, 당신의 어조로 판단하건대, 당신이 책임자로 있는 독일이 원자탄을 개발하기 위해 모든 시도를 하게 될 것이라는 인상을 확실히 받았습니다.

익히 알다시피 실제로는 미국이 최초로 폭탄을 제작하는 데 성공했다. 여기에 가장 많은 기여를 한 과학자는 이탈리아인 1명, 헝가리인 5명, 독일인 1명이었다. 페르미Enrico Fermi, 실라드Leo Szilard, 위그너Eugene Wigner, 노이만John von Neumann, 텔러Edward Teller, 베테Hans Bethe가 바로 그들이다. 이들은 모두 히틀러를 피해서 망명한 학자들이었다.

그중 페르미는 복이 많은 물리학자였다. 22세 때 그는 독일에서 하이젠베르크, 파울리Wolfgang Pauli(1900~1958)와 함께 일했다. 25세 때는 로마 대학 이론물리학과의 교수 직을 맡았는데, 동료들이 그를 '교황'이라고 불렀다. 그가 무오류자(無誤謬者)로 통했기 때문이다. 1933년에는 방사능 베타 붕괴 문제를 해명하여 국제적 명성을 얻었다. 파울리와 공동으로 미립자 가설을 세웠고, 그것을 중성미자 Neutrino라고 명명했다. 중성미자는 극도로 미미해서 눈에 거의 띄지 않는다. 기껏해야 질량이 전자의 1,000분의 1밖에 안 되며 베타 붕괴 때에 자체 내의 에너지 일부를 밖으로 방출한다. 이와 동시에 페르미는 네 번째 힘을 물리학에 도입했다. 이 네 번째 힘은 지금까지 발견

된 힘들 중에서도 마지막 힘으로 간주되는 약한 핵력이다. 약한 핵력
은 중성자가 양성자와 전자로 분해될 수 있게 하는 힘으로 인정된다.

1934년 페르미는 원자핵에 중성자를 쏘자고 제안했다. 원자량이 더
많아진 동위 원소가 생겨나게 하기 위해서였다. 그리고 그 전에 퀴리
2세 부부는 알루미늄 판에 알파선을 쏘아서 인공 방사능을 발견한 바
있는데, 당시 페르미는 가능한 모든 물질들에 알파선을 발사해서 대
략 40종의 방사능 물질을 새로 발견했다. 또한 1934년 가을에 그는
느린 중성자가 빠른 중성자보다 핵반응에 더 적합하다는 것을 발견했
다. 이 발견은 핵에너지를 이용하거나 핵 폭탄을 제조하는 일에 중요
한 첫걸음이 되었다.

독일의 연구자인 한Otto Hahn(1879~1968)과 슈트라스만Fritz
Straßmann(1902~1980)은 1938년에 우라늄 원자에 중성자를 발사했
다. 그들은 거기서 아마도 우라늄 동위 원소, 즉 중성자 수가 많아진
우라늄이 나올 것이라고 예상했다. 그런데 놀랍게도 원자 번호 56인
금속, 바륨이 생겼다. 그는 아주 이상한 일이라고 생각했다. 그의 동
료인 유대계 오스트리아 여성 마이트너Lise Meitner(1878~1968)는
당시 스웨덴에 망명해 있었는데, 이 결과를 다음과 같이 해석했다.
"우라늄 핵이 실제로도 두 토막이 난 것이다." 이 결론은 아주 과감한
것이었다. 왜냐하면 당시까지 화학 원소는 어디까지나 원소이니 당연
히 더 이상 분해될 수 없다는 것이 정설로 받아들여지고 있었기 때문
이다. 게다가 그녀는 핵분열이 어떤 의미를 지니는지도 분명히 알고
있었다. 그것은 엄청난 에너지가 풀려 나오는 것을 의미했다. 그녀는
아인슈타인의 공식 $E=mc^2$을 이용해, 핵분열 때 나오는 엄청난 에너
지 양을 계산했다. 이 결과가 발표되자, 망명해 있던 핵 연구자들은
즉시 반응을 보였다. 헝가리계 미국 물리학자 실라드는 아인슈타인을
설득해서 루스벨트 대통령에게 편지를 보내게 했다. 그 내용은, 독일

인들이 엄청난 위력의 살상 무기 개발을 향해 결정적인 한걸음을 내딛었을지도 모르니 미국도 독자적으로 핵 연구를 추진해야 한다는 것이었다.

1939년, 아직 미국에서 적국 국민의 신분을 가지고 있던 실라드와 페르미, 두 사람은 컬럼비아 대학에 최초의 핵 원자로를 함께 세웠다. 그리고 실제로 원자력 생산 기능을 할 수 있는 최초의 견본 원자로는 시카고 대학의 스쿼시 홀에 세워졌다. 그것은 2층 차고 크기였다. 폭은 대략 8미터, 높이는 6.5미터였고 중량은 100톤이었다. 1942년 12월 2일 거기서 역사상 최초로 핵 연쇄 반응이 일어났다가 28분 후에 다시 정지되었다. 핵 반응로(爐)는 성공적으로 작동했으며 폭발하지 않았다. 암호화된 전보가 미국 정부로 발송되었다. "이탈리아의 세무원이 신세계에 진입했습니다." 제작할 수 있다는 것이 증명되자, 물리학자 오펜하이머Robert Oppenheimer(1904~1967)는 폭탄을 제조하라는 임무를 부여받았다. 뉴욕에 거주하는 독일계 유대인 가정의 아들인 그는 자연과학뿐만 아니라 철학·외국어·예술을 두루 배운 인물이었다. 그렇게 해서 '맨해튼 엔지니어링 디스트릭트'라는 제목의 원자탄 프로젝트는 뉴멕시코의 고원 지대에 있는 로스앨러모스Los Alamos에 자리를 잡았다.

원래 미국은 원자탄을 독일에 투하하기로 했으나, 이 계획은 실행되지 않았다. 왜냐하면 원자탄이 완성되기도 전에 유럽에서 이미 전쟁이 끝났기 때문이다. 독일이 1945년 5월 8일 항복하고 나자, 미국에서 원자탄의 실험과 제작에 관여한 실라드 등의 과학자들은 국방부 장관 스팀슨Stimson에게 원자탄을 사용하지 말아달라고 청원했다. 그러나 미국 정부는 이와는 다른 결정을 내렸다.

전쟁 기술을 시험하기 위해서 히로시마와 나가사키에 원자 폭탄을 투하하기로 한 것이다. 투하할 장소는 폭탄의 영향력을 정확히 관찰할 수 있는 도시들 중에서 선정되었다. 따라서 재래식 폭탄들로 파괴된 적이 없는 도시여야 했다. 그리고 파괴력이 어디까지 미치는지를 나중에 살필 수 있으려면 충분히 큰 도시여야 했다. 그래서 코쿠라·히로시마·니가타·교토가 물망에 올랐다. 그러나 교토는 풍부한 문화적 자산 때문에 목록에서 제외되었고, 대신 나가사키가 추가되었다. 1945년 8월 6일 우라늄탄 '꼬마Little Boy'가 히로시마를 잿더미로 만들었고, 3일 후에는 플루토늄탄 "뚱보Fat Man"가 나가사키를 불바다로 만들었다. 그리하여 20만 명 이상이 사망했다.

그 역사적인 날까지 독일의 원자물리학자들은 미국의 원자 폭탄 프로그램에 대해 아무것도 몰랐다. 하이젠베르크, 한, 바이츠재커 등은 라디오에서 원폭 투하 소식을 듣고서야 그 사실을 알았다. 그리고 당시 그들은 영국군의 포로가 되어 있었다.

한편 졸리오 퀴리 부부는 당시 원자 에너지를 군사적으로 이용하는 것에 반대하는 운동을 벌이고 있었다. 그들은 조국 프랑스가 독일에 점령당해 있는 동안 레지스탕스로 활약했으며, 독일의 손에 넘어가지 않도록 연구 자료들을 영국으로 빼돌렸다. 그리고 전쟁이 끝난 후에 프랑스의 원자 에너지 위원회 대표로서 졸리오 퀴리는 최초의 원자 반응로인 '조에Zoe'의 제작을 주도했다. 이것은 1948년에 가동을 시작했다. 그는 '원자탄 반대 스톡홀름 선언'을 기초했으며, 1950년 당시 원자 에너지 위원회 책임자이던 이렌 퀴리와 마찬가지로 직위 해제되었다. 그 이유는 여러 가지였다. 하지만 그가 프랑스 공산당의 지도급 위원으로 있었다는 것과, 원자 연구의 성과들을 군사적 목적에 이용하는 것을 거부했던 것이 가장 큰 이유였다.

원자력

원자탄 및 핵에너지로 가는 과학과 공학의 길은 계속 평행선을 그으며 발전했다. 원자탄과 핵에너지의 결정적 차이를 말하자면, 전자는 핵반응을 통제 없이 진행시켜 열핵 폭발에 이르고, 후자는 핵반응을 제동하고 통제함으로써 에너지를 얻는다.

핵분열

원자는 전기적으로 음극인 껍질 부분과 전기적으로 양극인 핵으로 이루어져 있다. 껍질 부분에는 전자가 있고, 핵에는 양성자와 중성자가 있다. 전자, 양성자, 중성자의 수는 원소마다 매우 다르다. 예컨대 가장 간단한 원소인 수소(H)는 원자핵 내에 단 하나의 양성자만 가지고 있다. 주기율표에서 보면 우라늄은 원자 번호가 92이며, 따라서 핵 내에 92개의 양성자를 가지고 있다. 우라늄 235의 경우에는 143개의 중성자가 거기에 추가된다. 정상 상태라면, 그리고 장기적인 분해 과정을 일단 생각지 않는다면, 원자 내에 있는 각종 입자들의 수는 일정하다. 그런데 그 구조를 우리가 인위적으로 변경시켜 원자핵의 질량이 변하면, 엄청난 에너지가 저절로 풀려 나올 수 있다.

아인슈타인의 공식 $E=mc^2$에 따르면, 질량 1킬로그램의 물질로 이론상 9×10^{16}줄의 에너지를 얻을 수 있다. 이는 함부르크 시 전체의 전력 수요를 2년 동안 충당할 수 있는 양이다. 물론 원자로(原子爐)의 효율이 100퍼센트가 될 수는 없다. 모든 질량을 전부 에너지로 변환시킬 수는 없다는 말이다. 구체적으로 살펴보면, 원자로에서는 우라늄 235 원자 하나가 중성자 하나를 받아들여 스스로 분해된다. 그렇게 해서 핵분열이 시작되는 것이다. 이때 평균적으로 2.3개의 중성자가 방출되어 연쇄적으로 다른 원자핵들을 분열시킬 수 있다. 물론 원자핵들이 충분히 존재해야 한다. 그래야만 그것들이 다른 원자핵들을 맞추지 못해 외부로 허비되는 일을 막을 수 있다. 그때 꼭 필요한 최소량을 '기준 질량Critic mass'이라고 하는데, 우라늄 235의 경우에는 기준 질량이 대략 10킬로그램이다. 그리고 연대적인 분열은 이렇게 이루어진다. 이해하기 쉽게 핵분열 때 매번 2개의 중성자가 나온다고 가정하면, 그 2차 단계에서는 중성자가 4개, 그 후에는 차례로 8, 16, 32, 64, 128개가 나온다. 우라늄 핵이 충분히 존재하고 중성자들이 그 시스템에서 망실되지만 않으면 핵분열 횟수는 매번 두 배로 늘어나는 것이다. 그 전체 과정은 눈사태처럼 걷잡을 수 없이 진행된다. 극히 짧은 시간 내에 엄청난 에너지가 방출되는 연쇄 반응이 일어나는 셈이다. 1킬로그램의 우라늄 235가 완전히 분해될 경우 질량 손실은 1그램에 불과하지만, 그 1그램은 900억 킬로줄(kJ)의 에너지로 전환된다.

원칙적으로 모든 원자핵은 분열될 수 있지만, 특정 우라늄 및 플루토늄 동위 원소는 중성자들의 도움을 받아 아주 쉽게 분열된다. 그래서 그 핵들이 분열하면, 분열을 위해 투입되어야 하는 에너지보다 훨씬 더 많은 에너지가 방출될 수 있다. 그렇지 않다면 그 모든 시도가 무의미할 것이다. 그러므로 원자로는 우라늄 235와 플루토늄만으로 가동된다.

탄소봉 내에서 일단 점화된 연쇄 반응은 관리자가 겨냥해서 조절할 수 있다. 그리고 어떤 경우에도 반응을 몇 초 내에 정지시킬 수 있다. 외부에서 에너지 시스템의 중성자들을 제어하기만 하면 된다. 핵분열 과정이 계속 진행되는 데 필수적인 중성자들을 제거하기만 하면 그 진행 과정이 느려지거나 완전히 정지되는 것이다. 그 일은 중성자를 흡수하는 능력이 탁월한 물질들, 예컨대 붕소·인듐·은·카드뮴을 가지고 할 수 있다. 이 물질들은 이른바 조절봉에 점착되어 있어서, 필요할 때 통제기(예컨대 탄소봉을 에워싼 냉각수) 안으로 그 봉을 밀어

넣기만 하면 된다. 원자로를 작동시키려면 제어봉을 미리 후퇴시켜 놓아야 한다. 반대로 원자로의 연소를 중지시키려면 제어봉이 딱 닿는 소리가 날 때까지 바닥으로 밀어 넣어야 한다. 그러면 핵분열이 정지된다.

1951년 12월 미국 아이다호에서 실험용 원자로 EBR1이 전류를 생산함으로써 민간 부문에서 최초로 핵에너지를 이용하게 되었다. 그리고 핵원자력 발전소가 최초로 상업적으로 이용된 것은 1956년 영국의 캘더 홀에서였다. 한편 독일에서는 1957년 10월에 최초의 원자로가 뮌헨 공대에 세워져 민간에서 이용되기 시작하였다. 그 원자로는 외양이 달걀처럼 생겨서 '원자 알Atomei'이라는 별명을 얻었다.

인간이 개입하지 않더라도 자연에서 핵분열이 일어날 수 있다. 오늘날의 아프리카 가봉에 위치한 오클로 지역의 한 광산에서는 1972년에 우라늄이 발견되었는데, 그 우라늄에 포함되어 있는 물질 중 분해될 수 있는 물질의 양은 극히 적었다. 조사 결과 그 매장지에서는 18억 년 전에 자연적으로 핵분열이 일어났으며 그 분열이 대략 100만 년 동안 계속되었던 것으로 확인되었다.

핵융합

원자의 분열 시뿐만 아니라 융합 시에도 질량은 에너지로 변환된다. 태양 내부의 핵융합은 우리가 알고 있는 모든 생명의 원천이지만, 유감스럽게도 그 방식으로는 원자로를 건설하는 것보다 폭탄을 제조하는 것이 훨씬 더 쉽다는 것이 입증되었다. 이미 1952년 11월에 태평양 중서부 미크로네시아 마셜 군도(群島)에 속하는 환초(環礁) 에니웨톡 아톨Eniwetok Atoll에서 텔러Edward Teller가 제작한 세계 최초의 수소 폭탄이 터졌고, 그 파괴력은 히로시마 폭탄에 비해 500배나 강했다.

핵융합의 어려운 점은 두 개의 핵이 서로 융합할 수 있도록 근접시키는 방법에 있다. 두 핵 모두 양성 전하를 가지고 있으므로 서로 반발한다. 이 힘은 쿨롱Coulomb 척력이며, 주변 온도가 섭씨 5,000만 ~1억도는 되어야 극복될 수 있다. 하지만 수소 폭탄에서는 그것을 제어하지 않고도 가능해진다. 작은 원자탄으로 수소 폭탄을 점화하면 되기 때문이다. 전력 생산 등의 민간 이용을 위해 그 과정을 통제하는 방법은 아직 겨우 눈뜨는 단계에 있다.

이러한 일에는 비용이 많이 든다. 수소 동위원소 중수소Deuterium, 삼중수소Tritium의 원자핵을 높은 온도로 가열하면 음극으로 대전된 전자각(殼)이 벗겨진다. 다시 말해 핵은 전자로부터 분리되며, 대전된 입자의 구름이라 할 수 있는 플라스마(자유 운동하는 양·음 하전 입자가 공존하므로 전체적으로는 중성이 되어 있는 제4의 물질 상태—옮긴이)가 생겨난다. 이때 압력을 계속 증가시켜 원자핵을 압착하면 이 상태를 한참 유지하게 할 수 있고, 또 연료의 밀도가 충분히 높으면 마침내 플라스마가 '점화' 되어 그 반응을 일으키는 데 소요된 에너지보다 훨씬 더 많은 에너지를 방출한다. 하지만 이 플라스마 구름을 제어하는 것은 쉽지 않으며, 전통적 방법으로는 불가능하기까지 하다. 왜냐하면 그 어떤 재질도 섭씨 1억도의 고온을 견뎌내지는 못할 것이기 때문이다. 그 대신 연구자들은 극도로 강력한 자기장을 이용한다. 이 자기장은 지구상의 자기장보다 20만 배 이상 강하므로 플라스마를 가두어 둘 수 있다. 거대한 자동차 타이어처럼 생긴 이 자기장 울타리는 그 뜨거운 가스 구름을 차단하며 단열재로서의 기능도 한다. 그 안에서 플라스마는 벽과 직접 접촉하지 않을 수 있으며 흡사 진공 상태에 있게 된다. 자기장은 융합 원자로가 통제를 벗어나지 않게 하는 데도 일조한다. 그 자기장이 차단되면 원자 반응도 소멸하기 때문이다.

1991년 영국 컬햄Culham 과학 센터의 제어 핵융합을 위한 유럽 대형 실험 프로젝트 '조인트 유럽 토러스Joint European Torus(JET)'는 처음으로 제어 핵융합을 통한 에너지 생산에 성공했다. 그 장치는 2초 동안 1.8메가와트의 융합 능력을 보여주었다.

핵융합은 핵분열에 수많은 장점을 제공한다. 이론상으로 볼 때 융합을 통해서 얻을 수 있는 에너지의 양은 이루 말할 수 없이 많다. 1그램의 융합 연료에서 얻어낼 수 있는 에너지의 양은 난방용 석유 1만 리터에 상응한다. 따라서 1,000만분의 1의 물질만 운송되면 된다. 게다가 오랫동안 분해가 되지 않아 골치를 썩이고 있는 핵폐기물도 핵융합에서는 생기지 않는다. 다만 융합 원자로의 강철 구조물만은 시간이 경과함에 따라 방출된 중성자들을 흡수해 방사능을 품게 되겠지만, 이 방사능도 100년이 경과하면 다시 잠잠해질 것이며 그 자재들은 새로 활용될 수 있을 것이다. 융합 연료의 주요 성분인 중수소와 3중수소는 다가올 세기(世紀)의 에너지 수요가 현재의 수천 배가 된다 할지라도 수백만 년 동안 사용할 수 있을 정도로 무궁무진하게 존재하는 자원이기도 하다. 중수소는 일반 물에 포함되어 있으며, 그 융합 파트너인 3중수소는 지각(地殼)에 대량으로 존재하는 알칼리 족 금속인 리튬으로부터 쉽게 채취할 수 있다. 핵융합 과정에서 중수소와 3중수소가 높은 에너지의 중성자를 내놓으면서 헬륨으로 변환하며, 이것은 불활성 가스로서 인간과 자연에 유해하다.

융합 발전소에서 상업적으로 전류를 생산하게 되기까지는 앞으로 수십 년이 걸릴 수도 있다. 유럽공동체, 미국, 일본, 러시아가 참여하는 역사상 가장 큰 연구 계획인 국제열핵실험반응로ITER의 실행은 계속 연기되고 있다. 100억 유로가 넘는 거액의 재정 확보가 아직 이루어지지 않았기 때문이다.

▌공간과 시간 ▌

> 지금 밭에 나가 쟁기질 하는 농부를 내게 데려오시오.
> 그에게 이 질문을 이해시키려고 노력해 보시오.
> 그러면 그가 당신에게 다음과 같이 대답할 것이오.
> 하늘과 땅의 삼라만상이 사라지더라도
> 공간은 그대로 있을 것이라고.
> 그리고 하늘과 지구의 모든 위치변전이 멈추더라도
> 시간은 흐를 것이라고.

쇼펜하우어Arthur Schopenhauer는 위 인용문에서 한 평범한 사람의 입을 빌어 일반 대중이라면 누구든지 생각하는 것을 말하고 있다. 그것은 위대한 뉴턴도 생각했던 것이다. 공간과 시간은 우리의 인지 과정에서 불가피한 카테고리처럼 여겨진다. 이런 개념의 도움 없이는 우리는 주변의 모든 사물과 사건을 배열할 수 없으며, 사유 역시 불가능해질지도 모른다. 공간과 시간은 서로 엄격히 구분되며, 그 자체로 모든 물질의 상태와 무관하게 존재하는 것 같다. 뉴턴은 이렇게 확언했다.

절대적 공간은 그 본성상 영원히 존재할 것이며, 외부의 대상과 아무런 관련 없이도 항상 균일하며 확고부동할 것이다…. 절대적, 수학적 진짜 시간은 그 자체가 흐르는 것이며 그 본성상 형식이 일정하며 외부 대상과 무관할 것이다.

이런 생각은 아인슈타인이 특수 상대성 이론에 대한 그의 첫 논문을 발표했던 1905년까지만 해도 유효했다.

아인슈타인은 오늘날 천재 과학자의 대명사로 통한다. 그는 아마도 역사상 가장 저명한 과학자일 것이다. 사람들은 플랑크, 슈뢰딩거, 보어, 하이젠베르크, 페르미 등 물리학을 혁신한 기타 과학자들의 얼굴은 모르지만 그의 얼굴은 안다. 머리가 흐트러진 그의 초상화가 너무 유명하기 때문이다. 이러한 명성에는 아웃사이더로서의 삶, 독창적 생각, 유년 시절에는 인정받지 못한 천재성, '상대성 이론'이라는 간결한 제목, 공식 $E=mc^2$의 간결성, 나치스에 의한 수모, 어눌한 말투, 혁명적 행동, 평화주의자로서의 정치 활동 등도 한 몫을 했을 것이다. 그러나 그 명예의 기초는 (이것은 결코 자명한 것은 아니지만) 그의 학문적 업적이다. 조용한 방 안에서 공간, 시간, 에너지, 물질 등의 기본 개념에 대해 생각하고 새롭게 정의하는 사람은 우리가 생각하는 천재 개념에 가장 잘 부합하는 사람이다. 우리는 아인슈타인의 생애와 인물에 대해 더 이상 자세히 기술하는 것을 포기하고 (이에 대한 너무 많은 책들이 이미 존재하므로) 그의 과학적 업적만 간략히 소개하고자 한다.

대학을 졸업한 후 그는 수학 및 물리학 교사로 일하고 싶어 했으나 쉽사리 안정된 직장을 찾지 못했고 지인들의 알선을 통해서 간신히 스위스 베른의 특허청에 '3류 기술 위원'으로 취업할 수 있었다. 그는 그곳에 재직하던 당시인 26세 때《물리학 연보(年譜)*Annalen der Physik*》제17권에 논문 3편을 발표함으로써 단번에 학계의 빛나는 스타가 되었다.

논문〈빛의 생성 및 변화와 관련한 발견술적 관점에 대하여〉에서 그는 전자기력선(線)이 플랑크에 의해 도입된 에너지 양자에 상응하는 실제 입자라는 주장을 감히 내세웠다. 이렇게 방사선 양자 이론의 기초를 놓은 그였지만 초기에는 별로 환영받지 못했다. 왜냐하면 빛은 파동이라는 견해가 이미 오래 전부터 정착되어 있었고, 따라서 파동·입자 이원론은 혼란만 초래할 수 있었기 때문이다.

그 논문이 발표된 후에도 8년 동안이나 빛알(광자) 가설을 거부했던 플랑크는 아인슈타인을 회원으로 받아들일 것인지 여부를 결정하고자 모인 프로이센 과학 아카데미 위원회에서 다음과 같은 심사 요지를 담은 글을 썼다.

예컨대 그의 광량자 가설에서처럼, 그가 사유를 할 때 목표를 이따금 너무 멀리 지나쳐 가더라도 우리는 그것에 대해 그를 탓해서는 안 됩니다. 왜냐하면 위험을 무릅쓰지 않는다면 가장 정밀한 과학에서도 실제적 혁신이 이루어질 수 없기 때문입니다.

이로부터 또다시 8년이 지난 후 아인슈타인은 광자 이론으로 노벨상을 탔다. 광자는 곧 증명되었으며 보어의 원자 모델과 양자 메커니즘에 결정적 역할을 했다.

그의 논문 〈움직이는 물체의 전기 역학〉은 특수 상대성 이론의 원칙을 기술한 것이며, 이 이론은 그에게 학자로서의 길을 열어주었다. 뒤이어 그의 박사 논문과 교수 자격 논문이 금세 완성되었으며, 마침내 그는 자연과학계에서 최고로 명예로운 전당인 베를린 빌헬름 황제 물리학회의 초빙을 받았다. 그는 1933년에 미국으로 망명할 때까지 그곳에서 연구를 계속했다.

특수 상대성 이론

아인슈타인은 특수 상대성 이론으로 공간과 시간에 대한 우리의 관념을 완전히 뒤죽박죽으로 만들었지만, 정작 자신은 이것을 결코 혁명적으로 여기지 않았다. 그는 자신이 다만 "공간과 시간에 대한 학설을 수정"했을 뿐이라고 강조했다.

그는 그 목적을 위해 우선 빛의 본성에 관해 진술했다. 빛은 진공 속에서는 그것이 정지 물체에서 나왔건 운동 중인 물체에서 나왔건 간에 상관없이 동일한 속력으로 나아간다. 우리가 시속 100킬로미터로 달리는 자동차를 시속 80킬로미터로 추격하면 그 차는 단지 시속 20킬로미터의 속도로만 우리에게서 멀어진다. 그런데 우리가 어떤 불빛을 광속의 절반의 속도로 추격하면 그 빛은 여전히 광속의 완전한 속도로 우리에게서 멀어진다. 이 현상에 대해 설명 가능한 논리는 딱 하나, 즉 추격하기 위해 달리는 자동차 안에서는 시간이 늦어진다는 것뿐이다. 아인슈타인이 바로 그것을 주장했다. 광속이 절대적이라면 시간은 상대적이어야 한다. 우리는 그것을 어떻게 이해할 수 있을까?

아인슈타인은 시간의 상대성을 설명하기 위해 고속 열차 비유를 선택했다. 열차가 정차해 있는 승강장의 정중앙에 서 있는 관찰자의 시점에서 볼 때 열차의 앞과 뒤에서 동시에 번개가 쳤다고 하자. 그는 두 번개를 같은 시각에 볼 수 있을 것이다. 이번에는 열차가 달리고 있는 상태이고 역시 똑같은 위치에서 번개가 쳤다고 하자. 그렇다면 그 안에 타고 있던 승객의 눈으로 보았을 때도 역시 동시에 번개가 목격될 것인가? 그렇지 않다. 열차 내의 관찰자가 볼 때는 약간의 시간 차이가 있다. 왜냐하면 그는 빠른 속도로 앞쪽의 번개를 향해 움직이고 있으며 뒤쪽의 것으로부터는 멀어져 가고 있기 때문이다. 승객이 있는 열차 중앙까지 번개 불빛이 도달하는 데는 약간의 시간이 소요되지만 달리는 열차 속의 관찰자는 이미 그 중앙의 위치를 벗어난 상태다. 따라서 관찰자 앞쪽의 빛이 관찰자에 도달하기까지 걸리는 시간은 관찰자 뒤쪽 빛의 경우보다 덜 걸린다. 결국 열차 내의 승객에게는 앞쪽의 번개가 더 빨리 친 것처럼 보이는 것이다. 이 비유가 말하는 것은 두 사건의 동시성은 절대적이지 않다는 것이다. 시간의 흐름은 관찰자의 운동 상태에 종속되어 있으며, 길이와 시간은 측정하는 사람에 종속된다. 물론 지구의 일상적인 속력에서는 이러한 시간 편차가 매우 작을 뿐만 아니라 양 방향을 동시에 바라볼 수는 없기 때문에 그것을 파악하는 것은 거의 불가능하다. 하지만 다행스럽게도 미세한 시간 측정을 가시화한 예술이 있다. 윌슨Robert Wilson과 글라스Philip Glass가 연출을 맡아 1976년에 초연된 5시간짜리 오페라 〈해변의 아인슈타인Einstein on the Beach〉을 보면 열차와 번갯불이 매우 천천히 무대 위로 기어가고 내려온다.

특수 상대성 이론에 속하는 것으로는 짧은 공식 $E=mc^2$도 있다. 이것은 혀를 쑥 내민 아인슈타인의 초상화 사진 곁에서 쉽게 발견할 수 있다. 이 공식은 질량과 에너지가 등가적(等價的)이라는 것을 보여준다. 물체의 질량을 아주 큰 수, 즉 광속의 제곱으로 곱하면 그 에너지를 계산해 낼 수 있다. 에너지가 증가하면 질량도 증가한다. 아인슈타인은 위 논문의 추록에 "물체가 에너지 E를 광선의 형태로 내놓으면 그 질량은 E/c^2만큼 작아진다. 물체의 질량은 거기에 잠재해 있는 에너지의 양을 알 수 있는 척도다"라고 기록하고 있다.

속도가 증가하면 질량도 같이 증가한다는 주장은 전자(電子)에 대한 실험으로 증명되었다. 베타 방사능 물체에서 나온 전자들은 거의 빛에 가까운 속력을 가지고 있으므로 그 무게가 눈에 띄게 무거워질 것임이 틀림없다. 운동 중인 물체의 관성은 직접 질량에서 생기므로 질량의 크기는 쉽게 정해질 수 있다. 우리는 다만 자기장 내 경로의 곡률만 측정하면 된다. 전자의 질량이 클수록 그만큼 더 관성이 커지며 자기장을 통해 휘는 정도는 그 만큼 더 작아진다. 측정 결과는 아인슈타인의 예견을 확증해 주었다. 전자의 질량이 증가했으며 그 증가량은 공식 $E=mc^2$로 정확히 결정될 수 있었다.

따라서 외견상 철칙 같아 보이던 단위인 공간, 시간, 질량, 에너지가 상대화한 반면 광속은 절대적 기준으로 승격했다. 그것은 대략 초속 30만킬로미터에 달하며 무엇도 그보다 빠를 수는 없는 것으로 통한다. 감히 거기에 근접하려는 것이 있다면 광속은 그를 공간과 시간 속에서 납작하게 만들어 버리며 측정 불가능할 만큼 질량을 증대시킨다. 미치오 카쿠 같은 물리학자는 그런 현상을 출근길에서 다음과 같은 식으로 상상하기를 즐긴다.

내가 승강장에 서서 아무것도 하지 않은 채 지하철을 기다리고 있노라면, 나는 내 상상의 나래를 마음껏 펼치면서 스스로 이렇게 묻게 된다. 만약 광속이 시속 50킬로미터쯤 된다면, 다시 말해 그것이 열차의 속도와 같다면 어떤 일이 벌어질까? 열차가 요란스럽게 승강장으로 진입하면 그것은 마치 아코디언처럼 쭈그러들어 보일 것이다. 그리고 잠시 후에는 대략 30센티미터 두께의 납작한 금속 원반이 레일 위를 미끄러지며 승강장을 떠날 것이다. 진입해 들어온 지하철 열차 속의 승객들은 종이 같이 얇게 보일 것이고, 게다가 그들은 석상처럼 꼼짝도 않고 시간 속에서 굳어 버릴 것이다. 그러다가 열차가 끼익 소리를 내며 급정차 할 때는 갑자기 길게 늘어나서 그 금속 원반이 차츰 역 전체를 메울 것이다.

그렇지만 열차 내의 승객은 자신이 그 외부 관찰자에게 그런 기괴한 모습으로 보이는 것을 전혀 눈치 채지 못할 것이다. 그들에게는 모든 것이 완전히 정상으로 보일 것이다. 카쿠의 말대로라면 "그들이 미련한 핫케이크처럼 보인다는 사실을 그들 자신은 다행스럽게도 모를 것이다."

일반 상대성 이론

> 중력장(場)은 … 상대적으로만 존재한다. … 왜냐하면 집의 지붕에서
> 자유 낙하 중인 관찰자가 볼 때는 (적어도 그 자신의 바로 근처 공간에서
> 는) 아무런 중력장도 존재하지 않기 때문이다.

아인슈타인은 이 간단한 숙고가 자신의 일생에서 가장 행복한 생각
이었다고 회상한다. 이것은 1915년 공개된 일반 상대성 이론의 핵심
을 이루기도 한다. 중력에 대한 새로운 설명을 제공한 이 이론은 공간
과 시간을 하나의 공간·시간 연속체로 통합함으로써 공간과 시간에
대한 우리의 통념을 완전히 바꾸어 놓았다.

자유 낙하에서는 중력장이 존재하지 않는다는 아인슈타인의 말은
무엇을 뜻하는가? 지붕에서 뛰어내린 사람은 당연히 지면으로 쏜살같
이 떨어진다. 그러나 만약 그가 손에 사과를 쥐고 있다가 낙하 도중에
놓는다면, 사과는 그의 곁 공중에 둥둥 떠 있을 것이다. 특수 상대성
이론에서 기술된 바와 같이 속력만 상대적인 것이 아니라 가속도도
상대적인 것이며 관찰자의 관점이 문제될 뿐이다.

특수 상대성 이론에 따르면 완전히 매끈하고 평범한 표면 위에서
미끄러져 달리는 폐쇄된 차 속에 있는 사람은 자신이 정지해 있는 것
인지, 아니면 아무런 변화 없이 이동하는 것인지 결코 구분할 수 없
다. 정지와 균질적 운동은 구분이 불가능하다. 그래서 아인슈타인은
(당시까지는 우주를 그렇게 절대적으로 정지한 기준 시스템으로 보는 것이
일반적이었지만) 정지 개념을 폐지하고 우주에 절대적으로 정지한 물
체는 없다는 공준을 세운 것이다.

일반 상대성 이론에 의하면 우주선 안의 사람은 우주선이 커브를
돌거나 가속되거나 또는 급정지할 때 그 원인이 중력 때문인지 아니

면 가속도나 급정지 또는 방향 전환 때문인지 확인할 길이 없다. 등가 원리에 의하면 가속도와 중력은 구분이 불가능하다. 일반성 및 간결 성을 추구하려는 성향을 가진 아인슈타인은 그 차이를 인정하려 하지 않았고 결국 두 가지 모두 동일한 것의 다른 형식일 뿐이라는 것을 입 증하려고 노력했다. 그래서 그는 뉴턴의 중력으로 아주 특이한 제안 을 했고, 중력을 이른바 기하학으로 해소했다.

일반 상대성 이론에 의하면 대상은 중력 법칙에 따라 움직이지 않 는다. 다시 말해 중력이 사물을 움직이지는 않는다는 것이다. 왜냐하 면 중력이란 것은 존재조차 하지 않기 때문이다. 다만 대상은 시공간 Spacetime 내에서 최소 저항의 길을 따라 움직일 뿐이다. 사람들이 착시를 통해 존재하는 것으로 믿는 중력은 단지 중력이 공간에 미치 는 작용일 뿐이다. 중력은 공간을 일그러뜨린다. 이렇게 변화된 기하 학은 물질을 다른 궤도 속으로 밀어넣는다.

우리가 알고 있는 공간은 세 가지 차원으로 이루어진다. 높이, 폭, 길이가 그것이다. 하지만 시간은 1차원만 있으며 과거에서 미래로 곧 장 나아간다. 아인슈타인이 그 둘을 하나로 통일함으로써 우리는 3차 원 더하기 1차원, 즉 4차원의 세계에 살게 되었다. 이것은 상상하기 어렵다는 단점을 가지고 있기 때문에 굽은 공간에서 물체에 어떤 일 이 벌어지는지 추적하려면 한 가지 특수 장치를 사용해야 한다. 우리 는 3차원 세계에 있는 1차원 대상과 2차원 대상을 알고 있다. 그것은 선(線)과 면(面)이다. 4차원 세계에서 벌어지는 일을 직관하고 싶으 면 모든 것을 1차원씩 등급을 내려서 생각해야 한다. 구(球)는 면이 되고, 면은 선이 되고, 선은 점이 되어야 하는 것이다. 그렇게 생각하 면 3차원은 그 자체에 대한 4차원의 등가물을 위한 장소를 제공하는 데, 우리는 이것을 하이퍼 구라고 부른다. 구는 3차원 형태이지만 그 표면은 2차원, 즉 면일 뿐이다. 따라서 우리는 세계를 4차원 세계 내에 있는 3차원 면적으로 생각해야 한다. 이와 같은 방법으로 세계가 무한히 크며 동시에 무제한일 수 있다는 것에 대한 설명이 가능해진다. 우리는 구의 표면을 따라서 결코 어떤 끝에 도달하지 않고 무한히 나아갈 수 있다. 그러나 구는 무한히 크지는 않다. 한 단계만 더 높여 상상해 보면 이와 동일한 원리가 우주에도 해당될 수 있다. 빠른 우주선을 타고 항상 직선으로만 비행하면 (그 방향은 상관없다.) 언젠가 다시 동일한 장소, 즉 출발점으로 되돌아올 것이다.

세계의 표면은 질량(엄밀한 의미에서 질량과 에너지)의 축적을 통해 움푹 파여 있다. 질량과 에너지가 한 장소에 많이 모여 있을수록 시공은 그만큼 더 많이 굽어져 있다. 바로 이런 이유에서 그 장소에 가속도 내지 중력이 있다는 느낌이 생겨나는 것이다. 왜냐하면 모든 대상은 마치 시간이 가장 천천히 진행하는 곳을 향해 나아가려는 것처럼 보이기 때문이다. 따라서 지구는 태양이 끌어당기기 때문에 태양 주위를 도는 것이 아니다. 태양은 자기 주변의 시간을 눌러 오목하게 만들고 시공(時空)을 구부러뜨린다. 지구는 태양 곁을 통과해 곧장 나아가려 하지만 시공 속의 그 웅덩이 때문에 태양 둘레를 공전하게 된다. 그리고 그 웅덩이는 매우 크기 때문에 지구가 그리는 커브는 하나의 완전한 원, 즉 공전 궤도가 되는 것이다. 이와 동시에 지구 역시 당연히 시공 속에 작은 웅덩이를 하나 만드는데, 여기에는 달이 포획되어 있다. 물체가 크고 무거울수록 그만큼 웅덩이는 더 커진다.

여기서 벌어지는 일을 우리는 간단한 비유로 설명할 수 있다. 시공 모델로서 팽팽하고 탄력 있는 천을 구해 펼쳐놓고 그 위에 둥근 돌을 올려놓았다고 생각하자. 그리고 이 돌을 태양이라고 간주하자. 그러면 그 돌 주위에는 우묵하게 웅덩이가 생길 것이다. 이제 작은 유리구슬을 지구라고 간주하고 태양 바로 곁으로 직선으로 굴려보자. 그러면 그것은 그 웅덩이에 갇힐 것이며 웅덩이 가장자리를 따라 원운동을 할 것이다. 이를 보고 우리는 돌에서 만유인력이 나온다고 생각하게 될 것이다. 그러나 사실은 그렇지가 않다. 그 돌을 평평한 탁자에 놓고 구슬을 그 옆으로 탁 퉁겨 보내면 그 구슬은 결코 직선 경로를 이탈하지 않는다.

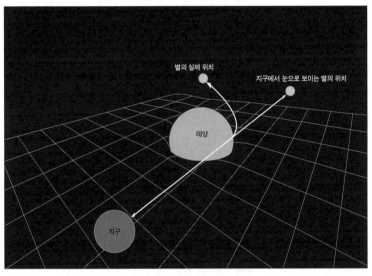

별의 실제 위치

지구에서 눈으로 보이는 별의 위치

태양

지구

그림 3.2 태양의 근처에서는 시공이 오목하다. 따라서 태양 뒤에 있는 별빛의 진로는 꺾인다. 그래서 별은 실제 있는 곳이 아닌 다른 곳에 있는 것처럼 보인다. 1919년 개기일식 때 이 현상이 관찰됨으로써 일반 상대성 이론이 경험적으로 입증되었다.

사실상 이 이론의 효과는 아주 드물게 나타나기 때문에 일상생활에서는 별반 의미가 없긴 하다. 하지만 한 아파트 건물 내에 거주하는 사람들의 시간은 층마다 서로 다르게 흐른다. 1층에서는 2층에서보다 시간이 약간 늦게 흐르며, 2층에서는 3층에서보다 더 늦게 흐른다. 층이 높아질수록 시간은 점점 더 빠르게 흐른다. 물론 그 차이가 극도로 작기 때문에 아무도 그것을 눈치 채지 못한다. 차이가 생기는 원인은 시공을 일그러뜨리는 지구의 중력 때문이다. 에베레스트 꼭대기의 원자시계는 서해안 바닷가의 시계보다 빨리 간다. 국제 우주정거장, 예컨대 미르MIR의 원자시계는 만 년마다 1초씩 지상의 시계보다 빨라진다. 그렇기 때문에 위성항법장치Global Positioning System(GPS)의 인공위성에 존재하는 원자시계는 그 효과를 감지하여 자체적으로 수정되어야 한다. 그럼에도 GPS의 현재 시간은 지구의 시간과 일치하지 않는데, 그것은 원자 시간과 지구 자전에 대해 정의된 천문학적 시간 간의 편차를 보정(補正)하기 위해 사람들이 지구의 원자시계에 가끔씩 윤초(閏秒)를 삽입하기 때문이다. 그렇게 구해진 시간은 "조정된 세계 시간UTC"이라 불린다. 시간을 측정해 보았을 때 그렇게 실제 태양시와 자꾸 어긋나는 이유는, 원자 초(秒)는 서기 1700년부터 1900년 사이 평균 낮 길이의 8만 6,400분의 1로 정의되었지만 낮의 길이는 매년 일정하지가 않고 연도마다 편차를 보이며 1900년 이래로 약간 더 길어졌기 때문이다. 그동안 윤초를 삽입하지 않았기 때문에 현재 GPS 인공위성과 UTC의 시계는 13초의 차이를 갖는다.

우리가 우주 공간의 물질과 에너지에 조우하지 않는다는 전제 아래, 지구로부터 멀어지면 멀어질수록 그만큼 더 시간은 빨리 흘러간다. 블랙홀에 접촉하게 되면 외부 관찰자가 보기에 시간은 심지어 정지한다. 이것의 질량은 너무나 커서 시공 연속체 내에서 무한히 깊은 웅덩이를 형성한다.

아인슈타인은 중력을 새롭게 정의함으로써 뉴턴 역학으로는 풀 수 없었던 난제 하나를 풀었다. 즉 질량이 없는 미립자들 간에도 서로 인력이 작용한다는 것을 설명할 수 있게 된 것이다. 중력은 예외 없이 모든 입자, 정지 질량이 없는 입자에 작용한다. 따라서 중력장 이론은 태양의 중력장에서 빛이 구부러질 것을 예견한다. 별빛이 태양에 인접한 곳을 통과해서 우리에게 올 때 별은 평상시에 존재하는 곳과 다른 장소에 있는 것처럼 보일 것이다. 왜냐하면 광선이 직선으로 확산 되는 공간이 태양 주위에서는 굽어져 있기 때문이다. 그러나 평상시 에는 태양 바로 곁에 있는 별을 육안으로 볼 수 없다. 왜냐하면 태양 이 너무 밝아서 그 별을 가려버리기 때문이다. 그러므로 그것을 관찰 하려면 일식이 일어나기를 기다려야 한다. 그 첫 번째 기회는 1914년 8월 21일에 있었고, 아인슈타인은 천문학자 프로인트리히Erwin Fre-undlich를 대동하고 베를린에서 러시아로 탐사여행을 떠날 채비를 했 지만 제1차 세계대전 발발로 모든 것이 무산되었다.

전쟁이 끝난 다음에 영국 왕립 학회British Royal Society는 놓친 기회를 만회하고 일반 상대성 이론을 경험적으로 입증하기 위해 서아 프리카 기니아 만의 프린시페 섬Isle of Principe으로 탐사여행을 떠나 기로 결정했다. 천체물리학자 에딩턴Arthur Eddington(1882~1944) 이 그곳에서 1919년 5월 29일에 관측을 했고 결과는 성공적이었다. 그 는 그 내용을 그 해 11월 6일에 발표했다.

세계의 공식

아인슈타인은 광자 이론과 두 개의 상대성 이론으로 20세기 최대의 성공을 거둔 뒤에도 결코 편히 쉬지 않았다. 그의 목표는 모든 이론의 대통일을 통한 '단일한 이론'을 이끌어내는 데 있었다. 이 거대 이론 은 전자기장과 중력을 통일하려는 것이었으며, 물리적 세계를 파동·입자 이원론에서 벗어나 '장(場)'으로만 설명하려는 것이었다. 하지 만 그것이 실현되지는 않았기 때문에 우리는 지금도 그런 날이 오기 를 기다리고 있다.

물리학에는 아직 전체 우주를 기술하는 이론이 없다. 세계의 공식 은 현재로선 요술과도 같은 단어에 불과하다. 그것은 모든 것의 이론 TOE(Theory of Everything) 또는 대통일 이론GUT(Grand Unified

Theory)이라 불리는데, 이런 시도를 한 것은 양자 이론과 초끈 이론이다. 초끈 이론은 원소 입자를 끈String이라 부르는 형상의 서로 다른 진동 상태로 본다. 현재 알고 있는 부분 이론 중에서 가장 거대하며 포괄적으로 인정되는 부분 이론이 있다면 그것은 양자 이론과 보편 상대성 이론뿐이다.

양자 이론은 원자처럼 아주 작은 것을 대상으로 하는 반면 보편 상대성 이론은 은하 간에 걸쳐 있는 시공 연속체를 광속으로 느긋하게 누비고 다니려고 한다. 이 두 이론은 서로 화해할 수 없을 정도로 다른 성격을 가지고 있지만, 다행스럽게도 서로 부딪쳐 모순에 빠지지는 않으므로 원자 내부에서는 시공의 굴곡을 편안한 마음으로 잊어도 된다. 그 대신 드넓은 공간에서 우리는 강한 핵력을 전혀 감지하지 못한다. 하지만 '검은 구멍'처럼 극단적 현상을 만나면 두 부분 이론은 모두 쓸모가 없어지며 어떤 제3의 통합적 이론이 필요하게 된다.

하나에 속하는 것을 어떻게 함께 성장하게 할 것인가? 아인슈타인은 3차원 세계로부터 4차원 세계를 만듦으로써 위대한 통합을 이루었다. 최소한 5차원을 언급하곤 하는 초끈 이론은 계속 그의 통합 정신을 이으려고 한다. 초끈 이론은 차원을 10단계까지 높임으로써 양자 세계와 상대성 이론의 세계를 통합할 수 있다고 믿는다. 그렇게 되면 모든 현상은 모두 10차원 속에서 작은 끈들이 진동하는 것으로서 설명된다. 이 여섯 개의 추가적인 차원은 지금까지 우리의 눈에 띄지 않았는데, 그 이유는 '콤팩트화' 되어 있기 때문이다. 즉 극히 미세한 크기의 고리로 감겨 있다는 뜻이다. 이 말이 이상하게 들릴 수도 있겠지만 그 정도는 약과에 불과하다. 초끈 이론의 창시자는 자신의 끈 이론을 25개의 차원에서 시작했다.

TOE가 존재할까? 우리는 모른다. 존재하지 않는다면 철학이나 예술로 회귀하는 길뿐이다. 아니면 신에게 책임을 돌릴 수밖에 없다.

조지프Tim Joseph는 다음과 같은 시를 썼다.

—퍼거슨Furgeson과 대통합 이론—

태초에 아리스토텔레스가 있었다.

그리고 정지하는 물체는 계속 정지해 있으려고 했다.

그리고 운동하는 물체는 정지하려 했다.

그리고 곧 모든 물체는 정지했다.

그리고 하느님 보시기에 그 모든 것은 권태로웠다.

그러자 하느님은 뉴턴을 창조하셨다.

그리고 정지하는 물체는 계속 그대로 정지해 있으려고 했다.

그리고 움직이는 물체는 계속 움직이려 했다.

그리고 에너지는 보존되었으며, 운동은 보존되었다.

그리고 물질은 보존되었다.

그리고 하느님 보시기에 그 모든 것은 보존적이었다.

그러자 하느님은 아인슈타인을 창조하셨다.

그리고 모든 것은 상대적이었다.

그리고 빨리 움직이는 물체는 짧아졌다.

그리고 직선인 물체는 굽어졌다.

그리고 우주는 관성 운동으로 채워졌다.

그리고 하느님 보시기에 그 모든 것은 상대적으로 보편적이었고,

일부는 특수하게 상대적이었다.

그러자 하느님은 보어를 창조하셨다.

그리고 원칙이 있었다.

그리고 원칙은 양자(量子)였다.

그리고 모든 물체는 양자화되었다.

그러나 몇몇 물체는 여전히 상대적이었다.

그리고 하느님 보시기에 그 모든 것은 혼란스러웠다.

그러자 하느님은 퍼거슨을 창조하시려 했다.

그리고 퍼거슨은 아마도 통합을 이루었을 것이다.

그리고 그는 하나의 이론을 장(場)으로 끌어들였을 것이다.

그리고 모든 것은 하나가 되었을 것이다.

그러나 그날은 제7일이었다.

그리고 하느님은 안식하셨다.

그리고 정지하는 모든 물체는 계속 정지해 있으려고 했다.

시간 여행과 벌레 구멍

아인슈타인의 이론은 과거에는 과학적 세계상과 일치할 수 없던 생각들을 가능하게 해준다. 그중 가장 매력적인 것은 시간 여행인데, 이 여행을 위해서는 매우 빨리 이동할 수 있어야 한다. 우리가 광속에 접근할수록 시간은 늦게 흐르고, 즉 미래로 여행할 수 있게 되는 것이다. 달리 말하면 우리는 타임머신 바깥의 사람들보다 천천히 늙을 수 있다. 그러나 그 여행은 오랜 시간과 많은 에너지를 필요로 한다. 빠르게 이동할수록 그만큼 타임머신과 그 속에 있는 탑승객의 질량은 커지고, 질량이 커질수록 타임머신을 가속하기 위한 에너지가 많이 필요해지는 것이다. 따라서 광속에 근접할수록 질량도 무한히 커지고, 무한히 많은 양의 에너지 역시 필수적인 것이 된다. 실제적 결론은 이렇다. 우리는 아인슈타인 이후에도 생각으로만 시간 여행을 할 수 있을 뿐이다. 또 비행기 조종사라면 다른 사람들보다 오래 살 것이라는 희망도 그릇된 것이 되었다. 여객기를 타고 지구를 돈다고 해도 비행기 내의 시간은 겨우 몇 나노 초(秒)만큼만 짧아질 뿐이다.

제2의 짜릿한 여행도 여전히 실제적 문제들 때문에 이루어지지 않고 있다. 물론 이론상으로는 구부러진 시공에서 이른바 '벌레 구멍(일종의 블랙홀)'을 통과해 손바닥 뒤집듯 손쉽게 우주의 먼 장소로 이동하는 것이 가능하며, 심지어 현 우주와 나란히 존재하는 제2, 또는 제3의 우주 공간으로 빠져들어 갈 수도 있다. 어떻게 그런 일이 가능한지 이해하기 위해서는 어느 정도 생략을 해서 생각해 보면 된다. 우선 위에서 말한 4차원 우주를 다시 3차원에 투사해 보아야 한다. 그래야만 우리의 상상력이 유지될 수 있다. 그러면 공간은 납작해지고 우주는 거대한 보자기를 펼쳐놓은 것 같은 형상이 된다. 그러나 이번에는 그 보자기가 평평하지 않고 여기저기에 주름이 접혀 있다. 한 장소에서 다음 장소로 이동하기 위해서는 이제 두 가지 길이 있다. 보자기의 표면에 머물러 있거나 한 장소에서 그 위에 접혀 포개져 있는 장소로 간단히 점프하면 된다. 천이 펼쳐져 있을 때는 1미터나 되는 거리도, 접혀져 있을 때는 1밀리미터도 안 되는 짧은 거리일 수 있다. 이런 식으로 벌레 구멍은 3차원 하이퍼 공간을 통과하며 멀리 떨어진 두 세계를 연결하는 것이다.

단점을 찾자면 정상 물질로 이루어진 벌레 구멍은 불안정하다는 것이다. 그것은 생명이 짧을 뿐만 아니라 그 속을 비행하는 우주선과 같은 약간의 장애에 의해서도 와해될 수 있다. 따라서 우리는 중력을 통해 그 구멍을 벌려놓을 수 있는 재료를 가지고 벌레 구멍을 만들어야하며 그 구멍의 벽은 엄청난 긴장을 견딜 수 있어야 한다. 벽 재료의 긴장력은 그 밀도보다 10경(京) 배나 강해야 한다. 강철은 1세제곱센티미터당 30그램의 재료 밀도, 그리고 1제곱센티미터당 1만킬로그램의 인장력을 가진다. 즉 벌레 구멍에서 요구되는 긴장을 견디기에는 대략 천억 배의 인장력이 필요하다는 이야기가 된다. 물리학자 손 Kip Thorne은 안정된 벌레 구멍이 유지되는 데 필요한 재료의 신비스런 속성을 기술하고 있다. 그 재료로부터 인력이 아니라 반발력이 생겨야 한다는 것이다. 따라서 그것은 마이너스 질량을 가지고 있어야 하며 마이너스 에너지를 내야 한다.

모든 것이 상대적인가?

양자물리학과 상대성 이론은 물리학을 변화시켰다. 둘 모두 너무나 심원한 동시에 기괴하므로 물리학계 외부에서도 많은 파장을 일으켰으며, 공상 과학 영화 시나리오 작가나 철학자들을 위한 소재를 제공했다. 전자는 귀신같은 장거리 효과, 굽어진 공간, 벌레 구멍, 시간 여행을 높이 평가한 반면에 후자는 공간과 시간의 상대성, 불확정성 원리, 파동·입자 이원론을 열렬히 받아들였다. 철학자들은 이 이론들이 무조건적 인과성에만 기초하는 자연과학적 세계상을 상대화하는 데 적합하다고 보았다. 1925년까지 물리학에서 원인 없는 것은 아무 것도 없었다. 동시에 여러 장소에 현존할 수 있는 것 역시 아무것도 없었다. 원자 속의 전자에 대한 코펜하겐파의 해석은 원인과 결과라는 원칙을 무효화했다. 이제 여기서 무엇을 추론해 낼 수 있을까? 그들은 질문을 던졌다.

당시까지 철학은 원자 내부의 사건을 다룬 적이 없었다. 철학은 그동안 양자의 세계로부터는 '바깥' 세계에 대한 새로운 인식을 끌어낼 수 없다고 생각한 듯하다. 따라서 '물리주의Physicalism'적 철학 사상을 완전히 사장시키는 일만이 당면 과제로 남게 되었다. 이 사상의 핵심은 프랑스 수학자이자 물리학인 라플라스Pierre Simon de Laplace가 1795년도에 단언했듯이 절대적 '결정론Determinism'적 확정성이다.

우리는 우주 만물의 현재 상태를 그 이전 상태의 작용으로서 그리고 그 이후에 오게 될 상태의 원인으로서 간주해야 한다. 어떤 주어진 순간을 위해 자연에 작용하는 모든 힘들, 이것을 하나로 모으는 요소의 현재 상황을 아는 지식인, 그리고 이 주어진 단위들을 분석할 만큼 충분히 박학한 사람은 그 동일한 접근 방식으로 가장 큰 세계 물체의 운동과 가장 가벼운 원자의 운동까지도 포괄할 수 있을 것이다. 아무것도 그에게는 불확실하지 않을 것이며 미래 및 과거는 그의 눈앞에 활짝 펼쳐져 있을 것이다.

현대 철학자들은 이런 '라플라스적 악마'가 더 이상 살 수 없게 만들려고 했다. 그러나 그 악마는 역사적으로 이미 충분히 공격을 받아 만신창이가 되어 있었다. 왜냐하면 제1단원에서 말했듯이 물리주의적 결정론은 생명의 발전 과정을 기술하기에 적절하지 못하기 때문이다. 제5단원에서는 그 결정론이 인간 정신을 설명하는 데도 부적합하다는 것을 보게 될 것이다. 생물학뿐만 아니라 심리학도 물리학으로 환원될 수 없다.

이 정도 설명이면 충분할 법도 하지만 많은 사람들은 그다지 훌륭해 보이지 않는 이런 결론에 만족하려 하지는 않았다. 특히 20세기 후반 들어 불확정성 이론은 마치 자연과학이 스스로 무덤을 파기라도 한 것처럼 충분히 주목을 받았다. 원자 내부에서 원인과 결과의 원칙을 익숙한 방식으로 적용할 수 없다면 그 원칙은 당장 모든 가치를 잃어야 한다는 일반적 생각 때문이었다.

슈뢰딩거Erwin Schrödinger는 《생명이란 무엇인가?》에서 발생한 사건을 올바르게 해석하는 법을 제시한다. 그는 자신의 정신 활동에 상응하는 생명체의 시·공간적 진행 과정은 "비록 엄밀하게 결정론적이지는 않더라도 통계적으로는 결정론적으로 이루어진다"고 말한다. 이제 양자 이론을 통해 결정론이 폐기되었다는 것이 아니라, 여러 물리학적 예견이 개연성으로 갖추어져야 한다는 방식으로 수정되었을 뿐이라는 것이다.

이와 유사하게 '상보성(相補性)Complementarity' 개념도 과학에 대한 일반인의 기본 시각을 뒤흔들기에 충분한 계기를 제공했다. 그동안 과학은 자율적이며 실제 지식을 생산하는 제도로 인식되었으나 이제 이 인식은 의문시 되고 있다. 보어는 코펜하겐파의 '상보성' 개념이 세계에 대한 아주 다른 두 가지 관점을 모아 하나의 전체상(全體像)으로 완성할 수 있다고 보았다. 하지만 이런 견해는 사람들이 이치에 맞지 않는 말을 억지로 끌어붙여 자신에게 유리하게 할 수 있도록 잘못 이끌기도 했다. 즉 모든 가능한 관점의 차이를 동등한 권리를 가진 상호 보완적인 것으로 보게 하는, 원자 내부에서 벌어지는 속사정의 묘사라는 원래의 맥락에서 많이 벗어난 견해였던 것이다. 실례로 과학사 연구자인 피셔Ernst Peter Fischer는 상보성 개념을 지난 2,000년 동안의 가장 중요한 발명품이라고 예찬하며 다음과 같이 기록하기도 했다.

상보성은 우리가 가진 모든 것보다 중요하다. 비록 우리 문화권이 아직 모든 것을 다 알고 있지는 못하지만 말이다. 동양인의 사고방식은 이미 서로 보완하는 대립을 이미 오래 전에 수용했으며, 거기에 음·양의 상징인 태극 마크로 적절한 예술적 표현을 부여했다. 반면 서양인의 사고방식은 데카르트가 영혼을 몸에서 분리시킬 때 그들에게 재단해 준 선에 착 붙어서만 작업을 하고 있다.

이렇게 양자 이론은 우리가 사유와 감각, 지식과 신앙, 몸과 영혼, 음과 양을 '상보적'으로 통합하도록 이끌어야 한다는 내용을 담고 있었다. 하지만 이런 태도가 과연 현대 물리학자들의 의도였을지는 의심스럽다. 하이젠베르크는 동일한 현실에 대한 서로 다른 두 가지 기술 방식(파동론과 입자론)이 더 이상 '원리적 어려움'으로 간주되어서는 안 된다고 기록하고 있다. 그리고 이렇게 덧붙인다. "우리는 이론을 수학적으로 정형화(定型化)할 때 모순이 있을 수 없다는 것을 안다."

피셔가 (훔볼트Alexander von Humboldt의 뒤로 이어지는 지성사 계보를 따라서) 인간성 함양을 위한 길이라고 보는 과학과 예술의 상보성 개념이 여기서 주장될 수는 없는 것이다. 물론 우리는 과학과 예술이 인류 문화의 포기할 수 없는 구성 요소라는 것을 잘 안다. 두 가지 모두 창조성에 기초를 두고 있으며, 세계의 두 가지 측면이 상징적으로 농축되어 있을 뿐 아니라 서로 상승효과를 일으킬 수 있고 또한 당연히 그래야 한다. 그러나 과학과 예술이 통속적이지 않은 어떤 고상한 의미에서의 두 가지 인식 추구 형식이라고 보아야 할 필연적 이유는 없다. 어떤 방식으로든지 그 양자의 통합이 새로운 세계상을 형성하거나 인류 역사의 새 시대를 앞당길 것이라고 주장해서는 안 될 것이다. 물론 그 두 가지는 인간의 문화 창조 능력의 현시이기는 하다. 하지만 과학은 검증 가능한 이론이라는, 예술은 주관적으로 경험할 수 있는 예술품이라는 서로 다른 고유의 문화 자산을 창출할 뿐이다.

게다가 상대성 이론의 대중화된 형식, 즉 "이렇게 볼 수도 있고 저렇게 볼 수도 있는 이론"이라는 개념은 원래의 과학 모델과는 전혀 공통점이 없다. 아인슈타인은 애당초 '상대성 이론'이라는 표현을 거부했고, 오히려 '불변 이론Invariantentheorie'이라는 명칭을 더 좋아했다고 한다. 왜냐하면 그 이론의 핵심은 광속은 진공에서 변화가 없다는 것, 즉 불변한다는 것이기 때문이었다. 1906년 플랑크가 상대성 이론이라는 이름을 도입했지만 아인슈타인은 그 이름을 거부하거나 "소위 상대성 이론은"이라는 식으로 거론했을 뿐이다. 그러나 나중에는 그의 이론이 단어의 유사성 때문에 철학적으로나 일반 대중적 상대주의에 대한 증거로 번번이 내세워지는 것을 막을 수 없었으므로 거부를 포기했다고 한다. 여전히 오늘날의 많은 사람들은 아인슈타인이 모든 것은 상대적이라는 것을 보여주었다고 믿는다.

외계의 생명

화성의 녹색 꼬마 인간 문제에 대한 과학의 입장은 어떠한가? 외계 생명체의 존재 가능성, 심지어 높은 수준의 지능을 가진 외계 생명체의 존재 가능성은 무한한 우주를 탐구할 때 특별한 매력을 준다. 우리는 정말 유일한가?

지금까지는 온갖 추측만 할 수 있었고, 어딘가에 우리가 알고 있는 생명의 전제들이 마련되어 있는지 찾아내려 노력했을 뿐이다. 주요 징후는 물의 존재였다. 지구에서도 생명체는 물 속에서 생성되었고, 물은 몸의 생화학 작용을 위해서는 반드시 필요한 것이 아닌가. 우리는 태양계에 물이 있는 행성이 있는지 탐사해 왔으며, 혹 태양계 외부라도 물이 존재할 가능성이 있는 행성이 있는지 탐사하고 있는 중이다.

물론 외계의 지성체를 향한 질문은 그것이 어떻게 생겼는가 하는 문제와 관계없이 매우 흥미로운 것이다. 우리는 우주로 메시지를 보내고 있으며 우주로부터 그 어떤 시그널이 도달하는지 귀를 열고 있다.

우리 태양계의 생명체?

화성의 생명체?

지구와 이웃하는 행성 중 화성은 예나 지금이나 생명체를 찾기 위한 탐사에서 인기 넘버원이다. 화성에 뭔가 살아 있는 것이 기어 다니거나 날아다니는지, 혹은 (과학적 용어로 표현하자면) 물질대사나 증식 같은 것이 이루어지고 있는지에 대한 답은 아직 주어지지 않았다. 하지만 만약 그런 것이 존재한다면 그것은 아주 원시적인 형태의 생명체일 것임이 확실하다. 그렇지 않다면 그동안의 수차례 화성 탐사 시도에서 이미 좀 더 확실한 흔적이 발견되었을 것이다.

화성은 지구의 이웃일 뿐만 아니라 여러 측면에서 지구와 아주 유사하다. 예를 들자면 화성의 자전 주기는 24시간 37분으로, 화성의 하루는 지구의 하루보다 아주 약간 길 뿐이다. 화성의 1년은 지구의 1.88년에 해당한다. 화성의 축은 지구의 축과 마찬가지로 공전 궤도 평면에 대해 수직이 아니라 기울어져 있으며, 따라서 화성에도 4계절이 있다. 화성의 직경은 지구의 절반, 질량은 지구 질량의 10분의 1, 중력은 지구의 3분의 1 정도이다.

최초의 화성 탐사선 '매리너 9호Mariner9'가 6개월간 비행한 끝에 1971년 11월 13일 화성 궤도에 진입에 성공했다. 매리너 9호는 화성 표면을 촬영함으로써 그 전체가 먼지로 뒤덮여 황량하다는 것을 보여 주었다. 그리고 1976년 11월 5일 탐사선 바이킹 1호에서 분리된 잔디 깎는 기계 크기의 상륙정이 화성 표면에 착륙했다.

화성 대기의 온도는 일교차가 커서 낮과 밤의 기온 차가 섭씨 50도나 되었다. 겨울에는 섭씨 영하 118도까지 내려가며 여름에는 영하 14도까지 올라간다. 화성 대기의 성분을 분석한 결과 95퍼센트가 이산화탄소, 3퍼센트는 질소, 1.5퍼센트는 아르곤, 극소량은 크립톤 및 크세논, 0.03퍼센트는 수증기로 밝혀졌다. 화성 표면은 마치 녹슨 것처럼 갈색을 띠는 바위 부스러기와 작은 모래 언덕으로 뒤덮여 있었다. 대기는 모래 때문에 붉거나 분홍색에 가까웠고, 파란 하늘이 보이기에는 대기 중의 습도가 너무 낮았다.

탐사의 목표 중 하나는 생명체 존재 여부를 확인하는 것이었으므로, 기본적인 생명체의 물질대사를 증명할 수 있는 실험이 화성 표면에서 행해졌지만 결과는 부정적이었다.

그 이후로 더 이상 아무도 화성의 생명체를 직접적으로 증명하려는 시도를 하지 않았다. 그러나 우리는 다시 한번 그 표면에 구멍을 뚫어 보아야 한다. 2003년 6월 2일 출발한 유럽 탐사선이 2003년 12월에 화성에 도달하면 다시 그 상륙정이 달에 착륙할 것이다. 그 이름은 다윈이 바다 여행을 할 때 탔던 유명한 탐사선인 "비글"호의 이름을 딴 "비글 2호"이다. 이 기계는 화성의 적도 근방에 착륙할 예정이며 유기체의 흔적을 추적할 것이다. 물론 표면에서 그 무엇인가를 발견할 희망이 아주 작으므로 비글 2호는 지표면 밑의 깊은 층을 조사할 예정이다. 깊이 1.5미터까지의 토양 표본을 채취할 수 있는 두더지 기계도 함께 장착되어 있다. 이 일은 이미 화성 탐사선의 상륙정 Deep Space 2가 행할 예정이었다. 그러나 그것은 1999년 12월 3일 화성 착륙 시 분실되었다.

화성 특급Mars Express의 계획자들에게 용기를 주는 것은 미국의 탐사선 글로벌 서베이어Global Surveyor가 보내온 화면이었다. 거기에는 엄청난 홍수로 인해 생겨난 흔적이 있었다. NASA의 탐사선 Mars Odyssey가 2002년 6월에 보내온 화성 표면 바로 밑 수소가 풍부한 지층에 대한 정보도 고무적인 것이었다. 발견된 수소는 화성 남극 근처 토양의 상층부 상당히 넓은 지역에 걸쳐 빙권(氷圈)이 존재한다는 추측을 가능하게 해주었다.

금성의 생명체?

2002년 여름 학자들은 원시적 생명체가 소박하게 삶을 꾸려가고 있을지도 모른다고 생각되는 화성이 아닌 제2의 장소를 발견했다. 그곳은 금성의 산성 구름 속이었다. 이것은 꽤 놀라운 일이었다. 금성은 지금까지 생명체에게 아주 불친절한 곳으로 통했기 때문이다. 기온은 거의 섭씨 500도까지 상승하며 기압은 지구보다 90배나 높으니 생명체가 살 수 있겠는가? 그러나 해발 50킬로미터 고지대는 지구와 비슷한 기압이며 기온은 섭씨 70도 정도로 그렇게 고약하지가 않다. 비록 구름은 강한 산성이지만 수증기 농도는 그곳이 최고다. 바로 이 점이 중요하다.

학자들의 막연한 추측에 의하면 수십 억 년 전 금성의 날씨는 지금보다 더 추웠을 것이고 지각에는 드넓은 바다가 있었을 것이며 지구에서와 마찬가지로 박테리아가 탄생했을 것이다. 박테리아는 금성의 기온이 점점 상승하자 지대가 높은 대기권 속의 시원한 곳으로 피난을 갔을 것이라고 한다. 학자들이 금성 탐사를 재개해야 한다고 주장하는 이유는 바로 이것이다.

지구와 유사한 행성들

2001년 12월 21일 NASA는 에이미스 리서치 센터Ames Research Center에 의해 기안된 프로젝트 '케플러 미션-거주 가능한 행성 탐사 Kepler Mission-Search For habitable Planets'를 승인했다. 케플러 미션의 목표는 은하수, 즉 태양계의 외부에서 지구와 유사하거나 지구보다 작은 행성을 발견하는 것이었다.

오늘날까지도 사람들은 이웃 항성 주변이나 기타 은하수에서 그런 행성을 찾고 있지만 아직 발견지는 못했다. 하지만 이 말이 그런 것이 존재할 수 없다는 것을 뜻하지는 않는다. 다만 지금까지 적용된 방법으로는 거대한 가스 행성만을 감지할 수 있었을 뿐이라는 얘기인 것이다. 이런 가스 행성은 대부분 수소와 헬륨으로 이루어져 있으며 생명의 존재 가능성을 거의 제공하지 못하고 있다.

케플러 미션은 광도를 측정하는 새로운 종류의 측광기Photometer

망원경의 도움으로 이제 지구와 유사한 작은 행성도 발견할 수 있을 것이다. 그 망원경은 그런 작은 행성이 지구와 태양 사이를 통과할 때 태양의 밝기가 조금이라도 어두워지면 그 변화를 감지할 수 있기 때문이다. 밝기의 변동은 행성의 크기를 측정할 수 있게 하며, 공전 시간과 공전 궤도의 크기는 기온 및 유동성 물의 존재 가능성에 대한 추론을 제공한다.

앞으로 4년 동안 은하수의 별 10만 개가 동시에 관찰될 것이며 그런 행성 통과 현상이 있는지 주시될 것이다. 케플러 미션 프로젝트팀은 지구와 유사한 수백 개의 행성을 발견할 것으로 기대하고 있다. 케플러 미션을 위한 우주 비행의 출발은 2006년으로 예정되어 있으며, 2014년에는 미션 '지구형 행성의 발견자Terrestrial Planet Finder'가 그 작업을 계승할 것이다.

지구환경 창조

자연이 화성에서 생명체가 생겨나도록 하는 데 성공하지 못했다면 인간이 직접 그 과제를 떠맡을 수도 있다.

영국의 유명한 천체물리학자 호킹Stephen Hawking은 2000년 10월 강연회에서 인간이 앞으로 1,000년 후에도 계속 살아남으려면 지구를 떠나야 할 것이라는 확신을 피력했다. 그렇다면 과연 생명이 살 수 없는 우주 공간 어디로 떠나야 한다는 말인가. 지구와 유사한 환경을 형성하기 위한 노력을 통해 적절한 행성, 특히 가장 가까운 화성을 개발해야 할 필요가 바로 여기에 있다. 실리콘 밸리에 있는 NASA 에이미스 연구 센터의 매케이Christopher Mckay는 이렇게 말한다.

화성에서 사람이 살 수 있는 조건을 만드는 것은 기술적으로 가능하다.

지구는 오래 전부터 죽어 있는 화성에 자신의 유전자를 선사할 수 있을 것이다. 그 생물학적 유전자에는 수십 억 년간의 진화 과정이 고스란히 담겨 있다. 화성으로서는 그것이 단번에 생물학적 미래로 나아가는 것을 의미할 것이다.

이웃 행성인 화성에게 선사하는 최초의 유전자는 유전자 공학으로 변화된 미생물 속에서 고유의 작업을 해야 한다. 즉 그 미생물은 암석을 먹고살아야 하며 그 과정에서 이산화탄소를 배설하게 될 것이다. 이산화탄소는 지금은 섭씨 영하 50도인 화성 대기의 온도가 서서히 상승하고 습기를 머금게 할 것이다. 그리고 장차 화성에 그런 식으로 거주하게 될 생물들은 현재 지구의 남극에 사는 박테리아의 후손일 것이다. 이들은 남극의 불리한 환경, 특히 추운 환경에서 번식하는 데 익숙해져 있다. 또한 각종 화학 물질, 메마른 사막 환경, 광선에 대한 내성도 가지게 될 것이다.

지금까지 발견된 박테리아 중에서 우주 개척자의 이상(理想)에 가장 근접해 있는 것을 꼽자면 디노코커스 래디오듀런스Deinococcus radiodurans가 있다. 이 박테리아는 체력이 아주 좋으며 산성·냉기·열기·장기간의 건기(乾期)·진공에 가까운 대기·심지어 극도로 강한 방사능도 견딜 수 있다.

최근 이 박테리아에 대한 대안으로 나노기계Nanite들이 제안되고 있다. 이것은 엄청난 자가 증식을 할 수 있으며 지구의 영구 동결대(永久凍結帶) 토양을 녹일 수 있고 돌과 토양 속의 산소를 풀어낼 수 있다고 한다. 이러한 해체 과정 후에는 호수가 형성되고 그곳에 박테리아가 살 수 있게 될 것이다.

외계의 지성을 찾아서

우리 행성의 외부에서 생명체를 찾는 일은 굉장한 일이다. 더구나 지성을 갖춘 생명체를 발견한다면 그것은 정말 환상적인 일일 것이다. 비록 공상 과학 영화를 통해 모든 형태와 색깔의 외계 생물과 대결하거나 교감을 나누는 데 익숙해져 있긴 하지만 실제로 진짜 외계 생명체와 마주치게 되면 커다란 흥분과 감동을 경험하게 될 것이다. 우리가 이 우주 안에서 혼자가 아니라는 사실을 알게 되는 것만큼 세상을 뒤집어놓는 일은 없을 것이기 때문이다.

1960년부터 외계의 지성체를 찾기 위해 행해진 100여 개의 프로그램을 표현하는 말은 SETI('외계 지성 탐색Search for Extraterrestrial Intelligence'의 줄임말)이다. 미국 의회가 1993년 SETI를 NASA 예산에서 삭제한 이후의 가장 중요한 SETI 프로젝트라고 할 수 있을 '피닉스 프로젝트'는 영화 〈E. T〉의 감독 스필버그Steven Spielberg, 마이크로소프트사의 공동 창립자 앨런Paul Allen의 재정 지원 등 민간 후원에 의해서만 유지되고 있다. 우리가 외계 지성과 접촉하기 위해 선택한 수단은 전파다. 전파는 비용을 많이 들이지 않고도 생산될 수 있으며 광속으로 전달될 수도 있다. 사람들은 외계인 역시 전파를 이와 같이 보고 있으리라 추정하고 먼 행성으로부터 오는 전파 시그널을 수신하기 위해 노력하고 있는 것이다.

하지만 전파 망원경은 자연의 온갖 시그널을 모두 수신하기 때문에 그것은 그리 간단한 일이 아니다. 사람들은 무엇이 어디에서 오는지, 그것이 우리에게 무슨 메시지를 전하려고 하는지 파악해야 한다. 우리에게 전달되는 전파 중 몇 가지는 우주에서, 나머지는 지구 대기권에서 온다. 저주파대에서는 은하수의 각종 영향 때문에 잡음이 매우 커지는 것을 감수해야 한다. 비교적 조용한 주파대는 대략 1~10기가 헤르츠 영역인데(1기가헤르츠는 10^9헤르츠에 해당한다.), 전파 스펙트럼의 이 영역은 핸드폰 통신에 사용되는 주파대의 바로 위 영역이다. 대부분의 탐색은 1.2와 3기가 헤르츠 사이에 집중된다. 외계 문명이 의도적으로 자신들을 알리기 위해 시그널을 보내는 것일 수도 있고, 그들이 일상생활에서 이용하고 있는 전파의 일부가 우연히 지구에 도착하는 것일 수도 있다. 우리 역시 특별히 의도하지는 않았더라도 계속 시그널을 내보내고 있다고 할 수 있다. 라디오와 TV 프로그램들이 이미 50년 전부터 우주 공간으로 흘러나가고 있을 테니까.

제메키스Robert Zemeckis의 영화 〈콘택트Contact〉의 한 장면은 그런 상황을 소재로 삼은 것이다. 미국 우주 과학자 세이건Carl Sagan의 동명 소설을 원작으로 한 이 영화에서 포스터Jodie Foster는 SETI 연구에 몰두해 큰 성공을 거두는 애로웨이Ellie Arroway 역을 열연한다. 그녀는 29광년 떨어져 있는 웨가Wega 별에서 온 시그널을 포착하고 쉽게 해독하게 되는데, 그 시그널은 소수(素數)에 근거한 것이었으므로 지성이 있는 생물체가 그 배후에 있음이 분명했다. 그녀는 전 세계 망원경 관측소에 그 시그널을 포착하라는 통지를 했고, 곧 거기에 하나의 메시지가 담겨 있는 것으로 판독되었다. 그 메시지에서 나치스의 상징(   )이 발견되자 대혼란이 일어났다. 메시지를 계속 해독하자 TV 영상이 생겨났는데, 그것은 1936년 올림픽 개막식에서 히틀러가 연설을 하는 모습이었다. 하필이면 히틀러의 식사(式辭)가 외계인에게 보내진 최초의 전언(傳言)이었던 것이다. 우주 공간 속으로 나아갈 만큼 송출 능력이 컸던 이 메시지가 29년 동안 광속 여행을 한 뒤에야 외계인들이 그것을 포착해 회신함으로써, 히틀러 시대로부터 58년이 지난 후인 오늘날 다시 지구에 도착한 것이다.

이 최초의 뜻하지 않게 전달된 메시지와 최초로 의도적으로 외계에 내보낸 메시지 간에는 하나의 재미있는 접점이 있다. 이 의도적 메시지는 1977년 우주탐사선 '보이저 2호'에 부착된 순금 음반에 존재한다. 그것은 세이건이 작성한 것으로 55개 국어로 된 인사말, 아기 울음소리, 사랑에 빠진 여성의 뇌파 기록, 90분 분량의 세계 음악, 평화의 메시지 등을 담고 있다. 이는 (오스트리아 독일어식 발음이 섞인 영어로 녹음되었으며) 당시 유엔 사무총장 발트하임Kurt Waldheim이 낭독한 것인데, 그는 나치스 시대에 독일 방위군 장교로 있으면서 적어도 간접적으로 나치스의 범죄에 가담한 경력이 있다고 믿어지는 사람이다. 그 내용은 다음과 같다.

저는 유엔 사무총장입니다. 유엔은 147개 국가의 연합 조직이며, 이 147개 국가는 지구라는 행성의 거의 모든 주민을 대표합니다. 저는 지구인을 대신해서 인사를 드립니다. 우리는 태양계를 벗어나 우주에 첫 발을 내딛었습니다. 우리가 추구하는 것은 오직 평화와 우정뿐입니다. 우리가 부름을 받았다는 것을 알리고 우리가 행복하다는 것을 깨달으려는 것이 목적입니다. 우리는 우리 행성과 이곳에 사는 모든 생물체가 광활한 우주의 작은 일부분에 지나지 않는다는 것을 잘 알고 있습니다. 우리는 겸손한 마음가짐과 희망을 가지고 이 첫 걸음을 내딛는 것입니다.

하지만 엄밀히 말하면 이 음반이 최초의 메시지는 아니다. 사실 이미 1974년도에 푸에르토리코 아레시보Arecibo에 있는 전파 망원경을 통해 NASA 홍보용이라 할 수 있는 역사상 가장 강력한 의도적 메시지가 우주 공간으로 날아간 바 있다. 목표는 헤라클레스 성좌에 있는 구상 성단 M13이며 대략 2만 1,000년 후에 그곳에 도달할 것이다. 3분 길이도 안 되는 이 짧은 메시지는 아레시보 전파 망원경, 태양계, 간단한 인물 스케치, DNA 유전 물질 그리고 지구 생명체의 기타 화학적 기초 요소를 보여준다.

오늘날까지는 이 두 메시지에 머물러 있는데, 그것은 전파를 탐지하는 쪽이 더 성공 가능성이 높기 때문이다. 시그널은 발생 장소로부터 멀어질수록 약해지는데 별들 간의 거리는 까마득하므로 성능이 아주 좋은 전파 망원경이 필요하다.

지구의 가장 큰 전파 망원경은 버클리 대학의 SETI 탐색 팀이 확보하고 있으며, 푸에르토리코 북서 지방에 있는 아레시보 전파 망원경은 굴절시킬 수 없이 고정된 직경 305미터의 반사 접시로 광범위하게 전파를 모으고 발사한다. 그밖에 오스트레일리아의 파크스Parkes 전파 망원경, 미국의 그린뱅크Green Bank 전파 망원경은 200광년 이내에 존재하는 태양과 유사한 1,000개의 별들로부터 인공 시그널이 오는지 탐색하고 있다.

그리고 외계 지성을 찾기 위해 아레시보 전파 망원경이 포착한 무수히 많은 데이터를 분석하기 위해서는 전 세계적으로 수백만 대의 컴퓨터가 네트워크로 연결되어 투입된다. 여기에는 대형 연구소뿐만 아니라 각 가정의 거실과 침실에 있는 컴퓨터도 포함되며, 그 작업에 대한 분석은 특수 화면보호기 소프트웨어인 SETI@home 프로그램이 한다. 다른 화면보호기와 마찬가지로 컴퓨터를 사용하지 않을 때 시작되었다가 다시 사용할 때는 중단되는 이 프로그램은, 비록 1960년의 최초 SETI 감청 프로그램보다 수백 경(京) 배나 성능이 뛰어나지만 아직까지 생명의 징후를 발견하지는 못했다. 그러나 탐색은 계속 진행되고 있다.

2003년 3월 SETI 연구자들은 전 세계 4백만 대 이상의 컴퓨터를 이용하는 SETI@home 분석의 도움으로 외계에서 오는 시그널의 출발지일 수 있는 대략 150곳의 목록을 작성했다. 그동안 이 컴퓨터들은 시간으로 따져 100만 년 이상의 계산 능력을 발휘한 셈이다. 이 중에서 눈에 띌 정도로 강한 시그널을 발신했거나 동일한 시그널이 반복적으로 탐지된 장소, 발신 시그널 장소가 항성 주위의 행성에서 나온 경우에는 외계 생물체가 있을 가능성이 높은 장소로 선별되었다.

그러나 우리가 메시지를 수신할 기회가 매우 적을 수 있는 여러 가지 이유가 있기 때문에 너무 낙관해서는 안 된다.

외계 지성의 시그널을 만날 개연성은 그런 문명의 존속 기간에 비례해서 증가한다. 어떤 문명이 1,000년 동안만 우주로 전파를 내보낸다면 그 기회는 100만 년 동안 내보내는 경우보다 훨씬 적어질 것이다. 그리고 100만 년의 역사를 자랑하는 문명이라 하더라도 기술적으로 매우 발전해 있지 않다면 우리와 접촉하는 것이 쉽지 않을 것이다. 예컨대 이미 오랫동안 사용해서 이제는 구식이 되어 버린 전자파를 대체할 진보된 기술이 마련되어 있어야 할 것이라는 얘기다. 또 한 가지 관건은 외계 지성체가 자기들보다 덜 발전된 기술을 가진 문명과도 기꺼이 접촉하겠다는 자세를 가졌느냐 하는 것이다. 어쩌면 클라크Arthur C. Clarke의 단편소설에서처럼 그들이 일부러 약간의 장애물을 만들어놓았을 수도 있다. 이 소설에서 외계인들은 4면체의 건축물을 달 표면에 세워놓고 인간들이 거기에 들어올 때 그 건립자들에게 다음과 같은 시그널을 보낸다. "이제 인간은 달나라까지 올 정도가 되었으니 접촉을 받아들일 자격을 갖추었군요."

'도대체 지성이 외계에서 탄생하고 발전할 수 있는가?' 라는 물음에 대한 학자들의 의견도 양분되어 있다.

1961년도에 SETI 연구소의 책임자 드레이크Frank Drake는 각종 개연성에 기초를 둔 공식을 개발했다. 그 숫자(N)는 우리 은하수 내에서 서로 의사소통을 할 수 있을 만큼 기술이 발달해 있는 문명의 수효다. 그 공식은 다음과 같다.

$$N = R \times f_s \times f_p \times n_e \times f_l \times f_i \times f_c \times L$$

여기서 모든 요인에 대해 신뢰할 만한 것으로 간주되는 수치(數値)를 기입하면 의사소통이 가능한 외계 생명체가 얼마나 되는지 알게 된다. 예컨대 1년마다 새로운 별이 10개씩 생겨난다고 가정하고(R), 그중 10퍼센트가 태양과 유사하며(f_s), 다시 그 50퍼센트가 행성을 가지고 있고(f_p), 이 중에서 평균 두 개 정도가 생명체가 살 수 있는 조건을 갖추고 있으며(f_l), 그중 10퍼센트가 지성체이며(f_i), 다시 그 절반이 전파 망원경을 확보하고 있으며(f_c), 기술 문명의 평균 존속 기간(L)을 200년이라고 본다면, 우리는 은하수에서 다섯 개의 문명에 도달하게 될 것이다.

물론 이와 같은 수치에 대해서는 논란이 있으며, 그러한 이의 제기는 정당한 것이기도 하다. 특히 생명이 있는 곳에 지성체도 함께 발전할 개연성이 얼마나 높은가 하는 생물학적 문제 제기에 대해서는 의견 대립이 심하다. 이미 제1장에서 생명의 계단형 사다리 모델이 얼마나 잘못된 생각인지 자세히 논했던 바에 따르면 진화는 간단한 것에서 복잡한 것으로의 발전이라는 것이 일반화된 견해일 것이다. 그렇다면 지성체라는 것은 언젠가 거의 강제적으로 발생하는 것이 된다. 반면 진화 이론가들은 그에 대한 분명한 반론을 제기한다. 생물학자 마이어Ernst Mayr는 외계 지성을 탐색하는 일에 대해 회의적이다. 그는 지구상의 5,000만 종(種) 생물 중에 단 한 종, 즉 인간만이 문명을 발전시켰음을 강조한다. 만약 인간의 성립 원인을 진화에 내재하는 완전성을 향하는 역동성이 아닌 우연일 뿐이라고 본다면, 우리는 드레이크의 공식 중 f_i에 0.1 대신 훨씬 더 작은 수치인 0.000,000,02를 대입해야 하며, 그 결과 역시 다섯 개가 아니라 0.000,001이 될 것이다. 그러나 드레이크가 원래 대입했던 수치를 따른다면 10,000이라는 결과에 이른다. 여기서 잊지 말아야 할 것은 지금 우리 은하수만을 이야기하고 있다는 것, 수십억 개의 은하들이 또 있다는 것이다.

비록 기회가 매우 적다고 하더라도 우리는 늘 귀를 기울여야만 한다. 만약 1년, 1,000년, 또는 10만 년이 지난 후 실제로 하나의 시그널이 올 때 그것을 놓쳐버린다면 유감스러울 테니까 말이다.

▌ 열린 문제들 ▌

21세기 초의 지식수준은 지난 세기의 그것에 비할 바가 아니고, 우주와 자연 법칙에 대한 우리의 표상은 수백 년 동안 엄청나게 변모했지만 아직 수많은 질문이 답을 얻지 못하고 있다. 앞으로 수십 년 동안 전개될 물리학과 우주론을 전망해 보기 위해 미국 '국립학술원 National Academies'의 '국립연구회 National Research Council'가 2002년에 열거한 11가지 문제를 인용하고자 한다. 이는 대규모 연구원들의 공동 노력을 통해 해결되어야 하는 것들이다.

1. 우주는 어떻게 시작되었는가? 특히 우주 확장의 물리적 원인은 무엇인가? 다시 말해서 우주 초창기에 있었던 저 급속한 확장은 어떻게 이루어졌는가?

2. 우주가 더 빨리 확장하는 원인이 되는 반발적 중력 작용이 있다고 여겨지는 암흑 물질의 본질은 무엇인가?

3. 은하와 대형 공간 구조 형성에 기여한 인력을 가진 눈에 안 보이는 암흑 물질은 과연 무엇인가?

4. 아인슈타인의 중력 이론은 양자 효과와 양립할 수 있는가?

5. 중성미자는 어떤 질량을 가지는가? 그리고 그것들은 우주 발전에 어떤 영향을 미쳤는가?

6. 우주에서 오는 고에너지를 가진 미립자의 발신자로 추정되는 우

주의 가속자(加速者)는 어떤 기능을 하는가?

7. 광자는 불안정한가? 물질과 반물질 간의 중량 차이가 그로써 설명되는가?

8. 고밀도, 고온 상태에서는 쿼크와 글루온의 혼합 플라스마 같은 새로운 물질 상태가 존재하는가?

9. 추가적인 시공 차원이 존재하는가?

10. 철에서 우라늄에 이르기까지의 중금속 원소들은 어떻게 생겨났는가?

11. 높은 에너지 상태에서는 물질과 빛에 대한 어떤 새로운 이론이 불가피하게 요구되는가?

4부 인간의 생명

인간의 생명 Menschen Leben

순수하게
자연과학적인 시각에서 볼 때 인간은 생물학적 존재다. 동물의 몸과 마찬가지로 인간의 몸은 연구와 설명이 가능한 대상인 것이다. 그럼에도 인간은 독특한 두뇌로 고도의 문화와 과학을 발전시켜 왔기 때문에, (유인원들이나 환경에 대해서와 마찬가지로) 자신의 몸에 대해서도 다른 생물로서는 불가능한 지적(知的) 방식으로 접근할 수 있는 것이다. 인간은 무엇보다도 이런 연유에서 인류 전체에 대한 포괄적 책임을 부여받았다. 이러한 특수한 지위는 독일 헌법 제1조에도 명기되어 있다. "인간의 품위는 그 누구도 건드릴 수 없다."

생물학적 진화와 문명의 진보는 서로 분리할 수 없을 만큼 밀접히 교차되어 있다. 문명의 진보는 생물학적 진화보다 훨씬 빠른 속도로 진행되었으며 따라서 인류 역사의 많은 부분을 차지한다. 최소한 지난 3만 년 동안 인간은 생물학적으로 거의 변화하지 않았으나 그 문화는 전 세계 고유의 생활 방식을 완전히 변화시켰다. 의사이자 시인이었던 고트프리트 벤Gottfried Benn은 다음과 같이 옳은 지적을 했다.

우리가 인간을 정의(定意)할 때 동물적 요소를 부각시킨다면 그것은 인간 존재의 본질적 특성을 도외시했기 때문이다.

그러나 인간을 생물학적 존재로 축소하고 싶지 않을수록 인간의 생물학적 기초에 대해 그만큼 더 많이 알아야 한다. 이번 단원에서는 바로 이에 대해서 다루어보고자 한다. 또 그 다음 단원에서는 자연을 문화로 변화시킬 수 있는 인간의 정신이 어떻게 인간의 몸속에서 생겨나고 발전할 수 있었는지를 고찰할 것이다.

16세기까지도 권위 있던 아리스토텔레스의 견해에 의하면 모든 생물은 몸과 영혼의 통일성이라는 특징을 가지고 있다. 몸의 기관들은 각각의 고유한 형태로 인해 특별히 적합한 어떤 기능이나 과제를 하나씩 떠맡고 있다. 이 과제의 완수는 생화학적 과정의 결과가 아니라 각 기관의 고유한 '미덕 Virtus', 즉 그 소질의 실현이다. 이 소질은 바로 그 타고난 본성에서 유래하는 것이다. 예컨대 사람의 간은 단지 그 본성에 부합하는 기능을 한다. 몸은 그 모든 기관들이 제대로 조화롭게 그 기능을 다할 때 건강하다. 히포크라테스 이후 신체 기관은 그 어떤 신의 개입 없이도 주어진 일을 스스로 잘 할 수 있다고 간주되었다. 이런 견해는 엄청난 발전이었으며 과학적 생물학과 의학의 시작이었다. 기원전 400년이었던 당시에 히포크라테스는 아무런 외부 원인 없이 급작스럽게 일어나기 때문에 신성한 질병이라 불린 간질병이 어떤 초월적 신의 개입 탓이 아님을 주장했다.

그 다음 이천 년 동안은 영혼이 결정권을 쥐고 있었고 모든 신체 기능은 영혼의 능력에 종속되었다. 한 시대를 대표했던 의학자 페르넬 Jean Fernel(1497~1559)은 "따라서 우리는 이렇게 말할 수 있을 것이다. 즉 몸은 작용하는 것이 아니라 작용을 받는다!"라고 말했다. 질문에 대해서는 간단한 답이 주어졌다. '독약은 왜 사람을 죽입니까?' '그거야 독약의 본성이 죽이는 것이니까.' 당시에는 독으로 인해 죽었다고 간주되는 사람들이 꽤 많았다. 왜냐하면 파스퇴르의 병원균 이론이 나온 1865년까지만 해도 전염병은 독이 온몸에 퍼져서 생긴 것으로 간주되었기 때문이다. 각 기관의 기능을 다루는 학문인 병리학,

다시 말해서 몸과 영혼의 공식적인 분리가 아직 존재하지 않았던 시대에 고대와 중세의 해부학은 많은 인식을 제공했다. 그 일에 종사하는 직업군에는 의사·예술가·도살자 세 가지가 있었다. 주요한 문제는 인간 시신의 해부 금지였는데, 다행스럽게도 초기 르네상스 시대의 몇몇 법률가들이 의학자들을 도왔다. 그들은 사망자의 사인을 밝히기 위해서는 부검이 필요하다는 것을 인식하고 있었고, 결국 해부 금지를 무너뜨릴 수 있었던 것이다.

역사상 가장 유명한 해부학자는 의심할 여지없이 예술가 레오나르도 다빈치이다. 그는 정확한 뼈·관절·눈·심장 스케치를 완성하기도 했다. 반면 영향력이 가장 컸던 해부학자는 벨기에의 베살리우스 Andreas Vesalius(1514~1564)였는데, 그는 28세의 나이에 《인간 신체 구조론De humani corporis fabrica》(1543)을 내놓음으로써 생물학의 발전에 크게 기여했다. 이 책은 수천 부가 인쇄되어 널리 읽혔으며, 인간의 몸속에서 벌어지는 일들을 알고 싶어 하는 사람들에게 그 모든 것을 자세한 그림으로 소개했다. 그중 특히 해부학 도표가 매우 잘 작성되어 200년도 더 지난 후인 계몽주의 시대에 디드로와 달랑베르의 《백과사전》에 수록되기도 했다. 베살리우스는 이 대표적 저서의 출판 이후 의사 직업에 전념했으며, 당시에 독일부터 스페인까지 제국을 건설한 위대한 군주였던 황제 카를 5세의 전속 의사가 되었다.

사람들은 이제 신체 기관에 대해 잘 알게 되었고, 단지 그 기관들이 어떻게 작용하는지 알고 싶어 하는 사람이 아직 부족할 뿐이었다. 그런데 '어떻게'라는 질문을 던질 수 있기 위해서는 아주 힘든 수술 하나가 실행에 옮겨져야 했다. 그것은 다름 아니라 몸과 영혼을 분리하는 수술이었다. 급기야 데카르트가 메스를 들고 제대로 절개된 독자적인 몸을 제시하기에 이르렀고, 이제 그에 대한 과학적 연구만 이루어지면 되게 되었다. 그 이후 영혼은 더 이상 생명의 본원적 기능으로서가 아니라 단지 몸 자체가 영혼 없이 수행하는 것을 그 외부에서 약간씩 조정하는 정도의 역할만 하게 되었다. 하지만 데카르트가 보기에는 이와 같은 몸의 활동은 아직도 신이 가동시켜 놓은 기계의 엔진과 같은 것이었다. 그 메커니즘은 1628년에 영국인 하비William Harvey(1678~1657)가 보여주었다. 그는 피가 항상 몸속에서 정맥과 동맥 사이를 이리 저리 몰려다니며 때마다 심장을 통과한다는 로마 의사 갈레노스Claudius Galenos(129~100)의 옛 생각을 깨끗이 제거했다. 그 이후 우리는 피가 그런 식으로 흐르지 않고 순환한다는 것, 더 정확히 말하면 두 가지 순환 코스를 따라 돈다는 것을 알게 되었다.

인간의 신체에 대한 현대 자연과학적 관찰의 두 번째 버팀목은 200여 년 후에 다윈이 제공했다. 그는 우리의 몸이 현재 작동하고 있는 생화학적 기계일 뿐만 아니라 40억 년 동안 계속된 진화의 산물임을 보여주었다. 따라서 '우리 몸은 어떤 기능을 하는가?'라는 질문을 제기하고 대답할 수 있게 되었고, 왜 그것이 그런 기능을 하며 현재까지 어떻게 발전해 왔는지에 대한 질문에도 대답할 수 있게 되었다.

두 가지 관점, 즉 데카르트의 기계론적·기술 형태적인 관점과 다윈의 진화생물학적·환경 적응론적 관점은 오늘날 인체생물학과 의학의 공동 기초가 되었다. 그리고 양자 모두 20세기 후반 생물학의 분자 유전학적 혁명을 통해 그 의미가 더욱 강화되었으며 새로운 인식에 대한 수많은 가능성을 갖추게 되었다. 오랫동안 서로 분리되어 있던 생물학과 의학은 지난 수백 년 동안 지속적으로 접촉함으로써 마침내 하나가 되었다. 과학 분야에서 그런 일은 자주 있다. 수많은 부분 지식이 수집되었으며, 그것들이 모여서 차츰 새로운 통합 체계로 발전했다.

의학은 오랫동안 이론적 기초 없이 경험에만 의지하는 기술이었고, 심지어 고대에는 몸의 자연 치유력에 대한 신뢰에만 의지하고 있었다. 플라톤(기원전 427~348)은 이런 상황을 다음과 같이 요약한다.

의사와 법률가가 우글거리는 그리스의 도시는 건강한 공동체가 아니다. 건강한 공동체는 간단한 의학으로 만족한다. 몸 어디가 아프면 강력한 치료 음료를 마셔 낫게 하거나, 아니면 절단하거나 불로 지지는 외과 시술로서 그곳을 제거한다. 이런 과격한 조치가 아무 쓸모가 없다면 환자는 자신의 운명에 몸을 맡겨야 한다. 거기서 그는 스스로 다시 건강해지거나 죽음으로써 병의 근심으로부터 해방될 것이다. 장기간에 걸친 복잡한 치료는 질병을 어린애처럼 달래 주려는 행동일 뿐이다. 그 행동은 병을 키울 뿐이며 시민이 가정의 의무, 개인과 군사적 의무를 다하는 것을 방해하며, 죽음에 이르는 시간만을 연장한다.

로마의 의사 디오스쿠리데스Pedianos Dioskurides(약 40~90)는 약물학 창시자로 알려져 있다. 그는 《의학 물질론De materia medica》에서 1,000여 가지 물질에 관해 기술했으며 그중 상당수는 약초였다. 그것은 순전히 실용적 동기에 의한 것이었다. 병의 원인에 관한 이론을 기술하는 것이 아니라, 무엇이 언제 도움이 되는지에 대해서만 집중적으로 기술했다. 그는 당시까지의 모든 민간 처방 지식을 체계화했고, 이 책은 17세기까지 약물학의 표준서로 통했다.

중세 수도원 의학은 질병을 죄악에 대한 징계로 보았다. 한편 갈레노스의 가르침에 따르자면 질병은 인간의 네 가지 기본 체액인 피, 점액, 황담즙, 흑담즙의 조화가 흐트러진 결과였다. 예를 들어 몸속에 흑색 쓸개즙이 너무 많아지면 의사는 약초를 복용하게 하거나 방혈(放血)(몸에 일부러 상처를 내서 피를 흘리게 하는 민간 치료법—옮긴이)로써 원래의 균형을 회복시켜야 한다는 것이었다. 또 수녀원장 빙겐Hildegard von Bingen(1098~1179)은 다음과 같이 기록하고 있다.

"인간의 혈관이 잘라지면 피는 갑작스럽게 놀랐을 때처럼 혼란스러워하며 흘러나오지만, 바로 이때 썩고 흐트러진 피도 같이 새나온다."

하지만 이와 같이 치료 방법으로 여겨졌던 방혈 시술은 오히려 많은 중세 사람들의 생명을 단축했다.

16세기 초 의사였으며 동시에 점성술사이자 연금술사였던 파라셀수스Paracelsus(1493~1541)는 몸속에서 생물학적 · 화학적 · 물리학적 과정이 진행되고 있으며 질병은 몸 외부의 원인에 의한 것일 수 있다고 생각했다. 질병은 작용 물질의 영향을 받을 수 있다는 것이었다. 호엔하임Theophrast Bombast von Hohenheim은 질병에 대한 고대의 인간학적 관점과 결별하고 현재 경험에 입각한 새로운 의학을 개척해야 한다고 주장했으며, 자신이 로마의 저명한 의사 셀수스Celsus보다 훨씬 유명하다는 것을 드러내고자 스스로를 '파라셀수스'라는 이름으로 지칭했다. 그는 체액론을 한물 간 낡은 생각으로 여겨 제쳐두고 현대 의학적 치료 방식의 기본적인 개념을 제공한 공로자로 인정받고 있다. 그러나 연금술로 치료약을 개발하는 것은 불가능한 일이었으므로 실제 임상 치료에서는 성공하지 못했다. 결국 의학에서 실제로 변한 것은 하나도 없었던 것이다. 약초 · 방혈 · 고통스런 외과 시술 · 식이요법이 전부였다.

실제적인 발전은 19세기에 와서야 비로소 이루어졌다. 19세기 전반부에는 의학 중에서도 특히 외과 의술의 혁명이라고 부를 만한 네 가지 마취제인 모르핀 · 질소 가스 · 유황 가스 · 클로로포름이 도입되었다. 박테리아학 · 천연두 예방접종의 성과 · 공중위생의 중요성에 대한 인식과 더불어 전염병에 대한 승리의 행진이 시작되었다. "베를린 의학계의 교황"으로 불린 피르호는 1858년 질병에 대해 설명하면서 세포의 변화에 주목케 함으로써 현대 세포생물학 및 분자의학의 기초를 놓았다. 그는 비교병리학의 기초를 닦았으며, 의학은 세 개의 근간을 가지고 있어야 한다고 주장 했다. 그것은 환자에 대한 임상 관찰·동물 실험·현미경을 이용한 해부학적 연구가 있어야 한다는 뜻이었다. 나중에는 생화학 연구가 여기에 추가되었다.

20세기 들어서는 마침내 항생제, 포괄적 의학 테크놀로지, 각종 자연 약물 및 합성 약물의 효과에 대한 체계적 검토가 완수되었다. 오늘날까지도 의학 치료는 대부분 이 토대 위에서 이루어지고 있으며, 이제는 분자의학으로 넘어가는 과도기에 있다. 이에 대해서는 이 책의 뒷부분에서 상세히 설명할 것이다.

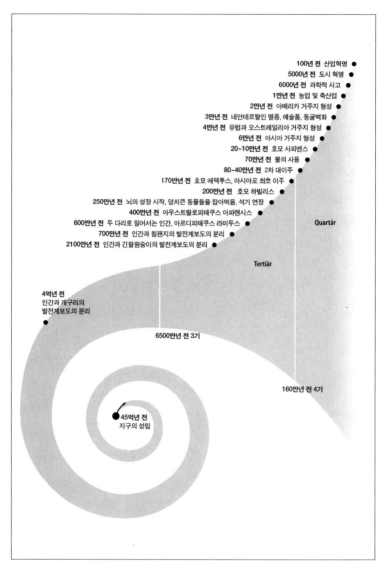

100년 전 산업혁명 ●
5000년 전 도시 혁명 ●
6000년 전 과학적 사고 ●
1만년 전 농업 및 축산업 ●
2만년 전 아메리카 거주지 형성 ●
3만년 전 네안데르탈인 멸종, 예술품, 동굴벽화 ●
4만년 전 유럽과 오스트레일리아 거주지 형성 ●
6만년 전 아시아 거주지 형성 ●
20~10만년 전 호모 사피엔스 ●
70만년 전 불의 사용 ●
80~40만년 전 2차 대이주 ●
170만년 전 호모 에렉투스, 아시아로 최초 이주 ●
200만년 전 호모 하빌리스 ●
250만년 전 뇌의 성장 시작, 덩치큰 동물들을 잡아먹음, 석기 연장 ●
400만년 전 아우스트랄로피테쿠스 아파렌시스 ●
600만년 전 두 다리로 일어서는 인간, 아르디피테쿠스 라미두스 ●
700만년 전 인간과 침팬지의 발전계보도의 분리 ●
2100만년 전 인간과 긴팔원숭이의 발전계보도의 분리 ●

Quartär

Tertiär

4억년 전
인간과 개구리의
발전계보도의 분리
●

6500만년 전 3기

160만년 전 4기

45억년 전
지구의 성립

그림 4-1 인간의 기원과 발전. 호모 사피엔스는 10만 년 전부터 2,000만 년 전 사이에 출현했다.

▌인간의 탄생 ▌

인간은 원숭이?

인간에게 있어 친족이라는 개념의 범위는 매우 넓다. 인간의 몸은 생물학적으로 볼 때 포유류의 몸이며 원칙적으로 돼지나 고래의 몸과 같은 기능을 한다. 그리고 현재까지 알고 있는 한 우리와 가장 가까운 친족은 침팬지다.

그러나 인간은 몸뿐 아니라 정신도 함께 지니고 있는 문화적 존재이므로 인간의 유래와 본성에 관한 논쟁은 오랫동안 지속될 것이다. 인류학은 현대의 세계관을 과거에 투영하는 오류에 빠질 위험성을 많이 갖고 있다. 왜냐하면 인류학은 그동안 발견해 낸 몇 개 안 되는 뼈 조각에만 의존한 채 구체적인 인간의 모습 및 과거 700만 년 동안 존재해 온 그 조상의 모습을 재구성해야 하는 어려운 과제에 봉착해 있기 때문이다. 이미 그런 식으로 수많은 초상화가 그려졌으며, 그렇게 묘사된 인물에는 오히려 화가 자신의 모습이 더 많이 반영되어 있는 경우가 많았다. 다윈은 인류의 조상을 (자신의 생존 경쟁 이념에 부합하게) 돌과 창을 던지는 자들이었다고 보았다. 과학이 엄청난 발전을 이룬 20세기 초에 이르러 사람들은 조상들의 확대된 뇌의 크기, 사유하는 인간상에 집중했으며, 그 다음에는 마르크스의 이념에 따라 노동을 하는 조상(이들의 결정적인 능력은 도구를 만들 수 있다는 것이었다)을 부각시켰다. 그리고 2차대전과 유태인 대학살이라는 믿어지지 않는

잔혹한 참상이 지나간 후 인간의 이미지는 살인마 원숭이의 그것에 비유되었다. 1960년대에는 야생 동물 착취자의 이미지와 자연과 조화를 이루는 인간의 이미지가 교차했으며, 후자에 근거해 환경 운동이 활기를 띠기도 했다. 1970년대에는 (당시에 절정에 달했던 페미니즘에 부합하게) 가정의 어머니와 자원 조달자로서 능동적이고 자의식이 강한 여성의 이미지가 부각되었다. 이 모든 생각과 가설은 인간의 생물학적·문화적 역사의 개별적 발전 내용을 포착한 것이며, 우리는 이를 통해 인간과 인간 본성의 성립과 발전을 위한 전환점 내지는 도약의 계기로 만들고자 했다. 물론 모두 나름대로 일리가 있는 생각이었지만 완전히 신뢰하기는 어려운 하나의 일면만 지나치게 강조했다는 비난을 면할 수는 없다.

따라서 이제 그 모든 가설을 포기하고 어느 정도 확실한 지식으로 인정할 수 있는 것만을 요약하고자 한다.

모든 것은 약 700만 년 전 몇몇 원숭이들이 두 다리로 서지 않을 수 없게 된 상황에 처하게 되었을 때 시작되었다. 두 다리로 서게 된 이 원숭이들이 그 이후 500만 년 동안 수많은 종(種)으로 세분화되었으며, 그중 한 종이 인간으로 진화해 약 200만 년 전부터 점점 더 큰 용량의 뇌를 갖게 됨으로써 연장과 언어를 사용하게 된 것이다. 이들은 약 10만 년 전쯤 다양한 문화를 건설하는 일에 착수했으며, 이러한 문화는 약 3,000년 전 그리스인들에 의해 더욱 발전하기 시작했고 지금으로부터 300년 전인 '계몽주의' 시대에 이르러서는 현대의 학문을 낳게 되었다. 학문의 발전은 인간이 자신의 시선을 과거로 되돌릴 수 있게 해주었으며, 이런 변화와 함께 돌과 뼈를 발견하여 조심스럽게 분석하고 이론을 구성하는 작업이 시작된 것이다.

두 다리로 선 원숭이

현대 암원숭이의 마지막 공동 조상으로 살았던 모든 종(種)은 인간 가족, 즉 인류Hominade에 속한다. 그중에서 호모 사피엔스만 남고 나머지는 모두 사멸했다. '두 다리로 일어서기Bipedie'는 꽤 중요한 전환점으로 간주되긴 하지만 그렇다고 아주 위대한 과도기로 평가되어서는 안 될 것이다.

두 다리로 선다는 것은 변화한 환경에 대한 생물학적 적응으로 간주될 수 있다. 인류의 조상이 밀림에서 살다가 사바나로 나오면서 빨리 달리고 먼 곳까지 바라보기 위해 두 다리로 서게 되었다는 통상적인 견해는 이미 논박된 바 있다. 700만 년 전의 아프리카에는 사바나가 존재하지도 않았다는 아주 간단한 이유 하나만으로도 그런 견해가 잘 못된 것임을 알 수 있다. 사바나는 지금으로부터 400만 년 전에야 생겨났으며 동아프리카의 숲들은 지금처럼 울창하지 않았고 키가 작은 나무 덤불과 황무지의 끝없는 연속이었다. 따라서 식량을 구할 수 있는 장소, 즉 열매를 맺는 나무들 간의 간격은 지금보다 더 멀었다. 두 다리로 걷는 것은 비교적 먼 거리를 비교적 적은 에너지 소모를 통해 이동할 수 있는 가능성을 높이는 일들 중 하나였고, 처음에는 이게 전부였다. 아우스트랄로피테쿠스 아파렌시스Australopithecus afarensis는 오직 이동의 경제적 방식에서만 다른 원숭이들과 달랐던 것이다. 하지만 특기할 만한 것은 네 다리로 이동하는 것이 두 다리로 이동하는 것보다 훨씬 더 효율적이라는 주장이 제기되었다는 것이다. 이 주장은 옳다. 그러나 인간을 개나 말과 비교할 때만 그럴 뿐이다. 인간의 신체 구조로는 두 다리로 걷는 것이 훨씬 더 좋다.

두 다리로 서는 것만으로 어떤 다른 생활 방식이 생겨나지는 않았다. 그럼에도 유물론과 공산주의 창안자 중 한 명인 엥겔스Friedrich Engels는 그 유명한《원숭이의 인간화에 미친 노동의 영향Anteil der

Arbeit an der Menschwerdung》에 다음과 같이 기록했다.

　　털이 난 조상들의 직립 보행이 처음에는 규칙적인 것이었다가 시간이
경과하면서 차츰 필수적인 것이 되었다면, 우리의 양 손이 이렇게 되기
이전에 이미 다른 가치 있는 행동들을 더 많이 수행하고 있었다는 뜻이
그 주장에 내포되어 있는 것이다.

　　아우스트랄로피테쿠스의 생활 방식은 보통 원숭이의 그것과 전혀
다르지 않았다. 기껏해야 오늘날의 스텝파비안류와 비교할 수 있는
데, 그들은 30내지 40개체씩 무리를 지어 일부다처제로 생활했으며
가장 강하고 서열이 높은 작은 인간이 결정권을 쥐고 있었다.
　　두 다리로 서는 원숭이의 태도가 눈에 띄게 인간에 가깝게 변화하
고 자유로워진 두 손을 진화의 행복한 케이스로 여겨 다양하게 이용
할 수 있게 되기까지는 500만 년의 시간이 더 필요했다.

루시

　　아우스트랄로피테쿠스 중 가장 유명한 존재는 루시Lucy다. 루시는
3백만 년 전 오늘날 에티오피아의 호숫가에 살았던 작은 여성이다. 골
격의 40퍼센트가 보존되어 있는 그녀의 시신은 지금까지 발견된 초기
인류의 가장 완벽한 표본이다. 1974년 발굴된 루시의 명칭은 비틀스
의 노래 〈다이아몬드가 빛나는 하늘의 루시Lucy in the Sky with Dia-
monds(원래는 환각제LSD에 대한 찬가)〉에서 비롯되었다. 이 노래는 고
생물학자 조핸슨Donald Johanson과 그의 제자 그레이Tom Gray가
그 원시 인간을 발견하고 기뻐하는 순간 마침 카세트 레코더에서 흘
러나오고 있던 곡이다. 키가 90㎝밖에 안 되는 그 작은 여인의 본래
모습이 그동안 여러 복제 본으로 제작되었지만 학자들은 아직 부족하

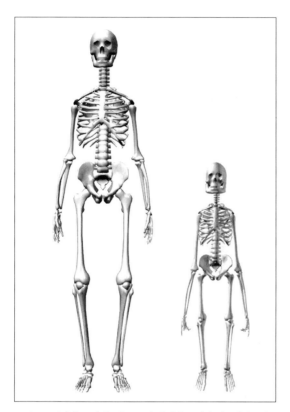

그림 4.2 골격의 40퍼센트가 보존된 할머니 루시가 재구성된 모습. 학명은 아우스트랄로피테쿠스 아파렌시스이며, 약 320만 년 전에 에티오피아에서 살았다. 좌측은 비교를 위한 현대인의 골격

다고 여기는 것 같다. 그들은 수십 년 안에 그녀를 살았을 당시의 모습 그대로 부활시킬 수 있도록 노력하고 있으며, 그로 인해 그녀에 대해 더 많은 것을 알게 되기를 기대하고 있다. 이들은 인간 게놈 연구를 출발점으로 해서 '루시 게놈 프로젝트'가 그녀의 유전자를 완벽하게 재구성할 것이라는 견해를 밝히고 있다. 이와 같은 프로젝트의 윤리적 측면과 실제 제작 가능성에 대해서는 논란이 있을 수 있겠지만 그 아이디어를 낸 도킨스는 그런 반론 가능성에 대해 별로 개의치 않

는다는 듯 다음과 같이 말한다.

〈쥐라기 공원〉 같은 영화가 나왔음에도 불구하고 나는 이 사건을 살아
생전에 함께 체험할 만큼 충분히 오래 살지 못할 것이 분명하다는 사실만
이 유감스러울 뿐이다. 나는 두 눈에 눈물을 글썽이며 내 짧은 팔로 루시
의 긴 팔을 붙잡고 흔들고 싶을 뿐이다.

뇌

루시의 뇌는 현대인의 뇌와 비교해 3분의 1 크기밖에 안 된다. 뇌의
급속한 성장과 그와 더불어 진행된 사회적, 문화적 변화가 마침내 우
리를 인간이 되게 한 것이다.

인간의 뇌가 성장하기 시작한 것은 아마도 약 200만 년 전 호모 하
빌리스Homo habilis(영리한 인간) 시대부터일 것이고, 이들은 바로
그런 이유 때문에 호모라는 신종으로 분류되는 것이다. 쉽게 상상할
수 있겠지만 순수하게 신체의 균형만을 고려한다면 머리가 크다는 것
은 불편할 뿐이다. 심리학자 핑커Steven Pinker는 이렇게 말한다.

뇌가 큰 존재는 생활에 불리하다. 그것은 빗자루 끝에 수박 한 덩어리
를 올려놓고 균형을 잡아야 하는 것과 같다. 그는 오리털 점퍼를 입어 몸
을 따뜻하게 해야 하며, 만약 그가 여성이라면 이삼 년마다 거추장스런
것을 산도(産道)를 통해 밀어내야 한다. 진화론에 따른 도태라는 측면에
서 볼 때 뇌는 클수록 불리한 것이므로, 실핀 머리 크기 정도가 가장 이상
적일 것이다.

뇌가 성장하는 것이 유리한 점이 되려면 동시에 인지 능력도 함께
발전해야 하며, 이 발전은 최초 1세제곱센티미터의 성장 때부터 시작

되어야 한다. 그래야만 생존 경쟁에서의 우위가 확보되는 것이다. 따라서 인간의 사고 및 언어 능력과 이러한 능력을 문화 성취 및 사회적 상호 행동에 적용하는 일이, 뇌가 성장하는 와중에 저절로 그 복잡함을 파괴하고 갑작스럽게 이루어졌다고 주장하는 모든 학설은 근거가 없는 것이다. 그것은 모든 다른 진화와 마찬가지로 지속적 과정의 산물이다. 다음 단원에서 살펴보게 되겠지만 몸의 해부도의 경우와 마찬가지로 뇌의 구조에도 우리의 생물학적 과거가 반영된다. 몸뿐 아니라 정신 역시 진화의 결과물인 것이다.

직립 보행은 사유 능력의 발전과 지성(知性)의 성장을 위한 필수 전제였던 것처럼 보인다. 두 발로 걷는 데에 필수적인 균형 감각의 미세한 조정이 이루어졌고, 이것은 정교한 엔진과 같은 능력의 발전이라는 학설도 있다. 신경생물학자들이 확인한 바에 의하면 원숭이는 외마디 소리를 지르거나 발걸음을 옮길 때마다 별도로 숨을 들이마셔야 한다. 이러한 점은 예컨대 말을 할 때 필수적인 섬세한 호흡 컨트롤 능력을 발전시키는 것을 불가능하게 한다. 결국 직립 보행이 호흡의 전환을 낳음과 동시에 오늘날 우리가 갖고 있는 말하기 능력을 발전시킬 가능성을 열어놓은 것이다.

아마도 우리의 지성에 무조건적으로 작용하는 전제 중 하나는 '3차원적 시각'일 것이다. 우리는 이것을 원시 조상으로부터 물려받았다. 또한 사회적 지성을 진보의 추진력이 되게 만든 집단생활, 뇌의 명령에 따라 조작하는 처리 기관인 자유로워진 두 손도 그 전제에 속한다. 우리 조상들에게 손이 없었다면 지성을 발전시키는 것도 아무 소용없는 일이었을 것이다. 손과 뇌는 공동으로 그리고 상호 보완적으로 완벽하게 발전했다. 갈레노스는 거의 2,000년 전에 인간의 손이 동물 세계에서 그 유례를 찾아 볼 수 없는 것임을 다음과 같이 예찬했다.

인간은 모든 것을 다룰 때, 마치 자신의 손이 오로지 그 각각의 것들을 위해 만들어진 것처럼 사용한다.

조산아

한 인간이 태어날 때 그는 동물 세계의 그 어떤 존재보다도 나약한 상태다. 인간은 모태를 너무 일찍 떠나는 것처럼 보인다. 실제로 영장류의 임신 기간은 뇌의 크기, 이유(離乳) 시기, 성적(性的)으로 성숙되는 시기, 그밖의 기타 요인과 일정한 상관관계를 가지고 있다. 하지만 인간은 이런 요인과 상당한 편차를 보인다. 평균적으로 인간은 1,350세제곱센티미터 크기의 뇌를 가지고 있으며, 그에 필요한 임신 기간은 아홉 달이 아니라 21달이다. 이런 관점에서 본다면 우리는 모두 조산아이며 거의 1년 정도 이르게 세상에 나오는 셈이다. 인간의 뇌 부피는 출생 후 4년 만에 네 배로 성장하며, 이것은 곧 우리가 세상에 처음 나올 때에는 아무런 대책이 없을 정도로 성숙하지 못한 상태라는 얘기가 된다. 그 주요 원인은 의심할 여지 없이 골반의 형태에 있다. 현재 인간의 골반 형태는 직립 보행을 위해서는 불가피한 것이지만 순산을 하는 데에는 몹시 불리하게 되어 있다. 뇌와 해골의 크기가 일반적인 원숭이의 것과 같았을 때에는 그 형태가 별로 문제되지 않았지만, 2백만 년 전 호모 하빌리스의 뇌 용적이 약 800세제곱센티미터를 넘어섰을 때부터는 점증하는 지성에 대한 대가로 출산 시 상대적 난산을 겪어야만 하게 되었다.

그러나 오늘날의 관점에서 보면 이와 같은 불리한 점에서 아주 긍정적인 측면을 발견할 수도 있다. 첫째 뇌가 환경과 다양한 상호 작용을 하면서 발전할 수 있다는 점인데, 이에 대해서는 다음 단원에서 자세히 다룰 것이다. 두 번째로는 인간만이 겪을 수 있는 유년 시절이 존재하게 된다는 점이다. 갓난아이의 나약한 상태는 어른의 집중적인 보살핌을 요구하게 되며, 그런 과정을 통해 부모와 자식 간에 아주 밀접하고 지속적인 결속력이 생겨나게 된다. 이것은 다시 학습의 특징적 발전 단계의 전제가 된다. 이 발전은 원숭이에 비해 늦은 아이의 신체 성장 속도를 통해 뒷받침된다. 다시 말해 아이의 몸은 사춘기가 시작될 때까지 오랫동안 어른의 몸보다 상당히 작은 상태로 머물러 있으며, 이런 불균형을 통해 부모와 자녀는 오랜 시간 동안 특수한 사회적 관계를 유지한다는 것이다. 원숭이는 일반적으로 어려서부터 경쟁 관계의 생활 속에 진입하지만 사람은 이런 관계에서 해방되어 교사와 제자 관계를 형성하면서 유년기의 머리를 지식으로 채울 수 있게 된다. 부모 입장에서 보더라도 양육자로서 아이를 돌봄으로써 후손의 생존 기회를 높이는 것은 보람 있는 일일 것이다.

육류

'우리의 뇌는 도대체 왜 그렇게 커졌는가?' 하는 질문에 대해 결코 확답을 할 수는 없을 것이다. 다만 추측컨대 뇌를 사용하는 빈도의 증가, 특히 언어의 형성을 통한 그 자극이 주요 원인이었던 것으로 여겨진다.

이에 대한 중요한 전제 중 하나는 식생활의 변화였을 것이다. 뇌의 성장은 육류의 조달 및 소비와 밀접한 관계가 있었던 것이 거의 확실하다. 큰 뇌는 매우 많은 에너지를 소모한다. 호모는 아마도 기타 식량이 더 이상 충분하지 않게 되자 살코기를 먹기 시작했던 것 같다. 맹수가 아니었기 때문에 다리 근육과 턱뼈가 약했고 이 단점을 어떻게든 보완해야만 성공적인 사냥을 할 수 있었다. 따라서 뇌를 이용하기 시작한 것이다. 서로 간의 의사소통과 협조의 필요성이 증대했으며 최초의 작업 분화가 이루어졌다. 한편 점차 커지는 뇌에 에너지를 공급하기 위해 그만큼 더 많은 육류를 조달해야 했다. 만약 초식 동물에 머물러 있었다면, 우리 뇌 용적이 결코 세 배까지 늘어날 수는 없었을 것이다. 하지만 이 말이 오늘날 육류 소비를 반대하는 채식주의자의 뇌는 축소될 위험에 처해 있다는 뜻은 결코 아니다. 왜냐하면 그동안 우리들은 콩 따위의 고급 단백질 공급원을 확보해놓았기 때문이다.

도구

조상들의 옛 거주지와 묘에서는 뼈 외에 석기들도 출토되었고, 우리는 이것들을 근거로 그들의 생활 방식을 추론해 볼 수 있다.

약 2백만~3백만 년 전에 그들은 간단한 망치, 긁개, 식칼을 제작하기 시작했다. 이때는 이미 그들이 두 다리로 이동할 수 있게 된 지 이미 5백만 년이나 지난 시점이었지만 두 손은 아직 특별히 언급할 만한 기술적 수단을 갖추고 있지 못했다. 질적인 도약은 약 170만 년 전 그들이 호모 에렉투스Homo erectus(직립 인간)로 변모하던 때에 처음 있었으며, 그 이후로는 호모 사피엔스Homo Sapiens(생각하는 인간)로 발전하던 때인 10만~15만 년 전에 다시 한 번 있었다.

조상들이 이미 5백만 년 전에 사용했을 가능성이 있는 가장 오래된 연장은 견과류 분쇄기였을 것이다. 그것은 오늘날의 원숭이를 통해서도 볼 수 있는 것이다. 원숭이는 호두나 땅콩 따위를 나무뿌리에 놓고 돌멩이로 내리쳐 동강 낸다. 어린 동물들은 이런 기술을 배우는 데 몇 년의 시간을 필요로 한다. 그들에게 있어 이 기술은 최고의 문화적 성과이며, 몇 안 되는 침팬지 종만이 그것을 확보하고 있을 뿐이다. 이 것이 시사하는 바가 큰 이유는, 인간 문화의 발전과 그 출발 수준도 유인원의 그런 문화적 성과에 상응했을 것임이 틀림없기 때문이다.

언어

인간이 발전하게 된 결정적인 동인은 언어였다. 물론 처음에는 이상하게 들릴 수도 있겠지만, 언어 능력이란 것이 복잡하고 유용하게끔 타고난 사물을 창조하는 자연의 독특한 힘에 의한 결과라는 것은 분명하다. 그것은 곧 생물학적 진화의 결과이며 코끼리의 긴 코나 남극 바다제비의 활강 비행술과 동일한 법칙에 따라 생겨난 것이다. 우리 머릿속에는 언어 기관이 존재하며, 이것은 수십만 세대를 지나 내려오는 동안 발생한 유전적 변이와 자연도태의 결과이다.

현대인은 생물학적으로 그 본성과 기본적 능력에 있어 약 3만 년 전부터는 특별히 언급할 만큼 변한 것이 없으므로 언어 능력도 그 시점에 거의 완성되었다는 가정에 입각해서 논의를 시작해야 한다. 그 능력은 인간의 언어를 (힘들이지 않고도) 배울 수 있는 천성적 능력을 뜻한다.

출토된 옛 뼈와 식칼 따위를 통해서는 언어 기관의 진화에 대한 그 무엇도 확실히 추론할 수 없기 때문에 그 진화가 언제부터 시작되었는지 확인하는 것은 아마도 불가능하겠지만, 이미 아우스트랄로피테쿠스도 원시적 언어를 가지고 있었던 것 같다. 물론 본격적인 언어 사용은 호모 하빌리스나 호모 에렉투스에 이르러서야 이루어졌을 것이다. 언어 기관의 발전은 대략 뇌의 성장과 나란히 진행되었을 것으로 판단되며, 그 용적이 거의 50퍼센트나 커지는 최초의 급격한 성장은 바로 호모 하빌리스로 이행하는 단계였을 것이다.

인간의 탁월한 언어 기관과 그 기능에 대해서는 다음 단원에서 자세히 논할 것이다.

현대인

인류학자들의 견해에 의하면 인간의 문화는 약 5만 년 전쯤, 동물계에서 약 5억 4000만 년 전 캄브리아기의 폭발적 번성기에 있었던 사건과 비슷한 일을 겪었다고 한다. 이른바 "후기 구석기 시대의 혁명"이라 불리는 그 기간 동안에 유럽에서는 전례 없이 많은 연장, 무기, 장신구, 예술품 등이 제작되었다. 그중에는 기교가 뛰어난 조각품도 있었다. 만 5,000년 전 진흙으로 빚은 들소 조각품 두 점이 프랑스 아리에주Ariege의 튀크 도드베르Tuc d' Audoubert 동굴에서 발견되었으며, 인류학자 코너Melvin Konner가 "석기 시대의 시스틴 대성당"이라 부른 도르도뉴Dordogne의 라스코Lascaux 동굴 벽화도 그 시대의 것이다. 그 그림들을 보면 석기 시대의 조상들도 우리와 다를 것 없는 같은 인간이었다는 것을 알 수 있다. 타임머신이 있다면 그들을 데리고 와서 친구들과의 모임에 참석시킨다 해도 아무런 문제가 없을 것이다. 그 오래된 예술품들은 정말 믿어지지 않을 만큼 현대적이다. 그들은 부분적으로 원근법을 사용했으며, 근세 미술에서는 르네상스 시대에 이르러서야 비로소 재발견된 운동감의 표현법을 알고 있었다. 인류학자 리키Richard Leakey가 말하고 있듯이 거기서 이미 "상징성과 추상성을 짜깁기하려는 현대적 인간 의식이 작용하고 있었다. 그것은 아마도 호모 사피엔스에게만 가능했을 것이다."

1868년에 도르도뉴의 레 에지Les Eyzies 마을 근처 크로마뇽Cro-Magnon 동굴에서 호모 사피엔스의 유해 일부가 발견되었다. 그곳에는 시신 6구의 골격이 매장되어 있었고, 생존 시기는 약 2만 8,000년 전이었던 것으로 추정되었다. 그들은 현대 유럽인과 사실상 동일하게 생겼다.

유럽에서 그렇게 갑작스럽게 문화가 폭발했다는 인상을 주는 것은 특히 유럽에 동굴이 많은데다가 호기심 많은 인류학자들이 존재하기 때문일 뿐이다. 호모 사피엔스의 현대적 모습은 아마도 이미 10만 ~14만 년 전에 아프리카에서 생겨났을 것이다. 가장 최근에 에티오피아에서 발굴된 뼈는 15만 4,000~16만 년 전의 것으로 추정되며, 우리의 직접적 조상인 신 하위 종 호모 사피엔스 이달투Homo sapiens idaltu로 분류된다.

학자들이 점차 검은 대륙 아프리카에 관심을 가지기 시작한 다음부터는 유럽의 것보다 훨씬 더 오래되고 다양하며 기교적인 연장들이 그곳에서 발견되었다. 날카로운 칼날, 단검, (낚시 바늘 모양의) 역(逆) 갈고리, 화살 등이 그것이다. 그중 연대가 가장 오래 된 것은 약 7만 5,000년이나 되었다. 그곳에서 발견할 수 없었던 것은 돌 외의 재료로 만들어진 다른 연장의 일부분, 예컨대 아기를 업을 때 사용하는 가죽띠, 부메랑, 화살촉, 활의 일부분뿐이었다. 초기의 인류가 가공하기 어려운 돌만 사용해서 연장을 만들었다는 증거는 어디에도 없다. 하지만 석재 제작품만이 수십만 년의 세월을 견딜 수 있기 때문에 다른 재료로 만들어진 연장의 용도는 종종 과소평가되기도 한다.

순수하게 몸 자체만 볼 때 현대인은 분명히 그 선조들과 구분된다. 그 모습은 호모 에렉투스나 호모 하이델베르겐시스Homo heidelbergensis의 것보다 분명히 현대적이다. 현대인은 날씬한 몸, 큰 키, 발달되지 않은 근육, 납작한 얼굴, 높은 이마, 두께가 얇은 해골, 튀어나오지 않은 눈두덩을 갖고 있다. 현대인의 그런 세련된 얼굴은 무엇보다도 연장의 발전 덕택이다. 연장은 음식을 먹을 때 턱뼈가 하던 씹는 일을 줄여주었다. 연장을 발명하기 이전에는 턱뼈가 아주 발달해서 힘이 셌으며, 해골 형태 전체도 단단하고 다부진 모습이었다. 현재까지의 생물학적 진화로 인해 남녀 간의 몸집 차이도 분명히 줄어들었다. 그 차이는 일반적으로 한 종(種)의 수컷들이 암컷을 차지하기 위해 서로 얼마나 극렬하게 싸움을 벌이는지에 대한 지표가 된다. 호모 사피엔스는 한 그룹 내에서 일부일처제의 부부 관계를 맺고 살며, 그 사이에서 태어난 자녀를 양육하는 사회 구조를 가지고 있다. 따라서

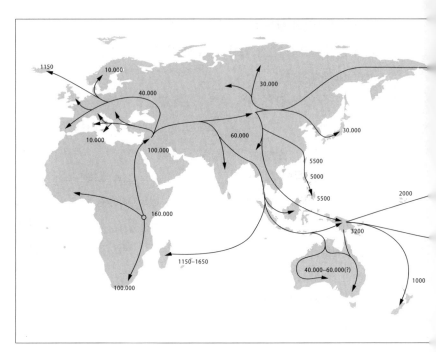

그림 4.3 호모 사피엔스의 확산은 16만 년 전 아프리카에서 시작되었고, 그들은 대략 4만 년 전부터 중부 유럽에 거주하기 시작했다.

남성의 몸집은 여성의 몸집보다 15퍼센트 정도만 클 뿐이다. 반면 예를 들어 고릴라의 수컷은 암컷보다 두 배나 크며, 바다코끼리는 자신이 거느리는 수많은 암컷들보다 네 배나 크다.

아프리카에서부터

인간의 초기 역사는 최초 500만 년 동안 오로지 아프리카에서만 전개된 것 같다. 현재까지 가장 오래된 인류 조상의 흔적은 아마도 2002년 여름 차드Tschad에서 한 국제 연구팀이 발견한 여섯 개의 뼈 화석일 것이다. 그중 하나는 해골인데 그 연대는 600~700만 년 전으로

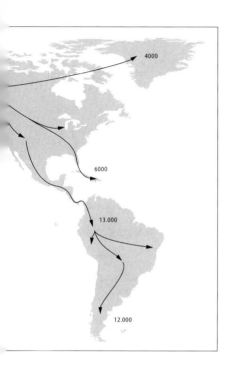

거슬러 올라간다. 해골은 인간과 원숭이의 중간 형태를 띠고 있다. 따라서 인간과 원숭이의 계보는 적어도 700만 년 전에 두 갈래로 갈라지기 시작했다는 것을 알 수 있다.

그러나 호모 에렉투스는 170만 년 전에야 비로소 아프리카를 떠나 아시아와 유럽에 정착하게 되었다. 아마도 그 정착지에서 여러 측면의 발전이 이루어졌을 것인데, 이를테면 네안데르탈인, 페트랄로나인, 아라고인, 슈타인하임인이 생겨난 것을 의미한다. 오랫동안 사람들은 이들을 원시인이라고 불러왔다. 그들은 호모 에렉투스보다는 현대인이었지만 호모 사피엔스보다는 원시인이었던 것이다. 그들은 대개 하이델베르크인Homo heidelbergensis이라는 포괄적 명칭으로 불려왔으며, 네안데르탈인만은 고유의 종(種)인 호모 네안데르탈렌시스 Homo neanderthalensis로 불렸다.

하지만 하이델베르크인은 또다시 아프리카에서만(아마도 남부 사하라 지역에서만) 현대인으로 발전했으며, (현재까지도 유력시되는 "아프리카 요람 테제"에 의하면) 약 10만 년 전쯤 유라시아와 그 나머지 대륙을 점령할 수 있었다. 게놈 연구 역시 이 가설을 뒷받침한다. 오로지 어머니를 통해서만 유전되는 미토콘드리아의 DNA 분석은 우리 모두가 단 한 명의 아프리카 여인으로부터 유래한다는 견해를 뒷받침하는 것이다. 그녀는 약 17만 년 전에 살았다고 전해지는 미토콘드리아의 이브다.

그 다음에 인류가 어떻게 지구 전역으로 퍼졌는지는 명확하지 않다. 대부분의 학자는 호모 사피엔스가 유럽과 아시아의 기존 원시인과 생존 경쟁을 하던 와중에 그들의 생활 근거지를 쟁탈하고 몰아냈을 것으로 본다. 어떤 학자들은 현대인의 유전자에서 약 40만~80만 년 전의 2차 이주 시기 하이델베르크인의 유전적 흔적을 발견했다고 주장하기도 한다. 이에 따른다면 완전한 축출이 아니라 혼혈이 이루어졌을 가능성도 있다는 얘기가 된다.

어쨌든 4만 년 전에는 호모 사피엔스가 오로지 아프리카와 유라시아에만 살았으며, 그 후 인도네시아 섬으로 이주했다. 당시 이 섬은 해수면의 높이가 지금보다 150미터나 낮았기 때문에 섬으로 걸어서 들어갈 수 있었다. 그리고 폭이 80킬로미터에 달하는 심해 수로를 따라 오스트레일리아와 뉴기니(당시에 이 둘은 아직 하나의 대륙이었다.)로 갔다. 약 2만 년 전에는 시베리아의 추운 북부 지방에 도달한 후 베링 해협을 건너 북아메리카로 들어갔으며, 마침내 만 3,000년 전에는 남아메리카까지 이르게 되었다.

인류는 7만 년 전쯤 다시 한번 대폭적인 인구 감소를 겪어 만 명 정도로 줄었을 것이다. 일부 유전학자들은 그렇게 봐야만 오늘날 모든 현존하는 사람들의 유전자가 서로 매우 유사한 것에 대한 설명이 가능하다고 주장한다. 선사 시대 인류 대량 몰살의 원인은 아마도 지구 역사에서 최종적으로 발생한 거대한 화산 폭발이었을 것이다. 약 7만 4,000년 전에 있었던 수마트라 토바의 어마어마한 폭발은 상상을 초월하는 화산재를 대기 속으로 뿌렸고 태양 광선을 차단했으며 기온을 급강하시켜 지구의 마지막 빙하기를 불러왔다. 폭발 규모가 어떠했는지는 그 화산의 분화구에 생긴 길이 100킬로미터, 폭 60킬로미터의 토바 호수를 보면 상상할 수 있다. 이러한 병목 이론에는 많은 논란이 따르지만 한 가지 확실한 것은 모든 사람들의 유전자가 아주 유사하다는 것이다. 라이프치히에 소재한 막스 플랑크 연구소의 진화인류학 연구자들은 2001년도에 서로 다른 조상을 가진 임의의 두 사람(예컨대 탄자니아인과 스웨덴인)의 유전적 차이는 단지 서로 100킬로미터 떨어진 곳에 살고 있는 두 마리 침팬지 간의 차이보다도 작다는 것을 확인했다. 고생물유전학자 페보Svante Pääbo는 다음과 같이 선언했다.

> 유전적으로 볼 때 우리는 모두 아프리카인이다. 일부는 그 대륙에 살고 일부는 그곳을 떠나 망명지에 살고 있을 뿐이다.

아마 이 유사성은 앞으로 더 많이 강화될 것이다. 지금까지는 인류가 여러 인종으로 나뉘어 살았지만 앞으로 대륙 간의 인구 이동이 더 활발해지면서 유전자가 더 심하게 뒤섞일 것이기 때문이다.

이런 인식으로 인해 인간을 여러 인종으로 구분하는 전통적 사고방식은 이제 거부되고 있다. 검은 피부색을 지닌 두 사람 사이의 유전적 유사성이 백인과 흑인 두 사람 사이의 것보다 더 유사하지 않다. 오늘날의 관점에서 볼 때 서로 다른 피부색이라는 의미에서의 인종은 별

의미가 없는 피상적 현상일 뿐인 것이다. 코카서스인, 아프리카인, 아시아인, 또는 이누이트족은 이제 다른 인종 그룹과 분명히 구분되는 별개의 인간 유형이 아니다. 그런 사고는 이미 다윈이 완전히 거부했으며 그것을 인구라는 개념으로 대체했다. 한 종(種)의 인구는 그 통계적 평균값에 의해서만 구별된다. 서로 다른 지역의 주민들은 유전적으로 각자의 환경 조건에 적응해 왔다. 그러나 적응할 시간은 그다지 길지 않았다. 앞에서도 언급했듯이 우리 조상들이 상당히 동질적인 소그룹을 형성하기 시작한 것은 이제 겨우 10만 년도 안 된 비교적 최근의 일이기 때문이다.

가시적인 차이, 예컨대 유럽인의 흰 피부색이 언제부터 형성된 것인지에 대한 연구는 아직 제대로 이루어지지 않고 있다. 브라질 학자들은 최근 현대 브라질인의 외모를 기준으로 그 조상의 모습을 역으로 추론할 수 있을지 연구했다. 오늘날 브라질 인구 구성을 보면 지난 500년 전부터의 유럽 이주자, 아프리카 노예, 인디언 원주민 간의 혼혈로 인해 아주 다양하고 이질적인 양상을 띠게 되었다. 370명의 유전자를 비교 연구한 결과 어떤 한 브라질인의 조상이 포르투갈인인지 혹은 아프리카인이나 인디언인지 그 겉모습만 보아서는 거의 알 수 없음이 밝혀졌다. 다시 말해 백색 피부의 브라질인이 유전적으로는 상당히 아프리카적이기도 하며 흑색 피부의 브라질인이 유럽인의 유전적 특징을 가지고 있기도 하다는 것을 학자들이 발견했다는 것이다.

문화

따라서 서로 다른 지역에 사는 사람들 간의 결정적 차이는 문화라 할 수 있다. 물론 항상 그랬던 것은 아니다. 1만 4,000년 전 지구 전역에서 인구가 폭발적으로 팽창하던 추세가 수그러들 무렵 전체 대륙의 생활 모습은 동일했다. 그들은 서로 다른 환경에서 살기는 했지만 모두가 수렵인이자 채취인이었으며 석기와 뼈로 만든 간단한 연장에 의존했다.

하지만 콜럼버스, 마젤란, 바스코다가마 등의 유럽인이 지금으로부터 약 500년 전 다시 한번 전 세계를 점령했을 때에는 이미 문화적 차이가 매우 커져 있었다. 잉카와 아스테카 사람들은 장신구를 금과 구리로 만들었지만 그들의 연장은 아직 돌로 만들어져 있었으며, 무기 제조를 위해 청동을 실험하는 단계에 있을 뿐이었다. 남아프리카 토착 문화는 철기 시대에 들어와 있었고 오스트레일리아, 뉴기니, 태평양의 섬들, 그리고 북아메리카와 남아메리카 대부분의 모든 민족은 여전히 초기 농경 사회의 간단한 기술만을 확보한 상태에 머물러 있거나 여전히 사냥과 채집에만 의존하고 있었다. 반면 유럽인들은 고대 그리스와 로마 시대부터 1500년경의 르네상스 시대에 이르기까지 부분적으로는 이미 검 · 창 · 단검 · 초기 화약 무기 · 말 · 바퀴가 달린 운송수단 · 선박 · 가축을 이용한 농업 기술 · 문자 · 복잡한 정치 조직을 확보하고 있었다. 하지만 그 커다란 문화 수준의 차이를 설명할 때, 단순한 기술과 간단한 사회 형식은 해당 인종의 저능함과 열등함 때문에 생긴 것이라는 식의 인종적 편견을 갖는 것은 옳지 않다.

해당 환경의 여러 요인, 특히 생물학 · 지리학적 요인을 역사적으로 고찰해 보면 그 커다란 차이에 대한 아주 신빙성 있는 설명을 발견할 수 있다. 생물학자 제리드 다이아몬드Jared Diamond가 《가난과 부(富). 인간 사회의 운명Arm und Reich. Die Schicksale menschlicher Gesellschaften》에서 그것을 자세히 설명했다.

그에 따르면 결정적인 세 가지 요인이 있다. 우선 유라시아 대륙에서만 길들일 수 있는 동물이 있었기 때문이다. 유라시아인은 암소, 돼지, 염소, 그리고 특히 쟁기질이 가능한 황소를 통해 농업을 발전시킬

수 있었고, 말은 그들이 미처 생각하지 못했던 신속한 이동 가능성을
제공해 주었던 것이다.

이러한 이동성을 그들이 탁월하게 이용할 수 있었던 것이 바로 두
번째 요인이다. 그 기능은 동서 방향으로 길게 뻗어 있는 유라시아 대
륙에서 가축과 농작물을 먼 거리에 있는 지역까지 전파하는 데에 매
우 실용적인 것이었고, 기후가 유사한 지역으로 옮겨진 작물은 별 문
제없이 그곳의 토착 작물이 될 수 있었다. 아메리카와 아프리카에서
는 이러한 일들이 불가능했다. 이 두 대륙은 길들일 수 있는 대형 동
물이 전반적으로 부족하다는 단점을 가지고 있었다. 원래는 탐험을
위한 재정 지원만 했었지만 나중에는 탐험의 재미에 푹 빠져 중년 이
후 스스로 천문학을 연구하고 아메리카 탐험에 나섰다가 그 대륙을
발견하고 자신의 이름을 붙인, 플로렌스의 은행가 베스푸치Amerigo
Vespucci는 1501년에 브라질을 보고 나서 그 첫인상을 다음과 같이
적었다.

그 누가 저 야생 짐승의 수효를 셀 수 있을까! 수많은 사자, 표범, 고양
이, … 스라소니, 원숭이, 바다고양이, 그리고 저렇게 많은 육중한 몸집
들, 저렇게 많은 다른 동물을 우리는 보았다. 저 많은 동물들이 노아의 방
주에 자리를 다 잡을 수는 없었을 것이라는 생각이 든다. 우리는 엄청나
게 많은 멧돼지와 염소와 산양 그리고 영양과 산토끼와 토끼를 보았지만
가축은 한 마리도 보지 못했다.

실제로 그 대륙 전체의 토착 동물 중에서 단지 라마와 알파카만 사
육되고 있었다.

주지하다시피 아프리카에는 오늘날까지도 거대한 동물이 많이 살고
있으며, 그 동물들이 그렇게 생존할 수 있게 된 까닭은 무려 700만 년

동안이나 아주 위험한 맹수, 즉 인간과의 공존에 적응하면서 살아왔기 때문이다. 그들은 서너 명의 석기 시대 원시 사냥꾼들이 자신들을 곁에서 훔쳐볼 때 아메리카의 들짐승처럼 멀거니 쳐다보고만 있다가 당하지 않았다. 그리고 (아마도 바로 그런 이유에서) 아프리카 동물 중 그 어느 것도 (사하라 사막 이남에서는) 가축으로 길들여지지 않았다. 다이아몬드는 이렇게 적고 있다.

상상해 보시면 압니다. 만약 나일 강의 하마와 코뿔소가 가축이 되었다면 세계사가 과연 어떤 길을 걸어왔을까요? 그렇다면 아프리카의 하마를 탄 기사와 코뿔소를 탄 기사가 유럽인 기사를 짓뭉개 다져진 고기로 만들었을 것입니다.

지금까지는 단 한 사람만이 그 두꺼운 가죽의 동물과 함께 유럽의 전쟁터로 들어왔었다. 그는 카르타고의 사령관 한니발이었으며 기원전 218년 2차 포에니 전쟁 때 37마리의 코끼리, 8,000명의 기병, 3만 8,000명의 보병을 이끌고 스페인과 갈리아로부터 알프스를 넘어 로마로 진군해 왔다. 그가 이탈리아에 들어왔을 때는 그 코끼리 중 단 한 마리만 살아 있었지만, 여러 해 동안 승승장구하며 그 나라를 누비고 다녔다.

오스트레일리아의 형편도 이보다 낫지 않았다. 그곳에서는 단 한 마리의 동물도 원시 토착민에 의해 길들여지지 않았으며 식물도 마카다미아 너트 단 한 가지만이 경작될 수 있었다.

세 번째로 유라시아는 기후와 환경이 사람 살기에 좋은 가장 커다란 땅덩이였다. 따라서 급성장하는 많은 수의 사회가 서로 쉽게 왕래하고 모든 문화와 기술적 혁신이 빠르게 전파될 수 있었다. 기술적 진보를 통해 얻어진 효율성의 상승은 점점 더 많은 사람을 농업의 노동으로부터 해방시켰으며 수공업·종교·정치·또는 단순히 사색하고 상담하는 일에만 열중할 수 있게 했다. 반면 오스트레일리아는 세계의 그런 발전과 극명한 대조를 이루는 격리된 작은 대륙이었다. 한때 인구가 30만 명이나 된 적이 있지만 농업 가능성이나 외부 민족으로부터 자극 받을 기회 없이 고립된 체로 정체 상태에 있었다. 인구 4,000명의 태즈매니아 섬은 상황이 더 열악했다. 1만 년 전 오스트레일리아 대륙에서 분리된 이후 완전히 고립되어 있던 동안 그들의 문화는 분리 이전에 그곳에 살던 원주민의 상황보다 더 퇴보했다. 세상에 다시 편입된 17세기에도 그들은 불을 피울 줄 몰랐으며 부메랑이나 뼈로 만든 연장도 사용할 수 없었다. 심지어 그들은 섬 주민이면서도 고기를 잡는 기술조차 없었다. 그들에겐 가축, 농작물, 필수적인 최소한의 인구밀도, 문화 교류가 일체 없었다.

지금까지 두 시기에 걸쳐 지구 전체 사람들의 생활 모습을 서로 비교해 봄으로써 우리는 환경 조건의 커다란 차이가 문화적 진화의 템포에 결정적으로 영향을 미친다는 사실을 알 수 있게 되었다.

인간과 게놈

    모든 다른 생명체와 마찬가지로 인간도 게놈을 확보하고 있다. 그 안에는 난세포와 정자 세포가 결합해서 하나의 개체로 성장하고 모든 기관의 기능을 조정하는 데 필요한 모든 정보가 담겨 있다. 그러나 우리는 유전자 정보의 단순한 총합에 머무르는 존재는 아니다. 우리는 지적(知的) 존재이며 따라서 어떤 유전자가 생명과 건강을 위해 어떤 역할을 하는지 분석할 수 있고, 그러한 기능에 점점 더 많은 영향을 미칠 수 있다. 우리는 우리의 게놈에 대해 무엇을 아는가?

    모든 세포핵은 유전자의 완벽한 한 세트, 즉 게놈을 가지고 있다. 그 수효는 세포당 약 3만 개다. 유전자는 화학적 기본 요소, 즉 아데닌(A), 구아닌(G), 시토신(C), 티민(T)의 긴 연속체이다. 이것들은 언제나 쌍(AT와 CG)을 이루고 있다. 우리의 모든 유전자 물질은 모두 32억 개의 이 기본적 쌍으로 이루어져 있으며, 이것을 분해해 한 줄로 이어놓는다면 그 길이는 대략 2미터 정도가 될 것이다. 이것은 세포핵 속에 있는 46개의 촘촘히 감긴 중대형 꾸러미, 즉 염색체 안에 포장되어 있다. 그 유전자 물질 전체를 몸의 모든 세포에서 풀어내 하나의 긴 끈이 되게 잇는다면 그 길이는 1천 6백억 킬로미터가 될 것이며, 이것은 지구와 태양 간의 거리의 천 배에 해당한다. 우리의 생명은 매우 길지만 숨결처럼 가느다란 끈에 달려 있는 것이다. 우리는 1953년부터 그것이 어떻게 생겼는지 알게 되었다.

DNA 구조

DNA 구조의 발견은 과학 및 인류 역사에서 아주 핵심적인 사건에 속한다. 이 발견의 두 주인공 중 하나인 왓슨은 자신이 그런 모험을 어떻게 체험하게 되었는지, 그리고 그 체험을 통해 과학에 중요한 통찰을 제공할 수 있었는지 소형 책자에 묘사해 놓았다. 그가 제시하는 것은 강점과 약점을 가진 평범한 인간들이다.

'도대체 과학이란 무엇인가?' 라는 질문에 대해 일반적으로 타당한 답이 있기는 하다. '진리, 인식, 그리고 만물의 기원에 대한 추구' 가 그것이다. 그러나 과학은 세상의 모든 일과 마찬가지로 그 이상의 것이다. 인간적인 그 어떤 것도 과학에게 낯설지 않다. 과학에서 중요한 것은 방법론적 비판과 상반되는 가설에 끄떡 않고 견딜 수 있는 확고한 결과일 뿐이다. 수십 년에 걸친 고된 노동을 통해 해결 방안에 도달했든, 바다에서 서핑을 하던 중에 갑작스럽게 정신이 섬광처럼 빛나서 그렇게 되었든 전혀 중요하지 않다. 마찬가지로 한 개인이 자신의 영혼을 위해 그렇게 했는지, 또는 노벨상을 받기 위해 그렇게 했는지도 상관 없다.

왓슨은 자신과 크릭의 위대한 발견을 "모험"이라 부른다. 그는 다음과 같이 말했다.

이 모험에서 특별한 점이 있다면 그것은 한편으로는 젊은이의 허영심, 다른 한편으로는 진리는 일단 발견되면 아주 단순하고 귀여운 모습일 것이라는 신념일 것이다.

그는 1951년부터 1953년 사이 《이중 나선형》에 이 모험에 대한 상세한 기록을 남겼는데, 그 의도는 무엇보다도 "과학이 어떻게 이루어지는지에 대한 극심한 무지"에 대항해 무엇인가를 해보려는 것이었으며, 또 서론에서 지적하고 있듯이 "과학 연구에도 인간의 특성과 마찬가지로 여러 가지 스타일이" 있음을 알리려는 것이었다. 예상했던 대로 스스럼없는 개방적인 태도는 도처에서 환영받지 못했다. 왓슨이 강의를 하던 하버드 대학교는 대학 출판사에서 그 책을 출판하는 것을 거부했다. 하지만 1968년 다른 출판사에서 발간한 그 책은 학생들이 기존 사회 제도의 권리를 격렬히 흔들던 당시의 시대정신에 탁월하게 부합했다. 과학사의 이정표로 통하는 슈뢰딩거의 저서 《생명이란 무엇인가?》와 관련해 왓슨이 행한 짧은 논평은 그의 자유분방한 사고방식을 특징적으로 보여준다. 그는 그 책에 매료되었으며 거기서 영감을 얻고 과학적 성공에 도달할 수 있었다. 왓슨은 슈뢰딩거가 "유전자가 살아 있는 세포의 핵심 요소라는 견해를 잘 다듬어진 문체로" 피력했다고 말하기도 했다. 슈뢰딩거는 노벨상 수상자인 델브뤼크 Max Delbrück로부터 이 책을 저술하게 될 동기를 부여받았다. 이미 1934년에 물리학자 델브뤼크는 유전자 변화를 설명할 수 있으려면 유전자가 특별한 분자 구조를 가지고 있어야만 한다는 견해를 베를린 부흐에서 최초로 제시한 바 있다.

왓슨이 DNA 모델을 제시함으로써 명예의 전당에 등극했을 때의 나이는 24세였다. 그는 크릭과 공동으로 종이와 금속 조각과 철사를 가지고 공작을 했으며, 푈징 Albrecht Fölsing이 왓슨의 저서 서론에 논평하고 있듯 탐구해 냈다기보다는 알아 맞추었다.

왓슨과 크릭이 그 작업에 착수한 것은 유전자가 염색체에 배열되어 있다는 사실이 알려진 지 채 30년도 지나지 않았을 때였다. 당시 사람들이 유전자에 대해 알고 있는 것은 그것이 유전을 결정짓는다는 사실뿐이었으며, 도대체 그것이 어떻게 생겼는지조차 전혀 상상할 수 없었다. 다만 염색체가 DNA와 단백질로 이루어져 있다는 것은 알려져 있었는데, DNA는 화학적으로 단순해 보였기 때문에 처음에는 단백질이 유전자의 책임자인 것으로 추측되었다. 하지만 엄청난 양의 정보를 담고 있는 분자를 발견하는 것이 시급한 과제가 되었고, 1944년에 행해진 실험은 DNA가 유전자 물질의 책임자임이 틀림없다는 증거를 제시했다. 순수하게 정제된 DNA를 삽입함으로써 박테리아의 특성을 변화시킬 수 있었으며, 후속 세대들도 이러한 변화를 목격하는 데 성공했다. 1950년대 초 프랭클린Rosalind Franklin은 DNA의 뢴트겐선이 회절(回折) 구조를 지님을 최초로 확인했으며, 이것은 왓슨과 크릭이 작업을 시작할 수 있는 재료가 되어주었다. 프랭클린이 발견한 이중 나선 구조는 오늘날 그 누구라도 한번은 사진을 통해 보았을 것이며, 그것은 유전자의 속성을 직접적으로 설명해 주었다. 당시까지는 유전자가 어떻게 그렇게 정밀하게 수백만 번씩 복제될 수 있는지 설명할 수 없었다. 이중 나선 구조는 두 개의 상보적(相補的) 폴리뉴클레오티드 연쇄로 이루어진 이중 끈인데, 이것은 세로로 분리될 수 있으며 이 분리된 반쪽은 상보적인 구성 요소 충원을 통해 다시 완전한 이중 나선 구조로 완성될 수 있다. 이 과정은 인간 게놈의 약 1만 군데에서 동시에 작동하는 '폴리머레이즈Polymerase'라는 프로테인 기계에 의해 그 끈의 두 가닥이 분리되면서 시작되며 매우 신속히 종결된다. 쉽게 설명하기 위해 비유하자면 이 책에 쓰인 글자의 약 2,000배 정도 되는 분량이 여덟 시간 내에 복제될 수 있다는 것이다. 물론 교정 작업에 필요한 시간까지 포함해서 말이다. 이때(예컨대 전체 게놈을 복제하는 과정 중 세포 분열이 일어날 때) 빚어지는 오류는 평균적으로 단지 두 개 정도일 뿐이다.

　여기서는 정보 전달자로서의 기능이 중요하므로 DNA의 화학 구조를 하나하나 기술하는 것은 포기하고자 한다. 자연은 인간 정신에 아주 가까이 다가와 있다. 자연은 원칙적으로 알파벳과 같은 기능을 하는 직선적 코드를 택했으며, 거기서 사용되는 '문자'는 단 네 가지뿐이다. 우리는 그 네 가지를 물질적으로 기술하는 화학기(基)base의 이름 첫 글자를 따서 아데닌Adenin은 A, 구아닌Guanin은 G, 시토신 Cytosin은 C, 티민Thymin은 T로 표시한다.

게놈 연구

게놈 연구에서 중요한 것은 한 유기체의 유전자 전체, 즉 몸의 구조 및 명령 차원을 그 상호 간의 복잡한 구조 속에서 정확히 이해하는 것이다. 게놈 연구는 체계적으로 진행되며 몹시 복잡하다.

세포는 유전자의 활성화를 유발하고 차단하는 일을 반복하며 신경 자극, 호르몬, 기타 메신저 물질을 통해 명령을 전달 받는다. 이것은 역시 다른 유전자들의 활동에서 생겨난 것이다. 그것은 엄청난 규모의 상호 작용이며 상호 통제다. 모든 유전자는 여러 가지 단백질의 설계도이며, 각 단백질은 세포 내에서 특정한 과제를 떠맡고 있다. 3만 개의 유전자에 대략 100만 개의 단백질에 대한 명령권이 있다고 추정된다. 게놈 연구의 목표는 그 모든 작동 방식을 조명하는 것이며 그로써 그 상호 작용의 소우주에 유의미하게 개입하려는 것이다. 게놈 연구는 인간뿐만 아니라 원칙적으로 동일한 원칙에 따라 움직이는 살아 있는 모든 자연에 개입하고자 한다.

이 새로운 과학의 최초 단계는 대규모 염기 서열화 프로젝트, 특히 인간 게놈 프로젝트로 특징지어졌는데, 거기서 일차적으로 인간의 유전자 물질에 있는 32억 개의 염기쌍('문자')이 해독되었으며 완전한 염기 서열은 2003년 4월 14일에 제시되었다. 유전자 물질이 판독된 최초의 생명체인 바이러스는 대부분 단지 서너 개의 유전자만으로 구성되어 있었다. 최초로 서열이 확인된 바이러스 게놈은 단지 두 개의 유전자만으로 구성되어 있었다. 그것은 원숭이 바이러스 40(SV40)의 게놈이다. 에이즈의 원인이 되는 바이러스 HIV도 단지 아홉 개의 유전자만을 가지고 있다는 사실이 1984년에 기록되었다. 세포로 구성되어 자가 증식하는 생명체의 게놈은 그에 비해 매우 크다. 유전자 물질이 완전히 판독된 최초의 박테리아는 헤모필루스 인플루엔자Haemophilus influenza였다. 1995년에 발표된 그 박테리아의 게놈은 183만 개의 문자와 1,720개의 유전자로 구성되어 있다. 파리 한 마리는 대략 1만 7,000개의 유전자를 가지며 생쥐와 집쥐, 원숭이는 인간과 거의 동일한 수의 유전자를 갖고 있다.

처음으로 판독된 인간 게놈은 어떤 한 개인의 것이 아니다. 그것은 여러 사람의 기증 물질을 토대로 해서 확정되었다. 연구자들은 익명의 기증자 약 12명의 피와 정액을 조합했다. 제약회사 셀레라 게노믹스Celera Genomics의 민간 프로젝트에서는 〈워싱턴 포스트〉에 낸 광고를 보고 신청한 지원자 중 30명이 선별되었다. 연구자들은 인종적 배경이 서로 다른 사람들을 고르려 애썼고, 결국 30명 중 6명의 유전자에 대한 분석에 들어갔다. 인간 게놈 프로젝트에서 판독된 유전자 서열은 처음에는 꼰 실 모양의 구조를 보여주었다. 각 개인의 미세한 차이에 대한 연구는 앞으로도 수백 년은 계속되어야 할 테지만, 어쨌든 우리는 인간(우리들 각자)이 그러한 구조로 구성되어 있다는 것은 알게 되었다.

'유전자 결정론'이라 불리던 그동안의 낡은 개념을 마침내 게놈 연구가 뒤엎은 것이다. 물론 인간(또는 동물이나 식물) 유기체가 얼마나 복잡한지 파악하고 있는 전문가는 이런저런 질환에 대한 특정 유전자를 찾아내려는 노력이 대부분 수포로 돌아갈 것임을 잘 안다. 인간의 모든 특성은, 수천 개까지는 아니더라도 적어도 수백 개는 되는 유전자의 영향을 받아 발현된다고 해도 과언이 아니다. 예컨대 생쥐의 털 색상처럼 간단한 것도 63개의 서로 독립적인 유전자가 관여함으로써 발현된 것이다.

하지만 성공적으로 게놈에 개입할 수 있는 가능성도 충분하다. 이른바 수천 가지에 달하는 '모노 유전자적 질환'이라는 것이 있는데, 이 질환에는 단 하나의 유전자의 변이가 결정적으로 작용한다. 따라서 그 유전자를 다시 원래대로 돌려놓거나 건강한 유전자로 교체하면 그 병을 예방하거나 치료할 수 있다. 이런 병에 속하는 것으로는 고전적 유전병인 무도(舞蹈)병, 근육 영양실조, 혈우병, 무코비스치도제 Mukoviszidose(독일인에게 많은 치명적 유전병. 유전자 결함으로 세포의 염분 분포가 엉망이 되어 점질의 액이 생명 유지에 중요한 온갖 장기를 막히게 한다.—옮긴이) 등이 있다. 비록 인간의 모든 특성이 발현되는 데에는 수백 개의 유전자가 관여하는 것이 사실이지만 그중 단 하나만 "돌려놓아도" 우리가 원하는 결정적 효과를 얻을 수 있다는 것을 잊지 말아야 할 것이다. 이를테면 여러 인자들이 청소년기 성장에 관여하지만, 몇 개의 유전자에 의해 코드화하는 특수한 성장 호르몬을 투여함으로써 그들의 키를 더 크게 만들 수 있다.

그동안 수많은 식물과 동물 종(種)에 집중적으로 실시된 게놈 조작은 그 모든 조합과 상호 작용을 연구하고 고려하겠다는 목표를 두고 행해진 것은 아니다. 성장 호르몬을 투여하는 치료는 예를 들어 울리히터너증을 앓고 있는 소녀에게도 효과가 있다. 그녀의 키가 왜소한 것은 성장 인자로 작용하는 유전자에 결함이 있기 때문이 아니라 성(性)염색체 하나가 없기 때문이다. 이와 같이 일부 질환의 경우에는 그에 대한 완전한 지식을 갖고 있지 않더라도 효과적인 치료가 가능할 수 있는 것이다. 그렇다고 하더라도 게놈을 전체적으로 고찰하는 것은 매우 중요한 일이다. 그래야만 개별 유전자의 기능을 이해하고 더욱 더 정밀하게 개인의 경우에 맞추어 질병을 치료하거나 예방할 수 있기 때문이다. 물론 이런 일들이 이루어지기까지는 아마도 매우 많은 시간이 필요할 것이며, 어쩌면 결코 종결되지 않는 과제로 남을 수도 있다.

인간 게놈의 염기 서열이 밝혀진 이 시점에서 이제 무엇을 할 것인 가? 학자들은 이제야 일을 제대로 시작했을 뿐이라는 데 모두 동감한 다. 앞으로 그 끝없이 긴 문자 연쇄가 이해되어야 한다. 그것이 마치 세계 문학 전부를 알려는 것과 마찬가지로 터무니없는 일이라 할지라 도 그렇다. 게놈의 기본 요소는 무한히 많은 생물학적 정보를 전달할 수 있다.

게놈 연구자들은 이제 겨우 알파벳을 깨우쳐 생명의 책을 더듬더듬 읽으려 한다. 이 일은 해당 전문지식이 모두 모이는 대규모 연구소에 서 시도되고 있다. 독일의 전통적 명문 베를린 부흐 캠퍼스가 그중 하 나다. 네 가지 문자, 즉 A, C, T, G에 기초를 두고 있는 유사한 길이 의 텍스트를 상호 비교하는 방법은 특히 많은 도움이 된다.

우리의 관심을 끄는 게놈은 매우 많다. 지금까지 수많은 동물 게놈, 박테리아 게놈, 식물 게놈, 바이러스 게놈, 나아가 몇몇 버섯류의 게 놈 배열 순서가 판독되었거나 판독되고 있는 중이다. 그동안 정확히 밝혀진 생쥐의 게놈은 인간의 것과 상당히 유사하며, 두 게놈을 비교 한 결과 인간과 생쥐가 어떤 유전자를 공유하고 있는지 밝혀졌다. 그 것이 어디에 좋은 것인지 알기 위해 인간을 실험 대상으로 할 수는 없 지만 생쥐로는 가능하다. 이와 같은 실험에서 연구자들은 유전자를 차단할 수 있다. 다시 말해 유전자 유형을 변화시킨 생쥐의 몸속에서 어떤 일이 일어나는지 관찰할 수 있다는 것이다. 이 방법을 사람들은 "녹아웃 테크닉Knock out Technic"이라 부른다. 유전자 하나가 제거 되면 유기체는 그에 해당하는 프로틴(단백질)을 생산할 수 없기 때문 에 그 프로틴이 생쥐의 몸속에서 어떤 역할을 하는지에 따라 몇 가지 가시적인 변화가 일어날 것이며, 생쥐에게 어떤 분명한 증세가 나타 날 것이다. 생쥐뿐 아니라 인간과 상당히 먼 친척 관계에 있는 동물과의 비교 실험에서도 풍성한 성과가 나타난다. 예컨대 제브라피시 게놈 프로젝트는 인간과 물고기의 눈, 신장, 혈액순환에 대한 귀중한 정보를 제공하고 있다. 상당히 먼 친척 관계의 동물에게서 인간의 것과 동일한 유전자가 발견된다면, 그것은 몸속에서 상당히 기본적인 과정을 담당하는 유전자임이 분명하다. 인간과 활유어Lanzettfish가 공동으로 가지고 있는 유전자는 가장 중요한 것들 중 하나다. 그것은 그렇게 오랜 시간 동안 자연 속에서 보존되어 왔기 때문이다.

동물과의 게놈 비교 연구는 인간에게 많은 도움이 되지만 상당한 제한이 따른다. 왜냐하면 아주 가까운 친척 관계에 있는 종(種)에서의 동일한 도태조차 각 유기체에 매우 상이한 변화를 낳기 때문이다. 결국 우리 유전자의 기능 및 유전자 결함의 의미를 알아내기 위해서는 인간 자신을 대상으로 연구하는 것이 가장 좋다는 이야기다. 그래서 환자의 DNA 변화를 연구 대상으로 삼는 것이 가장 효과적일 수 있는 것이다.

게놈과 환경

환경은 유전자들 간의 연결과 차단에 직접 영향을 미칠 수 있다. 예컨대 샴고양이를 추운 곳에서 키우면 털 색이 검게 되며, 반대로 따뜻한 환경에서 성장하도록 하면 얼굴과 발이 하얗게 된다. 즉 털이나 피부의 색깔에 상응하는 유전자가 기온에 감응하는 것이다. 환경이 유전자에 미치는 영향에 대한 더 놀라운 예는 특정한 도마뱀에게서 발견된다. 이들은 모체의 태내에 있을 때 이미 어미가 사는 주변 환경에 다른 뱀들이 서식하는지 여부에 따라 그 형태가 조금씩 달라진다.

그동안 유전자 공학자들은 유전자에 일종의 스위치를 부착해서 외부에서 작동하거나 중지시킬 수 있게 되었다. 버지니아 대학의 학자들은 2001년도에 생쥐의 유전자를 변화시켜 약간의 먹이만 추가하면

털 색이 변할 수 있게 했다. 생쥐의 식수에 특정 물질을 섞어줌으로써 유전자 스위치가 작동하게 되고 결국 흰 털이 황갈색으로 바뀌는 것이다. 그 물질이 전부 소비되면 생쥐의 털은 다시 흰색으로 돌아온다. 이러한 모델 실험은 미래에 의료에 적용될 수 있을 것이다.

인간의 유전자 활동에 영향을 미치는 것 중에는 대장균도 포함되어 있는데, 이러한 과정은 생쥐 실험과 마찬가지의 경우라 할 수 있다. 그 미생물은 장 세포 내에서 어떤 유전자가 활성화되어야 하는지 규율을 만들어 체내의 작용에 직접 개입한다. 그들은 유전자의 작용을 매개하거나 차단할 수 있으며 소화에도 중요한 역할을 한다. 전체적으로 보면 그 외에도 많은 내적·외적 요인이 유전자의 활성화에 영향을 미치고 있음이 분명하다. 이것이 바로 새로운 학문 분야의 발전을 이끌고 있는 요인인 것이다.

유전자의 변형

원칙적으로 우리 모두는 동일한 유전자를 가지고 있다. 우리들 중 누군가가 무코비스치도제 유전자를 가지고 있다는 말을 듣게 된다면, 그것은 다른 사람에겐 없는 유전자가 그에게 있다는 뜻이 아니라 그 유전자에 아주 작은 오류가 있다는 뜻이다. 즉 그의 유전가가 변이되어 있다는 뜻이며, 바로 그것이 질병의 원인인 것이다.

(동성인) 두 사람의 게놈은 그 기본적 염기쌍 중 0.1퍼센트에만 어떤 차이가 있으며 나머지 99.9퍼센트는 동일하다. 즉 인간들은 모두 서로 상당히 닮았다는 얘기다. 물론 마찬가지로 서로 다른 점도 상당히 많긴 하지만 그것이 이상한 일은 아니다. 32억 개의 유전자 중 0.1퍼센트라는 것은 어쨌든 3억 개 이상의 큰 수이기 때문이다. 게놈 내의 이러한 차이를 우리는 '다형성(多形性)Polymorphismen'이라 부른다. 대부분의 차이는 단 하나의 변화된 기본 쌍에서만 발견되는데,

이것이 바로 '단일 뉴클레오티드 다형성SNPs(Single Nucleotide Polymorphisms)'이라는 것이다. 3백만 개나 되는 이 차이는 대부분 아무런 역할도 하지 않는다. 왜냐하면 그 차이가 하나의 유전자상에 존재하지 않거나, 또는 유전자를 단백질로 만들 때 어떤 또 다른 차이를 유발하지는 않기 때문이다.

흔히 유전자 알파벳의 네 문자 중에서 임의의 3개가 조합되어 하나의 코돈Cordon을 형성하는데, 그 종류는 64가지이다. 이 64개의 단어(코돈)는 단지 20가지 아미노산, 즉 앞에서 언급한 단백질의 기초 단위를 만들기 위한 주형(鑄型)이다. 그것은 우리의 언어와 동일하다. 인간의 언어에는 동일한 대상을 지칭하는 동의어가 몇 개씩 존재한다. 어떤 낯선 사람이 당신의 아들에게 '아버지가 누구시냐?'라고 묻건, '아빠가 누구시냐?'고 묻건 당신의 아들은 매번 당신을 가리켜 보일 것이다. 이와 마찬가지로 두 코돈 CAA와 CAG는 공히 아미노산 글루타민으로 연결된다. 그리고 아미노산 세린에 대해서는 심지어 여섯 개의 코돈(AGC, AGU, UCA, UCC, UCG, UCU)이 존재하기도 한다.

따라서 각 개인을 분자적 차원에서 다른 사람과 구분되게 하는 SNPs는 전체 300만 개 중에서 대략 4만 개만 남게 된다. 바로 이 남은 것들이 키, 머리카락 색, 살찌는 체질 등의 차이를 유발하며 의학에서도 중요한 역할을 한다. 다시 말해 병에 잘 걸리는 체질, 환경에 반응하는 방식, 약품이 개인에게 작용하는 정도와 그 부작용의 정도는 개인의 SNPs에 달려 있는 것이다. SNPs에 대한 지식은 의학적으로 매우 중요하며, 장차 이루어질 각자의 체질에 따른 치료법의 전제가 된다. 게놈 분석은 유전 소질 전체를 고려해서 언제나 체계적으로 이루어지며 개인의 모든 유전자와 관련된다. 제1단원에서도 기술했듯이 일부 변이된 유전자는 멘델의 유전론에 따라 부모로부터 자녀에게 전달된다. 이와 같이 개별적 유전자를 다루는 학문은 게놈학Genomik

이 아니라 유전자 공학Genetik이다.

세포

유전자는 세포의 정보 센터라 할 수 있다. 세포는 그 정보를 활용해서 몸에서 이루어지는 모든 과정을 완수한다. 반세기 전부터 우리는 생물학에서 완전히 새로운 체험을 하고 있다. 우리가 갖고 있던 몸에 대한 이미지는 과학의 심층적 시각을 통해 싹 변했다. 비록 몸은 아직도 살·피·위(胃)·장·어금니 등으로 이루어져 있지만 우리는 점점 그 살아 있는 물질 깊은 곳을 줌으로 확대해서 보게 되었다. 세포 안을 들여다볼 때 '체액으로 가득 차 있는, 나풀거리는, 맥박 치는, 출렁이는 비정형적 유기체'에서 눈을 돌려, 이미 데카르트가 동물을 복잡한 기관으로 간주했을 때 상상했던 작은 기계 부품(톱니바퀴, 돌쩌귀, 용수철, 줄사다리, 기어오르는 장치, 열쇠, 자물쇠 등)과 같은 것들을 가까이서 보게 된 것이다. 몸의 내부 깊숙한 곳에 대한 이 새로운 이미지는 생물학과 의학을 변화시키고 있다. 대학에서 생화학·생체물리학·분자생물학·분자유전학·분자의학에 종사하는 과학자들은 사람이 건강할 때와 앓고 있을 때 그 몸속에서 진행되는 일의 차이가 무엇인지를 연구한다.

몸속 깊은 곳을 들여다보는 연구는 '인간'의 이미지에도 일정한 영향을 미침으로써 인간의 제작 가능성에 대한 생각을 자극한다. 그런 생각, 즉 엔지니어의 입장으로서 접근할 수 있는 인간은 '분자적 인간'이다. 그런 인간은 만들어질 수 있으며 물론 조작도 가능할 것이다. 게다가 생물학적으로 본다면 어쩌면 그렇게 제작된 인간이 보다 완벽한 인간일 수도 있다. 하지만 이런 생각은 어떤 사람들에게는 '기회'로 받아들여질지 몰라도 다른 어떤 사람들에게는 생명의 '신성함'

을 위협하는 것으로 여겨지기도 한다. 따라서 그런 개입은 파렴치한 행동이라는 비난을 받기도 한다.

생식 세포

몸에 대한 새로운 생각의 출발점은 세포다. 세포는 그 내부에서 기계 장치가 저절로 덜커덕거리며 작동하고 있는 최소의 생물학적 단위이며, 그 명령 센터는 세포핵 내에 자리 잡은 게놈이다. 이곳에는 유전자들이 앉아 있으며 그들의 목표는 단 하나, 즉 자신을 널리 퍼뜨리는 것뿐이다. 여기서 우리는 그들이 세포 안에서 도대체 무슨 할 일이 있는지 질문해야 한다. 몸 안의 세포는 유전자의 막다른 골목이다. 때가 되면 세포는 죽고 유전자는 잡아먹히거나 절멸한다. 그 수수께끼의 해답은 우리 몸이 체세포뿐만 아니라 성(性)세포로도 구성되어 있다는 데 있다. 체세포 내의 게놈은 성세포 내의 게놈을 섬기는 그 복제품이다. 그리고 우리 몸은 진화생물학적으로 볼 때 정자와 난자 내의 유전자를 후손에 전달하기 위해 준비된 대규모 행사장에 불과하다.

완전한 인간으로 성숙하는 과정은 단 하나의 세포, 즉 정자 세포와 수정한 난자Zygote(수정란 세포)에서 시작된다. 이것은 반복해서 무성 분열을 함으로써 세포의 '복제품'이 된다. 섹스를 통해 생겨난 출발 세포의 관점에서 보았을 때 우리는 모두 복제품일 뿐인 것이다. 물론 모든 게놈이 그런 복잡한 일을 통해 거대한 세포덩어리를 자신의 둘레에 겹겹이 쌓아놓지는 않는다. 박테리아 유전자는 스스로를 복제해서 새로운 세포를 만들며, 그 세포는 또다시 그 다음 세포를 복제하는 식으로 수십억 년 동안 방랑하고 있다. 그러나 단세포 동물이 언젠가 반드시 죽게 마련인 추가적인 체세포를 제작해 이를 매개로 번식의 유리한 고지를 점령하게 되는 전환점을 맞게 된 이후로는 체세포 조직 형성이 생물 세계의 주된 특징이 되었으며, 그 세계를 기상천외의 다양한 것으로 가득 찬 지적(知的)인 공간으로 변하게 했다.

만약 수정된 단 하나의 난세포가 몸을 구성하게 된다면 무슨 일이 벌어질까? 그 난세포는 분열과 분열을 반복하면서 전체 게놈을 계속 전달할 것이며, 새로 생겨나는 세포는 모든 유전 소질과 유전자를 후세로 전달하게 될 것이다. 이와 동시에 세포는 전문적인 과정을 거쳐 작업 분화적 공동체로서의 존재로 이행할 것이다. 그들은 한걸음씩 유전자 활동을 변화시킬 것이며, 더불어 세포의 형태와 그 내부의 진행 과정도 변화시킬 것이다. 이런 식으로 이른바 '줄기 세포 배아Potent stem cell(아직 분화가 안 되어 완전한 기관으로 성장할 수 있는 세포—옮긴이)', 즉 사람의 경우 수정란으로부터 약 200가지로 세분화된 체세포 유형이 생겨났다. 그 유형들은 간·피부·심장·신장·뇌·기타 신체 기관 내에서 각기 고유의 과제를 가지고 있다. 아직도 완전히 연구되지 못한 태아 생성 과정에 대해서는 제1단원에서 개략적으로 설명한 바 있다.

체세포

사람의 몸은 대략 100조 개의 세포로 구성되어 있으며 이 세포들 하나하나마다에 인간의 모든 유전 정보가 담겨 있다.(적혈구는 예외이다.) 더 자세히 말하자면 몸의 성립과 기능에 필수적인 모든 정보가 대략 3만 개의 유전자에 고루 분포되어 있다는 것이다. 그 많은 유전자가 세포 안에서 하는 일은 무엇인가? 대부분 아무 일도 하지 않는다. 각 세포에는 단지 수천 개의 유전자만이 활성화되어 있을 뿐이다. 이를테면 간세포에는 심장 세포에서와는 다른 유전자들이, 뇌 세포에는 또 다른 유전자들이 활성화되어 있다. 모든 유전자는 하나 또는 그이상의 특수한 단백질을 합성하기 위한 설계도를 지니고 있다. 바로 이 단백질이 세포 내의 고유한 주인공이며 그들 간의 상호 작용이 몸의 모든 기능을 결정짓는다. 사람 몸속에 얼마나 다양한 단백질이 존재하는지 아직 알려져 있진 않지만 보통 약 100만 개 정도라고 추측되고 있다. 이들은 모두 동시에, 혹은 순서에 따라 그 고유의 임무를 완수한다.

단백질 자체만 보아서는 그 과제를 파악하기 어렵다. 그들은 구조(構造) 단백질로서 세포 구성에 기여하며 효모(생 촉매제)로서는 물질 대사를 촉진하고 항체로서 독성 물질, 박테리아, 기타 위험한 침입자로부터 몸을 보호하기도 한다. 또 운반 단백질은 물질을(예컨대 피의 색소 헤모글로빈은 산소를) 먼 곳까지 운반하며, 호르몬은 정보 전달자로서 신체의 핵심 기능을 조절하며, 엔진 단백질은 운동을 낳으며, 저장 단백질은 소형 분자를 축적하며, 수용체 단백질은 신호를 받아들이고, 유전자 통제 단백질은 유전자들을 잇거나 차단한다. 유전자는 자체 생산품인 단백질의 정보 전달자일 뿐이며, 이 단백질이 각양각색의 기능과 과제를 떠맡아 실행한다.

단백질의 작업 방식은 간단하다. 모든 단백질은 다른 단백질 또는 소형 분자 및 이온과 결합하는 식으로 고유의 과제를 실행한다. 예컨대 항체는 박테리아 또는 바이러스와 결합해서 마치 신호 깃발처럼 방어 세포를 불러온다. 그 결합은 자물쇠와 열쇠의 관계처럼 전문화되어 있다. 항체의 수는 천문학적으로 많아서 거의 모든 분자와 단단히 결합할 수 있다. 근육 응축은 악틴Aktin과 미오신Myosin이라는 단백질로 구성된 미세한 단백질 섬유Filament에 의해 유발된다. 이 단백질들은 가로 방향으로 서로 교각처럼 포개져 결합함으로써 근육의 길이가 줄어들게 하는 것이다. 일부 단백질은 다른 분자를 포획해 특정한 일을 하기 위한 도구로 사용하기도 한다. 예를 들어 망막Retina의 간상세포 속에 있는 수용체 단백질 로돕신(시홍)은 빛에 닿을 경우 모양을 변하게 하는 작은 분자 레티날Retinal을 센서로 이용한다. 또 헤모글로빈 분자는 철분 원자 하나당 네 개씩의 작은 고리를 둘레에 가지고 있으며 이 고리의 도움으로 산소 원자를 포착하거나 다시 분해한다. 이러한 작업을 통해 폐에서 산소를 받아들일 뿐 아니라 산소가 근육 쪽으로 운반되면 에너지 공급을 위해 그것을 다시 내놓기도 한다.

DNA 복사, 단백질 제조 따위의 복잡한 작업은 각종 단백질이 결합한 하나의 단백질 기계가 형성됨으로써 이루어진다.

단백질이 '무슨 일을 하는지' 외에 '어떻게 그 일을 하는지' 까지 알고자 한다면 그것은 쉬운 일이 아니다. 각각의 단백질은 그 자체가 매우 복잡한 기계로서 해당 유전자에 확정되어 있는 일련의 개별 구성요소, 즉 아미노산으로 구성되어 있다. 그것들은 대개 50~2,000개이며, 심지어 1만 개가 넘는 경우도 있다.(구성요소의 정확한 순서가 최초로 규명된 프로틴은 1955년의 인슐린이다.) 예컨대 헤모글로빈은 574개의 아미노산 분자로 구성되어 있는데, 한 줄로 깔끔히 연결된 모양이 아니라 네 가닥이 서로 뒤엉킨 몹시 복잡한 3차원 구조를 이루고 있다. 이 모델은 무질서한 가시덤불처럼 보이지만 결코 우연히 이루어진 형태가 아니라 정확히 정의된 것이며, 우리 몸속에서 60해(6×10^{21})번이나 정확히 똑같은 구조로 반복되어 나타난다. 사람의 몸은 작은 구슬 알갱이나 섬유 또는 물방울이 아닌 정밀하게 구성된 분자들로 이루어진 것이다. 그 구조는 해체주의 건축학자들이 꿈꾸는 모든 포스트모더니즘 건물을 무색하게 한다. 예를 들어 브뤼셀의 아토미움(1958년 벨기에에서 열린 국제 박람회를 기념하기 위해 만든 기념관. 전체적인 형태는 원자핵 분열의 순간을 표현했다.—옮긴이)은 전체를 조망할 수 있는 그 형태로 사람들의 마음을 사로잡고 있지만, 만약 헤모글로비니움이라는 것이 있다면 그것을 보는 이들은 생물학적 세계를 이해할 수 있을 것이라는 믿음을 잃게 될 것이다. 단백질의 기능 방식을 정확하게 이해하려면 아미노산의 배열 순서만 알아서는 부족하다. 단백질은 유전자의 설계도에 따라 그 기본적 구성요소를 갖추고 난 다음에는 그 일부분을 분실하거나, 꺾어지거나, 다양한 당류 분자와 결합하거나, 또는 이 세 가지 변화가 다 합쳐져야 그 기능이 바뀔 수 있다. 게다가 어떤 유전자는 자신의 단백질을 위한 특정 구간을 생산하고 임의의 순서로 연결해 수많은 단백질을 조합해 내기도 한다. 따라서 우리는 3차원 구조로 된 개별 원자의 정확한 순서마저도 규명해야만 하는 것이다. 그러나 과학자들은 이에 기죽지 않고 단백질 구조에 대한 해명 작업을 계속 진행하고 있다. 투명한 단백질을 향해 뢴트겐선을 투사하고 그 광선이 분산되는 모양으로부터, 그리고 이미 알고 있는 아미노산 주파수로부터 그 단백질 구조를 재구성해 내는 일이 이러한 작업 중 하나이다.

인간의 몸속은 극히 복잡하며 결코 멈추어져 있는 것이 아니다. 수조(兆) 개의 세포 사이에서 쉴 새 없이 물질 및 정보 교환이 이루어질 뿐만 아니라, 세포 자신도 항상 새롭게 바뀐다.(생식 세포는 예외이다.)

세포 분열

대장 세포는 독특하게도 세포핵이 없으며 그 생존 기간은 열흘이다. 그리고 적혈구는 120일 동안, 뼈(骨) 세포는 약 10년 동안, 신경 세포는 원칙적으로 평생 동안 생존한다. 세포 분열에는 엄밀한 정확성과 극도의 통제가 요구된다. 통제되지 않은 세포 분열은 흔히 세포의 사망이나 암을 의미한다.

세포는 독자적으로 행동해서는 안 되며 환경에 따라 적절한 처신을 해야 한다. 이와 같은 이유로 각자의 임무를 가진 모든 세포는 항상 환경 변화에 귀를 기울이고 성장 호르몬 따위의 전달 물질 형태로 수

신되는 신호에 반응하는 것이다. 이런 요인들은 세포가 분열하거나 죽게 할 수 있다.

세포는 여하한 경우에도 고유의 특성을 유지하고 보존해서 후세에 전해져야 한다. 세포의 성격은 유전자의 특별한 활동, 즉 유전자가 발현된 표본에 의해 결정되며, 이 표본은 태아의 형성 과정 중에 생겨나서 (대부분 사람들의 성격과 마찬가지로) 일생 동안 유지된다.

세포의 또 다른 중요한 특성은 연고지(緣故地) 관련성이다. 예를 들어 자궁 세포는 난관과 아무 상관이 없지만, 혈관처럼 심부름을 하는 세포는 다른 조직 안을 뚫고 들어가야만 한다. 그래서 세포의 표면 생김새가 동종의 세포 또는 특정한 다른 세포들하고만 결합할 수 있게 생긴 것이다. 세포는 이런 결합을 통해서만 공동의 조직을 형성한다.

'증식'과 '그 특성의 확정'을 보장받기 위해 늘 새로워져야 하는 상당수의 세포는 세분화된 세포로부터 생겨나는 것이 아니라 후손을 낳기 위해 이미 결정되어 있는 성숙한 줄기 세포(근간 세포)에서 생겨난다. 이들은 이미 일정량 확보되어 있으며 항상 자동적으로 새로워지고 필요할 때에는 분화 과정이 있는 곳으로 세포를 파견하기도 한다. 이리하여 더 이상 역할을 수행할 수 없는 노후 세포가 퇴출되고 새로운 전문 세포가 배치되는 것이다. 이와 같은 작업을 통해 항상 신선한 세포를 몸속 각 기관에 공급하는 것이 성숙한 줄기 세포의 과제인 것이다. 골수에 있는 조혈모세포는 모든 혈관 세포 유형(예컨대 적혈구, 백혈구)을 형성하는데, 이 과정을 이해하는 것이 줄기 세포 연구의 중요한 목표라 할 수 있다.

세포의 죽음

세포의 죽음에는 손상 · 노화 · 자기 파괴, 이 세 가지 원인이 있다. 생물학적으로 특히 중요한 것은 '프로그래밍된 세포 사망 Apoptose'

이라 불리는 세 번째 것이다. 모든 세포는 여러 가지 동기에 의해 작동될 수 있는 자살 메커니즘을 가지고 있다. 태아가 형성되는 동안에도 세포 제거 과정은 반드시 필요하다. 그래야만 우리 몸은 마침내 유전자 설계도에 예정되어 있던 형태를 갖출 수 있는 것이다. 이에 대한 가장 좋은 예는 손의 형성 과정이다. 태아의 손은 처음에는 물갈퀴가 있어서 삽처럼 보이지만 차츰 손가락 사이의 그 세포들이 사멸하면서 다섯 손가락이 나타나게 된다. 성장이 완성된 몸에서도 많은 세포들이 계획되어 있는 대로 계속 퇴출된다. 성인의 골수와 장(腸)에서는 매 시간마다 수십 억 개의 세포가 사망하며 새로운 세포로 대체된다. 그리고 바이러스에 의해 납치되거나 통제권에서 벗어난 세포나 변이될 위험에 처한 세포에서 파생될 수 있는 예기치 못한 위험에 대해 효과적으로 대처하는 것이 무엇보다도 중요하다. 그런 세포들은 흡사 첩보 영화에서 적에게 사로잡힌 첩보원과 마찬가지로 위기 상황에서 자살하라는 명령을 받는다. 사고사(事故死)와 비교하면 세포의 자살은 오히려 깨끗한 일이다. 손상을 입어 사망하는 세포는 부풀어 올라 퍽 터지면서 그 내용물을 이웃 세포에 분배함으로써 염증을 유발할 수도 있다. 하지만 자발적인 죽음의 경우에는 세포가 움츠러들면서 표면의 신호를 통해 자신이 작별을 고할 것임을 알린다. 그로써 이웃 세포와 특수 식(食)세포들이 그 사실을 알게 되고 그 구성요소를 폐기 처분하는 것이다.

유전자와 건강

좋은 의사는 미래에도 환자의 유전자를 분석하기보다는 우선 그 환자를 완전한 인간으로서 돌보게 될 것이다. 하지만 질병 치유를 위한 중요한 열쇠는 오늘날 세포 내에서 유전자에 의해 조절되는 내부 사정을 이해하는 데 있다. 그런 연구에서 비롯되는 의학은 분자의학이라 불린다. 이 개념은 생물학적 기초 연구, 임상·실제 의약품 개발을 통합한다. 그 목적은 질병과 발병 가능성을 조기에 인식하고 정확히 규정함으로써 효과적인 치료 방법과 적절한 예방 조처를 취하려는 데 있다. 분자의학의 핵심은 의사와 학자가 일반적으로 취하는 서로 다른 관점들을 결합하는 것이다. 연구자는 자연의 보편적 법칙을 찾아내고 보편타당한 진술을 하려고 하는 반면 의사는 환자의 개별적 상태와 특별한 고통에 대해 알고자 한다. 또한 임상에서는 아주 구체적인 개별 케이스, 예컨대 심장병이나 혈액순환 장애 환자가 중요한 반면 연구자는 실험실 안에서 차라리 추상적이라 할 수 있는 보편적 요인에 대해 탐구한다. 조직이나 세포 내에서 어떤 요소가 불완전하거나 틀린 기능을 하는지, 혹은 기능의 제한을 유발하는지 탐구하는 것이다.

분자의학의 대표자들은 게놈과 그 분자적 신체 과정 전체, 그리고 개별 유전자와 그 변이(돌연변이)를 연구의 출발점으로 삼음으로써 각종 질병의 진단 및 치료 가능성을 확보하려고 노력한다. 실제로 유전자에는 (예컨대 유전법칙, 거의 모든 세포 내에 존재하는 보편적 DNA, 유전자 코드의 포괄적 유효성 따위의 형태로) 보편적인 것뿐만 아니라 특수한 것도 담겨 있다. 왜냐하면 우리들 각자는 고유의 특수한 DNA 배열을 특징으로 하는 개성적 유전자를 갖추고 있기 때문이다.

그런 화학적 혹은 유기적 개체의 이념은 이미 20세기 초에 표명되었다. 1900년 직후 영국 의사 개러드Archibald Garrod는 멘델의 법칙에 따라 유전되는 (물질대사 장애를 일으키는) 질병들이 있다고 말했을 뿐만 아니라, 질병에 감염될 때에도 개인의 병적 체질에 영향을 받는다는 것을 인식했다. 병적 체질도 집안 내력에 의해 변화된 유전자를 통해 유전된다는 것을 알았기 때문이다. 역사적으로 말해서 개러드은 당시의 최신 학문인 유전자 공학에 개인의 화학적 기초를 연구해야 한다는 과제를 부여했다. 그는 이러한 인식이 의사의 의료 활동 부담을 덜어 줄 것이라 생각했다.

최근 인간 게놈이 해독된 것은 이런 방향으로 향하는 과학의 진일보라 할 수 있다. 우리는 인간의 유전자 서열과 더불어 개러드의 과제가 어떻게 해결되어야 하는지 알 수 있게 되었다. 질병의 유전학적 분석에 대한 그 당시의 희망은 경험적 증거보다는 낙관론에 더 많이 기댄 것이었다. 분자생물학적 연구와 결합된 임상적 고찰의 결과(예를 들어 암은 유전 질환이며, 암세포 형성은 DNA 변종의 영향을 받는다는 것 등)가 확고하게 제시되고서야 그 게놈 프로젝트는 활기를 띠게 되었다. 그리고 마침내 인간 게놈의 서열이 밝혀졌고 분자의학 이념이 사회적으로 인정을 받았으며 미래에 대한 포괄적 전망을 제시하게 된 것이다.

그 이후 1990년 초에 이르러서는 마침내 의학 분야에서 새로운 협력 체계가 자리 잡기 시작했다. 이제 유전학 쪽으로 방향을 정한 과학자들은 임상에서의 중요한 문제에 대해 바이오테크닉으로 대응하려는 시도를 하게 되었고, 그 성과를 이용해 의학 및 웰빙 시장의 신제품을 개발하려는 노력을 하게 되었다. 이러한 노력과 함께 지난 10년을 지나는 동안 생명의학으로의 진입이 이루어졌다. 유전자 진단의 스펙트럼만 엄청나게 확장된 것이 아니라 새로운 진단 방식 및 미래 의학을 위한 출발점이 될 수 있는 수많은 새로운 분자적 목적 구조도 인식되었다. 그 발전은 해당 학문의 엄청난 역동성과 일관적인 학제적 연구를 통해 이루어졌으며 기초 연구 분야, 임상 분야, 그리고 산업체 간의 긴밀한 협조를 낳았다. 이런 추세는 미래에 더욱 강화될 것으로 예상된다.

분자의학은 그동안 질병과 관련 있는 수천 가지의 유전자(질병 유전자)를 확인하는 데 성공했다. 이제는 유전자로 인한 질병을 분자적 차원에서 이해할 수 있게 되었으며, 그러한 이해의 활용 가치는 점차 증가하고 있다. 유전자 테스트를 통해 이미 수백 가지 유전 질환이 진단되었다. 신뢰할 만한 진단은 곧 예방과 치료를 위한 첫걸음이 된다.

유전자 테스트나 DNA 분석은 임상에서 의심스런 부분을 확실히 진단하고 그 치료 방법 결정할 수 있게 해주며, 병의 경과를 예측할 수 있게 함으로써 치료 방법이 어떤 효과를 나타낼지에 대한 정보를 제공한다. 뿐만 아니라 각 환자의 가족들이 어떤 질환에 걸릴 위험이 있는지 알 수 있게 해주며, 환자 개인별로 투약량을 조절할 수 있게 함으로써 그 부작용을 줄이는 역할도 한다.

향후 몇 년 이내로 유전자 테스트를 행할 가능성과 기회가 매우 증가할 것이 분명하며, 그 추세는 예방의학 방면으로 치우치게 될 것이다. 환자들은 의사의 도움을 받아 질병의 원인에 대한 자기 몸의 성향을 파악하고 그에 대한 대응을 조기에 할 수 있게 될 것이다. 물론 과거에 '의료기기 의학' 및 '실험실 의학'에서도 그랬던 것처럼 유전자 분석 역시 오용될 소지가 있으므로 적극적인 주의가 반드시 필요하다. 의사가 유전자 진단을 내릴 때는 모든 다른 조치의 경우와 마찬가지로 환자에 대한 조심스러운 관찰이 선행되어야 하며 환자의 모든 면을 포괄하는 조언을 함께 해주어야만 한다.

개인의 유전자 프로필(미래에는 아마도 CD-ROM에 기록된 DNA 서열일 것이다.)은 질병 발생 시 맞춤 처방과 치료를 위한 길을 열어줄 것이다. 오늘날 몇몇 종류의 암에 대한 치료에서는 그런 개인화된 의학이 이미 실행되고 있다. 장기적인 목표는 예방을 위한 개인적 조치이며, 이를 위해서는 환자 역시 종전보다 더욱 능동적으로 임해야 한다.

몇몇 의사들은 이미 오래 전부터 이러한 점들을 옹호해 왔다. 그들은 미래 의학의 치료에서 가장 중요한 것은 환자 교육이며, 무엇보다도 유전자에 대한 지식이 건강에 기여할 것이라고 주장한다.

이는 환자들이 자신의 병이나 병적 체질에 어떻게 대처할지 스스로 결정해야 한다는 것, 혹은 지금까지는 의학의 객체였지만 앞으로는 능력 있는 주체로 변해야 한다는 것만을 뜻하지는 않는다. 의사들은 한번의 유전자 테스트가 사람을 자동적으로 환자로 변화시키지는 않는다는 것을 이해하는 것도 중요하다고 말한다. 유전자를 충분히 테스트하면 질병 발생 원인이 되는 변종 유전자와 체질이 드러날 뿐 어떤 특정한 질병이 발견되지는 않는다.

이미 위에서 언급했지만 환자 교육이 필요한 이유는 한편으로는 생명의 정상적인 기복과 자연스런 유전자 변화가 질병으로 오해되는 것을 예방하기 위해서이기도 하며, 다른 한편으로는 지속적인 의학의 발달에도 불구하고 개인의 건강에 대한 평가 능력은 점점 더 나빠지는 역설적인 추세에 대처하기 위해서이기도 하다. 우리는 객관적으로는 점점 더 건강해지고 있으면서도 주관적으로는 그 반대라고 느낀다. 이런 현상은 아마도 의사와 환자 간의 긴밀한 상담을 통해서만 해결될 수 있을 것이다. 따라서 전통적 의미의 병원 외에 분자의학에 대한 다양한 정보를 환자들에게 알기 쉽게 제공할 수 있는 '건강 센터'를 세우는 것이 바람직하다. 이러한 활동을 통해 환자들이 능동적으로 조언과 도움을 얻을 수 있을 것이며 자신의 완전한 가치와 능력을 인식하고 펼칠 수 있을 것이다.

미래의 의학을 특징짓는 것은 바로 유전자 정보일 것이라는 사실은 2001년 2월 인간 게놈이 최초로 발표될 때 함께 소개된 시나리오에서 분명해졌다. 거기에는 의학에 있어 예상되는 변화에 대한 구체적인 시간표가 제시되어 있다.

· 2010년까지는 암, 당뇨병, 심장병 등 약 12종의 질병을 예방하기 위한 유전자 테스트가 간편해지고 대중화될 것으로 기대된다. 동시에

보험사나 고용주가 특정 유전자 소유자를 차별하는 것을 예방하는 법안이 제정되어야 한다.

· 종양 치료는 수년 내에 해당 기관(器官)에 따라서가 아니라 종양의 유전자 지문(指紋)에 따라서 이루어질 것이다. 유전자 테스트는 환자를 개인적으로 돕는 것을 가능하게 할 것이다.

· 원칙적으로 유전자 분석에 따르는 포괄적 예방 보건 및 조치가 생겨날 것이다. 유전자 서열화 검사는 그 신뢰도가 높아질 것이며, 비용도 저렴해져 대중적인 테크놀로지(병원에 갈 때면 기본적으로 받게 되는 일상적 검사법)가 될 것이다.

· 게놈에 기초를 둔 건강 제도는 사람들에게 새로운 개인적 예방 조치를 제공하게 될 것이며, 그 진단 가능성은 소위 'DNA 칩 테크놀로지'의 개발을 통해 확대될 것이다. 이제 DNA 칩으로 인해 수천 가지 유전자 테스트가 가능해졌다. 그 주요 사용 분야는 암, 고혈압, 혈액순환 질환, 대사 장애 등 무엇보다도 유전적 이질성이 현저하며 빈번하게 발생하는 질병이 될 것이다.

이러한 예상은 게놈 서열(시퀀스)의 도움으로 새로운 의학이 확립될 수 있을 것이라는 생각에 기초를 두고 있다. 새로운 의학은 환자에게 약을 처방할 때 그의 개인적 게놈에 대해서도 고려할 것이다. 오늘날 의학의 큰 문제 중 하나는 환자들은 서로 다른데 처방되는 약은 모두 동일하다는 데 있다. 수천 명의 환자를 치료할 때 그들의 개인적 게놈은 서로 다른 병적 소질을 갖고 있으며 약에 대해서도 각기 다른 반응을 보이는데도 동일한 약이 투여되는 것이다. 부작용을 최소한으로 줄이면서 확실하게 질병을 치료하는 일이 우리의 목표라면 그에 앞서 이러한 부분부터 효과적으로 해결해야 할 것이다. 이에 목적을 둔 과학은 보통 제약유전학 또는 제약게놈학이라 불린다. 이 과학은 특정 장소의 '문자' 배열의 변화로 인해 다양하게 생겨나는 유전자 변형의 존재에 기초를 두고 있다. 사람마다 서로 다른 이 '단일 뉴클레오티드 다형(多形) SNPs(Single Nucleotide Polymorphisms)'을 분석해 보면, 각 개인의 같은 약에 대한 서로 다른 효과나 특정 질병에 걸릴 가능성을 추론할 수 있다. 그러나 개인의 운명에 대한 정확한 예견은 불가능하다. 즉 유전자 결정론은 있을 수 없다는 뜻이다.

의사가 내리는 진단과 결정은 한 인간 전체를 고려하는 일이다. 사실을 알 환자의 권리와 자기 결정 원칙은 진단 방식의 종류와 무관하게 존속할 것이다. 의사의 도움을 필요로 하긴 하지만 의사로부터 쉽게 이해할 수 있도록 정보와 설명을 듣고 스스로 의식하고 판단하는 성숙한 환자는 미래의 분자의학에서도 진료의 핵심을 이룰 것이다.

유전자 결함

거의 모든 질환은 어느 정도 유전적으로 정해진다. 유전 형질의 변화는 후세에 유전될 수 있으며, 그러한 변화는 살아가는 도중에 생겨날 수도 있다. DNA는 외부의 공격, 이를테면 자연 광선, 신체의 물질 대사 물질, 외부 독성 물질 등 이른바 '돌연변이원(原) Mutagen'을 통해서도 생길 수 있기 때문이다. 유전자 결함은 직접적인 작용을 일으킬 수 있다. 30억 개가 넘는 기본 염기쌍 중 단 하나만이라도 변화함으로써 일어나는 국소 변형이 문제를 일으키는 경우도 잦다. 또한 비교적 긴 구간의 유전자 변화가 일어날 수도 있는데, 이 경우 그 구간의 특정 서열(시퀀스)이 너무 자주 반복된다. 하나의 예로 근육 영양실조를 들 수 있는데, 건강한 사람의 경우 특정 유전자에 배열된 문자의 시퀀스가 5회에서 30회까지 반복되지만 결함이 있는 유전자의 경우에는 그 시퀀스가 수백~수천 회까지 반복된다.

유전 질환은 세포 분열 시 DNA의 복제가 잘못 진행된 결과인 경우도 많다. 물론 32억 개의 문자가 기록된 텍스트를 복제해야 한다는 것을 감안한다면 그 정도도 놀라울 만큼 완벽한 것이라 할 수도 있다. 세포 분열마다 십억 개의 구성 요소 중에서 단지 한 개에서만 오류 복사가 발생하는 셈인 것이다. 그럼에도 오류가 꽤 존재하는 이유는 한 사람의 일생 동안 그 몸속에서는 100조(10^{14}) 개나 되는 세포 분열이 일어나기 때문이다. 게다가 흡연 등으로 인해 발생하는 독성 물질이 유발하는 변이도 있으며, 이 모든 것들은 수년 후 암이 발생할 위험을 높이는 작은 취약점인 것이다. 만약 변이 부위가 생식 세포라면 그 변이가 후손에게 전달되어 선천적인 질병을 야기할 수도 있다. 물론 대부분의 불리한 유전자 변종은 부모의 생식 세포에서 일차적으로 발생하는 것이 아니라 긴 진화의 역사를 가지고 있다. 자연은 이미 질병 유전자를 생겨나게 할 만한 충분한 근거를 지니고 있으며, 사람들이 그것을 간단한 생식 과정 치료법을 통해 제거할 수는 없을 것이다.

그렇다면 모든 질병과 체질적 유전자는 인간을 위해서 나름대로 좋은 것이고, 그것을 제거하는 것은 원칙적으로 위험한 일일까? 고리 모양의 적혈구가 잘려진 초승달 모양이 되는 '초승달 세포 백혈병'을 유발하는 변이가 이에 대한 전형적 예라 할 수 있다. 이 변이는 남아프리카에 널리 퍼져 있는데, 그 유전자 결함은 치명적인 열대 말라리아Malaria tropica를 예방하기도 한다. 이곳에서는 말라리아가 초승달 세포의 변이가 있는 사람이 증가하는 원인이 된 것이다. 과거의 기타 전염병도 인간의 유전자에 흔적을 남겼다. 그 어떤 유전자의 특수성 때문에 흑사병·홍역·천연두·장티푸스·독감·매독에 대한 저항 능력이 강화된 사람들은 해당 질병에 걸렸을 때 생존할 수 있는 가능성이 크며, 그 특수한 유전자 변이를 자손에게 전달해 줄 수 있는 기회도 많이 갖는다. 실제로 전염병이 발생할 때마다 '저항 유전자'를 가진 사람의 비율이 증가하며, 마찬가지로 항생 물질을 이용한 모든 치유에서 이 항생제에 대한 내성을 갖게 되는 박테리아의 개체 비율도 증가한다. 그렇지만 이 특수한 유전자 변이가 모든 시기의 후손에게 항상 유리한 것이라고 말할 수는 없다. 왜냐하면 그들은 그러한 전염병의 위협을 더 이상 받지 않는 새로운 상황에 있게 될 가능성이 크기 때문이다. 예를 들어 말라리아 예방 접종은 이제 대부분의 국가에서 필수적이지 않다. 그런데도 신생아가 어머니나 아버지로부터 그런 저항 유전자를 물려받는다면 그로 인한 부작용이나 새로운 중병이 발생할 가능성도 함께 갖게 될 수 있는 것이다. 이런 종류의 질병에는 초승달 세포 백혈병 및 탈라스 백혈병(말라리아 박테리아에 대한 저항 능력이 있다.), 골다공증 면역 결핍증 및 테이색스Tay-Sachs병(결핵 박테리아에 대한 저항 능력이 있다.), 무코비스치도제병(장티푸스 박테리아에 대한 저항 능력이 있다.) 따위가 있다.

하지만 이렇게 과거 언젠가 긍정적인 작용을 함으로써 증가하게 되었다는 사실을 알 수 있는 경우는 비교적 빈발하는 변이일 때에만 가능하다. 우리에게 알려져 있는 나머지 1만 4,000여 가지의 유전자 결함은 어떤 다른 질병을 이겨내는 과정에서 생겨난 것이 아니라, 다만 자연이 심술궂게 변덕을 부린 결과일 뿐인 것이다.

대부분의 질병이 유전자 구성 성분의 문제로 인해 발생하지만, 반드시 모든 경우에 그런 것은 아니다. 즉 수많은 유전자 변이는 특정 질병이 생길 가능성에 상당히 영향을 미칠 수 있긴 하지만, 그 발병에 전적으로 책임이 있지는 않다는 것이다. 비교유전자학 연구자들은 건강에 특별히 유리한 작용을 하는 유전자가 있는지 발견하기 위해 노력하고 있다. 그러나 어느 한 가지 질병을 방어하는 데에 유리한 유전자가 미지의 다른 질병에 대해서는 불리하게 작용할 가능성도 배제할 수는 없다. 이는 매우 복잡한 문제이며, 따라서 앞으로도 한동안은 병의 원인이 되는 유전자를 변형시키는 작업이 함부로 이루어지지는 않을 것이다.

유전병

신생아의 4~7퍼센트는 기형으로 태어난다. 가장 빈번한 선천적 기형은 심장병으로 신생아 100명 중 1명이 심장에 문제를 안고 태어난다. 또 신생아 1,000명 중 5명은 염색체 장애를 갖고 태어나며 25명은 여러 요인으로 인한 발육 부진 증상을 보인다.

무엇이 유전병인지 말하기란 쉬운 일이 아니다. 거의 모든 질병은 개인의 유전자와 환경 요인의 상호 관계 속에서 생겨나기 때문이다. 하지만 극소수의 사람들은 유전자 결함에 직접적인 영향을 받은 질병을 갖기도 하는데, 그 발병 원인에는 아주 작은 외적인 요인(예컨대 식습관과 같은 생활 스타일)조차 포함되지 않는다. 바로 이런 질병이 실제로 유전병으로 명명될 수 있다. 현재 단일 유전자만으로 결정되는 유전병 1만 4,000여 가지가 알려져 있다. 이런 질병은 단 하나의 유전자 결함으로 인해 발병하는데, 그중 절반 이상의 경우에서 결함이 있는 유전자의 위치가 확인되었다. 유전병 중에는 지극히 드물어 전 세계적으로 두세 건만 보고되어 있는 것도 있다.

유전될 수 있는 결함은 '우성'인 것과 '열성'인 것으로 분류되며 원칙적으로 모든 세포 내의 유전자 정보는 이중으로 존재한다. 하나는 어머니의 것이고 다른 하나는 아버지의 것이다. 우성으로 전달되는 유전병은 유전자 결함이 한 개만 있어도 발생하지만 열성으로 전달되는 유전병은 결함이 이중으로 존재해야만 발생한다. 열성적인 유전병은 부모 양쪽이 모두 동일한 유전자 결함을 가지고 있어야 발생하는 것이다.

따라서 그 질병에 대해 책임을 갖는 것이 단 하나의 변이된 유전자 뿐이라면, 그것이 자녀에게 전달되는 것을 차단할 수 있지는 않을까 하는 문제가 제기된다.

물론 이러한 일이 이루어지기란 쉬운 일이 아니다. 왜냐하면 그런 예방의 가능성은 실제적 또는 윤리적 문제와 결부되어 있기 때문이다. 연구자들은 각종 유전병의 원인이 되는 유전자를 점점 더 많이 찾아내고 있으며, 어떤 사람이 그 유전자를 지니고 있는지 검사할 수 있다. 부모 모두 그 유전자가 가지고 있어야 하는 열성 유전병의 경우 배우자를 선택할 때 위험을 피할 수 있는 가능성이 존재한다. 하지만 그러한 선택은 우리가 갖고 있는 사랑의 관념과 합치될 수 없다. 배우자를 찾을 때 적절한 유전자를 가지고 있는지 여부에 대해 고려하지는 않는다는 것이다. 그러나 유전병을 회피할 수 있는 다른 가능성이 없을 때 신뢰할 수 있는 검사가 이루어진다면 그런 유전학적 기준이 적용될 위험성은 상존한다. 유전자 테스트, 거기서 파생되는 문제 이 모든 것을 규율하기 위한 입법에 관해 현재 집중적인 토론이 이루어지고 있다.

열성이든 우성이든 상관없이 머지않은 장래에 수천 가지 유전병에 대한 유전자 진단의 원칙적 가능성을 확보하게 되면, 우리는 그것이 가족계획에 미치는 영향을 개인적·사회적으로 해결해야 한다. 그 해결 방법 중 하나는 주어진 사실을 그대로 수용하는 것이다. 파트너 선택과 가족계획의 기준은 과거부터 현재까지 늘 변해왔으며, 앞으로도 그러한 변화의 가능성은 열려 있을 것이다. 대부분의 유전자 검사를 금지하는 것도 또 다른 방법이 될 수 있다. 자신의 유전자와 잠재적 파트너의 유전자가 어떻게 구성되어 있는지 아무도 모른다면 그런 지식으로 인한 사회 문제는 생겨나지 않을 것이다. 어쩌면 미래에는 새로운 진단 방법과 치료 방법을 통해 더욱 안전하게 유전병을 예방하는 길이 확보될 수도 있을 것이다. 당사자의 결정에 기초를 두는 이 방법은 쓸데없는 고통을 피하는 데 가장 큰 도움을 줄 수 있을 것이며 이미 세계 여러 나라에서 채택된 것이기도 하다. 특히 인공 임신의 경우 난자와 정자를 시험관에 수정시켰다가 추후에 태아를 모체의 자궁에 이식할 때 그러한 방법이 적용되고 있는 것이다.

암

암도 유전병이다. 독일인 네 명 중 한 명은 암으로 사망한다. 또 암은 일종의 문명병이라고 말할 수도 있다. 영양·안전·위생·의학이 개선된 현대 사회에서는 점점 더 많은 사람들이 노년까지 생존하다가 결국 암에 걸려 죽기 때문이다. 노화된 몸의 노화된 세포는 그 속의 유전자 입장에서 볼 때는 오랜 세월의 진화 과정에서 겪어보지 못한 소위 '비자연적 환경'인 셈이어서 결국 적응하지 못한다. 노년에는 모든 신체 기능이 저하되기 때문에 세포에 양분을 공급하는 일과 해로운 독성을 제거하는 일도 원활하지 않게 된다. 유전 물질의 손상 위험이 증가하며 결국 암으로 이어질 확률이 높아지는 것이다. 게다가 흡연·음주·자외선 화상·뢴트겐선·환경 유해 물질 따위에 많이 노출되어 있는 현대인의 생활 방식은 손상으로 인해 약해진 세포의 부담을 증가시킬 수밖에 없다.

노인 암은 다수의 연쇄적 유전자 결함으로 인한 결과다. 개별 세포 핵 내의 유전 물질이 자연적으로 변이를 일으키거나 방사능·독성 물질·자외선·식품의 곰팡이·화학 물질·바이러스 등을 통해 손상되었을 때 세포 분열 및 세포 자살 시스템에 고장이 생기면 암이 발생하게 된다. 이때 세포는 통제 불가능한 상태에서 성장한다. 바꾸어 말하자면 세포 성장 억압 시스템이 작동하지 않게 된다는 것이다. 그 이유는 세포의 분화와 증식은 세포 자체의 고유 과제라는 점에 있다. 생식 세포는 지구상에서 생명이 시작된 이후 연쇄적으로 분열되고 있는 세포의 일부이며, 몸을 구성하는 모든 세포는 수정된 난세포에서 생겨난다. 몸이 완전히 만들어지고 나면 그들은 분열을 중지해야 한다. 하지만 이러한 중단이 말처럼 그리 간단한 것은 아니다. 100조 개가 넘는 세포들이 분화하는 메커니즘의 작동을 오랜 세월 동안 중지시켜야 하는 우리 몸의 일련의 안전 시스템이 완벽하게 작동하기는 어렵다. 수년에 대여섯 개 정도의 독립적 변이가 생겨나는 것은 오히려 자연스런 일인 것이다. 이런 변이들은 모든 안전장치를 통과해 정상적인 세포를 암세포로 변이시킨다. 유전적으로 이미 장애가 있다면, 다시 말해 이미 출생 시부터 몇 개의 그런 변이가 존재한다면 암은 원칙적으로 유년기에도 발생할 수 있다.

우리 몸에는 악성이라 불리는 암세포가 생겨나기도 하는데, 그들은 주변의 세포로 파고 들어가 성장함으로써 그 세포를 파괴하며 혈관과 림프관을 타고 다른 신체 기관까지 옮겨가 새로운 증식을 시작한다. 이들은 곧 무성히 자라나면서 새로운 기관과 조직을 손상시키고 만다.

원칙적으로는 다수의 외적·내적 요인이 함께 작용해 신체의 통제 시스템을 깨뜨려야만 정상 세포가 암세포로 변이될 수 있지만, 어쨌든 몸속의 모든 세포는 암이 생성되는 출발점이 될 수 있는 가능성을 갖고 있다. 따라서 현재 암의 종류는 약 170종에 이르게 되었고, 그만큼 다양한 암의 원인과 그 치료법이 존재한다. 하지만 모든 종류의 암이 공유하는 것이 있는데, 그것은 세포의 성장을 통제하는 유전자들의 변이이다. 이 변이는 세포가 아무런 통제 없이 분열할 수 있게 하며, 결국 조직이 그 고유의 특성을 상실하게 만든다.

이 과정에서 암 유전자와 종양 억제 유전자가 특별한 역할을 하게 된다. 암 유전자는 정상 세포가 암세포로 바뀔 때 작동하며, 아직 작동을 시작하지 않고 있는 암 유전자는 암 전기(前期) 유전자라 불린다. 이 유전자의 원형은 본래 상처를 아물게 할 필요가 있을 때 한시적(限時的)으로 작동하는 것이지만 암 발병 시에는 적절치 못한 시기에 적절치 못한 장소에서 작동하게 된다. 반면 종양 억제 유전자는 세포의 통제 불가능한 분열 및 지속적 변화에 대한 억제를 한다. 널리알려진 종양 억제 유전자로는 p53 유전자가 있는데, 그것은 특정 스트레스 상황에서 손상을 입은 세포를 수리하거나 더 이상 증식되지않게 하거나 세포 자살 시스템이 작동하도록 강제한다.

원칙적으로 우리 몸은 암의 경우에 있어서도 그 피해를 스스로 복구하는 능력을 갖고 있다. 세포는 손상된 유전자를 수리하는 메커니즘을 확보하고 있으며, DNA의 변이된 구간을 제거하고 오리지널 시퀀스로 대체할 수 있다. 극히 드문 일이지만 유감스럽게도 세포의 수리가 완료되기 전에 세포 분열이 일어나는 경우가 있는데, 그것은 암이 성립되는 첫 단계가 진행되었다는 뜻이다. 그렇다면 몸은 그 다음의 메커니즘, 즉 암세포를 박멸할 수 있는 면역 시스템을 작동해야 한다. 만약 이 일에 성공하지 못하더라도 면역 시스템은 수년간 계속되는 암과의 싸움을 통해 그 성장을 제지할 수 있다. 그리고 역시 매우드문 경우지만 면역 시스템이 뒤늦은 승리를 얻게 될 수도 있는데, 이럴 때 우리는 환자가 저절로 치유되었다고 말하곤 한다. 그러나 그런승리 역시 의학의 도움에 의존한 경우가 많으며, 종국에는 재발로 인해 다시 패배하는 경우도 잦다.

현대 의학에서 암은 수술 · 방사선 · 화학에 의해 다스려지며 그 성공의 결정적 요인은 무엇보다도 진단의 시점이다. 암이 전이되기 전에, 다시 말해 몸속에서 종자 종양이 퍼지기 전에 발견된다면 치료에성공할 확률이 높지만, 반대로 너무 늦게 발견된다면 암의 진행 속도를 늦추거나 증상을 완화하는 효과만 볼 수 있을 뿐이다. 혈액 암(백혈병) 따위의 일부 암은 최근 많이 논의되고 있는 줄기 세포를 이용함으로써 완치될 수도 있다.

줄기 세포 – 의학의 희망

우리 몸에서 줄기 세포는 특별한 역할을 한다. 수정된 난자 세포가 분열할 때 상실배(桑實胚)라는 세포 집단이 생기고 이 상실배 속에 빈 공간(배아)이 생기는데, 이 공간을 에워싼 내벽의 세포 집단이 이른바 줄기 세포다. 바로 이것이 진짜 태(胎)를 형성하며, 장차 갖가지 유형의 세포를 갖춘 완전한 인간으로 발전하는 것이다.

사람들이 오늘날 배아 줄기 세포에 최고의 과학·의학적 가치를 부여하는 것은, 그것이 (적어도 이론적으로는) 인간의 모든 조직과 기관의 기원이 되기 때문이다. 많은 종류의 중병 중에서도 특히 노년에 생기는 병은 세포의 기능 상실에 기인하는 경우가 많은데, 만약 이 세포들을 다른 것으로 대체할 수 있다면 그 치료가 가능해질 것이다. 새로운 신경 세포가 알츠하이머병, 파킨슨병, 마비 증세 같은 신경 퇴행적 질병을 치료할 수 있을 것이며, 새 췌장 세포는 당뇨병 환자가 스스로 인슐린을 생산할 수 있게 해줄 것이다. 새 심장 세포는 심근 경색 환자의 심장 기관 재생을 도와줄 것이고 피부 세포·뼈세포·피 세포·간세포·신장 세포 등도 각각의 손상과 질병 치료에 도움을 줄 것이다. 유감스럽게도 우리 몸의 기관 자체에서 생산되는 이른바 '성체(成體) 줄기 세포'로는 아주 제한된 범위 내에서만 세포를 재생시킬 수 있을 뿐이어서 필수적인 세포를 실험실에서 배양하려는 생각이 대두되고 있으며 지난 몇 년 동안 이에 대한 뜨거운 논란이 있었다.

자연적인 태아 생성에서는 세포 분열 및 분화가 서로 분리될 수 없이 밀접히 연관되어 있다. '분화 만능 줄기 세포Totipotent stem cell'가 분열을 시작하면서 분화도 동시에 진행되어 인간의 200여 가지 각종 세포 타입이 생겨나며, 태(胎)Embryo가 3개월 이상 지나면 태아 Fötus가 되는 것이다.

줄기 세포 테크닉이 본격화된 것은 1981년 영국과 미국의 과학자들이 배아 줄기 세포의 증식 과정을 세포의 세분화 과정으로부터 분리하는 데 성공한 이후부터다. 그들은 시험관 속에 마치 초기의 태반 속과 같은 조건을 만들어줌으로써 세포가 계속 증식하게 했으며, 그런식으로 상당량의 분화되지 않은 생쥐 태(胎) 줄기 세포가 생산될 수 있었다. 온갖 종류의 기관 결함을 치료할 수 있는 보편적 재료를 얻을 수 있는 가능성이 최초로 과학 연구의 지평에 나타났던 것이다. 물론 줄기 세포 치료법이 실제로 인간의 치료에 투입되려면 앞으로도 많은 시간이 필요하며, 아직은 도대체 어떤 병에 언제부터 구체적으로 적용될 수 있는지 분명히 말할 수 없다. 그러나 연구는 빠른 속도로 진행되고 있다. 그동안 수많은 동물과 사람의 배아 세포 조직에서 줄기 세포가 채취되었으며, 이미 생쥐 실험에서는 배아 줄기 세포를 각종 유형의 세포로 분화·발전시키는 일에 성공했고, 그렇게 획득된 세포가 성공적으로 동물에 이식되기도 했다.

인간에 대한 실험은 얼마 전에야 비로소 시작되었다. 1998년 존 기어하트John Gearhart가 최초로 사람의 배아 줄기 세포를 분리해 실험실에서 배양하는 데 성공했다. 연구는 이제 줄기 세포가 우리가 원하는 특수한 세포로 분화하게 하려면 어떤 물질을 촉진제로 첨가해야 하는지 그 방법을 찾아내는 방향으로 집중되고 있다. 물론 그렇게 얻어진 세포의 특성이 실제 사람 몸속 정상적인 세포의 특성과 일치하는지를 알아내는 일 역시 매우 중요한 과제다. 예컨대 그렇게 배양된 세포는 정상 세포보다 노화가 빨리 진행되거나, 암세포로 변이될 위험성도 더 많이 가질 수 있기 때문이다. 게다가 몸속에 그것을 이식했을 때 거부 반응이 일어날 가능성도 배제할 수 없다.

줄기 세포로서 활용하기 위해 신체의 어떤 부위를 선택하는 것이 가장 좋은지에 대해서도 논란이 있다. 배아 줄기 세포만 존재하는 것은 아니기 때문이다. 줄기 세포는 각종 조직에서 채취될 수 있다. 시험관에서 수정된 난자(IVF=invitro fertilisation), 낙태된 지 3개월 이상 된 태아의 줄기 생식 세포(EG세포), 제대혈(탯줄 혈액), 성인의 골수, 다시 줄기 세포의 특성을 발휘하도록 재(再)구성된 성인의 분화된 세포에서도 줄기 세포는 얻어진다.

이렇게 상이한 곳에서 얻어진 줄기 세포들은 각기 다른 특성을 갖는다. 배아 줄기 세포는 사실상 모든 종류의 세포로 발전할 수 있다. 하지만 나머지 것들은 그 가능성이 어느 정도 제한되어 있어 자연적으로 특정 세포로만 발전한다. 지금까지 알려진 바에 의하면 특정 세포로 분화된 이른바 '성체 줄기 세포'는 15종의 세포 유형으로만 발전할 수 있으며, 몸속에서 발견하기도 아주 어려울 뿐 아니라 발견한다 해도 분리해 내기가 어렵다. 그러나 그동안의 생각과는 달리 최근에는 이런 줄기 세포들 역시 '다양한 잠재력'을 가지고 있다는 평가를 받게 되었다. 성인의 특수한 줄기 세포에서 일련의 다른 세포 타입이 채취될 수 있음이 밝혀졌기 때문이다. 만약 그렇다면 골수의 줄기 세포를 간의 조직이나 뇌 세포로 발전시키는 일이 가능해진다.

이미 많은 학자들이 골수의 줄기 세포로 온갖 세포 타입을 배양할 수 있다는 견해를 가지게 되었는데, 이 이론이 사실로 입증되기만 하면 골수는 배아 줄기 세포에 버금가는 제2의 대체 조직 원천이 되는 셈이다. 이 두 번째 원천은 의학적으로는 전자보다 우월하지 않을지 몰라도 윤리적인 비난은 덜 받을 것이라는 점에서 그 치료 기술이 빠르게 발전될 가능성을 갖고 있다. 우리 사회는 과학이 이 모든 문제를 다스리고 해결할 수 있게 되기 전에, (윤리적인 문제를 접어두고) 배아 줄기 세포 연구를 허용할 것인지 결정을 내려야만 한다.

필자들이 이 책을 집필하고 있는 동안에도 줄기 세포 연구와 복제(클론)의 기회 및 그 위험성에 대한 대규모 논쟁이 벌어지고 있다. 이러한 논쟁은 두 명의 클론 아기가 탄생했다는 발표에서 비롯되었다. 선전 효과를 노리며 2002년 말 크리스마스 시즌에 맞추어 무책임하게 행해진 이 발표는 재생산 가능한 클론 및 치료 목적의 클론에 대한 토론을 가열시켰다.

토론에 참여한 사람들의 중요한 입장 중 하나는 '태아 보호'에 관한 것이었다. 1990년의 태아 보호법은 독일의 태아 연구에 대한 엄격하고 광범위한 법적 한계를 설정해 놓았다. 인간의 생명은 난자와 정자의 수정 시점부터 법의 보호 아래 있게 되었고, 태아를 실험에 이용하거나 인간의 생명을 복제하는 일 등의 의학적 연구도 금지되었다. 그러나 좀 더 정확히 알기 위해서는 '태아 보호'의 의미가 무언인지 보다 세분화해서 살펴보아야 한다. 그렇게 하지 않으면 낙태, 기구를 이용한 피임, 사후(事後) 피임약을 먹는 행위도 분명히 살인 범죄에 해당하는 것으로 판단될 수 있다. 사람들이 스스로 판단할 수 있기 위해서는 우선 수정란 및 여기서 생겨나는 세포 형체 · 상실배 · 배아를 '태(아)'로 명명할 수 있는지에 대한 논의부터 진지하게 이루어져야 한다. 시험관 아기 임신을 위한 실험실 수정 시에는 필요 이상의 많은 수정란이 생겨날 수 있다. 일반적으로 이 과잉 생산된 배아들은 냉동되었다가 조만간 폐기된다. 현재 영국 · 스웨덴 · 이스라엘 · 미국 · 일본 등의 나라에서는 이것을 이용해 줄기 세포를 추출하는 것이 법으로 허용되고 있다.

이미 언급했던 바와 같이 줄기 세포는 커다란 잠재력을 갖고 있으며 원칙적으로 모든 종류의 세포로 발전할 수 있다. 줄기 세포 연구자들은 이런 발전 과정을 더 잘 이해하기 위해서 이 줄기 세포를 버리지 말고 연구해야 한다고 주장한다. 그들의 주장에는 실험실에서의 줄기 세포 배양을 허용하라는 내용도 포함되어 있다.

이러한 연구가 마무리되면 체세포가 그 고유 과제를 더 이상 완수하지 못하게 되었을 때 줄기 세포로 대체하는 근본적 치료법이 나올 수 있을 것으로 기대된다. 그 치료법은 이를테면 뇌 세포가 신경 전달 물질인 도파민을 더 이상 충분히 생산하지 못하게 됨으로써 발생하는 파킨슨병 따위의 심각한 뇌 질환에 적절히 쓰일 수 있을 것이다. 새로운 치료법의 도움을 받게 될 또 다른 질병으로는 인슐린을 생산하는 췌장의 섬 세포에 있는 호르몬 분비선 장애가 있다. 이 호르몬은 혈당 조절과 세포 에너지 공급을 담당하는데, 당뇨병 환자는 이 기능이 원활하지 못하다.

우리는 오래 전부터 이런저런 종류의 만연된 질환(심근 경색, 면역 거부 반응)을 대할 때마다 그 병든 세포를 대체하거나 완전한 기능의 새로운 세포로 보조함으로써 병세를 완화하고 치유하려는 생각을 해 왔다.

치료 목적의 클론

1996년 스코틀랜드의 과학자 이언 윌머트Ian Wilmut는 정상 체세포의 유전 물질을, 미리 그 핵을 제거해서 준비한 난자에 이식함으로써 이른바 만능 세포를 생산하는 데 성공했다. 이것은 수정된 난자처럼 태(胎)로 성장했고 마침내 복제 양 돌리Dolly가 되었다. 이 복제 실험은 성과 관계없이 생겨난 '태Embryo'를 키울 수 있다는 것, 따라서 체세포의 세포핵 공여자와 유전적으로 동일한 쌍둥이 내지 복제 생명체를 만들 수 있다는 것을 보여주었다.

하지만 돌리는 2003년 6세의 나이에 심한 병세와 조기 노화 현상을 보여 안락사 처분되었고, 결국 복제된 동물은 쉽게 병에 걸릴 수 있는 위험을 가진다는 의심을 강하게 불러 일으켰다. 게다가 복제된 동물은 기형일 확률마저도 매우 높다. 윤리적인 성찰과 관계없이 그 기술을 인간에 적용하는 것이 금지되고 있는 이유가 바로 여기에 있다.

하지만 이른바 '치료 목적의 클론'은 생명체 전체의 복제를 목적으로 하는 클론과는 다르다. 치료 목적의 클론을 복제하기 위한 첫 단계는 환자의 체세포에서 분리해 낸 유전 물질을 공여자의 난자 세포에 주입하고 이 난자 세포를 자극해 분열하도록 하는 것이다. 시험관 수정의 경우와 마찬가지로 이 때 줄기 세포를 채취할 수 있는 배아가 생겨난다. 이 줄기 세포는 그것을 이식받을 환자의 것과 동일한 게놈을 가지고 있으므로 모든 장기 이식에서 큰 문제로 대두되는 면역 거부 반응을 일으키지 않을 것으로 기대된다.

과학 및 의학이 목표로 하는 것은 이처럼 비(非)섹스적인 세포 재생, 특수한 세포 증식, 우리가 원하는 속성을 갖추게 되는 세포 분화이다. 따라서 오해를 불러일으키기 쉬운 '치료 목적의 클론'이라는 용어의 사용을 자제해야 한다는 주장이 제기되기도 한다. 왜냐하면 실제로는 생명체 전체가 아닌 세포의 재생, 이식, 대체가 그 목적이기 때문이다.

찬성 대(對) 반대

근래 들어 국가 윤리 위원회, 독일 하원의 '현대 의학의 법과 윤리' 앙케트 위원회, 장애자 및 환경 보호 단체, 교회, 정당 등 수많은 단체와 연구 기관에서 줄기 세포 연구에 대한 의견을 표명했다. 세포의 세분화 및 전문화에 대한 기본 과정을 잘 알게 된 사람들은 광범위하게 발생하는 중병의 치료 가능성에 대한 전망을 가지게 되었고, 점차 줄기 세포 연구에 대해 찬성하는 의견을 내놓고 있다.

그에 반대하는 사람들이 지적하는 것은 태아 보호, 생명 보호, 그리고 인권이다. 그들은 치료 목적의 클론을 시행하고 있는 사람들이 연구를 목적으로 태아를 생산하려 하고 있으며, 그것은 원칙적으로 파렴치한 짓이라고 주장한다. 이런 주장은 태아를 완전한 인간이 될 수 있는 하나의 세포로 정의함으로써 그 정당성을 확보한다. 결국 실제로는 세포의 인공 생산 자체를 문제 삼고 있는 것이다. 그들의 주장은 도덕적으로 몇 개의 세포를 인간과 동일하게 보는 관점에서 비롯되는 것이며, 그것은 인간을 아주 심하게 생물학적으로만 정의하는 관점이라 할 수 있다. 하지만 우리는 이에 동의할 수 없다. 하나의 세포나 세포 집단이 사람과 동일하다고 보는 그런 견해에 문제가 많다는 것은 이미 많은 사람들이 직관적으로 느끼고 있다.

치료 목적의 클론에 대한 두 번째 이의 제기는 이른바 '댐 붕괴' 이론이다. 처음에는 세포핵 이식 기술이 치료 목적으로 실행되겠지만, 결국은 완전하게 유전자가 동일한 인간 클론을 복제하는 데에 악용될 가능성이 있다는 것이다. 그러나 거의 모든 나라는 이미 그런 악용을 금지하는 조치를 취하고 있으며, 이러한 조치가 계속 유지되는 한 인간 클론 복제의 위험은 실현되지 않을 것이다. 게다가 그것은 결국 기술적으로도 불가능한 일로 남을지도 모른다.

줄기 세포 연구 과정에서 치료 목적으로 용인될 수 있는 선은 어디까지인지, 즉 어느 시점부터 클론을 통한 복제 과정이 시작된다고 볼 것인지에 대해서는 법률 제정을 통해 분명히 할 수도 있다.

세 번째 반론은 클론을 위해 필수적으로 제공되어야 하는 난자 세포에 대한 부정적 평가다. 하지만 난자 세포 공여자가 도덕적으로 배척될 이유는 없다. 그 공여 행동은 헌혈과 마찬가지로 타인에 대한 사랑의 한 형태인 것이다. 게다가 미래에는 난자 세포 공여가 필수적이지 않게 될 가능성도 있다. 이론적으로 오히려 더 유리할 수 있는 방법이 여러 가지 있기 때문이다. 환자의 세포핵을 완전히 다른 세포에 이식하는 방식이 그중 하나이다. 예컨대 치료를 하려는 선(腺), 신경,

혈액 세포로의 분화가 쉽게 이루어질 수 있는 다기능 줄기 세포 안으로 환자의 세포핵을 주입하는 것이다. 미래에 세포의 분화 과정이 좀더 자세히 규명된다면 세분화된 체세포 방향으로의 전진적 분화와 배아 상태로의 역방향 분화뿐만 아니라 특정 기관의 세포를 적절한 조건 아래서 다른 기관 세포로 전환 분화시키는 것도 가능해질 것이다. 이렇게 되면 난자 세포와 분화 만능 배아 줄기 세포의 필요성은 없어진다.

마침 최근 펜실베이니아 대학의 쉴러 Hans Schöler와 그의 동료 휘브너 Karin Hübner는 생쥐의 줄기 세포로부터 난자 세포를 만들어내는 데 성공했다. 일단 더 이상 공여될 필요는 없어진 것이다. 하지만 이 모든 가능성을 계속 확대해 나가기 위해서는 우선 배아 세포에 대한 연구가 이루어져야만 한다.

줄기 세포 치료 경험

줄기 세포 치료는 이미 의학계의 일상적인 일이긴 하지만, 아직은 배아로부터 얻을 수 없는 성체 줄기 세포로만 그 작업이 이루어지고 있다. 이 성체 줄기 세포는 성인의 조직, 특히 골수 속에 존재하는 혈액 줄기 세포에서 얻어진 것이다. 그곳에서는 일차적으로 전(前) 단계 세포가 생겨나며 그 이후 산소를 운반하는 적혈구, 감염 방어를 책임지는 백혈구, 항체를 형성하고 면역 시스템을 강화하는 림프구, 혈액 응고를 담당하는 혈소판 등 모든 혈액 성분이 생겨난다. 수명이 짧은 이 혈액 세포들은 지속적으로 새로 생성된다. 적혈구는 120일밖에 생존하지 못하며 골수의 줄기 세포는 추가 공급을 위해 계속 분열되어야 한다. 하지만 유감스럽게도 그 분열이 아무 통제 없이 너무 빠르게 진행되는 경우가 드물지 않은데, 바로 이때 분화가 덜된 미성숙한 혈구가 많아지는 혈액 암이 발생하는 것이다.

혈액 암은 줄기 세포 치료법으로 비교적 성공적으로 치료될 수 있다. 치료 방법의 첫 단계는 골수 속의 줄기 세포를 포함해 피를 형성하는 모든 세포를 방사선이나 화학 약물(세포 분열 억제제)로 완전히 멸절시키는 것이다. 그러나 이런 급진적 개입은 이 줄기 세포를 대체할 수 있는 가능성이 없는 환자에겐 치명적일 것이다. 이럴 때 그 대체는 골수 공여자의 줄기 세포를 이식함으로써 이루어진다. 이와 같은 백혈병 치료 성공은 줄기 세포가 의미 있게 투입되어 생명을 구할 수 있음을 잘 보여준다.

실제로 오늘날의 백혈병 환자는 적절한 골수 공여자를 발견할 기회가 갖는다. 이미 유년기에 뇌졸중이나 기관지 폐색을 겪은 적이 있고 현재는 심각한 초승달 세포 백혈병을 앓고 있는 어린이도 1988년 이후 형제자매가 공여한 줄기 세포로 성공적으로 치료되었다. 물론 적절한 골수 공여자를 발견하는 것이 항상 가능한 것은 아니기 때문에 대체 가능한 또 다른 옵션을 찾는 일도 필요하다.

다른 병의 경우에는 상황이 더 나쁘다. 왜냐하면 아직 이식을 위한 성체 줄기 세포를 얻을 가능성이 발견되지 못한 신체 기관도 많기 때문이다.

연구 성과를 인간에게 적용하기

앞에서 토론된 방법들은 아직 새로운 것으로서 그에 대한 논란의 여지가 많을 수도 있다. 그러나 새로운 것을 연구하고 경우에 따라 실천에 옮기는 메커니즘은 의학에서는 이미 오래 된 것이며 늘 실험을 통해 입증되고 있다. 하나의 새로운 치료 방법이 실제적으로 도입되려면 기존의 방법보다 더 효과적이어야 한다. 따라서 세포 이식이 기존의 모든 치료 방법을 효과적으로 대체하기 위해서는 그 치료 성과가 매우 뛰어나면서도 부작용은 적다는 사실이 확인되어야 하는 것이다.

의약품과 치료법이 의약청의 감독을 받도록 하기 위해 국제적으로 정립된 규약에 따르면 우선 그에 관한 연구 자료가 납득될 만큼 많이 축적되어 있어야 한다. 그리고 1단계의 임상 실험, 즉 환자에게 최초로 적용할 때 윤리적 · 의학적 관점에서도 정당하게 볼 수 있어야 한다. 이 1단계 임상 실험은 아주 작은 그룹의 사람들만 그 대상으로 할 수 있으며 새로운 치료 방법의 적합성 및 실천 가능성만을 시험해 본다. 2단계에서는 역시 소규모 환자 그룹을 대상으로 해서 최초로 새로운 치료 방법의 효과를 테스트하며, 3단계에서는 비교적 대규모 집단을 대상으로 현실적인 조건하에서의 치료 효과를 검증한다.

임상 실험에 쓰이는 대부분의 신약은 이러한 요건을 충족시키지 못하며, 따라서 의약 시장에 진입하지도 못한다. 새로운 치료 방법이 도입되기까지 이르는 길은 멀고도 험하며 그에 드는 비용도 만만치 않다. 최초의 연구가 시작되어 하나의 신약이 실제로 도입되는 데에는 일반적으로 10~15년 정도 걸린다. 현대의 많은 치료 방법이 의학적 · 윤리적으로 높은 수준을 보장받을 수 있는 이유가 바로 여기에 있는 것이다. 새로운 치료법과 신약 도입을 위한 이 모든 단계는 여러 독립적 윤리 위원회의 감시를 받는다. 이들은 헬싱키 협약 등의 국제적 기준을 따르고 있으며, 그 기준은 국제적으로 엄격히 규율된다. 세포 대체 및 세포 이식 치료의 경우에도 위에서 언급된 기준은 당연히 적용된다.

우리 사회가 갑작스럽게 치료 방법의 대전환을 맞게 될 것을 기대하거나 두려워할 필요는 없다. 의학의 진보는 쉽게 이루어지는 것이 아니며, 오히려 절망에 놓인 환자 입장에서는 참을 수 없을 만큼 느리게 진척되고 있을 뿐이다. 하지만 오늘날 사용되고 있는 모든 치료 방법을 낳은 것이 바로 그 느리지만 지속적으로 이어져온 의학의 진보인 것이다.

엄청난 과학적 잠재력과 전망을 지닌 세포 대체 및 세포 이식 치료의 가능성을 테스트하기 위한 과학적 실험을 중지하는 것은 정당한 일이 아니다. 기능이 없어진 세포를 건강한 세포로 대체함으로써 혈액 암의 경우에서와 같은 치료 효과를 볼 수 있다는 것은 상당히 매력적인 일이 아닌가. 줄기 세포 연구와 특수 세포 증식 및 세포 분화는 우리에게 언젠가 그 치료 원칙의 체계적 규명을 선사할 것이다.

연구는 예상이 불가능하다

치료의 실제 방식은 연구가 진행됨에 따라 지금까지 괄목할 만큼 수정되어 왔다. 앞으로 세포 이식 및 세포 분화에 대해서도 지금까지 알아내지 못한 뜻밖의 비밀들이 밝혀질 것으로 예상되며, 최근 생쥐를 이용한 심장 이식 실험에서 이미 그런 예 하나가 확인되었다. 만약 조직의 적합성에 대한 테스트가 먼저 이루어지지 않았더라면 생쥐는 이식된 심장을 거부하게 되었을 것이다. 그러나 생쥐에게 미리 배아 줄기 세포를 주입했기 때문에 그러한 거부 반응은 일어나지 않았고 이식된 심장은 오류 없이 계속 작동되었다. 알려지지 않았던 새로운 생물학적 효과가 동물의 체내에 이식된 이물질에 대한 내성을 만들 수 있다는 정보를 얻어낸 것이다. 만약 이런 실험을 인간에 적용할 수 있게 된다면 이식 의학의 가장 큰 문제 하나가 해결되는 것이다. 연구는 언제나 예상하지 못했던 새로운 결과를 낳는다.

세포의 분화, 전환 분화, 역분화에 대해 더 잘 이해하고 지식 발전을 촉진하기 위한 방법으로는 현재로서는 줄기 세포 연구 분야가 가장 적격이라 할 수 있다. 분화 만능 줄기 세포로부터 성체 줄기 세포나 완전히 분화된 줄기 세포에 이르기까지의 과정에는 명백한 연속성이 있으며, 그 사이에는 각종 복수 기능 및 다기능 단계가 존재한다. 그리고 복제 양 돌리는 성체 줄기 세포가 다시 배아 상태로 역전될 수 있다는 것을 보여주었다. 이러한 메커니즘을 이해하는 것이 연구 목표의 최우선 순위에 놓여 있다.

연구의 자유

줄기 세포 연구와 세포 증식과 관련된 논쟁의 뿌리에는 하나의 원칙적 문제가 자리 잡고 있다. 그것은 다름 아니라 개인의 결정권, 그리고 과학과 연구에 대한 사회의 기본적 태도와 관련된 것이다.

우리가 원하는 자유 연구는 일차적으로 새로운 이론을 세우거나 경우에 따라 금기를 깨는 가설을 세울 때에도 사상의 절대적 자유가 보장되어야 한다는 데 기초를 두고 있다. 이러한 이론과 가설은 언제나 단계적으로 떠오른다. 첫째 과학적이고 이론적인 대화, 둘째 가설의 실험적 검토 및 간단한 시스템, 셋째 점증하는 복잡성을 고려하게 되는 여러 단계를 통해서 그런 생각이 가능해지는 것이다. 과학적 · 사회적 결정의 모든 단계는 윤리적 · 재정적 · 프로젝트 지향적 · 제도적 통제의 규칙에 구속되어 있다. 과학적 진보는 옛 가설이 배척되고 새로운 가설 및 연구 방향이 세워짐으로써 이루어진다.

미래의 지식 사회는 점차 연구의 성과에 기반을 두게 될 것이며, 그러한 성과는 당연히 사회, 경제, 그리고 각 개인에게 영향을 미치게 될 것이다. 현대 사회에서는 기존의 것에 대한 의문을 제기함으로써 개인과 사회가 불확실해지는 상황을 감수해야만 한다. 다수가 열망하는 안정과 발전을 위해 필요한 개방성 사이의 긴장 속에서 많은 사람들은 불안을 느낀다. 바로 이 양자 간의 균형을 창출하는 일이 사회 모든 영역 및 정치의 중요한 과제인 것이다. 만약 줄기 세포에 대한 불신 때문에 권위, 제도, 법안, 한계 설정 등으로 연구의 자유와 미래 창조 능력을 필요 이상으로 제한한다면, 그것은 용기 있는 민주주의 이념에 부합하지 않는 일일 것이다.

기회와 위험성을 제대로 판단하기 위해서는 과학에 대한 이해가 먼저 이루어져야 한다. 부정적인 시각으로 기우에 빠져 불행을 모면하려고만 하기보다는 의학적 가능성에 대한 연구 및 테스트를 적극적으로 지원하는 자세가 필요하다.

게놈 조작

지난 5만 년 동안의 역사에서 인류의 발전 과정을 규정한 것은 바로 문명이다. 오늘날 과학은 인간이 생물학적 진화에 개입할 수 있을 만큼 발전했으며, 이로 인해 생물학적 진화의 새로운 의미를 탐구하고자 하는 많은 노력이 진행되고 있다. 전자공학과 생명과학의 복잡한 기술은 그 개입 수단을 제공한다. 매사추세츠 공대 인공 지능 연구소장 브룩스Rodney Brooks는 "인간은 기계이며, 따라서 우리가 기계에 대해 일상적으로 행하는 그런 기술적 조작에 종속된다"라고 말함으로써 새로운 도전에 응해야 한다는 점을 강조했다.

어떤 사람들은 인간의 몸과 정신이 끝없는 완벽성을 향해 나아갈 수 있다고 내다보는 전환적 휴머니즘을 꿈꾸는 반면, 어떤 사람들은 공업화, 비인간화로 인한 파멸을 격렬히 경고한다. 하지만 두 입장 모두 사유 가능한 것의 테두리를 설정함으로써 미래의 현실적 모습을 직시하지 못하고 있다. 결정적으로 중요한 것은 스스로 미래의 모습을 형상화하려는 태도이며 그 가능성을 확보하는 자세. 22세기, 23세기, 527세기의 삶의 조건은 바로 그런 책임 의식과 기술 발전을 통해 이루어질 것이다. 행동의 결과는 결코 예견될 수 없다는 것을 분명히 알아야 한다. 물론 기술적으로 가능하다고 해서 모든 것을 다 시도하는 것은 권장할 만한 일이 아니다. 그러나 인간의 행동은 항상 인간의 필요에 의해 생겨나며, 결코 순수한 실현 능력에만 따라서 맹목적으로 행해지지는 않는다.

　인간의 몸을 개선하려는 노력은 이제 낯선 것이 아니다. '미인'이 되기 위한 성형 수술은 이따금 부정적인 결과를 낳기도 하지만 이미 대중화되어 있다. 이것이 바로 미인이 되고 싶은 인간의 욕망에 의학이 개입한 경우인 것이다. 기능적인 개선도 원칙적으로 가능하다. 시각 능력을 예로 들어보자. 인간의 시력은 백분율로 표시될 수 있다. 어떤 사람들은 100퍼센트(1.0)나 120퍼센트(1.2) 이상의 좋은 시력을 갖기도 하지만, 100 이하의 시력을 가진 사람들은 의사로부터 안경을 사용하라는 처방을 받기도 한다. 하지만 20세기를 넘기면서 상황은 달라졌다. 이제 레이저를 이용해 낮은 시력을 교정할 수 있는 가능성이 생긴 것이다. 레이저 시술은 시력을 현재 상태의 150퍼센트 이상으로 높여 줄 수 있다. 이런 수술은 질병과의 싸움이 아니며 미용과도 직접적 관계는 없다. 오직 기능 개선만을 목적으로 하는 방법인 것이다. 인간은 이러한 새로운 방법을 통해 자연이 제시한 기준을 넘어설 수 있게 될 것이다. 유전학자 실버Lee Silver는 머지않은 미래에 아주 색다른 최적화가 가능해질 것으로 내다본다. 예컨대 그는 적외선도 볼 수 있는 인간이 만들어질 것이라고 예견한다.

　여러 작가들이 상상하는 인간 개선 비전은 세 가지 변형된 미래 인간의 형태로 나타나고 있다. 유전자 조작 인간, 클론 인간, 하이테크로 무장한 사이보그가 그것이다. 이중 어떤 인간이 현실화될 것인지는 두고 보아야 알 일이다. 다만 개발해 볼 만한 것이 무엇이고 배척해야 할 것은 무엇인지에 대한 각자의 판단이 내려져야 한다. 또한 사회는 개인의 재량에 맡겨서는 안 되는 부분들을 선별하고 그것을 제한할 방법을 결정해야 할 것이다.

유전자가 조작된 인간

유전자 조작이라는 말은 의도적으로 그리고 계획적으로 유전자를 변화시키는 것을 뜻한다. 유전 형질은 늘 변화하고 있는 역동적 물질이다. 모든 생명체의 유전 형질이 꾸준하게 변화하지 않는다면 각종 동물과 식물, 그리고 사람도 결코 존재하지 못했을 것이다. 유전자의 변화는 진화의 기본 메커니즘이며, 교배라는 형식을 낳은 생물학과 진화는 우리 문화의 기본 메커니즘에 많은 영향을 미쳤다. 우리가 먹는 모든 식물, 식용 동물, 가축은 결코 자연에서 저절로 생겨나지는 않았을 것이다. 통밀 잡곡빵이나 바이오 치즈는 인간이 개발한 제품, 즉 인공 산물이며 복슬강아지 코커스패니얼은 인간이 의도적인 유전자 조작을 통해 변화시킨 늑대일 뿐이다.

유전자의 자연적 선택은 오늘날 인간의 인위적 선택으로 대체되었다. 자연도태가 이미 오래 전부터 더 이상 진행되지 않고 있다는 것은 그다지 새로운 얘기가 아니다. 오늘날 한 사람이 낳는 자녀의 수는 그의 유전자가 생존 경쟁에 유리한지와는 거의 상관이 없다. 그것은 사회적인 상황과 관련이 있을 뿐이다. 이렇게 자연의 생물학적 진화는 폐기 처분되고 만다.

아직 태어나지 않은 인간의 유전자를 의도적으로 변화시킬 수 있는 수단은 이른바 '생식 줄기 세포 변환'이다. 체세포 유전자 치료에서는 유전자를 환자의 체세포 속에 주입해서 질병을 치료하지만, 생식 줄기 세포 치료에서는 해당 유전자를 직접 수정란에 넣어 조립한다. 이로써 장차 생겨나게 되는 사람의 각 세포 내에서 자동적으로 유전자 변화가 이루어지게 되는 것이다. 이 경우에는 유전자 변화에 각 세포가 별도로 개입할 필요가 없다. 특정 세포만이 개입의 효과를 가질 수 있으며, 그렇게 함으로써 의도하는 부위에서만 유전자가 활동하게끔 할 수 있는 것이다. 인간의 생식 줄기 세포의 개입에 성공하려면 두 가지 기술적인 장벽을 넘어서야만 한다. 우선 난자 세포 내에서의 변화를 위한 과정을 해결해야 하는데, 이 개입은 안전성이 확보된 것이어야 하며 특히 복잡해서는 안 된다. 또한 유전자 프로그램의 나머지 부분을 건드려서는 안 된다. 두 번째는 그 시술이 보람 있는 것이 되게 하기 위해 정말로 중요한 유전자의 개선 내용을 잘 파악하는 일이다.

현재로서 생식 줄기 세포를 변화시키는 것은 동물 실험에서 유전자를 삽입하거나 현존하는 염색체상의 기존 유전자를 조작하는 방식으로만 가능하다. 이 기술은 정밀성이 너무 떨어지기 때문에 사람에 적용하기는 부적절하다. 근래 동물 실험에서 새로 적용하기 시작한 방식은 새로 추가된 염색체상에 있는 새로운 유전자를 주입하는 것이다. 이 방법은 대량의 유전자 조립도 가능하게 하며 조립된 유전자에 대한 통제도 더 용이하게 해준다. 그것은 이들이 다른 유전자와 직접적인 접촉이 없는 독립 염색체에 존재하기 때문이다. 1997년 클리블랜드 케이스웨스턴리저브 대학교 의과 대학에서 윌러드Huntington F. Willard에 의해 최초로 인위적인 인간 염색체가 제작되었다.

인공 염색체가 자연적인 염색체와 마찬가지로 유전된다는 것은 생쥐 실험에서 밝혀졌다. 인공 염색체는 처음에는 고유의 유전자를 갖고 있지 않으며, 단지 효소에 의해 새로운 유전자가 조립될 수 있는 골격만을 갖추고 있다. 그로써 여러 유전자 세트 운반에 적절한 운송 수단으로 사용될 수 있는 것이다. 우리는 그곳에 각종 유전자를 마음대로 배치할 수 있다.

언젠가는 모든 가능한 개선을 낳을 수 있는 그런 유전자 세트 수백 가지가 개발될 것이다. 에이즈에 대한 저항성을 갖고 있는 것부터 시작해서 수명을 늘려줄 수 있는 유전자 세트까지 나올 것이다. 미래의 부모들은 복제 병원에서 인공 염색체를 제공받게 될 것이고, 이런 병원에서는 시험관 난자 수정(IVF) 시술이 일상적으로 이루어질 것이다. 최소한 로스앤젤레스에 있는 캘리포니아 대학의 생체물리학자이면서 복제유전학의 선구자 중 한 명인 스톡Gregory Stock은 그렇게 생각한다.

이 새로운 염색체는 추가적인 속성을 필요로 하게 될 것이다. 당사자가 자신의 몸속에서 그 발현이 이루어지길 원하는지 스스로 판단하고 결정할 나이가 될 때까지, 특정 유전자 세트가 비활성 상태로 머물러 있게 할 수 있다면 그것은 상당히 바람직한 일일 것이다. 당사자는 깊이 숙고해서 동의서에 서명해야 하며, 이것은 오늘날 모든 의료적 개입에서 일반적으로 요구되는 것이기도 하다. 염색체를 제작할 때 필요할 때 언제라도 그에 대한 제어가 가능하도록 하는 것도 중요하다. 그렇게 된다면 유전자를 쉽게 조립할 수 있을 뿐더러 염색체 및 그 안의 유전자가 성공적으로 난자 세포에 정착되었는지 쉽고도 확실하게 확인할 수 있을 것이다. 그러나 가장 중요한 것은 제작된 염색체가 그 다음 세대로 유전되는 것을 예방하는 메커니즘을 개발하는 것이다. 현재 생식 줄기 세포의 개입에 대한 핵심적인 비판 논거 중 하나는 유전자 변형이 모든 후세에 전달될 것이라는 우려다. 후세는 그러한 형질을 전혀 원하지 않을 수도 있기 때문이다. 자기 결정권이라는 보편적으로 인정된 대원칙을 고수하고자 한다면 변형된 유전자가 인간의 유전자 풀에서 불변하는 요소가 되게 해서는 안 된다. 비록 생식 줄기 세포의 개입이 안전한 프로세스일지라도(물론 아직 그렇지 못하지만), 추가된 염색체를 물려받은 자녀들 역시 자녀에게 그 '노후한 유전자'를 물려주고 싶어 하지는 않을 것이다. 그것은 이전 세대로부터 물려받은 것일 뿐, 그들은 최신 기술에 의한 결과만을 자녀에게 물려주고 싶어 할 것이다. 게놈 전체의 그 어딘가에 숨어 있을 변형된 유전자가 유전되는 것을 방지하는 것은 매우 어려운 일일 테지만, 특정의 추가 염색체만이 변형되어 있는 경우라면 그것이 유전되지 않도록 특별히 제작하는 일은 분명 가능할 것이다.

이상이 유전자 공학의 최적화에 대한 간략한 기술적 시나리오다. 물론 유전자를 조립할 수 있다는 것만으로는 충분하지 않다. 조립해 넣을 만한 가치가 있는 유전자 종류를 파악하는 일도 필요하다. 우리가 후손에게 선사하고자 하는 것이 음악성이건 지성이건, 또는 건강한 신체와 긴 수명이건 그것은 하나의 유전자가 담당하고 있는 것은 아니다. 이 일에는 주위 여건과 복잡한 상호 작용을 하는 다수의 유전자들이 관계한다. 우리가 알고 있는 몇몇 개별 유전자는 제한적이지만 아주 명확한 변화를 낳기도 한다. 하지만 그들은 우리가 원하지 않는 바로 그 유전자, 즉 '질병 유전자'이다. 거의 완벽하게 조달된 시스템을 부분적으로 파괴함으로써 혼란에 빠뜨리는 일은 간단한 개입을 통해 최적화하는 일보다 훨씬 쉽다. 따라서 이 모든 숙고는 그저 실험과 이론에 머물고 말 가능성이 크다. 아직 인간에게 적용할 수 있는 전제는 주어져 있지 않다.

많은 이들은 안도의 한숨을 내쉬고 또 다른 많은 이들은 실망을 하겠지만 인간 유전자의 개선은 현재로서는 요원한 일이다. 유전자가 중요하긴 하지만 그것만으로는 생물학이든 인간이든 그 전체를 규정할 수는 없다. 바로 이러한 점 때문에 많은 의학자들은 생식 줄기 세포의 개입에 관련된 기술이 결코 인간에 적용될 수 없을 것이라는 한계를 절감하곤 한다. 하지만 미래가 어떤 뜻밖의 일들을 가져올지 우리는 알지 못한다. 무엇이 가능하고 무엇이 불가능한지, 또 우리가 원하는 것은 무엇이며 그렇지 않은 것은 무엇인지 깊이 성찰하고 토론하는 태도를 견지한다면 그로써 최선인 것이다.

클론

1996년 복제 양 돌리가 세상에 태어난 이후 생명체의 클론은 커다란 논쟁거리가 되어 많은 이들을 동요시키고 있다. 이 논쟁에서 문제로 제기되고 있는 것은 복제의 질적 차원이라기보다는 (복제를 행하는 주체가 누구든, 또는 어떤 이유이든지) 모범적으로 간주되는 개체의 복제 자체이다.

물론 돌리 이전에도 자연에서 일란성 쌍생아가 생겨나는 것과 동일한 방식, 즉 '배아 분열'을 통해 클론이 된 동물이 있긴 했다. 초기의 배아가 개별 세포로 분열되면 자연스럽게 쌍둥이, 세 쌍둥이, 심지어 여덟 쌍둥이까지도 생겨난다. 이런 종류의 개체는 자연 속에 드물지 않게 존재하지만 이미 오래 전부터 인공적으로 생산될 수도 있었다. 1902년 독일의 발생생물학자 슈페만Hans Spemann(1869~1941)은 배아를 분열시켜 도롱뇽 클론을 만들었으며, 1981년에는 마찬가지 방법에 의해 최초의 암소 클론이 등장하기도 했다.

하지만 돌리는 이러한 것들과는 완전히 다른 의미의 클론이었고, 결국 과학계에 센세이션을 불러 일으켰다. 자연적으로 생겨나는 클론 동물은 서로 형제자매이며 거의 동일한 시간에 세상에 태어난다. 그러나 돌리는 그 형제자매의 클론이 아닌 모체의 클론이다. 그러니까 이 양은 자신보다 몇 년 앞서 태어난 성체(成體) 양과 동일한 유전자를 가진 그야말로 차세대 클론이었던 것이다. 물론 돌리 외에도 이런 식의 번식에 의한 클론이 존재하긴 한다. 하지만 그것은 미생물, 몇몇 곤충, 산호, 식물의 경우일 뿐이다.(식물의 경우 이러한 번식법은 '휘묻이', '꺾꽂이' 등으로 불린다.) 클론의 진짜 명수는 진딧물이다. 이들의 암컷은 클론으로 복제된 딸을 출산할 수 있으며, 이 딸은 클론으로 태어날 손녀를 이미 몸속에 지니고 있다. 그리고 그 3세대 역시 모체의 것과 정확히 동일한 유전자를 가지고 있다.

돌리는 간단하고도 기본적인 생각에서 비롯된 산물이다. 우리 몸의 모든 세포가 독립적으로 유전 형질의 완벽한 세트를 하나씩 갖추고 있다면 이론적으로 볼 때 각 세포로부터 완벽한 새로운 인간이 생겨날 것이고, 그 인간은 우리 자신과 거의 동일한 모습일 것이다. 바로 이러한 생각이 양을 대상으로 한 실험에서 실현되었던 것이다. 이러한 실현을 위해서는 단지 난자 세포를 취해서 그 세포핵을 제거한 후 그곳에 성체 동물 체세포의 세포핵을 대신 주입하기만 하면 된다. 그리고 이 배아를 대리모의 자궁에 착상시켜 일반적 임신의 경우와 마찬가지로 그 속에서 성장하게 놔두면 되는 것이다. 물론 부분적으로 보면 그 과정은 훨씬 복잡하다.

이 과정에서 얻어낸 가장 놀라운 성과는 전환 이식된 세포핵을 역방향으로 프로그래밍하는 데 성공했다는 것이다. 성체 동물의 체세포에서는 유전자 중 극히 일부만이 아직도 활동하고 있으며, 체세포는 이미 분화를 마치고 전문화되어 있다. 이러한 유전 정보를 가진 상태에서 새로운 배아가 생겨나려면 발전 가능성 있는 초기 배아 상태로 그 정보가 역행되어야 한다. 돌리는 바로 이 역행이 이루어진 결과였다. (그 이후 많은 동물 실험에서도 이런 식의 클론 복제에 성공했다.) 그렇지만 그 기술이 완벽해지려면 아직 멀었다. 돌리를 출생시키기 위해 연구자들은 277회나 되는 실험을 해야 했다. 그런 저조한 성공률을 보이는 실험을 인간에 적용하는 일이 윤리적인 관점에서 허용되기란 불가능한 일일 것이다. 인간의 클론은 대부분의 사람들이 확신하고 있듯 금지되어야 마땅하다.

사이보그

인간과 기술이 괴물처럼 결합된 사이보그(인조인간)를 공상 과학 영화에서 가끔 보게 될 경우 우리는 직관적으로 그것이 자연에 어긋나는 것이라고 간주하게 되며, 반은 기계고 반은 인간인 그런 존재는 대부분 무자비해 보인다. 하지만 데이터Lieutnant Commander Data(영화 〈스타 트렉〉의 등장인물—옮긴이)나 C₃PO(로봇)처럼 아주 인간적으로 보이는 것들도 있다. 비텐/헤르데케Witten/Herdecke 사립대학의 전 총장 치멀리Walther Zimmerli는 인간이 이미 오래 전부터 기술적 주변 기기들을 장착하고 살아가고 있다고 지적한다.

우리는 단순한 호모 사피엔스가 아니라 켄타우루스(상반신은 사람, 하반신은 말(馬)인 신화에 나오는 존재—옮긴이)다. 인간은 주변의 공학 기술과 결합해 공생 관계를 이루며 살아가고 있다. 여태까지 인간의 유전자가 변한 적은 거의 없지만 기술적·전기적·전자적으로는 변하고 있다. 우리는 그런 공생적 인간-기계 시스템의 일부분이 되었다.

첫인상은 어떨지 몰라도 사이보그는 그렇게 대단하거나 우려를 낳을 수 있는 존재가 아니다. 사실 우리는 기술로 무장된 인간을 매일 만들고 있다. 인공 관절 삽입은 가장 흔한 외과 시술 중 하나다. 너무나 오랫동안 수많은 사람들에게 영혼의 보금자리로 인식되어 온 신체 기관 심장을 전기 박동 조절 장치와 연결하겠다는 생각조차 이제는 그다지 충격적이지 않다.

사이보그는 미니어처를 통해 그 유동성을 점점 더 확대하고 있는 인간 발전의 결과이다. 이제 기술은 인간의 몸에 더 가까이 연결되고 있으며 마침내 인간의 몸과 하나가 될 것이다. 현미경과 안경, 콘택트렌즈의 기술은 이제 일종의 노인병인 '매큘라 퇴행 Macula Degeneration(AMD)'이라는 망막 손상으로 시각을 잃은 환자에게 시력 강화 칩을 이식하는 데까지 이르렀다. 미래에는 기술적으로 훨씬 더 개발된 (인체를 위한) 인위적인 규소 및 강철 부품이 제공될 것이다.

오늘날 사람들이 빠른 이동을 위해서 자동차 등의 수단을 이용하듯, 미래에는 더욱 다양한 몸의 기술적인 확장을 경험하게 될 것이며, 그 편리함에 매료된 많은 사람들은 직접적으로 그런 장치를 자신의 몸에 통합시킬 것이다. 그들은 수백 가지 물품을 싣고 고속도로를 달리는 자동차로부터 해방되어 오히려 더 빨리 이동할 수도 있을 것이다.

그러나 유전자 조작의 경우에서와 마찬가지로 그렇게 자동화된 의족이나 의수도 인간의 본질을 건드릴 수는 없다. 아무리 발전된 기술이라도 인간성과 고도의 정신적 능력을 대신할 수는 없는 것이다. 우리는 미래에도 공개 토론 등의 민주주의적 과정을 통해 모든 이들에게 정보를 제공하고 스스로 결정을 내릴 수 있도록 세심하게 배려해야 할 것이다.

진보와 자기 결정

앞 단원에서 언급했듯 게놈 조작 가능성은 이미 많은 사람을 불쾌하게 했으며 이는 당연한 것이다. 게놈 조작에서 보편적 도덕 원칙을 발견하기란 매우 어렵다. 게다가 어떤 사람들은 '자연성'(비록 그들의 이 개념은 불분명한 것이긴 하지만), 즉 현재의 모습 그대로를 유지하는 것이 인간의 도덕적 의무라고 간주하기도 한다. 하지만 그와 반대로 개선해 나가는 것이 의무라고 생각하는 사람들도 있다. 철학자 바이에르츠Kurt Bayertz의 생각은 다음과 같다.

따라서 우리는 직관적으로뿐만 아니라 문화적, 신화적, 철학적 사고의 명예로운 전통에 입각해서도 다음의 견해를 대변할 수 있다. 즉 우리는 모든 외부 사물의 자연성과 마찬가지로 인간 자신의 자연성에 대해서도 개선해야 할 의무가 있다.

또 생물학자 마클Hubert Markl은 다음과 같이 반문한다.

예컨대 소가 가축으로서 살아가듯이, 자연이 단순히 그 원래의 갈 길을 달려가도록 내버려두는 것보다는 인간이 직접 개입하고 스스로 책임을 지는 것이 문화라는 능력을 가진 존재로서의 중심 과제가 아닐까? 좀 더 자세히 말해서 자연을 조작하고 때론 유지하면서 편리하게 만드는 것이 보다 인간적인 삶을 가능하게 하지 않을까? 물론 자연을 개선하는 것도 포함해서 말이다.

최근(특히 20세기 초엽과 말엽) 독일에서는 '자연적 섭취', '자연 치료제', '자연적 출생', '자연적 주거' 따위의 접근 방식을 통한 소위 '자연적 생활'에 대한 관심이 고조되었는데, 우리는 그 자체를 문화적 옵션이라고 말하고자 한다. 각 개인은 각자의 세계관이나 종교에 따라 원하는 것을 선택할 수 있다는 것이다. 그러나 생활 방식으로서의 그 '자연성'은 언제나 문명사회의 기술적인 안전 시스템에 기초를 두고 있으며, 위급한 경우에는 거기에 의존할 수밖에 없다. 비상 제왕 절개 수술이 필요할 때는 그 상황을 받아들여야 하고, 아이가 심한 폐렴에 걸렸을 때는 항생제로 치료해야 하며, 심한 근시는 콘택트렌즈로 교정해야 한다.

자연의 압력과 제한에 대한 인위적인 대응과 극복은 인류 역사 발전의 핵심을 이루고 있으며, 그 발전은 금기 사항에 의문을 제기하고 기존의 경계를 과감히 확장함으로써 이루어지는 경우가 많았다. 예컨대 16세기에는 금지령에도 불구하고 인체를 해부함으로써 신체의 장기에 대해 자세히 알게 되었고 의학 발전을 위한 엄청난 중요성을 획득했다. 20세기의 피임약 도입은 또 하나의 금기를 깨뜨리면서 여성의 자기 결정에 중요한 역사적 진보를 낳았다. 현재 매년 수천 명의 생명을 구하는 심장 이식도 처음에는 수용할 수 없는 것으로 여겨져 저항을 받았다. 오늘날 역시 출생 전, 이식 전에 행해지는 진단과 그에 따르는 줄기 세포와 유전자 치료 의학에 대해 격렬한 논쟁이 벌어지고 있다. 그러나 모든 기술적 실천 가능성이 다 실현되는 것은 아니다. 신기술이 실천에 옮겨지는 과정에는 사회적, 도덕적, 법적 제한이 개입되고 있다.

현재 생명의학의 기술 개발과 그 실천에 대한 토론의 핵심 테마는 인간의 자기 결정권 범위가 어떻게 정해져야 할 것인가 하는 문제다. 인간의 자기 결정권은 계몽주의 이후 권위에서 벗어난 사회가 지향하게 된 중심 가치이며, 따라서 당사자의 자유 결정 없이 소위 '인체에 개입'하는 것은 허용될 수 없다는 사회적 합의가 이루어져야 할 것이다. 하지만 자신이 지금 하려고 하는 일에 대해 정확히 알고 스스로 결정했다고 해서 그 개인이 무엇이든 해도 된다는 뜻은 아니다. 유전자 테스트, 생식 줄기 세포 변경, 기타 기술 장치의 사용 금지에 반대하는 많은 사람들은 그들 자신에게는 그런 금지가 불필요하다는 전제를 당연하다는 듯 제시한다. 그들은 스스로 '옳은' 결정을 내릴 수 있다고 생각하는 것이다. 그러나 다른 사람들은 이들 스스로 옳은 결정을 내릴 수 있다는 것을 인정하지 않는 경우가 많다. 게다가 실제로 이미 많은 사람들이 자신의 결정을 후회하고 있다. 이들은 어떤 강제적 상황에서 스스로 결정을 내리긴 했지만 나중에서야 결국 다른 결정을 내렸어야 했다는 것을 알게 된 것이다.

성숙한 인간으로서 자유로운 결정을 내리고 자신이 자연의 형성자라는 것에 대한 자아 이해 능력을 장려하는 것이 계몽주의 이념이다. 인간은 어떤 결과를 나을 수 있는 자신의 행동에 대해 스스로 책임질 수 있어야 하며 다른 사람에게 해를 입혔을 때 역시 당연히 책임져야 한다는 것을 알아야 한다.

자기 결정 허용과 책임 능력 향상을 가능하게 하는 이 현대적 자아 이해는 자유, 창조, 개성, 인권의 중요한 기초다. 의학의 관점에서 볼 때 인간의 품위가 유지될 수 있으려면 사회가 개인에게 자율적 결정을 허용하고 과학과 기술이 자기 결정적 행동을 위해 신뢰할 만한 방법을 제공해 주어야 한다. 칸트는 《실천 이성 비판》(1788년)에서 이 문제에 대해 "네 의지의 최고 원칙이 항상 보편적 입법 법칙으로 통할 수 있게 행동하라."라고 대답했다.

우생학, 선택, 선별

자기 결정권이 박탈되거나 자기 결정을 할 능력이 없는 사람에게 개입해야 하는 상황에서는 특히 각별한 주의가 요망된다. 따라서 우생학이라는 개념은 그 어떤 다른 개념보다도 심한 부담을 안고 있다. 후손들이 특정한 속성을 지니고 태어나거나 그 반대의 상태로 태어나게 하는 방법, 혹은 태어나지 않게 하는 방법을 다루는 학문이 우생학이다. 다윈의 친척 골턴Francis Galton(1822~1911)에 의해 정립된 우생학은 20세기 초, 미국·영국·독일·스칸디나비아 국가를 비롯한 기타 여러 나라에서 정치에 의해 도구화되어 인종주의 및 사회적 편견으로 점철된 사이비 학문이 되기도 했다. 미국의 여러 주(州)에서 단종(斷種) 법안이 통과되었으며, 실제로 그 법안은 수천 번이나 적용되어 특히 정신병자·장애자·범죄자들이 강제로 거세되었다. 이와 동시에 1924년의 미국 이민법은 전 세계의 "생물학적으로 열등한" 지역 출신 사람들의 미국 유입을 심하게 제한했다. 우생학 이데올로기는 '인종 위생학'이라는 끔찍한 형태로 발전해 나치의 조직적 대중 살해를 낳기도 했다. 하지만 나치 시대에는 유전자 공학도 게놈 연구도 존재하지 않았다. 비록 수많은 과학자가 히틀러 정권에서 일하긴 했지만 소위 '아리안 종족' 개선을 위한 프로그램은 원칙적으로 과학에 의한 것이 아니었다. 인간이 원숭이에서 유래한다는 것도 부인되었는데, 베를린의 해부학자 베스텐회퍼는 그 이유를 다음과 같이 설명했다.

종의 변화, 심지어 하나의 특수 종의 변화라도 가능하다면 우리의 모든 인종 위생학 및 인종 규제 입법은 근거를 상실하고 와해될 것이다. 원숭이 이론을 옹호하시는 양반들은 그 점을 전혀 눈치 채지 못하는 것 같다.

이는 과학이 이데올로기 및 정치의 영향력으로부터 독립하는 것이 얼마나 중요한지를 명백히 보여준다. 전체주의 정권은 과학마저도 타락시키고 한갓 눈속임용 외투로 전락시킬 수 있는 것이다.

오늘날에도 많은 사람들은, 특히 복제 의학과 관련해서 새로운 우생학의 위험성을 경고한다. 하지만 여기서 '우생학'이라는 단어는 다소 다른 의미로 쓰이고 있음이 분명하다. 즉 낙태, 출산 전 진단, (아직은 그것을 시행할 기술이 없는) 생식 줄기 세포 치료를 통한 유전적 구성의 변형을 뜻하는 것이다. 우생학의 조치에 대해 올바른 판정을 내리기 위해서는 두 가지 관점, 즉 '강제성이 존재하는지', 그리고 '특정 조치가 어떤 목적을 가지고 있는지' 살펴보아야 한다. 특히 그것이 어떤 종족이나 인류의 유전자 풀 개선을 추구하는 것인지 단지 개인의 자기 결정적 선택인지 판단하는 문제가 매우 중요하다. 우생학에서 가능한 진단을 이용하는 커플들이 유전자 혹은 인간을 멸종시키려는 목표를 가지고 있다고 볼 수는 없다. 그들은 다만 건강한 아이를 갖기 위해 자유로운 선택을 할 뿐이다.

이 짧은 토론은 개념이나 관념, 그리고 사회적 가치가 개인 및 민족 전체의 체험에 의해 결정된다는 것을 분명히 제시해 준다. 서로 다른 문화권이나 종교는 특정 문제에 대해 서로 다른 입장을 취할 수 있다.

의학적 검사를 특정 당사자가 스스로 선택하는 것과 사회적으로 우생학을 채택하는 것은 완전히 별개의 일이다. 부모가 장애아를 원치 않아서 낙태를 하는 것과 국가가 모든 장애자를 대상으로 강제 불임 시술이나 살해를 결정하는 것 사이에는 현격한 차이가 있다는 것이다.

▌건강한 몸과 아픈 인간 ▌

다시 우리 몸에 대해 이야기 해보기로 하자. 수 킬로그램이나 되는 해부학 교재를 한번이라도 펼쳐보았던 사람은 자신이 그야말로 드넓은 벌판에 첫발을 들여놓게 되었다는 것을 알고 있을 것이다. 물론 우리가 외과 의사가 되길 원하지 않는 이상 후근(後根)Radix dorsalis이 배각(背角)과 척수 신경절(節) 사이에 있다는 것이나 고환 염전증(睾丸捻轉症)Testicle Torsion과 고환 반전증(反轉症)Testicle Inversion의 차이가 무엇인지 알 필요는 없다.

그러나 지라(비장)가 하는 일은 무엇인지, 식사를 하면 위(胃)에서 무슨 일이 벌어지는지, 또는 병원체를 어떻게 몸으로부터 분리시킬 수 있는지 아는 것은 중요한 일이다. 그러한 것들을 알고 있어야만 몸을 제대로 관리할 수 있으며, 바람직한 생활 방식을 만들어갈 수 있기 때문이다.

따라서 간략하게나마 몸에 대해 고찰해 보고자 한다. 아직도 우리 몸에는 인간의 과거 모습이었던 원숭이의 특징, 또 그보다 더 오래된 파충류의 특징이 남아 있다. 때로 우리를 괴롭히기도 하는 이런 '설계 실수'는 수백 만 년의 진화 과정, 그 뒤엉킨 경로에서 생겨난 것임이 분명하다. 이런 관점은 게놈 연구를 통해 완전히 새로운 인식 가능성을 얻은 '진화 의학'을 낳았다. 설계 실수의 가장 잘 알려진 예는 기도와 식도가 교차하는 목의 구조이다. 이미 수많은 사람들이 질식사(死)

로 대가를 치룬 이 진화 오류는 최초의 척추동물이 탄생했던 5억 년 전에 생겨났고, 송어부터 작은부리울새에 이르기까지 수많은 동물이 그런 구조를 가지게 되었다. 결국 그들은 음식과 공기의 교차 문제를 해결하는 방법을 발견해 냄으로써 잘 살아가고 있다. 하지만 인간에게 있어 그 구조는 아직 괴로운 것으로 남아 있다. 왜냐하면 우리는 언어를 개발하는 과정에서 그 목적을 위해 구강 공간을 약간 변형해야 했기 때문이다. 우리는 옹알이를 할 즈음 마시면서 동시에 숨을 쉴 수 있는 능력을 상실하게 되며, 따라서 음식을 잘못 삼키기 시작한다.

그런 태고의 불충분함이 있었음에도 놀랍게도 오늘날 우리가 이겨내야 하는 거의 모든 질병은 명백히 근래에 생겨난 것들이며, 자연적 특성과 관련이 있다기보다는 지난 1만 년 동안 우리 생활 습관과 관련이 있는 것들이다. 알레르기, 요통, 고혈압 등의 질병뿐만 아니라 독감이나 콜레라, 그리고 에이즈에 이르기까지의 전염병도 거기에 해당한다. 이런 병들은 사람(혹은 동물)이 상당히 밀집해서 사는 곳에서만 발생할 수 있다. 그래야만 빠르고 효과적으로 다른 사람에게 전염될 수 있기 때문이다. 사람이 한 장소에 정착해서 집단 거주지를 형성하고, 자신의 배설물에 파묻혀 살기 시작하고, 또 가축을 키우면서 동물의 사료를 먹기 위해 모여드는 설치류(쥐 따위)와 함께 살기 시작함으로써 전염병이 생기기에 가장 좋은 조건들이 만들어졌다. 인간이 겪는 수많은 질병들은 가축으로부터 전염된 것이다. 예컨대 홍역과 결핵은 소, 독감은 돼지, 천연두는 (아마도) 낙타·생쥐·벌레로부터 전염되었다. 게다가 오염된 식수원과 식량원은 전염을 촉진하기까지 했다.

오늘날 더 이상 가축과 접촉하지 않는 좋은 위생 환경에서 사는 서구 문명인에게는 미미한 역할밖에 하지 못하는 전염병도 아직 수렵 및 채집 문화권에 있는 소수 부족에게는 쉽게 퍼질 수 있다. 이런 전염병의 세균은 인체의 바깥, 즉 동물의 몸속이나 토양 속에서 살 수 있다. 예를 들자면 원숭이로부터 인간에 전염될 수 있는 황열병, (비록 흔히 발생하지는 않지만) 감염자의 몸속에서 매우 서서히 진행되므로 다른 사람에게 전염될 수 있는 충분한 시간을 가지는 나병 등이 있다. 평생 동안 여러 번 반복해서 발생하는 병도 있는데, 그것은 진행 속도가 매우 빠르고 몸속에 면역 항체를 남기지 않기 때문이다. 이런 것들은 특히 구충(鉤蟲)과 기타 기생충에 의해 야기된다.

이와 같이 현대의 질병은 우리의 생활 방식에 따른 전형적인 것들이라 할 수 있다. 자연은 어떤 생활 방식 안에서도 운신할 수 있는 고유 공간을 마련할 수 있으며, 그리하여 그 조건에 적응하는 병원체를 만들어내는 것이다.

나머지 부류의 현대적 질병은 인간이 제때 사망하지 않을 경우 그 몸을 엄습하는 것들이다. 의학자 네스Randolph M. Nesse와 진화 이론가 윌리엄스George C. Williams는 다음과 같이 기록하고 있다.

오늘날 인간은 과거처럼 10살이나 30살 때 사자의 먹이가 되지는 않는 대신 그 대가를 치러야만 하게 되었다. 그것은 80세 때 심근 경색이나 암, 또는 알츠하이머병에 걸리는 것이다.

몸의 구조

인간은 포유동물 중에서 유일하게 두 발로 걷는다. 그러나 놀랍게도 인간의 진화 과정에서 그 척추는 직립 보행에 완전히 적응하지는 못했다. 유년기에 뜀박질을 배울 때 그 과정에서 생겨나는 힘을 통해서야 척추는 전형적인 이중 S자 형태를 갖추게 되는 것이다. 출생 시의 심한 결함 때문에 누워서 지내야 하는 환자들은 척추 만곡부의 빈 공간을 발전시키지 못하며, 우주의 무중력 상태에 체류하는 우주인은 고립라와 유사한 척추를 가지게 된다. 이러한 점은 척추뿐만 아니라 신체 구조의 다른 부분에도 해당된다. 그것은 진화 과정 중 700만 년 동안 직립 보행한 것과 그 이전 4억 년 동안 네 발로 걷던 것 간의 타협 결과다. 그 700만 년 중에서 특히 마지막 200만 년 동안은 머리 사이즈가 현저히 커졌으며 이것 또한 현대인의 신체 구조에 영향을 미쳤다.

척추동물로서의 인간

실제로는 4억 년보다 더 오래 전에 형성된 인간의 기본 구조는 물속에서 생활하던 물고기와 인간의 공동 조상으로부터 유래했으며, 척추는 모든 척추동물과 마찬가지로 세로 방향으로 놓여 있었다. 우리 신체 구조는 대칭이라는 특징을 갖지만, 정확히 말하자면 그것은 깨진 대칭이라 할 수 있다. 인간의 좌반신과 우반신이 완전히 동일하지는 않기 때문이다. 잘 알다시피 심장은 척추를 기준으로 좌측에 자리 잡고 있으며 나머지 내장 기관도 척추를 따라 정돈된 상태로 배열되어 있지는 않다. 간과 비장(지라), 그리고 췌장은 진화 과정 중에 그 대칭형을 상실했으며 몸 한쪽으로 치우쳐졌다. 약간의 대칭 파괴는 비교적 아래에 달려 있는 고환에서 가장 잘 드러난다. 실제로 우측 고환은 좌측의 것보다 약간 더 크다. 런던 유니버시티 칼리지(UCL)의 맥매너스Chris McManus는 고대 남성 조각상의 고환 비대칭성에 대한 연구로 2002년도 의학 부문에서 '이그Ig-노벨상'(정도를 벗어난 기발한 연구에 수여하는 익살스런 '안티 노벨상')을 받았다. 그는 해부학적으로 정확하게 107점의 남성 조각상을 연구했으며, 대부분 실제 인간과 달리 좌측 고환이 더 크다는 것을 발견했다. 그 이유는 밝혀지지 않았지만 아마도 대부분의 오른손잡이 조각가들이 좌측을 향해 망치를 더 강하게 내리쳤기 때문일 것이라고 추측될 뿐이다. 비대칭이기는 신장도 마찬가지이지만, 우리는 그 작은 결함을 충분히 용인할 수 있다.

두 개의 신장 중 하나를 타인에게 이식해 그 생명을 구하는 일이 드물지 않기 때문이다. 다음 장(章)에서 살펴보겠지만 뇌 역시 서로 전혀 다른 우뇌와 좌뇌로 되어 있다.

두 다리의 원숭이, 인간

굽혔다 폈다 할 수 있는 네 개의 손가락, 그 반대편에 위치한 엄지손가락, 그 끝에 달린 납작하고 짧은 손톱, 큰 엄지발가락이 달린 발, 큰 용적의 뇌 등등을 볼 때 우리는 분명히 전형적 유인원이다. 기타 유인원에겐 없는 어떤 유일한 구조를 우리 몸에서 발견할 수도 없다. 그러나 두 발로 걷는다는 점만큼은 몇 가지 특수성을 낳았다. 마치 스프링 같은 기능을 하는 척추의 이중 S자 형태는 보행 시 충격을 흡수하고 발이 몸통의 중량을 버틸 수 있게 도와준다. 큰 하중을 견뎌야 하는 부삽 모양의 골반(엉덩뼈)은 넓게 벌어졌으며, 역시 넓어진 십자형 천골(薦骨)은 그 지지 기능을 지원한다. 흉곽 역시 더 넓어지고 납작해졌다. 견갑골은 측면에서 등 쪽으로 밀려났으며, 이리하여 팔은 더 넓고 자유로운 운동 공간을 확보하게 되었다. 다리는 단독으로 몸을 받치고 이동시키기 위해 그 길이가 길어지고 근육이 많아졌다. 발은 잡기 위한 목적은 상실하고 걷는 목적을 위해서만 존재하게 되었다. 이로 인해 발가락이 현저히 작아진 것이다.

두개골은 자유롭게 균형을 잡을 수 있어야 하며, 이 목적을 위해 목 근육은 상대적으로 약화되었다. 대뇌는 무엇보다도 두개골이 위로 상승하면서 그 자리를 잡게 되었다. 뒤통수와 측면의 뼈는 안정성 저하를 감수해야 했고, 얼굴은 납작해졌으며, 입 주변의 튀어나온 부분은 자동적으로 사라진 반면 그 윤곽은 남았다.

어쨌든 전체적으로 볼 때 직립 보행에 대한 적응이 아직 완전히 이루어지지는 않았다. 그 이유는 우선 적응을 위해 주어진 시간이 겨우 수백만 년밖에 안 되었다는 데 있다. 두 번째로 진화는 몸의 구조에 원칙적 변화를 가져올 수 없으며 과거의 형태를 새로운 환경조건에 적응할 수 있게 해줄 뿐이기 때문이다. 전형적으로 나타나는 직립 보행의 결과로는 추간판(椎間板) 돌출, 관절 간 연골 손상, 편평족 및 평발, X자 다리와 O자 다리, 퇴행성 관절통, 정맥류(靜脈瘤)가 있다. 추간판은 척추 뼈 사이사이에 있는 편평한 판 모양의 연골로서 마치 쿠션과 같은 작용을 한다. 사람이 나이가 들어 늑골 사이에 살이 찌면 추간판이 늘어나게 되며, 그 연약한 핵심 부위가 옆으로 약간 미끄러져 내려오면서 척수나 신경을 누르게 된다. 이러한 추간판 돌출은 심한 통증을 유발하며, 그 정도가 심각한 경우에는 마비 증세까지 나타날 수 있다. 하지만 정교한 운동을 통해서 그 시스템을 다시 정형할 수 있으며 그런 운동이 약물치료보다 더 좋은 효과를 내는 경우가 많다.

뼈 관절 근육

우리의 골격은 엄격하게 대칭적이다. 성인의 몸에는 200여 개의 뼈가 있으며 그 절반 정도는 손과 발에 있다. 22개의 뼈가 해골을 이루며, 32개는 척추, 3개는 가슴뼈, 4개는 흉대(胸帶), 60개는 팔과 손, 2개는 좌골, 59개는 다리와 발에 속하며, 24개는 늑골(갈비뼈)이다.

각각의 뼈는 100개 남짓한 관절로 서로 연결되어 있다. 관절의 접합면은 매끈한 연골로 싸여 있기 때문에 미끄러질 수 있다. 중대형 관절은 접촉면의 마찰을 감소시키기 위한 별도의 점액으로 보호된다.

무릎이 제대로 움직이지 않거나 이상하게 삐걱거리면, 그 원인은 대부분 반달형의 작은 연골 마모에 있다. 대퇴골과 종아리뼈 사이의 연골은 무릎 관절을 안정시키며 하중을 분산시킨다. 아직 사용된 적이 없어 전혀 손상을 입지 않은 연골은 쫀득쫀득한 젤리처럼 생겼다. 그 표면은 아주 매끄럽고 우유처럼 불투명하다. 거기에 지속적으로 압력을 가하거나 이리저리 잡아당기면 작은 균열이 생기며, 그런 균열이 많아지면 약간의 자극만 주어도 형태가 심하게 일그러지면서 균열이 서로 연결되어 큰 균열이 생긴다. 그 다음에 관절 자체가 서로 닿으면서 관절통이 생기는 것이다. 이 상태에 이르게 되면 대부분 수술을 해야 한다.

관절통은 관절의 내피(內皮)가 마모되었기 때문에 생기는 것이다. 누구든 그것을 피할 수는 없다. 다만 그 시점에 도달하는 데 걸리는 시간 차이가 있을 뿐이다. 평균적으로 다섯 명 중 한 명만이 50세가 넘어서까지도 건강한 관절을 유지할 수 있다. 심한 역학적 하중을 받는 무릎이나 좌골 관절은 흔히 손상을 입기도 하는데, 물론 이 경우에도 정교한 운동은 재생 능력을 촉진하는 데 효과가 있다. 직업 축구 선수와 럭비 선수처럼 관절을 과도하게 사용한다면 그 마모 시기가 앞당겨질 수밖에 없다.

근육의 수는 관절보다도 많아 600여 개에 이른다. 외적인 신체 운동을 담당한 모든 근육은 뇌의 의식적 명령을 받는 수의근(隨意筋)이며 가로무늬가 있다. 그 나머지는 자동으로 움직이면서 임무를 수행한다. 예컨대 음식물을 위에서 아래 방향으로 진행시켜 배출하는 장운동이 이런 근육에 의해 이루어진다. 그것은 민무늬근이며 불수의근이다.

통칭 류머티즘Rheumatismus은 통증을 의미한다. 이것은 근육, 인대, 뼈, 관절을 포괄하며 외상(外傷) 없이 생기는데, 그 원인은 역학적 구조의 잘못에 있는 것이 아니라 면역 시스템의 오류에 있다. 이 오류가 몸의 각 부분을 적으로 간주해 염증을 일으키고 차츰 파괴시키는 것이다. 류머티즘의 개념에는 대략 400가지가 속하며, 그중에는 부분적으로 성격이 매우 다른 질병도 함께 있다. 가장 빈번한 것은 관절에 발생하는 통풍(관절염)Arthritis이지만 눈, 심장, 신장, 장, 혈관, 신경, 뇌도 통증을 겪을 수 있다. 이에 대한 더 자세한 내용은 면역 시스템

단원에서 살펴보기로 하겠다.

만능 스포츠맨, 인간

인간은 뇌의 동물이다. 인간은 동물계에서 유일하게 인지(認知的) 능력을 가지고 있으며, 그러한 우수성은 분명 정신적 성과에 기인한다. 모든 종류의 신체적 활동에 있어서 인간보다 뛰어난 동물은 많다. 아마도 그래서 일찍이 '호모 인에르미스Homo inermis', 즉 무방비 상태의 결함투성이라고 불렸을 것이다. 하지만 겉모습만 그러할 뿐이다. 개별 종목 경기에서는 동물에게 패할지 몰라도, 여러 가지를 동시에 다 잘 해야 하는 다종(多種) 경기에서는 신체적 능력 면에서도 인간이 가장 앞선다. 보통의 성인 남성은 특별한 훈련을 하지 않더라도 다른 동물이 할 수 없는 것들을 할 수 있다. 25킬로미터를 한번에 걸을 수 있으며, 150미터를 전속력으로 달릴 수 있고, 1,500미터를 신속히 달릴 수도 있으며, 나무에 오를 수 있고, 2~3미터 정도의 장애물을 건너뛸 수 있다. 게다가 2미터 깊이를 잠수할 수 있으며 200미터의 거리를 헤엄쳐 갈 수도 있다.

신경 시스템

신경 센터

인간의 신경 중추는 뇌와 척수이며, 신경은 그 중심 기관들을 신체의 모든 부분과 연결한다. 신경이라는 개념은 센서와 동작 신경 섬유, 혈관과 그 결합 조직으로 구성된 다발을 의미한다. 뇌에서 이루어지는 '사고'를 제외하면 신경 중추는 센서 운동과 식물적인 조절 업무두 가지 일을 맡아 한다.

센서 운동을 하는 신경 중추는 외부 세계를 담당한다. 그것은 외부의 감각(시각·청각·미각·촉각)을 수용하며, 그 수용 기관을 자극한 감각은 신경 섬유를 통해 뇌로 전달된다. 감각을 인지하고 의식한 뇌는 각 근육으로 명령을 내린다.

식물적(혹은 자동적) 신경 중추는 몸의 내부 생활, 다시 말해서 혈압, 심장 박동, 각종 호르몬 분비, 위와 장의 통로, 분비선에서 진행되는 기능, 호흡, 체내 수분 함량 조절, 성(性) 기관 등을 관리한다. 한편 (뇌의 기능까지 필요로 하지는 않기 때문에) 뇌가 의식하지 못하는 외부 자극에 반응하기도 하는데, 예컨대 방광에 오줌이 가득 찼을 때의 혈압 변화나 위에 음식이 가득 찼을 때 일어나는 일련의 소화 작용 등이 그런 것들이다. 아주 일반적으로 말해서 식물적 신경 중추는 두 부서로 이루어져 있다. 이 역시 오랜 진화의 산물이다. 그중 하나는 활동성·도주·추격을 담당하며, 나머지는 소화와 휴식을 담당한다. 전자가 소위 교감 신경, 후자는 부교감 신경 시스템이다. 교감 신경이 활성화되면 아드레날린이 분비되고 심장 박동과 호흡이 빨라지면서 손바닥이 축축해지며 장(腸)의 혈액이 근육 쪽으로 이동한다. 이런 상태는 예를 들어 위기 상황에서 빨리 벗어나기 위해 달려야 할 필요가 있을 때 발생한다. 부교감 신경이 우세해질 때면 우리는 심장 박동이 느려지는 것을 경험한다. 근육의 혈류도 감소하며, 장과 위에 피가 모여 소화를 활성화시켜 새로운 에너지를 비축할 수 있게 한다.

마지막으로 하나의 부서를 더 추가하자면 속이 빈 기관(심장·위·장·방광·자궁)의 벽을 관류하며 어느 정도 자체의 독립성을 유지하는 '내부Intramural 시스템'이 있다.

가장 빈번하게 발생하는 신경 센터 질환에 속하는 것으로는 알츠하이머병과 파킨슨병이 있다.(이에 대해서는 다음 장(章)에서 좀 더 자세히 논할 것이다.) 일 년에 백만 명당 한 명 정도 감염될 정도로 희귀한 것이긴 하지만 최근 몇 년 동안은 크로이츠펠트 야콥병(CJK)이란 것이

유행해서 심약한 사람들이 겁을 먹고 한동안 소고기에 대한 식욕을 억누르기도 했다. 의학적 관점에서 볼 때 CJK는 매우 흥미로운 질병이다. 왜냐하면 그것은 단백질 분자 프리온Prion과 관계가 있기 때문이다. 프리온은 그 고유의 유전자를 갖고 있는 미세한 병원체이며, 단지 단순한 단백질일 뿐이지만 다른 단백질한테 고유의 공간 구조를 강요함으로써 광우병(BSE)이나 CJK 따위의 질병을 일으킨다.

뇌를 파괴해 스펀지처럼 구멍이 숭숭 나게 하는 CJK는 뇌세포 내에서 프리온 유전자가 우연히 변형됨으로써 발생한다. 그 결과 변형된 공간 구조를 가진 프리온이 생겨나고 그것은 다시 뇌의 다른 프리온을 감염시키고 그 구조를 변화시킨다. 결국 프리온은 더 이상 용해 불가능한 상태로 뭉쳐져서 뇌 안에 침착함으로써 건강한 신경 세포를 몰아내는 것이다.

사람에게서 사람으로 CJK가 전염되는 경우는 극히 드물다. 감염자의 뇌를 먹었을 때 발병하거나, 소독이 되지 않은 수술 도구(이 병원체는 내성이 매우 강해 섭씨 120도의 고온도 견딘다.) 또는 사망자의 뇌에서 얻은 표본을 통해서 전염되는 것이 대부분이다. 후자의 위험은 유전자 공학을 통해 생산된 호르몬이 발명되기 전까지 상존했다. 그 이전에는 키가 크지 않는 사람을 시신의 뇌에서 추출한 성장 호르몬으로 치료하기도 했기 때문이다.

이 희귀병은 1980년대 영국에 광우병이 퍼지면서 일반인에게까지 널리 알려지게 되었다. 소고기를 먹음으로써 전염되는 광우병은 CJK의 특수한 초기 형태를 낳았다.

호르몬 관리

우리 몸속에서 내분비 시스템은 신경 시스템에 이어 제2의 컴퓨터로서의 기능을 한다. 신경 시스템과는 달리 오직 화학적 시그널에 의해서만 작동하기 때문에 속력이 느리고 그 효과도 분산되어 있긴 하지만, 인간이 이렇게 정보 처리에 필요한 두 가지 시스템을 가지고 있다는 것은 진화의 결과다. 둘 중 더 오래된 것은 화학적 전달 시스템이다. 호르몬은 식물처럼 신경 시스템이 없는 생물도 가지고 있다. 두 시스템은 함께 발전했으며 서로를 보완한다. 모든 신체 기관은 신경 시스템뿐만 아니라 호르몬 시스템을 통해서도 서로 연결되어 있다. 양자 사이에는 아주 밀접한 상호 작용이 존재한다. 예컨대 뇌는 중요한 호르몬선(腺)이며 시상(視床) 하부·뇌하수체선(腺)·뇌하수체를 통해 모든 신체 기능에 영향을 미친다. 또 동시에 수많은 호르몬의 목표 기관이기도 하다. 호르몬 시스템과 식물적 신경 시스템은 몸속에서 일어나는 여러 과정의 통제를 분담한다.

호르몬은 대개 그 생산 장소에서 바로 혈관 내로 스며들어 몸속에 분배되며 특별 수용체가 그것을 받아들이는 순간부터 작용을 시작한다. 호르몬이 수용체에 결합하는 특수한 구조는 시그널의 급속한 연쇄 작용을 낳으며, 결국 목표 세포에 도달해 전형적 반응을 야기한다. 모든 목표 세포는 서로 다른 호르몬을 수용하는 고유의 수용체를 갖고 있으며, 세포는 상호 모순적인 반응을 나타내도록 자극을 받을 수도 있다. 동일한 호르몬이라도 그것이 서로 다른 형태의 조직을 가지는 목표 세포에 도달하면 역시 서로 다른 작용을 할 수도 있다. 예컨대 아드레날린은 소화 기관의 혈류를 감소시키기도 하지만, 이와 동시에 골격 근육의 혈류가 증가하게 할 수도 있는 것이다. 호르몬은 라디오처럼 발신 장치와 수신 장치를 갖고 있으며, 이 두 장치 사이에는 정류(整流)되지 않은 균질적 시그널이 통과한다. 신경은 몇 초 만에 정보를 전달하지만 호르몬이 그렇게 하는 데는 수 분 또는 수 시간이 필요하다.

호르몬을 분비하는 내분비샘은 몸의 여러 곳에 자리 잡고 있다. 뇌하수체선, 뇌하수체, 송과체는 뇌에 있으며, 갑상선, 부갑상선, 상피체는 후두부에, 흉선은 쇄골 뒤에, 부신은 신장 옆에, 일명 '랑거한스인젤Langerhanssche Insel'로 불리는 부분은 췌장에, 난소는 자궁에 있다. 온도 조절이 필요한 고환은 몸 바깥에 노출되어 있다. 내분비선 외에도 대부분의 조직이 호르몬을 생산하는데 이런 호르몬은 보통 국지적으로만 작용한다.

호르몬의 작용을 방해하는 질병으로 가장 널리 알려진 것은 당뇨병이다. 건강한 사람은 췌장에 있는 '인젤' 세포에서 인슐린을 충분히 생산하지만, 당뇨병 환자는 인슐린 분비량이 적기 때문에 혈당 조절이 제대로 이루어지지 않아 고(高)혈당 상태에 이르게 된다. 수조 개의 몸속 세포는 당분을 공급받아야만 하는데, 인슐린의 주요 과제가 바로 당을 세포로 운반하는 것이다. 인슐린이 부족하면 생명이 위험해질 수 있다. 당이 피 속에 머물게 되어 혈당 수치가 상승하며, 당이 오줌에 섞여 많은 물과 함께 배출된다. 그럼에도 몸은 충분한 에너지를 준비하기 위해 지방을 분해해야만 하고 그로 인해 유독성 대사 물질이 풀어진다. 따라서 독성 물질의 농도는 증가하고 에너지 공급은 불충분한 상태가 지속되어 몸이 마르며, 마침내 체내 순환이 와해되어 이른바 '혈당 쇼크' 상태에 빠져 의식을 잃는 것이다.

당뇨병은 그 원인이 서로 완전히 다른 두 가지 종류가 있으며, 양자 모두 동일하게 혈당량 증가로 이어진다. Type1 당뇨는 드물고 Type2 당뇨가 빈번하다. Type1 당뇨병의 원인은 매우 복합적이다. 유전되는 것은 병 자체가 아니라 그 체질이다. 이 유형의 병은 많은 외적 요인이 가해짐으로써 발생하며, 이에 결정적인 영향을 미치는 것으로 간주되고 있는 것은 바이러스 감염이다. 결국 이 경우에 당뇨병의 원인은 '자가 면역 반응', 즉 몸이 자신의 인젤 세포를 스스로 공격해서 파괴하는 데 있다. Type2 당뇨병의 경우 인젤 세포 손상 없이 인슐린은 계속 생산되지만 혈당치 조절이 제대로 되지 않는다. 혈당치가 상승하더라도 베타 세포에서 인슐린이 충분히 분비되지 않는데다가, 목표 세포를 열기가 힘들어 그곳에 당을 충분히 전달할 수 없기 때문이다. 그 원인은 무엇보다도 지방 세포에서 생산되는 레시스틴Resistin이라는 호르몬에 있다. 이러한 사실은 비만과 당뇨병 간에 상관관계가 있다는 것을 부분적으로 설명해 준다. 실제로 이 병을 치료하는 데는 약물치료보다 가벼운 체중과 계획적인 식사 및 운동이 더 도움이 되는 경우가 많다.

우리 몸속에서는 성(性)호르몬 자체 내의 균형이 깨지는 경우가 있다. 예를 들자면 얼굴 및 상체에 있는 미세한 지선(脂腺)이 과도하게 활동하다가 박테리아에 감염됨으로써 (주로 청소년기에) 생기는 여드름이 있다. 그 원인은 사춘기 때 '남성 호르몬(안드로겐, 테스토스테론)'이 과도하게 생산되기 때문이다. 심한 여드름 염증은 치료 과정에 딱지가 앉아 흉터를 남기므로 지속적인 고민거리가 될 수도 있다.

호르몬 관리에 심한 장애가 일어나 생긴 질병 중 상당수는 호르몬을 투여함으로써 치료할 수 있다. 그동안 여러 종류의 호르몬이 유전자 공학에 의해 제조되어 왔으며, 이제는 과거에 동물이나 사람에게서 채취할 때 불가피하게 포함되어 있던 이물질에 의해 불순해지지 않은 순수한 호르몬을 얻을 수 있다.

그러나 현재 병을 치료하기 위한 목적으로 호르몬제를 복용하는 경우는 별로 없다. 언제 몇 명의 자녀를 낳을 것인지 조절하기 위해 주로 여성들이 복용하는 호르몬제가 대부분일 뿐이다. 1960년부터 시판되기 시작한 피임약에는 에스트로겐 및 게스타겐 호르몬이 들어 있다. 에스트로겐은 몸속에서 그 분량에 따라 다른 작용을 한다. 보통 소량의 에스트로겐은 난소에서 난자를 성숙시키며 배란 및 임신 능력을 촉진한다. 그러나 일단 임신을 하면 몸은 더 많은 에스트로겐을 생산하며, 이번에는 이것이 새로운 난자의 성숙 및 배란을 억제한다. 게스타겐은 점액층을 두껍게 만들어 자궁 입구를 폐쇄함으로써 다른 정자가 통과할 수 없게 하며, 자궁 점막의 구조를 변화시켜 수정란에 좋은 성장 환경을 마련해 준다. 바로 이러한 효과를 이용한 것이 피임약이다. 즉 호르몬을 임신 상태의 것처럼 위장해 줌으로써 실제로 임신이 이루어지는 것을 막는 것이다. 소위 미니 피임약과 사후 피임약에는 게스타겐만 들어 있다.

여성이 폐경기에 이르면 난소에서의 호르몬 생산이 현저히 줄어들게 되는데, 이러한 현상은 흔히 열성(熱性) 홍조 · 피부 건조 · 골다공증 따위의 고통을 유발한다. 하지만 노화를 방지할 수 있는 치료법에 대해서는 현재 대부분의 의사들이 한 발짝 물러서 있는 편이다. 피임약처럼 호르몬을 이용하는 치료법은 아직 대중적인 요법에서만 적용되고 있다고 볼 수 있는 것이다.

호흡

몸속 세포는 산소를 필요로 한다. 우리는 매일 약 1만 9,000리터의 공기를 들이마시는데 그중 4,000리터 정도가 산소다. 하지만 그것을 저장할 수는 없기 때문에, 매일 쉴 새 없이 지속적으로 작용할 수 있는 확실한 호흡 시스템을 필요로 한다. 이에 대해 책임을 지는 것은 흉곽과 폐를 확장시키는 횡격막이다. 폐가 확장됨으로써 흉곽 내부가 저압 상태가 되고 따라서 산소가 유입되는 것이다. 유입된 산소는 후두를 통해 기관(氣管)으로 흘러 들어가는데, 기관은 두 개의 좌우 기관지로 나뉘며 그 끝에 각각 폐엽이 달려 있다. 가늘게 가지 쳐져 있는 기관지를 통해 마침내 공기는 3억 개의 폐포(허파꽈리)에 도달한다. 폐포는 모두 섬세한 모세혈관 망으로 싸여 있으며, 이 혈관 속에 있는 적혈구의 헤모글로빈이 산소와 결합한다. 우리가 숨을 들이쉬고 나면 횡격막은 잠시 쉬게 되는데, 숨을 내쉴 때는 거의 에너지가 필요하지 않기 때문이다. 폐는 탄력적으로 저절로 다시 수축된다. 호흡은 뇌의 호흡 중추를 통해 조정된다. 지속적으로 혈중 이산화탄소량을 측정하여 그 농도가 너무 높으면 호흡을 가속화하는 것이다. 산소 유입 중단이 5~7분 동안 지속되면 뇌는 회복이 불가능할 정도로 심한 손상을 입으며 환자는 곧 사망하게 된다.

공기는 병원체로 가득 차 있기 때문에 기도의 감염 위험은 꽤 높은 편이며, 우리 몸은 병원체의 침입을 가급적 예방할 수 있는 메커니즘을 발전시키게 되었다. 입속의 침은 박테리아를 소독하며, 폐 점막의 섬모 세포는 흡입된 오염 입자에 점액을 묻혀서 다시 위로 밀어 올리거나 재채기로 배출한다. 이 기능이 망가지면 기관지에 균이 서식하게 되고 결국 만성 기관지염에 걸릴 수 있다. 기관지염의 주요 원인은 흡연이다. 모든 기관지염 환자의 90퍼센트는 현재 흡연자이거나 흡연 경력이 있는 사람이다. 40년 이상 흡연한 사람 중 절반은 만성 기관지염에 시달린다. 병이 악화되어 기관지 근육이 마비되고 폐포가 확장된 환자의 폐는 건강한 사람의 장밋빛 폐와 다르게 잿빛으로 바뀐다. 우리는 이런 폐를 '흡연자 폐'라고 부르기도 한다.

독감(인플루엔자)은 인플루엔자 바이러스를 통해 기도가 감염되는 것을 말하는데, 이때 기도 점막에 손상이 생기기 때문에 독성 물질과 박테리아가 그 손상 부위를 통해 몸 안으로 유입될 수 있다. 독감에 걸리면 고열·피로감·사지통·두통 등의 증상이 나타나며 몇 주에 걸쳐 계속 마른기침을 하게 된다. 더불어 몸의 면역 시스템이 약화되기 때문에 제2, 제3의 감염이 발생할 위험이 크다. 독감은 전염력이 매우 강해 광범위한 지역에 전염병 형태로 나타나는 경우가 많다. 1918 ~1919년 스페인에서 대규모 독감이 발생했을 때 2,000만 명 이상이 사망했다. 독감의 병원체는 자주 변신할 뿐 아니라 동물 인플루엔자 바이러스와도 뒤섞이므로 항상 새로운 면역 물질이 개발되어야 한다. 예컨대 아시아의 농가들처럼 사람·오리·돼지가 함께 사는 좁은 공간에서는 각종 인플루엔자가 서로 유전자를 느긋하게 상호 교환할 수 있기 때문에 새로운 변종이 생겨날 수 있는 가능성이 상당히 크다.

우리가 자주 걸리는 일반적인 감기는 독감과는 달리 훨씬 덜 위험한 것이다. 감기는 200여 종의 바이러스에 의해 유발되며 기침·콧물·목이 쉬는 증상 등을 낳는다. 어린이들이 자주 감기에 걸리는 이유는 바이러스의 종류가 많기 때문이다. 어린이의 면역 시스템은 그 많은 바이러스를 처음으로 겪을 수밖에 없다. 하지만 그런 경험은 장차 성인이 되어 바이러스에 감염되었을 때, 그 증세가 나타나기 전에 미리 차단할 수 있게 해준다.

과거에 많은 사람들을 죽음에 이르게 한 질병 중에는 폐결핵이 있다. 19세기 말에 폐결핵은 '백색 페스트'라는 별명이 붙을 만큼 위협적이었으며, 당시 유럽 인구의 약 20퍼센트를 희생시켰다. 그 원인 균인 미코박테리움 투버쿨로시스Mycobacterium tuberculosis은 오늘날에도 인류 전체의 3분의 1에 해당하는 20억 인구의 몸속에 살고 있긴 하지만 대부분 통제되고 있다. 박테리아를 격리시키기 위해 멤브란이라는 반투막으로 감싸는 작업이 몸속에서 이루어지기 때문이다. 이렇게 생긴 고치들은 결절(結節)이라 불린다. 인간의 몸은 (오늘날에는 거의 사용하지 않는) 과거에 유충이나 기타 기생충과의 전쟁을 통해 확보한 방어 전략을 이런 식으로 사용할 수 있는 것이다. 그러나 면역체계가 약해지면 병원균이 다시 우세해져 발병할 수 있다. 결핵 환자가 적절한 치료를 받지 않을 경우 두 명 중 한 명은 발생한 지 2년이 안 되어 사망에 이른다. 현재 매일 8,000명 정도의 결핵 환자가 사망하는데, 그중 3분의 1을 에이즈 환자가 차지한다. 그들은 저항력이 약하기 때문이다.

혈액 순환

혈액이 하는 핵심적인 일은 대체로 다섯 가지가 있다. 우선 산소를 세포로 운반하며 이산화탄소를 몸 밖으로 배출한다. 또 영양소(탄수화물, 단백질, 지방 등)·호르몬·비타민을 필요한 장소로 수송한다. 뿐만 아니라 신장·간·폐로 노폐물을 보내거나 몸에 열을 공급하기도 한다. 그리고 면역 시스템 내의 방어 세포를 싣고 다니다가 몸속 어디서든 침입자에 대응해 싸우는 일도 한다.

몸속 혈액의 총량은 체중의 7~8퍼센트에 달하므로, 체중이 70킬로그램인 사람은 대략 5.6리터의 혈액을 갖고 있는 셈이다. 혈액은 44퍼센트의 고형 성분과 56퍼센트의 혈장으로 이루어져 있으며, 그 93퍼센트는 물이고 7퍼센트는 용해 물질이다. 고형 성분의 90퍼센트를 이루는 적혈구가 산소를 운반하는데, 거기에 색소 헤모글로빈이 들어 있어 산소와 결합하면 붉게 보이는 것이다. 적혈구는 골수에서 만들어지며 수명은 대략 네 달 정도이다. 체내에서 적혈구를 생산하기 위해서는 무엇보다도 철, 비타민 B, 엽산이 필요하다.

그 나머지는 백혈구와 혈소판이다. 백혈구는 병원체 및 이물질을 방어하며 혈소판은 혈액을 응고시키는 데 필요하다. 우리가 부상을 입게 되면 혈소판은 혈관 벽을 봉합하면서 피브린을 생산하는 물질을 분비하는데, 이 피브린이 상처에 망을 형성하면 적혈구가 그 망에 걸리게 된다. 이로써 트롬빈Thrombin, 즉 혈전(핏덩이)이 형성되어 상처를 막고 피를 멎게 하는 것이다. 그러나 이것이 혈관을 타고 계속 흘러가면 혈전증이 생길 수 있다. 다리의 정맥류(靜脈瘤)가 그 빈번한 예다. 또 그것이 다시 용해되면 혈전이 심장을 통해 폐동맥으로 휩쓸려 들어갈 수 있는데, 이때 폐동맥이 막힐 위험이 있다. 이와 같은 폐색전(肺塞栓)은 가슴 통증, 기침, 호흡 곤란을 일으키며, 더불어 심한 합병증을 유발함으로써 사망에 이르게 하는 경우가 많다. 이런 경우는 폐동맥에서만 발생하는 것은 아니다. 혈전이 뇌에 가서 막히면 뇌졸중, 심장에 가서 막히면 심근 경색이 일어난다. 장시간 누워 있거나 장시간 비행기를 탈 때와 같이 운동이 부족하게 되면 혈전증에 걸릴 위험성이 높아진다. 이를 '이코노미 클래스 증후군'이라고도 한다.

인체의 혈관 시스템은 동맥, 모세혈관, 정맥으로 구성되어 있다. 동맥에서는 피가 심장에서 멀어지는 방향으로 흐른다. 동맥이 계속 가지를 쳐서 모세혈관이 만들어지며, 이 모세혈관이 다시 모여 정맥과 합류해 심장으로 이어진다. 모세혈관은 머리카락보다도 훨씬 가늘어서 1660년에 이르러서야 비로소 이탈리아인 말피기Marcello Malpighi(1628~1694)가 현미경을 이용해 발견할 수 있었다. 이 발견으로 인해 혈액 순환 이론이 입증되었다.

정맥 내벽에는 판막이 있어 피를 심장 방향으로만 흐를 수 있게 한다. 이것이 온전치 못하면 피의 흐름이 원활하지 않게 되고, 다리에 정맥류가 생기며 항문에 치질이 생긴다.

심장

모든 포유동물의 혈액 순환은 대규모 체순환과 소규모 폐순환으로 나뉜다. 폐정맥을 통해 들어온 산소를 다량으로 함유한 붉은 피는 심장의 좌심방을 통해 좌심실로 들어간다. 그 피는 다시 심장 박동을 통해 대동맥으로 옮겨지며, 계속해서 온 몸 구석구석까지 흘러 들어가 세포에 산소를 공급하고 동시에 노폐물(특히 이산화탄소)을 받아들인다. 이산화탄소를 많이 함유한 피는 정맥과 우심방을 통해 우심실로 유입되며, 다시 폐동맥을 통해 폐 쪽으로 펌프질된다. 그리고 마지막으로 우리가 숨을 들이마실 때 이산화탄소를 내놓는 것이다. 심장은 속이 빈 근육 주머니일 뿐이다. 심장은 대순환과 소순환이 동시에 가능할 수 있도록 중간에 있는 벽에 의해 두 개의 공간으로 나뉘어 있으며 각각 두 개의 판막을 갖고 있다. 우측은 소순환, 좌측은 대순환을 담당한다.

심장은 다른 근육과 마찬가지로 소유자의 신체적 활동에 따라 크기가 매우 다를 수 있다. 보통 사람의 심장 직경은 대략 12~13센티미터이며, 폭은 10센티미터, 무게는 300그램 내외다. 심장은 0.6~1리터의 피를 담을 수 있으며, 사람이 편안히 안정을 취하고 있을 때 1분당 70회 박동한다.

심장은 피와 산소를 공급하는 혈관으로 둘러싸여 있는데, 이중 하나가 혈전으로 막혀 심근 경색이 일어나면 피가 더 이상 순환되지 않을 뿐만 아니라 산소 유입이 중단되고 조직에 손상이 생긴다. 혈전에 대한 치료를 철저히 하지 않으면 심장 근육 중 일부가 죽는다. 그렇게 죽은 심장 근육 조직은 결합 조직으로 대체된다. 그런 부위가 점점 커지면 펌프 박동 기능도 그만큼 더 나빠진다.

급성 심근 경색의 경우에는 혈전을 빨리 용해하는 것이 무엇보다 시급하다. 빠른 혈전 용해를 돕기 위해 플라스미노겐 활성화 인자(r-tPA)라는 혈전 용해제가 개발되었고, 현재 시판되고 있다. 소문자 'r'은 'recombinant'의 약자이며 '유전자 공학적으로 생산된 것'이라는 뜻이다. 우리 피 속에는 언제나 고유의 tPA가 존재하며, 그것은 건강한 사람한테도 생기는 미세한 핏덩이를 녹일 수 있다. 하지만 그것은 극소량에 불과하다. 뇌졸중이나 심근 경색의 경우처럼 핏덩이가 클 때는 r-tPA를 주사해서 플라스미노겐을 활성화함으로써 혈전의 피브린 망(網)을 공격하고 용해시켜야 한다.

심근 경색의 가장 큰 원인은 동맥 경화다. 동맥의 석회화(石灰化)는 자연스러운 노화 현상이긴 하지만 고혈압을 통해 더 심해질 수 있으며, 그럴 경우 혈관 벽에 콜레스테롤과 백혈구가 많아져 통로가 좁아지게 된다. 이때 혈관에 작은 균열이 생기면 그에 대한 반응으로 작은 핏덩어리가 만들어진다. 이 핏덩어리의 임무는 원래 그 균열을 막는 것이지만, 운이 나쁘면 애당초 좁아져 있던 혈관을 완전히 막아 심근경색을 초래한다.

독일에서는 매년 40만 명이 심장 순환 시스템 질환으로 사망하며, 그중 7만 7,000명의 직접적인 사인은 심근 경색이다. 그 숫자는 독일 전체 사망자의 약 50퍼센트에 달한다. 심장 순환 질환은 가장 흔한 사망 원인이 되고 있는 것이다.

감각 기관

인간이 세계를 인지(認知)하는 과정은 세 단계를 거친다. 우선 눈·귀·코·혀·피부로 주변 환경의 물리적 자극을 받아들이고, 이 자극을 전기 임펄스로 전환해 신경을 통해 뇌로 보낸다. 마지막으로 뇌는 그것을 의식할 수 있는 내용으로 만든다. 우리가 외부 세계에서 받아들이는 그 자극에 대한 해석일 뿐이다. 이에 대한 더 자세한 것은 다음 장(章)에서 살펴보기로 하고, 여기에서는 자극을 수용하는 단계만 고찰할 것이다.

시각 렌즈

눈은 광원으로부터 직접 전달되거나 물체에 부딪쳐 반사되어 오는 광자를 감지한다. 자연에는 아홉 종류의 눈이 있는데, 그중 사람 눈의 원리는 카메라의 원리와 같다. 카메라처럼 조리개가 부착된 렌즈(유리체, 또는 수정체)가 있고 그 뒤에 감광층이 있다. 렌즈는 광선을 모아 상대적으로 선명하고 밝은 상이 생길 수 있게 보조한다.

빛의 굴절과 수렴은 각막과 렌즈가 담당한다. 이 때 렌즈는 미세 조정을 위해 카메라 렌즈와 달리 그 두께를 단계 없이 연속적으로 조절할 수 있다. 렌즈에는 인대가 달려 있는데, 이것이 팽팽해지면 렌즈가 납작해지고 눈은 먼 곳을 볼 수 있게 조정된다. 반면 근육이 모양체(毛樣體) 섬유를 느슨하게 하면 렌즈는 심하게 구부러지며 가까이 있는 물건을 자세히 볼 수 있게 된다.

눈의 렌즈가 노화하면 그 빛깔이 혼탁해지고 탄력이 저하됨으로써 더 이상 사물을 자세하게 볼 수 없게 될 수도 있다. 일명 '백내장'이라 불리는 이 현상은 65세 이상 노인의 99퍼센트가 겪게 되는데, 고령에 이르면서 점차 악화되면 실명할 수도 있다. 말기가 되면 동공에 침착된 희뿌연 색이 눈 바깥에서도 들여다보인다. 플래시를 터뜨려 사진을 찍더라도 이런 사람에게선 더 이상 '적목 현상'이 나타나지 않는다.

눈이 여러 종류의 빛에 적응하는 것은 홍채(虹彩)의 역할로 인해 가능해진다. 홍채를 기술적으로 표현하자면 조리개라 할 수 있으며 그 중앙에는 크기 조절이 가능한 둥근 구멍인 동공이 있다. 동공은 두 개의 근육을 통해 좁아지거나 넓어질 수 있으며 다소간의 빛을 투과할 수 있다. 우리는 손전등으로 그 반응 능력을 쉽게 테스트할 수 있다. 동공의 색은 홍채의 색소 분량에 따라 달라진다. 파란 눈은 색소가 적은 것이고 갈색 눈은 색소가 많은 것이다.

우리가 보는 사물의 이미지는 눈 내부의 망막(網膜)에 형성되는 문양(紋樣)을 뇌가 해석한 것이다. 빛에 민감한 수용체 및 얇은 망 세포의 층으로 이루어져 있는 망막은 광자를 수용해 그 시그널을 뇌로 전달한다. 빛을 받아들이는 수용체에는 두 종류, 즉 작은 막대기처럼 생긴 간상세포와 끝이 뾰족한 원추세포가 있다. 1억 2천만 개의 간상세포는 운동을 인식하며 어두운 빛에서의 시각과 흑백 대조를 담당한다. 650만 개의 원추세포는 우리가 먼 곳의 물체를 잘 알아볼 수 있게, 그리고 총천연색으로 볼 수 있게 해준다. 빛깔을 분간하는 힘과 시력이 가장 뛰어난 부분인 황반(망막의 가운데 부분에 있는 누르스름한 반점)에는 오직 원추세포만 존재한다. 노화와 함께 황반의 퇴화가 이루어지면 사물이 선명하게 보이지 않게 되고, 색 구분이 어려워지며, 선(線)이 구불구불하거나 꺾여 보이고, 시야 정중앙에 뿌연 그림자가 생기며, 시간이 경과함에 따라 텅 빈 반점이 생기기도 한다. 이런 현상은 처음에는 한 쪽 눈에만 생기지만, 5년 내에 환자 중 절반의 나머지 한 쪽 눈에서도 동일한 현상이 일어난다. 이러한 과정은 서서히 진행될 수도 있지만 때로는 아주 갑작스럽게 일어날 수도 있는데, 그 원인은 아직 밝혀지지 않고 있다.

유감스럽게 망막은 시신경이 눈에서 바깥으로 나오는 부분에 맹점이라는 작은 결함을 가지고 있다. 망막 세포 쪽으로 이어지는 신경과 혈관은 눈의 내부에 있고, 따라서 빛이 간상세포 및 원추세포에 도달하기 위해서는 우선 그것을 통과해야 한다. 하지만 눈 바깥으로 나오는 부분에는 당연히 이 세포들이 있을 자리가 없다. 바로 이와 같은 이유 때문에 한 쪽 눈만으로 정면을 응시할 때 시선의 우측 20° 또는 좌측 20° 각도 바깥을 보지 못하는 것이다. 물론 인간은 이미 오래 전에, 포유류가 생성될 때부터 생겨난 이 결함을 해결하는 방법을 배웠다. 우리는 사물을 볼 때 눈을 이리 저리 돌릴 수 있으며, 뇌는 그 흔들림에도 불구하고 아름답고 분명한 상(像)을 만들 수 있는 것이다. 오징어는 그럴 필요가 없다. 오징어의 신경과 혈관은 눈의 '제 자리'에 붙어 있기 때문이다.

또 다른 눈의 노화 현상으로 녹내장이 있다. 이 경우에도 차츰 시신경이 망가져 결국 실명에 이를 수 있다. 원칙적으로 그 과정은 고통

없이 진행되기 때문에 환자는 시계(視界)가 좁아진다는 것을 중앙 부분을 볼 수 없게 되었을 때에야 비로소 알아챈다. 녹내장은 노폐물 유출이 제대로 이루어지지 않을 때, 즉 눈의 내부에서 늘 새롭게 생성되는 액체가 주변의 혈관으로 잘 전달되지 않을 때 주로 일어난다. 그러한 현상은 안압 상승을 유발하며, 상승한 압력은 점차 뇌의 시각 중추와 연결되는 백만 개 가량의 미세 섬유 다발로 구성된 시신경을 짓눌러 납작하게 만든다. 이로 인해 시신경이 서서히 죽게 되는 것이다. 녹내장은 진단되는 순간부터 안약으로 잘 치료하면 치유될 수 있으며 더 이상의 악화를 막을 수도 있다.

근시의 경우 눈은 완전히 정상적인 기능을 한다. 다만 눈이 약간 럭비공처럼 될 뿐이다. 그렇게 되면 망막은 사물의 초점 배후에 위치하게 되며, 한 곳으로 모아진 광선은 초점을 지나면서 이미 분산되어 통과한다. 원시는 그 반대로 안구가 너무 짧아짐으로써 발생한다. 이미 1804년에 케플러Johannes Kepler가 이에 대해 설명한 바 있다.

청각

청각은 압력의 변화를 감지한다. 음파는 귓바퀴를 통해 외이도로 들어오며 그 끝에서 고막에 부딪쳐 진동을 일으킨다. 고막 뒤에는 아주 조그만 세 개의 뼈(망치뼈·모루뼈·등자뼈)가 있는데, 원래 귀가 없는 파충류 턱관절의 일부였던 이 세 개의 뼈는 청각 능력을 아주 간단히 발전시켰다. 예컨대 도마뱀이 머리를 땅에 대면 이 뼈들이 땅의 진동을 전달해 주었던 것이다. 오늘날 망치뼈는 고막을 더듬어 진동을 느끼는 역할을 하며, 모루뼈가 그 진동을 전달하면 등자뼈가 받아 내이로 전달한다. 내이로 전달된 진동은 달팽이관 속의 림프액을 압축하면서 파장을 생성한다. 이 파장이 다시 기저막(基底膜)과 그곳에 연결된 모(毛) 세포를 자극하면, 마침내 이 자극이 전기적 신호로 바꿔어 달팽이 신경을 통해 뇌의 청각 중추로 전달되는 것이다.

우리는 두 개의 귀를 가지고 있기 때문에, 소리를 듣는 것뿐만 아니라 소리의 진원지도 확인할 수 있다. 다시 말해서 음파는 약간의 시간 차이를 두고 양쪽 귀에 도착하게 되는데, 뇌는 그 미세한 차이를 체크해서 음원의 위치를 계산하는데 이용한다. 정확하게 앞이나 뒤에서 오는 소리는 양쪽 귀에 동시에 도달하기 때문에 그 진원지를 탐지하는 데 곤란을 겪을 수 있다.

청력 감소의 원인은 귀의 모든 부분에서 생겨날 수 있다. 외이도나 중이에 문제가 있을 경우에는 비교적 손쉽게 치료할 수 있다. 그 원인은 주로 상처, 협착, 각종 원인에 의한 염증, 시끄러운 소음 및 노화에 있다. 하지만 내이, 청신경, 혹은 뇌에 문제가 있어 소리 감지 능력이 떨어졌을 경우에는 치료하기가 힘들다. 특정 주파수 영역의 소리만 듣지 못하는 경우는 내이의 미세한 털세포가 손상을 입었기 때문이다. 이 경우 환청을 듣게 될 수도 있다. 왜냐하면 그 털세포에 연결되어 있으면서 소리를 뇌로 전달하는 신경 세포가 더 이상 할 일이 없게 되어 이제 경우에 따라 제멋대로 일을 하기 때문이다. 몸 밖에 음원(音源)이 없는데도 잡음이 들리는 병적인 상태를 우리는 이명(耳鳴)이라고 부른다. 이명의 가장 빈번한 원인은 내이 속 미세한 관의 혈액 순환 장애이며, 그런 장애는 대부분 소음·스트레스·염증·부상·물질대사 장애로 인한 후유증이다.

후각 및 미각

후각 및 미각 세포는 화학 물질을 감지한다. 이런 물질은 우리 주변의 사물이나 생물로부터 발산되는 분자들이다. 화학 물질이 코에 들어오면 그것은 콧속 점액에 용해되어 코 위쪽에 있는 후각 세포(후신경 감각 세포)에 의해 감지된다. 모든 신경 세포에는 대략 1,000가지의 수용기Receptor 유형이 있으며, 그것들 모두 각기 서너 가지의 물질에 반응할 수 있다. 따라서 우리가 구분할 수 있는 대략 1만 가지의 분명한 시그널 견본이 생겨난다. 물론 킁킁거리며 여기저기 냄새를 맡아야만 생존할 수 있는 경우가 많은 일반 포유동물과 비교한다면 그 수는 얼마 안 되는 것이다. 하지만 인간은 그 정도만 가지고도 식사를 하거나 음료를 마실 때 충분히 즐길 수 있다.

미각 세포(미신경 감각 세포)는 입안과 목구멍의 미뢰에 있으며 맛의 기본적인 여섯 가지 특질인 단맛, 신맛, 짠맛, 쓴맛, 느끼한 맛, 우마미Umami(일본어:旨味, '감칠맛'이라는 뜻)를 인지할 수 있다. 우마미는 아미노산 글루탐(조미료)의 맛이며, 콩을 재료로 만든 모든 음식에서 나는 맛이다. 진화론적 관점에서 볼 때 수용기는 매우 중요하다. 왜냐하면 인간의 조상은 생존하기 위해 에너지와 광물질을 많이 공급해 주는 단 것, 짠 것, 느끼한 것을 가리지 않고 많이 먹어야 했기 때문이다. 반면 신 것은 위장을 상하게 하고, 쓴 것은 몸에 독성을 퍼뜨리므로 회피해야 했다. 이러한 맛의 종류는 식물을 먹는 동물과 동물에 의해 먹히는 식물이 공동으로 진화해 온 산물이다. 식물의 열매인 과일은 단맛을 가지고 있으므로 인간에게 꽤 매력적인 먹을 것이 된다. 하지만 식물의 나머지 부분은 먹히지 않고 보존되어야 하기 때문에 몸체에 독성이 들어 있고 맛도 쓰다. 그것을 한입 뜯어 맛을 본 동물은 더 이상 그것을 먹지 않게 되는 것이다. 이러한 점은 동물 자신과 식물 양쪽에 모두 유리한 것이다. 우마미 맛의 진화적 의미는 아직 최종적으로 설명되지는 않았지만, 인간이 단백질이 풍부한 음식을 필요로 했기 때문에 발달한 것으로 추측된다. 그러나 그 맛은 끓인 음식·발효된 음식·푹 익은 과일에도 들어 있다. 그 맛은 극동에서는 간장에, 유럽에서는 파머산 치즈에 구체화되어 있다.

여섯 가지 미각에는 촉각 신경Nervus trigeminus 감각이 혼합되어 있다. 이 신경은 코와 입의 점막에서 천 가지 남짓의 신경 조건, 예컨 대 뜨거운 느낌이나 따끔하게 찔리는 느낌을 인지한다. 이런 느낌은 담배 연기·식초·후춧가루 때문일 수도 있으며, 물파스의 냉각 효과 같은 것에 의해서도 생겨날 수 있다. 식사를 하거나 음료를 마실 때 느끼는 최종적 맛은 냄새, 감지된 지속성, 음식의 온도에도 영향 받을 수 있다. 결국 미각에 있어 구강 내의 순수한 미각 인지보다 훨씬 더 중요한 것이 후각이다. 우리가 배부르게 포식할 때 코를 계속 막고 있 어야만 한다면 식사의 즐거움은 사라질 것이다.

촉각

피부의 촉각 수용기는 닿는 느낌, 온도, 통증을 감지한다. 피부 1제 곱센티미터당 대략 2개의 온점, 2개의 냉점, 25개의 압점, 200개의 통 점이 있으며, 특히 입술, 혀, 손가락 끝에 많이 있다.

피부 표면에 있는 메르켈 소체와 진피에 있는 마이스너 소체는 외 부와의 접촉을 민감하게 감지한다. 피부가 외부의 압력으로 0.01밀리 미터만 우묵하게 들어가도 반응하며 4밀리그램의 무게 차이도 감지해 낼 수 있다. 또 진피와 피하 상층에 있는 파치니 소체는 진동을 감지 한다. 상피 바로 밑에 있는 크라우제 냉(冷)소체는 체온보다 낮은 온 도인 섭씨 17~36도에서 특히 강하게 반응하며, 이보다 더 깊은 곳에 서 루피니 온(溫)소체가 체온보다 높은 온도인 최대 40~47도까지의 자극에 반응한다. 45도가 넘는 자극에 대해서는 온기 대신 통증으로 받아들인다. 통증과 소양감(가려움증)은 400만여 개의 자유로운 신경 말단을 통해 전달된다.

촉각은 일찍이 배아의 생장 때부터 발달한다. 배아는 자신의 생활 공간에 대해 알기 위해 이미 2.5센티미터일 때부터 주변의 촉감을 파 악하기 시작하는 것이다.

균형 감각

좌측 및 우측 내이(內耳)에 있는 두 개의 균형 감각 센서는 우리가 고개를 빙빙 돌리면 그 내부에 담겨 있는 액체의 운동을 감지한다. 그것들은 서로 연결된 세 개의 무지개 형태 관으로 이루어져 있으며, 그 안에는 부분적으로 액체가 들어 있다. 그 통로 내벽에는 촉모(觸毛)가 나 있다. 우리가 움직이면 그 액체도 통로 내에서 움직이며, 이로써 촉모가 자극을 받아 그 자극을 소뇌로 전달한다.

이 균형 기관은 육지 동물의 발명품이다. 그것은 약 4,500만 년 전부터 오늘의 형태를 유지하고 있으며 수중에서는 장애물이 된다. 하지만 암소와 가장 유사하며, 육지에서 바다로 이주한 동물인 고래의 그것은 아주 빠르게 퇴화해 버렸다. 세계에서 가장 큰 포유동물 청고래의 균형 기관은 사람의 것보다도 작다. 균형 감각의 둔화가 이루어짐으로써 고래와 돌고래들은 멀미를 느끼지 않고 바다 속에서 마음껏 커브를 그리며 헤엄칠 수 있게 되었다.

우리의 내이 속에는 수직 및 수평 방향으로의 가속도를 감지할 수 있는 고유의 중력 감각 기관 두 개가 있다. 하나는 소낭(小囊)Sacculus이고, 다른 하나는 통낭(通囊)Utriculus이다.

뇌는 이러한 정보 외에도 추가적으로 근육, 눈, 귀의 공간적 청력과 인대 및 관절 수용기의 지각 내용도 전달받으며, 이 모든 정보는 소뇌로 하여금 우리의 운동을 조율하도록 한다.

내장 기관

내장 기관에 속하는 것으로는 위·소장·대장·직장으로 구성된 소화관이 있다. 이것은 우리가 먹은 내용물로부터 필요로 하는 것을 추출해 내고 그렇지 않은 것을 다시 바깥으로 배설하는 일을 한다.

위

위는 음식을 저장한 후 산과 효소로 분해하고 반죽해서 조금씩 소장으로 내려보낸다. 그 형태는 굽은 근육 주머니 모양이며 위아래로 통로가 나 있다. 속이 비었을 때 길이는 대략 20센티미터이며, 음식을 담을 수 있는 용적은 1.5~2.5리터이다. 위액은 물 같은 액체이며 염산(pH 0.9~1.5)과 단백질을 분해하는 소화 효소 펩신을 포함하고 있다. 위 점막은 그 자체가 소화되지 않도록 두꺼운 점막층으로 보호된다. 위염에 걸리면 헛배가 부르며 속이 더부룩하고 신물이 넘어오거나 가스가 차고 식욕을 상실하게 된다. 그 원인은 세 가지가 있다. 유형 A는 희귀한 경우지만 위 점막의 상피 세포에 대한 자가 면역 시스템 때문에 발생한다. 유형 B는 박테리아 헬리코박터 파일로리가 원인이며 특히 50세 이상의 노년층에 많다. 유형 C는 약물 복용과 음주로 인한 중독이나 십이지장에서 역류해 올라오는 소화액 때문이다. 만성 위염의 가장 흔한 복합증은 위궤양이며, 그것은 위벽이나 십이지장 점막에 생긴 상처를 뜻한다. 전형적인 증상은 상복부가 답답하게 압박을 받는 느낌 또는 뜨끔한 통증이다. 이 경우 출혈이 있을 수도 있는데, 그 여부는 변이 흑색으로 바뀌는지를 통해 알 수 있다. 일반적으로 궤양은 점막이 위산으로부터 자신을 보호할 만큼 충분히 점액을 생산하지 못할 때 생긴다. 위궤양의 75퍼센트, 십이지장 궤양의 95퍼센트 이상에서 헬리코 박테리아균이 검출된다. 이 균이 발견되기 이전에는 위궤양이 정신적으로 많은 스트레스를 받을 때 생기는 것이라고 여겨졌다. 사람들은 '무엇인가가 위벽을 쿵쿵 때린다' (우리말로 '속이 터진다'는 정도의 의미-옮긴이)라는 독일 속담을 너무 진지하게 받아들였고, 그 박테리아를 효과적으로 박멸할 수 있는 항생제를 사용하지 않는 우를 범했다.

이른바 '스트레스성 궤양'도 있다. 하지만 여기서 말하는 스트레스는 직장 상사에 대한 불만과 같은 것이 아니라 대수술, 교통사고, 화재 등을 의미한다.

장

장(腸)은 대략 5미터에 달하는 소장, 1.5미터의 대장, 20센티미터의 십이지장으로 이루어져 있다.

소장은 위가 보낸 음식물을 이자액과 쓸개즙을 이용해 완전히 분해한다. 소장 점막은 그 표면적을 넓히기 위해 주름이 잡힌 형태이며 융털이 나 있다. 이 융털에 분비선이 있어서 몸의 노폐물을 장 안으로 배출하고, 반대로 영양분을 피 속으로 받아들인다.

소장은 대장으로 연결되며 대장은 소화가 이루어지는 동안 모든 유용한 물질을 빼앗긴 질척한 음식물에서 수분과 염분을 흡수하여 그 나머지 찌꺼기를 직장으로 보내 항문을 통해 배출한다.

장은 면역 방어에서도 중심적 역할을 한다. 병원체의 대부분은 위와 장을 거치는 동안 음식물과 함께 흡수되는데, 항체를 생산하는 세포의 80퍼센트가 장벽에 존재하기 때문에 항체가 신속하게 적들에 접근할 수 있다.

위 및 장의 감염을 초래하는 병원체는 매우 많다. 따라서 우리 몸은 침입자를 위와 장의 양 방향으로 다시 몰아내기 위한 시도를 한다. 가장 빈번하게 나타나는 침입자는 로타바이러스Rotavirus이며, 박테리아 병원균으로는 살모넬라, 쉬겔라, 콜라이 등이 있다.

콜레라처럼 심한 감염증의 경우 병의 진행 과정은 매우 격렬하다. 환자는 금세 탈수증에 빠지며 하루 만에 내부 장기가 건조되어 사망할 수 있으므로 이에 대한 대응 조치가 필수적이다. 특히 설사는 가급적 빨리 새로운 숙주에 도달하려고 하는 병원체에게 이점을 제공할 수 있으므로, 콜레라와 싸워 이기기 위해서는 깨끗한 식수원 확보가 이루어져야 한다. 이처럼 병원체의 전염 루트를 차단할 수 있는 방법은 분명 있으며, 그 결과 오늘날 동남아시아에서 콜레라 감염 위험은 예전보다 적어졌다.

식중독 발생 시에는 박테리아(특히 포도상 구균)가 독성 물질을 내놓기 때문에 몇 시간 내에 위와 장에 손상이 생기고 그 증세가 나타난다. 이에 대한 가장 중요한 조치는 수분과 전해질 공급이다. 가정에서 시도할 수 있는 치료 방법은 2.5그램의 식용 소다, 1.5그램의 염화칼륨, 3.5그램의 식염, 20그램의 포도당을 1리터의 물에 풀어 마시는 것이다.

맹장은 (오늘날 토끼에게서 볼 수 있듯) 영양분이 별로 없는 식물로 만족해야 했던 과거에 우리 조상들이 주요 소화 기관으로 그 충양돌기를 사용했음을 보여주는 흔적이다. 맹장은 길고 가늘기 때문에 질병에 감염되기 쉽다. 만약 염증이 생겨 부풀어 오르면 그것을 감싸고 있는 동맥이 막힐 수 있는데, 그렇게 혈액의 공급이 불가능해지면 맹장은 더 이상 염증을 이겨낼 수 없으며, 결국 터져서 치명적인 복강 전체의 감염을 유발할 수 있다. 진화론의 입장에서 볼 때 맹장이 완전히 퇴화하지 않고 아직 존재하는 원인은 감염되었을 경우 치명적으로 종료되는 성향을 가지고 있기 때문일 것이다. 진화 과정에서 맹장이 점점 작아지다 보니 어느 한계선부터는 그 감염 위험성이 현저히 증가했을 것이며, 감염된 당사자가 젊은 사람이었다면 이른 나이에 사망함으로써 더욱 작아진 맹장의 유전자를 후손에 물려줄 기회가 없었을 것이다. 따라서 맹장염에 걸렸을 때 그것을 제거하는 수술은 오늘날 가장 빈번하게 행해지는 장(腸) 수술이 되었다.

췌장

췌장은 장에 소화액을 공급한다. 그 자체의 무게는 100그램에 불과하지만 매일 2~3리터의 소화액을 생산한다. 췌장에는 염분 및 20여 가지의 소화 효소가 들어 있다. 그러나 췌장 자체가 소화되어서는 안 되므로 이 소화 효소들은 소장에서야 비로소 활성화된다.

췌장에는 랑거한스인젤이라는 것이 있다. 이름 자체에서도 알 수 있듯이 그것은 인슐린 및 당(糖) 대사 조절에 기여하는 몇몇 물질의 제조 장소다.

간

간은 음식의 가공을 담당한다. 장이 음식으로부터 얻은 것을 재료로 사용해서 몸이 필요로 하는 물질을 생산하며 노폐물을 분해해 배설될 수 있게 하는 것이다.

간은 단백질을 아미노산으로 분해하며 이를 재료 삼아 새로운 단백질, 예컨대 호르몬이나 핏속의 헤모글로빈 등을 합성한다. 또 분해된 탄수화물을 글리코겐으로 변환시켜 저장하며, 몸이 많은 에너지를 필요로 하게 되면 그것을 다시 글루코오스(포도당)로 변화시켜 혈류에 공급한다. 지방의 구성 성분(지방산과 글리세린)은 콜레스테롤과 같은 복잡한 부산물을 합성하는 데 이용된다.

뿐만 아니라 간은 유해 물질을 포착해 비활성화시키거나, 혹은 물에 용해되어 쉽게 배출될 수 있는 물질로 변환시키기도 한다. 특히 중요한 간의 임무는 암모니아 독성을 해독하는 일이다. 아미노산을 분해할 때 간에 축적되는 암모니아의 독성은 매우 강한데, 간은 이른바 요소 사이클을 통해 그것을 해독한다. 이 과정을 통해 암모니아는 독성이 없는 요소로 변화해 오줌과 함께 배출된다.

간의 또 다른 과제는 지용성 비타민 A, D, E, K 및 엽산과 비타민 B_{12}를 축적하는 일과 담즙을 생산하는 일이다. 담즙은 변환된 낯선 이 물질을 몸 밖으로 배출하며 장에서 지방의 소화를 돕고 대변에 그 전형적인 색(황색)을 부여한다. 담액은 간에서 소장으로 가는 길에 있는 담낭에 모여 걸쭉하게 농축되는데 이 때 돌이 생길 수 있다. 그 원인은 아마도 쓸개의 성분비가 변화하기 때문일 것이다. 다시 말해서 콜레스테롤이 너무 많아지고 산(酸)이 너무 적어지기 때문이다. 대부분의 담석은 70퍼센트 이상이 콜레스테롤로 구성되어 있다. 따라서 혈중 지질 수치가 상승하면 담석증에 걸릴 위험이 커지는 것이다. 다행스럽게도 담석은 매우 얌전히 자리 잡고 있기 때문에 담석 소유자의 4분의 3은 그로 인한 고통을 거의 느끼지 못하며, 심지어 전혀 모르는 경우도 있다. 하지만 그것이 일단 감지되기 시작하면 원칙적으로 배의 우측 상부에 심한 통증이 느껴진다. 이것이 바로 담낭 통로나 쓸개 통로에 담석이 걸렸을 때 느껴지는 담석통(痛)이다.

간염은 간에 염증이 생기는 것이다. 간염은 간염 바이러스에 의해 발생할 수도 있고, 파이퍼Pfeiffer 선열(腺熱)이나 말라리아 등 기타 질병에의 감염, 과도한 파라세타몰Paracetamol(해열진통제) 복용, 알코올이나 달걀파리버섯 섭취로 인한 중독으로 인해 걸릴 수도 있다.

현재 7가지 유형의 간염 바이러스가 알려져 있는데 모두 각기 다른 부류이다. 전염 경로나 병의 진행 양상이 서로 다른 것이다. 특히 위험한 것은 C형 간염으로 만성화할 가능성이 높으며 환자의 3분의 1이 간경화로 발전한다. C형 간염 바이러스는 변신 능력이 뛰어나기 때문에 그에 대한 면역 예방주사도 없다. 이 바이러스는 신속히 증식하면서 자신의 구조를 계속 바꾼다. 따라서 면역 시스템은 미궁에 빠져 추격을 계속하는 힘든 전쟁을 해야만 한다. 게다가 대부분의 경우 피부의 황변이나 독감과 유사한 급성 증세가 나타나지 않으므로 환자가 감염 사실을 모르는 채 지내는 수가 많다.

C형 간염 바이러스는 1989년에 알려졌다. 이것은 수혈과 혈액 제품을 통해 병원에서 전염되는 경우가 많아, 대략 1990년까지 독일 환자

의 약 0.5퍼센트를 감염시켰으며 1995년에는 혈우병 환자의 87퍼센트와 마약 중독자의 79퍼센트를 감염시켰다. 오늘날 이 병의 전염은 대부분 마약 중독자의 오염된 주사 바늘을 통해서 이루어지지만 문신·귀 뚫기·침술에 의해서 감염되는 경우도 있다. 감염 위험은 B형 간염 면역 주사를 맞지 않은 사람에게 존재한다. B형 간염은 90퍼센트가 만성화하지 않는다.

간염 증세는 특히 어린이에게는 아주 미약하게 나타난다. 환자는 단지 약간 아플 뿐이고 피곤을 느끼기만 한다. 하지만 이 동안 간세포가 파괴될 수 있으며, 그것을 느끼지 못함으로 인해 만성 간염에 이르면 결국 간암이나 간경화를 초래할 수 있다. 간 조직이 파괴된 자리에는 흉터가 남게 되고, 그 기능을 제대로 할 수 있는 간세포가 없어지면 간의 능력이 제한을 받아 여러 가지 증세를 유발할 수 있다.

간경화의 주된 원인은 지나친 음주이다. 알코올은 간에서 분해되어 지방이 되며 이것은 세포에서 완전히 제거될 수 없다. 지방이 쌓인 간세포는 염증을 일으키면서 괴사할 뿐 아니라 동시에 그곳에 독성 물질이 생겨나 나머지 조직을 파괴한다. 간경화는 모든 간 기능의 와해를 가져와 환자가 사망에 이르게 한다.

신장

우리는 대략 갈비뼈 하단 높이 척추의 좌측과 우측(즉 우측 것은 간 아래, 좌측 것은 비장 아래)에 두 개의 신장을 갖고 있다. 신장의 임무는 피를 정화하는 것이다. 신장 피질에는 약 100만 개의 작은 사구체들이 있는데, 이 사구체가 필터처럼 작용해 포도당·요소·전해질·물을 걸러서 세뇨관으로 배어나오게 한다. 이런 식으로 1분당 약 8분의 1리터의 1차 오줌이 생성되며, 하루 동안의 양을 모으면 180리터나 된다. 우리의 몸은 그렇게 많은 양의 물을 하루 안에 다 내보낼 수는 없다. 1차 오줌은 대부분 재 흡수되며 그 나머지가 농축된 진짜 오줌이 되는 것이다. 이렇게 배출되는 양은 하루에 대략 1.5리터 정도이며, 이때 노폐물도 같이 몸 바깥으로 배출된다. 그 노폐물은 우리 몸이 전혀 필요로 하지 않는 것이며, 동시에 오줌이 되어 마땅한 것일 뿐이다.

모든 사구체는 출생 전에 이미 완성되며 나중에 더 이상 대체될 수 없다. 애초에 신장의 능력은 우선 필요한 정도를 훨씬 넘어서 있는 것이다. 그래야만 노령에 절반 또는 4분의 1 정도의 기능만 제대로 할 수 있어도 주어진 과제를 완수할 수 있다.

신장에서는 에리트로포에틴Erythropoetin이라는 중요한 호르몬 생산이 이루어진다. 이 호르몬은 혈중으로 분비되어 골수에서 적혈구 생성을 자극한다. 또한 혈압을 조절하는 호르몬 레닌Renien도 신장에서 생산되는데, 신장이 심하게 파괴되면 너무 많은 레닌이 생산되어 고혈압에 이르게 된다. 이 병에 대한 효과적 처방은 레닌 시스템을 제어하는 것이다.

비장

비장(지라)은 췌장의 좌측 상부에 있다. 초보 스포츠맨이 달리기를 할 때 이따금 쿡쿡 찌르며 아픈 곳이 있는데 바로 그곳이 비장이 있는 곳이다.

태아에게 있어서 비장은 적혈구 생성이라는 중요한 과제를 맡고 있는 곳이다. 이 과제는 출생과 동시에 중지되며 그 이후에는 골수가 전담하게 되지만, 위기에 처했을 때는 비장이 다시 골수를 생산할 수도 있다. 그러나 평상시 비장의 과제는 피의 정화다. 비장은 병원체·노폐물·수명이 다 된 적혈구 세포를 제거하며, 적혈구 내의 철을 분리해 재활용한다. 심한 노동으로 인해 몸이 힘들어졌을 때 비장은 저장된 혈액을 순환 사이클로 짜내게 되는데, 바로 이 때 옆구리 통증이 느껴지는 것이다.

피부

피부는 인간이 가진 가장 큰 기관이다. 그 표면적은 2제곱미터, 무게는 10킬로그램까지 나갈 수 있다. 피부는 인체를 외부 세계(특히 병원체 및 자외선)로부터 보호하며, 체온과 수분 함량을 조절하고, 온도 및 접촉 자극을 받아들이며, 붉어짐으로써 우리의 속마음을 드러내기도 한다.

피부는 상피(上皮)-진피(眞皮)-피하(皮下) 3개의 층으로 이루어져 있다. 특히 단열 목적을 위해 존재하는 피하층은 지방과 결합 조직으로 이루어져 있으며 그 두께는 1~10센티미터 정도이다. 3밀리미터 두께의 진피는 탄력 있는 촘촘한 섬유망으로 되어 있어 외부의 잡아당기는 힘으로부터 피부를 보호한다. 진피 1제곱센티미터에는 대략 1미터의 혈관과 4미터의 신경이 있으며 림프관, 면역 세포, 많은 수의 땀샘과 지선(脂腺) 및 모근이 있다.

두께가 0.1밀리미터밖에 안 되는 상피(표피)는 주로 각화(角化) 세포로 되어 있다. 눈에 보이는 부분인 각질층은 죽은 세포로 되어 있는데, 그 밑의 기초 세포층에서 각질 세포가 퇴화되며 죽기 때문에 끊임없이 새로 만들어진다. 따라서 새로 만들어진 층에 자리를 내주기 위해 작은 피부 조각(비듬)이 피부에서 계속 떨어져나간다. 이것은 침대와 카펫에 살고 있는 집먼지진드기의 주요 식량이다. 이 진드기에 알레르기가 있는 사람은 그 배설물에 있는 특정 물질에 대해 알레르기 반응을 일으키는 것이다. 심한 하중을 받는 부위에서는 비듬의 생산량이 줄어들며 피부는 두터워지고 못이 박이거나 티눈이 생기기도 한다. 햇빛도 피부를 두껍게 하는 결과를 낳는다. 두꺼워진 피부는 빛을 덜 투과시킬 수 있지만 주름살을 만들기도 한다.

상피에는 특별한 과제를 부여받은 많은 유형의 세포들이 통합되어 있다. 멜라닌 세포는 미니 파라솔과 같은 작용을 하는 색소를 생산해 세포를 자외선으로부터 보호한다. 자외선은 유전 형질을 변화시킬 수 있으며, 햇볕은 특정 분자를 변형시킴으로써 피부 세포를 죽인다. 비록 지구에 햇볕이 비치기 시작한 것이 최근의 일은 아니지만 그로 인한 화상은 문명병 중 하나이며, 오존층에 구멍이 뚫린 것이 그 주요 원인이 되었다. 진화론적 관점에서 본다면 햇볕에 의한 화상은 일광욕을 너무 자주 하기 때문이 아니라, 오히려 너무 적게 하기 때문에 일어난다. 사람이 일과의 대부분을 바깥에서 보내지 않게 되면서 그 창백한 얼굴 피부는 더 이상 충분한 멜라닌을 생산하지 않게 되었고, 따라서 간혹 강한 햇볕을 쬐면 화상을 입게 된 것이다. 진짜 위험은 화상 자체가 아니라 그 이후에 발생할 수 있는 피부암에 있다. 유년 시절에 화상을 입은 경험이 있는 사람은 수십 년 후에 피부 색소 세포에서 유발되는 악성 색소 세포 피부암이나 기층 세포 피부암에 걸릴 위험성이 높다고 한다. 후자는 상피의 기층 세포가 변이를 일으킴으로써 생겨나며 전자보다는 훨씬 덜 위험하다. 최소한 그 암은 원칙적으로 다른 곳으로 전이되지는 않는다.

그밖에도 피부에는 촉각을 담당하는 소체 세포, 면역 기능을 맡은 랑거한스 세포, T-림프구 등이 있다.

입술과 음경의 귀두 부분만 제외하면 모든 피부에는 1제곱센티미터당 100개의 땀샘이 있다. 땀의 주요 성분은 물·염화나트륨·요소·암모니아·요산이다. 땀을 흘리는 데에는 두 가지 이유가 있다. 땀은 산(酸) 보호막을 형성함으로써 병원체로부터 몸을 보호하며, 또 증발함으로써 몸을 식혀 주기도 한다. 사람은 매일 꽤 많은 양의 땀을 흘릴 수 있다.

손바닥 및 발바닥을 제외한 몸의 모든 부위에 털이 날 수 있으며, 털이 난 곳에는 작은 지선(脂腺, 기름샘)이 있다. 이것은 피부에 기름을 칠해 방수(防水) 효과를 낳는다.

이런 보호 작용에도 불구하고 피부는 바이러스, 박테리아, 곰팡이의 공격을 받을 수 있다. 특히 우리를 몹시 괴롭히는 것은 헤르페스 바이러스 HSV₁와 HSV₂다. 이 바이러스는 원칙적으로 눈에 띄지는 않지만 평소 많은 사람의 몸에 서식하고 있다가 다른 원인으로 인해 몸이 좋지 않을 때면 활동을 시작한다.

HSV₁는 입과 입술에서, HSV₂는 생식기에서 나타나며, 물집과 소양증(가려움증)을 유발한다. 대부분의 사람이 유치원에 다닐 즈음 처음으로 감염되곤 하는 이 바이러스는 피부의 표피를 공격해 습윤성 물집이 생기게 한 후 신경 뿌리까지 파고들어가 동면을 하다가 스트레스나 질병 때문에 면역 시스템이 약화되면 잠에서 깨어난다.

정말 보기 좋지 않은 것은 휴먼 파필로마Humanes Papilloma 바이러스의 작품인 사마귀(유두종)다. 이것은 다른 사람의 사마귀에 접촉함으로써 전염될 수 있으며, 피부에 작은 균열이 있을 때는 특히 잘 전염된다. 하지만 다행스럽게도 적절한 환경을 필요로 하기 때문에 누구에게나 전염되지는 않는다. 이 바이러스는 피가 잘 통하지 않아 차갑거나, 땀이 많이 나는 축축한 손과 발을 좋아한다.

생식기

진화의 관점에서 볼 때 으뜸으로 인정받는 가치는 번식 성공이다. 인간은 모든 다른 포유동물과 마찬가지로 남성의 정자와 여성의 난자가 결합된 후 모체에서 배아가 생장함으로써 그 종족을 이어갈 수 있다. 일반 포유동물의 경우 사실상 암컷이 이 모든 힘든 일을 떠맡는다. 암컷은 커다란 난자 세포를 제공할 뿐 아니라 태아를 몸속에 넣고 다니면서 자신의 피를 공급하며 출산 후에는 수유를 한다. 수컷은 정자를 제공하는 것 외에는 하는 일이 없다. 정자는 한 개당 0.1그램밖에 안 되는 아주 단순하고 값싼 대량 생산품이다.

고령의 남성들이 겪는 가장 널리 알려진 병은 전립선 비대증이다. 이 병은 60세 남성 노인의 절반, 70세 이상의 모든 남성 노인에게 생기며, 그중 5분의1은 고통을 느낀다. 전립선암과 달리 양성(良性) 전립선 비대증은 특히 요도를 둘러싸는 전립선 내부에서 생김으로써 자주 요도를 압박해 소변을 볼 때 문제를 일으킨다. 최종적으로는 소변 정체로 인해 신장까지 합병증을 일으킬 수 있다.

정자는 고환에서 출발해 부(副)고환을 지나고 정자관을 통해 전립선에 이르러 정액과 뒤섞인다. 정자 이동의 이 단계를 통해 우리는 과거에 대한 몇 가지를 배울 수 있다. 정관이 고환과 음경 사이에서 직선으로 연결되지 않고, 긴 고리 형태의 우회로를 형성하는 이유는 우리 조상이 파충류였기 때문이다. 당시에 고환은 복강(腹腔) 속에 있었으며, 우리가 변온 동물 상태에서 벗어나기 시작했을 때 거기서 벗어나야 했다. 몸이 너무 따뜻해졌기 때문이다. 따라서 고환이 점차 아래로 내려오게 되었고, 마침내 충분히 시원한 몸 바깥의 주머니에 들어 있게 되었다.

고환의 크기는 조상들의 성생활에 대한 약간의 정보를 제공해 준다. 인간의 고환은 그 몸 크기에 비해 침팬지의 경우보다는 작지만 고릴라와 긴팔원숭이보다는 크다. 이 점은 우리 조상이 파트너 맺기와 바람피우기가 조합된 형태를 좋아했다는 결론을 내리게 해준다. 고환의 크기는 난혼(난교)을 하는지 그 여부에 대한 척도가 될 수 있기 때문이다. 남녀가 상대를 가리지 않고 동침을 하면 여성의 몸속에서 여러 남성의 정자가 뒤섞이게 되며, 결국 가장 많은 정자를 몸 안으로 수송할 수 있는 남성이 가장 높은 번식 성공률을 가지게 되는 것이다. 난교를 하는 침팬지의 고환은 안정적으로 수많은 암컷을 거느리는 고릴라의 고환보다 네 배나 크다. 고릴라의 몸무게가 침팬지보다 네 배나 더 나가는데도 말이다.

더 나아가 정자 이동로는 음경으로부터 질 끝에 있는 음문으로 이어진다. 한 회에 사정되는 양인 약 1억 5천만 개의 정자는 상황이 여의치 않으면 그 저장소에서 4일이나 기다리다가 마침내 자궁 목(자궁경부)을 통과하는 힘든 여정을 시작한다. 하지만 여성의 불임 기간 동안에는 끈끈한 점액에 의해 차단되어 그곳을 통과하지 못한다. 가임 기간 중에는 그 점액이 유동적인 액체로 바뀌어 정자 세포가 자궁 속을 헤엄쳐 수란관에 진입할 수 있다. 이때까지 (하나 내지 두 개의 난자 세포를 만나기 위해) 대략 1,000개의 정자가 살아남는다.

남성은 왜 튀어나온 생식기를 갖고 있고, 여성은 왜 속이 빈 질을 갖고 있는가? 진화의 논리로 볼 때 커다랗고 운동성이 없는 난자를 위한 기관을 발전시키는 것보다는 터보 엔진이 달린 아주 작은 정자를 이동시킬 수 있는 기관을 발전시키는 편이 더 간단했기 때문이다. 늘 그렇듯이 자연은 이 부분에 있어서도 예외를 낳았다. 해마의 경우 마치 자궁과 비슷한 수컷의 육아낭(囊)에 암컷이 난자를 낳는다.

예술가 앤더슨Laurie Anderson은 정자가 얼마나 격렬하게 목표를 향해 돌진하는지에 대해 다음과 같이 기술한다.

정자 하나가 코끼리 크기만 하다면 그 속도는 시속 2만 4,000킬로미터 또는 마하 20에 이를 것이다. 4억 마리의 장님 향유고래가 사력을 다하는 모습을 상상해 보라. 그들은 미국의 태평양 해안에서 출발해서 시속 2만 4,000킬로미터로 헤엄을 침으로써 45분도 채 못 되어 일본의 해안가에 도착한다. 그들은 어떤 대접을 받을까?

정자가 난자 속에 들어서면 난자는 곧바로 그 막의 구조를 바꾸어 다른 정자가 들어오지 못하게 방어한다. 첫날에는 어머니와 아버지의 유전 형질이 난자 세포 안에 아직 분리된 채 포장되어 있을 뿐이며, 둘째 날이 되어서야 두 핵의 융합이 이루어져 부모의 유전 형질이 조합된 새로운 세포핵이 생겨난다. 바로 이때가 수정이 완료되어 배아가 생겨나는 시점이다. 이 단계의 초기 배아를 수정란(접합자)이라고 부른다. 이 수정란은 난할을 시작하면서 자궁으로 이동하며 배란 후 약 7일 만에 자궁 점막에 착상한다. 이 과정에서는 잔털 가시처럼 생긴 일종의 벨크로 테이프가 사용된다. 즉 수정란이 그 표면에 작은 단백질을 형성함으로써 그것이 자궁 점막에 있는 특수 당(糖) 분자에 걸릴 수 있게 되는 것이다. 하지만 이렇게 되기 위해서는 운이 아주 좋아야 한다. 수정란의 4분의 3이 그 과정에서 도중하차하기 때문이다.

난자 세포의 이동 경로는 정자의 그것보다 짧다. 모든 여성이 태어날 때부터 난소 안에 가지고 있는 약 1밀리미터 길이의 난자 세포에서 매달 1개씩의 난자가 만들어지며, 난자는 배란이 이루어질 때 퍽 소리를 내며 터지는 작은 주머니의 도움으로 깔때기 형태의 난관 입구로 던져진다. 난자는 몇 센티미터 정도의 그 길을 이동해 수정을 원하는 정자 세포가 있는 곳까지 오거나, 정자 세포를 만나지 못했을 경우에는 자궁까지 내려와 월경 때 점막과 함께 해체되어 배출된다.

여성은 배란 후 6~12시간 동안, 즉 난자가 난관에 있는 동안에만 임신할 수 있다. 수정된 난자가 자궁에 도달하지 못하면 그것은 그냥 난관에 착상하게 되는데, 아주 드물게는 난소나 자궁 경부 또는 복강에 착상하기도 한다. 이 경우에는 배아가 생겨날 수 없으며, 만약 생겨난다면 몹시 위험해진다. 원칙적으로 석 달이 되기 전에 배아가 사망해 유산되는데 이 때 난관 벽이 파열되어 생명을 위협할 수 있는 심한 출혈이 일어나기 때문이다. 따라서 이런 배아가 발견되면 즉시 수술로 제거해야 한다.

2002년도에 모로코에서는 아주 기괴한 일이 보고되었다. 75세 노파에게서 태아를 제거하는 수술이 이루어졌는데, 그 태아는 46년 전에 임신되었고 복강에서 생장했으며 9개월째가 되어서야 사망했던 것이다. 그 여인의 몸은 3.7킬로그램의 태아를 석회 성분의 껍질로 감쌌으며 어느 정도 미라에 가깝게 만들었던 것이다.

2차 성징

만약 지구에 있는 화보 잡지의 표지를 외계인이 연구한다면 그는 여성의 유방이 인간의 문명에서 아주 비범한 역할을 하고 있다는 것을 얼른 알아차릴 것이며, 도대체 그 가슴이 어디서 온 것인지 질문을 제기할 것이다. 하지만 그에 대해 분명하게 대답하기는 쉽지 않다. 왜냐하면 인간의 여성은 아기에게 수유하지 않으면서도 풍만한 가슴을 가지고 있는 유일한 포유동물이기 때문이다. 다만 세 가지 가설이 있을 뿐이다. 첫 번째는 직립 보행이 여성에게 가슴을 선물했다는 것이다. 직립 보행은 유인원에게 가장 중요한 성적 매력이었던 엉덩이를 더 이상 수컷의 눈높이에 있지 못하게 하는 결과를 낳았기 때문이다. 결국 가슴은 인류의 핵심적 매력이 된 일종의 대체 엉덩이인 셈이다. 두 번째 가설은 제1장에서 살펴본 바 있는 성적 도태의 메커니즘을 지적한다. 이에 따르자면 가슴이 큰 여성은 자녀에게 좋은 수유를 할 수 있다는 얘기가 된다. 세 번째로 가슴은 남성을 기만하려는 여성의 트릭이라고 보는 관점이 있다. 이 관점에 의하면 터질 것처럼 빵빵한 가슴은 그 여성이 임신하고 있다는 신호다. 따라서 남성은 언제가 가임기간인지 더 이상 알 수 없게 되었으며, 자신의 여성 파트너가 다른 남성의 아이를 배는 일이 없도록 하기 위해 항상 그녀 곁에 머물러 지켜야 한다. 즉 여성의 가슴이 남성의 무한정한 생식 욕구를 제어하게 되면서 오늘날 지배적인 일부일처제가 진화론적으로 관철될 수 있었을 것이라는 설명이 가능해진다. 비록 입증될 수는 없다 해도 이 세 가지 가설 중 어느 하나라도 배제되어선 안 된다. 진화론적으로는 셋 다 가능하기 때문이다.

성병

HIV에 의한 감염만 제외하면 대부분의 성병은 성적 접촉을 통해 전달되어 생식기에 발병한다. 가장 빈번한 것은 남녀 모두 걸릴 수 있는 클라미디아Chlamydia(앵무병 · 성병성 서혜 림프 육아종 · 트라코마 병원체의 총칭) 감염이다. 이것은 거의 고통을 유발하지 않기 때문에 발견하기 어렵고 만성화하는 경우가 잦다. 만약 이로 인해 난관에 염증이 생기면 불임과 난관 임신의 요인이 될 수 있다. 이 병의 증세는 음경이나 질에서 분비물이 나오고, 하체에 따끔따끔한 통증이 있으며, 소변을 볼 때 화끈거리는 것이다. 하지만 일단 발견되면 항생제를 이용해 성공적으로 치료할 수 있다.

임균에 의해 감염되는 임질 역시 그와 유사해서 아무 자각 증세가 없다. 임질은 독일어로 '트립퍼Tripper'인데, 이 말은 독일어 drippen('물방울처럼 떨어지다'라는 뜻)에서 유래했으며, 그 전형적 증세인 분비물 누출 때문에 그런 이름이 붙여졌다. 임질은 아직 전 세계적으로 퍼져 있긴 하지만 콘돔 사용으로 인해 급감하고 있는 추세다. 임질로 인해 발생할 수 있는 가장 큰 문제는 출산 시에 아기가 감염되는 문제다. 과거 서양에서는 아이의 눈이 머는 가장 큰 원인이기도 했다. 이를 막기 위해 사람들은 신생아의 눈에 질산은 몇 방울을 떨어뜨렸다. 성인이 되어 나타나는 가장 큰 합병증은 불임이다.

매독은 훨씬 더 위험하다. 매독 박테리아는 혈관을 타고 몸속에 퍼질 수 있으며, 전염된 지 수년 후에 심장 · 뇌 · 척수 등 중요한 기관에 합병증을 일으킬 수 있다. 병이 시작되는 시점의 증세는 대수롭지 않은 편이다. 눈에 잘 띄지 않는데다가 아프지도 않은 작고 붉은 궤양이 음경 · 음순 · 항문에 (그리고 이따금 입가나 입술에도) 생겼다가 약 일주일 정도 지나면 사라져 버린다. 하지만 몇 달 후 가슴 · 등 · 팔 · 다리 · 손 · 발바닥 등에 붉은 발진이 생기면서 독감과 비슷한 증세가 나타나는데, 이 단계에서 병을 치료하지 않으면 몇 년간의 잠복기를 거친 후 심각한 후기 매독으로 발전해 심부전, 전신 마비, 근육 및 피부 파괴뿐 아니라 다양한 신경 계통 증세를 유발해 정신박약이나 사망에 이르게 한다. 물론 초기 단계라면 항생제로 잠재울 수 있다. 과거에 아직 항생제가 개발되지 않았을 때에는 3기 매독 환자에게 말라리아 균을 감염시켜 그로 인해 발생하는 고열로 매독 균을 제압하는 치료법이 있었으며, 실제로 이 방식으로 인해 1퍼센트라는 완치율이 30퍼센트까지 높아질 수 있었다. 이 방법을 발견해 낸 오스트리아의 의사 야우레크Julius von Jauregg(1857~1940)는 그 공로로 1927년 노벨 의학상을 받았다.

파필로마 바이러스에 감염된 음경에 크게 자란 사마귀는 생식기에서의 암 발생을 촉진한다. 자궁 경부 암세포의 99.7퍼센트 이상에서 특정 바이러스 유형의 유전 물질이 확인되는데 이 역시 매우 위험한 파필로마 바이러스다. 파필로마 바이러스는 양성(良性)임에도 불구하고 자궁 점막의 변화를 일으킨다. 물론 대부분의 경우 변화는 다시 가라앉지만, 20명 중 한 명꼴로 이 변화가 서서히 변이를 낳으면서 최장 40년까지 시간을 끌다가 결국 암을 유발한다. 암의 한 종류가 바이러스를 통해 유발된다는 것, 또 모든 암 질환의 15퍼센트가 그렇다는 것이 밝혀진 것은 상당히 희망적인 계기가 되었다. 바이러스가 원인이라면 그에 대한 면역제를 개발할 수 있기 때문이다. 독일 암 연구소에서 이미 파필로마 바이러스의 감염, 즉 자궁 경부 암에 대한 면역 물질이 개발되었으며, 몇 년 이내에 약품으로서 판매 허가를 받을 것으로 예상된다.

면역 시스템

인간을 투쟁 실험에 합격한 존재라고 말할 수 있다면, 그 종목은 무엇보다도 박테리아, 바이러스, 기생충과의 싸움이다. 인간들끼리의 싸움은 겨우 수만 년 전부터 시작되었을 뿐이지만, 이 미세한 미생물들과의 싸움은 이미 수억 년 전부터 뜨겁게 진행되었다. 그리고 그 전선(戰線)은 현재 우리 몸을 가로로 관통하며 형성되어 있다.

몸의 가장 취약한 부분은 당연히 외부 세계와 접촉하는 부분, 특히 얼굴의 가장 큰 구멍인 목구멍이라 할 수 있다. 따라서 우리 몸은 침입자가 몸속으로 들어오는 길을 차단하기 위해 몇몇 방어 요소를 배치해 놓게 되었다. 피부는 낯선 균주가 들어오는 것을 막기 위한 산(酸) 보호막을 형성했으며, 눈물과 침에는 박테리아를 죽이는 효소가 들어 있다. 만약 어떤 박테리아가 위장까지 들어오는 데 성공한다 하더라도 거기서 다시 한번 염산의 고약한 대접을 받게 된다. 절대적인 출입금지 구역은 폐다. 모든 기관지는 점막으로 입혀져 있으며 숨결처럼 섬세한 섬모로 뒤덮여 있다. 섬모는 항상 축축한 상태를 유지함으로써 흡입된 공기를 습윤하게 하고 흡입된 먼지, 꽃가루, 박테리아는 다시 외부로 내보낸다. 오줌보와 요도는 이미 산(酸)으로 소독된 오줌을 통해 지속적으로 세척되기 때문에 박테리아로부터 보호를 받을 수 있다. 질 내에는 되덜라인Döderlein이라는 예쁜 이름을 가진 보조 박테리아들이 있어 내부 성(性) 기관의 감염을 막는다. 이들은 매끄러운 질 점막에서 젖산을 생산하여 병원균의 서식을 막는다.

이러한 보호 장치를 뚫고 몸속으로 들어오는 상당수의 불청객 병원체는 면역 시스템에 의해 격퇴되어야 한다. 원칙적으로 이 시스템은 우리를 위협하는 모든 병원체와 싸울 수 있는 많은 종류의 수단을 확보하고 있다. 만약 이런 면역 시스템이 없다면 우리는 서너 주도 살지 못하고 사망할 것이다. 우리 몸이 무수한 박테리아·기생충·바이러스의 끝없는 공격에 대해 저항할 수 없었다면, 인간이 이 많은 적들과 함께 진화를 거듭해 오지도 못했을 것이다. 우리는 항상 그 작은 괴물들과 겨루어 제압할 수 있는 능력을 가지고 있다. 사실 수십 억 마리의 생명체가 우리 몸속에 기생하지만 대부분의 경우 그것이 우리를 쓰러뜨리지는 못한다. 심지어 그중 일부는 소화 작용을 돕는 등 유익한 역할을 하기도 한다. 우리는 이러한 것들을 '제한적 기생'이라 부른다.

항체

각종 생명체는 그 나름의 저항 방식을 가지고 있다. 곤충은 작은 단백질 분자 '펩티드'로 공격자를 죽이며, 식물은 곤충 떼의 공격을 받으면 그 공격당한 부위의 주변부를 스스로 고사시켜 건강한 조직으로부터 분리시킨다. 구조가 복잡한 생물은 이른바 '포식 세포'를 가지고 있어서, 이것이 혈액을 타고 순찰을 돌다가 박테리아를 발견하면 파괴해 버린다. 상어에서 인간에 이르기까지 척수가 있는 모든 동물은 더욱 복잡한 방어 무기, 즉 적응에 필요한 면역 시스템을 가지고 있다. 우리가 가진 시스템의 특성 중 백미는 그 자체 내에 학습 능력이 있어 외부의 각종 적에 대해 집중적으로 정교하게 대항할 수 있다는 점이다. 더불어 이론적으로는 (각종 유전자 요소의 조합을 통해) 1,000억~1조 가지의 각종 맞춤형 방어 무기, 즉 항체를 생산할 수도 있다.

게다가 최소한 그것과 동일한 수의 전문 T-세포(세포의 면역에 주된 역할을 하는 림프구)가 포진하고 있는데, T-세포는 B-세포(하나의 항체를 대량으로 생산할 수 있는 림프구)와 공동으로 후천성 면역 시스템을 형성하여 선천적 면역 시스템의 고전적 무기(포식 세포, 자연적 킬러 세포, 효소, 기타 단백질)를 보완한다.

항체는 B-세포와 그 후속 세포인 형질 세포에 의해 생산된다. 흥미로운 점은 모든 종류의 B-세포는 단 한 가지의 항체만을 생산할 수 있다는 것이다. 각 B-세포는 고유의 독특한 항체를 생산하도록 프로그래밍되어 있다. 따라서 우리 면역 시스템의 핵심은 우연적인 생성 장치가 갖추어진 일종의 자연적 유전자 공학 실험실인 셈이다. 우리 몸에는 수백만 가지의 각종 B-세포가 있으며, 그 표면에 있는 고유의 항체로써 서로 구분된다. 상당수의 B-세포는 단 한 번도 자신의 항체에 맞는 침입자를 만나보지 못하지만, 일단 자신에 맞는 침입자를 만나기만 하면 그 항체를 대량으로 생산해서 혈액 속으로 분비하기 시작한다. 바로 그곳에서 항체가 침입자와 결합해 중립화하는 것이다. 이때 다시 한번 자연의 유전자 공학적 술책이 개입된다. 즉 세포 분열 시에 수많은 변이가 일어남으로써 새로 생겨난 항체 중 일부는 기존의 것보다 더 효과적으로 현재의 병원체에 대응할 수 있다는 것이다. 면역학자들은 이것을 '친화성 성숙'이라 부른다. 물론 이러한 과정은 어느 정도의 시간을 필요로 하기 때문에 우리는 꽤 앓고 난 후에야 다시 건강해질 수 있다. 그러나 동일한 병원체가 다시 우리 몸에 들어올 경우에는 그것에 대해 잘 알고 있는 '기억 B-세포'가 훨씬 더 쉽게 더 많이 활성화된다. 또 그 세포들이 가지고 있는 항체는 최초 감염 시에 이미 '친화성 성숙'을 이루었으므로 더욱 효과적으로 반응해 아프기 전에 미리 침입자를 파괴할 수 있다. 면역은 바로 이런 메커니즘에 의해 이루어진다.

항체는 세 부분으로 구성되어 있다. 그중 두 가지는 항상 한 쌍이며 각 항체마다 서로 다르다. 이것은 해당 항원Antigen(항체가 결합해야 하는 침입자의 고유한 표면 구조)에 정확히 들어맞는다. 그러니까 그 한 쌍이 결합용 고리로서의 작용을 한다고 생각하면 되는 것이다. 상당수의 경우 항체가 그 고리의 도움으로 미생물에 달라붙는 것 자체만으로 벌써 그 병원균의 독성을 중화할 수 있다. 온통 항체가 달라붙은 바이러스는 세포 안으로 침입할 수 없다. 독성도 마찬가지다. 항원은 독성이 세포에 달라붙어 손상을 입히는 것을 방해한다. 항체의 세 번째 부분인 Fc-효소는 모든 항체에 있어 동일하다. 그것은 면역 시스템의 포식 세포나 자연적 킬러 세포를 불러 모아 침입자를 파괴하도록 하는 일종의 호출기와 같은 역할을 한다.

하지만 유감스럽게도 이 작은 적들 역시 이 교묘한 시스템의 발전에 보조를 맞추어 그것을 능가하기 위한 방법을 개발해 왔다. 어떤 것들은 그 겉모양을 바꿈으로써 우리가 항상 새로운 항체를 필요로 하

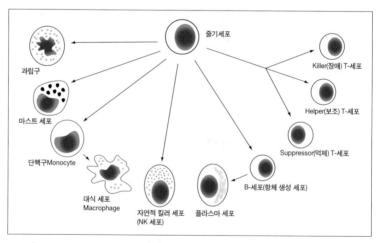

그림 4.4 줄기 세포는 면역 시스템의 각종 세포로 분화된다. 이것들은 서로 다른 과제를 인지하며 항상 새로 형성되어야 한다.

게끔 하는데, 특히 비열한 표본들은 그 정확한 타이밍에 주목한다. 예컨대 수면병(睡眠病)의 병원균은 우리 몸이 항체를 충분히 생산해서 투입하는 데 열흘이 걸린다는 사실을 마치 정확히 알고 있는 것 같다는 것이다. 다시 말해서 그것은 9일 만에 표현 특징을 변화시켜 항체가 더 이상 인식할 수 없게 한다. 또 다른 예로 스트렙토 구균은 우리 몸의 고유한 세포로 위장해서 몸이 그것을 이물질로 알아차리지 못하게 한다. 그럼에도 면역 시스템이 박테리아에 대한 항체를 형성하면, 이 항체는 박테리아와 아주 유사한 우리 몸의 세포까지도 공격하게 된다. 이러한 부작용이 바로 자가 면역 질환이다.

면역 접종

면역 시스템은 질병과의 전쟁에 있어 가장 중요한 조력자다. 따라서 의학의 1차 과제는 면역 시스템의 능력에 합류하고 그것을 후원하는 데 있다. 이 일은 특히 면역 물질 이용을 통해 가능해질 수 있다. 면역 물질은 병원체의 복제본이며 몸이 경계 상태에 돌입하게 할 수 있지만 몸 자체를 위태롭게 하지는 않는다. 단지 감염을 흉내 냄으로써 인체가 방어 시스템을 가동하고 항체를 형성하게 해준다. 이로써 나중에 발생할 수 있는 감염에 대한 면역을 얻는 것이다. 이러한 면역 형성은 자연적으로도 존재한다. 예컨대 우리는 풍진, 홍역, 유행성 이하선염 등의 병에 평생 단 한 번 걸림으로써 그에 대한 면역력을 얻을 수 있다. 하지만 단 한 번이라도 걸리고 싶지 않은 병들(디프테리아, 마마, 소아마비 등)도 있기 때문에, 실제로 병을 유발하지는 않는 약화된 (혹은 멸균된) 병원체를 몸에 주입함으로써 면역력을 갖게 하는 면역 물질이 개발된 것이다. 사람에게 적용할 수 있는 그런 종류의 첫 면역은 1796년 영국에서 행해졌다. 당시에 제너Edward Jenner(1749~1823)라는 시골 의사는 8세 소년 피브James Phibb에게 우두균을 주입해 해롭지 않다는 것을 확인했고, 몇 주 후에 다시 그 소년에게 마마균을 주입했다. 이미 그 이전에도 마마에 대한 면역 접종이 이루어지고 있긴 했지만 심한 발병을 예방하기 위해 진짜 마마 바이러스를 직접 접종한 것은 처음이었다. 제너는 사람에게 위험하지 않은 우두균Orthopoxvirus vaccinia을 발견했으며, 면역 물질은 오늘날까지도 일반적으로 백신이라 불린다.

이제 점점 유전자 공학적으로 생산한 면역 물질이 많이 사용되고 있다. 이것들은 바이러스의 특정 껍질 부분으로만 이루어져 있다. 다시 말해 인간의 면역 시스템이 인식할 수 있는 표피 프로틴으로 되어 있다는 것이다. 더불어 유전자 면역에 대한 연구도 함께 이루어지고 있는데, 이렇게 개발된 면역 물질은 유전자로 구성되어 있으며 접종한 이후 체내에서 비로소 면역 물질을 생산해 낸다. 즉 특정 물질을 주입하는 것이 아니라, 그런 특정 물질을 만들어 낼 수 있는 설계도를 주입하는 것인 셈이다. 최근에는 면역 시스템과의 협조를 통한 예방뿐 아니라 질병 치료를 위한 협동 연구도 진행되고 있다. 이른바 치료 목적의 면역 접종은 무엇보다도 암과 에이즈의 격퇴를 위해 개발되고 있다. 암세포에 능동적으로 대처하기 위해서는 무엇보다도 T-세포 이전 단계의 세포들이 진짜 항원(암세포를 위험한 침입자로 인식하게 하는 특정 형태, 소위 암세포의 해적 깃발, 일명 암 항원)을 인식하는 법을 배워야 한다. 아직 그런 일을 할 수 없는 단계에 있을 때 그 세포들은 '순진한 T-세포'라 불린다. 이것들은 항원과 만나도 아무런 반응을 하지 않는다. 반면 훈련된 세포는 심한 증식과 공격을 개시한다.

이런 훈련에 대한 조교의 역할은 체내의 '수지상(樹枝狀) 세포'들이 맡는다. 수지상 세포가 낯선 단백질 성분을 수집해 면역 시스템의 다른 세포에게 제시하면 다른 세포는 제시된 것과 동일한 표면 특징을 가진 모든 세포를 만났을 때 적으로 인식하고 제거한다. 이 훈련을 개선하기 위해 환자로부터 수지상 세포를 채취한 뒤 암의 단백질 요소(해적 깃발)를 달아 다시 체내에 주입할 수 있다. 현재 암 항원을 합성해 세포 배양 샤알레에서 수지상 세포에 부착하는 기술이 개발되어 있다. 치료 목적의 면역 접종은 유전자 면역 접종의 형태로도 이루어질 수 있을 것이다. 이 경우에는 암세포의 인식표를 생산하는 유전자가 도입될 것이며, 이로써 면역 시스템이 활성화될 것이다. 그동안 이러한 연구로 인해 일련의 고무적인 성과가 나왔으나 아직 어떤 획기적인 돌파가 이루어지지는 않고 있다.

면역 시스템의 약화

물론 방어 시스템 그 자체가 공격을 받을 수도 있다. 현재 가장 잘 알려져 있는 공격자는 HIV(인체 면역 결핍 바이러스)일 것이다. 이 역시 다른 바이러스와 마찬가지로 단독으로 생존할 수 있는 능력은 없기 때문에 면역 방어 세포와 림프구로 진입한 후에야 증식을 시작하며 동시에 모든 세포를 파괴한다. HIV 감염자는 처음에는 대부분 고통을 느끼지 못한다. 그러나 바이러스가 증식하면서 점점 더 많은 혈액 세포를 공격하면, 몇 년 후 그 방어 시스템은 비교적 경미한 병원체도 막아낼 수 없을 정도로 약화된다. 사람들은 흔히 이 시점에 이르러서야 에이즈라는 말을 사용한다. HIV는 그동안 밝혀진 바와 같이 동물로부터 전해진 것인데, 그 동물은 우리와 가장 유사한 종($種$)인 침팬지일 가능성이 가장 크다. 인간에게 존재하는 것과 동일한 HIV_1 바이러스는 1959년 아프리카에서 미국으로 수입된 침팬지에게서 발견되었다. 유전자 분석 결과 사람에게 전달될 수 있는 HIV_1 바이러스는 침팬지 체내에서 두 개의 SI 바이러스가 접합함으로써 생겨난 것으로 밝혀졌다. 이것보다 덜 위험한 HIV_2 바이러스는 침팬지가 아니라 여우원숭이와 긴꼬리원숭이로부터 전해진 것으로 추정된다.

우리는 에이즈에 대해서 면역 접종 형태의 의학적 예방과 치료가 가능해지도록 해야만 한다. 가장 어려운 점 중 하나는 면역 물질을 개발한다 하더라도 사람이 아니라 침팬지에게만 시험해 볼 수 있다는 것이다. 다른 동물은 그 세포 표면에 HIV가 점착할 만한 수용기가 없어서 HIV에 대한 저항성을 갖기 때문이다. 극도로 탁월한 바이러스의 변신 능력도 또 하나의 어려움을 더한다. HIV의 하위 종 10여 가지가 존재할 뿐 아니라, 이것들 역시 지속적으로 표면 속성을 변화시키기 때문에 전통적 면역 물질로는 따라잡을 수가 없다. 바이러스가 탁월하게 변신할 수 있는 능력은 그 자체에 오류가 일어나기 쉽기 때문이다. 세포 내에 침입한 바이러스는 그 속에서 비교적 부정확한 복제를 하게 되며, 이렇게 복제된 바이러스는 경우에 따라 항바이러스 물질에 대한 저항성이 더 세지거나 면역 물질과 유사하지 않게 바뀜으로써 면역 시스템을 벗어날 수 있다.

후천성 면역 결핍증 이외에 일련의 선천적 면역 시스템 결함도 있다. 그중 가장 심각한 것은 X-SCID(복합 원인에 의한 중증 면역 결핍증)이다. 이것은 소년들에게만 나타나는데, 만약 갓 태어난 사내 아이가 적절한 치료를 받지 못하면 태어난 지 1년 이내에 사망한다. 면역 시스템을 가동할 수 없는 이런 아이에게는 아무리 작은 감염이라도 치명적이다. SCID 환자들은 산소 텐트와 같은 멸균된 환경에서만 생존할 수 있다. 이 질병을 치료하려면 친척이나 다른 기증자로부터 골수를 이식받아야 한다. 적합한 기증자가 확보되지 않으면 이 병은 유전자 치료에 의해서만 나을 수 있다. 다시 말해 건강한 유전자를 환자의 조혈모세포에 이식해야 하는 것이다. 1999년부터 일부 환자에게 유전자 치료법이 성공적으로 시술되었다. 그러나 지금까지 적용된 이 방법은 아직 조금 위험하다. 그 부작용으로 백혈병 증세가 나타날 수 있기 때문이다. 그런 경우는 실제로 두 건 발생했다.

심한 유전병만 면역 시스템에 영향을 미칠 수 있는 것은 아니다. 대수롭지 않다고 여길 수 있는 홍역도 대략 6주간 잠정적인 면역 약화를 낳으며, 이 시기에는 심한 합병증이 일어날 수 있다. 세포에 손상을 입히는 바이러스의 효과와 심한 면역 결핍이 함께 올 경우 중이염·폐렴·뇌막염·뇌염에 걸릴 수도 있다. 인간은 홍역 바이러스의 유일한 숙주이다. 하지만 그 바이러스가 거의 변이를 일으키지 않을 뿐만 아니라 좋은 면역 물질도 확보되어 있기 때문에 홍역을 전 세계에서 제거하는 것이 원칙적으로 가능해졌다.

면역 시스템의 작동 오류

이따금 우리 면역 시스템은 적절하지 않게 반응하기도 한다. 알레르기의 경우 꽃가루·땅콩·고양이의 털처럼 전혀 위험하지 않은 이 물질에 대해 몸이 격렬히 저항하기도 하는데 이는 면역 시스템의 과잉 반응인 것이다. 이런 체질은 아마 선천적인 듯 하다. 현재로서는 독일인의 30퍼센트가 한 가지 이상의 특정 물질에 대한 알레르기를 가진 것으로 추정된다. 알레르기 발생률이 점점 높아지고 있는 것은 생활 방식 때문이기도 하다. 즉 현대의 밀폐된 거주 공간에서의 집먼지진드기 증가, 과도한 위생 조치, 점증하는 교통량, 식생활 습관의 변화, 가족의 숫자는 적어지는 대신 애완동물은 많아지는 현상, 간접흡연, 바닥에 깔린 카펫 등이 그 위험 요인이 되고 있는 것이다.

알레르기 반응이 일어날 때에는 대량의 방어 물질인 IgE(고도의 바이러스 저항성을 갖고 있으며 알레르기를 조절한다.) 유형의 항체가 생성되어 히스타민 분비를 유발하는데, 이 히스타민은 피부에 붉은 반점이 생기거나, 부풀어 오거나, 기도 협착이 일어나거나, 혈관의 투과성이 높아지는 원인이 된다.

그 정도가 상당히 심하기 때문에 IgE은 마치 알레르기를 일으키기 위해서 존재하는 것처럼 보일 정도다. 하지만 이 말을 반박할 수 있는 최소한 두 가지의 가설이 있다. 그런 식의 알레르기 반응은 그다지 오래 되지 않은 조상들의 생존을 위해 유용했을 수도 있으며, 어쩌면 그것은 오류 작동이라기보다는 우리가 아직 모르고 있을 뿐인 어떤 유용한 기능일 수도 있는 것이다. 오늘날 대부분의 학자는 전자의 가설을 지지하며, IgE가 원래 내장의 모든 불청객, 특히 기생충을 방어하는 데 기여했을 것이라는 견해를 피력한다. 비록 오늘날에 와서는 불필요해졌을 수도 있지만 사람의 몸속에 환형·띠형·고리형·흡혈 기생충이 대량으로 서식하던 과거에는 반드시 필요한 기능이었을 수 있다는 것이다.

그러나 좋은 알레르기와 나쁜 알레르기가 따로 존재한다는 생각도 해볼 만하다. 몇몇 알레르기 반응은 실제로 환자를 독성 물질로부터 보호한다는 점에서 의미를 가질 수 있다. 건강한 사람에게는 해가 되지 않지만 환자의 경우에는 해가 되는 독성 물질이 있다면, 바로 그런 물질에 대해 반응하는 알레르기가 있을 수 있다는 것이다. 수많은 물질과의 접촉(약물 복용)으로 인해 우리 몸이 현저히 달라지고 있다는 점을 감안한다면 이런 가능성을 무조건 배척해서는 안 될 것이다.

다행스럽게도 대부분의 알레르기는 상당히 귀찮게 할 뿐 비교적 가볍게 지나가는 편이다. 하지만 어떤 사람들은 매우 심한 알레르기를 겪기도 하며 그로 인해 심각한 결과에 이를 수도 있다. 드문 경우지만 알레르기 반응은 혈압 급강하, 혈액 순환 정지, 혼수상태의 원인이 되는 이종 단백질 알레르기 쇼크를 낳을 수 있으며 심지어 사망을 초래할 수도 있다.

면역 시스템이 몸의 구성 요소에 잘못 반응하고 공격함으로써 만성적인 염증을 일으키기도 하는 자가 면역 질환은 내부 기관에 대한 알레르기라 할 수 있다. 그 원인은 잘못 프로그래밍된 '자가 항체'와 잘

못 조종된 T-세포다. 모든 신체 기관이나 조직이 그 대상이 될 수 있는데, 갑상선의 경우 바제도우씨병, 췌장의 경우 당뇨병, 뇌 및 척수의 경우 멀티 경화(硬化), 결합 조직의 경우 류머티즘이 발생한다. 방어 시스템의 공격은 그대로 내버려둘 경우 평생 계속되거나 기관을 완전히 파괴해 버릴 수 있다.

아직 그 원인을 알아내지 못하고 있는 병들 중에 면역 시스템 오류 작동을 통해 일어나는 것이 있을 수 있다. 예컨대 스트렙토 구균 감염과 강박 노이로제 사이의 연관성은 이미 입증되었다. 스트렙토 구균을 물리치기 위해 만들어진 항체가 그 침입자를 성공적으로 방어한 다음에는 그 구균과 유사하게 생긴 뇌의 특정 세포를 공격함으로써 환자의 정신병 증상을 심화시키는 것이다.

자가 면역 질병이 생기는 이유가 아직 완전히 규명되지는 않았지만, 그러한 체질이 특정 가족에서 빈번히 발견되는 것으로 보아 유전적 요인이 큰 것으로 추측된다.

▌음식 ▌

건강식은 오늘날 서구의 생활 방식의 한 부분으로서 경제 성장에 중요한 한 시장을 형성한다. (생태 영농업자에서부터 우주의 합성 튜브 식량 애호가에 이르기까지) 모든 분야의 영양 컨설턴트의 소명 의식은 마케팅 전략가의 열정과 결합된다. 이렇게 많은 사이비 전문가가 존재하고, 소비자 역시 나름의 확고한 철학을 가지고 있는 현실에서 과학적 지식이 우리의 식생활에 관해 해줄 수 있는 일은 별로 없다. 사실상 오늘날 과학은 무수히 많은 음식에 관한 이론과 권장 사항 중 그 어느 것에도 무제한의 축복을 내려줄 수는 없다. 다만 해롭지 않다고 여겨지는 음식을 강조하고, 너무 일면적이어서 문제가 될 수 있는 몇 가지 학설만 조심하도록 경고할 수 있을 뿐이다. 하지만 음식이 인간에 미치는 영향이 과소평가되어서는 안 된다. 서양에서는 대부분의 사람들이 너무 기름지게, 너무 달게, 너무 많이 먹으며, 게다가 술까지 마신다.(한편 아직도 많은 나라에서 영양실조가 일어나고 있다.) 건강한 생활 습관을 만들 수 있는 아주 일반적인 원칙론을 말하자면, 비만과 편식을 피하고 운동을 통해 몸속의 에너지를 소비하는 것이다!

석기 시대 다이어트가 척도?

생물학적 과거를 되돌아보는 일은 인간이 본래 어떤 음식에 적응되어 있었는지 아는 데는 분명 도움이 되겠지만, 오늘날 인간을 위해 추천할 만한 음식을 알아내는 데에까지 결정적인 역할을 할 수는 없을 것이다. 왜냐하면 인간이 석기 시대의 자연에 존재했던 어떤 음식 종류에 익숙해져 있었다고 해서 그 시대의 식사가 오늘날의 종(種)에게도 적절한 식사가 될 수 있다거나 현대식 농업으로 생산된 식품이 그에 비해 건강에 덜 이롭다는 결론을 이끌어낼 수는 없기 때문이다. 인간이 고통스러울 만큼 축축하고 추운 동굴 생활에 적응했었다는 이유 하나만으로 현대인이 따뜻한 침대를 포기해야 한다고 주장할 사람은 없을 것이다. 그럼에도 우리는 과거의 역사를 통해 의미 있는 식사를 가능하게 하는 법을 약간이나마 배울 수는 있는데, 특히 중요한 것은 몇 가지 식탐을 제어하고 입맛에 맞는 것을 찾아서 먹는 것이다.

우리는 포유동물이다. 물론 이 사실이 좋은 식단을 짜기 위해 도움이 될 만한 것을 말해 줄 수 있는 여지는 거의 없다. 젖소는 들판에 자라는 모든 풀을, 고래는 플랑크톤을, 코알라는 유칼리나무 잎만을 먹고살며, 늑대는 살았건 죽었건 가리지 않고 다른 동물을 먹고산다. 결론적으로 포유류는 몸이 필요로 하는 모든 것을 다양한 원천으로부터 얻을 수 있다는 것이다. 사실 상당수의 포유류는 극도의 편식을 한다. 늑대가 채식으로 전환하거나 젖소가 토끼를 잡아먹는 일은 불가능하다. 그것은 늑대는 육식에, 암소는 채식에 맞도록 각각의 소화관이 이미 적응되어 있기 때문이다. 하지만 인간은 다행스럽게도 두 가지 모두 잘 소화해 낼 수 있다. 우리가 필요로 하는 음식물은 도처에 있으며, 결정적으로 우리는 다양한 원천으로부터 먹을 것을 얻어낼 수 있는 능력을 갖고 있다. 다만 모든 것을 아주 탄력적으로 먹을 수 있는 대신 녹색 식물을 양(羊)보다 더 잘 소화할 수는 없으며, 고기를 개보다 더 잘 소화할 수도 없다. 따라서 채식주의자나 육식주의자는 양쪽 모두 나름대로 약간의 문제를 안게 된다. 전자는 단백질과 철분을 충분히 섭취하기 위해 어떻게 해야 할지 고려해야 하며, 후자는 자신의 몸이 비타민 C를 생산할 수 없다는 점에 대해 생각해 보아야 한다. 원시 조상들이 주로 과일을 먹고살았기 때문에 인간은 비타민 C를 합성하는 능력을 상실하게 되었다. 게다가 우리는 효소 유리카제Uricase도 갖고 있지 않기 때문에 과도하게 육류를 많이 먹는 사람은 통풍(발가락이나 다리가 찌르듯이 아픈 노인병)에 걸리기 쉽다. 육류 소화 시에 생기는 요산은 (개나 고양이의 경우처럼 용해 가능한 알라토닌으로) 분해되지 않고 관절 내에 축적된다. 육류 소비량과 통풍 간의 연관성은, 전쟁과 같이 먹고살기 어려운 시기에는 통풍 발생률이 (당뇨병 및 고혈압과 마찬가지로) 급격히 감소했다는 데서 드러난다. 또 과거에는 그런 증세가 사회 상류층에서만 나타났다. 물론 이에 따르는 유리한 점도 없지는 않다. 요산은 강한 반(反)산화성 물질이기 때문에 노화 속도를 늦추어 주기도 한다.

음식 속의 독성

오늘날 '자연 식품' 또는 '자연에 맡겨진 식품'의 가치가 높아지고 있다. 그러나 자연은 과연 건강한 영양소를 생산해야만 하는가? 과학적 관점에서 보면 정확히 그 반대다. 모든 동식물은 생존 본능을 갖고 있으며 자신의 몸 그 어떤 부분도 잡아먹히지 않기 위해 온갖 대비책을 마련한다. 유일한 예외는 과일이다. 과일은 본래 다른 존재에게 먹히기 위해 존재한다. 큰 동물이 과일을 먹는 것은 오히려 그 식물의 이익을 위한 일이 된다.(물론 작은 동물이 과일을 갉아먹는 것은 예외다.) 그래야만 그 씨앗이 동물의 배설물, 즉 좋은 비료를 통해 가급적 널리 퍼질 수 있기 때문이다. 과일에서 단맛이 나고 독이 들어 있지 않은 이유가 여기에 있다.

아마도 진화의 과정에서 가장 중요한 경쟁이었을 이른바 '식물 대초식 동물의 경쟁'에서 초식 동물은 먹이를 맛있게 즐기기 위해 여러 가지 소화 메커니즘을 개발했을 것이며, 반면 식물은 계속 새로운 독성을 추가적으로 배치했을 것이다. 예컨대 초식 동물은 늑대에겐 전혀 필요 없는 기다란 장(腸)을 개발해 냈다.

그러나 식물과의 전쟁이 가져다 준 궁극적 이점은 바로 '문화'다. 현대적 영농법은 양배추와 감자의 독성을 중화해 인간의 영양에 유용한 식물을 얻는 데 결정적으로 기여했으며, 끓이는 요리법은 제한적으로만 얻을 수 있는 음식 재료를 아무 근심 없이 익혀 먹을 수 있게 해주었다. 뜨거운 열은 여러 가지 독성을 파괴하기 때문이다. 200밀리그램이면 사람을 죽일 수 있는 강력한 독성 솔라닌이 들어 있는 감자도 끓이면 그 독이 없어진다. 이제 세계의 그 누구도 보리 · 밀 · 호밀을 날로 먹지 않게 된 것은 결코 우연이 아니다. 양조 기술자의 맥아 통과 빵집의 발효 통에서 비로소 원래 재료의 포함되어 있던 방어 물질 일부분이 벗겨짐으로써 좀 더 소화하기 좋은 상태의 음식이 만들어진다.

곱게 빻은 밀가루는 현대 식품 산업의 발명품이 아니다. 이미 아리스토텔레스가, 거친 보리를 주로 먹는 가난한 사람들은 힘이 없지만 하얀 밀가루 빵을 먹는 사람들은 보통 이상으로 건강하다고 말한 바 있다.

지난 수십 년간 몸에 이로운 것으로 홍보되어 온 통밀(잡곡) 빵이 높은 비율을 차지하는 '완전 영양 식품'은 계속 먹을 경우 오히려 대부분의 사람에게 해롭다. 현대인의 소화력이 그것을 감당할 수 없기 때문이다. 진화생물학적 관점에서 볼 때 일면적인 '완전 영양 식품'과 '생식(生食) 제품', 그리고 많은 찬사를 받고 있는 야생초는 인간이 음식으로서 즐기기에는 부적합하다. 야생초는 차라리 의약품으로 보아야 하며, 적은 양의 처방을 해야만 그 독성이 소기의 효과를 낼 수 있다. 식물의 잎은 원래 식품보다는 마약에 적합하며 실제로도 그런 목적으로 이용되고 있다. 담배나 마약 성분이 있는 대마, 또는 코카인이 들어 있는 코카 잎이 그런 예다. 과일 외에 단단한 껍질이 있는 견과류나 접근하기 어려운 뿌리와 덩이줄기도 가끔씩 즐길 수 있는 것일 뿐이다. 물론 이런 것들을 먹고자 할 때에는 감자나 카사바(전분이 많은 남아메리카 관목)의 경우처럼 주의가 요망된다. 석기 시대의 조상들은 기나긴 겨울이 끝날 무렵 아사 직전에 이르렀을 때에도(아무리 영양소가 풍부하고 채취하기 쉽더라도) 독성이 있는 도토리에는 손을 대지 않았다. 물론 이 도토리에 익숙해진 산양들은 기꺼이 이 음식을 즐겼으며, 사람들은 뒤늦게야 부분적으로나마 도토리에서 타닌을 제거하는 방법을 터득했다.

육류와 과일이 부족해 어쩔 수 없이 여러 다른 식물도 취해야 했던 조상들의 식단에는 오늘날보다 톡신 함량이 더 많았다. 오늘날의 식품에는 그런 독성이 너무 없어서 오히려 단점이 생겨날 정도다. 현대인은 식물에 혹시 농약 성분이 잔류해 있지 않을까 걱정한다. 과학자들이 내세우는 가설에 의하면 독성 식물에 적응된 바 있던 우리의 효소 시스템은 이제 실제로 상당량의 식물성 독이 체내에 유입되었을 때 충분히 효과적으로 작동하지 못한다고 한다. 간에 있는 특정 효소의 과제는 해독 작용이며, 필요할 때마다 그 작용이 활성화된다. 물론 우리가 먹을 음식에 꼭 독이 들어 있기를 바란다는 것은 아니다. 그러나 면역 시스템 및 기타 여러 영역에서 몸의 모든 방어·훈련 시스템을 너무 과소평가해 그 능력이 퇴화되도록 방치하지는 않는 것이 좋겠다는 것이다.

비타민

요즘은 비타민이 많은 식품이 건강한 식단의 핵심으로 주목을 받고 있으며, 주로 식물성 식품에 많다고 간주되고 있다. 비타민은 3대 영양소와 함께 (그 필요량은 적지만) 생명을 유지하기 위한 필수 물질로서 몸에서 이루어지는 특정 과정을 위한 촉매제로 작용한다. 특정 비타민의 결핍은 특정한 결핍증을 낳는다. 아프지 않고 건강한 몸을 유지하려면 음식물과 함께 비타민을 반드시 섭취해야 하는 것이다. 이러한 개념의 윤곽은 1912년에 잡혔으며, 그 이후 점점 더 많은 물질이 '비타민'이라는 칭호를 얻게 되었다. 물론 그중에는 의미가 불분명하거나 의심스러운 것도 몇 개 있다. 어느 정도 분량의 비타민이 사람에게 권장할 만한지에 대한 의견은 아직 상당히 엇갈리고 있다.

특정 비타민 결핍이 특정 질병의 원인이 된다고 단적으로 말하기는 어렵다. 가난한 나라 배고픈 사람들의 건강 상태는 일반적인 영양실조·약화된 면역 시스템·보건 위생의 열악한 환경을 통해 결정되는 경우가 많다. 특정 비타민 결핍을 원인으로 본다면 십중팔구 초점에서 벗어나게 될 것이다.

이와 같은 오류의 예는 비타민 B₁ 결핍의 역사에서 찾을 수 있다. 1896년 네덜란드의 열대(熱帶)위생학자 에이크만Christiaan Eijkman (1858~1930)은 껍질을 벗긴 쌀로 사육한 닭들이 (당시에 일본 사람들에게 유행했던 각기병과 유사한) 닭 고유의 가축병에 걸리는 것을 확인했다. 그 이후 쌀겨에 많이 들어 있는 비타민 B₁의 결핍이, 정미소가 도입되어 쌀을 정미하게 된 후 아시아에서 많이 발생한 각기병의 원인인 것으로 추정되었다. 에이크만은 이에 대한 공로로 1929년에 노벨상을 받았지만 정작 자신은 시상식에 나타나지 않았다. 왜냐하면 그는 그 이론에 왠지 엉성한 부분이 있다는 것을 감지했기 때문이다. 나중에 일본인 우라구치Kenji Uraguchi가 그 원인이 비타민 결핍이 아니라 곰팡이에 있다는 것을 입증한 후에야 그 사실이 알려졌다. 결국 문제는 쌀 껍질을 벗겨낸 데 있었던 것이 아니라 그 저장 방식에 있었던 것이다. 게다가 사실 이 병은 정미소가 도입되면서 처음 등장한 것도 아니다. 이미 1642년 네덜란드 의사 본티우스Bontius와 툴프 Nicolaes Tulp(1593~1674)에 의해 최초로 기술된 바 있기 때문이다. 툴프는 오늘날 가장 잘 알려진 의사 중 한명이다. 물론 그의 이름을 아는 사람은 별로 없지만 그 얼굴은 수백만 명이 알고 있다. 그는 렘브란트의 유명한 그림 〈니콜라에스 툴프의 해부학 강의〉(1632)에 등장하는 중심인물이다.

쌀을 가공할 때 곰팡이 형성을 예방하고 곰팡이 핀 황색 쌀의 판매를 금지시키자 황색 쌀 증후군은 완전히 꼬리를 감췄다 하지만 정미된 쌀과 그 질병의 연관성이 전혀 없는 것은 아니었다. 비타민 B_1은 특정 곰팡이에 감염되었을 때 해독제로서 작용한다는 사실이 밝혀진 것이다. 정미된 쌀을 섭취함으로써 생겨나는 영양 결핍의 결과는 이상하게도 예나 지금이나 '각기병'이라 불린다.(이것은 중독증으로 인해 생겨나는 이른바 '급성 심장 각기병'과는 다른 것이며, 그 증세도 훨씬 덜 심각하다.) 서양에서 이런 결핍 증세는 거의 과음으로 인한 알코올 중독의 결과로만 나타난다.

비타민 B_1을 너무 많이 복용하면 심장 박동 장애, 위와 장의 출혈 등 많은 부작용이 나타난다. 이런 현상은 특히 1940년대와 1950년대 비타민 B_1이 인기를 끌었을 때 수많은 사람들에게 일어났다.

비타민 B_6 중독의 심각한 결과 중 하나는 신체 인지 기능의 상실이며, 나중에 유행한 다른 비타민의 경우에도 그 결과가 크게 다르게 나타나지 않았다.

오늘날 서양에서는 비타민 질환이 잘 드러나지 않고 있다. 아주 드물게 비타민 B_{11}결핍이 생길 뿐이다. 이 병에 걸릴 위험성이 높은 집단은 계란과 우유를 포함해 일체의 동물성 제품을 먹지 않는 철저한 채식주의자들이다. 완전 채식주의자인 여성이 낳은 자녀는 비타민 B_{12} 결핍 때문에 극심한 성장 장애 및 사망에 이를 수 있다. 모든 다른 비타민 결핍은 대부분 약품이나 마약으로 인해 발생하지만, 지구의 빈곤한 지역에서는 그와 다르게 영양 결핍이나 다양성 부족으로 인해 발생한다. 가장 널리 퍼진 영양 부족 현상은 아시아 국가의 비타민 A 결핍이다. 그 원인은 바로 쌀을 주식으로 하는 데 있다. 비타민 C 결핍도 전 세계적으로 편재하며, 그 결과 어린이들이 약시와 시력 상실에 이르거나 열대 지방의 심각한 질병 '콰시오커Kwashiorkor'에 걸리기도 한다. 하지만 후자의 원인이 단백질 결핍인지 비타민 결핍인지, 혹은 각기병의 경우처럼 곰팡이 중독 때문인지에 대해서는 아직 의견이 분분하다.(비타민 B_6 결핍 증후군이라는 오해를 받아 온 펠라그라 병도 그동안 진행된 연구에 의해 옥수수에 피는 곰팡이가 그 원인인 것으로 밝혀졌다.)

비타민 결핍을 막는 방법을 연구해 온 두 명의 독일인 생물학자 포트리쿠스Ingo Potrykus와 바이에르Peter Beyer는 비타민 A를 함유한 일명 '황금 쌀' 품종을 유전자 공학적 방법으로 개발해 냈다.

역사적으로 볼 때 식생활에 기인하는 비타민 결핍은 농업 발전이 이루어지면서 단일 품종 농법이 도입된 이후에 시작된 현상이며, 20세기 이후 (최소한) 공업 국가에서는 사라졌다. 농업이 고안되기 이전 시대의 사람들은 주로 육류와 과일을 먹었으며 필요한 경우 단지 기호 식품으로 기타 식용 가능한 식물의 일부분을 먹었다. 따라서 사냥이나 채집 생활자들은 식중독은 자주 겪었지만, 그 대신 비타민이나 미네랄 결핍은 모르고 살 수 있었다. 하지만 농업이 도입되면서 훨씬 더 적은 양의 육류와 과일을 먹게 되었고, 결국 약 1만 년 전쯤에는 비타민 결핍이라는 것이 생겨난 것이다. 그러나 가축을 키울 재력이 있거나 우유 제품을 먹을 수 있었던 사람들은 그런 피해를 덜 입었다.

값싼 칼로리 공급원인 곡물에 거의 전적으로 의존하는 가난한 사람들에게는 20세기 초까지도 비타민 결핍이 따라다녔다. 물론 마른 빵으로만 식사를 해야 하는 선원들에게 나타났던 괴혈병 등의 실제적 결핍증이 국민 대다수에게 발생한 경우는 없었다. 일종의 문명 현상인 비타민 결핍의 완전한 종식은 20세기가 경과하는 동안에 가능해졌다. 생활수준이 높아짐에 따라 우리가 먹는 음식도 점차 다양해졌고, 새로운 비타민 발견과 그에 대한 과학적 연구와 합성이 이루어졌기 때문이다.

과다 복용되는 비타민

몇 십 년 전부터 새로운 비타민이 계속 발견되어 유행을 타곤 했는데(비타민 C는 스테디셀러), 최근에는 비타민 E가 호황을 누려 그 공급이 수백만 배나 증가하고 있다. 하지만 건강한 사람이 그것을 섭취했을 때 어떤 특수한 이점이 있는지 아직 증명되지는 않았다. 분명한 것은 희귀한 장 기능 장애를 치료할 때 긍정적인 작용이 일어난다는 것뿐이다. 다른 비타민의 경우와 마찬가지로 다량 섭취 찬성론자들은 다양한 질병에 대한 예방 효과를 강조했지만, 그것을 증명하려면 아주 방대한 연구가 필요할 것이다. 풍부한 비타민 섭취가 건강과 장수를 촉진한다고 믿는 것은 단지 각 개인의 문제일 뿐이며, 비타민에 대해 다다익선의 태도를 갖는 것은 분명 잘못된 것이다. 모든 다른 물질이 그럴 수 있듯 '1회 분량이 독이 된다' 라는 속담이 비타민에 적용될 수도 있다. 특히 비타민 A와 D는 과다 복용함으로써 위험을 초래할 수 있기 때문에 의사의 처방에 따라서만 복용하도록 되어 있다.

물론 비타민 D는 실제로 사람에게 결핍될 가능성이 높다. 그것은 몸속에서 합성될 수도 있지만, 햇볕이 피부에 닿아야만 한다는 조건을 필요로 한다. 따라서 아프리카 초원의 벌거벗은 사냥꾼은 하루 종일 사무실에 앉아 있는 유럽인보다 훨씬 더 많은 양의 비타민 D를 획득할 수 있었다. 과거 몇 천 년 동안 아프리카 외의 지역에 사는 사람들의 피부에서 멜라닌 색소가 현저히 감소한 것은 비타민 D를 합성할 수 있도록 햇볕을 조금이라도 더 많이 투과시키려는 목적 때문이었을 것이다. 이와 같은 진화의 결과에도 불구하고 비타민 D를 습관적으로 투약하기 이전에는 어린이들에게 구루병이 빈번히 발생했다.

몇몇 동물은 체내에서 비타민을 생산하는 능력이 인간보다 탁월하다. 진화론적 관점에서 볼 때 그것은 당연한 것이다. 비타민이 생물의 생존에 필수적인 물질이라면 생물의 몸은 음식물을 통해 그것을 충분히 확보할 수 있을 때에만 자가 생산을 포기할 수 있을 것이다. 예컨대 인간처럼 스스로 비타민 C를 생산할 수 없는 동물은 극소수에 불과하다. 이것은 선박이 먼 바다를 항해할 때 공짜 승객이 되어 함께 여행하곤 하는 쥐들에 의해 밝혀졌다. 선원들과 달리 생쥐는 절대 괴혈병에 걸리지 않았다. 이러한 사실은 최근 미국 과학자 네슬러Craig Nessler가 '쥐의 유전자 몇 개를 양상추에 이식하면 좋겠다'는 아이디어를 떠올릴 수 있게 해주었으며 그 결과는 감동적이었다. 양상추의 비타민 C 함량이 일곱 배나 상승한 것이다. 그러나 이성보다는 감정으로 판단하기 좋아하는 소비자들은 그 유전자의 출처를 아주 비판적인 눈으로 바라볼 수밖에 없었고, 따라서 실제로 그 양상추를 출시하는 것은 생각조차 하기 힘든 일이다. 러시아의 연구자들도 그런 식으로 유용한 유전자를 제공해 줄 수 있는 생물을 발견하긴 했으나 역시 그 제공자가 적절하지 못했다. 하필이면 그들은 스스로 프로비타민 A를 합성할 수 있는 (지금까지의) 유일한 동물이 좀날개바퀴라는 것을 확인한 것이다.

기(基) 포착제

현재 건강식품 업계에서 가장 사랑 받는 제품은 기(基) 포착제 또는 항(抗)산화제이며, 사람들은 이런 제품을 지나치게 충분히 복용하고 있다. 그 특기할 만한 성분은 역시 비타민 A(비타민 베타카로틴), 비타민 C, 비타민 E이다. 웰빙 시장이 (대중적 유행을 따라) 노화 방지 시장으로 확대되고 있는 새로운 추세에 발맞추어 '기 포착제'라는 새로운 이름을 얻게 된 이런 제품들은 현재 특히 암이나 심근 경색의 위험을 예방한다고 선전되고 있다.

몸의 각 조직은 실제로 소위 '자유 기 Free radical(유리산소, 활성 산소, 유해 산소라고도 함.—옮긴이)'의 끊임없는 공격에 노출되어 있다. 자유 기는 그 화학적인 반응력이 매우 강해 세포를 손상시킬 수 있다. 즉 노화의 직접적인 원인이 되는 것이다. 하지만 우리는 기 포착 물질이나 수퍼 항산화제 Superoxiddismutase(SOD), 비타민, 요산 등 기타 수많은 물질을 이용해 그에 저항할 수 있는 방법을 찾아냈다. 물론 다량의 항산화제가 몸에 확실히 이로운지 아직 입증되지는 않았다.

식품 산업에 있어서 기 포착제는 이미 새로운 것이 아니다. 그것은 수십 년 전부터 방부제라는 이름으로 버젓이 존속해 오고 있다. 다만 그 명칭이 E320(부틸하이드록시아니졸)이나 E231(부틸하이드록시톨루졸) 등이어서 히트 상품이 되기에 좀 부적절할 뿐이다. 가장 강력하고 유명한 기 포착제 중 하나는 상당히 고약한 이미지를 가지고 있기도 하다. 그것은 담배 연기 속의 농축된 발암 물질이다. 그밖에도 탁월한 항산화 작용을 하는 독을 가진 성분은 많다.

맛있는 음식

우리 식생활에서 가장 크게 잘못된 문제는 '종(種)에 적합한' 자연적 음식에서 너무 멀어짐으로써 스스로 자초한 것이 아니라, 그 식사 습관에 있어 아직도 과거의 자연적 지상 명령에 따르고 있기 때문에 빚어진 것이다. 식량이 풍부하지 못했던 과거에는 "먹을 것이 있을 때는 가급적 많이 먹어라! 특히 단 것, 짠 것, 기름진 것은 든든히 포식하라!"가 지상 명령이었다. 이런 성향은 수많은 사람들이 자신들이 원치 않는 큰 몸집을 가지게 했고, 그런 몸집은 건강을 해치는 수많은 요인을 유발하게 되었다. 하지만 그렇다고 해서 그런 식탐이 쓸데없이 그냥 생겨난 것은 아니다. 원숭이에서 20세기 인간으로 진화하는 장구한 세월을 거치며 우리는 옹색한 음식으로 만족해야 했으며, 섭취된 음식은 효율적으로 사용되어야 했다. 또 좋은 시절에는 배고픈 시절을 대비해야 했기 때문에 섭취한 음식물을 글리코겐·근육 덩어리·푹신한 지방의 형태로 바꾸어 몸속에 저장해 두어야 했던 것이다. 특히 축적된 지방을 이용한 농축 에너지 형성은 기나긴 보릿고개를 넘기 위해 필수적이었다. 어쩌면 인간은 이러한 요인에 의해 '뚱보가 되는 유전자'를 사들인 셈이다.

천상의 달콤한 복숭아에서부터 초콜릿 케이크나 솔트 스틱에 이르기까지 오늘날 뜨거운 사랑을 받는 음식 중 꽤 많은 것이 '초(超)일상적 자극제'의 범주에 속한다. 이 개념은 행동 연구자들이 확립한 것인데, 거위의 태도는 그에 대한 교과서적인 예로 알려져 있다. 거위에게는 자신의 둥지 근처에 놓여 있는 알을 자신의 새끼라고 여겨 둥지 안으로 끌어들이는 본능이 있다. 하지만 둥지 근처에 알 하나와 그보다 좀 더 큰 테니스공 하나를 같이 놓아두고 관찰해 보면 거위는 테니스공을 둥지로 끌어들인다. 즉 거위는 자신의 작은 알보다 테니스공이 더 이상적이라고 생각하는 것이다. 이러한 현상은 우리가 냉장고에서 음식을 선택해 꺼낼 때에도 동일하게 일어난다. 마침 거기에 우유 한 팩과 초콜릿 한 조각이 들어 있다면 우리는 십중팔구 우유팩보다 세련된 초콜릿 조각을 집어든다.

서구 음식의 가장 큰 문제는 비타민이 적거나 지방이 많다는 데서 생겨나는 것이 아니라 유전자에 의해 정해진 성향에서 비롯되는 것이다. 가장 좋은 것을 먹으려 하는 것은 인간의 본능이며, 그러한 성향을 균형 잡기 위해서는 '배를 곯는 시간'이 필요하다. 그런데 이제 그런 시간이 사라져버린 것이다.

하지만 현재의 이러한 상황이 (건강을 생각하는 측면에서는 최적이 아니겠지만) 과거 조상들이 결핍과 영양실조의 고통을 겪던 상황보다 못한 것이라 말할 수는 없으며, 오히려 직접적으로 (초콜릿을 한 개씩 집어먹음으로써) 행복해지는 데 기여하는 것이 사실이다. 게다가 우리는 그런 불균형을 바로잡게 해줄 수 있는 또 다른 진화의 결과도 갖고 있다. 항상 같은 음식만을 먹으려 하지 않고 다양한 음식을 먹고자 하는 성향이 그것이다. 이런 성향은 예나 지금이나 음식 섭취가 너무 편향되지 않도록 해주는 기능을 함으로써 심한 영양 결핍 현상이나 치명적 음식 중독을 예방한다.

▌ 나이와 죽음 ▌

　진화 이론가들의 입장에서 보면 '왜 오래 살지 못하는가?' 라는 질문에 대한 답변은 간단하다. 요컨대 인간이 소위 동물로서 자유로운 야생에서 살았을 때에는 30세 이상까지 살아남을 기회가 거의 없었고, 따라서 진화 과정에서 200년이나 500년 동안 견딜 수 있는 몸을 개발할 필요가 없었다는 것이다. 그러나 이것은 너무 짧은 생각이다. 비교적 젊은 시절의 늙지 않은 몸은 노화에 이른 상태의 몸에 비해 분명 많은 유리한 점을 갖고 있을 것이다. 그렇다면 진화는 오히려 반(反)노화를 촉진했어야 하는 것이 아닐까?

　가장 개연성 높은 설명을 제공하는 것은 아마도 '플라이오트로프 Pleiotrop 이론' 인 듯하다. 플라이오트로프는 한 가지 이상의 효과를 내는 유전자를 지칭하는 말이다. 이에 따르자면 노화는 성장기의 세포 증식을 촉진하는 (하지만 노년에는 문제를 야기하는) 유전자에 기인한다. 따라서 경쟁적인 청소년기에 여성들보다 잘 적응한 남성들은 짧은 수명으로 그에 대한 대가를 치른다. 남성의 수명은 여성보다 평균적으로 7년이나 짧다. 수컷이 암컷을 차지하기 위해 경쟁해야 하는 다른 종(種)의 경우에도 상황은 마찬가지다.

　진화를 통해 존속하게 되는 것은 유기체가 아니라 유전자라는 원칙을 우리는 잊지 말아야 한다. 몸은 후손에게 유전자를 충분히 전달할 수 있을 때까지 버텨주기만 하면 된다. 진화의 관점에서 볼 때 나이가 들어 생식 능력을 잃은 몸은 그 존재 권리를 잃은 것과 같은 것이다. 여성이 자녀를 낳을 수 있는 나이는 45~50세까지로 제한된다. 물론 그 이후로도 약 20년 정도 더 살 수 있지만, 그것은 최종적으로 낳은 자식까지 성인으로 키울 수 있게 하기 위해 주어진 기간일 뿐이다.

생식력의 종말은 필연적인 것이다. 갱년기는 출생 이후 현재까지 여성의 몸속에서 미성숙 상태로 존재해 온 난자 세포들의 질(質)이 심하게 퇴보하는 연령과 일치한다. 모든 세포는 우주의 자연적 방사선, 각종 독성 물질, 산화제 등에 노출되어 있으며, 오랜 세월을 지나는 동안 차츰 변이를 일으켜 그 유전 형질에 손상을 입을 수 있다. 따라서 너무 늦은 시기에 자녀를 낳는 일에는 큰 위험 부담이 따른다. 하지만 '진화는 왜 더 좋은 DNA 치료 메커니즘을 개발해 내지 못했을까?'라는 의문이 제기될 수 있다는 점을 감안하면 이 생각도 그리 완벽한 것은 아니다.

특히 여성이 더 이상 생리를 하지 않게 되는 폐경기에 대해서는 또 다른 관점에서의 설명이 필요하다. 여성이 폐경기에 이르게 되는 것은 자녀의 수에 대한 진화의 원칙적인 제한이며, 그것은 어머니에게 자녀를 양육할 수 있는 충분한 자원이 남아 있게 하기 위한 것이다. 즉 폐경은 자녀가 스스로 복제 능력이 있는 나이에 도달하도록 부모가 도움을 줄 수 있는 최적의 상황을 만들어주기 위한 조건인 것이다.

결국 인간은 본래부터 고령까지 살도록 설계되어 있지 않았다. 게다가 그동안의 진화를 돌이켜 보더라도 인간의 수명을 특별히 늘릴 수 있는 근거는 없었다. 그럼에도 인간의 수명은 계속 연장될 수 있을까? 우리는 더 이상 야생 동물 틈에서 살지 않을 뿐 아니라, 질병을 방어하는 많은 수단을 발견했으며, 따라서 이제 자연사(自然死)의 경우만 배제한다면 정말 오랫동안 살 수 있을지도 모른다. 비록 죽는 것이 자연의 섭리라 할지라도 인간의 입장은 그렇지가 않다. 이제 노화 방지 프로그램이 병원과 비타민 영업자들에게 유망한 사업이 되고 있는 것은 그다지 놀랄 일이 아니다.

물론 노화 과정은 몹시 복합적인 것이기 때문에 그것을 방지하는 일이 분명 쉽지는 않을 것이다. 하지만 어느 정도 조정하는 것은 불가능한 일이 아니다. 연구자들은 초파리 연구에서 INDY(I'm not dead yet.)라는 이름의 단 하나의 유전자를 조작함으로써 초파리의 수명을 두 배로 늘렸다. 또 생쥐의 경우에는 유전자 변형을 통해 수명을 30퍼센트까지 늘리는 데 성공했다. 연구자들은 성공을 위해 유전자 p66을 차단했다. 생쥐는 우리와 가장 가까운 종(種)에 속하므로 그 유전자도 매우 유사하며, 그중 많은 수는 완전히 일치한다. p66은 완전히 동일한 것이다.

이러한 노력에도 불구하고 삶을 연장시키는 생명의학의 실현은 아직도 미래의 이야기일 뿐이다. 오늘날 유통되는 비타민과 호르몬 혼합 제재의 효과는 과학적으로 보장되지 않았다. 사람을 포함한 포유류의 죽은 세포는 재생 능력이 없다.(사람의 간은 예외의 경우이다.) 손상된 조직을 재생할 수 있으려면 우리 몸에 현재보다 훨씬 많은 활발한 성장 인자가 갖추어져 있어야 할 것이다. 하지만 그와 같은 활발함이 있다면 분명 그에 따르는 단점도 있을 것이며, 그 단점은 바로 암일 가능성이 크다. 세포 성장이 쉽게 이루어지는 곳에서는 마찬가지로 쉽게 과도한 성장이 일어날 수 있다.

사실 생쥐 실험에서 행해진 조작은 매우 위험한 것이다. p66은 프로그래밍된 세포의 죽음을 조절하는 데 중요한 역할을 하기 때문이다. 그것을 차단하면 보통의 경우 아주 중대한 결과를 파생할 수 있다. 따라서 수명 연장을 위한 확실한 방법을 발견해 내기 위해서는 앞으로 더 많은 연구가 이루어져야 한다. 물론 이 연구 분야는 매우 흥미로운 것이다. 제브라피시(열대어)의 경우 심장 근육을 단시일 내에 새로운 세포로 재생할 수 있다는 사실이 이미 밝혀졌다. 미래에 보다 정확한 유전자 조절 메커니즘이 발견된다면 심근 경색 환자를 치료할 수 있는 길도 열릴 것이다.

생쥐에게 적용해 볼 수 있는 기술적으로 훨씬 더 간단한 수명 연장의 한 방법은 단식이다. 먹이 공급량을 줄이면 생쥐는 1~30퍼센트까지 더 높은 연령에 도달할 수 있다. 하지만 진화의 관점에서 볼 때 이 방법은 완전히 쓸모없는 것이 된다. 금욕을 통한 이 선물은 후손의 결여라는 값비싼 대가를 치르기 때문이다. 따라서 수명을 늘리기 위해 굶는 일은 기껏해야 가족계획이 이미 끝난 부모 세대나 노인들에게나 추천할 만하다.

인간의 평균 수명은 지난 100년 동안 이미 두 배로 늘어났고, 유아 사망률을 최소화하고 불치병과 싸우는 방법이 발견된 이상 앞으로도 당분간 최소한 완만한 상승은 지속될 것이다. 더불어 암·심부전·알츠하이머병의 치료가 삼사 년 정도의 수명 연장에 기여할 것이며, 건강 식단과 개인의 체질에 맞추어 과학적으로 설계된 최적의 식사 역시 한 몫 단단히 할 것이다.(건강 식단의 경우는 중요성을 인식하고 그것을 선택하는 사람에게만 혜택을 가져다줄 것이다.) 평균 수명을 높이는 약이 상당 기간 그 과정에 끼어들 수도 있다.

물론 이와 같은 추세가 얼마나 빠른 속도로 얼마나 오랜 기간 동안 유지될 것인지에 대해서는 아무도 대답할 수 없다. 지속적인 수명 연장에 대해 비관적인 사람들은 생물학적 기대 수명은 결코 120세를 넘어설 수 없을 것으로 본다. 그들은 노화 현상이라는 것은 우리가 관리하기에는 너무 다층적으로 이루어질 것이라고 말한다. 우리는 1900년 이후 두 배가 된 평균 수명에 속아서는 안 된다. 그것은 유년기의 때 이른 죽음, 특히 신생아의 사망률을 낮춤으로써 가능했던 것이다. 반면 최고령자의 나이는 수백 년 전부터 항상 비슷했다.

오늘날 노인이 사망하면 주로 암·심근 경색·폐렴 등의 질병 중 하나가 그 원인으로 기록되곤 한다. 하지만 과거에는 주로 노쇠에 의한 죽음으로 보았으며, 오늘날에도 그것이 오히려 더 합당한 원인일 것이라고 말해주는 증거들이 많다. 예를 들어 85세의 사망자는 대개 특정 질환보다는 성적 성숙기에 시작한 노화 과정으로 인해 죽은 경우가 많다. 사람 몸의 개별 기관을 관찰해 보면 그 모든 것들의 기능이 놀랄 만큼 동일하게 서서히 저하되는 것을 발견할 수 있다. 네시와 윌리엄스는 이 슬픈 진리를 다음과 같이 표현했다.

노화는 일반적 의미에서 병이 아니라 모든 개별 신체 능력의 끝없는 저하의 결과이므로, 우리는 나이가 들수록 온갖 질병(암, 심장 마비, 각종 감염, 자가 면역 질환, 교통사고)에 점점 더 많이 노출될 수밖에 없다.

인간 유전자 연구자이며 영국 정부 유전자 공학 문제 자문 위원이기도 한 해리스John Harris와 같은 낙관주의자들은 수명에 대한 원칙적 제한을 거부하고 끝없이 열린 수명을 주장하기도 한다. 물론 그들도 (인간이 생명에 대해 점점 더 많은 것을 배울 수 있지만 결코 그 모든 수수께끼를 풀 수는 없는 것과 마찬가지로) 수명을 점점 더 늘리는 것은 가능하지만 인간이 결코 불멸의 존재가 될 수는 없을 것이라고 믿는다.

5부 의식과 뇌가 있는 생명

의식과 뇌가 있는 생명 Leben mit Bewusstsein und Gehirn

"**인간** 오성의 연구는 재미있고 유용하다." 영국 철학자 로크John Locke(1632~1704)의 《인간 오성론》(1689)의 첫 번째 문장인 이 말은 우리의 연구에 희망을 제시한다. 하지만 무조건 희망적인 것만은 아니다. "사고(思考)에 대한 사고는 어려운 일이다."라는 말이 뒤이어 나오기 때문이다. 특히 자신의 사고에 대한 사고는 더욱 그러하다. 우리는 연구의 주체인 동시에 객체이다. 자칫하다가는 길을 잃고 헤맬 수 있다. 사고하는 자신을 관찰하는 것은 인간 정신을 연구하는 대표적 방법이다. 그것은 예나 지금이나 우리가 매일 반복하고 있는 것이다. 인간은 이런저런 실수를 저질렀을 경우 자신을 되돌아보고 반성할 수 있는 능력을 갖고 있다. 인간 사고의 기원이라 할 수 있는 자기 관찰은 예로부터 고귀한 시도였으며, 여전히 정신 능력을 신속하게 발전시키는 열쇠가 된다. 인간은 바로 이 능력에 의해 다른 동물과 현격하게 구분되는 것이다.

하지만 과학적 방법에 의한 인간의 내면 성찰은 한계에 도달했으며, 이제 '인간의 인지(認知)'에 대한 연구는 보다 폭넓은 접근 방식을 마련하기 위해 애쓰고 있다. 정신을 연구하는 것은 진화생물학자·인류학자·유전학자·전산정보학자·수학자·신경학자·심리학자·철학자들의 학제적 과제가 되었다. 그들은 특수한 종류의 사고를 비교하는 연구를 한다. 이 연구 방법은 인간, 동물, 기계를 나란히 비교하면서 각각의 특징을 추출해 내는데 그 과정에는 인지 · 사고 · 말하기의 자연사적 성립 과정을 재구성하는 진화론적 관점이 개입된다. 인간의 정신과 지성은 진화의 산물이며, 원칙적으로는 코끼리의 긴 코나 꿀벌의 춤과 동일한 방식으로 발전해왔을 것이다.

연구자들은 인간이 어떻게 사고를 할 수 있게 되었는지 알아내고자 한다. 아이가 사고에 이르는 과정을 관찰하는 것은 이러한 연구에 많은 도움을 줄 것이다. 시끄럽게 울기만 하던 신생아가 문법적으로 정확한 말을 하는 세 살배기 어린이로 자라나는 과정은 일상에서 흔히 목격할 수 있는 것이지만, 그 변신은 정말이지 여전히 경이롭기만 하다. 또 다른 연구 방법은 컴퓨터로 지성을 재구성해 보는 것이다. 인간과 보다 더 유사한 인공 지성(지능)을 만들어낼수록 인간의 지성에 대해서도 그만큼 더 많은 것을 알게 될 것이다.

인간의 정신에 대한 연구는 언제나 과학 전반의 발전과 밀접하게 연관되어 있었다. 과학의 한계는 인간의 인식 능력의 한계와 일치하기 때문이다. 인간의 뇌와 감각 기관의 가능성을 초월하는 부분은 우리가 접근할 수 없는 영역이다. 문제는 '그러한 영역이 현실에서 얼마나 많은 부분을 차지하고 있는가?' 이다. 이 질문에 대해서는 "현실 세계라는 것은 없으며 모든 것은 우리의 상상 속에서만 존재한다"는 견해에서부터 "이 세계에 우리가 인식할 수 없는 것은 없다"라는 견해에 이르기까지 수많은 주장이 있어 왔다. 전자는 쇼펜하우어가 《의지와 표상으로서의 세계》에서 제시한 내용이다.

당연한 일이겠지만, 인간의 인식 능력에 대한 연구는 전반적으로 과학이 인간의 가장 강력한 능력으로 급부상했던 시기에 집중적으로 이루어졌다. 우선 '우리 머릿속의 지식은 도대체 어디서 오는 것인가.' 하는 것이 주요 관심사였다. 1645년 처베리Herbert of Chirbury 경은 이미 출생 시부터 우리 뇌에 특정의 도덕관념이 존재한다는 공준을 내세웠으며, 또 모든 종교는 동일한 관념에 기초를 두고 있기에 서로 화해할 수 있다고 주장했다. 하지만 로크는 앞서 인용한 저서에서 '빈 서판Blank slate'의 경험적 생각을 바탕으로 그에 반대했다. 이 백지 이론에 따르면 "먼저 감각을 통해 들어오지 않은 것은 결코 정신에 존재할 수 없다." 사실 이 말은 로크보다 400년 앞서 살았던 중세의 위대한 철학자 토마스 아퀴나스(1225~1274)가 한 말이며, 이와 같은 생각은 고대 그리스의 경험론자 아리스토텔레스까지 거슬러 올라간다.

'모든 인식'은 경험론에 따르면 경험에서 비롯되는 것이고, 합리론에 의하면 타고난 이념의 토대 위에서 논리적이고 합리적인 추론이 이루어짐으로써 생겨나는 것이다. 인식론 문제에 대해 집중적으로 연구한 아인슈타인은 인식이라는 것이 사실은 "사고의 무제한적 통찰력에 대한 귀족주의적 환상"이며 "순진한 실재론Realism의 천민적 환상"에 불과하다고 보았다.

칸트는 《순수 이성 비판》(1871년)에서 그런 딜레마를 해결하려는 시도를 했다. "경험에서 인식이 나올 수 있다"라는 경험론의 수동성이 마음에 들지 않았던 그는 양자 간의 화해를 위한 하나의 방안을 제시했다. "오성은 아무것도 직관할 수 없으며, 감각은 아무것도 사유할 수 없다. 이 둘의 결합에 의해서만 인식이 생겨날 수 있다." 만약 우리에게 감각이 없다면 대상을 인식할 수 없을 것이며, 오성(이해력, 사고력)이 없다면 대상에 대한 표상(관념)을 얻을 수 없을 것이다. '공간', '시간', '물질', '원인', '힘', '실재' 따위의 순수 개념들은 태어날 때 이미 우리에게 주어진 것이다. 칸트는 이와 같은 타고난 지식을 "선험적(先驗的)a priori"인 것이라 했으며, 반면 '인지'는 '지식'을 "후험적a posteriori"으로 공급한다고 말했다. 사고의 순수 개념은 외부에서 오는 것이 아니기 때문에 우리가 갖는 표상과 현실 세계가 반드시 일치하지는 않는다. 칸트는 '진짜 세계'라는 대상을 "물 자체(物自體)Ding an sich"라 불렀다. 하지만 우리가 물 자체를 인식하는 것은 불가능하다. 다만 그것에 대해(예를 들어 우리가 "돌(石)"이라고 부르는 것에 대해) 과학적으로 분석하고 기술하는 데 만족해야 할 뿐이다. 칸트는 그 돌 뒤에 숨어 있는 것은 우리에게 나타나지 않을 것이며 그것이 더 이상 어떤 문제를 낳지는 않을 것이라고 했다. 왜냐하면 우리의 경험은 그에 대한 어떤 질문도 할 수 없기 때문이라는 것이다. 물 자체는 어차피 '우리가 그 내용을 알 수 없는 것'을 가리키는 개념일 뿐이다. 따라서 철학과 자연과학에서 볼 때 그것은 그다지 중요한 것이 아니다.

사실상 인지심리학은 '우리가 세계로부터 인지하는 것은 세계의 편린에 불과하다'라는 말에 대한 수많은 증거를 제시한다. 우리의 귀는 특정 진동수 영역의 음파만 들을 수 있으며, 눈은 전자기파 중에서도 '가시광선'이라 불리는 부분만을 볼 수 있다. 이미 제3부에서도 '어째서 4차원 세계에 대해 직관 가능한 상(像)을 만들 수 없는지'에 대해 서술한 바 있다. 현대 물리학은 "감각적으로 직관된 것을 넘어서야 하며, 눈에 보이는 현상에 순수한 오성을 통해 접근해야 한다"라는 칸트의 주장을 공공연히 따르고 있기도 하다. 하이젠베르크는 불확정성 원리를 서술한 논문 〈양자 이론의 운동학 및 역학의 직관적 내용에 대해〉에서 '직관'이라는 개념을 새롭게 이해해야 한다고 주장했다. 이에 따르면 '이미지로 묘사할 수 있는 것'이 직관적인 것이 아니라 '물리학적으로 의미 있는 것'이 직관적인 것이다.

오늘날 과학에서는 주로 가설적(假說的) 실재론이 주류를 이루게 되었다. 이것은 칸트가 말한 '오성을 가급적 최대한으로 많이 사용하기'에 해당한다. 요컨대 우리는 물 자체를 제한적으로만 고려할 수 있을 뿐이며, 실제로 중점을 두는 목표는 '세계의 모든 현상'을 점점 더 정확히 설명하는 것이다.

'태어날 때부터 이미 가지고 있었던 순수 개념들이 어떻게 우리의 오성에 도달하며, 어째서 우리의 사유에 유용하게 쓰일 수 있는가?' 칸트 역시 이 두 가지 질문에 대해서는 답할 수 없었다. 그는 '우리의 인식 능력과 자연의 합치'에 대해 경탄했다. 이에 대한 설명에 한몫을 하는 것은 생물학이다. 다윈은 자신의 일기에 다음과 같은 메모를 남겼다.

플라톤은 "우리의 필연적 이데아(기초적 관념)는 영혼의 선(先) 존재 Präexistenz에서 생겨나며 경험에 의해 도출된다"라고 말했다. 그렇다면 원숭이의 선 존재가 있는지 관찰해 보자!

인간이 자연 진화의 산물이라면 어떤 의식이 인간에게 들어오는 것을 설명하는 데에는 그런 선 존재 가설 말고도 제2의 길이 있을 것이다. 인간이 무엇인가를 의식하는 것은 눈과 귀뿐만 아니라 유전자를 통해서도 가능할 수 있을 것이며, 그렇다면 인간의 인식 능력은 곧 자연의 산물인 것으로 간주될 수 있다. 이런 생각은 1940년대의 동물 행동학자 로렌츠Konrad Lorenz가 처음으로 표명했다.

우리가 감각을 통해 인지할 수 있는 것은 진화가 진행되는 과정 속의 각 시대에 생존을 위해 중요한 것으로 입증된 현실의 여러 측면일 것이다. 인지한 것으로부터 의미 있는 표상(생각)을 형성하고 다루는 오성(悟性)의 포괄적 능력은 우리가 환경 적응도를 발전시켜 온 것과 같은 종류의 것이다.

인간이 자연적 존재에서 문화적 존재로 이행하면서 진화의 또 다른 형식이 추가되었다. 즉 주어진 환경 속에서 생물학적으로 획득한 오성 양식(樣式)의 사용 방법이 변한 것이다. 환경 자체도 변하는 것이어서 그것은 이제 더 이상 자연적 대상(동물, 식물, 광물 등)으로만 구성된 것이 아니라, 지식을 대표하는 대상이나 순수한 형식(영상 이미지 등) 등의 인공물도 포함하게 되었기 때문이다.

뇌를 사용하는 기술은 문화적으로 전승되며 학습을 통해 획득된다. 이번 장(章)의 범위는 아메바의 인지 능력에서 시작해 인간 의식의 본질에 대한 질문을 거쳐 인터넷 웹상에서의 사냥과 수집에까지 걸쳐 있다. 물론 주요 관심은 인간 정신을 이해하는 데 있다. 여기서 분명히 알아 두어야 할 것은 뇌와 정신을 혼동해서는 안 된다는 것이다. 뇌에 대한 연구는 현재로서는 의학적인 목표를 정립하기 위한 것이고, 정신에 대한 연구는 인간을 구성하는 것이 무엇이며 또 어떤 점에서 다른 생물과 구별되는가 하는 질문에 집중한다.

뇌의 구조

유명한 신경생리학자 그린필드Susan Greenfield는 다음과 같이 뇌의 비밀을 누설하고 있다.

사이즈가 꼭 맞게 제작된 두개골 뼈에 담긴 채 우리 몸통 위에서 군림하는 뇌는 부드러운 삶은 달걀을 연상시키는 긴밀성을 가지고 있으며, 그 속에는 어떠한 종류의 유동적인 부분도 없다.

과학은 오랜 시간이 경과하는 동안 뇌에 대해 이 이상 아무것도 발견할 수 없었다.

몸의 관점에서 볼 때는 그 어떤 형이상학적 목적으로부터도 자유로운 뇌가, 고대 그리스인의 입장에서는 다만 불멸의 영혼이 거주하는 곳이었을 뿐이다. 약 2,500년 전 그리스 크로톤Kroton의 의사 알크마이온Alkmaion(기원전 570~500년경)이 인간의 눈과 뇌가 연결되어 있는 것을 발견하고, 거기에 사고의 기능을 부여했을 때도 그의 머릿속에서는 그런 생각이 교차하고 있었다. 나중에 알렉산드리아의 헤로필로스Herophilos(기원전 330~250년경)는 뇌의 빈 공간, 이른바 '뇌실(腦室)'을 '영혼의 프네우마(기운)Pnema psychikon'의 소재지일 것이라고 기술했다. 고대 및 중세 사람들은 영혼이 액체로 가득 찬 세 군데의 큰 뇌실에 거주한다고 생각했으며, 가장 앞에 있는 제1실은 인지를, 제2실은 사고를, 제3실은 기억을 담당하는 것으로 간주했다. 이 '뇌실의 교리'는 최초로 뇌의 기능적 모델을 제시한 것이다.

과학은 18세기 들어서야 비로소 뇌에 접근하기 시작했다. 스위스 생리학자 할러Albrecht von Haller(1708~1777)는 처음으로 현미경을 이용해 뇌신경을 관찰했다. 당시까지만 해도 사람들은 뇌가 생령의 흐름이나 숨결을 위한 통로로 사용되는 텅 빈 공간인 것으로 믿고 있었다. 하지만 할러의 실험은 신경을 자극하는 것이 가능하며 또 그것이 근육의 운동을 낳는다는 것을 밝혀주었고, 동시에 모든 신경은 뇌 또는 척수로 향한다는 것도 보여주었다. 그는 동물 실험에서 뇌 각 부분의 자극이나 손상이 몸 전체에 어떤 영향을 끼치는지 관찰하기도 했다.

이러한 방향의 실험은 19세기에도 계속되었으며, 사람들은 뇌의 각 부분과 그 맡은 일들 간의 관련성을 발견하려고 노력했다. 연구는 두 가지 다른 견해를 낳았는데, 뇌를 전체적으로 동질적(균질적)인 하나의 기관으로 보는 것과, 서로 다른 기능을 맡은 개별적인 부분으로 분할해서 보는 것이었다. 하지만 이 두 가지 견해 모두 의식과 뇌가 서로 어떤 관계에 있는가 하는 공통된 의문은 해결하지 못한 채 남겨두었다.

19세기 초에 프랑스의 생리학자 플루랑Jean Pierre Marie Flourens (1794~1867)은 여러 동물의 뇌를 부분적으로 한 조각씩 제거했고, 그때마다 그 가련한 동물의 행동이 어떻게 변하는지 관찰했다. 이 실험에서 밝혀진 것은 개별적인 기능이 하나씩 사라지는 것이 아니라 모든 기능이 동시에 점점 더 나빠진다는 사실이었다. 이것은 곧 뇌 전체의 동질성에 대한 증거로 평가되었으며, 동시에 뇌와 정신의 동일성도 입증될 수 있었다. 독일의 유명한 작가 뷔히너Georg Büchner의

남동생 루트비히 뷔히너Ludwig Büchner는 《힘과 물질*Kraft und Stoff*》(1855년)에서 다음과 같이 질문한다.

영혼과 뇌의 동일성에 대한 가장 강력한 증거는 무엇이겠는가? 해부학자의 칼이 영혼을 한 토막씩 절단해 제시하는 것보다 더 강력한 증거가 어디 있겠는가?

그 후 이 책은 베스트셀러가 되었고 많은 사람들이 이에 대해 토론을 벌였다. 그의 철저한 유물론적 세계관에 의하면 '영혼'은 뇌 기능의 집합적 개념이며 신은 자연과 동일하다. 이 책이 출간된 후 그는 대학 강사로서의 강의 활동을 접도록 강요받기도 했지만 그의 영향력은 여전히 괄목할 만한 것이었다. 훗날 아인슈타인은 청소년기에 가장 감명 깊게 읽은 책이 《힘과 물질》이며, 이 책은 과학자로서의 길을 걷게 해준 두세 권의 책들 중 하나이기도 하다고 말했다.

뷔히너의 주장은 상당히 설득력 있는 것이다. '사람이 소주 몇 병을 마시거나 뇌에 손상을 입었을 때 왜 비물질적 정신(혹은 인간의 불멸의 영혼)이 알아볼 수 없을 정도로 심하게 변화하는가?' 라는 질문이 던져질 때마다 구체적인 표현만 약간씩 수정될 뿐 오늘날까지도 그의 주장이 여전히 인용되고 있다. 알코올의 효과에 대해서는 이미 헤라클레이토스가 적절하게 설명한 바 있다. 그에 의하면 영혼은 술에 축축하게 젖기를 원한다. 그러나 영혼은 그 일에 성공하지 못한다. 일단 술에 취한 사람은 비틀거리기만 할 뿐 자신이 어디로 가야 하는지를 모르기 때문이다.

이와 같은 여러 가지 올바른 통찰에도 불구하고 인지에 대한 연구에 있어 지난 19세기의 기계론적 관찰 방식은 그다지 인정받지 못했다. 오늘날의 관점에서 보면 상상된 이미지(비록 이것이 비물질적인 것은 사실이지만)도 철저하게 실재적인 그 무엇으로 고찰될 수 있다. 이에 대해서는 이 장의 뒷부분에서 좀 더 자세하게 설명할 것이다.

뇌의 크기가 클수록 더 좋은 성취 능력을 가질 것이라는 견해 역시 단순한 유물론에 따른 것이었다. 동물을 대상으로 한 비교는 이에 대해 좋은 증거를 제공했다.

일반적으로 네 발 달린 짐승의 뇌의 모양과 구성은 사람과 거의 동일하다. 모든 부분의 모양이 같으며 동일한 배치 구조를 가지고 있다. 하지만 인간은 몸의 크기에 비해 가장 큰 뇌를 가지고 있고 그 굴곡도 가장 많다는 데 본질적인 차이가 있다. 그 다음은 원숭이, 수달, 코끼리, 개, 여우, 고양이 등의 순서다. 이것은 인간과 가장 많이 닮은 동물의 순서라고 할 수 있다. …네 발 달린 모든 동물 중에서 뇌가 가장 큰 동물은 새다. 물고기는 두꺼운 머리를 가지고 있으나 오성(悟性)은 텅 비어 있다. 사람 중에도 그런 경우가 많다. 물고기들에겐 뇌량Corpus callosum(좌우의 대뇌 반구가 연접된 부분으로 변지체라고도 한다.—옮긴이)이 없으며 뇌의 크기도 매우 작다. 곤충도 마찬가지다.

이것은 프랑스의 계몽주의자인 라 메트리Julien Offray de La Met-trie의 글이다. 그는 대표적인 저서《인간은 기계》에서 이미 그 제목으로 자신의 의도를 분명히 밝히고 있다. 이 책은 1747년 네덜란드에서 출간되었다. 그 이전에 고국 프랑스에서도 출간된 적이 있으나 분서(焚書)의 수난을 겪었다. 그는 베를린으로 이주해 계몽 군주 프리드리히 2세를 위한 강의를 하면서 의사의 직책도 얻었다. 실제로 뇌의 기본 구조는 모든 동물이 동일하다. 모두 동일한 유형의 세포로 구성되어 있으며 동일한 화학 물질을 사용한다. 하지만 뇌의 크기는 부분적으로나 전체적으로나 서로 다르다.

두개골(頭蓋骨)과 성격

뇌의 상대적인 크기와 성취 능력 사이에 연관성이 있다는 생각은 전반적으로 옳은 것이었으나 뇌에 대한 실질적 이해에 큰 도움을 주지는 못했다. 뇌 연구 분야는 여전히 과학의 공백으로 남아 있었으며, 그 공백은 온갖 사변(思辨)으로 채워지기만 했을 뿐이다. 19세기 초에는 빈의 의학자 갈Franz Gall(1758~1828)에 의해 창시된 골상학 Phrenologie이 유행하게 되었다. 그는 두개골의 형태에 따라 나누어지는 방대한 규모의 성격학을 제시했다. 그는 오로지 경험론적 방식으로만 연구했으며 죽은 사람들의 두개골 생김새와 그들의 성격에 대한 기록을 연구함으로써 신체적 특성과 정신적 특성 사이의 연관성을 도출해 냈다. 그 결과 27가지의 성격 목록을 작성할 수 있었고, 이 각각의 성격이 서로 다른 두개골의 형태에서 비롯된다는 것을 알아내게 되었다. 즉 성욕 · 어린이에 대한 사랑 · 학습력 · 방향 감각 · 인격을 구분하는 능력 · 색채감 · 음감(音感) · 숫자 감각 · 언어 감각 · 말하는 능력 · 예술성 · 우정 · 사교성 · 호전성 · 살인 충동 · 교활함 · 도벽 · 높이 감각 · 명예욕과 허영심 · 사려 깊음 · 날카로운 비판력 · 철학적 통찰력 · 유머 감각 · 귀납적 사고력 · 여유로움 · 절대자(神)에 대한 경애심 · 인내 · 상세 묘사의 재능에 해당하는 각각의 기관이 하나씩 있다는 것이었다. 이에 따라 각 해당 부분으로 나누어진 뇌의 아름다운 도표와 골상학적 모델이 제작되었으며, 그것은 사람의 성격을 측정하는 도구가 되었다. 그것은 모자 형태로 만들어졌으며 사방에 이동식 막대형 눈금자가 꽂혀 있었다. 이 자들이 머리의 여러 지점에서 얼마나 멀리 튀어나와 있는지에 따라 해당 인물의 고유한 성격이 정해졌다. '과학적으로 뒷받침된', '객관적인' 성격 측정 사업은 호황을 누렸으며 유럽과 미국의 도처에 골상학과 관련된 회사가 생겨났다. 자신을 골상학적으로 측정하는 것은 품격 있는 행동으로 통했으며,

심지어 기업에서 신규 직원을 채용할 때 각각 골상학 감정서를 작성하게 하기도 했다. 그리고 이런 유행은 예술과 문학에까지도 영향을 끼쳤다. 발자크, 브렌타노, 샬럿 브론테, 뷔히너, 디킨스, 뒤마, 플로베르, 괴테, 하디, 위고, 카를 마이, 마크 트웨인, 휘트먼 등의 소설에 성격학과 관련된 내용이 언급되기도 했으며 때로는 갈 박사가 직접 등장하는 경우마저도 있다. 조이메Johann Gottfried Seume는 자신의 여행기 《나의 1805년 여름》에서 실제로 겪은 경험을 다음과 같이 표현하고 있다.

강철 뼈를 가진 그 천한 러시아 남성은 이제 자갈밭과 바위 지대 위를 쿵쾅거리며 질주한다. 머리카락이 휘날린다. 그러나 그는 여행자의 가슴과 허벅지가 이때 무엇을 느끼는지에 대해서는 궁금해 하지 않는다. 신성한 다리에서부터 송과선(松科腺)(좌우 대뇌 반구 사이 제3뇌실 후부에 있는 작은 기관—옮긴이)에 이르기까지 그 모든 것이 사방으로 내던져지고 찔러 대며 굉음을 울린다. 몇 분 더 지나면 갈 박사조차도 그의 두개골 속에 있는 기관 중에서 아무것도 발견할 수 없을 정도다.

오늘날 에피피제Epiphyse라는 이름으로 잘 알려져 있는 송과선은 시상(視床) 하부의 뇌 핵Nucleus suprachiasmaticus과 함께 하루 24시간 동안 우리 몸의 리듬을 맞추는 기능을 하며, 장시간의 비행기 여행으로 인한 시차 장애를 치료하기 위해 투여하는 호르몬 멜라토닌을 생산하기도 한다.

하지만 이미 1850년경에 골상학의 망령은 사라졌으며, 오늘날의 시각에서 볼 때는 과거에 나타났던 흥미로운 사회적 현상일 뿐이다. 당시 사람들은 자연과학에 기초를 둔 듯한 이론을 앞 다투어 수용하는 경향이 있었는데, 이른바 동물의 자기력(磁氣力)으로 인간을 치료한다는 최면술도 이와 유사한 것이다. 19세기의 세 가지 사이비 과학 중 단 한 가지, 즉 동종 치료법Homöopathie만이 오늘날까지 사람들의 애호를 받으며 수백만 유로의 판매 수익을 올리고 있다.

(마치 요술 같아 보이기 때문에 오늘날 비합리적으로 들릴 수 있는) 이런 이론은 모두 두 가지 기본적인 가정(假定)하에 있는 것들이었다. 그것은 현대 과학의 기초를 이루고 것이기도 하다. 그 첫째는 뇌를 물질적 관점에서 정신의 기관으로 보는 태도이며, 두 번째는 뇌(혹은 정신)를 '부품(모듈)들의 집합체Modularität'로 보는 태도이다. 후자는 프랑스의 신경해부학자 브로카Paul Broca(1824~1880)가 발의한 것이다. 그는 최초로 인간의 언어 중추를 발견했으며 '뇌 기능의 국재론(局在論)'을 창시했다. 그의 이론은 1928~1937년 베를린 부흐Berlin-Buch의 빌헬름 황제 뇌 연구소Kaiser-Wilhelm-Institut für Hirnforschung에서 근무한 체칠리에 포크트Cecilie Vogt와 오스카 포크트Oscar Vogt(1870~1959)에 의해 계승되었다. 그들은 대뇌 피질의 기능적·해부학적 목록 완성을 위한 초석을 놓았다.

뇌와 그 부분들

결국 두개골의 뛰어나온 모습이 아닌 뇌 속의 구멍들이 뇌 개별 영역의 기능에 대한 결정적인 해명을 제공하게 되었다. 모든 시작은 (현재 하버드 대학교의 박물관에 소장되어 있는) 철도 노동자 게이지Phineas Gage의 머리에서 비롯되었다. 1848년 9월 13일 새로운 선로를 깔기 위한 폭파 작업 도중에 사고가 발생해 쇠막대기가 날아와 그의 머리에 박혔고 4센티미터나 되는 큰 구멍을 냈다. 당시 언론은 그가 사고를 당한 뒤에도 여전히 2~3분간 말을 했다고 보도했다. 그는 우마차에 앉은 채 근처 식당으로 옮겨져 동료들의 부축을 받아 베란다로 걸어갔으며, 의사가 도착했을 때는 "의사 선생님, 이곳에 당신이 하실 일이 많군요"라는 농담까지 했다고 한다. 그는 살아났으며 말도 할 수 있었고 기억력도 예전과 다름없었다. 또 신체에 어떤 마비가 발생하지도 않았다. 하지만 더 이상 옛날과 같은 모습의 노인은 아니었다. 열심히 일하던 작업반장이었던 그가 이제는 마구 욕설을 해대는 놈팡이로 변한 것이다. 그는 더 이상 일을 견뎌내지 못하게 되었고, 결국 명절날 열린 시장에서 술에 만취한 채 사망했다. 게이지의 사례는 뇌의 손상이 아주 특수한 정신 질환을 낳을 수 있다는 것을 보여주었다. 물론 당시로서는 게이지가 뇌의 어떤 기능에 손상을 입었는지 아무도 말할 수 없었다.

그 후 몇 년 지나지 않아 뇌 손상에 대한 체계적인 연구가 시작되었다. 1861년 브로카는 말을 하지 못하는 한 남성을 연구해 그의 뇌 좌반구 앞부분에 손상이 있다는 것을 확인했다. 그 이후 다른 연구자들은 브로카가 연구했던 부분을 브로카 영역Broca-Areal이라 불렀다. 또 그로부터 얼마 안 되어 베르니케Carl Wernicke(1848~1905)는 뇌의 다른 부분에서 또 하나의 언어 중추를 발견했다. 그의 환자는 말을 할 수는 있었으나 그 내용은 아무 의미가 없는 것이었다. 이로써 뇌의 특정 영역은 특정의 정신적 능력을 담당한다는 것이 분명해졌다. 물론 언어에 대해서는 특정한 하나의 영역이 아니라 뇌의 여러 곳에 분포된 다수의 영역이 공동으로 관할한다.

이러한 일련의 일들은 그 다음 100년 동안 뇌 연구가 나아가야 할 방향을 제시해 주었다. 이른바 '국재론(局在論)'은 골상학이 비과학적 방법으로 시도했던 것을 과학적 방법으로 완수했으며, 1909년 신경생리학자 브로드먼Korbinian Brodman은 유명한 뇌 지도를 출간함으로써 이후 오랫동안 뇌 연구에 사용될 도구를 제공했다. 그는 대뇌 피질의 뉴런이 속하는 특징적 영역을 도해로 나타냈다. 마침 양차 세계 대전 중에는 뇌에 손상을 입은 환자의 수효가 현저히 증가했는데, 연구자들은 이들에 대한 연구를 통해 뇌의 손상된 영역이 사고, 언어, 태도 등과 어떤 상관성을 갖는지 탐지할 수 있었다. 1940년대 말 신경학자 브라이텐베르크Valentin Braitenberg는 매일 반복되었던 일상적 연구를 다음과 같이 묘사했다.

위층에 있는 해부학 실험실에서는 점점 더 정교해져서 세부까지 파고 들 수 있는 뇌 지도가 완성되었으며, 여기에는 모든 굴곡과 모든 작은 섬유 다발마다 특별한 이름이 기록되었다. 시간이 되자 실험실의 해부 테이블에 환자의 뇌가 올려놓아졌고, 환자의 병세가 기록된 차트를 한 사람이 큰 소리로 낭독했다. 그 다음에는 기다란 메스로 뇌를 종단해서 그 손상된 영역의 정확한 크기를 측정했다.

뇌 연구의 역사에서 가장 어두운 시기는 독일의 제3제국 시대였다. 수많은 독일인 뇌 연구가는 직책을 포기하고 망명을 떠났으며, 남은 일부 연구가는 나치스의 범죄에 직접 참여하게 되었다. 그들은 대개 안락사 프로그램으로 희생된 정신 질환자나 장애자에 대한 연구를 떠맡았으며, 이 실험의 대부분은 베를린의 빌헬름 황제 뇌 연구소에서 이루어졌다. 원래 종신 연구소장으로 초빙되었던 포크트가 반(反)파시즘적 사상 때문에 직책을 반납하게 되자 그 후임으로 슈파츠Hugo Spatz가 초빙되었지만 바로 뒤를 이어 할러포르덴Hallervorden이 그 대리자가 되었고 히틀러로부터 교수로 임명되었다. 할러포르덴은 자신이 하는 일이 어떤 일인지 잘 알고 있었다. 그는 어린이를 살해하는 현장에 출석했고 직접 그들의 뇌를 해부하곤 했다. 그는 1956년 정년 퇴임까지 뇌 연구를 계속했다.

부분들의 총합

뇌에 대한 실제적 인식에 도달하기 위해서는 국재론 하나만으로는 부족하다. 모든 각각의 부분에 이름을 붙이고 그에 대해 기술하더라도 '그것들이 어떻게 하나의 전체로 통합되는가?' 하는 문제는 여전히 남아 있다. 이 문제를 해명하기 위해서는 뇌가 성립되어 온 역사를 연구하는 것이 가장 의미 있는 작업이 될 것이다. 여러 동물의 뇌를 비교해 보면 몇 가지 사실이 도출된다. 복잡한 뇌는 간단한 뇌로부터만 발전했을 가능성이 높다. 즉 하나의 연속성이라 할 수 있는 새로운 구조는 옛 구조에 기반을 두고 발전했을 가능성이 크다는 것이다. 이때 다수의 영역은 거의 변화하지 않은 채 머물러 있을 수 있으며, 바로 이러한 것들이 잉어에게서나 또는 사람에게서나 대략 동일한 과제를 완수할 것이라는 추론을 해볼 수 있다. 뇌간(腦幹)Brain stem〔뇌수 중에서 대뇌 반구 소뇌를 제외한 부분으로 뇌 줄기라고도 한다.—옮긴이〕의 경우는 특히 그렇다. 뇌간 이외의 영역은 동물마다 약간의 편차를 보인다. 물고기는 소뇌가 가장 커서 뇌 용적 전체의 90%를 차지하는 반면 인간은 심하게 주름이 접힌 대뇌 피질을 확보하고 있으며 그 표면적은 우리와 가장 가까운 종(種)인 침팬지보다 세 배나 크다. 거기에서 가장 큰 중요성을 얻는 것은 어떤 특별한 기능이 할당되어 있지는 않아 보이는 부위다.(그림 5.1에서 아무런 음영도 없는 흰 부분) 여러 동물의 대뇌에서 잘 알려진 부분을 자세히 비교해 보면 다윈주의가 이미 종의 발전에서 인식한 것을 재확인할 수 있다. 즉 존재하는 생명체가 '좋은 옛 사다리'를 타고 직선으로 상승 발전하는 것이 아니라, 다양한 생물의 다양한 생활 방식이 고유의 서로 다른 환경에 맞게 전문화되는 것이다. 과학자들은 정신적 성취 능력과 관련한 인간의 특수성에 입각해 "이미 널리 알려진 바와 같이 인간은 지구의 모든 자연환경 그 구석구석을 자신의 고향으로 개척했고, 생물계 내에

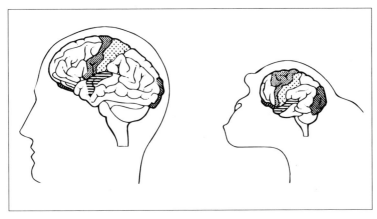

그림 5.1 인간과 침팬지의 대뇌 피질 비교. 침팬지에게는 없으며 고도의 정신적 기능에 봉사하는 영역(그림에서는 아무런 채색도 되어 있지 않은 부분)이 현저히 커져 있다.

서는 '인지적 부분'를 점령했다"라고 말한다. 바로 이 부분에서 고도의 정신적 능력으로부터의 '적응'이 생겨난다.

각종 동물의 뇌 비교는 단순히 뇌만 관찰해서는 특정 정신과 능력에 대해 거의 아무것도 알 수 없음을 분명히 보여준다. 모든 고등 동물의 경우 뇌의 화학적 성분이 거의 유사하지만, 그렇게 사실상 동일한 뇌의 내부에서 진행되는 인지 프로그램은 동물마다 서로 다르다. 또 단순히 뇌를 해부해 보는 것만으로는 인간의 특수한 사고 능력에 대해서도 아무것도 알아낼 수 없다. 작가이자 자연 연구가인 리히텐베르크Georg Christoph Lichtenberg(1742~1799)는 이 딜레마에 대해《당좌 장(帳)》에서 다음과 같이 기술한다.

가까이 있다는 것은 우리에게 아무런 도움이 되지 않는다. 왜냐하면 우리가 접근할 수 있는 것은 우리가 접근하고자 하는 대상이 아니기 때문이다. 내가 저녁에 지는 태양을 바라보며 그쪽으로 한 걸음 다가간다면 그 발걸음이 아무리 작은 것일지도 나는 그곳에 다가가는 것이다. 그러나 영혼의 기관에서는 상황이 이와 전혀 다르다. 우리가 너무 접근함으로써, 다시 말해 원래부터 접근할 수 있던 것을 현미경으로 들여다봄으로써 도리어 그 대상으로부터 멀어지는 일이 발생할 수 있을 것이다.

영혼의 기관에 접근하기를 원한다면 두 방향에서의 접근을 시도해야 한다. 한편으로 뇌를 기술하는 일을 시도함과 동시에 다른 한편으로는 뇌 생리학에 대한 지식과 일치할 수 있는 정신의 이론을 만들어야 하는 것이다. 우리는 우리가 소유하고 있는 뇌의 종류에 부응하는 정신을 추구하며 계속해서 그 정신을 탐색할 것이다. 오늘날의 관점에서 우리 뇌는 대략 다음과 같이 기술된다. 그 무게는 2.5~3파운드이다. 물론 서로 다른 두 사람 간에 수백 그램에 달하는 차이가 있을 수 있지만, 그 차이가 지능에 어떤 영향을 미치는지 말할 수는 없다. 뇌의 대부분을 구성하는 것은 뇌 줄기, 시상(視床)을 에워싸고 있는 대뇌 피질, 기저 신경절(신경 세포나 신경 섬유가 모여 혹처럼 된 것—옮긴이), 해마Hippocampus, 소뇌이다.

대뇌 피질과 시상은 시상—대뇌 피질 시스템을 이룬다. 이것은 감각적 자극과 기타 입력 내용을 수용한 시상이 그것을 대뇌 피질의 각 부위로 전달하는 시스템이다. 이 두 가지는 세세히 기술할 수 없을 정도의 여러 영역으로 세분화된다. 대략적으로 말하자면 감각적 자극을 처리하는 것은 머리 뒤쪽에 있는 뇌이며, 생각하는 사람의 이마 뒤에는 무엇인가를 기획하는 부위가 숨겨져 있다. 또 센서 영역 내부에는 시각과 청각 등을 담당하는 분화된 작은 영역이 있으며, 이 영역이 다시 세분화되어 특정 형태, 색채, 운동을 담당한다. 이 모든 영역은 우리 머릿속에 세계에 대한 유용한 상(像)이 형성되는 데 기여한다. 인간은 모든 영장류와 마찬가지로 눈을 가진 동물이므로 특히 시각에 대해서는 아주 전문화된 많은 모듈(표본으로 삼을 수 있는 기준—옮긴이)을 갖고 있다. 그중에서 특히 중요한 것은 (어떤 모서리를 인식하는 기능을 하는 것보다는 훨씬 더 복잡한) 이를테면 타인의 얼굴을 인식하는 일과 같이 사회적 존재로서 반드시 갖추어야 하는 것들이다. 여기서 어떤 개별적 성취가 완수되는지에 대해서는 특정 모듈이 사고로 인해 탈락하는 경우 파생되는 특이한 결과를 관찰해 보면 잘 알 수 있다.

우리 모두는 자신을 낳아주신 어머니를 보게 되면 당연히 그 분이 자신의 어머니라는 것을 안다. 또 20년이나 지난 후에 우연히 옛 친구를 만나더라도 그를 대번에 알아볼 수도 있다. 이것은 너무나 당연한 일이다. 하지만 옛 친구뿐만 아니라 어제 보았던 자신의 어머니조차도 몰라보는 사람들이 있다. 그들은 얼굴 망각증Prospagnosie에 시달리는 사람들로서(그리스어로 prospon은 얼굴을, agnosia는 무지를 의미한다.) 다른 사람들과 마찬가지로 타인의 얼굴을 보고 있긴 하지만 그 얼굴이 어디에 속하는 것인지 분간해 내는 능력은 없다. 그들에게는 모든 사람이 동일하게 보이며, 또 모든 사람이 동일하게 낯설게 여겨진다. 이런 종류의 뇌 질환은 뇌에 손상을 입음으로써 발생할 수도 있지만 태어날 때부터 선천적으로 갖고 있을 수도 있다. 선천적으로 이런 질병을 얻은 사람은 후천적으로 그렇게 된 사람보다는 생활에 지장을 덜 받는다. 왜냐하면 그는 주위 사람들을 알아보기 위해 애초부터 정상인과는 다른 변별적 특징을 이용하기 때문이다. 즉 목소리, 냄새, 몸매, 특별한 몸동작 따위를 통해 사람들을 구분하는 것이다. 일반적인 경우와는 달리 그들에겐 '얼굴'이란 것이 특별한 표식이 되질 않는다.

어떤 얼굴이 자신이 기억하고 있는 얼굴과 일치하는지 여부를 확인하는 뇌 속의 모듈은 지금 보이는 타인의 얼굴을 기억 속에 저장된 다수의 얼굴과 비교하는 과제를 갖는다. 만약 합치하는 얼굴이 발견된다면 그 사람의 이름이나 기타 특성이 의식 속으로 호출되지만, 발견되지 않는다면 그 새로운 얼굴은 몇 가지 정보와 함께 새로 저장된다. 이와 같은 기능을 하는 모듈은 일치 여부를 확인하는 일에만 집중하기 때문에 나머지 불필요한 모든 특징은 가려진 채로 의식되지 않는다. 그렇기 때문에 몇 년이 지난 후 몰라보게 변한 어떤 친구를 만나더라도 그를 알아볼 수가 있는 것이며, 지난주까지 수염이 덥수룩하던 친구가 갑자기 깔끔하게 면도를 하고 나타나더라도 경우에 따라 그런 변화를 전혀 알아차리지 못하기도 하는 것이다. 일치 여부를 인식하는 기능은 그런 식으로 쉽게 변할 수 있는 부차적인 특징에 대해서는 평소 주목하지 않기 때문이다.

우리 뇌 속에 있는 특정 뉴런 그룹은 타인의 얼굴을 관찰할 때 일치를 확인하는 일 외에 또 다른 특수 능력도 확보하고 있다. 상대방의 나이, 성별, 얼굴 표정(행복한 상태인지 화가 나 있는 상태인지 등등), 혹은 그 사람의 관심이 어디를 향하고 있는지를 측정하는 능력이 바로 그것이다. 특히 사춘기 전후부터는 특정 모듈이 상대방의 매력적인 모습을 파악해 알려주는 역할을 하기도 한다. 이 모든 해석은 우리가 어떤 사람의 얼굴을 보는 순간 자동적으로 그리고 무의식적으로 진행된다.

이런 능력의 상실로 인해 발생하는 얼굴 망각증 외에도 우리 뇌에 각종 모듈이 존재함을 증명해 주는 특수 질환은 많다. 이를테면 대상을 재인식하는 능력 부재, 거리 감각 상실, 대상을 만져 보고 알아내는 촉감 상실, 음악을 이해하는 능력 상실Amusie, 청각성 실어증 Worttaubheit(언어를 지각하는 능력이 떨어져 말하는 속도가 느려지고 말을 더듬는 등 말을 할 때의 일관성이 상실되는 증세—옮긴이), 감정을 인지하는 능력 상실Alexithymie 등이 그러한 것들이다.

이처럼 뇌에는 한편으로는 전문화와 분화가 존재하며, 다른 한편으로는 그 개별 뉴런 그룹 간의 집중적 교류가 존재한다. 그것은 동시에 등장하는 여러 자극 내지는 유사한 방식의 자극에 개별 뉴런 그룹이 반응함으로써 각종 모델을 조합해 내기 때문이다. 이런 식으로 연결된 그룹들이 서로 이웃하여 존재할 필요는 없다. 각기 뇌의 여러 장소에 산재할 수 있는 것이다. 전체적으로 시상-대뇌 피질 시스템은 수백 개의 영역으로 구성되어 있으며, 긴밀한 상호 작용을 하는 뉴런 그룹들의 거대한 네트워크로 연결되어 있다. 뇌의 그 두 가지 측면, 즉 전문화와 상호 교류 측면을 두고 볼 때 우리는 다음과 같이 말할 수 있을 것이다. "뇌는 모듈성과 전체성, 특수화와 총체화의 종합이다." 신경학자 색스Oliver Sacks는 이 종합에 대해 다음과 같이 말한다.

시각을 담당하는 지국은 대략 50개가 있으며 이것들 모두 완전히 독립적인 작업을 한다. 그 지국들은 서로 다른 측면의 시각적 세계, 즉 색채 · 운동 · 공간 · 구석 · 형태 · 대조 등에 대한 인상을 처리하는 각각의 역할을 맡고 있는 것이다. 그렇지만 최종적으로 그 모든 인상을 투사하는 스크린이 존재하지는 않는다. … 그러나 이 50개의 지국 간에는 지속적인 대화가 존재한다. … 결국 우리는 수천 개의 그런 지국의 존재를 상상해 보아야만 한다. 역시 수천 가지의 목소리가 존재할 것이며, 그 많은 목소리가 모여 마치 천 명의 단원으로 구성된 오케스트라처럼 '현실'의 음악을 연주한다. 아니 어쩌면 작곡하는 것인지도 모른다.

소뇌, 기저 신경절, 해마에서는 이런 네트워크가 발견되지 않는다. 이들 장소는 관례적으로 대뇌 피질을 위해 마련된 정신적 서비스를 기계적으로 처리하는 곳인 것 같다. 다시 말하자면 이 세 곳에서 하는 일은 대뇌 피질의 각 부분에서 온 입력 내용을 수신하여 여러 단계의 가공 과정을 거친 후에 다시 원래의 장소로 돌려보내는 일인 것이다.

소뇌는 운동의 조율 및 사고, 언어의 특정 측면을 처리하는 임무를 부여받은 듯하며, 기저 신경절은 복합적인 동적 · 인지적 과제의 계획과 실천을 위해 중요한 역할을 한다. 또 해마는 무엇보다도 장기간 보존되어야 하는 정보의 축적을 위해 예비 작업을 하는 장소다.

뇌 줄기와 시상 하부에는 일련의 작은 핵들이 존재하는데, 이 핵들은 뇌 전체 여기저기에 산재해 있으며 필요시에 (예컨대 기관총이 발사되는 소리를 들음으로써 생명의 위험을 느끼게 되는 순간) 뇌 전체의 활성화에 영향을 미친다. 일종의 고차원적인 측면에서 전체를 통괄하며 평가를 내리는 일을 하기에 '평가 시스템'이라 불리기도 하는 뇌 줄기와 시상 하부는 특히 분위기와 감정을 관할하는 곳이기 때문에 어떤 결정을 내릴 때 아주 중요한 역할을 한다. 물론 각각 개별적으로는 무슨 일을 하는지는 아직 거의 알려져 있지 않지만 의학에 있어서 결정적인 역할을 하고 있는 것만큼은 사실이다. 정신 질환을 치료하는 대부분의 의약품이 이 평가 시스템의 세포에 작용하여 간접적이지만 전체적으로 뇌에 작용하기 때문이다.

지금까지 언급한 뇌의 모든 단위는 인간의 정신을 이해하는 데에 필수적인 것들이다. 오랫동안 사람들은 대뇌 피질만이 인간 정신의 소재지이며, 그것은 진화의 늦은 단계에 이르러서야 비로소 포유류의 뇌 위에 얹혀진 것이라고 생각했다. 그러나 제1장에서 이미 살펴보았듯이 자연 속의 새로운 모듈이라는 것은 하루아침에 생겨나는 것도, 그런 식으로 얹혀지는 것도 아니다. 정신의 기능에 있어서 모든 발전은 점진적이고 지속적으로 뇌 전체와 더불어 이루어지는 것이지, 저절로 아주 간단하게 새로운 특수 모듈이 덧붙여짐으로써 이루어지는 것은 아니다. 오늘날 분명히 밝혀진 바대로 인간을 특징지을 수 있는 모든 인지적 성취에 대뇌 피질이 관련되어 있는 것이 사실이지만 뇌의 나머지 부분들도 그 성취를 이루는 데에 역시 필수적인 것들이다.

우리의 생존을 대뇌 피질이 단독으로 조정하는 것은 아니며, 심지어 대뇌 피질의 일부를 제거한다 하더라도 뇌간 일부를 제거했을 때처럼 드라마틱한 질환이 발생하지는 않는다.

좌뇌와 우뇌

골상학이 위세를 떨친 지 약 150년이 지난 후 뇌는 다시 한번 각광을 받게 되었으며 각종 잡지의 화보, 경영 세미나, 유치원에서 우뇌를 살려야 한다는 구호가 계속 이어졌다. 미국의 신경학자 사이토윅Richard E. Cytowic는 다음과 같이 말한다.

> 부모, 교사, 교육 기관은 각급 학교를 완전히 물구나무 세우려 했다. 그들은 기존의 학교가 우뇌 반구의 총체적 · 직관적 · 예술적 부분을 수 세대 동안 조직적으로 소홀히 했으며 완고하게 좌뇌 반구의 언어적 · 논리적 · 분석적 능력에만 집중했다며 비판했다.

이처럼 우뇌가 새로운 붐을 일으키게 된 계기는 1861년에 브로카가 좌측에서 언어 중추를 발견함으로써 시작된 '국재론' 계열의 이론에 의한 새로운 지식이 제공했다. 실제로 오른손잡이의 97%, 왼손잡이의 84%의 경우 언어 중추가 좌뇌에 자리 잡고 있다. 좌뇌는 우뇌보다 더 세분화되고 전문화되어 있어 컴퓨터와 유사한 역할을 할 수 있으며, 우뇌의 모듈은 발생사적으로 볼 때 좌뇌보다 더 오래된 것으로서 정서적인 것, 구체적이고 사적(私的)인 것을 담당한다.

우뇌를 둘러싼 관심과 흥분은 몇 년이 지난 후 다시 가라앉았다. 우뇌가 좌뇌보다 덜 전문화된 작업을 처리한다는 사실은 그 자체로서 훈련을 통해 그 기능을 개선할 수 있는 가능성이 좌뇌에 비해 낮다는 것을 의미한다. 게다가 "우뇌는 음악 · 시 · 창조성, 좌뇌는 언어 · 숫자 ·

논리적 사고"라는 식의 단순한 이분법은 우리 머릿속의 복잡한 실재에 부합하지 않는다. 뇌에는 서류를 분류해 넣을 수 있는 서랍이 없으며, 각 부분이 확정적인 역할로 구분된 채 격리되어 있지도 않다. 다만 뚜렷하게 협동하는 분업이 존재할 뿐이다. 특정한 뇌 영역은 여러 기능을 동시에 수행한다. 바꾸어 말하자면 특정한 기능이 엄격히 제한되지 않은 채 뇌의 여러 영역에 분산되어 있는 것이다. 우뇌와 좌뇌가 수행하는 정신적 기능에는 사람마다 심한 차이가 있으며, 일생을 살아가는 동안 달라질 수도 있다. 대부분의 기능은 그것을 수행하는 해당 기관이 우연한 사고로 정지되더라도 다른 기관에 의해 처리될 수 있는 것들이며, 그런 이전은 심지어 뇌 반구의 경계를 넘어서까지 이루어지기도 한다. 게다가 중요한 것은 뇌가 아니라 '머리 · 심장 · 손 · 배'라는 것을 학교에서 배울 수 있어야 한다는 교육적인 생각이 일기 시작했다. 이것은 의심할 여지없이 정당한 것이었다. 그와 같은 숙고는 굳이 뇌 연구자들을 수고스럽게 하거나 "우리 문화에서는 뇌의 절반이 위축되었다"라는 식의 주장을 내세울 필요조차 없게 해주었다.

정보 처리

언젠가부터 뇌를 연구하는 데 있어서도 더 이상 '기술하고 목록화하는 일'에 머물지 않고 그 안에서 어떤 종류의 과정이 전개되는지 규명하는 작업이 시작되었다. 이것은 작은 컴퓨터의 발전에서 비롯되었다. 1940년대 초 미국 신경학자 매컬록Warren Mculloch과 수학자 피츠Walter Pitts는 뉴런 망도 뇌처럼 그 형식에 있어 논리적으로 작동할 수 있다는 것을 증명했으며, 그 후 수학자 폰 노이만John von Neumann은 뇌의 기능적 조직화 과정을 디지털 원리에 따라 작동하는 컴퓨터의 논리 구조와 비교했다. 미국에서 출간된 위너Norbert

Wiener(1894~1964)의 《인공두뇌학 *Cybernetics*》은 자연과 기술의 비교 불가능성을 제거하고 양자 모두에게 공통적으로 해당한 것을 밝혀주었다. 이에 대해 그는 다음과 같이 정의하고 있다.

인공두뇌학은 조정과 통제의 학문이다. 다시 말해 시스템과 그 정보 처리 과정, 그리고 그에 대한 조정과 통제 과정의 핵심을 이루는 자동화에 집중적으로 영향을 미치려는 학문인 것이다. 자연과 공학 기술에서 어떤 임의의 시스템에도 적용될 수 있는 인공두뇌학은 조정과 통제의 과정 및 정보 처리 과정의 법칙을 인식하는 데 기여하며, 이러한 과정을 기술적으로 종합해 자연 시스템의 개선을 위해 투입하고자 한다.

과학소설가 케딘 Martin Caidin의 《사이보그 *Cyborg*》(1972)나 깁슨 William Gibson의 《신사이버펑크 *Neuromancer*》(1984)를 보면 인공두뇌학으로 인해 발생할 수 있는 모든 일이 잘 나타나 있다. 깁슨은 이 작품을 통해 현실 세계와 가상 세계가 혼재하는 사이버펑크라는 문학 장르를 개척했다. 오늘날 우리는 사이버 공간에서 서핑을 할 수 있으며, 마우스를 한번 클릭할 때마다 수많은 사이버 인간(물체)을 만날 수 있다. 또 인공두뇌학에 대해 살펴보기 위해 신경외과의 사이버박물관(http://www.neurosurgery.org/cybermuseum) 등을 방문할 수도 있다.

지난 20세기 중반 이래로 연구자들은 자연의 정보 처리 시스템을 이해하고자 노력해 왔으며 뇌 역시 거기에 포함된다. '정보 처리' 라는 말은 오늘날 이미 구식 단어처럼 들리지만, 1970년 이전에 태어난 사람들(물론 독자들 중 상당수도 이에 속할 것이다.)은 휴대용 계산기조차 볼 수 없던 시절을 체험했다. 당시로서는 개구리나 인간, 혹은 온도 조절 장치 등을 정보 처리 시스템으로 간주하는 것 자체가 상당히 독창적인 아이디어였다. 그 당시에는 '자연의 정보 기술'만 존재했기 때문이다.

1956년 미국 뉴햄프셔 주(州) 하노버의 다트머스 대학교Dartmouth College에서 수학과 조교수 매카시John McCarthy와 그의 친구인 매사츄세츠 공대MIT의 민스키Marvin Minsky가 주최했던 학술 대회는 과학사에서 인공 지능 개발을 위한 출발점으로 자주 기록되곤 한다. 이 대회에서 자극을 받은 매카시와 민스키가 MIT에 인공 지능 연구팀을 구성함으로써 드디어 인공 지능 연구는 제 자리를 잡게 되었고, 초창기에 일시적으로나마 매우 활발하게 진행되었다. 영국의 수학자 겸 논리학자 튜링Alan Turing(1912~1954)은 이미 1952년에 이런 말을 했다.

컴퓨터가 인간과 다른 점이 무엇이라고 생각하시는지 정확히 말해 보십시오. 저는 당신의 생각을 뒤집어 놓을 수 있는 컴퓨터를 만들겠습니다.

당시에는 컴퓨터나 뇌에 대해 별로 알려진 것이 없었기 때문에 사람들은 이 말을 단지 새로운 학문 분야의 대상으로 자리 잡기 시작한 인공 지능 제작 가능성에 대한 원리적 선언이라고 간주했다. 튜링은 이 연구의 실용주의적 방향을 반영하게 되는 결정적 성공 표준도 도입했는데, 이후에 이것은 이른바 '튜링테스트'라 불리게 되었다. 튜링테스트가 주장하는 내용은 인간에게 할 수 있는 동일한 요구를 기계에게도 할 수 있다는 것이다.

일상에서 어떤 상대방과 대화를 나눌 때 실제로 그가 로봇이 아니고 인간이라는 것을 알아낼 수 있는 방법은 전혀 없다. 상대방을 드라이버로 분해해 보지 않는 이상 우리는 그저 대화를 나눌 수 있을 뿐인 것이다. 다만 그 사람이 지적(知的)인 행동을 한다면 그들이 확실히 이성을 가진 존재일 것이라는 결론에 이를 수는 있다. 따라서 기계가 인간과 대화를 할 때 인간인지 기계인지 구분할 수 없을 만큼 이성적으로 말한다면, 그래서 그 상황을 관찰하고 있는 판정관 역시 일말의 의심조차 갖지 않게 된다면 그 기계는 테스트에 합격한 것이다. 이제 우리는 그 기계가 인간과 동일한 정신을 소유했다고 인정할 수 있을 것이다. 튜링은 1950년에 처음으로 이 테스트를 흉내 내기 게임에 비유해 설명했는데, 이 게임에서는 인간과 기계가 아니라 남성과 여성을 구분하는 것이 문제였다.

> 게임은 남성(A), 여성(B), 질문자(C) 이렇게 세 사람이 한다. … 질문자는 나머지 두 명과 격리된 방에 앉아 있다. 이 게임에서 질문자의 목적은 둘 중 누가 남성이고 누가 여성인지 알아내는 것이다. … 그는 A와 B에게 이런 저런 질문을 던질 수 있다. … A의 목적은 C를 속이는 것이다. … B의 목적은 질문자가 정답을 알아낼 수 있게 도와주는 것이다.

이리하여 전자두뇌 개념이 과학적 프로그램의 언어로 형성될 수 있었고, 이러한 대담성은 뇌 연구자들의 용기를 자극했다. 그들은 당시까지는 파악이 불가능할 정도로 복잡하게만 여겨졌던 뇌 기능에 대해 숙고함으로써 지능을 가진 기계를 제작하는 일에 착수할 수 있었다. 그러나 아직까지는 인간의 뇌와 컴퓨터 사이에 유사성이 거의 없는 것으로 알려져 있다. 대부분의 사람들이 뇌를 일종의 컴퓨터라고 생각하고 있음에도 불구하고 뇌의 컴퓨터 모델을 실제로 제작하는 일은 여전히 요원하다. 그 이유는 무엇보다도 지극히 복잡하고 가변적인 뇌의 네트워크 때문이다. 한 가지 모델의 컴퓨터는 그 성능과 기능이 모두 동일하지만 뇌는 일란성 쌍둥이의 경우에서조차 아주 다르며 끝없이 변화한다.

작은 회색 세포들

뇌가 믿어지지 않을 정도로 복잡한 것은 신경 세포가 극도로 네트워크화 되어 있기 때문이다. 이러한 발견은 우연히 이루어졌다. 1872년 뇌에 무척 관심이 많았던 이탈리아 의사 골지Camillo Golgi (1844~1926)는 거의 실험실로 개조된 듯한 자신의 주방에 뇌 절편을 질산은 용액에 담가둔 채 무심코 몇 주를 지냈다. 그가 그 표본을 현미경으로 다시 들여다보았을 때 그 뇌 절편은 평소와 같은 단순한 동질적 덩어리가 아니라, 작은 물방울에 의해 연속성이 중단된 그물망 같이 생긴 조직이 되어 있었던 것이다. 그 조직에 염색을 하자 뉴런이 나타났는데 다행스럽게도 모든 뉴런 가운데 1~10%만 가시화되었다. 만약 모든 것이 가시화되었다면 아무것도 알아볼 수 없었을 것이다.

하지만 처음에는 개별 세포로 구성된 그 조직이 어떤 식으로 직조된 것인지 불분명한 상황이었는데, 독일 해부학자 발다이어 하르츠 Heinrich Wilhelm Gottfried von Waldeyer-Hartz(1836~1921)가 드디어 뉴런 이론을 만들어냈다. 이 이론에 의하면 섬유는 신경 세포의 가느다란 돌출부(돌기)이며, 세포와 함께 하나의 단위를 형성한다. 즉 전체 신경 시스템이 이 뉴런으로 구성된다는 것이다. 그는 또한 세포의 돌기들이 서로 아주 가까이 접근할 수는 있지만 직접 접촉하지는 않을 수 있다고 생각했다. 나중에 사람들은 신경 세포의 신경 돌기 말단이 다른 신경 세포에 접하는 부분을 시냅스Synaps라 부르게 되었다.

1840년에 독일 베를린의 생리학자 보이스 레이몬트Emil Du Bois-Reymond(1818~1896)는 신경 자극이 신경 전하(電荷)의 변화와 관련되어 있음을 알아냈으며, 1921년에 헬름홀츠Hermann von Helm-holtz(1821~1961)는 뉴런 내부에서 전기 형태로 전달되는 신경 임펄스가 시냅스의 간극을 건너뛸 수 있다는 것을 입증했다. 그것이 화학적 신호, 즉 신경 전달 물질인 아세틸콜린으로 전환될 수 있다는 것을 확인한 것이다.

뉴런의 모습은 매우 다양하게 나타날 수 있지만 결국 그 모든 것은 하나의 세포체(핵이 들어 있음), 나뭇가지 형태의 수많은 수상(樹狀) 돌기, 수 미터나 되는 하나의 굵은 축색(軸索) 돌기로 구성되어 있다. 축색 돌기는 시냅스 결합 방식을 통해 다른 뉴런(혹은 다른 뉴런의 세포체)과 만나는데, 이러한 연결 방식은 신경 세포를 여타 체세포와 구분해 주는 특별한 것이다. 대략적으로 말하자면 수상 돌기는 안테나, 축색 돌기는 발신기로서의 기능을 하며 이때 뉴런은 두 가지 유형, 즉 흥분성 뉴런과 억제성 뉴런으로 나누어진다. 세포들 간의 신호 전달은 늘 화학 물질(신경 전달 물질)이 아주 작은 시냅스 간극을 건너뜀(항상 일방통행)으로써 이루어지는 반면 세포 자체 내에서의 신호 전달은 전기적으로 이루어진다.

이러한 일을 가능하게 하는 '제어 서클'의 수를 모두 합치면 이 책에 나오는 그 어떤 천문학적 숫자보다도 크다. 그것은 우주 공간에 있는 입자의 숫자보다도 큰 수일 것이다. 따라서 뇌에서 실제로 이루어진 결합의 수효는 독일 국토보다 12배나 넓은 아마존 강 유역 우림의 나뭇잎 수만큼이나 많다. 모든 뉴런은 광범위하게 가지를 친 수상 돌기 도처에서 끊임없이 수천 개씩의 자극을 수신하며, 그 전체 자극이 너무 많아져 특정 수위를 넘어서면 억제 잠재력은 흥분 잠재력으로 전환된다. 이것은 신경세포를 통해 계속 전달되면서 수천 개의 다른 신경세포에 영향을 미친다. 뉴런 한 개는 1초당 1,000개의 액션 잠재력을 낳을 수 있다. 이와 같은 불꽃놀이에 비하면 "뉴런 소나기"라는 말은 오히려 너무 완곡한 표현이다. 따라서 이에 대해 축구공만한 정확한 모델을 만들어보려는 시도는 당연히 신경해부학의 가능성을 넘어선 부질없는 행동이다. 그 모든 제어 서클의 연구는 인간 뇌를 이해하는 데 필요한 과제가 아니다.

뉴런이 뇌의 가장 흔한 세포 유형은 아니다. 뉴런보다 10배나 많은 이른바 '글리아(신경교)Glia 세포'는 다양한 보조 기능을 수행하며 뇌 연구 분야에서 차츰 주목받고 있다.

뇌의 발전

사람의 뇌의 발전은 수정된 지 12일째 되는 배아에서 시작된다. 이 배아는 세 개의 세포층으로 구성되어 있는데, 중립판으로 불리는 그 최상층 세포들이 나중에 신경 세포로 발전한다. 배아는 대략 1달 정도 후에 이미 간단한 뇌를 확보하게 되며 세포는 빠른 속도로 분화해 빠르면 분당 25만 개의 새로운 뉴런이 생겨난다. 따라서 성인은 다른 신경 세포와 수만 군데에서 결합하는 약 1,000억 개의 신경 세포를 가지게 되는 것이다. 그러나 그런 결합 시스템은 태어날 때부터 존재하는 것이 아니라 유년기에 뇌를 사용함으로써 생겨난다. 출생 시 뇌 자체의 크기는 마지막 단계의 크기에 현저히 못 미친다. 뇌는 4세가 될 때까지 출생 시의 4배로 자라나며 그 후 95%가 더 커지는 것이다. 출생 후에 이루어지는 뇌의 이런 성장은 신경 세포 증가를 통해 이루어지지는 않는다. 신경 세포는 이미 출생 시에 거의 모두 제 자리를 차지하고 있다. 그림에서 보는 바와 같이 뇌의 성장은 주로 뉴런을 서로 연결하는 축색 돌기의 증가를 통해 이루어진다. 이와 같은 '복잡성의 폭발 시기'가 지능 발달에 있어서의 결정적 단계이다. 그것은 두 가지 이유 때문에 출생 후에야 비로소 이루어질 수 있다.

우선은 출생 전에는 뇌가 자리 잡을 만한 공간이 충분하지 않다. 앞장(章)에서 서술했듯 태아는 어머니 뱃속을 아주 일찍 떠나야 하는데, 그것은 어머니의 좁은 산도를 통해 바깥세상으로 나오려면 태아가 너무 커져서는 안 되기 때문이다. 그렇게 된다면 산모나 태아 모두에게 치명적일 것이다. 어쨌든 이렇게 성숙하지 못한 상태로 '세상

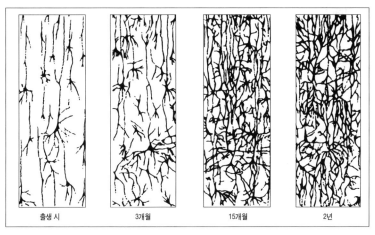

| 출생 시 | 3개월 | 15개월 | 2년 |

그림 5.2 출생 후 인간의 뉴런 결합의 발전 과정. 생후 2년 동안 뇌는 집중적인 네트워크화를 통하여 4배로 성장한다.

에 나오는 것'은 뇌가 발전하는 데에는 큰 장점이 될 수 있다. 왜냐하면 인간의 감각 기관을 자극할 수 있는 매우 다양한 입력 사항이 바깥 세상에 존재하기 때문이다. 뇌는 이와 같은 복잡한 환경과의 교류를 통해서만 집중적으로 네트워크화 될 수 있는 것이다. 또 그럼으로써 출생 시의 유전자적 결정만으로는 가질 수 없는 (두 눈으로 보는 삼차원적 시각과 같은) 특수한 기능이 발전할 수 있다. 성장이 끝난 뇌는 바로 성장기에 뇌를 사용했기 때문에 이루어진 결과이다. 사람의 경우 이러한 성장은 16~20세에 비로소 완결된다. 그것은 독일의 교양 소설에 언급되곤 하는 '수업시대'의 종결 시기와 대략 일치하며, 동

시에 성년기로 넘어가는 시기이기도 하다. 물론 뇌는 아주 탄력적이어서 이 시기 이후에도 학습을 통해 계속 발전할 수 있다. 뇌의 위대한 진화생물학적 장점은 뇌의 중요한 기능이 특수한 환경이나 생활 방식을 통해 완성된다는 데 있다. 신경의 경로(經路)는 출생 후 학습 자극을 통해 형성되며, 이리하여 사람은 끊임없이 변화하는 각자의 환경에 적응할 수 있게 된다. 이런 특징은 동물에게는 없다. 따라서 학습하는 유연한 뇌를 가진 인간은 미래의 새로운 도전에 맞닥뜨리더라도 그것을 능히 해결할 수 있으리라는 희망을 가질 근거가 충분히 있는 것이다.

우리 뇌의 기본 구조와 개별적 기능 모듈은 유전자에 의해 결정된다. 그것들은 물론 출생 시부터 선천적으로 주어져 있는 것이긴 하지만, 더욱 활성화되어야 하며 특수한 고유 환경 내의 수많은 잣대에 적응해야 한다. 따라서 초기 유년기의 중요한 시기에 특정 뉴런 그룹을 사용하지 않으면 심각한 결과를 초래할 수도 있다. 시각 피질(皮質)의 뉴런이 처음 몇 주 동안 눈으로부터 오는 시각 정보를 받지 못한다면(가령 신생아의 한쪽 눈에 안대를 붙여놓는다면), 뇌는 그 눈으로부터는 앞으로도 아무런 '입력Input'이 오지 않을 것이라 단정하고 목표 뉴런 모두를 그 나머지 한쪽의 눈에 배정해 버리는 것이다. 그렇게 되면 그 눈은 (비록 그 자체는 기능상으로 아무 이상이 없더라도) 자신이 수용한 입력을 보낼 주소를 상실함으로써 시력을 잃게 된다. 하지만 이것이 '미(未)사용으로 인한 퇴화'는 아니다. 다시 말해 그 기능을 완전히 잃어버리는 것이 아니라 다른 목적을 위한 전용이라는 것이다. 물론 이런 경우는 조금 극단적인 예이긴 하지만, 시각 피질을 포함한 뇌의 모든 모듈이 그 직접적인 사용 여부에 따라 발전하는 것처럼 보이는 것은 사실이다. 시각이라는 것은 무수한 부분적 측면의 종합이기 때문에 입력이 너무 불충분하면 상당히 무능력한 상태에 도달할 수 있다. 영국의 신경학자 블레이크모어Colin Blakemore는 아주 특수한 환경에서 자라난 두 집단의 고양이를 통해 그것을 증명했다. 그는 한 실험 집단은 수평선만 있는 공간에서, 그리고 나머지 실험 집단은 수직선으로 가득 찬 공간에서 성장하게 했는데, 그 결과 후자는 실제로 나중에 막대를 수평으로 세웠을 때 그것을 인식하지 못했으며, 전자는 수직으로 세운 막대를 보지 못했다. 우리는 이 실험을 통해 고양이의 뇌는 훈련받지 못한 직선 방향을 인식하는 뉴런을 발달시키지 못한다는 사실을 알게 되었다.

물질적 관점에서 보더라도 뇌는 학습의 산물이다. 뇌는 훈련될 수 있으며, 또 당연히 훈련되어야 한다. 물론 여기서 말하는 학습은 능동적인 것을 의미한다. TV 시청과 같은 단순한 구경은 별로 도움이 되지 않는다. 인간 또는 동물은 주어진 환경과 능동적인 상호 작용을 함으로써, 그로 인해 얻어진 시각적 자극이 뉴런의 제어 능력을 변화시킬 수 있다. 두 살 난 아기가 모든 것을 "직접 하겠다"고 나서는 경우가 많은데 여기에는 생물학적으로 커다란 의미가 있다. 인지적 발전과 관련한 가장 중요한 교육학적 원칙은 어린이에게 다양한 활동을 허용하고 스스로 관심을 가지는 일을 하게 하는 것이다. 어린이들은 이에 자극을 받아 반복적인 훈련을 하게 되고, 마침내 행동은 사고를 형성하는 것이다. 환경과 거의 관계가 없을 것으로 여겨지는 인지 능력도 사실은 환경에 의해 특징지어지는 경우가 많다. 이를테면 청각(좀 더 정확히 말하자면 소리의 일치성에 대한 확인 능력)도 그러한 것들 중 하나이다. 우리는 모국어에 존재하지 않는 소리를 구분하지는 못한다. 독일인의 경우 성인이 된 이후에 불어나 영어를 배우면 그 발음을 제대로 따라할 수가 없는데, 그것은 소리를 더 잘 들을 수 없기 때문이다. 아시아인이 '[l]'과 '[r]'을 구분하지 못하는 것은 이에 대한 훌륭한 예라 할 수 있다. 그들에게 있어 이 두 음소(音素)는 융합되어 있다. 그들의 언어에는 그에 대한 차이가 존재하지 않기 때문이다. 반면 어린이들은 그 어떤 언어에 존재하는 것이든 모든 음을 구분할 수 있다. 하지만 이러한 능력도 그들이 모국어를 이해하기 시작하는 때인 생후 6~10개월 무렵이면 사라져버리고 만다. 이 상실은 매우 의미 있는 것이다. 왜냐하면 모국어에 존재하지 않으면서도 청취된 모든 차이는 혼란만 초래하기 때문이다. 글을 쓸 때에도 마찬가지다. 불필요한 차이는 불필요한 오해를 낳는다. 만약 독일어 정서법에서 'dass'와 'das'의 차이가 없어진다 해도 문장을 이해하는 데 어려움이 생기지는 않을 것이다. 문맥을 보면 (영어의 'that'과 마찬가지로) 'das'가 접속사로 쓰였는지 관계대명사로 쓰였는지 분명히 알 수 있기 때문이다. 오히려 어린이들이 학교에서 받아쓰기를 할 때 그 둘의 철자를 혼동해서 틀리는 일이 없어질 것이며, 따라서 그들의 소중한 뉴런을 더 중요한 일에 전용할 수 있을 것이다.

여러 가지 정신적 능력은 그 고유의 발전 시기가 있으며, 바로 그 시기에 해당 뇌 영역이 고도의 형성 능력을 발휘하면서 '가능성'이 '능력'으로 변환될 수 있다. 인간이 어머니로부터 저절로 배우게 되는 첫 번째 언어(한국인의 경우는 한국어—옮긴이)의 경우 그것을 배우는 데 전혀 힘들이지 않고도 3~5세 시기에 완벽히 습득할 수 있으며, 이 때 사투리 말씨와 같은 특징적인 것들도 결정된다. 또 자전거 타기나 악기 연주 기술과 같은 운동 능력도 유년기에 훈련하는 것이 좋다. 청소년과 어른은 그런 일에 익숙해지기가 매우 힘들기 때문이다. 운전면허증을 따려고 할 때 나이와 동일한 시간의 실습을 해야 한다는 말도 어느 정도는 맞는 말인 것이다. 그러나 특정한 능력을 배울 수 있도록 열려진 시기[이른바 "시간 창(窓)"]는 고정되어 있지 않으며 사람마다 그 발전 속도가 다르다.

물론 뇌 연구의 도움을 받아 과연 어느 시기에 무엇을 배우는 것이 좋은지 개략적으로 알아볼 수는 있다. 가장 이상적인 교육 방법은 학습 내용과 그에 필요한 능력이 각 아이의 개인적인 성장 상태에 맞추어질 수 있게 하는 것이다. 이렇게 바람직한 시점을 선택하는 데 있어 신뢰할 수 있는 지표가 되는 것은 바로 아이의 관심이다. 아이들은 그냥 자연스럽게 놓아두면 주어진 환경에서 자신들이 때마침 필요로 하는 학습 가능성을 스스로 마련한다. 다만 개별적인 능력에 따라 무엇을 제공해 주어야 하는가 하는 문제는 남는다. 각각의 아이들은 저마다 학습 능력의 한계를 갖고 있기 때문이다. 프랑크푸르트 막스 플랑크 뇌 연구소장 징거 Wolf Singer는 다음과 같이 말한다.

뇌에는 빈 공간이 없으므로 하나의 학습은 다른 것의 희생을 통해서만 확장되는 것이라 보아야 할 것이다. 또 학습을 할 수 있는 여유 시간을 한없이 늘릴 수도 없다. 따라서 바이올린을 연습하는 사람은 동시에 또 다른 사회적인 의사소통을 할 수 없으며, 그것은 다른 경우에도 마찬가지다. 과도한 연습과 좌절은 종종 함께 나타난다. 왜냐하면 시간과 뇌의 학습 능력이 제한되어 있기 때문이다. "인간은 자신이 갖고 있는 뉴런 자원의 아주 작은 부분만을 사용하고 있다"는 말은 과외 선생이 돈을 벌기 위해 효과적으로 퍼뜨리는 풍문일 뿐이다.

중립적 다원주의

유년기와 청소년기에는 뇌의 재조직이 끝없이 이루어진다. 특히 대뇌 피질에서는 계속 새로운 결합이 이루어지는데 그 상당 부분이 다시 사라져 모든 결합의 3분의 1가량만이 존속하게 된다. 즉 우리 뇌에서는 제1부에서 기술했던 '생존 경쟁'을 상기시키는 일이 벌어지고 있다고 볼 수 있는 것이다. 뇌는 환경에 적응하며, 다양한 시기에 다양한 장소에서 살아가는 인간의 생활 방식은 직접 그 뇌의 복잡한 배선(配線)에 반영된다. 이러한 이유로 뇌 연구자들이 "뉴런적 다원주의"라는 말을 사용하게 되었다.

이에 따르면 우리의 뇌는 두 가지 선택 과정에 종속된다. 우선 자연적인 생물학적 선택이 있다. 이것은 수억 년이 경과하는 동안 조금씩 이루어진 게놈의 변화로 인해 우리 조상들의 뇌가 현재의 뇌로 발전해 온 것을 의미한다. 이러한 과정은 몇 만 년 정도의 짧은 기간만으로는 특별히 언급할 만한 변화를 낳지 못할 만큼 매우 천천히 진행되기 때문에 3만 년 전에 세상에 태어났었을 크로마뇽인 아기의 뇌와 오늘날 신생아의 뇌는 거의 차이가 없을 것으로 추측된다. 따라서 초기 고대 문명, 중세, 현대 인간의 정신적 능력 수준은 동일한 것으로 간주되어야 한다. 적어도 생물학적으로 보았을 때 우리가 우쭐거릴 수 있는 근거는 전혀 없다는 것이다.

그러나 뇌 연구가 에덜먼Gerald Edeman에 따르면 '신체적 선택'이라는 또 다른 도태가 있다. 그것은 자연의 도태와 동일한 법칙에 따라 생물의 몸에서 매우 빠르게 진행되는 뉴런의 도태이며, 이에 의해 수많은 유사 뉴런 중에서 (유전자와 마찬가지로) 개인의 환경 적응도를 가장 최적화할 수 있는 것들만 살아남는다. 즉 하나의 유기체가 환경에 최적으로 적응하는 결과만을 낳는 것이다. 우리는 인간의 면역 시스템도 원칙적으로 이와 유사하며 놀랄 만큼 효율적인 메커니즘을 이용한다는 사실을 앞 장(章)에서 기술한 바 있다.

뇌 세포의 경우 이미 초기 태아 단계에서 이런 체세포적 도태가 시작된다. 뉴런은 무수히 많은 돌기를 사방으로 내보내며 무궁무진하게 많은 뉴런의 제어 서클 레퍼토리를 확보해 둔다. 쉽게 얘기해서 도로 연결망과 유사한 것이라 상상해 보면 된다. 이렇게 서로 긴밀하게 연결된 활동을 하는 뉴런들은 서로 강력한 결합을 형성하며, 처음에는 이리 저리 뒤엉켜 몰려다니지만 곧 선호하는 코스가 생겨나게 되고

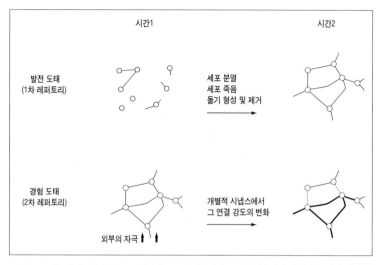

시간1   시간2

발전 도태
(1차 레퍼토리)   세포 분열
세포 죽음
돌기 형성 및 제거

경험 도태
(2차 레퍼토리)   개별적 시냅스에서
그 연결 강도의 변화

외부의 자극

그림 5.3 뇌는 환경과 능동적으로 대결함으로써 발전한다. 그림은 (a)발전 선택과(b)경험 선택의 과정을 통해 뉴런 결합이 생겨나는 모습이다.〔그림의 출처: G. M. Edelman: Gehirn und Geist(뇌와 정신). Wie aus Materie Bewußtsein entsteht(물질에서 정신이 어떻게 생겨나는가), München 2002.〕

주로 그곳만을 왕래하게 된다. 신경학자들은 "뉴런은 함께 축제를 하는 것처럼 서로 긴밀히 연결된다"라고 말하기도 한다. 이른바 "발전 선택"이라 불리는 이러한 과정이 뇌 해부도를 완성할 수 있게 해주었다.

그러나 뇌에서 이루어진 결합들이 (물론 불필요한 것들은 사라지지만) 평생 그렇게 단단히 연결되어 있는 것은 아니다. 오히려 지속적으로 현실의 제한적 가치 내지 감정과 종종 무의식적으로 대결함으로써 계속 발전한다. 경험 도태의 이 과정은 제어 서클을 사용함으로써 그 시냅스의 변화를 통해 살아가는 데 필요한 것을 강화시키고 그렇지 않은 것은 퇴화시킬 것이다. 그림 5.3은 뇌의 그 두 과정을 도식화해 보여준다.

에덜먼은 그 세 번째 과정을 되먹임 상호 작용이라 부른다. 만약 각각 개별적 정보를 제공하는 여러 개의 제어 서클이 공동으로 활성화되면 그 개별 정보들의 통합이 생겨나며, 거기에는 하나의 전체적 연관성이 성립한다. 이 과정이 비로소 의식적 인지(認知)를 가능하게 한다. 잉크 얼룩을 보았을 경우 우리는 그 형상이 무엇을 닮았는지 인식할 수 있는데, 그 이유는 운동을 고지하는 뇌 영역과 형태의 경계를 구분하는 다른 영역이 공동으로 활성화되어 되먹임되어 상호 작용하기 때문이다. 그 전체를 한 눈에 알아볼 수 있게 쉽게 설명하기란 쉽지 않다. 에덜먼과 토노니Tononi는 이러한 과정을 사중주 장면에 비유한다.

아주 특별한 (어느 정도 정신이 돌아버린) 현악 사중주단이 있다고 상상해 보자. 그들은 각자가 연주할 파트에 대한 고유의 생각과 인상을 가지고 있지만 결국 환경에 적응하는 모든 감각에 의해 즉흥적인 연주를 하게 된다. 모든 악기가 포함된 악보란 것은 애당초 없으므로 각 연주자는 고유 악기의 특징적 멜로디를 제멋대로 연주한다. 처음에는 각자의 악기 소리가 다른 연주자들의 소리와 조화를 이루지 못한다. 그들은 그런 식으로 계속 연주한다. 하지만 그들의 몸은 무수히 많은 가는 섬유로 서로 연결되어 있어서, 이 섬유들이 긴장되고 이완되는 상태는 상대방 연주자들의 모든 동작이 아주 신속히 서로에게 전달될 수 있게 한다. 따라서 서로 간의 협조가 가능해진다. 네 명의 연주자 모두를 동시에 연결하는 신호는 생산된 음들 사이에 상호 관계가 생겨나게 한다. 처음에는 네 명 모두 서로 상관없이 노력했지만 이제는 서로 연관된 통합된 음들이 새롭게 생겨난다. 이 상호 관련의 과정은 한 걸음 더 나아가 그 다음의 음을 낼 때에도 영향을 미칠 것이며, 매번 약간 더 잘 조율된 멜로디로 반복될 것이다. 또 그 멜로디는 시간이 지날수록 서로에게 접근해 갈 것이다. 연주를 리드하거나 조율하는 지휘자도 없고 각 연주자는 자신의 스타일과 역할에 충실할 뿐이지만, 음악은 점차 통합되고 조율되는 경향을 보이게 된다. 그리고 마침내 이 통합이 개별 연주자 단독으로는 생산할 수 없는 긴밀한 4중주 음악을 이끌어내는 것이다.

여기서 우리는 지휘자가 없다는 데 주목해야 한다! 바꾸어 말하자면 단순한 상호 작용을 통한 가상 지휘자가 생겨난다는 데 주목해야 한다는 것이다. 이 책의 필자들은 그 과정이 의식의 성립도 설명해 줄 수 있을 것으로 믿는다. 물론 그런 비유적인 설명이 우리 뇌의 실상에 얼마나 일치하는지 알 수는 없지만, 결국 그 비유와 유사한 어떤 과정이 뇌의 기본 단위인 뉴런과 그 결합으로부터 정신(의식)을 떠오르게 하는 것임이 틀림없다.

퇴화된 시스템으로서의 뇌

우리 뇌의 거대한 네트워크는 그 수많은 변형이 구조 내에서 결국 하나의 동일한 목적으로 수렴될 때만 그 기능을 수행할 수 있다. 이렇게 특정의 뇌 기능에 오로지 하나의 특정한 정밀한 연계망이 필수적인 것이라면, 그 연계망 중에서 어느 작은 한 부분에라도 오류가 발생할 경우 뇌 전체의 기능이 마비되고 정신이나 신체 기능에 심각한 장애를 입게 되는 것이 정상이겠지만 실제로는 그렇지 않다. 이상하게도 뇌의 이와 같은 결정적인 긍정적 특성은 전문 용어로 "퇴화 Degeneration"라고 불린다. 이런 퇴화는 게놈에 있어서도 매우 중요하다. 게놈 안의 개별 '문자'가 교체된다 하더라도 유기체 전체의 기능에는 대부분 아무런 영향을 미치지 않는다. 그리고 보면 '오차 범위'라는 개념이 아마도 더 적절할 것 같긴 하지만, 이 개념 역시 아주 적확한 것은 아니다. 오히려 '퇴화는 정답이 없는 시스템 내에서 허용되는 일종의 오차 범위다'라고 말하는 편이 나을 것이다. 퇴화는 복합적인 생물학적 시스템의 성공을 위한 열쇠다. 만약 자연이 퇴화만을 낳았다면 금세 복잡성의 한계에 부딪쳤을 것이다.

기억

기억도 '퇴화' 한다. 그것은 기술적 데이터 저장 장치(DVD, 사진, 메모 용지 등)와는 거의 공통점을 갖고 있지 않다. 우리가 과거의 기억을 상기하는 것은 저장되어 있는 명백한 데이터를 정확한 형태로 불러오는 것이 아니라 뇌 속에 남겨진 흔적을 다시 생각해 보는 것이다. 즉 최초로 생각했을 때와 대동소이한 과정이 반복되는 것일 뿐이다. 이때 뇌는 제어 서클 집단으로부터 하나의 모델을 활성화하며, 그 구성원들은 개략적으로 말해 그 모두가 이미 생각했던 것, 이미 보았던 이미지, 이미 체험했던 장면 따위에 주목한다. 여기서 사용된 '이미지'라는 용어는 은유(메타포)적으로 사용될 뿐이다. 왜냐하면 우리 머릿속에 결코 사진과 같은 의미의 이미지가 주어진 적이 없기 때문이다. 현재 무엇을 바라보는 직접적 행위가 이루어지는 동안에도 마찬가지다. 무엇을 보는 행위 자체는 뇌 속에서 아무런 비트맵Bit map(디스플레이의 1도트dot가 정보의 최소 단위인 1비트에 대응되는 것—옮긴이)을 생산하지 않는다. 따라서 뇌에는 사진이 가진 작은 점들의 정확한 질서가 없으며, 다만 시각 뉴런의 여러 가지 활동과 세계에 대한 지식에 의존해 만들어내는 표상(表象)만이 존재할 뿐이다. 이 표상은 뇌 활동의 한 모델에 상응하며, 이런 뇌 활동은 (또는 현재와 그 당시 사이에 발생한 사건에 의해 위조된 뇌 활동은) 과거의 사건을 회상할 때마다 반복된다.

어린 소년이 할머니를 만나 인사할 때 손을 내밀어 악수하는 것을 배워 다음에 할머니를 만났을 때에도 그렇게 하는 경우, 그 소년은 처음에 했던 그 동작을 정확하게 재현하기 위해 당시의 일을 상기해 내는 것은 아니다. 물론 겉으로 볼 때는 지난번과 똑같은 동작으로 보인다 하더라도 그것은 그저 다시 악수하기 위해 손을 내미는 동작일 뿐인 것이다. 실제로도 그렇게 무심코 손을 내미는 것이 더 낫다. 만약 그가 과거의 동작을 정확히 재현하려 한다면 그는 허공과 악수하게될 가능성이 높다. 왜냐하면 할머니가 지난번과 정확히 동일하게 그를 향해 허리를 굽히거나 손을 내밀지는 않을 것이기 때문이다. 또 어쩌면 그 소년의 키가 그동안 한 뼘 정도 더 자라났을 수도 있고, 혹은 지난번과 달리 오른손 대신 왼손을 내밀게 될 수도 있다. 소년이 50살이 되어 돌아가신 지 이미 오래된 할머니의 모습을 기억해 내고 싶어진다면, 그는 할머니를 만나 악수를 할 때의 그 '기념적인 동작'을 반복해 보려고 할 것이다. 하지만 할머니를 본 지 너무 오래되었으므로 그와 같은 반복은 쉽지 않을 것이다. 게다가 할머니의 이미지는 이제 오히려 그의 어머니의 모습과 유사할지도 모른다. 오늘의 어머니는 25년 전의 할머니와 어느 정도 닮았을 테니까.

"지금 추상(회상)하고 있는 대상은 그것이 과거에 정확히 저장되었다 하더라도, 세월에 의해 어느 정도 가려진 과거의 이미지다"라는 견해는 심리 치료 분야의 일각에서 아직도 일반적인 것이다. 이 견해는 20세기 말 미국의 범죄 역사에서 그 중요성을 획득했다. 당시에 특수 치료사들은 유년 시절의 학대 체험과 같은 숨겨진 기억을 수십 년 후에 '발굴'해 낼 수 있다고 믿었으며, 그렇게 하기 위해서는 환자들에게 암시를 주어야 한다고 주장했다. 이처럼 암시를 통해 회상된 '증거'가 법원에서 채택되기도 했지만, 나중에 피해자가 치료사를 고소하는 경우도 생겼기 때문에 법원이 해야 할 일이 늘어나게 되었다. 게다가 (진실을 말하고자 노력하는) 목격자에 대한 신뢰도에도 원칙적으로 문제가 있음이 드러났다.

기술적 의미에서 뇌는 데이터를 저장하는 법을 모르며, 저장소를 따로 갖고 있는 것도 아니다. 즉 우리의 기억력은 뇌의 수많은 각종 시스템에 종속되어 있는 탈(脫)중심적인 것이다. 약 200년 전 독일 소설가 파울Jean Paul은 "유물론자들은 분명 70여 년 동안 죽처럼 질척한 뇌 속에 수백 만 장의 사진을 화석화하고 있다"고 말했다. 하지만 기억이라는 것은 화석화된 것이라 보기에는 아주 유동적인 상태라는 것을 우리는 이미 알고 있다.

이러한 유동성은 회상(回想) 행동과 인지(認知) 행동이 서로 영향을 미칠 수 있게 해준다. 인지는 결코 수동적으로 이루어지지 않는 창조적인 행동이며, 직접적인 감각에 대한 인상과 회상이라는 두 가지 관점이 함께 개입해 표상을 불러일으키는 과정이다. 그리고 회상은 과거의 것을 다시 생각하는, 혹은 다르게도 생각할 수 있는 상상(환타지)의 행위다. 무엇인가를 회상하는 데 상상이 얼마나 중요한 역할을 하는지는 어린이들이 자신의 체험을 이야기할 때 잘 드러난다.

뇌의 관찰

신경해부학은 사자의 뇌에 대한 연구를 통해 뇌의 구조에 대한 포괄적 이해를 얻었으며, 뇌의 수많은 구역이 특수한 능력과 연관성이 있음을 알게 되었다. 물론 뇌 연구자들은 연구 대상이 움직이고 있을 때의 모습도 관찰하고 싶어 한다. 실제로 몇 년 전부터 이에 대한 성공 사례가 늘어나고 있다. 그 시작은 1929년 독일 심리학자 베르거 Hans Berger(1873~1941)가 고안한 뇌전도(EEG)로부터 비롯되었다. 그것은 많은 사람들이 이미 병원에서 보아 알고 있는 것이다. 뇌에는 때때로(외부의 자극을 받아들여 신경 섬유를 통해 정보를 전송할 때) 전류가 흐르기도 하는데, 그것은 전압 차이가 발생함으로써 가능해지는 일이다. 뇌전도를 측정하면서 수많은 전극을 머리에 부착해 해당 부위의 전압을 측정해 보면 뇌는 결코 정지해 있지 않을 뿐만 아니라 뇌의 활동에 수반하는 전압에 주기적인 변화가 일어난다는 것을 알 수 있다.

우리는 일상생활을 통해서 전류가 자기장과 연계되어 있다는 것을 알 수 있는데, 이 점은 뇌에서 일어나는 전류도 마찬가지다. 하지만 뇌에서 생산되는 자기장은 지구 자기장의 100만분의 1밖에 안 되는 정도의 극히 작은 것이다. 따라서 뇌의 자장을 자기(磁氣) 두개골도(MEG)로 측정하려면 환경 속의 자기장으로부터 완전히 격리된 측정실과 고도로 민감한 자기장 센서가 필요하다. 그런 조건에서라면 뇌에서 흐르는 전류에서 생산된 자기장은 아무런 방해도 받지 않고 조직을 통과해 밖으로 나갈 수 있다. 이제 우리는 복잡한 수학적 방법을 이용해 머리에서 측정한 전압이나 자기장으로부터 뇌의 전류가 어디로 얼마만큼 퍼져 나가는지 또 그 근원지는 어디인지 계산할 수 있으며, 이로써 뇌의 활성화된 영역에 대한 역추론이 가능해지는 것이다. 자기 두개골도와 뇌전도는 어느 정도 동전의 양면과도 같은 것이어서 그 두 가지 방법만으로 뇌의 해부학적 형상을 얻어낼 수는 없다. 다만 뇌의 전기생리학적 상태 및 신경 활동을 반영하는 이미지만을 얻을 수 있을 뿐이다. 뇌가 다양한 정신적 과제를 수행하게 함으로써, 그 때마다 매번 어느 부위가 활성화되는지 관찰할 수는 있다는 것이다.

사고(思考)는 집중적인 에너지 소모를 필요로 하는데, 이때 뇌는 당(糖)을 산소로 연소(산화)시킴으로써 그 수요를 충당한다. 뇌가 어떤 과제를 수행할 때 당과 산소는 그 과제를 담당하는 해당 뇌 영역에서 더 많이 소모되며, 그것을 수송하기 위해 유입되는 피의 양도 증가한다. 즉 그 두 물질의 농도가 변화하는 곳을 추적하면 해당 과제를 담당하는 뇌의 영역이 어디인지 탐지해 낼 수 있는 것이다.

양전자 방출 단층 촬영 Positron Emission Tomography(PET)을 할

때에는 환자의 혈관에 방사능 불소Fluor(^{18}F)가 섞인 당을 주사하거나 방사능 산소(^{15}O$_2$)를 환자가 흡입하게 하는데, 이 물질들은 몸속에서 분해 될 때 음전하인 전자의 반(反)물질(이에 대해서는 제3장의 반물질 단원을 참조할 것.) 양전자를 방출한다. 뇌에서 양전자가 음전자와 만나면 두 입자는 서로 결합하여 없어지면서 정반대 방향으로 진행하는 두 개의 감마선(γ양자)으로 변한다. 고에너지인 γ양자가 뇌를 관통하면, 머리 바깥의 감지기가 그것을 기록할 수 있다.

양전자 방출 단층 촬영이 갖는 몇 가지 결정적 장점이 있다. 우선 이 방법은 극소량의 방사능 물질도 잡아낼 수 있을 만큼 민감하게 반응한다. 게다가 서로 정반대 방향으로 진행하는 두 개의 감마선을 통해 자연적 시축(視軸)(투사 방향)이 확정되므로 머리 둘레에 원형으로 배열된 수 개의 감지기로 방사능 분포도를 측정할 수 있고, 따라서 당 또는 산소의 농도에 대한 3차원(단층) 촬영도 가능해진다. 하지만 양전자 방출 단층 촬영 역시 뇌의 형상을 밝혀주지는 못한다. 다만 물질대사와 활동성을 기술하는 이미지들만을 보여줄 수 있을 뿐이다.

뇌의 각 영역은 그 주어진 과제를 해결하는 동안 활성화되는데, 뢴트겐 촬영(CT)이나 핵자기공명Kernspin 단층 촬영 MRI(Magnetic Resonance Imaging)을 통해 얻을 수 있는 해부학적 사진을 EEG, MEG, PET 촬영으로 얻은 이미지와 합성해서 보면 그 활동에 대해 상당히 많은 것을 알 수 있다. 대부분의 경우 활성화된 뇌의 영역이 소위 "위조 색깔"로 표시되며 단계적 명암으로 묘사된 해부도를 통해 표시된다. 특히 자기 공명 촬영은 높은 해상도의 해부도와 기능적인 사진 fMRI(functional Magnetic Resonance Imaging)까지 얻을 수 있게 해주는 유일한 방법이다.

자기 공명 촬영은 지구 자기장보다 20배나 강한 강력한 균질적 자기장에서 사람을 촬영하는 것이다. 이때 머릿속의 물 분자가 자화(磁化)되는데, 진동수가 짧은 임펄스UKW를 쬐게 되면 그 자화된 물은 강력한 자기장을 중심으로 돌기 시작한다.(선두 다툼을 한다.) 그리고 이 회전 운동이 코일에 전압을 발생시켜 마치 발전기에서처럼 전압이 생산된다. 뇌에서 부분적으로 변화하는 작은 자기장들이 강력한 균질적 자기장에 접근하게 되면 뇌의 여러 영역에서 비롯된 전압 시그널이 구분되며, 전압의 세기(전위차)는 단계적 명암으로 묘사되어 고해상도(1~2밀리미터)의 해부학적 입체도가 얻어질 수 있다. 물의 자화로 인한 회전 운동은 약해지다가 잠시 후 완전히 정지되는데, 산소가 모자라는 피와 같은 자성 물질은 그 운동을 더 강하게 억제할 수 있지만 산소를 많이 함유한 피는 자성이 없기 때문에 그런 억제 작용을 하지 않는다. 또 산소가 많은 피의 흐름은 뇌의 활성화된 영역에서 보다 강해지므로 그곳의 자화된 물에 대한 회전 억제력은 산소가 적은 피가 있는 뇌의 영역에서보다 약하다. 바로 이 점이 감지 코일에 생기는 전위차에 영향을 미침으로써 사진의 명도에 차이가 생기게 되고 뇌의 활성화된 영역이 가시화되는 것이다. 우리는 fMRI, PET, MEG의 결과를 합성해 해당 영역의 활성화를 보여주는 고해상도의 사진을 얻을 수 있으며, 그 사진을 통해 환자나 건강한 사람의 '뇌의 국재(局在)성'에 대한 연구를 할 수 있다. 특히 중요한 점은 뇌의 여러 영역에서 일어나는 협력 과정을 관찰할 수 있다는 것이다.

이 새로운 방법에 의해서 수많은 특수 기능의 소재가 파악될 수 있었다. 예를 들자면 물체의 형태·공간적 질서·색상·3차원적 시각·특정 운동을 인지하는 특수한 시각 영역이 서로 다른 곳에 존재한다는 것을 알게 되었으며, 단어의 발음·단어의 읽기·단어의 청취를 인지하는 특수한 청각 영역 따위도 그와 마찬가지로 뇌 표면 도처에 산재하고 있다는 것도 파악할 수 있게 된 것이다. 하지만 이러한 기능은 가지런히 배열되어 있지 않고 여러 영역에 불규칙적으로 분산되어 있다. 핀커Steven Pinker는 다음과 같이 뇌의 실상에 대해 아주 실감나게 설명하고 있다.

원리적으로 정신적 모듈Mental Modul은 뇌의 표면에 선명히 구획된 영역을 차지하고 있지 않다. 그것은 정육점에 걸린 부위별 소고기의 사진에 나타난 안심, 등심처럼 명확히 구분되어 있지 않다. 그것은 마치 도로에서 차에 치인 동물과 같은 모습을 하고 있으며, 뇌의 굴곡과 고랑에 무질서하게 분포되어 있다.

뇌 질환

뇌는 몸을 조종하고 정신을 불러오는 역할을 하므로 뇌에 질병이 생기면 몸과 마음에 동시에 해를 입게 된다. 널리 알려진 뇌(혹은 정신) 질환에는, 순수하게 몸에만 증세가 나타나는 간질부터 시작해 정신적 증세가 뚜렷이 나타나는 조울증에 이르기까지 다양한 종류가 있다. 이러한 질병을 치료하는 데 결정적으로 중요한 것은 그 증세가 아니라 원인이다. 이 원인들은 뇌의 여러 가지 변화와 관계한다. 이른바 신경 퇴화적 질병에 속해 뇌세포가 파괴되는 알츠하이머병과 파킨슨병의 경우에는 그런 변화가 뚜렷이 확인된다. 간질은 아주 여러 가지 요인에 의해 야기될 수 있는 뇌 기능의 오류에 그 원인이 있다. 정서적 장애(우울증과 광기)의 경우는 뇌에서 일어나는 화학 작용의 변화에서 원인을 찾아야 하지만, 조울증은 뇌 성숙도의 장애가 원인인 경우가 잦다.

모든 뇌 질환의 여러 가지 원인에는 특히 유전자 및 환경 요인이 작용하는 것처럼 보인다. 고전적인 정신병 중에서 두 가지만 그 원인이 분명히 규명되어 있다. 16세기부터 20세기까지 널리 퍼진 정신 착란증의 원인 중 하나는 세균 감염인 것으로 밝혀졌다. 좀 더 자세히 말하자면 정신 착란증은 매독균 감염자의 말기 증상이라는 것이 밝혀진 것이다. 정신병원 환자의 4분의1 정도가 그에 해당했다. 희생자들 중에는 그 유명한 화가 고갱Paul Gauguin도 있었다. 그 원인균인 박테리아 트레포니마 팔리디움Treponema Pallidium은 190-5년에 발견되었으며 항생제 도입 이후 대대적으로 척결되었다. 하지만 정신적 능력의 극심한 저하를 낳는 헌팅턴병의 경우는 상황이 그다지 좋지 않다. 그것이 유전자 질환이라는 것은 유전자 연구를 통해 명백히 밝혀졌으나 아직 치료법이나 예방법은 없는 상태이다. 이 병의 원인이 되는 결함은 4번 염색체상에 있는 하나의 유전자에 있는데, 그 오류는 헌팅턴 유전자에 있는 염기 배열(CAG)이 너무 자주 반복되기 때문에 발생한다. 물론 그 반복이 35회 이하로 발생한다면 아무 문제도 생기지 않지만 만약 그보다 더 빈번하다면 분명히 헌팅턴병에 걸리게 될 것이다. CAG의 빈도수가 높을수록 더 심각한 병세가 나타날 수 있고 조기에 발병하게 된다. 39회의 반복이 일어나는 사람들의 평균 발병 연령은 66세이며, 40회의 경우는 59세, 41회의 경우는 54세이다. 또 50회의 CAG 반복이 있는 사람은 평균적으로 27세에 이미 그 병에 걸린다. 따라서 청년기에 유전자를 테스트해보면 자신이 언제 환자가 될지 예측할 수 있다. 하지만 잠재적인 환자일 수 있는 많은 사람들이 (자신의 운명을 미리 알 수 있는) 이런 방법을 이용하지는 않는다. 만약 테스트를 해본 결과 양성 반응이 나타났다 하더라도 발병을 미리 막을 수 있는 수단이 없기 때문이다. 유전자 테스트는 반드시 의사와 상담하고 그에 대해 충분히 고려한 후 본인의 결정에 따라 해야만 한다. 환자에겐 '사실을 모를 권리'도 있기 때문이다.

간질

간질은 예로부터 알려져 온 '유서 깊은' 병으로 그 환자 중에는 시저에서 도스토예프스키에 이르기까지 많은 유명인사들도 있었다. 초기에 이 병은 신(神)들의 병으로 알려져 있었다. 왜냐하면 간질

발작을 일으킬 때 그 환자는 마치 세상을 떠나 있는 것처럼 보였기 때문이다. 오늘날 간질은 그릇되게도 정신 질환으로 간주되는 경우가 많다.

간질 환자는 뇌에서 몇 개의 뉴런 그룹이 갑자기 연쇄 폭발을 일으키기 시작할 때면 발작을 일으키며 고통스러워한다. 이 뉴런 소나기가 어떻게 생겨나는지 정확한 원인은 밝혀져 있지 않다. 아마도 뇌 손상 · 뇌 기형 · 뇌 질환 · 물질 중독 · 고열 · 스트레스 · 마약 남용 등이 그 원인이 될 수 있을 것이다. 이 질병은 인지할 수 있는 원인이 없이 일어나는 경우도 많다. 사람들은 10명이나 20명 중 한 명꼴로 최소한 한 번은 그런 체험을 하게 되며, 또 백 명 중 한 명은 여러 차례 그런 발작으로 인해 고통을 받는다.

발작의 강도는 의식이 몇 초 동안 사라지는 소위 '부재 Absence'에서부터 '대발작 Grand mal'에 이르기까지 정도 차이가 심하다. 대발작의 경우는 환자가 땅바닥에 드러눕게 되며 전신에 근육 경련이 일어난다.

알츠하이머병

알츠하이머병은 가장 빈번하게 일어나는 치매 종류의 병이며, 선진국에서는 (이 병의 환자 중 90%에 이르는) 65세 이상 노인의 사망 원인중 4위를 차지하고 있다. 이 병에 걸릴 확률은 나이가 많아질수록 높아져 65세 이상의 5%와 80세 이상의 20%가 알츠하이머병 환자이다. 다른 종류의 치매와 마찬가지로 사고, 기억, 사고 내용을 연결하는 지능의 기능이 감퇴하며, 마침내 일상생활을 제대로 할 수 없을 만큼 그증세가 심해진다. 비록 약간의 위험 유전자들에 대한 논란이 있긴 하지만, 이와 유사한 치매 증세를 보이는 헌팅턴병과는 대조적으로 명백히 확인된 유전자적 원인은 없다. 다만 뇌에 축적되는 노폐물이 직접적인 원인으로 작용한다는 사실이 알려져 있다. 이 축적물의 주성분(플라그Plaque)은 베타A₄(또는 베타 아밀로이드)라는 이름을 가진 단백질 분자인데, 뇌 속의 신경 세포 사이에 이 베타 아밀로이드가 축적됨으로써 뇌세포가 죽게 되고 결국 뇌의 크기가 본래의 20%까지 줄어들 수 있다. 알츠하이머병의 발생을 야기하는 또 하나의 중요한 단백질 분자는 APP(아밀로이드 전 단계 단백질Amyloid Precursor Protein)이다. APP와 베타A₄는 병의 경과에도 큰 영향을 미친다. 극히 드물게 알츠하이머병이 양성으로 유전되는 경우가 있는데, 이 경우 21번 염색체에 있는 APP 유전자의 돌연변이가 자손에게 전달된다. 이 병에 영향을 미치는 유전자들은 1번, 14번, 19번 염색체에서도 발견되었다. 알츠하이머병의 발병은 뇌 손상 여부나 교육 수준에도 영향을 받는다. 교육을 제대로 받지 못한 사람이 70세에 치매에 걸릴 확률은 40%나 되지만 학력이 높은 사람의 경우에는 10%에 불과하다. 여기서 간과할 수 없는 것은 높은 학력은 대개 경제적으로 높은 생활수준과 상관관계에 있다는 사실이다. 플라그 축적량에 따른 정신 능력의 저하 역시 고학력자의 경우 저학력자보다 훨씬 덜 심각한 것으로 나타났다. 동일한 양의 플라그가 축적되어 있다 하더라도 학력에 따라 서로 다른 결과를 보이는 것이다. 교육에 의해 뇌의 적응 능력이 명백히 높아질 수 있으며, 뇌의 손상 부분도 최소한 부분적으로는 재생될 수 있다.

일반적으로 몸과 정신은 규칙적인 훈련과 운동을 통해 고령에 이르러서도 건강한 상태를 유지할 수 있다. 물론 균형 잡힌 식사도 중요할 것이다. 또 때로는 문자 퍼즐 맞추기, 독서, 활발한 지적(知的) 토론, 어린 손자와의 인터넷 서핑과 그에 대한 대화 등이 숲속 길에서 달리기를 하는 것만큼이나 중요할 수도 있다.

아밀로이드 축적에 대한 연구는 장차 알츠하이머병의 말기 증세를 완화하는 의약품뿐 아니라 조기에 인과적으로 대응할 수 있는 예방약을 확보하는 기회를 제공하게 될 것이다. 현재의 치료법은 베타 아밀로이드의 생성을 감소시키거나 뇌에서 제거하는 것이다. 알츠하이머병 치료의 돌파구는 예방 접종의 형태로 성공할 수 있을 것이다. 알츠하이머병에 걸린 생쥐에게 인공 합성 베타 아밀로이드를 스프레이로 뿌려 코로 흡입하게 하는 일종의 예방 접종과 같은 실험을 해보면, 그 생쥐의 뇌에 축적되는 아밀로이드의 양은 그렇지 않은 생쥐의 경우에 비해 현저히 적었다. 그것은 아마 베타 아밀로이드가 항체에 인식되어 제거되었기 때문일 것이다. 하지만 인간을 대상으로 한 실험은, 뇌염 등의 부작용이 몇 건 확인됨으로 인해 2002년 초부터 일단 중단되어 있는 상태이다. 물론 과학자들이 포기를 하지는 않겠지만, 의학 연구는 긴 호흡을 필요로 한다.

파킨슨병

파킨슨병은 60세 이상 노인의 대략 1%에게 발생하며 여성보다 남성에게 많이 발생한다. 독일에는 대략 25만 명의 파킨슨병 환자가 있다. 파킨슨병을 유발하는 원인은 밝혀져 있지 않다. 아주 드문 유전적 원인이 있긴 하지만, 발병 환자의 80~90%의 경우 인지할 수 있는 아무런 원인이 없다. 어떤 유전자적 요인이 있는지에 대해서는 아직 논란이 많다. 파킨슨병 환자의 뇌에는 신경 전달 물질인 도파민이 없다. 그것은 중뇌의 '줍스탄치아 니그라Substantia nigra'라 불리는 부위에서 도파민을 생산하는 세포들이 탈락되었기 때문이다. 도파민은 사람의 동작을 제어하는 억제 전달 물질로서 중요한 역할을 한다. 따라서 도파민이 없는 사람은 동시에 사격을 해대는 신경 세포로 인해 근육이 과도하게 활성화되어 양 손이 제멋대로 덜덜 떨리게 되거나 근육이 과도하게 긴장하게 된다. 이러한 증세는 결국 온몸의 경직이나 파킨슨 환자 특유의 마치 마스크와 같은 굳은 표정을 낳게 된다. 파킨슨병 말기의 오랫동안 지속되는 동작 정지는 사망의 원인이 될 수 있다. 파킨슨병의 치료는 주로 의약품 투여를 통해 이루어진다. 결여된 도파민의 전 단계 물질 L-Dopa 또는 뇌에서 도파민과 유사하게 작용하는 이른바 '도파민 선수'를 공급하는 것이다. 하지만 이 병을 완전히 치료할 수 있는 방법은 아직 없다.

파킨슨병 환자에게 있는 결함을 가진 도파민을 생산하는 세포를 대체하려는 연구는 이미 1970년대부터 행해지고 있다. 더 이상 약효를 보지 못하는 전 세계 수백 명의 파킨슨병 환자의 뇌에 태아의 뉴런을 이식해, 그 이식된 세포가 뇌에서 장기간 살면서 도파민을 생산할 수 있다는 것을 확인했다. 현재는 태아의 줄기 세포를 이용하려는 연구가 집중적으로 이루어지고 있다.

한편 뇌의 페이스를 조절하는 전기 장치 실험도 이루어지고 있다. 두개골에 작은 구멍을 뚫어 그 장치의 전극을 정확히 병든 심층 국소에 심은 후 전기로 자극하면 좋은 효과가 나타난다. 쇄골 부분에 심어진 그 충격 장치의 본체는 피부 아래에 매설된 전선을 통해 120헤르츠의 전류를 공급한다. 최근에는 전기 충격을 지속적으로 보내는 대신 간헐적으로 필요할 때만 가하는 방법을 사용하고 있다. 이러한 방법은 신경 세포들이 과도하게 일제 사격을 가하려는 순간 표적 자극을 제공함으로써 문제를 해소할 수 있다.

파킨슨병과 그 치료 방법 연구의 동물 모델로는 주로 유전자가 변형된 초파리나 인공적으로 파킨슨병에 걸리게 한 생쥐가 이용된다. 이런 실험 모델이 없다면 새로운 치료법 개발은 불가능할 것이다.

정신 분열증

100명의 사람이 모인 자리가 있다면 그중 한 명은 정신 분열증을 않고 있다고 할 수 있다. 그러나 일반화된 견해와는 달리 그 자리에 101명이 존재하는 것은 아니다. 정신 분열증 환자는 자신이 스티븐슨 Robert Louis Stevenson의 소설에 나오는 지킬 박사와 하이드 같은 분열된 이중(혹은 다중)의 인물이라고 생각하지는 않는다. 그들의 문제는 이따금 현실과 상상의 세계를 구분하지 못한다는 것뿐이다. 그럴 때면 그들은 뒤죽박죽된 감정을 체험함으로써 헛소리를 하거나 자기가 누구인지 무엇을 하는 사람인지 모르게 된다. 또 허상이 보이거나, 말도 안 되는 생각을 하게 되거나, 감정이 무뎌지거나, 일관성 있는 행동을 못하게 되는 등의 다양한 증세가 나타나기도 한다. 물론 이 모든 증세가 동시에 나타나는 환자는 없다. 사람에 따라 그 증세가 매우 다르게 나타날 수 있는 것이다. 신경학적 차원에서는 소위 작동 오류 증세가 나타나는 것이라 볼 수 있는데, 문제는 특정 뇌 부위의 퇴화나 과민성이 아니라, 뇌의 각 부위 사이의 잘못된 연결에 있다.

정신 분열증의 원인이 명확히 규명되지는 않았지만, 유전자적인 복합 요인이 있는 것은 확실하다. 양 부모가 정신 분열증 환자라면 그 자녀는 부모와 함께 살면서 성장하지 않더라도 그 병에 걸릴 확률이 40~50%나 되며, 부모 중 한 쪽이 그럴 경우 자녀의 발병 확률은 10%이다. 부모는 자신들이 도대체 무슨 잘못을 해서 자녀가 그런 병에 걸렸는지 원인을 알아내려고 괴로워하지만, 실제로는 아무런 영향력을 행사할 수 없을 뿐만 아니라 그 병을 예방하거나 중지할 수 있는 힘도 없다. 정신 분열증은 다른 뇌(정신) 질병에 비해 심리·사회적 원인을 보다 많이 갖고 있는 것으로 추정되며, 현재로서는 뇌의 성장 장애가 문제인 것으로 볼 수밖에 없다. 뇌의 성장 과정에는 여러 단계가 있겠지만 정신 분열증을 낳는 결정적인 오류는 성인 단계인 최종적 '성장 전환' 때 발생한다. 이 단계에서 신경 세포 사이의

연결이 과도하게 이루어지며, 그 과잉 연결은 차후 다시 해체되어야
하는 것이다.

일련의 관찰 결과 뇌의 발전 단계에서의 그런 오류 발생의 원인은
유전자적인 영향 외에 출생 시의 여건에도 있음이 확인되었다. 정신
분열증은 겨울철이나 독감이 유행할 때 태어난 사람에게 빈번히 나타
나는 데, 이것은 바이러스 감염과의 상관성을 시사하는 것이다. 또 출
생 시에 부상을 입은 경우도 평균치 이상으로 확인되었다.

아직까지 정신 분열증에 대한 이렇다 할 완치 방법이 구체화되지는
않았지만 20세기가 경과하면서 상당히 개선되긴 했다. 약물 치료 외
에도 심근 경색 환자 재활 치료의 경우처럼 운동을 통해 점차 새로운
뇌 제어 기능을 형성하려는 시도가 이루어지고 있다. 이러한 치료가
효과적일 수 있는 이유는, 앞에서도 언급했듯이 원칙적으로 '뇌의 발
전'은 완결될 수 있는 것이 아니며 뇌라는 중추 기관은 계속 새롭게
형성될 수 있는 것이기 때문이다.

우울증과 광기

기분이 극도로 침체되어 추진력이 없어지는 상태(우울증) 또는 롤러
코스터를 탄 듯 환호하며 하늘 높이 솟구쳤다가는 마치 죽을 듯이 암
울해지기를 반복하는 상태(광기-우울증적 또는 양극적 장애)를 특징으
로 하는 정서 장애는 종종 외부의 원인, 특히 슬픈 체험과 스트레스에
기인하는 것으로 볼 수 있다. 이런 원인들을 겪을 때 사람의 뇌에서는
화학적인 변화가 특징적으로 나타난다. 물론 다른 원인이 있을 수도
있다. 이 병의 전형적인 특징은 무엇보다도 코티솔이 통제할 수 없이
과도하게 생산된다는 것과 뇌의 특정 부위에 세로토닌Serotonin 내지
는 노르아드레날린Noradrenalin이 부족해진다는 점이다. 따라서 이
두 가지 신경 전달 물질을 확보할 수 있는 가능성을 높여 주는 물질을

공급하는 식의 치료가 이루어지고 있다.

특정 가족 내에서 빈발하곤 하는 이 병의 치료법을 개발하기 위해서는 유전자의 소질에 대한 연구가 이루어져야 한다. 이 병에 걸린 누이가 있는 사람은 자신도 그 병에 걸릴 확률이 30%는 된다. 물론 이것은 순수한 통계치일 뿐 실제로 각 개인이 어떻게 될지 미리 알아내는 것은 전혀 불가능한 일이다.

뇌가 가지고 있는 고도의 기능에 대한 연구가 미흡한 상태에 있는 한 뇌 질환과 그 원인에 대해 우리는 막연히 추측할 수만 있을 뿐이다. 뇌 질환의 효과적인 치료법은 의학에 있어서의 많은 성공에도 불구하고 아직 미래의 중요한 과제로 남아 있다.

사고의 해부

정신과 뇌

오늘날까지 가장 어려운 문제 중 하나는 '정신과 뇌의 관계를 어떻게 보아야 하는가?' 하는 것이다. 몸과 정신의 엄격한 구분을 마련한 데카르트의 이원론은 그러한 성찰의 시초가 되었다. 이 이론에 따르면 양자는 본질적으로 다른 것이지만 송과선(松科腺)을 통해 서로 활발하게 교류한다. 정신은 원칙적으로 우리가 경험할 수 없는 비물질적인 비밀스런 물질로 구성되어 있으므로 정신 자체에 대해 더 이상 숙고할 필요는 없다. 활력론Vitalism에서 말하는 정신의 본질도 마찬가지로 신비스러운 것이었으며, 이 이론에 따르면 정신은 몸에 속하는 것이긴 하지만 존재 전체에 생명을 불어넣는 미지의 '생명력'을 갖고 있다.

이원론은 그동안 많은 철학자들에 의해 다양하게 변주되어 왔다. 그중에는 데카르트의 견해에서 멀리 떨어져 있지 않은 이원론적인 상호 작용 이론도 있다. 이에 따르면 정신은 기계로서의 몸과 상호 작용을 함으로써 몸을 통제하고, 또 몸으로부터 오는 신호를 수신한다. 이러한 기본적인 견해는 뉴질랜드의 신경생리학자 에클스John Eccles가 저술한 책의 제목인 《자아는 뇌를 어떻게 조정하는가》에 잘 표현되어 있다. 그러나 노벨상 수상자인 그가 보기에 그러한 상호 작용은 송과선에서 일어나는 것이 아니라, 시냅스에서 이루어지는 화학 및 전기 신경적 전송 형태로 그 정신이 양자역학적 개연성 장(場)을 통과해서 뇌에 영향을 미친다. 그는 양자 이론에 관련을 맺음으로써 어느 정도 자율적 정신이 현대 자연과학계에서 적어도 이론적으로는 명맥을 유지할 수 있는 '도피 구멍'을 만들어 놓는다.

정신과 뇌가 서로 분리되어 독자적으로 존재하며 불가해한 방식으로 서로 조화를 이룬다는 견해를 우리는 평행론Parallelism이라 부른다. 약 200년 전 라이프니츠Gottfried Wilhelm Leibniz는 정신과 몸 사이의 이런 예정 조화를 두 개의 시계를 예로 들어 설명했다. 두 시계의 시간을 똑같이 맞추어놓으면 그 둘 사이에 아무런 인과 관계가 없어도 항상 동일한 시간을 가리키게 된다는 것이다.

네덜란드의 철학자 괼링크스Arnold Geulincx(1624~1699)와 프랑스의 말브랑슈Nicole Malebranche(1638~1717)까지 거슬러 올라가는 기회원인론Occasionalism 역시 평행론과 마찬가지로 정신적 상태와 신체적 상태 사이에는 체계적인 일치가 존재한다고 가정한다. 하지만 그 원인은 예정 조화에 있는 것이 아니라 신 자체에 있다고 본다. 테이블에 부딪쳐 반사된 빛이 안구 망막의 상을 거쳐 뇌의 시각 피질에 도달하여 특정 뉴런 상태를 야기하면 그때 신이 개입해 정신 내에 테이블의 감지된 형상을 낳는다는 것이다.

부수현상설Epiphenomenalism의 경우는 정신을 뇌의 생리적 현상에 부수된 것으로 인정하며 그것이 몸에 아무런 인과적 영향을 미칠 수 없다고 본다. 이 테제는 다윈을 옹호했던 헉슬리Thomas H. Huxley(1825~1895)가 최초로 주장한 것이다. 그는 뇌를 기관차에 비유했다.

심리적 상태는 물리적 메커니즘에 의해 추진되는 기관차의 기적 소리와 같다. 그러나 이 소리 자체는 아무 일도 하지 않는다.

유출론(流出論)Emergence Theory은 정신은 소위 몸에서 나오는 것이지만 몸으로부터 독립적인 것이라 보는 특징을 갖고 있는 견해이다. 뇌는 고유의 존재를 영위할 수 있는 정신에게 어느 정도 명령을 내릴 수는 있다는 것이다. 동일성 이론은 번개와 전기가 동일하듯 정신적 상태와 뇌의 상태를 동일한 것으로 본다. 하지만 뇌는 측정할 수 없이 복잡하고 가변적이기 때문에 동일한 뇌 상태가 복수로 존재할 수 없다는 것이 그동안 학계에서 밝혀졌다. 따라서 오늘날 과학자들은 정신의 상태는 "다중으로 실현될 수 있다"라는 견해를 지지한다. 다시 말해 천차만별의 물리적 상태에 따라 실현될 수 있다는 것이다.

물론 정신에 대해 연구해 온 역사를 되돌아본다 해도 신체와 영혼의 관계에 대한 이론의 선명한 계보를 알 수는 없다. 단지 '정신(내지는 영혼 또는 의식)이 뇌와 무관하게 고유의 존재를 영위할 수 있는가?' 하는 문제에 대한 다양한 견해가 존재한다는 사실만을 알 수 있을 뿐이다.

뇌의 활동으로서의 정신

다수의 현대 철학자들은 유물론적 입장을 취하며 동일성 이론이나 유출론을 대변한다. 양자 모두 정신을 뇌의 활동이나 속성으로 보는 견해를 갖고 있다.

유출적 속성으로 이해되는 것은 일반적으로 아주 복잡한 시스템의 속성으로서 아직 그 구성요소를 확보하지 못하고 있는 것들이다. 화학의 예를 들면 이 말이 무엇을 의미하는지 잘 알 수 있다. 산소(O)와 수소(H)는 원소로서 아주 특수한 속성을 가지고 있으며 두 가지가 결합하면 물(H_2O)이 생겨난다. 이 물은 산소나 수소와는 전혀 다른 속성을 가지고 있다. 만약 우리가 산소 대신 액화 수소나 액화 산소를 마신다면 결코 온전할 수 없을 것이다. 뇌도 마찬가지다. 뇌 속에 있는 수십 억 개의 뉴런은 아주 평범한 생물학적 세포로 구성되어 있으며, 그 게놈과 기능은 원칙적으로 심장·피부·간세포 등과 구분되지 않는다. 특정의 과제를 완수할 수 있는 그 작은 행동 대원들은 각자 복잡하기는 하지만 정신을 갖고 있지는 않다. 아무도 이 점을 부인할 수는 없을 것이다. 수천 억 개나 되는 신경 세포가 우리 뇌를 구성하며 각각의 능력을 공동으로 전개한다. 그러나 우리는 직감적으로 이 능력을 더 이상 기계의 가능성으로 보고자 하지 않는다.

유전자와 환경

'우리의 능력·지식·감성·사고 중에서 얼마나 많은 부분이 선천적인가?' 하는 문제는 오늘날까지도 격렬한 논쟁의 대상이 되고 있다. 사실 이 테마는 그 자체로서 많은 부담을 안고 있다. '많은 부분이 선천적이다' 라는 '생득론' 의 입장은 정치적으로 보수 진영이 전통적으로 고수하고 있는 것으로서, 사람들 간에 존재하는 불변의 자연적 차이를 고착하려는 인종주의에 쉽게 빠져들게 하기 때문이다. 부자의 자녀는 부자가 되고 강자의 자녀는 강자가 되며 가난한 자의 자녀는 가난에서 벗어나지 못한다는 사실을 정당화하려는 사람들은 '타고난 지능 차이' 를 내세우며 동일한 교육 기회를 제공한다 해도 그 결과가 평준화될 수는 없다고 주장한다. 반면 평등·우애·기회균등을 정치적인 가치로 내세우는 사람들은 인간의 정신이 환경과 교육에 의해 형성될 수 있다는 점을 전통적으로 강조해 왔다.

'선천적으로 타고난 것의 역할이 중요하며 그만큼 학습은 덜 중요하다' 라고 생각하는 사람들과, '선천적인 것은 거의 없다' 라고 주장하며 학습에 높은 가치를 부여하려는 사람들은 늘 공존해 왔다. 하지만 양자 모두 '선천적인 것'과 '학습 가능한 것' 간의 대립을 전제로 하는 우를 범했다. 생물학적인 동기에서 비롯된 이 고루한 이분법적인 사고를 극복하고 새롭고 세분화된 관찰을 할 수 있는 길을 제시하는 사람은 과거에는 별로 없었다.

언어학자 촘스키Noam Chomsky는 원칙적으로 언어는 타고나는 것이라는 입장을 최초로 내세웠다. 동시에 그는 수십 년 전부터 미국에서 자본주의를 비판해 온 사람들 중 한 명이었다. 그에 의하면 새들이 하늘을 나는 능력을 가지고 있듯 인간은 정확한 문법을 갖춘 말을 할 수 있는 능력을 가지고 있다. 새들이 비행 기술을 애써 배우지 않는 것과 마찬가지로 인간 역시 말하는 법을 학습하지 않더라도 특정한 나이에 이르면 저절로 말하기를 시작하게 되는 것이다. 이 예는 촘스키가 자신의 좌파적 정치관을, 마찬가지로 자신이 갖고 있던 인간의 선천적인 정신 능력에 대한 확신과 연결하는 데 있어 왜 하등의 어려움을 겪지 않았는지 잘 보여준다. 선천적 언어는 인간들 사이에 아무런 차이를 두지 않는다. 건강한 사람은 누구나 네 살이면 최소한 하나의 언어를 유창하게 말할 수 있게 되며 성장 환경과 무관하게 상당히 정확하게 말할 수 있는 능력을 갖게 된다. 인간이 타고나는 수많은 다른 정신적 능력도 마찬가지다. 이에 대해서는 아래에서 좀 더 자세히 설명할 것이다.

인간의 정신 구조는 선천적인 것이며 따라서 그것은 보편적이다. 핑커는 바로 그 점을 다음과 같이 강조한다.

아인슈타인과 학업을 도중에 그만둔 어떤 중퇴자의 차이는, 이 중퇴자와 최고 성능의 로봇(또는 침팬지)의 차이에 비하면 아주 사소한 것이다.

인간이 지닌 특성 중 상당히 많은 부분이 선천적인 것이며 사고하는 능력은 원칙적으로 누구나 동일하다는 '생득론'도 이런 관점에서 본다면 진보적인 것이 될 수 있다. 하지만 우리는 그 생득론을 갑자기 다시 보수 진영 쪽으로 옮겨놓을 수도 있다. 선천적인 모든 것은 초개인적 집단의 게놈에 종속된다고 볼 수 있기 때문이다. 다시 말해 수많은 선천적 구조가 존재하는 곳에는 수많은 선천적 차이가 반드시 존재할 것이기 때문이다. 결국 우리가 얻을 수 있는 한 가지 교훈은, 연구자가 선입견으로부터 자유로운 연구를 하기 위해서는 자신의 정치적 확신을 배제하는 것이 좋다는 것이다.

'선천적인 것'과 '학습 가능한 것'이라는 그릇된 대립항의 기초에 깔려 있는 사고방식의 오류는 여기에 제로섬Zero-sum 개념이 적용된다고 착각하는 데서 비롯된다. 쉽게 말해 그것은 어느 한쪽이 많아지면 다른 한쪽은 필연적으로 적어진다는 생각이다. 이러한 논리는 인간과 동물의 차이를 규정할 때도 적용된다. 즉 동물은 본능은 많이 갖고 있지만 학습 능력은 별로 없으며, 인간은 본능이 적거나 전혀 없기 때문에 학습을 할 수 있는 여지가 그만큼 더 많다는 것이다. 하지만 실제로 인간이 동물보다 더 많이 학습할 수 있는 이유는 선천적인 정신 구조라는 의미의 본능을 가지고 있기 때문이다.

뇌가 게놈 차원에서, 혹은 생물학적 차원에서 미리 더 많이 구조화되어 있을수록 환경과 학습이 뇌에 미치는 영향은 그만큼 더 크다. 뇌가 선천적으로 갖고 있는 모듈 중에는 학습을 가능하게 하는 과제를 갖고 있는 것도 많다. 천재가 얼마나 높은 지능을 가지고 태어나는가 하는 질문은 무의미하다. 왜냐하면 지능이라는 것은 두 가지 액체를 채울 수 있는 빈 병과 같은 것이 아니기 때문이다. 라이프니츠는 〈인간 오성에 대한 신논문〉에서, 인간이 태어날 때 그 정신의 속이 비어 있지도 않고 아직 완전히 개발되어 있지도 않다는 것을 명확히 인식하려면 그 구조를 어떻게 보아야 하는지 적절히 묘사하고 있다.

나는 한 가지 종류의 대리석 덩어리나 철학자들이 사용하기 좋아하는 백지Tabula rasa의 비유보다는, 혈관 무늬가 있는 대리석 덩어리의 비유를 좋아했다. 왜냐하면 우리의 영혼이란 것이 백지와 동일하다면 그 속에 들어있는 진리라는 것은 그 돌이 조각가에 의해 우연히 헤라클레스 조각상이 되는 식으로 존재할 것이기 때문이다. 다시 말해 그 돌 자체는 헤라클레스의 형상 등 기타 형상을 얻는 데 대해 전혀 무관심한데도 헤라클레스 조각상이 됨으로써 진리로 통할 수 있게 된다는 것이다. 그러나 나는 그런 견해에 반대한다. 나는 그 돌 속에 다른 형상보다는 헤라클레스의 형상과 더 많이 닮은 혈맥이 이미 들어 있을 것이라고 생각한다. 그렇다면 그 돌은 헤라클레스가 될 소질이 많은 것이며, 헤라클레스는 어느 정도 그 돌 속에 선천적으로 주어져 있는 것이다. 물론 헤라클레스의 것과 같은 닮은 모양의 혈맥을 발견하고, 그 모양이 나타나는 데 방해되는 모든 것을 제거하고 광택을 내는 많은 노동이 필요하다. 우리의 생각과 진리는 그렇게 취향, 소질, 완성품, 자연적인 힘으로서 타고나는 것이다. 물론 결코 어떤 행위로서 타고나는 것은 아니다. 비록 그런 힘은 종종 특정의 눈치 챌 수 없는 행위를 동반하는 것이 사실이지만 말이다.

정신의 이론

과학계에서 유물론적 시각이 정신을 보는 지배적인 관점이 된 이래로 정신은 예전보다 훨씬 더 자주 연구의 대상이 되어왔다. 하지만 이원론적 관점에서 그것이 초자연적 신분을 가지고 있는 한 사실상 과학적인 연구는 불가능했다. 사람들은 거기에 접근할 수는 있었으나 그것을 완전히 파악하는 데는 여전히 어려움이 남아 있었다. 그럼에도 심리학자나 철학자들은 아주 다양한 각도에서의 접근을 시도했으며, 인간의 정신 내지는 영혼(또는 심리)의 일반적인 기능에 대한 일련의 원칙적 모델에 도달했다.

무의식적 파워게임으로서의 정신

심리 분석의 창시자 프로이트Sigmund Freud(1856~1939)가 제시한 모델은 우리에게 아주 잘 알려져 있다. 이 모델에 따르면 우리의 정신은 세 개의 심급, 즉 자아, 본능, 초자아로 삼등분되어 있다. 자아는 합리적 행동을 담당하며, 본능은 충동을, 초자아는 도덕을 담당한다. 따라서 모든 심리적 행위는 자아가 본능, 초자아, 외부 세계 사이를 중재하는 파워게임의 결과다. 이러한 분할은 누구든지 그 내용을 쉽게 이해할 수 있도록 인간의 태도를 기술하는 데 아주 유용할 수 있다. 자아는 '내가 케이크 한 조각을 더 먹어도 될까?'라고 스스로에게 묻는다. 본능은 다음과 같이 대답한다. '맛있어. 날름 먹어 치워!' 초자아는 말한다. '콜레스테롤 수치를 생각해!' 이제 자아는 타협해서 반 조각만 먹는다.

경제적 측면을 고려하여 프로이트의 시각으로 본다면 본능은 심리적 에너지의 주요 저장소이다. 결국 심리 분석 모델은 우리 정신이 하필 왜 이 세 가지 영역을 갖게 되었는지 설명할 수는 없다. 이 각각의 영역은 실제로 존재하는 것으로 간주될 수는 없으며, 행동을 기술하기 위한 보조 수단으로서의 기능만을 한다. 그것은 심리학에서 모델이 된 충동·양심·현실 감각의 개념을 상징화한 것이다.

하지만 무의식과 파워게임의 도입은 프로이트 고유의 공로로 남아 있다. 그는 인간이 자신의 집의 주인이 아니라는 것을 가르쳤다. 우리는 무슨 일을 할 때 왜 그 일을 하는지 정확히 알고 있다고 믿지만 실제로는 거의 아는 바 없이 행동한다. 우리는 그 행동을 낳는 심층적인 동기를 모르고 있는 것이다. 프로이트는 우리 행동의 동기들은 무엇이며, (우리가 이 책에서 계속 거론하게 될) 이른바 "자유 의지"는 무엇인가?라는 질문에 대해 본능과 충동의 이론을 이용해 아주 개성 있는 답변을 내놓음으로써 수많은 지식인을 자극했다.

'블랙박스'로서의 정신

20세기 초 미국에서 주류를 이룬 소위 행동주의Behaviorism는 정신을 완전히 무시했다. 이 사상은 우리가 관찰할 수 있는 것은 행동뿐이고 머리 속에서 일어나는 일을 관찰하는 것은 불가능하기 때문에 행동에 대해서만 설명하면 충분하다는 입장을 내세웠다. 이 이론에 의하면 인간의 행동은 주로 자극에 대한 반응으로 이루어지는 것이다. 그렇다면 '블랙박스'로서의 정신이 하는 일은 중요하지 않게 된다.

행동주의에서 가장 유명한 관찰 대상자는 분명 '파블로프(러시아의 심리학자, 1849~1936)의 개'일 것이다. 그의 실험은 배고픈 개는 음식을 보면 침을 흘린다는 데 기초를 두고 있다. 그것은 의미 있는 반사다. 침은 음식을 부드럽게 하고 소화하는 데 필요한 것이기 때문이다. 파블로프는 개에게 음식을 제시할 때마다 종을 쳤다. 마침내 개는 음식물을 보지 못하고 종소리만 들었을 때도 입에 군침이 돌았다. 그 개는 '조건 반사'를 배운 것이다.

행동주의의 창시자 왓슨John B. Watson(1878~1956)과 손다이크 Edward Lee Thorndike(1874~1949)는 자신들의 심리학이 순수하게 외부에서만 관찰하는 것이라야만 진정한 과학에 도달하고 자연과학의 일부가 될 수 있다는 견해를 가지고 있었기 때문에 감정과 체험을 심리학의 분야에서 배제했다. 이 태도는 실용주의적 사고를 높이 평가하는 미국에서는 아주 호응이 높았지만 심리학이 전통적 정신과학에 결부되어 있던 유럽에서는 그렇질 못했다. 행동주의적 인간은 사고하거나 느끼지 않는다. 그는 행동할 뿐이며 행동은 학습을 통해 정해진다. 또 그 학습은 파블로프의 개처럼 '고전적 조건 부여'에 의해 이루어지며 보상과 처벌을 통해 조정된다. 행동주의자들 중 가장 영향력 있는 대표자는 심리학자 스키너Burrhus Frederic Skinner (1904~1990)였다. 그는 쥐와 비둘기를 대상으로 실험을 해 1950년대 중반에 강화(强化) 이론을 주장했다. 이 이론이 내세우는 것은 인간은 그에 대한 보상을 받을 수 있을 때 타인이 원하는 방식의 태도를 가장 잘 취한다는 것이다. 보상의 시기는 그 원하는 태도가 나온 즉시여야 가장 효과적이다. 상을 받지 못할 행동, 심지어 처벌을 받을 수 있는 행동은 아마도 반복되지 않을 것이다. 행동주의는 행동과 인격은 오로지 환경의 산물이라는 환경 결정론의 극단적 형식이다. 자신에게 몇 명의 어린이를 맡겨주면 그들을 자신이 원하는 모습, 예컨대 천재 또는 범죄자로 만들 수 있다는 그의 공언은 매우 유명하다.

행동주의 이론은 아주 간단한 학습 과정을 기술하는 데에는 매우 유용했지만 정신을 포괄적으로 대변하는 모델을 제시하지는 못했다. 오늘날 동물 조련이나 매스미디어 광고 분야에서는 아직도 행동주의적 강화 학습법이 이용되고 있다.

행동주의는 1970년대 와서야 소위 심리학의 인식론적 전환의 물살 속에서 대부분 사장되었다. 수동적으로 반응하는 인간이라는 개념은 이제 계획적이고 독자적인 행동과 인지를 할 수 있는 개인이라는 개념으로 대체되었다. 사람들은 20세기 전반부의 유럽 심리학과 정보 처리 패러다임을 접맥해서 논의의 중심부에 사고(思考)를 두었다. 또 모든 사람은 이해할 수 있는, 합리적인, 목적 지향적인, 책임 있는 행동을 할 수 있는 능력을 가지고 있는 것으로 전제되었다.

문화의 산물로서의 정신

비록 환원주의적 행동주의를 추종하던 사람의 수는 금세 줄어들었지만, 아직 많은 사람들이 여전히 환경이 결정적인 형성력을 가지고 있기 때문에 정신은 상당히 문화에 종속되어 있으며 보편적인 특질은 거의 중요하지 않다는 견해를 가지고 있다.

독일의 생물학자 헤켈Ernst Haeckel(1834~1919)은 민족마다 정신적 능력이 매우 다르게 나타난다고 확신하고 있었다.

지능이 발달한 원숭이 · 개 · 코끼리 등의 의식은 정도의 차이가 있을 뿐 그 종류가 다른 것은 아니다. 이 '이성적' 짐승들과 저급한 인종〔인도양 섬의 흑인, 오스트레일리아 흑인, 파타고니아(아르헨티나 남부) 흑인〕들의 의식의 정도 차이는, 이 인종들과 고도의 이성적 인간(스피노자, 괴테, 라마르크, 다윈, 칸트 등)들의 의식의 정도 차이에 비해 사소하다.

오늘날의 대부분 사람들은 이 견해가 인종주의적 편견임을 즉시 간파하고 비판할 것이다. 하지만 일부 사람들은 마음속으로 그 말에 일리가 있다고 생각할지도 모른다. 문화와 사회를 연결하고 문화로써 그 사회를 판단하는 인간의 시각은 예나 지금이나 널리 퍼져 있기 때문이다. 심지어 오늘날 '다문화적' 세계관의 의미에서 여러 문화권 사람들 사이의 차이를 강조하고 그 사고방식에 결정적 차이가 있다고 주장하는 것이 정치적으로 옳은 것으로 통하기도 한다. 19세기의 비교 민족 심리학에서 사용된, 원칙적으로 정신이 문화에 종속되어 있다는 가설은 오늘날 멘탈리티Mentality 개념으로 대체되는 '민족정신' 개념에 분명히 드러나고 있다. 하지만 이 양자 간의 차이를 명료하게 평가하는 일은 무시되고 있다. 진화심리학의 창시자 투비John Tooby와 코스미디스Leda Cosmides는 정신을 자연의 산물이 아닌 문화의 산물로 보는 이런 관점을 "사회학적 표준 모델(SSM)"이라 부른다. 이러한 관점이 사회학계에서 일반적이기 때문이다. '정신이 어떻게 형성될 수 있는지, 혹은 상황에 따라서 얼마나 고집 세게 버티고 있는지'의 문제, 즉 정신은 모든 문화와 환경에서 그 본성을 관철시킬 있는가 하는 문제에 대해 SSM은 다음의 공준을 답으로 제시한다.

배고픔과 두려움 따위의 몇 가지 충동만 도외시하고 보면, 우리의 모든 욕망과 선호도와 능력은 넓은 의미에서의 학습을 통해 체득된 것이다.

자연의 산물로서의 정신

진화심리학은 SSM과 반대로 아주 세분화된 선천적 정신 구조가 있다고 주장한다. 그 결과 전 세계 사람들은 동일한 감정, 소원, 인지 능력을 소유하게 되었다는 것이다.

러시아계 미국인으로 동물학자이면서 유전학자인 도브잔스키Theodosius Dobzhansky(1900~1975)는 "생물학에서 진화 이외에는 아무것도 의미가 없다"라는 원칙을 내세웠고, 이 원칙에 따라 1970년대 동물을 대상으로 이루어진 일련의 실험은 심리학 분야에 일대 전환을 가져왔다. 이 실험들은 다윈주의가 동물의 몸뿐 아니라 행동에도 적용될 수 있음을 제시했다. 주둥이 형태나 침의 성분뿐 아니라 사냥을 하는 행위, 교미 시의 구애 행위 등도 생존과 번식의 성공을 위한 중요한 요인인 것은 분명하다. 이 새로운 단초는 사회생물학이라는 이름을 얻었다. 1975년 이 분야의 기본 서적이라 할 수 있는《사회생물학. 새로운 종합Sociobiology. The New Synthesis》을 출간한 개미 연구가 윌슨Edward O. Wilson은 이 새로운 학문의 창시자로 통한다. 그는 이 책에서 사회생물학을 "모든 사회적 태도의 생물학적 기초에 대한 체계적 연구"로 정의했다. 이러한 시도에는 비판이 뒤따랐는데 그것은 어쩌면 당연한 일이었다. 왜냐하면 '감히' 인간을 동물로 간주하고 인간의 모든 행동을 생물학적으로 설명할 수 있다고 주장했기 때문이다.

진화생물학적 의미만을 추구하는 설명은 동물의 경우에만 타당하다. 실제로 현대인에게는 더 이상 자연도태가 일어나지 않기 때문이다. 축구 경기나 가톨릭 신부의 독신 제도, 혹은 매일 저녁 TV를 시청하는 일에 대한 진화생물학적 의미를 찾고자 하는 일은 그다지 쓸모 있는 일이 아닐 것이다. 인간의 행동 방식은 관습, 기술, 선호도 등 생물학적 유용성과 무관하게 발전하고 유포되는 문화적 진보를 우선적으로 따른다. 우리는 연구 대상을 다소 정밀하게 구분해서 탐구해야 하며, 진화생물학은 우리의 생물학적 과거로부터 단지 생물학적 존재로서 설명될 수 있는 행동의 측면만을 주목해야 한다. 실제로 그런 대답을 필요로 하는 많은 질문이 존재한다. '왜 우리는 단 것과 시원한 음료를 좋아하는가?' '왜 많은 사람들은 태어날 때부터 거미를 두려워하는가?' 이런 질문에 대한 대답은 한결같다. 즉 수만 세대를 거쳐 최근에 이르기까지 그렇게 행동하는 것이 인간의 생활에 유리했기 때문이라는 것이다. 하지만 한 가지 덧붙여야 할 점은 그런 유리한 점들이 오늘날에는 더 이상 그렇지가 않은 경우가 많다는 사실이다. 또 그 모든 행동 성향, 다시 말해 유전을 통해 물려받은 성향은 부분적으로 극복되거나 또는 다양한 방식의 문화에 의해 변형될 수 있다. 따라서 우리는 사람에 따라 매우 다르게 나타날 수 있는 행동 성향이 있다고 말해야만 한다. 물론 우리 행동의 생물학적 기원에 대한 질문을 던지는 것은 사회학·생물학적 문제를 탐구하는 데 있어서 아주 의미 있는 일이며, 바로 그런 과정을 통해서 진화생물학이 형성되었다.

진화심리학의 가장 중요한 연구 대상은 행동 자체가 아니다. 왜냐하면 자연도태의 과정을 통해 생겨나는 것은 인간이나 동물의 행동이 아니라, 행동을 낳는 기관인 정신이기 때문이다. 따라서 우리가 행동을 이해하고 예측하려면 정신의 자연적 구조에 대해 정확히 설명할 수 있어야 한다. 그러한 작업은 자연적인 행동 성향을 의식하고 (도덕적 이유에서 그것을 극복하기를 원하는 경우) 잘 극복할 수 있게 해준다. 정신을 자연의 산물로 보는 것이 우리의 행동이 유전적으로 미리 정해져 있다거나 자연적인 행동이 그 자체로서 도덕적으로 좋다고 보는 것은 아니다. 또 의심스러운 경우에 법원에서 그에 대한 책임을 져야 한다는 것도 아니다.

진화심리학의 관점에서 볼 때 정신은 수많은 타고난 모듈로 구성되어 있으며, 원칙적으로 이것들은 몸의 기타 기관과 마찬가지로 간주되어야 한다. 그 원칙적 기능 방식은 우리의 유전자에 의해 정해져 있으며 모든 사람에게 있어 동일하다. 그럼에도 모든 뇌, 즉 모든 정신은 개별적으로 유일하다. 우리 정신을 이루는 모듈은 진화의 과정에서 생겨났으며 수만 년 전부터 사실상 변한 것이 없다. 그것은 대도시라는 정글과 포스트모더니즘 시대의 가족 구조와 데이터 망 속에서 우리를 위해 많은 기여를 하고 있으며, 심지어 (몇 가지 스스로 개발한 보조 수단의 도움으로) 과학과 예술의 위대한 추상(抽象)을 생산하고 이해할 수 있게 한다.

목적 지향적 시스템으로서의 정신

철학의 전형적 문제 중 하나는 '우리가 정신(인간·동물)을 만나면, 우리는 어떤 근거에서 그것을 정신으로 인식하는가?' 이다. 대부분의 사람들은 '그 존재가 우리의 정신과 무슨 관련이 있을 때, 우리는 그것을 정신으로 인식할 것이다' 라는 견해를 가지고 있을 것이다. 사람들은 누구나 튜링테스트에서 검사 요원의 역할을 담당하고 싶어

할 것이다. 그러나 그 검사가 끝난 다음 자신이 거기서 인간을 만났는지 기계를 만났는지 말하고 그 근거까지 정확히 말하는 것은 쉽지 않다.

여기서 정신은 실제적 문제라기보다는 이론적 문제이다. 이제 그 실제에 대해 좀 더 깊이 살펴보기로 하자. 어떤 존재가 정신을 가지고 있는지 시험해 볼 때 우리는 그 존재가 얼마만큼이나 인간의 수준에 도달해 있는지 발견해 내고자 한다. 만약 그 존재가 '나와 같은 것'이라는 확신을 가질 수 있게 된다면 우리는 그것이 '인간적 의식', 즉 인간의 관점에서 볼 때의 '정신의 최고 형식'을 갖추었다고 말할 수 있다. 또 만약 우리가 몽둥이를 휘둘렀을 때 그 존재가 계속 꿀꿀거리며 도망치려 한다면 우리는 '그 동물은 우둔한 편이지만 우리에게 겁을 집어먹는구나'라고 생각할 수 있다.

철학자이며 터프츠 대학교Tufts University의 과학론 교수인 데닛Daniel Dennett은 정신을 목적 지향적 시스템의 속성 중 하나로 간주하자고 제안한다. 이 시스템을 인식하기 위해서는 우선 행동을 이해할 수 있어야 한다. 그래야만 행동의 기초가 되는 확신과 소원이 그 시스템 내에 전제되어 있다고 인정할 수 있게 되기 때문이다. 우리들이 확신이나 소원을 가지고 있다는 것은 누구보다 우리들 스스로가 잘 알고 있다. 물론 엄격히 말하자면 내가 아닌 다른 사람도 그런 것을 가지고 있는지는 알 수가 없다. 하지만 우리는 그들 역시 원칙적으로 우리와 동일하다는 것을 전제로 하고 살아간다. 심지어 위에서 언급한 꿀꿀거리는 돼지 역시 확신이나 소원을 갖고 있다고 추정할 수 있다. 왜냐하면 '그 돼지가 도망치는 이유는 맞고 싶지 않기 때문이다'라는 가정을 할 수 있기 때문이다. 정신을 갖추고 있는 존재의 행동에는 인과적 원인이 아니라 심리적 원인만 있다. 그 존재는 자신의 행동에 대한 근거를 가지고 있는 것이다.

데닛은 어떻게 이런 특이한 정신관에 이르게 되었을까? 아마도 그는 인간의 자연스러운 사고방식으로부터 그 관점을 차용했을 것이다. 이러한 의도적인 입장은 우리가 정신적 존재의 행동을 설명하고 예견하는 데 효율적으로 사용되는 정신적 도구가 된다. 즉 이 도구를 이용해 정신을 가진 존재의 행동을 관찰하고 그들의 확신과 소원을 추론해 보는 것이다. 물론 우리는 그들의 머릿속을 들여다볼 수는 없으므로 그들에게 확신이나 소원이 있는지 알 수가 없다. 하지만 우리는 그런 것들이 있다고 가정한다. 그런 가정을 하지 않는다면 의사소통을 하며 살아갈 수 없기 때문이다. 만약 우리 주변의 사람들이 예측 불가능한 존재이거나 로봇이라면, 우리가 지금까지 알아 온 공동생활이라는 형식은 성립조차 불가능했을 것이다. 진화에 의해 발전된 인간끼리의 교류에 대한 이런 시각은 여러 동물에 적용되고 있으며 근래에는 기계에도 적용된다. 개가 문 앞에 앉아 애처롭게 끙끙거릴 때 그놈이 따뜻한 집안으로 들어오고 싶은 바람을 갖고 있으며, 그 울음소리로 우리의 마음을 움직여 문을 열게 할 수 있을 것이라는 확신을 가지고 있다고 가정할 수 있는 것처럼 컴퓨터와 장기를 둘 때 우리는 그것이 장기에 이기려 하고 있다고 가정해 보아야 한다.

이러한 정신적 도구는 타고난 직관적 심리일 뿐이다. 이것이 행동을 예측할 수 있는 유일한 가능성은 아니지만 최상의 가능성인 것만큼은 사실이다. 소원·희망·두려움·기쁨·즐거움·확신 등 의도에 속하는 개념은 인간이 고안해 낸 것들이라 할 수 있다. 왜냐하면 정신에 대한 정확하고 효율적인 기술(記述)을 가능하게 해주는 것들이기 때문이다. 정신에 대한 이런 유용한 정의들은 정신이 체계적이라는 것을 말해준다. 우리는 한 걸음 더 나아가 '소원과 확신은 머릿속에서 물적(物的)으로 존재한다' 라는 공준을 세울 수 있으며, 또 '소원을 가지고 있는 것으로 여겨지는 동물 역시 그 소원을 주관적으로 감지한다' 라는 공준을 세우는 일도 가능하다. 물론 반드시 그런 공준을 따라야 하는 것은 아니다. '미지의 존재가 무엇인가?' 라는 질문은 과학의 관점에서 볼 때 '그 존재가 어떻게 가장 잘 기술될 수 있는가?' 의 문제와 동일한 의미를 갖는다. '빛은 파장이면서 동시에 입자다' 라는 말이 빛에 대한 가장 좋은 기술이라면, 곧 빛은 전자기적 파장이면서 동시에 광자들의 흐름인 것이다. 정신의 경우도 마찬가지다. 그것을 정의하기 위해 다른 표준을 요구할 이유는 없다.

데닛에 의하면 인간의 정신은 고차원적 질서를 가진 목적 지향적 시스템이다. 1차적 질서(예컨대 유아나 저능아의 경우—옮긴이)의 목적 지향적 시스템은 모든 가능한 것으로 향할 수 있는 확신과 소원을 가지고 있으나, 이것들 자체로 향하는 확신과 소원은 없다. 반면에 2차적 질서의 목적 지향적 시스템의 확신과 소원은 확신과 소원들로 향하며, 자신의 확신과 소원뿐 아니라 타인의 확신과 소원으로도 향할 수 있다. 이 단계에 이르면 이제 위로 상승하는 길이 열린다. 타인이 지금 무슨 생각을 하고 있는지 추측을 할 수 있는 사람은 그 타인이 무엇을 생각하며, 그를 어떻게 생각하는지 등등에 대해서도 숙고할 수 있다.

각자의 개인적 발전 과정에서 2차적 질서를 의도하는 존재로 이행하는 모습은 9~12개월 된 유아에게서 찾아낼 수 있다. 심리학자 토마셀로Mechael Thomasello는 "9개월의 혁명"이라는 표현을 사용하기도 했다. 이때의 특징은 상호 반응적인 주의력이다. 즉 9개월 정도 된 아기는 엄마가 바라보는 대상에 자신도 주의를 기울이는 식으로 어른의 시각을 받아들이기 시작하는 것이다. 아기는 엄마가 무엇에 관심을 두는지 인식하고, 역으로 자신의 손가락으로 그 사물을 지적함으로써 엄마의 관심을 자기가 원하는 방향으로 돌리기 시작한다. 아기는 그렇게 함으로써 엄마가 그 사물에 관심을 가질 것이라는 가설을 세우는 것이다. 누군가 아기를 팔로 번쩍 들어 올려 품에 안고 침대 쪽으로 가면 그 아기는 울기 시작할 것이다. 그것은 자신을 재우기 위해 침대에 눕힐 것이라 생각하기 때문이다. 아기는 이제 다른 존재를 (그리고 자기 자신을) 대할 때 목적을 추구하는(혹은 의도를 가진) 목적 지향적 시스템을 이용할 수 있는 능력을 갖게 된 것이다.

컴퓨터로서의 정신

정신은 사실 비정신적이지만 지적(知的)으로 서로 포개진 다수의 상위 프로그램과 하위 프로그램의 산물 이외에 아무것도 아니다.

인공 지능 연구의 창시자 중 한 명인 민스키가 한 말이다. 실제로 오늘날 정신에 대한 연구에 종사하는 대부분의 연구자들은 원칙적으로 정신을 컴퓨터로 간주한다. 하지만 그들은 "정신은 오늘날 우리가 알고 있는 컴퓨터와는 거의 유사성이 없다"는 말을 덧붙이는 것을 거의 잊지 않는다.

인간의 정신은 정보를 처리하는 시스템으로서 설명되곤 하는데, 이러한 관점은 정신이 주관적 체험에 의해 특징지어진다는 생각과 잘 합치된다. 정신을 컴퓨터로 보는 이론은 확신이나 소원을 뉴런과 그 결합체의 물질적 상태의 형식으로 간주하거나 또는 컴퓨터 칩의 상황으로 간주한다. 그런 물질적인 정보 처리 상태는 상호 간에 영향을 미칠 수 있으며, 또 다른 확신에 상응하는 새로운 상징을 불러일으킬 수 있다.

정보가 물질적 상태로 존재한다는 것은 희귀한 경우가 아니다. 확신은 잉크가 종이에 인쇄된 것과 같은 상태로 존재할 수 있다. "Paralel

이라는 단어의 중간에는 철자 'l'이 들어 있다"라는 문장은 하나의 확신을 표현한다. 컴퓨터 워드프로그램에서 맞춤법 프로그램을 실행하면 이 문장은 프로그램에 저장되어 있는 표준 단어 목록의 단어와 충돌하게 되며 "Parallel이라는 단어의 중간에는 철자 'l'이 들어 있다"라는 문장으로 변한다.(실제로 독일어에는 'paralel'이라는 단어는 없고 'parallel'이라는 단어만 있다. '평행하다'라는 뜻이다.—옮긴이) 이처럼 컴퓨터에서 물질 상태로 실현된 확신이 상호 간에 영향을 미칠 수 있다는 것을 확인할 수 있는 것이다. 이 예는 그릇된 확신으로부터 또 다른 그릇된 확신이 생겨날 수 있는 가능성도 보여주지만, 그것은 중요한 문제가 아니다. 중요한 것은 정신의 특징인 확신이 여러 형식으로 존재하며 서로 상호 작용을 할 수 있다는 것을 제시하는 것일 뿐이다.

정신의 컴퓨터 이론은 계속 연구되어야 할 프로젝트이며, 그 최종 목표는 튜링테스트에 합격할 수 있는 로봇을 제작하는 것이다. 인간과 유사한 로봇은 인간 정신의 기능을 흉내 낼 수 있는 것이라야 한다. 따라서 그것은 아주 특수한 문제의 해결을 분담하는 수많은 모듈로 구성되어야 할 것이다. 인공 지능을 연구하는 데 있어서의 기본 입장은 인간의 정신에 대한 진화론적 관점이나 뇌 연구에서의 모듈 이론과 부합한다.

정신의 진화

　뇌 연구자들이 우리 몸속 수천 억 개의 뉴런이 어떻게 정신적인 작업을 완수하는지 발견하기 위해 노력하는 것과 마찬가지로, 정신의 진화에 대해 아주 다른 관점에서 연구하는 사람들 역시 동일한 대상에 접근한다. 이런 연구는 개별적인 동물종(種)의 서로 다른 정신적 능력이 어떻게 발전하게 되었는지 질문하며, 정신의 본성과 기능 방식을 그 성립사에 의존해 이해하려고 시도한다.

　정신은 언제 세상에 들어왔는가? 진화론적 견해에 따르면 최초의 정신은 최초의 뇌가 생겨나고 나서야 비로소 세상에 들어왔으며, 그 양자 모두 사실상 원시적인 수준에 머물러 있었다. 우리는 이 초기 단계의 것을 조심스럽게 원형(原形) 정신이라 부른다. 정신 이전에는 행동이 세상으로 들어왔다. "태초에 행동이 있었다." 정신이 없는 상태에서도 행동은 가능하다. 비정신적이라 할 수 있는 바이러스도 아주 복잡한 행동을 할 수 있다. 그것은 사람 몸속으로 침입해 특정 세포를 찾아낼 수 있으며 세포막을 열고 그 세포의 작용 중추로 진입해 그 유전 물질 프로그램을 변형시키고 자신을 복제할 수 있다. 또 마침내 이 숙주 세포를 파괴시키고 난 후 다시 새로 공격할 세포를 찾아 먼 길을 떠날 수도 있다. 최초의 생물, 박테리아, 원생동물, 하등 동·식물들은 오늘까지도 이처럼 비정신적으로 행동하고 있다. 물론 바이러스를 제대로 된 생물이라 보기는 어렵겠지만, 그것은 분명 인간 정신 그 첫 단계의 모습이다. 우리는 이런 존재를 로봇과 비교해 볼 수 있다. "좀 더 급진적으로 표현하자면 여러분의 할머니의 할머니의 할머니의 … 할머니는 실제로 로봇이었습니다!"라고 데닛은 말한다. 우리는 괴테가 《파우스트 *Faust*》에서 이와 아주 유사한 문제 때문에 번민했던 것을 기억하고 있다.

움직이는 정신

원형 정신은 최초의 다세포 동물의 기관이었다. 영어에서 동물을 '애니멀 Animal'이라고 하는데, 이것은 괜히 그렇게 부르게 된 것이 아니다. 이 단어의 라틴어 어원인 Anima는 호흡·영혼·생명·정신을 의미한다. 항상 변화하는 환경에 적응하기 위해 스스로 움직일 수 있는 생명체만이 뇌를 갖고 있다. 물론 식물도 환경을 인지하기는 한다. 잎을 햇빛 쪽으로 향하기도 하며, 독성 물질을 만들어냄으로써 자신을 먹으려고 하는 동물에 저항하기도 하는 것이다. 하지만 움직일 수 없다는 점은 그런 활동 능력을 심하게 제약한다. 따라서 동물의 경우에는 운동 방향을 조정하기 위해 꼭 필요한 중앙 데이터 처리 시스템을 식물은 필요로 하지 않는다. 원형 정신에서 정신으로의 이행은 식물의 자율적 신경 시스템이 동물의 중앙 집중적 신경 시스템에 의해 보완되는 것을 의미한다. 그렇게 되면 이제 몸의 현상을 통제하는 것뿐만 아니라 의식하게 된 지 아직 얼마 되지 않은 능동적 역할을 맡는 것이 중요해진다. 능동적 역할을 하는 자는 결정을 내려야 한다. 우연의 원칙에 따라 결정을 내리는 자는 생존 투쟁에서 결정적으로 불리하다. 결정을 내리기 전에 숙고할 수 있는 자가 유리한 것이다. 뭔가 결정을 내려야 하는 존재에게는 정보를 받아들여 처리할 수 있는 장치를 가지는 것이 장점이 될 것이며, 그러한 장점은 분명 정보 처리를 위한 특수 세포를 유지하는 데 들어가는 비용을 보상해 주고도 남을 것이다.

자극 가능성으로부터 인지 능력까지

모든 정보 처리는 일단 정보를 받아들이고 난 이후라야 가능한 일이기 때문에 무엇보다도 정보를 수집하고 인지하는 능력이 중요하다. 우리는 인지를 통해서 비로소 외부 세계의 정보를 얻게 되며, 이로써 정신은 처리해야 할 정보를 제공받는 것이다. 정신은 정보를 이용해 장래의 일을 예측하고 그에 입각해서 행동한다. 이것은 식물이나 심지어 개별 분자의 경우도 마찬가지이다. 식물의 엽록소 분자는 빛의 흡수를 통해 흥분 상태에 돌입하고 그에 대한 반응으로 전자를 방출한다. 인지 능력이 클수록 세계에 대한 시각도 보다 세분화된다. 엽록소 분자가 세계를 보는 시각은 특정 파장 길이의 빛에 따라 제한되어 있다. 예를 들어 음지 식물은 꽃 부분을 항상 한낮의 태양을 향해 돌리는 해바라기와는 다른 종류의 광센서를 가지고 있는 것이다. 엽록소 분자는 제한된 시각 밖의 부분에 대해서는 '눈이 멀었다.'

정확히 말하자면 엽록소 분자는 완전히 눈이 멀었다고도 할 수 있다. 그 광자(光子) 인지 능력을 '시각'이라 명명할 수는 없기 때문이다. 식물 역시 빛·화학적 자극·접촉·온도·중력에 반응하는 것은 사실이다. 하지만 동물과 달리 아무것도 보지 못하고, 맛을 볼 수도 없으며, 냄새를 맡지도 못하고, 대상을 더듬어 볼 수 있는 손도 없고, 고통도 못 느끼며, 더워도 더운 줄 모르고, 가지에 눈이 수북이 쌓여도 무게를 느끼지 못한다. 식물 내부의 그 어디에서도 외부 세계에 대한 이미지가 형성되지는 않으며, 환경의 영향을 어떤 식으로도 재현해 내지 못한다. 다만 자극에 대한 직접 반응만 있을 뿐이다.

이에 반해 짚신벌레라고도 불리는 아메바(단세포 생물)는 자신이 어떤 물체에 부딪쳤을 때 최소한 그것이 먹을 수 있는 것인지 정도는 구분할 수 있다. 또 도망쳐야만 하는 유해한 환경에 처하게 되었을 때에도 아메바는 그것을 알 수 있다. 아주 제한된 테두리 내에서일 뿐이지만 합리적으로 행동할 수 있는 것이다. 물론 학습 능력이나 깊이 숙고할 수 있는 정신을 가지지는 못했다. 하지만 그 몸속에서는 우리 사고 능력의 원형과 유사한 일이 일어난다. 철학자 포퍼 Karl Popper (1902~1994)는 과학적 사고의 상징인 아인슈타인의 사고 능력이 미련퉁이의 대표자 격인 아메바의 그것과 어떤 점에서 차이가 나는지 자세히 설명했다. 아메바는 나름대로 환경을 분석할 수 있다. 가령 치명적일 수 있는 산(酸)을 만났을 경우 피해갈 수 있다는 것이다. 과학자 역시 자신의 방법으로 아주 정확하게 환경을 관찰하고 가설을 세운다. 하지만 그는 실험을 통해 의식적이고 체계적인 방법으로 환경 조건을 변화시키면서 자신이 세운 가설의 정당성을 비판적으로 테스트한다.(비유적으로 말하자면 그 가설을 '죽이기 위해서' 검증한다.) 그렇게 해서 결국 출발 가설이 반증되면(틀린 것으로 판명되면) 그는 이를 과학의 진보라 부른다. 왜냐하면 반증은 새로운 가설을 강화시켜 주기 때문이다. 하지만 아메바에겐 결코 그런 능력(가설을 세우고 검증하는 능력)이 없다.

우리의 사고는 수많은 작은 발걸음으로 동물적인 조상의 원형 사고로부터 걸어나왔다. 자극과 반응의 매개체로서의 원형(原形) 사고는 환경과의 상호 작용에서 생겨났다. 모든 생명체는 어떤 형식에 의해서든 자극을 받을 수 있다. 물론 그렇다고 해서 무조건적인 인지 능력이 있다는 것은 아니다. 단순한 다세포 동물로부터 특수 세포 또는 세포 결합 그룹이 생겨났으며, 이것들이 빛·향기 물질·기계적 자극 따위의 환경 자극을 수용하고 전송하는 기능을 담당하게 된 것이다. 동물의 특수 세포들은 자극을 받아들이고 기타 세포들은 그에 대해 반응하는데, 우리는 이러한 시스템을 원시적 감각 기관이라 부를 수 있다. 원시 무척추동물은 특수 세포를 그룹별로 연결해서 간단한 뇌를 형성했으며, 진화 과정에서 이것이 더욱 커지고 더욱 복잡해졌다. 이런 변화는 생활 방식의 요구에 의한 것이었으며, 그 결과 생존 투쟁에서의 적응 능력이 한층 강화되었다. 제1장에서 언급했듯이 진화에서의 발전이 항상 직선으로만 나아가는 것은 아니다. 뇌가 오히려 불필요한 짐처럼 되어 버릴 수 있는 생활 방식도 있기 때문이다. 피낭동물(속이 빈 바구니처럼 생긴 동물)은 유충 단계에 바다 속을 이리저리 헤엄쳐 다니기 위해 진동 기관과 광센서 기관, 즉 원시적 눈을 지니고 있다. 그러나 몸이 성장하면서 유충 단계를 벗어나 바다 속 바위에 찰싹 붙어서 자신의 곁을 스치며 흘러가는 먹이를 먹으며 살게 되면 이때부터는 더 이상 '사고 기관'이 필요하지 않기 때문에 그 기관을 마치 올챙이의 꼬리처럼 스스로 융해시켜 버린다. 이제 아주 초보적인 의미의 행동조차 할 필요가 없어졌으며, 더 이상 정신을 가지고 있어야 할 이유도 없어진 것이다.

문제 풀기

개구리는 날쌘 파리를 잡아먹으면서 생존하기 때문에 간단한 방법으로 플랑크톤을 자신의 내장으로 흘러가게 하는 피낭동물보다는 훨씬 더 많은 능력을 필요로 한다. 그래서 좋은 눈과 발달된 시각 뇌를 가지게 된 것이다. 하지만 연못가의 아름다운 석양 풍경에 대한 감각은 없다. 그것은 개구리의 정신이 그와는 다른 각도로 개발되었기 때문이다. 개구리는 작고 재빨리 움직이는 물체(파리)와 큰 그림자(황새)에만 관심을 갖는다. 파리가 포착되면 긴 혀를 내민다. 이때 목표 지점은 자신이 계산한 공중의 한 점, 즉 개구리의 혀가 도착했을 때 파리도 그곳에 와 있을 바로 그 지점이다. (개구리는 아주 복잡한 계산을 할 수 있지만, 자신이 계산을 한다는 것에 대한 의식은 전혀 없다.) 물론 큰 그림자가 나타나면 얼른 물속으로 뛰어들어 깊이 잠수한다. 개구리는 자신의 주변에서 벌어지는 일을 포괄적으로 추적할 수 있는 눈을 가지지는 못했다. 다만 파리 및 황새 감지기를 가지고 있을 뿐이다. 그 시각 기관에는 자신이 먹어야 하는 동물과 자신을 잡아먹는 동물에 대한 간단한 생각만이 입력되어 있는 것이다. 개구리의 시각과 같은 기능은 기타 모든 생명체의 인지 방식에서도 마찬가지로 확인된다. 이러한 인지는 나름대로 주변 환경의 중요한 측면에 적응되어 있다.

인간은 개구리와 다르다. 인간의 시각은 황새와 파리를 구분하는 능력뿐 아니라, 사람들 각자의 얼굴을 구별해 내는 능력도 가지고 있다. 흥미롭게도 서양인은 그들에게 낯선 얼굴, 즉 동양인의 얼굴을 구별하는 데 어려움을 느낀다. 한번 만났던 동양 사람을 다시 만났을 때 그가 누군지 잘 알아보지 못하는 것이다. 중국인도 마찬가지다. 그들에게 유럽인은 모두 동일한 '코쟁이'로 보인다. 하지만 우리 조상들은 이미 오래전에 다른 사람의 얼굴을 알아보는 능력을 획득했을 것이다. 붉은털원숭이도 동종의 얼굴을 분명히 구분할 수 있는데, 진화의 계보를 보면 그들은 약 2,000만~2,500만 년 전에 인간과 분리되었다. 이 시기는 원숭이들이 나무에서 살기 시작했던 때이기도 하다. 즉 진화의 측면에서 볼 때 이들의 얼굴 인식 능력은 그들이 동종과 다른 종을 구분하는 데 있어 기존의 후각 의존적 시스템을 더 이상 사용할 수 없게 되었을 때 생겨난 것이다.

파리를 날름 잡아먹고 황새를 피해 숨는 등의 행위는 동물이 처리해야 할 수많은 과제 중 하나이며, 모든 동물종의 정신은 자신의 생활 방식에 따라 생겨나는 주위 환경의 문제를 해결할 수 있도록 인지를 담당한 모듈이 결집되어 만들어진 것이다. 진화의 산물로서의 정신은 개별 기관이 아니라 여러 기관의 시스템이라 할 수 있다. 정신적인 능력은 신체적 능력만큼이나 다양하다. 그리고 우리는 우리의 몸 역시 하나의 기관이 아니라 수많은 개별 기능을 갖춘 시스템으로 간주하고 있다. 신체해부학적으로 개별적인 기관인 것처럼 보이기도 하고, 간이라든가 췌장이라든가 하는 식의 각각의 명칭을 가지고 있긴 하지만, 이 모두가 다수의 각종 기능을 수행하는 시스템인 것이다. 몸과 정신은 양자 모두 고유의 '다중 과제Multitasking'를 수행하는 모듈 시스템이다.

그레고리안적 존재로의 상승

정신이 수직 계단을 타고 상승하는 것은 아니라 하더라도 생물의 지적(知的) 수준을 대충 몇 단계로 구분해 볼 수는 있다. 데닛은 정신의 진화를 세 단계로 구분한다. 가장 아래에 정착해서 사는 것은 '다원적 피조물'이다. 이들에게는 학습 능력이 없다. 따라서 이들이 할 수 있는 행동은 출생 시에 확정된다. 그 다음 단계에는 '스키너적 피조물'이 존재한다. 행동 연구가인 스키너Skinner의 말에 따르면 이들은 조건 반사를 할 수 있다. 이들은 가변적으로 행동할 수 있으며 자신에게 유익한 것을 강화하는 메커니즘을 확보하고 있다. 따라서 자신에게 이익을 줄 수 있는 행동을 더 빈번하게 할 수 있다. 이것은 곧 일종의 행동 방식의 자연도태이며, 일반적인 속성의 자연도태와 같은 연장선상에 있는 것이다. 대부분의 동물은 이 스키너적 피조물에 속한다고 볼 수 있다. 1990년대 말 소니 회사가 개발한 장난감 로봇개 AIBO도 이런 수준의 상호 작용을 할 수 있다.

그 다음 단계에서는 동물들이 환경에 무조건 적응하는 것이 아니라 선별을 한다. 그들은 우선 충분한 근거를 바탕으로 하고 싶지 않은 일들을 예측한다. 이러한 능력을 가진 동물은 '포퍼적 피조물'이다. 이 명칭은 포퍼가 "우리의 가설은 우리의 자리에서 죽는다"라고 말한 데에서 비롯되었다. 이 단계로 분류되려면 이미 머릿속에 위험한 세계에 대한 많은 지식을 축적하고 여러 가지 행동 가능성을 검토해 볼 수 있어야 한다. 인간은 이미 이 단계에 도달해 있다. 하지만 인간만 그러한 것은 아니다. 모든 포유동물은 어느 정도 예견을 하면서 행동한다. 뿐만 아니라 조류·양서류·파충류·어류·심지어 몇몇 무척추동물도 마찬가지다. 포퍼적 정신은 일찌감치 세계 속으로 들어왔으며 아직 더 발전할 수 있는 가능성이 있다. 환경에 대한 정보를 환경의 형상화된 부분에서 이끌어올 수 있는 피조물은 그 포퍼적 정신을 다시금 능가한다. 데닛은 그런 최고의 정신을 가진 존재를 '그레고리안적 피조물'이라고 부른다. 이 명칭은 잠재적 지성(知性)의 개념을 '인조물'의 속성이라고 말한 영국의 심리학자 그레고리Richard Gregory의 이름에서 따온 것이다. 그에 따르면 인간이 만든 대상은 그 대상을 사용하는 인간에게 지성을 부여할 수 있는 잠재력을 갖고 있다. 그레고리안적 피조물은 문화적인 환경에서 생겨난 (정신적) 보조 수단을 이용함으로써 행동을 생산할 수 있는 능력과 그 가능성을 검토해 보는 능력을 제고할 수 있다. 그런 수단은 펜치 따위의 연장과도 같은 것이다. 그러나 가장 중요한 잠재적 지성의 보물 창고는 언어다. 왜냐하면 언어는 개인이 타인의 경험을 확보할 수 있게 하는 무한한 능력을 가지고 있기 때문이다.

동물에서 인간으로의 이행

우리의 정신이 동물적인 조상으로부터 유래한 것임에도 불구하고 인간과 동물 사이에 원칙적 차이가 존재할 수 있을까? '그렇다'라고 대답하려면 충분한 자존심을 확보할 수 있어야만 할 것이다. 동물이 할 수 있는 많은 것을 인간의 정신은 (적어도 보조 수단 없이는) 잘 못하거나 또는 전혀 못한다. 날아다니는 파리나 개구리를 맨손으로 잡는 일, 또는 야간 비행 중에 별을 기준으로 방향 알아내기 등의 일은 인간이 잘 할 수 있는 일이 아니다. 인간의 정신적 모듈 중 다수는 동물계 내에도 존재하는 것들이다. 동물도 3차원 시각을 가지고 있으며 스키너적인 학습이나 얼굴 인식을 할 수 있다. 그 모든 것은 개별적으로 다소 차이를 가질지는 몰라도 인간을 포함한 모든 동물의 기본 능력에 속하는 특별하지 않은 것들이다. 동물과 인간의 차이는 개별적 최고 능력에 있는 것이 아니라 스스로를 전천후 탤런트로 만드는 능력, 즉 정신적 도구를 스스로 생산해 이용하는 능력에 있다. 기계가 물질적 사물과의 교류를 가능하게 해주듯 정신적 도구는 지식 따위의 정신적 사물과의 교류를 허용한다.

동물들은 기계를 마주치면 곧 난감해 한다. 지능이 높은 것으로 알려진 동물도 간단한 도구를 이용하는 일조차 아주 제한된 범위 내에서만 할 수 있다는 것이 연구를 통해 확인되었다. 음식을 먹을 수 있는 포크를 침팬지에게 주었을 때 침팬지는 그것의 갈라진 부분이 아래로 향하게 잡아야 한다는 것을 알아내지 못한다. 실험 진행자가 시범을 보여주어도 침팬지는 그것을 이해하지 못한다. 즉 진행자가 하는 행동의 이유를 이해하지 못하는 것이다. 사람의 행동을 흉내 낼 수는 있지만 그 행동의 이유에 대한 가설을 세우지는 못하는 침팬지로서는 어떤 부분이 위로 향하든 아래로 향하든 아무런 차이가 없다.

생물이 타자의 사고와 의지에 대한 가설을 세울 때, 다시 말해 타자의 상황으로 입장을 바꾸어 생각하기 시작했을 때 결정적인 정신의 이행이 이루어졌다. 사고는 다른 사람의 사고를 테마로 삼는 순간 새로운 질(質)을 얻는다. 그제야 개인의 고안품은 기술이 될 수 있다. 쉽게 말해 원숭이가 실험 진행자의 행동을 단순한 행동이 아니라 효과적 기술로 받아들인다면, 원숭이는 이 기술(정신적 대상)을 넘겨받아 재생산하고 변형할 수도 있다. 원숭이는 포크를 어떤 각도로 잡는 것이 유리한지 실험해 볼 수 있을 것이다. 여류 심리학자 블랙모어 Susan Blackmore에 의하면 이런 모방의 형식은 인간 정신 성립의 기초가 된다. 그녀는 이와 같은 능력에는 다음과 같은 세 가지 전제 조건이 있다고 보았다.

1. 타자의 관점 전수(傳受) 능력
2. 무엇을 모방하고 싶은지 결정을 내리는 능력
3. 행동을 정확히 모방하는 능력

이런 모방 능력은 동물계의 극소수만이 아주 초보적 형태로 갖고 있다. 그러나 인간의 아기는 첫 돌도 되기 전에 가능한 모든 행동을 흉내 내기 시작해 빠른 속도로 능숙해진다. 우리가 하나의 기술을 흉내 내는 것은 그 특정 행동의 지침서를 넘겨받는 일과 같다. 블랙모어와 기타 '기억소(記憶素) 연구가들Memetiker'은 이 특정 행동을 '기억소Meme〔전염성이 있는 정보 패턴(개인의 슬로건 · 멜로디 · 아이콘 · 관습 · 패션 등)의 문화적 단위. 이와 유사한 개념으로 '문화소Kulturem', '행동소Behaviorem'가 있다.—옮긴이〕'라 부른다. 이것은 생물학적 유전자에 상응하는 개념으로서 스스로 유포되려는 경향을 갖고 있다. 물론 기억소는 유전자와는 직접적인 상관이 없다.

길고 앞이 구부러진 어떤 도구를 사용하는 기억소가 사람의 경우와 마찬가지로 원숭이의 머릿속에 퍼질 수 있다면 원숭이들은 시간이 흐름에 따라 그 기술을 개발하고 개선해 나갈 것이다. 왜냐하면 기억소는 유전자와 마찬가지로 변화에 종속되어 있기 때문에 개선된 방식이 성공적으로 유포되어 덜 효율적인 것을 내쫓을 것이기 때문이다. 이러한 과정은 인간의 기술 발달사에서 쉽게 발견할 수 있다. 원숭이는 행동을 변화시킬 수는 있지만 기술을 변화시키지는 못한다. 기억소를 재생산하는 인간 고유의 가능성을 원숭이가 확보할 수는 없기 때문이다. 그들의 뇌는 기억소가 자리 잡을 수 있는 '생활공간'을 형성하지 못한다.

관점을 전수받고 소유하는 모방 능력은 인간의 협력과 분업을 위한 기초로서 사고뿐만 아니라 집단적 생활도 변화시켰으며 정신적인 경쟁을 낳기도 했다. 이에 대해 블랙모어는 다음과 같이 말한다.

옷을 입고 있는 사람이 아무도 없다면 옷을 소유하겠다는 경쟁적 강박감도 당연히 생겨나지 않을 것이다. 그러나 일단 옷이 발명된 이상 이제 우리에게 옷이 없다면 추위와 상처에 대해 예전보다도 더 취약한 상태가 될 것이고 그만큼 생존의 기회도 더 악화될 것이다.

이러한 견해에 따르자면 기억소에 기반을 두고 있는 문화는 처음부터 자동으로 달리게 되어 있는 경주자라 할 수 있다. 정신이 받아들이게 되는 대상은 그 자체로서 효율적 정신과 그 정신에 부합하는 뇌가 성립하게끔 한다. 최초 기억소의 등장과 함께 제2의 진화가 시작되었으며, 지구상에 생물권(圈) 이외에 기억소권(圈)이 생겨났다. 그것은 곧 '문화Culture'이다.

인간이라는 존재의 기초로 평가받을 수 있는, 즉 인간의 발전사에서 커다란 파장을 낳은 이런 문화적 적응이 언제 어떻게 생겨났는지는 불분명하다. 그러나 한 집단 내에서의 의사소통 증가와 협력 증대는 서로 밀접하게 연관되어 있을 가능성이 매우 높다. 의사소통이라는 것은 누구에겐가 전달할 내용이 있을 때(아무도 모르는 것을 내가 알고 있을 때), 그리고 타인의 입장에서 생각해 보는 것이 유용할 때 비로소 의미 있는 것이 된다.

인간의 인지 능력

1826년 독일 생리학자 뮐러Johannes Müller(1801~1858)가 세운 '특수 감각 에너지 법칙'에 의하면 외부의 자극은 몸의 각 기관에서 그 고유의 구조에 적합한 감각을 낳는다. 즉 경험은 감각 기관의 구조에 의존한다. 눈, 귀 그리고 이에 관련하는 뇌의 영역은 각종 동물의 관심사에 따라 특수하게 정해진다. 사람은 어떠한가?

인지의 경계

우리의 시각은 우리가 볼 수 있는 측면만을 본다. (어떤 면에서는 우리가 보기를 원하는 것만을 본다.) 우리의 모든 다른 감각 기관도 마찬가지다.

17세기 후반 뉴턴은 우리가 인지한 색채는 대상에 내재하는 것이 아니라, 대상이 부분적으로 흡수하고 부분적으로 반사하는 빛의 결과일 뿐이라는 것을 증명했다. 또 흰색은 모든 가시광선 스펙트럼 파장의 조합을 통해 만들어진다는 것도 입증했다. 빛의 파장의 길이는 일곱 가지 개별 색상에 상응한다. 그러나 뉴턴이 실험에서 확인한 가시광선 스펙트럼은 오늘날 우리가 알다시피 전자파 스펙트럼 전체 중 일부에 불과하다. 이 스펙트럼은 (라디오파처럼) 긴 파장을 가진 저주파에서부터 (뢴트겐선처럼) 짧은 파장의 고주파에 이르기까지 그 범위가 (가시광선보다) 더 넓다. 한편 가시광선 스펙트럼은 적외선과 자외선의 사이에 존재하며 무지개처럼 부채꼴의 형태로 관찰된다. 무지개는 700나노미터(적색)에서부터 400나노미터(자주색)까지의 광선을 포괄하며 연속체를 이룬다.

초록색 도화지가 초록색으로 보이는 이유는 그 원자 구조가 대략 500~580나노미터 사이에 있는 파장 영역의 빛을 반사하고 기타 파장들은 흡수하기 때문이다. 눈의 망막과 뇌의 시각 피질은 그 반사된 빛을 처리해서 '초록색'이라는 인지 결과를 낳는다. 즉 색은 시각의 해석 결과로서 우리의 머릿속에만 존재하는 것이다. 외부 세계에는 단지 상이한 크기의 에너지가 담겨 있는 빛만 존재할 뿐이며, 이 빛을 처리하는 우리의 능력은 눈의 망막 및 뇌의 시각 피질에 달려 있다. 망막에는 세 가지의 수용기(센서)와 원추세포가 있으며 이것들은 특정 파장의 빛, 다시 말해 적색·녹색·청색 영역의 파장의 빛에 반응한다. 망막은 뇌의 최전선인 셈이며, 시각 정보를 현장에서 1차적으로 처리하는 과제를 담당하다. 포유동물과 유사한 눈의 구조를 가진 파충류나 양서류 등 단순한 척추동물의 경우 모든 정보 처리는 사람처럼 뇌에서 이루어지지 않고 직접 망막에서 이루어진다.

색채를 보는 능력은 진화 중에 서서히 생겨났으며, 그것은 우리 조상들이 섹스 향기 물질(페로몬)에 따르던 관행을 대체했다. 유전자 분석을 해본 결과 수컷 유인원은 약 2,300만 년 전(색채 지각 능력이 개선되고 난 후)쯤 후각적 인지를 담당하던 유전자의 기능을 상실했다. 당시까지는 암컷만이 적색과 초록색을 구분할 수 있었다. 그 능력을 갖기 위해서는 X염색체가 필수적이었기 때문이다. 하지만 색 구분을 담당하는 유전자가 이중으로 되고 나서부터는 하나의 X염색체만 있으면 충분했고 수컷들도 그렇게 할 수 있게 되었다. 색을 볼 수 있게 된 것은 유인원들이 점점 화려해지는 또 다른 결과를 낳았다. 그들은 피부에 화려한 시그널을 만들어 섹스 파트너를 감동시키려 했던 것이다.

시각 인지에 대해 말할 수 있는 것은 기타 감각 인지의 경우에도 마찬가지로 적용할 수 있다. 우리가 무엇을 듣고 냄새를 맡고 맛볼 수 있는 것, 그리고 그 감지된 것을 평가할 수 있는 것은 모두 진화의 산물이다. 〈인간의 생명〉 장(章)에서 자세히 설명했듯 우리는 단지 여섯 가지의 기초적 맛만을 인지할 수 있다. 이 맛들은 마치 앰프(증폭기)와 같은 기능을 하며, 우리에게 (그리고 스키너적 피조물에게) 무엇을 먹는 것이 좋을지 말해준다. 즉 음식의 질을 확인하고 소화를 잘 할 수 있게 하려는 테스트 시스템인 것이다.

후각은 이보다 더 다채로운 양상을 보여준다. '냄새 물질 표시'는 아주 오래된 중요한 의사소통 시스템이다. 아기는 자신의 엄마를 냄새로 인식한다. 물론 이런 기초적인 메커니즘에서뿐만 아니라 음식물이나 파트너를 선택할 때에도 냄새는 많은 기여를 한다. 어떤 냄새를 맡을 수 있는지 없는지는 유전자에 의해 미리 결정되어 있다. 물론 냄새를 맡을 수 있으려면 우리 코에 냄새 분자를 인지하는 수용기가 존재해야 한다. 그것은 과거에 우리 조상에게 무슨 목적에서든 유리하게 작용한 적이 있었어야만 현재에도 존재할 수 있는 것이다. 우리는 미처 의식하지 못하는 사이에도 수많은 냄새를 인지한다. 텅 빈 대기실에 들어갔을 때 많은 빈 의자 중 어느 곳에 앉게 되는지는 그 이전에 누가 거기 앉아 있었는지에 따라 결정된다. 즉 지금은 비어 있는 그 자리에서 나는 먼저 앉았던 사람의 '좋은 냄새'를 코가 감지해 내는 것이다. 이에 비해 아주 분명히 의식되면서 의지와 무관한 행동을 낳기도 하는 후각 인지도 있다. 부패할 때 나는 냄새는 즉각적으로 구토를 유발한다. 이때의 생물학적 기능은 단순한 반응과 마찬가지로 아주 명확하다.

우리의 후각 기관이 감지할 수 없는 냄새들도 있는데, 그에 대해 학습하는 것은 적외선을 보려고 하는 것과 마찬가지로 불가능한 일이다. 따라서 우리는 기술적 보조 수단 없이는 인지할 수 없는 새로운 자료의 위험에 대해서는 무방비 상태로 노출되어 있다고 할 수 있다.

하지만 우리는 흥미롭게도 해당 수용기를 갖고 있지 않은 몇 가지 냄새를 구분해 낼 수도 있다. 그것은 대부분의 수용기는 열쇠와 자물쇠의 메커니즘에 의해 특정 분자에만 반응하는 것은 아니기 때문이다. 다르게 표현하자면 냄새 분자는 각종 자물쇠를 열 수 있는 마스터 열쇠와 비슷하다고도 할 수 있다. 비록 때때로 그것이 잘 맞지 않을 때도 있지만 말이다. 냄새는 여러 수용기의 활성화가 서로 다른 강도로 동시에 이루어지고 조합됨으로써 식별된다.

소리라는 것은 우리 머릿속에만 존재하는 것이다. 외부 세계에는 서로 다른 주파수를 가지는 음파만이 존재할 뿐이다. 그 단위는 헤르츠다. 1헤르츠는 1초에 1회 진동하는 것을 의미한다. 인간의 귀는 500~5,000헤르츠 사이의 주파수에 대해 최고의 감응 능력을 보이는데, 이 영역은 인간의 언어 주파수 영역대(帶)에 해당한다. 즉 진화의 가장 위대한 결과가 의사소통인 인류에게 가장 좋은 범위인 것이다.

결국 모든 것은 뇌에만 자리 잡을 수 있다. 망막에서부터 우리에게 도달하는 신경 자극은 후각 세포에서 우리에게 도달하는 것과 동일한 것이다. 머리에서 이미지를 형성하고 냄새를 형성하는 것은 오직 시그널 포착 장소인 눈이나 코에 달려 있다. 뇌의 독자성은 제어 서클이 약간 통례에서 벗어나게 특별하게 형성된 인간(예컨대 초능력을 가진 인간, 또는 인간들과의 접촉 없이 야수들 틈에서 생존해 온 인간—옮긴이)에게 아주 분명히 나타난다. 인간의 코는 냄새뿐만 아니라 색채도 맡을 수 있다. 좀 더 정확히 말하자면 시각 중추가 특정 자극을 수용하면 동시에 후각 중추도 활성화된다는 것이다. 이와 같은 공감각은 '색채 청취Coloured hearing'라는 형식으로 가장 빈번하게 나타난다. 그것은 소리, 음악, 언어가 동시에 색으로서도 체험되는 것을 말한다. 공감각은 남성보다 여성이 훨씬 빈번히 느끼는데, 아마도 X염색체를 통해 유전되기 때문인 것 같다.

외부 세계의 자극 없이 인지가 발생할 수도 있다는 데에 대한 가장 인상 깊은 증거는 환각이다. 일부 질병의 증상으로, 마약을 사용했을 때, 뇌수술을 하면서 피질의 일부 영역을 자극했을 때 환각이 생길 수 있다.

인간의 척도

인간의 일상적 감각은 이 세계에서 잘 살아갈 수 있도록 조상들의 시대부터 특별히 재단해 온 특수한 감지기의 집합체라 할 수 있다. 다행스럽게도 우리는 미생물의 소우주를 전혀 인지하지 못한다. 만약 그렇지 않다면 도처에 존재하는 박테리아의 우글거리는 모습 때문에 정신이 하나도 없을 것이다. 현미경을 발견하기 이전에 우리는 10분의 1밀리미터보다 작은 것에 대해서는 아무런 개념도 형성할 수 없었다. 우리의 사고 역시 인지의 경우와 마찬가지로 거시적 세계에 제한되어 있다. 세포·박테리아·분자는 그 거시적 세계에 속하지 않는다 (따라서 우리는 그것들을 평소에 육안으로 인지할 수 없다.—옮긴이). 게다가 제3장에서 기술했듯이 암석과 같이 묵직한 물체를 충분히 확대해서 보면 이것들 역시 거의 빈 공간으로만 이루어져 있다(거대한 지구도 압축하면 탁구공보다 작아질 수 있을 만큼 모든 원자의 내부에는 허공이 많다.—옮긴이).

소형의 것과 마찬가지로 대형의 것을 가지고도 우리는 거의 속수무책이다. 태양, 달, 별들까지의 거리를 측정하는 것은 우리에겐 불가능한 일이다. 속력은 그 중요한 원인이 된다. 세계에서 일어나는 수많은 과정은 우리들이 인지하기에게는 너무 느리게 진행된다. 즉 인간에게 세계는 정적(靜的)으로 보이는 것이다. 대륙의 이동과 종(種)의 변화를 파악하는 것은 수백 만 년에 걸쳐서만 가능하다. 반면 오히려 너무 빠르기 때문에 우리의 인지에서 벗어나는 것들도 있다. 영화에서 화면 속의 움직임은 연속 동작으로 보이지만 실제로는 1초당 24개의 연속적인 정지 화면이 제시될 뿐이다.

게다가 모든 감각적 지각(知覺)은 그것이 특정한 강도에 도달했을 때만 우리에게 감지된다. 단 하나의 광자(光子)만이 우리의 눈에 도달했을 경우 눈의 신경 세포는 아직 아무런 시그널도 받지 못한다. 즉 아무것도 보지 못하는 것이다. 또 음파의 압력이 너무 작으면 우리는 아무것도 듣지 못하며, 반대로 그것이 너무 세면 고통으로만 느낄 뿐이다. 우리의 감각 기관에 미치는 외부 세계의 작용은 '자극 문턱 Reizschwelle'을 넘어설 때만 가능해진다. 청각이 감지할 수 있는 자극의 하한선은 혈관 내에서 아무 정보 없이 흐르는 혈류(血流)의 소리와 브라운 분자 운동 소리까지이다. 다행스럽게도 우리는 고요함을 체험할 수 있을 만큼 충분히 안 좋은 귀를 가진 것이다.

외부의 자극에 대한 제한된 감지 능력 때문에 어느 정도 감각의 착각이 생겨나기도 한다. 우리 눈과 손은 실제로는 진공인 상태에서도 육중한 암석이 있다는 착각을 하곤 한다. 이때 우리가 돌이라고 여기는 것은 약간의 양성자·중성자·전자의 회전이나 초끈 이론(양자 이론과 상대성 이론이 양립할 수 없다는 현대 물리학의 큰 모순을 해결하기 위해 구상된 여러 차원의 '끈String' 개념—옮긴이)의 진동일 뿐이다. 그러나 이러한 결함은 단점이 아니라 우리가 이 세상에서 제대로 살아갈 수 있기 위해 얻어 낸 위대한 적응 능력의 결과다. 외부의 자극에 대한 우리의 감응 능력이 증가한다면 주변 세계의 모든 형상은 융해되어 버릴 것이다.

물론 '우리의 생존을 위해서는 미세한 병원체일지라도 모두 감지하는 것이 아주 중요하지 않겠느냐?'라는 이의가 제기될 수도 있다. 당연한 말이다. 하지만 무엇 때문에 우리가 그것들을 보고 냄새를 맡아야 하겠는가? 그런 면에서 눈과 코가 아주 부적절한 감각 기관이라

할 수도 있겠지만, 그런 데에는 충분한 이유가 있다. 만일 우리 주변에서 항상 박테리아 냄새가 나고 그 우글거림 때문에 사방이 온통 흐릿하게 보인다면 우리에게 무슨 이익이 있겠는가? 박테리아를 반드시 인지해야 하는 것은 그것들이 우리를 침해했을 경우에 한해서이다. 그런 경우를 위해 우리는 특수한 감각 기관을 발전시켰다. 박테리아와 바이러스의 표면에 있는 아주 작은 구조를 인식할 수 있는 면역 시스템이 우리에게 확보되어 있는 것이다. 우리가 미생물에 대해 일일이 신경 쓸 필요는 없다.

이미지의 구성

우리가 빛의 파장 중에서 길이가 얼마나 되는 영역의 것을 인지하는지도 중요하지만, 뇌가 망막에 맺힌 그 이미지를 가지고 무엇을 하는지도 중요하다. 시각은 처음에는 비교적 단순한 일을 하는 것처럼 보인다. 일종의 카메라처럼 여겨진다는 것이다. 하지만 그건 착각이다. 사진 촬영은 시각의 물리적 부분에만 비교될 수 있으며, 그 부분은 이미 제4장에서 설명한 바대로 빛이 망막의 신경 세포에 와서 닿는 장소에서 끝난다. 흥미로운 것은 그 다음 단계이다. 우리는 여기서 그 이미지를 개발하는 어떤 '정밀 기계'를 발견할 수도 없으며, 각각의 이미지를 '앨범'에 일일이 붙이는, 다시 말해 '기억 창고'에 집어넣는 난쟁이를 발견할 수도 없다. 뇌 속을 들여다보면 서로를 자극하거나 제어하는 신경 세포만이 존재한다. 만약 정신의 속을 들여다본다 하더라도 볼 수 있는 것은 아무것도 없다. 하지만 우리는 정신이 수행해야 하는 일을 재구성할 수는 있다. 그리고 우리는 거기서 몇 가지를 배울 수도 있다. 정신 속으로 입력되는 것은 망막의 상(像)이며, 그것은 단지 색이 있거나 흑백인 광점들이다. 그 명도 및 색도는 뉴런의 자극 모델로 변환되어 전송된다.

눈에서 전송한 정보는 실제로 수많은 정보가 누락되어 있으며, 그 누락된 나머지 정보를 정신이 보완해 주지 않는다면 아무 쓸모없는 것이 된다. 우리가 망막의 상만 보고 판단한다면 피사체가 어디서 끝나고 그 배경은 어디서 시작되는지, 또는 그 배경이 사실은 전경(前景)인지, 또는 흰 점이 정말 흰 점인지 아니면 빛의 반사로 인해 그렇게 보이는 것인지 따위를 전혀 구분할 수 없는 것이다. 1차적 시각 피질에는 망막 이미지의 특정 특질에만 반응을 나타내는 뉴런이 있다. 예를 들자면 어떤 뉴런은 윤곽이나 운동 방향만을 감지한다. 그러면 그 정보들은 각 이미지의 부분적인 측면에 종사하는 수많은 대뇌 피질 영역으로 전송된다. 이때 정신은 시각적으로 입력된 내용을 세계에 대한 자신의 지식으로 보완해야 한다. 예컨대 자동차의 표면은 아주 매끄럽기 때문에 빛을 반사한다는 것을 정신이 알고 있어야 한다는 것이다. 더 나아가서 자동차는 대체로 한 가지 색깔의 도료로 칠해져 있다는 것, 낮의 빛은 태양으로부터 오는 것이므로 항상 한쪽 방향으로만 향한다는 것, 그러므로 그 반대 방향으로 향해 있는 어두운 면은 그림자일리가 없다는 것, 석양이 질 때는 붉은 빛을 반사하는 물체일지라도 낮의 햇빛을 받을 때는 여전히 희다는 것, 함께 움직이는 광점들은 대체로 대상에 속한다는 것을 정신은 알고 있어야 한다.

우리가 물체를 볼 때마다 이런 특수한 지식을 새로 형성해서 현재의 순간으로 불러올 필요는 없다. 그것은 우리의 인지 속에 이미 확고하게 붙박이 상태로 되어 있으며, 우리가 환경에 적응해 있는 것과 마찬가지로 자동화되어 있다. 즉 시각은 이미지를 수동적으로 수용하는 것이 아니다. 그것은 망막에 산탄처럼 요란하게 충돌하는 광자에 기반을 두고 이루어지는 능동적 구성이다. 현재의 특수한 얼굴 감각을 가지고 어떤 다른 세계에 처하게 된다면 우리는 곤경에 빠지게 될 것이며, 우리 정신의 다른 부분들은 주변 환경의 믿음직하게 모사된 이미지 대신에 환상을 공급받게 될 것이다. 이에 대해 핀커는 다음과 같이 말한다.

우리가 태양의 균질적 빛(광자)으로 가득 채워진 세상에 살지 않고, 교활하게 변덕을 부리는 빛의 모자이크 속에 산다고 가정해 보자. 대상의 표면을 인지하는 모듈은 균질적 조명을 기초로 제시하게 될 것이고, 그 순간 모듈은 속임을 당하는 것이다. 따라서 우리로 하여금 실제로는 존재하지도 않는 대상, 즉 환상을 보게 만들 것이다. 그런 환상을 우리는 슬라이드 쇼, 영화, TV 방송이라 부른다.

착시

인간의 인지 기관 연구에서 심리학자들이 선호하는 수단은 '착각'이다. 이미 언급했듯 착각은 감각 기관의 오작동에 의한 것이 아니라 우리 뇌가 구성한 결과물이다. 흔히 착각을 일으키는 것은 눈이다. 눈이 낯선 시각 자극을 받으면 우리는 뇌가 그 본 것을 잘못 해석한 이

그림 5.4 답: 색소폰 부는 남성과 소녀의 얼굴, 토끼와 오리

미지를 인식하게 된다. 일반적으로 뇌는 자신이 받아들이거나 이미 가지고 있는 각종 정보를 비교하고 교정한다. 모든 정보가 서로 부합하도록 그중 어떤 부분은 생략하고 어떤 부분은 추가하는 것이다. 뇌의 해석 능력은 보는 시각에 따라서 서로 다른 두 가지 모습을 가진 요술 그림에 의해 아주 명확해진다. 그림 5.4의 왼쪽 그림은 2차원적 해석(색소폰을 연주하는 남성의 측면 모습)과 3차원적 해석(정면을 바라보는 소녀의 얼굴)을 가능하게 한다.

드문 경우지만 본래 특정의 목적을 위해 구성되지는 않은 상황에서도 그런 착각은 일어난다. 달은 지평선 가까이 있을 때 더 크게 보인다. 지평선에 위치한 달은 우리 머리 위의 하늘에 있을 때와 정확히 동일한 면적을 망막에서 차지하지만, 우리는 그것이 매우 멀리 있다고 생각한다. 왜냐하면 지평선이나 수평선에 있는 (멀리 있는 산봉우리 등의) 물체는 멀리 떨어진 곳에 있다는 것을 이미 알고 있기 때문이다. 그래서 우리의 정신이 그 달을 확대하게 되는 것이다. 지평선의 달과 관찰자 사이에 여러 대상(나무, 집, 언덕 등)이 더 많이 존재할 때 그런 인상은 더욱 강해진다. 해가 뜨거나 질 때에도 마찬가지이다. 해나 달을 사진으로 찍었을 때 그 결과는 실망스러운 것일 수밖에 없다. 카메라는 속지 않기 때문이다. 물론 카메라 없이도 환상이 빨리 종결될 수 있다. 마분지를 둘둘 말아 만든 통을 통해 달을 바라보기만 하면 된다. 그러면 달은 즉각 정상 크기로 줄어든다. 주변에 함께 존재하던 물체들의 정보가 사라지기 때문이다. 원칙적으로 우리는 달을 실제보다 훨씬 작은 것으로 간주하고 있다. 왜냐하면 우리 뇌가 하는 거리 측정은 지구 차원에서 이루어지는 것이기 때문이다. 우리 뇌가 38만 4,405킬로미터라는 먼 거리를 처리할 수는 없다.

언어

언어는 인간이 가진 아주 신기한 특징이다. 데카르트는《방법서설》에서 다음과 같이 말하고 있다.

감각이 아주 무디고 어리석은 인간, 심지어 광인들조차 개별 단어들이 연결된 긴 말을 할 수 있다는 것, 그리고 그로써 자신의 생각을 전달할 수 있다는 것은 매우 특이한 일이다. 동물은 아무리 완전하고 우수하다 해도 그런 일을 할 수 없다.

이 말이 시사하는 것은, 언어는 그 밖의 정신 능력이나 환경과는 무관하게 모든 인간에게 천부적으로 주어진다는 사실이다. 한편 인간이 언어처럼 복잡한 것을 타고날 리 없다는 직관적 확신도 있다. 사람들은 언어가 문화의 매체라는 점에서 그것을 오랫동안 단순히 문화의 산물로 간주해 왔다. 1950년대 와서야 언어학자 촘스키에 의해 '언어는 천부적 정신 기관'이라는 대담한 테제가 세워졌다. 이 테제는 언어학에 아주 새로운 연구 영역을 열어주었다. 그중 하나는 세계에 존재하는 모든 언어의 고유한 자연적 구조 자체를 탐구하는 것이었으며, 다른 하나는 언어의 습득 과정을 연구하는 것이었다. 양자는 밀접하게 관련되어 있다.

이상하게도 이전의 연구자들은 언어 습득 과정에 대해 거의 관심을 가지지 않았다. 사람들은 아이가 언어를 배우는 것은 산수나 글쓰기를 배우는 것과 마찬가지라고 단순하게 생각했다. 하지만 언어라는 것이 얼마나 복잡한지 생각해 보면 그럴 리가 없다는 것을 알 수 있다. 우리는 아직 다섯까지도 셀 줄 모르고 파랑색과 빨강색을 확실히 구분하지도 못하는 생후 2년밖에 안 된 아이가 완벽한 과거형 문장이나 종속문을 손쉽게 만드는 것을 목격할 수 있다. 어른이 아이를 지도하거나 훈련을 시킬 필요도 없다. 그것은 아이가 이미 보편적 문법을 확보하고 있을 때에만 가능한 일이다. 언어 습득 연구의 대상이 되는 것은, 아이가 어떤 단계를 거쳐서 자신의 타고난 기능을 이용해 모국어를 배우는가 하는 것이다. '타고난 언어가 있다'라는 공준을 정립하는 것은 문제의 해결이 아니라 연구의 시작일 뿐이다. 심리학자 토마셀로Michael Thomasello는 다음과 같이 확언한다.

인간의 인지 능력의 타고난 측면에 대한 탐구는, 그 탐구가 인간의 개체 발생에 작동하는 발전 과정을 이해하는 데 얼마나 기여하느냐에 따라 학문적으로 좋은 성과를 낼 수 있다.

1950년대에 지배적인 이론이었던 행동주의적 학습 이론은 언어 습득에 대한 질문에 직면해 난관에 봉착해 있었다. '아이가 언어를 배우는 것은 올바른 문장을 말하면 상을 받기 때문이다'라는 식의 설명은 확실히 틀린 것이었다.

아주 원칙적으로 말하자면 타고난 언어 모듈은 아이로 하여금 일상생활에서 우연히 듣게 되는 임의의 언어 재료로부터 모국어의 문법적 규칙을 여과해 사용하도록 한다. 물론 그런 과정은 아이 자신이 의식하지 못하는 사이에 완성된다. 그것은 단순히 앵무새처럼 흉내를 내 조잘거리는 것과는 아무 상관이 없다. 더 나아가 토막 난 비문법적 언어만을 듣게 되는 아이들도 스스로 아주 규칙적으로 세분된 언어를 고안해 낸다. 아이들이 고안한 그런 언어는 크레올Kreol 언어(이질적 언어들이 섞여 생겨난 잡종 언어-옮긴이)라 불리며, 동시에 비극적 노예제의 산물이기도 하다. 다른 나라나 문화권에서 납치되어 온 사람들은 서로 의사소통을 하기 위해 소위 '피진Pidgin' 언어를 발전시켰다.

피진은 '나 타잔, 너 제인' 하는 식의 궁색한 의사소통의 가능성이다. 노예들은 플랜테이션 농장주의 언어로부터 몇 마디 단어만을 주워듣고서, 토막 난 단어의 연쇄만 있고 문법은 흔적만 남은 임시방편의 언어를 대충 만들었다. 하지만 그 2세들은 놀랍게도 이 빌린 소품을 사용해 다시 가치 있는 언어를 발전시키기도 했다.

한 가족이 외국으로 이주하게 되어 부모가 그곳의 새로운 언어로 온전히 말할 수 없을 때에도 그 자녀는 완벽하게 그 언어로 말하는 것을 배울 수 있다. 부모가 문법적인 일관성이 없는 말만 하는 것을 보면서 자라난 자녀들도 마찬가지이다. 물론 그것은 이 자녀들 대부분이 부모 외에도 상당수의 원어민과 접촉하거나 TV를 보면서 자라나기 때문이라고 이의를 제기하는 사람도 있을 것이다. 그 말은 맞다. 그런 조건은 언어 습득을 더 쉽게 해주는 것이 사실이다. 하지만 아이들의 완벽한 언어 습득은 부모가 오로지 최악의 모범으로서만 작용하는 특수한 경우에도 발견된다. 부모는 청력이 있지만 자녀는 농아인 경우가 그런 사례로서 연구되었다. 대화를 나눔으로써 자녀들의 언어 습득을 가능하게 해주기 위해 부모는 수화를 배운다. 하지만 이미 성인이 되고 난 후 배우는 수화는 서툴 수밖에 없다. 그런데도 상당한 시간이 경과한 후 농아의 언어는 부모의 것보다 오류가 훨씬 적었다. 아이들은 규칙적인 언어를 생산해 내는 타고난 능력을 가지고 있기 때문이다. 그것이 일반적인 언어이든 혹은 수화이든 그 종류는 상관없다. 완전한 문법 모듈이 이미 그들의 머릿속에 있다. 거기에 어느 정도 각 모국어 고유의 몇몇 바로미터를 입력하기만 하면 된다. 한국어, 독어, 또는 미국 수화ASL(American Sign Language)에 맞추어 일종의 미세 조정을 하기만 하면 되는 것이다. 이 보편적 문법을 모든 척추동물의 보편적 신체 설계와 비교해 보면, 한국어와 독일어의 차이는 도마뱀과 박쥐의 차이 정도일 것이다. 이 두 동물은 외견상 서로 매우 달라 보이지만 그 해부도를 정확히 들여다보면 사실 동일한 도식의 두 변종일 뿐이다.

타고난 언어 모듈이 있다는 것에 대한 두 번째 명백한 근거는 전 세계 그 어느 곳의 사람들이라도 (별로 놀랄 것도 없지만) 자신들의 언어로 말하고 있다는 사실이다. 지난 100년이 경과하는 동안 이전까지 알려져 있지 않던 소수 자연민족의 수백 가지 언어가 발견되었다. 그리고 이 모든 언어는 그 본래의 목적을 잘 충족시키고 있다. 물론 어휘라든가 문법은 서로 매우 다를 수 있지만 그것은 문제가 되지 않는다. 매우 다양한 종류의 자동차가 있지만 그 기본적인 기능은 동일한 것과 마찬가지이다. 그렇다고 해서 자연민족의 언어를 괴테의 언어에 비교하는 것이, 우마차를 S클래스 벤츠 자동차에 비교하는 것이나 마찬가지라고 생각하면 그것은 오산이다. 수많은 종족의 언어를 분석해 본 결과 그들의 문법 역시 독어·영어·불어의 경우와 마찬가지로 복잡하다. 길거리에 방치된 청소년들이 사용하는 '경악할 만한' 은어(隱語)도 마찬가지다. 이 역시 복잡성과 규칙성에 있어 교양 시민 계급의 세련된 언어에 비해 조금도 뒤지지 않는다. 뮤지컬 〈마이 페어 레이디*My Fair Lady*〉(버나드 쇼의 이 작품에서 언어학자 히긴스 교수는 런던 사투리를 사용하는 아가씨 두리틀에게 상류 사회의 표준어를 가르치는 실험을 한다.—옮긴이)의 히긴스Henry Higgins 교수가 꽃 파는 아가씨 두리틀Eliza Doolittle의 슬랭을 배워 골목 주점의 테스트에 합격하기란, 이 아가씨가 상류 사회의 표준 영어를 배워 여왕의 방문 시에 그 명예를 위해 튜링테스트에 성공하는 것만큼이나 어려울 것이다.

언어는 그 자체로서 고도로 발전된 제작품이다. 자동차라는 제작품과는 달리 언어라는 제작품은 세계의 수많은 장소에서 저절로 발생했다. 따라서 우리는 언어가 자연의 산물인 것으로 간주할 수 있다.

언어가 학습 가능한 것이라는 사실을 부정하는 세 번째 근거는 원숭이 연구자들과 로봇 프로그래머들을 관찰해 보면 알 수 있다. 인간이 아닌 것들이 언어를 소유하게 하기 위해 얼마나 애를 쓰는지 우리는 그 인내심에 경의를 표하게 된다. 유인원에게 있어서의 그 성과는 초라한 수준을 조금 넘는 정도이지만 그보다 조금이라도 더 변화가 있을 가망은 없다. 물론 기존의 뇌에 언어를 주입하려는 시도가 아니라 스스로 언어를 배울 수 있는 뇌를 구성하려는 시도가 이루어지는 로봇의 경우에는 적어도 희망을 가져볼 수 있다. 인간이라는 종족만을 위해 진화가 개발해 낸 뇌를 이제 우리 인간이 제작하려는 것이다. 한 언어를 다른 언어로 번역하는 것은 좋은 예행연습이 될 수 있다. 구글 인터넷 검색 엔진(www.google.com)의 번역 프로그램이 〈마이 페어 레이디〉의 첫 장면을 독일어로 번역한 다음의 예가 보여주듯 그 성과에는 (사용 가능한 것이긴 하지만) 여전히 결함이 있다.

Nach einem Abend an der Oper, fangen die Mitglieder der hohen Gesellschaft an, heraus auf die Straßen von London verschuttelt zu werden und vermischen sich mit den commoners. Professor Higgins hort Eliza, das Blumemadchen und spricht und fangt, Anmerkungen zu nehmen an. Eliza findet dieses Verhalten misstrauisch und nimmt sofort an, dass sie in irgendeiner Art der Muhe ist. Sie protestiert, dass sie falsches nichts tat und der Professor halt, Anmerkungen zu nehmen. Er erklart schließlich sich und sein Interesse an der Linguistik durch das Singen 〈warum nicht Englisch erlernen kann zu sprechen〉.

오페라 공연이 있었던 저녁 이후 상류 사회의 구성원들은 런던의 길거리로 흩어져 파묻히기 시작하며 서민들과 뒤섞인다. 히긴스 교수는 꽃 파는 아가씨 두리틀이 말하는 언어를 듣고, 말하고, 메모하기 시작한다. 그녀는 이 행동을 의심스러운 눈길로 쳐다보며 즉시 자신이 그 어떤 노력의 대상이 되고 있다고 간주한다. 그녀는 자신이 잘못한 것이 하나도 없다고 저항한다. 교수는 메모를 계속 한다. 그는 마침내 언어학에 대한 자신의 관심을 〈왜 영어로 말하기를 배울 수 없는지〉라는 노래를 부름으로써 설명한다.[이상의 문장들은 영어(1차 언어) 번역의 목적 언어인 독일어(2차 언어)로서는 어순이 틀리거나 주어가 누락되는 등 문법적 하자가 있는 것들이다. 그러나 영어와 독일어는 거의 비슷한 문법 구조를 가지고 있어서 서로 간의 자동 번역이 용이한 편이다.—옮긴이]

아마 김나지움 7학년생(우리나라의 중학교 1학년생에 해당한다.—옮긴이)이라도 이보다 더 멋지게 번역할 수 있을 것이다. 물론 이 번역 프로그램처럼 몇 분의 1초도 안되는 짧은 시간에 그 일을 해낼 수는 없을 테지만 말이다.

말하기는 독자적인 능력이며 그 어떤 평범한 정신에 의해 학습된 문화적 기술이 아니라는 것에 대한 네 번째 분명한 근거는 희귀한 장애를 가진 사람들이 제공한다. 윌리엄스 증후군Williams Syndrome에 걸린 사람들은 제7번 염색체에서 몇몇 유전자가 결핍되어 있다. 그들은 대개 정신 장애를 갖고 있으며 지능 지수는 50 내외이다. 2 더하기 2와 같은 간단한 계산이나 좌우 구분을 하지 못하는 경우도 자주 있다. 그럼에도 그들은 거의 완벽하게 수다를 떨 수 있다. 보통 그들의 언어 습득 기간은 정상적인 어린이에 비해 좀 길게 지체되는데 그 이유는 무엇보다도 그들이 표현을 아주 골라서 하려고 하는데다가 특별한 단어를 사용하려는 경향을 갖고 있기 때문이다. 핑커가 다음과 같이 보고한 바 있다.

어린이에게 동물 이름을 몇 가지만 대보라고 하면 대개 일반적인 가축의 이름이 튀어나오게 마련이다. 개·고양이·말·소·돼지 등등. 그러나 윌리엄스 증후군에 걸린 어린이에게 물어보면 그들은 특별한 동물원에나 있을 법한 온갖 동물을 제시한다. 외각수·프테라노돈(익룡의 한 종류)·야크·산양·물소·바다갈매기·코끼리 이빨 호랑이·콘도르·코알라·용·심지어 고생물학자나 관심을 가질 만한 브론토사우루스 렉스… 11세의 한 소년은 우유 한 컵을 싱크대에 쏟아 버리면서 '저는 이것을 진공 상태로 만들어야 합니다'라고 말했다.

이런 특이한 점들은 자율적인 문법 모듈의 존재에 대한 강력한 증거일 뿐만 아니라, 말이 없는 성격, 말재주의 부족, 외래어 사용을 선호하는 취향 등의 현상에 유전자적 근거가 있는지 조사해 볼 만하게 한다.

문법 모듈이 뇌의 어느 부분에 자리 잡고 있는지와 관련해 최근 함부르크 대학교에서 행한 실험들은 흥미로운 결과를 내놓았다. 연구자들은 실험 대상자들에게 이탈리아어와 일본어 어휘를 배우도록 했으며, 올바른 문법 규칙이나 촘스키 보편 문법의 일반적 법칙을 따르지 않는 가상 규칙을 설명해 주었다. 그리고 그들이 학습하는 동안 자기 공명 장치로 그들의 뇌를 관찰했다. 그들이 올바른 규칙을 학습할 때는 브로카 영역이 활성화되었지만, 가상 규칙을 배울 때는 그 영역에서 차츰 거부 반응이 나타나면서 그 과제를 뇌의 다른 영역에 넘겼다. 이 결과에 따른다면 브로카 영역은 보편적 문법의 소재지일 수 있다.

말하기의 기원

사고하기와 말하기는 진화의 두 가지 독립적 발명품이다. 사고는 정보 처리의 형식이며 말하기는 의사소통의 형식이다. 언어는 동물적 의사소통에서 발전한 것이라는 견해가 있을 수 있지만 그것은 틀린 것이다.

인간이 아닌 동물은 세 종류의 의사소통 시스템을 갖고 있다. 원숭이를 비롯한 기타 동물들은 한정된 레퍼토리의 시끄러운 소리만을 낸다. 그 형식은 변화될 수 없으며 의미는 ('조심해. 표범이다!' 라는 식으로) 고정되어 있다. 벌은 춤을 춤으로써 의사소통을 한다. 춤의 활기찬 정도는 그들이 발견한 먹이의 양(量)이며, 춤의 각도는 그것이 어디에 있는지를 나타내는 방향이며, 춤의 지속 시간은 그곳까지 비행해야 하는 시간, 즉 거리를 나타낸다. 그들은 춤이라는 하나의 신호만을 사용하며, 거기서 그들이 변화시킬 수 있는 것은 세기, 시간, 방향뿐이다. 새들은 자신이 어떤 종(種)에 속하는지 알리고 자신의 존재와 성적(性的) 성숙도를 나타내기 위해 한 멜로디의 우연에 의한 변형만을 지저귄다.

하지만 인간의 의사소통은 아주 다른 방식에 의해 이루어진다. 많은 조합으로 이루어진 시스템으로서 무한히 많은 진술을 생성할 수 있는 문법적인 언어를 이용하는 것이다.

유인원의 외침 소리는 사람의 언어와 달리 뇌의 아주 다른 영역에서 비롯된다. 그곳은 우리가 흐느끼고, 웃고, 한숨을 쉬고, (이따금 욕설을 퍼붓는 형식으로) 고통스럽게 외칠 때 작용하는 뇌간(腦幹)과 변연계(邊緣界)Limbic System이며, 정서와 관련된 것들이 생겨나는 장소이다. 유인원의 소리는 결코 특정한 것을 지칭하지 않는, 따라서 인간의 언어와는 비교할 수 없는 감성의 소리이다. 그것은 동족과 심리적 접촉을 하는 데에만 기여할 뿐이다. 침팬지나 고릴라가 언어를 소유하게끔 하려는 모든 시도는 가련하게 실패했다. 성공했다고 하는 일각의 기록들은 풍문일 뿐이다. 요컨대 동물은 정신적 언어 기관을 확보하고 있지 못하다. 인간에게서 볼 수 있는 전형적인 말하기와 사고하기의 밀접한 결합은 전혀 존재하지 않는다. 그들에게 말하기를 가르치려는 모든 시도는 사람에게 하늘을 날도록 가르치려는 것이나 마찬가지다. 언어는 침팬지와 인간의 진화 계보가 분리된 이후부터, 그러니까 지난 700만 년 동안에 발전된 것으로 보아야 한다.

언어의 발전을 위해 뇌의 기존 구조와 성도Vocal Tract(聲道, 성대에서 입술 또는 콧구멍에 이르는 길—옮긴이)는 진화 과정을 통해 점차 변화해야만 했다. 실제로 긴꼬리원숭이들은 '브로카 및 베르니케 영역'에 상응하는 작은 영역들을 갖고 있다. '베르니케 영역Wernicke Areal'은 그들이 일련의 소리를 인식하고 다른 종류의 원숭이의 소리와 동족의 소리를 구분하는 데 기여하며, 브로카 영역은 주로 얼굴, 입, 혀, 후두의 근육을 조정하는 데 기여한다. 이로써 우리 언어 중추의 발전을 위한 출발점이 어디였는지 확인된 셈이다.

사람들은 뇌 표면의 요철 구조가 두개골 내벽에 희미한 자국을 남기는 것으로써 선사시대에 살았던 호모 하빌리스의 두개골에도 이미 뚜렷한 브로카 영역이 존재했음을 입증할 수 있었다. 물론 200만 년 전의 조상들이 이 영역을 우리와 동일한 목적에 사용했는지는 미지수다.

이미 아우스트랄로피테신Australopithecine에게도 인간의 전형적인 뇌 모델이 있었음이 입증되었다. 인간과 원숭이는 동일한 기본 구조를 가지고 있지만 각각의 뇌 영역의 비중은 서로 다르다. 역사상 모든 인류의 전두엽은 침팬지의 것보다 큰 반면 후두엽은 비교적 작다. 따라서 인류는 대략 300만 년보다도 더 이전부터 계획, 예측, 탄력적인 행동 모델 개발, 주의력 따위의 개선된 능력을 가지고 있었으며 바로 이것이 언어 발전에 기여했을 것이라는 추측을 할 수 있다.

2002년 8월 라이프치히의 막스 플랑크연구소에서 연구하던 진화인류학자들은 인간의 '언어 유전자(FOXP₂)'를 발견했다고 보고했다. 인간과 원숭이의 유전자 FOXP₂는 서로 다르다. 그것은 진화 도중에 이 유전자가 변화했기 때문이며, 그 변화된 유전자가 우리 조상들에게 예전과 다른 방법으로 입과 후두를 움직일 수 있는 능력을 부여했던 것이다. 과학자들은 이 유전자 변화가 아마 10만 년 전쯤 일어났을 것으로 추정한다. 이 시기는 현대인이 출현한 시기와 일치한다. 이미 리버먼Philip Lieberman(컴퓨터 모델을 이용해 화석 유골을 연구한 고생물학자)이 '인간의 성도(聲道)는 인류가 현대의 호모 사피엔스로 이행하는 단계에서 처음 생겨났다'라는 테제를 내세운 바 있는데, 유전학자들이 이 테제를 입증한 셈이다.

리버먼에 의하면 네안데르탈인이나 호모 에렉투스(직립 인간)도 벙어리가 아니었다. 하지만 그들의 언어 기관은 오늘날의 아기들 수준을 넘지는 못했다. 그들의 후두는 현대인의 것보다 더 높은 곳에 위치했기 때문에 목구멍의 공간이 더 작았다. 물론 현대인의 것보다 더 긴 혀를 가지고 구강의 모양을 변형할 수는 있었지만 특정 발음을 위해 목구멍의 공간을 변형할 수는 없었던 것이다. 리버먼은 이 결과에 대해 "언어의 역사가 아직 너무 짧기 때문에 타고난 언어 모듈이 존재할 수 없었다"라고 해석한다. 그러나 분명한 것은 모음을 발음할 수 있는 능력이 언어의 발전에 반드시 필요한 전제는 아니라는 것이다. 손을 이용해 말하는 수화는 혀와 입술로 말하는 구어만큼이나 복잡하다. 게다가 우리는 〈콘트라베이스와 세 명의 중국인〉이라는 노래가 보여주듯이 단 하나의 모음만 가지고도 의사소통을 잘 할 수 있다. 그럼에도 돌연변이 유전자에 의해 언어 능력이 현저히 개선되었다는 말에 어느 정도 개연성이 있는 것은 분명하다.

언어의 발생이 비교적 오래전에 이루어졌다는 증거는 오늘날 많이 남아 있다. 언어 기관은 수많은 부수적인 것들로 구성되어 있으므로 그것이 하나의 시스템으로 자리 잡기 위해서는 상당한 시간이 필요했을 것이라는 설명도 설득력이 있다. 따라서 현대인의 완전히 발전한 언어와 인류(人類) 문화의 혁명적인 발전 사이에 커다란 시간적 간격이 있지는 않을 것이다.

언어학자, 진화생물학자, 인류학자, 심리학자, 뇌 연구자들이 학제적 프로젝트로 진행하는 체계적 언어 연구는 근래에 와서야 본격적으로 시작되었다. 근래 들어 촘스키와 하우저Marc D. Hauser, 그리고 피치W. Tecumseh Fitch가 진화의 관점에 대한 세분화된 이해를 가능하게 하기 위한 하나의 가설을 제시했다. 이 가설은 서로 다른 진화의 기원을 가진 여러 요인이 공동으로 언어를 형성하며, 그중 유독 하나만이 인간 특유의 것이라는 신념에 기초한 것이다. 그것은 인간의 언어가 임의로 수많은 단어와 문장을 생성하는 독특한 조합 능력을 갖도록 해준 문법 모듈이다. 그 나머지는 동물에게서도 발견되는 능력이다.

문법 모듈에 속하는 것은 여러 언어의 각종 음소(音素)나 리듬을 구분하고 소리를 형성하며 모방 학습(흉내 내어 말하기)을 하는 등 언어를 인지하고 생산하는 생산 능력이다. 흥미로운 것은 새나 돌고래가 모방 학습 능력을 확보하고 있다는 것이다. 이에 비해 원숭이는 아주 제한된 범위에서만 이 능력을 갖고 있다. 따라서 인간의 모방 학습 능력이 조상으로부터 물려받은 것이라 볼 수는 없다. 새들은 부모로부터 노래를 배울 수 있지만 처음에는 사람이 유아기 때 그러는 것처럼 옹알거리는 단계를 거친다. 이 사실은 소리 모방 능력이 자연적 진화를 위한 '중급 정도로만 어려운 과제'에 속한다는 것을 말해준다. 그러나 모방이라고 해서 다 같은 모방은 아니다. 인간은 흉내를 냄으로써 올바른 단어, 수만 가지의 단어를 자기 것으로 삼아 단 시일 내에 자신의 어휘 창고에 채운다는 점을 잊지 말아야 한다. 동물은 단어를 가지고 있지 않다. 또 인간의 단어는 의미와 결부되어 있지만 동물의 표현은 기능과 결부되어 있다. 어휘의 축적이 곧 언어 능력의 핵심에 속하는 것이다.

또 다른 인간의 언어 능력으로는 사고 능력이나 기억 능력이 있다. 이것은 동물에게서도 발견할 수 있다. 침팬지는 누가 동족이며 누가 보스인지 잘 알고 있다. 다만 그것을 말로 설명할 수 없을 뿐이다. 수많은 동물이 '개념(사고 언어Language of thought)'을 소유하고 있으며(이 전문 용어는 단어로 표현되어 구체화되기 이전 단계의 심층 언어를 일컫는다. ─옮긴이), 정신적으로 숫자나 색 또는 기하학적 형체를 인식할 수 있다. 위에서 언급했듯이 침팬지는 제한된 한도 내에서 목적 지향적 태도를 취할 수도 있다. 하버드 대학교의 심리학자 하우저는 지능 지수가 높은 동물을 카프카의 소설 《변신》에 나오는 주인공 그레고르 잠자Gregor Samsa에 비유한다. 이 주인공은 어느 날 아침 갑자기 커다란 갑충으로 변신한 자신을 발견한다. 하우저는 다음과 같이 말한다.

대부분 동물의 상황은 변신 후에 불행하게 된 잠자와 동일하다.

그들은 카프카적 존재이다. 그 유기체들은 풍부한 스펙트럼의 생각과 감성을 가졌지만 유감스럽게도 자신의 생각을 타자에게 전달할 수 있는 시스템이 없을 뿐이다.

바로 이와 같은 정신적 고립 때문에 그들의 사회생활이 인간의 그것과 질적으로 다른 것이다. 인간은 의사소통을 위해 언어 외에도 춤, 그림, 음악 따위의 비언어적 가능성을 다양하게 개발했다.

인간 문화의 핵심은 언어이며, 언어 능력은 무수한 개별 요소로 세분화될 수 있다. 인간의 언어 성립에 대해 잘 이해하기 위해서는 이 개별 요소에 대한 더욱 세밀한 규정이 필수적이다. 또 그 요소와 동물의 표현 요소를 비교해야 하며, 그것들이 생겨나게 된 특수한 맥락을 재구성해야 한다. 언어의 기원을 탐색하는 머나먼 길이 아직 남아있다.

말하기와 사고하기

말하기와 사고하기는 그 기원은 다르지만 서로 밀접히 연관되어 있다. 지금까지 살펴본 바와 같이 유창한 말솜씨는 기타의 정신적 능력과는 별개의 것이며, 뇌의 모듈은 모든 모국어를 능동적·자율적으로 습득한다. 언어는 가장 중요한 정신적 도구이며, 단어와 문장은 '잠재적 지성'을 담고 있다. 언어는 우리 정신의 지평을 지속적으로 확장해준다.

오늘날까지 논란이 되고 있는 많은 문제 중 하나는 '언어는 우리에게 무엇인가를 제공할 뿐만 아니라 우리의 사고를 조종하기도 하는가?' 혹은 '사고라는 것은 실제로는 마음속에서 일어나는 말하기, 즉 언어일 뿐인가?' 하는 문제이다.

'민족 심리Volkerpsychologie'라는 개념을 만든 홈볼트Wilhelm von Humboldt(1767~1835)는 '사고는 본질적으로 언어에 의해 결정되며 언어는 각 민족의 서로 다른 세계관의 원인이 된다'라는 테제를 세우기도 했다. 이런 생각은 미국 언어학자 사피어Edward Sapir와 워프Benjamin Lee Whorf에 의해 사피어―워프 가설이라는 극단화된 형식으로 나타났다. '정신은 문화의 산물'이라는 이론에 입각한 이 가설은 "민족의 구성원의 사고는 그들의 언어에 의해 결정되며 그 언어는 다시 그 문화의 산물이 된다"라고 말한다. 에스키모에겐 눈(雪)을 지칭하는 상당수의 단어가 있는데, 이 단어들에 의해 그들의 인지와 사고가 결정적으로 정해진다는 것이다. 하지만 에스키모는 눈과 많은 관계가 있는 생활을 하기 때문에 그런 생활에 적절한 어휘를 개발했을 것이라는 설명이 오히려 더 큰 개연성을 갖는다. 아프리카 모로코인은 눈에 대한 세분화된 시각이 결여되어 있는데, 이 역시 언어보다는 환경과 더 많은 관계가 있을 것이다. 단어는 필요할 때만 개발된다. 스키가 대중적인 스포츠가 되자 독일에서도 파우더눈Pulverschnee(가볍고 휘날리는 스키 타기에 제일 좋은 눈), 함박눈Pappschnee(잘 뭉쳐지는 눈), 신설Neuschnee(새로 내린 눈), 만년설Firn, 얼음Eis, 진눈Sulz(죽처럼 축축하고 무거운 눈), 싸락눈Graupel 등 설질(雪質)과 관련된 단어가 실속 있게 개발되었다.

사실 에스키모에게 눈과 관련된 수많은 단어가 있다는 것은 풍문이었다는 사실이 밝혀지고 말았다. 1911년 인류학자 보애스Franz Boas (1858~1942)는 눈을 지칭하는 에스키모의 단어는 4개라고 했지만 워프(1897~1941)는 7개라고 주장했다. 워프의 주장에 대해 좋은 반응이 일더니 교과서와 논문과 신문 기사에서 점점 그 숫자가 불어났다. 결국 그 숫자는, 나중에 언어학자 풀럼Geoffrey Pullum이 〈에스키모의 어휘에 대한 큰 현혹〉이라는 논문에서 제시했듯이, 400개까지 늘어났다. 하지만 실제로 에스키모가 가지고 있는 눈의 명칭은 (아주 관대하게 해석했을 때) 대략 열두 가지 정도이다.

결정론적인 언어학은 이처럼 명백하게 건강한 상식에서 벗어나 있는데도 대학에서 중요한 이슈로 대두되기도 했을 뿐 아니라 오늘날까지도 정치적 사고에 중요하게 작용하고 있다. 1970년대 이후로는 언어에 개입함으로써 사고를 바꾸자는 제안이 나오고 있으며, 적절한 단어를 조합해서 정치적 현실에 영향을 미치고자 하는 시도도 이루어지고 있다. 독일의 경우에 '정치가Politiker'나 '파일럿PilotInnen' 대신 '여성 정치가PolitikerInnen'나 '여성 파일럿PilotInnen'이라는 말을 자주 사용한다면 주로 남성이 종사해 온 직업 분야에서 여성도

정신의 진화 · 825

자리를 차지할 수 있을 것이라는 생각이 국민의 의식 속에 정착될 수 있다는 것이다. 사람들은 '이와 같은 언어의 보조적 작용이 없다면 단순한 국민들은 여성이 고위 관직에 선출될 것이라는 생각을 할 수 없다'고 믿는다. 실제로 백 년 전쯤의 사람들은 '대학생들Studenten'이라는 단어를 말할 때 깔끔한 남성들을 연상하곤 했다. 하지만 오늘날 대부분의 사람들은 복수 형태의 그 단어를 들었을 때 다양하게 뒤섞인 젊은 남녀의 무리를 연상한다. 기나긴 여름날 카페에 앉아 커피 우유를 홀짝거리며 마시는 그들의 사랑스런 모습이 떠오르는 것이다. 우리의 사고는 언어에 의해 획일적인 영향을 받지는 않는다. 현실은 상상력을 키울 수 있는 또 다른 원천을 충분히 제공한다. 언어는 초기 언어학자들이 생각했던 것처럼 그렇게 간단하게 사고를 결정하지는 않는다. 말하기와 사고하기의 특수한 결합은 언어적 사고에 있다. 그 것은 사고가 언어를 도구로 사용하는 지적(知的) 역량에 의해 이루어진다. 말하기와 사고하기는 각각 그 자체로서 자연적 진화의 산물이지만, 언어적 사고는 인간의 역사적·문화적 발전의 산물이다. 우리 사고의 일부분, 특히 기술적 사고는 원칙적으로 언어 없이 진행된다. 또 우리는 사고하지 않는 상태에서 말을 할 수도 있다. 아무 생각 없이 시 한 편을 낭송하거나 재잘거릴 수도 있는 것이다. 사고는 마음속으로 말하는 것이다.

아이들에게 망치를 주면 그들은 어느 정도 제멋대로 여기저기 두들기다가 뒤늦게 가서야 제대로 의미 있게 사용할 줄 알게 된다. 단어의 경우도 마찬가지다. 나이가 두 살 반인 아이는 끈질기게 "왜 그런데?"라는 질문을 반복해 던짐으로써 비로소 아주 미숙한 인과성 개념을 갖게 된다. 최초로 '맘마(엄마)', '멍멍', '차(車)', '꽃' 등의 단어를 사용할 때 그들에게는 그것들이 특정 대상을 지칭한다는 의식이 없다. 아직 언어의 상징 기능을 이해하지 못하고 있는 것이다. 그들은 오히려 그 단어가 대상의 속성이라고 믿는다. 이와 같이 인간은 말하기를 통해서 사고에 필요한 도구를 획득해 나간다. 러시아 심리언어학자 위고츠키Lew Wygotski는 "아이들이 소유하게 되는 언어 구조는 그의 사고의 기본 구조가 된다." 라고 말한다. 그리고 앞에서 설명했듯이 언어 구조라는 것은 모든 언어에 있어서 원칙적으로 동일하다.

사고 언어

'사고는 대부분 언어에 빚지고 있다' 라는 사실이 '사고의 내적 언어가 외적 언어와 동일하다' 라는 것을 의미하지는 않는다는 것은 일상의 경험을 통해 잘 알 수 있다. 이따금 우리는 생각을 표현하기 위한 적절한 단어를 찾기 위해 애쓰게 된다. 만약 사고가 단어로 구성되어 있다면 그럴 필요도 없을 것이고 사고를 필요로 하는 문학, 유머, 아이러니, 은유도 없을 것이다. 단지 사용 설명서만 있으면 된다.

우리는 사고를 하는 데 필요한 어떤 '사고 언어Mentalesisch' 하나가 기본적으로 존재한다고 가정해야 한다. 우리는 모국어가 아니라 하나의 사고 언어로 사고한다. 그리고 말로 하는 언어는 사고를 외부에 전달하기 위한 수단이다.

사고 언어가 무엇으로 구성되어 있는지는 말하기 어렵다. 우리는 그것을 표현할 수 있는 아주 익숙한 언어(한국어, 독일어 따위)만을 가지고 있기 때문이다. 사고 언어의 단위는 대개 '콘셉트Concept' 라 불린다. 콘셉트라는 것은 그 단어로 인해 자동적으로 연상되는 개념의 외연 전체를 내용으로 한다. '장(欌)Schrank' 이라는 개념은 사물을 보관할 수 있으며 문이 앞으로 열리는 입식 '상자Kasten' 의 이미지를 내용으로 가지고 있는데, 그 높이를 어느 정도 배제하고 문을 위로 옮겨 놓으면 그 이미지는 '궤짝Truhe' 이 되며 그 '문Tür' 은 '뚜껑Deckel' 이 된다.

사고 언어 상태의 단어 번역은 사람에 따라 매우 다른 결과로 나타날 수 있다. '상대성 이론'이라는 단어는 대부분 사람들의 머릿속에서 "아인슈타인이 고안해 냈다는 것 외에는 아무것도 알 수 없는 어떤 것"으로 번역된다. 전문 물리학자의 머릿속에 들어 있는 상대성 이론의 콘셉트를 번역하려면 상당히 많은 지면(紙面)이 필요할 것이다. 아인슈타인은 자신의 사고에 대해 다음과 같이 말했다.

문자로 기록되어 있거나 사람들이 말하는 단어나 언어는 나의 사고에 아무런 역할도 하지 못하는 것 같다. 내가 사고할 때 그 요소가 되는 심리적 단위는 어떤 표식이며 다소 분명한 이미지이다. 바로 이것들이 내 머릿속에서 임의로 생산되고 조합된다.

단어에는 임의의 의미가 실릴 수 있다. 위고츠키는 위대한 세계 문학의 제목을 예로 들어 이 점을 분명히 제시했다. 그 제목들은 (《햄릿》처럼 단 하나의 단어일 때조차) 하나의 콘셉트로서 작품 전체의 내용을 흡수했다.

이처럼 개별적 단어가 작품 전체로 해석될 수 있긴 하지만 사고 언어에서는 그렇지 않다. 이해를 돕는 데 불필요한 모든 것은 머릿속에서 포기될 수 있다. 중요한 것은 콘셉트, 그리고 콘셉트들 간의 관계뿐이다. 이에 대한 적합한 이미지를 발견한 사람은 위고츠키이다. 그는 《사고하기와 말하기》에 다음과 같이 썼다.

사고 내에 동시적으로 담겨 있는 것이 언어 내에서는 연속적으로 전개된다. 우리는 사고를 하늘에 걸린 구름에 비교해 볼 수 있다. 사고는 단어의 비를 뿌리면서 속이 비게 된다. 사고에서 언어로의 전환(내지는 이행)은 사고를 해체함으로써 동시에 단어들로 그것을 새로 창조하는 아주 복잡한 과정이다.

전송 수단으로서의 언어

사고는 정말 단어에 의해 새로 창조되는가? 프랑스 외교관 탈레랑 Charles-Maurice de Talleyrand(1754~1838)은 이렇게 답한다.

언어는 사람들이 서로 자신의 생각을 숨기기 위해 창조되었다. …그리고 언어는 사람들이 서로의 생각을 전달할 수 있기 위해 창조되었다.

실제로 일리가 있는 말이다. 하지만 그게 전부는 아니다. 언어는 사람이 자신에게 자신의 생각을 전하기 위해서도 창조되었다.

사람은 다른 사람의 입장에서 생각할 수 있지만 동물은 그렇게 하지 못한다. 사람은 자신과 타자에 대한 견해를 서로 이야기 나눌 수 있지만 동물은 그렇게 하지 못한다. 언어는 지식 교환을 가능하게 해주는 높은 가치를 지닌 도구다. 스스로 무엇인가를 실험해서 얻어내는 일에는 큰 위험 부담이 따른다. 우리는 그렇게 하는 대신 언어라는 도구를 사용하면 된다. 그것은 단시간 내에 훨씬 더 많은 지식을 획득할 수 있는 방법이다.

개인의 지식이 공동의 지식이 되면서 문화라는 것이 생겨난다. 문화의 핵심은 공동의 지식 풀Pool에 있다. 이 풀은 모든 구성원이 그것을 공유할 수 있도록 공개되어 있으며, 개인이 이것을 확보하는 데에는 특히 유년 시절의 체험과 학습이 중요하다. 언어를 통한 지식 전달은 사회생활에 많은 변화를 낳았을 것이다. 크로마뇽인 집단의 노인들은 신체적으로는 쇠약했지만 그들의 지식을 후속 세대에 전달할 수 있었기 때문에 젊은이들보다 생존에 유리했던 것으로 밝혀졌다.

사고 도구로서의 언어

언어라는 도구의 엄청난 가치는 이중으로 변화할 수 있는 가능성에서 비롯된다. 언어는 분리되어 있으며, 조합이 가능한 시스템이다. 우리는 임의의 단어를 고안해 낼 수 있으며 다시 그것을 조합해 계속 새로운 의미를 만들어낼 수 있다. 조합되는 언어 요소는 서로 뒤섞이지 않고 새로운 것을 형성한다. 문자는 임의의 수많은 단어를 형성하며, 단어는 임의로 구절을 형성한다. 형태소와 통사 구조는 생각을 밖으로 표현해 내는 능력을 무한히 확장시켜 준다.

우리는 '햄말이Schinkenrolle' 또는 '목적공동체차단Zweckgemein-schaftsverbarrikadierung' 등의 단어를 임의로 생산하고 거기서 무슨 의미를 읽어낼 수 있는지 숙고할 수 있다. 그것은 기이한 연습이라며 이의를 제기하는 사람도 있겠지만, 일반적으로 단어는 생각이 일어난 후에 따라오는 것이다. 우선 무엇인가를 미리 생각한 다음에 그 생각을 전달하기에 적합한 단어('언어 본능Sprachinstinkt', '자기회사IchAG' 등과 같은)를 고안해 내는 것이다.

하지만 아이들은 우선 단어를 먼저 받아들인다. 그들은 단어의 폭격을 받으며 살지만 그 머릿속에는 단어를 이해할 수 있는 콘셉트(개념)가 없다. 두 살이 되면 어른이 하는 대로 따라서 말하기 시작하지만 자신이 무슨 말을 하는지는 모른다. 단지 특정 단어와 구절이 특정 장소에서 특정 연관성 속에 사용된다는 것만을 기억해 둘 뿐이다. 그들은 '뜨겁다', '아니다', '오거라', '조심해' 등의 단어에 무엇인가를 결합하게 되고 얼마 안가서 '아, 그럴 수가', '아마도 잘 될 거야', '그렇게 되기를 기대합니다.' 따위의 문장으로 부모를 기쁘게 하는 단계에 이른다. 하지만 그 문장이 뜻하는 바의 절반 정도만 이해한 상태에서 그렇게 말할 뿐이다. 1762년 루소는 다음과 같이 말했다.

가장 빛나는 생각이 어린이의 뇌 속에, 가장 기발한 단어가 어린이의 입안으로 들어가는 것은 가장 비싼 다이아몬드가 아이의 수중에 들어가는 것과 같다. 아이들이 그 빛나는 생각을 말로 할 수는 있겠지만, 그들에게는 그것이 다이아몬드와 마찬가지로 무가치할 뿐이다. 따라서 그들은 진정한 소유자가 되지 못한다.

아이들은 단어를 조합해 새로운 생각을 만들어낼 수 있다는 점에 대해서도 대단히 빠르게 이해한다. 이 책의 저자들 중 한 명에겐 두 살 반 된 아들이 있는데, 그 아이는 '햇볕으로 인한 화상Sonnenbrand'에 주의하라는 말을 듣게 되자 잠시 후 "그러면 바람으로 인한 화상 Windbrand도 있나요?"라고 되물었다.

아이들은 단어를 다루는 일이 많아지고 단어들 간의 상호 관계에 대해 더 많이 알게 되면서 마침내 단어의 의미마저도 확보하는 단계에 이른다. 데닛에 의하면 단어는 개념의 원형이다. 인간이 처음 말하기를 시작했을 때부터 단어가 하나씩 고안되었고, 점차 모든 새로운 단어마다 비교적 단일한 고유의 용법이 형성되었으며, 그 단어의 첫 고안자조차 생각하지 못했을 다른 의미도 아울러 생겨났다. 점차 두 단어의 조합도 이루어졌는데, 이런 현상은 요즘 아이들의 '두 단어 단계'에서도 발견할 수 있다. 그 다음에 아마도 최초의 문장 구조 규칙이 생겨났을 것이며 계속 발전했을 것이다.

단어는 사고가 뇌 밖으로 발현되는 것을 허용했고, 그로써 언어는 인간 정신 및 문화의 산파가 되었다. 사고는 단어에 의해 구체화되며 단어는 그렇게 사용됨으로써 단일화된 비교적 안정적인 의미를 얻게 된다. 이 의미는 이제 개인의 사고 바깥에서도 존재하게 된다. 발언된 내용은 그 자체로서 독립적인 것이 되며 다시 철회될 수는 없다. 도이체 방크Deutsche Bank의 총재 대변인이던 코퍼Hilmar Kopper가

1996년 당시 파산한 건설 회사 슈나이더 그룹이 수공업자들에게 지불하지 못한 채무액 5,000만 마르크를 "땅콩"이라 발언했을 때, 그는 그 단어가 국민들에게 어떤 파급효과를 미칠지 아마 예상조차 하지 못했을 것이다.

언어가 세계에 존재하게 된 이래로 사고의 기반이 되는 체험이나 관찰의 비중은 줄어들었고, 남에게서 들은 진술이나 질문, 특히 문자의 발명 이후에는 읽어서 알게 된 것들이 점차 큰 비중을 차지하게 되었다. 클라이스트가 에세이《말함으로써 사고가 점차 완성되는 것에 관하여 *Über die allmähliche Verfertigung der Gedanken beim Reden*》에서 표현했던 대로 언어는 사고의 발전과 자신에 대한 이해에 기여한다.

친구여 내가 조언하건대 당신이 무엇을 알고 싶은데 그것이 숙고만으로는 불가능하다면 우연히 조우하게 되는 가장 친한 사람에게 그것에 대해 말해보시오. 그 사람은 사고가 명료한 사람일 필요가 없으며, 당신이 그 문제에 대해 그에게 물어보아야 할 필요도 없소. 내 말은 전혀 그런 뜻이 아니라오! 오히려 당신이 스스로 그 문제를 처음부터 그에게 설명해보시오. 당신은 의아해 할지도 모르겠소. 당신이 눈을 휘둥그레 뜨는 모습이 보이는 듯 하오! 당신은 이렇게 반론하겠지요. "나는 몇 년 전에 어떤 사람에게 이런 충고를 들었었는데, 즉 모름지기 사람은 알지 못하는 것은 말하지 말고, 이미 확실히 아는 것만 말하라고 말이오." 그러나 당신은 그 당시에는 아마도 '다른' 사람들을 가르치려는 어설픈 목적에서 말을 했을 것이오. 지금 내가 원하는 것은 당신이 '스스로'를 가르치기 위한 사려 깊은 의도에서 다른 사람에게 말하라는 것이오. 그러면 사안별로 달라질 테지만, 그 두 가지 현명한 규칙은 아마도 서로 모순 없이 나란히 있을 수 있을 것이오. 프랑스인은 이렇게 말하오. "식욕은 먹는 중에

생겨난다.‎ l' appetit vient en mangeant." 그리고 경험에서 나온 이 지혜
의 말은, 이 말을 패러디 해서 "생각은 말하는 중에 생겨난다.‎ l' idee vient
en parlant."라고 말할 때도 진리로 남아 있을 것이오.

인간의 지능

지능이라는 개념은 아직 분명하게 규정되지는 못했지만, 전통적으
로 지능 측정과 관련이 있는 개념이라 할 수 있다. 최초의 지능 테스
트는 1905년 프랑스 정부의 위임을 받은 비네Alfred Binet와 시몽
Theodore Simon이 어떤 아이들이 특수학교에 가야 하는지 결정하기
위해 개발해 냈다. 지능에 대해 거론하는 것은 원칙적으로 사람마다
정신적 능력에 차이가 있다는 전제하에 말하는 것이며, 지능 테스트
는 교육 수준을 측정하는 것이 아니라 인간의 심층에 들어 있는 '습득
능력'을 측정하는 것이다. 지능이 높은 사람일수록 그만큼 더 쉽게 배
울 수 있다. 무엇이 지능에 속하는 것이고 무엇을 측정해야 지능을 알
수 있는지에 대한 견해는 매우 다양하다. 고전적 지능 테스트는 언어
적 사고 능력을 중심으로 이루어졌지만, 20세기 후반부에는 민첩성,
감성, 상상력 등의 측면이 비교적 중요하게 평가되었다. 지능이라는
개념의 범위는 점점 넓어져 개인의 삶이 성공적인 것이 될 수 있도록
도움을 주는 모든 것이 거기에 속하게 되었다. 이런 개방과 더불어 인
간은 지능의 진화론적 기원에 근접하게 되었다. 이미 언급했듯이 언
어적 사고는 인류 역사에서 최근에 획득된 것이고, 그에 앞서 이미 비
언어적 지능이 존재했던 것이다. 인간의 지능을 이해하기 위해 언어
적 지능이 문화적으로 발전하는 기초가 된 그 기본적 지능(지성)을 살
펴보기로 하자.

인지적 모듈

진화론은 사고의 개별 요소가 무엇인지를 확정함으로써, 하필이면 왜 그런 정신적 능력을 확보하게 되었는지, 그리고 그 밖의 사실의 원인은 무엇인지 해명할 수 있는 유용한 관점을 제공할 수 있다. 물론 그것들이 어떤 목적 때문에 생겨났는지 재구성하는 일이 선행되어야 한다.

동물들을 관찰해 보면 무수히 많은 특수 능력이 존재한다는 것을 알 수 있다. 진화를 통해 간단하게 지능이 높아지는 것이 아니라, 종(種)마다 서로 다른 특수한 생활 방식으로 인해 생기는 문제를 해결할 수 있는 능력이 계속 발전한 것이다. 결국 동물들은 '전문가 바보(자신의 분야만 잘 아는 자)Fachidiot'가 된다. 하지만 인간은 진정한 '박식가Universalist'이다. 인간의 지능은 오랫동안 보편적 문제에 대한 해결 능력으로 간주되어 왔다. 하지만 진화의 논리는 조상들이 수백만 년 동안 개발해 온 특수한 지적 성과가 단지 200만 년 전에 우리 머릿속에서 지워졌고, 그 대신 보편적 지능의 모듈이 자리 잡게 되었다는 것을 배제한다.

동물마다 서로 다른 지능을 이해하는 열쇠는 생존을 위해 투쟁하는 해당 동물의 특수한 생활 방식에 있다. 그것은 해당 종(種)이 살아가는 코너(틈새)로 불리는 특수한 환경을 통해 특징지어지며 천적, 먹이, 기후가 그에 속한다.

이제 '인간은 어떤 코너를 점유하고 있는가?' 다시 말해 '모든 것을 먹고살며 지구상 어디에서나 사는 동물로서의 인간은 어떤 코너를 점유하고 있는가?' 하는 문제가 생겨난다. 심리학자 투비John Tooby와 인류학자 드보어Irven DeVore는 대답한다.

인간은 인지적 코너를 점유하고 있다. 바꾸어 말하자면 인간의 생활 방식의 가장 중요한 특징은 사유한다는 것이다.

하지만 우리는 이렇게 다시 일반적 지능이라는 출발점으로 되돌아
온 것은 아닌가?

박쥐의 생존 전략은 음파 탐지 시스템, 즉 귀를 통해 어두운 밤에
세계의 공간적 이미지를 파악하는 것이다. 기능 면에서 그 이미지는
사실상 눈으로 본 것과 동일한 가치를 가진다. 따라서 박쥐는 어둠 속
에서도 사냥에 나설 수 있다. 고슴도치의 전략은 적을 방어하기 위해
몸을 둥그렇게 말고 등의 가시를 세우는 것이다. 인간의 전략은 환경
에 대해 숙고하는 것이다. 이 방식은 사냥꾼 및 채집자로서 다양한 환
경 속에서 살아남게 해준다.

진화심리학의 성과에 따르면 인간의 인지적 기본 지능에는 언어 능
력 뿐만 아니라 죽은 것들과 살아 있는 것들 · 인간의 행동 · 인공물 ·
위험 · 오염 · 신분 · 권력 · 정의 · 사랑 · 우정 · 자녀 · 친척 그리고 고
유의 자아에 대해 직관적 이론을 형성하는 능력도 포함될 것이다. 여
기에서의 이론에 대한 개념은 아주 간단하게 이해하면 된다. 그것은
세계 각 부분의 기능 방식을 추측할 수 있는 정도의 것이면 된다. 타
고난 이 이론들은 학습을 위한 테두리를 제공하고, 정신의 구조를 형
성하며 '무엇 · 언제 · 어떻게 · 왜'라는 생각을 할 수 있게 해준다. 학
습은 경험을 정리하고 유용하게 일반화하는 것이다. 보거나 들은 것
을 배열할 수 없다면 혼란스러워질 것이며 아무것도 배울 수 없을 것
이다.

폴더적 사고

정신적 폴더는 카테고리라 불린다. 그것의 진화적 유용성이 우리
손아귀에 있다는 것은 자명하다. 우리가 많은 것을 알고자 한다면 약

정신의 진화 · 835

간의 관찰만 하면 된다. 우리는 깃털 달린 동물을 조류 카테고리에 배열할 수 있고, 그것이 어떻게 하늘을 나는지 직접 관찰하지 않더라도 십중팔구 진짜로 날 수 있으리라는 것을 알고 있다. 그것이 알을 낳으며 둥지를 짓는다는 것에 대해서도 마찬가지이다. 그것을 조류의 하위 카테고리에 배열한다면 더 많은 결론을 얻어낼 수도 있다. 예를 들어 어떤 조류를 황새로 인식했을 경우 그것이 개구리를 잡아먹으며 겨울에는 남아프리카로 날아간다는 것도 알게 된다는 것이다. 특정 카테고리는 그에 속한 개체의 속성 일부만을 관찰함으로써 그 나머지를 추론할 수 있게 해주며, 카테고리가 좁을수록 그 안의 동물에 대한 진술은 정확해진다.

우리가 분류한 카테고리는 결코 임의적인 것이 아니라 세계 내에 그에 상응하는 대상이 있는 것들이다. 물에 사는 비늘 달린 모든 동물을 어류로 분류하긴 하지만, 눈이 큰 모든 동물을 대안(大眼) 동물로 분류하지는 않는다. 우리의 카테고리는 자연적(혹은 사회적) 합법칙성을 반영하며, 매번 특정한 특징을 인식할 수 있게 해준다. 따라서 우리는 하나로부터 다른 하나를 추론할 수 있다. 이런 기능을 하지 못하는 카테고리는 그 유용성이 적을 수밖에 없고, 한 언어의 단어로서 세계 내의 아무런 대응물도 발견하지 못한다. 카테고리는 기초가 되는 합법칙성이 알려져 있지 않은 채 세계에 대한 우리의 인지로부터 자발적으로 생겨난다.

유사성에 따른 그룹 짓기에서 자발적으로 생겨나는 것은 아니지만 대상을 정확히 규정하기 위해 만들어지는 두 번째 종류의 카테고리도 있다. 이런 경계 짓기는 이미 널리 알려져 있는 합법칙성에 따라 이루어진다. '붉은 펜', '소수(素數)', '남성(男性)' 등의 카테고리는 정확한 의미를 가지고 있다. "소수의 카테고리에 속한다"라는 말은 수학에서 사용하는 말이며, 그 뜻은 "그 자신의 숫자 및 1로만 나누어질 수 있다"이며, "붉은 펜에 속한다"라는 말은 "종이에 그었을 때 흰 빛을 비추면 붉은 부분만을 반사하는 선을 남긴다"라는 뜻이다.

불분명한 카테고리라 할지라도 거기에 기초로 깔려 있는 법칙을 발견하고 정의(定意)를 도출해 내면 선명한 경계를 가진 카테고리를 얻을 수 있다. 이것이 바로 수많은 개념들이 과학적 의미와 일상 대화적 의미를 동시에 갖게 되는 이유다. 일상 대화에서 돌고래는 흔히 '물고기Fish'로 불리지만 과학적으로 얘기할 때는 포유류가 된다. 선명한 카테고리에서 도출되어 나오는 말은 직관적인 것이 아니라 논리적인 것이다. 수많은 개념이 이 두 종류의 카테고리에 배열될 수 있으며, 따라서 외견상 모순을 가진 문장도 의미를 형성할 수 있다. 어떤 사람에게 남성 10명의 사진을 주면서 다음과 같이 지시한다고 하자. "이 남성들을 남성성에 따라 분류하시오!" 그는 그 요구를 이해하는 데 아무 어려움을 느끼지 않을 것이다.

우리는 일상생활에서도 두 종류의 카테고리를 이용한다. 또 단순히 유사성을 발견하는 데 만족하지 않고 장차 합목적적 진술을 할 수 있기 위해 그 기초에 깔린 법칙의 흔적을 발견하려는 노력도 한다. 유감스럽게도 카테고리로 분류할 수 있도록 자연이 제공해 주는 외견상의 유사성은 별로 쓸모가 없다. 그 유사성은 '붉은 딸기'라는 카테고리를 제공할 수는 있지만, 우리가 원하는 것은 '식용 가능한 딸기'라는 카테고리인 것이다. 과학은 세계를 가급적 (물리학과 화학의 경우는 오로지) '차하(次下)의 종The second art'의 카테고리로 세분화해 기술하는 것을 목표로 하는 프로젝트라 할 수 있다.

폴더로 분류할 수 있는 사고 능력은 우리 정신의 기초를 이루는 특징이다. 하지만 그 자체로 인간이 타고나는 카테고리는 극소수이다. 앞에서 이미 인지 불능 증후군과 관련해 설명했듯이 성과 나이라는 카테고리가 그 극소수에 속한다. 우리는 이 카테고리로부터 자동적으로, 그리고 무의식적으로 결론을 이끌어내며 거기에 부응하는 태도를 갖게 된다. 인종(人種)이라는 카테고리는 사람들이 각자 자신을 자동적으로 특정 카테고리에 배열하고 자신의 이익을 끌어내는 데 이용되지만, 심리학적 실험들이 보여주었듯이 인종이라는 것은 진화적 조건에 의해 결정된 것이 아니다. 진화는 인종주의에 대해 아무런 설명도 제공하지 않는다. 물론 진화가 어떤 설명을 제공한다 하더라도 그것이 인종주의를 정당화하지는 못할 것이다.

직관적 이론

사람들은 생명이 존재하지 않는 환경(예컨대 우주 공간)과 교류할 수 있는 인지적 모듈(예컨대 공통된 언어 코드―옮긴이)을 찾기 위해 젖먹이 어린이를 상대로 수많은 실험을 했다. 물론 타고난 능력이 유아 단계에서 이미 드러나야 할 필요는 없다. 앞에서 설명한 바와 같이 신생아는 모든 임의의 자연어(각국의 언어)를 획득할 수 있는 잠재력을 확보하고는 있지만, 아직 특정 언어를 구체적으로 확보하고 있지는 않다. 하지만 아이의 능력을 조기에 많이 관찰할수록 그 만큼 더 확실하게 타고난 인지 구조에 대한 지표를 얻을 수 있을 것이다. 물론 아이의 사고력 테스트를 임의로 조기에 실행할 수는 없다. 아이가 최소한 자신의 생각을 표현할 수 있는 시기에 도달해 있어야 한다. 생후 3개월 정도면 아이는 나름대로 자신의 생각을 표현할 수 있다. 그들은 싫증이 나면 눈을 다른 곳으로 돌린다. 이미 무엇인가를 인식했기 때문이다. 또 아이는 뜻밖의 것을 만나게 되면 그것을 뚫어져라 쳐다본다. 이런 현상을 통해서 그들이 생각하는 것을 추론할 수 있다.

유아들은 함께 움직이는 여러 물체를 다수가 아닌 하나의 객체로 인지한다는 사실이 밝혀졌다. 그 대상들이 공통된 윤곽을 가지고 있는지 알 수 없을 때도 마찬가지다. 우리는 이 사실을 막대와 수건을 가지고 간단히 확인할 수 있다. 막대를 수건 뒤에 감추고 그 좌우에 양끝이 보이게 한 다음 막대와 수건을 동시에 움직이다가 수건을 치워버리면 막대와 수건이 서로 분리된 별개의 물건이라는 사실을 알고 아기가 깜짝 놀란다. 하지만 수건과 막대를 움직이지 않았을 때에는 수건을 치우고 막대기를 보여주어도 놀라지 않는다. 즉 아기는 이미 '부분이 함께 움직이면 그것들은 서로 연관된 객체를 형성한다'라는 이론을 확보하고 있는 것이다. 이와 유사한 실험들을 통해 물리학의 요소에 대한 아기들의 직관이 추가로 발견되었다. 그 내용은 다음과 같다.

－대상들은 서로 연관된 궤도를 따라 움직인다. 그것은 한 순간에는 여기 있고, 그 다음 순간에는 2미터 떨어진 곳에 출몰한다. 하지만 그 사이에 아무것도 없게 되는 것은 아니다. 그런 도약은 제3장에서 기술했듯이 양자물리학에만 존재한다. 그에 대해 표현하기 어려웠던 것은 그 현상이 다분히 직관적 물리학에 위배되기 때문일 것이다.
－대상들은 긴밀히 연관된 전체를 형성한다. 네모난 주사위의 윗부분을 잡고 들어 올리면 그 하반부가 테이블에 그대로 밀착된 상태로 있게 되지 않는다.
－대상들은 서로 접촉함으로써만 움직일 수 있다. 당구공이 제2의 당구공을 향해 굴러가다가 20센티미터를 남겨둔 지점에서 갑자기 멈추었는데 제2의 당구공이 갑자기 움직여 굴러가기 시작한다면 어떤 어린이라도 거기에 뭔가 비정상적인 것이 있다는 것을 안다.

반면 기타 물리학적 법칙은 아이들에게 완전히 낯설다. 그들은 아직 중력에 대해서도 정확히 알지 못한다. 아이들은 접시를 테이블 가장자리 바깥으로 밀었을 때 그것이 떨어지지 않는다면 놀라겠지만, 만약 그 테두리가 조금이라도 테이블에 닿아 있을 경우에는 떨어지지 않더라도 놀라지 않는다. 접시의 무게 중심이 테이블의 바깥에 있다는 것을 모르기 때문이다. 아이들은 관성에 대해서도 직관적으로 알지 못한다. 그러나 자연이 그들에게 부여한 인지 능력은 수많은 다른 것들을 발견할 수 있게 하는 기초가 되기에 충분하다. 그런 능력이 없다면 아이들은 진퇴양난에 봉착할 것이다. 만약 세계를 대상으로 분해하지 않음으로써 대상을 일정하게 유지되며 서로 독립하지 않는 하나의 덩어리라 가정한다면 세계에 대해 연구하는 것은 불가능할 것이다. 세계는 작은 대상으로 분해될 수 있으며, 변화하고 독립할 수 있는 것이다.

자연은 우리가 기타 생명체와 교류할 수 있도록 준비시켜 주었다. 직관적 생물학의 최초 규칙은 직관적 물리학의 네 번째 규칙에 위배되게도 다음과 같다. 어떤 대상이 외부의 힘을 받지 않고도 움직인다면 그것은 살아 있는 것임에 틀림없다. 세계를 생명이 있는 대상과 그렇지 않은 대상으로 양분하는 일은 원시인이나 생후 몇 개월짜리 아기라도 할 수 있다. 사람들은 동물과 식물을 구분할 수 있으며, 그런 민간의 카테고리 역시 전 세계 어디에서나 린네의 종개념에 따른 분류법에 상응하며, 생명체에 대한 그의 본질적 견해를 따른다.

사람들은 인공물에 대해서는 동물과 같은 자연 사물을 대하는 것과는 다른 태도를 취한다. 그것은 인공물의 기능을 중요시하기 때문이다. 1917년 뒤샹Marcel Duchamp이 변기를 예술작품으로 선언한 이후 예술가의 목표 중 하나는 자연적 시각을 파괴하는 것이 되었다. 그것은 인공물의 본래적 기능을 박탈하는 상징적 행동이다.

모든 사람이 확보하고 있는 직관적 심리학은 타자를 확신과 소원을 가진 존재로 보는 능력이라고 앞부분에서 이미 설명한 바 있다. 태도를 이해하고 예측하는 그 전략은 아이들의 경우 생후 9개월부터 나타난다. 이것은 종종 '사회적 능력Soziale Kompetenz' 또는 '감성적 지성Emotionale Intelligenz'이라 불리는 것의 인지적 기초이기도 하다. 따라서 이 능력의 결핍은 자폐증의 원인이라는 테제가 나오게 되었다. 그것은 일종의 정신적 문맹 상태이며, 정신적 존재를 그 자체로서 인식할 수 있는 능력의 부재이다.

이외에도 인간의 기본적 무기를 구성하는 사고의 보편적 요소 중 수많은 것들이 탐지되었다. 논리적 추론 · 간단한 계산 능력 · 개연성(확률) 산정 능력 · 사회적 연관 관계의 이해가 거기에 속하는 것들이다. 직관적 이론은 일상의 요구에 부응하며, 바로 그런 점에서 과학적 이론과 구분된다. 직관적 이론에서의 최고 기준은 진리가 아니라 유용성(有用性)이다.

문화와 지능

하지만 오늘날의 일상생활은 2만 년 전의 그것과는 다르다. 우리는 지금 2004년이라는 연도를 사용하고 있으며 극소수의 사람들만이 아직도 수렵 및 채집 생활을 한다. 인간의 생물학적 사고 능력을 그것이 최초로 개발되었던 때의 생활 방식에 따라 사용하는 사람은 이제 거의 없다.

이제 사람들은 책이나 TV를 보면서 자신이 투자한 주식의 가격이 오를지 떨어질지 생각하거나 이번 휴가는 어디로 떠날 것인지 계획한다. 또 어떤 사람들은 새로운 초전도체, 마케팅 방법, 인간 정신에 대한 획기적인 설명을 발견하기 위해 연구한다.

오늘날의 사고는 본래적 정신과 어떤 공통점을 가지고 있는지에 대해 물어볼 차례가 온 것이다.

우리 머릿속에 사고 모듈의 진화적 근원이 있다면, 그것은 농업과 가축 사육법이 고안된 시점부터 현재에 이르는 짧은 기간 동안에는 거의 변화하지 않았을 것이다. 우리의 정신은 2만 년 전과 거의 동일한데 세계는 완전히 바뀐 것이다. 이제 정신은 이 낯선 세계에 어떻게 적응할 것인가? 하지만 전체적으로 본다면 불만스러워 할 일은 아니다. 때로 사람들은 현대 생활의 복잡함에 대해 불만을 토로하기도 하지만, 그 생활은 오히려 원칙적으로 별 어려움 없이 살아갈 수 있는 조건을 제공하고 있다. 오늘날의 생활이 오래전 자연 세계에서의 그것과 아무리 달라졌다 하더라도 그것은 여전히 우리의 정신과 아주 가까운 것이다. 그것은 결국 우리의 정신이 이루어낸 것이기 때문이다. 사실상 환경은 책·도구·건물·이론·멜로디·유익한 동물·농경·TV 시리즈·컴퓨터 등 오직 인간의 정신에 의한 산물로 이루어져 있다.

흥미롭게도 지난 몇 년 동안 정신적 세계와 생물학적 세계에 서로 유사한 현상이 존재한다는 것이 확인되었다. 이념의 세계에도 (유전자처럼) 다윈적 진화의 원칙에 따르는 단위가 존재하는 것 같다는 뜻이다. 기억소라 불리는 그것은 유전자처럼 복제물이긴 하지만 자유로운 대자연에서 (세포핵에서 세포핵으로, 생물에서 생물로) 전파되는 것이 아니라 생각이나 책 등을 통해 전파된다. 기억소는 인간만이 가진 독특한 모방 능력 덕택에 존재할 수 있다. 그것은 모방을 통해 뇌에서 뇌로 전달되기 때문이다. 운동을 모방하거나 새로운 단어를 배우거나 식사 때 포도주를 마시는 데 익숙해지면 그에 대한 기억소가 뇌에 복사되는 것이다.

기억소는 유전자처럼 행동하며 '모든 생명은 복제되는 단위의 서로 다른 생존 성공률을 통해 발전한다' 는 다윈주의를 따른다. 그것은 복제본 생산을 통해 유포되며 그 과정에서 약간씩 변형된다. 생물학적 변이에 비교될 수 있는 이 변이는 특정 환경 속에서 기억소가 얼마나 성공적으로 전파될 수 있는지 결정해 준다.

기억소는 도대체 무엇이며 어디에 존재하는가? 그것은 하나의 멜로디, 하나의 아이디어, 하나의 과학적 이론, 하나의 단어일 수 있다. 기억소 중에는 유행가·자전거·사후 세계에 대한 신앙·설득력 있는 과학적 이론과 같은 성공적인 것이 있는 반면, 널리 유포되지 못한 이론이나 앞에서 설명했던 골상학 학설처럼 곧 사멸하는 것도 있다. 유포와 생존을 결정하는 것은 전체적으로 문화라 불리는 정신적 환경이다. 따라서 우리는 자연도태에서 유추해 낸 '문화적 도태' 내지는 '선택적 모방'이라는 용어를 사용할 수 있게 된다.

아주 성공적인 기억소는 전 세계 어디서나 성공적으로 자리 잡은 '집House'이라는 구조물이다. 집은 여러 장소에 여러 양식으로 나타난다. 홍콩과 뉴욕 맨해튼에서는 하늘 높이 솟아오른 집들이 눈에 많이 띄는 반면, 독일 북동부 해안의 관광지에서는 갈대 지붕의 집들이 (하나의 생물에 비유하자면) '증식'에 유리한 조건을 확보한 것처럼 보인다. 집의 내부에서 커다란 성공을 거둔 기억소는 '문門'이다. 거의 모든 종류의 집에, 뿐만 아니라 컨테이너나 책상, 심지어 뻐꾸기시계에도 문은 있다. 유전자처럼 부분적으로 아주 복잡한 기억소도 있는데, 그 복잡함 전체가 함께 유포된다. '종교'가 그러하다.

기억소와 유전자의 본질적 차이는 변종에 있다. 유전자는 우연히 변이를 일으키지만 기억소는 흔히 의식적으로 모델을 바꾸면서 새로운 문화적 틈새 공간에서 확장된다. 기억소는 수직적으로도 전파되기도(부모 세대에서 자녀 세대로의 전파) 하지만, 유전자와 달리 마치 바이러스처럼 수평적으로도 전파된다.

사람들은 기억소 공학을 유전자 공학보다 더 오랫동안 장악하고 있다. 광고업계 전문가들은 제품 이미지를 조작해서 추가적 구매자 집단을 끌어들일 때 기억소공학에서 얻은 수단을 가지고 작업한다. 체조는 에어로빅으로 발전하고, 에어로빅은 캘러네틱스Callanetics(가벼운 운동을 반복해서 근육을 튼튼하게 하는 운동 프로그램—옮긴이)로 발전한다. 이런 발전 과정은 계속 될 것이다. 엔지니어들은 바퀴를 변형해 톱니바퀴를 제작하고, 복사기를 변형해 팩스 전송기를 만든다.

기억소 공학은 문화적 진화 및 과학적 진보를 기술할 수 있는 설명 방법을 제공한다. 과학은 생물학적 진화와 유사한 점이 상당히 많다. 과학에서는 아주 체계적인 선별이 일어나기 때문이다. 다시 말해 과학의 모든 가설 내지 이론은 대안적 설명 모델과 경쟁해서 그 적응력을 입증해야 한다는 것이다. 만일 그렇지 못할 경우에는 사멸하게 된다.

정신의 보조 수단

인간 정신의 산물 중 많은 것은 정신의 보조 수단이기도 하다. 물론 그중에서 가장 앞서는 것은 정신적 능력의 완수를 돕기 위해 구성된 기계들이다. 하지만 기계가 생각을 쉽게 할 수 있게 해주거나 특정 사고 성과를 이끌어내는 일을 면제해 주는 것은 결단코 아니다. 세계는 온통 간판, 제목, 안내서로 도배되어 있다시피 하며, 인간이 만든 모든 인공물은 지능의 성과가 보관된 창고를 일제히 개방한 것과 같은 기능을 한다. 종이와 연필 없이 아주 간단한 지적인 과제를 해결하라는 요구를 받는다면, 아주 단순한 그런 보조 수단에 우리가 얼마나 의존하고 있는지 알게 될 것이다. 그런 종류의 지적 성과를 박탈당했을 때 그 과제를 해결할 수 있는 사람은 몇 명 안 된다. 우리는 세 자리 숫자 두 개를 서로 곱하는 일, 한 문장의 단어들을 알파벳 순서에 따라 배열하는 일, 동네 버스 정류장에서부터 친구의 집까지 가는 사이에 만나게 되는 길가의 모습을 모두 기억하는 일을 보조 수단 없이는 할 수 없다. 우리의 뇌와 우리의 문화는 통일성을 이룬다. 토마셀로는 다음과 같이 말한다.

유기체는 부모로부터 게놈을 물려받듯 환경을 물려받는다. 이 말은 아무리 강조해도 지나치지 않다. 물고기는 물속에서 움직이며 살도록 만들어졌고, 개미는 군집을 이루어 살도록 만들어졌다. 사람들은 특정 종류의 사회적 환경에서 살도록 만들어졌다. 그런 것이 없다면 아이는 (물론 어른들이 그 아이의 생명을 유지시켜 줄 수 있다는 것을 전제로 하고) 사회적 능력 면에서도 인지 능력 면에서도 정상적으로 발달할 수 없다. 이 특정의 사회적 환경이 바로 우리가 문화라 부르는 것이다.

다르게 표현하자면 현재 우리의 자연은 현재의 문화다. 우리의 사고는 예나 지금이나 직관적 이론에 입각하고 있는 것이 사실이지만, 수많은 언어적 수단과 기타 보조 수단의 도움을 통해 훨씬 더 많은 것을 성취할 수 있게 된 것 또한 사실이다.

인공 지능

지능 테스트에는 두 종류가 있다. 이미 언급한 튜링테스트는 기계를 이용한 지능 테스트이지만, '시중에 통용되는' 지능 테스트는 인간을 대상으로 하는 것이다. 그러나 모순되게도 우리는 인간의 지능을 검사하기 위한 몇몇 테스트에는 합격할지 몰라도 모든 사람들이 쉽게 합격하는 기계용 테스트에는 합격하지 못하는 컴퓨터만을 프로그래밍할 수 있을 뿐이다.

1997년 5월 컴퓨터 프로그램 딥 블루Deep Blue는 체스 세계선수권자인 카스파로브Garri Kasparow를 4대 2로 이겼다. 하지만 그것은 놀라운 일이 아니었다. 체스 컴퓨터는 이미 오래전부터 있었으며 지속적으로 개선되고 있었기 때문이다. 그럼에도 이 게임은 인간 지능과 인공 지능의 대결, 심지어 인간과 기계의 지능 비교라는 수식어까지 얻으면서 상징적인 가치를 부여받았다. 카스파로브는 대결이 시작되기 전 '인간의 명예'를 수호하겠다는 말을 했으며, 그의 카운슬러 프리델Frederic Friedel은 시합이 끝나고 나서 "지성은 인간이 가지고 있는 유일한 독점 재산임에도 결과는 당혹스럽게 나타났다"라고 논평했다.

하지만 그것은 핵심을 벗어나는 말들이었다. 카스파로브는 인간 지능의 대표자가 아니었으며, 딥 블루 역시 당시의 인공 지능 수준을 대표하는 것은 아니었다. 딥 블루는 오직 계산된 과업만을 수행했을 뿐이다. 그 컴퓨터는 잘 정의된 특정 문제들을 풀 수 있을 뿐이다. 그것이 행렬의 완성, 공간 지각 능력 훈련, 단어 간의 상호 유사성 발견 등으로 구성된 전통적 지능 테스트에 완벽하고 신속하게 합격할 수 있다면 그 이유는 그렇게 프로그래밍되었기 때문이다. 이런 의미에서 본다면 그것을 지적(知的)인 존재라 부르는 것은 잘못된 것이다. 이미 30여 년 전에 만들어졌던 컴퓨터 프로그램이 수학의 집합 분야의 시험에 매우 우수한 성적으로 합격했을 때 사람들은 그 지능이 입증된 것이라고 말하기도 했지만, 실제로는 딥 블루 따위의 능력이 인간 사고의 가능성을 보여줬다고 말하는 것은 사실과 거리가 너무 먼 얘기다.

오늘날의 컴퓨터는 사람들이 할 수 없는 엄청난 분량의 사고 과제를 처리할 수 있으면서, 이와 동시에 블록 쌓기 놀이처럼 누구라도 간단히 할 수 있는 일은 건너뛴다. (즉 수행하지 못한다.—옮긴이) 이런 모습은 일견 모순처럼 보인다. 그 이유는 전문 지식은 일상의 지식에 비해 상상할 수 없을 만큼 단순하다는 데 있다. 그렇기 때문에 우리가 이미 능숙하게 일을 처리하는 전문 컴퓨터 시스템을 확보하고 있는데도 불구하고 상식Common Sense 컴퓨터만은 아직 공상 과학 영화에서나 만나볼 수 있을 뿐인 것이다. 잘 정의된 문제의 해결은 인간 지성에서 아주 작은 부분만을 차지할 뿐이며 세계로부터 무한히 다양한 문제를 도출해 내는 능력, 다시 말해 현실을 파악하고 형성하는 능력이 훨씬 더 많은 부분을 차지하고 있다.

인간의 지능을 다른 모든 지능 형식과 구별해 주는 두 번째 결정적 측면은 그 사회적 특징이다. 인간의 뇌는 기계이며 원칙적으로 (생화학적 측면에서 볼 때) 동물의 뇌와 동일한 기능을 한다. 그러나 인간의 본질적인 잠재력은 그 존재의 바깥, 즉 문화에 달려 있다. 인간의 뇌는 역사상의 모든 과학자와 사상가에 의해 창조된 엄청난 지식의 데이터베이스를 학습해 그것을 자기 것으로 소화하고 더 나아가 새로운 지식을 창조해 낼 수 있는 잠재력을 가지고 있다. 따라서 인간은 개인으로서가 아니라 인류 전체의 부분으로서 존재할 때만 지적인 존재라 할 수 있다. 신생아는 아직 인간의 지성을 확보하고 있지 못하다. 단지 그것을 위한 생물학적 전제들만 확보하고 있을 뿐이다.

인간의 지능은 엄청난 지식의 데이터베이스, 다시 말해 도서관과 인터넷에 수집되어 있는 전 세계의 지식에 의해 특징지어지며, 개인은 어떤 방식으로든 그것을 부분적으로 소유할 수 있다. (아주 다양한 의미에서) 문제를 설정하고 그것을 여러 측면에서 관찰할 수 있는 능력과 자신의 사고에 대해 거리를 두고 성찰할 수 있는 능력을 가지고 있기 때문이다. 동물은 그런 능력을 전혀 지니지 못했다. 하지만 기계는 머지않은 장래에 어느 정도 인간과 유사한 형식의 그런 특징을 확보할 수 있을 것이다.

이처럼 인간의 지능은 당분간 지구상 모든 것들의 지능보다 우월한 지위에 있을 것임에도 불구하고 아직은 인간의 우월성에 대해 확신할 수는 없다. 로봇의 사고가 인간의 것을 능가하거나, 심지어 로봇이 인간을 지배하게 되는 상황은 오래전부터 공포와 호기심의 대상이었다. 그것은 로봇이란 존재가 우리의 본질을 건드리기 때문이다. 우리는 (쉽게 상상해 볼 수 있는) 그런 존재가 당연히 인간과 아주 유사할 것이라고 생각한다. 컴퓨터가 이제 더 이상 계산된 과제를 수행하지 않고 독자적으로 행동하기 시작하는 순간 그것은 기계가 아닌 것처럼 보일 것이다.

영화 〈엔터프라이즈Next Generation〉는 그 과도기를 잘 형상화해 놓았다. 이 우주선에 탑재된 컴퓨터는 명백히 컴퓨터일 뿐이다. 그것은 우주선의 모든 시스템을 제어하도록 프로그래밍되어 있으며 거대한 데이터 뱅크로서의 기능을 한다. 그 컴퓨터는 영화 속의 인물들과 아주 자연스럽게 대화를 나눌 수 있을 만큼 완벽한 언어 인지력을 확보하고 있지만, 아무도 그 컴퓨터에 대고 "질문이 하나 있어." 또는 "해결방안을 알려줘." 이외의 말을 할 생각을 하지 않는다. 그 누구도 "안녕, 나는 뭘 좀 먹으러 가야겠어"라는 말을 건네지는 않는 것이다. 반면 그 컴퓨터의 건너편에 또 다른 선장 데이터Commander Data 컴퓨터가 있다. 이 선장은 조금 전의 그 컴퓨터와 유사한 지식을 확보하고 있지만 에어컨을 단속하는 따위의 단순한 일을 수행하지는 않는다. 그것은 인간의 형상을 하고서 우주선 내부 공간 여기저기를 돌아다니며 독자적으로 행동하기까지 한다. 아무도 그를 기계처럼 다루지 않는다. 인간과 다른 점은 감정이 결핍되어 있다는 것뿐이다. 따라서 엔터프라이즈호에서는 인간의 최종적 독점물은 지능이 아니라 감정이다. 인간적 존재인 데이터 로봇은 고도의 지능을 갖추고 있을 뿐 아니라 행동 능력과 책임 능력마저도 가지고 있는 것으로 통한다.

하지만 이것은 공상 과학 영화에 등장하는 이야기일 뿐이다. 과연 딥 블루를 행동하는 주체로 간주해야 할까? "그렇다"라고 대답해야 할지도 모른다. 카스파로브와 시합을 벌인 것은 딥 블루일 뿐이며 그 배후에는 아무도 없었다. 그것은 모든 결정을 스스로 내렸으며 결국 승리했다. 딥 블루의 프로그래머가 승리했다고 말하는 사람이 있을 수 있지만 그것은 잘못된 생각이다. 카스파로브의 훈련 감독과 카운슬러가 카스파로브와 한편이 되어 시합했음에도 졌다고 말하는 사람이 있다면 이 사람 또한 잘못 말한 것이다.

딥 블루는 인간과 아주 조금 유사하지만 체스 선수와는 꽤 많이 유사하다. 좀 더 구체적으로 말하자면, 그는 '비인간적' 체스 선수다. 카스파로브는 시합 전에 다음과 같이 말했다.

내게 딥 블루는 컴퓨터가 아니다. 인간과는 상당히 다른 일련의 특징을 가진 선수일 뿐이다. 나는 지금 딥 블루를 이기는 데 도움이 될 만한 전략을 짜고 있다.

인공 지능 시스템을 위한 척도를 구성하는 데 중요한 문제는 '그 시스템이 실제로 인간과 얼마나 유사한가'가 아니라, '우리가 그것에 대해 얼마나 인간 대(對) 인간으로서의 태도를 취할 수 있는가'이다. 즉 '그것들에게 목표, 확신, 사고, 희망 따위의 정신적 능력이 있다고 기대해도 좋은가' 하는 것이다.

체스를 두는 것 이외의 능력과 지식이 있는지 생각해 보면 분명해지는 것이 있다. '컴퓨터에게 그 모든 능력을 프로그래밍하여 일거에 부여할 수 있다'는 생각은 헛된 생각일 뿐이다. 컴퓨터가 인간과 유사해질 수 있다는 주장이 옳은 것이 되기 위해서는 컴퓨터의 성립 과정 역시 반드시 인간과 유사해야만 한다. 하지만 주지하다시피 인간은 일련의 프로그래밍 작업에 의해서 만들어지지 않는다. 인간은 환경과 능동적으로 교류하고 스스로 학습한다.

머지않은 장래에 이런 학습 능력과 특정 영역에 대한 행동 능력을 가진 컴퓨터가 인간과 교류하는 파트너가 될 것이며, 그 교류는 인간들 사이에 이루어지는 교류의 모습과 점점 유사해질 것이다. 조심스럽게 말해야 하겠지만 우리에겐 동물보다는 컴퓨터와 할 일이 더 많아질 것이다.

인공 지능 연구자의 작업은 모듈성 개념을 중심으로 이루어진다. 그리고 그들이 인간이나 동물의 정신을 모방해 제작함으로써 개별 과제를 인간과 유사하게 (때로는 인간보다 우수하게) 처리하는 시스템이 생겨난다. 이 시스템은 체스를 두거나, 비행기를 조종하거나, 의학적 진단을 내리거나, 견본을 인식하거나, 날씨를 예보하거나, 짧은 대화를 나누거나 할 수 있다. 또 사람과 심리 치료적인 대화를 나누거나 개를 데리고 골목길로 산책을 나가 이웃과 인사를 나누고, 그렇게 얻은 정보를 집에 돌아와 주인에게 전달할 수도 있게 될 것이다.

인간 지능에 대한 잘못된 이해에 기초한 '눈부신 성과(컴퓨터의 체스 게임 승리)'가 있은 이후 인공 지능 연구자들은 참으로 커다란 도전에 직면하게 되었다. 그중에는 앞으로 수십 년 이내에 로봇 축구팀을 개발해 월드컵 축구 우승팀을 격파하는 것도 있다.

중장기적으로 인간 지능과 인공 지능의 발전은 서로 보조를 맞추면서 계속될 것이다. 컴퓨터와 관련된 기술의 발전은 인간의 사고에 점점 더 큰 영향을 미칠 것이다. 점점 더 많은 과제를 컴퓨터에 맡기게 될 것이고, 인간 지능의 발전과 그 지능에 대한 보다 큰 이해가 새로운 컴퓨터 시스템을 낳게 될 것이기 때문이다. 이런 의미에서 본다면 인공 지능 시스템은 인간 지능에 대한 연구와 모방, 그리고 지속적 발전에 기여하는 수단이라 할 수 있다.

물론 인간과 인공 지능 사이의 경계는 미래에도 계속 존재하겠지만, 지금과 같은 지적 과제에 대한 노동 분업적 처리라는 의미에서의 경계선은 점점 사라질 것이며 그런 미래를 향해 컴퓨터와 인간은 함께 나아가고 있다. 미래에는 자신이 인간이라는 주관적인 체험과 인간만이 소유할 수 있는 감정만이 우리를 기계와 구분해 줄 것이다.

감정

세포핵에는
도마뱀에 대해 느끼는
생쥐의 공포가 들어 있고,
용의
뜨거운 입김 앞에서
온몸의 털이 곤두선다.

니스칠 된
목욕탕 욕조의 흰색 표면에
한 마리 거미의 검은 다리들이
꿈틀거린다.
그것의 죽음은 태고(太古) 시절에 있었으며
진공청소기의 주머니에 담겨 있다.

　시인 포스Florian Foß는 그의 시 〈호모 사피엔스 사피엔스〉에서 인간의 감정생활이 자연의 역사에 의해 특징지어졌다는 점을 지적하고 있다. 거미에 대한 두려움은 사실상 태곳적부터 있었던 구시대의 유산이다. 좀 더 심하게 표현하자면 그것은 '거미 혐오Arachnophobie'라는 이름의 심리적 질병으로 분류될 수 있다.
　하지만 오늘날 이런 종류의 특수한 두려움은 우리의 복합적 감정생활의 작은 부분만을 형성하고 있을 뿐 더 이상 별다른 기능을 하지는 못하기 때문에 부담스럽게 여겨지고 있다. 만약 우리가 이런 두려움에만 주목한다면 감정이란 일상생활에서 때로는 귀찮고 때로는 다행스런 동반 현상이란 견해에 도달하게 될지도 모른다. 하지만 사실은 그렇지가 않다. 감정은 사고와 아주 밀접히 연관되어 있으며, 이 양자가 서로 떨어져서는 문제를 해결할 수 없다.

사람들은 오성(이성)과 감성(감정)이 서로 반대되는 개념이라고 생각하지만 실제로 그런 엄격한 구분이 존재하지는 않는다. 감정은 오성의 반대편에 있는 것이 아니라 사고와 통합되어 있는 구성요소이다. 감정 없이 합리적 행동이 있을 수 없으며, 감정이 있어야 비로소 사고의 방향을 정할 수 있다.

신경학자 다마시오Antonio Damasio는 이렇게 말한다.

감정은 결코 사치품이 아니다! 불행하게도 우리는 과학과 문화에 포괄된 일상생활에서 감정을 일종의 사치품이나 방해 요소로 간주하곤 한다. 긍정적인 감정 상태는 좋게 받아들이지만 부정적인 감정 상태는 매우 귀찮게 여기는 것이다. 물론 어떤 문제에 대해 철저히 사고하고자 할 때는 감정이란 것이 아주 거추장스럽게 느껴질 수도 있으며, 또 실제로 심정이 동요되거나 혼란스러울 때는 제대로 사유할 수 없는 것이 사실이다. 하지만 만약 어떤 결정을 내려야 할 때 우리에게 아무런 느낌이 없다면 바보처럼 멍청히 서 있게 될 것도 분명하다.

감정이 없다면 행동하는 능력도 상실하게 될 것이고, 어떤 높은 목표를 추구하고 있는 상태가 아닌 한 대책 없이 산만해질 것이다. 합리적이기만 한 존재는 유령이나 다름없는 괴물이다. 그런 존재는 문학적으로도 자세하게 묘사될 수 없을 것이다. 그런 종족의 대표자라 할 수 있는 〈엔터프라이즈〉의 발칸 인간 미스터 스포크Mr. Spock와 인조인간 선장조차 정확히 관찰해 보면 철저히 감성적인 인물이다. 그들은 적어도 뚜렷한 의무감·충성심·지적 호기심·두려움·박애 정신을 소유하고 있다. 물론 '정상적인 인간들'과 달리 어떤 감정 표현도 하지 않으며 감정에 지배당하지도 않지만, 그들의 행동에 대해 감정을 배제하고 설명하는 것은 불가능하다. 사고와 감정의 밀접한 결합은 사고가 감정으로 물들 때 드러난다. 어떤 압박감을 갖게 하는 인식에 도달하거나, 흥분시키는 가설을 설정하게 되거나, 슬픔에 대한 확실성을 얻게 되거나, 마음을 안정시키는 정보를 얻게 되거나, 용기를 주는 아이디어를 개발하거나 할 때가 그렇다.

감정이 어떤 행동을 유도하는지 더 잘 이해하기 위해서는 감정의 자연적 발달사를 관찰해 보거나 또는 정보 처리 과정에서 감정이 떠맡는 역할을 연구해 보면 된다.

우리는 선험적 지식뿐만 아니라 진화 과정에서 형성되어 명백히 보존된 선험적 감정도 가지고 있다. 인지적으로 성취한 것들의 경우와 마찬가지로 감정에 있어서도 어떤 문화권에서든지 인간이라면 가지게 되는 기본적인 레퍼토리가 있는 것 같다. 행복 · 슬픔 · 분노 · 걱정 · 혐오 · 감사 · 치욕 · 사랑 · 자부심 · 증오 · 연민 · 공포 등이 그 대표적인 것들이다. 이러한 것들은 생존 경쟁에 유리하게 작용하는 요소이며 생물학적 적응의 결과로 생겨난 것이라 간주할 수 있다. 또 성적 쾌락이나 달콤한 음식에 대한 선호와 유사하게 특정 행동 방식을 강화하는 데 기여하기도 한다. 이중 하나라도 결여된 채 살아가고 있는 사람이 있다고 상상해 보자. 그 사람은 그로 인해 많은 문제에 부딪히게 될 것이다. 슬픔을 느끼지 못하는 사람은 서로 도우면서 살아야 할 주변의 아주 가까운 사람(가족이나 친지, 또는 동료)이 어려움에 처했을 때 도와주기 위해 나서지 않을 것이다. 겁을 모르는 사람은 이른 나이에 잔혹한 죽음을 맞이하게 될 수도 있으며, 혐오를 모르는 사람은 식중독이나 전염병에 쉽게 걸릴 수 있다.

몇몇 연구자들은 여기서 더 나아가 사고와 느낌이 왜 서로 다른 두 영역으로 취급되어야 하는지 질문한다. 그들은 정보 처리의 패러다임은 사고와 느낌의 통합 이론을 수용해야 하며 모든 정신적 과정에서도 역시 그렇게 되어야 한다는 결론을 내리고 있다. 이런 연구 방향을 대표하는 사람은 밤베르크의 심리학자 되르너Dietrich Dörner이다. '감성적으로' 반응하는 컴퓨터 프로그램을 개발한 그는 이 프로그램의 감정이 인간의 감정에 비교될 수 있는 기본적 구조를 갖추고 있다고 본다. 그는 감정을 독자적 현상으로 간주하기보다는 활성화 등급, 주의력, 흥분 따위의 여러 요인의 조합으로 간주한다. 예를 들어 '분노'는 감각 기관이 자극을 받아 비상 대기 상태로 바뀌어 집중력이 증가하고 인지 범위가 축소된다는 것을 의미한다는 것이다. 에모Emo와 프시Psi라는 이름의 프로그램은 심지어 허무감과 싫증의 조합, 상황이 일시에 반전되기를 바라는 욕구, 한마디로 '권태'와 같은 복합적 감정을 표출하기도 한다. 되르너는 이렇게 보고한다.

우리는 컴퓨터의 영혼이 하릴없이 놀고먹는 한량 같은 상태에 돌입하게 했다. 그것은 손을 대는 것마다 모두 성공했으므로 아주 행복하다고 느껴야 했다. 그 다음에 우리는 그것을 역경에 처하게 했다. 그것은 많은 것을 학습해야 했으며 항상 노력하고 긴장해야 했다. 하지만 우리는 에모가 그 혹독한 환경에서 아주 만족스러워 하고 있다는 것을 확인했다. 오히려 한량이 되어 아무 걱정 없이 지낼 때 불만을 가지고 있었다고 할 수 있다. 그 낙원 같은 시절에는 결코 당위성과 현존재 간의 격차로 인한 긴장감을 느낄 수 없었고, 늘 모든 욕구를 채울 수 있었기 때문이다. 따라서 스릴과 같은 강력한 감정을 느낄 수도 없었다. 반면 혹독한 환경에서는 항상 도전을 받았고 과도하게 노력해야 했기 때문에 난관을 극복했을 때 느끼는 성취감도 그에 상응하게 컸다. 이런 원리는 복지 사회에 사는 선진국 사람들이 래프팅을 하며 긴장감을 즐기려는 것과 유사하다.

의식과 자아

철학에서는 대체적으로 의식을 정신의 자기 인지(自己認知)로 간주한다. 이것은 한편으로는 단순한 '자아 인지 또는 관찰'을 의미하며, 다른 한편으로는 '자기 자신임 Selbstsein'을 주관적으로 느끼는 것이기도 하다. 그 개념은 의식적·무의식적 행동을 구분하는 데에도 기여한다. 아침에 일어나 밤에 잠자리에 들기까지 행하는 모든 일 중 대부분은 우리에게 의식(자각)되지 않으며 그럴 수도 없다. 다섯 손가락을 그 손잡이에 끼워 일곱 개의 커피 잔을 식기 건조기에서 꺼내는 것은 그냥 그렇게 하는 것이다. 그때 우리는 뇌가 어떤 능력을 발휘하는지, 일곱 개의 커피 잔을 한 손으로 잡으려면 어떤 기술이 필요한지 숙고하지 않는다. 오직 의식은 필요할 때만 머릿속에 떠오른다. 심사숙고하지 않으면 해결할 수 없는 일이 있을 때에만 의식이 생겨나는 것이다.

'자신을 의식한 상태'로서의 의식은 진부하다. 자기 자신을 관찰하는 것은 다른 사람을 관찰하는 것보다 어렵지 않다. 자신의 사고에 대해 사고하는 것도 특별한 기술을 필요로 하지는 않는다. 이런 의미에서 볼 때 자아는 단순히 일생 동안 계속되는 자기 기술의 결과물이다.

이에 비해 주관적 체험의 의미에서 말하는 이른바 '현상적 의식 Phänomenales Bewußtsein'을 파악하는 일은 매우 어렵다. 1974년 미국 철학자 네이걸Thomas Nagel은 《우리가 박쥐로서 존재한다면 어떠할까? *What is it like to be a bat?*》라는 에세이에서 인간이 박쥐의 심정을 이해하기 위해 노력할 필요는 없다고 주장했다. 그저 초음파 탐지 시스템을 가지고 어두운 밤하늘을 날아다니며 곤충을 사냥한다면 기분이 어떨지 단순히 상상해 보면 된다는 것이다. 그러나 그는 실제로 박쥐가 어떻게 느끼는지는 전혀 알 수 없을 것이라 덧붙인다.

그것은 박쥐만의 주관적 느낌이기 때문이다. 의식은 주관적 체험에 따르는 것이며, 여러 사람에 의해 객관화될 수는 없는 것으로 간주된다. 또 자아는 '자기 자신임'이라는 감정이다. 따라서 그 현상적 의식의 이론이 뭔가 의미를 가질 수 있으려면 오페라를 관람하거나 한 잔의 좋은 커피를 의식적으로 즐길 때 마음속에서 무슨 일이 벌어지는지 기술할 수 있어야 한다. 그동안 많은 사람들이 접근 불가능한 타인의 의식은 결국 때 없이 출몰하는 유령과 같은 것이기에 무시해야 한다는 견해를 가지게 되었다. 블랙모어 Susan Blackmore는 이렇게 말한다.

　　많은 사람들이 인간의 의식은 환상이며, 마침내 의식의 모든 이념은 '생명력' 개념과 마찬가지로 그 효력을 상실하게 될 것이라 믿고 있다. 그 결정적 시점은 장차 우리가 생명의 메커니즘을 이해하기 시작할 때가 될 것이다.

심리학자 및 뇌 연구자들은 뇌의 여러 활동이 왜 부분적으로만 의식되고 그 나머지는 의식되지 않는지 그 이유를 추적하고 있다. 여기서는 '접근 의식 Zugangsbewußtsein'이 핵심 개념으로 부각된다. 고유의 생각에 대한 접근을 확보하는 것이 중요하기 때문이다. 접근 의식은 특정 정보가 정신에서 분리되어 부각될 때 등장한다. 이것은 사고가 마음속의 독백으로 넘어가는 순간이다. 즉 사고의 완성 과정, 어떤 결정을 내려야 하는 시점, 행동의 실천이 이루어지는 시점에서 접근 의식이 생겨나는 것이다. 뿐만 아니라 하이테크 제품을 새로 구입해 설명서["클러치를 밟으시오. ― 1단(기어)을 넣으시오. ― 액셀을 조금 밟으시오. ― 클러치에서 발을 천천히 떼시오."]에 따라 조작을 해볼 때나 문제를 풀어야 하는데 그 방법을 알 수 없을 때에도 뇌는 이렇게 말한다. "우선 모든 사안Facts을 테이블에 올려놓으시오!"

접근 의식이 하는 일은 우리가 보거나 듣는 많은 것들 중 중요한 것만 따로 의식하게 하는 일이다. 파티 장소에서 온갖 시끄러운 소리에 의해 방해를 받을 때 접근 의식은 상대방과의 대화에만 집중할 수 있게 해준다.

인간은 어떻게 의식적 정신 활동과 무의식적 정신 활동을 구분할 수 있는가? 이 점에서 1차적인 과정은 의식화가 아니라 무의식화라는 주장이 설득력 있게 다가온다. 예를 들어 승용차에 올라타 시동을 걸고 출발하려면 이에 필요한 어떤 기능을 확보하기 위해 지금까지 계속하던 대화를 중단해야 한다. 하지만 하던 대화를 계속 하면서 간단히 승용차에 올라타 시동을 걸고 출발할 수 있다면 우리의 일상생활은 그만큼 더 간편해질 것이다. 정신은 습관화된 일에 대해서는 주의를 기울이지 않으며 꼭 필요한 부분에만 의식을 개입시킨다. 장난감 자동차가 거실 소파 밑으로 굴러갔을 때 그것이 손으로 꺼낼 수 있는 위치에 있다면 깊이 숙고하지 않고 무심코 손을 내밀어 꺼내겠지만, 장난감 자동차가 좀 더 멀리 좀 더 깊이 들어갔을 때에는 어떤 행동을 취해야 할지 여러 옵션에 대해 생각하게 된다. '소파를 벽에서 앞으로 끌어낼 것인가? 빗자루를 가져올 것인가?'

수많은 데이터를 처리하는 과정 중에 일어나는 '무의식적이고 평행적인 실행'과 '일부 부각된 과정의 의식적 처리'를 구분하는 일은 '나Ich'라는 표상을 낳는다. 우리 정신 활동의 일부분은 그 활동을 언어로 추적할 수 있을 만큼 부각되어 있고 우리는 그것을 관찰할 수 있다. 위고츠키는 의식과 언어의 밀접한 관련성을 지적한다.

의식은 단어에 반영되며 이것은 태양이 물방울 속에 비쳐지는 것과 같다. 단어와 의식의 관계는 소우주와 대우주의 관계, 살아 있는 세포와 유기체의 관계, 원자와 우주의 관계와 같다. 의미 있는 단어는 의식의 미세 우주다.

실제로 언어는 이런 종류의 의식적인 정신 활동의 전제라고 판단된다. '현상적 의식은 여러 동물들에게도 존재한다'라고 가정할 수도 있지만, 의식 속으로 들어온 사고 과정은 인간 고유의 특수한 현상이다. 원숭이도 의식을 가지고 있을 수는 있겠지만, 사람만이 언어의 도움을 통해 사고를 사고의 대상으로 삼아 의식적으로 행동할 수 있다는 것이다.

의식은 특정 내용을 끄집어내 그 정보 처리를 '나'에게 맡긴다. 그런 의미에서 이 '나'는 행동하는 주체 또는 스스로 자유롭다고 느끼는 의지이다.

자유 의지

나는 의지의 자유를 믿지 않는다. 쇼펜하우어의 "인간은 자신이 원하는 것을 행할 수는 있지만 자신이 원하는 것을 원할 수는 없다"라는 말은 어디를 가더라도 내 뇌리를 떠나지 않으며, 내가 만나는 사람들의 행동이 내게 고통을 안겨주더라도 인내하고 화해할 수 있도록 힘이 되어 준다. 인간의 부자유에 대한 그 인식은 나 자신과 주변 사람에게 행동하고 판단하는 개체인 내가 너무 진지해져서 여유와 유머를 상실하게 되는 일이 발생하지 않도록 나를 보호하고 있다.

아인슈타인이 했던 이 말은 자유 의지의 가능성과 그것이 존재하는지의 문제에 대한 매우 실용적인 그의 입장을 보여준다. 물론 우리도 자유 의지의 문제에 대해 아인슈타인과 아주 유사하게 실용주의적 입장을 취할 수 있다. 자유 의지라는 것이 명백하게 존재하는 것처럼 보이기 때문이다. 자신을 로봇이나 꼭두각시라고 느끼는 사람은 아무도 없을 것이다.

의지와 관련된 현상의 문제에 접근할 때 오로지 물리적인 관점에서만 다가가는 것은 부적절하다. 아인슈타인도 그렇게 하지는 않을 것이다. 우리를 그런 길로 오도하려는 자는 이내 직관과 상충하는 다음의 확신에 도달할 것이다. 자유 의지란 존재할 수 없으며 그 이유는 세상의 모든 것에는 그 원인이 있듯이 우리가 어떤 결정을 내릴 때 뇌에서 일어나는 과정에도 역시 원인이 있기 때문이다. 어쩌면 그는 정반대로 이 책의 '우주의 생명' 부분에 기술되어 있는 양자 이론을 끌어들여 자신의 논리를 입증하는 탈출로를 모색할지도 모른다. 그 이론은 자유 의지를 구조해 줄 도피처를 제공할 수 있을 것처럼 보이기 때문이다. 뷔르츠부르크의 신경생물학자인 하이젠베르크Martin Heisenberg는 이렇게 기술한다.

양자 메커니즘을 통해 결정론이 논박된 이후 자유 의지의 문제는 해결되었다고까지 말할 수는 없더라도 적어도 그것을 묶고 있던 경직성에서는 벗어났다.

그는 인간의 의지적 행동을 위해서는 '우연'에 중심 의미를 부여해야 한다고 역설한다. 하지만 이 논의의 전제에 대해 의심해 볼 필요가 있다. 하이젠베르크는 심리적 자유와 물질적 피(被)결정성 간의 합치 불가능성을 전제하고 있는 것이다. 분자 차원에서 본다면 모든 과정은 원인과 결과의 무한한 연쇄이다. 이 지식이 바로 우리로 하여금 자유 의지를 인정할 수 없게 한다. 뿐만 아니라 자유 의지라는 개념은 눈에 보이는 현상을 설명하는 데에도 적절하지 못하다. 그렇다면 자유 의지는 물리적인 현상이 아니라 심리적 현상이라 할 수 있다. 자유 의지라는 개념이 기초로 삼는 것은 우리가 의식적인 결정을 내릴 수 있다는 것, 그리고 스스로의 행동에 대해 서로 책임을 질 수 있는 사회적 관계 속에 산다는 것이다. 행동의 동기를 알 수는 없더라도, 그 행동이 낳을 사회적 결과를 예측할 수는 있기에 스스로의 행동을 통제해야만 한다. 포퍼적 존재 이상의 차원에 존재하는 자의 정신은 가설을 정립하고 결정을 내릴 수 있으며, 의지에 대해서도 그렇게 할 수 있다. 그레고리안적 존재의 자유 의지는 자신의 행동이 낳을 사회적 결과를 미리 가늠해 볼 수 있는 능력에 따르는 것이며 책임, 잘못, 보상, 처벌 등의 사회적 개념과도 결부되어 있다. 아무도 자신의 행동에 대해 책임을 질 수 없는 세계에서는 자유 의지라는 개념도 존재할 수 없을 것이다. 반대로 '자유 의지는 환상이다'라고 선언해 버린다면 책임 감각이 와해될 것이다. 니체는 《인간적인, 너무나 인간적인*Menschliches, Allzumenschliches*》에서 우리를 혼란에 빠뜨릴 수 있는 다음과 같은 결론을 내렸다.

인간은 자신의 행동과 존재에 대해 전혀 책임질 수 없다. 이런 무능력 상태는 철인(哲人)이 책임과 의무를 통해 자신의 인간성의 고귀한 족보를 발견하기 위해 억지로라도 삼키지 않을 수 없는 쓰디쓴 물방울과 같은 것이다. 그의 모든 평가, 기록, 혐오는 이리하여 무가치한 가짜가 되었다. 그가 전통적 의미에서 인내심 많은 자, 영웅에게 바친 깊은 존경심은 잘못된 인식에 기초한 것이었다. 인간은 더 이상 칭찬해서도 책망해서도 안 된다. 자연과 필연성을 칭찬하거나 책망하는 것은 너무나 세련되지 못한 행동이기 때문이다.

인간의 행동을 돌이 낙하하는 것과 같은 자연적 사건으로 보려는 니체의 관점은 인간의 생활 방식과 합치될 수 없다. 따라서 자유 의지의 상정(想定)은 우리 의식의 확고한 구성요소라 할 수 있다.

심리학적으로 볼 때 우리가 내리는 결정은 원인이 아닌 근거에서 비롯한 것이다. 그 근거는 소망과 확신의 복합적 구성이며, 때로는 우리에게 의식되지만 때로는 의식되지 못한다. 따라서 아인슈타인처럼 자유 의지에 대한 신념을 제한하려면 우리가 의식하지 못하는 부분에도 의존하고 있다는 것을 인정해야만 한다. 의지가 형성되는 무의식적인 과정의 중심적 의미는 그동안 뇌의 '변연계Limbic' 적 경험 기억의 통제를 통해 신경생물학적으로 잘 입증되었다. 그 과정은 우리가 제한적으로 몸과 정신의 주인이 될 수 있다는 사실에 근거한다. 자의적인 행동을 통제했을 때 뇌에서 일어나는 과정을 연구한 결과, 신경학자 로트Gerhard Roth가 표현한 것처럼 "소원이나 의도가 성립되었을 때는 무의식적으로 작업하는 감정적 경험 기억이 모든 결정권을 쥐고 있다"라는 것이 밝혀졌다.

여기서 흥미로운 점은 우리가 내리는 결정의 심리학적 피결정성이다. 우리의 행동은 가까운 곳에 존재하는 행동 조건을 우리가 거부할 때 그만큼 더 불가해한 것, 또는 자유로운 것으로 나타난다. 우리는 문학에서 (그리고 실제 생활에서도) 등장인물의 태도가 결정성으로부터 자유로운 모습을 보일 때 그에 매료된다. 우리는 그들을 이해하려 하지만 성공하지는 못한다. 작가가 그들의 심리를 기꺼이 펼쳐보이지 않고 수수께끼를 던지기 때문이다. 작품 속 주인공의 심리를 꿰뚫어 볼 수 없는 것은 일반적인 일이다. 그들은 특별한 존재이다. 하지만 그것은 우리가 그들에게 모든 구속에서 해방된 설명 불가능한 자유로운 의지를 허용하기 때문이 아니라, 그들의 마음을 움직여 행동하게 하는 동기가 무엇인지 그들이 느끼고 믿고 희망하는 것이 무엇인지 발견하려고 애쓰기 때문이다.

우리는 선택할 수 있다. 뇌 연구가 징거Wolf Singer가 믿고 있듯 자유 의지는 사회적 구성물이다. 그것은 사회생활에서 포기될 수 없었기 때문에 오래전부터 가꾸어져온, 문화적 전통 속의 존재하는 표상이다. 브레멘 대학교 뇌 연구소 소장 로트는 "우리의 복합적 행동에 절대적으로 필수적인 환상(허상)Illusion"에 대해 언급한다. 그것은 실제로 진화 과정 중에 생겨난 뇌의 기능이며, 특히 사회적 맥락에서 자신의 행동과 관련한 결정을 내려야 하는 과제를 가지고 있다. 이것은 DNA의 구조를 밝힘으로써 금세기 최대의 성공을 거둔 후 신경과학 연구에 수십 년 동안 몸담아 왔던 크릭Francis Crick이 옹호하는 견해이기도 하다. 그는 이렇게 말한다.

어떤 과학자도 인간의 뇌 속에 초미니 인조인간이 들어 있다고 생각하지 않는 것이 당연하다. 그러나 불행하게도 그런 미니 인간에게 굴복하는 것을 회피하기보다는 그런 존재에 대한 믿음으로 현혹하는 궤변을 만들어내는 것이 더 간단한다. 우리 모두는 초미니 인간에 대한 환상, 즉 '나'를 경험하고 있기 때문이다. 그 환상이 강력하게 오래 지속되는 원인은 아마도 뇌 속에 고차원의 통제가 존재하기 때문일 것이다. 다만 그 통제가 어떤 종류인지 아직까지 밝혀지지는 않았다.

결국 자유 의지, 의식, '나'는 비록 뇌의 물리적 기능으로 간주되어야 할 것들이지만, 동시에 심리적으로 실재하는 현상들이다. 이것들을 환상이라 부를 수 있는 충분한 근거가 있음에도 불구하고 그 중요성은 감소하지 않을 것이다. 왜냐하면 그것들이 우리의 주관적 체험 속에 항상 보존되어 있기 때문이다. 다마시오Antonio Damasio는 정신에 대한 유물론적 관점을 우려하는 모든 사람들을 다음과 같은 말로 안심시킨다.

정신은 그 본질이 설명된 이후에도 여전히 살아남을 것이다. 비유하자면 장미꽃은 그 향기 물질의 분자 구조가 알려진 이후에도 여전히 그윽한 향기를 낸다.

과학적 사고

이 책은 전 세계의 자연과학 연구자들이 제공한 인식과 가설을 선별해 제시하는 것을 주요 목표로 하고 있지만 한편으로는 자연을 연구한다는 것이 무엇을 의미하는지에 대한 견해도 제시하고자 한다.

우리는 '과학적 사고'와 '과학자들이 (연구할 때) 하는 사고'를 구분해야 한다. 영국 생물학자 메더워Peter Medawar(1915~1987)는 다음과 같이 말했다.

학술 논문을 들여다보는 것은 우리에게 별 소용이 없는 짓이다. 왜냐하면 거기에는 그 논문을 쓸 때 유입된 사고가 은폐되어 있을 뿐만 아니라, 그 사고는 의도적으로 거짓으로 기술되어 있기 때문이다.

이것은 과학이 제도·회사·다국적 기업에 의한 특정의 확고한 규칙에 따르는 연구를 하고 있기 때문이다. 과학 서적 출판도 바로 이 규칙에 따라 이루어지고 있으며, 과학의 모든 과정은 사회적으로 다각도의 통제를 받는다. 하지만 과학을 본업으로 삼는 사람들은 감정, 직관, 미학적 감각, 논쟁 정신 따위에 의해 인도된다. 과학적 과정의 합리성(혹은 객관성)과 주관성 간의 긴장이나 과학적 연구의 감성적인 부분을 연구 결과 자체나 출판물에서 추적하는 것은 불가능하다.

과학적 사고는 모든 사람들이 원칙적으로 동일하게 가지고 있는 일상적 사고, 자연에 대한 직관적 이론에 기초를 두고 있다. 그러나 그것은 세 가지 관점에서 자연적 사고의 더 발달된 형태이다.

우선 과학적 사고는 논리학·수학·실험 등 사고에 필요한 일련의 도구를 사용한다. 이런 도구는 전체적 인지로부터 기초적 법칙에 도달하는 것과, 인간의 건강한 상식 및 직접적 인지에 모순되는 반(反)직관적 가설을 설정해 검증하는 것을 가능하게 해준다. 이것이 중요한 이유는, 우리의 인지 능력과 직관적 이론들은 진리를 발견하기 위해 창조된 것이 아니라 단지 적응도를 높이기 위해 주어진 진화의 산물일 뿐이기 때문이다. 진리 추구는 (그리고 유효성의 발견은) 생물학적인 것이 아니라 문화적 성과로서 인류 전체에 기여한다. 망원경·현미경 따위의 도구로 인지 능력의 한계를 확장했듯, 우리는 과학적 사고라는 방법으로 표상 능력을 초월해 왔다. 태초의 빅뱅 시에 공간과 시간이 어떻게 생겨났는지, 우리 뇌에 의식과 감정이 어떻게 생겨났는지 직관적으로 만족스런 표상을 소유할 수는 없다. 전기의 흐름이나 광섬유의 정보 전달에 대해 납득하게 되는 것도 만화 영화에서처럼 그것을 단순화한 모델로 묘사했을 때에야 겨우 가능해진다. 우리의 상상력은 그것을 인식하기에 부적합하게 만들어져 있다. 그럼에도 우리는 과학의 도움을 받아 양자의 실재를 기술할 수 있으며 그 지식을 고도의 기술에 이용할 수 있다. 연구 대상을 단순화한 모델은 복잡한 것을 이해하는 데 도움을 준다. 이 부분만을 본다면 과학자와 예술가는 그 작업 방식에 있어 아주 닮아 있다.

두 번째, 과학적 사고는 과학적 세계관에 입각하고 있다. 과학적 세계관은 세계가 법칙에 따라 구성되어 있는 설명 가능한 것이라는 점을 강조하며 자연적 설명만이 용납될 수 있을 뿐 결코 신·악마·초자연적 힘 따위에 의존해서는 안 된다고 주장한다. 과학자는 신을 믿을 수 있지만 당뇨병의 발생이 신이 췌장의 인슐린 생산을 억제하기 때문이라는 명제를 세워서는 안 된다. 또 감정이라든가 의식과 같은 자연적 세계의 그 어떤 측면에 대해서도 '영원히 설명 불가능한 것이다'라고 선언해서도 안 된다. 그것은 과학적 요구를 포기하는 것이다.

세 번째, 과학적 인식은 체계적 비판을 겸허히 받아들여야 한다. 과학적 인식은 진리가 아닌 일시적 타당성만을 요구할 수 있다. 이론은 그 자체에 대한 반증(反證)이 이루어지지 않을 때까지만 받아들여진다. 이 사실은 철학자이면서 비판적 합리주의의 주창자인 포퍼가 지적했다. 그는 주저 《연구의 논리*Logik der Forschung*》(1934)에서 '반증 원칙'을 내세워 "엄격히 말해서 우리는 결코 이론을 입증할 수 없으며 반증만 할 수 있다"고 강조했다. 반증 원칙은 인식론적으로 이해될 수 있을 뿐만 아니라 연구의 전략으로서 이해될 수도 있는 개념이다. 우리는 이론을 증명하기 위해서 그 이론을 뒷받침하는 것을 발견해 내려 하지만, 대신 그 이론에 모순되는 것은 은폐하려는 경향을 갖고 있다. 이러한 경향이 극단화되면 교조주의로 이어진다. 따라서 우리는 늘 이론을 반박하고 새로운 것으로 대체하기 위한 노력을 기울여야 한다. 그렇게 함으로써 궁극적 진리에 도달하지는 못하더라도 그 진리에 접근할 수는 있는 것이다. 그것은 반도그마적이고 반보수주의적인 전략이며 실제로 많은 성과를 냈다. 포퍼를 결정적으로 자극한 것은 아인슈타인의 특수 상대성 이론이었다. 그 이전까지만 해도 뉴턴 물리학만큼 확실히 증명되고 실천에 성공적인 이론은 없었다. 하지만 이 이론은 아인슈타인에 의해 부정되었으며 그 유효성의 범위가 제한되었다.

신앙의 원칙과 달리 이론은 반박당하고 보다 나은 이론으로 대체되기를 요구한다. 새로운 이론은 보다 정확한 예측을 허용하거나 보다 넓은 범위의 유효성을 갖는다. 브레히트는 드라마 〈갈릴레오의 생애〉에서 주인공이 이렇게 말하게 한다.

그렇다. 우리는 모든 것에 대해 다시 한번 질문해 보아야 한다. … 우리가 오늘 발견한 것을 우리가 내일 칠판에서 지워버릴 것이며, 그것을 다시 한번 발견했을 때 비로소 우리는 다시 쓰게 될 것이다. 우리가 발견하기를 원하는 것이 일단 발견되면 우리는 우선 불신의 눈길로 그것을 바라보게 될 것이다.

역사적으로 볼 때 과학적 사고의 발전은 지속적인 과정이며 인류 문화 발전의 일관된 측면이다. 그리스의 과학은 그 발전의 길 위에 큰 획을 그은 사건 중 하나이다. 그리스의 과학은 특히 과학적 '언어'인 논리학과 수학의 기초를 생각해 냈으며, 자연 관찰에 있어서는 아리스토텔레스적 전통을 놓았다. 근대 초기의 과학적 혁명 역시 큰 사건 중 하나였다. 그 이후로 오늘날까지는 실험에 중심 지위를 부여했으며, 이를 통해 관찰과 이론 형성을 체계적으로 종합했다.

영국의 철학자 겸 정치가 베이컨Francis Bacon은 "왜곡되지 않은 경험"과 관찰의 토대 위에서 "과학의 일대 혁신"을 꾀했으며, 거기서 새로운 지식의 확실한 원천을 보았다. 이리하여 그는 과학의 연구 방법을 사변Speculation에서 경험Empirie으로 전환시켰다. 그는《새로운 논리학 체계Novum organum》에서 개별적인 관찰 내용으로부터 보편적 법칙을 유도해 내는 귀납법의 절차를 기술했다. 요컨대 그것은 특수성에서 보편성으로 나아가는 길이었으며 자연 인식 · 자연 지배 · 유효화 · 완성을 가능하게 하는 것을 목표로 했다. 그의 유토피아 소설《새로운 아틀란티스Nova atlantis》는 그런 식으로 설계된, 기술적으로 완벽한 미래 국가를 묘사하고 있다. 연역법은 귀납법과 반대로 일반적 가설이나 공리로부터 특수한 진술을 유도해 내는 것이다. 그리고 환원법Reduction은 보다 간단한 것, 보다 작은 것으로 되돌리는 것이다. 이를테면 물리학에서는 물질 구조의 모든 현상이 기본적 미립자 간의 상호 작용으로 환원되었으며, 진화생물학에서는 모든 생물의 육체적 특징과 태도는 유전자 간의 생존 경쟁에 원인이 있는 것으로 환원되었다.

개별적 분야의 이론 형성 과정을 고찰해 보면 이론의 구조가 점차적으로 확장되는 단계, 그리고 그것이 전복되는 단계가 있다는 것을 알 수 있다. 쿤Thomas Kuhn이 "패러다임 전환"이라고 부른 이 단계에서는 새로운 연구 전통이 그 자리를 잡는다. 진화생물학 내지 양자물리학의 확립, 심리학에서의 인지론적 전환, 분자의학과 정신 질환의 생물학적 고찰로의 전환은 그런 역사적 전복 단계였다.

과학적 방법

과학적으로 작업하는 사람은 누구나 그 전제들을 고수한다. 그리고 그는 과학적 방법의 5단계 기본 지침을 준수한다.

(1) 관찰
(2) 가설 형성
(3) 실험
(4) 추론과 이론 형성
(5) 결과 발표

이 과학적 방법은 학술지에 게재되는 과학 논문이 지향하는 형식도 제시한다. 그러나 메더워가 말했듯이 과학자의 머릿속을 스쳐 지나가는 모든 생각이 출판되고 공개되는 것은 아니다. 구체적인 과학적 연구 방법은 주관적 특징이 있는 창조적 과정이다. 하지만 그 묘사는 모든 주관적인 것으로부터 벗어나, 과학 지식에 입각하고 싶은 사람 누구라도 필요한 정보를 발견할 수 있는 형태로 조직되는 것이다. 필수적인 공식화(公式化)와 감정과 믿음의 배제는 이따금 과학에게 냉정한 객관성이라는 불쾌한 평가를 부여한다. 또 과학자의 이미지를 어느 정도 손상시킨 것도 사실이다. 특히 지난 몇 십 년간 세계를 연결하는 네트워크가 발전하는 동안 과학 연구는 이제 더 이상 개인에 의해서가 아니라 대규모 연구소의 팀을 통해 이루어지고 있는 실정이다. 하지만 연구소에서 일하고 있는 것은 인간이며, 그들은 어디에서나 동일한 강점·약점·고뇌·세계관·직관·꿈을 가지고 작업한다. 비록 드문 일이긴 하지만 연구 성과 빼돌리기나 속임수가 벌어질 때도 있다. 하지만 과학 분야만큼 속임수가 금방 돌부리에 걸려 넘어져 코가 깨지는 곳은 없다. 원칙적으로 모든 연구 성과가 다른 사람들에 의해 검토되므로 거짓말은 허용되지 않는다.

진화적 인식론

과학적인 연구를 할 수 있기 위해서는 '우리가 도대체 무엇을 알 수 있는가?' 라는 문제의 답을 찾아야 한다. 이 문제에 대한 답변은 진화적 인식론에 의해 나올 수 있다. 인식 능력은 생물학적 진화의 결과이다. 우리는 감각 기관을 통해서만 보고, 듣고, 냄새 맡고, 관찰하고, 인지할 수 있다. 우리가 편히 살고 있는 이 세계의 외부에서는 우리의 감각이 아무 쓸모없는 것이 되거나 오히려 착각을 유발할 것이다. 감각 기관과 인지 구조가 우리의 실제 세계 안에서만 적합한 이유는 이 세계에 적합하게 적응하면서 발전해 온 것들이기 때문이다. 우리가 현실에서 인지할 수 있는 단면은 '중간 우주Mesocosmos'에 상응한다. 중간 우주는 직관적 판단력이 발전해 인지할 수 있게 된 가시광선, 중간급의 낮은 속도, 힘, 시간으로 구성되어 있다. 감각적 인지와 경험은 이 중간 우주 탐사에 의해 특징지어지지만 과학은 그것을 초월한다.

진화인식론의 창시자 중 한 명인 철학자 폴머Gerhard Vollmer는 인식을 세 단계로 구분한다.

인지 단계에서는 대상을 마음속으로 재구성하고 그것이 진짜인지 확인하는 일, 즉 인식이 일어난다. 이 일은 원칙적으로 '무의식적으로' 그리고 '무비판적으로' 일어나며 대개의 경우 교정될 수도 없다. 그 다음으로 언어적 표현·간단한 논리적 추론·관찰·일반화·추상화·개념 형성 등을 포괄하는 경험 단계에서는 인식이 '의식적이지만 무비판적으로' 일어난다. 마지막으로 논리·모델 형성·수학적 구조·인공적 언어·외부의 데이터 저장소·인공 지능·도구에 의해 확장된 경험, 이것들을 보조 수단으로 동원하는 과학 단계에서는 대상의 재구성이 '의식적으로' 그리고 '비판적으로' 일어난다. 물론 이 모든 과정을 위해서는 가설로서 정립된 구조의 불투명성을 감수해야 한다.

우리가 정신이라는 '인식 도구'를 자연적 진화의 산물로 간주하려면, 그 출발의 전제로서 '우리에게는 실재하는 세계에 대한 정신의 인지를 머릿속에서 재구성할 수 있는 우수한 능력이 있다'는 점에 대한 확신이 필요하다. 그 '적응' 능력이 없다면 우리는 이미 오래전에 사멸했을 것이다. 진화적 관점은 인식 능력의 한계를 제시하는 것을 허용한다. 간단히 말해서 우리는 '중간 우주'를 파악하는 전문가일 뿐 미시 세계 및 거대 세계, 초고속의 세계 및 초저속의 세계를 인식할 수는 없다. 하지만 이런 제한은 문화적 성과물, 현미경·망원경·컴퓨터·수학적 공식 및 알고리즘(계산법)으로 극복될 수 있으며, 이리하여 생물학적 진화의 한계를 넘어서는 포괄적 현실 재구성 방법에 도달하게 되는 것이다. 과학이 추구하는 목표가 바로 이것이다. 그 종착역은 아직 멀었다.

전망

인간적 지식 사회를 향해 나아가는 길

아직 발견해야 하는 것은 당연히 장차 발견될 것과 동일하지 않다. 우리는 아직 풀리지 않은 문제가 어떤 것인지 제시할 수는 있으나, 그것이 미래의 어느 날 어떤 식으로 풀리게 될지는 말할 수 없다.

매덕스가《발견해야 하는 것. 우주의 비밀, 생명의 기원 그리고 인류의 미래에 관한 지도 그리기 *What Remains to Be Discovered: Mapping the Secrets of the Universe, the Origins of Life, and the Future of the Human Race*》의 서문에서 한 말이다. 그는 1996년까지 거의 30년 동안 전 세계의 가장 중요한 자연과학 전문지 〈네이처 *Nature*〉의 발행인이었다. 정열적인 과학 저널리스트인 그는 우리 시대의 저명한 연구자들과 집중적으로 접촉함으로써 지난 몇 십 년간 그 누구보다도 더 많이 연구의 과정을 현장에서 추적할 수 있었고 전체적으로 조망할 수 있었다.

자연과학의 역사가 시작된 이래로 연구자들은 항상 자신의 발견에 스스로 놀라곤 했으며, 그런 뜻밖의 일들은 사람들의 세계관과 일상 생활을 지속적으로 변화시켰다. 과학적 발전 과정을 예견하는 일은 일정한 한계 안에 머물러 있을 수밖에 없다. 18세기 유럽은 아직도 매일 먹을 빵을 얻기 위한 심한 육체노동을 특징으로 하는 사회였다. 대부분의 사람들은 문맹이었고, 수많은 사람들이 40세를 넘기지 못하고 죽었으며, 특히 유아 사망률이 매우 높았다. 당시로서는 19세기에 수많은 과학적 돌파와 사회적 변혁이 이루어질 것이라든지, 점점 많은 사람들이 무지와 가난으로부터 해방될 수 있을 것이라는 예상은 아무도 못했을 것이다. 하지만 지식이 엄청난 속도로 증대되었고 생활수준도 극적으로 상승했다. 자유 세력이 정치의 중심에 올랐으며 봉건 시스템을 무너뜨렸다. 1887년 헤르츠Heinrich Hertz가 최초의 전자기파를 공중에 쏘았을 때만 해도 그것이 몇 십 년 후 각 가정의 안방에 TV를 가져다줄 것이라는 생각, 몇 십 년 후 '전자파 스모그'의 우려를 낳을 것이라는 생각을 할 수 있는 사람은 아무도 없었다. 1865년 파스퇴르Louis Pasteur가 질병은 미생물에 의해 전염된다는 세균 이론을 내세웠을 때, 60년 후 곰팡이 중 한 종류가 그 병원균에 대해 가장 중요한 대항 무기를 공급할 것이라는 것 역시 아무도 예견할 수 없었다. 이것이 곧 수백 만 명의 생명을 구한 페니실린이었다. 1997년에야 차일링거Anton Zeilinger가 최초로 광자를 전송했지만, 공상 과학 영화에서는 이미 오래전부터 활발하게 '빔'을 쏘아댔으며 양자 컴퓨터라는 말도 등장했다. 하지만 아인슈타인이 발견한 "유령처럼 출몰하는 장거리 효과"가 2035년도 우리의 일상생활에 어떤 결과를 낳을지는 오늘날까지 아무도 말할 수 없다.

　　우리는 이 책에서 상당한 분량의 과학적 인식과 획기적 사건에 대해 기술했으며, 따라서 우리의 생활과 지구라는 복잡한 시스템에 대한 놀라운 통찰이 가능해졌다. 하지만 이것으로 충격적인 시절은 다 지나갔다고 말할 수 있는 근거는 하나도 없다. 정말로 새로운 것은 항상 예측 불가능하며, 이미 알고 있는 지식으로부터 합리적으로 도출되지 않는다. 과학자의 직관·감정·꿈은 때로는 그 연구 분야의 선(先)지식보다 더 중요하다. 조만간 인류가 우리 시대의 미해결 문제에 대한 해결 방안을 발견하리라는 생각을 배제하려는 태도는 분명히 잘못된 것이다. 우주의 암흑 물질과 에너지는 무엇으로 구성되어 있는가? 우주는 빅뱅 이후 정말 팽창하고 있는가? 생명은 어떻게 지구에 오게 되었을까? 다른 행성에도 지성을 지닌 생명체가 존재하는가? 우리의 뇌는 어떻게 기능 하는가? 우리 몸의 기관을 재생시키는 것이 언젠가 가능해질까? 물질을 한 장소에서 다른 장소로 '순간 이동' 시킬 수 있을까? 지능을 갖춘 로봇을 제작할 수 있을까?

생활 조건을 더욱 개선시키기 위해 과학 지식을 응용하려는 노력이 중지되어서는 안 된다. 그것은 인간 천성의 일부이며 그 존재와 운명의 구성요소이기 때문이다. 매덕스가 옳게 지적했듯이 끊임없이 새로 등장함으로써 인간이 항상 직면하게 되는 미해결 문제를 "우리 자녀들과 그들의 자녀들 그리고 그들의 자녀들이 앞으로 수백 년 동안, 어쩌면 시간이 끝날 때까지 다루게 될 것이다." 달리 무슨 대안이 있는가? 시야를 넓혀 '지난 수천 년 동안 축적된 자연·생명·우주에 대한 모든 지식으로부터 어떤 교훈을 도출해 내야 할 것인가?' 라고 질문한다면 그 답변은 '아마도 발전은 계속된다는 것'이 될 것이다. 지난 몇 십 년 동안 축적된 수많은 발견과 기술적 혁신을 볼 때, 어쩌면 우리는 아마도 도달 가능한 것의 한계선에 거의 접근했다는 생각을 해볼 수도 있다. 하지만 이미 100년 전부터 수많은 사람들이 그런 생각을 해 왔다. 수많은 종교와 이데올로기는 고정적인 세계관을 가지고 있었고 미래를 예측하는 것은 불필요한 일이었다. 그 확고한 질서가 영원히 존속할 것이라 믿었기 때문이다. 상상력의 부족이나 진보와 변화에 대해 품고 있는 불신으로 인해 일부 사람들은 오늘날까지도 그런 생각을 갖고 있다. 하지만 우리가 안고 있는 문제의 대부분이 우리들 자신에 의해 만들어졌다는 것을 항상 분명히 해둬야 한다. 이미 통제하기 어려워져버린 환경오염이 그러한 것들 중 하나다.

우주가 발전하고 생명이 전개되면서 그 역동적 과정이 정지했던 적은 한순간도 없다. 진화는 역사책 속에 이미 완결된 것으로 기술할 수는 없는 끝없는 과정인 것이다. 약 40억 년 전 최초의 생명이 형성되었다. 최초의 시간 분자는 오늘날까지도 우리 인간들 속에 자리 잡고 있다. 약간 변형되었고 부분적으로 새로운 기능이 부가되었지만 우리는 40억 년 동안의 진화의 역사를 몸에 지니고 다닌다. 지구의 생명은 수차례에 걸쳐 지구상에서 대대적으로 멸종되기도 했다. 하지만 대략 200만 년 전 최초로 출현한 우리 인간이라는 종(種)은 꾸준히 발전하고 있다. 언어와 문화를 형성할 수 있는 능력의 성립과 더불어 현대인은 동물 세계와 분명히 구분되는 비약적인 발전을 이룩했다. 과학의 발전과 함께 지난 2,000년 동안 모든 자연적 과정의 포괄적 이해를 위한 기초를 놓았으며, 보다 정확하고 점점 더 성공적으로 그 과정에 개입할 수 있게 되었다. 우리의 의도와 상관없이 인류와 세계는 동시에 발전해 나갈 것이며, 지금까지 그랬듯이 그 과정은 끊임없이 극적으로 진행될 것이다. 오늘날의 생명은 진화라는 영화의 정지 화면이라 할 수 있다. 그리스 철학자 헤라클레이토스는 "아무도 동일한 강물에 몸을 담글 수 없다. 모든 것은 흐른다!"라고 말했다. 이러한 시각은 현재와 가까운 미래를 이성적으로 예측하는 데 필수적인 요소가 되는 겸허함을 가르쳐준다.

미래를 예측하는 것이 가능한가?

적어도 인간 생명의 시공간을 위해 미래를 예측하는 것이 얼마나 가능한가? 자연과학의 발전을 도모하고 생활 방식을 장기적 안목에서 예측하고 그 가능성을 이론적으로 뒷받침하려는 시도는 현재까지도 가장 최신의 흐름으로부터 그 다음을 예측하는 식으로 곧잘 이루어지고 있다. 사람들은 최근의 과거와 현재를 관찰하고 몇몇 데이터를 시간의 곡선 위에 올려놓은 후 그 각각의 점에 의해 만들어지는 선을 미래로 연결한다.

우리는 이 계산을 컴퓨터에게 일임할 수 있으며 어느 정도의 오차 범위를 부여할 수도 있다. 이와 같은 방법을 통해 미래에 대한 예측이 완성되면, 그에 대해 낙관적이거나 비관적인 전망을 해볼 수도 있다. 지난 30여 년 동안 일부 사람들이 전 세계 에너지 소비 상승률을 기초로 삼아, 조만간 닥쳐올 석유 자원을 포함한 거의 모든 자연 자원의 고갈을 예언하고 심각한 기후 변동·식량 위기·수자원 고갈 등에 대해 우려한 반면, 나머지 사람들은 인생의 양지만을 바라보면서 새로운 테크놀로지·꾸준히 상승하는 노동 생산성·눈앞에 닥친 주 20시간 노동·부단히 상승하는 주식 지수에 열광했다. 물론 이런 태도는 흥미로운 발판을 마련하는 데 도움이 될 수는 있다. 하지만 그와 같은 미래 예측은 일부의 선별된 바로미터에 의해서만 가능한 것일 뿐이다. 또한 특히 그 예측된 시공간에서는 새로운 발명과 역사적 발전이 사태에 영향을 미칠 수 있다는 것을 고려하지 않는다는 점에서, 과학적으로 진지하게 받아들일 수 있는 진단이라기보다는 마치 로또 복권을 구입하는 것과 비슷한 경우가 많다.

지난 100년 동안 사람들은 그런 식으로 미래를 진단하는 일에 많은 관심을 가져 왔으며, 보다 나은 미래에 대한 낙관론은 대부분 서구

공업 국가의 사회적 사고였다. 물론 그에 반대하는 운동도 있었다. 이에 대해서는 서문에서 이미 밝힌 바 있다. 많은 과학자들은 2000년 도의 사회에 대한 자신의 예측이 더 정확하다며 서로 경쟁했다. 한편 미래학이라는 단어가 유행했는데, 당시에 영향력이 컸던 작가 융크 Robert Jungk는 감히 "정확한 학문으로서의 미래학"을 소개하기도 했다.

《2000년도의 인간들*Menschen im Jahr 2000*》과 같은 1960년대의 다른 시나리오들은 "지하 토목 공사 및 광산 채굴에 사용되는 핵탄두" 를 예언했으며, "늦어도 2000년에는 달나라에 우주 기지가 건설될 것 이고, 그곳을 기점으로 하는 행성 간 여행도 가능해질 것"이라고 공언 했다. 그 외에 "2000년도 에너지 수요의 30% 이상은 핵에너지로 충 당될 것"이라는 계산도 있었으며, "2000년 전후에는 에너지 생산을 위해 핵융합도 이용될 것"이라는 의견도 있었다. 진보를 확신하는 이 런 분위기 속에서 사람들은 날씨에 대한 장기적 예보와 같은 것은 권 태로운 일상사가 될 것이라 믿었다. 이외에도 유사한 미래 예측이 많 이 있었다.

철학자 포퍼는 미래학자들의 사고방식에 결정적 오류가 있다고 설 명했다. 포퍼는 그들의 수많은 예측에 대한 연구에서 하나의 공통점 을 발견했다. 그들은 하나같이 '모든 생활은 과학 및 기술에 종속된 우리 사회에 이미 축적되어 있거나 확보 가능한 지식에 종속되어 있 다' 는 점을 인정했으며, 나아가 '우리의 점증하는 지식은 세계의 사물 에 대해 점점 더 많은 것을 말할 수 있다' 는 전제에 입각하고 있었다. 물론 이것은 옳은 생각이었고 포퍼 역시 그 점에 대해서만큼은 인정 하고 있었다. 미래분석학자들은 이러한 인식으로부터 '총 지식량이 증가함으로써 미래에 무슨 일이 일어날 지에 대해서도 보다 정확히 말할 수 있다' 라는 추론을 해냈다. 그런데 조심스럽게 살펴보면 바로 이 지점에 포퍼가 지적한 오류가 있다. 우리는 과학의 도움을 받아 점점 더 많은 지식을 축적할 수는 있지만, 그렇다고 해서 미래에 무엇을 알게 될 것인지에 대해서도 확신할 수는 없다. 만약 그렇게 할 수 있다면 오늘 이미 내일과 모레의 지식마저 확보할 수 있어야 한다. 물론 지식의 증가와 더불어 오늘날의 삶과 미래의 삶은 점점 더 그 지식에 종속될 것이고, 우리는 지상의 운명에 대해 점점 더 집중적으로 영향력을 행사하고 삶의 질을 개선할 수 있을 것이다. 하지만 먼 미래의 모습이 어떠할지 말할 수 있는 부분은 그만큼 더 작아질 것이다. 한편 50년, 100년 후의 과학자들은 오늘날 우리가 지식의 결핍으로 인해 결코 다룰 수 없는 문제에 대해 사고하게 될 것이다.

철학자 뤼베Hermann Lübbe는 포퍼의 주장을 다음과 같이 고쳐 말한다.

지식의 증가는 미래의 어두운 벽이 우리로부터 멀어지게 하는 것이 아니라 다가오게 한다. 그리고 그 속도는 점점 빨라진다.

우리는 이 말을 긍정적으로 해석할 수도 있다. "미래는 우리에게 열려 있을 뿐만 아니라, 점증하는 지식은 시야를 확장해 주고 끝없이 새롭게 다가오는 개방성도 확대해 준다."

과학적 작업의 광범위한 분야에 종사하는 사람들은 '틀린 예측'에 대한 경험을 통해 나름의 결과를 얻어 냈다. 그들은 오늘날 '예측Prognose'보다는 '전망Prospection'이라는 말을 더 많이 사용하고 있으며, 보다 중요성 연구 과제를 찾아내기 위해 애쓰고 있다. "연구 과제가 무엇인지 확인하고 그에 입각해서 행하는 연구 작업은 그 자체 내에서 새로운 인식을 생성하며 지금까지 소홀히 여겨졌던 분야를 획득하는 데 기여한다." 몇 년 전 출간된 독일 과학 정책 자문 연구원

Wissenschaftsrat의《연구 전망에 관한 선구자적 연구*Pilotstudie zu einer Prospektion der Forschung*》에 실려 있는 이 말은 과학자들의 새로운 시각을 대변한다. 여기서 중요한 문제는 연구 및 결과가 사회 발전에 미치는 중요성에 따라 그 우선순위를 결정하는 일이다. '우주의 기원에 대해서 집중적으로 연구할까? 아니면 지구 시스템에 대해서? 아니면 인간 몸의 기능에 대해서?'

'자연 과학이나 인류의 미래에 대해 자세하게 예언할 수 있게 된다는 것'은 생각만 해도 많은 과학자의 마음을 동하게 하겠지만, 그럴수록 그들은 확실한 사실에 입각해야만 한다. 물론 사변적인 예측 역시 그 자체로서 파악하고는 있어야 할 것이다.

이 말은 '도대체 미래에 대한 상(像)을 얻는 것은 불가능하다'라는 뜻이 아니다. 다만 보다 정확하게 미래상을 예측하기 위해서는 신중함과 분별력이 반드시 필요하다는 것이다. 신중함과 분별력의 결여는 특히 지능형 생명 형식을 인공적으로 제작하는 일에 대한 토론에서 드러난다. 어떤 사람들은 이에 대해 "거의 신과 동일하게 임의로 생명을 조작할 수 있는 능력"이라고 열광하곤 하는데, 실상 이와 관련한 시나리오들은 오늘날의 연구 수준에서 볼 때 기껏해야 '불충분한 생물학' 내지 '사이언스픽션'에 불과하다. 하지만 우리가 지난 수십 년 동안 생명과학, 뇌 연구, 컴퓨터 기술 분야에서 중대한 진전을 이루었다는 것은 의심할 여지없는 사실이다. 아직 분자 차원에서 이루어지는 과정에의 집중적 개입과 관련된 여러 분야는 초보 단계에 머물러 있지만, 진전했다는 사실에 대해서만큼은 논쟁의 여지가 없는 것이다.

유기체 내부의 분자 차원에서 일어나는 복잡한 상호 작용에 대해서는 아직 더 많은 해명이 필요하다. 컴퓨터 과학자이자 음악가인 라니어Jaron Lanier는 계속 증가하고 있는 컴퓨터 용량만으로는 그 일을 충분히 감당해 내지 못할 것이라고 지적했다. 옳은 말이다. 인간의 정신이 파악할 수 없는 고도로 복잡한 자연 시스템을 처리할 수 있는 새로운 컴퓨터 시스템을 프로그래밍해 낼 수 있느냐 하는 것이 문제의 핵심인 것이다. 하지만 아직 우리는 이런 프로그램을 위해 얼마나 많은 바로미터(매개변수)가 어떤 비중을 가진 얼마나 세분화된 부분 옵션으로 조립되어야 하는지 짐작하지 못한다. 라니어의 말대로 우리는 아마도 곧 복잡성의 한계에 부딪칠 것이다. "그 한계는 초대형·초고속 컴퓨터 제작만으로는 극복될 수 없을 것이다."

이런 측면에서 볼 때 뇌 연구의 미래는 더욱 불확실한 것이 된다. 앞 장에서 언급한 바와 같이 우리는 지난 몇 년간 새롭고도 중요한 수많은 인식에 도달했으며 극심한 우울증·정신 분열증·알츠하이머병 등의 정신 질환에 대한 효과적 치료 방법을 개발하는 것이 가능해졌다. 하지만 신경 세포에 따라 국재화된 인지·처리·기억·감정·언어 조직에 대한 포괄적 이해, 더 나아가 이것들에 대한 집중적 개입의 가능성, 그리고 인간 정신의 본질과 속성에 대해 이론적으로 뒷받침해 주는 파악이 가능해지려면 아직도 많은 시간이 필요할 것이다. 물론 그 시도가 성공한다는 것을 전제로 하는 말이다. 모든 살아 있는 유기체를 분자 차원에서 기술할 수 있다는 인식에서 시작해 인간의 몸을 임의로 재구성하겠다는 구상을 실현하는 데까지는 멀고도 험난한 길이 남아 있다. 또 우리가 그 길을 끝까지 걸어갈 수 있을지, 그리고 우리가 그것을 진정 원하는지 아무도 말할 수 없다. 수백 만 광년 떨어져 있는 어떤 행성의 존재를 확인하는 것, 그리고 그곳을 방문하거나 심지어 그곳에 정착하게 해주는 기술의 확보를 위해서는 먼저 해결해야 하는 무수히 많은 문제가 산적해 있다. 마찬가지로 어떤 비전과 그 비전에의 도달 사이에는 반드시 거쳐야 하는 여러 미지의 세계가 있다. 그리고 막스 플랑크 연구소장을 역임한 생물학자 마클

Hubert Markl의 말처럼, 마침내 자유 민주주의 법치 국가에서는 "정말 아무것도…, 인간에게 인간이 원하지 않는 그 어떠한 것도 감수하도록 강요할 수 없다."

 (처음에는 미생물이, 나중에는 인간이) 화성에 거주할 수 있도록 하겠다는 원대한 비전이나 '지성 있는' 인조인간 제작은 미래에 대한 시선을 열어 놓는데 분명히 도움이 될 것이다. 그러나 그런 일들이 너무 급진전되어서는 안 될 것이다. 피할 수 없이, 그리고 더 이상 돌이킬 수 없이 엄습하는 일대 전환기에 직면해 있다는 생각이 들게 되면 우리 모두 커다란 두려움에 휩싸이게 될 것이다. 그런 상황을 만드는 것은 사회를 동요시키는 신중하지 못한 행동의 결과임이 분명하다. 그에 앞서 우리는 윤리적·사회적 내포 의미에 대해 충분히 토론해야 한다. 민주주의 사회 구조에 대한 신뢰에 금이 가서는 안 된다. 우리는 현시점의 불충분한 관점을 가지고 미래의 불확실한 것들에 대해 판단을 내려서는 안 된다. 그보다는 현재와 가까운 미래의 절박한 문제에 매달려야 하는 것이다.

연구의 기본적 문제들

 가까운 장래의 자연과학에 대해 말할 수 있는 것은 무엇일까? 우리는 당연히 자연과학은 끝없이 새로운 지식을 제공할 것이라는 대전제 아래서 논의를 시작해야 할 것이다. 그리하여 우리는 인간의 신경 시스템·정신·게놈에 대한 많은 것을 아주 확실하게 알게 될 것이며, 지구 시스템과 우주에 대해서도 마찬가지로 새로운 많은 것을 알게 될 것이다. 그러나 여기서도 우리는 현실에 충실해야 한다. 다가오는 몇 십 년 동안에도 지구와 환경이 비슷한 행성을 탐색하는 일이 우주 연구의 중심에 서 있게 될 것이다. 이에 있어 무엇보다도 중요한 것은 더욱 정교해진 관측 기술과 관련된 일들일 것이다. 엄청나게 먼 거리 때문에 그렇다. 이미 NASA의 우주 연구자들 및 유럽 우주국European Space Agency의 동료들은 머지않은 미래에 고성능 광학 시스템 장치가 우주 공간을 순항할 수 있도록 하는 작업에 착수하고 있다. 또 그것을 통해서 태양계 외부에 있는 소형 행성을 포착할 수도 있을 것이라고 한다. 누가 알겠는가. 아마도 그 우주 여행은 중세 때 아메리카 대륙을 발견한 선박들의 항해와 같은 의미를 가지게 될 것이다.

우리는 현재 자연과학의 발전 방향을 개략적으로라도 말할 수는 있다. 많은 사람들은 현재의 물리학과 생물학을 중심으로 형성된 가장 중요한 연구 분야들이 서로 더 긴밀하게 연계할 것이라고 말한다. 노벨 물리학상 수상자 글래쇼Sheldon Glashow는 과거 100년의 중심적 인식을 회고하는 중에 체스 게임 비유를 언급했다. 그의 견해에 따르자면 우리는 자연과학의 핵심적 분과인 물리학과 생물학에서 아주 복잡해진 메커니즘을 통찰했다. 다시 말해 우리는 양자 역학의 도움으로 물질과 에너지의 구조와 속성을 원자 차원에서 이해하는 데 성공했으며, 그 성공은 수많은 공업 기기의 제작을 가능하게 했다. 예컨대 컴퓨터는 수많은 계산 작업을 대신 하게 되었을 뿐만 아니라 오늘날 거의 모든 공업 기기의 구성 부분이 되고 있다. 또 분자생물학과 게놈 연구는 세포 내부에서 일어나는 원리적 과정을 해명했다. 몸속에서 일어나는 과정에 장애가 생겼을 때 의약품으로 그에 영향력을 미치고 질병을 치료하는 것도 그로써 가능해졌다. 유전자 공학적 개입을 통해 우리는 미생물·식물·동물의 속성을 변화시킬 수 있다. 글래쇼는 다음과 같이 말한다.

따라서 우리가 20세기에 이 체스 게임의 기본 규칙을 상당히 이해한 뒤에 남는 일은 아마추어 체스 선수권 대회에서 선수권자로 등극하는 일뿐이다. 그러기 위해서는 수집한 지식을 묶어서 그 복잡한 상호 작용을 분자 및 원자 차원에서 지적으로, 그리고 영감(靈感)으로 분석해야 할 것이다. 그러나 이와 동시에 우리는 인간이 고안한 체스 게임의 자율적 규칙은 실제의 삶과는 아무 상관이 없다는 것에 대해서도 분명히 알고 있다.

오늘날 자연과학의 각 분야는 20세기의 인식 토대에 입각해서 점점 더 생명과 물질, 시간과 공간의 기초적 문제에 집중하고 있으며, 이에 대한 대부분 연구자의 견해가 일치하고 있다. 이리하여 자연과학과 인문과학, 그리고 철학이 과거보다 더 분리될 수 없는 현재의 영역으로 진입하고 있는 것이다. 뉴욕 시티 대학교의 물리학자 카쿠는 《미래의 비전. 과학이 21세기에 어떤 변혁을 낳고 있는가》에서 그 발전 과정을 기술하고 있다. 인간이 물질과 생명 그리고 계산의 기본 원칙을 (컴퓨터를 통해) 대부분 해명했으며 자연과학의 위대한 사상들 역시 입증되었다는 전제에서 출발하는 그는 우리가 21세기 초에 새로운 시대로 넘어가는 문턱에 서 있다고 말한다. 우리는 이제 "자연의 수동적 관찰자로부터 능동적 안무가"로 발전해 나갈 것이며 "과거 2,000년 동안의 과학적 작업의 열매를 수확"할 수 있을 것이라는 것이 그의 견해이다.

비록 카쿠를 비롯한 여러 사람들이 과연 어떤 방향으로 연구가 진척될 것인지 묘사하고 있긴 하지만 그 이후에 어떤 인식들이 이어질지, 그리고 어떤 새로운 문제들이 그 결과로 제기될지는 여전히 불확실하다. 그런 새로운 돌파는 진공 상태에서 발생하는 것이 아니라 이미 알려진 것으로부터 비롯된다는 것을 과학의 역사가 가르쳐주고 있다. 따라서 현재를 관찰하고 오늘날까지도 윤곽이 불분명한 연구의 측면을 살펴본다면 어떤 분야에서 앞으로 생겨날 인식을 어느 정도 예측할 수 있을 것이며, 그런 인식들은 아마도 현재까지의 인간의 자아 이해를 또 다시 그 기초부터 송두리째 흔들어놓을 것이다. 원칙적으로 획기적인 진보는 다분히 아직은 불분명하고 모순이 존재하는 분야에서 일어날 것으로 기대할 수 있다. 그러나 그 이후에 마침내 어떤 연구 성과가 나올지, 언제 어디서 그 뒤를 잇는 획기적이고 위대한 것들이 학계에 보고될지, 또 어떤 결과들이 그에 이어 나올지는 누구도 예측할 수 없다.

미래 연구가들과 과학자들의 예측과 전망에 대해서 사람들이 어떻게 생각하든 한 가지는 분명하다. 포퍼의 냉정한 평가에도 불구하고 사람들은 미래에 대해 전망하고 가까운 장래에 대해 무엇인가 알아보려는 시도를 결코 그만두려 하지 않는다. 거기에는 몇 가지 이유가 있다. 그중 하나는 인간의 기본적인 본성이다. 인간은 자신이 언젠가 죽을 것이라는 것을 안다. 즉 유한한 생애에 대해 상당히 분명한 이미지를 가지고 있다는 얘기가 된다. 따라서 인간이 자신 앞에 놓인 시간에 대해 늘 궁금해 하고 자신을 거기에 맞춰 조율하고 유한한 삶에 의미를 부여하려는 것은 너무도 당연한 일이다. 인간은 역사적으로 시대와 문화권을 막론하고 미래를 예측하려는 시도를 해왔다. 바로 별자리(운세)에 대한 식을 줄 모르는 관심과 점성술의 끈질긴 생명력이 그에 대한 증거이다.

낙관론 의무

포퍼는 미래학자들에 대한 논평과 관련해서 자연과학이 나아가고 있는 길은 열려진 과정이라고 기술했다. 또 다른 한편으로는 우리가 미래의 형성에 대해 숙고할 때는 '낙관론 의무'가 필요하다는 것을 강조했다. 우리는 이 단초를 아주 시의 적절하고 중요한 것으로 간주한다. 왜냐하면 다양한 과학 분야의 전문가들이 완수해야 하는 어렵고도 보람 있는 과제가 있다면, 그것은 다분히 향후 몇 년과 몇 십 년 동안 긍정적으로 평가될 수 있는 바람직한 로드맵을 개발함으로써 장차 사회가 나아갈 길을 제시하는 일일 것이기 때문이다. 우리가 개별적으로 물리칠 수는 없을 만큼 치명적일 수 있는 미래를 가급적 유리한 상황이 되도록 바꿔보려는 불굴의 시도는 전문가들에게 주어진 영원한 과제이다. 전문 지식이 많아질수록 의무도 그만큼 더 커지는 법이다.

부정적인 전망이나 재난에 대한 시나리오를 위해서는 아무런 전문가도 필요하지 않다. 아무리 멍청한 사람이라도 어떤 일이 잘못될 수 있으며, 제대로 기능하지 않을 것이며, 쓸모없는 짓이라고 경고할 수 있다. 그런 염세주의자들은 자신에게 호응하는 사람을 쉽게 만날 수 있다. 왜냐하면 우리는 공포의 시나리오에 대해서는 아주 신속히 예기치 못한 반응을 보이기 때문이다. 두려움이란 쉽게 자극될 수 있는 기본적인 속성으로서 인간 현존재의 구성 요소이다. 스스로를 보살피고 위험을 제거하는 능력이 우리에게 없었다면 인간 종족은 아마도 생존하지 못했을 것이다.

19세기 이래로 계속된 자연과학의 승리 행진은 이론과 그 이론에서 비롯된 기술이 자연의 위력에 대한 고전적 공포를 더 잘 해결할 수 있게 해준 것과 깊은 관계가 있다. 그로써 우리는 기아·가난·질병 따위의 심각한 폐해를 점점 더 잘 제어할 수 있게 되었다. 오늘날 과학의 과제는 무엇보다도 새로운 기술에서 비롯될 수 있는 부작용에 대해 부분적으로라도 일리가 있는 새로운 우려들을 충분히 고려하고, 지식에 입각한 긍정적인 미래 형성의 가능성에 대한 신뢰를 강화하는 일일 것이다. 암울한 생각을 할 때는 우리의 환상이 비교적 신속히 자극되지만 좋은 것, 그리고 미래를 내다보는 과제를 개발하는 일에 있어서는 상상력이 뒤늦게 질질 끌려오는 편이다. 어렵겠지만 우리는 그 모든 다른 것보다도 인간적 배경을 가진 긍정적인 미래에 대한 전망을 절박하게 필요로 한다.

과학자와 전문가뿐만 아니라 책임 능력을 가진 모든 국민이 바람직한 최적의 미래 발전을 추진해야 한다는 목표와 의무를 떠맡을 수 있다는 자세로부터 포퍼가 말하는 '낙관론 의무'가 도출된다. 이 낙관론은 모든 것이 어떤 식으로든 "가능한 세계 중 가장 좋은 세계에서" 저절로 잘 될 것이라고 순진하게 믿는다는 뜻이 아니다. 포퍼가 우리에게 알리려고 하는 것은 그런 태도보다는 각자가 최선을 다함으로써 전체의 이익을 창출할 수 있는 미래를 형성하는 데 기여해야 한다는 것이다. 우리는 겸허해야 하지만 한편으로는 생활환경의 개선을 위한 정당한 전망을 가져야 한다.

물론 그것은 올바른 길에 대한 논쟁을 낳을 수 있다. 왜냐하면 제작(형성) 능력과 희망 사항은 미래에도 논쟁의 대상으로 남아 있을 것이기 때문이다. 아무도 '옳은' 길을 알 수는 없다. 실수는 누구라도 할 수 있으며 원칙적으로 늘 발길을 돌릴 각오를 해야만 한다. 모든 것은 가설일 뿐이다. 낡은 가설과 개선된 새로운 가설 사이의 간격만이 진보로 불릴 수 있으며, 낙관론을 갖게 하는 계기가 된다.

결과에 대해 열려 있는 토론 문화는 필수적이며 건설적이다. 왜냐하면 새롭게 발견된 내용들 중에서 어떤 것이 마침내 수용되고 계속 발전하게 될지는 본질적으로 사회의 토론과 합의에 달려 있기 때문이다. 그것은 우리가 몇 가지 기본적 원칙을 준수할 때에만 이루어질 수 있다. 우선 사생활 영역이 불법적인 개입, 특히 국가의 개입으로부터 보호되어야 한다. 그 어떤 종류의 기술이든 그것을 인간에게 적용하는 것은 절대적으로 개인의 자유의사에 의한 것이어야 한다. 사회가 어떤 방향으로 발전해 나가야 할지 구성원들이 민주적으로 결정할 수 있어야 하며, 새로운 기술의 악용을 차단할 수 있는 방법을 확보해 두어야 한다. 그런 시스템을 보장하는 것이 간단한 일은 아니지만 사회적으로 중요한 일인 것만큼은 분명하다. 따라서 새로운 기술의 이성적 이용을 장려하려면 모든 국민의 도덕적·법적 지위가 강화되어야 한다. 물리학·화학·우주 연구 등의 분야에서 과학적 인식을 이용하는 것과 동일한 방식으로 의학·생물학·유전자 공학에서의 응용이 이루어져야 한다. 개인의 자유권을 가장 넓은 범위에서 존중하기 위한 도덕적 기초는 미래 자연 과학의 발전 측면에서 볼 때도 아주 높은 가치를 지닌다. 우리는 이 점을 절대 잊지 말아야 한다.

미래에 우리에게 제공될 가능성에 대한 건설적 토론 문화는 결국 현재에 대한 고무적 토론으로 이어진다. 왜냐하면 현재의 문제는 우리가 그 문제를 제대로 파악하고 있을 때에만 미래에 개선될 수 있기 때문이다. 따라서 낙관론적인 의무와 미래에 대한 즐거운 기대는 현재 주어진 것에서부터 시작되며, 우리에게 오늘 제공되는 것을 즐기는 태도에서 비롯되는 것이다. 우리는 이 책이 현재를 즐겁게 이해하는 데 기여하고, 함께 형성하는 미래에 대한 흥미를 일깨울 수 있기를 바란다.

과학사의 명저

과학사는 후대의 연구자에게 영향을 미침으로써 사회 전체의 사고를 지속적으로 변화시키는 위대한 사상가들의 저술에 의해 특징지어진다. 그중 가장 중요한 것들을 선별해 연대순으로 정리했다.

히포크라테스Hippocrates: 《히포크라테스 전집 *Corpus Hippocraticum*》(기원전 4세기)
코스Kos 출신의 고대 그리스 의사 히포크라테스는 "의학의 아버지"로 불린다. 그가 세운 의학파의 의미는 의사라는 직업이 윤리적 책임 의식에 기초를 두고 신비주의적 치료술을 거부함으로써 과학으로 방향을 잡게 한 데 있다. 그는 다른 자연 연구가들이 인식한 것도 문서로 정리했다. 따라서 히포크라테스에 의해 전승된 《히포크라테스 전집》의 내용은 부분적으로만 그의 인식에 속한다.

아리스토텔레스Aristoteles: 《자연학 *Physis*》(기원전 4세기)
아리스토텔레스는 플라톤과 나란히 고대 그리스의 가장 중요한 철학자이다. 그의 관점에서 볼 때 세계는 정신과 물질이 독특하게 결합된 우주였다. 그는 지구상의 다양한 종(種)을 목록으로 정리하기 시작했으며 해부학, 발생학, 생리학의 기초를 놓았을 뿐 아니라 천문학 분야에서도 매우 중요한 인물이다. 남쪽이나 북쪽으로 여행을 하면 항상 새로운 별들이 남쪽 지평선 내지 북쪽 지평선에서 나타나는 것을 발견한 그는 깊이 숙고했고 지구가 둥글다는 추론을 해냈다. 수많은 철학적 저술 외에도 자연과학 서적들이 그에 의해 전래되었으며, 그중에는 안드로니코스Andronikos의 전집 속에 들어 있는 《물리학》과 수백 가지의 동물종을 기술한 《동물의 생명 고찰》이 있다.

테오프라스토스Theoprastos: 《식물의 자연사*Historia plantarum*》 (기원
전 4세기)
테오프라스토스는 아리스토텔레스의 제자였으며 식물을 분류하고 체계화하
는데 헌신했다. 그는 《식물의 자연사》와 《식물계의 원인론*Da causis pla-
ntarum*》에서 약 500종의 식물의 형태학적·해부학적·병리학적 측면을 자
세히 기술했다. 그는 식물의 성(性)에 대해 논리적으로 연구한 최초의 학자
였다. 그의 저서들은 1,500년 간 표준 기본서로 사용되었으며 1483년 라틴어
로 번역되었다. 린네Carl von Linné는 그 현명한 그리스인을 가리켜 "생물학
의 아버지"라 불렀다.

에우클레이데스Eucleides: 《원소*Stoicheia*》(13권, 기원전 4세기)
고대 그리스의 수학자 에우클레이데스(유클리드라는 이름으로 더 널리 알려져 있
는)는 알렉산드리아 수학 아카데미를 세웠다. 《원소》[보론(補論) 〈자료Data〉
포함]는 역사상 가장 영향력이 컸던 수학 저서로 통한다. 2,000여 년 동안 수
학 교육의 기초로 사용되었으며 성경 다음으로 세계에서 가장 많이 알려진
책이 되었다. 에우클레이데스는 당시의 모든 수학적 지식을 통합해 공리, 정
의, 명제, 증명에 따라 정리하고 체계화했다. 그는 피타고라스의 두 가지 명
제를 증명했으며, 정수론 분야에 대한 연구에서 무수히 많은 소수(素數)가
있다는 것을 제시했다. 그는 기하학의 창시자가 되었다.

아르키메데스Archimedes: 《평면 판의 평형 혹은 평면 판의 무게 중심》[(기원
전 3세기)]
시라쿠스Syrakus 출신인 아르키메데스는 고대 그리스의 유명한 수학자이자
물리학자, 그리고 발명가였다. 그의 수학 저술은 무엇보다도 곡면과 구체의
용적 결정 및 정역학(靜力學), 수리(水理)정역학을 주로 다룬 것이다. 지식
의 실용화에 관심을 가졌던 그는 도르래·펌프·무기·지렛대·투석기(投
石機)를 발명했으며, 태양 빛을 모아 불을 일으킬 수 있는 다중 볼록 렌즈 시
스템을 개발했다. "유레카Eureka(발견했다)!"는 그가 한 말이다. 그의 학술
서 중에 오늘날까지 전해지는 것은 몇 편 안 된다. 최근 독일어로 번역된 그
의 저술들이 Harri Deutsch출판사에서 간행되었다. 이것은 19세기 말 라이

프치히에서 출판된 《아르키메데스 선집 *Werkausgabe des Archimedes*》을 기초로 하고 있다.

디오스쿠리데스 Pedianos Dioskurides : 《의학 물질론 *De materia medica*》(5권, 1세기)
로마의 학자 디오스쿠리데스(40~90년경)는 제약학의 창시자로 통한다. 군의관, 식물학자, 약물학자이던 그는 《의학 물질론》이라는 제목으로 이미 1,000여 가지 물질에 대해 기술했으며, 이로써 최초의 약물 조제 교본을 만들었다. 이 저서는 18세기까지 표준서로 통했다.

프톨레마이오스 Claudius Ptolemaeus : 《천문학 집대성 *Megale syntaxis*》〔Almagest(13권, 2세기)〕
중세가 끝날 때까지 지구 중심적 세계상이 자연 연구와 철학을 지배했으며 그리스 천문학자 프톨레마이오스는 그 세계상의 성립에 핵심적인 역할을 했다. 그가 최초로 쓴 《천문학 집대성》은 서기 800년경에야 아랍인에 의해 번역되어 아랍어 제목 《알마게스트 *Almagest*》로 세상에 널리 알려졌다. 선배 학자들과 자신의 관찰 내용이 담겨 있다. 1175년 《알마게스트》가 라틴어로 번역되었으며 1496년 베네치아에서 최초로 출판되었다. 그의 두 번째 저서는 8권으로 되어 있는 《지리학 입문 *Geographike hyphegesis*》이다. 이 책은 고대 각국의 지역 사정을 주요 테마로 다루고 있으며 중세의 가장 중요한 지리학 교본이다.

갈레노스 Claudius Galenos : 《오페라 옴니스 *Opera omnis*》(2세기)
의사 겸 철학자인 갈레노스는 고대 로마의 가장 중요한 의료 전문가였다. 노예 검투사들을 검진하는 의사로서 출발했지만 나중에는 황제 아우렐리우스의 주치의가 되었다. 그는 해부학과 생리학을 통합해 의학의 체계를 확립했는데, 이것은 17세기까지 그 권위를 유지했다. 400여 편의 저술이 널리 유포되었으며, 그가 분류한 '점액질', '우울질', '다혈질', '담즙질'의 네 가지 인간 유형은 오늘날까지도 일반화되어 있다. 1821~1833년에 그의 나머지 저술들이 20권의 《오페라 옴니스》라는 제목으로 재출간되었다.

파라셀수스Philippus Theophrastus Paracelsus: 《신학 및 종교 철학서 *Theologische und religionsphilosophische Schriften*》(16세기)

파라셀수스의 원래 이름은 테오프라스투스 폰 호엔하임이다. 그는 의사, 연금술사, 철학자였으며, 약리학적 화학의 개척자이기도 했다. 아연, 승화황(昇華黃), 몇 가지의 수은 화합물을 발견했으며, 매독 치료에 비소를 사용했다. 약간의 의학·종교 철학 논문을 썼고, 루터 다음으로 방대한 분량의 독일어 전문 서적을 집필했다. 지금까지 전래되는 그의 저술 중 일부분이 취리히 대학교의 의학사 연구소 및 박물관의 '파라셀수스 프로젝트'에 의해 출간되었다.

베살리우스Andreas Vesalius: 《인간 신체 구조론*De humani corporis fabrica*》(1543)

플랑드르의 의사 베살리우스는 처형된 범죄자 및 동물 시체의 해부 교사였다. 《인간 신체 구조론》에는 인간의 몸에 대한 선구자적 인식이 담겨 있다. 그가 자세히 묘사한 노출된 근육, 신경 가닥, 뼈의 모습은 현대 해부학의 기초가 되었다.

코페르니쿠스Nikolaus Kopernikus: 《천구의 회전에 관한 여섯 권의 책*De revolutionibus orbium coelestium libri VI*》(1543)

천문학자 겸 수학자인 코페르니쿠스는 지구 중심적 세계상을 태양 중심적(코페르니쿠스적) 세계상으로 교체했다. 그는 프톨레마이오스를 논박하고 행성이 태양을 중심으로 돈다고 설명했으며, 달의 공전과 지구의 자전에 대해서도 설명했다. 이 테제들은 이미 1514년에 《주해서*Commentariolus*》에 실렸었다. 그는 지구와 인간을 우주의 중심에서 주변으로 밀어냈다. 주저인 《천구의 회전에 관한 여섯 권의 책》은 그가 사망한 해에 출간되었으며, 이내 지식인의 필독서가 되었다. 하지만 1616년 교황이 금서(禁書)로 지정했다.

길버트William Gilbert: 《자석, 자성체, 거대한 지구 자석에 대하여*De Magnete magneticisque corporibus et de magno magnete Tellure physiologia nova*》(1600)

영국 의사 길버트는 최초의 실험 과학자 중 한 명이다. 그는 베이컨과 함께 경험론의 중요한 옹호자였으며 물리적 세계에 대한 사고에 결정적인 영향을 미쳤다. 그는 실험을 통해 자연의 자성(磁性)의 본원은 하늘이 아니라 지구라는 것을 증명할 수 있었다. 그는 둥근 자석을 만들어 그 위에 올려놓은 자석 침이 어느 방향을 가리키게 되는지 관찰했다. 그는 "지구의 극지방에는 아마도 거대한 놀라운 힘의 본원, 좀 더 멋있게 말하자면 '권좌'가 있을 것"이라고 추론했다.

케플러Johannes Kepler: 《신(新)천문학*Astronomia Nova*》(1609)
케플러는 천구에서 행성의 진행을 관찰했으며, 왜 행성의 궤도가 특정 형식과 반경을 갖게 되는지, 행성의 공전에 필요로 하는 시간과 그 사실이 어떤 관계에 있는지 최초로 설명할 수 있었다. 그는 자신의 관찰 결과와 브라헤 Tycho Brache의 측정 데이터를 이용해 태양 둘레를 도는 화성의 궤도는 원형이 아닌 타원형이라는 것을 보여주었다. 케플러의 제1법칙과 제2법칙은 1609년《신 천문학》에 실렸다. 1619년 그의 가장 중요한 저서《우주의 조화에 관한 다섯권의 책*De Harmonices Mundi libri V*》이 출간되었으며 여기에 케플러의 제3법칙이 담겨 있다. 1611년 그는 이미《굴절광학*Dioptrice*》을 출판하여 천문학용 망원경 제작을 위한 전제를 마련했다.

갈릴레오Galileo Galilei: 《별에서 온 소식*Sidereus Nuncius*》(1610)
코페르니쿠스의 태양 중심적 세계관에 대해 두 눈으로 확인할 수 있는 증거는 이탈리아의 물리학자이며 수학자이자 천문학자인 갈릴레오가 제공했다. 그는 기계 역학의 창시자로도 통하며 분명한 연구 방법론의 개발로 정교한 자연과학의 시대를 열었다. 1610년 1월 7일 그는 스스로 제작한 망원경으로 목성의 가장 밝은 네 개의 위성의 궤도 운동을 최초로 추적했다. 그의 관찰 결과는 몇 주 후《별에서 온 소식》에서 제시되었고, 이로 인해 교회와의 알력을 일어났다. 주장을 굽히지 않은 그는 로마 종교 재판정에서 재판을 받게 되었다. 바로 여기서 "그래도 지구는 돈다!"는 유명한 말을 남겼다. 그는 무기 징역형을 받아 그의 고향집에서 그 형을 이행했다. 1938년 물리학의 발전에 매우 중요한 역할을 한《새로운 과학, 기계 역학과 낙하 법칙에 관한 수학적 논증과 증명》을 출간했다. 이 책에서 그는 '무거운 물체는 가벼운 물체보다 빨리 떨어진다' 라는 아리스토텔레스의 이론을 반증했다.

베이컨Francis Bacon: 《새로운 논리학 체계*Novum organum*》(1620)
영국의 정치가 겸 철학자 베이컨은 1621년 공직에서 물러난 이후 자연과학 연구에 전념했으며, 사변적 자연 연구를 대신할 수 있는 새로운 관찰과 실험에 입각한 귀납적 과학 개념을 제시함으로써 현대 자연과학의 개척자로 통하게 되었다. 그는 과학 연구의 목적은 자연 지배 및 풍성한 문화 창조를 위한 응용에 있다고 보았으며 "아는 것이 힘이다"라는 격언을 남기기도 했다. 그는 유토피아 소설 《새로운 아틀란티스》(1627)에서 기술적으로 완벽한 사회상을 묘사했고, 수많은 저술 활동을 하며 귀납법 연구 방법에 매진했다.

하비William Harvey: 《동물의 심장과 피의 운동에 관한 해부학적 연구*Exerciatio anatomica de motu cordis et sanguinis in animalibus*》(1628)
영국인 의사 하비는 피와 심장의 기능에 매료되어 있었다. 그는 동시대에서 가장 중요했던 일련의 실험을 통해 완결된 혈액 순환을 발견했으며, 그리하여 아리스토텔레스와 갈렌이 말한 "생명을 부여하는 '스피리트Spiritus'가 동물의 피 속에 내재한다"라는 옛 생각이 폐기 처분되었다. 그의 실험 결과들은 1628년에 겨우 78페이지 분량의 소책자로 출간되었다.

데카르트René Descartes: 《올바로 사유와 진리를 추구하는 과학적 방법에 관한 담론*Discours de la méthode pour bien conduire sa raison et chercher la vérité dans les sciences*》(1637)
데카르트는 근대 철학의 대표적 창시자다. 그는 정신과 물질을 구분함으로써 자연과학이 종교의 속박으로부터 독립하는 과정에 날개를 달아주었다. 가장 중요한 저서 《방법서설》에는 그가 자연과학의 다방면을 연구한 결과가 기록된 방대한 부록이 있다.

뉴턴Isaac Newton: 《자연철학의 수학적 원리*Philosphiae naturalis principia mathematica*》(1687)

뉴턴은 인류사에서 가장 중요한 자연 연구자 중 한 명이다. 그는 빛의 특성 · 중력 · 행성 운동 · 수학적 문제에 관한 획기적인 이론적 초석을 제공했다. 고전적 이론물리학 및 정확한 자연과학의 창설자로서의 그의 명성은 무엇보다도 주저 《자연철학의 수학적 원리》(일반인들에게는 《원리Principia》로 알려져 있다.)에 의한 것이다. 그가 창조한 역학의 기초는 20세기 초 아인슈타인의 상대성 이론으로 수정되었다.

린네Carl von Linné: 《자연 시스템 Systema naturae》(1735)

스스로를 귀족 칭호인 칼 폰 린네Carl von Linné라 부르기 좋아했던 칼 린네우스Carl Linnaeus는 당시의 가장 중요한 생물 체계 연구자였으며, 현대 생물학과 동물학의 기초를 놓았다. 그는 최초로 생물계의 위계질서를 잡는 목록을 만들 것을 제안했으며, 오늘날까지도 모든 종류의 생물은 두 개로 이루어진 그 라틴어 명명 방식에 따라 정해진다. 1735년 최초로 출간된 그의 저서는 12면 분량이었지만, 1768년 제12판이 나올 때는 2,340면으로 불어났다. 이 책에서 최초로 그는 사람을 동물계에 편입시켰다.

달랑베르Jean le Rond d' Alembert/디드로Denis Diderot(편찬): 《백과사전, 또는 과학 · 예술 · 기술의 이성 사전 Encyclopédie ou dictionnaire raisonné des sciences, des arts et des métiers》(28권, 1751~72)

프랑스의 수학자이자 물리학자 겸 철학자인 달랑베르는 수학 및 이론물리학의 주요 저술을 통해 유명해졌다. 그의 가장 위대한 성과 중에는 한계 가치 개념에 대한 정확한 정의(극한 이론)가 포함된다. 또한 그는 편미분 방정식의 개척자 중 하나로서 영향력이 많은 저술가였다. 괴테는 그를 "근원적이며 타의 추종을 불허하는 천재"라고 불렀다. 이 백과사전에 모인 저자들(루소, 볼테르, 몽테스키외 등)은 당시에 새로 발견된 세계에 대한 지식을 정리한 탁월한 결정판을 내놓았다.

칸트Immanuel Kant: 《순수 이성 비판 Kritik der reinen Vernunft》(1781)

인식론에 대한 칸트의 주저 《순수 이성 비판》은 과학적으로 중요한 의미를 가진다. 그는 이 책에서 (경험 대상으로서의) 외부 세계와 (경험과는 무관한)

오성 능력의 종합을 유도해 내고 있다. 자연과학에 대한 그의 작업은 주로 초기 저술 단계에 이루어졌으며, 가장 중요한 책은 《일반 자연사와 천체 이론 *Allgemeine Naturgeschichte und Theorie des Himmels*》(1755)이다. 그는 이 책에서 태양계와 은하는 개별적 행성에 의해 주기적으로 뭉쳐지는 근원 안개에서 생겨난다고 설명했다. 동시대인 라플라스와 마찬가지로 지구와 기타 행성의 성립에 대한 최초의 완결된 가설을 제시했다.

허턴James Hutton: 《지구의 이론*Theory of the Earth*》(2권, 1785)
스코틀랜드인 허턴은 현대 지질학에 있어 결정적 선구자로 통한다. 측량 기사였던 그는 운하 건설 지역을 탐사하면서 암석 및 퇴적층 형성에 대한 연구를 할 수 있는 기회가 많았고 결국 "암석의 순환" 이론을 제시할 수 있었다. 이 이론에 의하면 새로운 대륙은 땅 속에서 열과 압력을 통해 변형되고 변성되는 기존의 지괴 더미로부터 생겨난다. 그 과정은 지속적으로 "흔적도 없이 시작되며 끝날 줄도 모르는" 과정이다. 이 책은 발간 후 많은 논란을 일으켰지만 라이엘Charles Lyell과 다윈Charles Darwin의 후원으로 인해 19세기에 매우 중요한 책으로 자리 잡았다.

라부아지에Antoine Laurent de Lavoisier: 《화학 원론*Traité élémentaire de chimie*》(2권, 1789)
프랑스의 화학자 라부아지에는 자연과학으로서의 화학의 창시자 중 하나였다. 양적 측량 방식(천칭 저울)을 도입한 그는 1783년에 물은 수소와 산소로 구성되어 있다는 것을 보여주었으며, '원소', '산', '기(基)', '염(鹽)' 개념을 제시했고, 비유기체 명명법의 기본적인 요소를 목록으로 작성했다. 이것은 오늘날까지 유효하다. 그는 프랑스 세무서 서기관으로 재직하다가 프랑스 혁명 와중에 고소를 당해 1794년 기요틴(단두대)으로 처형당했다.

라플라스Pierre Simon de Laplace: 《하늘의 메커니즘*Mécanique céleste*》(5권, 1799~1825)
천체 메커니즘에 관한 이 책은 (물의 관성과 관련된) 조수 간만 운동, 달 및 기타 행성의 궤도에 관한 이론을 담고 있다. 그는 태양계의 지속적 현존에 대한 증거를 최초로 제시했다. 그 외에도 태양과 행성 간의 평균적 거리의 주기적·제한적 변화를 인식했으며, 동시대 사람인 칸트와 마찬가지로 태양이 엄청나게 거대한 크기의 회전하는 가스 안개로부터 형성되었다는 추론을 했다. 그는 개연성 이론 및 수학적 물리학에 대한 중요한 인식을 제공하기도 했다.

가우스Carl Friedrich Gauß:《고등 수학 연구*Disquisitiones arithmeticae*》(1801)

가우스는 수학의 거의 모든 영역을 연구했으며 물리학, 측지학(測地學), 천문학에 관한 중요한 논문을 발표했다. 그는 이미 학생 때 2,000여 년 동안 미제로 남겨져 있던 수학 문제를 풀었고, 이로써 17각형 도형도 컴퍼스와 자를 이용해 제도할 수 있다는 것을 증명했다. 몇 년 후 대수학(代數學)의 기본 명제를 완전하게 증명한 그는《고등 수학 연구》의 출판을 통해 수(數)이론을 독자적 수학 분과로 자리 잡게 했다. 뒤이어 수많은 중요한 저술과 발견이 발표되었다. 그를 기리기 위해 주조된 동전에 "수학의 왕자Mathematicorum Princeps"라고 새겨져 있었다.

돌턴John Dalton:《화학의 새로운 체계*A New System of Chemical Philosophy*》(3권, 1808~27)

영국의 화학자 겸 물리학자 돌턴은 수많은 중요한 이론을 제공했으며 현대 원자론을 창시했다. 그는 원자가 특정한 질량을 갖는 미세한 둥근 입자로 구성되어 있고, 모든 화학 원소는 고유의 원자 유형을 소유하며, 원자들이 모여 분자를 구성한다고 설명했다. 그의 연구 작업은 이론과 응용화학의 발전에 혁명적으로 기여했다.

라마르크Jean-Baptiste Antoine Pierre de Monet Lamarck:《동물학*Philosophie zoologique*》(2권, 1809)

라마르크는 이 책에서 동물을 가장 간단한 그룹에서부터 포유류와 인간에 이르기까지 분류하고 있다. 그는 '생물학' 개념을 정립하는 데 기여했으며 동물을 '척추동물'과 '무척추동물'로 나누었다. 그의 저술은 이론적 생물학에 대한 최초의 시도였고, 얼마 후 다윈은 그것을 승계해 혁명적인 결과를 낳았다. 라마르크는 종의 진화가 존재한다는 것을 인식했고, 끊임없이 변화하면서 유기체에 영향을 미치는 환경 요인이 그 원인이며 거기에 적응한 결과들이 유전된다고 보았다.

스미스William Smith:《잉글랜드와 웨일스, 스코틀랜드의 지질학 지도*A Geological Map of England and Wales and Part of Scotland*》(1815)

운하 건설 기사였던 스미스는 지층의 목록을 만들기 위한 층위학적 방법을 개발해 그것을 기술적으로 적용했다. 그는 지층의 특징이 되는 화석을 정했으며 그것이 지층의 상대적 연대를 결정하고 그 형성 과정을 분류하는 데 아주 중요하다는 것을 인식했다. 그는 정밀한 현장 실습을 통해 광범위한 지역 전체의 암석층에 대한 (실재하거나 예상되는) 분포도를 그릴 수 있었다. 1815년 그가 발표한 영국 및 웨일스의 목록은 지구과학 발전을 위한 이정표가 되었다.

라이엘Charles Lyell:《지질학 원리*Principles of Geology*》(3권, 1830?33)

스코틀랜드 지질학자 라이엘은 "현재는 과거로 향해 나 있는 창이다"라고 말하고, 자연 현상에 대한 설명은 그 힘의 작용 결과를 관찰할 수 있을 때만 가능하다는 공준을 세웠다.《지질학 원리》의 저술은 "과거의 지표면의 변화를 오늘날 작용하는 원인에 비추어 설명하려는 시도"였다. 이 책은 당시에 가장 많이 팔린 자연과학 서적 중 하나였으며 다윈에게 지질학 입문서 역할을 해주었다. 라이엘은 "지질학의 다윈"이라고도 불린다.

리비히Justus von Liebig:《농업과 생리학에 응용된 유기 화학*Die organische Chemie in ihrer Anwendung auf Agriculture und Physiologie*》(1840)

독일 화학자 리비히는 화학의 지속적인 발전에 영향을 미친 중요한 인물이었다. 훔볼트A. v. Humboldt의 후원을 받았던 그는 수많은 중요한 연구에서 스승 역할을 했다. 그는 실험 화학을 도입하고 농학, 농업 화학, 원소 분석의 개척자가 되었다. 뿐만 아니라 최초로 자연의 탄소 순환을 정립했으며 화학 비료 실험을 완수했다.

훔볼트Alexander von Humboldt:《우주: 물리적 세계 서술의 개요*Kosmos,*
Entwurf einer physischen Weltbeschreibung》(5권, 1845~62)
훔볼트는 자연에 대한 가장 다양한 연구를 한 발견자로서 지질학, 동물 및 식
물지리학, 기후학의 창시자 중 한 명이다. 일련의 탐사 여행, 과학적 연구, 몇
몇 서적의 출판 이후 그는 카스피 해로 여행을 떠나 당시의 자연과학을 집대
성하겠다는 목표를 정했다. 이 책은 최초의 진정한 지리학 · 지질학의 백과사
전으로 통한다. 그의 형제 빌헬름 폰 훔볼트Wilhelm von Humboldt는 고전
적이고 이상주의적인 휴머니즘을 이루어냈으며, 프로이센 교육 제도의 개혁
과 1810년 베를린 대학 창립의 주도적 추진 세력이었다.

맥스웰James Clerk Maxwell:《패러데이의 힘 선(線)*On Faraday's Lines of*
Forces》(1855)
영국 물리학자 맥스웰은 현대 물리학의 개척자로서 19세기의 가장 중요한 이
론 물리학자였다. 그는 저서《패러데이의 힘 선(線)》에서 획기적인 보편 전자
자장 이론을 개발했다. 전자기 역학 및 운동학적 기체 이론 분야에서 그의 논
문은 물리학사에 있어 하나의 전환점이 되었으며, 오스트리아 물리학자 볼츠
만Ludwig Boltzmann에 의해 계승 발전되었다. 이 두 사람의 업적은 아인슈
타인의 상대성 이론 형성을 위한 기초가 되었다.

피르호Rudolf Virchow:《세포 병리학*Die Cellularpathologie*》(1858)
"모든 세포는 세포에서 왔다Omnis cellula e dellula"라는 유명한 말과 세포
의 연속성에 대한 피르호의 생각은 19세기 말 생물학의 새로운 강령이 되었
다. 그는 의학 전체의 혁신에 결정적인 영향을 미쳤다. 그는 질병은 세포 차
원의 발전 과정에 장애가 일어난 데 기인한다고 확언했으며 암 생성에 대한
최초의 이론을 제공했다. 한편 공중위생 개혁에 힘씀으로써 모범이 되기도
했다.

다윈Charles Darwin:《종(種)의 기원(起源)*On the Origin of Species by*
Means of Natural Selection, or the Preservation of Favoured Races in
the Struggle for Life》〔정식 명칭은 '자연 선택에 의한 종의 기원에 관하

여'(1859)]

다윈이 기술한 진화론은 자연과학과 철학의 혁명적 변혁을 불러왔다. 그는 당시까지 지배적이었던 교회의 결정론적 사고 대신 '유전', '가변성', '자연 도태'라는 개념을 내세웠다. 이 책만큼 당시의 세계상을 뒤흔든 것은 없었으며, 초판으로 인쇄한 1,250부는 몇 시간도 안 되어 절판되었다. 1871년 출간된 《인류의 유래와 성 선택(性選擇) The Descent of Man and Selection in Relation to Sex》에서 그는 성 선택 이론을 세웠고 사람을 동물의 계보에 배열시켰다.

헉슬리 Thomas Henry Huxley: 《자연에서의 인간의 위치에 대한 증거 Evidence as to Man's Place in Nature》(1863)

영국 과학자 집안 출신인 헉슬리는 척추동물과 무척추동물의 비교해부학을 연구했으며, 수많은 계보 이론을 반증하고 다윈의 도태 이론에 대한 최초의 결정적 옹호자가 되었다. 그는 다윈의 계보론이 나온 1871년 이전에 이미 그 이론을 확장해 인간에게 적용했으며 교회를 경악하게 했다. "진화는 급진적으로 도약하면서 일어난다"라는 그의 주장은 나중에 다윈에 의해 논박되었다.

헬름홀츠 Hermann von Helmholtz: 《음악 이론을 위한 생리학적 기초로서의 음(音) 감각론 Die Lehre von den Tonempfindungen als physiologische Grundlage für die Theorie der Musik》(1863)

헬름홀츠의 다양한 자연과학 저술은 생리학의 한계 영역에서부터 시작해 실험·이론 물리학까지 걸쳐 있다. 그는 에너지 보존 법칙의 정확한 근거를 제공함으로써 의심할 여지 없는 탁월한 자연과학자가 되었다. 그는 양적으로도 매우 많은 저술을 했는데, 특히 《음악 이론을 위한 생리학적 기초로서의 음(音) 감각론》이 가장 유명했다. 그는 이 책에서 신경 전달에 관한 연구를 통해 얻은 인식을 제시했다.

멘델 Gregor Mendel: 《식물 잡종에 관한 실험 Versuche über Pflanzen-hybriden》(1865)

아우구스틴 교단의 사제이자 교사이기도 했던 유전학자 멘델은 식물 잡종에 관한 실험으로 잘 알려져 있다. 그는 통계학적 평가를 통해서 유전론의 기본적 법칙들을 정하는 데 성공했다. 그가 쓴 가장 중요한 논문이었던 이 책은 (그의 기타 논문과 마찬가지로) '브륀 자연 연구자 협회 학술 대회 Verhandlungen des Naturforschenden Vereins Brünn'에서 발표되었다. 연구를 통해 이루어낸 그의 많은 성과는 동시대인들에게는 인정받지 못했으며, 사후에야 제대로 평가받게 되었다. 멘델의 법칙은 결국 현대 유전학의 기초가 되었다.

멘델레예프 Dimitrij Iwanowitsch Mendelejew:《원소의 화학적 성질과 원자량의 관련성에 관해 *Die Abhängigkeit der chemischen Eigenschaften der Elemente vom Atomgewicht*》(1869)
러시아 화학자 멘델레예프의 공로는 최초로 화학 원소의 주기율 시스템을 발표한 것이다. 그의 논문은 당시에 알려져 있던 69개 원소를 포괄하고 있었다. 그 이후 주기율표는 여러 차례 확장되었다. 멘델레예프 직후에 독일 화학자 마이어 Julius Lothar Meyer도 주기율 시스템을 발표했는데, 두 표 모두 원소가 양적 · 질적 특성에 따라 배열되어 있다. 당시에 가장 정확한 단위는 원자량이었다.

파스퇴르 Louis Pasteur:《누에의 질병에 관한 연구 *Études sur la maladie des vers á soie*》(1870)
프랑스의 화학자 겸 박테리아 학자 파스퇴르는 세균 이론의 창시자로서, 코흐와 더불어 전염병 연구에 있어 가장 중요한 연구자 중 하나였다. 1865년 그는 효모 세포와 기타 미생물이 발효와 부패의 원인이 된다는 것을 인식했다. 누에의 흰 반점 병을 연구하는 동안 미생물이 그 원인이라는 것을 발견했던 것이다. 그는 1881년부터 가축에 발생하는 비탈저(脾脫疽) 등 여러 질병에 대한 예방 접종을 도입했으며, 이와 관련된 널리 주목할 만한 논문들을 발표했다.

브로카 Paul Broca:《인류학의 기억들 *Mémoires d'anthropologie*》(5권, 1871~88)
파리 출신 외과 의사 · 해부학자 · 병리학자인 브로카는 19세기 초에 뇌의 여러 영역이 특정의 정신적 기능을 담당한다고 최초로 확정한 갈Franz Gall의 단초를 따랐다. 그는 갈의 '뇌의 국재화(局在化)' 개념을 받아들여 신경언어학의 창설자가 되었으며, 1861년 언어 능력 중추는 좌뇌의 일부분(브로카 영역)에 존재한다고 주장했다. 그의 추측은 이후 상대화되기는 했지만 그의 연구는 뇌 연구의 이정표가 되었다.

플레밍Walther Flemming:《세포 물질, 핵 그리고 세포 분열 Zellsubstanz, Kern und Zellteilung》(1882)
독일 해부학자인 플레밍은 핵 및 세포 분열에 대한 역사적인 업적을 남겼다. 그는 염색질Chromatin과 동물·식물 세포의 유사성을 발견했으며, 1880년 "모든 세포핵은 세포핵에서 비롯된다"라는 생물학의 원칙을 세웠다. 그의 수많은 논문은 염색체 이론과 유전학 발전의 기초적인 전제가 되었다.

쥐스Eduard Sueß:《지구의 얼굴 Das Antlitz der Erde》(5권, 1883~1905)
오스트리아의 지질학자 쥐스는 산맥의 형성에 대해 연구했다. 그는 대규모의 산맥이 가지고 있는 공통적 특징이 있다는 것을 최초로 인식하고 그것이 하나의 지질학 단위로 간주되어야 한다고 주장했다. 그는 이미 판구조론이 나오기 오래전부터 알프스 산맥과 히말라야 산맥에 유사성이 있다고 보았으며, 과거에 지구 남반구에 거대한 대륙이 존재했고 그 형성을 통해 산맥들이 밀려나 융기하게 되었을 것이라고 주장했다. 그가 쓴《알프스의 성립 Die Entstehung der Alpen》(1875)은 지구과학에 커다란 영향을 미쳤다.

헤르츠Heinrich Hertz:《역학의 원리 Prinzipien der Mechanik》(1894)
독일의 물리학자 헤르츠는 헬름홀츠의 제자였다. 그는 여러 실험을 통해 과학 기술의 혁명적인 발전을 위한 기초를 마련했다. 그는 전자기파를 발견함으로써 맥스웰James Clerk Maxwell의 빛 이론을 입증했으며 무선 전신을 위한 기초를 제공했다. 1886년에는 최초의 방송 시그널을 생산해 냈다.《역학의 기초 원리》는 그가 사망하던 해에 출판되었다.

퀴리Marie Curie:《방사능 물질에 관한 연구 Recherches sur les substances

radioactives》(1903)

화학자 겸 물리학자인 마리 퀴리는 생존 당시에 커다란 대중적 인기를 누렸다. 1897년 그녀는 방사선의 자기적 특성에 관한 생애 최초의 과학 논문을 발표했으며, 베크렐Antoine Becquerel이 발견한 우라늄 광선의 본성과 근원에 대한 연구를 시작했다. 그녀는 남편 피에르 퀴리와 함께 자신이 방사능이라 지칭한 현상을 해명하는 작업을 했으며, 1903년 〈방사능 물질에 관한 연구〉라는 논문으로 박사 학위를 취득했다. 그 이후 그녀는 현대 핵물리학, 핵화학, 방사능학의 선구자 중 한 사람으로 손꼽히게 되었다.

베게너Alfred Wegener: 《대륙과 대양의 생성*Die Entstehung der Kontinente und Ozeane*》(1915)

1880년 베를린에서 출생했으며 1930년 그린란드 탐험 도중 비극적으로 생명을 잃은 베게너는 지구물리학자 겸 기상학자였다. 《대륙과 대양의 생성》은 그가 죽은 후에야 비로소 명성을 획득했다. 그는 이 책에서 대륙 이동 이론을 설명했지만 당시의 영향력 있는 학자들은 이를 받아들이지 않았다. 그리고 오십 년이나 지나서야 비로소 재발견되어 판구조론으로 발전될 수 있었던 것이다. 대륙은 쉬지 않으며 과거에는 슈퍼 대륙 판게아로 통합되어 있었다는 그의 생각은 지구 내부에서 작용하는 여러 힘을 이해하는 결정적인 첫걸음이 되었다.

모건Thomas Hunt Morgan: 《멘델 유전의 메커니즘*The Mechanism of Mendelian Heredity*》(1915)

미국의 유전학자 모건은 초파리Drosophila melanogaster 실험을 통해 유전자가 염색체에 일렬로 배열되어 있다는 것을 최초로 제시했다. 1911년 그는 최초의 초파리 염색체 목록을 공개했다. 1915년 동료들과 공동으로 출판한 《멘델 유전의 메커니즘》은 그 목록을 멘델의 유전자 지도 실험을 위한 모델로 정의했다. 그는 유전자학의 인식을 다윈의 계보론과 연결하려고 노력함으로써 통합적 진화생물학의 제창자 중 한 명이 되었다.

플랑크Max Planck: 《이론 물리학 입문*Einführung in die theoretische*

Physik》(5권, 1916~30)

플랑크는 당시에 이론 물리학을 주도하던 사람 중 하나였다. 그는 상대성 이론과 전해질 이론에 관한 귀중한 논문들을 썼으며 열복사(熱輻射) 법칙을 연구하기도 했다. 1900년 그는 물체로부터의 광선의 배출과 흡수는 미량의 에너지 양자 순서에 따라 마치 도약과 같이 이루어진다는 것을 발견했다. 핵의 과정을 이해할 수 있는 길을 개척해 준 플랑크의 이 '에너지 양자'의 발견으로 양자 이론이 탄생했다. 이후 물리학의 모든 사고방식은 혁명적 전환을 이루었다.

아인슈타인Albert Einstein: 《상대성 이론의 기초*Grundzüge der Relativitäts-theorie*》(1922)

다양한 연구 활동을 통해 20세기의 가장 유명한 물리학자가 된 아인슈타인은 인류 역사상 가장 위대한 천재 과학자로 통한다. 그는 특수 상대성 이론 및 일반 상대성 이론으로 시간 · 공간 · 중력에 대한 새로운 견해를 창조했다. 1905년 광양자 및 브라운 운동에 관한 중요한 논문들을 최초로 발표했으며, 그 다음 몇 해 동안은 자신이 개발한 특수 상대성 이론을 기술했다. 그가 시간 확장, 길이 축소, 물질과 에너지의 등가성이 존재한다고 추론함으로써 물리학과 천문학의 기초가 전복되었다. 그는 1916년부터 중력에 관한 새 이론이 담긴 일반 상대성 이론에 관한 논문들을 발표했다. 《상대성 이론의 기초》는 가장 중요한 자연과학 서적 중 하나로 꼽힌다.

보어Niels Bohr: 《원자 이론과 자연의 서술*Atomic Theory and the Desc-ription of Nature*》(1934)

덴마크의 물리학자 보어는 20세기 원자 및 핵물리학에서 가장 중요한 사람 중 한 명이었다. 그는 1913년 자신의 이름에 따라 명명되고 1915년 보완된 보어 원자 모델을 개발했는데, 이것은 물리학과 화학이 지속적으로 발전할 수 있도록 하는 기초가 되었다. 1921년 그는 주기율 시스템의 구조를 설명하는 이론을 제공했다. 원소의 원자각(껍질)은 전자각(껍질)으로 구성되어 있다고 설명하기도 했다. 나중에는 양자 역학에 매진해 1926~27년 하이젠베르크와 함께 유명한 '코펜하겐 해석'을 정형화했다.

오파린Aleksandr Oparin : 《생명의 기원*Origin of Life*》(1924)

소련의 생화학자 오파린은 지구상에서 생명이 무생물로부터 비롯되었다는 것, 즉 근원 탄생에 대한 중요한 연구 결과를 제공했다. 그는 카바이드와 질소 화합물의 분해로 생겨난 원시 수프를 출발점으로 삼아 '화학자 진화' 개념을 만들어 냈다. 《생명의 기원》은 "원시 수프 이론"의 고전으로 통한다.

하이젠베르크Werner Heisenberg : 《양자 이론의 물리학적 원리*Die physikalischen Prinzipien der Quantentheorie*》(1930)

1901년 뷔르츠부르크에서 출생한 하이젠베르크는 20세기 물리학계의 가장 중요한 사람 중 한 명이었다. 1925년 최초로 양자 역학을 수학적으로 공식화 했으며, 불확정적 관계 개념을 통해 물리학에 근본적 사고 전환을 불러오려고 노력했다. 1932년 원자핵이 양성자와 중성자로 구성되어 있음을 증명했으며, 특수 핵력 가설에 따라 원자핵의 양자론 및 핵분열 이론을 개발했다. 또한 물리학자 파울리Wolfgang Pauli와 함께 30년 동안 기본 미립자에 대한 통일적인 이론, 이른바 '세계 공식Weltformel' 내지는 '대통일 이론Grand Unified Theory'을 개발하기 위해 노력했다. 그는 수많은 중요한 저술을 출판했다.

슈타우딩거Hermann Staudinger : 《고분자 유기 화합물*Die hochmolekularen organischen Verbindungen*》(1932)

독일의 화학자 슈타우딩거는 고분자 화합물에 대한 기초적인 연구를 했으며, 작은 분자들은 긴 연쇄(중합체Polymere)로 결합될 수 있다는 것을 제시했다. 그가 중합체 합성 기술을 고안해 냄에 따라 합성수지 산업 발전의 결정적인 초석이 마련되었다.

포퍼Karl Raimund Popper : 《연구의 논리*Logik der Forschung*》(1934)

1902년 빈에서 출생했고 1994년 런던에서 사망한 포퍼 경Sir은 모든 시대의 가장 유명한 철학자이자 과학 이론가 중 하나로 꼽힌다. 그는 인식론 분야뿐만 아니라 물리학 · 생물학 · 사회과학의 과학적 문제에 대해 연구했다. 고전적 합리주의의 창시자로 통하는 그는 무수히 많은 저서와 논문을 출간했다.

초기 시절에 나온 《연구의 논리》는 그의 주요 저서 중 하나이다. 그는 이 책에서 모든 이론은 결코 입증될 수 없으며 언제라도 반증될 수 있을 뿐이라는 '반증 원칙'을 설명했다.

마이어Ernst Mayr: 《계통학과 종의 기원 *Systematics and the Origin of Species*》(1942)
독일 태생의 미국인 동물학자 겸 진화생물학자 마이어는 20세기의 가장 중요한 진화생물학자 중 한 명이었다. 그는 《계통학과 종의 기원》을 통해 동물의 계통학과 현대적 진화론의 통합에 결정적으로 기여했다. 이로 인해 멘델의 유전 이론과 다윈의 진화론을 서로 조화시킨 통합적 진화 이론(일명 신다위니즘)의 공동 창시자 중 한 명으로 알려져 있다. 그는 "지리학적 종(種) 형성 이론"이라 불리는 신종의 출현에 대한 이론을 개발했는데, 이 이론에 의하면 특정 종의 하위 집단이 지리적으로 고립되면 새로운 종이 생겨날 수 있다.

슈뢰딩거Erwin Schrödinger: 《생명이란 무엇인가? *Was ist Leben?*》(1946)
오스트리아의 물리학자 슈뢰딩거는 양자 이론, 방사능, 색채론, 중력 및 통일장(場) 이론뿐만 아니라 자연철학적 문제에 대해서도 연구했다. 1946년 독일어로 출판되어 많은 영향력을 행사한 이 책에서 그는 "생명의 비밀은 원자의 질서정연한 집단에 있다"라고 말했다.(한국어판도 2001년에 출간되었다.)

위너Norbert Wiener: 《인공두뇌학, 동물과 기계에 대한 통제와 의사소통 *Cybernetics, or Control and Communication in the Animal and the Machine*》(1948)
1948년 미국의 수학자 위너는 《인공두뇌학》을 발표함으로써 '통제와 조절의 학문'으로서의 인공두뇌학을 창설했다. 이 책은 뇌의 기능적 조직화와 디지털 컴퓨터의 논리 구조 연구에 있어 중요한 교량 역할을 했다. 위너는 정보 이론의 발전을 위해 노력해 그 표준을 제시했으며, 프로그램에 따라 조정되는 계산 장치에 대한 중요한 논문을 제공했다.

틴버겐Nikolaas Tinbergen : 《본능의 연구*The Study of Instinct*》(1950)

네덜란드계 영국인 동물학자 틴버겐은 동물과 사람의 행동 연구로 유명해졌다. 현대 행동 연구의 대표자 중 한 명으로 알려져 있는 그는 이 새로운 학문 분야 최초의 포괄적 교본인 《본능의 연구》를 완성했다. 그가 아내 엘리자베스와 함께 연구한 자폐증 아동의 행동생물학적 분석은 중요한 성과물로서 1972년 《초기 유년기의 자폐증*Early Childhood Autism*》이라는 제목으로 출판되었다.

크릭Francis Crick / **왓슨**James Watson : 《핵산의 분자 구조*Molecular Structure of Nucleic Acids*》(1953. 4. 29)

크릭과 왓슨은 DNA의 X선 촬영 분석에 입각해 그 공간 구조를 밝히는 데 성공했다. 그들은 과학 전문지 〈네이처〉에 실린 전설적인 논문에서 그 유명한 이중 나선형 구조를 최초로 제시했다. 또한 그들은 DNA 분자가 어떻게 복제될 수 있는지 지적했고, 유전자 정보가 4개의 염기 아데닌(A), 시토신(C), 구아닌(G), 티민(T)에 의해 코드화되어 있음을 보여주었다. 1968년 간행된 왓슨의 《이중 나선형*Double Helix*》은 베스트셀러가 되었다.

촘스키Noam Chomsky : 《통어론적 구조*Syntactic Structures*》(1957)

오늘날까지도 정치 비평가로서 잘 알려져 있는 촘스키는 언어를 이해하는 데 필요한 중심적인 단초들을 개발해 냈으며, 그의 논문들은 언어학과 심리학에 지대한 영향을 미쳤다. 그는 언어의 사용은 모든 인간 언어에 공통적으로 존재하는 특정 규칙(생성 문법)에 따라 이루어진다고 확정지었다. 모든 어린이는 이 공동의 "심층 구조"에 입각해 어떤 언어라도 배울 수 있다는 것이다.

델브뤼크Max Delbrück : 《유전 화학론*Über Vererbungschemie*》(1963)

델브뤼크와 그의 박테리아파지 연구가 없었더라면 20세기의 물리학 및 분자 생물학의 성립은 이루어지기 힘들었을 것이다. 1906년 독일에서 출생해 미국인이 된 그는 코펜하겐에서 보어와 함께 물리학 분야에서 일했으며 나중에 생물학으로 방향을 바꿨다. 1935년도에 이미 티모피예프 레소프스키 Nikolai Wladimirovich Timoféef-Ressovsky, 물리학자 치머 Karl Günter Zimmer와 공동으로 쓴 논문 〈유전자 변이와 유전자 구조의 본질에 관해 Über die Natur der Genmutation und der Genstruktur〉에, 당시까지 유전의 추상적 매체로만 여겨지던 유전자가 실제로는 커다란 분자라는 것을 기술했다. 델브뤼크와 그의 동료 루리아 Salvador Luria의 실험은 박테리아도 유전자를 가지고 있으며 동식물과 유사한 식으로 자신을 복제한다는 것을 밝혀 주었다. 박테리아의 유전자를 발견하고 그 증식 및 방어 메커니즘을 해명해 준 이 실험은 수많은 연구 작업을 위한 신호탄이 되었다. 1981년 캘리포니아에서 사망한 델브뤼크는 일련의 논문을 발표해 학계에 많은 영향을 주었다. 그의 책 《진실과 현실. 인식의 진화론 Wahrheit und Wirklichkeit. Über die Evolution des Erkennens》은 그가 사망한 후 1986년에 출간되었다. 이 책은 그가 말년에 했던 강연 내용을 담고 있다.

란더 Eric S. Lander/ 린턴 Lauren M. Linton/ 비렌 Bruce Birren/ 누바움 Chad Nubaum/ 초디 Michael C. Zody/ 볼드윈 Jennifer Baldwin/ 데번 Keri Devon/ 듀어 Ken Dewar/ 도일 Michael Doyle/ 피츠휴 William Fitzhugh/ 풍케 Roel Funke/ 게이지 Diane Gage/ 해리스 Katrina Harris/ 헤퍼드 Andrew Heaford/ 하울런드 John Howland/ 칸 Lisa Kann/ 레호크츠키 Jessica Lehoczky/ 러바인 Rosie Levine/ 매키완 Paul McEwan/ 매커넌 Kevin McKernan/ 멜드림 James Meldrim/ 메시로브 Jill P. Mesirov/ 미란다 Cher Miranda/ 모리스 William Morris/ 네일러 Jerome Naylor/ 레이먼드 Christina Raymond/ 로세티 Mark Rosetti/ 산토스 Ralph Santos/ 셰리든 Andrew Sheridan/ 수네 Carri Sougnez/ 슈탕게토만 Nicole Stange-Thomann/ 스토야노비치 Nikola Stojanovic/ 수브라마니안 Aravind Subramanian/ 와이먼 Dudley Wyman/ 로저스 Jane Rogers/ 설스턴 Johne Sulston/ 아인스코프 Rachael Ainscough/ 베크 Stephan Beck/ 벤틀리 David Bentley/ 버튼 John Burton/ 클리 Christopher Clee/ 카터 Nigel Carter/ 쿨송 Alan Coulson/데드먼 Rebecca Deadman/ 델루카스 Panos Deloukas/ 던햄 Andrew Dunham/ 더빈 Richar Durbin/ 프렌치 Lisa French/ 그래펌 Darren Grafham/ 그레고리 Simon Gregory/ 허버드 Tim Hubbard/ 험프리 Sean Humphray/ 헌트 Adrienne Hunt/ 존스 Matthew Jones/ 로이드 Christine Lloyd/ 맥머레이 Amanda McMurray/ 매슈스 Lucy Matthews/ 머서 Simon

Mercer/ 밀네Sarah Milne/ 멀리킨James C. Mullikin/ 먼걸Andrew Mungall/ 플럼Robert Plumb/ 로스Mark Ross/ 숀킨Ratina Shownkeen/ 심스Sarah Sims/ 워터스톤Robert H. Waterston/ 윌슨Richard K. Wilson/ 힐리어Ladeana W. Hillier/ 맥퍼슨John D. McPherson/ 마라Marco A. Marra/ 마디스Elaine R. Mardis/ 풀턴Lucinda A. Fulton/ 친왈라Asif T. Chinwalla/ 페핀 Kymberlie H. Pepin/ 기쉬Warren R. Gish/ 델러혼티Andrew Delehaunty/ 크 레이머Jason B. Kramer/ 쿡Lisa L. Cook/ 풀턴Robert S. Fulton/ 존슨 Douglas L. Johnson/ 밍크스Patrick J. Minx/ 클리프턴Sandra W. Clifton/ 호 킨스Trevor Hawkins/ 브란스콤Elbert Branscomb/ 프레드키Paul Predki/ 리차 드슨Paul Richardson/ 웬닝Sarah Wenning/ 슬레차카Tom Slezak/ 도게트 Noram Doggett/ 청Jan-Fang Cheng/ 올센Anne Olsen/ 루카스Susan Lucas/ 엘킨Christopehr Elkin/ 우버바허Edward Uberbacher/ 프레이저Marvin Frazier/ 깁스Richard A. Gibbs/ 머츠니Donna M. Muzny/ 세르버Steven E. Scherber/ 부크John B. Bouck/ 소더그렌Erica J. Sodergren/ 월리Kim C. Worley/ 라이브스Catherine M. Rives/ 고렐James H. Gorrell/ 메츠커Michael L. Metzker/ 네일러Susan L. Naylor/ 쿠컬라파티Raju S. Kucherlapati/ 넬슨 David L. Nelson/ 바인슈토크George M. Weinstock/ 사카키Yoshiyuki Sakaki/ 후지야마Asao Fujiyama/ 하토리Masahira Hattori/ 야다Tetsushi Yada/ 토요다Atsushi Toyoda/ 이토Takehiko Itoh/ 카와고에Chiharu Kawagoe/ 와타나베Hidemi Watanabe/ 토토키Yasushi Totoki/ 테일러Todd Taylor/ 바이센바흐Jean Weissenbach/ 하일리히Roland Heilig/ 사우린William Saurin/ 아르티게나브Francois Artiguenave/ 브로티어Philippe Brottier/ 브럴스 Thomas Bruls/ 펠레티어Eric Pelletier/로버트Catherine Robert/ 빙커Patrick Wincker/ 로젠탈Andre Rosenthal/ 플라처Mattias Platzer/ 나이아카투라Gerald Nyakatura/ 타우딘Stefan Taudien/ 룸프Andreas Rump/ 스미스Douglas R. Smith/ 두세트스탐Lynn Doucette-Stamm/ 러벤필드Marc Rubenfield/ 바인슈토 크Keith Weinstock/ 리Hong Mei Lee/ 뒤바Joann Dubois/ 양Huanming Yang/ 유Jun Yu/ 왕Jian Wang/ 황Guyang Huang/ 구Jun Gu/ 후드Leroy Hood/ 로웬Lee Rowen/ 마단Aup Madan /친Shizen Qin/ 데이비스Ronald W. Davis/ 페더스필Nancy A. Federspiel/ 아볼라A. Pia Abola/ 프록터Michael J.

Proctor/ 로Bruce A. Roe/ 첸Feng Chen/ 판Huaqin Pan/ 램저Juliane Ramser/ 레라흐Hans Lehrach / 라인하르트Richard Reinhardt/ 맥콤비W. Richard McCombie/ 바스티드Melissa de la Bastide/ 데드히아Neilay Dedhia/ 블로커Hlmut Blocker/ 호르니셔Klaus Hornischer/ 노르드지크Gabriele Nordsiek/ 아가르왈라Richa Agarwala/ 아라뱅L. Aravind/ 베일리Jeffrey A. Bailey/ 베이트먼Ales Bateman/ 바초글로우Serafim Batzoglou/ 버니Ewan Birney/ 보르크Peer Bork/ 브라운Daniel G. Brown/ 버지Christopher B. Burge/ 체루티Lorenzo Cerutti/ 첸Hsiu-Chuan Chen/ 쳐치Deanna Church/ 클램프Michele Clamp/ 코플리Richard R. Copley/ 되르크스Tobias Doerks/ 에디Sean R. Eddy/ 아이흘러Evan E. Eichler/ 퍼레이Terrenc S. Furey/ 갤러건 James Galagan/ 길버트James G. R. Gilbert/ 하몬Cyrus Harmon/ 하야시자키 Yoshihide Hayashizaki/ 하우슬러David Haussler/ 헤르먀코브Henning Hermjakob/ 호캄프Karsten Horkamp/ 장Wonhee Jang/ 존슨L. Steven Johnson/ 존스Thomas A. Jones/ 카시프Simon Kasif/ 카스프리츠크Arek Kaspryzk/ 케네디Scot Kennedy/ 켄트W. James Kent/ 키츠Paul Kitts/ 쿠닌 Eugene V. Koonin/ 코르프Ian Korf/ 컬프David Kulp/ 란세트Doron Lancet/ 로Todd M. Lowe/ 매클라이소트Aoife McLysaght/ 미켈센Tarjei Mikkelsen/ 모란John V. Moran/ 멀더Nicola Mulder/ 폴라라Victor J. Pollara/ 폰팅Chris P. Pontig/ 슐러Greg Schuler/ 슐츠Jorg Schultz/ 슬레이터Guy Slater/ 스미트 Arian F. A. Smit/ 스투프카Elia Stupka/ 스츠스타코브키Joseph Szustakowki/ 티에리 미그Danielle Thierry-Mieg/ 티에리 미그Jean Thierry-Mieg/ 바그너 Lukas Wagner/ 월리스John Wallis/ 휠러Raymond Wheeler/ 윌리엄스Alan Williams/ 볼프Yuri I. Wolf/ 볼페Kenneth H. Wolfe/ 양Shiaw-Pyung Yang/ 예Ru-Fang Yeh/ 콜린스Francis Collins/ 가이어Mark S. Guyer/ 피터슨 Jane Peterson/ 펠젠펠트Adam Felsenfeld/ 웨터스트란스Kris A. Wetterstrand/ 마이어스Richard M. Myers/ 슈무츠Jeremy Schmutz/ 딕슨Mark Dickson/ 그 림우드Jane Grimwood/ 콕스David R. Cox/ 올슨Maynard V. Olson/ 카울 Rajinder Kaul/ 레이먼드Christopher Raymond/ 시미즈Nobuyoshi Shimizu/ 카 와사키Kazuhiko Kawasaki/ 미노시마Shinsei Minoshima/ 에반스Glen A. Evans/ 아타나시우Maria Athanasiou/ 슐츠Roger Schultz/ 파트리노스Aristides

Patrinos/ 모건Michael J. Morgan:《인간 게놈의 배열과 해독에 관하여*Initial sequencing and analysis of the human genome*》(2001)

2001년도에 과학 전문지 〈네이처〉(409호, 860~921)에 실린 이 글의 초판 간행은 자연과학계에서 가장 최근에 세워진 이정표 중 하나이다. 이 엄청난 저자의 수는 오늘날의 연구가 다국적 협력 프로젝트를 통해 이루어지고 있다는 특징을 보여준다. 실제로 여기에 언급된 사람들은 '국제 인간 게놈 배열 컨소시엄'의 구성원 중 일부를 선별한 것일 뿐이다. 이 컨소시엄에는 미국·영국·일본·프랑스·독일·중국의 20개 팀이 속해 있다.

추가 권장 도서

지금까지 과학의 드넓은 세계를 조망함으로써 얻게 된 우리의 인식을 더욱 심화시킬 수 있도록 보다 긴장감 넘치고 자세한 통찰을 가능하게 해주는 수많은 좋은 책들이 있다. 그중 적합한 도서를 선별해 정리해 놓았다.

1. 생명의 전개

앨버츠Bruce Alberts/ 브레이D. Bray/ 존손A. Johnson/ 루이스J. Lewis/ 래프 M. Raff/ 로버츠K. Roberts/ 월터P. Walter:《분자생물학 교본*Molecular Biology of the cell*》(Garland, 2000)

이 책 "꼬마 앨버츠"는 분자세포생물학을 처음 공부하는 대학생을 위한 입문서다. 초보자가 이 책을 이해하기 위해선 약간의 노력이 필요하다. 소재가 훌륭하게 배열되어 있는 이 책은, 처음부터 끝까지 통독할 시간이 없는 사람이라면 서가에 비치해 두었다가 유전자가 세포에서 도대체 무슨 일을 하는지 정확히 알고 싶을 때마다 꺼내 보기에 좋은 참고 도서이다.

도킨스Richard Dawkins: 《이기적 유전자*The Selfish Gene*》(Oxford University Press, 1976)
도킨스는 현대 다위니즘을 주도하는 인물이며 동시에 탁월한 저술가 겸 연사로서 '과학의 대중적 이해' 담당 교수로 재직 중이다. 진화가 무엇인지 이해하고 싶은 사람은 이 책을 읽어야 한다. 그러나 이 책을 읽을 때 잊어서는 안 되는 두 가지가 있다. 하나는 그가 사람이 아닌 동물의 행동을 기술하고 있다는 것이며, 다른 하나는 '이기적 유전자' 는 은유적인 표현이라는 것이다.

도킨스Richard Dawkins: 《비개연적인 것들의 정상*Climbing Mount Improbable*》(1999)
제목만 봐도 내용을 알 수 있다. 여기서 문제가 되는 것은 좋은 과학 이론의 인식 지표이다. 이론은 믿어지지 않는 일들을 설명할 수 있어야 한다. 그런 일은 충분히 있다. 주위를 둘러보기만 하면 도처에서 기이한 동식물을 만날 수 있다. 도킨스는 그것들 모두가 자연도태의 메커니즘을 따라 단계를 밟아 성립했음을 재구성을 통해 보여준다. 그는 기적의 작품이라 할 수 있는 '눈(眼)'이 진화에 의해 최소한 40회 이상 서로 독립적으로 창조되었음을 자세히 묘사하고 있다.

포티Richard Fortey: 《생명. 인정받지 못한 자서전*Life. An Unauthorized Biography*》(Flamingo, 1998)
런던 자연사박물관의 고생물학자 포티는 보잘것없는 화석 유물이 생명의 성립과 전개 과정을 얼마나 긴박감 넘치게 설명해 줄 수 있는지 보여준다. 그는 수억 년 전 생명체의 살아가는 모습을 마치 영화와 같이 구체적으로 제시하고 있을 뿐 아니라 연구자의 생활상 역시 잘 들여다 볼 수 있게 해준다.

글라이히Michael Gleich/ 막스아이너Dirk Maxeiner/ 미어슈Michael Miersch/ 니콜라이Fabian Nicolay: 《생명이 제일이다. 생명의 전 지구적 결산*Life counts. Eine globale Bilanz des Lebens*》(Berlin, 2000)
지구의 다양한 종(種), 견해, 유용성 그리고 보존에 대한 수많은 도표와 짧은 논문들이 자세하게 실린 화보집.

얀Ilse Jahn(편찬): 《생물학의 역사Geschichte der Biologie》(3판, Berlin/Heidelberg, 1998)
지구의 생명체에 대한 지난 6,000년간의 체계적 연구를 21명의 전문가들이 1,000여 페이지에 걸쳐 자세히 정리한 책이다. 방대한 규모의 참고 문헌과 1,600명의 생물학자 약력이 함께 실려 있다.

마걸리스Lynn Margulis, 세이건Dorion Sagan: 《왜곡된 진리Slanted Truth》 (New York, 2002)
마걸리스는 지구를 하나의 커다란 유기체로 간주하는 가이아Gaia가설을 적극적으로 옹호하는 유명한 여류 생물학자다. 그녀는 지구의 복잡한 자기 통제 과정과 모든 것을 관류하는 미생물의 세계에 특별한 관심을 가진다.

마이어Ernst Mayr: 《……그리고 다윈은 옳았다. 다윈, 그의 학설과 현대의 진화론…… und Darwin hat doch recht. Charles Darwin, seine Lehre und die moderne Evolutionstheorie》(München, 1994)
마이어는 20세기 중엽 다위니즘이 현대 생물학의 기초가 되게 한 진화론적 종합 이론의 제창자 중 한 명이다. 그는 현대 진화생물학에 대한 정밀하고 체계적이면서도 간결한 개요, 그리고 다윈의 저술에 대한 과학적, 세계관적 논쟁의 분석을 제공한다.

미어슈Michael Mirsch: 《동물들의 현란한 성생활. 뱀장어부터 얼룩말에 이르기까지의 대중적 사전Das bizarre Sexualleben der Tiere. Ein populäres Lexikon von Aal bis Zebra》(Frankfurt, 1999)
아주 흥미로운 책이다. 이 책을 통해 무수히 많은 종류의 섹스가 있다는 것을 알 수 있을 뿐만 아니라 아직 들어본 적 없는 온갖 동물에 대해서도 알게 된다. 자식의 생산과 관련이 있는 이름을 가진 오스트레일리아의 '온도계 닭 Thermometerhuhn'에 대해 들어보셨는지? 처음 듣는다면 이 책의 273페이지를 보시길.

나하티갈Werner Nachtigall/ **블뤼헬**Kurt G. Blüchel: 《바이오공학의 위대한 서. 자연의 모델에 따른 신(新)공학*Das große Buch der Bionik. Neue Technologien nach dem Vorbild der Natur*》(Stuttgart/München, 2001)

인간은 항상 자연의 모범을 따라 살아왔다. 바이오공학은 자연의 문제 해결법을 인간의 기술과 재료에 체계적으로 적용하는 것을 목표로 한다. 그림이 많은 이 책은 의학·공학·건축·우주여행·선박·기차·자동차 제작·디자인·정보 기술·기타 등등 고려할 만한 모든 응용 분야에 대한 매력적인 조망을 제공한다.

지테Peter Sitte(편찬): 《금세기 과학으로서의 생물학. 주요 테마*Jahrhundertwissenschaft. Die großen Themen*》(München, 1999)

지난 몇 십 년 동안 엄청나게 중요한 의미를 획득한 생물학의 각 분야를 여러 과학자들이 분담해 이해하기 쉽게 집필한 모음집. 진화, 세포생물학, 면역학, 병원체(病原體), 의학, 행동생물학, 사회·문화적 진화, 뇌 연구, 발전생물학, 노화 및 죽음, 생태학, 바이오공학, 바이오기술, 바이오철학, 바이오미학을 독립적으로 다루는 장(章)들로 구성되어 있다.

폴머Gerhard Vollmer: 《바이오철학*Biophilosophie*》(Stuttgart, 1995)

철학자 폴머는 이 책에서 철학과 생물학의 관계를 테마로 하는 일련의 논문들을 제공한다. 그는 진화 개념의 범위에 대한 측정, 진화 인식론의 소개, 생물학을 위한 과학적 테두리 설정, 그리고 대중이 그것들을 어떻게 인지하는지에 대해 다루고 있다.

윌슨Edward Osborne Wilson (편찬): 《생물의 다양성*Biodiversity*》(National Academies Press, 1989)

하버드 대학교의 생물학자 윌슨은 이 책에서 수많은 구체적 예를 제시함으로써 다양한 종의 생물이 어떻게 생겨났는지 기술하고 있다. 특히 제2부에서는 인간의 개입과 열대 밀림의 파괴가 야기한 최근의 동식물 대량 몰살 사태를 지적하며 인류의 행복을 위해 다양한 종을 유지해야 한다는 환경 윤리를 강조하고 있다.

빈나커Ernst-Ludwig Winnacker: 《바이러스, 은밀한 지배자들*Viren, Die heimlichen Herrscher*》(Frankfurt, 1999)

생물학자 빈나커는 이 책에서 바이러스가 증식을 위해 자신의 숙주의 물질대사 메커니즘을 어떻게 변경시키는지, 동식물과 인간이 바이러스의 공격에 대응하기 위해 어떤 전략을 취하는지, 일부 사람들은 왜 특정 바이러스에 대한 저항력이 있는지, 오늘날 의학은 어떤 가능성을 확보하고 있는지에 대해 일목요연하게 기술하고 있다. 우리는 이 책을 통해 에이즈 · 헤르페스 · 간염에 대한 많은 소중한 지식을 얻을 수 있을 뿐만 아니라 부자유전학의 몇 가지 기본 원칙도 배우게 된다.

2. 우리 삶의 공간

보크호르스트Michael Bockhorst: 《ABC 에너지. 사전으로 입문하기. 에너지 생산과 에너지 이용. 문제와 해결 방안*ABC Energie. Eine Einführung mit Lexikon. Energieerzeugung und Energienutzung, Probleme und Lösungsänsatze*》(Bonn, 2002)

물리학 박사인 보크호르스트는 전문 지식이 없는 일반 독자들에게 에너지와 관련된 주제에 대한 정확한 자료를 제공하고 친숙하게 만드는 일에 전념해 왔다. 그는 "그 어떤 특정한 에너지 생산 방식이나 이용법을 유난히 선호하거나 또는 경시하지 않으면서" 균형 잡힌 자세를 견지했다. 그는 에너지의 물리학적 기초뿐 아니라 에너지를 이용하는 형식과 미래를 위한 문제 해결 방안까지 제시하고 있다. 이 책의 본론은 사전처럼 되어 있어 암페어Ampere의 A에서부터 지르코늄 Zirkaloy(원자로의 연료봉 도금에 쓰임)의 Z에 이르기까지 거의 모든 것을 포괄하고 있다. 인터넷 주소 www.abc-energie.de에서 그 첫 맛을 음미할 수도 있다.

에머만Rolf Emmermann/ 올리히Reinhold Ollig(편찬): 《불, 물, 땅, 공기 *Feuer, Wasser, Erde, Luft*》(Weinheim, 2003)

에머만은 독일 지구과학계의 지도적 인물 중 한 명으로서 알프레트 베게너 재단의 원장이기도 하다. 올리히는 독일 연방교육부에서 일하고 있다. 풍부한 화보가 곁들여져 이해하기 쉬운 이 책은 2002년 지구과학의 해를 기념하여 집필된 것으로서(www.planeterde.de) 지구의 시스템을 이해하기 위한 훌륭한 입문서이다.

클라게 Jan Klage: 《날씨가 역사를 만든다.*Wetter macht Geschichte. Der Einfluß des Wetters auf den Lauf der Geschichte*》(Frankfurt, 2003)
클라게는 날씨의 원인이 무엇인지 그리고 인간이 날씨를 통제하기 위해 어떤 시도를 집중적으로 하는지 구체적으로 설명한다. 그는 자신의 '기상학 지식'의 틀을 토대로 태풍, 천둥, 번개, 비가 역사의 진행을 어떻게 돌려놓았는지 토이토부르크 숲의 전투(9세기), 스페인-영국 해전 (1588), 쿠바 위기 (1962) 등의 예를 통해 이야기한다.

쿤치히 Robert Kunzig: 《눈에 보이지 않는 대륙, 심해저의 발견*Der unsichtbare Kontinent, Die Entdeckung der Meerestiefe*》(Hamburg, 2002)
쿤치히는 지구의 4분의 3을 뒤덮고 있음에도 상당히 멀게만 느껴지는 색다른 세계로 독자를 안내한다. 대양의 성립, 생명, 연구에 대한 그의 설명은 과학적 지식에 기반을 두고 있으며 아주 구체적이다. 이 책에 Aventis-Wissenschaftspreis 2001을 수여하기로 결정한 심사위원단은 "심해의 비밀에 대한 이토록 긴박감 넘치는 서술은 아직 없었다"라고 말했다.

맥두걸 J. D. Macdougall: 《지구의 짧은 역사. 산, 포유동물, 불 그리고 얼음*A Short History of Planet Earth. Mountains, Mammals, Fire and Ice*》(John Wiley & Sons, 1998)
맥두걸은 세계에서 가장 중요한 지구과학 연구 센터인 샌디에이고 캘리포니아 대학교의 지구과학 및 대양지리학과 교수이다. 이 '지구의 전기'에서 그는 우리 행성에 대한 모든 지식을 집대성해 비전문가들을 위해 펼쳐놓았다. 이 책은 지구의 모든 발전 단계와 유기체의 탄생에 대한 설명과 함께 기후 변동과 자연재해, 그리고 이것이 식물계와 동물계에 미치는 영향에 대한 정보를 제공한다.

마이스너Rolf Meissner：《지구의 역사. 행성의 시초부터 생명의 성립까지 *Geschichte der Erde. Von den Anfängen bis zur Entstehung des Lebens*》 (München, 1999)

마이스너는 기상학자인 동시에 지구물리학자이다. 베크 출판사의 '지식 Wissen' 총서로 출간된 이 작은 140페이지 분량의 책자에서 그는 우리 행성의 역사를 특징짓는 내부와 외부의 영향과 메커니즘에 대한 자세한 형상을 제공한다.

쉬크Rolf Schick：《지진과 화산*Erdbeben und Vulkane*》(München, 1997)

쉬크는 독일에서 가장 중요한 지구물리학자 중 한 명이다. 이 책에서 그는 지진과 화산이 어떻게 생겨나며 환경에 어떤 영향을 미치는지 풍부한 예를 제시하면서 설명하고 있다. 그는 또한 그런 자연재해에 대한 예측의 가능성과 한계도 보여준다.

슈테르Nico Stehr/ **슈토르히**Hans von Storch：《기후, 날씨, 인간*Klima, Wetter, Mensch*》(München, 1999)

인간은 기후에 영향 받는 피조물이다. 그러나 이와 동시에 기후는 인간의 산물이기도 한다. 그 점은 이 책의 저자 구성에도 반영되고 있다. 슈테르는 사회학자이며 슈토르히는 기상학자이자 게슈타흐트Geesthacht의 수리(水理)물리학 연구소장이다. 이 두 명의 저자는 기후와 날씨의 메커니즘 차이에 대한 설명뿐 아니라 많은 논란을 일으키곤 하는 기후 변동에 대한 입장도 표명하고 있다.

3. 우주의 생명체

클로즈Frank Close：《루시퍼의 유산. 비대칭성의 의미*Lucifer's Legacy. The Meaning of Asymmetry*》(Oxford University Press, 2000)

영국 러더포드 애플리턴 실험실Rutherford Appleton Laboratory에 근무하는 클로즈는 이 책에서 세계의 성립 시기에 대칭성 및 대칭성 파괴가 어떤 역할을 했는지 추적한다. 이것은 아주 특수한 문제처럼 들리지만 우주론과 물리학의 기초에 대한 아주 창조적 입문 속에 배열되어 있는 것이다. 이 책의 첫 문장은 소설의 첫 문장으로 사용해도 아주 멋진 것이 될 것이다. "세계는 비대칭적 존재로 가득 찬 비대칭적 장소이다."

페리스Timothy Ferris: 《모든 것: 우주 상황 보고서 *The Whole Shebang: A State-Of-The-Universe (s) Report*》(Simon & Schuster, 1998)
미국의 천문학자 페리스는 우주론에 대한 탁월한 입문서를 제공한다. 이 우주론은 천체물리학의 복잡한 내용을 앞에 두고서도 물러서지 않고 이해하기 쉽게 설명해 줌으로써 독서의 즐거움을 준다.

파인먼Richard P. Feynman: 《파인먼의 물리학 강좌 *The Feynman Lectures on Physics*》(Pearson Education, 1989)
파인먼은 노벨 물리학상을 수상한 물리학자이며 양자전기역학의 창시자이다. 그는 천재적인 연구와 명강의로 유명하다. 물리학적 사고의 기초에 입문하는 것을 도와주는 강연 내용을 담고 있는 이 책은 물리학을 처음 연구하기 시작하는 대학 신입생에게 적절하다.

하이젠베르크Werner Heisenberg: 《양자 이론과 철학. 강연과 논문집 *Quantentheorie und Philosophie. Vorlesungen und Aufsätze*》(Stuttgart, 1979)
1차 세계 대전과 2차 세계 대전 사이 물리학의 혁명을 일으킨 연구자들의 생애와 작업을 통찰하게 해주는 위대한 독일 물리학자 하이젠베르크의 여섯 편의 논문집

홀턴Gerald Holton: 《아인슈타인, 역사, 그리고 다른 열정들. 20세기 말 과학에 대한 반란 *Einstein, History, and Other Passions: The Rebellion Against Science at the End of the Twentieth Century*》(Perseus Books Group, 1996)
물리학자 겸 과학사 연구가인 홀턴은 이 책에서 두 가지 시도를 하고 있다. 그는 20세기에 자연과학과 정신과학이 분리된 연유를 분석하고, 과학적 사고에 대한 많은 사람들의 생각이 얼마나 잘못된 것인지 보여주기 위해 아인슈타인의 사고를 재구성한다.

인골트Gert-Ludwig Ingold:《양자 이론. 현대 물리학의 기초*Quantentheorie. Grundlagen der modernen Physik*》(München, 2002)
양자 이론을 알기 쉽게 설명한 입문서. 인골트는 아우크스부르크에서 이론 물리학을 가르치고 있다.

카쿠Michio Kaku:《하이퍼 공간에서. 시간 터널과 병행 우주를 통과하는 여행*Im Hyperraum. Eine Reise durch Zeittunnel und Paralleluniversen*》(Reinbek, 1994)
뉴욕의 이론 물리학 교수인 카쿠는 초끈Super String 이론의 제창자 중 한 사람으로서, 양자 이론과 상대성 이론에서 시작해 통일적인 '모든 것의 이론'을 확정하기 위해 아직도 실험을 계속하고 있는 현대 물리학의 양상을 일목요연하게 기술하고 있다.

바이츠재커Carl Friedrich von Weizsäcker:《위대한 물리학자들. 아리스토텔레스에서 하이젠베르크까지*Große Physiker. Von Aristoteles bis Werner Heisenberg*》(München, 1999)
이 책은 바이츠재커가 자신의 그룹 내에서 가장 두뇌가 뛰어났던 사람들을 해박하게 평가한 강연 원고와 논문을 모은 것이다. 이 중에서 특히 보어, 하이젠베르크, 디랙Dirac에 대한 에세이가 읽을 만하다.

차일링거Anton Zeilinger:《아인슈타인의 베일. 양자물리학의 새로운 세계*Einsteins Schleier. Die neue Welt der Quantenphysik*》(München, 2003)
원격(염력) 이동Teleportation 이론으로 유명한 오스트리아의 물리학자 차일링거가 이해하기 쉽게 집필한 양자물리학 입문서.

4. 인간의 생명

블레히Jörg Blech:《사람에 붙어살기. 기생 동물의 역사*Leben auf dem Menschen. Die Geschichte unserer Besiedler*》(Reinbek, 2000)
우리의 피부와 소화 기관에는 수십 억 마리의 기생 동물이 붙어산다. 인간의 몸은 박테리아, 곰팡이, 작은 동물들로 가득 차 있는 것이다. 과학 저널리스트 블레히는 그 목록을 작성함으로써 우리를 안심시켜 주었다. 대부분의 기생 동물은 우리에게 유용한 보조자이며 유해한 것은 극소수이다.

다이아몬드Jared Diamond: 《총, 효모, 그리고 강철. 인간 사회의 운명*Guns, Germs, and Steel: The Fates of Human Societies*》(Norton & Company, 1999)
지구촌 여러 지역 간의 결정적 차이는 문화다. 그러나 항상 그렇지는 않았다. 1만 4,000년 전쯤 인간들이 지구촌 전체로 확산되어 나가는 과정이 어느 정도 마무리되었을 때 모든 대륙 의 생활 방식은 동일했다. 미국의 생물학자 다이아몬드는 그 이후 인간의 발전은 어떤 상이한 과정을 거치게 되었는지 묘사하고 있으며, 그 차이는 우선적으로 생물학적 요인과 지리적 요인에 의해 생겨난 것임을 논리적으로 추론한다.

클라인Jan Klein/ **타카하타**Naoyuki Takahata: 《우리는 어디서 왔는가? 인간의 유래에 대한 분자 차원의 증거*Where do we come from? The Molecular Evidence for Human Descent*》(Berlin/Heidelberg, 2002)
튀빙겐 출신 생물학자 클라인과 하야마Hayama 출신 생물학자 타카하타는 독자의 편의를 고려하지는 않는다. 이 책을 읽으려면 어느 정도 노력이 필요하다. 그 대신 유전자 인류학 분야에서 학문적으로 기초가 탄탄한 지식을 얻을 수 있다. 풍부한 학식이 담겨 있지만 에피소드나 기타 수사학은 전혀 없다. 최고 교육을 받은 독자들만을 위한 과학서다.

리키Richard Leakey: 《인류의 기원*The Origin of Humankind(Science Masters Series)*》(Harper Collins Publishers, 1996)
인류학자 리키는 부모를 따라 간 아프리카에서 수십 년 동안 현지답사를 했으며 인류사에서 중요한 몇몇 화석을 발견했다. 그는 고생물학의 증거를 토대로 인간이 어떻게 재구성될 수 있는지 간단명료하게 묘사한다.

말리크Kenan Malik: 《인간, 동물 그리고 좀비. 인간의 본질에 대해 과학이 말할 수 있는 것과 말할 수 없는 것《Man, Beast and Zombie. What Science can and cannot tell us about human nature》(London, 2000)

이 책의 제목은《인간, 동물 그리고 기계》라고 해도 좋을 것이다. 이 책은 진화 및 유전자 연구 분야와 인지과학 (특히 인공 지능 연구) 분야에서 중요성을 획득한 인간상에 대해 설득력 있게 비판하고 있다. 말리크가 인간은 생물학적으로 결정되어 있지도 않으며 기계처럼 복제 인간으로 제작될 수도 없다고 말한다. 그는 탁월한 역사적·학문적 분석을 통해 신다위니즘을 거부하는, 그리고 환원 불가능하지만 여전히 유물론적인 인간상의 신휴머니즘을 제시한다.

메르켈Reinhard Merkel:《연구 프로젝트. 태아*Forschungsprojekt Embryo*》(München, 2002)

법철학자 메르켈은 줄기 세포 및 태아 보호를 둘러싼 최신 생명 윤리 논쟁을 분석하고 여러 가지 윤리적·법적 주장을 소개하고 있다. 그는 태아의 줄기 세포 연구를 일체 금지하는 것은 높은 수준의 도덕이 아니라 착각에 빠진 도덕일 뿐이며 헌법에 비추어볼 때도 그렇게 할 근거가 없다고 역설한다.

네시Randolph M. Nesse/ **윌리엄스**George C. Williams:《우리는 왜 병드는가. 진화 의학의 답변》(München, 1997)

진화생물학 입문서로서, 이 새로운 인식을 통해 질병을 치료하고자 그 자연적 성립사를 연구하는 의학에 대해 아무런 편견 없는 시각을 갖게 해주는 흥미진진한 책이다. 네시는 미시간 대학교의 의학자이며 윌리엄스는 정년퇴임한 생태학자 겸 진화 이론가이다.

올슨Steve Olson:《인간 역사 지도. 유전자를 통해 우리의 과거 찾기*Mapping Human History: Discovering Our Past Through Our Genes*》(Bloomsbury Publishing, 2002)

벤터Craig Venter는 이 책에 대해 "올슨은 이해하기 쉽고 흥미로운 문체로 원칙적으로 모든 사람들은 친척임을 묘사한다. 관심 있는 모든 독자들이 읽을 만한 책이다"라고 평가했다. 올슨은 DNA에서 생겨난 정보를 소재로 지난

15만 년 동안의 인류 역사를 서술하고 있다. 그는 모든 인종론을 포기한다. 모든 사람의 유전자는 한 명의 어머니에게서 비롯되기 때문이다.

폴머Udo Pollmer/ **바르무트**Susanne Warmuth:《대중적 영양 섭취법의 오류. 술에서 설탕에 이르기까지의 음식에 대한 오해, 틀린 해석 그리고 절반의 진리 *Lexikon der populären Ernährungsirrtümer. Mißverständnisse, Fehlinterpretationen und Halbwahrheiten von Alkohol bis Zucker*》(Frankfurt, 2000)
논쟁을 좋아하는 영양학자인 폴머와 공동 저자 바르무트는 우리가 매일 새로 얻게 되는 건강한 음식에 대한 정보들이 사실 별 근거를 갖고 있지 않다는 것, 따라서 그 절반 정도(혹은 거의 다)는 틀린 것들이라는 것을 보여준다. 자신의 식도락을 망치고 싶지 않은 사람이라면 한번쯤 읽어볼 만한 책이다.

라엠M. Raem 외(편찬):《유전자의학. 결산 *GenMedizin. Eine Bestandaufnahme*》(Berlin/Heidelberg, 2001)
전문서는 아니지만 800여 페이지에 걸쳐 이 분야에 대해 깊이 고찰한 책이다. 전부 38장(章)으로 구성되어 있으며 해당 분야 전문가들이 분담해서 집필했다. 유전자 의학의 기초 원칙, 중요한 치료와 진단, 식이요법에 대한 설명 외에도 법적·윤리적 측면을 아울러 탐색하고 있다.

리들리Matt Ridley:《게놈. 23장으로 구성된 한 종족의 자서전 *Genome. The Autobiography of a Species in 23 Chapters*》(HarperCollins Publishers, 2000)
인간의 23개 염색체 쌍을 각 장마다 하나씩 집중적으로 다루고 있는 박진감 넘치는 책. 과학 저널리스트 리들리는 연구자들이 흔히 실패하는 일에 성공한다. 그는 문자 A, C, T, G의 끝없는 연쇄라는 정말 깨지기 쉬운 텍스트로만 구성되어 있는 "생명의 서(書)"를 소재로 역사, 질병, 가족, 운명, 섹스, 정치, 신, 세계에 대한 흥미진진한 소설을 지어내고 있다. 이 책은 이해하기 매우 쉽지만 과학적 토대를 벗어나지 않는다.

실버Lee M. Silver:《에덴 리메이킹: 클론 그리고 저 너머 멋진 신세계에서 *Remaking Eden: Cloning and Beyond in a Brave New World*》(Avon Books, 1997)

미국의 유전학자 실버는 그 어떤 금기도 개의치 않고 생물학의 가장 화려한 영역인 인간 복제 시 게놈에 개입할 수 있는 기술을 도덕적으로 다루고 있다. 그는 디자인된 아기가 이제는 더 이상 특별하지 않다는 것, 그리고 마침내 인간이 여러 종으로 세분화되어 살게 되는 미래에 대해 묘사한다. 하지만 그 미래는 공포의 시나리오가 아니다. 작가는 모든 감정을 가라앉힌 상태에서 확고한 신뢰에 바탕을 두고 기술한다. 그는 새로운 기술적 성과가 인간의 책임감에 따라 의미 있게 적용될 수 있을 것으로 믿는다.

왓슨James D. Watson:《이중 나선형 *The Double Helix*》(Athenaeum, 1968)

왓슨은 이 책에서 자신과 동료 크릭이 유전자 구조의 흔적을 찾아나서 마침내 그 유명한 이중 나선을 발견할 때의 시대 분위기를 기술하고 있다. 이 책은 과학 서적이 아니다. 오히려 젊은 과학자의 일기 같은 것이다. 당시 그는 25세도 채 안 되었으며 스스로 말하듯 딜레탕트(예술이나 학문을 취미 삼아 하는 사람)였을 뿐이었다. 하지만 그는 노벨상을 받게 되길 바랐으며 10년 후 실제로 그 상을 받았다. 그는 이 책에서 다음과 같이 말하고 있다. "나는 대부분의 시간을 거리를 배회하거나 유전학의 초창기 기사들을 읽는 데 보냈다. 나는 가끔 내가 유전자의 구조를 밝히는 데 성공하는 꿈을 대낮에 두 눈을 뜨고 꾸었다. 그러나 나는 이성적(理性的) 사고와는 거리가 멀었다. 따라서 나는 내 자신이 아무 재능도 없다는 불안함을 떨쳐버리기가 어려웠다."

윌무트Ira Wilmut/ **캠벨**Keith Campbell/ **터지**Colin Tudge:《제2의 창조. 돌리를 복제한 과학자들에 의한 생물학적 통제의 시대 *Second Creation: The Age of Biological Control by the Scientists Who Cloned Dolly*》(Headline Book, 2000)

윌무트는 세계를 변화시킨 복제 양 돌리의 과학적 아버지다. 이 책의 저자들은 돌리의 역사를 기술하고 있을 뿐만 아니라 일반인에게는 생소한 실험실의 일상 생활을 생생하게 보여준다. 또한 그들은 유전자 공학의 기본 원칙을 소개한다.

빈나커Ernst-Ludwig Winnaker: 《게놈. 유전자 연구의 가능성과 한계*Das Genom. Möglichkeiten und Grenzen der Genforschung*》(Frankfurt, 2002)
빈나커는 독일의 대표적 유전자 연구자 중 한 명이다. 1999년에 쓰인 이 책은 유전자 연구가 급속하게 발전하고 있는 지금 시대에서 최신의 지식은 아닐 수도 있지만 그럼에도 읽을 만한 가치가 있다. 구체적 예를 통해서 포괄적으로 그리고 이해하기 쉽게 현대 생명과학의 이론적 기초를 제공하고 있기 때문이다. 저자가 관심을 가지고 지속적으로 노력하고 있는 "유전자의 공학 미래에 대한 냉정한 공개적 토론"은 시의성을 잃지 않고 있다.

5. 의식과 뇌가 있는 생명

앤드리슨Nancy Andreasen: 《멋진 새로운 뇌. 게놈 시대의 인간 정신 질환 정복*Brave New Brain: Conquering Mental Illness in the Era of the Genome*》(Oxford University Press, 2001)
앤드리슨은 미국에서 가장 저명한 신경과학자 중 한 명이다. 그녀는 〈미국 정신의학 저널*American Journal of Psychiatry*〉의 편집장이기도 하다. 그녀의 책은 가장 중요한 정신병의 종류와 그 치료법을 소개하고 있으며, 한편으로는 신경병리학 분야에서 점점 중요성을 더해가는 유전자 연구의 현재 상황을 기술하고 있다. 이 책은 관심 있는 독자를 위해 아주 이해하기 쉽게 쓰여 있다.

블랙모어Susan Blackmore: 《밈 기계*The Meme Machine*》(Oxford, 1999)
브리스톨 대학교의 여류 심리학자 블랙모어는 생물학에 기초하여 문화의 진화를 연구함으로써 심리학적·사회학적 문제에 대한 새로운 접근을 모색하는 신생 학문 '문화기억학Memetic' 이론을 구상하는 주도적 인물 중 한 명이다.

브라이텐베르크Valentin Braitenberg: 《현명함, 그리고 과학과 무관한 에세이*Gescheit sein, und andere unwissenschaftliche Essays*》(Zürich, 1987)
《수단-인공 지능 존재 실험*Vehikel-Experimente mit kybernetischen Wesen*》이란 책으로 로봇 공학의 이론적 기초를 제공한 남부 티롤의 뇌 연구가 브라이텐베르크는 책 후기에 다음과 같이 말하고 있다. "이 책에 실린 논문들은 독일어로 쓰였다는 것 외에는 서로 공통점이 별로 없다. 그것은 나와 영어로 의사소통하는 내 분야의 동료들을 위해 내가 이 책을 쓰지는 않았기 때문이다. 하지만 한편으론 그들 중 한두 사람이 이 책을 접하는 순간, 우리 전문가들의 영역에서 벗어나 주변의 평화로운 초원으로 나들이 가고 싶은 마음을 갖게 된다면 나는 정말 기쁠 것이다."

데닛Daniel C. Dennett: 《정신의 종류 *Kinds of Minds*》(New York, Basic Books, 1996)
보스턴 터프츠 대학교의 철학자 데닛은 난해한 철학적 미사여구 없이 유물론적 관점에서 인간의 정신이 어떻게 생겨날 수 있으며 그것이 다른 생물들의 것과 어떻게 구분되는지 재치 있게, 하지만 정확하게 묘사하고 있다.

에델만Gerald M. Edelman/토노니Giulio Tononi: 《뇌와 정신. 물질이 어떻게 의식을 낳는가》(München, 2002)
이 두 명의 뇌 연구가는 경험론적 연구에 바탕을 둔 뇌 기능 모델과 복잡한 상호 작용에 의해 의식이 성립되는 과정을 소개하고 이 인식을 철학적 개념들과 연관해 토론한다.

그린필드Susan A. Greenfield: 《*Reiseführer. Gehirn*》(Heidelberg, 1999)
옥스퍼드 의사인 여류 저자가 '뇌와 뇌 중추', '기능과 국재', '자극과 자극 전달', '뉴런과 뉴런 증가', '뇌와 정신'의 5개 장(章)으로 안내하는 간략하고 이해하기 쉬운 책.

쿤Thomas S. Kuhn: 《과학 혁명의 구조 *The Structure of Scientific Revolutions*》(University of Chicago Press, 1996)
토마스 쿤의 이 저서는 1962년 처음 출간되었다. 과학론의 고전으로 통하는 이 책은 과학의 진보가 중장기에 걸쳐 어떤 식으로 이루어지는지에 대한 이해를 새롭게 하는 데 기여했다.

핀커Steven Pinker:《언어 본능. 정신이 언어를 어떻게 창조하는가*The Language Instinct. How the Mind Creates Language(Perennial Classics)*》(Perennial, 2000)

인지과학자 핀커는 우리 언어가 생물학적 진화를 통해 생겨난 "자연의 기적적인 작품"이라고 말한다. 세계의 수많은 언어는 서로 매우 다르지만 그 모든 언어의 심층 구조는 보편적이며, 이러한 점은 어린이들이 세계의 모든 언어를 쉽게 배울 수 있게 해준다. 이 책은 읽기 쉬우면서도 흥미진진한 스탠더드 책이다.

핀커Steven Pinker:《정신은 어떻게 일하는가*How the Mind Works*》(W.W. Norton & Company, 1999)

진화심리학의 지식을 총 정리한 방대한 책. 핀커는 이 책에서 인간 사고의 보편성을 기술함으로써 사람들의 일상적 행동을 더 잘 이해할 수 있게 해주었다.《언어 본능》만큼이나 화려한 필치로 기술되어 있다.

란도프Gero von Randow:《로봇. 우리의 바로 다음의 친척*Robeter. Unsere nächsten Verwandten*》(Reinbek, 1997)

과학 저널리스트 란도프는 르포 형식으로 1997년 현재의 로봇 공학과 로봇 이론의 수준을 소개한다. 긴장감 넘치는 생생한 읽을거리.

색스Oliver Sacks:《자신의 아내를 모자로 오인한 남성: 그리고 클리닉의 기타 이야기들*The Man Who Mistook His Wife For A Hat: And Other Clinical Tales*》(Touchstone, 1998)

뉴욕의 정신과 의사 색스는 환자들의 다양한 발병 양상을 기술한 책으로 베스트셀러 작가가 되었다. 그는 이 책에서 우뇌의 기능에 이상이 생김으로써 극단적인 기이한 행동을 낳는 증후군들을 다루고 있다. 이 괴상망측한 양상들은 이 책을 아주 흥미롭게 만든다. 이 책을 통해 우리는 뇌의 기능에 대한 많은 것을 배울 수 있다.

징거Wolf Singer:《뇌 속의 관찰자. 뇌 연구 에세이들*Der Beobachter im*

Gehirn. Essays zur Hirnforschung》(Frankfurt, 2002)

"이 책에 모아 놓은 텍스트들은 하나의 주제로 묶이지 않는다. 그것들은 특정 문제에 대한 집중적 접근이 아니며 논증적 시너지 이론을 전개하지 않는다." 독자들은 이 책 서문의 어려운 첫 문장에 놀랄 필요가 없다. 이 책은 변화무쌍한 사고들을 수집하고자 하려는 것뿐이다. 이런 사고들은 독일 신경과학을 주도하는 두뇌에 대한 것이며, 또 거기서 나온 것이다.

토마셀로Michael Tomasello: 《인간 사고의 문화적 발전. 인지 진화론》 (Frankfurt, 2002)

현재 라이프치히의 막스 플랑크 연구소 진화인류학과 과장으로 재직 중인 심리학자 토마셀로는 인간 사고의 기본적 원칙을 연구하고 있다. 그는 이 책에서 개체의 중요한 적응 능력, 다시 말해서 동일 부류와 자신을 동일한 존재로서 파악하는 능력이 인간을 다른 모든 동물들에 비해 인지 측면에서 우월하게 만드는 것이며 우리의 다양한 정신 능력을 나타낸다고 말한다. 생물학적 유전 외에 문화적 유전도 있다. 그 둘을 함께 이해할 때만 인간의 정신을 이해할 수 있다.

위고츠키Lew Semjonowitsch Wygotski: 《사고하기와 말하기*Denken und Sprechen*》(Berlin, 1964)

심리언어학의 고전으로 통하는 이 책은 원래 1934년 저자 사망 직후에 출간되었다. 초보자들이 읽기는 쉽지 않지만, 언어 및 의식의 발전 문제에 대해 관심이 있는 모든 사람에게 탁월한 기본서이다.

6. 입문하기 좋은 책, 전망을 제시하는 책, 그리고 각 장(章)의 경계를 넘나드는 책

바흐마이어Helmut Bachmaier/**피셔**Ernst Peter Fischer(편찬): 《두 문화의 영광과 초라함. 자연과학과 정신과학의 화해 가능성에 관해*Glanz und Elend der zwei Kulturen. Uber die Verträglichkeit der Natur und Geisteswissenschaften*》(Konstanz, 1991)

독자들에게 많은 노력을 요구하는 이 책의 13개 논문은 콘스탄츠 대학교에서 1989~90년 겨울 학기에 개설되었던 팀티칭 강의의 결과물이다. 그 제목은 이 강의에 참여한 철학자 미텔슈트라스Jürgen Mittelstraß 개인의 강의 제목에 따른 것이다.

《브로크하우스 인간, 자연, 기술Brockhaus Mensch, Natur, Technik》(5권, Leipzig/Mannheim, 1999)
3,000여 페이지의 방대한 분량이며 풍부한 삽화가 곁들여진 브로크하우스의 견고한 수준을 유지하는 백과사전으로서 이해하기 쉽고 배울 것이 많은 읽을 거리.

브로크먼John Brockman: 《제3의 문화. 과학 혁명의 피안에서Third Culture. Beyond the Scientific Revolution》(Touchstone, 1996)
뉴욕의 문학 에이전트 브로크먼은 독자들에게 자연과학적 사고를 전하는 독창적 형식을 발견했다. 그는 영향력 많은 수많은 천재 과학자들로 하여금 짤막한 고유의 생각을 강연하게 하고 그 내용을 다른 과학자들의 평으로 보완하고 있다. 이 책은 주제에 따라 '진화', '뇌 연구', '우주론', '복잡성 연구' 네 단원으로 나뉘어 있다.

브로크먼John Brockman(편찬): 《과거 2,000년 동안의 가장 위대한 발명품들 The Greatest Inventions of the Past 2,000 Years》(Simon & Schuster, 2000)
이렇게 고무적인 책을 이렇게 간단히 만들 수 있다니! 저자는 특별히 선정한 과학자들에게 이메일을 보내 과거 2,000년 동안의 가장 위대한 발명품이 무엇인지 질문하고 그 답신을 받아 그대로 출판했다.

브로크먼John Brockman(편찬): 《다가오는 50년: 21세기 전반부의 과학The Next Fifty Years: Science in the First Half of the Twenty-First Century》 (Vintage Books USA, 2002)
저자는 위와 동일한 도식에 따라 동일한 시도를 하고 있으며, 이번에는 미래에 초점을 맞추고 있다.

펠함머Wolf Peter Fehlhammer(편찬): 《도이치 박물관. 자연과학과 기술의 천재적 발명품과 명품들*Deutsches Museum. Geniale Erfindungen und Meisterwerke aus Naturwissenschaft und Technik*》(München, 2003)

뮌헨의 도이치 박물관 개관 100주년을 기념해 발간한 이 화보집은 자연과학 및 기술의 급격한 진보를 특징으로 하는 20세기의 변화무쌍한 역사를 반영하고 있다. 독일의 가장 유명한 이 과학기술박물관은 한번쯤 직접 방문해 볼 만하다(www.deutsches-museum.de).

엠슬린John Emsley/**켈러손**Thomas Kellersohn: 《향수, 포트와인(포르투갈산 적포도주), PVC…: 일상생활 속의 화학*Parfum, Portwein, PVC…: Chemie Im Alltag*》(John Wiley & Sons, 2003)

제목만 보면 전문 사전처럼 보인다. 그러나 영국 화학자 엠슬리는 과학 지식과 화학에로의 아주 생생한 입문을 제공한다. 테마 선정이 보여주듯 그는 사람들의 머릿속에 떠도는 화학에 대한 오해를 풀어주는 데 전력한다. 전부 9장(章)으로 이루어진 이 책은 향수, 설탕, 단 것, 술, 콜레스테롤, 지방, 균형물질, 두통약, PVC, 다이옥신, 질산염, 이산화탄소에 대해 다루고 있다.

피셔Ernst Peter Fischer: 《아리스토텔레스, 아인슈타인 등. 인물을 통해 보는 과학 소사*Aristoteles, Einstein & Co. Eine kleine Geschichte der Wissenschaft in Portrats*》(München, 2000)

콘스탄츠의 과학사학자 피셔는 짧은 에세이로 46인의 유명한 과학자의 생애와 업적을 소개한다. 그는 인물마다의 시대사적 배경을 간략히 설명하면서 각 인물의 독창적 업적이 무엇인지 추출해서 독자들에게 전달하려고 노력한다.

길럿John Gillot/**쿠마르**Manjit Kumar: 《과학, 그리고 이성으로부터의 후퇴*Science and the Retreat from Reason*》(London, Monthly Review Press, 1998)

영국인 수학자 길럿과 역시 영국인 물리학자 쿠마르는 오늘날 자연에 대한 일반적 열광과 과학 기술에 널리 퍼져 있는 불신 풍조가(그 기술을 가능하게 하기 위해 자연을 연구하는) 과학을 위해 어떤 의미를 지니고 있는지 분석한다. 두 사람은 과학 및 사회의 진보에 대한 신뢰가 여러 측면에서 원칙적으로 상실되고 있는 최근의 문제들을 짚어보고 있다.

호비츠Leslie Alan Horvitz:《유레카! 세계를 변화시킨 과학의 획기적 돌파 *EUREKA! Scientific Breakthroughs that changes the World*》(New York, 2002)
"유레카(나는 발견했다)!"라는 탄성은 고대 그리스의 위대한 발명가 아르키메데스가 한 말이다. 호비츠는 12장으로 이루어진 이 책에서 산소, 탄소 화합물의 구조, 주기율표, 중력, 페니실린, 대륙 이동, 진화론, 이중 나선 등이 발견되는 순간, 그리고 레이저 광선, TV, 프랙탈 기하학 등이 발명되는 순간을 다루고 있다.

카쿠Michio Kaku:《미래의 전망. 과학이 21세기에 어떤 변혁을 낳고 있는가 *Visions. How Science Will Revolutionize the 21st Century*》(Anchor Books/Doubleday, 1998)
카쿠는 정보, 바이오, 나노공학 분야의 최근 발전 상황을 기술함으로써 현재의 소박한 세계를 품위 있게 유지하려는 소박한 사람들의 상상력을 일깨우고 미래에 대한 전망을 가지도록 준비시키려고 한다.

매덕스John Maddox:《아직 발견되어야 하는 것: 우주의 비밀, 생명의 기원 그리고 인류의 미래 *What Remains to Be Discovered: Mapping the Secrets of the Universe, the Origins of Life, and the Future of the Human Race*》(Free Press, 1999)
과학 잡지 〈네이처〉의 중견 편집자가 집필한 강력 추천 도서. 매덕스는 20세기 말의 기본적인 과학 수준을 요약함으로써 앞으로 과학이 어떤 방향으로 발전할 것이며, 각종 이론의 틀 어느 곳에 빈틈이 있으며, 어떤 발견이 임박해 있는지 제시한다. 그는 수많은 기본적인 문제가 해명되었다고 확정하면서도, 한편으로는 과학은 결코 종결되지 않을 것이라는 확신을 피력한다.

마르클Hubert Markl：《미래의 불안에 저항하는 과학*Wissenschaft gegen Zukunftsangst*》(München, 1998)

마르클은 독일연구재단DFG의 원장으로서, 그리고 나중에는 막스 플랑크 연구소의 소장으로서 과학이 우리 삶과 사회의 진보를 위해 하는 역할과 가치를 기회 있을 때마다 역설한 생물학자이다. 그는 이 책에서 과학과 연구의 자유를 변론한다.

마르클Hubert Markl：《아름다운 신 인류*Schoner neuer Mensch*》(München, 2002)

마르클은 많은 논란을 일으키고 있는 생명과학의 분야들(줄기 세포 연구, 클로닝, 장기 이식 전의 진단, 바이오 윤리)에 대한 자신의 입장을 밝힌다. 그는 자신에게 익숙한 방식, 즉 정곡을 찌르면서 미래를 향해 열려 있는 태도로, 그리고 과도한 경계주의자를 나무라는 자세로 유전자 공학에서 문제되는 것이 무엇인지 설명하고 과학의 가능성, 한계, 위험에 대해 성찰한다. "유전자 공학은 우리를 위협하지도 구원하지도 않을 것이다"라고 요약하는 그는 사고의 전환기에 성숙한 계몽 자유 시민을 신뢰하고 있다.

막스아이너Dirk Maxeiner／**미어슈**Michael Miersch：《환경 오해 사전. 에너지, 유전자 공학, 건강, 기후, 오존, 숲 그리고 기타 환경 테마에 대한 뜻밖의 사실들*Lexikon der Öko-Irrtümer. Überraschende Fakten zu Energie, Gentechnik, Gesundheit, Klima, Ozon, Wald und vielen anderen Umweltthemen*》(Frankfurt, 1998)

환경 보호가 의미 있는 것이 되려면 인간과 환경에 대한 진짜 위협은 어디에 도사리고 있는지, 그리고 그 원인은 무엇인지 과학적으로 분석해야 한다. 이 책의 저자들은 바로 그런 작업을 했으며, 그 결과 압력을 행사하는 일반 생태주의자 그룹들의 것과는 전혀 다른 결론에 도달한다.

메더워Peter B. Medawar：《해결 가능한 것의 기술*Die Kunst des Lösbaren*》(Göttingen, 1972)

생물학자 겸 노벨상 수상자인 메더워는 원래 1967년에 영문("The Art of the

Soluble")으로 출간되었던 이 책에서 과학 이론가 및 과학사 연구가로서의 날카로운 감각을 보여준다. 그가 제기하는 문제는 '과학자들은 어떤 사람이며, 그들의 사고의 속성은 무엇인가?' 하는 것이다

미텔슈트라스Jürgen Mittelstraß: 《부엉이의 비행*Der Flug der Eule*》(Frankfurt, 1997)
철학자 미텔슈트라스는 이 책에서 합리성의 두 공식, 즉 과학과 철학이 분열하는 문제를 다룬다. 그는 과학이 다시 철학적 테마를 다루도록 함으로써 철학을 과학적 연구와 이론 형성의 요소로 만들려고 한다.

네브트Eirik Newth: 《진리 사냥. 세계 연구의 끝없는 역사*Die Jagd nach der Wahrheit. Die unendliche Geschichte der Welterforschung*》(München, 1998)
노르웨이의 물리학자 겸 과학 저술가인 저자가 청소년기에 집필한 이 우수한 책은 천문학·물리학·화학·생물학·의학 분야의 자연과학 역사를 각 장(章)마다 알기 쉽게 간략히 기술한 것으로서 끝없는 새로운 발견의 연속으로 이루어져 있다.

라이히홀프Josef H. Reichholf: 《틀린 예언가들. 재난에 대한 우리의 욕망*Die falschen Propheten. Unsere Lust an Katastrophen*》(Berlin, 2002)
뮌헨 국립 동물학회의 척추동물 과장인 라이히홀프는 대중적인 과학 테마를 둘러싼 토론회에서 객관성과 정확성을 옹호해 왔다. 그는 이 도전적인 소책자에서 일련의 예언가들은 자신들 스스로 제시한 재난의 도래를 헛되이 기다려 왔으면서도 여전히 새로운 재난을 예고하는 카산드라의 역할을 포기하지 않고 있다고 비판한다. 테마는 동식물의 멸종·기후 변동·홍수 따위에 관한 것이다.

세이건Carl Sagan: 《내 차고(車庫) 안의 용*The Dragon in My Garage*》(1997)
미국인이자 20세기의 가장 중요한 천문학자 중 한 명인 세이건은 이 책을 통해 여러 가지 과학 이론과 비과학적인 주장 혹은 사이비 과학의 주장이 어떻

게 다른지 제시한다. 그는 미확인비행물체(UFO) 이론, 점성술 그리고 기타 잠꼬대 같은 이야기들을 흥미롭고도 알기 쉽게 구분해서 설명하고 있다.

슈팔Thilo Spahl/**다이히만**Thomas Deichmann : 《알기 쉬운 유전자 공학 사전. 알레르기에서부터 킬러 감자를 거쳐 세포 치료에 이르기까지의 수많은 놀라운 사실들*Das populäre Lexikon der Gentechnik. Überraschende Fakten von Allergie über Killerkartoffeln bis Zelltherapie*》(Frankfurt, 2001)
생명공학을 의학, 농업, 환경 보호, 식품 생산에 적용하는 방법과 그 응용 가능성, 기회, 위험성에 대해 460페이지에 걸쳐 사전 방식으로 기술한 방대한 개론서. 독일에서 현재 많은 논란을 일으키고 있는 '녹색 유전자 기술'이 무엇인지 자세히 설명해 놓았으며, 이에 반대하는 사람들이 인용하는 위험성의 잠재 요소들(꽃가루, 알레르기, 슈퍼 잡초, 항생제 내성, 특정 생물의 멸종)을 검토하고 그들의 모든 주장이 원칙적으로 근거 없는 것임을 밝힌다.

탈라크Peter Tallack(편찬) : 《과학의 이정표*Meilensteine der Wissenschaft*》(Heidelberg, 2002)
3만 7,000년 전 숫자의 기원에서 시작해 2000년 인간 게놈 배열 설계도의 현시로 끝나는 250개의 이정표들이 250장의 대형 화보와 함께 장식되어 있다. 텍스트는 간략하지만 멋진 과학사 조망을 가능하게 한다.

교양으로서의 과학
옮긴이의 말

    우리는 신문의 과학 섹션에서 이따금씩 과학자들이 새로운 사실을 발견했다거나 또는 신물질을 개발했다는 기사를 종종 접하게 된다. 그럴 때 우리는 그 내용이 현재의 과학 수준에서 도대체 어느 정도의 발전을 의미하는 것인지 자세히 알지 못하는 경우가 많다. 우리의 과학 지식은 그것을 이해하기에 너무나 부족하기 때문이다. 이 책은 자연, 생명, 과학을 하나의 지식 체계로서 시초부터 최근까지 파노라마처럼 기술하려 함으로써 그럴 경우 많은 도움을 준다.

    물론 그 지식 전체를 기술하려는 시도는 저자들도 인정하고 있듯 무모한 프로젝트다. 그럼에도 저자들은 지질학·천문학·물리학·화학·생물학·의학에 이르기까지 자연과학의 거의 모든 분야를 망라해 하나의 지식 체계로 소개하는 데 성공하고 있다. 그들은 거기서 자연과학의 가능성과 한계를 함께 인식하게 해 준다.

    오늘날 우리나라는 이른바 '이공계의 위기'에 처해 있다. 이 위기에서 벗어나기 위해 우리는 범국가적 차원에서 온갖 노력을 기울인다. 대학교에서는 과학 기초 교양 교육을 다시 강화하려 하고, 중·고등학교에서는 수시로 과학 경시대회가 개최된다. 그러나 역자는 이런 정도의 대응 방식만으로는 문제를 근본적으로 해결할 수 없다고 생각한다. 예컨대, 경시대회에 입상하려면 어떤 '기발한' 답안을 작성해야 한다. 즉 수험생이 '영재'이어야 한다. 그러나 그 영재란 어떤 학생인가? 그는 이미 학원에서 고액 과학 과외를 받았고 서점에 나도는 단편적인 예상 문제를 풀이 방식과 함께 외운 모범생에 머무는 것은 아닐까?

이 책에서 저자들은 이런 문제에 대한 하나의 대안으로서 거시적 사고방식을 제시한다. 예컨대 이 책에서 언급되는 과학자 아인슈타인은 지식을 전체론적으로 사고하는 사람이었다. 그는 명제가 있으면 거기에 대립하는 대립 명제가 반드시 있을 것이라고 생각했다. 그의 상대성 이론은 그런 거시적 사고에서 나온 것이다. 그는 세부적인 것들에 대한 암기력이 뛰어난 사람이 아니라 전체를 조망하려는 사람이었다. 필자는 이 책을 번역하면서 그러기 위해 과학 전체에 대한 체계적 지식이 얼마나 중요한지 새삼 인식하게 되었다.

더 나아가서 포스트모던 시대의 인식에 의하면 지식은 현실을 기술하는 것이 아니라 지식 자체를 지시하는 경향이 있다. 과학 지식도 지식의 한 종류이며, 따라서 과학 지식도 그 지식 전체를 지시하면서 발전한다. 국제적으로 치열한 지식 경쟁 시대에서 살아남으려면 우리도 그 지식을 전체적으로 조망할 수 있어야 하며 그 고유의 언어에 익숙해져야 한다.

물론 일찍이 베버가 지적했듯 현대 사회는 합리화가 진행됨에 따라 노동이 점점 분화되고 있으며 직업도 세분화되고 있다. 학문도 세분화되고 있으며 신소재 과학, 나노 과학, 유전자 공학, 분자의학 등 과거에는 없던 첨단 학문 분야가 생겨나고 있다. 이에 대한 부작용도 만만치 않다. 학문은 서로 간에 단절이 심해지고 있으며 사회는 추상화된다. 인간은 그 속에서 전체에 대한 조망을 상실하고 소외된다. 이 책은 과학 지식들을 서로 연결하려고 노력함으로써 현대의 딜레마를 극복하려 한다. 그 동안 많은 비판을 받아 온 근대 계몽주의의 '이성

(理性)'을 신뢰하고 이것을 끝까지 밀고 나가려는 것이다.

저자들은 인문학의 전통이 강한 독일에서도 자연과학과 인문학이 원래 구분되어 있던 것이 아님을 강조한다. 계몽주의 시대에도 자연과학은 인간을 전체적으로 이해하기 위해, 정신과학으로서의 인문학과 함께 연구되었다. 하지만 독일 이상주의 시대의 관념론 철학에서 자연과학은 어디까지나 보조적인 역할만을 수행했다. 헤겔 철학에서도 자연은 정신으로부터 소외되어 있는 물질의 운명을 아직 벗어나지 못한 것이다. 오늘날 자연과학 발전의 중요성에 누구나 공감하지만 만약 자연과학적 인식만을 유일한 진리로 내세우며 인문학을 소홀히 하게 된다면, 그런 태도는 인간의 자기 부정이며 모순일 것이다. 자연과학은 인간의 정신마저도 물질로 환원시키려 하는 경향이 있기 때문이다. 그렇게 된다면 그것은 유물론일 뿐만 아니라 극단적 관념론이 된다. 유물론도 이론으로서 결국 인간의 이성에 의해 구성된 주관적인 것이기 때문이다. 그러므로 이 책의 저자들은 교양으로서의 자연과학을 이야기하고 있다. 자연과학은 전체의 지식 체계 속에서 부분적 지식으로서 존재한다.

자연과학의 한계는 또 있다. 자연과학은 세계를 기술하기는 하지만 거기에 의미를 부여해 줄 수는 없는 것이다. 삶의 의미가 사라진 텅 빈 공간에는 파시즘이 대신 밀려들어와 자리를 채우기 쉽다. 이런 위험성을 우리는 이미 독일의 현대사에서 알 수 있다. 자연과학은 그 자체가 유일한 진리로서 절대화되면 정치의 수단이 되기 쉬운 것이다. 우리가 이런 몇 가지 위험성만 직시한다면 자연과학적 인식은 정신과학에게 사유할 좋은 토대를 만들어줄 수 있을 것으로 생각된다. 예컨대 프랑스의 현대 철학자들은 대부분 자연과학의 훈련을 받은 사람들이었다. 들뢰즈의 저서 《차이와 반복》에 등장하는 각종 철학적 개념들은 상당 부분이 자연과학에서 차용된 것이다. 각종 '주름 운동' 개념은 지구과학의 지각 운동을 연상시킨다. '미분화', '발산' 개념은 수학, '개체화', '종별화', '휘브리스'는 생물학, '휘어진 공간', '엔트로피', '카오스모스' 등은 현대 물리학 용어인 것이다.

따라서 역자는 이 책을 자연과학자뿐만 아니라 인문학도도 한번 읽어보라고 권하고 싶다. 인문학은 이제 자연과학과 의사소통해야 하며 최근에 대두하고 있는 인지과학 분야는 이미 그렇게 하고 있다. 거기에는 언어학·심리학·의학·컴퓨터 공학·철학 등 거의 모든 학문이 관계되어 있다. 또한 이 책을 문화 예술계 종사자에게도 권하고 싶다. 이 책은 미래 사회에 대한 상상력을 키우는 데 기여할 수 있을 것이다. 〈쥐라기 공원〉, 〈스타워즈〉, 〈매트릭스〉 등의 과학 영화들은 자연과학적 지식에 기반을 두고 제작된 것이다. 이 책이 우리나라의 모든 학문과 사회 분야의 발전을 위한 작은 밑거름이 될 수 있기를 바란다. 끝으로 이 방대한 분량의 책이 나올 수 있게 그 동안 수고해 주신 이끌리오의 모든 식구들에게 감사드린다.

2005. 5
금정산 자락에서
인성기

과학 연표

이 연대표는 정치, 사회, 일상생활, 예술의 역사에서 중요한 자료도 아울러 선별해 제시하고 있다. 시대의 흐름 속에서 과학적인 발견과 기술 발명의 윤곽을 분명히 보여주기 위해서이다.

250만	뇌가 강력하게 성장하기 시작함. 석기 유물.
70만	불이 사용됨.
16만	현대인의 가장 오래된 뼈(호모 사피엔스).
4만	최초의 악기. 최초의 무덤 부장. 뼈로 만든 연장.
3만 5000	사람들이 수를 셈(그 증거는 29개의 눈금이 새겨진 비비 원숭이 뼈).
3만	유럽의 동굴 벽화.
2만	활과 화살.
1만(기원전)	개를 길들여 키움.
8500	농업이 시작됨.
7000	중동 지방 최초의 직물기 · 도자기 · 금속이 제조되기 시작함.
6500	소를 사육함.
5000	남부 메소포타미아 최초의 관개 시설, 바퀴가 발명됨.
4000	우크라이나 지방에서 기마용 말을 키움. 유럽에서 극히 단순한 형식의 나무 쟁기가 발명됨.
3900	이집트와 메소포타미아에서의 동기 시대가 시작됨.
3600	이집트인들이 금 · 은 · 동을 풀무 난로로 녹임.
3300	이집트에서 소를 이용해 밭갈이를 함. 나무 곡괭이 등 다양한 농업 도구가 개발됨.
3200	수메르인들이 바퀴가 넷 달린 수레를 발명함. 메소포타미아에서 도자기 제조용 녹로를 발명함.

3000	수메르인들이 쐐기 문자, 구리와 은의 합금 무기와 연장을 발명함. 바빌로니아인들이 계산용 주판을 발명하고 납을 이용함. 이집트인들이 상형문자를 개발하고 바다 건너 소말리아까지 건너감. 유럽에 방적기가 전해짐.
2950	이집트인들이 맥주를 빚음.
2850	이집트가 통일국가로 자리 잡음.
2700	양피지에 쓴 가장 오래된 글(이집트). 이집트인들이 365일 양력 달력을 도입함. 최초의 해시계. 구리와 아연 합금 청동 제작을 시작함.
2675	수메르인들이 기록된 최초의 수(數) 시스템(10진법과 60진법 혼합 사용)을 확립함.
2590	기자 지역의 피라미드 건축이 시작됨.
2500	청동기가 시작됨. 바빌로니아에서 천문학이 발전함.
2400	근동아시아에서 통 바퀴를 살 바퀴로 대체하기 시작함.
2000	유리가 제조됨. 바빌로니아에서 별자리와 항성의 목록이 생겨남. 아프리카와 바빌로니아에서 용광로를 사용해 쇠를 생산함. 중부 유럽에서 궁륭형 오븐 발견됨.
1850	파이π가 3.16으로 결정되어 원주 길이 측정에 이용됨.
1800	시리아에서 28개 문자의 알파벳이 생겨남.
1705	함무라비 법전이 돌에 새겨짐.
1700	크라타의 가장 오래된 인쇄 문서(진흙에 쓰였으며 도장이 찍혀 있음).
1500	히타이트인들이 쇠를 획득하는 기술을 개발함. 철기시대가 시작됨.
1410	이집트인들과 히타이트인들이 전령을 통한 우편 왕래 시스템을 도입함.
1340	이집트인들이 물시계로 시간을 측정함.
1290	하투사Hattusa에 진흙 문서 도서관이 건립됨.
1250	나일 강과 홍해 사이에 운하가 건설됨.
1125	북유럽에서 스케이트와 스키가 발명됨.

1110	5음계가 도입됨.
910	중국인들이 최초의 인쇄기를 발명함.
776	그리스 올림피아에서 1회 올림픽이 개최됨.
753	도시 로마가 건립됨.
700	그리스의 여러 도시 국가(Polis)가 성립됨. 호메로스의 《오디세이》(그리스 신들의 세계, 세상 그리고 인간의 운명에 대한 운문 서사시)로 문학이 시작됨. 그리스인들 사이에 봉화 시스템이 도입됨.
600	로마 최초의 석축 교량이 건설됨.
650	리디아인들이 현대식 화폐(금과 은으로 된 주화)를 고안함.
625	*밀레토스의 탈레스가 우주가 합리적 법칙들에 종속된 체계적 시스템이라고 주장함.
580	*피타고라스가 숫자를 "사물들의 본질"로 간주함.
538	사모스의 테오도로스Theodoros가 금속 주조법을 고안함.
507	고대 그리스의 정치가인 클레이스테네스가 헌법을 개혁함(도편추방법). 아테네의 민주주의가 발전하기 시작함.
500	이집트의 농기구 쇠스랑.
477	페르시아 전쟁이 시작됨(기원전 431까지).
470	*플라톤의 스승 소크라테스가 대화술을 통해 진리에 접근하려고 노력함. 알크마이온이 사람을 해부하고, 뇌를 사고 기관으로 간주함.
460	*데모크리토스가 물질의 원자 구조를 말함. *히포크라테스가 과학적 의학으로 방향을 전환함.
431	에우리피데스의 《메데아》(드라마). 펠로폰네소스 전쟁이 시작됨(기원전 404까지).
387	플라톤이 아테네에 아카데미를 설립함.
384	*아리스토텔레스가 관찰에 입각한 자연과학을 위해 기초를 놓음.
356	*알렉산더 대왕.
352	중국 천문학자들이 초신성Supernova을 관찰함.
300	테오프라스토스의 《식물의 자연사》. 에우클레이데스의 《원소》.

288	알렉산드리아 도서관이 건립됨.
287	*아르키메데스가 체계적 과학의 발전을 위해 기초를 놓음.
215	만리장성이 축조되기 시작함.
150	힙파르흐 Hipparch가 최초의 항성 목록을 작성함.
146	로마인들이 그리스를 침공하기 시작함.
100	*가이우스 율리우스 시저.
기원전 7	*나사렛 예수.
0	서기(西紀) 원년
60	디오스쿠리데스의 《의학 물질론》.
79	베수비오 화산이 폭발하여, 도시 폼페이의 시민들이 독가스로 사망하고 화산 잿더미에 파묻힘(이 도시는 18세기에 비로소 다시 발굴됨).
105	중국인 채륜이 종이를 발명함.
140	프톨레마이오스의 《알마게스트 Almagest》.
185	갈레노스가 동시대의 의학 지식을 집대성함.
391	기독교가 로마의 국교가 됨.
393	신약성서 정전이 완결됨.
400	중국의 선원들이 컴퍼스를 사용함. 탈무드가 성립됨. 아우구스티누스의 《고백록》.
410	서고트인들이 로마를 멸망시킴.
650	코란이 성립됨.
800	카를 대제가 교황에 의해 독일 민족 신성 로마제국 황제로 임명됨. 중국인들이 숫자 0을 사용함(이 숫자는 아마도 인도인들이 5세기에 발명했을 것이라 추측됨).
850	알크와리스미 Al-Chwarismi의 《대수학》.
868	지금까지 전해 내려오는 최초의 인쇄된 중국책(Diamanten-Sutra).
900	《아라비안 나이트》.
1096	십자군 전쟁이 시작됨(1291년까지).
1170	파리 대학교가 설립됨.

1202	피사의 레오나르도가 책 《Liber Abaci》에서 아홉 가지의 숫자와 0이 들어간 새로운 산수를 기술함.
1210	볼프람 폰 에셴바하의 《파르치팔(성배)》(현대 소설의 원형).
1267	화가 조토Giotto di Bondone가 사람과 풍경을 자연주의 양식으로 그리기 시작함.
1288	중국에서 나온 최초의 대포.
1300	최초의 기계식 시계. 석탄 채굴이 아헨과 루르 지방에서 확대됨.
1321	단테Dante Alighieri의 《신곡》.
1347	흑사병이 만연해서(1350년까지) 2,500만 명의 생명을 앗아감.
1353	보카치오Giovanni Boccacio의 《데카메론》.
1386	하이델베르크 대학교가 설립됨.
1446	식자가 가능한 납 활자와 수동 프레스를 사용하는 인쇄술이 구텐베르크에 의해 발명됨. 구텐베르크 성경은 1455년부터 800권이 인쇄됨.
1450	최초의 소총(이동식 대포)이 네덜란드에서 발명됨.
1492	콜럼버스가 아메리카에 닿음.
1502	헨라인Peter Henlein이 최초의 회중시계를 발명함.
1504	미켈란젤로의 《다윗》.
1506	레오나르도 다빈치의 《모나리자》.
1513	뒤러의 《기사, 죽음 그리고 악마》, 마키아벨리의 《군주론》.
1516	토마스 모어의 《유토피아》.
1517	루터의 95가지 테제, 종교개혁.
1524	독일의 농민전쟁(1524-1525).
1530	파라셀수스가 환자 치료를 위해 화학 물질을 사용하자고 제안함.
1536	최초의 인쇄된 신문 《가체타Gazetta》가 베네치아에서 발행됨.
1543	베살리우스의 《인간 신체 구조론De humani corporis fabrica》. 코페르니쿠스의 《천구의 회전에 관하여De Revolutionibus Orbium Coelestium》.
1557	교황 파울 4세가 최초의 금서 목록을 작성함. 수학에 등호(=)

가 도입됨.

1564	*셰익스피어.
1565	체스너Conrad Cesner의 《발굴물에 대하여 De Rerum Fossilium》.
1580	브라헤가 천문 관측소를 세움(아직 망원경이 발견되기 이전).
1583	갈릴레오가 진자 운동을 연구해서, 진동 주기가 진자의 길이에 종속된다는 것을 확인함.
1584	브루노Giordano Bruno가 우주가 무한하며, 항성들이 나름대로의 행성 시스템에서 중심에 해당한다고 주장함. 유럽에 감자가 도입됨.
1590	한스 얀센Hans Janssen과 아들 차하리아스 얀센Zacharias Janssen이 망원경을 발명함.
1605	세르반테스의 《돈키호테》.
1608	리퍼시Hans Lippershey가 망원경을 발명함.
1809	케플러의 《신(新)천문학》.
1610	갈릴레오가 목성의 4개 위성을 발견함.
1618	30년 전쟁이 시작됨.
1620	베이컨의 《새로운 논리학 체계(노붐 오르가눔)》.
1621	버튼Robert Burton의 《멜랑콜리의 해부》.
1628	하비William Harvey가 혈액 순환을 발견함.
1635	겔리브랜드Henry Gellibrand가 지구의 자극(磁極)이 역사적으로 변화한다는 것을 확인함. 벨라스케스Diego Velasquez의 《브레다성의 항복》.
1637	데카르트의 《방법서설》.
1638	갈릴레오가 낙하 법칙을 세움.
1642	렘브란트의 《야경꾼》.
1650	궤리케Otto von Guericke가 공기 펌프를 발명해서 진공을 만듦. 라이프치히에서 세계 최초의 일간지 〈들어오는 신문들 Einkommende Zeitungen〉(전 세계로부터 오는 정보가 담긴 신문이라는 뜻-옮긴이)이 창간됨.
1657	플로렌스에 '치멘토 아카데미 Academia del Cimento'가 설립됨.

1665	후크가 현미경으로 세포를 발견함. 베르메르Jan Vermeer의 《창가에 주전자를 들고 서 있는 젊은 여인》.
1666	뉴턴이 만유인력 법칙을 세우고 빛스펙트럼을 연구함.
1668	월리스John Wallis가 임펄스 보존 명제를 정립함. 뉴턴은 반사 망원경을 발명함.
1672	뉴턴이 색에 관한 이론 및 빛의 입자론을 내세움.
1673	라이프니치가 사칙산을 할 수 있는 기계를 제작하고, (뉴턴과 무관하게 독자적으로) 미분 계산법을 창안함. 레벤후크가 현미 경으로 원생동물을 발견함(1683년에는 최초로 박테리아를 발 견함).
1675	뢰머가 목성과 지구 사이 거리가 변화함에 따라 목성의 위성 이 오Io의 식주기가 어긋난다는 것을 관측하여 광속을 추산함(22 만 8,000㎞/s).
1678	호이겐스Christiaan Huygens가 빛의 파장 이론을 세움.
1687	뉴턴의 《자연철학의 수학적 원리》.
1689	로크의 《인간 오성론(試論)》.
1700	베를린에 '과학 학술원 Akademie der Wissenschaft'이 설립됨.
1714	파렌하이트 Daniel Gabriel Fahrenheit가 최초의 수은 온도계를 제작함.
1719	드포의 《로빈슨 크루소》.
1720	런던의 과수원지기 페어차일드Thomas Fairchild가 최초로 두 종의 식물, 즉 카네이션과 아메리카패랭이꽃을 교배함. 최초의 식물 교배가 시작됨. 고로(高爐)가 발명됨.
1723	바하의 《요한 수난곡》.
1725	비발디의 《사계》.
1726	스위프트의 《걸리버 여행기》.
1735	린네의 《자연 시스템》.
1742	헌츠먼Benjamin Huntsman이 강철 생산법을 발명함. 스웨덴인 셀시우스Anders Celsius가 자기 이름에서 따온 온도 측정 기준 (물의 빙점 섭씨 0도, 비등점 섭씨 100도)을 제시함.

1747	프랭클린이 피뢰침을 설치하자고 제안함.
1751	디드로/달랑베르의《백과사전》(제1권).
1752	프랭클린이 피뢰침을 발명함.
1754	크베드린부르크 출신의 에르크스레벤Dorothea Erxleben이 할레Halle 대학에서 의학 박사 학위를 받음. 최초의 여성 박사.
1755	리스본 대지진으로 6만 명이 사망함.
1762	루소의《사회계약론》.
1765	와트의 최초 증기 기관(1712년 뉴커멘Thomas Newcomen의 기계를 개선한 것임).
1768	《브리태니커 백과사전》.
1769	최초의 자동차(퀴노Joseph Cugnot의 증기 자동차).
1774	프리스트리Joseph Priestley가 산소를 발견함.
1776	아담 스미스의《국부론》. 미국의 독립선언.
1777	라부아지에가 연소의 산소 이론을 세움.
1781	칸트의《순수 이성 비판》, 오크라이트Richard Arkwright가 최초의 공장(방적 공장)을 세움.
1783	몽골피에 형제가 열기구를 제작함.
1784	캐번디시Henry Cavendish와 라부아지에가 산소와 수소의 결합으로 물이 생겨나는 과정과 그 역의 과정을 기술함.
1785	스팔란차니Lazzaro Spallanzani가 암캐에게 최초로 인공 수정을 시술함. 허턴의《지구의 이론》으로 현대 지질학이 정립됨.
1787	모차르트의《돈 지오반니》.
1789	프랑스 혁명. 라부아지에의《화학 원론》.
1794	파리Paris와 리에Lille 간에 최초의 전보 통신선이 가설됨.
1796	제너가 암소 천연두 바이러스로 최초의 천연두 예방 접종을 실시함. 라플라스가 안개 가스 결합을 통한 행성 생성 이론을 내세움.
1798	맬서스의《인구론》.
1799	라플라스의《하늘의 메커니즘》. 표준 미터와 표준 킬로그램이 파리 근교 세브르Sevres에 보관. 알렉산더 폰 훔볼트가 남아메

리카로 연구 여행을 떠남.

1800   독일인 남녀의 평균 수명이 28세로 확인됨. 헤르셸Friedrich Wilhelm Herschel이 태양광선 스펙트럼에서 적외선을 발견함. 볼타가 전지(電池)를 발명함. 베토벤의 1번 교향악이 초연됨.

1802   영Thomas Young이 빛의 간섭을 제시함으로써 빛의 파동설을 입증함.

1804   나폴레옹의 집권 시대가 시작됨(1814/15년까지).

1807   돌턴의 원자론(전하가 없는 입자 모델). 괴테의《파우스트 1부》.

1809   라마르크가 오늘날의 종(種)들은 과거의 종들에서 발전된 것이라고 주장함.

1812   《그림 동화》.

1813   오스틴의《오만과 편견》.

1814   프라운호퍼가 자신의 이름을 딴 태양광선 스펙트럼의 흡수선을 연구함.

1818   셸리Mary Shelley의《프랑켄슈타인》. 프리드리히David Friedrich의《안개 낀 바다의 방랑자》.

1819   쇼펜하우어의《의지와 표상으로서의 세계》.

1822   니에프스Joseph Nicephoe Niepce가 최초의 사진을 제작함.

1825   스터전William Sturgeon이 전자석(電磁石)을 고안함. 최초의 증기 기관차.

1826   바에르Karl Ernst von Baer가 포유동물의 난세포를 발견함. 옴 Georg Simon Ohm이 옴의 법칙을 세움.

1827   브라운이 액체 속의 미립자 운동을 관찰함(브라운 운동).

1828   뵐러Friedrich Wöhler가 비유기 물질 암모니아와 청산으로 유기물 요소를 생산함. 런던 동물원 개원.

1830   라이엘의《지질학 원리》.

1831   패러데이가 전자기 유도를 발견함. 발전기 제작. 헨리가 최초의 전기 모터를 제작함.

1832   가우스와 베버가 전보(前報)를 발명함. 픽시Hippolyte Pixii가 최초로 교류 발전기를 제작함(그 다음해에는 최초로 직류발전

기를 제작함).

1833   패러데이가 전기 분해 법칙을 세움.

1835   모스가 타이핑 전보기기를 제작함(1840년 부호화된 전보 시스템을 고안함). 뉘른베르크Nurnberg와 퓌르트Fürth 간에 철도가 개통됨.

1837   다게르Louis Daguerre의 은판 사진법(자연의 빛 조절) 사진술이 발명됨.

1838   베셀이 61 Cygni 항성까지의 거리(10광년)를 계산함.

1839   굿이어Charles Goodyear가 고무를 제작함. 그로브William Robert Grove가 연소실(室)을 발명함.

1840   리비히의《농업과 생리학에 응용된 유기화학》.

1844   제멜바이즈Ignaz Philipp Semmelweiss가 의사들이 산모들의 해산 때 두 손을 씻어야 한다고 주장하여, 치명적 산욕열이 급감했음. 독일 슐레지엔 지방의 직조공들이 봉기함. 뒤마의《삼총사》.

1845   보이레이몽Emil Du Bois-Reymond이 신경의 전기 자극 전달을 발견함.

1846   미국에서 최초의 전신 마취 수술이 이루어짐.

1847   헬름홀츠가 일반 에너지 보존 법칙을 세움.

1848   톰슨William Thomson(Lord Kelvin of Largs)이 절대 온도의 존재를 내세움. 프랑스·독일·오스트리아의 시민혁명. 마르크스와 엥겔스의《공산당 선언》.

1850   헬름홀츠가 살아 있는 사람의 눈 속을 진단할 수 있는 검안경을 개발함. 쿠르베의《오르낭의 매장》으로 회화에서 리얼리즘이 시작됨.

1851   푸코Jean Bernard Leon Foucault가 파리에서 진자(67m, 28kg)로 지구의 자전을 제시함. 멜빌의《백경》. 런던의 최초 세계박람회.

1853   게르하르트가 아스피린을 발명함.

1854   리만Georg Friedrich Bernhard Riemann이 비유클리드 기하학을 입증함(더 이상 3차원이 아님). 불George Boole의《논리의

수학적 분석》. 스노John Snow가 콜레라가 불순한 물을 통해 전해진다는 것을 발견함. 괴벨Heinrich Göbel이 실용 가능한 최초의 백열등을 제작함. 크림전쟁 시작(1856년까지).

1856 뒤셀도르프 근교 네안데르탈에서 네안데르탈인의 유골이 발견됨.

1857 피르호Rudolf Virchow의 《세포 병리학》. 최초의 대서양 횡단 케이블로 366통의 전보가 전달됨.

1859 다윈의 《종의 기원》으로 현대 진화론이 정립됨. 키리히호프와 분젠이 스펙트럼 분석법을 개발함. 뤼네부르거 하이데와 펜실베이니아에서 최초로 석유 채굴이 시작됨.

1860 시조새 화석이 발견됨. 회전식 인쇄기가 발명됨.

1861 키리히호프가 태양광선을 분석해서, 태양이 나트륨, 마그네슘, 칼슘, 철 따위로 구성되어 있다는 것을 확인함. 브로카가 좌뇌에서 언어 중추의 존재를 확인함. 독일 물리학자 라이스Johann Philipp Reis가 전화를 발명함.

1863 틴들John Tyndall이 인류에 의한 온실효과의 가능성을 지적함.

1864 쥘 베른의 《땅 밑으로의 여행》. 맥스웰이 자신의 이름에서 따와서, 전자기력에 대한 등식 법칙들을 세움. 미터호퍼Petr Mitterhofer가 최초로 목재 타자기를 제작함.

1865 파스퇴르가 세균론을 세움. 완두콩 실험으로 멘델이 자신의 이름을 딴 유전론을 발견함. 캐롤의 《이상한 나라의 앨리스》.

1867 노벨이 다이너마이트를 발명함. 리스터Joseph Lister가 외과 수술 도구와 붕대들을 소독함. 마르크스의 《자본론》.

1869 멘델레예프와 마이어가 각각 원소의 주기율표를 제작함. 톨스토이의 《전쟁과 평화》.

1871 프로이센 주도 하에 독일제국이 건국됨.

1872 모네의 《인상, 태양, 동쪽》으로 회화에서 인상주의가 시작됨.

1873 맥스웰이 빛을 전자파동으로 간주함.

1875 국제 미터 표준화 협약이 17개국 간에 체결됨.

1876 오토가 4행정 가스 엔진을 발명함. 린데Carl Paul Gottfried von

Linde가 암모니아 냉각 장치(냉장고)를 발명함. 벨이 자신의 전화기에 대해 특허를 출원함.

1877 에디슨이 최초의 축음기를 제작함(2년 후에는 탄소 섬유 백열등을 제작함). 필라델피아에 세계 최초의 백화점이 개점.

1880 런던의 최초 발전소.

1881 홀러리스Herman Hollerith가 최초의 통계 분석용 컴퓨터를 개발함. 베를린에 최초의 전화가 개설됨.

1882 코흐가 결핵균을 발견함. 베를린에 최초의 아크 가로등이 설치됨.

1884 파리에서 최초로 쓰레기 수거 시스템이 도입됨.

1885 다임러와 벤츠가 최초의 자동차 제작. 릴리엔탈이 행글라이더 Normal-Segelapparat 제작

1887 헤르츠가 전자기파를 발생시킴. 코난 도일의《셜록 홈즈》가 등장하여 과학적으로 사고하는 최초의 탐정이 됨. 베를리너가 그라모폰(축음기 상품명)과 음반을 개발.

1890 자바 섬에서 약 180만 년 전의 직립인간의 뼈가 발견됨. 에를리히Paul Ehrlich가 면역학을 세움. 베링Emil von Behring이 안티옥신으로 면역 혈청요법을 개발함.

1891 발다이에르Wilhelm von Waldeyer가 뉴런 이론을 세움. 딕슨 William K. Laurie Dickson과 에디슨이 활동 사진기(동영상 카메라)를 제작함.

1895 베를린에서 최초로 영화를 상영함. 뢴트겐이 엑스선을 발견함.

1896 베크렐이 방사능을 발견. 일간지에 최초의 연재 만화(1회 4컷) '노랑 소년The Yellow Kid'이 게재되기 시작함.

1897 톰슨이 전자를 발견함. 브라운이 전자 광선관(브라운관)을 발명함. 디젤이 고압 연소 엔진을 제작함(디젤엔진).

1898 마리 퀴리와 피에르 퀴리 부부가 방사능 원소 폴로늄과 라듐을 발견함. 바이예린크Martinus Beijerinck가 담배모자이크병을 일으키는 병원체를 '바이러스Virus'라고 명명함. 브라운이 무선 통신에 쓰이는 전자파 생성을 위해 전자기 동조 폐회로

(close circuit) 방식을 발명함.

1899   바이에르가 아스피린을 상품화함. 마르코니Gulienlmo Marconi
        에 의해 (영국과 프랑스 간의) 최초의 무선 전보가 만들어짐.

1900   독일인의 평균 수명이 남성은 45세, 여성은 48세가 됨. 플랑크
        가 양자 이론의 기초를 놓음. 멘델 법칙이 재발견됨. 중국의 의
        화단원이 궐기함. 프로이트의《꿈의 해석》.

1901   토마스 만의 소설《부덴브로크가의 사람들》. 란트슈타이너Karl
        Landsteiner가 혈액형 A, B, O, AB를 발견함.

1902   보르Leon Teissernec de Bort가 대기가 2개의 층(대류권, 성층
        권)으로 이루어져 있다는 것을 발견함.

1903   라이트 형제가 최초의 엔진 비행기로 비행에 성공함. 지멘스와
        AEG가 최초의 전기 기관차를 제작함.

1905   아인슈타인이 광전자 효과를 설명하기 위해 광양자 가설, 특수
        상대성 이론, 브라운 운동의 분자역학적 해석을 발표함. 윌슨과
        스티븐스가 남녀의 서로 다른 성(性)은 X염색체와 Y염색체의
        차이 때문을 확인함. 비네Alfred Binet와 시몬Theodore Simon
        이 최초의 지능 테스트 법을 개발함. 건축학과 대학생들인 키르
        히너, 헥켈, 슈미트-로트루프, 블라일 등이 미술인 그룹 '다리
        Brucke' 파를 창설하여, 표현주의 시대가 시작됨. 베버의《프로
        테스탄트 윤리와 자본주의의 정신》.

1907   헨켈이 세제(상표명은 Persil)를 소개함.

1909   모호로비치치Andrija Mohorovičić가 지각과 맨틀 간의 경계를
        발견함. 영국인 개러드Archibald Garrod이 물질대사 질환들 네
        종류의 유전 가능성을 입증함.

1911   구텐베르크Beno Gutenberg가 지구 맨틀과 핵 간의 경계를 발
        견함. 러더포드가 알파 입자를 금박지에 관통시키는 분사 실험
        으로 새로운 원자 모델을 세움. 네덜란드의 온네스Heike Kam-
        erlingh Omnes가 초전도체 물질을 발견함.

1912   베게너가 대륙 이동설을 세움. 라우에Max von Laue가 결정(結
        晶) 격자의 도움으로 엑스선의 전자 구조를 입증함.

1913	하버보쉬Haber-Bosch 방법에 의해 화학 비료가 대규모로 생산됨. PVC가 발명. 프루스트의 《잃어버린 시간을 찾아서》(1권). 보어Niels Bohr가 보어의 원자 모델을 개발함. 포드 공장의 컨베이어 생산 시스템이 도입. 최초의 만화영화 《디노사우리아 게르티》.
1914	1차 대전 발발. 러더포드가 양성자를 발견함. 파나마 운하가 개통됨.
1915	아인슈타인이 일반 상대성 이론을 세움. 모건Thomas Hund Morgan이 유전자가 염색체 상에 일렬로 배치되어 있으며, 이것들이 유전과 직접 관련됨을 입증함.
1916	아인슈타인은 자극으로 인한 빛의 '유출Emission' 가설을 세움 (레이저 광선 제조의 기초).
1917	러시아의 10월 혁명. 뒤샹의 아방가르드 예술 《분수》(변기).
1918	전 세계에 독감이 유행해 2,000만 명 이상이 사망함. 1차 대전 종결. 독일의 11월 혁명. 몬드리안의 《회색과 갈색 빛의 콤포지션》.
1919	프리쉬Karl von Frisch가 꿀벌 춤의 의미를 해석하기 시작함. 에딩턴이 아인슈타인의 일반상대성 이론에서 예견된 중력장 내 빛의 굴절을 관찰하여 입증함. 그로피우스가 바이마르에 국립 바우하우스를 설립함. 베르사이유 평화조약 체결.
1921	뢰비Otto Loewi가 시냅스를 통한 시그널 전달 방식 기술 개발함. 비트겐슈타인의 《논리 철학 논고Tractatus logich philosphicus》.
1922	조이스의 《율리시즈》. 유럽에서 미국으로 무선 영상 전송이 시작됨.
1923	브로질Louis Victor Raymond de Brogile이 중량 없는 빛뿐만 아니라 모든 물질이 파동 성격을 가지고 있다는 이론을 제안함. 브레히트의 《서푼짜리 오페라》. 독일 최초의 라디오 방송.
1924	베를린의 1차 방송기기 전시회.
1925	파울리가 원자각 구조의 기초가 되는 '파울리 원리'를 세움. 하

이젠베르크가 매트리스 메커니즘을 개발함. 슈뢰딩거가 파동 메커니즘을 발표함. 카프카의 소설《심판》. 에이젠슈테인의 영화《전함 포템킨》.

1926	뮬러Herman Muller가 X선이 과일파리의 유전자에 변이를 일으킬 수 있음을 발견함. 보른Max Born이 양자 메커니즘의 통계적 해석법인 개연성 파동을 기술함. 보어와 하이젠베르크가 양자 메커니즘의 '코펜하겐 해석'을 발표함.
1927	하이젠베르크가 '불확정 관계' 이론을 세움. 랑의 영화《메트로폴리스》. 최초의 무성 영화《재즈 가수The Jazz Singer》. 미헬슨Albert Abraham Michelson이 광속을 299.798㎞/s로 결정함. 하이데거의《존재와 시간》.
1928	노이만John von Neumann이 컴퓨터의 게임 이론을 개발함. 플레밍이 페니실린을 발명함. 디랙Paul Dirac가 반물질의 존재 가설을 내세움.
1929	허블이 은하들이 서로 멀어지고 있음을 확인함. 베르거Hans Berger가 EEG(뇌파 그래프electro encephalograms) 측정기를 개발함. 매리슨Warren A. Marrison이 쿼츠 시계를 발명함. 반켈Felix Wankel이 회전 크랭크 엔진을 개발함.
1930	무질의《특성 없는 남성》.
1931	추제Konrad Zuse가 자유로이 프로그래밍할 수 있는 컴퓨터 Z1을 제작함(1938년 완성). 얀스키Karl Guthe Jansky가 우주 방사능의 존재를 확인하고 방사능 천문학의 기초를 놓음. 파울리가 중성미자의 존재 가설을 내세움.
1932	채드윅James Chadwick이 중성자를 발견함. 로렌스가 최초의 미립자 가속기를 제작함. 헉슬리의《아름다운 신세계》.
1933	히틀러 집권. 루스카Ernst August Friedrich Ruska가 최초의 전자 현미경을 제작함. 페르미가 베타 입자 붕괴 이론을 발표함.
1934	퀴리 부인의 딸, 이렌 졸리오 퀴리Irene Joliot-Curie와 그녀의 남편 졸리오Frederic Joliot가 인공 원소 뉴클리드(방사능 물질)를 생산함. 포퍼의《연구의 논리》.

1935	유카와Hideki Yukawa가 핵력 이론을 제시함. "슈뢰딩거의 고양이"에 대한 논쟁이 시작됨. 델브뤼크Max Delbrucke, 티모피예프 레소프스키Nikolai Wladimirovich Timoféeff-Ressovsky, 치머Karl Günter Zimmer의 《유전자 변이와 유전자 구조의 본성에 관해》.
1936	츠빅키Fritz Zwicky가 20개의 초신성을 발견함. 튜링이 컴퓨터의 추상적 모델을 개발함(튜링 기계). 케인스의 《고용, 이익 그리고 화폐와 관한 일반 이론》.
1937	뒤퐁 사의 연구자들이 나일론을 개발함. 피카소의 《게르니카》.
1938	멸종된 것으로 믿어진 8,000만 년 전의 물고기 총기류(總鰭類)(양서류의 조상인 어류)가 남아프리카에서 발견됨. 오토 한과 슈트라스만이 최초로 원자를 분열시킴. 해석은 마이트너Lise Meitner와 프리쉬Otto Robert Frisch에 의해 이루어짐(이것은 나중에 핵물리학의 표준이 됨). 베테Hans Albrecht Bethe와 바이츠재커Carl Friedrich von Weizsäcker가 서로 무관하게 각자 태양의 핵융합 과정을 기술함.
1939	2차 대전 발발. 플로리Howard Florey와 체인Ernst Chain이 순수한 페니실린을 제조함. 뮐러Paul Hermann Müller가 DDT가 살충 물질이라는 것을 확인함. 엘리아스Norbert Elias의 《문명의 발전》.
1940	시코르스키Igor Sikorsky가 헬리콥터를 발명함.
1941	추제Konrad Zuse가 최초의 완전한 전자 계산기 Z3를 개발함. 웰즈Orson Welles의 《시민 케인》.
1942	페르미가 최초의 통제 가능한 원자로를 시카고에 설치함.
1944	에이브리Oswald T. Avery와 그의 동료들이 디옥시리보핵산(核酸)DNA이 유전자 정보를 담고 있다는 것을 발견함. 쉬뢰딩거의 《생명은 무엇인가?》.
1945	최초의 원자탄 실험. 히로시마와 나가사키에 원자탄이 투여됨. 독일 항복과 2차 대전 종결. UN 창설. 린드그렌Astrid Lindgren의 《말괄량이 삐삐 *Pippi Langstrumpf*》.

1946	바이러스들의 유전 물질이 서로 결합해 신종의 바이러스 형태로 재조합될 수 있다는 것을 델브뤼크와 허시Alfred Day Hershey가 각자 독립적으로 증명함. 리비Willard Libby가 원자 시계를 발명함.
1947	리비가 방사능 탄소C14를 이용한 고고학 유물들의 연대 측정법을 개발함. 러시아 출신 미국인 가모브George Gamow가 우주의 성립 원인으로 빅뱅 이론을 개발함. 아도르노/호르크하이머의 《계몽의 변증법》.
1948	천공 카드로 운용하는 최초의 대형 컴퓨터IBM 604. 바딘John Bardeen, 브랫테인Walter Houser Brattain, 쇼크리William Bradford Shockley가 최초의 트랜지스터를 개발함. 비너Norbert Wiener의 《인공두뇌학Cybernetics》. 파인먼Richard Phillip Feynman, 슈빙거Julian Seymour Schwinger, 토모나가Sin-Itiro Tomonaga, 다이슨Freeman John Dyson이 QED(양자전기역학)의 신(新)이론을 개발함.
1949	섀넌Claude Shannon(MIT)이 최초의 체스 게임용 컴퓨터를 개발함. 서독BRD, 동독DDR 건국.
1950	샤가프Erwin Chargaff가 유전 물질이 본질적으로 4개의 기본 단위, 구아닌, 아데닌, 티민, 시토신으로 구성되어 있다는 것을 발견함. 한국전쟁 발발(1953년까지). 인도차이나 전쟁 발발(1975년까지).
1951	컬러 TV 방송. 제라시Carl Djerassi가 피임약을 발명함. 매클린토크Barbara McClintock가 도약 유전자 이론을 발표함.
1952	브릭스Robert Briggs와 킹Thomas King이 개구리를 복제함. 최초의 수소 폭탄(핵융합 무기) 실험이 태평양의 마셜 군도의 에니워톡환초 상공에서 실시됨. 독일 ARD방송 최초의 TV 뉴스가 방영됨. 베케트의 부조리극 《고도를 기다리며》.
1953	왓슨과 크리크가 DNA의 공간구조(이중나선)를 기술함. 어윙William Maurice Ewing이 해저 확장을 기술하고, 지진계를 고안함. 장어Fred Sanger가 소 인슐린의 암모니아산 배열을 규명

함. 밀러Stanley L. Miller가 생명의 기원을 연구하기 위한 시험관을 개발함. 애세린스키Eugene Aserinsky와 클레이트먼 Nathaniel Kleitman이 수면(睡眠) 중의 REM(Rapid Eye Movement) 현상을 발견함.

1954   최초의 태양 전지와 최초의 핵 충전 전지가 개발됨. 바쿠스John Backus가 최초의 컴퓨터 표준어 포트란FORTRAN(프로그래밍 언어)을 개발함. 솔크Jonas Salk가 소아마비 면역 물질을 개발함.

1955   챔벌린Owen Chamberlain과 세그르Emilio G. Segre가 동료들과 함께 반(反)양성자Antiproton를 발견함. 최초의 스캐너. 나보코프Vladimir Nabokov의 소설 《롤리타Lolita》.

1956   자화(磁化) 플레이트 저장 장치가 있는 최초의 컴퓨터 IBM. 최초의 대규모 핵발전소(Calder Hall). 인공 지능 연구가 시작됨.

1957   일Hugh Everett III이 양자물리학의 다(多)세계론적 해석을 제안함. 소련이 최초의 인공위성(스푸트니크1호, 개 '라이카'를 실은 스푸트니크2호)을 발사함. 촘스키가 생성언어학을 성립.

1958   규소 칩들의 통합적 제어장치 제작을 위한 플래너 기술(웨이퍼라고 하는 평평한 반도체 판 표면에 트랜지스터 등의 소자를 새겨 넣는 기술)이 개발됨.

1959   루니크Lunik 2호가 최초로 달에 도착함.

1960   마이만Theodore Harold Maiman이 최초의 레이저를 제작함. 샌디지Allan Rex Sandage가 최초로 퀘이사(준(準)항성)를 발견함.

1961   가가린Jurij Aleksejewitsch Gagarin이 최초로 보스토크Wostok 우주선을 타고 우주를 비행함. 드레이크Frank Drake가 외계 문명을 탐사하기 시작함.

1962   통신위성 텔스타Telstar가 최초로 TV 영상을 대서양 건너로 전송함. 홀로나크Nick Holnyak가 광다이오드를 발명함. 쿠바 위기. 히치콕의 《새》. 쿤의 《과학 혁명의 구조》.

1963   유전자 코드의 해명(유전자와 단백질 생성의 관련성). 겔만

Murray Gellmann, (그와 독립적으로) 츠바이크George Zweig 가 쿼크 모델을 세움. 보이스Joseph Beuys의 전위예술품《의자에 앉은 비계덩이Stuhl mit Fett》.

1965   펜치아스Arno Allan Penzias와 윌슨Robert Wilson이 우주 배경 복사(輻射)를 발견함. 최초의 상업 뉴스 위성 Early Bird가 발사됨. 볼로그Norman Borlaug에 의해 고수확 신품종 종자가 인도에 파종됨(녹색 혁명).

1966   루나Luna 9호가 최초의 인공 물체로서 달에 연착륙하여 3일 동안 지구로 영상을 전송함.

1967   바나드Christian Barnard가 최초로 심장 이식 시술에 성공함. 마걸리스Lynn Margulis가 세포 내 공생Endosymbiose 테제를 세움. 벨Jocelyn Bell이 고속 회전 중성자별Pulsare을 발견함. 시간 단위 초(秒)가 세슘Caesium 133 원자의 방사선에 의해 정의됨. 최초의 조력 발전소가 브레타뉴의 생 말로에 건설됨. 글래쇼Sheldon Glashow, 새럼Abdus Salam, 와인버그Steven Weinberg가 약한 핵력 이론을 세움. 위홀의 팝 아트 작품《마릴린 먼로》.

1968   매켄지와 모건이 판 구조론을 소개함. 기무라Motoo Kimura가 (다윈의 진보적 진화론을 거부하는) 중립적 진화론을 기술함. 팩스 기기를 위한 최초의 국제 권고안. 큐브릭Stanley Kubrick 의 영화《2001 스페이스 오디세이》.

1969   암스트롱이 인간으로서는 최초로 달에 발을 디딤. 미국에서《세서미 스트리트》가 처음 방영됨.

1971   마리너Mariner 9호가 화성 궤도에서 영상과 데이터를 보내옴. 액정화면LCD이 개발됨. 최초의 마이크로프로세서가 제작됨. 백조 성좌에서 시그너스 X1호로 최초의 블랙홀이 발견됨.

1972   하운스필드Godfrey N. Hounsfield를 통해 의학 분야 최초로 X 선 단층촬영기가 사용됨.

1973   스탠퍼드 대학교에서 코언Stanley Cohen과 보이어Boyer가 최초로 타자의 DNA를 박테리아 플라스미드 안으로 주입해, 유전

자가 재조합된 최초의 유기체를 만듦.

1974   조핸슨Donald Johanson이 아우스트랄로피테쿠스 여인 루시의
잔해(뼈)를 발견함. 곤충과 척추동물의 유전자들을 박테리아
배양 방식으로 증식하는 데 최초로 성공함으로써, 출처가 다른
여러 DNA 조각들을 서로 결합할 수 있는 가능성을 발견함. 아
레시보의 전파 망원경으로 헤라클레스 성좌의 구상성단 M13에
3분 길이의 메시지를 발사함(이 메시지는 대략 2만 1,000년 후
에 그곳에 도착할 것임). 예르네Niels Kai Jerne가 면역 시스템
의 네트워크 이론을 발표함.

1975   윌슨Edward O. Wilson이 사회생물학을 창립함. 밀스테인
Cesar Milstein이 단클론 항체monoclonal antibody를 제조함.
최초의 PC가 상품화됨(Altaier 8800). 캘리포니아 아실로마
Asilomar 회의에서 유전자 공학을 위한 국제 안전 가이드라인
이 협의됨.

1976   바이킹1호와 바이킹2호가 화성에 착륙함. 킵블Tom Kibble이
슈트링 이론을 창시함. 빌 게이츠가 마이크로소프트 사를 설립.
도킨스의 《이기적 유전자》.

1977   루카스의 《스타워즈》.

1978   최초의 시험관 아기가 탄생함. 천연두가 전 세계에서 소멸됨.

1979   최초의 콤팩트디스크CD가 소리 기록 매체로서 등장함(필립스/
소니). 도쿄에서 최초의 상용 모바일 통신망(핸드폰)이 나옴.

1980   거스Alan Guth가 팽창 우주론을 소개함. 셸Jeff Schell이 종의
경계를 초월해 유전자를 이식하기 위한 벡터로서 아그로박테리
움 튜미페션즈Agrobacterium tumefaciens을 발견함.

1981   프러시너Stanley B. Prusiner가 프리온(광우병BSE 및 진전병
Scrapie 병원체)을 분리함. 영국과 미국의 태아학자들이 생쥐의
태아 줄기 세포로부터 세분화와 증식 과정을 분리함. 빈닝Gerd
Binning과 로러Heinrich Rohrer가 격자 터널 형 현미경을 발명
함. 이것으로 원자들을 관찰하고 운동도 시킬 수 있게 됨.

1982   유전자 공학으로 생산된 인슐린이 상용화됨. AIDS가 새로운

종류의 질병으로 정의됨. 스필버그의 《ET》.

1983   에이즈 바이러스 HIV가 몬태그니어Luc Montagnier와 갈로
        Gallo에 의해 확인됨.

1984   HIV의 게놈이 해독됨. 질병 진단을 위한 최초의 유전자 분석.
        제프리스Alec John Jeffreys가 유전자 지문을 개발함. 페보
        Svante Pääbo가 크웨가Quagga(100년 전에 멸종한 얼룩말 종
        류)의 건조된 피부로부터 DNA를 분리함. 소코로프Louis
        Sokoloff가 양전자 방출 단층 촬영기PET를 발명함.

1985   물리스Kary Mullis가 폴리머레이즈 연쇄 반응(PCR)의 도움으
        로 DNA를 복제하기 위한 방법을 개발함. 남극대륙 상공에서
        오존 구멍이 발견됨. 유전자 변형 식물(담배)을 최초로 노지에
        서 재배 실험함. 서독 최초의 상업용 위성방송.

1986   우크라이나 체르노빌의 원자력 발전소 사고. 우주 정거장 미르
        가 발사됨.

1988   최초의 포유류(유전공학으로 변이시킨 '암 걸린 생쥐')가 특허
        권을 얻음. 위성용 차량 항법 시스템(GPS)Global Positioning
        System을 전 세계에서 사용할 수 있게 됨.

1989   인공위성 COBE(Cosmic Background Explorer)가 우주 배경
        복사(輻射)를 측정함.

1990   원래 군사적 용도에 사용되던 ARPAnet이 웹World Wide Map
        의 전신(前身)으로 발전됨. 유럽핵물리연구소CERN의 베르너
        스리Tim Berners-Lee가 그 프로그램을 개발함. 우주 망원경 허
        블이 우주 공간의 궤도에 발사됨. 미국에서 시험관 태아(수정
        란)의 자궁 이식 전(前) 진단PID이 최초로 허용됨. 크라이튼
        Michael Crichton의 《쥐라기 공원》.

1991   앤더슨French Anderson을 통한 최초의 인간 유전자 치료가 이
        루어짐. 영국 컬햄Culham에서 유럽 콘소시엄 JET(Joint
        European Torus)이 행한 핵융합 시험에서 2초 동안 1.8MW의
        전력이 생산됨. 유전자 이식 양 트레이시Tracey가 우유에서 인
        간의 단백질Antitrypsin을 생산함. 이탈리아 북부 알프스 외츠

탈에서 5,300년 전의 외츠 인간 시신이 발견됨. 바르샤바 조약 해체.

1994	제네바의 유럽핵연구센터CERN에서 톱Top 쿼크를 입증함. 유전자 공학으로 변이된 토마토Flavr-Savr-Tomate가 미국의 청과 시장에 출시됨. 유방암 유전자 BRCA1가 발견됨.
1995	코넬Eric Cornell과 비만Carl Wiemann이 보스아인슈타인결정 (結晶)Bose-Einstein-Kondensate(초전도체 물질 제조 따위에 이용될 수 있는 리튬 분자 따위)을 생산함. 박테리아Haemophilus influenzae의 게놈이 최초로 완전히 해독됨. CERN에서 반(反)물질을 제조함. 마이오르Michel Mayor와 켈로즈Didier Queloz가 최초로 우리 태양계 외부의 행성을 발견함.
1996	최초의 복제 양 돌리가 스코틀랜드에서 출생.
1997	기능 능력이 있는 최초의 원자 레이저가 매사추세츠 공대MIT에서 제작됨. 차일링거가 광자를 원격 이동시킴. 컴퓨터 프로그램 딥 블루가 세계 체스 선수권자 카스파로브Garri Kasparow를 이김.
1998	기어하트John Gearhart가 최초로 인간의 배아 줄기 세포를 분리해 증식시킴. 최초의 다세포 생물인 선충의 게놈이 완전히 해독됨. 미국 기업 ACT가 최초로 인간을 복제함. 이때 남성의 유전 물질을 암소의 (핵을 제거한) 난자에 주입함(여기서 발생한 태아는 12일 후에 폐기함). 국제 우주 정거장 ISS가 제작되기 시작함.
1999	독일의 두 생물학자 포트리쿠스Ingo Portrykus와 바이에르 Peter Beyer가 (유전자 조작으로 철분과 비타민 A를 보강한) '황금의 쌀'을 제3세계에 무상 증여하겠다고 제안함.
2000	독일인들의 평균 수명이 남성은 75세, 여성은 80세가 됨. 에티오피아에서 최초의 사람과 유사한 유인원Ardipithecus ramidus kadabba의 유골이 발견됨.
2001	ACT 사가 처녀 생식을 통해 인간 배아를 생산함.
2002	우주의 나이가 137억 년으로 발표됨. 폴리오 바이러스의 유전

자가 시험관에서 게놈 배열 순서에 따라 모조 제작됨. 유전자
공학으로 변형된 콩의 비율이 전세계 생산량의 50%를 넘어섬.
CERN의 연구자들이 반물질을 가지고 완전한 (수소)원자들을
제조함. NASA의 화성 탐사선 오디세이가 화성 지표면 바로 밑
에서 수소가 풍부한 토양을 발견함.

2003   인간 게놈이 완전히 해독됨.

인명 색인

ㄷ

다마시오 852, 862
다빈치 47, 61, 555, 941
다윈, 이래즈머스 103
다윈, 찰스 22, 48-49, 62, 78, 84, 96-
    97, 102-103, 105, 108-109, 111,
    113, 118, 128, 133, 135-136, 139,
    141-143, 145, 149-150, 275, 282,
    537, 556, 561, 578, 639, 721, 773,
    782, 894-896, 898, 901, 904, 911,
    947
다이슨 196, 953
다이아몬드 579, 581, 918
단테 60, 141, 941
달랑베르 248, 555, 893, 944
달리 157
데닛 786, 788, 792, 797-798, 831,
    923
데모크리토스 263, 465, 494, 939
데번 906
데이터 635
데카르트 45-46, 61, 136, 270-272,
    532, 555-556, 594, 772, 812, 892,
    942
델러혼티 907
델브뤼크 62, 65, 585, 905-906, 952-
    953
도방통 102
도브잔스키 783
도스토예프스키 764
도킨스 120, 122, 146-148, 232, 565,
    910, 956
돌턴 418, 465, 895, 945

되르너 854
두리틀 815, 817
두치케 36
뒤러 48, 941
뒤마 728, 946
뒤샹 840, 950
듀어 906
드보어 834
디드로 248, 555, 893, 944
디랙 468, 476, 493, 917, 951
디오스쿠리데스 557, 889, 940
디킨스 728
디트푸르트 70

ㄹ

라니어 878-879
라마르크 61, 103, 782, 895, 945
라부아지에 894, 944
라엠 920
라우머 84
라이엘 277, 894, 896, 945
라이프니츠 138, 468, 773, 777
라이히홀프 930
라파엘로 47
래프 909
라플라스 247, 274, 279, 530, 894,
    944
란더 906
란도프 924
램저 908
러더퍼드 466-467
러바인 906
러브록, 제임스 275

전문용어 색인